항공산업기사 Industrial Engineer Aircraft Maintenance

Contents

Contents

2편 항공산업기사 과년도 기출문제

3편 항공산업기사 실기 필답형 기출 및 예상문제

1. 용기 밑바닥 압력	$P = \rho g h$
2. 임의의 고도에서의 온도	$T \cdot C = 15 - 6.5h\,[\mathrm{km}]$
3. 상태방정식	$PV = nRT,\ \dfrac{P}{\rho} = RT$
4. 연속방정식	• 질량유량 $\dot{m} = \rho_1 A_1 V_1 = \rho_2 A_2 V_2$ • 체적유량 $Q = A_1 V_1 = A_2 V_2$
5. 베르누이 방정식	$P_1 + \dfrac{1}{2}\rho V_1{}^2 = P_2 + \dfrac{1}{2}\rho V_2{}^2$ $P_1 + \dfrac{1}{2}\rho V^2 = 일정$
6. 압력계수	$C_p = \dfrac{P - P_0}{\dfrac{1}{2}\rho V_0{}^2}$
7. 마찰력	$F = \mu S \dfrac{V}{h}$
8. 레이놀즈수	$Re = \dfrac{\rho V L}{\mu} = \dfrac{V L}{v}$
9. 음속	$C = \sqrt{\gamma g R T} = C_0 \sqrt{\dfrac{273 + t}{273}}$
10. 마하각	$\sin = \dfrac{1}{M} = \dfrac{a}{V} = \dfrac{at}{Vt}$

11. 양력, 항력, 모멘트	$\cdot \ L = \dfrac{1}{2}\rho V^2 C_L S$ $\cdot \ D = \dfrac{1}{2}\rho V^2 C_D S$ $\cdot \ M = \dfrac{1}{2}\rho V^2 C_M S c$
12. 가로세로비	$AR = \dfrac{b}{c} = \dfrac{b^2}{bc} = \dfrac{b^2}{S}$
13. 평균공력시위	$\bar{c} = \dfrac{S}{b}$
14. 테이퍼비	$\lambda = \dfrac{\text{날개끝부분의 길이}}{\text{날개뿌리부분의 길이}} = \dfrac{C_t}{C_r}$
15. 유도항력계수	$C_{Di} = \dfrac{C_L{}^2}{\pi e AR}$
16. 실속속도	$V_S = \sqrt{\dfrac{2W}{\rho C_{Lmax} S}}$
17. 원심력	$C.F. = \dfrac{W}{g} = \dfrac{V^2}{R}$
18. 필요마력	$P_r = \dfrac{DV}{75} = \dfrac{1}{150}\rho V^3 C_D S$
19. 수평등속도 비행시의 필요마력	$P_r = \dfrac{WV}{75} \cdot \dfrac{1}{\dfrac{C_L}{C_D}}$
20. 이용마력	$P_a = \dfrac{TV}{75} = BHP \times \eta$

21. 상승률	$R.C. = V\sin\gamma = \dfrac{75(P_a - P_r)}{W}$
22. 임의의 고도에서의 속도, 필요마력	$V = V_0\sqrt{\dfrac{\rho_0}{\rho}},\ P_r = P_{r0}\sqrt{\dfrac{\rho_0}{\rho}}$
23. 프로펠러 비행기의 항속거리	$R = \dfrac{540\eta}{c} \cdot \dfrac{C_L}{C_D} \cdot \dfrac{W_1 - W_2}{W_1 + W_2}\,[\mathrm{km}]$
24. 활공각	$\tan\theta = \dfrac{1}{양항비} = \dfrac{고도}{활공거리}$
25. 종극속도	$V_D = \sqrt{\dfrac{2W}{\rho C_D S}}$
26. 이륙거리	$S = \dfrac{W}{2g} \cdot \dfrac{V^2}{T - D - F}$
27. 등속수평비행	$W = L = \dfrac{1}{2}\rho V^2 C_L S$
28. 선회비행시	$W = L_t\cos\phi = \dfrac{1}{2}\rho V^2 C_L S\cos\phi$
29. 선회비행시 힘의 관계	· $L\sin\phi = \dfrac{W}{g} \cdot \dfrac{V^2}{R}$ · $L\cos\phi = W$
30. 선회비행시의 속도	$V_t = \dfrac{V}{\sqrt{\cos\phi}}$
31. 하중배수	$n = \dfrac{항공기에작용하는힘(L)}{항공기의무게(W)}$ $= \dfrac{항공기의무게(L) + 관성력(\vec{F} = m\vec{a})}{항공기의무게(W = mG)}$

32. 힌지모멘트	$H = C_h \dfrac{1}{2} \rho V^2 b c^2 = C_h q b c^2$
33. 조종력	$F_e = K H_e$
34. 프로펠러의 회전 선속도	$V_r = \Omega \cdot r$
35. 유도속도	$V_1 = \sqrt{\dfrac{T}{2\rho A}}$
36. 회전 깃속도	$V_\phi = V\cos\alpha\sin\phi + r\cos\beta_0\Omega$
37. 추력, 토크, 동력	· $F = C\rho n^2 D^4$ · $Q = C_p\rho n^2 D^5$ · $P = C_p\rho n^3 D^5$
38. 프로펠러 효율	$\eta = \dfrac{\text{이용동력}}{\text{공급동력}} = \dfrac{TV}{P} = \dfrac{C_T}{C_P} J = \dfrac{V}{V + \dfrac{v}{2}}$
39. 프로펠러 항속거리, 항속시간	· 항속거리 : $\dfrac{C_L}{C_D}$ · 항속시간 : $\dfrac{C_L^{\frac{3}{2}}}{C_D}$
40. 제트기 항속거리, 항속시간	· 항속거리 : $\dfrac{C_L^{\frac{1}{2}}}{C_D}$ · 항속시간 : $\dfrac{C_L}{C_D}$

Aircraft Maintenance

제1편 **핵심이론**

제1장 항공역학(Aerodynamics)

1 공기역학

1. 대기(Atmosphere)

(1) 대기의 구성

① 대기의 분류

지구를 둘러싸고 있는 기체를 대기(Atmosphere)라고 하며, 대기는 고도에 따라 물리적인 특성이 달라지지만, 대기의 주성분인 질소와 산소 등은 지표면에서 고도 80[km]에 이르기까지 거의 일정한 비율로 분포되어 있다.

- 78[%]의 질소, 20.8[%]의 산소, 0.8[%]의 아르곤, 0.4[%]의 수증기 및 소량의 이산화탄소와 수소로 이루어져 있다.

ⓐ 대류권(Troposphere)은 중위도 지방에서 지표면으로부터 약 11[km]까지의 고도에 해당하며, 적도 지방에서는 16~17[km] 정도, 극지방에서는 8~10[km] 정도 이르고 있다.

- 기상 변화는 대류권에서만 일어나며, 이러한 현상은 지표에서 복사되는 열로 인하여 고도가 높아짐에 따라 기온이 감소되는 음(−)의 온도 기울기(Temperature gradient)가 형성되기 때문이다.
- 대류권에서만 공기 부력에 의한 대류 현상이 나타난다.
- 대류권과 성층권 사이를 대류권계면(Tropopause)이라고 하며, 이곳에는 제트 기류(Jet stream)가 흐르기도 한다.

ⓑ 성층권(Stratosphere)은 대류권 바로 위에 있는 층으로, 그 고도는 약 50[km]에 이르며, 25[km]의 고도까지는 온도가 일정하고 그 이상의 고도에서는 온도가 중간권에 이를 때까지 증가한다.

- 고도 약 20~30[km]에 있는 오존층(Ozonosphere)이 자외선을 흡수하기 때문이다.

ⓒ 성층권 위를 중간권(Mesosphere)이라고 하는데, 권역에서는 다시 고도에 온도가 감소하며, 그 고도는 약 80[km]에 이른다.

○ 이해력 높이기

대기권은 고도에 따른 분류

대류권 - 성층권 - 중간권 - 열권 - 극외권으로 구분된다.

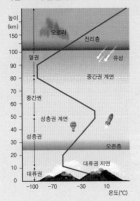

보충 학습

제트 기류(Jet stream)

대류권과 성층권의 경계면을 대류권계면이라 한다.

이 공간에서는 100[km/h] 정도의 서풍 또는 편동풍이 불며 이를 제트기류(Jet stream)라 한다. 제트여객기가 이 기류를 이용하여 비행하면 연료를 절약할 수가 있다.

ⓓ 중간권 위쪽은 열권(Thermosphere)이라고 하며, 고도 80~500[km] 사이에 존재한다.

ⓔ 열권의 위쪽에는 외기권(Exosphere)이 있으며, 대체로 고도 약 500 [km]로부터 시작된다.

ⓕ 극외권(300[km] 이상)은 진공층에 가까우며, 공기입자의 평균자유운 동거리가 크다.

② 국제표준대기(I.S.A : International Standard Atmosphere)

ⓐ 공기 속을 비행하는 항공기의 비행 성능은 대기의 물리적인 상태인 기온, 압력, 밀도 등에 따라 많은 영향을 받는다. 이러한 물리량은 시간, 장소, 고도에 따라 변화한다.

ⓑ 국제민간항공기구(ICAO : International Civil Aviation Organization)에서는 항공기의 설계, 운용에 기준이 되는 국제표준대기를 규정하고 있다.

(2) 공기의 성질

① 유체의 성질

물질의 상태로 보았을 때, 공기는 기체에 속한다. 기체와 액체의 특성은 고체에 비해, 서로 매우 비슷한 성질이 있기 때문에 기체와 액체를 유체(Fluid)라고 말한다.

② 유체의 흐름

ⓐ 정상 흐름과 비정상 흐름은 바람이 같은 방향에서 일정한 속도로 불어오면 바람이 정상적으로 흐른다고 하며, 돌풍과 같이 방향이나 속도가 시간에 따라 변하면 바람이 비정상으로 흐른다고 한다.

ⓑ 유체가 흐르는 상태를 자세히 관찰하면 유체가 회전하면서 흘러가는 흐름도 있지만 유체가 회전하지 않고 흘러가는 흐름도 있다. 이것을 구분하여 회전 흐름과 비회전 흐름이라 한다.

③ 층류와 난류

ⓐ 층류는 공기가 여러 층으로 포개 놓은것 같이 일정하게 흐르는 것을 말한다.

ⓑ 공장에 우뚝 솟아 있는 굴뚝에서 내뿜는 연기를 바라보면 그 흐름이 일정하지 않다. 비록, 우리 눈에는 공기의 흐름이 보이지 않지만, 그 흐름도 복잡하리라 추측이 가능하다. 이렇게 흐름이 무질서한 것을 난류라 한다.

이해력 높이기

국제표준대기(ISA)

국제민간항공기구(ICAO)에서 설정하였으며 온도는 대기의 온도분포를 실측 평균한 식으로, 압력과 밀도는 완전기체의 상태식에 의해 유도된 식으로 계산하여 구하였다.

보충 학습

베르누이 방정식(Bernoulli's equation)

수압이나 대기압 같이 유체의 운동상태에 관계없이 항상 모든 방향으로 작용하는 유체의 압력을 정압(Static pressure)이라 하며, 유체가 갖는 속도로 인해 속도의 방향으로 나타나는 압력을 동압(Dynamic pressure)이라고 하고, 동압은 유체의 흐름을 직각되게 판으로 막았을 때 판에 작용하는 압력을 말한다.

그 크기는 $q = \frac{1}{2} \times \rho V^2$

이해력 높이기

레이놀즈 수가 점점 커지게 되면 층류 흐름이 난류로 변하는 천이현상이 생긴다.(이때의 레이놀즈 수를 임계 레이놀즈 수라 한다.)

ⓒ 점성 유체가 고체 표면 위를 흐를 때 점착 조건은 표면에서 유체와 표면 사이의 상대적인 운동이 없는 것을 요구하며, 이 결과로 표면 가까운 영역에서는 큰 속도의 기울기가 나타난다. 레이놀즈 수가 1보다 크면 이 영역은 매우 얇은데 이것을 경계층이라 부른다.

④ 고속 흐름의 성질

ⓐ 마하수(Mach nunber)

비행기의 속도를 음속과 비교한 수치인데, 고속 비행기의 기준 단위로 사용하고 있다.

ⓑ 충격파의 형성

비행기가 음속 이하로 비행하더라도 날개 표면의 일부에서 초음속의 공기 흐름이 이루어져 충격파가 발생한다.

ⓒ 조파항력(Wave drag)

날개에 초음속 흐름이 형성되면 충격파가 발생하고 이 때문에 생기는 항력을 조파항력이라 한다.

(3) 표준대기

① 국제민간항공기구(ICAO) 표준대기

ⓐ 국제표준대기로서 항공기 성능 비교, 기압 고도계의 수정 및 설계, 탄도학에 관한 연구 등의 목적으로 사용하고 있다.

ⓑ 표준대기는 고도의 증가에 따라 기압과 압력, 밀도, 온도가 정해진 표준 감소율로 감소되는 이상적인 대기이다.

ⓒ 표준 대기의 주요 성질인 온도, 압력, 밀도, 음속, 점성이 고도에 따라 변한다.

2. 날개 이론

(1) 날개의 형상

① 날개의 면적

날개의 면적은 보통 "S"라는 기호로 표시하며, 날개의 전체 면적을 말한다.

- 날개에 엔진을 장착하기 위한 구조물이나 동체가 차지하고 있는 부분도 있으나 비행기 위에서 내려다볼 때 전체적으로 투영된 면적을 말한다.

② 날개의 길이

날개의 길이는 왼쪽 날개 끝에서 오른쪽 날개 끝까지의 폭을 말하는데 스팬(Span)이라 부르며 기호로는 "b"로 표시한다.

---

③ 날개의 평균 공력 시위선

날개의 모양을 보면 시위선이 일정한 크기를 가진 날개도 있지만 위치에 따라 시위선이 달라지는 날개도 있다.

- 일반적으로 시위선은 전체 날개의 평균 시위선을 뜻하는데, 이것이 바로 평균 공력 시위선(MAC : Mean Aerodynamic Chord)이다.

④ 날개의 가로 · 세로비

날개의 가로 · 세로비는 말 그대로 가로(날개 길이)와 세로(시위선)의 비율을 말하는데 수식으로 표현하면 다음과 같다.

$$\text{가로세로비}(A.R.) = \frac{\text{가로}}{\text{세로}} = \frac{\text{날개길이}}{\text{시위선}} = \frac{b}{c}$$

⑤ 날개의 경사율

경사율(Taper ratio)은 날개 중앙부의 시위선과 날개끝 시위선의 비율을 가리킨다.

⑥ 날개와 동체가 이루는 각의 종류

ⓐ 전진각과 후퇴각은 비행기를 위에서 내려다보면 날개가 동체와 각각으로 장착되어 있지 않고 뒤쪽이나 앞쪽으로 접혀져 있다.

ⓑ 붙임각은 날개를 동체에 부착하는 각을 붙임각(Incidence angle)이라 하며, 비행기를 옆에서 바라보면 날개가 동체의 수평으로 되어 있지 않고 기울어져 있다.

⑦ 날개의 종류

날개의 종류는 직사각형 날개, 타원형 날개, 테이퍼형 날개, 전진형 날개, 후퇴형 날개, 삼각형 날개 등이 있다.

(2) 날개 단면 이론

① 날개골(시위선, 캠버, 두께, 앞전, 뒷전)

ⓐ 시위선은 날개골의 맨 앞 끝점에서 맨 뒷 끝점을 직선으로 잇는 선이다.

ⓑ 캠버는 날개골의 윗면과 아랫면의 표면 굴곡 상태를 말하며, 두 표면의 중간지점과 시위선과의 거리이다.

- 평균 캠버선(Average camber line)은 윗면과 아랫면의 중간 지점이며, 두께의 2등분선이다.
- 최대 캠버(Maximum camber)의 위치도 공기 역학적 특성에 영향을 준다.
- 일반 항공기의 날개골은 앞전으로부터 40[%] 정도의 후방 위치에 최대 컴버를 가지고 있다.

▼ 이해력 높이기

가로·세로비의 식

$$\text{가로세로비}(AR) = \frac{\text{전장}}{\text{시위}}$$

$$= \frac{Span}{Chord} = \frac{b}{c} = \frac{b^2}{S} = \frac{S}{c^2}$$

여기서, b : 날개의 길이,
  c : 날개의 시위,
  S : 날개의 면적이다.

▼ 이해력 높이기

비행기 날개의 받음각의 3가지 종류

① 기하학적 받음각 : 날개의 시위선과 비행기의 진행 방향과 이루는 각이다.
② 영양력 받음각 : 양력이 영이 되는 흐름선, 즉 영양력 선과 날개의 시위선과 이루는 각으로 이 받음각은 항상 음(−)의 값을 갖는다.
③ 절대 받음각 : 영양력 선과 비행기의 진행방향과 이루는 각이다.
※ 우리가 보통 받음각(AoA : Angle of Attack)이라 부르는 것은 기하학적 받음각을 말한다. 이를 그림으로 설명하면 아래와 같다.

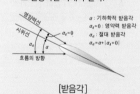

[받음각]

보충 학습

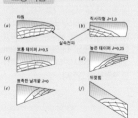

[날개모양에 따른 실속영역]

ⓒ 뒷면과 아랫면의 거리를 두께라 하며, 두께의 위치에 따라 날개골의 특성도 변화된다.

  • 일반 저속 항공기의 날개골은 앞전으로부터 30[%] 정도의 후방에 위치하며 최대 2개를 지니고 있다.

ⓓ 앞전은 날개골의 맨 앞 끝을 앞전(Leading edge)이라 하며, 일반적으로 원호 형태이나, 초음속 비행기에서는 뾰족한 쐐기 모양을 하고 있다.

ⓔ 뒷전은 날개골의 맨 뒷 끝을 뒤전(Trailing edge)이라 하며, 일반적으로 뾰족한 쐐기 모양을 하고 있다.

(3) 날개 이론

① 날개골의 분류

ⓐ 대표적인 날개골은 NASA(미국항공우주국)의 표준 날개골이다.

  • 4개의 숫자로 표시하는 계열로 분류한다.

  • 5~6개의 숫자로 표시하는 계열로 분류한다.

  • 초음속 날개로 분류한다.

> NACA X X XX(4자 계열) :
> ➤ 최대 두께의 크기(시위선에 대한 % 숫자)
> ➤ 최대 캠버의 위치(앞전 기준, 시위선에 대한 % 숫자)
> ➤ 최대 캠버의 크기(시위선에 대한 % 숫자)
>
> **[NASA(미국항공우주국)의 날개골]**

② 날개골의 모양

 날개골의 모양은 2차원이나, 실제 비행기의 날개는 3차원의 형상으로서, 날개의 모양에 따라 공기 역학적 특성이 달라진다.

③ 복엽기의 날개

 복엽기(Diplane)는 곡예 비행 등 일부 스포츠 용도나 역사적 유물로 취급한다.

  • 날개가 2배가 되어 많은 양력을 얻을 수 있다.

2 비행역학

1. 비행 성능

(1) 수평비행 성능

① 비행기에 작용하는 힘

양력, 항력, 추력 및 중력의 4가지로 나눌 수 있다.

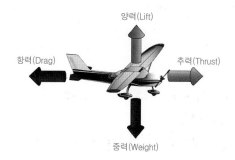

② 등속도 수평비행

정상 비행 특성을 가진 등속도 비행의 경우에는 추력과 항력이 동일하고, 양력과 중력이 동일한 상태에서 수평비행이 이루어진다. 따라서 다음과 같은 힘의 평형 방정식이 성립된다.

> • 추력(T) = 항력(D)
> • 양력(L) = 중력(W)

③ 필요동력과 이용동력

항공기 엔진의 사용 조건과 그 성능 범위를 정격(Rating)이라고 한다.

- 일반적으로 분사추진 엔진 항공기의 정격은 추력(Thrust)으로 나타낸다.
- 왕복 엔진 항공기의 정격은 동력(Power)으로 나타낸다. 동력은 힘과 속도의 곱으로 표현된다.

(2) 상승, 하강 비행 성능

① 상승 비행

비행기가 등속도로 상승할 때는 힘의 평형 관계를 가진다.

- 수직 속도를 상승률(Rate of Climb, R/C)이라고 하며, 이때 상승하는 각도를 상승각 "C"라고 한다.

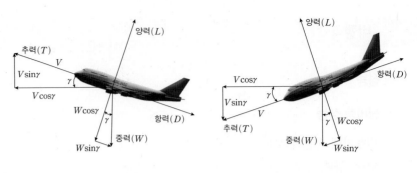

[수직 속도를 상승]   [수직 속도를 하강]

(3) 선회 비행 성능

① 직선 비행

수평면 내에서 일정한 선회 반지름으로 회전 운동을 하는 비행을 정상 선회 비행이라고 한다.

- 직선 비행을 하던 비행기가 선회 비행을 하기 위해서는 도움날개를 이용해야 하며, 선회경사각(Bank Angle, ϕ)을 이용하여 비행기에 경사를 주어야 한다.

② 선회 비행

선회 비행을 하는 비행기는 선회 방향 바깥쪽(반대쪽)으로 원심력(Centrifugal Force, Fcf)이 작용한다.

- 선회속도 V와 선회 반지름 R로 선회 비행하는 비행기는 양력의 수직 성분이 비행기의 하중과 일치하게 된다.
- 양력의 수평 성분은 구심력(Centripetal Force, $Fc\pi$)이 된다.
- 원심력과 일치되어 수평 선회 비행인 정상 선회 비행이 이루어진다.

▼ 이해력 높이기

선회비행시에 작용하는 힘

비행기 하중(W)=양력$(L)\cos\phi$

원심력(Fcf)=구심력$(Fc\pi)$=양력$(L)\sin\phi$

(4) 이 · 착륙 비행 성능

① 이륙 비행(지상 활주, 회전, 전이, 상승거리)

ⓐ 비행기는 정지 상태로부터 엔진의 출력을 증가시켜 활주하게 되면 가속이 되고, 어느 속도 이상이 되면 활주로로부터 이륙(Take off)하게 되며, 이륙속도는 비행기의 양력과 무게가 같아지는 실속속도이지만, 안전을 고려하여 약 1.2배되는 속도로 이륙한다.

보충 학습

- 항공기의 이륙거리
  지상활주거리+회전거리+전이거리+상승거리
- 항공기의 착륙활주거리
  자유활주거리+제동거리

ⓑ 비행기의 이륙거리는 정지 상태로부터 활주로 표면 또는 장애물로부터 일정 고도, 즉 프로펠러 비행기는 15[m](50[ft]), 제트 비행기는 11[m](30[ft])의 고도에 도달할 때까지의 수평거리라고 할 수 있다.

- V_1 : 이륙결심속도(Take off Decision Speed)
- V_R : 회전속도(Rotation Speed)
- V_{LOF} : 부양속도(Lift off Speed)
- V_2 : 이륙안전속도(Take off Safety Speed)

ⓒ 지상활주거리

정지 상태로부터 회전속도(V_R)에 도달할 때까지 거리이다.

ⓓ 회전거리

비행기가 회전속도에 도달할 때, 지상으로부터 이륙하기 위하여 상승 받음각을 가지도록 승강키를 조작하여 앞바퀴를 들고 지상 활주하는 거리이며, 필요한 시간은 약 3초 정도이다.

ⓔ 전이거리

비행기가 부양속도(V_{LOF})에 도달하여 활주로로부터 부양된 상태로부터 일정한 상승각을 가지기 위해 반지름 R의 원호를 그리며 상승 비행 자세로 바꿀 때까지 진행한 수평거리를 말한다.

ⓕ 상승거리

활주로로부터 이륙안전속도(V_2)에 도달하는 고도이며, 프로펠러비행기는 15[m](50[ft]), 제트 비행기는 11[m](30[ft])의 고도에 도달할 때까지의 공중수평거리를 말한다.

② 착륙 비행(공중, 자유활주, 제동거리)

ⓐ 비행기가 착륙하려면 하강하여 활주로에 진입해야 한다.

- 비행기의 하강 각은 약 3°로 유지한다.
- 착륙거리는 활주로 위의 고도이다.
- 프로펠러 비행기의 경우 15[m](50[ft]), 제트 비행기의 경우 11[m](30[ft])의 진입 고도로부터 활주로에 정지할 때까지의 수평거리를 말한다.
- 진입 고도에서의 진입속도(Approach Speed)는 실속속도의 약 1.3배로 유지해야 한다.
- 활주로 표면의 접지속도(Touch down Speed)는 실속속도의 약 1.15배로 유지해야 한다.

보충 학습

날개끝 실속방지 방법

비행기 날개에 날개끝 실속이 생기게 되면, 비행기 중심에서부터 먼위치에 실속에 의한 공기력의 변화로 인하여 비행기의 가로안정성이 좋지 않다.

또, 날개끝부분에 위치한 도움날개가 박리 흐름 속에 들어가기 때문에 도움날개의 효과를 나쁘게 하며, 따라서 비행기를 설계할 때 날개끝 실속이 일어나지 않도록 해야 한다. 날개끝 실속을 방지하는 방법에 다음과 같은 것들이 있다.

① 날개의 테이퍼비를 너무 크게 하지 않는다.

② 날개끝으로 감에 따라 받음각이 작아지도록 날개를 비튼다. 이를 날개의 앞내림(Wash out)이라 한다. 앞내림을 주면 실속이 날개뿌리에서부터 시작하게 한다. 이렇게 날개끝이 앞쪽으로 비틀린 것을 기하학적 비틀림이라 한다.

③ 날개끝부분에는 두께비, 앞전 반지름, 캠버 등이 큰 날개골, 즉, 실속각이 큰 것을 사용하여 날개부리보다 실속각을 크게 한다. 이것을 공기역학적 비틀림이라고 한다.

④ 날개부리에 스트립(Strip)을 붙여 받음각이 클 경우, 흐름을 강제로 떨어지게 해서 날개끝보다 날개부리에서 먼저 실속이 생기도록 한다.

⑤ 날개끝부분의 날개 앞전 안쪽에 슬롯(Slot)을 설치하여 날개 밑면을 통과하는 흐름을 강제로 윗면으로 흐르도록 유도해서 흐름의 떨어짐을 방지한다.

ⓑ 공중거리는 활주로 위의 프로펠러 비행기는 15[m](50[ft]), 제트 비행기는 11[m](30[ft])의 진입고도 및 전입속도로부터 활주로에 접지하는 순간까지 진행한 공중수평거리를 말한다.

ⓒ 자유활주거리는 활주로에 접지한 순간부터 제동장치를 작동시킬 때까지 진행한 거리로, 이에 필요한 시간은 약 3초 정도이다.

ⓓ 제동거리는 비행기가 제동을 시작할 때부터 정지할 때까지의 거리로, 자유활주거리와 제동거리를 합쳐 착륙 활주거리(Landing roll distance)라고도 한다.

(5) 특수 비행 성능

① 실속 성능

실속이 일어나면 Buffet 현상이 발생되고, 승강키 효율이 감소하여 기수내림 현상이 발생한다. Buffet 현상은 박리에 의한 후류가 날개나 꼬리 날개를 진동시켜 발생하는 현상으로서 실속이 일어나는 징조임을 나타낸다.

• 부분 실속(Partial stall)
• 정상 실속(Normal stall)
• 완전 실속(Complete stall)

② 스핀(Spin) 성능

ⓐ 스핀은 자동회전(Auto rotation)과 수직강하(Diving)가 조합된 비행이다.

• 자동회전은 받음각이 실속각보다 큰 경우 날개 한쪽 끝에 교란이 발생하면 날개는 회전을 시작하여 회전속도가 점점 빨라져 결국에는 일정 회전수로 계속 회전하는 현상이다.

ⓑ 정상스핀 현상은 수직스핀과 수평스핀, 낙하속도는 수직 스핀보다 작지만 회전 각속도가 더 크다.

• 300[m] 이하의 고도에서는 스핀운동을 금한다.

(6) 항속 성능

① 항속시간(Endurance)

항속시간을 최대로 하는 조건이다.

• 프로펠러 기 : $\left(\dfrac{C_L^{\frac{3}{2}}}{C_D}\right)_{\max}$

• 제트 기 : $\left(\dfrac{C_L}{C_D}\right)_{\max}$

보충 학습

• **부분실속**
실속의 징조를 느끼거나 경보 장치가 울리면 회복하기 위하여 바로 승강키를 풀어주어 회복하는 실속

• **정상실속**
확실한 실속 징후가 생긴 다음 기수가 강하게 내려간 후에 회복하는 경우의 실속

• **완전실속**
비행기가 완전히 실속할 때까지 조종간을 당긴 후에 조종간을 풀어주는 경우의 실속

▼ 이해력 높이기

스핀(spin)
항공기 사고의 원인이 되기도 하는 스핀(Spin)은 비행기가 수직 강하 또는 급경사 강하를 하면서 제어할 수 있거나 제어할 수 없는 상태로 하강축 주위를 선회하는 공중 조작 또는 운동

▼ 이해력 높이기

최대 항속시간(Endurance)
항공기가 한번의 연료로 비행할 수 있는 항속 시간(Endurance)라고 하며, 연료를 가득싣고 비행속도, 엔진출력, 자세 및 고도를 적절하게 비행하는 최대 비행시간을 최대 항속시간이라 한다.

② 항속거리(Range)

ⓐ 항속 거리는 비행기가 출발할 때 탑재한 연료를 다 사용할 때까지의 거리이다.

$$R = V \cdot t, \ t = \frac{B}{C \cdot P}$$

- R : 항속거리, V : 순항속도, t : 항속시간, B : 연료탑재량, C : 비연료 소비율, P : 엔진 출력

$$R = \frac{540\eta}{C} \cdot \frac{C_L}{C_D} \cdot \frac{W_1 - W_2}{W_1 - W_2}, \ t = \frac{W_1 - W_2}{BHP \times C}$$

ⓑ 항속거리의 단위

- [km]
- NM(Nautical Mile : 해리), 1[NM] = 1.85[km]
- 항공기 속도: [km/h], knot(1 [knot] = 1 [NM/h])

> **이해력 높이기**
>
> **최대 항속거리**
>
> 항공기나 선박이 연료를 최대 적재량까지 실어 비행 또는 항행할 수 있는 최대 거리이다. 예비연료는 제외하기도 한다.
> 이륙 시 탑재한 연료를 다 사용할 때까지의 비행거리를 말하므로 속도에 따른 필요 추력이 작을수록, 양항비가 클수록, 고도에 따른 연료 소비율이 작을수록 항속 거리는 길어진다.

2. 비행기의 안정성과 조종

(1) 세로 안정과 조종

① 피치운동(Pitching)

비행기의 세로 안정성(Longitudinal stability)은 피치운동(Pitching)에 대한 안정성을 의미한다.

② 받음각의 변화

세로 안정성은 받음각의 변화에 따른 피칭 모멘트의 변화로 그 특성을 나타낼 수 있다.

- 받음각은 비행기 진행 방향에 대해 비행기 기수가 상승하면 양(+)의 값을 가지고, 비행기 기수가 하강하면 음(−)의 값을 가진다.
- 비행기 무게 중심에 대한 피칭 모멘트(Mcc) 또한 비행기 기수가 올라가는 방향을 양(+)의 값으로 잡고, 비행기 기수가 내려가는 방향을 음(−)의 값으로 잡는다.

③ 피칭 모멘트의 변화

받음각에 대한 피칭 모멘트의 기울기가 음(−)의 값을 가져야만 정적 세로 안정성이 있다고 본다.

> **보충 학습**
>
> **비행기 날개의 받음각의 3가지 종류**
>
> ① 기하학적 받음각 : 날개의 시위선과 비행기의 진행 방향과 이루는 각이다.
> ② 영양력 받음각 : 양력이 영이 되는 흐름선, 즉 영양력 선과 날개의 시위선과 이루는 각으로 이 받음각은 항상 음(−)의 값을 갖는다.
> ③ 절대 받음각 : 영양력 선과 비행기의 진행방향과 이루는 각이다.
> ▶ 우리가 보통 받음각(AoA : Angle of Attack)이라 부르는 것은 기하학적 받음각을 말한다. 이를 그림으로 설명하면 아래와 같다.
>
>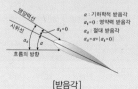
>
> [받음각]

콕콕 포인트

Industrial Engineer Aircraft Maintenance · Industrial Engineer Aircraft Maintenance · Industrial Engineer Aircraft Maintenance · Industrial Engineer Aircraft Mai

- 받음각에 대한 피칭 모멘트의 기울기가 양(+)의 값을 가지게 되면, 정적 세로 안정성이 없다고 보며, 이를 정적 세로 불안정이라고 한다.

(2) 가로 안정과 조종

① 비행기의 롤 운동(Rolling)

비행기의 가로 안정성(Lateral Stability)은 비행기의 롤 운동(Rolling)에 대한 안정성을 의미한다.

② 옆 미끄럼 각 b의 변화

가로 안정성도 옆 미끄럼 각 b의 변화에 따른 롤링 모멘트의 변화로 그 특성을 나타낼 수 있다.

- 옆 미끄럼 각이 $b=0$인 경우, 롤링 모멘트도 "0"이면 비행기는 평형 상태로 비행을 한다.
- 옆 미끄럼 각은 비행기 기수에 대해 오른쪽에서 상대 바람이 불어들어오면 양(+)의 값을 가지고, 비행기 기수에 대해 왼쪽에서 상대 바람이 불어들어오면 음(−)의 값을 가진다.

③ 롤링 모멘트(Rolling moment)의 변화

수평비행 상태로부터 가로 방향으로의 공기력은 옆 미끄럼을 유발시켜 수평비행 상태로 복귀시키는 옆 놀이 모멘트를 발생시킨다.

- 옆 놀이 모멘트 계수가 음(−)의 값을 가질 때 가로 안정이 있다.

(3) 방향 안정과 조종

① 비행기의 요 운동(Yawing)

비행기의 방향 안정성(Directional stability)은 비행기의 요 운동(Yawing)에 대한 안정성을 의미한다.

② 옆 미끄럼 각(Side slip angle, b)의 변화

방향 안정성은 옆 미끄럼 각의 변화에 따른 요잉 모멘트의 변화로 그 특성을 나타낼 수 있다.

(4) 조종면의 이론

3축 운동(도움 날개, 승강키, 방향키)

비행기는 공간상에서 3축(세로축, 가로축, 수직축)에 대해 3가지 운동, 즉 롤 운동(Rolling), 피치운동(Pitching), 요 운동(Yawing)을 한다. 이러한 3가지 운동을 도움날개(Aileron), 승강키(Elevator) 그리고 방향키(Rudder)가 돕는다.

● 이해력 높이기

축	운동	조종면	안정
세로축, X축, 종축	옆놀이 (rolling)	도움날개 (aileron)	가로 안정
가로축, Y축, 횡축	키놀이 (pitching)	승강키 (elevator)	세로 안정
수직축 Z축	빗놀이 (yawing)	방향키 (rudder)	방향 안정

ral Engineer Aircraft Maintenance · Industrial Engineer Aircraft Maintenance · Industrial Engineer Aircraft Maintenance · Industrial Engineer Aircraft Maintenance

콕콕 포인트

① 도움날개

오른쪽 도움날개를 내리면 오른쪽 날개의 양력이 증가하고, 왼쪽 도움날개를 올리면 왼쪽 날개의 양력이 감소한다.

- 비행기가 왼쪽으로 경사지게 되면, 왼쪽으로 선회 비행을 하게 하며, 오른쪽으로 선회비행을 하기 위해서는 도움날개를 서로 반대 방향으로 작동시킨다.
- 도움날개를 작동하려면, 조종 스틱(Control stick)을 왼쪽 또는 오른쪽으로 움직이면 된다.

② 승강키

비행기의 받음각을 증가시키기 위해 승강키를 동시에 상승시키고, 반대로 받음각을 감소시키기 위해서는 승강키를 동시에 하강시킨다.

- 승강키의 조작은 조종 스틱을 앞뒤로 밀거나 당긴다.

③ 방향키

페달(Rudder Pedal)를 오른쪽으로 밀면, 비행기의 기수(Heading)가 오른쪽(시계빙향)으로 돌아가는 요(Yaw)현상을 일으킨다.

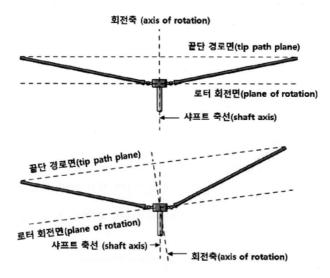

[축선(Axis) 및 회전면(Plane of Rotation)]

1차 조종면	기준	안정	역할	Control
Aileron	세로축	가로	Rolling	조종간을 좌우로 돌린다.
Elevator	가로축	세로	Pitching	조종간을 밀거나 당긴다.
Rudder	수직축	방향	Yawing	좌우 페달을 민다.

콕콕 포인트

Industrial Engineer Aircraft Maintenance · Industrial Engineer Aircraft Maintenance · Industrial Engineer Aircraft Maintenance · Industrial Engineer Aircraft Mai

3 프로펠러 및 헬리콥터

1. 프로펠러 추진원리

(1) 프로펠러의 추진원리

① 운동량 이론

ⓐ 추력과 항력 및 중력과 양력은 헬리콥터에 작용하는 힘으로는 헬리콥터 진행 방향으로의 추력과 반대 방향으로 작용하는 항력이 있으며, 헬리콥터에서 지면을 향해 수직 방향으로 작용하는 중력 및 그 반대 방향으로의 양력이 있다.

ⓑ 원심력은 헬리콥터의 회전 날개가 회전하면, 회전 날개의 깃 끝 방향으로 원심력이 작용한다.

• 회전 날개는 원심력과 회전 날개에 발생하는 양력의 합성력이 작용하는 방향으로 각도 "b"만큼 기울어지게 된다.

ⓒ 회전력은 뉴턴의 운동 제3법칙은 작용·반작용 법칙으로, 작용력이 있으면 반대 방향으로 반작용력이 작용한다는 것이다.

ⓓ 헬리콥터의 등속도 전진 비행은 회전면(깃 끝 경로면)이 전진하는 방향으로 기울어지기 때문에 그 방향으로의 추력이 발생한다.

• 헬리콥터의 전진 비행 상태는 추력(T)=항력(D), 양력(L)=중력(W)

② 깃 요소 이론

ⓐ 헬리콥터가 전진 비행을 할 때에 주 회전 날개는 깃의 회전속도뿐만 아니라 전진비행속도에 의해서도 영향을 받는다.

• 전진속도 V로 비행하는 헬리콥터의 전진 깃(Advancing blade)의 속도 V_A는 깃 끝 속도(Blade tip speed, V_{tip})보다 전진속도만큼 증가한다.

• 헬리콥터의 후진 깃(Retreating blade)의 속도 V_ψ은 깃 끝의 속도보다 전진속도만큼 감소한다.

• 전진 깃의 속도 : $V_A = V_{tip} + V$

• 후진 깃의 속도 : $V_\psi = V_{tip} - V$

보충 학습

코닝각(Cone angle)

• 헬리콥터가 전진 비행 시 회전날개의 로터 블레이드 양력이 로터 허브에서 만드는 모멘트와 원심력이 로터 허브에서 만드는 모멘트와 편형이 될 때까지 위로 처들게 하여 회전면을 밑면으로 하는 원추(Cone) 모양을 만들게 되며, 이때 회전면과 원추 모서리가 이루는 각이다.

• 헬리콥터가 제자리에서 정지비행을 할 때 이를 호버링(Hovering)이라 한다.

• 헬리콥터가 무풍상태에서 호버링 시 로터(Rotor)의 회전면(Rotordisc) 혹은 깃끝 경로면(Tip path plane)은 수평지면과 평행이다.

콕콕 포인트

(2) 프로펠러의 성능

① 가변피치, 정속피치, 역 피치 프로펠러

ⓐ 회전면에 대한 프로펠러 깃 단면의 기울기를 피치각 또는 깃각이라 하며, 비행 중에 깃각을 바꿀 수 있는 것을 가변피치 프로펠러, 바꿀 수 없는 것을 고정피치 프로펠러라고 한다.

ⓑ 착륙할 때 피치각을 조정하여 추력을 역방향으로 발생시켜 활주거리를 줄일 수 있도록 고안된 프로펠러이다.

2. 헬리콥터 비행원리

(1) 헬리콥터의 비행원리

① 수직 비행과 공중 정지 비행

ⓐ 제자리 비행 요소이며, 회전익의 피치(받음각)를 증가시키면 수직 방향으로 양력이 커져 항공기는 상승하고 반대로 피치를 감소시키면 하강하게 된다.

• 양력과 추력이 중력과 항력보다 크면 상승하고 중력과 항력보다 작으면 수직으로 하강한다.

ⓑ 헬리콥터의 공중 정지 비행(Hovering)이란, 헬리콥터가 전·후·좌·우의 방향으로 이동하지 않고 일정한 고도를 유지하며 공중에 떠 있는 비행 상태를 말한다.

(2) 헬리콥터의 성능

① 정지 비행, 측면 비행, 전 · 후진 비행, 상승 · 하강 비행, 자동 회전 등

ⓐ 수평방향 조종은 Cyclic pitch control lever를 전진 및 후진으로 하여, 측진 등 조종간의 위치에 따라 회전면을 기울여 원하는 방향으로 조종한다.

ⓑ 좌 · 우 방향조종은 페달을 작동시켜 Tail rotor의 피치를 조종함으로써 원하는 방향으로 조종한다.

• Swash plate(경사판)는 비행기의 조종면(Control surface) 역할을 하는 장치로 회전날개 아래에 한 쌍(회전 경사판, 고정 경사판)으로 되어 있으며, 조종간을 움직이면 경사판이 움직여 원하는 방향으로 조종할 수 있다.

ⓒ 자동 회전 비행은 비행기가 동력이 없이 활공하는 것처럼, 헬리콥터의 경우에 엔진이 정지하면 자동 회전 비행(Auto rotation)에 의해 일정한 하강속도로 안전하게 지상에 착륙할 수 있다.

[수직비행]

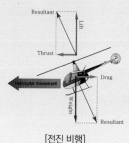

[전진 비행]

Aircraft Maintenance

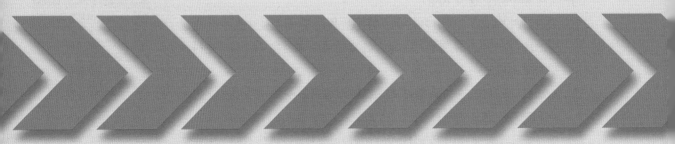

항공역학
출제 예상문제

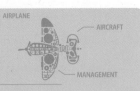

제1장 항공역학(Aerodynamics)

1 공기의 기초역학

1 대기

01 표준대기 상태에서 10,000[m] 고도에 있어서의 온도는 얼마인가?

① $-45[\degree C]$ ② $-50[\degree C]$

③ $-55[\degree C]$ ④ $-60[\degree C]$

해답

아래의 식 (1-2)에서 $T=T_0-0.0065[h]$이므로 $h=10,000[m]$를 대입하면 $T=(15-0.0065)\times10,000=-50\degree C$

실제의 대기는 기압, 온도, 밀도 등이 고도에 따라 복잡하게 변화 할 뿐만 아니라, 곳곳에 따라 시시각각으로 변화한다.

표준대기는 국제적으로 통용이 되어야 하므로 국제민간항공기구(ICAO : International Civil Aviation Organization)에서 국제표준대기(ISA : International Standard Atmosphere)를 설정하였다. 표준대기는 해발고도 및 대기권 내에서는 다음과 같이 정해졌다.

• 해발고도

압력 : $P_0=760[mmHg]=29.9213[inHg]$
$=1013.25[milibar]=101425.0[N/m^2]$

밀도 : $\rho_0=0.0023769[slug/ft^3]=0.12499[kg_f \cdot s^2/m^4]$
$=1.2250[kg/m^3]$

온도 : $T_0=15\degree C$

절대온도 : $T=(273+15)\degree K$

대기권내 고도 [hm]에서는

압력 : $P=P_0\left(1-\dfrac{0.0065}{288}h\right)^{5.256}$ (1-1)

온도 : $T=T_0-0.0065h=15\degree C-0.0065h$ (1-2)

밀도 : $\rho=\rho_0\left(1-\dfrac{0.0065}{288}h\right)^{4.256}$ (1-3)

식(1-2)는 고도에 따른 섭씨(°C) 온도를 실측 평균한 식이고, 식(1-1)과 식(1-3)은 대기를 완전기체의 상태식에 의해 단열 팽창하는 것으로 가정해서 유도된 식으로, 실제와 잘 부합되는 식들이다.

02 대기권에서 제트기류(Jet stream)가 부는 공간은 어디인가?

① 대류권   ② 성층권

③ 대류권계면   ④ 성층권계면

해답

[대기권의 구조]

대기권의 구조는 그림과 같으며 대류권과 성층권의 경계면을 대류권계면이라 한다. 이 공간에서는 100[km/h] 정도의 서풍 또는 편동풍이 불며 이를 제트기류(Jet stream)라 한다. 제트여객기가 이 기류를 이용하여 비행하면 연료를 절약할 수가 있다.

03 지오퍼텐셜 고도(Geopotential height)에 대한 올바른 설명은?

① 지구의 중력가속도가 일정한 고도

② 지구의 중력가속도 변화를 고려한 고도

③ 운동에너지가 일정한 고도

④ 위치에너지가 일정한 고도

해답

고도에는 지구의 중력가속도(g)가 일정한 것으로 가정해서 정한 종래의 기하학적 고도(Geometrical height)와 현재의 표준대기로 사용하는 것으로 고도에 따라 (g)의 변화를 고려해서 높은 고도에 적합하게 만들어진 지오퍼텐셜 고도(Geopotential height)가 있다. 기하학적 고도(h)에서 지오퍼텐셜 고도(H)의 환산식은 다음과 같다.

$$H=h\left(1-\frac{h}{r_0}\right)$$

여기서, H=지오퍼텐셜 고도, h=기하학적 고도,
r_0=지구의 반지름($r_0=6.376\times10^6[m]$)

[정답] 1. 공기의 기초역학   **1**   01 ②   02 ③   03 ②

04 국제표준대기(ISA)에 대하여 바르게 기술한 것은?

① 국제연합(UN)에서 정한 표준대기이다.

② 온대지방의 기상상태를 표준으로 설정한 대기이다.

③ 국제민간항공기구(ICAO)에서 정한 표준대기이다.

④ 세계 각 지역의 기상상태를 평균하여 설정한 표준대기이다.

해답

국제표준대기(ISA)
국제민간항공기구(ICAO)에서 설정하였으며 온도는 대기의 온도분포를 실측 평균한 식으로, 압력과 밀도는 완전기체의 상태식에 의해 유도된 식으로 계산하여 구하였다.

05 대기권에 대한 설명 중 틀린 것은?

① 대류권에서는 고도가 높을수록 온도는 감소한다.

② 성층권에서는 온도변화가 거의 없다.

③ 제트기류가 부는 공간은 성층권이다.

④ 대기권과 성층권의 경계면은 대류권계면이다.

해답

대류권에서는 고도가 높을수록 온도가 감소하며 성층권(11[km]~50[km])에 이르면 온도는 일정하다. 제트기류는 대류권과 성층권의 경계면인 대류권계면에서 분다.

06 대류권에서의 기온체감률(Lapse rate)은 얼마인가?

① $-5.6[℃]/1,000[m]$ ② $-4.5[℃]/1,000[m]$

③ $-6.5[℃]/1,000[m]$ ④ $-9.8[℃]/1,000[m]$

해답

대류권에서는 구름이 생성되고, 비, 눈, 안개 등의 기상현상이 생기며 1[km] 올라갈 때마다 기온이 6.5℃씩 내려간다.
즉 $-6.5/1,000[m]$를 기온체감률이라 한다.

07 구름이 없고 기온이 낮아 항공기의 순항 고도로 적합한 경계면은?

① 대류권계면   ② 성층권계면

③ 중간권계면   ④ 열권계면

해답

대류권(평균 11[km]까지)은 고도가 증가할수록 온도, 밀도, 압력이 감소하고, 고도가 1[km] 증가할수록 기온이 6.5℃씩 감소한다. 고도 10[km] 부근(대류권계면)에 제트기류가 존재하고 대기가 안정되며, 구름이 없고 기온이 낮아 항공기의 순항고도로 적합하다.

08 성층권에 대한 올바른 설명은?

① 온도가 증가   ② 온도가 감소

③ 온도의 변화 없음   ④ 온도 감소 후 증가

해답

성층권
평균적으로 고도 변화에 따라 기온 변화가 거의 없는 영역을 성층권이라고 하나 실제로는 많은 관측 자료에 의하면 불규칙한 변화를 하는 것으로 알려져 있다.

09 중간권에 대한 올바른 설명은?

① 온도가 가장 낮다.   ② 온도의 변화 없음

③ 온도가 증가   ④ 온도가 감소

해답

중간권(50~80[km])은 높이에 따라 기온이 감소하고, 대기권에서 이곳의 온도가 가장 낮다.

10 열권에 대한 올바른 설명은?

① 실제로는 많은 관측 자료에 의하여 불규칙한 변화를 하는 것으로 알려져 있다.

② 높이에 따라 기온이 감소하고, 대기권에서 이곳의 온도가 가장 낮다.

③ 고도가 올라감에 따라 온도는 높아지지만 공기는 매우 희박해지는 구간이다.

④ 열권 위에 존재하는 구간이고 열권과 극외권의 경계면인 열권계면의 고도는 약 500[km]이다.

[정답] 04 ③ 05 ③ 06 ③ 07 ① 08 ③ 09 ① 10 ③

해답

열권

고도가 올라감에 따라 온도는 높아지지만 공기는 매우 희박해지는 구간이다. 전리층이 존재하고, 전파를 흡수, 반사하는 작용을 하여 통신에 영향을 끼친다. 중간권과 열권의 경계면을 중간권계면이라고 한다.

11 극외권에 대한 올바른 설명은?

① 실제로는 많은 관측 자료에 의하여 불규칙한 변화를 하는 것으로 알려져 있다.

② 높이에 따라 기온이 감소하고, 대기권에서 이곳의 온도가 가장 낮다.

③ 고도가 올라감에 따라 온도는 높아지지만 공기는 매우 희박해지는 구간이다.

④ 열권 위층에 존재하는 구간이고 열권과 극외권의 경계면인 열권계면의 고도는 약 500[km]이다.

해답

극외권

열권 위층에 존재하는 구간이고 열권과 극외권의 경계면인 열권계면의 고도는 약 500[km]이다.

12 대기권을 고도에 따라 낮은 곳부터 높은 곳까지 순서대로 분류한 것은?

① 대류권 – 성층권 – 열권 – 중간권

② 대류권 – 중간권 – 열권 – 성층권

③ 대류권 – 중간권 – 성층권 – 열권

④ 대류권 – 성층권 – 중간권 – 열권

해답

대기권은 고도에 따른 분류

대류권 – 성층권 – 중간권 – 열권 – 극외권으로 구분된다.

---

01 이상유체에 대한 설명 중에서 맞는 것은?

① 모든 유체는 이상유체로 가정할 수 있다.

② 무게가 없는 가벼운 유체를 이상유체라 한다.

③ 점성이 없는 유체를 이상유체라 한다.

④ 공기는 점성이 없기 때문에 이상유체이다.

해답

점성이 없는 유체를 이상유체라 한다. Newton이 유체해석을 쉽게 하기 위하여 점성이 없는 이상유체의 개념을 처음 도입하였다. 공기는 점성이 작기 때문에 이상유체라 가정하여 해석하는 경우가 많다.

02 압축성 유체에 대한 설명 중 맞는 것은?

① 흐름속도가 변할 때 밀도는 일정하고 압력만 변한다.

② 압력, 온도, 밀도는 흐름의 마하수에 따라 변한다.

③ 밀도와 온도는 일정하고 압력은 마하수에 따라 변한다.

④ 압력, 온도, 밀도의 변화는 흐름속도의 함수가 된다.

해답

비압축성 유체에서는 속도가 변하면 압력만 변화하고 밀도와 온도는 일정하다. 그러나 압축성 유체에서는 속도가 변하면 압력, 온도, 밀도가 전부 변하는데 이들 값은 마하수의 함수로 변화한다. 이 이론은 오스트리아의 과학자 Ernest Mach가 처음으로 발표하였다.

03 단위면적을 통과하는 흐름의 양을 올바르게 나타낸 식은?

① 밀도×속도   ② 밀도×체적

③ 밀도×면적   ④ 밀도×질량

해답

흐름의 양은 부피×밀도로 표시된다. 부피는 단면적×길이가 되는데 길이는 속도×단위시간(1)으로 표시된다. 따라서 흐름의 양은 속도×밀도×1(단위시간)×1(단위면적)=속도×밀도가 된다.

[정답] 11 ④   12 ④   **2** 01 ③   02 ②   03 ①

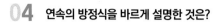

04 연속의 방정식을 바르게 설명한 것은?

① 유관의 단면적과 흐름속도는 비례한다.

② 유체의 속도와 단면적의 비는 일정하다.

③ 단위시간에 통과하는 유량은 일정하다.

④ 유관의 단면적과 흐름속도는 항상 반비례한다.

🔍 **해답**

연속의 식은 유관내에 유입되는 양과 유출되는 양이 같다는 것을 식으로 표시한 것이다. 즉 단위시간에서 볼 때 통과하는 유량은 일정하게 된다.

🔽 **참고**

연속방정식

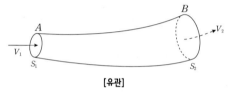

[유관]

그림과 같은 원통관 속을 유체가 가득하게 화살표 방향으로 계속적으로 흘러간다면, 이 관 속을 유체가 정상적으로 계속하여 흘러가기 위해서는, 단면 A를 통하여 흘러 들어오는 유체의 질량과 단면 B를 통하여 흘러 나가는 유체의 질량은 같아야 된다는 조건하에서 다음 식이 성립된다. 유체의 밀도를 ρ라고 하면

$$S_1 V_1 \rho_1 = S_2 V_2 \rho_2$$

이 식을 연속방정식이라 한다. 공기는 그 흐름속도가 음속이하일 때는 압축성 영향을 무시할 수 있으며, 밀도 ρ가 일정하기 때문에 $\rho_1 = \rho_2$가 되어 다음과 같은 식이 성립한다.

$$S_1 V_1 = S_2 V_2$$

이 식에 의하면 압축성의 영향을 무시할 경우, 흐름속도는 단면적에 반비례함을 알 수 있다.

05 비압축성 유체가 지나가는 유관에서 출구의 직경을 반으로 줄이면 흐름속도는?

① 2배로 증가한다.

② 4배로 증가한다.

③ 반으로 감소한다.

④ 일정하다.

🔍 **해답**

비압축성 유체의 연속의 식은 $A_1 V_1 = A_2 V_2$이다. 즉 출구의 속도(V_2)는 단면적(A_2)에 반비례한다. 단면적은 $\frac{\pi}{4} \times$ 직경^{2}이므로 직경이 반으로 줄면 단면적은 1/4로 줄기 때문에 속도는 4배로 증가한다.

06 날개 주위를 흐르고 있는 유동장에서 어떤 단면에서의 유선의 간격이 25[mm]이고 그 점에서의 유속은 36[m/s]이다. 이 유선이 하류 쪽에서 18[mm]로 좁아졌다면, 이곳에서의 유속은?

① 20[m/s]

② 36[m/s]

③ 50[m/s]

④ 62[m/s]

🔍 **해답**

$A_1 V_1 = A_2 V_2$에서, 단위깊이(1[m])의 유관이라 하면,

하류에서의 속도 V_2는 $36 \times (0.025 \times 1) = V_2 \times (0.018 \times 1)$

∴ $V_2 = 50$[m/s]

07 비압축성 흐름에 대한 베르누이 정리를 올바르게 설명한 것은?

① 흐름속도가 빠르면 동압은 작아지고 정압은 커진다.

② 동압과 정압의 합은 속도에 따라 변한다.

③ 동압은 항상 정압보다 크다.

④ 동압과 정압의 합을 전압이라 하고 항상 일정하다.

🔍 **해답**

베르누이 정리 또는 베르누이 방정식이라 함은 정압(P)과 동압($\frac{1}{2}\rho V^2$)의 합은 항상 일정하다는 것이다. 이 정압과 동압의 합을 전압(Total pressure)이라 한다.

🔽 **참고**

베르누이 방정식(Bernoulli's equation)

수압이나 대기압 같이 유체의 운동상태에 관계없이 항상 모든 방향으로 작용하는 유체의 압력을 정압(Static pressure)이라 하며, 유체가 갖는 속도로 인해 속도의 방향으로 나타나는 압력을 동압(Dynamic pressure)이라고 하고, 동압은 유체의 흐름을 직각되게 판으로 막았을 때 판에 작용하는 압력을 말한다. 그 크기는

$$q = \frac{1}{2} \times \rho V^2$$

여기서, q(동압) : kgf/m², N/m²

ρ(밀도) : kgf·s²/m⁴, kg/m³

V(속도) : m/s

윗 식에서 알 수 있는 바와 같이, 동압은 유체가 갖는 운동에너지가 압력으로 변한 것임을 알 수 있다. 연속적인 흐름에서 같은 유선상의 정압 P와 동압 q는 다음과 같은 관계가 있으며 정압과 동압의 합을 전압(Total pressure)이라 한다.

$$P + q = \text{const} \quad \text{혹은} \quad P + \frac{1}{2}\rho V^2 = \text{const}$$

이 식을 비압축성 베르누이(Bernoulli)의 방정식 또는 베르누이 정리라 하며, 흐름의 속도가 커지면 정압은 감소한다는 것을 나타낸다.

[정답] 04 ③ 05 ② 06 ③ 07 ④

Aircraft Maintenance

08 비행기가 밀도 $\rho=0.1[\mathrm{kg\cdot s^2/m^4}]$인 고도를 200 $[\mathrm{km/h}]$의 속도로 날고 있다. 항공기에 부딪히는 동압은?

① $154[\mathrm{kg/m^2}]$ ② $100[\mathrm{kg/m^2}]$

③ $300[\mathrm{kg/m^2}]$ ④ $500[\mathrm{kg/m^2}]$

해답

동압, $q=\dfrac{1}{2}\times\rho V^2$이므로

$q=\dfrac{1}{2}\times0.1[\mathrm{kg\cdot s^2/m^4}]\times\left(\dfrac{200\times1,000[\mathrm{m}]}{23,600[\mathrm{s}]}\right)^2=154.3[\mathrm{kg/m^2}]$

09 베르누이 정리는 어느 조건하에서만 성립하는가?

① 유체흐름의 중간에서 에너지의 공급을 받았을 때
② 유체흐름의 중간에서 에너지의 공급을 받지 않았을 때
③ 유체흐름이 고속으로 흐를 때
④ 유체흐름이 저속으로 흐를 때

해답

베르누이 정리는 유체의 흐름에서 정압과 동압의 합은 일정하다는 정리로, 중간에서 에너지 공급이 있으면 안된다.

10 밀도 ρ, 속도 V인 공기흐름이 벽면에 충돌하였을 때 받는 힘은?

① 속도에 비례한다. ② 속도 제곱에 비례한다.
③ 속도에 반비례한다. ④ 속도 제곱에 반비례한다.

해답

공기흐름이 벽면에 충돌하였을 때 받는 힘은 동압($\dfrac{1}{2}\rho V^2$)이 되므로 동압은 속도 제곱에 비례한다.

11 어떤 점에서 압력계수(C_p)가 영이라고 하면?

① 그 점에서의 흐름속도가 영이다.
② 그 점에서의 압력이 영이다.
③ 그 점에서의 압력은 진공이다.
④ 그 점에서의 압력은 주위의 대기압과 같다.

해답

압력계수 C_p는 다음 식으로 정의된다.

$C_p=\dfrac{P-P_\infty}{\dfrac{1}{2}+\rho V_\infty^2}$ 또는 $C_p=1-\left(\dfrac{V}{V_\infty}\right)^2$

여기서 첨자 ∞는 대기의 상태
$C_p=0$이면, $p=p_\infty$가 되어 어떤 점에서의 압력(p)은 대기압(p_∞)과 같다.

참고

$C_p>0$이면 정압으로 대기압보다 큰 압력이,
$C_p<0$이면 부압으로 대기압보다 작은 압력이 작용한다.

❸ 점성 및 압축성 유체의 흐름

01 공기의 점성계수를 올바르게 설명한 것은?

① 온도와 압력에 관계없이 일정하다.
② 온도가 올라가면 점성계수는 커진다.
③ 밀도에 비례한다.
④ 압력에 비례한다.

해답

액체의 점성계수는 온도가 높아지면 묽어져서 작아지나 기체는 온도가 높아지면 분자운동이 활발해져서 점성계수는 커진다.

02 동점성계수(Kinematic viscosity)의 정의로 옳은 것은?

① 속도와 점성계수의 비
② 밀도와 점성계수의 비
③ 점성계수와 속도의 비
④ 점성계수와 밀도의 비

해답

레이놀즈 수는 $Re=\dfrac{\rho vl}{\mu}$ 또는 $Re=\dfrac{vl}{\mu/\rho}$로 쓸 수 있다. 이때 분모 항인 $\dfrac{\mu}{\rho}$는 자주 사용이 되므로 이를 동점성계수 ν로 정의한다. 즉 점성계수와 밀도의 비를 동점성계수라 한다.

[정답] 08 ① 09 ② 10 ② 11 ④ ❸ 01 ② 02 ④

03 임계 레이놀즈 수가 되면 흐름의 변화는?

① 난류 → 천이 → 층류 　　② 난류 → 층류 → 박리

③ 층류 → 천이 → 난류 　　④ 층류 → 천이 → 박리

해답

층류에서 난류로 변하는 "천이"현상이 일어나는 레이놀즈 수를 임계 레이놀즈 수(Critical Reynolds number)라 한다.
즉, 층류 → 천이 → 난류로 된다.

04 레이놀즈 수(Reynolds number)를 올바르게 정의한 것은?

① 점성력과 밀도의 비 　　② 관성력과 밀도의 비

③ 관성력과 점성력의 비 　　④ 점성력과 압력의 비

해답

비행체가 공기 중을 비행할 때 비행체에 작용하는 공기력은 동압으로 인한 관성력, 정압에 의한 힘, 그리고 점성에 의한 마찰력으로 구분할 수 있다. 관성력과 점성력의 비를 레이놀즈 수(Reynolds number)라 하며 물체에 작용하는 점성력의 특성을 가장 잘 나타낼 수 있는 무차원 수이다.

05 날개 윗면에 천이(Transition)현상이 일어난다. 그 현상은?

① 표면에서 공기가 떨어져 나가는 현상

② 층류가 난류로 변하는 현상

③ 충격파에 의해서 압력이 급증하는 현상

④ 풍압중심이 이동하는 현상

해답

레이놀즈 수가 점점 커지게 되면 층류흐름이 난류로 변하는 천이현상이 생긴다.(이때의 레이놀즈 수를 임계 레이놀즈 수라 한다.)

06 일반적으로 레이놀즈 수(Reynolds number)는?

① $\dfrac{속도 \times 길이}{동점성계수}$ 　　② $\dfrac{속도 \times 면적}{동점성계수}$

③ $\dfrac{면적 \times 시간}{점성계수}$ 　　④ $\dfrac{밀도 \times 속도}{점성계수}$

해답

레이놀즈 수는 $Re = \dfrac{\rho v l}{\mu}$ 또는 $Re = \dfrac{vl}{\mu/\rho}$ 로 표시된다.

여기서 v는 속도, l은 길이, ν는 동점성계수이다.

따라서, 레이놀즈 수 $= \dfrac{속도 \times 길이}{동점성계수}$ 이다.

07 날개의 시위길이가 3[m], 공기의 흐름속도가 360[km/h], 공기의 동점성계수가 0.15[cm²/s]일 때 레이놀즈 수는?

① 2×10^7 　　② 1.5×10^7

③ 20×10^7 　　④ 2×10^5

해답

$Re = \dfrac{vl}{\nu}$ 에서 $v = 360[km/h] = 100[m/s]$, $l = 3[m]$,

$\nu = 0.15[cm^2/s] = 0.000015[m^2/s]$,

$\therefore Re = \dfrac{vl}{\nu} = \dfrac{100 \times 3}{0.000015} = 2 \times 10^7$

08 레이놀즈 수가 크다는 것은 일반적으로 어떤 의미인가?

① 압력항력＝마찰항력 　　② 압력항력＞마찰항력

③ 압력항력＜마찰항력 　　④ 형상항력＜압력항력

해답

레이놀즈 수 $= \dfrac{관성력}{점성력}$ 으로 표시되는데 관성력은 $\rho V^2 S$로 표시되며 이는 평판 S를 흐름에 수직으로 놓았을 때 받는 압력항력과 같다. 따라서 레이놀즈 수가 크다는 것은 압력항력이 마찰항력보다 크다는 것을 의미한다.

09 천이점(Transition point)에 대하여 맞게 기술한 것은?

① 레이놀즈 수와는 관계가 없다.

② 레이놀즈 수가 임계치 이상이면 천이점이 생긴다.

③ 층류흐름에서 박리가 생기는 점이다.

④ 난류경계층에서 박리가 일어나는 점이다.

[정답] 03 ③ 04 ③ 05 ② 06 ① 07 ① 08 ② 09 ②

레이놀즈 수가 임계치 이상이 된다는 것은 임계 레이놀즈 수가 된다는 것을 의미하며, 이 때 층류에서 난류로 변하는 천이점이 생긴다.

10 박리(Separation)현상의 원인은 무엇인가?

① 역압력 구배 때문이다.

② 압력이 증기압 이하로 떨어지기 때문이다.

③ 압력 구배가 0이 되기 때문이다.

④ 경계층 두께가 0으로 되기 때문이다.

박리(Separation)

경계층 속을 흐르는 유체 입자가 뒤쪽으로 갈수록 점성 마찰력으로 인하여 운동량을 계속 잃게 되고, 또 압력이 계속 증가하면 결국 역압력 구배가 일어난다. 유체입자는 표면을 따라서 계속 흐르지 못하고 표면으로부터 떨어져 나가는 박리현상이 일어나게 된다.

11 와류발생장치(Vortex generator)의 목적은?

① 경계층의 박리현상을 지연시켜 준다.

② 날개 뒷전에서의 정전기를 분산시키다.

③ 110[V] 교류를 24[V] 직류로 바꿔준다.

④ 와류를 증가시켜 추력을 감소시킨다.

어떤 항공기의 날개에는 표면에 난류 경계층이 쉽게 발생되도록 하는 와류발생장치를 붙인다. 이 장치는 고아음속 제트여객기의 날개에 종종 사용되는 장치로서, 날개에 수직으로 가로세로비가 작은 조그만 금속판을 날개면에 수직으로 장착한 것인데, 이 금속판의 끝에서 발생되는 와류가 경계층흐름에 에너지를 공급해 주어 경계층의 박리를 지연시키는 역할을 한다.

12 비행기 날개의 윗 표면에서 일어나는 천이 현상에 대해 바르게 설명한 것은?

① 표면에 공기가 떨어져 나가는 현상

② 층류경계층이 난류경계층으로 변하는 현상

③ 충격파에 의하여 압력이 격증하는 현상

④ 풍압중심이 이동하는 현상

[정답] 10 ① 11 ① 12 ② 13 ①

천이현상

층류에서 난류로 변하는 현상을 말하며, 천이가 일어나는 점을 천이점이라 한다.

경계층

아래 그림은 날개골(Airfoil)의 윗면을 흐르는 공기흐름 모양을 나타내고 있다. 날개골로부터 조금 떨어진 윗부분의 흐름속도는 유입되는 흐름의 속도와 같으나 날개골 가까운 구역의 흐름속도를 확대하여 살펴보면, 흐름속도가 유입되는 흐름의 속도보다 작음을 알 수 있다. 이는 흐름의 속도가 점성의 영향으로 작아지기 때문이다. 이와 같이 공기가 어떤 면 위를 흐를 때 점성의 영향이 거의 없는 구역과 점성 영향이 나타나는 두 구역으로 구분할 수 있는데, 점성의 영향이 뚜렷한 벽 가까운 구역을 경계층이라 한다. 경계층은 흐름의 상태에 따라 층류경계층과 난류경계층으로 구분된다.

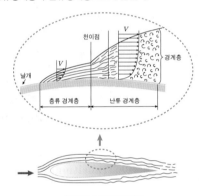

[날개골 윗면의 경계층]

13 경계층의 박리현상이란?

① 물체표면에서 형성되었던 유체의 경계층이 물체표면에서 떨어져 나가는 현상

② 경계층이 난류로 변하는 현상

③ 경계층이 난류로 변하지 않고 층류상태를 유지하면서 박리되는 현상

④ 경계층이 난류로 형성되어 있지 않은 상태

경계층 박리현상

경계층 속에 흐르는 유체입자가 평판의 뒤쪽으로 흘러갈수록 점성 마찰력으로 인해 운동량을 계속 잃게 되고, 또 뒤쪽에서 가해지는 압력이 계속 증가하면서 유체입자가 평판을 따라서 계속 흐르지 못하고 평판으로부터 떨어져 나가는 현상을 말한다.

경계층의 박리현상(흐름의 떨어짐)

다음 그림은 날개골을 따라 공기가 흐르는 현상을 그림으로 나타낸 것이다. 날개골 주위에는 경계층이 형성되고, 앞전 가까운 구역에서는 속도가 점점 증가하여 최댓값에 이르고, 계속 뒤쪽으로 가면 속도는 감소하고, 베르누이의 정리에 따라 압력은 점점 커지게 된다. 경계층 속의 유체입자는 날개골을 따라 계속 흘러가면서, 점성 마찰력으로 인해서 운동량을 계속 잃어버리게 되어 유체입자의 운동에너지는 감소되고, 뒤쪽으로부터 가해지는 압력이 계속 커지게 되면 유체입자는 더 이상 날개골을 따라 흐르지 못하고 떨어져 나가게 된다. 이를 흐름의 떨어짐(Separation)또는 "박리"라 한다.

경계층 속에서 흐름의 떨어짐이 일어나면, 그곳으로부터 뒤쪽으로 역류현상이 발생하여 후류가 일어나 와류현상을 나타낸다. 흐름의 떨어짐으로 인하여 후류가 발생하면 압력이 높아지고, 운동량의 손실이 크게 발생하여 날개골의 양력은 급격히 감소하게 된다. 흐름의 떨어짐은 층류경계층과 난류경계층 어느 경우에도 일어 날 수 있는데, 난류경계층보다 층류경계층에서 쉽게 일어난다.

난류경계층에서는 경계층의 외부에 있는 빠른 속도를 가진 유체입자들이 경계층의 벽면 가까이에 있는 느린 입자들에게 운동에너지를 전달해 주기 때문에, 난류유체입자들이 층류 경계층에서보다 점성 마찰력과 높아지는 뒤쪽 압력에 잘 견디기 때문이다. 그래서 어떤 항공기의 날개에는 표면에 난류경계층이 쉽게 발생되도록 와류 발생장치(Vortex generator)를 붙인다. 이 장치는 고아음속 제트여객기의 날개에 종종 사용되는 장치로서, 날개표면에 수직으로 가로세로비가 작은 조그만 금속판을 날개면에 수직으로 장착하여 박리를 지연시킨다.

[날개 윗면에서 흐름의 떨어짐]

14 경계층에 관한 다음 사항 중 맞는 것은?

① 레이놀즈 수와는 관계가 없다.

② 레이놀즈 수가 1,000 이상이면 경계층이 형성된다.

③ 레이놀즈 수의 압력항력만이 경계층과 관계된다.

④ 레이놀즈 수는 경계층의 상태와 밀접한 관련이 있다.

🔍 해답

경계층(Boundary layer)

공기가 어떤 면 위를 흐를 때 점성의 영향이 거의 없는 구역과 점성 영향이 나타나는 구역으로 구분할 수 있는데, 점성의 영향이 뚜렷한 벽 가까운 구역을 말한다.

15 유선(Stream line)의 정의로서 가장 적당한 것은?

① 유체내의 어떤 곡선의 수평방향이 유체의 운동방향과 일치되는 곡선을 유선이라 함

② 유체내의 어떤 곡선의 수직방향이 유체의 운동방향과 일치되는 곡선을 유선이라 함

③ 유체내의 어떤 곡선의 접선방향이 유체의 운동방향과 일치되는 곡선을 유선이라 함

④ 유체내의 흐름의 방향을 유선이라 한다.

🔍 해답

유선은 흐름의 경로에 따른 유체입자의 운동을 나타낸다. 정상류(유체내의 어떤 점에서 속도, 압력 및 밀도가 시간에 대해서 일정한 값을 가지는 경우)에서 유체흐름의 접선방향이 유체입자의 운동방향과 일치되는 곡선을 유선이라 한다.

16 유체흐름에서 점성 저층(Viscous sublayer)은 어느 부분에서 나타나는가?

① 층류경계층의 아랫부분에서

② 난류경계층의 아랫부분에서

③ 층류경계층과 난류경계층의 경계 영역에서

④ 관 입구에서의 중심 부분에서

🔍 해답

점성 저층(Viscous sublayer)

난류경계층에서는 벽면 가까운 곳에 점성 저층이라는 새로운 층이 형성되는데, 점성 저층 속에서의 흐름의 특성은 층류와 유사하다.

17 경계층 제어장치를 사용하는 목적은?

① 항력의 감소   ② 층류흐름의 형성

③ 흐름의 떨어짐 억제   ④ 흐름속도의 증가

🔍 해답

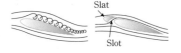

경계층 제어장치는 흐름의 떨어짐을 억제시키는 장치로 날개의 앞전 안쪽에 슬롯(Slot)을 설치하여 날개 밑면을 통과하는 흐름을 강제로 윗면으로 흐르도록 하여 흐름의 떨어짐을 억제하고 또 가동 슬랫(Slat)이라 하여 날개 앞전에 얇은 판(Slat)이 필요시 앞으로 움직여 슬롯을 만들어 줌으로써 흐름의 떨어짐을 방지한다.

[정답] 14 ④ 15 ③ 16 ② 17 ③

18 날개에서 공기흐름의 떨어짐(Separation)이 생기면 어떤 현상이 일어나는가?

① 양력이 증가한다.

② 항력이 감소한다.

③ 양력은 감소하고 항력이 증가한다.

④ 층류흐름이 형성된다.

해답

날개 윗면에서 흐름의 떨어짐이 생기면 날개 윗면의 압력이 커지게 되어 양력은 감소하고 항력이 증가한다.

19 날개의 윗면에 흐름의 떨어짐(Separation)을 지연시키는 장치와 관계없는 것은?

① Vortex generator ② Slat

③ Slot ④ Spoiler

해답

날개 윗면에 흐름의 떨어짐을 지연시키는 장치로 Slot, Slat 외에 Vortex generator(와류발생장치)가 있다. 이 장치는 날개의 윗면에 작은 금속판을 수직으로 붙여 금속판의 끝에서 발생하는 와류가 경계층 흐름에 에너지를 공급하여 흐름의 떨어짐을 지연시킨다. 흐름의 떨어짐은 난류보다 층류에서 더 빨리 일어난다. Spoiler는 고의적으로 흐름의 떨어짐을 발생시켜 항력을 증가시키는 장치이다.

20 마하수(Mach number)를 바르게 정의한 것은?

① 비행기의 속도를 그때의 음속으로 나눈 것

② 비행기의 속도를 압력으로 나눈 것

③ 비행기의 속도를 음속으로 곱한 것

④ 음속을 비행기의 속도로 나눈 것

해답

비행기의 속도를 그때의 음속으로 나눈 값을 마하수라 한다. 압축성 유체에서 압력, 온도, 밀도의 변화는 속도에 따라 변하지 않고 속도를 그때의 음속으로 나눈 값, 즉 Mach 수에 따라 변한다.

21 임계 마하수(Critical Mach number)라 함은?

① 날개 윗면의 속도가 마하 1이 될 때의 비행기의 마하수

② 비행기의 속도가 음속이 될 때의 마하수

③ 날개 윗면에 충격파가 발생할 때의 마하수

④ 날개 윗면에 흐름의 떨어짐현상이 생길 때의 비행기의 마하수

해답

비행 중에 날개 윗면의 속도는 비행기의 속도보다 훨씬 빠르다. 따라서 날개 윗면의 속도가 먼저 음속(마하 1)이 된다. 이때 비행기의 마하수를 임계마하수라 한다. 임계마하수가 되면 날개 윗면에 수직 충격파가 발생하여 충격실속(Shock stall)이 일어나고 양력은 감소하고 항력이 증가하게 된다. 따라서 이 임계마하수를 크게 하는 것이 제트여객기의 설계목표가 되고 있다.

22 표준대기상태에서 해면상을 1,224[km/h]로 비행하는 비행기의 마하수는?

① 0.5 ② 0.8

③ 1 ④ 1.5

해답

표준대기일 때 해면상에서 각 단위별로 소리속도는 다음과 같다.

• 소리속도

$a = 1,224[km/h](340[m/s])$

$a = 1,116[ft/s]$

$a = 660[knot]$

비행기의 속도가 음속과 같으면 마하 1이 된다.

23 음속에 가장 큰 영향을 주는 요소는 무엇인가?

① 습도 ② 압력

③ 밀도 ④ 온도

해답

음속을 구하는 식은 다음과 같다.

$a = \sqrt{\gamma g R T}$ ·····························(1)

여기서, a : 음속,

γ : 비열비(공기는 1.4)

g : 중력가속도(9.8[m/s²])

R : 기체상수($R = 29.27$)

T : 절대온도($T = 273 + ℃$)

[정답] 18 ③ 19 ④ 20 ① 21 ① 22 ③ 23 ④

▼ 참고 대기온도 −20℃일 때의 음속은?

$$a = \sqrt{\gamma g R T}$$
$$= \sqrt{1.4 \times 9.8 \times 29.27 \times (273-20)}$$
$$= 319[\text{m/s}]$$
$(SI단위 : a = \sqrt{KRT} = \sqrt{1.4 \times 287 \times (273-20)} = 319)$
식 (1)에서 음속(a)은 $\sqrt{T}$, 즉 온도에만 비례한다.

24 초음속으로 날아가는 비행체의 마하파각이 30°라면 이 비행체의 마하수는?

① 0.5　　　　　　② 1

③ 1.5　　　　　　④ 2

해답

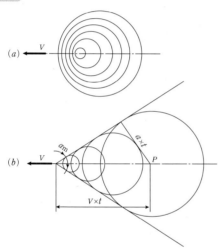

[아음속 및 초음속 비행체에 생기는 압력파]

마하파각에 대한식은 $\sin\alpha_m = \dfrac{1}{M}$ 이므로

$$M = \frac{1}{\sin\alpha_m} = \frac{1}{\sin 30} = 2$$

그림 (b)에서 보면, 점 P에서 어떤 물체가 t시간 동안에 V속도로 비행할 때 진행 거리는 $V \times t$가 된다. 또, 점 P에서 t시간 동안에 압력파는 소리속도로 전파되므로 그 거리는 $a \times t$가 된다. 그러면 다음과 같은 식이 성립된다.

$$\sin\alpha_m = \frac{a \times t}{V \times t} = \frac{1}{\dfrac{V}{a}} = \frac{1}{M}$$

여기서 α_m을 마하파각 또는 마하각(Mach angle)이라 한다. $M=1$로 비행하는 비행체 앞에 생기는 충격파의 마하각은 $\sin 90° = 1$이므로 $\alpha_m = 90°$가 된다.

▼ 참고

마하파각

압축성 유체에서, 압력, 온도, 밀도의 변화는 속도의 함수가 아니고 마하수의 함수가 된다. 그림과 같이 공기 중을 점이라고 생각되는 작은 비행체가 속도 V로 비행할 경우, 물체는 공기에 압력을 주게 된다. 이 압력의 전파속도와 음속과는 같기 때문에 이 물체가 공기에 주는 압력교란은 음속으로 공기 중에 확산된다. 물체의 속도가 음속보다 작으면 그림 (a)와 같이 압력의 전파는 물체보다 앞서서 전파되지만, 물체의 속도가 음속보다 크면 그림 (b)와 같이 물체자체가 만든 압력파보다 앞서서 비행하기 때문에 이 압력파는 계속 쌓이게 되어 그림과 같이 쐐기 모양의 파가 나타나게 된다. 이 압력파를 마하파(Mach wave) 또는 충격파(Shock wave)라고 부른다.

25 초음속흐름이 지나는 유관에서 단면적과 속도와의 관계를 바르게 설명한 것은?

① 단면적이 작을수록 속도는 빨라진다.

② 단면적이 클수록 속도는 빨라진다.

③ 단면적과 관계없이 속도는 일정하다.

④ 이상 정답이 없다.

해답

비압축성 유체에서의 연속의 식은 $A_1 V_1 = A_2 V_2$가 되어 속도는 단면적에 반비례하므로 면적이 좁아질수록 속도는 빨라진다. 단면적을 극한으로 작게 하고 엄청난 압력으로 공기를 불어넣어도 출구에서의 속도는 음속을 넘지 못한다. 그래서 옛날에 한 때는 인간이 만들 수 있는 유체흐름의 한계속도는 음속이라는 결론을 내린 적이 있었다. 그 후에 드 라발(De Laval)이란 학자가 최초로 출구를 좁혔다가 넓힘으로써 초음속 흐름을 만들어 냈다. 그래서 초음속 흐름의 유관을 De Laval nozzle, 또는 축소 확대 노즐이라 한다. 초음속 유관에서는 단면적이 클수록 속도는 빨라진다. 로켓과 같은 초음속 비행체의 모든 분사구는 De Laval 노즐 형태로 되어 있다.

26 초음속흐름에서 수직 충격파가 발생하였다면 충격파 뒤의 흐름은?

① 초음속이다.　　　　② 천음속이다.

③ 아음속이다.　　　　④ 흐름속도는 일정하다.

해답

초음속흐름이 아음속흐름으로 변할 때는 수직 충격파란 강한 압력파를 형성시킨다. 그러므로 수직 충격파가 발생했다면 뒤의 흐름은 반드시 아음속이 된다.

[정답] 24 ④　25 ②　26 ③

🔻참고

날개골 표면에서의 충격파

다음 그림은 어떤 비행체의 날개골이 아음속에서 천음속을 거치는 과정에서, 날개골 표면에 생기는 충격파에 대한 그림이다. 비행체의 마하수가 0.5일 때 날개골 윗면과 아랫면은 모두 아음속 흐름에 놓이게 되고, 날개골의 가장 두꺼운 부분에서 최대속도에 이른 후 뒤쪽으로 흘러갈수록 속도는 점점 감소한다. 날개골 윗면에서의 최대속도가 음속(마하 1)이 될 때 비행체의 마하수를 임계마하수(Critical Mach number)라 한다.

아래 그림에서 비행체의 임계 마하수가 0.72라고 하면 날개골 윗면의 최대속도가 생기는 점에서의 마하수는 1이 된다. 최대속도인 점을 지나면서 흐름은 서서히 감소되어 아음속흐름이 된다.

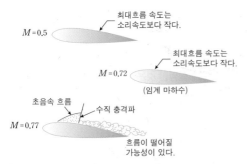

[날개골에서의 충격파발생]

마하수가 증가되어 0.77이 되면, 날개골 윗면의 앞부분은 초음속흐름이 되고 이 흐름은 조금 진행하다가 충격파를 발생하며, 충격파를 지나면 흐름속도는 급격히 감소되어 아음속이 되고 밀도와 압력은 증가되며 물체표면 가까이에 존재하던 경계층에서 흐름의 떨어짐이 일어나게 된다. 충격파 뒤에서는 압력이 급속히 증가되므로, 날개골 경계층 내에 있는 유체입자는 압력상승에 견디지 못하여 떨어져 나가게 된다. 이 결과 양력은 감소되고 항력은 급격하게 증가되는데, 이 현상은 날개골의 받음각을 크게 할 때의 실속현상과 비슷하므로 이를 충격실속(Shock stall)이라 한다.

초음속흐름에서 충격파로 인하여 발생하는 항력을 조파항력(Wave drag)이라 하며, 이 항력은 아음속흐름에는 존재하지 않는다.

충격파의 발생으로 인한 조파항력을 최소로 하기 위해서 초음속 날개골의 앞전은 뾰족하게 하고, 두께는 가능한 범위 내에서 얇게 하여야 한다.

27 비행체의 임계 마하수를 크게 하는 방법은?

① 날개두께비를 작게 한다.

② 큰 후퇴각을 준다.

③ 가로세로비를 작게 한다.

④ 이상 다 맞는다.

🔍해답

임계 마하수를 크게 하는 방법은 날개 윗면의 속도를 너무 빠르게 하지 않는 것으로, 우선 날개 두께비를 작게 하고 큰 후퇴각을 주고 가로세로비를 작게 하는 방법이 있다.

28 충격파를 지난 공기흐름에 일어나는 현상은?

① 압력과 속도가 증가한다.

② 압력은 증가하고 속도는 감소한다.

③ 밀도는 감소하고 속도가 증가한다.

④ 압력과 밀도가 감소한다.

🔍해답

초음속흐름이 지나가는 면의 상태에 따라 다음과 같이 세 가지의 파가 생긴다.

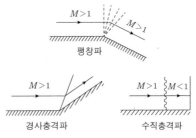

수직 충격파와 경사 충격파는 초음속흐름이 압축될 때 생기며 파를 지난 흐름은 압력이 증가하고 속도는 감소한다. 반대로 팽창파는 흐름이 팽창(확산)될 경우 생기는 파로 뒤의 흐름은 속도가 커지고 압력은 감소한다.

29 조파항력(Wave drag)에 대한 설명 중 틀린 것은?

① 조파항력은 충격실속(Shock stall)이 원인이 된다.

② 날개의 두께비가 클수록 조파항력은 커진다.

③ 날개의 받음각이 클수록 조파항력은 작아진다.

④ 날개의 캠버가 크면 조파항력은 커진다.

🔍해답

조파항력

임계 마하수에 도달한 비행체의 날개 위에 충격파가 생기고 충격파 뒤에서는 압력이 급속히 증가하고 속도는 감소되어 흐름이 떨어지는 충격실속이 생긴다. 또 항력도 생긴다. 이와 같이 초음속 흐름에서 충격파로 인하여 발생하는 항력을 조파항력(Wave drag)이라 한다. 조파항력은 날개의 두께비, 받음각 및 캠버가 클 수록 증가한다.

[정답] 27 ④   28 ②   29 ③

2 에어포일 이론

01 받음각이 커지면 압력중심(또는 풍압중심)은 일반적으로 어떻게 되는가?

① 앞전 쪽으로 이동한다.

② 뒷전 쪽으로 이동한다.

③ 이동하지 않는다.

④ 흐름의 상태에 따라서 전진 또는 후퇴한다.

해답

압력중심(C.P : Center of Pressure)은 날개표면 면에 작용하는 압력의 합력점으로서 이점에서의 모멘트 합은 영이 된다. 즉, $\sum M = 0$이 되는 점이다. 받음각이 커지면 날개면에 작용하는 압력은 앞전 쪽으로 이동하므로 압력중심도 앞으로 이동한다.

02 비행기 날개의 받음각(Angle of attack)이란?

① 기축선과 시위선이 이루는 각이다.

② 진행방향과 시위선이 이루는 각이다.

③ 상반각과 붙임각의 합이다.

④ 후퇴각과 상반각의 합이다.

해답

비행기 날개의 받음각은 다음과 같이 3가지 종류가 있다.

① 기하학적 받음각(Geometrical angle of attack)
날개의 시위선과 비행기의 진행 방향과 이루는 각이다.

② 영양력 받음각(Zero lift angle of attack)
양력이 영이 되는 흐름선, 즉 영양력 선과 날개의 시위선과 이루는 각으로 이 받음각은 항상 음(−)의 값을 갖는다.

③ 절대 받음각(Absolute angle of attack)
영양력 선과 비행기의 진행방향과 이루는 각이다.

참고 우리가 보통 받음각(AoA : Angle of Attack)이라 부르는 것은 기하학적 받음각을 말한다.
이를 그림으로 설명하면 아래와 같다.

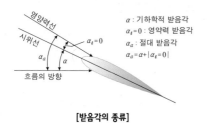

α : 기하학적 받음각
$\alpha_t = 0$: 영약력 받음각
α_a : 절대 받음각
$\alpha_a = \alpha + |\alpha_t = 0|$

[받음각의 종류]

03 비행기의 중심위치가 MAC 25[%]에 있다 함은?

① 날개뿌리 시위의 25[%]에 중심이 있다는 것이다.

② 날개길이의 75[%] 선과 시위의 25[%] 선과의 교점에 중심이 있다는 것이다.

③ 날개의 평균공력시위의 25[%]에 중심이 있다는 것이다.

④ 기수에서 25[%] 후방에 중심이 있다는 것이다.

해답

MAC(Mean Aerodynamic Chord)
평균 공기역학적 시위를 말하는 것으로 이를 줄여서 평균 공력시위라 부른다. MAC는 날개면적(S)을 날개길이(b)로 나누어서 구한다. 즉 $MAC = S/b$가 된다.
이는 날개면적과 동일한 직사각형 날개의 시위를 말하는 것으로 이는 날개의 면적중심을 지나는 시위가 된다. 보통 비행기의 무게중심(c.g.)위치는 날개의 MAC의 %로 표시한다. MAC 25[%]는 날개의 평균공력시위의 25[%]에 중심이 있다.

04 비행기 속도와 받음각이 일정할 때 양력은 고도의 변화에 따라 어떤 현상이 일어나는가?

① 증가한다.   ② 변화하지 않는다.

③ 감소한다.   ④ 변화한다.

해답

양력 $L = C_L \frac{1}{2} \rho V^2 S$ 이므로 받음각이 일정하면 C_L 값이 일정하므로 고도에 따라 변하는 것은 밀도(ρ)가 된다.
따라서 고도의 변화에 따라 양력도 변화한다.

05 NACA 2412 날개골에서 4는 무엇을 나타내는가?

① 4는 최대캠버의 위치가 시위의 40[%]에 있음을 나타낸다.

② 4는 최대캠버가 시위의 4[%]에 위치함을 나타낸다.

③ 4는 두께비가 시위의 40[%]라는 것을 나타낸다.

④ 4는 두께비가 시위의 4[%]임을 타나낸다.

해답

아래에서 설명한 NACA 4자 계열의 표시법을 참고 하면 ①번이 정답이 된다.

[정답] 2. 에어포일 이론 01 ①   02 ②   03 ③   04 ④   05 ①

- **NACA 2412**

  각 숫자의 뜻은 다음과 같다.

  2 : 최대캠버가 시위의 2[%]이다.

  4 : 최대캠버의 위치가 앞전에서부터 시위 40[%] 뒤에 있다.

  12 : 최대두께가 시위의 12[%]이다.

  4자 계열은 주로 ○○XX, 24XX, 44XX로 표시되며, ○○XX는 대칭형 날개골을 뜻한다.

06 공력중심(Aerodynamic center)이라 하는 것은?

① 풍압력의 작용선과 시위의 교점을 말한다.

② 풍압력이 날개 앞전 둘레의 모멘트와 균형이 되는 점이다.

③ 날개골의 모멘트계수가 받음각에 관계없이 대략 일정히 되는 점이다.

④ 평균공력시위(MAC)의 중심점을 말한다.

해답

날개골에는 양력, 항력과 모멘트가 작용한다. 이들을 공기역학적인 힘이라 하고 줄여서 공기력이라고 한다. 날개골에는 이들 공기력이 작용하는 중심점(Center)을 설정할 필요가 있다.

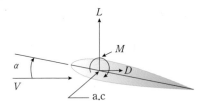

[공력중심(a.c.)에 작용하는 양력(L), 항력(D)과 모멘트(M)]

압력중심에도 이들 힘이 작용하지만, 압력중심은 받음각이 변함에 따라 이동하기 때문에 날개골의 공력중심점(기준점)으로 정하기가 곤란하다. 따라서, 받음각이 변하더라도 위치가 거의 변하지 않는 중심점이 필요하다.

이 점을 공력중심(a.c.)이라고 하는데, 이 점에 대한 정의는 받음각이 변하더라도 모멘트계수 값이 일정한 점이 된다.

대부분의 날개골에 있어서 이 공기력 중심은 앞전에서부터 시위의 25[%]인 점에 위치하고 초음속흐름에서는 시위의 50[%]인 점에 위치하게 된다.

07 초음속기에 사용되는 날개골(Airfoil)의 최대두께는?

① 시위의 15[%] 이하

② 시위의 10[%] 이상

③ 시위의 5[%] 이하

④ 시위의 20[%] 이상

해답

초음속기에서는 날개의 충격파에 의해서 생기는 조파항력을 줄이는 것이 목적이다. 이 조파항력을 줄이기 위해서는 날개의 앞전을 뾰족하게 하고 최대두께를 시위의 15[%] 이하로 줄여야 한다. 시위의 5[%] 이하의 두께는 날개의 구조강도상 문제된다.

08 클라크(Clark) Y형은 어떤 형태의 날개골인가?

① 대칭형인 저속형이다.

② 밑면이 평평한 저속형 날개골이다.

③ 윗면이 평평한 고속형 날개골이다.

④ 캠버가 없는 평판 날개골이다.

해답

Clark Y형 날개골은 제1차 세계대전 당시에 많은 날개골을 설계한 미국의 Virginius E. Clark에 의해서 설계된 날개골로서 그 당시에 사용됐던 목제, 우포로 된 복엽기 등에 적합한, 성능이 우수한 날개골이었다. 그 특징은 날개골의 밑면이 시위의 30[%] 후방에서부터 뒷전까지 평평한 모양을 하고 있다.

09 현용 금속제 비행기의 날개골의 캠버는 시위의 몇 [%]인가?

① 0~3[%] 정도이다. ② 3~6[%] 정도이다.

③ 6~9[%] 정도이다. ④ 9~12[%] 정도이다.

해답

현용 금속제 비행기는 캠버가 시위의 0~3[%] 정도의 고속용 날개골을 사용한다. 캠버가 이보다 크면 양력은 증가하나 항력도 같이 증가하여 고속비행에 적합하지 않다.

10 일반적으로 비행기에 사용되는 날개의 최대두께는 보통 시위의 몇 [%]인가?

① 0~3[%]이다. ② 4~7[%]이다.

③ 10~18[%]이다. ④ 20~25[%]이다.

해답

비행기에 사용되는 날개골의 최대두께는 보통 10~18[%]일 때, 양항특성이 좋고 또 강도상 무난하다.

[정답] 06 ③ 07 ① 08 ② 09 ① 10 ③

11 공력중심(a.c.)과 압력중심(c.p.)에 있어서의 위치는?

① a.c.는 c.p.와 항상 평행이동 한다.

② a.c.는 앞전으로부터 대개 25[%]의 위치에 있다.

③ a.c.와 c.p.는 일치한다.

④ a.c.가 전진하면 c.p.는 후방으로 온다.

해답

공력중심(a.c.)과 압력중심(c.p.)의 다른 점은 a.c.는 받음각에 따라 그 위치가 대략 일정하나 c.p.는 받음각에 따라 그 위치가 변한다. a.c.는 보통 아음속에서는 날개의 앞전에서부터 시위의 25[%]에 위치하고 초음속에서는 50[%]에 위치한다.

12 날개의 붙임각(Incidence angle)이란?

① 날개의 시위선과 동체기준선이 이루는 각이다.

② 시위선과 진행방향이 이루는 각이다.

③ 수평선과 시위선이 이루는 각이다.

④ 큰 날개의 시위선과 꼬리날개의 시위선이 이루는 각이다.

해답

날개를 동체에 붙이는 붙임각(Incidence angle)은 동체의 세로방향의 기준선인 기축선(x축)과 날개의 시위선과 이루는 각이다.
기축선인 x축은 비행기 설계시에 정해지며 대개 추력선과 평행하다.

13 영양력(Zero lift) 받음각이란?

① 날개의 시위선과 영양력선이 이루는 각이다.

② 시위선과 진행방향이 이루는 각이다.

③ 영양력선과 진행방향이 이루는 각이다.

④ 기하학적 받음각과 영양력 받음각은 일치한다.

해답

영양력 받음각(Zero angle of attack)
양력이 영이 되는 흐름방향인 영양력선(Zero lift line)과 시위선이 이루는 각이다. 이 값은 항상 음(-)의 값을 갖는다.

14 날개골의 형식을 표시하는데 일반적으로 NACA 계열을 많이 사용한다. NACA 23012에서 제일 앞의 2는 무엇을 나타내는가?

① 최대캠버의 위치가 시위의 2[%]

② 최대캠버가 날개시위의 2[%]

③ 날개의 두께가 시위의 2[%]

④ 최대두께의 위치가 시위의 2[%]

해답

아래에서 설명한 "NACA 5자 계열"의 표시법에 따르면 ②번이 정답이다.

- **NACA 5자 계열**

  NACA 5자 계열은 4자 계열의 날개골을 개선하여 만든 것으로서 다섯 자리 숫자로 되어 있고, 첫 자리 숫자와 마지막 두 자리 숫자가 의미하는 것은 4자 계열과 같고 둘째와 셋째 자리 숫자가 4자 계열과 다르다. 그 계열번호의 의미를 설명하면 다음과 같다.

- **NACA 23015**

  2 : 최대캠버의 크기가 시위의 2[%]이다.
  30 : 최대캠버의 위치가 시위의 30/2 = 15[%]이다.
  15 : 최대두께가 시위의 15[%]이다.

  이 날개골은 중형·대형 프로펠러 비행기에 많이 사용하는 날개골이며, 이러한 모양의 날개골은 프로펠러 비행기에는 적합하나 제트기와 같은 고속기에는 성능이 떨어지기 때문에 적합하지가 않다. 속도가 빠른 고속기에는 6자 계열의 날개골을 사용한다.

15 NACA 23015의 날개골에서 최대캠버의 위치는?

① 15[%] ② 20[%]

③ 23[%] ④ 30[%]

해답

NACA 5자 계열의 표시법에 따라 최대캠버 위치는 시위의 15[%]이다.

16 어떤 비행기에 사용된 날개골이 NACA 0009이다. 이 날개골은 어떤 형태인가?

① Clark Y형이다. ② 대칭형 날개골이다.

③ 캠버형 날개골이다. ④ 초임계 날개골이다.

해답

NACA 4자와 NACA 5자 계열에서, 앞의 첫 째, 둘째 숫자는 캠버의 크기와 위치를 표시하는데 이 값이 영이면 대칭형 날개골이 된다.

[정답] 11 ② 12 ① 13 ① 14 ② 15 ① 16 ②

17 공력중심의 위치에 대하여 바르게 설명한 것은?

① 날개두께가 커지면 공력중심은 시위의 25[%]에서 앞쪽으로 이동한다.

② 초음속흐름의 날개골에서는 공력중심은 대략 시위의 50[%]에 위치한다.

③ 받음각이 커지면 공력중심은 이동한다.

④ 압력계수의 위치에 따라 공력중심은 이동한다.

🔍 해답

날개골의 공력중심은 보통 아음속흐름에서는 시위의 25[%]에 위치하나, 초음속흐름에서는 대략 시위의 50[%]에 위치하게 된다.

18 다음은 날개골의 특성에 관계되는 것들이다. 틀린 것은?

① 최대 양력계수가 클수록 날개 특성은 좋다.

② 항력계수가 작을수록 날개 특성은 좋다.

③ 압력중심의 위치 변화가 작을 수록 날개 특성은 좋다.

④ 실속속도가 클수록 날개 특성은 좋다.

🔍 해답

날개골은 최대 양력계수(C_{Lmax})가 크고 최소 항력계수(C_{Dmin})가 작으며, 압력중심의 변화가 작을수록 좋다. 또한 실속속도가 작을수록 이착륙거리가 단축되어 유리하다.

19 층류 날개골을 올바르게 설명한 것은?

① 날개표면에 공기를 분출시켜 층류를 만드는 날개

② 층류경계층을 길게 유지시켜주기 위하여 최대 두께부를 시위의 30[%]에 위치시킨 것

③ 얇은 날개로서 최대 두께비가 시위의 30[%] 이내인 날개

④ 층류경계층을 길게 유지시켜주기 위하여 최대 두께부를 시위의 40~50[%]에 둔 것

🔍 해답

보통 NACA 6자 계열의 날개골을 층류 날개골(Laminar airfoil)이라 하며 이는 층류경계층을 길게 유지시켜 항력을 줄일 목적으로 최대 두께부의 위치를 시위의 40~50[%]에 위치시킨 것이다.

20 날개골의 압력중심은 어떤 사항에 따라 변화하는가?

① 날개골의 두께　　　② 날개골의 캠버

③ 날개골의 받음각　　④ 날개골의 붙임각

🔍 해답

날개골의 압력중심은 날개표면의 압력분포에 따라 그 위치가 변하는데 압력분포는 받음각에 따라 변하게 된다. 보통 받음각이 증가하면 압력중심은 앞전 쪽으로 이동한다.

21 다음 중 초음속 날개골이 아닌 것은?

① 이중 쐐기형 날개골　　② 볼록렌즈형 날개골

③ 캠버형 날개골　　　　④ 대칭형 날개골

🔍 해답

초음속 비행기에 사용되는 날개골은 캠버가 없는 대칭형 날개골이 사용되며 대칭형 날개골에는 이중 쐐기형인 다이아몬드 형태의 날개골과 양면이 원호형으로 된 볼록렌즈형 날개골이 사용된다. 날개골에 캠버를 주면 양력과 항력이 증가하는데 초음속에서의 항력의 증가는 매우 나쁜 결과를 초래하게 된다.

22 다음은 고속기 날개에서 임계 마하수를 크게 하기 위한 방법들이다. 맞는 것은?

① 캠버가 큰 날개골을 사용한다.

② 가로세로비를 크게 한다.

③ 얇은 날개로서 앞전 반경을 크게 한다.

④ 날개골 윗면의 캠버를 작게 한다.

🔍 해답

임계 마하수

날개 윗면에서의 흐름속도가 음속($M=1$)이 될 때의 비행기의 마하수를 말한다. 날개 윗면에서의 흐름 속도는 윗면의 캠버가 클수록 속도가 빨라지기 때문에 임계 마하수는 작아진다. 따라서 임계 마하수를 크게 하기 위해서는 날개 윗면을 평평하게 해주면 좋다. 이렇게 설계된 날개골이 임계 마하수를 크게 하는 초임계 날개골(Supercritical airfoil)이다.

[정답] 17 ②　18 ④　19 ④　20 ③　21 ③　22 ④

23 NACA 0012의 날개골에서 최대두께는 시위의 몇 [%]인가?

① 9[%]이다.　　　　② 12[%]이다.
③ 0[%]이다.　　　　④ 6[%]이다.

🔍 해답

NACA 4자 및 5자 계열에서 끝의 두 자리 숫자는 날개골의 최대 두께를 표시하는 것으로 시위의 12[%]가 된다.

24 NACA 4412의 날개골은 어떤 형태인가?

① 캠버형이다.
② 대칭형이다.
③ 두께가 없는 평판형이다.
④ 다이아몬드형이다.

🔍 해답

NACA 4412는 캠버가 시위의 4[%]가 되는 캠버형 날개골이다.

25 층류 날개골에서 말하는 항력버킷(Drag bucket)이란?

① 받음각이 큰 점에서 항력이 최대가 되는 현상
② 받음각이 작은 점에서 항력이 최대가 되는 현상
③ 받음각이 작은 곳에서 항력이 급격히 적어지는 현상
④ 받음각이 큰 곳에서 충격파로 인하여 항력이 증가하는 현상

🔍 해답

NACA 6자 계열 날개골의 양항 극곡선에서 특히 항력이 작아지는 부분을 항력버킷(Drag bucket)이라 하는데, 이것은 양항 극곡선의 어떤 양력계수 부근에서 항력계수가 갑자기 작아지는 부분을 말하며, 이 곡선중심의 양력계수가 설계 양력계수이다.
아래 그림은 6자 계열의 날개골과 캠버가 있는 날개골을 비교한 양항 극곡선이다. 양항 극곡선이란, 양력계수를 x축에 놓고 항력계수를 y축으로 하여 양력계수 변화에 대한 항력계수 특성을 나타내는 곡선으로서, 날개골의 양항특성을 알 수 있는 중요한 곡선이다. 곡선에서 B와 같이 밑에 오목하게 들어간 부분이 항력버킷이다. 두께가 얇을수록, 또는 레이놀즈 수가 클수록 항력버킷은 좁아지고 깊어진다.

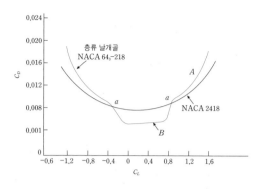

[층류 날개골에서의 항력버킷(그림에서 B)]

26 최대 양력계수($C_{L\max}$)가 큰 비행기의 특징은?

① 활공속도가 커지고 착륙속도는 작아진다.
② 착륙속도가 커진다.
③ 수평비행속도가 커진다.
④ 실속속도가 작아진다.

🔍 해답

최대 양력계수가 크면 실속속도는 작아지고, 마찬가지로 착륙속도도 작아진다. 또한 활공 비행 시 활공속도도 작아진다.

27 비행기 무게가 4,000[kg]이고 날개면적이 25[m]가 되는 비행기가 해면상을 360[km/h]로 수평 비행할 때 양력계수는? (단, 공기밀도는 0.125[kg·s/m]이다.)

① 0.072　　　　② 0.256
③ 0.066　　　　④ 0.128

🔍 해답

수평 비행 시 양력(L)과 무게(W)는 같다.
즉 $W = L$이 된다.
$W = L = C_L \dfrac{1}{2} \rho V^2 S$ 에서

$$C_L = \frac{2W}{\rho V^2 S} = \frac{2 \times 4000[\text{kg}]}{0.125[\text{kg}\cdot\text{s}^2/\text{m}^4] \times \left(\dfrac{360 \times 1000[\text{m}]}{3600[\text{s}]}\right)^2 \times 25[\text{m}^2]}$$

$$= 0.256$$

[정답] 23 ② 24 ① 25 ③ 26 ④ 27 ③

Aircraft Maintenance

28 수평 비행 시 항력계수(C_D) 값은 일반적으로 어떤 값을 갖는가?

① 양력계수(C_L)보다 큰 값을 갖는다.
② 급강하 시에는 음의 값을 갖는다.
③ 받음각이 변해도 항상 양(+)의 값을 갖는다.
④ 받음각이 음(−)일 때 항력계수는 음(−)의 값을 갖는다.

해답

수평 비행 시 항력계수 값은 양력계수 값보다 작고 항상 양(+)의 값을 갖는다.

29 다음 중에서 날개의 양력과 관계없는 것은?

① 날개골의 모양　　② 공기의 밀도
③ 날개 면적　　　　④ 상반각의 크기

해답

양력에 대한 식은 $C_L \frac{1}{2} \rho V^2 S$이다.

여기서 C_L은 날개골의 모양에 관계되고, 그 외로 양력은 비행기의 속도, 밀도, 날개면적에 관계되며 상반각에는 관계없다.

30 날개의 길이가 10[m]이고 평균공력시위가 1.5[m]인 비행기가 해면상을 300[km/h]로 수평등속도 비행을 하고 있다. 이때 총 항력이 300[kg]이라면 항력계수는 얼마인가? (단, 공기밀도는 0.125[kg·s²/m⁴]이다.)

① 0.012　　　　② 0.025
③ 0.046　　　　④ 0.067

해답

항력에 대한 식은 $D = C_D \frac{1}{2} \rho V^2 S$이다.

항력계수에 대해서 식을 정리하면

$$C_D = \frac{2D}{\rho V^2 S}$$
$$= \frac{2 \times 300[\text{kg}]}{0.125[\text{kg·s}^2/\text{m}^4] \times \left(\frac{360 \times 1000[\text{m}]}{3600[\text{s}]}\right)^2 \times 10[\text{m}] \times 15[\text{m}]}$$
$$= 0.046$$

31 속도 300[km/h]로 비행하는 항공기의 날개 윗면의 어떤 점에서의 흐름속도가 360[km/h]이다. 이 점에서의 압력계수는?

① 0.25　　　　② 0.45
③ −0.30　　　　④ −0.44

해답

압력분포를 나타내는 무차원 계수로써 압력계수(Pressure coefficient)를 정의하고, 이를 C_p라고 하면 다음과 같이 표시된다.

$$C_p = \frac{P - P_\infty}{\frac{1}{2} + \rho V_\infty^2} = 1 - \left(\frac{V}{V_\infty}\right)^2$$

여기서 $C_p < 0$인 경우 부압이, $C_p > 0$일 때 정압이 작용한다는 것을 알 수 있다. 따라서 $C_p = 1 - \left(\frac{V}{V_\infty}\right)^2 = 1 - \left(\frac{360}{300}\right)^2 = -0.44$

32 수평 비행 시 비행기 날개 윗면에서의 공기흐름은?

① 비행기의 속도보다 크고 주위의 대기압보다 크다.
② 비행기의 속도보다 작고 주위의 대기압보다 크다.
③ 비행기의 속도보다 크고 주위의 대기압보다 작다.
④ 비행기의 속도보다 작고 주위의 대기압보다 작다.

해답

날개 윗면은 볼록하게 되어 있다. 즉 캠버를 가졌다고 한다. 이렇게 윗면이 볼록하면 공기흐름은 윗면에서 속도가 빨라진다. 그 속도는 비행기의 속도보다 더 빨라서 부압(−)이 형성된다. 부압은 대기압보다 낮은 압력이므로 수평 비행 시에는 날개 윗면에서의 공기흐름은 항상 비행기의 속도보다 크고 주위의 대기압보다 작다.

33 비행기의 날개에 작용하는 양력은?

① 날개면적에 반비례한다.
② 양력계수의 제곱에 비례한다.
③ 속도 제곱에 비례한다.
④ 밀도에 반비례한다.

해답

비행기 날개에 작용하는 양력(L)은 다음 식으로 표시된다.

$$L = C_L \frac{1}{2} \rho V^2 S$$

즉, 양력(L)=양력계수(C_L)×동압($\frac{1}{2}\rho V^2$)×날개면적(S)이다.

따라서 양력은 동압, 즉 속도(V)의 제곱에 비례한다.

[정답] 28 ③　29 ④　30 ③　31 ④　32 ③　33 ③

34 절대 받음각에 대한 설명 중에서 맞는 것은?

① 진행방향과 날개의 시위선이 이루는 각이다.

② 영양력선과 진행방향이 이루는 각이다.

③ 영양력선과 시위선이 이루는 각이다.

④ 추력선과 시위선이 이루는 각이다.

해답

절대 받음각(Absolute angle of attack)은 영양력선(Zero lift line)과 진행방향이 이루는 각이다.

35 받음각에 대한 관계식에서 맞는 것은? (단, α_a : 절대 받음각, α_0 : 영양력 받음각, α : 기하학적 받음각)

① $\alpha_a = \alpha + |\alpha_0|$

② $\alpha_a = \alpha - |\alpha_0|$

③ $\alpha = \alpha_a + \alpha_0$

④ $\alpha_0 = \alpha_a + \alpha$

해답

절대 받음각＝기하학적 받음각＋영양력 받음각 이므로 따라서 $\alpha_a = \alpha + |\alpha_0|$ 가 된다.

36 다음 중에서 날개에 작용하는 공기력은?

① 양력과 중력

② 추력과 중력

③ 양력과 추력

④ 양력과 항력

해답

날개에 작용하는 공기력은 흐름방향에 수직 성분인 양력(Lift)과 평행 성분인 항력(Drag)으로 나누어진다.

37 받음각(α), 양력계수(C_L)와 항력계수(C_p)와의 설명에서 맞는 것은?

① C_L이 영일 때의 받음각을 절대 받음각이라 한다.

② C_L값이 최대인 받음각에서 C_p값이 최소가 된다.

③ 받음각이 증가하면 C_L은 직선적으로 증가한다.

④ 실속 받음각에서 C_L값은 최대가 된다.

해답

C_L이 영일 때의 받음각은 영양력 받음각(α_0)이다. α가 증가하면 실속각 이내에서만 직선적으로 C_L이 증가하다가 받음각이 너무 크면 날개 윗면에 박리가 일어나서 양력이 급격히 떨어진다. 이때의 받음각을 실속각이라 한다. 실속각에서 C_L 값은 최대가 되고 그 후에는 감소한다. C_L이 증가하면 C_D도 같이 증가한다.

38 NACA 653-218에 대한 설명에서 틀린 것은?

① 최대두께는 시위의 $18[\%]$이다.

② 양력이 영일 때, 최소압력이 시위의 $50[\%]$ 위치에 생긴다.

③ 설계 양력계수는 0.3이다.

④ 항력버킷(Drag bucket)의 범위는 설계 양력계수를 중심으로 ± 0.3이다.

해답

왼쪽에서 설명된 바와 같이 NACA 6자 계열에서 뒤에서 셋째 자리 숫자는 설계 양력계수가 0.2임을 나타낸다.

참고

NACA 6자 계열

이 계열은 최대두께 위치를 중앙부근에 위치하도록 하여 설계 양력계수 부근에서 항력계수가 작아지도록 하고, 받음각이 작을 때 앞부분의 흐름이 층류를 유지하도록 한 날개골로서 층류 날개골(Laminar flow airfoil)이라고도 한다. 이 날개골은 속도가 빠른 천음속 제트기에 많이 사용되는 날개골이다.

이 6자 계열의 숫자가 의미하는 것은, 4자와 5자 계열의 끝에 두 자리 숫자가 나타내는 날개골의 최대두께를 의미하는 것만 동일하며, 그 밖의 숫자는 다른 뜻을 가지고 있다.

그 계열번호를 설명하면 다음과 같다.

- **NACA 651-215**

  6 : 6자 계열 날개골임을 나타낸다.

  5 : 기본대칭형 두께분포에서 양력이 영일 때 최소압력은 시위의 $50[\%]$에 생긴다.

  1 : 항력계수가 작은 양력계수의 범위가 설계 양력계수를 중심으로 해서 ± 0.1이다.

  2 : 설계 양력계수가 0.2이다.

  15 : 최대두께가 시위의 $15[\%]$이다.

이 6자 계열의 특징은 항력계수가 작은 양력계수의 범위를 나타내는 것이며, 이 범위를 계열번호로써 나타내는 이유는 비행기가 비행할 때 이 양력계수의 범위에서 비행이 이루어지도록 하기 위한 것이다. 고속기에서는 항력이 작은 범위에서 비행하는 것이 연료 절약면이나 비행 성능면에서 아주 중요하다.

6자 계열 날개골의 양향 극곡선에서 특히 항력이 작아지는 부분을 항력버킷(Drag bucket)이라 하는데, 이것은 양향 극곡선의 어떤 양력계수 부근에서 항력계수가 갑자기 작아지는 부분을 말하며, 이 곡선 중심부분의 양력계수가 설계 양력계수이다.

[정답] 34 ② 35 ① 36 ④ 37 ④ 38 ③

39 양항 극곡선(Drag polar)이란?

① 받음각과 양력계수와의 관계곡선
② 받음각과 항력계수와의 관계곡선
③ 양력계수와 항력계수와의 관계곡선
④ 받음각에 대한 양력계수와 항력계수 곡선

🔍 해답

양항 극곡선
양력계수를 가로축에 놓고 항력계수를 세로축으로 하여 양력계수 변화에 대한 항력계수 특성을 나타내는 곡선으로서, 날개골의 양항 특성을 알 수 있는 중요한 곡선이다.

40 초임계 날개골(Supercritical airfoil)이란?

① 날개골의 윗면을 평평하게 하여 임계 마하수를 크게 한 날개골이다.
② 앞전을 뾰족하게 하여 조파항력을 감소시킨 날개골 이다.
③ 날개골의 밑면을 평평하게 하여 양력계수를 증가시킨 날개골이다.
④ 천음속에서 임계 마하수를 크게 하기 위한 대칭형 날개골이다.

🔍 해답

초임계 날개골
임계 마하수를 크게 하기 위하여 NASA에서 개발된 최신의 고속용 날개골로서 날개골의 윗면이 평평하며 뒷전 부근에 캠버가 조금 있다.

🔽 참고

초임계 날개골(Supercritical airfoil)
음속에 가까운 속도로 비행하는 최근의 제트 여객기에서는, 충격파의 발생으로 인한 항력의 증가를 작게 하기 위해서 날개 윗면의 초음속 영역을 종래의 날개골보다 넓혀, 충격파를 약하게 해서 항력의 증가를 억제하고 비행속도를 음속에 가깝게 한 초임계날개골이 개발되었다. 이 날개골은 1968년 NACA의 리처드 휘트콤(Richard T. Whitcomb)이 개발한 최신의 고속기용 날개골로서, 그 모양은 그림과 같이 앞전 반지름이 조금 있고 날개골의 윗면은 평평하며, 뒷전 부근에 캠버가 조금있다.

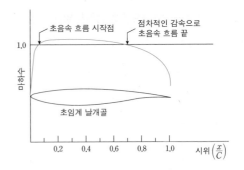

[초임계 날개골]

아래 그림은 세로축에 항력계수, 가로축에는 순항 마하수를 나타내고 있다. 초임계 날개골은 고아음속에서 층류 날개골과 같은 두께비인 경우 순항 마하수에서 항력을 증가시키지 않고 임계 마하수를 크게 할 수 있는 장점이 있다.

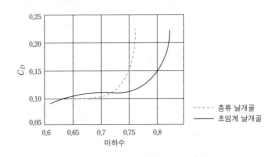

[초임계 날개골의 장점]

41 날개골의 받음각이 증가하여 흐름의 떨어짐 현상이 발생하면 양력과 항력의 변화는?

① 양력과 항력이 모두 증가한다.
② 양력과 항력 모두 감소한다.
③ 양력은 증가하고 항력은 감소한다.
④ 양력은 감소하고 항력은 증가한다.

🔍 해답

경계층 속에서 흐름의 떨어짐이 일어나면 그 곳으로부터 뒤쪽으로 역류현상이 발생하여 와류가 생기고 흐름의 떨어짐으로 인한 운동량의 손실로 날개골의 양력은 급격히 감소하고 항력은 증가하게 된다.

[정답] 39 ③ 40 ① 41 ④

42 최초로 날개 윗면에 충격파가 발생하는 비행기의 마하수는?

① 아음속 마하수
② 천음속 마하수
③ 극초음속 마하수
④ 임계 마하수

🔍 **해답**

임계 마하수

날개 윗면에서 최대속도가 마하수 1이 될 때 비행기의 마하수이다.

43 에어포일의 양력이 증가하면 항력은 어떻게 되는가?

① 감소한다.
② 영향을 받지 않는다.
③ 같이 증가한다.
④ 양력이 변화하고 있을 때 증가하지만 원래의 값으로 되
   돌아온다.

🔍 **해답**

양력과 항력은 밀도(ρ), 면적(S), 속도 제곱(V^2)에 비례한다.

양력(L) $= \dfrac{1}{2}\rho V^2 C_L S$, 항력($D$) $= \dfrac{1}{2}\rho V^2 C_D S$

(ρ : 공기밀도, V : 속도, C : 양력계수, S : 날개면적, C : 항력계수)

44 어떤 유체가 초음속으로 흐를 때 팽창파가 발생하였다면 팽창파 뒤의 흐름의 Mach수는 팽창파 앞의 Mach수보다 어떠한가?

① 크다.
② 작다.
③ 같다.
④ 관계없다.

🔍 **해답**

수직 충격파나 경사 충격파를 지난 뒤의 흐름은 속도는 감소하고 압력이 증가하는 반면, 팽창파를 지난 뒤의 흐름의 속도는 빨라지고 압력은 감소하게 된다.

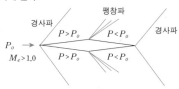

45 층류형 에어포일에 대한 다음의 설명 중에서 맞는 것은?

① 최대 두께비의 위치는 비교적 앞부분에 있고 경계층 천이점(Transition point)은 비교적 앞부분에 있도록 되어 있다.
② 최대 두께비의 위치는 시위상의 40~50[%] 근방에 있고 앞전 반지름도 크며 경계층 천이점을 뒷부분으로 이동시킨 에어포일이다.
③ 어떤 범위의 양력계수에서는 에어포일 윗면의 흐름변화를 비교적 작게 하고 또한 압력항력을 작게 하는 특징이 있다.
④ 에어포일의 최소 압력점을 가능한 뒷부분으로 하고 날개 윗면경계층의 천이점을 뒷부분에 있게 해서 마찰항력을 작게 하도록 되어 있다.

🔍 **해답**

층류형 에어포일의 특성

① 날개 앞전 반지름이 작고 두께가 얇다.
② 최대 날개골의 두께 위치를 앞전에서부터 40~50[%] 후방으로 하여 표면에서의 난류 영역을 작게 하여 흐름 속도의 증가를 늦추고 완만하게 한다.
③ 최소항력계수가 작다.
④ 최대양력계수가 작아 실속속도가 커진다.

3 날개 이론

01 비행기 날개의 가로세로비를 크게 할 경우 맞는 설명은?

① 유도항력이 작아진다.
② 유도항력이 커진다.
③ 유도항력에는 관계없고 양력만 증가한다.
④ 공력성능에는 관계없다.

🔍 **해답**

유도항력계수의 식은 $C_{Di} = \dfrac{C_L^{\,2}}{\pi e AR}$ 으로 표시된다.

가로세로비(AR)가 크면, 즉 날개가 길수록 유도항력은 작아진다. 활공기는 날개를 길게 하여 유도항력을 줄이고 있다.

[정답] 42 ④   43 ③   44 ①   45 ④   3. 날개 이론 01 ①

02 비행기 날개의 길이가 $10[\text{m}]$, 날개면적이 $20[\text{m}^2]$ 일 때, 가로세로비(Aspect ratio)는?

① 2   ② 4

③ 5   ④ 6

🔎 **해답**

가로세로비 : $AR=\dfrac{b}{c}=\dfrac{b \times b}{c \times b}=\dfrac{b^2}{s}$ 이므로 $AR=\dfrac{10^2}{20}=5$ 이다.

여기서 $\overline{c}$: 평균공력시위, s : 면적, b : 날개길이

03 날개끝 실속이 일어나는 원인은 다음 중 어느 것인가?

① 날개에 작용하는 비틀림 모멘트로 인하여 날개끝 부분의 받음각이 커지기 때문이다.

② 날개끝 와류로 인하여 날개끝 부분의 받음각이 감소된 때문이다.

③ 날개끝 부분의 내리흐름(Down wash) 효과 때문이다.

④ 날개끝에 있는 도움날개 작용으로 날개끝의 흐름을 난류로 만들기 때문이다.

🔎 **해답**

날개끝에서는 날개끝 와류가 발생하고 내리흐름(Down wash)이 생기게 되어 흐름의 방향을 밑으로 쳐지게 하기 때문에 날개의 모양에 따라 실제의 받음각이 달라지게 된다. 특히 테이퍼가 큰 날개에서는 날개끝 부분에서 받음각이 커지는 효과가 생겨 날개 뿌리보다 먼저 실속하는 날개끝 실속(Tip stall)이 생기게 된다.

04 파울러 플랩(Fowler flap)의 역할은?

① 날개면적의 증대와 캠버의 증가

② 날개의 캠버를 증가시켜 양력을 크게 함

③ 양력을 증가시키고 항력을 감소시킴

④ 날개의 항력만을 증가시켜 착륙거리를 짧게 하기 위한 장치

🔎 **해답**

파울러 플랩(Fowler flap)
날개면적이 증가하고 캠버도 커지게 되어 고양력을 얻게 된다.

🔻 **참고**

고양력 장치

날개의 고양력장치에는 앞전장치와 뒷전장치가 있다.

앞전장치	Fixed slot	
	Slat	
	Droop	
	Krüger flap	
뒷전장치	Plain flap	
	Split flap	
	Fowler flap	
	Single-slotted f.	
	Double-slotted f.	
	Multiple-slotted f.	

표에서 앞전장치인 Fixed slot(고정 슬롯)과 Slat(슬랫)은 앞전에서 흐름 박리를 지연시켜주는 고양력장치로 같은 역할을 하나 기하학적으로는 다르다. Slot은 날개 앞전에 붙어 있는 작은 날개골이지만 Slot은 같은 효과를 내면서도 날개골 앞전 내에 구멍을 형성시킨 것이다. Droop과 Krüger flap은 앞전 반지름이 작은 날개골이 저속에서 받음각이 커지면 앞전 근처에 부압이 크게 되어 흐름의 박리가 생겨서 실속하게 된다. 이와 같은 부압을 감소시킬 목적으로 이러한 앞전 플랩이 사용된다.

표의 Plain과 split flap은 평균 캠버선의 곡률을 증가시켜 줌으로써 $C_{L\max}$을 크게 해주고, 또한 항력을 증가시켜서 영양력각을 변화시키며, 공기력 중심 주위의 Diving moment 계수를 증가시킨다. Split flap의 항력계수 증가는 Plain flap보다 크다. 그 이유는 저압구역이 Split flap 상부표면과 날개 뒷전의 밑부분 사이에 존재하기 때문이다.

Fowler flap과 Slotted fowler flap은 캠버선과 날개면적을 증가시켜 주는 Flap으로서, 어떠한 다른 Flap보다도 양력계수를 가장 많이 증가시킨다. 대형 여객기에는 2중(Double) 또는 다중(Multiple) 슬롯의 Fowler flap이 사용된다.

아래 그림은 대형 여객기(B727, B737, B747)에 사용된 Krüger flap과 3중 슬롯 Fowler flap의 고양력장치를 나타낸 그림이다.

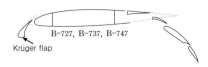

[대형여객기의 플랩]

05 후퇴익(Swept wing)에 관하여 다음 기술 중 틀린 것은?

① 후퇴익은 임계 마하수를 높일 수 있다.

② 후퇴익은 날개끝 실속을 일으키기 쉽다.

③ 후퇴익은 방향 안정성이 좋다.

④ 후퇴익은 상승성능이 좋다.

해답

- 후퇴익의 장점
  ① 임계 마하수를 크게 한다.
  ② 방향 안정성이 좋다.
- 후퇴익의 단점
  ① 날개끝 실속을 일으키기 쉽다.
  ② 후퇴익과 상승성능과는 관계가 없다.

06 고양력장치는 어떤 효과를 얻을 수 있는가?

① 최소수평속도를 저하시키고 착륙시의 활공각을 크게 한다.

② 최소수평속도를 저하시키고 활공각을 작게 한다.

③ 최소수평속도와 활공각을 모두 증가시킨다.

④ 최대수평속도를 크게 한다.

해답

고양력장치는 최소수평속도(실속속도)를 작게 하여 이·착륙거리를 단축시키는 장치이다. 양력이 커지게 되면 양항비가 커지게 되어 활공각은 작아진다.(활공각은 양항비에 반비례함)

07 날개면적과 날개골이 동일한 비행기로 활공비만 크게 하려면?

① 가로세로비를 크게 한다.

② 가로세로비를 작게 한다.

③ 가로세로비와 관계없이 직사각형날개로 한다.

④ 삼각날개로 한다.

해답

활공비는 양항비에 비례한다. 날개의 가로세로비를 크게 하면 유도항력이 작아져서 양항비가 커지게 된다. 따라서 활공비도 커진다.

08 날개면적이 24[m], 가로세로비가 6일 때 평균공력시위는?

① 2[m] ② 4[m]

③ 6[m] ④ 8[m]

해답

가로세로비 : $AR = \dfrac{b}{c} = \dfrac{b \times \bar{c}}{c \times \bar{c}} = \dfrac{S}{\bar{c}^2}$

$\therefore \bar{c} = \sqrt{\dfrac{S}{AR}} = \sqrt{\dfrac{24}{6}} = 2[m]$

여기서, $\bar{c}$: 평균공력시위, b : 날개길이, s : 면적

09 다음 그림은 날개에 생기는 와류를 나타낸 것이다. 와류의 방향으로 맞는 것은?

해답

아래 그림에서 보는 바와 같이 날개뒷전에서는 위로 말아 올라가는 출발와류가 생기고 이 와류가 생기면 날개에는 크기가 같고 방향이 반대인 속박와류(Bound vortex)가 생긴다.

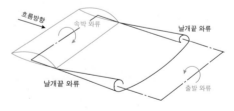

[날개주위에 발생하는 와류]

10 비행 중 날개의 둘레에 생기는 순환은?

① 양력을 감소시킨다. ② 양력을 발생한다.

③ 항력을 감소시킨다. ④ 항력을 증가시킨다.

[정답] 05 ④ 06 ② 07 ① 08 ① 09 ② 10 ②

🔍 **해답**

날개둘레에 순환이 생기면 날개윗면의 흐름속도는 빨라지고 밑면은 흐름속도가 작아져 베르누이 정리에 따른 압력차가 생겨서 양력이 발생한다. 이를 Kutta-Joukowsky 양력이라 한다.($L = \rho V \Gamma$)

11 후퇴익의 윗면에 붙이는 경계층 격벽판(Boundary layer fence)의 목적은?

① 항력을 감소시킨다.　　② 풍압중심을 전진시킨다.

③ 양력의 증가를 돕는다.　　④ 익단 실속을 방지한다.

🔍 **해답**

후퇴익의 최대단점은 비행시 흐름이 날개끝쪽으로 흘러서 그 결과로 날개끝에서는 양력이 떨어지는 날개끝 실속이 생기게 된다. 따라서 흐름이 날개끝쪽으로 흘러가지 못하도록 막는 판을 설치한다. 이를 경계층 격벽판(Boundary layer fence) 또는 실속 막이판(Stall fence)이라 한다.

12 날개에 상반각(쳐든각-Dihedral angle)을 주는 이유는?

① 유도항력을 작게 하기 위하여

② 옆미끄럼을 작게 하기 위하여

③ 날개끝 실속을 제어하기 위하여

④ 선회성능을 향상시키기 위하여

🔍 **해답**

상반각을 주면 옆미끄럼 시 양쪽날개의 양력차이로 비행기를 원래의 자세로 되돌리는 복원력 즉, 옆미끄럼을 방해하는 효과가 생긴다.

13 비행기의 플랩이 내려가지 않을 경우 착륙 조작상 타당한 조치는?

① 양력증가 때문에 받음각을 크게 하여 접지한다.

② 실속속도가 커지므로 빠른 속도로 접지한다.

③ 착륙거리가 연장되므로 느린 속도로 접지한다.

④ 양력을 최대로 하여 접지한다.

🔍 **해답**

착륙 비행시 플랩이 내려가지 않으면 양력이 작아져서 실속이 일어나기 쉽다. 따라서 실속을 방지하기 위하여 빠른 속도로 접지해야 한다.

14 어떤 날개에서 뿌리는 NACA 23016, 끝은 NACA 23012 날개골로 하는 이유는?

① 날개의 모멘트를 작게 하기 위하여

② 날개의 강도를 일정하게 하기 위하여

③ 익단실속(Tip stall)을 방지하기 위하여

④ 유도항력을 작게 하기 위하여

🔍 **해답**

비행기에는 구조강도상 테이퍼 진 날개를 많이 사용하는데 이러한 날개는 날개끝 실속이 생기기 쉽다. 이를 방지하기 위하여 날개끝에서 실속이 늦게 일어나는 날개골을 사용한다.(NACA 23012는 NACA 23016보다 실속이 늦게 일어난다 : 2차대전시 B-29 폭격기의 날개에 사용된 날개골이다.) 이러한 날개끝 실속 방지방법을 공기역학적 비틀림(Aerodynamic twist)이라 한다.

15 가로세로비가 작은 후퇴익의 특징은?

① 높은 양항비를 갖는다.

② 높은 활공비를 갖는다.

③ 착륙시 작은 출력으로 진입할 수 있다.

④ 높은 받음각에서 큰 항력을 나타낸다.

🔍 **해답**

가로세로비가 작은 후퇴익은 유도항력이 커서 양항비(활공비)가 작다. 따라서 이착륙시인 저속에서는 양력을 얻기 위하여 높은 받음각의 자세를 취한다. 그러므로 큰 항력이 생기게 된다.

16 Kutta-Joukowsky 이론을 올바르게 성명한 것은?

① 진행 중인 날개에 생기는 베르누이 양력이론이다.

② 진행 중인 날개둘레에 생기는 와류이론이다.

③ 진행 중인 날개주위의 순환에 따른 마그너스 효과와 같은 양력이론이다.

④ 유한날개의 유도항력 발생이론이다.

🔍 **해답**

Kutta-Joukowsky 이론

야구공을 회전시키면서 던지면 곡선을 그리게 되는데 이 현상을 마그너스(Magnus) 효과라 하고 이때 곡선을 그리게 하는 공기력을 Kutta-Joukowsky 양력이라 한다. 즉, 진행 중인 날개주위에 순환(Circulation, Vortex) 흐름이 생기면 양력이 발생한다는 이론이다.

[정답] 11 ④　12 ②　13 ②　14 ③　15 ④　16 ③

17 제트 플랩(Jet flap)의 최대양력계수는?

① 7 ～ 8

② 10 ～ 15

③ 2 ～ 6

④ 5 ～ 7

해답

제트 플랩(Jet flap)

날개뒷전에서 고속공기의 흐름을 밑으로 분출시켜 고양력을 얻는 장치이다. 이 플랩은 STOL기에 사용되며 양력계수가 10～15 정도이다.

18 다음은 날개특성에 관계되는 것들이다. 틀린 것은?

① 최대양력계수가 클수록 날개특성은 좋다.

② 유해항력계수가 작을수록 날개특성은 좋다.

③ 압력중심의 이동이 적을수록 날개특성은 좋다.

④ 실속속도가 클수록 날개특성은 좋다.

해답

날개는 실속속도가 작을수록 좋다.

19 다음과 같은 날개를 가지는 비행기의 가로세로비는?

- 날개뿌리에서 끝까지의 거리 : 7.5[m]
- 평균시위의 길이 : 1.25[m]

① 5

② 6

③ 10

④ 12

해답

날개의 길이는 7.5[m]×2=15[m]이다.

따라서 가로세로비 $=\dfrac{15}{1.25}=12$

20 날개둘레에 생기는 순환 Γ는 다음과 같은 관계가 있다. 틀린 것은?

① 밀도에 반비례한다.

② 양력에 반비례한다.

③ 속도에 반비례한다.

④ 날개길이에 반비례한다.

해답

날개둘레의 순환 Γ에 의한 양력의 식은 $L=\rho V \Gamma b$이다.

이를 Γ에 대해서 정리하면 $\Gamma=L/\rho V b$이다.

즉 Γ는 L(양력)에 비례하고 ρ(밀도), V(속도)와 b(날개길이)에 반비례한다.

21 현재 대형 여객기에 사용되는 Fowler flap의 최대양력계수는?

① 1 ～ 2

② 2 ～ 4

③ 5 ～ 7

④ 6 ～ 8

해답

Fowler flap의 최대양력계수는 여객기의 기종에 따라 다르나 보통 2～4 정도이다.

22 진행 중인 날개둘레에는 순환이 발생한다. 이때 양력의 크기는?

① 밀도×순환×진행속도×날개길이

② 밀도×순환×양력계수×날개길이

③ 밀도×순환×압력계수×날개길이

④ 밀도×순환×점성계수×날개길이

해답

이때의 양력을 Kutta-Joukowsky 양력이라 하며 이를 식으로 쓰면 $L=\rho V \Gamma b$이다.

여기서 ρ : 밀도, Γ : 순환, V : 진행속도, b : 날개길이

23 날개의 면적은 같고 스팬(Span)만 2배로 하면 유도항력은?

① 1/2이 된다.

② 1/4이 된다.

③ 2배가 된다.

④ 변화없다.

해답

유도항력계수는 $C_{Di}=C_L{}^2/\pi e AR$이다.

여기서 $AR=\dfrac{b^2}{S}$이므로 날개면적(S)을 일정히 하고 스팬 b를 두배로 하면 가로세로비가 4배가 되어 유도항력은 $\dfrac{1}{4}$이 된다.

[정답] 17 ② 18 ④ 19 ④ 20 ② 21 ② 22 ① 23 ②

24 비행 중 날개끝에는 와류가 발생한다. 날개후방에서 볼 때 와류의 회전방향은?

① 우익은 시계, 좌익은 반시계
② 우익은 시계, 좌익은 시계
③ 우익은 반시계, 좌익은 반시계
④ 우익은 반시계, 좌익은 시계

해답

비행 중인 날개에는 윗면은 압력이 작고 밑면은 압력이 커서 날개 끝에서 밑면의 흐름은 위쪽으로 말아서 올라간다. 따라서 날개 뒤에서 볼 때 우익(오른쪽 날개)은 반시계(왼쪽)방향으로 회전하고, 좌익(왼쪽 날개)은 시계(오른쪽)방향으로 회전한다.

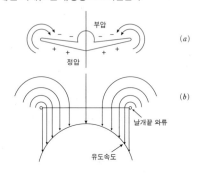

[날개끝와류와 유도속도]

25 후퇴익의 특성에 관한 기술 중 맞는 것은?

① 실속은 날개뿌리보다 날개끝쪽에서 생긴다.
② 가로안정성과 방향안정성이 나쁘다.
③ 최대양력계수가 크므로 이착륙 때 기수가 크게 들린다.
④ 저속 비행시 공력특성이 좋다.

해답

후퇴익의 특성
날개끝 실속이 생기는 것이며, 이는 날개뿌리보다 날개끝에서 먼저 실속(흐름의 떨어짐)이 생긴다.

26 날개끝을 앞쪽으로 비틀림(Wash out)을 주는 이유는?

① 실속이 날개끝에서 생기는 것을 방지하기 위해
② 실속이 날개뿌리에서 생기는 것을 방지하기 위해

③ 공력중심의 이동을 작게 하기 위해
④ 날개에서 양력을 증가시키기 위해

해답

테이퍼 날개에서는 날개뿌리보다 날개끝에서 먼저 실속이 생기므로 이를 방지하기 위해서는 날개끝을 앞쪽으로 비틀어서(Wash out) 날개뿌리보다 받음각을 작게 하여 날개끝 실속을 방지한다. 이를 기하학적 비틀림(Geometrical twist)이라 한다.
※ 공기역학적 비틀림은 문제 14번 참조

27 날개 양끝에서 밑면의 공기가 윗면으로 올라감으로써 생기는 항력은?

① 형상항력
② 조파항력
③ 유도항력
④ 압력항력

해답

유도항력
날개끝 와류에 의하여 생기는 항력으로 날개끝에서 밑면의 압력이 윗면보다 크기 때문에 공기가 윗면으로 올라가서 날개끝 와류가 생기게 된다.

28 면적이 일정한 날개에서 스팬을 2배로, 양력계수를 반으로 줄이면 유도항력계수는?

① 1/2로 감소
② 1/16로 감소
③ 1/3로 감소
④ 1/4로 감소

해답

유도항력계수는 양력계수제곱에 비례하므로 양력 계수가 반($\frac{1}{2}$)으로 줄면 $\frac{1}{4}$로 줄어든다. 또 가로세로비에 반비례하며 가로세로비는 스팬의 제곱에 비례하므로 스팬이 2배가 되면 가로세로비는 4배가 되고 유도항력계수는 $\frac{1}{4}$이 된다. 따라서 총 유도항력계수는 $\frac{1}{16}$로 감소한다.

29 공기흐름을 방해해서 양력을 감소시키는 장치는?

① 슬롯(Slot)
② 플랩(Flap)
③ 스포일러(Spoiler)
④ 와류발생기(Vortex generator)

[정답] 24 ④ 25 ① 26 ① 27 ③ 28 ② 29 ③

해답

슬롯은 박리를 지연시켜주는 경계층 제어장치이고, 플랩은 고양력 장치이며, 와류발생기는 날개윗면에 얇은 와류층을 형성시켜 박리를 지연시켜주는 장치이다. 반대로 스포일러는 고의적으로 흐름을 방해하고 박리를 유발시켜 양력을 감소하고 항력을 증가시키는 장치이다.

30 테이퍼형 날개와 직사각형 날개의 실속현상에 맞는 것은?

① 테이퍼 날개는 날개끝에서, 직사각형 날개는 날개뿌리에서 실속한다.

② 테이퍼나, 직사각형 날개 모두 날개끝에서 실속한다.

③ 테이퍼 날개는 날개뿌리에서, 직사각형 날개는 날개끝에서 실속한다.

④ 테이퍼와 직사각형 날개 모두 날개뿌리에서 실속한다.

해답

아래의 "날개의 실속특성"에 대한 설명에서 보면 테이퍼형 날개는 익단(날개끝)쪽에서 실속하고 직사각형 날개는 익근(날개뿌리)에서 실속한다.

참고

날개의 실속특성

실속(Stall)이란, 날개에서 발생하는 양력이 비행기의 무게보다 작아서 비행기가 고도를 유지할 수 없는 상태를 말하며, 이와 같은 상태는 받음각이 실속각보다 커지는 것과 관계된다. 받음각이 실속각 이상이 되면 날개표면에는 흐름의 떨어짐이 생기게 되고, 받음각이 실속각 이상이 되면 받음각이 커질수록 증가하던 양력계수가 감소하기 시작하고, 반대로 항력계수가 더욱 증가해서 흐름의 떨어짐에 의한 영향이 뚜렷해진다. 이와 같은 현상이 생기는 부분을 실속영역(Stall region)이라 한다.

이를 날개별로 설명하면 다음과 같다.

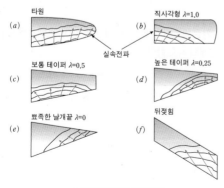

[날개모양에 따른 실속영역]

위의 그림은 여러 가지 모양의 날개에 대하여 날개의 반쪽만 그린 그림이다. 그림에서 날개의 왼쪽 끝은 날개뿌리가 되고 오른쪽은 날개의 끝이 된다.

• 그림 (a) : 타원형 날개에서 실속(흐름의 떨어짐)이 전파되는 현상을 나타낸 것이다. 타원날개는 날개의 뿌리나 끝에서 실속이 거의 균일하게 생기고 있음을 알 수 있다. 따라서 타원날개는 길이 방향으로 균일하게 흐름의 떨어짐이 생기므로 다른 날개보다 실속특성이 좋다.

• 그림 (b) : 직사각형 날개의 실속전파 형태를 그린 것이다. 실속이 날개뿌리부터 먼저 생기고 차차 날개끝쪽으로 파급된다. 이러한 실속을 날개뿌리실속(Root stall)이라 한다.

• 그림 (c) : 테이퍼비 λ가 0.5인 날개이다. 이는 반쪽 날개의 중앙에서 실속이 생겨서 날개뿌리와 날개끝쪽으로 파급됨을 알 수 있다.

• 그림 (d) : 테이퍼비 λ가 0.25인 날개로 실속이 날개끝에서 먼저 생기고 차차 날개뿌리쪽으로 파급된다. 이러한 실속을 날개끝 실속(Tip stall)이라 하고 가장 나쁜 실속특성을 가지고 있다. 그 이유는 날개끝이 실속이 되면 도움날개가 실속흐름 속에 들어가서 옆놀이 조종에 방해가 되고, 또 흐름의 떨어짐 현상이 비행기 무게중심에서 먼 곳에 흐름의 교란이 생김으로 비행기 진동의 원인이 되기 때문이다.

• 그림 (e) : 삼각 날개의 실속형태를 나타낸 것으로 날개끝 실속이 생김을 알 수 있다.

• 그림 (f) : 뒤젖힘 날개의 실속특성을 나타낸 것으로 실속이 날개끝에서 생기기 때문에 실속특성은 좋지 않다.

31 비행기 날개끝에 장착하는 윙렛(Winglet)의 목적은?

① 형상항력 감소

② 유도항력 감소

③ 압력항력 감소

④ 점성항력 감소

해답

Winglet

날개 끝에 거의 수직으로 붙어있는 작은 날개를 말한다. Winglet은 날개끝 와류 흐름을 제어하여 유도항력을 감소시켜주는 장치이다.

32 유도항력(Induced drag)에 대해서 바르게 설명한 것은?

① 날개의 가로세로비에 비례하여 증가한다.

② 양력계수에 비례하여 증가한다.

③ 양력계수의 제곱에 비례하여 증가한다.

④ 날개의 길이에 비례하여 증가한다.

[정답] 30 ① 31 ② 32 ③

Aircraft Maintenance

유도항력계수는 $C_{Di} = \dfrac{C_L^2}{\pi e AR}$ 으로 표시되므로 양력계수제곱에 비례하여 증가한다.

33 유도항력을 감소시키는 방법이 아닌 것은?

① 타원날개의 사용
② Winglet 설치
③ 가로세로비를 크게
④ Vortex generator 사용

타원날개는 스팬효율계수 $e = 1$이 되어 최소의 유도항력을 가지며, Winglet은 유도항력 감소장치이다. Vortex generator는 고의적으로 날개 윗면에 와류층을 형성시켜 박리를 지연시켜주기 때문에 유도항력과는 관계가 없다.

34 날개끝 실속(Wing tip stall)을 방지하는 방법 중 틀린 것은?

① 공력적 비틀림을 준다.
② 날개뿌리에 스트립을 장착한다.
③ 날개뿌리에 슬롯을 설치한다.
④ 기하학적 비틀림을 준다.

날개끝 실속을 방지하려면 날개뿌리보다 날개 끝에 슬롯을 설치해야 한다.

날개끝 실속방지 방법
비행기 날개에 날개끝 실속이 생기게 되면, 비행기 중심에서부터 먼 위치에 실속에 의한 공기력의 변화로 인하여 비행기의 가로안정성이 좋지 않다. 또, 날개끝부분에 위치한 도움날개가 박리 흐름 속에 들어가기 때문에 도움날개의 효과를 나쁘게 하며, 따라서 비행기를 설계할 때 날개끝 실속이 일어나지 않도록 해야 한다. 날개끝 실속을 방지하는 방법에 다음과 같은 것들이 있다.
① 날개의 테이퍼비를 너무 크게 하지 않는다.
② 날개끝으로 감에 따라 받음각이 작아지도록 날개를 비튼다. 이를 날개의 앞내림(Wash out)이라 한다. 앞내림을 주면 실속이 날개뿌리에서부터 시작하게 한다. 이렇게 날개끝이 앞쪽으로 비틀린 것을 기하학적 비틀림이라 한다.

③ 날개끝부분에는 두께비, 앞전 반지름, 캠버 등이 큰 날개골, 즉, 실속각이 큰 것을 사용하여 날개뿌리보다 실속각을 크게 한다. 이것을 공기역학적 비틀림이라고 한다.
④ 날개뿌리에 스트립(Strip)을 붙여 받음각이 클 경우, 흐름을 강제로 떨어지게 해서 날개끝보다 날개뿌리에서 먼저 실속이 생기도록 한다.
⑤ 날개끝부분의 날개 앞전 안쪽에 슬롯(Slot)을 설치하여 날개 밑면을 통과하는 흐름을 강제로 윗면으로 흐르도록 유도해서 흐름의 떨어짐을 방지한다.

35 날개뿌리부분의 시위가 3[m]이고, 테이퍼비가 0.6일 때 날개끝 시위의 길이는?

① 2.0[m]　　　　② 1.8[m]
③ 1.5[m]　　　　④ 1.2[m]

테이퍼비는 $\lambda = \dfrac{c_t}{c_r}$ 로 정의된다.

여기서, c_r : 날개뿌리 시위, c_t : 날개끝 시위

그러므로 $0.6 = \dfrac{c_t}{3[m]}$ $\therefore c_t = 1.8[m]$

36 비행기에서 일반적으로 많이 사용되는 고양력장치는?

① 드루프(Droop) 앞전　　② 슬롯(Slot)
③ 플랩(Flap)　　　　　　④ 스포일러(Spoiler)

비행기에서 가장 많이 사용되는 보편적인 고양력장치는 플랩이다.

37 가로세로비가 5, 양력계수가 1.0, 스팬효율계수가 0.8인 날개의 유도항력계수는?

① 0.05　　　　　② 0.06
③ 0.07　　　　　④ 0.08

$C_{Di} = \dfrac{C_L^2}{\pi e AR}$ 에서 $C_{Di} = \dfrac{1}{3.14 \times 0.8 \times 5} = 0.08$

[정답] 33 ④　34 ③　35 ②　36 ③　37 ④

38 공력중심(A.C)과 풍압중심(C.P)에 대한 아래 사항 중 맞는 것은?

① A.C는 C.P와 언제나 평행이동을 한다.

② A.C는 날개앞전으로부터 약 25[%] 후방에 위치한다.

③ C.P와 A.C는 일치되어 있다.

④ A.C는 C.P가 전진하면 후퇴한다.

해답

• 풍압중심 또는 압력중심(Center of Pressure : C.P)
날개 윗면에 발생하는 부압과 아랫면에 발생하는 정압의 차이로 날개를 뜨게 하는 양력의 합력점이고, 받음각에 따라 움직이게 되는데 받음각이 증가하면 앞전으로 이동하고, 받음각이 작아지면 압력중심은 후퇴한다.

• 공력중심(Aerodynamic Center : A.C)
받음각이 변하더라도 모멘트계수가 변하지 않는 기준점을 말하고 대부분의 날개골에 있어서 이 공력중심은 앞전에서부터 25[%] 뒤쪽에 위치한다.

39 비행 중에 날개의 둘레에 생기는 순환은?

① 양력을 감소시킨다. ② 양력을 발생한다.

③ 저항을 감소시킨다. ④ 저항을 증가시킨다.

해답

비행기가 출발하고 나면 출발와류는 계속 남아 있어야 되나, 실제 유동에서는 점성의 영향으로 소멸되어 없어지고, 날개에는 속박와류만 남게 된다. 이는 균일흐름과 합성된 형태로 날개에 작용하게 되며 양력을 발생한다.

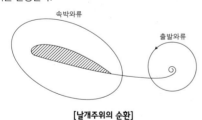

[날개주위의 순환]

40 항공기 날개의 붙임각(Angle of incidence)은?

① 고도 상승시 조종사가 변경시킨다.

② 날개의 상반각(Dihedral)에 영향을 준다.

③ 비행시 주위 공기의 흐름과 날개의 시위와 이루는 각이다.

④ 비행 중에 변경시키지 못한다.

해답

취부각(붙임각)

흔히 붙임각이라고 하며 기체의 세로축과 날개의 시위선과 이루는 각이다. 비행기가 순항비행을 할 때에 기체가 수평이 되도록 날개에 부착한다.

41 후퇴익에 관해서 다음 사항 중 틀린 것은?

① 후퇴익은 임계 마하수를 높일 수 있다.

② 후퇴익은 상승성능이 좋다.

③ 후퇴익은 방향안전성이 좋다.

④ 후퇴익은 익단실속을 일으키기 쉽다.

해답

후퇴익의 장·단점

• 장점
① 천음속에서 초음속까지 항력이 적다.
② 충격파 발생이 느려 임계 마하수를 증가 시킬 수 있다.
③ 후퇴익 자체에 상반각 효과가 있기 때문에 상반각을 크게 할 필요가 없다.
④ 직사각형 날개에 비해 마하 0.8까지 풍압중심의 변화가 적다.
⑤ 비행 중 돌풍에 대한 충격이 적다.
⑥ 방향안정성 및 가로안정성이 있다.

• 단점
① 날개끝 실속이 잘 일어난다.
② 플랩 효과가 적다.
③ 뿌리부분에 비틀림 모멘트가 발생한다.
④ 직사각형 날개에 비해 양력 발생이 적다.

42 공력평균시위(MAC : Mean Aerodynamic Chord)라고 하는 것은?

① 날개에서 25[%]되는 위치의 시위를 말한다.

② 날개의 공력중심을 통과하는 시위를 말한다.

③ 날개의 공력중심에서 25[%]되는 위치의 시위를 말한다.

④ 날개에 작용하는 Moment가 0이 되는 위치의 시위를 말한다.

해답

평균공력시위(MAC : Mean Aerodynamic Chord)

[정답] 38 ② 39 ② 40 ④ 41 ② 42 ②

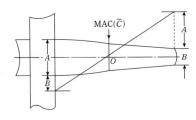

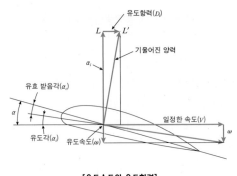

[유도속도와 유도항력]

날개의 공기역학적 특성을 대표하는 시위를 말하며 날개의 공력중심, 보통 날개의 면적중심(도심)을 지나는 시위를 말한다. 이를 작도에 의해서 그리는 방법은 위의 그림과 같다.

43 항공기 날개에 작용하는 양력의 특징은?

① 밀도의 제곱에 비례한다.
② 날개면적의 제곱에 비례한다.
③ 속도의 제곱에 비례한다.
④ 양력계수의 제곱에 비례한다.

🔍 **해답** -

날개의 양력은 밀도, 양력계수, 날개면적과 속도의 제곱에 비례한다.
즉, $L = C_L \frac{1}{2} \rho V^2 S$ 이다.

44 유도항력의 원인은 무엇인가?

① 날개끝와류   ② 속박와류
③ 간섭항력   ④ 충격파

🔍 **해답** -

유도항력(Induced drag)
날개가 흐름 속에 있을 때 날개 윗면의 압력은 작고, 아랫면의 압력이 크기 때문에 날개끝에서 흐름이 날개 아랫면에서 윗면으로 올라가는 와류가 생긴다. 이 날개끝 와류로 인하여 날개에는 내리흐름이 생기게 되고, 이 내리흐름으로 인하여 유도항력이 발생한다. 비행기 날개와 같이 날개끝이 있는 것에는 반드시 유도항력이 발생한다. 유도항력이 생기는 현상은 아래 그림과 같이 날개끝와류로 인한 유도속도(ω) 때문에 날개를 지나는 흐름(일정속도인 흐름과 유도속도의 합성된 흐름)이 밑으로 쳐져서 흐르기 때문에 이 흐름에 수직인 양력이 뒤로 기울어지게 되어 비행을 방해하는 항력인 유도항력이 생기게 되는 것이다.

45 주날개 상면에 붙이는 경계층 격벽판(Boundary layer fence)의 목적은?

① 저항감소   ② 풍압중심의 전진
③ 양력의 증가   ④ 날개끝 실속의 방지

🔍 **해답** -

경계층 격벽판
일반적으로 높이가 $15 \sim 20[\text{cm}]$이고, 앞전에서부터 뒷전으로 항공기 대칭면에 평행하게 부착을 하여 공기의 흐름이 날개끝으로 흐르는 것을 막아 날개끝 실속을 방지한다.

46 후퇴날개에 대한 다음의 설명에서 틀린 것은?

① 임계 마하수가 커진다.
② 최대양력계수가 작 아진다.
③ 실속특성이 아주 나빠진다.
④ 세로안정성이 좋아진다.

🔍 **해답** -

후퇴날개는 방향안정성은 좋으나 세로안정성은 좋지 않다.

47 지상에서 스포일러(Spoiler)를 사용하는 목적으로 맞는 것은?

① 양력을 감소시키기 위해서
② 실속을 방지하기 위해서

[정답] 43 ③ 44 ① 45 ④ 46 ④ 47 ④

③ 양항비를 증가시키기 위해서

④ 항공기속도를 줄이기 위해서

🔍 해답

스포일러(Spoiler)

항력을 증가시키는 보조 조종면으로 항공기가 활주할 때 브레이크의 작용을 보조해 속도를 줄여주는 지상 스포일러(Ground spoiler)와 비행 중 도움날개의 조작에 따라 작동되어 항공기의 가로 조종을 보조해주는 공중 스포일러(Flight spoiler)가 있다.

48 Buffeting은 항공기의 기체부분에 발생하는 진동 현상 이다. 이것이 발생하는 이유는 무엇인가?

① 부정확한 플랩의 조정

② 박리된 공기의 불안정

③ 부정확한 보조익의 조정

④ 알 수 없는 힘의 종류

🔍 해답

버핏(Buffet)

일반적으로 비행기의 조종간을 당겨 기수를 들어 실속속도에 접근하게 되면 비행기가 흔들리는 현상인 버핏이 일어난다. 이것은 흐름이 날개에서 박리되면서 후류가 날개나 꼬리날개를 진동시켜 발생되는 현상으로서 이러한 현상이 일어나면 실속이 일어나는 징조이고, 승강키의 효율이 감소하고 조종간에 의해 조종이 불가능해지는 기수내림(Nose down)현상이 나타난다.

49 타원날개의 공력특성에 대한 설명에서 틀린 것은?

① 날개길이 방향의 양력분포가 타원이다.

② 날개길이 방향의 유도받음각이 일정하다.

③ 유도항력이 최소인 날개이다.

④ 스팬효율계수(Span efficiency factor) $e=1.0$이기 때문에 날개끝 실속이 먼저 일어난다.

🔍 해답

타원형 날개의 특징

① 날개의 길이 방향의 유도속도가 일정하다.

② 유도항력이 최소이다.

③ 제작이 어렵고, 고속 비행기에는 적합하지 않다.

④ 실속이 날개길이에 걸쳐서 균일하게 일어난다.(일단 실속에 들어가면 회복이 어렵다.)

50 날개 윗면에 돌출시켜 항력을 생기도록 하여 양력을 감소시키는 것은?

① 에일러 론

② 플랩

③ 슬랫

④ 스포일러

🔍 해답

스포일러(Spoiler)

공기의 정상흐름을 방해하여 항력을 증가시키는 장치로 지상 스포일러와 공중 스포일러가 있다.

51 날개에 앞내림(Wash out)을 줌으로써 날개끝 실속을 방지하는 것은?

① 상반각

② 하반각

③ 공력적 비틀림

④ 기하학적 비틀림

🔍 해답

테이퍼 날개에서는 날개뿌리보다 날개끝에서 먼저 실속이 생기므로 이를 방지하기 위해서는 날개끝을 앞쪽으로 비틀어서(Wash out) 날개뿌리보다 받음각을 작게 하여 날개끝 실속을 방지한다. 이를 기하학적 비틀림(Geometrical twist)이라 한다.

4 항력

01 항력어떤 날개의 형상항력계수가 0.0130이고 양력계수는 0.5, 날개효율계수는 0.90이며, 가로세로비가 6일 때 날개의 전체항력계수는?

① 0.028

② 0.015

③ 0.03

④ 0.01

🔍 해답

전체항력계수＝형상항력계수＋유도항력계수이므로

$$C_D = C_{DP} + C_D = C_{DP} + \frac{C_L^{\,2}}{\pi e AR}$$

$$= 0.013 + \frac{0.5^2}{3.14 \times 0.9 \times 6} = 0.0277$$

02 윙렛(Winglet)에 의해서 감소되는 항력은?

① 간섭항력　　　　　② 유도항력
③ 조파항력　　　　　④ 마찰항력

해답

윙렛(Winglet)
작은 날개를 주날개끝에 수직 방향으로 붙인 것으로서 비행 중에 날개끝 와류가 이 장치에 공기력이 작용하게 되는데 이 공기력은 유도항력을 감소시켜 주는 방향으로 작용하게 된다.

03 물체에 작용하는 항력의 요인이 아닌 것은?

① 유체의 밀도　　　　② 유체의 속도
③ 물체의 평면면적　　④ 물체의 길이

해답

$L = C_D \frac{1}{2}\rho V^2 S$에서 물체의 평면면적 S가 중요하며 물체의 길이는 큰 요인이 아니다.

04 날개의 특성에 관계되는 것들을 서술한 것이다. 틀린 사항은?

① 최대양력계수가 클수록 날개특성은 좋다.
② 유해항력계수가 적을수록 날개특성은 좋다.
③ 풍압중심의 위치변화가 적을수록 날개 특성은 좋다.
④ 실속속도가 클수록 날개특성은 좋다.

해답

실속속도가 작을수록 이·착륙거리가 단축되어 날개특성은 좋아진다.

05 형상항력은 아래와 같은 항력으로 분류할 수 있는데, 이에 해당되지 않은 것은 어느 것인가?

① 유도항력　　　　　② 마찰항력
③ 압력항력　　　　　④ 점성항력

해답

① 유도항력 : 날개가 흐름 속에 있을 때 날개 윗면의 압력은 작고 아랫면의 압력은 크기 때문에 날개끝에서 흐름이 아랫면에서 윗면으로 올라가는 와류현상이 생긴다. 이 날개끝와류로 인하여 날개에는 내리흐름이 생기게 되고. 이 내리흐름으로 인하여 유도항력이 발생한다. 비행기 날개와 같이 날개끝이 있는 것에는 반드시 유도항력이 발생한다.
② 형상항력 : 날개의 형상에 의한 압력항력과 점성항력인 표면마찰항력을 합한 항력을 말한다.

06 조파항력(Wave drag)이라 함은?

① 천음속 유체의 흐름 속에 있는 물체에 생기는 항력
② 충격파에 의해서 발생하는 항력
③ 팽창파에 의해서 발생하는 항력
④ 고아음속 비행기에 생기는 항력

해답

조파항력(Wave drag)
날개에 초음속흐름이 형성되면 충격파가 발생하고 이 때문에 생기는 항력을 조파항력이라 한다.

07 날개의 면적은 같으나 날개의 길이만 2배로 하면 유도항력은?

① 1/2이 된다.　　　　② 1/4이 된다.
③ 2배가 된다.　　　　④ 변화 없다.

해답

$$D_i = \frac{1}{2}\rho V^2 C_{Di}S, \quad C_{Di} = \frac{C_L^2}{\pi e AR}$$

여기서, C_{Di} : 유도항력계수
　　　　AR : 가로세로비
　　　　e : 날개효율계수(타원형은 $e=1$)
유도항력은 가로세로비에 반비례한다.

날개면적은 동일하고 날개길이를 2배로 할 경우 $AR = \frac{b^2}{S}$이므로 가로세로비는 4배 증가하여 유도항력은 $\frac{1}{4}$로 감소한다.

08 날개에서 항력발산(Drag divergence)이라고 하는 것은?

① 받음각이 큰 점에서 항력이 최대가 되는 현상
② 받음각이 작은 점에서 항력이 최대가 되는 현상

[정답] 02 ② 03 ④ 04 ④ 05 ① 06 ② 07 ② 08 ④

③ 마하수가 작은 곳에서 항력이 급격히 작아지고 박리되는 현상

④ 마하수가 큰 곳에서 충격파 때문에 항력이 커지는 현상

🔍 해답

항력발산

마하수가 증가함에 따라 항력이 급격히 증가하는 현상을 말하며, 그 때의 마하수를 항력발산마하수라 한다.

09 층류날개골에서 말하는 항력버킷(Drag bucket)이라고 하는 것은?

① 받음각이 큰 점에서 항력이 최대가 되는 현상

② 받음각이 작은 점에서 항력이 최대가 되는 현상

③ 받음각이 작은 점에서 항력이 급격히 작아지고 유리하게 되는 상태

④ 받음각이 큰 곳에서 충력 때문에 항력이 급격히 커지는 현상

🔍 해답

항력버킷

6자형 날개골(층류 날개골)에서 항력이 작아지는 부분을 항력버킷(Drag bucket)이라 하는데, 이것은 양항 극곡선에서 어떤 양력계수 부근에서 항력계수가 갑자기 작아지는 부분을 말한다(그림에서 B 부분)

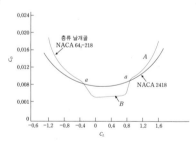

10 날개의 항력은 아음속의 경우 다음과 같다. 맞는 것은?

① 마찰항력, 압력항력   ② 형상항력, 유도항력

③ 마찰항력, 유도항력   ④ 압력항력, 조파항력

🔍 해답

① 유도항력 : 날개가 흐름 속에 있을 때 날개 윗면의 압력은 작고 아랫면의 압력은 크기 때문에 날개 끝에서 흐름이 아랫면에서 윗면으로 올라가는 와류현상이 생긴다. 이 날개끝와류로 인하여 날개에는 내리흐름이 생기게 되고. 이 내리흐름으로 인하여 유도항력이 발생한다. 비행기 날개와 같이 날개끝이 있는 것에는 반드시 유도항력이 발생한다.

② 조파항력 : 날개에 초음속흐름이 형성이 되면 충격파가 발생하게 되고 이 때문에 발생되는 항력을 조파항력이라고 한다.

③ 형상항력 : 날개의 압력항력과 표면마찰항력을 합한 항력을 말한다.

11 초음속흐름에서 날개골(Airfoil)에 작용하는 항력은?

① 압력항력(형상항력)

② 표면마찰항력

③ 압력항력＋표면마찰항력

④ 형상항력＋조파항력

🔍 해답

형상항력＝압력항력＋마찰항력

이는 물체의 모양에 따라서 크기가 달라지는 항력이다. 조파항력은 초음속흐름에 의한 충격파 때문에 생기는 항력이다.

12 일반적으로 항력계수 C_D는?

① 항상＋값이며 C_D와 받음각과의 관계는 양력곡선과 같다.

② 받음각이 － 값이면 C_D도 － 값을 갖는다.

③ 수직강하 시에는 C_D는 － 값이며 언제나 ＋ 값이다.

④ 받음각이 － 값이어도 C_D는 항상 ＋ 값이다.

🔍 해답

받음각(α)와 항력계수(C_D)의 관계

• 받음각의 변함에 따라 항력계수가 달라진다.

• 받음각이 실속각에 도달하면 항력계수는 급격히 증가한다.

• 받음각이 (－) 값이 되더라도 항력계수는 항상 (＋) 값을 갖는다.

13 고속 비행기에서 사용되는 층류 날개골(Laminar airfoil)의 특성 중 옳지 않은 것은?

[정답] 09 ③   10 ②   11 ④   12 ④   13 ③

① 속도변화에 대하여 항력감소효율이 좋다.

② 날개표면의 흐름을 가능한 한 층류경계층으로 만들 수 있다.

③ 날개표면의 흐름에서 천이를 앞당길 수 있다.

④ 최소항력계수를 작게 하는 효과가 있다.

🔍 해답

층류 날개골(Laminar airfoil)

속도가 빠른 천음속 제트기에 많이 사용되는 날개골로서 NACA 6자계열이 이에 속한다. 최대두께의 위치를 뒤쪽으로 이동시키고 앞전 반지름을 작게 함으로써 천이를 늦추어 층류를 오랫동안 유지할 수 있고, 충격파의 발생을 지연시켜 항력을 감소시킬 수 있다.

14 날개를 설계할 때 항력발산마하수를 크게 하기 위한 조건은?

① 두꺼운 날개를 사용하여 표면에서 속도를 증가시킨다.

② 가로세로비가 큰 날개를 사용한다.

③ 날개에 뒤 젖힘각을 준다.

④ 유도항력이 큰 날개골을 사용한다.

🔍 해답

항력발산마하수를 크게 하기 위한 조건

• 얇은 날개를 사용하여 날개표면에서의 속도 증가를 줄인다.

• 날개에 뒤 젖힘각을 준다.

• 가로세로비가 작은 날개를 사용한다.

• 경계층을 제어한다.

15 날개에서 양력계수를 증가시키는 고양력장치가 아닌 것은?

① 파울러 플랩   ② 드루프 앞전

③ 스피드 브레이크   ④ 크루거 플랩

🔍 해답

① 고양력장치 : 파울러 플랩, 드루프 앞전, 크루거 플랩

② 고항력장치 : 항력만을 증가시켜 비행기의 속도를 감소시키기 위한 장치

ⓐ 스피드 브레이크

ⓑ 역추력장치

ⓒ 제동 낙하산

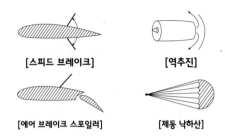

[스피드 브레이크]　　　　[역추진]

[에어 브레이크 스포일러]　　[제동 낙하산]

16 최근 제트 여객기에서는 충격파의 발생으로 인한 항력의 증가를 억제하기 위해 시위의 앞부분에 압력 분포를 뾰족하게 하였다. 이 날개의 형태를 무엇이라 하는가?

① 층류 날개골   ② 난류 날개골

③ 피키 날개골   ④ 초임계 날개골

🔍 해답

피키 날개골(Peaky airfoil)

음속에 가까운 속도로 비행하는 최근의 제트 여객기에 있어서 충격파의 발생으로 인한 항력의 증가를 억제하기 위해서 시위 앞부분의 앞력 분포를 뾰족하게 만든 날개골을 피키 날개골(Peaky airfoil)이라고 한다.

17 두께비가 0.1인 완전대칭인 2중 쐐기형 날개골이 마하수가 3인 흐름 속에 받음각 2°로 놓여 있을 때 항력계수는?

① 0.013   ② 0.016

③ 0.023   ④ 0.031

🔍 해답

식 (2)에서

$$C_{dw} = \frac{4\alpha^2}{\sqrt{M^2-1}} + \frac{4}{\sqrt{M^2-1}}\left(\frac{t}{c}\right)^2$$

$$= \frac{4 \times \left(\frac{2}{57.3}\right)^2}{\sqrt{3^2-1}} + \frac{4 \times 0.1^2}{\sqrt{3^2-1}} = 0.016$$

초음속흐름에 놓여있는 날개에는 조파항력이 발생한다. 조파항력계수를 C_{dw}라 하면 받음각 α, 마하수 M인 평판 날개골에서는 아커렛(Ackeret) 선형이론에 의하여 다음 식으로 표시된다.

$$C_{dw} = \frac{4\alpha^2}{\sqrt{M^2-1}}, \ C_1 = \frac{4\alpha}{\sqrt{M^2-1}} \quad \cdots\cdots\cdots (1)$$

그림과 같은 대칭 2중 쐐기형 날개골에서는 두께 $\left(\frac{t}{c}\right)$가 있으므로 조파항력계수는 다음과 같다.

$$C_{dw} = \frac{4\alpha^2}{\sqrt{M^2-1}} + \frac{4}{\sqrt{M^2-1}}\left(\frac{t}{c}\right)^2$$

$$C_1 = \frac{4\alpha}{\sqrt{M^2-1}} \quad \cdots\cdots\cdots\cdots\cdots\cdots (2)$$

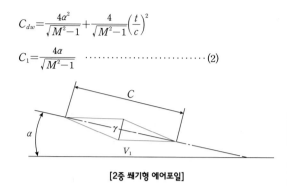

[2중 쐐기형 에어포일]

단면적 법칙(Area rule)

초음속용 항공기에서는 천음속과 초음속항력을 둘 다 최소로 하지 않으면 안 된다. 후퇴 날개나 가로세로비가 작은 날개를 사용하고, 에어포일이나 동체의 날씬비를 크게 하고, 캐노피가 잘 정형이 된다면 이러한 항력의 증가를 감소시킬 수 있다. 그러나 항력증가를 최소화하기 위해서는 비행기를 구성품의 집합체라기 보다 단일체로 고려되지 않으면 안 된다. 이러한 개념이 잘 설명된 것이 NACA의 Whitcomb에 의해서 개발된 단면적의 법칙(Area rule)이다.

단면적 법칙의 개념은 실험에 근거를 둔 것으로서 다음과 같다. 천음속과 초음속에서 가로세로비가 작은 물체 주위의 흐름은 똑같은 단면적 분포를 갖는 회전체 주위의 흐름과 유사하다. 회전체의 길이에 따라 단면적의 급격한 변화는 돌출부가 없을 때가 있을 때보다 항력이 작아진다. 따라서, 가로세로비가 작은 비행기의 항력은 날개나 동체를 포함하는 모든 부분에서의 단면적 분포가 가능한 한 완만해야 한다는 것이다.

이러한 개념을 만족시켜주기 위해서는 동체의 단면적은 날개나 꼬리부분이 있는 곳은 면적증가를 보상해 주기 위해 단면적을 감소시키지 않으면 안 된다. 실험결과에 의하면 이 단면적 법칙을 적용시킬 경우, 천음속항력이 크게 감소한 것으로 되어 있다. 천음속 범위에서 $C_{DP\max}/C_{DP\min}$의 비를 2까지 감소시킬 수 있다.

18
해면에서 비행기 속도가 360[km/h]일 때 유해항력이 1500[kg] 이라면 등가유해면적은 얼마인가?

① 5.2[m²] ② 4.2[m²]
③ 3.5[m²] ④ 2.4[m²]

🔍 **해답**

아래의 "등가유해면적"에 관한 식에서 $D_P = f \times q$이므로

$$f = \frac{D_p}{q} = \frac{1500}{\frac{1}{2} \times \frac{1}{8} \times \left(\frac{360}{3.6}\right)^2} = 2.4$$

💬 **참고**

등가유해면적(f)

비행기에서 유도항력을 제외한 모든 항력을 유해항력(Parasite drag)이라 하며 이 항력은 등가유해면적(Equivalent parasite drag area)의 크기로 표시된다. 등가 유해면적 f는 항력계수 값이 1이 되는 가상의 평판 면적을 말한다.

f에 대한 항력계수는 1이므로 항력의 식은 등가유해면적(f)에다 동압 $q(\frac{1}{2}\rho V^2)$만 곱하면 되기때문에 유해항력 계산에 아주 편리하다. 유해항력을 D_P라 하면 식은 $D_P = f \times q$이다.

19
어떤 초음속기에서는 날개가 부착된 동체 부분의 단면적을 작게 하는데 그 이유는?

① 동체의 강도를 증가시키기 위한 것이다.
② 연속의 법칙에 의해서 형상항력을 줄이기 위한 것이다.
③ 단면적 법칙에 의해서 조파항력을 줄이기 위한 것이다.
④ 동체를 유선형으로 하여 항력을 줄이기 위한 것이다.

🔍 **해답**

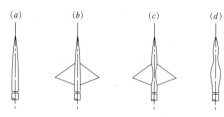

[단면적 법칙의 예시]

5 비행기의 성능

01
어떤 비행기가 해면상을 500[km/h]의 속도로 비행하고 있다. 날개면적이 130[m]이고 항력계수가 0.029일 때 필요마력은?

① 8,417 ② 8,500
③ 9,200 ④ 9,500

🔍 **해답**

항력 D[kgf]인 비행기가 정상 수평비행을 할 때 속도 V[m/s]를 내기 위한 필요마력은 다음 식으로 표시된다.

필요마력을 P_r이라 하면, $P_r = \dfrac{DV}{75}$

여기서, 75로 나누는 것은 마력의 단위(1마력=75[kg·m/s])로 하기 위함이다.

$$P_r = \frac{DV}{75} = C_D \times \frac{1}{2} \rho V^2 S \times \frac{V}{75} = \frac{1}{150} C_D \rho V^3 S$$

$$P_r = \frac{DV}{75} = \frac{C_D \frac{1}{2} \rho V^3 S}{75}$$

$$= \frac{0.029 \times \frac{1}{2} \times \frac{1}{8} \times \left(\frac{500}{3.6}\right)^3 \times 130}{75} = 8417.1024$$

02 어떤 제트 비행기가 1,000[kg]의 추력을 사용해서 300[km/h]의 속도로 수평비행을 하고 있다. 이용마력은 얼마인가?

① 1,200　　　　　　② 1,111

③ 1,085　　　　　　④ 1,035

🔍 해답

속도를 V, 이용추력을 T라 하면 이용마력 $P_a = \dfrac{TV}{75}$

$$P_a = \frac{TV}{75} = \frac{1,000 \times \frac{300}{3.6}}{75} = 1,111.11$$

03 비행 중인 비행기의 항력이 추력보다 크면?

① 감속전진 비행을 한다.　② 등속도 비행을 한다.

③ 그 자리에 정지한다.　　④ 가속전진한다.

🔍 해답

T : 추력, D : 항력 일때
- 가속도비행 : $T > D$
- 등속도비행 : $T = D$
- 감속도비행 : $T < D$

04 비행기가 상승하려면 어떤 조건이어야 하는가?

① 이용마력 > 필요마력　　② 이용마력 = 필요마력

③ 이용마력 < 필요마력　　④ 이용마력 ≤ 필요마력

🔍 해답

상승률에 대한 식

$$RC = \frac{75(P_a - P_r)}{W}$$

이용마력(P_a)에서 필요마력(P_r)을 뺀 여유마력이 클수록 상승률은 좋아진다. 따라서 상승하려면 이용마력(P_a)이 필요마력(P_r)보다 커야한다.

05 비행기가 공중에서 무동력으로 급강하 할 때 어떤 현상이 일어나는가?

① 속도는 접지할 때까지 무제한 증가한다.

② 속도가 어느 값에 도달하면 그 이상 증가하지 않는다.

③ 급강하를 시작할 때의 강하속도를 그대로 유지한다.

④ 수평비행시의 최대속도와 같은 속도로 급강하한다.

🔍 해답

활공비행의 한 종류인 급강하는 활공각 $\theta = 90°$인 경우에 해당하며 비행기에 작용하는 힘은 무게 W와 항력 D가 된다. 처음에는 가속도로 강하하다가 무게 W와 항력 D가 같게 되면 그 이상 속도가 증가하지 않고 등속도로 강하한다.
이때의 속도(V_T)를 극한속도(Terminal velocity) 또는 종극속도라 한다.

(식) $V_T = \sqrt{\dfrac{2}{\rho} \cdot \dfrac{W}{S} \cdot \dfrac{1}{C_D}}$

06 비행기 무게가 7,700[kg], 날개면적이 60[m], 최대양력계수 1.56으로 해면상을 비행할 때 실속속도는?

① 250.1[km/h]　　　② 150.6[km/h]

③ 140.1[km/h]　　　④ 130.6[km/h]

🔍 해답

비행기의 받음각이 커지면 양력계수가 증가해서 속도는 감소할 수 있으나, 어느 정도의 최소속도가 있기 때문에 그 이하의 속도로는 비행할 수가 없다. 그 이유는 다음과 같다.

$W = L = C_L \frac{1}{2} \rho V^2 S$에서 $V = \sqrt{\dfrac{2W}{\rho S C_L}}$ 로 되어 받음각이 증가하면 C_L도 증가하고 V는 감소한다.

그러나 받음각을 증가시켜도 C_L은 최대양력계수($C_{L\max}$)보다 커지지 않으며, 최대양력계수일 때의 받음각을 실속각이라 한다.

받음각이 실속각이 되면 V는 최소로 된다. 이것을 최소속도 또는 실속속도라 부르고, $V_{\min}$으로 표시하면

$$V_{\min} = \sqrt{\frac{2}{\rho} \cdot \frac{W}{S} \cdot \frac{1}{C_{L\max}}}$$ 가 된다.

이때 속도를일반적으로 실속속도(Stalling velocity)라 부른다.
따라서 실속속도 V는

$$V_s = \sqrt{\frac{2}{\rho} \cdot \frac{W}{S} \cdot \frac{1}{C_{L\max}}} = \sqrt{2 \times 8 \times \frac{7700}{60} \times \frac{1}{1.56}}$$

$$= 36.28[\text{m/s}] = 130.6[\text{km/h}]$$

[정답] 02 ②　03 ①　04 ①　05 ②　06 ④

07 프로펠러 효율이 80[%], 날개면적이 20[m], 엔진 출력이 1,500마력으로 540[km/h]의 속도로 해면상을 비행할 때 항력계수는 얼마인가?

① 0.019 ② 0.021

③ 0.018 ④ 0.024

해답

수평비행할 때 필요마력 : $P_r = \dfrac{DV}{75}$와 이용마력 : $P_a = P \times \eta$은 같으므로 두 식을 같게 놓으면

$$P \times \eta = \frac{DV}{75} = \frac{C_D \frac{1}{2} \rho V^3 S}{75} = 이므로$$

$$C_D = \frac{P \times \eta \times 75}{\frac{1}{2} \rho V^3 S} = \frac{1,500 \times 0.8 \times 75}{\frac{1}{2} \times \frac{1}{8} \times \left(\frac{540}{3.6}\right)^3 \times 20} = 0.021$$

08 날개면적 25[m²], 수평비행속도 100[km/h]로 해면에서 수평등속도로 비행하는 항공기의 무게는? (단, 양력계수는 0.649이다.)

① 728[kg] ② 756[kg]

③ 783[kg] ④ 750[kg]

해답

수평등속도 비행시 $W = L = C_L \dfrac{1}{2} \rho V^2 S$이므로

$$W = C_L \frac{1}{2} \rho V^2 S = 0.649 \times \frac{1}{2} \times \frac{1}{8} \times \left(\frac{100}{3.6}\right)^2 \times 25 = 782.45[kg]$$

09 수평최대속도에서 이용마력과 필요마력이 같아지는데 이 속도를 되도록 크게 하려면?

① 고도가 낮을 수록 좋다.

② 날개면적이 클수록 좋다.

③ 양력계수가 클수록 좋다.

④ 이용마력이 클수록 좋다.

해답

아래 그림은 제트 비행기와 프로펠러 비행기의 이용마력과 필요마력곡선이다.

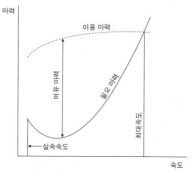

(a) 프로펠러기

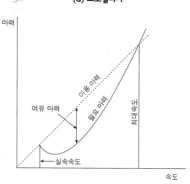

(b) 제트기

[마력곡선]

그림에서 알 수 있드시 이용마력이 클수록 최대수평속도는 증가한다.

10 무게 3,800[kg]인 비행기가 고도 2,000[m] 상공에서 288[km/h]의 속도로 상승비행하고 있다. 250마력짜리 4개의 기관을 장비하고 있는 비행기의 항력은 400[kg]이다. 프로펠러 효율이 80[%]일 때 상승률은?

① 7.4[km/s] ② 8.5[km/s]

③ 9.7[km/s] ④ 10.1[km/s]

해답

상승률에 대한식 $R.C. = \dfrac{75(P_a - P_r)}{W}$에서

$$R.C. = \frac{75(P_a - P_r)}{W} = \frac{75 \times \eta \times p - 75 \times \frac{DV}{75}}{W}$$

$$= \frac{75 \times 0.8 \times 250 \times 4 - 400 \times \frac{288}{3.6}}{3,800} = 7.36[m/s]$$

[정답] 07 ② 08 ③ 09 ④ 10 ①

Aircraft Maintenance

11 절대상승한계(Absolute ceiling)라 함은 상승률이 얼마인 고도를 말하는가?

① $0.5[\text{m/s}]$ 되는 고도를 말한다.

② $0[\text{m/s}]$ 되는 고도를 말한다.

③ $5[\text{m/s}]$ 되는 고도를 말한다.

④ $2.5[\text{m/s}]$ 되는 고도를 말한다.

해답

고도가 점점 높아지면 공기가 희박하기 때문에 이용마력은 점점 작아지고, 그에 따라 여유마력도 작아져서 상승률이 작아지게 된다. 어느 고도까지 상승하면 이용마력과 필요마력이 같아져서 상승률이 영이 되는데, 이때의 고도를 절대상승한계(Absolute ceiling)라 한다. 이 고도는 비행기가 상승할 수 있는 최대의 고도가 되나, 절대상승한계까지 상승하는데 많은 시간이 소요되고 실측하기도 곤란하므로, 상승률이 $0.5[\text{m/s}]$ 되는 고도를 실용상승한계(Service ceiling)라 한다.

실용상승한계는 절대상승한계의 약 $80 \sim 90[\%]$ 가 된다. 그리고 실제로 비행기가 운용할 수 있는 고도를 운용상승한계라 하고, 이 고도는 상승률이 $2.5[\text{m/s}]$ 되는 고도를 말한다.

12 기관출력이 300마력, 순항속도가 $290[\text{km/h}]$, 프로펠러 효율이 $80[\%]$ 인 비행기의 추력은?

① $187[\text{kg}]$
② $223[\text{kg}]$
③ $202[\text{kg}]$
④ $119[\text{kg}]$

해답

수평등속비행시 $T = D$ 이고

필요마력 $P_r = \dfrac{DV}{75}$ 와 이용마력 $P_a = P \times \eta$ 은 같으므로

두 식을 같게 놓으면

$$P \times \eta = \frac{TV}{75}, \quad T = \frac{P \times \eta \times 75}{V} = \frac{300 \times 0.8 \times 75}{\left(\frac{290}{3.6}\right)} = 223[\text{kg}]$$

13 비행기의 무게가 $7[\text{ton}]$, 날개면적이 $25[\text{m}^2]$ 되는 비행기가 해면상을 시속 $900[\text{km}]$ 로 수평비행할 때 양력계수는?

① 0.056
② 0.86
③ 0.072
④ 0.066

해답

수평등속도 비행시 $W = L = C_L \dfrac{1}{2} \rho V^2 S$ 이므로

$$C_L = \frac{W}{\frac{1}{2} \rho \times V^2 \times S} = \frac{7000}{\frac{1}{2} + \frac{1}{8} + \left(\frac{900}{3.6}\right)^2 \times 25} = 0.07168$$

14 다음 조건 중에서 항공기의 상승률을 나쁘게 하는 것은?

① 무게가 적을수록

② 이용마력이 클수록

③ 프로펠러 효율이 클수록

④ 필요마력이 클수록

해답

상승률에 대한식 $R.C. = \dfrac{75(P_a - P_r)}{W}$ 에서 필요마력이 클수록 상승률은 나빠진다.

15 비행기가 활공하고 있을 때의 활공각에 대한 올바른 설명은?

① 활공속도가 작으면 활공각도가 작다.

② 비행기 무게가 크면 활공각도가 크다.

③ 양항비가 크면 활공각은 크다.

④ 양항비와 활공각은 반비례한다.

해답

활공각(θ)에 대한 식은 $\tan\theta = \dfrac{C_D}{C_L}$ 이다.

여기서 활공각 θ 는 양항비 $\left(\dfrac{C_L}{C_D}\right)$ 에 반비례하게 된다. 즉, 멀리 활공하려면 θ 가 작아야 되며, θ 가 작으려면 양항비가 커야 한다.

16 양력계수(C_L)와 항력계수(C_D)가 일정한 값으로 비행한다면 필요마력(P_r)은?

① $P_r \propto W^{\frac{1}{2}}$
② $P_r \propto W^{\frac{3}{2}}$
③ $P_r \propto W^2$
④ $P_r \propto W^{\frac{2}{3}}$

[정답] 11 ② 12 ② 13 ③ 14 ④ 15 ④ 16 ②

해답

필요마력에 대한 식은 다음과 같다.

$$P_r = \frac{W}{75}\sqrt{\frac{2}{\rho} \times \frac{C_D^2}{C_L^3} \times \frac{W}{S}}$$

이 식에서 필요마력(P_r)은 $W^{\frac{3}{2}}$에 비례한다.

17 어떤 비행기가 고도 1,200[m] 상공에서 기관이 정지한 경우 양항비가 11인 상태로 활공한다면 도달할 수 있는 수평거리는?

① 10,000[m] ② 12,000[m]

③ 13,200[m] ④ 23,000[m]

해답

활공거리＝고도×양항비이므로
활공거리＝1,200×11＝13,200[m]

18 엔진출력이 350마력이고 312[km/h]의 속도로 수평등속비행 중인 비행기의 전항력은?(단, 프로펠러 효율은 0.80이다.)

① 158[kg] ② 202[kg]

③ 242[kg] ④ 260[kg]

해답

수평등속비행할 때 필요마력 $P_r = \dfrac{DV}{75}$와 이용마력 $P_a = P \times \eta$은 같으므로 두 식을 같게 놓으면

$$D = \frac{P \times \eta \times 75}{V} = \frac{350 \times 0.8 \times 75}{\frac{312}{3.6}} = 242.30[\text{kg}]$$

19 비행기가 110[km/h]로 비행시 100[kg]의 항력이 작용하였다. 이 비행기의 속도가 150[km/h]일 때 작용하는 항력은?

① 100[kg] ② 225[kg]

③ 186[kg] ④ 250[kg]

해답

항력은 속도제곱에 비례하므로 $D = 100 \times \left(\dfrac{150}{110}\right)^2 = 185.95[\text{kg}]$

20 형상항력은 다음과 같은 항력으로 나눌 수 있다. 이 중에 해당되지 않는 것은?

① 유도항력 ② 마찰항력

③ 압력항력 ④ 점성항력

해답

형상항력
날개의 압력항력과 표면마찰항력을 합한 항력을 말한다.

21 활공기의 최소 침하속도의 조건은?

① $C_L^{\frac{3}{2}}/C_D$가 최대일 때이다.

② C_L/C_D가 최대일 때이다.

③ $C_L^{\frac{1}{2}}/C_D$가 최대일 때이다.

④ C_L/C_D가 최소일 때이다.

해답

활공기의 최소침하조건은 동력비행의 최소 필요마력 조건과 같다. 따라서 $C_L^{\frac{3}{2}}/C_D$가 최대일 때이다.

22 무게 3,000[kg]의 비행기가 양항비 6으로 수평등속도 비행할 때 추력은?

① 300[kg] ② 400[kg]

③ 500[kg] ④ 600[kg]

해답

정상 수평비행인 항공기에는 양력(L), 항력(D), 추력(T)과 중력(W)이 작용한다.
비행기에 작용하는 힘은 평형이 되어 있지 않으면 안 된다. 따라서,
• 비행기의 비행방향에 대해서는 $D = T$
• 수직방향에 대해서는 $L = W$

이 두 식을 나누면 $T = \dfrac{W}{\frac{L}{D}}$가 된다. 따라서 $T = \dfrac{3,000}{6} = 500[\text{kg}]$

23 수평비행 상태에서 다음 설명 중 틀린 것은?

① 마력이 커지면 속도가 증가한다.

② 양력계수가 클수록 속도는 증가한다.

[정답] 17 ③ 18 ③ 19 ③ 20 ① 21 ① 22 ③ 23 ②

③ 항력계수가 작을수록 속도는 증가한다.

④ 과급기가 없는 경우에는 고도가 증가함에 따라 감속된다.

해답

$L=C_L \dfrac{1}{2}\rho V^2 S$ 에서 양력계수는 속도의 제곱에 반비례한다.

따라서 양력계수가 클수록 속도는 감소된다.

24 절대상승고도에서 이용마력(P_a)과 필요마력(P_r)의 관계는?

① $P_a > P_r$

② $P_a < P_r$

③ $P_a = P_r$

④ 이상 정답이 없다.

해답

상승률에 대한 식은 $R.C.=\dfrac{75(P_a-P_r)}{W}$ 이므로

상승률이 "0"인 절대상승고도에서는 $P_a=P_r$이 된다.

25 무게 3,000[kg]의 비행기가 상승비행을 하고 있다. 이때 여유마력이 4,000마력이라면 상승률은?

① 70[m/s]

② 100[m/s]

③ 150[m/s]

④ 180[m/s]

해답

$R.C.=\dfrac{75(P_a-P_r)}{W}=\dfrac{75\times 4,000}{3,000}=100[\text{m/s}]$

26 최대경제속도를 올바르게 설명한 것은?

① 필요마력이 최소로 되는 비행속도이다.

② 필요마력이 최대로 되는 비행속도이다.

③ 이용마력과 필요마력이 동일하게 되는 비행속도

④ 이용마력이 필요마력보다 클 때의 속도

해답

최대경제속도

필요마력이 최소가 되는 속도로 가장 오래동안 비행할 수 있고, 최소의 연료 소모로 비행이 가능하다.

27 날개면적과 날개골은 변화하지 않고 활공비만 크게 하려면 어떻게 하여야 하는가?

① 가로세로비를 크게 한다.

② 가로세로비를 적게 한다.

③ 가로세로비에 관계없이 삼각형 날개로 한다.

④ 사각형 날개로 한다.

해답

활공비 $=\dfrac{L}{h}=\dfrac{C_L}{C_D}=\dfrac{1}{\tan\theta}$ 양항비이므로 멀리 활공하려면 활공각(θ)이 작아야 한다. θ가 작기 위해서는 양항비$\left(\dfrac{C_L}{C_D}\right)$가 커야 하며, 양항비는 가로세로비를 크게 하면 증가한다.

28 상승률(Rate of Climb) $R.C.$에 대한 다음 식에서 맞는 것은?

① $R.C.=$(이용추력－필요추력)/무게

② $R.C.=$잉여추력/무게

③ $R.C.=$여유마력/무게

④ $R.C.=$(필요마력－여유마력)/무게

해답

$R.C.=\dfrac{75\times 여유마력}{W}$

여유마력＝이용마력－필요마력

29 비행기의 속도에 대한 다음 사항 중 틀린 것은?

① 마력이 커지면 속도가 증가한다.

② 날개하중이 작을수록 속도는 커진다.

③ C_D가 적을수록 속도는 커진다.

④ 과급기가 없는 경우는 고도가 증가함에 따라 감속한다.

해답

$W=L=C_L \dfrac{1}{2}\rho V^2 S$ 에서 $V=\sqrt{\dfrac{2W}{\rho S C_L}}$ 이므로

속도는 날개하중(W/S)에 비례한다.

[정답] 24 ③   25 ②   26 ①   27 ①   28 ③   29 ②

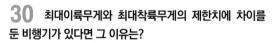

30 최대이륙무게와 최대착륙무게의 제한치에 차이를 둔 비행기가 있다면 그 이유는?

① 체공 중에 연료를 소비하기 때문
② 설계의 편의상
③ 유상하중을 크게 하기 위하여
④ 착륙장치의 강도상

해답

비행기는 착륙할 때 충격으로 인한 동적하중을 받기 때문에 이륙시보다 큰 하중이 착륙장치에 작용하게 된다. 보통 경비행기에는 무게에 비해 착륙장치의 강도가 크기 때문에 이·착륙무게에 제한치를 두지 않지만, 여객기에는 제한치를 둔다.

31 날개하중(Wing loading)은 다음 어느 것에 가장 관계가 있는가?

① 상승률의 증가　　② 이륙거리의 단축
③ 항속거리의 연장　　④ 최대속도의 향상

해답

이륙거리를 구하는 식 $S_t = \dfrac{W}{2g} \times \dfrac{V^2}{F_m}$에서 이륙 거리는 속도($V$)의 제곱에 비례한다.

즉 $V^2 = \dfrac{2}{\rho C_L}\left(\dfrac{W}{S}\right)$이므로 날개하중 $\left(\dfrac{W}{S}\right)$에 비례하게 된다.

32 이륙단념속도(V_1)라는 것은?

① 최단 착륙 활주를 가능케 하는 속도
② 최단 이륙 활주를 가능케 하는 속도
③ 착륙 중단 시 급정거에 요하는 속도
④ 이륙 중단이 가능한 상태에서의 속도

해답

항공기가 이륙활주 중에 어떤 속도에서 임계발동기(시계방향으로 회전하는 쌍발프로펠러 비행기에서는 왼쪽의 기관, 4발기에서는 왼쪽 2개의 기관)가 정지했을 때 나머지 엔진을 사용하여 이륙이 가능한 비행기 속도를 V_1속도라 한다. V_1속도보다 작을 경우는 제동장치를 사용하여 이륙을 단념해야 한다. 이 V_1속도를 이륙단념속도(Refusal speed)라 한다.

33 다발비행기가 이륙 중 1개의 발동기에 고장이 생겼다. 다음 조치 중 타당한 것은?

① V_1, V_2속도에 불구하고 이륙한다.
② V_1, V_2속도에 불구하고 이륙을 중지한다.
③ V_1속도 이상이면 이륙한다.
④ V_1과 V_2의 중간 속도에서 이륙한다.

해답

V_1속도를 이륙단념속도(Refusal speed), V_2를 비행기의 안전이륙속도라 하며 이 속도는 실속속도의 1.2배가 된다.
V_1속도 이상이면 이륙을 단념하여 정지하는 활주거리보다 이륙거리가 더 짧으므로 가속하여 이륙하는 것이 좋다.

34 최량경제속도란 무엇인가?

① 필요마력이 최소인 비행속도이다.
② 필요마력이 최대인 비행속도이다.
③ 이용마력과 필요마력이 동일한 비행속도이다.
④ 이용마력이 필요마력보다 클 때의 비행속도이다.

해답

필요마력이 최소일 때에 순항비행 시 연료가 가장 적게 소요되기 때문에 최량경제속도나 순항비행속도는 이보다 조금 큰 최대항속거리속도로 비행한다.

35 제트 비행기가 최대항속거리 상태로 비행하려면?

① C_L/C_D가 최대　　② $C_L^{\frac{1}{2}}/C_D$가 최대
③ $C_L^{\frac{3}{2}}/C_D$가 최대　　④ C_L/C_D가 최소

해답

제트 비행기에서 항속거리 및 항속시간에 대한 식은 다음과 같다.

항속거리 : $R = \dfrac{2.828}{C_t\sqrt{\rho S}} \times \dfrac{C_L^{\frac{1}{2}}}{C_D} \times (\sqrt{W_0} - \sqrt{W_1})$

항속시간 : $E = \dfrac{1}{C_t} \times \left(\dfrac{C_L}{C_D}\right) \times ln\dfrac{W_0}{W_1}$

여기서, W_0 : 이륙무게, W_1 : 착륙무게,
　　　　C_t : 제트기관의 연료소비율(kg/추력/시간)

제트 비행기에서는 $\dfrac{C_L^{\frac{1}{2}}}{C_D}$이 최대일 때 항속거리가 최대가 되고

양항비 $\dfrac{C_L}{C_D}$가 최대인 경우에는 항속시간이 최대가 된다.

[정답] 30 ④　31 ②　32 ④　33 ③　34 ①　35 ②

36 제트 비행기에서 양항비가 최대일 때 설명으로 맞는 것은?

① 최대의 상승률을 나타냄
② 최대의 항속거리를 나타냄
③ 최대의 항속시간을 나타냄
④ 최대의 하강률을 나타냄

🔍 해답

윗 문제의 해설에서 설명한 바와 같이 양항비(C_L/C_D)가 최대일 때 항속시간이 최대가 된다.

37 다음은 착륙활주거리에 관계되는 것들이다. 틀린 것은?

① 양력계수가 클수록 작아진다.
② 활주로의 마찰계수에 반비례한다.
③ 양항비가 작을수록 작아진다.
④ 착륙속도제곱에 반비례한다.

🔍 해답

착륙거리(S_ℓ)는 다음과 같은 약산식을 사용하여 구한다.

$$S_\ell = \frac{V_{min}^2}{2g\left(\dfrac{D}{L}+\mu\right)}$$

여기서, V_{min} : 최소속도(착륙속도), μ : 활주로의 마찰계수,
$\dfrac{D}{L}$: 양항비의 역수

따라서 착륙활주거리는 착륙속도제곱에 비례한다.

38 프로펠러 비행기에서 최대항속시간을 얻기 위한 자세는?

① $\sqrt{(C_D/C_L^3)_{min}}$ 상태   ② $\sqrt{(C_L^2/C_D^3)_{min}}$ 상태
③ $\sqrt{(C_D^2/C_L^3)_{min}}$ 상태   ④ $\sqrt{(C_D^2/C_L^3)_{min}}$ 상태

🔍 해답

프로펠러 비행기(왕복기관)의 항속거리 및 항속시간에 대한 식은 다음과 같다.

항속거리 : $R = \dfrac{\eta}{C} \times \dfrac{C_L}{C_D} \times \ell n \dfrac{W_0}{W_1}$

항속시간 : $E = \dfrac{\eta}{C} \times \dfrac{C_L^{\frac{3}{2}}}{C_D} \times \sqrt{2\rho S}\left(\dfrac{1}{\sqrt{W_1}}-\dfrac{1}{\sqrt{W_0}}\right)$

여기서, η : 프로펠러효율, c : 연료소비율(kg/마력/시간)
　　　W_0 : 이륙무게, W_1 : 착륙무게

식에서 보면 알 수 있듯이 최대항속거리는 양항비 $\dfrac{C_L}{C_D}$가 최대일 때 생기며 최대항속시간은 $\dfrac{C_L^{\frac{3}{2}}}{C_D}$이 최대인 자세로 비행할 때이며 이는 $C_D/C_L^{\frac{3}{2}}$ 값이 최소일 때이다.

39 최소속도 30[m/sec], 양항비 3.7, 활주로의 마찰계수가 0.08인 경우 착륙활주거리는?

① 131[m]   ② 360[m]
③ 220[m]   ④ 280[m]

🔍 해답

착륙거리(S_ℓ)는 다음과 같은 약산식을 사용하여 구한다.

$$S_\ell = \frac{V_{min}^2}{2g\left(\dfrac{D}{L}+\mu\right)}$$

여기서, V_{min} : 최소속도(착륙속도), μ : 활주로의 마찰계수,
　　　g : 중력가속도

$$S_\ell = \frac{V_{min}^2}{2g\left(\dfrac{D}{L}+\mu\right)} = \frac{30^2}{2\times9.8\left(\dfrac{1}{3.7}+0.08\right)} = 131.09[m]$$

6 기동비행

01 비행기가 경사각 60°로 등고도 선회비행을 하고 있다. 양력은 중력의 몇 배 작용하고 있는가?

① 1배   ② 2배
③ 3배   ④ 4배

🔍 해답

어떤 비행 상태에서 양력과 비행기 무게의 비 $\dfrac{L}{W}$을 하중배수(Load factor)라 하고 n으로 표시한다. 선회비행에서는 $n=\dfrac{1}{\cos\phi}$이 되고 선회경사각이 60°일 때에는 하중배수(n)는 2가 된다.

$$n = \frac{1}{\cos\phi} = \frac{1}{\cos60} = \frac{1}{0.5} = 2$$

02 수평비행에서의 실속속도가 $80[\mathrm{km/h}]$인 비행기가 경사각 $60°$로 정상 선회할 때의 실속속도는?

① $100[\mathrm{km/h}]$ ② $113[\mathrm{km/h}]$
③ $150[\mathrm{km/h}]$ ④ $80[\mathrm{km/h}]$

해답

수평비행 시의 실속속도를 V_s, 선회 중의 실속속도를 V_{ts}라 하면

$$V_{ts} = \frac{V_s}{\sqrt{\cos\theta}} = \frac{80}{\sqrt{\cos 60}} = \frac{80}{\sqrt{0.5}} = 113.13[\mathrm{km/h}]$$

03 수평비행속도 V의 비행기가 일정한 받음각으로 θ 경사하여 정상 선회할 때 선회속도에 대한 올바른 식은?

① $V \times \sqrt{\sin\theta}$ ② $V \times \sqrt{1/\sin\theta}$
③ $V \times \sqrt{\cos\theta}$ ④ $V \times \sqrt{1/\cos\theta}$

해답

V_L 및 V_t를 각각 직선비행 및 선회비행시의 속도라 하면
$V_t = \dfrac{V_L}{\sqrt{\cos\phi}}$로 되고, 같은 받음각이면 경사각이 클수록 비행기 속도도 크지 않으면 안 된다.

04 여객기의 제한하중배수는 일반적으로 얼마인가?

① 1   ② 2
③ 2.5   ④ 4

해답

국제표준으로 아래의 표와 같이 제한하중배수를 설정하여 항공기 운동에 제한을 주고 있다. 여객기를 설계할 때 설계자는 하중배수 2.5에 능히 견딜 수 있도록 설계해야 하며, 또 조종사는 하중배수 2.5를 넘는 조작을 피해야 한다.

[제한하중배수]

감항류별	제한 하중배수(n)	제한운동
A류 (Acrobatic category)	6	곡예비행에 적합
U류 (Utility category)	4.4	실용적으로 제한된 곡예비행만 가능 경사각 60° 이상
N류 (Normal category)	2.25~3.8	곡예비행 불가능 경사각 60° 이내 선회 가능
T류 (Transport category)	2.5	수송기로서의 운동가능 곡예비행 불가능

05 수평비행 중인 비행기에 작용하는 $[\mathrm{g}]$는?

① $0[\mathrm{g}]$ ② $1[\mathrm{g}]$
③ $0.5[\mathrm{g}]$ ④ $1.5[\mathrm{g}]$

해답

하중배수 : $n = \dfrac{L}{W}$이고 수평비행 때 $W = L$ 이므로
$n = 1$이 되고 이때의 중력가속도 $g = 1$이다.

06 무게 $5,200[\mathrm{kg}]$의 비행기가 경사각 $30°$로 정상 선회할 때 원심력은?

① $2,500[\mathrm{kg}]$ ② $3,002[\mathrm{kg}]$
③ $3,202[\mathrm{kg}]$ ④ $4,000[\mathrm{kg}]$

해답

선회에 대한식 $\tan\phi = \dfrac{L}{W}$의 양변을 W로 곱하면

$$W \times \tan\phi = \frac{WV^2}{gR} = 원심력이므로$$

$$원심력 = W \times \tan\phi = 5,200 \times \tan 30$$
$$= 5,200 \times \frac{\sqrt{3}}{3} = 3,002.22[\mathrm{kg}]$$

07 $V-n$ 선도를 올바르게 설명한 것은?

① 비행기의 속도와 항력에 의한 하중 관계
② 그 비행기의 운동 가능한 하중의 범위
③ 그 비행기의 속도와 양항비의 관계
④ 비행속도와 하중배수와의 관계

해답

$V-n$ 선도

비행기는 비행 중에 기체의 안전을 고려하여, 작용하는 하중에 제한을 두고 있다. 비행 중에 생길 수 있는 최대의 하중을 제한하중(Limit load)이라 하고, 비행기는 이 제한하중 내에서만 운동하도록 되어 있다. 이 제한하중 내에서 기체의 구조는 변형되거나 기능의 장애를 일으키지 않기 때문에, 이 하중 내에서 비행기의 강도는 안전하다고 볼 수 있다. 항공기의 운용 중 각 부재에 걸리는 하중이 설계시의 제한 하중을 넘으면 몹시위험한 일이다. 따라서 항공기 설계자는 항공기속도 V와 하중배수 n과의 관계를 그린 $V-n$ 선도를 제시하여 항공기의 운동을 제한하고 있다.

[정답] 02 ②   03 ④   04 ③   05 ②   06 ②   07 ④

아래 그림은 $V-n$ 선도의 한 예이다. 이 그림은 해당 항공기가 OABCDEF 내부에서 운동을 할 때에 한하여 구조 강도상의 보장을 받을 수 있다는 것을 의미한다. 여기서 V_s는 실속속도, V_A는 설계운동속도, V_B는 최대 돌풍에 대한 속도, V_C는 설계순항속도, V_D는 설계 급강하속도이다.

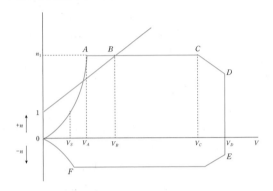

[V-n 선도]

08 어떤 비행기가 방향키만을 조작하여 선회할 경우 기체가 기울어졌다. 그 이유는 무엇인가?

① 프로펠러의 자이로 효과

② 비행기의 설계 불량

③ 속도 저하에 의한 불안정

④ 날개 좌우에 미치는 대기속도의 차이

🔍 **해답**

방향키만으로 선회할 경우 비행기는 빗놀이(Yawing)를 하게 되므로 좌우 날개에 대기 속도의 차이가 생기고 따라서 양력의 차이가 생겨 비행기는 옆놀이(Rolling)를 하여 기울어지게 된다.

09 무게 25,000[kg]의 비행기가 30°로 경사하여 정상 선회 하고 있을 때의 양력은?

① 12,500[kg] ② 21,600[kg]

③ 28,868[kg] ④ 32,000[kg]

🔍 **해답**

정상 선회는 일정 고도에서 선회해야 하므로 다음 식이 성립한다.

$L\cos\phi = W$

$L = \dfrac{W}{\cos\phi} = \dfrac{25,000}{\cos 30} = \dfrac{25,000}{\dfrac{\sqrt{3}}{2}} = 28,867.51[kg]$

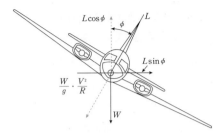

[선회비행시에 작용하는 힘]

10 무게 3,000[kg]인 비행기가 경사각 30°, 선회속도 150[km/h]인 정상 선회를 하고 있을 때 선회반경은?

① 307[m] ② 280[m]

③ 250[m] ④ 210[m]

🔍 **해답**

선회반경(R)에 대한 식에서

$R = \dfrac{V^2}{g \times \tan\theta} = \dfrac{\left(\dfrac{150}{3.6}\right)^2}{9.8 \times \tan 30} = \dfrac{\left(\dfrac{150}{3.6}\right)^2}{9.8 \times \dfrac{\sqrt{3}}{3}} = 306.84[m]$

11 실속속도 360[km/h]인 비행기가 급상승하여 6[g]가 걸렸다면 이때 비행기의 속도는?

① 870[km/h] ② 882[km/h]

③ 890[km/h] ④ 910[km/h]

🔍 **해답**

하중배수 : $n = \dfrac{V^2}{V_s^2}$

즉 $V = \sqrt{n}\,V_s = \sqrt{6} \times 360 = 881.81[km/h]$

12 직선비행 중인 비행기가 도움날개만 사용하여 경사를 주었을 경우 어떤 비행을 하게 되는가?

① 상승비행 ② 선회비행

③ 하강비행 ④ 옆미끄럼비행

🔍 **해답**

직선비행 중인 비행기가 경사하게 되면 선회중심쪽으로 구심력이 생기게 된다. 따라서 비행기는 이 구심력 때문에 옆미끄럼비행을 하게 된다.

[정답] 08 ④ 09 ③ 10 ① 11 ② 12 ④

13 종극하중(극한하중 : Ultimate load)이란?

① 제한하중×3초   ② 제한하중×안전계수

③ 제한하중＋3초   ④ 제한하중＋안전하중

해답

비행기에는 예기치 않은 과도한 하중이 작용될 수 있으며, 이 과도한 하중에 기체는 최소한 3초간 안전하게 견딜 수 있도록 설계되어야 한다. 이 과도한 하중을 극한하중(Ultimate load)이라 한다. 즉, 극한하중은 제한하중에다 항공기의 일반적인 안전계수(Safety factor) 1.5를 곱한 하중이 된다.

극한하중＝제한하중×안전계수(1.5)

따라서, 기체의 모든 부분은 극한하중에 최소한 3초 동안 파괴되지 않도록 설계해야 한다.

14 항공기 A는 시속 300[km/h]로 비행하고 항공기 B는 시속 450[km/h]로 비행하고 있다. 두 항공기가 각각 1분간에 180° 정상선회를 할 경우 A와 B의 관계는?

① 선회각속도는 같다.

② A 항공기의 선회각이 크다.

③ B 항공기의 선회각이 크다.

④ A, B 항공기의 선회각이 같다.

해답

$\tan\phi = \dfrac{V^2}{gR}$ 이므로 속도가 빠를수록 선회각이 커진다.

15 비행기가 돌풍을 받을 경우의 하중배수(Load factor)에 대한 다음의 설명에서 틀린 것은?

① 날개하중(W/S)이 클수록 하중배수는 작다.

② 수직돌풍의 크기가 클수록 하중배수는 크다.

③ 비행기의 양력기울기가 클수록 하중배수는 작다.

④ 비행기의 속도가 클수록 하중배수는 크다.

해답

$$n = 1 + \dfrac{\rho K U V_a}{\dfrac{2W}{S}}$$

여기서, n＝하중배수, U＝돌풍속도, K＝반응계수, a＝양력기울기

16 선회비행시 외측으로 외활(Skid)하는 이유는?

① 경사각은 작고, 원심력이 구심력보다 클 때

② 경사각은 크고, 원심력이 구심력보다 클 때

③ 경사각은 작고, 원심력보다 구심력이 클 때

④ 경사각은 크고, 원심력보다 구심력이 클 때

해답

정상 선회시 원심력과 구심력과의 관계는

구심력($L\sin\theta$)＝원심력$\left(\dfrac{WV^2}{gR}\right)$이어야 하고, 선회시 바깥쪽으로 밀리는 이유는 원심력이 구심력보다 크거나 경사각이 작을 때이다.

17 정상선회(Coordinate turn)하는 경우에 하중배수와 관계되는 것은 어느 것인가?

① 날개의 면적   ② 경사각

③ 공기밀도   ④ 대기속도

해답

선회시 하중배수 $n = \dfrac{1}{\cos\phi}$ 이다.

7 조종면 이론 및 비행기의 안정성

01 비행기가 정상수평비행(Trim)을 한다는 것은?

① $(C_L/C_D)_{\max}$ 상태   ② $C_{L\max}$ 상태

③ $C_{mc.g} = 0$ 상태   ④ $C_L = C_D$ 상태

해답

비행기의 키놀이 운동은 비행기중심($c.g$) 주위의 키놀이 모멘트에 의해서 생긴다. 비행기중심 주위의 키놀이 모멘트계수를 $C_{mc.g}$라 하면 기수가 들릴 때는 ＋$C_{mc.g}$, 기수가 내릴 때는 －$C_{mc.g}$가 되며 정상 수평비행(Trim)상태에서는 $C_{mc.g}$＝0이 된다. 이때의 받음각을 평형점(Trim point)이라 한다. 정상 직선비행(Trim) 상태에서는 비행기 무게중심(CG) 주위의 모멘트계수 $C_{mc.g}$＝0이 된다.

[정답] 13 ② 14 ③ 15 ③ 16 ① 17 ② 7. 조종면 이론 및 비행기의 안정성 01 ③

02 옆놀이 모멘트계수는 다음 어느 것에 관계되나?

① 받음각   ② 쳐든각

③ 비행기 무게   ④ 날개면적

🔍 해답

비행기의 가로안정성은 옆놀이(Rolling) 운동에 대한 안정성을 말한다. 비행기의 날개에 쳐든각을 주게 되면 가로안정성이 좋아진다. 그 이유는 다음과 같다, 아래 그림에서와 같이 비행기가 돌풍 등의 영향으로 오른쪽 날개(조종사기준)가 위쪽으로 올라가는 옆놀이 운동을 하게 되면 비행기는 왼쪽으로 옆미끄럼비행을 하게 되는데 이때 왼쪽 날개에는 받음각이 커지는 효과가 생겨 양력이 증가하고 오른쪽 날개는 받음각이 작아져서 양력이 감소하는 현상이 생긴다. 이런 이유로 비행기는 다시 원래자세로 되돌아가는 복원 모멘트가 생겨서 가로안정성이 좋아진다. 반대로 쳐진각을 주면 가로안정성이 나빠지나 기동성은 좋아진다. 따라서 후퇴익 전투기는 기동성을 좋게 하기 위하여 쳐진각을 준다.

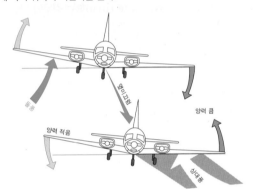

[날개의 쳐든각과 옆놀이 안정성]

03 어떤 받음각으로 비행 중에 돌풍을 받아 받음각이 변할 때 비행기를 원래의 자세로 복원시키는데 관계 없는 것은?

① 수직꼬리날개의 양력

② 수평꼬리날개의 양력

③ 수평꼬리날개의 Hinge 모멘트

④ 공력중심과 수평꼬리날개와의 거리

🔍 해답

돌풍에 의한 받음각의 변화는 키놀이(Pitching) 운동에 속하는 것으로 원래의 자세로 복원시키는데 관계되는 것은 수평꼬리날개이며 수직꼬리날개에는 무관하다.

04 비행기에서 세로방향의 동적 안정성이란?

① 키놀이 운동을 할 때 진동적으로 복원하는 성질

② 키놀이 운동을 할 때 초기에 정상으로 복원하는 시점

③ 키놀이 운동이 생기지 않도록 하는 것

④ 키놀이 운동이 증가되도록 하는 것

🔍 해답

안정성은 동적 안정(Dynamic stability)과 정적안정(Static stability)으로 구분된다. 정적 안정은 평형 상태에 있는 비행기가 어떤 교란을 받았을 경우, 예를 들면 상향돌풍을 받아서 비행기의 받음각이 증가했을 때 반드시 받음각을 감소하려는 힘, 혹은 모멘트(Moment)가 비행기 자체에 생기는 경우를 말하고, 이 힘과 모멘트를 복원력 또는 복원 모멘트라고 부른다.

이것과 반대로 상향돌풍을 받았을 때 반대로 받음각을 증가하려는 힘이나 모멘트가 발생한 경우를 정적 불안정(Static unstable)이라고 말한다. 또, 교란을 받아도 새로운 힘이나 모멘트가 생기지 않는 경우를 정적 중립(Static neutral)이라고 한다.

이와 같은 교란에 의해서 새로 생긴 힘과 모멘트는 비행기에 주기적인 진동 운동을 주게 된다. 이 경우 진동이 차차 감소해서 원평형 상태로 되돌아가는 경우를 동적 안정(Dynamic stability)이라 하고, 반대로 진동이 차차 증가하여 원상태로 되돌아가지 않는 경우를 동적 불안정이라 한다.

05 비행기의 가로안정성에 거의 무관한 것은?

① 큰 날개   ② 동체

③ 프로펠러   ④ 꼬리날개

🔍 해답

프러펠러는 가로안정성에 큰 영향을 미치지 않는다.

06 실속속도 100[km/h]인 비행기가 수평비행속도 200[km/h]의 속도에서 급격히 조종간을 최대로 당겨서 잡아챔(pull up)조작을 할 경우 $C.G$ 위치에 놓인 10[kg]의 장비에 작용하는 관성력은?

① 10[kg]   ② 20[kg]

③ 30[kg]   ④ 40[kg]

🔍 해답

하중배수 $n = \dfrac{V^2}{V_s^2} = \left(\dfrac{200}{100}\right)^2 = 4$

$\therefore 4 \times 10 = 40[kg]$

[정답] 02 ②   03 ①   04 ①   05 ③   06 ④

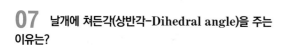

07 날개에 쳐든각(상반각-Dihedral angle)을 주는 이유는?

① 항력 감소　　　　② 상승 성능의 향상
③ 가로안정성의 향상　④ 익단실속 방지

🔍 해답

날개에 쳐든각을 주면 가로안정성이 좋아진다.

08 날개에 후퇴각(Sweepback angle)을 주는 이유는?

① 익단실속 방지를 위해
② 방향안정성의 향상을 위해
③ 가로안정성의 개선을 위해
④ 임계 마하수의 감소를 위해

🔍 해답

날개에 후퇴각을 주면 임계 마하수가 커지고 방향안정성이 좋아진다. 비행기의 방향안정성은 빗놀이(Yawing) 운동에 대한 안정성을 말한다. 후퇴각이 있는 날개는 방향안정성이 좋다. 그 이유는 다음과 같다.
아래 그림에서와 같이 비행기가 돌풍 등의 외부 원인에 의해서 진행방향(상대풍)과 옆미끄럼각 β로 기수가 왼쪽으로 틀어졌다면 비행기에는 기수를 원래방향으로 되돌리는 모멘트가 생기지 않으면 안된다. 그림과 같이 날개에 후퇴각을 주면 날개 앞전에 수직인 흐름 성분은 오른쪽 날개가 왼쪽 날개보다 크기 때문에 오른쪽 날개에 작용하는 항력이 왼쪽 날개보다 커서 기수를 오른쪽으로 돌리는 모멘트가 생기게 되어 방향안정성이 좋아진다.

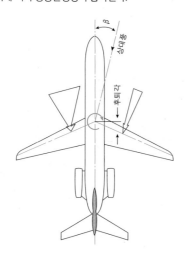

[후퇴각과 방향안정성]

09 조종면(Control surface)에서 무게평형(Mass balance)의 주요목적은?

① 내부의 관성과 진동주기를 변화시킨다.
② 조종면에 정적 균형을 주어 플러터를 방지한다.
③ 조종사에게 조종을 위한 부하를 덜어 준다.
④ 조종면이 지상에서 비행기중심 위치로 오도록 해준다.

🔍 해답

플러터를 방지하기 위해서는 조종면의 힌지축상에 조종면의 중심이 오도록 무게평형(Mass balance)이 되어야 하고 날개, 동체, 안정판 등의 구조 강성을 크게 하고 조종면을 가볍게 만들어 관성력을 감소시키는 방법이 행해지고 있으며, 비행기를 설계할 때에는 운용 한계 내에서는 플러터가 생기지 않도록 해야 한다.

10 조종간을 움직일 때 조종면의 반대방향으로 자동적으로 움직이는 탭(Tab)은?

① 스프링 탭(Spring tab)
② 트림 탭(Trim tab)
③ 승강키 혼(Elevator horn)
④ 균형 탭(Balance tab)

🔍 해답

• 스프링 탭(Spring tab) : 혼과 조종면 사이에 스프링을 설치하여 탭의 작용을 배가시키도록 한 장치

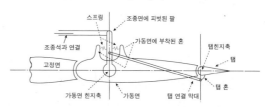

• 트림 탭(Trim tab) : 조종면의 힌지 모멘트를 감소시켜 조종사의 조종력을 '0'으로 만들어 준다.

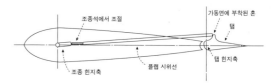

• 균형 탭(Balance tab) : 조종면이 움직이는 방향과 반대방향으로 움직이도록 기계적으로 연결되어 있어 탭에 작용하는 공기력 때문에 조종력이 반대로 움직인다.

[정답] 07 ③　08 ②　09 ②　10 ④

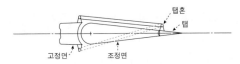

- 승강키 혼(Elevator horn) : 혼은 밸런스 역할을 하는 조종면을 승강키 플랩의 일부분에 집중시킨 것을 말한다. 밸런스부분이 앞전까지 뻗쳐 나온 것을 비보호 혼이라 하며, 앞에 고정면을 가지는 것을 보호 혼이라 한다.
작용은 앞전밸런스와 같으며, 승강키에 혼을 장착시킨 것이다.

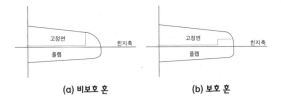

(a) 비보호 혼　　　　(b) 보호 혼

11 무게평형(Mass balance)은 어떤 이유로 조종면에 장착하는가?

① 조종간의 부하를 줄인다.
② 조종면의 진동을 감소시킨다.
③ 보조 조종면으로 주조종면의 작동을 도와준다.
④ 실속에 의한 진동을 감소시킨다.

🔍 해답

조종면에 생기는 진동의 일종인 플러터를 방지하기 위해서는 조종면의 힌지축상에 조종면의 중심이 오도록 무게평형(Mass balance)이 되어야 한다.

12 수직 핀(Ventral fin)을 사용하는 목적은 무엇인가?

① 수직안정성을 위해서　　② 방향안정성을 위해서
③ 세로안정성을 위해서　　④ 가로안정성을 위해서

🔍 해답

세로안정은 음속을 넘을 때 크게 변화하지는 않지만 방향한정은 음속을 넘게 되면 급속히 감소한다. 이 때문에 옆놀이에 따라 생기는 옆미끄럼각에 의한 발산을 막는다는 것은 매우 어렵다. 그러므로 최근의 초음속기에서는 수직꼬리날개의 면적을 크게 하거나 수직 핀(Ventral fin)을 붙여서 방향안정성을 좋게 하고 있다.

13 승강키 트림 탭(Trim tab) 계통의 지상작동 검사도중에 기수하향위치(Nose down position) 쪽으로 조종간을 움직이면 트림 탭은 어느 쪽으로 움직이는가?

① 승강키의 위치에 관계없이 아래쪽으로 움직인다.
② 승강키의 위치에 관계없이 위쪽으로 움직인다.
③ 승강키가 상향(UP)위치에 있을 때 아래쪽으로 움직이고 하향(DOWN)위치에 있을 때 위쪽으로 움직인다.
④ 승강키가 상향위치에 있을 때 위쪽으로 움직이고 승강키가 하향위치에 있을 때는 아래쪽으로 움직인다.

🔍 해답

트림 탭(Trim tab)
조종면의 힌지 모멘트를 감소시켜 조종사의 조종력을 '0'으로 만들어 주는 장치이다. 조종간을 기수하향위치로 할 경우 승강키는 하향되므로 트림 탭은 위쪽으로 움직여야 한다.

14 정적 안정과 동적 안정에 대한 설명 중 맞는 것은?

① 정적 안정이 (+)이면, 동적 안정은 반드시 (+)이다.
② 정적 안정이 (−)이면, 동적 안정은 반드시 (+)이다.
③ 동적 안정이 (+)이면, 정적 안정은 반드시 (+)이다.
④ 동적 안정이 (−)이면, 정적 안정은 반드시 (−)이다.

🔍 해답

- 정적 안정
평형상태로부터 벗어난 뒤에 어떤 형태로든 움직여서 원래의 평형상태로 되돌아가려는 비행기의 초기 경향
- 동적 안정
평형상태로부터 벗어난 뒤에 시간이 지남에 따라 진폭이 감소되는 경향

15 비행기가 평형상태를 벗어난 뒤 다시 원래 평형상태로 되돌아 오려는 성질은?

① 동적 안정　　　　　② 정적 안정
③ 동적 불안정　　　　④ 정적 불안정

🔍 해답

평형상태로부터 벗어난 뒤에 어떤 형태로든지 움직여서 원래의 평형상태로 되돌아가려는 초기 특성을 정적 안정이라 한다.

[정답] 11 ② 12 ② 13 ② 14 ③ 15 ②

16 주기성 감쇠운동이란?

① 정적 안정이고, 동적 불안정이다.

② 정적 불안정이고, 동적 불안정이다.

③ 정적 불안정이고, 동적 안정이다.

④ 정적 안정이고, 동적 안정이다.

해답

주기성 감쇠운동

일정한 주기를 가지고 시간이 지남에 따라 진폭이 감소하는 감쇠운동이다.(정적 안정과 동적 안정)

17 피치 업(Pitch up)이 발생할 수 있는 원인이 아닌 것은?

① 뒤젖힘날개의 날개끝 실속

② 뒤젖힘날개의 비틀림

③ 승강키 효율의 증대

④ 날개의 풍압중심이 앞으로 이동

해답

피치업(Pitch up)

비행기가 하강비행을 하는 동안 조종간을 당겨 기수를 올리려고 할 때, 받음각과 가속도가 특정 값을 넘게 되면 예상한 정도 이상으로 기수가 올라가는 현상으로 피치 업이 발생하는 원인은 다음과 같다.
① 뒤젖힘날개의 날개끝 실속
② 날개의 풍압중심이 앞으로 이동
④ 승강키 효율의 감소

18 다음 실속의 종류에 해당하지 않는 것은?

① 완전실속 ② 부분실속

③ 정상실속 ④ 특별실속

해답

- **부분실속**
  실속의 징조를 느끼거나 경보 장치가 울리면 회복하기 위하여 바로 승강키를 풀어주어 회복하는 실속
- **정상실속**
  확실한 실속 징후가 생긴 다음 기수가 강하게 내려간 후에 회복하는 경우의 실속
- **완전실속**
  비행기가 완전히 실속할 때까지 조종간을 당긴 후에 조종간을 풀어주는 경우의 실속

19 임계발동기(Critical engine)란 무엇인가?

① 다발의 항공기로 우측 안쪽 발동기

② 다발의 항공기로 좌측 안쪽 발동기

③ 발동기 고장시 유해한 1개 이상의 발동기

④ 우측 회전 프로펠러에서 우측 발동기

해답

임계발동기

발동기가 고장인 경우에 있어서 항공기의 비행성에 가장 불리한 영향을 줄 수 있는 1개 또는 2개 이상의 발동기를 말한다.

20 매스 밸런스(Mass balance)의 역할은?

① 조타력 경감 ② 강도 증가

③ 조종력 경감 ④ 진동 방지

해답

매스 밸런스(Mass balance)의 역할

조종면의 평형상태가 맞지 않아서 비행시 조종면에 발생하는 불규칙한 진동을 플러터(Flutter)라 하는데 과소 평형상태가 주원인이다. 플러터를 방지하기 위해서는 날개 및 조종면의 효율을 높이는 것과 무게평형 즉 매스 밸런스를 설치하여 조종면의 무게를 평형시킴으로써 플러터를 방지한다.

21 오늘날 항공기의 무게와 평형(Weight & Balance)을 고려하는 가장 중요한 이유는 무엇인가?

① 비행시의 효율성 때문에

② 소음을 줄이기 위해서

③ 비행기의 안정성 위해서

④ Payload를 증가시키기 위해서

해답

항공기의 무게와 평형조절

- 근본 목적은 안정성에 있으며, 2차적인 목적은 가장 효과적인 비행을 수행하는 데 있다.
- 부적절한 하중은 상승한계, 기동성, 상승률, 속도, 연료소비율의 면에서 항공기의 효율을 저하시키며, 출발에서부터 실패의 요인이 될 수도 있다.

[정답] 16 ④ 17 ③ 18 ④ 19 ③ 20 ④ 21 ③

22 최소조종속도는 무엇에 의해 결정되는가?

① 임계발동기의 고장
② 플랩의 내림속도
③ 강착장치의 내림속도
④ 주날개의 효율

해답

쌍발 이상의 다발기에 대하여 정해진 법률상의 속도로 이륙속도의 최솟값을 정하기 위한 것이다. 즉, 이륙활주 중 및 비행 중에 임계 발동기가 작동하지 못하게 되었다고 가정하고, 나머지 발동기로서 비대칭 추력 또는 출력으로 방향 유지가 가능한 최소의 속도이다.

23 다음 중 주조종면(Primary control surface)이 아닌 것은?

① Aileron(도움날개)
② Spoiler(스포일러)
③ Elevator(승강키)
④ Rudder(방향키)

해답

조종면

- 주조종면 : 도움날개, 승강키, 방향키
- 부조종면 : 조종면에서 주조종면을 제외한 보조 조종계통에 속하는 모든 조종면을 부조종면이라고 하고, 탭, 플랩, 스포일러 등이 있다.

24 다음 중 부조종면(Secondary control surface)이 아닌 것은?

① Flap
② Spoiler
③ Elevator
④ Horizontal stabilizer

해답

우리가 통상 알고 있는 부조종면은 플랩, 탭, 스포일러인데 요즘에 사용하고 있는 가변식 수평안정판을 부조종면에 포함시키기도 한다.

25 날개의 앞전에 균형추(Counter weight)를 설치하는 이유는?

① Flutter 방지
② 실속 방지
③ 추력 증가
④ 양력 증가

해답

플러터를 방지하기 위해서는 날개 및 조종면의 효율을 높이는 것과 또는 균형추(Mass balance 또는 Counter weight)를 날개의 앞전에 설치한다.

26 어떤 비행기의 방향키 앞전부분(힌지 전방)에 돌출(Over hang)로 설계되어 있다. 그 이유는 다음 중 어느 것인가?

① 방향키가 받는 기류를 정류시킨다.
② 조종면의 가동 범위를 넓혀준다.
③ 조타력을 경감시킨다.
④ 방향안정성을 좋게 한다.

해답

앞전부분에 오버 행을 시키는 이유는 앞쪽으로 뻗쳐 나온 부분은 공기흐름에 노출되기 때문에 큰 부압을 형성하여 압력차에 의하여 조타력을 경감시킨다.

27 조종면의 힌지 모멘트(Hinge moment)를 작게 하기 위한 다음의 설명 중 맞는 것은?

① 조종면의 변위각을 크게 한다.
② 조종면의 면적을 크게 한다.
③ 비행속도를 크게 한다.
④ 조종면의 길이를 작게 한다.

해답

아래의 식에서 조종면에 발생되는 힌지 모멘트(H)는 조종면의 길이(b)에 비례하므로 길이가 작으면 힌지 모멘트도 작아진다.

$$H = C_h \cdot \frac{1}{2} \rho \cdot V^2 \cdot b \cdot c^2$$

여기서, H : 힌지 모멘트, C_h : 힌지 모멘트계수, b : 조종면의 길이, c : 조종면의 평균시위, V : 비행속도

28 비행중인 항공기에 생길 수 있는 Wing drop(또는 Wing heaviness) 현상이란?

① Bank의 난류정도를 가리킨다.
② 한쪽 날개의 양력이 갑자기 감소해지며 Roll을 시작하는 위험한 상태를 뜻한다.
③ 강착장치의 좌우 비대칭에 의한 경사활주 상태
④ 양력경사가 영각에 따라 급변할 중류의 주익의 특성

해답

윙드롭(Wing drop)

[정답] 22 ① 23 ② 24 ③ 25 ① 26 ③ 27 ④ 28 ②

항공기가 수평비행이나 급강하로 속도를 증가할 때 천음속 영역에 달하게 되면 한쪽 날개가 충격실속을 일으켜서 갑자기 양력을 상실하여 급격한 옆놀이를 일으키게 되는 현상으로 (Wing heaviness)라고도 한다. 비행기 자체가 좌우 완전대칭이 아니고 또 표면의 흐름조건이 좌우가 조금 다르기 때문에 받음각이 작을 때 이 영향이 강하게 나타나서 한쪽날개에만 충격실속이 생겨 도움날개의 효율이 저하되어 회복할 수 없게 된다.

29 비행기가 평형상태(Trim state)에 있다고 하는 것은?

① C_{Lmax}의 비행상태
② $C_{mc.g}=0$인 상태
③ $C_L=C_D$인 비행상태
④ $C_L/C_D=0$인 비행상태

해답

비행기의 중심 주위의 모멘트계수($C_{mc.g}$)가 "0"인 상태를 말한다.

30 안정성(Stability)에 대한 다음의 관계에서 맞는 말은?

① 세로안정성 – 피칭 모멘트 – Elevator
② 가로안정성 – 요잉 모멘트 – Rudder
③ 방향안정성 – 롤링 모멘트 – Aileron
④ 방향안정성 – 피칭 모멘트 – Rudder

해답

축	운동	조종면	안정
세로축, X축,종축	옆놀이(Rolling)	도움날개(Aileron)	가로안정
가로축, Y축,횡축	키놀이(Pitching)	승강키(Elevator)	세로안정
수직축 Z축	빗놀이(Yawing)	방향키(Rudder)	방향안정

31 비행기의 방향안정성과 관계가 없는 것은?

① Elevator
② 날개후퇴각
③ 수직꼬리날개
④ Dorsal fin

해답

Elevator는 비행기의 세로안정성에 관계된다.

32 무게중심(C.G.)을 구할 때 기준선은 어떻게 잡는가?

① 동체 앞전
② 동체 뒷전
③ L/G
④ 아무 곳이나 상관없다.

해답

기준선
항공기의 무게중심을 구하기 위하여 세로축에 임으로 정한 수직선을 말하는데 그 위치는 일정하지 않고 일반적으로 기체의 앞부분이나 방화벽을 기준으로 하는 경우가 많다.

33 다음 탭 중에서 조종력을 "0"으로 맞추어 주는 것은?

① 밸런스 탭
② 트림 탭
③ 서보 탭
④ 스프링 탭

해답

탭은 조종면의 뒷전 부분에 부착시키는 작은 플랩의 일종으로서 조종면 뒷전 부분의 압력 분포를 변화시켜 힌지 모멘트에 영향을 준다. 이 중에서 트림 탭은 비행기 중심 주위의 모멘트를 "0"으로 만들어 조종력을 "0"으로 맞추어 준다.

34 승강키의 트림 탭을 올리면 항공기는 어떤 운동을 하게 되는가?

① 피칭 운동을 한다.
② 우회전을 한다.
③ 좌회전을 한다.
④ 기수는 내려간다.

해답

트림 탭을 올리면 승강키는 내려오게 되므로 기수는 내려가게 된다.

35 조종면의 플러터(Flutter)를 방지하기 위한 방법 중 틀린 것은?

① Mass balanc를 장착한다.
② 조종면의 강성을 높인다.
③ 조종계통의 유격을 크게 한다.
④ 기계적으로 작동하는 조종면을 만든다.

해답

[정답] 29 ② 30 ① 31 ① 32 ④ 33 ② 34 ④ 35 ③

플러터(Flutter) 방지방법

- 날개 앞전에 납 등의 평형추(Counter weight)를 부착한다.
- 조종면 조종장치의 강성을 크게 한다.
- 조종면의 힌지축과 조종계통의 유격을 적게 한다.(플러터가 발생하면 속도를 줄인다.)

36 저속에서 에어포일의 공력중심 주위의 피칭 모멘트 계수에 대한 설명이 맞는 것은?

① 보통의 캠버를 갖는 에어포일에서 공력중심 주위의 피칭 모멘트계수는 기수올림인 (+)의 값이다.

② 역캠버를 갖는 에어포일에서 공력중심 주위의 피칭 모멘트계수는 (+)의 값이다.

③ 캠버가 없는 대칭 에어포일에서 공력중심 주위의 피칭 모멘트계수는 (+)의 값이다.

④ 보통의 캠버를 갖는 에어포일에서 공력중심 주위의 피칭 모멘트계수는 "0"이다.

🔍 **해답**

캠버가 있는 에어포일의 공력중심 주위의 피칭모멘트계수는 (−)의 값을 갖는다. 그러나 역캠버인 경우는 (+)가 된다.

37 동적 세로안정에 영향을 주는 요소가 아닌 것은?

① 키놀이 자세와 받음각

② 비행속도

③ 조종간의 자유시 승강키 변위

④ 공기밀도

🔍 **해답**

세로안정

- 정적 세로안정
  돌풍 등의 외부 영향을 받아 키놀이 모멘트가 변화된 경우 비행기가 평형상태로 되돌아가려는 초기 경향이고 비행기의 받음각과 키놀이 모멘트의 관계에 의존한다.

- 동적 세로안정
  외부의 영향을 받아 키놀이 모멘트가 변화된 경우 비행기에 나타나는 시간에 따른 진폭변위에 관계된 것이고, 비행기의 키놀이 자세, 받음각, 비행속도, 조종간 자유시 승강키의 변위에 관계된다.

38 비행기의 세로안정에서의 평형점(Trim point)이란?

① $C_m = 0$

② $C_m > 0$

③ $C_m < 0$

④ $C_m \leq 0$

🔍 **해답**

세로안정에서 평형점이란 키놀이 모멘트계수(C_m)가 "0"일 때를 말한다.

39 빗놀이 모멘트를 계수형으로 올바르게 표시한 것은? (단, q : 동압, s : 날개면적, b : 날개길이, C_n : 빗놀이 모멘트 계수)

① $N = C_n qsc$

② $N = C_n qsb$

③ $N = C_n q/sb$

④ $N = sc/C_n q$

🔍 **해답**

빗놀이 모멘트(N)는 수직축에 대하여 기수를 회전시키는 모멘트이다. 빗놀이 모멘트의 특성길이는 날개의 길이(b)가 되며 이를 계수형으로 표시하면 다음과 같다.

빗놀이 모멘트 $N = C_n qsb$

40 더치롤(Dutch roll)이란 다음 중 항공기의 어떤 운동이 합해져 생기는가?

① ROLL AND YAW

② ROLL AND STALL

③ ROLL AND PITCH

④ PITCH AND YAW

🔍 **해답**

가로방향불안정을 더치롤이라고 한다. 가로진동과 방향진동이 결합된 것으로 대체적으로 동적 안정은 있지만, 진동하는 성질 때문에 문제가 된다. 평형상태로부터 영향을 받은 비행기의 반응은 옆놀이와 빗놀이 운동이 결합된 것으로 옆놀이 운동이 빗놀이 운동보다 앞서 발생된다. 이것은 정적 방향안정보다 쳐든각 효과가 클 때 일어난다.

41 역 빗놀이(Adverse yaw) 현상이란?

① 비행기가 Rolling방향과 반대방향으로 Yawing하는 것

② 도움날개가 서로 반대방향으로 작동하는 것

[정답] 36 ② 37 ④ 38 ① 39 ② 40 ① 41 ①

③ Side slip이 생기는 Yawing

④ 도움날개가 비틀리는 현상

해답

역 빗놀이(Adverse yaw)

비행기가 선회를 할 경우에 방향키의 조작과 동시에 도움날개로 선회하는 방향으로 뱅크를 주게 되는데 이런 경우에 선회하는 바깥쪽 날개(도움날개를 내린 쪽)의 받음각이 증가하여 양력도 증가하지만 동시에 항력도 증가하고 선회방향과 반대방향으로 Yawing이 발생하는 것을 말한다.

42 도움날개 역효과(Aileron reversal) 현상은?

① 좌우 도움날개의 운동방향이 서로 반대되는 현상이다.

② 도움날개의 내림각 차이 때문에 유도항력이 발생되는 현상이다.

③ 고속기에 있어서 도움날개의 효과가 조타방향과 반대로 발생하는 악현상이다.

④ 고속기에 있어서 도움날개의 조타방향을 반대로 해줌으로써 정상적 조종이 가능하도록 고안한 기구이다.

해답

도움날개 역효과 (Aileron reversal) 현상

고속비행시 속도가 너무 크면 주날개가 비틀어지고 도움날개의 효과가 반대로 나타나는 현상이다.

43 Buzz에 관한 다음 사항 중 맞는 것은?

① 동체에 나타나는 좌굴 현상이다.

② 충격파에 의하여 도움날개 등에 나타나는 주기진동이다.

③ 도움날개나 꼬리날개표면에 나타나는 와동진동이다.

④ 주날개표면에 나타나는 충격파 실속으로 인한 진동이다.

해답

고속으로 비행시 도움날개 등과 같은 조종면에 충격파가 발생하여 조종면이 심하게 주기적으로 진동하는 현상

44 비행기의 도살 핀(Dorsal fin)의 기능과 관계되는 것은?

① 세로안정성 – Pitching moment

② 가로안정성 – Rolling moment

③ 방향안정성 – Yawing moment

④ Weight & Balance

해답

도살 핀

수직꼬리날개가 실속하는 큰 미끄럼각에서도 방향안정성을 유지하는 강력한 효과를 얻는다. 비행기에 도살 핀을 장착하면 큰 옆미끄럼각에서 방향안정성을 증가시킨다.

45 항공기의 이륙시 승강키의 조작은?

① 중립위치에서 아래로 내린다.

② 중립위치에서 위로 올린다.

③ 중립위치에서 고정시킨다.

④ 중립위치에서 아래로 내린 후 다시 위로 올린다.

해답

승강키

• 이륙시 또는 상승시 : 위로 올린다.

• 하강시 : 아래로 내린다.

46 방향키만 조종하거나 옆미끄럼 운동을 할 때 빗놀이와 동시에 옆놀이가 일어나는 현상은 어느 것인가?

① 관성 커플링   ② 날개 드롭

③ 수퍼 실속   ④ 공력 커플링

해답

커플링

• 공력 커플링 : 방향키만을 조종하거나 옆미끄럼 운동을 하였을 때 빗놀이와 동시에 옆놀이 운동이 복합적으로 생기는 현상

• 관성 커플링 : 비행기가 고속으로 비행할 때 공기 역학적인 힘과 관성력의 상호 영향으로 복합적인 운동이 생기는 현상

[정답] 42 ③   43 ②   44 ③   45 ②   46 ④

47 항공기의 방향안정성을 위한 것은?

① 수직안정판　　② 수평안정판
③ 주날개의 상반각　　④ 주날개의 붙임각

해답

비행기의 수직꼬리날개(안정판과 방향키)는 방향안정성에 영향을 미친다.

48 더치롤(Dutch roll)이 생기면 비행기에 나타나는 안정성은?

① 정적 세로안정　　② 정적 가로안정
③ 가로방향불안정　　④ 가로방향안정

해답

더치롤(Dutch roll)

가로방향불안정을 더치롤이라고 하며, 가로진동과 방향진동이 결합된 것으로서, 대개 동적으로는 안정하지만 진동하는 성질 때문에 문제가 된다.

49 턱 언더(Tuck under)란 무엇인가?

① 수평비행 중 속도가 증가하면 자연히 기수가 밑으로 내려가는 현상
② 수평비행 중 속도가 증가하면 갑자기 한쪽 날개가 내려가는 현상
③ 수평꼬리날개에 충격파가 발생하고 승강키의 효율이 떨어지는 현상
④ 고속비행시 날개가 비틀려져 도움날개의 효율이 떨어지는 현상

해답

턱 언더(Tuck under)

저속비행시 수평비행이나 하강비행을 할 때 속도를 증가시키면 기수가 올라가려는 경향이 커지게 되는데 속도가 음속에 가까운 속도로 비행하게 되면 속도를 증가시킬 때 기수가 오히려 내려가는 경향이 생기게 되는데 이러한 경향을 턱 언더라고 한다. 이러한 현상은 조종사에 의해 수정이 어렵기 때문에 마하트리머(Mach trimmer)나 피치트림보상기를 설치하여 자동적으로 턱 언더 현상을 수정할 수 있게 한다.

50 조종면 중 차동(Differential)조종장치를 이용한 조종면은?

① 승강키　　② 방향키
③ 플랩　　④ 도움날개

해답

차동 도움날개(Differential aileron)

항공기에서 올림과 내림의 작동 범위가 서로 다른 차동 도움날개를 사용하는 것은 도움날개 사용시 유도항력의 크기가 다르기 때문에 발생하는 역 빗놀이를 작게 하기 위한 것이다.

51 비행 중 역 빗놀이(Adverse yaw) 방지장치로 맞는 것은?

① 플랩　　② 탭
③ 비행 스포일러　　④ 승강키

해답

역 빗놀이 또는 역 도움날개 빗놀이(Adverse aileron yaw) 현상은 비행기가 선회할 경우에 방향키의 조작과 동시에 도움날개로 선회하는 방향으로 뱅크를 주게 되는데 이런 경우 선회하는 바깥쪽 날개(도움날개를 내린 쪽)의 받음각이 증가하여 양력도 증가하지만 동시에 항력도 증가하고 선회방향과 반대의 빗놀이(Yawing) 현상이 발생하는 것을 말 한다.
이때 비행 스포일러 또는 차동 도움날개(Differential aileron)를 사용하면 역 빗놀이 하는 날개를 뒤로 밀어 주어 정상적인 선회비행을 할 수 있다.

- 역 빗놀이 방지장치
① 프리즈(Frise)형 도움날개의 사용
② 차동 도움날개의 사용
③ 비행 스포일러를 도움날개와 연동시켜 사용

52 항공기 실측결과는 그림과 같다. 무게중심은 MAC의 몇 [%]에 위치하는가?

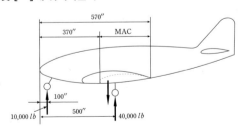

① 30   ② 25

③ 20   ④ 15

🔎 해답

여러개의 무게가 집합으로 되어 있는 구조물의 중심($C.G$)은 어떤 기준선(Datum line)과 각 무게중심점 사이의 모멘트 평형을 구해서 $C.G$의 위치를 산출한다. 즉 $C.G$의 위치는

$$C.G = \frac{W_1X_1 + W_2X_2 + \cdots + W_nX_n}{W_1 + W_2 + \cdots + W_n} = \frac{\sum W_n X_n}{\sum W_n}$$

여기서, $C.G$: 기준선에서 중심까지의 거리

   X_n : 기준선에서 각 무게중심점까지의 거리

   W_n : 각각의 무게

비행기 머리를 기준선(Datum line)으로 정하면 윗식에 의하여

$$C.G = \frac{10,000 \times 100 + 40,000 \times 500}{10,000 + 40,000} = 420$$

중심은 기준선의 후방 420[cm]에 위치하고 MAC 앞전부터는 $420 - 370 = 50[\text{cm}]$, $MAC = 570 - 370 = 200[\text{cm}]$

MAC상에서는 $C.G = \dfrac{50}{200} = 0.25$

즉, MAC의 25[%]에 위치한다.

제2장

항공엔진(기관)

콕콕 포인트

1 항공기 엔진(엔진)의 개요 및 분류

1. 엔진의 개요

(1) 엔진의 발달사

① 왕복 엔진의 발달 과정

ⓐ 르 르노 회전엔진은 제1차 세계대전 중에 개발된 실린더가 회전하여 냉각 효과를 증가시킨 공랭식의 회전식 성형 엔진이다.

ⓑ 최초로 왕복 엔진을 탑재한 항공기는 1903년 12월 17일에 미국의 라이트 형제가 키티호크 사막에서 플라이어 1호에 사용하였다.

② 가스터빈 엔진의 발달 과정

ⓐ 하인켈 178(HeS-3b 터보제트엔진)

1939년 독일에서 최초 제트 시험비행에 성공하였다.

ⓑ 글로스터 E28(W-1 터보제트엔진)

1941년 영국에서 비행에 성공하였다.

ⓒ 벨 WP-59A(GE1-A)

1942년 미국에서 비행에 성공하였다.

ⓓ 글로스터(터보프롭엔진)

영국의 롤즈로이스에서 최초 비행에 성공하였다.

(2) 엔진의 종류와 특성

① 왕복 엔진

ⓐ 크랭크축 주위의 실린더 배열 방식에 따라 분류하며, 현재 가장 많이 사용하고 있는 것은 대향형 엔진과 성형 엔진이다.

ⓑ 냉각 방식은 보통 공랭식과 액랭식이 있다.

② 가스터빈 엔진

소형 경량으로 큰 출력을 얻을 수 있으며, 왕복 엔진의 간헐적 연소와 달리 연속연소를 하므로 엔진 중량당 출력이 크고, 같은 중량의 가스터빈에서 왕복 엔진의 2~5배 이상의 추력을 얻을 수 있다.

[성형 엔진]

[대향형 엔진]

이해력 높이기

Engineer Aircraft Maintenance · Industrial Engineer Aircraft Maintenance · Industrial Engineer Aircraft Maintenance · Industrial Engineer Aircraft Maintenance

콕콕포인트

(3) 엔진의 작동 원리

① 왕복 엔진

가솔린연료를 사용하며, 피스톤의 왕복운동에 연료와 공기의 혼합기를 흡입
및 압축하여, 그것에 전기 스파크로 점화함으로써 발생한 열에너지를, 회전
운동으로 변환하여 프로펠러를 구동시켜 추진력을 만들어내는 엔진이다.

② 가스터빈 엔진

뉴턴의 운동 제3법칙을 적용하였으며, 즉 작용이 있으면 반드시 그것과 크
기가 같고 방향이 반대인 반작용이 있는 것을 실제적으로 응용한 것이다.

• 가스터빈은 압축기, 연소실, 터빈의 3가지 기본 구성이다.

2. 엔진의 분류

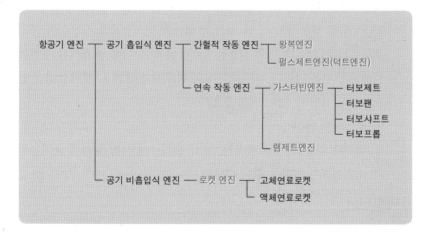

보충 학습

항공용 엔진의 종류
① 왕복 엔진
② 제트 엔진
ⓐ 덕트 엔진 : 펄스제트, 램제트
ⓑ 가스터빈 엔진 : 터보제트, 터보
팬, 터보프롭, 터보샤프트
ⓒ 로켓 엔진

(1) 왕복 엔진

① 왕복 엔진의 분류

ⓐ 냉각 방법에 따라 공랭식 엔진, 액냉식 엔진으로 분류한다.

ⓑ 실린더 배열의 따라, 대향형 엔진, 성형 엔진, 2중 V형, V형, X형, 직
렬형으로 분류한다.

ⓒ 사이클에 따라, 2행정 엔진, 4행정 엔진으로 분류한다.

ⓓ 사용연료에 따라, 가솔린 엔진, 디젤 엔진으로 분류한다.

(2) 가스터빈 엔진

가스터빈(제트 엔진)은 4가지 형식이 있으며, 터보팬 엔진은 대형 여객기 및
군용기에서 사용(현재 민간 항공사에서 가장 많이 사용)한다.

보충 학습

왕복 엔진의 분류
ⓐ 냉각 방법에 따라
공랭식 엔진, 액냉식 엔진으로 분류
한다.
ⓑ 실린더 배열의 따라
대향형 엔진, 성형 엔진, 2중 V형,
V형, X형, 직렬형으로 분류
ⓒ 사이클에 따라
2행정 엔진, 4행정 엔진으로 분류
한다.
ⓓ 사용연료에 따라
가솔린 엔진, 디젤 엔진으로 분류
한다.

콕콕 포인트

Industrial Engineer Aircraft Maintenance · Industrial Engineer Aircraft Maintenance · Industrial Engineer Aircraft Maintenance · Industrial Engineer Aircraft Ma

① 터보제트 엔진

고고도에서 고속으로 비행하는 항공기에 가장 적합하다.

② 터보프롭 엔진

주로 프로펠러를 돌리는 데 엔진의 출력의 90[%]를 사용하여 감속장치를 매개로 프로펠러를 구동시킨다. 고고도, 고속 특성의 장점을 살려 중속, 중고도 비행 시 큰 효율을 볼 수 있다.

③ 터보샤프트 엔진

출력은 100[%]를 회전축 출력으로 사용되며, 설계된 가스터빈 엔진은 주로 헬리콥터 회전날개 구동용으로 이용한다.

④ 터보팬 엔진

터보제트 엔진의 터빈 후부에 다시 터빈을 추가하여 이것으로 배기가스 속의 에너지를 흡수시켜 그 에너지를 사용하여 압축기의 앞부분에 증설한 팬(Fan)을 구동시키고, 그 공기의 태반을 연소용으로 사용하지 않고 측로로부터 엔진 뒤쪽으로 분출함으로써 추력을 더욱 증가시킬 수 있도록 설계된 엔진을 말한다. 아음속에서의 연료가 절약되고, 배기 소음도 큰 폭으로 감소시킬 수 있는 이점이 있다.

• 펄스제트 엔진

램 제트와 거의 유사하지만, 공기 흡입구에 셔터 형식의 공기흡입 플래퍼밸브가 있다는 점이 다르다.

(3) 덕트 엔진

① 램제트 엔진

ⓐ 작동 원리

공기를 디퓨저에서 흡입하여 연소실에서 연료와 혼합, 점화시키고 연소가스를 배기노즐을 통하여 배출시킨다.

ⓑ 장점

고속에서 우수한 성능을 발휘하고 구조가 간단하다.

ⓒ 단점

저속(마하 0.2 이하)에서 작동이 불능하다.

(4) 로켓 엔진

작동원리는 내부에 연료와 산화제를 함께 갖고 있는 엔진으로서 공기가 없는 우주 공간에서도 비행이 가능하다. 항공기용 엔진으로는 사용되지 않는다.

보충 학습

로켓(Rocket)

• 로켓 안에서 연료와 산소가 혼합되어 연소할 때 발생하는 가스의 팽창을 분사시켜 추진력을 얻어 비행하는 물체이다.
• 로켓엔진의 연료는 액체 또는 고체를 사용하며 연소에 필요한 산소는 대기 중에서 얻지 않고 자체에 산소를 실어놓고 그 산소를 이용한다.
• 로켓은 우주공간이나 공기저항을 최소로 하여 고속을 내는데 사용하며 항공기에는 이용되지 않는다.

3. 열역학 기본 법칙

(1) 엔진 사이클(Cycle)

① 과정과 사이클

과정 사이클은 어떤 상태에서 다른 상태로 변할 때 그 연속된 상태 변화의 경로이며, 압력이 일정하게 유지되면서 일어나는 상태 변화의 정압 과정과 체적이 일정하게 유지되면서 일어나는 상태 변화되는 정적 과정이다.

② 임의의 과정을 밟아서 처음 상태로 돌아오는 사이클(Cycle)

ⓐ 오토 사이클(정적 사이클)

열 공급이 정적 과정이며, 항공기용 왕복 엔진의 기본 사이클인 2개의 단열과정과 2개의 정적 과정으로 이루어진다.

• 단열압축 → 정적가열 → 단열팽창 → 정적방열

ⓑ 브레이튼 사이클(정압 사이클)

정상유동장치인 원심압축기와 터빈을 이용하여 기체의 압력을 높인 뒤 고온으로 만들어 일을 하게 하는 가스터빈의 이상적인 열역학적 사이클인 2개의 단열과정과 2개의 정압과정으로 이루어진다.

• 단열압축 → 정압가열 → 단열팽창 → 정압방열

ⓒ 디젤 사이클

2개의 단열과정과 1개의 정압과정 1개의 정적과정으로 이루어진다.

• 단열압축 → 정압가열(수열) → 단열팽창 → 정적방열

ⓓ 합성(사바테) 사이클

2개의 단열과정과 정적 과정, 1개의 정압과정으로 이루어진다.

• 단열압축 → 정적 · 정압가열 → 단열팽창 → 정적방열

ⓔ 카르노 사이클(이상적 사이클)

2개의 등온과정과 2개의 단열과정으로 이루어진다.

• 단열압축 → 단열팽창 → 등온가열(수열) → 등온방열

(2) 열효율(Thermal efficiency)

① 오토 사이클의 열효율

이론적으로 압축비만의 함수이며 압축비가 증가하면 열효율도 증가한다. 실제로는 압축비가 커지면 엔진의 크기가 커지고 중량이 증가하며 진동이 커지고, 비정상적인 연소 현상이 발생한다. 이러한 이유로 보통 항공기용 왕복 엔진의 압축비는 6~8 정도로 제한한다.

이해력 높이기

① 오토 사이클의 열효율 공식

$$\eta_o = 1 - \left(\frac{v_2}{v_1}\right)^{k-1} = 1 - \left(\frac{1}{\varepsilon}\right)^{k-1}$$

② 브레이튼 사이클의 열효율 공식

$$\eta_B = 1 - \left(\frac{P_1}{P_2}\right)^{\frac{k-1}{k}} = 1 - \left(\frac{1}{\gamma_p}\right)^{\frac{k-1}{k}}$$

② 브레이튼 사이클 이론 열효율

2개의 정압과정과 2개의 단열과정으로 이루어진다.

이 사이클의 수일(W_n)은 터빈의 팽창일(W_t)에서 압축일(W_c)을 뺀 값으로 $W_n = W_t - W_c$가 된다.

③ 카르노 사이클 이론 열효율

작동유체에 공급된 열량을 Q_1이라 하고, 작동유체에서 저온열원으로 방출된 열량을 Q_2라 하면 작동 유체에 의한 일 W라 하면 이상적 열엔진에서

$\dfrac{Q_2}{Q_1} = \dfrac{T_2}{T_1}$ 관계가 성립된다.

(3) 에너지 보존의 법칙

① 열역학 제1법칙(에너지 보존의 법칙)

밀폐계가 사이클을 이룰 때의 열전달량은 이루어진 일과 정비례 한다. 즉, 열은 언제나 상당량의 일로, 일은 상당량의 열로 바뀌어질 수 있음을 뜻한다.

- $W = JQ$ 또는 $Q = AW$
- W : 일[Kg·m]
- Q : 열량[Kcal]
- J : 열의 일당량(427 [Kg·cal])
- A : 일의 열당량($\dfrac{1}{427}$ [Kcal/Kg·m])

② 열역학 제2법칙

쉽게 전부 열로 바꿀 수 있지만, 반대로 열을 일로 바꾸는 것은 쉽지않다. 이것은 열역학 제1법칙으로서는 설명할 수 없다.

4. 항공엔진의 사이클 해석

(1) 4사이클(흡기, 압축, 팽창, 배기의 4행정)

① 흡입행정

ⓐ 피스톤이 상사점에서 하사점 쪽으로 하향 운동을 하며, 흡입밸브가 열리고 혼합가스가 실린더 안으로 흡입하는 것이다.

ⓑ 흡입밸브는 이론적으로는 상사점에서 열리고 하사점에서 닫히도록 되어 있으나 실제로는 상사점 전에 열리고 하사점 후에 닫힌다.

Engineer Aircraft Maintenance · Industrial Engineer Aircraft Maintenance · Industrial Engineer Aircraft Maintenance · Industrial Engineer Aircraft Maintenance

콕콕 포인트

② 압축행정

ⓐ 피스톤이 하사점에서 상사점으로 상향운동 – 혼합가스를 압축한다.

ⓑ 흡입, 압축 밸브가 모두 닫혀 있다.

ⓒ 압축 과정 중 상사점 전 $20 \sim 35°$에서 점화 플러그에 의해 점화된다.

③ 팽창행정(동력행정, 폭발행정)

ⓐ 압축된 혼합가스를 점화시켜 폭발시킨다.

ⓑ 흡입, 배기밸브가 모두 닫혀 있다.

ⓒ 상사점 후 $10°$ 근처에서 실린더 안의 압력은 최대압력 $60[\text{kg/cm}^2]$, 최고온도 $2,000[℃]$에 도달한다. 점화가 피스톤이 상사점 전에 도달하기 전에 이루어지는 이유는 연료를 완전연소 시키고 최대압력을 내기 위한 연소 진행시간이 필요하기 때문이다.

④ 배기행정

ⓐ 피스톤이 하사점에서 상사점으로 상향운동한다.

ⓑ 배기밸브가 열려 있다.

ⓒ 피스톤에 의해 연소가스가 배기밸브를 통하여 배출된다.

• 이론적으로는 배기밸브가 하사점에서 열리고 상사점에서 닫히도록 되어 있으나 실제로는 하사점 전에 열리고(밸브 앞섬) 상사점 후에 닫혀(밸브 지연) 잔류가스의 방출과 혼합가스의 흡입량을 증가시킨다.

◐ 이해력 높이기

4사이클

[흡입]

[압축]

[팽창]

[배기]

2 항공기 왕복 엔진

1. 항공기 엔진의 작동원리 및 구조

(1) 작동원리

① 작동원리(흡입, 압축, 폭발, 배기행정, 밸브 개폐시기)

ⓐ 왕복 엔진은 열을 이용하여 혼합가스를 팽창시켜 실린더 내의 피스톤에 압력을 전달하고, 피스톤은 크랭크축을 돌게 함으로써 동력을 발생시킨다.

ⓑ 왕복 엔진의 작동 원리는 피스톤 커넥팅 로드와 크랭크축 등으로 구성되어 있다. 실린더의 안지름을 보어(Bore)라고 하고, 피스톤의 이동거리를 행정(Stroke)이라 하는데, 각 행정은 크랭크축을 $180°$ 회전시킨다.

콕콕 포인트

Industrial Engineer Aircraft Maintenance · Industrial Engineer Aircraft Maintenance · Industrial Engineer Aircraft Maintenance · Industrial Engineer Aircraft Ma

- 흡입행정(Intake Stroke)

  피스톤이 하향 운동을 하면서 흡입밸브가 열려 기화기로부터 연료와 공기의 혼합기가 실린더 속으로 흡입되는 과정이다. 흡입밸브는 상사점에서 열리고 하사점에서 닫히나, 실제로는 상사점의 직전에서 열리고 하사점에서의 직후에 닫히게 한다.

- 압축행정(Compression Stroke)

  흡입행정이 끝난 후 두 밸브가 닫히고 피스톤이 하사점으로부터 상사점으로 이동하면서 연료와 공기의 혼합기를 압축시키는 과정이다. 그리고 피스톤이 압축행정 상사점에 도착하기 직전에 점화플러그에 의해서 연료와 공기의 혼합기기가 점화되어 폭발행정의 동력을 발생시킨다.

- 폭발행정(Power Stroke)

  연소압력이 피스톤에 힘을 가하는 과정으로써 이 행정을 폭발 또는 팽창행정 이라고도 한다.

- 배기행정(Exhaust Stroke)

  피스톤이 상향운동을 하면서 배기밸브가 열려 연소가스가 엔진을 거쳐 실린더 밖으로 배출되는 행정이다. 이론적으로는 배기밸브가 하사점에서 열리고 상사점에서 닫히도록 되어 있으나, 실제로는 폭발행정 끝 부분인 하사점전에서 열리고(Valve lead), 다음 사이클의 흡입행정 시작 부분인 상사점 후에서 닫히도록 함으로써, 실린더안의 잔류가스를 더 많이 배출시키고 새로운 혼합기의 흡입량을 증가시키도록 하고 있다.

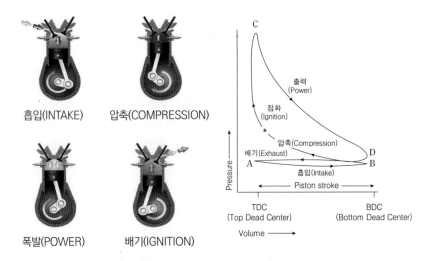

[행정 엔진의 작동과 오토 사이클의 선도]

Engineer Aircraft Maintenance · Industrial Engineer Aircraft Maintenance · Industrial Engineer Aircraft Maintenance · Industrial Engineer Aircraft Maintenance

콕콕 포인트

- 밸브의 열리고 닫히는 시기를 시각적으로 보여 주기 위해 밸브 개폐 시기 선도가 사용된다.

밸브 개폐 시기 선도로서 밸브 개폐 시기는 다음과 같다.

IO 15° BTC	EO 60° BBC
IC 60° ABC	EC 10° ATC
점화(Ignition) : 30° BTC	

흡입밸브와 배기밸브가 동시에 열려 있을 때 이루는 각을 밸브 오버랩(Valve overlap)이라고 부르며, 흡입밸브가 15° BTC에서 열리고 배기 밸브가 10° ATC 에서 닫힐 때 밸브 오버랩은 30°이다.

밸브 오버랩을 두는 이유는 다음과 같다.

- 체적 효율을 향상시킨다.
- 배기가스를 완전히 배출시킨다.
- 실린더 냉각을 도와준다.

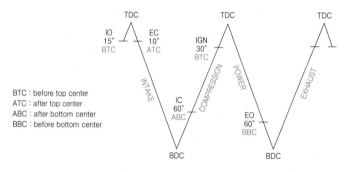

BTC : before top center
ATC : after top center
ABC : after bottom center
BBC : before bottom center

[밸브 개폐 시기 선도]

② 왕복 엔진의 점화 순서

엔진	점화 순서
4기통 직렬형	1-3-4-2 or 1-2-4-3
6기통 직렬형	1-5-3-6-2-4
8기통 V형	1R-4L-2R-3L-4R-1L-3R-2L
12기통 V형	1L-2R-5L-4R-3L-1R-6L-5R-2L-3R-4L-6R
4기통 대향형	1-3-2-4 or 1-4-2-3
6기통 대향형	1-4-5-2-3-6 or 1-6-3-2-5-4
9기통 성형(1열)	1-3-5-7-9-2-4-6-8
14기통 성형(2열)	1-10-5-14-9-4-13-8-3-12-7-2-11-6
18기통 성형(2열)	1-12-5-16-9-2-13-6-17-10-3-14-7-18-11-4-15-8

보충 학습

파워 오버랩(Power overlap)

파워 오버랩은 한 실린더가 팽창(폭발) 행정 중에 있을 때, 다음 점화되는 실린더가 폭발하여 팽창(폭발)행정이 겹치는 동안의 크랭크축 회전 각도를 말한다.

보충 학습

밸브 개폐 시기 위치에 관련되는 약어

TDC(TC)	상사점
BDC(BC)	하사점
BTC	상사점 전
ATC	상사점 후
BBC	하사점 전
ABC	하사점 후
IC	흡입 밸브 닫힘
IO	흡입 밸브 열림
EC	배기 밸브 닫힘
EO	배기 밸브 열림

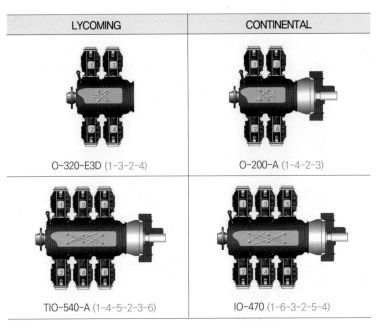

LYCOMING	CONTINENTAL
O-320-E3D (1-3-2-4)	O-200-A (1-4-2-3)
TIO-540-A (1-4-5-2-3-6)	IO-470 (1-6-3-2-5-4)

[수평 대향형 엔진의 점화 순서]

(2) 구조 및 성능

① 왕복 엔진의 형식표식

왕복 항공기 엔진은 여러 형식으로 분류된다.

- 직렬형 엔진(Inline engine)

일부 Three-Cylinder engine이 조립되고 있지만 대체로 짝수의 Cylinder를 갖는다.

- 대향형 엔진(Opposed-Type engine)

중앙에 Crankshaft로서 서로 맞은편에 Cylinder의 Two-Bank 로 놓여 있다. 양쪽의 Cylinder 열(bank)의 Piston은 Single crankshaft에 연결되어 있다.

- V-Type Engine

Cylinder는 대체로 60° 떨어져서 고정된 Two inline bank로 배열 된다. 대부분의 엔진은 액냉식 또는 공냉식인 12-Cylinder를 가지고 있다.

- 성형 엔진(Radial engine)

중앙의 Crankcase에 대하여 방사상으로(배열된 Cylinder의 Row 또는 Rows로 구성된다. 이러한 Type의 엔진은 아주 단단한 그리고 신뢰할 수 있는 것이 입증되었다. 1개 Row로 구성된 Cylinder의 수는 3개, 5개, 7개, 또는 9개로 구성된다. 일부 성형 엔진은 다른 것의 앞쪽 Crankcase에 대하여 방사상으로 배열된 7개 또는 9개 Cylinder 의 2-row를 갖는다.

② 실린더 번호의 부여와 점화 순서

　엔진에 따른 실린더 번호 부여와 점화 순서

SINGLE-ROW RADIAL : 1열 성형 엔진　　　DOUBLE-ROW ENGINE : 2열 성형 엔진

1-3-5-7-9-2-4-6-8　　　1-12-5-16-9-2-13-6-17-10-3-14-7-18-11-4-15-8

[성형 엔진의 점화 순서]

③ 왕복 엔진 기본 구성과 피스톤 배기량

　ⓐ 왕복 엔진 기본 구성

　　• 크랭크케이스(Crankcase)

　　• 실린더(Cylinder)

　　• 피스톤(Piston)

　　• 크랭크축(Crank Shaft)

　　• 커넥팅로드(Connecting Rod)

　　• 흡입밸브

　　• 배기밸브

　　• 베어링(Bearing)

　　• 프로펠러축(Propeller Shaft)

　ⓑ 피스톤 배기량

　　• 엔진의 총 배기량

　　　전체 피스톤의 배기한 총 부피＝피스톤 배기량×단면적 전체 피스톤 배기량이 커지면 엔진이 최대 출력을 낼 수 있다.

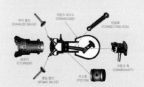

♥ 이해력 높이기

항공기 왕복 엔진의 기본 요소

보충 학습

피스톤 배기량(Piston displacement)

피스톤 배기량은 실린더 내에서 피스톤이 한 행정 동안 움직인 거리에 실린더의 단면적을 곱함으로써 얻을 수 있다. 기관의 총 배기량은 전체 실린더에서 배기한 전체 체적이다. 하나의 피스톤 배기량에 기관 실린더 수를 곱한 것과 같다. 총 배기량이 커지면 기관이 낼 수 있는 최대출력도 커진다.

콕콕 포인트

Industrial Engineer Aircraft Maintenance · Industrial Engineer Aircraft Maintenance · Industrial Engineer Aircraft Maintenance · Industrial Engineer Aircraft Ma

- 단면적 : $\dfrac{1}{4}\pi d^2$

- 배기량 : 행정거리 × 단면적

- 총배기량 : 배기량 × 실린더 수

> **[동력의 단위]**
>
> - 1HP : 550[lb−t/s] = 33,000[lb−t/min]
>
> - 1PS : 75[Kg−m/s]
>
> - 1KW : 102[Kg−m/s]

④ 지시마력과 제동마력, 정격마력

    ⓐ 지시마력(iHP : Indicated Horse Power)

       엔진의 실제로 발생하는 마력, 즉 열에너지로부터 기계적 에너지로 변화하는 전체마력을 뜻한다.

    ⓑ 제동마력(bHP : Brake Horse Power)

       엔진에 의해 프로펠러 혹은 다른 구동장치의 전달되는 실질적인 마력을 뜻한다.

    ⓒ 정격마력(출력)(Rated Power)

       연속작동이 안전하게 확립된 상태에서 특정한 회전수와 매니폴드압력으로 작동할 때 엔진으로부터 얻을 수 있는 최대 출력을 말한다.

⑤ 임계고도, 기계효율 및 열효율, 부피효율

    ⓐ 임계고도(Critical Altitude)

       정해진 출력을 유지할 수 있는 가장 높은 고도, 즉 항공기 엔진이 정해진 회전수에서 엔진으로부터 얻을 수 있는 정격출력이 유지되는 가장 높은 고도를 말한다.

    ⓑ 기계효율(Mechanical Efficiency)

       제동마력과 지시마력의 비율이다.

> $$기계효율(\eta_m) = \frac{제동마력(bHP)}{지시마력(iHP)} \times 100$$

    ⓒ 열효율(Thermal Efficiency)

       열효율은 연료의 열에너지가 기계적 에너지로 바뀔 때 생기는 열손실에 따라 결정된다.

보충 학습

- 도시마력(iHp, 지시마력) : 실린더 안에 있는 연소 가스가 피스톤에 작용하여 얻어진 동력
- 제동마력(bHp, 축마력) : 실제 기관의 크랭크축에서 나오는 동력
- 마찰마력(fHp) : 피스톤으로부터 크랭크 기구를 통하여 크랭크축에 전달되면서 손실된 마력

⚫ 이해력 높이기

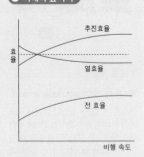

- 추진효율 = $\dfrac{추력\ 동력}{운동\ 에너지}$

- 열효율 = $\dfrac{기계적\ 에너지}{열에너지}$

- 전체효율 = 추진 효율 × 열효율

ⓓ 체적(부피)효율(Volumetric Efficiency)

동일한 대기압과 온도 조건하에서 실제로 실린더 속으로 흡입된 혼합기의 부피와 피스톤 배기량의 비율이다.

$$체적효율(\eta_v) = \frac{실제\ 흡입된\ 체적}{행정체적(피스톤\ 배기량)} \times 100$$

⑥ 디토네이션과 조기점화(Detonation and Preignition)

ⓐ 디토네이션(이상폭발)

연소실에서 압축된 혼합기의 온도와 압력이 순간적으로 폭발한 만큼 높아졌을 때 일나는 현상으로, 디토네이션은 실린더와 피스톤의 온도를 과도하게 상승시켜 피스톤 헤드를 녹이는 원인이 되기도 하고 심각한 출력손실을 초래하기도 한다.

ⓑ 조기점화

실린더의 과열부분과 과열된 스파크 플러그 전극, 과열된 탄소입자들이 혼합기를 스파크 플러그의 정상 점화전에 먼저 점화시켜서 일어나는 현상이며, 결과적으로 엔진 작동이 거칠어지거나 출력손실이 생기고 실린더 헤드 온도 상승을 초래한다.

NORMAL   DETONATION

[실린더 내에서의 정상연소와 디토네이션]

⑦ 압축비와 제동연료 소모율, 마력당 중량비

ⓐ 압축비는 피스톤이 하사점에 있을 때와 실린더 체적과 상사점에 있을 때 실린더 체적과의 비율이다.

ⓑ 제동연료 소모율은 제동 열효율 마력과 시간당 소비한 연료에너지와의 비율이다.

ⓒ 마력당 중량비는 제동마력과 엔진의 중량비율로 표시된다.

보충 학습

불규칙 점화현상

① 후화(After Fire)
과농후(over rich) 혼합비 상태로 연소시 배기행정 후에도 연소가 진행되어 배기관을 통해 불꽃이 배출되는 현상

② 역화(Back Fire)
과희박(over lean) 혼합비 상태로 연소시 흡입행정에서 실린더 안에 남아 있는 화염불꽃에 의해 매니폴드나 기화기 안의 혼합가스로 인화되는 현상

③ 디토네이션(Detonation)
정상 점화에 의한 불꽃 전파가 도달하기 전에 미연소 가스가 자연 발화에 의해 폭발하는 현상

④ 킥백(Kick Back)
기관이 저속으로 회전할 때 빠른 점화 진각에 의한 기관이 역회전하는 현상

Industrial Engineer Aircraft Maintenance · Industrial Engineer Aircraft Maintenance · Industrial Engineer Aircraft Maintenance · Industrial Engineer Aircraft Ma

2. 왕복 엔진의 계통

(1) 흡입 · 배기계통

① 공기스쿠프, 공기여과기, 알터네이트 공기밸브, 기화기, 공기가열기

    ⓐ 흡입계통 : 피스톤펌프 작용에 의해 흡입행정이 대기 중인 공기와 연료를 혼합시켜 혼합가스를 만들어 각 실린더에 연소가 이루어지도록 혼합가스를 공급한다.

    ⓑ 배기계통 : 배기계통은 기관에서 배출되는 연소 산화물을 안전하고 효율적으로 기관에서 제거해 주는 역할을 하며, 배기 다기관(Exhaust manifold), 열교환기(Heat exchanger), 머플러(Muffler)가 장착되어 있고, 일부 기관에는 터보 차저, 오그멘터(Augmentor) 및 기타 장치가 장착되는 경우도 있다.

(2) 연료계통

가솔린은 항공용 연료로서 사용하기 전에 적합한 특성을 가지고 있다. 즉 다른 연료와 비교하여 볼 때 가솔린은 고발열량을 갖고 있으며, 저온에서도 공기에 노출되었을 때 증발되는 고휘발성을 갖고 있다.

- 혼합가스가 연소실 내에서 높은 압력과 높은 온도 때문에 자연 발화를 일으키면서 갑자기 폭발하는 것을 노크(Knock) 또는 디토네이션(Detonation)이라 한다. 가솔린의 옥탄값은 노크가 잘 일어나느냐 안 일어나느냐에 따라 수치로 표현되는데, 가솔린은 화학적으로 탄화수의 혼합체로서 탄산수소 중 이소옥탄의 노크가 잘 안 일어나는 성질을 가지며 노멜헵탄은 노크가 잘 일어나는 성질을 가지고 있다.

  옥탄값은 탄산수소의 혼합체에서 이소옥탄의 퍼센트로써 표현된다. 옥탄값의 70[%]의 연료는 70[%]의 이소옥탄과 30[%]의 노멜헵탄으로 구성된 연료를 의미한다.

- 항공용 가솔린의 등급은 3가지로써, 80, 100LL(Low lead) 100으로 구분하며, 등급 80은 빨간색, 등급 100[LL]은 청색, 등급 100은 녹색이다.

① 연료계통의 역할

    연료계통의 역할은 연료탱크로부터 실린더 연소실까지 적정량의 연료와 공기혼합가스를 공급한다.

    ⓐ 연료탱크, 연료승압펌프, 탱크 여과기, 연료탱크벤트, 연료라인, 연료 조절선택 밸브, 주 여과기, 연료흐름계기와 압력계기 및 연료드레인밸브로 구성되어 있다.

콕콕 포인트

Engineer Aircraft Maintenance · Industrial Engineer Aircraft Maintenance · Industrial Engineer Aircraft Maintenance · Industrial Engineer Aircraft Maintenance

콕콕 포인트

- 연료탱크의 위치는 날개, 동체이며, 일부 대형 항공기는 꼬리 부분 안정판에 위치하고 있다.
- 인티그럴 연료탱크는 날개 안에 연료를 직접 넣어 사용하는 방식으로 여러 개로 나뉘어져 있으며 연료 적재는 3.5[Psi] 내압을 유지하고 있다.
- 비상 연료 공급, 연료 공급 시 부압방지, 곡예 비행 또는 배면 비행 시 연료를 공급하는 서지 박스 역할을 한다.
- 블래더 탱크(Bladder tank)는 날개에 별도의 연료탱크를 만들어 넣은 방식으로 고무 나 알루미늄으로 제작되어 있다.

ⓑ 연료차단 밸브

비상 시 또는 연료계통작업 시 탱크에서 계통으로 연료가 들어가지 못하게 하는 역할을 하며, 연료선택 밸브는 2개 이상의 연료탱크를 가진 항공기에서 어떤 연료탱크를 사용할 것 인지를 선택해 주는 밸브이다.

ⓒ 연료여과기

연료탱크와 기화기 사이, 연료계통의 가장 낮은 부분에 장착되어 있으며, 연료 내의 불순물 및 이물질 제거하는 역할을 한다.

ⓓ 전기식 부스터펌프(승압펌프)

연료탱크 밑에 장착되어 있으며, 원심력식 형태와 시동 시 주 연료펌프의 기능이 발휘되므로, 이륙 시 추가 연료 공급이 필요한 경우와 주 연료펌프 고장 시 주 연료 펌프를 대신해서 연료를 공급하는 기능을 가지고 있다.

ⓔ 주 연료펌프(엔진구동펌프)의 위치

엔진 액세서리 케이스 하부 장착되어 있으며, 연료탱크의 연료를 엔진으로 일정한 양과 압력으로 보내주는 역할을 하며 형식은 슬라이딩 베인식 펌프이다.

- 릴리프 밸브

연료 압력이 너무 높을 때 릴리프 밸브가 열려 연료를 펌프로 보내줌으로써 연료의 압력을 일정하게 해주는 장치이다.

- 바이패스 밸브

연료펌프 고장 시 부스터 펌프에 의해 공급된 연료를 엔진에 공급될 수 있도록 통로를 열어주는 장치이다.

- 벤트

고도에 따라 대기압이 변하더라도 연료 펌프 출구의 계기 압력을 일정하게 조절해주는 역할을 수행한다.

보충 학습

연료여과기 (Fuel Filter)
① 연료여과기는 연료 속에 섞여 있는 수분, 먼지들을 제거하기 위하여 연료탱크와 기화기 사이에 반드시 장착한다. 여과기는 금속 망으로 되어 있는 스크린이며, 연료는 이 스크린을 통과하면서 불순물이 걸러진다.
② 연료계통 중에서 가장 낮은 곳에 장치하여 불순물이 모일 수 있게하고, 배출 밸브(Drain Valve)가 마련되어 있어 모여진 불순물이나 수분들은 배출시킬 수 있는 장치를 함께 가지고 있다.

보충 학습

승압 펌프(Boost Pump)
① 압력식 연료계통에서는 주 연료펌프는 기관이 작동하기 전까지는 작동되지 않는다. 따라서 시동할 때나 또는 기관 구동 주 연료펌프가 고장일 때와 같은 비상시에는 수동식 펌프나 전기 구동식 승압펌프가 연료를 충분하게 공급해 주어야 한다. 또한, 이륙, 착륙, 고고도시 사용하도록 되어 있다.
② 승압 펌프는 주 연료 펌프가 고장일 때도 같은 양의 연료를 공급할 수 있어야 한다. 그리고 이들 승압펌프는 탱크간에 연료를 이송시키는 데도 사용된다.
③ 전기식 승압 펌프의 형식은 대개 원심식이며 연료 탱크 밑에 부착한다.

- 프라이머(Primer)의 기능

  엔진 시동 시 실린더에 직접 연료를 분사하여 농후한 혼합비를 만들어 줌으로서 시동을 용이하게 해주는 장치이며, 수동식(소형기용), 전기식 솔레노이드 밸브(대형기용)가 있다.

- 기화기(Carburetor)의 기능

  Carburetor의 결빙은 일반적으로 15[℃]이하의 공기 중에서 발생하며, 출력을 저하시키기도 하고 출력 조절을 불가능하게 하기도 한다.

  ⓕ 연료계통의 역할은 연료탱크로부터 공급된 연료와 공기흡입계통으로 들어온 양에 따라 혼합비에 맞는 연료를 공급하고 기화시켜 연소가 잘 될 수 있는 혼합가스를 만드는 장치이다.

- 종류는 소형 항공기용의 기화기로 널리 사용하고 있는 플로트식 기화기와, 연료펌프에 의해서 가압된 연료를 기화기 스로틀 밸브 뒷부분, 과급기의 입구에 분사시켜 주는 방식으로압력 분사식 기화기가 있다.

② 연료계통의 형식

  ⓐ 연료 보급 방법은 날개가 높은 소형엔진 항공기에 사용되고 있으며, 연료탱크가 연료계통보다 높은 곳에 위치하여 중력에 의한 헤드압력으로 엔진에 연료를 공급하는 중력식 연료계통 형식이 있다.

  ⓑ 낮은 날개 항공기에 사용되고 엔진구동펌프에 의해 연료탱크로부터 기화기까지 압력을 가해 연료를 공급하는 압력식 연료계통의 형식이 있다.

(3) 윤활유 및 윤활계통

① 항공윤활유

  ⓐ 윤활유의 역할

- 두 금속의 마찰 면에 유막형성 운동 중인 금속면을 분리시켜 마찰 및 마멸을 방지하며 윤활 작용을 한다.
- 윤활작용과 함께 두 금속의 사이를 채워주어, 가스 누설을 방지하는 기밀작용을 한다.
- 마찰에 의해 발생한 열을 흡수하는 냉각작용을 한다.
- 엔진 내부에서 마멸에 의해 생기는 금속가루 및 먼지 등의 불순물을 제거하는 청결작용을 한다.
- 금속표면과 공기가 접촉하는 것을 방지하여 녹이 생기는 것을 방지하며 방청작용을 한다.

ⓑ 윤활유의 성질

- 유성이 좋아야 한다.(금속 표면에 접착하는 성질)
- 알맞은 점도를 가져야 한다. 점도가 높으면 유동이나 흐름이 느리고 점도가 낮으면 오일 흐름이 대단히 자유롭지만 유성이 나쁘다.
- 온도변화에 따라 점도의 변화가 작은 것이 좋다.
- 낮은 온도에서 유동성이 좋아야 한다.(점도 지수가 커야 한다.)
- 산화 및 탄화 경향이 작아야 한다.
- 부식성이 없어야 한다.

ⓒ 윤활유의 분류

- 광물성유는 항공기 왕복 엔진에 광범위하게 사용하며, 고체, 반고체, 유체로 분류된다.
- 식물성유는 피마자, 올리브, 목화씨 등의 기름에서 채취하며 공기 중에 노출되면 산화하는 경향이 있다.
- 동물성유는 소, 돼지, 고래 등에서 채취하며 상온에서는 윤활성이 좋으나 고온에서는 성질이 변한다.
- 합성유는 고온에서 윤활 특성이 좋고 현재 제트 엔진에 널리 사용한다.

ⓓ 엔진의 윤활방법

- 비산식(Splash lubrication)
  커넥팅로드 끝에 윤활유 국자가 달려 있어 크랭크축의 매 회전마다 원심력으로 윤활유를 뿌려 베어링, 캠, 실린더 벽 등에 공급하는 방식이다.
- 압송식 윤활(Pressure lubrication)
  윤활유 펌프를 통해 윤활유를 압송시켜 오일 통로를 통해 오일을 공급하는 방식이다.
- 복합식(비산 압송식) : 비산식과 압송식의 복합방식
  - 압송식으로 공급하는 장소 : 캠축 베어링, 밸브 기구, 커넥팅로드 베어링
  - 비산식으로 공급하는 장소 : 실린더 부분

② 윤활계통(Oil system)

ⓐ 윤활유 탱크가 엔진 밖에 따로 설치되어 있는 건식 윤활계통(Dry sump oil system)과 크랭크 케이스의 밑 부분을 탱크로 이용하는 윤활계통(Wet sump oil system)이 있다.

보충 학습

윤활계통의 종류

① 건식 윤활계통
(Dry sump oil system)
기관외부에 별도의 윤활유 탱크에 오일을 정하는 계통으로 비행 자세의 변화, 곡예비행, 큰 중력 가속도에 의한 운동 등을 해도 정상적으로 윤활할 수 있다.

② 습식 윤활계통
(Wet sump oil system)
크랭크 케이스의 밑바닥에 오일을 모으는 가장 간단한 계통으로 별도의 윤활유 탱크가 없으며 대향형 기관에 널리 사용되고 있다.

콕콕 포인트

Industrial Engineer Aircraft Maintenance · Industrial Engineer Aircraft Maintenance · Industrial Engineer Aircraft Maintenance · Industrial Engineer Aircraft M

ⓑ 윤활유 탱크(Oil tank)
- 재질 : AL합금 또는 강철판으로 제작되고 5[Psi]의 내압에 견디어야 한다.
- 위치 : 엔진으로 부터 가장 낮은 위치로 윤활유 펌프보다 약간 높게 설치한다.

ⓒ 구비조건

윤활유 보급이 쉬워야 하며, 윤활유의 열팽창에 대비하여 충분한 공간(약 10[%] 정도)이 있어야 하며, 오일탱크 밑에 윤활유 섬프 드레인 플러그가 있어 물, 불순물 등의 제거가 가능하다.

- 호퍼탱크(Hopper tank)
  엔진의 난기 운전 시 오일을 빨리 데울 수 있도록 탱크 안에 별도의 탱크를 두어 오일의 온도가 올라가게 함으로써 엔진의 난기운전시간을 단축시키는 장치이다.
- 오일희석장치(Oil dilution system)
  차가운 기후에서 오일 점성이 크면 시동이 곤란하므로 필요에 따라 가솔린을 엔진정지 직전에 오일탱크에 주사하여 오일 점성을 낮게 하여 시동을 용이하게 하는 장치이다.
- Oil vent line
  모든 비행 자세에 있어 탱크의 통풍이 잘 되도록 하여 탱크 내의 과도한 압력으로 인한 파손 방지를 위해서 설치되어 있다.

ⓓ 윤활유 펌프(Oil pump)
- 주 오일펌프
  - 위치 : 엔진 후방 액세서리부
  - 형식 : 베인식, 기어식(가장 많이 사용)
- 부속장치
  - 바이패스 밸브(By pass valve)
    불순물에 의해 여과기가 막혔거나 추운 상태에서 시동할 때, 여과기를 거치지 않고 윤활유를 직접 엔진의 내부로 공급한다.
  - 체크 밸브(Check valve)
    엔진 정지 시 윤활유가 불필요하게 엔진 내부로 스며드는 것을 방지한다.
  - 릴리프 밸브(Relief valve)
    엔진으로 들어가는 오일 압력이 너무 높을 때 펌프 입구로 오일을 보내 압력을 일정하게 만들어 주는 장치이다.

보충 학습

오일 압력 펌프

기어형(Gear type)과 베인형(Vane type)이 있으며 현재 왕복 엔진에서는 기어형을 가장 많이 사용하고 있다.

- 배유펌프(소기펌프 : Scanvange pump)

  엔진의 각종 부품을 윤활 시킨 뒤 섬프위에 모인 윤활유를 탱크로 보내는 펌프로서 오일펌프보다 용량이 약간 커야 한다.

- 오일 여과기(Oil filter)

  오일 속의 불순물이나 이물질을 여과시키며, 스크린형, 쿠노형(스크린 디스크형)이 있다.

- 윤활유 온도조절 밸브

  윤활유의 점도는 온도에 영향을 받기 때문에 윤활유가 탱크로 되돌아온 뒤 엔진으로 들어가기 전에 윤활유 냉각기에 의하여 윤활유 온도를 적당하게 유지시키며, 엔진 입구에 위치하고 있다.

  - 윤활유 온도가 높음 : 오일냉각기를 거쳐 윤활유를 냉각
  - 윤활유 온도가 적당 : 직접 엔진으로 들어가는 통로가 열림
  - 윤활유 온도가 낮음 : 온도조절 밸브가 활짝 열려 오일이 직접 엔진으로 들어가게 해주며, 온도의 조절은 온도조절 밸브에 있는 조절 나사로 조절한다.
  - 윤활유의 검사 : 윤활유 분광 시험으로 SOPA(Spectrometic Oil Analysis Program)시험이 있다. 윤활유 채취 장소는 여과기와 섬프로 한다.

(4) 냉각계통

① 카울링(Cowling)

엔진을 둘러싸고 있는 덮개를 말하며, 기체 표면을 유선형으로 만들어 항력을 줄인다. 그 내부에 냉각공기를 유입시키고 실린더 주위 및 사이를 빠져나온 공기를 카울 플랩을 통해 배출한다.

② 냉각핀(Cooling fin)

실린더 및 실린더 헤드 바깥쪽에 얇은 금속 핀을 부착시켜 냉각을 위한 표면적을 넓게 함으로써 흐르는 공기로 많은 열을 대기 중으로 방출하고, 냉각시키는 역할을 한다.

③ 배플(Baffle)

실린더 및 실린더 헤드 주위에 금속으로된 판을 설치하여 공기의 흐름을 각 실린더에 고르게 통과시키고, 또 같은 실린더에서도 앞부분부터 뒷부분까지 공기가 잘 흐르도록 유도시켜 냉각효과를 증진시킨다.

④ 카울 플랩

엔진의 주위를 덮어씌운 카울링의 둘레에 전체 또는 부분적으로 열고 닫을 수 있는 플랩을 장치하여, 실린더의 온도에 따라 실린더 주위의 공기 흐름양을 조절하여 냉각작용을 조절한다.

보충 학습

공랭식 항공기 왕복기관 냉각계통의 주요 구성요소 3가지
① 냉각핀
② 배플
③ 카울 플랩

콕콕 포인트

Industrial Engineer Aircraft Maintenance · Industrial Engineer Aircraft Maintenance · Industrial Engineer Aircraft Maintenance · Industrial Engineer Aircraft M

(5) 시동 및 점화계통

① 점화계통의 분류

ⓐ 축전지 점화계통

전원으로 축전지를 사용하고, 점화코일로 승압시켜 혼합가스를 점화시킨다.

ⓑ 마그네토 점화계통

- 저압 점화계통 : 낮은 전압의 전기를 일으키며, 배전기 회전자를 통해 각 실린더 근처에 설치된 변압기에 보내지고 전달된 낮은 전압의 전기는 변압 코일에서 높은 전압으로 승압되어 스파크 플러그에 전달된다.
- 고압 점화계통 : 1차 코일 위에 수 천번의 2차 코일을 감고 브레이커 포인트를 캠의 회전에 따라 주기적으로 단속시키면 2차 코일에 20,000~25,000[V]의 높은 전압이 유도된다. 유도된 높은 전압은 배전기를 통해 실린더에 장착된 스파크 플러그에 전달된다.

② 점화방식에 따른 종류

ⓐ 단일 점화방식

- 성형 엔진에서 오른쪽 마그네토는 전방 스파크 플러그와 연결, 왼쪽 마그네토는 후방 스파크 플러그에 연결된다.
- 수평 대향형 엔진에서 오른쪽 마그네토는 오른쪽 실린더 위쪽 스파크 플러그와 왼쪽 실린더 아래쪽 스파크 플러그에 연결, 왼쪽 마그네토는 그 반대 방향으로 연결된다.

ⓑ 복식 점화방식

하나의 회전 자석, 두 개의 브레이커 포인트, 두 개의 배전기에 의해 고전압을 배분함으로써 두 개의 싱글 마그네토와 같은 역할을 한다.

③ 마그네토 및 점화시기

ⓐ 마그네토는 회전 영구 자석, 폴슈(Pole shoe), 철심(Steel core)으로 구성되어 있다.

ⓑ 마그네토의 원리는 회전 자석에서 발생된 자속은 N극에서 철심을 통해 S극으로 돌아온다. 이때 위치를 최대위치라 한다.

[마그네토 회전속도]

$$\frac{\text{마그네토 회전수}}{\text{크랭크샤프트 회전수}} = \frac{\text{실린더수}}{2 \times \text{자석극수}}$$

보충 학습

왕복 엔진 점화계통 점검사항 4가지

① 마그네토 점검
② 점화플러그 점검
③ 점화시기 조절
④ 콜드실린더 검사

이해력 높이기

마그네토(자석 발전기)

왕복엔진 점화계통에 사용하는 고전압 전기에너지를 만들어 내는 교류발전기의 일종. 마그네토에는 작은 교류발전기와 브리커 포인트가 내장되어 순간적으로 높은 전압을 만들어 점화 플러그에 보낸다.

교류발전기에 의해서 만들어진 전류는 변압기 형식으로 감겨진 마그네토 코일을 통해서 일차 권선으로 흐르고 이때 자속선이 이차 권선 코일에 의해 만들어진다. 이때 브리커 포인트가 떨어지면서 순간적으로 자속선이 붕괴되면서 이차 코일에 높은 전압이 만들어지고 이것을 분배기를 통해 각 실린더의 점화플러그에 보내진다. 브리커 포인트 단자에는 케파시터가 장착되어 브리커 포인트가 떨어질 때 아크현상을 방지시킨다.

- 행정엔진에서 크랭크샤프트가 2회전 하는 동안 모든 실린더가 한번씩 점화를 해야 하므로 크랭크샤프트가 1회전 하는 동안 점화 횟수는 엔진 실린더의 기통이된다. 그러므로 크랭크샤프트의 회전 속도에 대한 마그네토의 회전속도는 엔진 실린더 수를 2로 나눈 다음 회전 자석의 극수로 나눈다.

ⓒ 성형 엔진(보정캠)은 커넥팅로드 실린더와 부커넥팅로드 실린더 간의 점화시기 차이로 실린더마다 각각의 고유한 캠로브를 가지고 있는데 이를 보정캠이라 한다.

ⓓ 점화시기 조정
점화진각은 실린더 안의 최고압력이 상사점 후 10° 근처에서 발생하게 하기 위해서 상사점 전에서 미리 점화시킬 때의 점화시기이다.

ⓔ 점화시기 조정작업
내부 점화시기 조정(Internal timming)은 마그네토의 E-gap 위치와 브레이커 포인트가 열리는 순간을 맞추어 주는 작업이다.

ⓕ 외부 점화시기 조정(External timming)은 엔진이 점화 진각에 위치할 때 크랭크축과 마그네토 점화시기를 일치시키는 작업이다.

④ 배전기(Distributor)

ⓐ 배전기의 구조
2차 코일에서 유도된 고전압을 점화순서에 따라 엔진의 각 실린더에 전달하는 역할을 한다.

ⓑ 구성

- 회전부분 : 배전기 회전자(Distributor rotor)로 회전자석구동축에 기어로 연결되어 회전
  - 배전기 회전자
    마그네토의 회전 자석이 1번 실린더의 E-gap 위치로 회전하면 배전기 블록의 1번 전극이 접촉되고 이때, 브레이커 포인트가 열리면서 2차 코일에 유도되고 전압은 배전기 회전자로 전달되고, 배전기 블록의 1번 전극을 통하여 1번 실린더 스파크 플러그에 보내진다.
- 고정부분 : 배전기 블록(Distributor block)
  - 배전기 블록
    실린더와 같은 전극이 고정되어 있고 배전기 주위에 원형으로 배치되며, 회전 방향을 따라 번호가 매겨진다.

⊙ 이해력 높이기

마그네토의 E-gap

마그네토의 회전 자석이 중립위치를 약간 지나 1차 코일에 자기 응력이 최대가 되는 위치를 말하고 이것은 중립위치로부터 브레이커 포인트가 떨어지려는 순간까지 회전 자석의 회전 각도를 크랭크축의 회전각도로 환산하여 표시하고 이 각도를 E-gap이라 하는데 설계에 따라 다르긴 하나 보통 5~7도 사이이며, 이때 접점이 떨어져야 마그네토가 가장 큰 전압을 얻을 수 있다.

쏙쏙 포인트

Industrial Engineer Aircraft Maintenance · Industrial Engineer Aircraft Maintenance · Industrial Engineer Aircraft Maintenance · Industrial Engineer Aircraft Ma

ⓒ 리타이드 핑거

엔진의 저속운전 시 점화시기를 늦추어 킥백을 방지하는 장치이다.

ⓓ 배전기의 정비방법

배전기 블록에 습기나 이물질이 있으면 깨끗이 세척하고 부드러운 마른 천으로 닦아 내며, 블록 세척 시에는 피복된 왁스가 벗겨지지 않게 솔벤트나 가솔린 등의 세척을 금한다.

ⓔ 스파크 플러그(Spark plug)

마그네토에서 전달된 높은 전압을 받아 불꽃을 일으켜 혼합가스를 연소시키는 기능을 가지고 있다.

- 구성 : 전극, 세라믹 절연체, 금속 셀
- 극수에 따른 종류 : 1극, 2극, 3극, 4극

[점화 플러그 전극의 종류]

- 점화 플러그의 열특성
  - 전극이나 절연체 부근의 온도 : 500~800[℃] 정도로 유지
  - 스파크 플러그의 온도가 너무 낮으면 탄소 찌꺼기가 부착되어 절연 특성이 나빠지므로 점화작용이 약화된다.
  - 스파크 플러그의 온도가 너무 높으면 혼합가스가 점화시기 이전에 점화되는 조기점화의 원인이 된다.
  - 점화 플러그의 간극 검사 : Go – No – Go Gague

3. 왕복 엔진의 검사 및 치수검사

(1) 왕복 엔진의 검사

① 육안검사

육안검사는 모든 부품들이 엔진에서 장탈되거나 분해된 후 세척하지 않은 상태에서 먼저 육안 검사를 해야 한다.

- 결함의 종류는 균열, 부식, 찍힘, 긁힘, 밀림, 스코어링, 소손, 마손, 구부러짐 등이 있다.

② 비파괴 검사

비파괴 검사는 재료를 파괴하지 않고, 그 재료의 물리적 성질을 이용하여 검사하는 방법이다.

ⓐ 침투탐상검사(LT : Liquid penetrant inspection)

금속, 비금속의 표면 검사에 적용하며, 검사비용이 적게 든다.

- 형광침투검사방법

전처리(세척), 침투(형광액), 세척, 검사, 자외선 탐사 등(Black light), 후처리 순으로 진행한다.

- 색조침투검사방법

전처리(세척), 침투(적색), 세척, 현상(백색), 검사, 후처리 순으로 진행한다.

ⓑ 자분탐상검사(MT : Magnetic inspection)

피로균열 등과 같이 표면 결함 및 표면 바로 밑의 결함을 발견하는 데 좋으며, 검사비용이 비교적 싸고, 검사원의 높은 숙련이 필요 없으며, 강자성체에만 적용될 수 있다.

- 검사방법

전처리(세척), 자화 자분적용(습식, 건식), 검사, 탈자, 후처리(세척) 순으로 진행한다.

ⓒ 와전류검사(ET : Eddy current inspection)

검사결과가 직접 전기적 출력으로 얻어지므로, 형상이 간단한 실험체에 대해서는 자동화 검사가 가능하며, 검사 속도가 빠르고, 검사 비용이 싸다. 또한 표면 및 표면 부근의 결함을 검출하는데 적합하다.

ⓓ 초음파검사(UT : Ultrasonic inspection)

소모품이 거의 없으므로 검사비가 싸고, 균열과 같은 평면적인 결함 검사에 적합하고, 검사 대상물의 한쪽 면만 노출되면 검사 가능하고, 판독이 객관적이며, 재료의 표면 상태 및 자류 응력에 영향을 받는다. 또한 검사 표준시험편이 필요하다.

ⓔ 방사선검사(RT : Radiographic inspection)

자성체와 비자성체에 사용하며, 내부 균열검사에 사용하고, 모든 구조물의 검사에 적합하다. 판독 시간이 많이 소요되고 가격이 비싸서 그리 많이 사용하지 않는다. 또한 자격을 가진 사람만이 할 수 있으며, 방사선으로부터의 피해를 방지하기 위해 특별한 안전상의 주의를 기울여야 한다.

- 검사절차

필름, 노출, 현상, 정지욕, 정착, 물 세척, 약품용액처리, 건조 순으로 진행한다.

보충 학습

비파괴 검사의 종류

검사 대상 재료나 구조물이 요구하는 강도를 유지하고 있는지, 또는 내부 결함이 없는지를 검사하기 위하여 재료를 파괴하지 않고 물리적 성질을 이용, 검사 방법을 말한다.

- 육안 검사
- 침투탐상 검사
- 전류 검사
- 초음파 검사
- 자분탐상 검사
- 방사선 검사

(2) 치수검사

치수검사는 면과 면 사이 서로 접촉하여 움직이는 엔진 부품의 경우 마멸의 정도를 측정하는 데 사용하며, 자와 마이크로미터와 버니어캘리퍼스는 샤프트, 크랭크핀, 베어링저널, 피스톤의 핀의 치수를 측정하는 데 사용한다.

① 깊이 게이지

고정된 표면 사이의 거리(오일펌프의 표면으로부터 깊이 측정)를 잴 때 사용된다.

② 텔레스코핑 게이지(Tele-Scoping gauge)

부싱, 베어링 등의 안지름을 측정하는데 사용된다.

- 실린더보어 게이지로 측정하는데, 이 게이지로부터 마멸 상태, 진원에서 벗어난 상태, 테이퍼 상태를 알 수 있다.

③ 다이얼 게이지(Dial indicator)

다이얼 인디게이터라고도 불리며 측정물의 길이를 직접 측정하는 것이 아니라 길이를 비교할 때 사용한다.

- 주로 평면의 요철이나 원통의 고른 상태, 원통의 진원 상태, 축의 휘어진 상태나 편심상태, 기어의 흔들림, 원판의 런 아웃, 크랭크 샤프트나 캠샤프트의 움직임의 크기를 잴 때 사용한다.

④ 두께 게이지(Thickness gauge)

강제의 얇은 편으로 되어 있으며, 접점 또는 작은 홈의 간극 등의 점검과 측정에 사용한다.

- 피스톤 링의 옆 간극, 끝 간극, 밸브 간극 등과 같은 작은 간극의 치수를 측정한다.

⑤ 스파크 플러그 간극게이지

스파크 플러그의 간극을 측정하는 게이지다.

⑥ 스프링 압축 시험

왕복 엔진에 사용된 모든 스프링에 대해서 스프링 압축시험기로 장력검사를 해야 한다.

- 밸브 스프링, 오일 압력 릴리프 밸브 스프링, 오일 필터 바이패스 스프링, 오일 냉각기 바이패스 스프링 등 모든 스프링은 오버홀 때 장력이 점검되어야 한다.

⑦ 실린더 게이지

다이얼 게이지를 이용하여 실린더의 안지름이나 마멸량을 측정하는 측정기기로서, 그 구종에 따라 아메스형 실린더 게이지와 칼마형 실린더 게이지가 있다.

콕콕 포인트

3 항공기 가스터빈 엔진

1. 가스터빈 엔진의 작동원리 및 구조

(1) 작동원리

① 브레이튼 사이클(정압 사이클)

정상유동장치인 원심압축기와 터빈을 이용하여 기체의 압력을 높인 뒤 고온으로 만들어 일을 하게 하는 것으로써 가스터빈의 이상적인 열역학적 사이클 2개의 단열과정과 2개의 정압과정으로 이루어진다.

> **[수행 과정]**
>
> 단열압축(1~2) → 정압수열(2~3) → 단열팽창(3~4) → 정압방열(4~1)

② 뉴턴의 법칙과 가스터빈 엔진

뉴턴의 제3법칙은 추력이 어떻게 발생되는가를 나타내지만 수학적인 해를 보여주지는 않는다. 그러나 뉴턴의 제1법칙과 2법칙은 제3법칙에서 언급된 반작용을 측정하기 위한 수식을 제공한다.

(2) 구조 및 성능

① 공기 흡입부와 보기부

ⓐ 터빈엔진 공기 흡입구(Air inlet duct)

엔진에 실속이 발생하지 않게 하기 위하여 균일한 공기를 압축기에 공급하여야 하며, 흡입 덕트에서 발생되는 항력은 가능한 한 작아야 한다.

- 아음속의 흡입 덕트로 확산노즐 형태이며 압축기 바로 앞의 속도가 마하 0.5 정도가 되도록 조절하는 기능을 수행한다.
- 모든 초음속기에는 수축-확산형(Convergent-Divergent) 흡입 덕트로 되어 있는 초음속 흡입구가 필요하다. 이는 회전하는 압축기 로터에서 충격파가 일어나지 않도록 아음속 공기 흐름을 만들어 압축기로 전달해야 하기 때문이다.
- 벨 마우스 흡입구는 외부의 정지된 공기를 압축기의 입구 안내 깃(Inlet guide vane)으로 공급시키는 것으로 공기의 저항을 최소로 줄일 수 있어 덕트에 의한 손실 없이 작동될 수 있다.

ⓑ 보기부의 주요장치

엔진 구동 외부 기어 박스에 위치하며, 대부분 압축기부 하단에 위치한다. 보기장치에는 연료펌프, 오일펌프, 연료조절, 시동기, 유압펌프와 발전기 등이 있는데, 이들은 엔진 작동에 필수적이다.

💡 이해력 높이기

브레이튼 사이클은 가스터빈엔진 사이클로 정압 사이클이라고도 한다. 4개의 과정은 $P-V$선도로 설명된다.

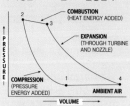

- 1 → 2 : 단열압축
- 2 → 3 : 정압가열(수열, 연소)
- 3 → 4 : 단열팽창
- 4 → 1 : 정압방열

[항공기에서 가스터빈 기관 흡입구의 위치]

② 압축기부와 연소부

ⓐ 압축기부(Compressor section)

1차적 목적은 엔진 흡입구로 들어오는 공기의 압력을 증가시켜 디퓨저
로 보내서 적당한 속도와 온도 그리고 압력의 공기를 연소실로 보내는
것이다.

- 원심식 압축기(Centrifugal type compressor)
- 축류식 압축기(Axial flow type compressor)
- 조합형 압축기(Combination compressor)

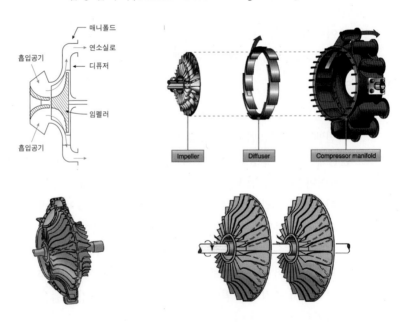

(a)Single-stage, Dual-sided   (b)Two-stage, Single-sided

[원심 압축기의 구성품]

ⓑ 연소실(Combustion chamber)

기본적으로 외부 케이스, 라이너(Liner), 연료 노즐, 이그나이터 플러
그(Igniter plug)로 구성되어 있다. 연소실의 역할은 공기에 열에너지
를 가해 팽창, 가속시켜 터빈부로 보내는 것이다.

Engineer Aircraft Maintenance · Industrial Engineer Aircraft Maintenance · Industrial Engineer Aircraft Maintenance · Industrial Engineer Aircraft Maintenance

콕콕 포인트

- 캔형 연소실(Can type combustion chamber)
- 애뉼러형 연소실(Annular type combustion camber)
- 캔-애뉼러형 연소실

③ 터빈부와 배기부

ⓐ 터빈(Turbine)

압축기 및 그 밖의 장비를 구동시키는데 필요한 동력을 발생하는 부분이다.

- 방사형 터빈(Radial flow turbine)
- 축류형 터빈(Axial flow turbine)
- 터빈노즐(터빈노즐 다이어프램 : Nozzle diaphram)
- 터빈 로터(Turbine rotor)

축류 터빈에서 1열의 터빈 노즐과 1열의 터빈 로터의 조합을 1단(Stage)이라 부르는데, 노즐이 앞에 위치하고 로터가 뒤에 위치한다. 이 때, 1단에서 이루어지는 팽창 중 로터가 담당하는 비율을 반동도(Reaction rate)라 부르고 ϕ_t로 나타내며, 다음 식이 된다.

$$\phi t = \frac{\text{로터에 의한 팽창}}{\text{단에서의 팽창}} \times 100 = \frac{\text{노즐출구 압력-로터출구 압력}}{\text{노즐입구 압력-로터출구 압력}} \times 100$$

$$= \frac{P_2 - P_3}{P_1 - P_3} \times 100[\%]$$

- 터빈의 종류
  - 반동터빈(Reaction turbine)
    스테이터 및 로터에서 연소가스가 팽창하여 압력감소가 이루어지는 터빈이다.
  - 충동터빈(Impulse turbine)
    스테이터에서 나오는 빠른 연소가스가 터빈 깃에 충돌하여 발생한 충돌력으로 터빈을 회전시키는 방식으로 깃을 통과하면서 속도나 압력은 변하지 않고 흐름의 방향만 변한다.
  - 충동-반동 터빈(Impulse-Reaction turbine)
    충동과 반동을 복합적으로 설계한 결과, 일 하중은 블레이드 전 길이에 일정하게 분산되고 블레이드를 지나며, 저하된 압력이 베이스에서 팁까지 일정하게 된다.
- 터빈 깃의 냉각방법(주로 공기냉각방법을 많이 사용한다.)
  - 대류냉각(Convection cooling)
    내부에 통로를 만들어 찬 공기를 흐르게 함으로써 깃을 냉각시키는 방법으로 간단하여 많이 사용된다.

콕콕 포인트

Industrial Engineer Aircraft Maintenance · Industrial Engineer Aircraft Maintenance · Industrial Engineer Aircraft Maintenance · Industrial Engineer Aircraft Ma

– 충돌냉각(Ipingement cooling)

터빈 깃 앞전 부분의 냉각에 사용하는 방식으로 냉각 공기를 앞전에 충돌시켜 냉각된다.

– 공기막냉각(Air flim cooling)

터빈 깃의 표면에 작은 구멍을 뚫어 이 구멍을 통하여 냉각공기를 분출시켜 공기막을 형성함으로써 연소가스가 터빈 깃에 직접 닿지 못하도록 한다.

– 침출냉각(Transpiration cooling)

터빈 깃을 다공성 재질로 만들고 깃의 내부를 비게하여 찬 공기가 터빈 깃을 통하여 스며 나오게 하여 깃을 냉각시키는 방식으로 성능은 우수하지만 강도 문제가 아직 미해결된 부분이 많다.

ⓑ 배기부(Exhaust system)

배기부는 터빈부 바로 뒤에 위치하고 있으며, 대부분 배기콘, 테일콘, 지지대, 배기덕트로 구성되어 있으며, 배기콘은 배기컬렉터(Collec-tor)라고도 하는데, 터빈으로부터 나온 배기가스를 모아 내보내면서 점점 수축시켜 가스층을 균일하게 만든다.

- 테일콘은 배기 플러그(Exhaust Plug)라고도 하는데, 지지대에 의해 지지되어 있고, 콘 모양으로 인하여 배기 콘 내에서 디퓨저를 형성해 압력을 상승시킨다.

- 배기덕트(Exhaust duct)는 테일 파이프라고도 하는데, 배기가스를 설계값의 속도로 한다.

④ 추력과 축마력 계산

ⓐ 가스터빈 엔진의 출력

- 마력은 단위 시간 동안 한 일이다.

- 진추력은 엔진이 비행 중에 발생시키는 추력이다.

$$F_n = \frac{W_A}{g}(V_J - V_A)$$

단, W_A : 흡입공기의 중량 유량

V_J : 배기가스 속도

V_A : 비행속도

- 총추력은 공기 및 연료의 유입 운동량을 고려하지 않았을 때의 추력, 즉 항공기가 정지되어 있을 때의 추력이다.

Engineer Aircraft Maintenance · Industrial Engineer Aircraft Maintenance · Industrial Engineer Aircraft Maintenance · Industrial Engineer Aircraft Maintenance

콕콕 포인트

- 비추력은 엔진으로 흡입되는 단위 공기유량에 대한 진추력이다.
- 추력중량비는 엔진의 무게와 진추력과의 비이다.
- 추력마력은 어떤 속도로 비행할 때의 엔진의 동력이다.

⑤ 추력에 영향을 끼치는 요소

ⓐ 공기밀도의 영향은 밀도가 증가하면 추력이 증가하며, 대기온도가 증가하면 추력은 감소하고 대기압이 증가하면 밀도가 증가하여 추력은 증가한다.

ⓑ 비행속도의 영향은 속도가 증가하면 추력이 감소하나 램 효과에 의해 추력이 증가한다. 결과적으로 어느 정도까지는 감소하다가 다시 증가한다.

ⓒ 비행고도의 영향은 고도가 증가하면 대기압이 낮아져 밀도가 작아지므로 추력은 감소하고 대기온도가 낮아져 밀도가 증가하므로 추력은 증가한다.

보충 학습

추력에 영향을 미치는 요소
① 온도, 밀도
② 고도
③ 비행 속도(V_a)

(3) 연료계통

① 연료계통의 개요

연소실은 압축기에서 가압된 고압 공기에 연소실의 전단부에 붙어 있는 연료 분사 노즐로 연료를 연속적으로 분출시켜 혼합기를 만들어 여기에 이그나이터에 점화된다.

② 연료계통의 펌프 및 구성품

주연료 펌프의 종류는 원심펌프, 피스톤펌프, 기어펌프(주로 사용)가 있다. 구성품은 다음과 같다.

ⓐ 연료조정장치(F.C.U : Fuel Control Unit)

모든 엔진 작동 조건에 대응하여 엔진으로 공급되는 연료유량을 적절하게 제어하는 장치이다.

ⓑ 여압 및 드레인밸브(Pressurizing & Drain valve : P & D Valve)

F.C.U와 매니폴드 사이에 위치하고 있으며, 연료 흐름을 1차 연료와 2차 연료로 분리하고, 엔진 정지 시 매니폴드나 연료노즐에 남아 있는 연료를 외부로 방출하고, 연료의 압력이 일정 압력이 될 때까지 연료 흐름을 차단하는 기능을 가지고 있다.

ⓒ 연료매니폴드(Fuel manifold)

여압 및 드레인밸브를 거쳐 나온 연료를 각 연료노즐로 분배 공급하는 기능을 가지고 있으며, 1, 2차 연료를 따로 분리하여 공급하는 분리형 매니폴드와 1, 2차 연료를 동심 2중 파이프로 공급하는 동심형 매니폴드의 2개의 종류가 있다.

💙 이해력 높이기

기본적인 기관 연료 계통
주연료펌프 → 연료여과기 → 연료조정장치(FCU) → 여압 및 드레인밸브 → 연료매니폴드 → 연료노즐 이다.

콕콕 포인트

Industrial Engineer Aircraft Maintenance · Industrial Engineer Aircraft Maintenance · Industrial Engineer Aircraft Maintenance · Industrial Engineer Aircraft M

ⓓ 연료노즐(Fuel nozzle)의 기능

여러 가지 조건에서도 빠르고 확실한 연소가 이루어 지도록 연소실에 연료를 분사하는 장치이다.

ⓔ 연료여과기

- 연료여과기는 연료펌프의 앞, 뒤에 하나씩 사용하고 연료탱크 출구, 연료조정장치 및 연료 노즐에도 설치되어 있다.
- 연료여과기의 종류
  - 카트리지형(Cartridge type)

    연료여과기의 종류는 종이로 되어 있고 보통 연료펌프 입구 쪽에 장착되며 종이 필터가 걸러낼 수 있는 최소입자크기는 50~100[μ]이다.
  - 스크린형(Screen type)

    저압용 연료여과기에 사용하며 스테인레스 스틸망으로 제작되고 걸러낼 수 있는 최소입자크기는 40[μ]이다.
  - 스크린-디스크형(Screen-Disk type)

    대개 연료펌프 출구 쪽에 장착하며 분해가 가능한 가는 철망으로 되어 있으며 주기적으로 세척하여 사용한다.

(4) 윤활계통

① 윤활계통의 개요

압축기와 터빈 축을 지지해 주는 베어링과 액세서리를 구동하는 기어 및 축의 베어링을 윤활해주는 부분이며, 윤활작용과 냉각작용을 한다.

② 윤활유와 윤활계통

ⓐ 윤활유의 종류는 초기에 광물성유를 사용하였고 현재는 합성유를 많이 사용한다.

- 합성유(인조유)는 에스테르기 윤활유에 여러 가지의 첨가물을 넣을 것이다.
  - TYPE Ⅰ : 1960년대초의 합성유. MIL - L - 7808
  - TYPE Ⅱ : 현재 널리 사용. MIL - L - 23699

ⓑ 윤활계통의 주요 구성품은 윤활유 탱크, 윤활유 압력펌프, 윤활유 배유펌프, 윤활유 냉각기, 블리더 및 여압계통이 있다.

- 윤활유 순환

  윤활유 탱크 → 압력펌프 → 윤활유 냉각기 → 엔진윤활 → 섬프 → 배유펌프 → 윤활유 탱크 순으로 순환한다.

- 윤활유 탱크(Oil tank)

  가벼운 금속판을 용접하여 장착되어 있으며, 섬프로부터 탱크로 혼합되어 들어온 공기를 윤활유로부터 분리 시켜 대기로 방출하며, 공기 분리기와 섬프안 공기압력이 너무 높을 때 탱크로 빠지게 하는 역할을 하는 섬프벤트체크 밸브가 있다.

- 윤활유 펌프의 종류

  베인형, 제로터형, 기어형(많이 사용)이 있으며, 탱크로부터 엔진으로 윤활유를 압송하며 압력을 일정하게 유지하기 위하여 릴리프 밸브가 설치된 윤활유 압력펌프가 있다.

  - 윤활유 압력펌프는 탱크로부터 엔진으로 윤활유를 압송하며 압력을 일정하게 유지하기 위하여 릴리프 밸브가 설치된다.

  - 윤활유 배유펌프는 엔진의 각종 부품을 윤활 시킨 뒤에 섬프에 모인 윤활유를 탱크로 보내주며, 배유펌프가 압력펌프보다 용량이 큰 이유는 엔진 내부에서 윤활유가 공기와 혼합되어 체적이 증가하기 때문에 용량이 크다.

- 윤활유 여과기의 종류

  주기적으로 교환하여 주는 카트리지형과 세척이 가능한 스크린형, 2개의 원형 스크린이 하나의 필터를 만들어 주며 윤활유는 필터 밖에서 안으로 흐르면서 여과시키는 스크린-디스크형이 있다.

- 윤활유 냉각기

  - 가장 많이 사용되는 종류는 Fuel-oil cooler(연료-오일 냉각기)

  - 윤활유가 가지고 있는 열을 연료에 전달시켜 윤활유를 냉각시키는 동시에 연료에 열을 전달하는 기능이 있다.

  - 온도가 규정 값보다 낮았을 때 냉각기를 거치지 않고 바이패스를 통과시켜서 탱크로 보내주고 온도가 규정 값보다 높을 때 냉각기를 거치게 하여 냉각시킨 후 탱크로 보내는 온도조절 밸브가 있다.

- 블리더 및 여압계통

  - 블리더는 비행 중 고도 변화 즉, 대기압이 변화하더라도 윤활계통은 알맞는 유량을 공급하고 배유펌프가 충분히 성능을 발휘하도록 섬프 내의 압력을 일정하게 유지시켜 주며 윤활유의 누설을 방지하는 장치이다.

  - 섬프안의 압력이 탱크의 압력보다 높은 경우 섬프벤트체크 밸브가 열려서 섬프 안의 공기를 탱크로 배출시키며, 섬프안의 압력이 너무 낮을 때 섬프진공밸브가 열려 대기공기가 섬프로 들어온다.

③ 윤활유의 구비 조건

  ⓐ 점성과 유동점이 낮을 것

ⓑ 점도지수는 어느 정도 높을 것

ⓒ 인화점이 높을 것

ⓓ 산화 안정성 및 열적 안정성이 높을 것

ⓔ 기화성이 낮을 것

ⓕ 윤활유와 공기의 분리성이 좋을 것

(5) 시동 및 점화계통

① 시동 및 점화계통

ⓐ 시동계통 외부

동력을 이용하여 압축기를 회전시켜 연소에 필요한 공기를 연소실에 공급하고 연소에 의해 자립 회전속도에 도달할 때까지 엔진을 회전시킨다.

- 전기식 시동계통

28[V] 직권식 직류전동기이며, 자립 회전속도 후 자동 분리되는 클러치장치로 1,000~2,000[A]의 큰 전류를 공급할 수 있는 축전지나 발전기이다.

– 작동원리는 엔진의 회전속도가 자립 회전속도를 넘어서면 시동전동기에 역 전류가 흘러 동력이 차단되고 시동기는 정지한다.

– 공중 시동 스위치는 비행 중 연소정지 현상이 일어나 엔진을 다시 시동시킬 때 시동기는 작동하지 않고, 점화장치만 가동시켜 엔진을 시동시키는 장치이다.

▶ 시동은 보통 30초 이내에 완료하고 실패 시 10분 정도 기다려야 한다.

- 시동-발전기식 시동계통

시동기 역할을 수행하고 자립 회전속도 후 발전기 역할을 수행하여 무게를 감소하기 위해 사용하는 J – 47 가스터빈 엔진이 있다.

- 공기터빈식 시동계통

– 장점 : 전기식 시동기에 비해 가볍다, 대형기에 많이 사용된다.

– 단점 : 많은 양의 공기가 필요하다.

– 별도의 보조 가스터빈 엔진에 의해 공기를 공급하며, 저장탱크에 의해 공기 공급하는 카트리지 시동방법이 있다.

– 작동원리는 압축된 공기를 외부로부터 공급받아 소형 터빈을 고속 회전시킨 다음 감속기어를 통하여 압축기를 회전시킨다.

- 가스터빈식 시동계통

외부의 동력이 없이 자체 시동이 가능한 시동기로 자체가 완전한 소

Engineer Aircraft Maintenance · Industrial Engineer Aircraft Maintenance · Industrial Engineer Aircraft Maintenance · Industrial Engineer Aircraft Maintenance

 콕콕 포인트

형 가스터빈 엔진이다. 이 시동기는 자체 내의 전동기로 시동된다.

　　－ 장점 : 고출력에 비해 무게가 가볍다. 조종사 혼자서 시동이 가능하며, 엔진 수명이 길며, 계통의 이상 유무를 검사할 수 있도록 장시간 엔진을 공회전 시킬 수 있다.

　　－ 단점 : 구조가 복잡하고, 가격이 비싸다.

　• 공기 충돌식 시동기

　　공기유입덕트만 가지고 있기 때문에 시동기 중 가장 간단한 형태이고 작동 중인 엔진이나 지상 동력장치로부터 공급된 공기를 체크 밸브를 통하여 터빈 블레이드나 원심력식 압축기에 공급하여 엔진을 회전시킨다.

　　－ 장점 : 구조가 간단하고 무게가 가벼워 소형엔진에 적합하다.

　　－ 단점 : 대형엔진은 대량의 공기가 필요하여 부적합하다.

ⓑ 점화계통의 특징

　• 시동 시 몇 초 동안만 필요하며 타이밍장치가 불필요하다.

　• 시동 후 자체 불꽃에 의해 연속적으로 점화되기 때문에 정상작동 시 정지된다.

　• 안정성과 확실성을 위해 2개의 이그나이터 마다 독립된 별개의 점화장치가 마련되어 있다.

　• 가스터빈 엔진에서 혼합가스의 점화가 어려운 이유

　　－ 공기의 와류현상이 심하고 공기흐름속도가 빠르다.

　　－ 가스터빈 엔진의 연료는 왕복 엔진연료보다 기화성이 낮고 연료 공기 혼합비가 희박하다.

　　－ 고공에서 연소정지현상 발생 시 공기의 온도가 낮아 연료가 잘 기화되지 않아 재점화가 어렵다

　• 유도형 점화계통

　　－ 구성 : 바이브레이터, 변압기

　　－ 직류 유도형 점화장치 : 28[V]의 직류를 사용한다.

　　－ 교류 유도형 점화장치 : 115[V], 400[Hz] 교류를 사용한다.

　• 용량형 점화계통

　　콘덴서에 많은 전하를 저장했다가 점화 시 짧은 시간동안 방전시켜 높은 에너지, 즉 고온의 불꽃을 발생하도록 한 방식이다.

　　－ 직류 고전압 용량형 점화장치는 1초당 4~6번 점화 불꽃을 발생시키며 직류를 교류로 바꾸어 점화를 수행한다.

콕콕 포인트

Industrial Engineer Aircraft Maintenance · Industrial Engineer Aircraft Maintenance · Industrial Engineer Aircraft Maintenance · Industrial Engineer Aircraft Ma

　　　　　－ 교류 고전압 용량형 점화장치는 1,700[V]의 고전압이 발생한다.

- 블리더 저항의 역할
　　－ 저장 콘덴서의 방전이 있은 후 다음 방전을 위해 트리거 콘덴서의 잔류 전하를 방출시킨다.
　　－ 이그나이터가 장착되지 않은 상태에서 점화장치를 작동시켰을 때 전압이 과도하게 상승하여 절연 파괴 현상이 발생하는 것을 방지한다.

- 그로우 프러그(Glow plug)
　저항선에 전기를 흐르도록 하여 저항선을 높은 온도로 가열한 후 이것에 의하여 점화가 일어나도록 한 방식으로 거의 사용하지 않으며 대개 용량형 고에너지 점화계통에 많이 사용한다.

- 애뉼러 간극형 이그나이터 플러그
　점화를 효과적으로 하기 위해 연소실 안으로 약간 돌출되어 있으으며, 컨스트레인 간극형 이그나이터 플러그는 Spark가 직선으로 튀지 않고 원호를 그리면서 튄다. 이것은 연소실 안으로 돌출되어 있지 않기 때문에 이그나이터 단자는 애뉼러 간극형 보다 낮은 온도를 유지하면서 작동한다.

(6) 가스터빈 엔진의 작동과 검사

① 지상 안전 및 주의 사항
　ⓐ 엔진의 작동 중 엔진의 전방과 후방의 위험 지역으로부터 사람이나 물체를 충분한 거리로 격리시켜야 한다.
　ⓑ 엔진 시동 전에 전방에 설치되어 있던 안전표지판 등 모든 장구들을 제거하여야 하며, 지상 요원을 항공기 주변에 적절하게 배치해야 한다.
　ⓒ 엔진의 흡입구와 주변에 장애물이 없는지, 작업 시에 사용된 공구, 장비 및 안전장치를 제거 하였는지 반드시 확인해야 한다.
　ⓓ 작동중인 엔진에 접근할 때에는 안전거리를 유지하고 모자, 안경, 옷자락, 장비 혹은 사람이 빨려 들어가지 않도록 각별히 주의해야 한다.

② 엔진의 작동 한계
　ⓐ 물분사 이륙추력
　　엔진이 이륙할 때 발생할 수 있는 최대추력이며, 사용시간은 1~5분 이내이다.

Engineer Aircraft Maintenance · Industrial Engineer Aircraft Maintenance · Industrial Engineer Aircraft Maintenance · Industrial Engineer Aircraft Maintenance

콕콕 포인트

ⓑ 이륙추력(Take-Off power)

물 분사 없이 이륙할 때 발생할 수 있는 최대추력으로 사용시간은 제한된다.

ⓒ 최대연속추력(Maximum continuous power)

시간제한이 없이 사용할 수 있는 최대추력으로 보통 이륙 추력의 90[%]이다.

ⓓ 최대상승추력(Maximum climb power)

항공기를 상승시킬 때 사용되는 최대추력이다.

ⓔ 최대순항추력(Maximum cruise power)

비 연료소비율이 가장 적은 추력으로 이륙 추력의 70~80[%]이다.

ⓕ 완속추력(Idle power)

지상이나 비행 중 엔진이 자립 회전할 수 있는 최저 회전상태이다.

③ 엔진의 시동 및 작동

ⓐ 엔진 시동 절차는 제작 회사에서 정한 작동 절차를 준수하여야 한다.

- 엔진 시동 시 필요조건
  - 충분한 압축기 회전속도
  - 연료 공급 전에 점화장치 작동
  - 연료량은 동력 레버로 조절
  - 엔진 자립회전 속도까지 시동기 작동

ⓑ 작동 순서

- 동력 레버 'Shut off'
- 주 스위치 'On'
- 연료 제어 스위치 'On' 또는 'Normal'
- 연료 부스터 펌프 스위치 'On'
- 시동 스위치 'On'
- 10~15[%]의 rpm에서 동력 레버를 'Idle' 위치로 전진
- 연료압력계, 연료유량계, 배기가스온도(EGT) 등을 관찰

④ 보어스코프검사 및 압축기부의 검사

ⓐ 보어스코프검사(Borescope inspection)

일종의 육안검사로써 엔진을 분해하지 않고 엔진 내부를 직접 눈으로 관찰하여 결함을 알아내는 방법이다.

- 검사시기
  - 이물질 흡입으로 인한 손상여부를 알고자 할 때
  - 주기적으로 엔진 내부를 검사할 때

콕콕 포인트

Industrial Engineer Aircraft Maintenance · Industrial Engineer Aircraft Maintenance · Industrial Engineer Aircraft Maintenance · Industrial Engineer Aircraft M

– 엔진 작동 중에 배기가스온도 규정된 한계를 초과했을 때

– 실속 또는 서지현상이 발생되어 원인을 알고자 할 때

– 시동 시 과열시동 되었을 때

– 엔진 분해 정비를 위하여 작업범위를 결정하고자 할 때

- 검사 위치

  – 압축기 로터와 스테이터

  – 연소실 내부 및 연료노즐

  – 터빈노즐과 로터

ⓑ 압축기부의 검사

블레이드 대한 손상이 가장 큰 원인은 외부 물질이 엔진 흡입구를 통하여 엔진 내부로 흡입되므로 항공기 엔진에 치명적인 손상을 줄 수 있다.

⑤ 연소부 및 터빈부의 검사 및 수리

ⓐ 연소부의 검사 및 수리

연소실의 부품의 교환이나 수리를 위해 연소실 내부를 검사하는 가장 흔한 방법은 보어스코프를 사용하는 것이다. 검사 중에 사용 한계를 넘어선 균열, 뒤틀림, 불탄 자국, 침식, 열점 등이 발견되면 연소실을 분해하여 교체하거나 적절한 수리를 해야 한다.

- 연소실의 바깥 케이스 외부를 검사할 경우에는 열 반점, 배기 누설 및 휜 흔적이 있는가를 점검해야 하며, 연소실 내부에는 국부적인 과열, 균열, 과도한 마모가 있는지 확인해야 한다.

- 연료노즐에 탄소 퇴적물을 세척하고, 유연해진 퇴적물을 연한 솔이나 나무 조각으로 닦아 제거해야 하며, 퇴적물이 누그러졌을 때 여과된 공기로 불어내는 것이 바람직하다.

ⓑ 터빈부의 검사 및 수리

터빈 내부를 검사할 때에는 보어스코프검사를 하거나 엔진을 분해하여 육안검사를 하고, 터빈에서는 가열과 냉각으로 인한 압축과 인장 때문에 생기는 작은 균열들을 검사할 수 있다.

(7) 배기가스와 소음감소

① 배기가스의 특성

ⓐ 배기가스의 특성은 배기가스가 빠른 속도와 높은 온도 및 유독성을 가지고 있으므로 주의해야 한다.

ⓑ 고온의 배기가스에 의해 영향을 받을 수 있는 인화물질 등을 격리하여야 하며, 배기가스에는 인체에 유해한 일산화탄소 및 기타 물질이 함유되어 있으므로 배기가스에 노출되지 않도록 하여야 한다.

콕콕 포인트

② 추력레버의 작동

ⓐ 추력레버작동은 엔진 시동 후에 아이들 속도에서 최소한 5분 이상 작동시켜야 한다.

ⓑ 엔진 출력을 변경할 때는 추력레버를 천천히 움직임으로써 가스 통로의 손상을 방지할 수 있다.

ⓒ 최대출력은 가속한 후 냉각 운전을 위해 아이들 출력으로 가속하였을 때(1분 정도 유지), 추력 레버를 천천히 움직여서 최대출력에 이르게 했다면 냉각 운전은 필요 없다.

③ 엔진의 소음

ⓐ 소음 발생 원리

가스터빈 엔진의 배기소음은 배기가스가 배기노즐로 부터 대기 중으로 고속으로 분출 할 때 대기와 심하게 부딪혀 혼합될 때에 발생한다.

ⓑ 소음방지방법

- 저주파를 고주파로 변환
- 배기가스의 속도와 대기 사이의 상대속도를 줄이거나 대기와 혼합되는 면적을 넓게 한다. 터보팬엔진은 바이패스된 공기와 분사된 배기가스와의 상대속도가 작기 때문에 소음이 감소된다.

---

4 ◀ 프로펠러

1. 프로펠러의 구조 및 명칭

(1) 프로펠러 기본 원리

① 프로펠러의 기본 원리는 엔진에서 동력을 공급받아 프로펠러 깃을 회전시킴으로써 엔진의 회전동력을 추진력으로 전환시키는 것이다.

② 프로펠러는 저속엔진에서는 보통 크랭크축의 연장 축에 장착되어 있고, 고속엔진에서는 엔진 크랭크축에 감속기어로 맞물린 프로펠러축에 장착되어 있다.

③ 프로펠러의 성능

ⓐ 프로펠러의 추력

$$T = C_t \cdot \rho \cdot n^2 \cdot D^4$$

보충 학습

터보제트엔진 소음방지방법

① 배기가스가 대기와 접하는 면적을 넓게 한다.
② 상대속도를 줄인다.
④ 저주파 음을 고주파 음으로 변환시킨다.
⑤ 소음 흡수 라이너를 장착한다.

콕콕 포인트

Industrial Engineer Aircraft Maintenance · Industrial Engineer Aircraft Maintenance · Industrial Engineer Aircraft Maintenance · Industrial Engineer Aircraft Ma

즉, 추력은 회전속도의 자승에 비례하고 직경의 4승에 비례한다.

- 프로펠러의 토크 : $Q = C_D \cdot \rho \cdot n^2 \cdot D^5$
- 프로펠러의 동력 : $P = C_D \cdot \rho \cdot n^3 \cdot D^5$

ⓑ 프로펠러의 효율

엔진으로부터 프로펠러에 전달된 축 동력인 입력에 대한 출력비이다.

$$\eta D = \frac{C_t}{C_D} \times \frac{V}{nD}$$

ⓒ 진행률(Advance ratio)

깃의 속도에 대한 비행 속도와의 관계가 있다.

$$J = \frac{V}{nD}$$

여기서, V : 비행속도, n : 초당 회전수(rps), D : 프로펠러의 직경

ⓓ 피치의 조정

- 이륙 시, 상승 시의 프로펠러의 깃 각 : 깃 각을 작게 한다.(비행속도가 느리므로)
- 비행속도가 빠를때 프로펠러 깃 각 : 깃 각을 크게 한다.
- 저 피치에서 고 피치로 변경되는 순서
  이륙 시 → 상승 시 → 순항 시 → 강하 시

(2) 프로펠러의 작동원리와 구조

① 프로펠러의 작동원리는 항공기 날개와 비슷한 에어포일 형상이므로 프로펠러의 깃은 회전 날개로 간주한다. 한쪽 끝은 샌크 형태를 일고, 깃이 회전하기 시작하면 항공기 날개 주변에 공기가 흐르는 것과 똑같이 주변에 공기가 흐르게 된다. 단, 날개는 위쪽으로 양력을 받지만 깃은 앞쪽으로 양력을 받게 된다.

② 프로펠러의 구조와 구성은 허브, 샌크, 깃, 피치 조정 부분이다.

프로펠러 깃

- 깃 샌크 : 깃의 뿌리 부분으로 허브에 연결되며 추력이 발생하지 않는다.
- 깃 : 추력을 발생시키는 부분이다.
- 깃 끝 : 깃의 가장 끝 부분으로 히전 반지름이 가장 크고 특별한 색깔을 칠해 회전 범위를 나타낸다.

Engineer Aircraft Maintenance · Industrial Engineer Aircraft Maintenance · Industrial Engineer Aircraft Maintenance · Industrial Engineer Aircraft Maintenance

콕콕 포인트

복합재료 피복   목재 블레이드   허브 어셈블리   금속 티핑

[고정 피치의 목재 프로펠러 깃의 구조]

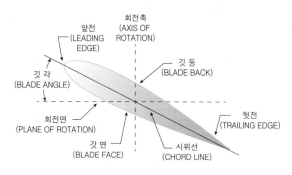

[프로펠러 깃의 단면]

(3) 프로펠러의 분류 및 명칭

① 프로펠러의 분류

ⓐ 사용 재료에 따른 분류 : 목재 프로펠러, 금속재 프로펠러

ⓑ 피치 변경 방법에 따른 분류 : 유압식, 전동식, 기계식

ⓒ 장착 방식에 따른 분류 : 견인식, 추진식, 이중 반전식, 탠덤식

ⓓ 깃 수에 따른 분류 : 2 Blade, 3 Blade, 4 Blade

ⓔ 피치 변경 기구에 의한 분류

- 고정피치 프로펠러는 깃이 고정되어 있는 것으로 순항속도에서 가장 효율이 좋은 깃 각으로 제작하였다.

- 조정피치 프로펠러는 한개 이상의 속도에서 최대의 효율을 얻을 수 있도록 피치 조정이 가능한 프로펠러이다.

- 가변피치 프로펠러는 공중에서 비행 목적에 따라 조종사에 의해 피치 변경이 가능한 프로펠러이다.

② 가변피치 프로펠러의 특성

ⓐ 2단 가변피치 프로펠러(해밀턴 표준 프로펠러가 주로 사용된다.)

ⓑ 기능 : 비행중 저피치, 고피치의 2개의 위치만 변경할수 있는 프로펠러이다.

ⓒ 피치의 변경

- 저피치로 선택하는 경우 : 저속(이·착륙 시)

- 고피치로 선택하는 경우 : 고속(순항 하강 시)

보충 학습

가변피치 프로펠러

비행 목적에 따라 조종사에 의해서 또는 자동으로 피치 변경이 가능한 프로펠러로서 기관이 작동 될 동안에 유압이다 전기 또는 기계적 장치에 의해 작동된다.

① 2단 가변피치 프로펠러 : 조종사가 저 피치와 고 피치인 2개의 위치만을 선택할 수 있는 프로펠러이다. 저 피치는 이, 착륙할 때와 같은 저속에서 사용하고, 고 피치는 순항 및 강하 비행시에 사용.

② 정속프로펠러 : 조속기에 의하여 저 피치에서 고 피치까지 자유롭게 피치를 조정할 수 있어 비행속도나 기관 출력의 변화에 관계없이 항상 일정 한 속도를 유지하여 가장 좋은 프로펠러 효율을 가지도록 한다.

콕콕포인트

Industrial Engineer Aircraft Maintenance · Industrial Engineer Aircraft Maintenance · Industrial Engineer Aircraft Maintenance · Industrial Engineer Aircraft Ma

2. 프로펠러의 계통 및 작동

(1) 비행기 프로펠러에 작용하는 힘

① 프로펠러에 작용하는 힘과 응력

ⓐ 추력과 휨 응력 추력에 의해서 프로펠러가 앞으로 휨응력이 발생하나 원심력과 상쇄되어 그 영향이 별로 크지 않다.

ⓑ 원심력과 인장응력 회전 시에 발생하는 원심력에 의해 인장응력이 발생한다.

ⓒ 비틀림과 비틀림 응력 깃에 작용하는 공기속도의 합성속도가 프로펠러 중심축의 방향과 일치하지 않기 때문에 발생한다.

- 공기력 비틀림 모멘트는 깃이 회전할 때 공기 흐름에 대한 반작용으로 깃의 피치를 크게 하려는 방향으로 발생한다.
- 원심력 비틀림 모멘트는 깃이 회전하는 동안 원심력이 작용하여 깃의 피치를 작게하려는 경향이 있다.

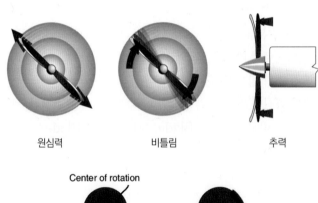

원심력   비틀림   추력

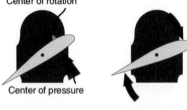

공기력 비틀림   원심력 비틀림

[비행시 프로펠러에 작용하는 힘]

Aircraft Maintenance

Aircraft Maintenance

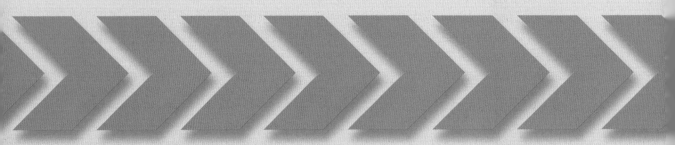

항공엔진(기관)
출제 예상문제

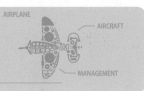

1　동력장치의 개요

1 열역학 기초 기본법칙

1. 용어의 정의

01 열역학에서 계의 구분에 맞는 것은?

① 밀폐계와 경계계
② 개방계와 밀폐계
③ 개방계와 경계계
④ 개방계와 형상계

🔍 **해설**

- 밀폐계(Closed system)
  경계를 통해 에너지의 출입은 가능하나, 작동 물질의 출입은 불가능한 계
- 개방계(Open system)
  경계를 통해 에너지와 작동 물질의 출입이 모두 가능한 계

02 다음 구성품 중 밀폐계의 원리로 작동하는 것과 관계가 있는 것은 무엇인가?

① 피스톤과 실린더 사이에 갇힌 내부 평형 상태에 있는 기체
② 압축기 주위의 기체
③ 터빈 주위의 기체
④ 크랭크축 주위의 기체

🔍 **해설**

- 밀폐계 : 작동 물질의 출입이 없는 계로서 왕복 엔진에 적용
- 개방계 : 작동 물질의 출입이 있는 계로서 가스 터빈 엔진에 적용

03 실제 또는 상징적인 경계에 의하여 주위로부터 구분되는 공간의 일부를 무엇이라 하는가?

① 개방
② 밀폐
③ 형태
④ 계

🔍 **해설**

계(System)
관찰자의 관심의 대상으로 일정 질량 및 동일성(Identity)을 갖는 어떤 공간을 말하며, 계를 제외한 나머지 부분은 주위(Surroundings)라고 하며, 계와 주위의 구분은 경계(Boundary)라고 한다. 계에는 개방계와 밀폐계가 있다.

04 열역학적 성질에는 강도성질과 종량성질이 있는데, 강도성질과 가장 관계가 먼 것은?

① 온도
② 밀도
③ 비체적
④ 질량

🔍 **해설**

- 종량적(Extensive property)
  시스템의 질량에 비례하는 성질이며, 상태가 균일한 물질을 반으로 나누면 그 값이 반으로 줄어든다.(예 체적, 에너지, 질량)
- 강성적 성질(Intensive property)
  시스템의 질량에는 무관한 성질이며, 상태가 균일한 물질을 반으로 나누어도 Property가 변화가 없다.(예 압력, 온도, 밀도)

05 완전 기체의 상태 변화 중 옳지 않은 것은?

① 등온변화
② 등압변화
③ 단열변화
④ 비열변화

🔍 **해설**

- 등온변화 : $P_1 v_1 = P_2 v_2$
- 등적변화(정적) : $\dfrac{P_1}{T_1} = \dfrac{P_2}{T_2}$
- 등압변화(정압) : $\dfrac{v_1}{T_1} = \dfrac{v_2}{T_2}$
- 단열변화 : $\dfrac{P_2}{P_1} = \left(\dfrac{v_1}{v_2}\right)^k nk$

[정답] 1. 동력장치의 개요　**1**　01 ②　02 ①　03 ④　04 ④　05 ④

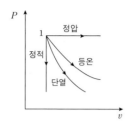

08 이상기체의 등온과정에서 맞는 것은?

① 엔트로피 일정　　　　② 일이 없음

③ 단열과정과 같다　　　④ 내부에너지가 일정

🔍 **해설**

내부에너지는 온도만의 함수이므로, 온도가 일정한 등온 과정에서 내부에너지는 일정하다. ②는 정적과정

06 온도가 일정하게 유지되는 과정을 무엇이라 하는가?

① 정압과정　　　　　　② 등온과정

③ 정적과정　　　　　　④ 단열과정

🔍 **해설**

① 정압과정 : 계의 압력을 일정하게 유지하면서 이루어지는 열역학적 계의 상태 변화 과정

② 등온과정 : 온도를 일정하게 유지하고 압력과 부피를 변화시키는 과정이다. 이상기체의 경우 압력과 부피는 서로 반비례한다.

③ 정적과정 : 부피는 일정하게 유지된 채로 기체가 열에너지를 흡수·방출하며 압력과 온도가 변하는 과정

④ 단열과정 : 열역학적인 계에 유입하거나 유출되는 열에너지가 없이 진행되는 열역학적인 과정을 단열과정 이라한다.

09 주위와 열 출입을 차단하고 일어날 수 있는 계의 상태 변화는?

① 정압변화　　　　　　② 정적변화

③ 단열변화　　　　　　④ 등온변화

🔍 **해설**

① 단열변화 : 기체가 팽창 또는 압축할 때, 외부와의 열의 출입을 완전히 차단한 상태로 행해지는 변화

② 등온변화 : 기체의 온도가 일정한 상태로 행해지는 변화

③ 등압변화 : 기체의 압력이 일정한 상태로 행해지는 변화

④ 등적변화 : 기체의 체적이 일정한 상태로 행해지는 변화

07 단열변화 과정 중에 대한 설명이 옳은 것은?

① 팽창일을 할 때 온도는 올라가고, 압축일을 할 때는 온도는 내려간다.

② 팽창일을 할 때 온도는 내려가고, 압축일을 할 때는 온도는 올라간다.

③ 팽창일을 할 때, 압축일을 할 때는 모두 온도는 내려간다.

④ 팽창일을 할 때, 압축일을 할 때는 모두 온도는 올라간다.

🔍 **해설**

단열과정이므로 열역학 제1법칙이 $Q=(U_2-U_1)+w$가 된다. 팽창일은 +일이므로 $du=-dw$에서 내부에너지는 감소하고, 내부에너지는 온도만의 함수이므로 온도도 내려가게 된다. 역으로, 압축일은 −일이므로 온도는 올라가게 된다.

10 단위에 관한 설명 중 맞는 것은?

① 1N은 1[kg]의 질량에 1[m/s²]의 가속도를 발생시키는데 필요한 힘의 크기를 말한다.

② 비체적이란 단위 질량의 물질이 차지하는 압력을 말한다.

③ 밀도는 단위 체적의 물질이 차지하는 무게를 말한다.

④ 비체적과 밀도는 정비례한다.

🔍 **해설**

$1N(\text{힘})=1[kg\cdot m/s^2], \ 1J(\text{일})=1[N\cdot m]$

$1W(\text{일률})=1[J/sec]$

비체적(ν) : 단위 질량당 체적

밀도(ρ) : 단위 체적당 질량, $\rho=\dfrac{1}{\nu}$

- 단위와 용어

① 1[kg]의 질량이 1[m/s²]의 가속도를 받을 때 힘의 단위를 N이라 하고 $1N=1[kg]\times1[m/s^2]=1[kg\cdot m/s^2]$으로 표시한다.

② 비체적은 단위 질량당의 체적을 말한다.

③ 밀도는 단위 체적당의 질량을 말하며, 단위로는 ρ를 쓴다.

④ 비체적과 밀도는 서로 역수 관계에 있다.

[정답] 06 ② 07 ② 08 ④ 09 ③ 10 ①

2. 계의 기본성질

01 화씨온도에서 열의 존재를 인정하지 않는 온도는?

① $-273.15[^\circ F]$

② $-359.4[^\circ F]$

③ $-459.4[^\circ F]$

④ $-573.15[^\circ F]$

해설

$^\circ C$: 물이 어는 점 0[$^\circ C$], 끓는 점 100[$^\circ C$]로 하여 100등분

$^\circ F$: 물이 어는 점 32[$^\circ F$], 끓는 점 212[$^\circ F$]로 하여 180등분

- $^\circ k : ^\circ C + 273$
- $^\circ R : ^\circ F + 459.4$
- $0^\circ k : -273[^\circ C]$
- $0^\circ R : -459.4[^\circ F]$

02 섭씨온도를 t_C 화씨온도를 t_F로 표시할 때 화씨온도를 섭씨온도로 환산하는 관계식 중 옳은 것은?

① $t_C = \dfrac{5}{9}(t_F - 32)$

② $t_C = \dfrac{9}{5}(t_F - 32)$

③ $t_C = \dfrac{5}{9}(t_F + 32)$

④ $t_C = \dfrac{9}{5}(t_F + 32)$

해설

$t_F = \dfrac{9}{5}t_C + 32, \ t_C = \dfrac{5}{9}(t_F - 32)$

03 섭씨 15[$^\circ C$]는 화씨 절대온도로는 몇 도인가?

① $59[^\circ K]$

② $59[^\circ R]$

③ $518.7[^\circ K]$

④ $518.7[^\circ R]$

해설

섭씨 → 절대온도로의 변환 공식 K=$^\circ C$+273.15

K=15+273.15=288.15[K]

∴ 섭씨 15[$^\circ C$]를 화씨로 고치면 F=$\dfrac{9}{5}$C+32에서 59[$^\circ F$] 이고,

절대온도 $^\circ R$=59+459.69=518.69[$^\circ R$]

04 처음의 압력이 20[kg/cm^2], 150[$^\circ C$] 상태에 있는 0.3[m^3]의 공기가 가역 정적과정으로 50[$^\circ C$]까지 냉각된다. 이때 압력은? (단, 절대온도 T=273[$^\circ K$])

① $6.67[kg/cm^2]$

② $15.27[kg/cm^2]$

③ $26.67[kg/cm^2]$

④ $25.27[kg/cm^2]$

해설

$\dfrac{P_1}{T_1} = \dfrac{P_2}{T_2} = \dfrac{20}{(150+273.15)} = \dfrac{P_2}{(50+273.15)}$

$P_2 = \dfrac{6,463}{423.15} = 15.27[kg/cm^2]$

05 해면고도(Sea level)에서 1슬러그(Slug)의 질량은 어느 정도의 무게인가?

① $32.2[lb]$

② $1[lb]$

③ $375[lb]$

④ $33,000[lb]$

해설

1[slug]=32.2[lb]=14.59[kg]

06 다음 중 열기관의 열효율을 바르게 나타낸 것은?

① 열효율=방출열량/공급열량

② 열효율=공급열량/방출열량

③ 열효율=방출열량/일

④ 열효율=일/공급열량

해설

열효율(η_{th})=$\dfrac{\text{유효한 일}}{\text{공급된 열량}} = \dfrac{W}{Q_1} = \dfrac{Q_1 - Q_2}{Q_1} = 1 - \dfrac{Q_1}{Q_2}$

07 온도 T_H 고열원과 T_C인 저열원 사이에서 열량 Q_H를 받아 Q_C를 방출하여서 작동하고 있는 카르노(Carnot) 사이클이 있다. 열효율을 가장 올바르게 표현한 것은?

① $\eta = 1 - \dfrac{T_C}{\sqrt{T_H}}$

② $\eta = 1 - \dfrac{T_C}{T_H}$

③ $\eta = \dfrac{Q_C}{Q_H} - \dfrac{T_C}{T_H}$

④ $\eta = \dfrac{T_H}{Q_H} - \dfrac{T_C}{Q_C}$

해설

카르노 열효율식=$\eta = 1 - \dfrac{T_C}{T_H}$

[정답] 01 ③ 02 ① 03 ④ 04 ② 05 ① 06 ④ 07 ②

08 저위 발열량이란 무엇인가?

① 연료 중 탄소만의 발열량을 말한다.

② 연소 가스 중 물(H_2O)이 증기인 상태일 때 측정한 발열량이다.

③ 연소 가스 중 물(H_2O)이 액상일 때 측정한 발열량이다.

④ 연소 효율이 가장 나쁠 때의 발열량이다.

해설

① 고위 발열량 : 연소 생성물 중 물이 액체 상태로 존재하는 경우의 발열량

② 저위 발열량 : 기체 상태로 존재하는 경우의 발열량

3. 열역학 제1법칙

01 다음 열역학 제1법칙에 대한 설명 중 맞는 것은?

① 밀폐계가 사이클을 이룰 때의 열전달량은 이루어진 열보다 항상 많다.

② 밀폐계가 사이클을 이룰 때의 열전달량은 이루어진 열과 정비례 관계를 가진다.

③ 밀폐계가 사이클을 이룰 때의 열전달량은 이루어진 일과 반비례 관계를 가진다.

④ 밀폐계가 사이클을 이룰 때의 열전달량은 이루어진 열보다 항상 적다.

해설

• 열역학 제1법칙
  에너지의 보존 법칙으로 열과 일은 모두 에너지의 한 형태이며, 열을 일로 변환하는 것이 가능하며, 일을 열로 변환하는 것도 가능하다.

• 열역학 제2법칙
  열과 일 사이의 비가역성에 관한 법칙으로 역학적 일은 열로 모두 전환시키는 것은 가능하지만 주어진 열을 일로 모두 전환시키는 것은 불가능하다는 것이다.
  열역학 제1법칙이 에너지의 양적 전환에 대한 것이라면, 제2법칙은 에너지 전환의 방향성에 관한 법칙이라고 할 수 있다.

02 밀폐된 계에서 일을 했을 때, 에너지가 소모되지 않고 그 형태만 바뀐다는 법칙은?

① 열역학 제1법칙 ② 열역학 제2법칙

③ 열역학 제3법칙 ④ 열역학 제4법칙

해설

문제 1번 해설 참조

03 내부에너지와 유동일을 합한 상태량을 무엇이라 하는가?

① 비열 ② 체적

③ 열량 ④ 엔탈피

해설

$H = U + pv$

04 엔탈피(Enthalpy)를 가장 올바르게 설명한 것은?

① 열역학 제2법칙으로 설명된다.

② 이상기체만 갖는 성질이다.

③ 모든 물질의 성질이다.

④ 내부에너지와 유동일의 합이다.

해설

엔탈피(Enthalpy)

반응 전후의 온도를 같게 하기 위하여 계가 흡수하거나 방출하는 열(에너지)을 의미한다. 이와 같은 열을 다른 말로 엔탈피(Enthalpy : H)라 부른다.

4. 열역학 제2법칙

01 "단지 하나만의 열원과 열교환을 함으로써 사이클에 의해 열을 일로 변화시킬 수 있는 열기관을 제작할 수는 없다" 누구의 서술인가?

① 카르노 ② 캘빈-프랭크

③ 클로지우스 ④ 보일-샤를

해설

열역학 제2법칙

[정답] 08 ② 01 ② 02 ① 03 ④ 04 ④ 01 ②

① 클로지우스의 서술 : 열은 저온부로부터 고온부로 자연적으로는 전달되지 않는다.
② 캘빈-프랭크의 서술 : 단지 하나만의 열원과 열교환을 함으로써 사이클에 의해 열을 일로 변화시킬 수 있는 열기관을 제작할 수 없다.

02 열역학 제2법칙을 설명한 내용으로 틀린 것은?

① 에너지 전환에 대한 조건을 주는 법칙이다.
② 열과 기계적 일 사이의 에너지 전환을 말한다.
③ 열은 그 자체만으로는 저온 물체로부터 고온 물체로 이동할 수 없다.
④ 자연계에 아무 변화를 남기지 않고 어느 열원의 열을 계속하여 일로 바꿀 수는 없다.

🔎 해설

열역학 제2법칙
① 열은 고온의 물체에서 저온의 물체 쪽으로 흘러가고 스스로 저온에서 고온으로 흐르지 않는다(클라우지우스의 표현).
② 일정한 온도의 물체로부터 열을 빼앗아 이것을 모두 일로 바꾸는 순환 과정(장치)은 존재하지 않는다(켈빈-플랑크의 표현).
③ 제2종 영구 기관은 존재하지 않는다.
④ 고립된 계의 비가역 변화는 엔트로피가 증가하는 방향으로 진행한다.

03 자동차가 언덕을 내려올 때 브레이크를 밟으면 브레이크 장치에 열이 발생하는데, 만약 브레이크 장치를 냉각시켰더니 자동차가 언덕 위로 다시 올라갔다면 다음 중 어느 법칙에 위배되는가? (단, 브레이크 작동시 외부 손실 열은 없고 발생된 열을 그대로 냉각 흡수한 것으로 함.)

① 열역학 제1법칙
② 열역학 제0법칙
③ 열역학 제2법칙
④ 에너지 보존법칙

🔎 해설

열역학 제2법칙
1번 문제 해설 참조

04 "열은 외부의 도움 없이는 스스로 저온에서 고온으로 이동하지 않는다"는 것은 누구의 주장인가?

① Clausius 주장
② Kelvin 주장
③ Carnot 주장
④ Boltzman 주장

🔎 해설

클라우시우스의 기술
외부에 아무런 영향도 남기지 않고 한 순환과정 동안에 냉동기가 저온의 열원에서 고온의 열원으로 열을 이동하는 것은 불가능하다.

05 등엔트로피(Isentropic) 과정을 가장 올바르게 설명한 것은?

① 등온, 가역과정
② 단열, 가역과정
③ 폴리트로픽, 가역과정
④ 정압, 비가역과정

🔎 해설

가역과정에서 작동 유체를 출입하는 열량 Q를 절대 온도로 나눈 값을 엔트로피라 하며, 단열 변화에서는 열의 출입이 없으므로 엔트로피가 일정하다.

06 열역학에서 가역과정이기 위한 조건으로 가장 올바른 것은?

① 마찰과 같은 요인이 있어도 상관없다.
② 계와 주위가 항상 불균형 상태이어야 한다.
③ 바깥 조건의 작은 변화에 의해서는 반대로 만들 수 없다.
④ 과정이 일어난 후에도 처음과 같은 에너지양을 갖는다.

🔎 해설

5번 문제 참조

07 처음 20[kg/cm²], 150[℃] 상태에 있는 0.3[m³]의 공기가 가역정적과정으로 50[℃]까지 냉각된다. 이때의 압력을 구하면?(단, 열역학적 절대온도 $T=273$[°K]이다.)

① 6.67[kg/cm²]
② 15.27[kg/cm²]
③ 26.67[kg/cm²]
④ 25.27[kg/cm²]

🔎 해설

$$\frac{P_1}{T_1} = \frac{P_2}{T_2}, \quad P_2 = \frac{T_2}{T_1} = \frac{50+273.15}{150+273.15} \times 20 = 15.27 \, [\text{kg/cm}^2]$$

[정답] 02 ② 03 ③ 04 ① 05 ② 06 ④ 07 ②

08 가역 카르노 사이클의 열효율 η_c는 어느 것인가?
(단, T_1＝고열원 절대온도, T_2＝저열원 절대온도)

① $\eta_c = 1 - \dfrac{T_2}{T_1}$ ② $\eta_c = 1 - \dfrac{T_1}{T_2}$

③ $\eta_c = \dfrac{T_2}{T_1} - 1$ ④ $\eta_c = \dfrac{T_1}{T_2} - 1$

해설

$\dfrac{Q_2}{Q_1} = \dfrac{T_2}{T_1}$

그러므로 $\eta_c = 1 - \dfrac{T_2}{T_1}$ 이다.

09 열기관 사이클 중에서 이론적으로 열효율이 가장 좋은 가상적인 사이클은?

① 카르노 사이클   ② 브레이턴 사이클
③ 오토 사이클   ④ 디젤 사이클

해설

카르노 사이클(Carnot Cycle)
두 개의 등온 저장조 사이에서 작동하는 사이클 중에서 모든 과정이 가역이라고 가정한 사이클이므로 카르노 사이클을 능가하는 효율을 가진 열기관은 존재할 수 없다.

2 작동 유체의 상태 변화

01 이상 기체에서 압력이 2배, 체적이 3배로 증가했을 경우 온도는 어떻게 되는가?

① 변함이 없다.   ② 1.5배 증가한다.
③ 6배 증가   ④ 8배 증가

해설

$\dfrac{P_1 v_1}{T_1} = \dfrac{P_2 v_2}{T_2} = \dfrac{2P_1 \cdot 3v_1}{x T_1}$

02 이상 기체 상태 방정식을 옳게 표현한 것은?

① $Pv = Rv$ ② $PR = Tv$
③ $v = PRT$ ④ $Pv = RT$

해설

이상 기체 상태 방정식이란 비열이 일정한 이상 기체에 대해 압력(P), 비체적(v), 온도(T)의 관계를 나타낸 것이며 다음과 같다.

$Pv = RT$, 또는 $\dfrac{P_1 v_1}{T_1} = \dfrac{P_2 v_2}{T_2}$

(여기서, R은 기체상수이며, 단위는 [kg·m/kg·K]이다.)

03 보일–샬의 법칙을 설명한 내용으로 가장 바른 것은?

① 완전기체의 체적은 압력에 반비례 절대온도에 비례
② 완전기체의 체적은 압력에 비례 절대온도에 비례
③ 완전기체의 체적은 압력에 비례 절대온도에 반비례
④ 완전기체의 체적은 압력에 반비례 절대온도에 반비례

해설

보일–샬의 법칙
온도가 일정할 때 기체의 압력은 부피에 반비례한다는 보일의 법칙과 압력이 일정할때 기체의 부피는 온도의 증가에 비례한다는 샬르의 법칙을 조합하여 만든 법칙으로 온도, 압력, 부피가 동시에 변화할 때 이들 사이의 관계를 나타낸다.

$\dfrac{PV}{T} =$ 일정

04 대기압에서 물 1[g]을 1[℃] 올리는 데 필요한 열량은?

① 1[cal]   ② 1[BTU]
③ 1[줄]   ④ 1[비열]

해설

- 1[BTU] : 1[lb]의 질량을 1[℉] 높이는 데 필요한 열량
- 1[줄] : 1[N]의 힘을 1[m] 이동시키는 데 필요한 일
- 1[cal] : 1[g]의 물을 1[℃] 올리는 데 필요한 열량

05 비열비(γ)에 대한 공식 중 맞는 것은? (단, C_P : 정압비열, C_v : 정적비열)

① $\gamma = \dfrac{C_v}{C_P}$ ② $\gamma = \dfrac{C_P}{C_v}$

③ $\gamma = 1 - \dfrac{C_P}{C_v}$ ④ $\gamma = \dfrac{C_P - 1}{C_v}$

Aircraft Maintenance

🔍 해설

비열비

어떤 물질이 일정한 압력상태에서 얻어지는 비열과 일정한 체적상태에서 얻어지는 비열의 비율을 말하며, 보통 공기의 비열비는 1.4를 사용한다.

06 공기의 정압비열(C_P)이 0.24이다. 이때 정적비열(C_v)의 값은 몇인가?(단, 비열비는 1.4)

① 0.17   ② 0.34
③ 0.53   ④ 5.83

🔍 해설

$$k=\frac{C_P}{C_v} \rightarrow C_v=\frac{C_P}{k}=\frac{0.24}{1.4}=0.1714$$

🔳 기관의 열역학 기본 사이클

01 다음 중 엔진의 추력을 나타내는 이론과 관계있는 것은?

① 뉴턴의 제1법칙   ② 파스칼의 원리
③ 베르누이의 원리   ④ 뉴턴의 제2법칙

🔍 해설

제1법칙 : 관성의 법칙
제2법칙 : $F=m \cdot a$
제3법칙 : 작용과 반작용의 법칙

02 3[ps]는 몇 와트[W]인가?

① 2,438   ② 2,208
③ 1,650   ④ 225

🔍 해설

$1[PS]=75[kg \cdot m/sec]=736[W]$
$1[HP]=550[ft \cdot lb/sec]=746[W]$
$\therefore 3 \times 736=2,208[W]$

03 그림은 가스 사이클의 지압 선도이다. 어떤 기관사이클을 나타낸 것인가?

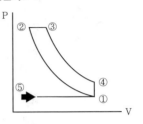

① 오토 사이클   ② 카르노 사이클
③ 디젤 사이클   ④ 사바테 사이클

🔍 해설

가스 사이클

사이클마다 새로운 작동 유체를 흡입하고 그 작동 유체 내에 연료를 분사하여 연소 가스로 사용하고 사이클이 끝나면 대기 속에 배출하여 버리는 형식의 가스 터빈

04 그림은 어떤 사이클인가?

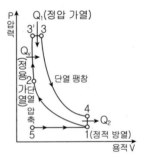

① 카르노 사이클   ② 정적 사이클
③ 정압 사이클   ④ 합성 사이클

🔍 해설

- 카르노 사이클 : 단열압축, 단열팽창, 등온수열, 등온방열
- 정적 사이클(오토 사이클) : 단열압축, 단열팽창, 정적수열, 정적방열
- 정압 사이클(디젤 사이클) : 단열압축, 단열팽창, 정압수열, 정적방열
- 합성 사이클(사바테 사이클) : 단열압축, 단열팽창, 정적, 정압수열 정적방열

05 디젤 엔진의 사이클은 어떤 사이클인가?

① 카르노 사이클   ② 정적 사이클
③ 정압 사이클   ④ 합성 사이클

해설

- 디젤 사이클 : 단열압축, 정압수열(가열), 단열팽창, 정적방열(정압 사이클)
- 합성 사이클(사바테 사이클) : 단열압축, 정적정압가열, 단열팽창, 정적방열

06 다음 중에서 왕복 엔진의 열효율을 구하는 공식은? (단, ε는 압축비 임)

① $1-\left(\dfrac{1}{\varepsilon}\right)^{k-1}$ ② $\dfrac{T_C}{1-\varepsilon^{k-1}}$

③ $1-\left(\dfrac{1}{\varepsilon}\right)^{\frac{k-1}{k}}$ ④ $1+\left(\dfrac{1}{\varepsilon}\right)^{k-1}$

해설

오토 사이클의 열효율 공식

$$\eta_o = 1-\left(\dfrac{v_2}{v_1}\right)^{k-1} = 1-\left(\dfrac{1}{\varepsilon}\right)^{k-1}$$

07 이상적인 오토사이클의 열효율은 다음 중 어느 것의 함수인가?

① 흡기온도 ② 압축비

③ 혼합비 ④ 옥탄가

해설

가솔린 기관의 대표적인 오토사이클의 열효율은 실린더 체적에 의한 압축비로서 출력의 제한을 둘 정도로 중요하다.

08 압축비가 8인 오토사이클의 열효율은 몇 [%]인가? (단, 단열지수 $k=1.4$)

① 48.7 ② 56.5

③ 78.2 ④ 94.6

해설

$$1-\left(\dfrac{1}{\varepsilon}\right)^{k-1} = 1-\left(\dfrac{1}{8}\right)^{1.4-1} = 1-0.435 = 0.565$$

09 압축비가 일정할 때 열효율이 좋은 순서대로 배열된 것은?

① 정적과정 > 정압과정 > 합성과정

② 정적과정 > 합성과정 > 정압과정

③ 정압과정 > 합성과정 > 정적과정

④ 정압과정 > 정적과정 > 합성과정

해설

정적과정(오토 사이클) > 합성과정(사바테 사이클) > 정압과정(디젤 사이클)

10 그림과 같은 단순 가스 터빈 사이클의 $P-V$ 선도에서 압축기가 공기를 압축하기 위하여 소비한 일은 어느 것인가?

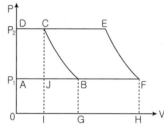

① 면적 ABCDA ② 면적 BCEFB

③ 면적 OGBCDO ④ 면적 AFHOA

해설

연소실로부터 나온 고온, 고압의 가스는 터빈에서 팽창하면서 일을 한다.

그 일 중에서 일부는 압축기를 구동하는 데 사용되고, 나머지는 사이클의 순일로서 비행기를 추진시키는 데 사용된다.

압축일 : W_c(면적 ABCDA)

팽창일 : W_t(ADEFA)

순일 : $W_n = W_t - W_c$(면적 BCEFB)

11 다음 브레이턴 사이클의 열효율 구하는 식은? (단, 압력비 : r, 비열비 : k)

① $\eta_b = 1-\left(\dfrac{1}{r}\right)^{\frac{k}{k+1}}$ ② $\eta_b = 1-\left(\dfrac{1}{r}\right)^{\frac{k+1}{k}}$

③ $\eta_b = 1-\left(\dfrac{1}{r}\right)^{\frac{k-1}{k}}$ ④ $\eta_b = 1-\left(\dfrac{1}{r}\right)^{\frac{k}{k-1}}$

[**정답**] 06 ① 07 ② 08 ② 09 ② 10 ① 11 ③

해설 -----------

브레이턴 사이클(Brayton Cycle)식
가스 터빈 엔진의 이상적인 사이클로 단열압축, 정압수열, 단열팽창, 정압방열 과정으로 이루어져 있다.

$$\eta_b = 1 - \left(\frac{1}{r}\right)^{\frac{k-1}{k}}$$

12 다음은 브레이턴 사이클에 대한 설명으로 틀린 것은?

① 한 개씩의 단열과정과 정압과정이 있다.
② 두 개의 단열과정과 두 개의 정압과정이 있다.
③ 연소가 진행될 때 정압과정이다.
④ 가스 터빈 엔진의 이상적인 사이클이다.

해설 -----------

브레이턴 사이클(Brayton Cycle)
가스 터빈 엔진의 이상적인 사이클로 단열압축, 정압수열, 단열팽창, 정압방열 과정으로 이루어져 있다.

13 다음 중 가스 터빈 엔진의 이상적인 사이클은?

① 오토 사이클
② 카르노 사이클
③ 정적 사이클
④ 브레이턴 사이클

해설 -----------

공학자인 브레이턴의 이름을 빌어 가스터빈엔진의 열역학적 사이클로 브레이턴 사이클이 사용되어진다.

14 다음의 $P-V$ 선도는 가스 터빈 엔진의 이상적 사이클이다. 과정의 설명 중 틀린 것은?

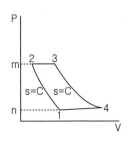

① 1 → 2 단열압축
② 2 → 3 정압수열
③ 3 → 4 단열팽창
④ 4 → 1 정적방열

해설 -----------

지압선도($P-V$ 선도)
엔진 실린더 내에서의 체적(부피)과 압력의 변화를 나타낸 것으로서, 세로는 압력, 가로는 체적의 변화를 나타낸다.

---

2 왕복 엔진

1 왕복 엔진의 작동원리

01 다음 중 엔진의 제동마력과 단위시간당 엔진이 소비한 연료 에너지와의 비를 무엇이라 하는가?

① 제동열효율
② 기계효율
③ 연료소비율
④ 지시효율

해설 -----------

- 기계효율$(\eta_m) = \dfrac{BHP}{IHP}$

- 제동열효율$(\eta_b) = \dfrac{75N_eA}{B.H}$

- N_e : 제동마력, A : 일의 열당량$[\text{kcal/kg·m}]$,
  B : 연료소비량$(9[\text{kg/s}])$, H : 연료의 저발열량$[\text{kcal/kg}]$

02 다음 평균 유효 압력에 관한 설명 중 맞는 것은?

① 1사이클당 유효일을 행정거리로 나누는 것
② 1사이클당 유효일을 체적효율로 나누는 것
③ 1사이클당 유효일을 행정체적으로 나누는 것
④ 행정체적을 1사이클당 유효일로 나누는 것

해설 -----------

$$p(\text{압력}) = \frac{F(\text{힘})}{A(\text{단위면적})} = \frac{\dfrac{W(\text{일})}{S(\text{거리})}}{A} = \frac{W}{A \cdot S} = \frac{W}{V(\text{체적})}$$

03 18기통 성형엔진에서 행정지름이 6[inch], 행정길이가 6[inch]일 때 총 행정체적은?

① 3,025[in³] ② 3,052[in³]
③ 4,052[in³] ④ 4,520[in³]

해설

총 행정체적＝1개 실린더의 행정체적×실린더 수
＝실린더 단면적×행정길이×실린더 수

총 행정체적＝$\frac{\pi \cdot 6^2}{4} \times 6 \times 18 = 3,052.08$[in³]

04 항공기 왕복 엔진 R1650의 실린더 수가 14개이고, piston의 행정거리가 6[inch]이다. 피스톤 면적은 몇 [inch²]인가?

① 19.6 ② 48.2
③ 117.8 ④ 275.1

해설

R1650 : R-Radial(성형엔진), 1,650－총 배기량(총 행정체적 [in³])
1,650＝피스톤면적×6×14
∴ 피스톤면적＝19.62[inch²]

05 다음 중 엔진 체적효율을 감소시키는 원인이 아닌 것은?

① 밸브의 부적당한 타이밍
② 고온 공기의 사용
③ 흡입 다기관의 누설
④ 작은 다기관의 직경

해설

① 체적효율(η_v)＝$\frac{\text{실제흡입된 가스의 체적}}{\text{행정체적}}$
② 체적효율을 감소시키는 원인
　ⓐ 부적절한 밸브의 타이밍
　ⓑ 매우 높은 rpm
　ⓒ 높은 기화기 공기 온도
　ⓓ 고온의 연소실
　ⓔ 흡입 매니폴더(다기관)내의 방향 전환

06 다음 중 왕복 엔진의 압축비를 구하는 식은 무엇인가?(단, V_C : 연소실체적, V_S : 행정체적)

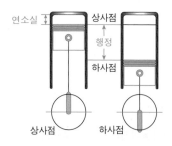

① $\varepsilon = \frac{V_S}{V_C}$ ② $\varepsilon = \frac{V_C}{V_S}$
③ $\varepsilon = 1 + \frac{V_S}{V_C}$ ④ $\varepsilon = 1 + \frac{V_C}{V_S}$

해설

압축비＝$\frac{\text{피스톤이하사점에 있을때의 실린더체적}}{\text{피스톤이상사점에 있을때의 실린더체적}}$
＝$\frac{\text{연소실체적＋행정체적}}{\text{연소실체적}} = 1 + \frac{V_S}{V_C}$

07 항공기용 왕복 엔진에서 피스톤의 넓이가 165[cm²], 행정길이가 155[mm], 실린더 수가 4개, 제동평균유효압력이 8[kg/cm²], 회전수가 2,400[rpm]일 때 제동마력은?

① 203[ps] ② 218[ps]
③ 235[ps] ④ 257[ps]

해설

제동마력을 구하는 데 있어서 단위 환산이 아주 중요하다.
$bhp = \frac{PLANK}{75 \times 2 \times 60}$
$= \frac{8[kg/cm^2] \times 0.155[m] \times 165[cm^2] \times 2,400[rpm] \times 4}{75 \times 2 \times 60} \times S$
$= \frac{1,964,160}{9,000} = 218.24$[ps]

08 왕복 엔진의 흡입 압력이 증가할 때 어떤 현상이 발생하는가?

① 충진 체적 증가

② 충진 체적 감소

③ 충진 밀도 증가

④ 연료 공기 혼합비의 무게 감소

🔍 해설

왕복엔진은 압력과 밀도가 비례하므로 압력이 증가하면 밀도 또한 증가한다.

09 온도가 높아지면 평균유효압력은 어떻게 변하는가?

① 저하   ② 증가

③ 일정   ④ 증가하다가 감소

🔍 해설

온도와 압력은 반비례

10 왕복 엔진으로 흡입되는 공기 중에 습기 또는 수증기가 증가하게 될 경우 발생할 수 있는 현상을 가장 바르게 설명한 것은?

① 일정한 RPM과 다기관 압력하에서는 엔진 출력이 감소한다.

② 체적 효과가 증가하여 출력이 증가한다.

③ 고출력에서 연료 요구량이 감소하여 이상 연소 현상이 감소한다.

④ 자동 연료 조절 장치를 사용하지 않는 엔진에서는 혼합기가 희박해진다.

🔍 해설

대기 중의 습도는 그 수증기 압력만큼 연소에 주는 공기량을 줄이므로 출력을 감소시킨다.
또 기화기는 습도에 대한 보정을 하지 않으므로 실린더에 공급되는 실질 혼합비는 짙어지고 고압력 운전(농후 혼합기)시의 추력은 더 떨어진다.

11 제동마력을 구하는 식으로 옳은 것은?

① $BHP = \dfrac{PLANK}{375}$

② $BHP = \dfrac{PLANK}{475}$

③ $BHP = \dfrac{PLANK}{550}$

④ $BHP = \dfrac{PLANK}{33,000}$

🔍 해설

$33,000 = 550 \times 60$, $BHP = \dfrac{PLANK}{33,000}$

N : 4행정 엔진일 때 $\dfrac{RPM}{2}$

12 엔진 정격(Engine rating)은 정해진 조건하에서 엔진을 운전할 경우 보증되고 있는 성능 특성 값이다. 다음 중 이 종류가 아닌 것은?

① 이륙 정격   ② 최대 연속 정격

③ 최대 상승 정격   ④ 최대 하강 정격

🔍 해설

① 이륙 추력(Take-off thrust)
   이륙에 사용되는 최대추력, 사용시간 제한(최대5분)

② 최대 연속추력(Maximum continuous thrust)
   시간제한 없이 연속으로 작동할 수 있는 추력

③ 최대 상승추력(Maximum climb thrust)
   항공기가 상승을 위해 사용되는 추력

④ 최대 순항추력(Maximum cruise thrust)
   순항에 요구되는 최대 추력

13 어떤 기관의 피스톤 지름이 16[cm], 행정길이가 0.16[m], 실린더 수가 6, 제동평균유효압력이 8[kg/cm²], 회전수가 2,400[rpm]일 때의 제동마력은?

① 411.6[ps]   ② 511.6[ps]

③ 611.6[ps]   ④ 711.6[ps]

🔍 해설

$$제동마력[bhp] = \frac{P_{mb}LANL}{75 \times 2 \times 60}$$

$$= \frac{8 \times 0.16 \times 200.96[cm^2] \times 2,400 \times 6}{75 \times 2 \times 60}$$

$$= \frac{3,704,094.72}{9,000} = 411.56[ps]$$

[정답] 09 ①   10 ①   11 ④   12 ④   13 ①

14 과급기를 장착한 왕복 엔진에서 흡입되는 공기온도는 280[˚K]이고, 압축행정 후 온도는 840[˚K]이며, 이때 외부 대기 공기의 온도는 0[˚C]이다. 열효율은 얼마인가?

① 58.9[%] ② 60[%]
③ 66.7[%] ④ 67.5[%]

해설

$$\eta_{th}=1-\frac{T_2}{T_1}=1-\frac{280}{840}\times100≒66.7[\%]$$

15 왕복기관의 배기량이 1,500[CC]이고 압축비가 8.5일 때 연소실의 체적으로 바른 것은?

① 176[CC] ② 200[CC]
③ 250[CC] ④ 300[CC]

해설

압축비 $=1+\dfrac{행정체적(배기량)}{연소실체적}$

$8.5=1+\dfrac{1,500}{X}=7.5X=1,500$

$\therefore X=200[CC]$

16 Full load에서 도시마력[ihp]이 80[hp]인 항공기 왕복 엔진의 제동마력[bhp]이 64[hp]라면 기계효율은?

① 0.75 ② 0.80
③ 0.85 ④ 0.90

해설

$$\eta_m=\frac{bHP}{iHP}=\frac{64}{80}=0.8$$

17 마력에 관한 설명 내용으로 가장 관계가 먼 것은?

① 다른 조건을 완전히 바꾸지 않고 출력을 늘리기 위해서는 회전수를 높여야 한다.
② 마찰마력은 엔진과 보기(Accessory)의 움직이는 부품들의 마찰을 극복하기 위해 필요한 마력이다.
③ 왕복 엔진은 연료의 연소에 의해 얻어지는 출력(총방열량)의 약 75[%]가 프로펠러축에 전해지는 출력의 합계이다.
④ 제동마력은 프로펠러축에 전해지는 출력의 합계이다.

해설

- 도시마력(iHp, 지시마력)
  실린더 안에 있는 연소 가스가 피스톤에 작용하여 얻어진 동력
- 제동마력(bHp, 축마력)
  실제 기관의 크랭크축에서 나오는 동력
- 마찰마력(fHp)
  피스톤으로부터 크랭크 기구를 통하여 크랭크축에 전달되면서 손실된 마력

$$iHp=bHp+fHp$$
$$\eta_m=\frac{bHP}{iHP}(기계효율로\ 85\sim95[\%]\ 정도이다.)$$

18 아래의 그림은 어느 엔진의 이론 공기 사이클인가?

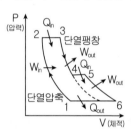

① 과급기를 장착한 오토 사이클
② 과급기를 장착한 디젤 사이클
③ 2단 압축 브레이튼 사이클
④ 후기 연소기(After burner)를 장착한 가스 터빈 사이클

해설

열량의 공급이 2-3, 4-5에서 일어나는 것은 후기 연소기가 장착되어 2번의 연소를 의미한다.

19 피스톤의 지름이 16[cm]인 피스톤에 65[kgf/cm²]의 가스압력이 작용하면 피스톤에 미치는 힘은 얼마인가?

① 10.06[t] ② 11.06[t]
③ 12.06[t] ④ 13.06[t]

[정답] 14③ 15② 16② 17③ 18④ 19④

🔍 해설

$$P=\frac{F}{A}, \quad F=P\cdot A=65\times\pi\times8^2=13,062.4[\mathrm{kgf}]$$

$$1[\mathrm{ton}]=1,000[\mathrm{kgf}]$$

$$\therefore 13.06[\mathrm{t}]$$

20 한 개의 실린더 배기량이 170[in³]인 7기통 가솔린 기관이 2,000[rpm]으로 회전하고 있다. 지시마력이 1,800[HP]이고 기계효율(n^3 삭제) $\eta_m=0.8$이면 제동평균 유효압력은 얼마인가?

① 186[psi]　　　　② 257[psi]

③ 326[psi]　　　　④ 479[psi]

🔍 해설

$$\eta_m=\frac{bHP}{iHP}, \quad bHP=\eta_m\cdot iHP=\frac{P_{mb}LANK}{550\times12\times2\times60}$$

$$P_{mb}=\frac{792,000\cdot\eta_m\cdot iHP}{(LA)NK}=\frac{792,000\cdot0.8\cdot1,800}{170\cdot2,000\cdot7}H6$$

$$=479.19[\mathrm{psi}]$$

$$(1HP=550[\mathrm{ft\cdot lb/s}]=550\times12[\mathrm{in\cdot lb/s}]$$

$$\therefore 1[\mathrm{ft}]=12[\mathrm{inch}])$$

21 실린더의 압축비는 피스톤이 행정의 하사점에 있을 때와 상사점에 있을 때의 실린더공간체적의 비이다. 압축비가 너무 클 때 일어나는 현상이 아닌 것은?

① 하이드로릭 락(Hydraulic-lock)

② 디토네이션(Detonation)

③ 조기점화(Preignition)

④ 고열현상과 출력의 감소

🔍 해설

내연기관에서 어떤 한계 내에서는 압축비가 증가하면 최대마력도 증가한다.
그러나 압축비가 10 : 1 보다 크면 디토네이션, 조기점화, 고열현상과 출력감소, 엔진손상을 가져온다.

22 항공기 왕복기관의 제동마력과 단위시간당 기관의 소비한 연료 에너지와의 비를 무엇이라 하는가?

① 제동열효율　　　　② 기계열효율

③ 연료소비율　　　　④ 일의 열당량

🔍 해설

$$제동열효율=\frac{bHP\times75}{F_b\times H_l\times J}$$

여기서, bHP : 제동마력, F_b : 연료소모량,
　　　　H_l : 저발열량, J : 열의 일당량

23 왕복 엔진의 체적효율에 영향을 미치지 않는 것은?

① 실린더 헤드 온도(Cylinder head temperature)

② 엔진회전수(Engine RPM)

③ 연료/공기비(Fuel/air ratio)

④ 기화기 공기온도(Carburetor air temperature)

🔍 해설

체적효율은 온도가 증가하면 감소하고 rpm이 증가하면 효율이 감소한다.

24 다음은 이상적인 오토 사이클의 $P-V$선도이다. 3-4과정은?

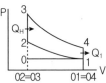

① 단열팽창　　　　② 단열압축

③ 정적수열　　　　④ 정적방열

🔍 해설

오토 사이클은 단열압축(1-2), 정적수열(2-3), 단열팽창(3-4), 정적방열(4-1)의 과정으로 이루어진다.

25 지시마력에서 마찰마력을 뺀 값을 무엇이라 하는가?

① 제동마력　　　　② 일마력

③ 유효마력　　　　④ 손실마력

🔍 해설

• 지시마력(iHp)＝마찰마력(fHp)＋제동마력(bHp)
• 제동마력(bHp)＝지시마력(iHp)－마찰마력(fHp)
• 마찰마력(fHp)＝지시마력(iHp)－제동마력(bHp)

[정답] 20 ④　21 ①　22 ①　23 ③　24 ①　25 ①

26 가솔린 기관의 출력을 나타내는 대표적인 변수로 평균유효압력[Pme]이 사용된다. 이 평균유효압력을 증가시키는 유효한 방법으로 가장 관계가 먼 것은?

① 부스트 압력을 높인다.
② 흡기온도를 될 수 있는 대로 높인다.
③ 마찰손실을 최소한으로 한다.
④ 배압을 가능한 한 낮게 유지한다.

🔍 **해설**

흡기온도가 증가하면 밀도가 감소하여 출력이 감소한다.

27 4행정 사이클 엔진에서 한 실린더가 분당 200번 폭발할 때 크랭크축의 회전수는?

① 100[rpm]
② 200[rpm]
③ 400[rpm]
④ 800[rpm]

🔍 **해설**

항공기용 4행정 왕복기관은 크랭크축이 2회전할 때 1번 점화된다.
$200 \times 2 = 400[rpm]$

28 피스톤(Piston)의 상사점과 하사점 사이의 거리는?

5.5″ 안지름(13.97cm)

5.5″ 행정
(13.97cm)

① 보어(Bore)
② 행정거리(Stroke)
③ 론저론(Longeron)
④ 벌크헤드(Bulkhead)

🔍 **해설**

행정거리
피스톤이 상사점에서 하사점까지 이동한 거리를 뜻한다.

29 피스톤 엔진의 실린더 내에서 최대폭발압력은 일반적으로 어느 점에서 일어나는가?

① 상사점
② 상사점 후 약 10°(크랭크각)
③ 상사점 전 약 25°(크랭크각)
④ 상사점 후 약 25°(크랭크각)

🔍 **해설**

점화는 압축상사점 전에 이루어지며, 화염전파속도로 인해 최대압력은 압축상사점 후에 나타난다.

30 실린더 내부의 가스가 피스톤에 작용한 동력은?

① 도시마력
② 마찰마력
③ 제동마력
④ 축마력

🔍 **해설**

도시마력
왕복형 기관의 실린더에 연결한 인디케이터(指壓計)를 사용하여 구한 인디케이터선도(線圖)에서 측정한 마력. 지시마력(指示馬力)이라고도 한다.

31 왕복성형기관의 실린더 수가 9개라면 연소페이즈각(Combustion Phase Angle)은 얼마인가?

① 40°
② 60°
③ 80°
④ 100°

🔍 **해설**

$$연소페이즈 = \frac{720°}{실린더수} = \frac{720°}{9} = 80°$$
(1[cycle] 동안 즉, 1회 연소시 크랭크축은 2회전(720°)회전한다.)

32 R-1650의 항공기 왕복기관에서 실린더 수가 14이고 피스톤의 행정거리가 6[inch]라면 피스톤의 면적은 약 몇 [inch²]인가?

① 19.64
② 48.23
③ 117.80
④ 275.14

[정답] 26 ② 27 ③ 28 ② 29 ② 30 ① 31 ③ 32 ①

해설

배기량(총행정체적) $= A \cdot L \cdot K$

$R =$ 성형기관, $1,650 =$ 총배기량

$A = \dfrac{총배기량}{L \cdot K} = \dfrac{1,650}{14 \times 6} = 19.642[\text{inch}^2]$

33 1시간당 1마력을 발생시키는데 소비된 연료량을 무엇이라 하는가?

① 제동열효율 　　　　② 기계효율

③ 지시효율 　　　　　④ 연료소비율

해설

왕복 엔진의 연료소비율

1시간당 1마력을 내는데 소비된 연료의 무게

34 체적효율을 감소시키는 요인이 아닌 것은?

① 온도가 높다 　　　　② 과도한 회전

③ 불안전한 배기 　　　④ 과도한 냉각

해설

체적효율을 감소시키는 원인

밸브의 부적당한 타이밍, 너무 작은 다기관 지름, 너무 많이 구부러진 다기관, 고온공기 사용, 연소실의 고온, 불안전한 배기, 과도한 속도

35 30분 동안 연속 작동해도 아무 무리가 없는 최대마력은?

① 완속마력 　　　　　② 이륙마력

③ 정격마력 　　　　　④ 순항마력

해설

① 이륙마력 : 항공기가 이륙 할 때에 기관이 낼 수 있는 최대의 출력을 말하는데 대형 기관에서는 안전 작동과 최대 마력 보증 및 수명 연장을 위해 1～5분간의 사용시간 제한을 두는 것이 보통임
② 정격마력 : 기관을 보통 30분 정도 또는 계속해서 연속 작동을 해도 아무 무리가 없는 최대 마력으로 사용. 시간제한 없이 장시간 연속 작동을 보증할 수 있는 마력

③ 순항마력 : 경제마력이라고도 하며 항공기가 순항비행을 할 때에 사용하는 마력으로서 효율이 가장 좋은, 즉 연료소비율이 가장 적은 상태에서 얻어지는 동력을 말하며 비행 중 가장 오랜 시간 사용하게 되는 마력

36 왕복 엔진의 지시마력은 어떻게 구하는가?

① 동력계로 측정한다.

② 이론 마력으로 구한다.

③ 프로니 브레이크(Prony brake)를 이용한다.

④ 지압선도(Indicator diagram)를 이용한다.

해설

왕복엔지의 지시마력

기관의 실린더 내부에서 실제로 발생한 마력으로, 실린더 내부의 압력을 지압선도로 계측하여 구한다. 주로 왕복형기관의 마력을 표시하는데 이용한다.

- 지압선도
4사이클 엔진의 실린더 내에서의 체적과 압력의 변화 관계를 나타내는 것으로, 세로는 압력의 변화를, 가로는 체적의 변화를 나타낸다.
지압 선도는 지압계에 의해 자동적으로 그려지는 것이며, 엔진의 출력을 계산할 수 있고, 점화 상태나 연소 상태를 연구할 수 있다.

37 항공기 왕복 엔진에 사용되는 가솔린 연료의 연소에서 열해리에 대한 설명으로 가장 올바른 것은?

① 열해리는 연료의 발열량으로 표시한다.

② 열해리가 발생하면 연소가스 온도는 저하된다.

③ 열해리는 연소 온도가 낮을수록 많이 발생한다.

④ 열해리는 고온에서 CO와 O_2, 그리고 H_2와 O_2가 CO_2와 H_2O로 되며, 열을 방출하는 것이다.

해설

열해리 현상

고온의 연소온도에서 CO_2의 C와 O 그리고 H_2O의 H_2와 O가 결합되는 현상이다.
열해리 과정에는 흡열반응이 동반되므로 연소가스 온도는 저하된다.

② 왕복 엔진의 구조

01 다음 왕복 엔진의 연소실 모양 중에서 가장 많이 사용되는 형태는 무엇인가?

① 원통형   ② 반구형

③ 원뿔형   ④ 돔형

해설

실린더 연소실의 모양에 따라 원통형, 반구형, 원뿔형, 돔형으로 분류된다. 이중 많이 사용되는 형태는 반구형이다.

02 왕복 엔진의 밸브 간극에 대한 설명 중 틀린 것은?

① 냉간 간극은 엔진 정지시에 측정하며 검사 간극이다.

② Valve의 간극이 작으면 완전 배기가 안된다.

③ 열간 간극은 1.52[mm]~1.782[mm]이고 냉간 간극은 0.22[mm]이다.

④ 열간 간극이 큰 것은 열팽창 중 Push rod보다 실린더 헤드의 열팽창이 더 크기 때문이다.

해설

① 열간 간극(작동간극)
  엔진이 정상 작동온도일 때의 간극(0.07[inch])
② 냉간 간극(검사간극)
  엔진이 정지해 상온일 때의 간극(0.01[inch])
※ 밸브 간극이 작은 경우에는 밸브는 일찍 열리고 늦게 닫히게 되므로 밸브 작동기간이 길어져 배기의 시간이 길어진다.

03 크랭크 핀이 중공으로 된 이유와 관계가 먼 것은?

① 무게 경감을 위해서

② 슬러지 체임버(Sluge chamber)로 사용하기 위해

③ 윤활유의 통로 역할을 위해

④ 커넥팅 로드와 연결을 위해

해설

① 중공(Hollow) : 가운데를 비게 한 것, 윤활유 통로
② 슬러지 체임버(Sludge chamber) : 불순 물질 저장 장소

04 왕복 엔진의 크랭크샤프트 재질은?

① 니켈강

② 니켈-크롬강

③ 크롬-니켈-몰리브덴강

④ 크롬-바나듐강

해설

크랭크축 재질

피스톤에 작용하는 높은 연소 압력에 의해 굽혀지고, 고속 회전에 의해 원심력과 관성모멘트 및 진동 등이 항시 작용하므로 니켈-크롬-몰리브덴강과 같은 강한 합금강으로 만들어 진다.

05 성형 엔진에서 가장 나중에 장탈해야 하는 실린더는 무엇인가?

① 1번 실린더   ② 상부 실린더

③ 하부 실린더   ④ 마스터 실린더

해설

마스터 실린더

주 커넥팅 로드(마스터 로드)가 들어 있는 실린더로서 장탈 시 제일 마지막에 작업한다.

06 다음은 피스톤 링 장착 방법에 대한 설명이다. 옳은 것은?

① 피스톤 링 끝 간격이 한쪽방향에 일직선으로 배열되도록 한다.

② 피스톤 링 옆 간격이 한쪽방향에 일직선으로 배열되도록 한다.

③ 보통 360°를 피스톤 링 수로 나눈 각도로 장착한다.

④ 보통 180°를 피스톤 링 수로 나눈 각도로 장착한다.

해설

피스톤 링의 끝부분이 한 방향으로만 배치되는 경우 압축가스의 누설이 발생하므로 이 현상을 방지하기 위하여 360°를 링의 수로 나누어 배치한다.

[정답] ② 01 ②   02 ②   03 ④   04 ③   05 ④   06 ③

07 왕복 엔진 실린더의 과냉각이 기관에 미치는 영향을 옳게 설명한 것은?

① 연료소비율이 감소한다.
② 완전 연소되며 배기가스와 불순물이 생성되지 않는다.
③ 연소가 활발히 진행된다.
④ 연소를 나쁘게 하여 열효율이 떨어진다.

🔍 해설

① 기관의 냉각이 불충분할 때
  노크 현상이나 조기점화의 원인이 되고, 재질이 손상되어 기관의 수명이 짧아진다.
② 기관이 과냉각일 때
  연료의 기화가 불완전하여 연소가 불완전하게 되어 열효율이 떨어진다.

08 홈이 4개인 피스톤이 있다. 이 홈에 들어가는 피스톤링은?

① 압축링 3개, 오일링 1개
② 압축링 4개
③ 오일링 2개, 압축링 2개
④ 오일링 3개, 압축링 1개

🔍 해설

① 피스톤링 3개 : 압축링 2개, 오일 조절링 1개
② 피스톤링 4개 : 압축링 2개, 오일 조절링 1개, 오일 스크래퍼링 1개
③ 피스톤링 5개 : 압축링 3개, 오일 조절링 1개, 오일 스크래퍼링 1개

피스톤 핀
잠금 링
피스톤
피스톤 헤드
오일 스크레이퍼 링
오일 조절 링
압축 링

09 크랭크축에 달려 있는 다이나믹 댐퍼의 역할은 무엇인가?

① 크랭크축에 정적평형을 준다.
② 크랭크축에 동적평형을 준다.
③ 크랭크축의 비틀림과 진동을 방지한다.
④ 크랭크축의 원심력 하중을 감소시킨다.

🔍 해설

크랭크핀
크랭크 암
저널
크랭크 축
균형추   댐퍼 롤

① 평형추(Counter weight)
  크랭크축 회전시 무게의 균형을 맞추어 준다.(정적평형)
② 다이나믹 댐퍼(Dynamic damper)
  크랭크축의 변형이나 비틀림 및 진동을 줄여준다.

10 4행정 사이클 엔진에서 흡입 밸브가 일찍 열리면 어떤 현상이 생기는가?

① 부적당한 배기   ② 과도한 실린더 압력
③ 낮은 오일 압력   ④ 흡입계통으로 역화

🔍 해설

역화(Back fire)
흡입 행정시 밸브가 일찍 열리면 실린더 안에 남아 있는 불꽃에 의해 매니폴드나 기화기 안의 혼합 가스까지 인화되는 현상

11 일종의 압축기로 흡입 가스를 압축시켜 많은 양의 공기 또는 혼합 가스를 실린더로 보내어 큰 출력을 내는 장치는?

① 기화기   ② 공기덕트
③ 매니폴드   ④ 과급기

🔍 해설

과급기(Supercharger)
고고도에서 출력 감소 방지, 이륙시 출력 증가(원심식, 루츠식, 베인식)

[정답] 07 ④ 08 ③ 09 ③ 10 ④ 11 ④

12 Piston ring은 연소실의 기밀 유지를 하며, 다음 과 같은 역할을 한다. 어느 것인가?

① Piston pin 윤활

② 방열의 통로

③ 연소 압력 초과를 방지

④ 크랭크 케이스 내압의 저하

🔍 **해설**

피스톤 링의 작용 : 기밀 작용, 열전도 작용, 윤활유 조절 작용

13 왕복 엔진의 경우 밸브 개폐 시기는 흡입 밸브가 상사점전 30°에서 열리고, 하사점 후 60°에서 닫히며, 배기 밸브가 하사점전 60°에서 열리고, 상사점 후 15°에서 닫히는 경우 밸브 오버랩은 몇 도인가?

① 15°

② 45°

③ 60°

④ 75°

🔍 **해설**

밸브 오버랩(Valve overlap)
- 흡입 밸브가 상사점전에서 열리고, 배기 밸브가 상사점 후에 닫히는 사이의 각도
- IO(Intake valve open)과 EC(Exhaust valve close)의 각도의 합(30°+15°=45°)

14 왕복 엔진에서 밸브 오버랩(Valve over lap)을 두는 이유로 틀린 것은?

① 냉각을 돕는다.

② 체적효율을 향상시킨다.

③ 밸브의 온도를 상승시킨다.

④ 배기가스의 배출을 돕는다.

🔍 **해설**

밸브 오버랩을 두는 이유
① 체적효율의 향상
② 배기가스의 촉진 배출
③ 실린더 냉각을 돕는다.

15 배기 밸브가 닫혀있고, 흡입 밸브가 막 닫히려 할 때 피스톤의 행정은?

① Intake stroke

② Compression stroke

③ Power stroke

④ Exhaust stroke

🔍 **해설**

밸브는 각 행정보다 미리 열리고, 나중에 닫힌다. 배기 밸브가 닫혀 있고, 흡입 밸브가 막 닫히려는 순간은 압축 스트로크(압축행정)이다.

16 밸브 가이드가 마모된 것으로 판단할 수 있는 현상은?

① 높은 오일 소모량

② 낮은 실린더 압력

③ 낮은 오일 압력

④ 높은 오일 압력

🔍 **해설**

밸브 가이드는 밸브의 직선 운동을 안내하는 것으로 마모가 되면 밸브와 가이드 사이로 오일이 실린더 안쪽으로 흘러 들어 오일 소모량이 증가한다.

17 유압 타펫(Hydraulic tappet)을 사용하는 엔진의 작동 밸브 간극은 얼마인가?

① 0.15 ～ 0.18[inch]

② 0.00[inch]

③ 0.25 ～ 0.32[inch]

④ 0.30 ～ 0.410[inch]

🔍 **해설**

유압식 밸브 리프트라고도 하며 내부에 엔진 오일이 공급되어 그 압력에 의해 밸브간극을 없애 주는 것으로 대향형 왕복 엔진의 밸브 기구에 사용된다.

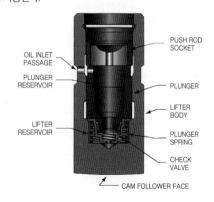

18 지상 작동시 카울 플랩의 위치는?

① 완전 닫힘   ② 완전 열림

③ 1/3 열림   ④ 1/3 닫힘

🔍 **해설**
① 공랭식 왕복 엔진의 구성요소 : 냉각핀, 배플, 카울 플랩
② 카울 플랩을 완전히 열어줄 때 : 지상 작동시, 최대 추력시(이륙시, 상승시)

19 차압 시험기를 이용하여 압축 점검을 수행할 때 피스톤이 하사점에 있으면 안되는 이유는?

① 너무 위험하다.

② 최소한 한 개의 밸브가 열려 있으므로

③ 게이지가 손상되므로

④ 실린더 체적이 최대가 되어 부정확하므로

🔍 **해설**

차압시험(실린더 압축시험)
* 실린더의 밸브와 피스톤링이 연소실 내의 기밀을 정상적으로 유지하는지 검사하는 것
* 피스톤을 압축 상사점에 위치시킨 상태에서 실시(두 개의 밸브가 완전히 닫혀 있는 상태)

20 항공용 왕복 엔진의 밸브에 2개 이상의 밸브 스프링을 사용하는 이유는?

① 밸브가 인장되는 것을 방지

② 밸브 스프링에 균등한 압력을 주기 위해

③ 밸브 스프링의 파동을 줄이기 위해

④ 밸브 스프링이 파손되는 것을 방지

🔍 **해설**

밸브 스프링
나선형으로 감겨진 방향이 서로 다르고, 스프링의 굵기와 지름이 다른 2개의 스프링을 겹치게 장착하여 진동을 감쇠시키며, 1개가 부러졌을 때에도 나머지 1개의 스프링이 안전하게 기능을 유지할 수 있도록 2중으로 만들어 사용한다.

21 흡입 밸브가 상사점 전에 열리는 것을 무엇이라 하는가?

① Valve lap   ② Valve lead

③ Valve lag   ④ Valve clearance

🔍 **해설**
① Valve lead : 흡(배)기 밸브가 상(하)사점 전에 열리는 것
② Valve lag : 흡(배)기 밸브가 상(하)사점 후에서 닫히는 것

22 왕복 엔진에서 혼합기가 희박하고 흡입 밸브가 너무 빨리 열리면 어떤 현상이 일어나는가?

① After fire   ② Knocking

③ 이상 폭발   ④ Back fire

🔍 **해설**

역화와 후화
① Back fire(역화)
  흡입밸브가 너무 빨리 열릴 때, 희박한 혼합비 때
② After fire(후화)
  배기밸브가 너무 늦게 닫힐 때, 농후한 혼합비 때

23 왕복 엔진의 실린더를 장탈할 때 피스톤의 위치는 어디인가?

① Bottom dead center

② Halfway between and bottom dead center

③ Top dead center

④ Bottom or top dead center

[정답] 18 ② 19 ② 20 ③ 21 ② 22 ④ 23 ③

해설
압축상사점일 때 밸브와 푸시로드에 가해지는 힘이 없어 실린더를 장탈할 수 있다.

24 초크보어(Chock bore) 실린더의 설명으로 옳은 것은?

① 연소실의 마모 방지

② 정상 작동 시 실린더를 직선으로 해주기 위해서

③ 피스톤 링의 고착 방지

④ 윤활유의 탄소찌꺼기 제거

해설
초크보어 실린더

초크보어 실린더 또는 테이퍼 형 실린더는 상사점부근의 직경을 하사점보다 작게 만들어 기관 작동 중에 열팽창에 의한 직경의 변화를 고려한 실린더이다.

25 공랭식 엔진에서 냉각효과는 어떤 것에 의하여 좌우 되는가?

① 실린더의 크기에 의하여

② 실린더 외부에 있는 Fin의 총면적에 의하여

③ 연료의 옥탄가에 의하여

④ 항공기의 평균 속도에 의하여

해설
공랭식 엔진 구성요소

냉각핀, 배플, 카울 플랩

26 만약에 엔진이 냉각된 상태에서 밸브의 간격을 열간 간극으로 맞추었을 때의 문제점은 무엇인가?

① 밸브가 일찍 열리고 일찍 닫힌다.

② 밸브가 늦게 열리고 일찍 닫힌다.

③ 밸브기 일찍 열리고 늦게 닫힌다.

④ 밸브가 늦게 열리고 늦게 닫힌다.

해설
열간 간극이 냉간 간극보다 크며 간극이 크면 밸브는 늦게 열리고 빨리 닫힌다.

27 다음 9기통 성형 엔진의 밸브 타이밍 파워 오버랩은?(I.O : BTDC 30°, E.O : BBDC 60°, I.C : ABDC 60°, E.C : ATDC 15°)

① 30°
② 40°
③ 50°
④ 60°

해설
① 밸브 타이밍 파워 오버랩 : 출력행정이 겹치는 것을 파워오버랩(Power overlap)이라 한다.

② $\text{Power overlap} = \dfrac{(\text{폭발각도} \times \text{실린더수}) - 720}{\text{실린더수}}$

③ $\text{Power overlap} = \dfrac{(120 \times 9) - 720}{9} = 40$

28 일반적으로 크랭크축에 사용하는 베어링은?

① 플레인 베어링
② 롤러 베어링
③ 볼 베어링
④ 니들 베어링

해설
① 플레인 베어링 : 일반적으로 커넥팅 로드, 크랭크축, 캠축에 사용

② 롤러 베어링 : 고출력 항공기의 크랭크축을 지지하는 주 베어링 (방사형하중담당)

③ 볼 베어링 : 대형 성형 엔진이나 가스 터빈 기관의 추력 베어링 (추력하중담당)

29 크랭크축의 런 아웃(Run-out) 측정을 위하여 다이얼 게이지(Dialgage)를 읽은 결과 +0.001[in] 부터 −0.002[in]까지 지시하였다면 이때 런 아웃 값은 몇 [in]인가?

① −0.001
② 0.002
③ 0.003
④ −0.002

해설
다이얼 게이지

- 크랭크축의 마멸 및 휨 측정 : 크랭크축의 런 아웃은 ±오차를 더한 값이다.
- 런 아웃(Run-out) : 회전체의 운동 반경이 원래의 회전상태에서 벗어난 궤적이 형성된 것을 말한다.

∴ $0.001 + 0.002 = 0.003$

[정답] 24 ② 25 ② 26 ② 27 ② 28 ① 29 ③

30 방사형 엔진에서 크랭크축의 정적평형을 위한 장치는?

① 카운터 웨이트(Counter weight)

② 다이나믹 댐퍼(Dynamic damper)

③ 다이나믹 센서(Dynamic senser)

④ 플라이 휠(Fly wheel)

해설

- 균형추(Counter weight) : 정적평형
- 댐퍼(Dynamic damper) : 비틀림 및 진동 방지

31 9기통 성형엔진 4로브 캠의 경우 크랭크축과 캠축의 회전 속도의 비는?

① 1/2

② 1/4

③ 1/6

④ 1/8

해설

$$캠판 속도 = \frac{1}{로브의수 \times 2}$$

32 터보 차저(turbo charger)의 동력원은?

① 크랭크축

② 배터리

③ 발전기

④ 배기가스

해설

과급기 구동방식

① 기계식 : 크랭크축의 회전동력을 이용하여 임펠러 구동

② 배기 터빈식(Turbocharger) : 배기가스 에너지를 이용

③ 배기 터빈식은 배기가스밸브(Waste gate)를 이용하여 터빈의 회전속도를 조절한다.

④ 과급기를 사용하면 흡입공기의 압력과 밀도가 상승한다.

33 흡입계통에서 매니폴드 히터의 열원은?

① Electron heating

② Cabin heater

③ Thermo couple

④ 배기가스

해설

기화기 공기 히터(Carburetor heat control)

① 기화기의 결빙 방지를 위해 흡입 공기를 가열

② 제어 밸브 : 알터네이트 에어 밸브(Alternate air valve)

③ 배기관에 있는 히터 머프(Heater muff)가 배기가스의 열을 이용하여 공기 가열

34 어느 캠 링이 가장 천천히 회전하는가?

① 5Cylinder 엔진에 사용된 2Lobe cam ring

② 7Cylinder 엔진에 사용된 3Lobe cam ring

③ 9Cylinder 엔진에 사용된 5Lobe cam ring

④ 위 모두 회전 속도는 같다.

해설

$$캠판 속도 = \frac{1}{로브의수 \times 2}$$

실린더 수와 관계없이 캠 로브의 수가 많을수록 캠 판은 천천히 회전

35 유압 리프터를 사용하는 수평 대향형 엔진에서 밸브 간극을 조절하려면?

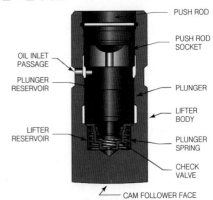

PUSH ROD
PUSH ROD SOCKET
OIL INLET PASSAGE
PLUNGER RESERVOIR
PLUNGER
LIFTER BODY
LIFTER RESERVOIR
PLUNGER SPRING
CHECK VALVE
CAM FOLLOWER FACE

① 로커암을 조절

② 로커암을 교환

③ 푸시로드 교환

④ 밸브 스템 심으로 조절

해설

많은 대향형 엔진에 있어서 엔진 로커암을 조절하지 않고 푸시로드를 교환함으로써 밸브 간극을 조절한다. 만일 간격이 너무 크면 더 긴 푸시로드를 사용하고 간격이 너무 적으면 더 짧은 푸시로드를 장착한다. 푸쉬로드의 교환 작업은 보통 오버홀 정비에서 이루어진다.

[정답] 30 ① 31 ④ 32 ④ 33 ④ 34 ③ 35 ③

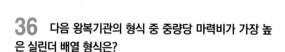

36 다음 왕복기관의 형식 중 중량당 마력비가 가장 높은 실린더 배열 형식은?

① 직렬형   ② 대향형

③ 성형   ④ V형

🔍 **해설** ------

중량당 마력비는 클수록 좋다.(성형)

37 왕복기관의 진동을 감소시키기 위한 방법 중 틀린 것은?

① 실린더수를 증가시킨다.

② 평형추(Counter weight)를 단다.

③ 피스톤의 무게를 적게 한다.

④ 회전수를 증가시킨다.

🔍 **해설** ------

회전수(rpm)가 증가하면 진동의 주기가 짧아지지만 진동의 횟수는 같다.

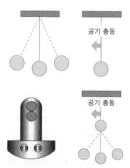

38 실린더의 내벽을 강화(Hardening)시키는 방법은?

① Nitriding   ② Shot peening

③ Ni plating   ④ Zn plating

🔍 **해설** ------

① 실린더 안쪽면 경화방법에는 질화처리(Nitriding)와 크롬도금(Chrome plating)이 있다.

② 질화처리 : 강을 고온에서 암모니아가스에 노출시키면 가스로부터 질소를 흡수하여 강의 노출면이 질화강이 되어 표면이 경화되는 것

39 왕복 엔진에서 실린더의 배기밸브는 흡기밸브보다 과열되므로 밸브의 내부에 어떤 물질을 넣어서 냉각하는가?

① 암모니아액   ② 금속나트륨

③ 수은   ④ 실리카겔

🔍 **해설** ------

버섯형 배기밸브의 내부는 중공으로 만들어 그 속을 금속나트륨(Metallic sodium)을 채운다.

40 왕복기관의 흡입 및 배기밸브가 실제로 열리고 닫히는 시기로 가장 올바른 것은?

① 흡입밸브 : 열림/상사점, 닫힘/하사점,
   배기밸브 : 열림/하사점, 닫힘/상사점

② 흡입밸브 : 열림/상사점 전, 닫힘/하사점 전,
   배기밸브 : 열림/하사점 후, 닫힘/상사점 후

③ 흡입밸브 : 열림/상사점 전, 닫힘/하사점 전,
   배기밸브 : 열림/하사점 전, 닫힘/상사점 후

④ 흡입밸브 : 열림/상사점 전, 닫힘/하사점 후,
   배기밸브 : 열림/하사점 전, 닫힘/상사점 후

🔍 **해설** ------

밸브의 열림과 닫힘 시기는 실린더의 체적을 증가시키는 목적으로 상사점 전, 후 및 하사점 전, 후를 응용하고 있다.

[정답] 36 ③ 37 ④ 38 ① 39 ② 40 ④

41 왕복기관에서 밸브간격이 과도하게 클 경우 가장 올바르게 설명한 것은?

① 밸브 오버랩(Overlap)이 증가한다.

② 밸브 오버랩(Overlap)이 감소한다.

③ 밸브의 수명이 증가한다.

④ 밸브 오버랩(Overlap)에 영향을 미치지 않는다.

해설

밸브간격이 크면 밸브는 늦게 열리고 빨리 닫힌다.

42 피스톤의 링의 끝은 링 홈에 링을 끼운 상태에서 끝 간격을 가지도록 해야 한다. 피스톤 링의 끝 간격 모양 중 제작이 쉽고, 사용하기 편리한 형으로 일반적으로 가장 널리 이용되는 것은?

① 계단형   ② 경사형

③ 맞대기형   ④ 쐐기형

해설

링의 끝 간격은 맞대기형이 가장 널리 사용되며, 간격의 측정은 두께 게이지로 한다.

43 피스톤 엔진 실린더 내벽의 크롬 도금에 대한 설명으로 가장 올바른 것은?

① 실린더 내벽의 열팽창을 크게 한다.

② 실린더 내벽의 표면을 경화시킨다.

③ 청색 표시를 한다.

④ 반드시 크롬 도금한 피스톤 링을 사용한다.

해설

실린더 안지름 경화방법
① 질화처리(Nitriding)
② 크롬 도금(Chrome plating)
③ 강철 라이너(Cylinder liner)

44 왕복기관을 분류하는 방법 중 현재 가장 많이 사용하는 방식으로 짝지어진 것은?

① 행정수와 냉각 방법

② 행정수와 실린더 배열

③ 냉각 방법과 실린더 배열

④ 실린더 배열과 사용 연료

해설

왕복기관의 분류 방법
① 냉각 방법에 의한 분류
    ⓐ 수랭식 기관 : 물 재킷 온도, 온도 조절 장치, 펌프, 연결 파이프와 호스 등으로 구성
    ⓑ 공랭식 기관 : 냉각 핀, 배플 및 카울 플랩 등으로 구성
② 실린더 배열 방법에 의한 분류
    대향형 기관, 성형기관, V형, 직렬형, X형 등, 요즘에는 대향형과 성형이 주로 사용된다.

45 배플(Baffle)의 목적은 무엇인가?

① 실린더에 난류를 형성시켜 준다.

② 실린더 주위에 와류를 형성시켜 준다.

③ 실린더에 흡입공기를 안내한다.

④ 실린더 주위에 공기의 흐름을 안내한다.

해설

배플(Baffle)의 목적
실린더 주위에 설치한 금속판을 말하며, 실린더의 앞부분이나 뒷부분 또는 실린더의 위치에 관계없이 공기가 실린더 주위로 흐르도록 유도하여 냉각효과를 증진시켜 주는 역할을 한다.

46 카울링(Cowling)의 뒤쪽에 열고 닫을 수 있는 문을 설치하여 냉각공기의 양을 조절하여 냉각을 조절하는 부품은 무엇인가?

[정답] 41 ②   42 ③   43 ②   44 ③   45 ④   46 ④

① 냉각 핀   ② 디플렉터

③ 공기흡입덕트   ④ 카울 플랩

⊙ 해설

카울 플랩(Cowl flap)
- 실린더의 온도에 따라 열고 닫을 수 있도록 조종석과 기계적 또는 전기적 방법으로 연결되어 있다.
- 냉각공기의 유량을 조절함으로써 기관의 냉각 효과를 조절하는 장치이다.
- 지상에서 작동시에는 카울 플랩을 최대한 열고(Full open) 사용한다.

47 다음 중 성형기관의 장점이 아닌 것은 어느 것인가?

① 마력당 무게비가 작다.

② 다른 기관에 비해 실린더 수를 많이 할 수 있다.

③ 전면면적이 작아 항력이 작다.

④ 대형기관으로 적당하다.

⊙ 해설

성형기관
① 주로 중형 및 대형 항공기 기관에 많이 사용되며, 장착된 실린더 수에 따라 200~3,500 마력의 동력을 낼 수 있다. 마력당 무게비가 작으므로 대형 기관에 적합하다.
② 전면면적이 넓어 공기저항이 크고 실린더 열 수를 증가할 경우 뒷열의 냉각이 어려운 결점이 있다.

48 왕복 엔진에서 압력이 가장 높을 때는 언제인가?

① 상사점   ② 하사점

③ 상사점 직후   ④ 하사점 후

⊙ 해설

흡입 및 배기밸브가 다 같이 닫혀 있는 상태에서 압축된 혼합가스가 점화 플러그에 의해 점화되어 폭발하면 크랭크축의 회전방향이 상사점을 지나 크랭크 각 10도 근처에서 실린더의 압력이 최고가 되면서 피스톤을 하사점으로 미는 큰 힘이 발생한다.

49 기관의 성능 점검 시 기화기 히터(Carburetor Heater)를 작동시키면 어떻게 되겠는가?

① 회전수가 급격히 증가한다.

② 연료압력이 동요한다.

③ 회전수와 관계가 없다.

④ 회전수가 조금 떨어진다.

⊙ 해설

기관이 큰 출력으로 작동할 때에 히터 위치에 놓게 되면 뜨거워진 공기가 들어오기 때문에 공기의 밀도가 감소하므로 디토네이션(Detonation)을 일으킬 우려가 있고 기관 출력이 감소하게 된다.

50 다음 중 보상캠(Compensated cam)이 사용되는 엔진 형식은?

Dot idendifies lobe for cylinder number 1

E - GAP NO.1 CYL 12°

R-1820

MBI

① V-형(V-type)   ② 직렬형(Inline type)

③ 성형(Radial type)   ④ 대향형(Opposit type)

⊙ 해설

성형(Radial type)기관에서는 보상캠을 사용하여 밸브의 열고 닫힘을 조절한다.

❸ 연소 및 연료 계통

01 다음 중에서 왕복 엔진의 Idle 혼합기가 정상일 때를 확인하는 방법은 무엇인가?

① 배기가스의 색깔로 확인

② Idle cut-off 위치에서 rpm이 감소

③ rpm 지시가 감소

④ Idle cut-off 위치에서 rpm이 증가

Aircraft Maintenance

해설

① Idle 혼합비의 설정이 농후한 상태인지, 희박한 상태인지를 알기 위해서 스로틀을 닫고, Mixture 레버를 Idle cut-off 상태로 놓는다.
② rpm이 약간 증가했다가 감소하면(25~50[rpm]) 정상
③ rpm이 즉시 감소하면 희박한 상태(희박 혼합비)

02 다음 중 퍼포먼스가(Performance No.) 115를 바르게 설명한 것은?

① 이소옥탄으로 운전할 때보다 노크 없이 출력이 15[%] 증가한다.
② 옥탄가 100은 연료 체적비로 4에틸납을 15[%] 첨가했다.
③ 옥탄가 100은 연료 질량비로 4에틸납을 15[%] 첨가했다.
④ 115는 내폭성을 말한다.

해설

① 안티노크제(제폭제, 내폭제) : 4 에틸납
② 옥탄가 : 이소옥탄(Isooctane C_8H_{18})과 정헵탄(Nornal heptane C_7H_{16})의 혼합 연료
③ 퍼포먼스 수 : 옥탄가 100 이상의 안티노크성을 가진 연료의 안티노크성의 값(이소옥탄으로 운전할 때 보다 노크 없이 발생한 출력 증가분으로 표시)

03 100/130으로 표기되는 연료의 퍼포먼스수의 의미는?

① 100/130은 옥탄가에 대한 퍼포먼스 비율이다.
② 100은 희박 퍼포먼스 수를 나타내며, 130은 농후 혼합 퍼포먼스 수를 나타낸다.
③ 100은 농후 퍼포먼스 수를 나타내며, 130은 희박 혼합 퍼포먼스 수를 나타낸다.
④ 100은 옥탄가 표시, 130은 퍼포먼스 수를 의미한다.

해설

퍼포먼스 수
연료의 이소옥탄이 갖는 안티노크성질을 최대 100으로 보았을 때 그 값 이상의 비율로 나타낸 수치이다.
농후한 혼합비에서는 안티노크성이 증가한다.

04 압력식 기화기에서 연료 압력을 측정하는 장소는?

① 연료 펌프　　　② 기화기 입구
③ 보조 펌프　　　④ 기화기 출구

해설

엔진에서 연료의 압력은 기화기의 입구에서 측정한다.

05 기화기의 결빙시 나타나는 현상 중 옳은 것은?

① C.H.T에 이상이 생긴다.
② 흡입 압력 증가한다.
③ Engine R.P.M 이상이 생긴다.
④ 흡입 압력 강하한다.

해설

기화기가 결빙되면 흡입 공기의 양이 감소하여 혼합 가스의 압력 저하

06 왕복 엔진에서 혼합비가 과희박시 흡입 밸브가 빨리 열릴 때 일어나는 현상은?

① After Fire　　　② Back Fire
③ Detonation　　　④ Kick Back

해설

① 후화(After Fire) : 과농후(Over rich) 혼합비 상태로 연소시 배기행정 후에도 연소가 진행되어 배기관을 통해 불꽃이 배출되는 현상
② 역화(Back Fire) : 과희박(Over lean) 혼합비 상태로 연소시 흡입행정에서 실린더 안에 남아 있는 화염불꽃에 의해 매니폴드나 기화기 안의 혼합가스로 인화되는 현상
③ 디토네이션(Detonation) : 정상 점화에 의한 불꽃 전파가 도달하기 전에 미연소 가스가 자연 발화에 의해 폭발하는 현상
④ 킥백(Kick Back) : 기관이 저속으로 회전할 때 빠른 점화 진각에 의한 기관이 역회전하는 현상

07 압력 분사식 기화기에서 스로틀을 내리면 A 체임버와 B 체임버의 압력차는 어떻게 변화하는가?

① 스로틀을 내리면 변화하지 않는다.
② 감소한다.

[정답] 02 ①　03 ②　04 ②　05 ④　06 ②　07 ②

③ 처음에는 감소하다가 증가한다.

④ 처음에는 증가하다가 감소한다.

해설

① A 체임버 : 임펙트 공기 압력
② B 체임버 : 벤투리 목부분의 공기 압력
③ C 체임버 : 미터된 연료 압력
④ D 체임버 : 미터되지 않은 연료 압력
⑤ A, B 체임버의 압력차 : 공기의 계량 힘(Air metering force)
⑥ C, D 체임버의 압력차 : 연료의 계량 힘(Fuel metering force)

08 다음 중에서 직접 연료 분사장치의 구성 요소가 아닌 것은?

① 주공기 블리드
② 연료분사펌프
③ 주조정 장치
④ 분사 노즐

해설

직접 연료분사장치는 기화기가 없이 연료를 실린더 내에 직접 분사하여 혼합가스가 만들어 연소시키는 장치

09 저속으로 작동 중인 왕복 엔진에서 흡입 계통으로 역화되고 있다면 다음 중 그 원인은?

① 너무 낮은 저속 운전
② 너무 과도한 혼합기
③ 디리치먼트 밸브의 막힘
④ 너무 희박한 혼합기

해설

역화의 원인

흡입압력의 감소, 희박한 혼합비, 밸브의 개폐시기가 잘못된 경우 등이다.

10 전기로 작동하여 연료를 Primming할 때 연료의 압력은 어디서 얻어지는가?

① 엔진 구동펌프
② 연료 승압 펌프
③ 연료 인젝터
④ 중력 공급

해설

연료 승압 펌프(부스터 펌프)

연료 탱크의 가장 낮은 곳에 위치하여 전기식으로 작동되며, 엔진 시동시, 이륙시, 고고도에서 주연료 펌프 고장시, 탱크간의 연료 이송시에 사용한다.

11 왕복 엔진에 일반적으로 사용되는 연료 펌프의 형식은?

① 기어형(Gear type)
② 임펠러형(Impeller type)
③ 베인형(Vane type)
④ 지로터형(Gerotor type)

해설

왕복 엔진의 주연료 펌프로는 베인형(Vane type)이 주로 사용된다.

12 부자식 기화기에서 부자의 높이를 조절하는데 사용되는 일반적인 방법은?

① 부자의 축을 길게 또는 짧게 조절
② 부자의 무게를 증감시켜서 조절
③ 부자의 피봇암의 길이 변경
④ 니들 밸브 시트에 심을 추가하거나 제거

해설

부자실(플로트실)의 유면 조절은 부자실로 연료를 받아들이는 니들밸브의 밸브시트 높이를 와셔를 추가하거나 제거하여 조절하면 된다.

13 왕복 엔진을 시동할 때 실린더 안에 직접 연료를 분사시켜 농후한 혼합가스를 만들어 줌으로써 시동을 쉽게 하는 장치는?

[정답] 08 ① 09 ④ 10 ② 11 ③ 12 ④ 13 ①

① 프라이머   ② 기화기

③ 과급기   ④ 주연료펌프

🔍 해설

프라이머(Primer)의 기능

엔진 시동 시 실린더에 직접 연료를 분사하여 농후한 혼합비를 만들어 줌으로서 시동을 용이하게 해주는 장치이며, 수동식(소형기용), 전기식 솔레노이드 밸브(대형기용)가 있다.

14 다음은 왕복 엔진의 노킹 현상이 일어나기 쉬운 경우를 나열한 것이다. 관계가 먼 것은?

① 제동평균 유효압력이 낮은 경우

② 흡기 온도가 높은 경우

③ 혼합기의 화염전파속도가 느린 경우

④ 실린더 온도가 높은 경우

🔍 해설

노킹(Knocking)

정상 점화 후 많은 양의 미연소 가스가 동시에 자연 발화하게 되면 실린더 안에 폭발적인 압력 증가가 발생한다. 이러한 폭발적 자연발화현상에 의해 엔진에서 큰 소음과 진동, 출격감소 현상이 일어나는 것이다.

15 정확한 연료 대 공기의 비율을 얻기 위해 공기와 연료를 섞을 때 공기의 밀도가 상당히 중요하다. 다음 중 가장 좋은 조건은?

① 98[%]의 건조공기와 2[%]의 수증기

② 75[%]의 건조공기와 25[%]의 수증기

③ 100[%]의 건조공기

④ 50[%]의 건조공기와 50[%]의 수증기

🔍 해설

흡입공기내의 수증기는 공기내의 산소밀도를 떨어지게 만드는 원인이 된다.

16 압력식 기화기(Pressure carburetor)에서 엔리치먼트 밸브(Enrichment valve)는 다음 중 어느 압력에 의하여 열려지는가?

① 공기압   ② 연료압

③ 수압   ④ 벤투리 진공압

🔍 해설

① Power enrichment valve : 순항 출력 이상의 고출력일 때 여분의 연료를 공급하는 밸브로 부자식 기화기의 이코노마이저 장치와 같은 역할을 한다.

② Derichment valve : 물분사 장치 사용시 연료에 의한 과농후 혼합비를 방지하기 위하여 혼합비를 희박하게 해서 엔진을 정상적으로 작동하게 하는 밸브로 물의 압력에 의해 작동된다.

17 이상 폭발과 조기 점화의 주된 차이점은?

① 이상 폭발은 정상 점화전에서 일어나고, 조기 점화는 정상 점화 후에 일어난다.

② 조기 점화는 정상 점화전에서 일어나고, 이상 폭발은 정상 점화 후에 일어난다.

③ 양쪽 모두 과도한 온도 상승이 되는 것 외에 차이점이 없다.

④ 양쪽 모두 실린더 내에서 일어난다는 점에서 차이가 없다.

🔍 해설

① 조기 점화(Preignition)

점화 플러그에 의한 정상 점화 이전에 연소실 내의 국부적인 과열 등에 의해 혼합 가스가 점화하여 연소하는 현상.

② 디토네이션(Detonation)

정상 점화 후에 아직 연소하지 않은 미연소가스가 자연 발화에 의해 동시 폭발하는 현상으로 불꽃 속도는 음속을 넘어 충격을 발생시킨다.

18 항공기의 고도변화에 따라 왕복기관의 기화기에서 공급하는 연료의 양은 AMCU에 의해 조절된다. 다른 조건이 동일한 경우 다음 중 옳은 것은?

① 고도가 증가함에 따라 연료량을 감소시킨다.

② 고도가 증가함에 따라 연료량을 증가시킨다.

③ 고도가 증가함에 따라 연료량을 증가시켰다 감소시킨다.

④ 고도가 증가함에 따라 연료량을 일정하게 한다.

🔍 해설

자동 혼합비 조정 장치(AMC : Automatic Mixture Control)

[정답] 14 ①   15 ③   16 ②   17 ②   18 ①

고도가 높아짐에 따라 공기의 밀도가 감소하므로 혼합비가 농후 혼합비 상태로 되는 것을 막아 주기 위해 연료의 양을 줄이는 역할을 하는 것이 혼합비 조정 장치이며, 이 역할을 자동적으로 해주는 것이 AMC이다.

19 연료의 옥탄가와 왕복기관 압축비는 어떤 관계에 있는가?

① 낮은 옥탄가면 가능한 압축비는 더 높아진다.
② 높은 옥탄가면 가능한 압축비는 더 높아진다.
③ 높은 옥탄가면 필요한 압축비는 더 낮아진다.
④ 둘은 아무관계가 없다.

해설

옥탄가가 높을수록 안티노크성이 크므로 압축비를 크게 할 수 있다.

20 시동할 때 정상적인 스로틀(Throttle)보다 적게 열린다면 무엇을 초래하는가?

① 희박혼합비
② 농후혼합비
③ 희박혼합비에 기인한 엔진의 역화
④ 조기점화

해설

엔진 시동시 농후한 혼합비가 형성되는데 흡입공기량이 적어지면 더 농후해진다.

21 F/A 혼합비에 대한 설명 중 가장 올바른 것은?

① 최적의 출력을 내는 혼합비는 경제적인 혼합비보다 농후하다.
② 정상 혼합비보다 희박한 혼합이 더 빨리 연소된다.
③ 정상 혼합비보다 농후한 혼합이 더 빨리 연소된다.
④ 설계된 최적혼합비가 가장 경제적이다.

해설

① 최대출력혼합비 – 12.5:1, 이론혼합비 – 15:1, 최량경제혼합비 – 16:1
② 연소속도는 희박혼합비 ➡ 농후혼합비 ➡ 정상혼합비 순으로 빨라진다.

22 내부 과급기를 설치한 기관의 흡기계통 내 압력이 가장 낮은 곳은?

① 기화기 입구
② 과급기 입구
③ 스로틀밸브 앞
④ 흡입다기관

해설

내부 과급기(internal type supercharger)
과급기가 기화기와 실린더 흡입구 사이에 위치하여 기화기에서 나오는 연료 혼합기를 압축

23 디토네이션(Detonation)의 발생 요인으로 맞는 것은?

① 너무 늦은 점화 시기
② 너무 낮은 옥탄가의 연료 사용
③ 오버홀시 부정확한 밸브 연마
④ 너무 높은 옥탄가의 연료 사용

해설

디토네이션 발생 요인
높은 흡입 공기 온도, 너무 낮은 연료의 옥탄가, 너무 큰 엔진 하중, 너무 이른 점화시기, 너무 희박한 연료공기 혼합비, 너무 높은 압축비 등이다.

24 연료 분사 장치(Fuel injection system)에서 연료다기관(Fuel manifold)으로부터 연료 라인은 어떠한가?

① 모두가 똑같은 길이이다.
② 길이가 같은 것도 있고, 틀린 것도 있다.
③ 실린더에 따라 길이가 틀리다.
④ 항공기 크기에 따라 틀려진다.

해설

연료 라인의 길이에 따라서 연료 압력의 변화가 생긴다.

[정답] 19 ② 20 ② 21 ① 22 ② 23 ② 24 ①

25 부자식 기화기(Float type carburetor)에서 부자실 유면이 높으면?

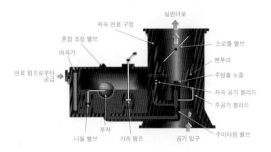

① 희박 혼합비
② 농후 혼합비
③ 변화하지 않는다.
④ 혼합비와 상관없다.

🔍 **해설**

부자실의 유면이 너무 높으면 혼합기가 농후해지게 되고, 유면이 너무 낮으면 혼합기가 희박해진다. 기화기의 유면을 조정하기 위하여 부자 니들 시트 아래에 와셔를 끼운다.

26 왕복기관 중 직접연료분사 엔진에서 연료가 분사되는 곳이 아닌 것은?

① 흡입 밸브 앞
② 흡입 다기관
③ 실린더 내
④ 벤투리 목 부분

🔍 **해설**

직접연료 분사 장치는 흡입밸브 바로 앞 각 실린더의 흡입관 입구에 연료를 분사하는 것과 실린더의 연소실에 직접 분사하는 것이다.

27 왕복기관의 노크와 가장 관계가 먼 것은?

① 점화시기
② 연료 – 공기 혼합비
③ 회전 속도
④ 연료의 기화성

🔍 **해설**

연료의 기화성은 베이퍼 록(Vapor lock) 현상과 관계있다.

28 디토네이션이 일어날 때 제일 먼저 감지할 수 있는 사항은?

① 연료 소모량이 많아진다.
② 연료 소모량이 적어진다.
③ 실린더 온도가 내려간다.
④ 심한 진동이 생긴다.

🔍 **해설**

디토네이션이 발생하면 엔진에서는 실린더 온도 상승과 진동이 발생하며 출력이 감소한다.

29 부자식 기화기(Float-type carburetor)에 있는 이코노마이저 밸브(Economizer valve)의 주목적은 무엇인가?

① 최대 출력에서 농후한 혼합비가 되게 한다.
② 유로 계통에 분출되는 연료의 양을 경제적으로 한다.
③ 순항시 최적의 출력을 얻기 위하여 가장 희박한 혼합비를 유지한다.
④ 엔진의 갑작스런 가속을 위하여 추가적인 연료를 공급한다.

🔍 **해설**

• **부자식 기화기의 부속 장치**
 ① 완속 장치(Idle system)
 ② 이코노마이저(Economizer)
 ③ 가속 장치(Accelerating system)
 ④ 혼합비 조정 장치(Mixture control)
 ⑤ 부자기계장치(Float mechanism)와 부자실(Float chamber)
 ⑥ 주 계량장치(Main metering system)

• **이코노마이저 밸브(Economizer valve)**
 고속에서 연소온도를 감소하고 디토네이션을 방지할 목적으로 농후 혼합비로 하기 위해서 열리는 밸브이다.

30 압력분사식 기화기에서 자동혼합가스 조절장치의 Bellow 가 파열되었다면, 어떤 현상이 발생하겠는가?

[정답] 25 ② 26 ④ 27 ④ 28 ④ 29 ① 30 ③

① 혼합비가 보다 희박해진다.

② 낮은 고도에서 농후한 혼합비가 된다.

③ 높은 고도에서 농후한 혼합비가 된다.

④ 낮은 고도에서 희박한 혼합비가 된다.

🔍 해설 --

자동혼합비 조정장치(AMC : Automatic Mixture Control)

고도가 높아짐에 따라 공기의 밀도가 감소하므로 혼합비가 농후하게 되는 것을 막아주는 역할을 하는 것으로, 기압의 변화로 수축, 팽창 하는 벨로우즈를 이용하여 조정장치의 밸브를 자동적으로 작동되도록 한 장치이다.

벨로우즈가 파열되면 AMC가 그 역할을 하지 못하므로, 고고도에서 혼합비가 농후해진다.

31 근래 기화기의 자동연료흐름 메터링 기구는 다음 어느 것에 의하여 작동되는가?

① 기화기를 통과하는 공기의 질량과 속도

② 기화기를 통과하는 공기의 속도

③ 기화기를 통하여 움직이는 공기의 질량

④ 스로틀 위치

🔍 해설 --

연료 메터링(유량조절) 장치에는 메인 메터링, 아이들 메터링, 고출력 메터링, 가속 메터링 계통 등이 있으며 모두 기화기를 통과하는 공기의 양과 속도에 따라 작동

32 항공기 왕복기관의 부자식 기화기에서 가속 펌프의 주목적은?

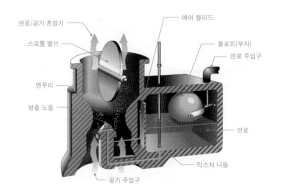

① 고출력 고정 시 부가적인 연료를 공급하기 위하여

② 이륙 시 엔진 구동펌프를 가속시키기 위해서

③ 높은 온도에서 혼합가스를 농후하게 하기 위해서

④ 스로틀(Throttle)이 갑자기 열릴 때 부가적인 연료를 공급시키기 위해서

🔍 해설 --

가속장치

스로틀이 갑자기 열릴 때는 이에 따라 공기의 흐름이 증가한다. 그러나 연료의 관성 때문에 연료의 흐름은 공기흐름에 비례하여 가속되지 않는다. 그러므로 연료지연은 순간적으로 희박한 혼합기가 되어 엔진이 정지되려고 하거나 역화가 일어나 출력 감소의 원인이 된다.

33 이코노마이저 밸브가 닫힌 위치로 고착된다면 무슨 일이 일어나겠는가?

① 순항속도 이상에서 디토네이션이 발생하게 된다.

② 순항속도 이상에서 조기점화가 발생하게 된다.

③ 순항속도 이하에서 디토네이션이 발생하게 된다.

④ 순항속도 이하에서 조기점화가 발생하게 된다.

🔍 해설 --

이코노마이저 밸브(Economizer valve)

고속에서 연소온도를 감소하고 디토네이션을 방지할 목적으로 농후 혼합비로 하기 위해서 열리는 밸브이다.

34 항공기용 가솔린의 구비조건이 아닌 것은?

① 발열량이 커야 한다.　　② 안전성이 커야 한다.

③ 부식성이 적어야 한다.　④ 안티 노크성이 적다.

🔍 해설 --

항공용 가솔린의 구비조건

① 발열량이 커야 한다.

② 기화성이 좋아야 한다.

③ 증기 폐쇄(Vapor Lock)를 잘 일으키지 않아야 한다.

④ 안티노크성(Anti-knocking Value)이 커야 한다.

⑤ 안전성이 커야 한다.

⑥ 부식성이 적어야 한다.

⑦ 내한성이 커야 한다.

[정답] 31 ① 32 ④ 33 ① 34 ④

35 증기 폐쇄(Vapor Lock) 현상은 언제 나타나는가?

① 연료의 기화성이 좋지 않을 때 나타난다.
② 연료의 압력이 증기압보다 클 때 나타난다.
③ 연료 파이프에 열을 받으면 나타난다.
④ 연료의 기화성이 좋고 연료 파이프에 열을 가했을 때

해설

연료계통에서의 증기 폐쇄 원인으로는 연료의 기화성, 굴곡이 심한 연료관, 배기관 근처를 지나가는 연료관 등이 있다.

36 증기 폐쇄(Vapor Lock)를 이겨내기 위한 방법은?

① 높은 위치에 장착 ② 높은 압력으로 가압
③ 부스트펌프로 가압 ④ 고고도 유지

해설

증기 폐쇄(Vapor Lock)
① 기화성이 너무 좋은 연료를 사용하면 연료 라인을 통하여 흐를 때에 약간의 열만 받아도 증발하여 연료 속에 거품이 생기기 쉽고, 이 거품이 연료 라인에 차게 되면 연료의 흐름을 방해하는 것을 말한다.
② 증기 폐쇄가 발생하면 기관의 작동이 고르지 못하거나 심한 경우에는 기관이 정지하는 현상을 일으킬 수 있다.
③ 증기 폐쇄를 없애기 위해서 승압 펌프(Boost Pump)를 사용하는데 고고도에서 승압 펌프를 작동함은 증기 폐쇄를 없애기 위함이다.

37 다음 중 C.F.R(Cooperative Fuel Research) 기관이 하는 것은?

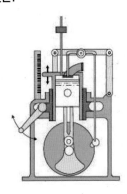

① 윤활유의 점성 측정
② 윤활유의 내한성 측정
③ 가솔린의 증기 압력 측정
④ 가솔린의 안티노크성을 측정

해설

C.F.R(Cooperative Fuel Research)
① 가솔린의 안티노크성을 측정하는 장치로 C.F.R이라는 압축비를 변화시키면서 작동시킬 수 있는 기관이 사용된다.
② C.F.R기관은 액랭식의 단일 실린더 4행정기관으로서 이 기관을 이용하여 어떤 연료의 안티 노크성을 안티노크성의 기준이 되는 표준 연료의 안티노크성과 비교하여 측정하며 옥탄가 퍼포먼스 수로 나타낸다.

38 다음 중 승압 펌프(Boost Pump)의 형식으로 맞는 것은?

① 원심력식 ② 베인식
③ 기어식 ④ 지로터식

해설

승압 펌프는 연료탱크의 가장 낮은 곳에 위치하며 전기식, 원심력식 펌프이다.

39 왕복기관 연료계통에서 승압 펌프(Boost Pump)의 기능은?

① 항공기의 평형을 돕기 위하여 탱크들의 연료량을 조절한다.
② 기관의 필요 연료를 선택하거나 차단한다.
③ 연료의 압력을 조절한다.
④ 연료탱크로부터 엔진 구동 펌프까지 공급한다.

해설

승압 펌프(Boost Pump)
① 압력식 연료계통에서는 주 연료펌프는 기관이 작동하기 전까지는 작동되지 않는다. 따라서 시동할 때나 또는 기관 구동 주 연료펌프가 고장일 때와 같은 비상시에는 수동식 펌프나 전기 구동식 승압 펌프가 연료를 충분하게 공급해 주어야 한다. 또한, 이륙, 착륙, 고고도시 사용하도록 되어 있다.
② 승압 펌프는 주 연료 펌프가 고장일 때도 같은 양의 연료를 공급할 수 있어야 한다. 그리고 이들 승압 펌프는 탱크간에 연료를 이송시키는 데도 사용된다.

[정답] 35 ④ 36 ③ 37 ④ 38 ① 39 ④

③ 전기식 승압 펌프의 형식은 대개 원심식이며 연료 탱크 밑에 부착한다.

40 연료펌프의 내부 윤활은 다음 중 어느 것에 의하여 윤활작용을 하는가?

① 엔진오일　　　　② 연료
③ 그리스　　　　　④ 별도로 비치된 윤활유

🔍 해설

연료계통에는 별도의 윤활유를 사용하지 않고 연료를 이용한다.

41 연료계통의 주 연료여과기는 주로 어느 곳에 위치하나?

① 연료계통의 화염관과 먼 곳에
② Relief Valve 다음
③ 연료계통의 가장 낮은 곳
④ 연료탱크 다음

🔍 해설

연료여과기 (Fuel Filter)
① 연료여과기는 연료 속에 섞여 있는 수분, 먼지들을 제거하기 위하여 연료탱크와 기화기 사이에 반드시 장착한다. 여과기는 금속망으로 되어 있는 스크린이며, 연료는 이 스크린을 통과하면서 불순물이 걸러진다.
② 연료계통 중에서 가장 낮은 곳에 장치하여 불순물이 모일 수 있게 하고, 배출 밸브(Drain Valve)가 마련되어 있어 모여진 불순물이나 수분들은 배출시킬 수 있는 장치를 함께 가지고 있다.

42 연료탱크에 벤트 계통이 있는 목적은?

① 연료탱크 내의 공기를 배출하고 발화를 방지한다.
② 연료탱크 내의 압력을 감소시키고 연료의 증발을 방지한다.
③ 연료탱크를 가압, 송유를 돕는다.
④ 연료탱크 내외의 압력차를 적게 하여 연료 보급이 잘 되도록 한다.

🔍 해설

벤트 계통 (Vent System)

벤트 계통은 연료탱크의 상부 여유부분을 외기와 통기시켜 탱크 내외의 압력차가 생기지 않도록 하여 탱크 팽창이나 찌그러짐을 막음과 동시에 구조부분에 불필요한 응력의 발생을 막고 연료의 탱크로의 유입 및 탱크로부터의 유출을 쉽게 하여 연료펌프의 기능을 확보하고 엔진으로의 연료 공급을 확실히 하는데 벤트 라인이 얼게 되면 부압이 작용하게 되어 연료가 흐르지 못하게 될 것이므로 결국 기관은 정지할 것이다.

43 기화기에서 공기 블리드를 사용하는 이유는?

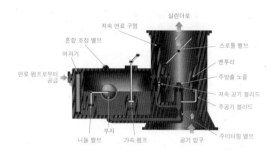

① 연료를 더 증가시킨다.
② 공기와 연료가 잘 혼합되게 한다.
③ 연료압력을 더 크게 한다.
④ 연료 공기 혼합비를 더 농후하게 한다.

🔍 해설

공기 블리드(Air Bleed)
벤투리 관에서 연료를 빨아올릴 때에 공기 블리드관 부분에서 공기가 들어올 수 있도록 하면 공기와 연료가 합쳐지는 부분부터는 연료와 공기가 섞여 올라오게 된다. 이와 같이 연료에 공기가 섞여 들어오게 되면 연료 속에 공기 방울들이 섞여 있게 되어 연료의 무게가 조금이라도 가벼워지게 되므로 작은 압력으로도 연료를 흡입할 수 있다. 기화기 벤투리 목 부분의 공기와 혼합이 잘 될 수 있도록 분무가 되게 한 장치를 공기 블리드(Air Bleed)라 한다.

44 혼합비 조절장치의 스로틀 레버에서 기관 정지 시 연료를 차단하는 장치는?

① 유량 압력 조절 밸브　　② 차단 밸브
③ 유량 조절 밸브　　　　　④ 압력 밸브

🔍 해설

연료 차단 밸브(Fuel Shut Off Valve)
연료탱크로부터 기관으로 연료를 보내주거나 차단하는 역할을 한다.

[정답] 40 ② 41 ③ 42 ④ 43 ② 44 ②

45 부자식 기화기에서 주 공기 블리드(Main Air Bleed)가 막히면 어떻게 되는가?

① idle 혼합 가스는 농후하게 된다.
② idle 혼합 가스는 희박하게 된다.
③ idle 혼합 가스는 정상이 될 것이다.
④ 혼합 가스는 모든 출력에서 농후하게 된다.

해설

완속 장치(Idle system)
① 완속 장치는 기관이 완속으로 작동되어 주 노즐에서 연료가 분출될 수 없을 때에도 연료가 공급되어 혼합가스를 만들어 주는 것이 완속 장치이다.
② 완속 작동 중에는 스로틀 밸브가 거의 닫혀 있는 상태이지만 약간의 틈이 있으므로 적은 공기의 흐름에도 속도가 빨라 압력이 낮아지는 벽 부분에 완속 장치의 연료 분출 구멍을 만들어 놓으면 완속 작동시 주 노즐에서는 연료가 분출되지 않고 완속 노즐에서만 연료가 분출되어 혼합가스를 정상적으로 만들어준다. 완속 장치에는 별도의 공기 블리드가 마련되어 있다.
③ 완속시에 주 공기 블리드가 막히더라도 완속장치에는 별도의 공기 블리드가 마련되어 있어 이곳을 통해 공기가 공급되므로 혼합가스는 정상이 될 것이다.

46 주 미터링 장치의 3가지 기능이 아닌 것은?

① 연료 흐름 조절
② 혼합비 비율조절
③ 방출노즐 압력 저하
④ 스로틀 전개시 공기 유량 조절

해설

주 미터링 장치(Main Metering System) 기능
① 연료 공기 혼합비를 맞춘다.
② 방출 노즐 압력을 저하시킨다.
③ 스로틀 최대 전개시 공기량을 조절한다.

47 압력 분사식 기화기의 장점에서 잘못 설명한 것은?

① 기화기의 결빙이 없다.
② 어떠한 비행자세에서도 중력과 관성력의 영향이 적다.
③ 구조가 간단하며 널리 사용한다.
④ 연료의 분무가 양호하다.

해설

압력 분사식 기화기(Pressure injection type carburetor)
① 기화기의 결빙 현상이 거의 없다.
② 비행자세에 관계없이 정상적으로 작동학고 중력이나 관성에도 거의 영향을 받지 않는다.
③ 어떠한 엔진 속도와 하중에도 연료가 정확하게 자동적으로 공급된다.
④ 압력하에서 연료를 분무하므로 엔진 작동이 유연하고 경제성이 있다.
⑤ 출력 맞춤이 간단하고 균일하다.
⑥ 연료의 비등과 증기 폐쇄를 방지하는 장치가 마련되어 있다.

48 기화기 장탈시 가장 먼저 확인해야 하는 것은?

① 스로틀 레버
② 초크 밸브
③ 연료 조종장치
④ 연료 차단장치

해설

연료계통 작업시에는 제일 먼저 기관으로 연료 흐름을 차단하는 연료 차단 밸브의 위치(닫힘 위치)를 확인한 후 수행한다.

49 왕복기관 직접 연료 분사장치의 특징이 아닌 것은?

① 역화 발생이 쉽다.
② 시동성이 좋다.
③ 비행 자세의 영향을 받지 않는다.
④ 가속성이 좋다.

해설

직접 연료 분사장치(Direct fuel injection system) 특징
① 비행 자세에 의한 영향을 받지 않고, 기화기 결빙이 위험이 거의 없고 흡입공기의 온도를 낮게 할 수 있으므로 출력 증가에 도움을 준다.
② 연료의 분배가 되므로 혼합가스를 각 실린더로 분배하는데 있어 분배 불량에 의한 일부 실린더의 과열현상이 없다.
③ 흡입계통 내에서는 공기만 존재하므로 역화가 발생할 우려가 없다.
④ 시동, 가속 성능이 좋다.
⑤ 연료 분사 펌프, 주 조정장치, 연료 매니폴드 및 분사 노즐로 이루어져 있다.

50 직접 연료 분사장치에서 연료가 어느 때 실린더로 분사되는가?

[정답] 45 ③ 46 ① 47 ③ 48 ④ 49 ① 50 ①

1-148 | 항공산업기사 필기+실기 필답

① 흡입행정 동안에

② 압축행정 동안에

③ 계속적으로

④ 흡입행정과 압축행정 동안에

🔍 **해설**

분사 노즐(Injection nozzle)

실린더 헤드 또는 흡입밸브 부근에 장착되어 있는데 스프링 힘에 의하여 연료의 흐름을 막고 있다가 흡입행정 시 연료의 분사가 필요할 때에 연료의 압력에 의해 밸브가 열려서 연소실 안으로 직접 연료를 분사한다.

51 물 분사장치에서 물을 분사할 때 알코올을 섞는 이유는?

① 공기 밀도 증가　　② 연소실 온도 감소

③ 공기 부피 증가　　④ 물이 어는 것을 방지

🔍 **해설**

물 분사장치(Anti-Detonation Injection)

① ADI 장치는 물 대신에 물과 소량의 수용성 오일 첨가한 알코올을 혼합한 것을 사용

② 알코올은 차가운 기후나 고고도에서 물의 빙결을 방지하고 오일은 계통 내 부품이 녹스는 것을 방지하는데 도움이 된다. 물 분사의 사용으로 이륙마력의 8~15[%] 증가를 허용한다.

③ 물 분사는 짧은 활주로나 비상시에 착륙을 시도한 후 복행할 필요가 있을 때 이륙에 필요한 엔진 최대 출력을 내기 위하여 사용한다.

④ 혼합기의 물 분사는 엔진이 디토네이션 위험 없이 더 많은 출력을 낼 수 있게 하는 노킹 방지제의 첨가와 같은 효과를 낼 수 있다.

⑤ 물은 혼합기를 냉각하여 더 높은 MAP(Manifold Pressure)를 사용하게 하고 연료와 공기의 비는 농후 최량 출력 혼합비가 감소하여 연료 소모에 비해 많은 출력을 낼 수 있다.

52 가솔린 엔진에서 노킹(Knocking)을 방지하기 위한 방법으로 틀린 것은?

① 제폭성이 좋은 연료를 사용한다.

② 화염전파 거리를 짧게 해준다.

③ 착화지연을 길게 한다.

④ 연소속도를 느리게 한다.

🔍 **해설**

화염전파속도가 느리면 혼합기의 발화지연 시간내에 미연소가스가 발화되어 노킹이 발생된다.

4 윤활유 및 윤활 계통

01 다음 중에서 오일의 온도가 올라가고 압력이 떨어지는 이유는?

① 오일량이 부족하다

② 오일 냉각기가 고장이 났다.

③ 오일 Pump가 고장이 났다.

④ 릴리프 Valve의 조절 불량

🔍 **해설**

오일량이 부족하면 충분한 냉각을 할 수 없기에 온도가 상승하고 압력이 떨어진다.

02 다음 중에서 고출력 왕복 엔진의 오일 계통에 쓰이는 형식은 무엇인가?

① Gravity Fed dry sump

② Pressure Fed dry sump

③ Gravity Fed wet sump

④ Pressure Fed wet sump

🔍 **해설**

윤활 계통의 분류

① 건식 윤활 계통(Dry sump)

공급 라인과 배유(귀유)라인이 별도로 존재하며 섬프와 배유펌프가 있다.

② 습식 윤활 계통(Wet sump)

공급 라인만 있으며 중력에 의해 탱크로 귀유된다.

03 왕복 엔진 오일 계통에 사용되는 배유 펌프는 무슨 형식인가?

[정답] 51 ④　52 ④　**4** 01 ①　02 ②　03 ①

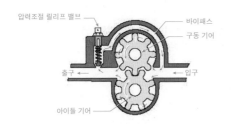

① 기어   ② 베인

③ 지로터   ④ 피스톤

🔍 해설

배유펌프(Scavenge pump)의 펌프 용량은 공급(압력)펌프보다 더 크다. 이유는 기포가 포함되고 열 팽창되기 때문이다.

04 차가운 날 엔진 시동을 돕기 위하여 오일 희석 장치는 엔진 오일을 다음 어느 것으로 희석하는가?

① Kerosene   ② Gasoline

③ Alcohol   ④ Propane

🔍 해설

오일 희석 장치(Oil dilution system)
① 추운 기후에 시동 시 윤활유를 저점도로 만들기 위해
② 기관 정지 전 연료(가솔린)를 윤할 계통에 희석
③ 오일 희석장치에서 사용된 가솔린(Gasoline)은 엔진이 시동된 후에 엔진 열에 의해서 기화되어 증발된다.

05 정기 점검 중인 왕복 엔진에서 반짝거리는 작은 금속편이 여과기에서 발견되고 마그네틱 드레인 플러그에서는 발견되지 않았다면 어떻게 조치하여야 하는가?

① 보기의 기어가 마모된 것으로 장탈하거나 오버홀시 필요하다.
② 플레인 베어링이 비정상적으로 마모되어 발생된 것으로 점검해볼 필요가 있다.
③ 실린더 벽이나 링이 마모된 것으로 엔진을 장탈하여야 한다.
④ 플레인 베어링 또는 알루미늄 피스톤의 정상적인 마모이므로 문제가 되지 않는다.

🔍 해설

평형 베어링
저출력 항공기 엔진의 커넥팅 로드, 크랭크 축, 캠축에 사용되고, 재질은 은, 납, 합금(청동 등)이 사용된다. 따라서 평형 베어링의 마모로 인한 금속은 마그네틱 드레인 플러그에서는 발견할 수가 없다. 그에 반해 실린더 벽은 크롬-몰리브덴강, 피스톤 링은 고급 회주철, 기어는 탄소강으로 제작된다.

06 연료-오일 열교환기의 주목적은 무엇인가?

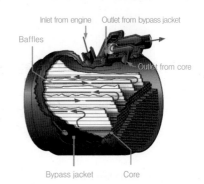

① 연료 냉각   ② 오일 냉각

③ 연료 가열   ④ 공기 차단

🔍 해설

오일냉각기(Oil cooler)
공기-오일 열 교환기로 윤활 시킨 오일로부터 과도한 열을 제거해 주는데 사용된다.

07 다음 중 윤활유의 기능이 아닌 것은?

① 윤활   ② 기밀

③ 냉각   ④ 여과

🔍 해설

윤활유의 기능
윤활, 기밀, 냉각, 청결, 방청(부식방지), 완충(소음감소)작용

08 제트 엔진 오일계통에서 베어링에서 사용하고 남은 오일을 오일계통에 다시 돌려주는 것은?

[정답] 04 ②   05 ②   06 ②   07 ④   08 ②

① 가압계통   ② 스카벤지 계통

③ 브리더 계통   ④ 드레인 계통

🔍 해설

배유계통(Scavenge system)

항공기 엔진 오일계통의 건식윤활계통에 사용되는 구성품으로 엔진을 윤활 시킨 오일을 탱크로 귀환시키는 역할을 한다. 엔진의 배유펌프는 압력펌프보다는 그 용량이 크다.

09 오일 냉각 흐름 조절밸브(Oil cooling flow control valve)가 열리는 조건은?

① 엔진으로부터 나오는 오일의 온도가 너무 높을 때

② 엔진 오일펌프 배출체적이 소기펌프 출구면적보다 클 때

③ 엔진으로부터 나오는 오일의 온도가 너무 낮을 때

④ 소기펌프 배출체적이 엔진 오일펌프 입구체적보다 클 때

🔍 해설

윤활유 온도 조절 밸브

오일의 온도가 규정 값보다 높으면 닫혀서 윤활유가 냉각기를 거치게 하고, 낮을 때는 열려서 바이패스 시켜 준다.

10 왕복 엔진에서 발생되는 오일 열은 어디서 가장 많이 발생하는가?

① 커넥팅로드 베어링   ② 크랭크축 베어링

③ 배기 밸브   ④ 피스톤 및 실린더 벽

🔍 해설

왕복 엔진에서 피스톤의 왕복으로 인하여 오일 열이 발생하는데 이를 냉각시키기 위하여 냉각핀, 배플, 카울 플랩을 설치한다.

11 왕복기관의 윤활유 탱크에 대한 내용으로 바른 것은?

① 윤활유 탱크는 윤활유 펌프 입구보다 약간 높게 설치한 경우가 많다.

② 윤활유 열팽창을 고려하여 드레인 밸브가 있다.

③ 물과 불순물 제거를 위해 연료펌프 밑바닥에 딥 스틱이 있다.

④ 윤활유 탱크는 일반적으로 강철의 재료를 사용한다.

🔍 해설

오일 탱크(Oil tank)

① 윤활유 펌프까지는 중력에 의해 윤활유 공급

② 드레인 밸브는 이물질 제거

③ 딥 스틱(Dip stick)은 윤활유 양을 측정하는 스틱

④ 탱크의 재료는 알루미늄 합금 사용

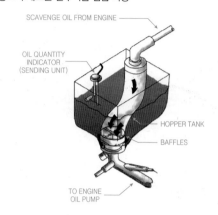

SCAVENGE OIL FROM ENGINE

OIL QUANTITY INDICATOR (SENDING UNIT)

HOPPER TANK

BAFFLES

TO ENGINE OIL PUMP

12 볼베어링에서 금속 칩이 발견될 경우 손상부위의 위치를 알 수 있는 부속품은?

① 오일 필터

② 칩 디텍터(Chip detecter)

③ 오일 압력 조절기

④ 딥 스틱(Dip stick)

🔍 해설

칩 탐지기(Chip detecter)

윤활유에 잔류하는 칩(조각)을 탐지하는 전기경고장치이다.

칩 탐지기는 일반적으로 배유플러그에 설치되며 플러그의 두 전극 봉 사이로 칩이 움직이게 되면 회로가 연결되어 경고 신호가 발생한다.

13 왕복기관에서 오일 여과기가 막혔다면 어떻게 되는가?

① 오일 부족 현상

② 바이패스 밸브를 통해 오일 공급

③ 오일 필터가 터진다.

④ 높은 오일 압력을 통해 체크 밸브가 열려 오일 공급

[정답] 09 ③   10 ④   11 ①   12 ②   13 ②

🔍 **해설**

바이패스 밸브(By-pass valve)
여과기가 막혔을 때 유로를 형성해 정상적으로 오일을 공급한다.

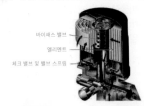

[정상적인 오일 흐름]　　　[바이패스 오일 흐름]

14 항공기 기관용 윤활유의 점도지수(Viscosity Index)가 높다는 것은 무엇을 뜻하는가?

① 온도변화에 따라 윤활유의 점도 변화가 적다.
② 온도변화에 따라 윤활유의 점도 변화가 크다.
③ 압력변화에 따라 윤활유의 점도 변화가 적다.
④ 압력변화에 따라 윤활유의 점도 변화가 크다.

🔍 **해설**

점도지수(VI)
온도변화에 따른 윤활유 점도의 변화를 말한다.

15 SOAP(오일분광분석시험)에 대한 설명으로 가장 올바른 것은?

① 오일 중의 카본 발생량을 측정하여 연소실 부분품의 인상 상태를 점검한다.
② 오일의 색깔과 산성도를 측정하여 오일의 품질저하상태를 점검한다.
③ 오일 중의 포함된 기포의 발생량을 측정하여 오일 계통의 이상상태를 점검한다.
④ 오일 중에 포함되는 미량의 금속원소에 의해 베어링 부분품의 이상 상태를 점검한다.

🔍 **해설**

오일분광분석시험(SOAP)은 매일 첫 비행 후 30분 이내에 오일을 채취하여 실시한다.

16 항공기 윤활유의 특성에 속하지 않는 것은?

① 증기 폐쇄(Vapor lock) 현상이 커야 한다.
② 저 온도에서 최대의 유동성을 갖추어야 한다.
③ 최대의 냉각 능력이 있어야 한다.
④ 작동 부품의 마찰저항을 적게 하는 높은 윤활특성을 갖추어야 한다.

🔍 **해설**

윤활유의 특성
① 유성이 좋을 것
② 알맞은 점도를 가질 것
③ 온도변화에 의한 점도 변화가 적을 것, 점도 지수가 클 것
④ 낮은 온도에서 유동성이 좋을 것
⑤ 산화 및 탄화 경향이 적을 것
⑥ 부식성이 없을 것

17 왕복기관에서 추운 겨울에 사용하는 오일의 조건은?

① 저인화성　　　② 저점성
③ 고인화점　　　④ 고점성

🔍 **해설**

기온이 내려가면 윤활유는 고체 상태로 굳어지므로 점도가 낮은 윤활유를 사용하여 윤활이 잘 되도록 한다.

18 오일이 금속면에 접착되는 친화력을 무엇이라 하는가?

① 유성　　　② 점성
③ 유동성　　　④ 인화성

🔍 **해설**

유성은 금속 표면에 윤활유가 접착하는 성질을 말한다.

[정답] 14① 15④ 16① 17② 18①

19 항공기 왕복기관에서 윤활방법에 주로 사용하는 방식은?

① 비산식   ② 압송식

③ 복합식   ④ 압력식

해설

기관의 윤활방법

① 비산식 : 커넥팅 로드 끝에 국자가 달려 있어 크랭크축이 회전할 때마다 원심력으로 뿌려 크랭크축 베어링, 캠, 실린더 등에 공급하는 방식

② 압송식 : 윤활유 펌프로 윤활유에 압력을 가하여 윤활이 필요한 부분까지 윤활유 통로를 통해 공급하는 방식

③ 복합식 : 비산식과 압송식을 절충한 방식으로 일부는 비산식으로 급유하고 다른 부분은 압송식으로 공급한다. 최근의 왕복기관에는 이 방법이 주로 사용된다.

20 왕복기관 윤활계통에서 오일펌프는 주로 어떤 것이 쓰이는가?

① 원심식 펌프   ② 피스톤 펌프

③ 기어 펌프   ④ 베인 펌프

해설

오일 압력 펌프

기어형(Gear type)과 베인형(Vane type)이 있으며 현재 왕복엔진에서는 기어형을 가장 많이 사용하고 있다.

21 윤활유 탱크를 수리한 후 내부 압력검사를 할 때 주입하는 공기압력은 얼마인가?

① 3[psi]   ② 5[psi]

③ 7[psi]   ④ 9[psi]

해설

오일 탱크의 강도는 5[psi]의 압력에 견뎌야 하고 작동 중 일어나는 진동과 관성, 유체하중에 손상없이 지지되어야 한다.

22 Dry sump oil 계통에 대한 설명 중 옳은 것은?

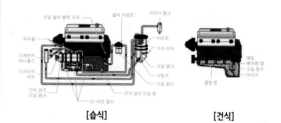

[습식]   [건식]

① 탱크와 Sump가 따로 분리

② Oil cooler가 필요 없다.

③ 탱크와 섬프가 하나로 되어 있다.

④ 오일 필터가 없다.

해설

윤활계통의 종류

① 건식 윤활계통(Dry sump oil system) : 기관외부에 별도의 윤활유 탱크에 오일을 정하는 계통으로 비행 자세의 변화, 곡예비행, 큰 중력 가속도에 의한 운동 등을 해도 정상적으로 윤활할 수 있다.

② 습식 윤활계통(Wet sump oil system) : 크랭크 케이스의 밑바닥에 오일을 모으는 가장 간단한 계통으로 별도의 윤활유 탱크가 없으며 대향형 기관에 널리 사용되고 있다.

23 호퍼 탱크(Hopper tank)의 목적은 무엇인가?

① 남는 오일 공급을 유지하기 위해

② 오일을 묽게 하기 위한 필요량 제거

③ 오일을 더 빨리 데우기 위해

④ 프로펠러 페더링을 위한 오일 공급을 유지하기 위해

해설

호퍼 탱크(Hopper tank)

엔진 시동시 유온 상승을 빠르게 하기 위해 마련된 별도의 탱크로 엔진의 난기 운전을 단축시킨다.

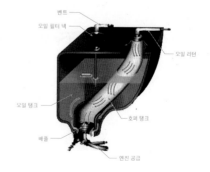

[정답] 19 ③   20 ③   21 ②   22 ①   23 ③

24 윤활유 탱크의 팽창공간은 얼마인가?

① 1.5[%] ② 2[%]
③ 5[%] ④ 10[%]

해설

윤활유 탱크는 윤활유의 열팽창에 대비하여 탱크 용량의 10[%]의 팽창 공간이 있어야 한다.
이공간은 주로 Filler Neck을 이용한다.

25 다음 중 오일의 압력을 일정하게 유지시키는 부품은?

① 저 오일 압력 경고등 ② 오일 필터
③ 오일 압력 릴리프 밸브 ④ 오일 압력계

해설

릴리프 밸브(Relief valve)
기관으로 들어가는 윤활유의 압력이 과도하게 높을 때 윤활유를 펌프 입구로 되돌려 보내어 일정한 압력을 유지하는 기능을 가지고 있다.

26 오일 계통에서 바이패스 밸브(Bypass valve)란 무엇인가?

① 오일필터가 막혔을 때 기관 속으로 바로 보내는 역할
② 릴리프 밸브와 같은 역할을 한다.
③ 필터와 함께 항상 작동한다.
④ 정답이 없다.

해설

바이패스 밸브(Bypass valve)
윤활유 여과기가 막혔거나 추운 상태에서 시동할 때에 여과기를 거치지 않고 윤활유가 직접 기관으로 공급되도록 하는 역할을 한다.

27 일반적으로 사용되는 소기 펌프(Scavenger pump)의 형식은?

① 기어형 ② 베인형
③ 지로터형 ④ 피스톤형

해설

오일 소기 펌프는 기어 펌프를 주로 사용한다.

28 오일 압력 릴리프 밸브의 위치는 어디인가?

① 오일펌프 입구와 출구 사이
② 오일펌프 입구와 탱크 사이
③ 오일펌프 뒤 필터 앞
④ 배유펌프와 냉각기 사이

해설

릴리프 밸브(Relief valve)
오일펌프 출구와 입구 사이에 장착되어 과도한 압력을 펌프 입구로 되돌려 보낸다.

29 왕복기관 시동 후 가장 먼저 확인해야 하는 계기는?

① 오일 압력계 ② 연료 압력계
③ 실린더 헤드 온도계 ④ 다지관 압력계

해설

왕복 엔진은 시동되었을 때 오일 계통이 안전하게 기능을 발휘하고 있는가를 점검하기 위하여 오일 압력계기를 관찰하여야 한다. 만약 시동 후 30초 이내에 오일압력을 지시하지 않으면 엔진을 정지하여 결함 부분을 수정하여야 한다.

30 계기에서 읽을 수 있는 오일의 온도는 어디의 온도인가?

① 소기 펌프의 오일 온도
② 기관으로 들어가는 오일 온도
③ 기관에서 나오는 오일 온도
④ 탱크로 들어가는 오일 온도

해설

윤활유의 압력 및 온도는 기관으로 공급되는 것을 측정한다.

[정답] 24 ④ 25 ③ 26 ① 27 ① 28 ① 29 ① 30 ②

⑤ 시동 및 점화 계통

01 왕복 엔진에 사용되는 부스터 코일에 대한 설명으로 맞는 것은?

① 축전지의 직류를 맥류로 만들어 마그네토에서 고전압으로 승압시킨다.

② 점화시에만 마그네토의 회전 속도를 순간적으로 가속시킨다.

③ 마그네토가 유효 회전 속도에 도달할 때까지 스파크 플러그에 점화 불꽃을 일으키는 역할을 한다.

④ 시동 시위치와 별도로 조작되는 점화 보조 장비이다.

해설

①번은 인덕션 바이브레이터
②번은 임펄스 커플링
③번은 부스터 코일
위의 3가지는 모두 보조 점화장비이며, 인덕션 바이브레이터와 부스터 코일은 시동 스위치와 연동되어 조작되며, 전원으로는 축전지(Battery)가 이용된다.

02 다음은 타이밍 라이트 사용 방법에 대한 설명이다. 옳은 것은?

① 검은색 도선은 기관에 접지한다.

② 검은색 도선은 브레이커 포인트에 연결한다.

③ 붉은색 도선은 기관에 접지한다.

④ 검은색 도선은 콘덴서에 연결한다.

해설

타이밍 라이트
마그네토의 내부 점화시기 조정(브레이커 포인트의 E-gap을 맞추는 것)할 때 사용하는 것으로 붉은색 도선은 브레이크 포인트에 연결하고, 검은색 도선은 기관에 접지시킨다.

03 왕복 엔진의 점화시기를 점검하기 위하여 타이밍 라이트(Timing light)를 사용할 때, 마그네토 점화스위치는 어디에 위치시켜야 하는가?

① Both   ② Off

③ Left   ④ Right

해설

마그네토 점화스위치 형식은 여러 가지가 있으나, 일반적으로 전기적 접속장치중 선택스위치(Selector switch)를 사용하는데 위치 표시는 Off, Both, Left, Right로 되어 있고 시동이나 점검 등의 정비시에는 both 위치에 놓는다.

04 브레이커 포인트가 손상되었을 때 교환해야 하는 부품은?

① 1차코일   ② 2차코일

③ 배전기 접점   ④ 콘덴서

해설

콘덴서

① 브레이크 포인트에 생기는 아크(Arc), 즉 전기 불꽃을 흡수하여 브레이크 포인트 부분의 불꽃에 의한 마멸을 방지하고, 철심에서 발생했던 잔류 자기를 빨리 없애주는 역할을 한다.

② 콘덴서의 용량이 너무 작으면 브레이크 포인트가 타고 콘덴서가 손상된다.

③ 콘덴서의 용량이 너무 크면 2차 전압이 낮아진다.

④ 브레이크 포인트의 재질 : 백금-이리듐 합금

05 다음 중에서 스파크 플러그의 오염 원인은?

① 피스톤 링의 과도한 마모

② Gap이 너무 클 경우

③ 오일 여과기가 막힘

④ 불꽃이 전극 사이에서 튀지 않고 접지될 때

해설

피스톤 링의 과도한 마모에 의하여 연소실 내부로 윤활유의 유입이 가능하고, 때문에 탄소 찌꺼기에 의한 점화 플러그의 오염 원인이 된다.

06 9기통 성형 엔진에서 회전 영구자석이 6극형이라면, 회전 영구자석의 회전속도는 크랭크축 회전 속도의 몇 배인가?

① 3배   ② 1.5배

③ 3/4배   ④ 2/3배

[정답] ⑤ 01 ③ 02 ① 03 ① 04 ④ 05 ① 06 ③

해설

$$\frac{\text{마그네토 회전속도}}{\text{크랭크축 회전속도}} = \frac{\text{실린더수}}{2 \times \text{극수}} = \frac{9}{2 \times 6} = 0.75$$

07 9기통 성형 엔진의 점화 순서로 맞는 것은?

① 1-6-3-2-5-4-9-8-7
② 1-2-3-4-5-6-7-8-9
③ 1-3-5-7-9-2-4-6-8
④ 9-8-7-6-5-4-3-2-1

해설

점화순서

4기통 직렬형	1-3-4-2, 1-2-4-3
6기통 직렬형	1-5-3-6-2-4
8기통 V형	1R-4L-2R-3L-4R-1L-3R-2L
12기통 V형	1L-2R-L-4R-3L-1R-6L-5R-2L-3R-4L-6R
4기통 대평형	1-3-2-4 or 1-4-2-3
6기통 대평형	1-4-5-2-3-6 or 1-6-3-2-5-4
9기통 성형	1-3-5-7-9-2-4-6-8
14기통 성형	1-10-5-14-9-4-13-8-3-12-7-2-11-6
18기통	1-12-5-16-9-2-12-6-17-10-3-14-7-18-11-4-15-8

08 수평 대향형 엔진의 점화순서에서 특히 고려해야 할 점은?

① 기계적 효율이 최대가 되게
② 순항 비행시 최대의 회전 토크가 발생하도록
③ 설계가 간단하게
④ 점화 순서의 균형을 맞추어 엔진의 진동을 최하가 되게

해설

엔진의 균형을 좋게 하고 진동을 최대한으로 방지하기 위해 점화순서가 정해져 있다.

09 다음 중에서 마그네토의 내부 타이밍을 나타내는 표시는 무엇과 일치하여야 하는가?

① No 1 실린더의 점화시기가 접점이 닫히기 시작하는 점
② 마그네토 E-gap 위치
③ No 1 실린더가 압축 행정 상사점에 위치
④ 배전기 기어와 회전축이 정확하게 맞는 점

해설

점화시기 조절
① 내부점화시기조절 : 마그네토의 E-gap 위치와 브레이커 포인트가 열리는 순간을 맞추는 것
② 외부점화시기조절 : 엔진이 점화 진각에 위치할 때에 크랭크축의 위치와 마그네토 점화시기를 일치시키는 것

10 9개 실린더를 갖고 있는 성형 엔진의 마그네토 배전기에 6번 전극에 꽂혀 있는 점화 케이블은 몇 번 실린더에 연결시켜야 하는가?

① 2
② 4
③ 6
④ 8

해설

9기통 성형엔진의 배전기 번호와 실린더 점화순서와의 관계
1(1) → 2(3) → 3(5) → 4(7) → 5(9) → 6(2) → 7(4) → 8(6) → 9(8)

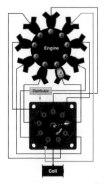

[정답] 07 ③ 08 ④ 09 ② 10 ①

11 Cold spark plug를 높은 압축비의 왕복 엔진에 사용하면 어떻게 되겠는가?

① 조기 점화

② 정상

③ 점화 플러그가 더러워짐

④ 이상 폭발

해설

스파크 플러그(Spark plug)

① 높은 압축비 엔진에 고온 점화 플러그를 사용 : 조기 점화(Pre-ignition)

② 낮은 압축비 엔진에 저온 점화 플러그 사용 : 점화 플러그가 더러워짐(Fouling)

12 지상에서 왕복 엔진 시운전 중 점화스위치를 both에서 Left나 Right로 전환시키면 rpm은 어떻게 변화하는가?

① 크게 떨어진다.

② rpm이 약간 증가한다.

③ rpm이 변화 없다.

④ rpm이 약간 감소한다.

해설

마그네토의 낙차시험(Magneto drop check)

① 마그네토가 정상적으로 작동하는 것에 대한 검사

② 점화 스위치 전환 : Both - Right(left) - Both - Left(Right) - Both

③ 점화스위치 Both에서 Right나 Left 위치로 전환시 rpm이 규정값 이내로 감소해야 한다.

13 E-gap 각이란 마그네토의 폴(Pole)의 중립 위치로부터 어떤 지점까지의 각도인가?

① 접점이 닫히는 점

② 접점이 열리는 점

③ 2차 전류 낮은 점

④ 1차 전류 낮은 점

해설

E-gap angle

마그네토의 회전 영구자석이 회전하면서 중립 위치를 지나 중립 위치와 브레이커 포인트가 열리는 사이에 크랭크축의 회전 각도이다.

14 저압 점화 계통을 사용할 때 단점은 무엇인가?

① 플래시 오버

② 무게의 증대

③ 고전압 코로나

④ 캐패시턴스

해설

저압 점화 계통은 고고도 비행에 적합하지만 각 실린더마다 변압기를 설치하여 무게가 증대된다.

• 점화계통의 전기적 현상

① 플래시 오버 : 항공기가 고고도에서 운용될 때 공기의 밀도가 낮기 때문에 절연이 잘 안되어 배전기 내부에서 고전압이 된다.

② 커패시턴스 : 전자를 저장하는 도체의 능력으로 점화플러그의 간격을 뛰어 넘을 수 있는 불꽃을 내기에 충분한 전압이 될 때까지 도선에 전하가 저장되는데 불꽃이 튀어 점화 플러그의 간격에 통로가 형성될 때 전압이 상승하는 동안 도선에 저장된 에너지가 열로서 발산된다.
에너지의 방전이 비교적 낮은 전압과 높은 전류의 형태이기 때문에 전극이 소손되고 점화 플러그가 손상된다.

③ 습기 : 습기가 있는 곳에는 전도율이 증가되어 고압 전기가 새어 나가는 통로가 생긴다.

④ 고전압 코로나 : 고전압이 절연된 도선의 전도체와 도선 근처 금속 물체에 영향을 미칠 때 전기응력이 절연체에 가해진다. 이응력이 반복해서 작용하면 절연체 손상의 원인이 된다.

15 고압 점화케이블은 왜 유연한 금속제 관속에 넣어 느슨하게 장착하는가?

① 고고도에서 방전을 방지하기 위해서

② 케이블 피복제의 산화와 부식을 방지하기 위해서

③ 작동중 고주파의 전자파 영향을 줄이기 위해서

④ 접지회로의 저항을 줄이기 위해서

해설

마그네토에서 점화플러그까지의 고압선은 통신잡음 및 누전 현상을 없애기 위해 금속망으로 여러 번 피복되어 있다.

16 점화플러그가 하나의 실린더에 2개씩 있는 주요한 목적은?

① 옥탄가가 다른 연료에도 사용할 수 있다.

② 1개가 파손되어도 안전하다.

③ 연소속도를 빠르게 한다.

④ 점화시기를 비켜서 연소가 끝나는 시기를 맞춘다.

[정답] 11 ② 12 ④ 13 ② 14 ② 15 ③ 16 ②

Aircraft Maintenance

해설

현재 사용되는 왕복기관은 효율적이고 안전한 기관 작동을 위하여 이중점화방식을 사용하고 있다.

즉, 하나의 마그네토 계통이 고장 나더라도 다른 한 개의 계통으로 작동이 가능하도록 하고 있다.

또, 실린더 안에서 2개의 점화플러그를 장착하여 화염전파속도가 빨라져 디토네이션을 일으키지 않고 효율적인 연소가 이루어지도록 한다.

---

17 왕복기관을 장착시키는 동안 마그네토 접지선을 접지시켜 놓는 이유는?

① 엔진 시동시 백 화이어(Back fire)를 방지하기 위해서
② 엔진장착 도중 프로펠러를 돌림으로써 엔진이 시동될 가능성이 있기 때문에
③ 엔진 마운트(Engine mount)에 완전히 장착시킨 후 마그네토 접지선을 점검하지 않기 위해서
④ 점화 스위치가 잘못 놓일 수 있는 가능성 때문에

해설

왕복기관의 점화계통에서 마그네토는 엔진의 회전력으로 전기를 생산하여 점화하는데 엔진 장착 작업 중에 크랭크축이 회전하여 점화될 가능성으로 인해 엔진 장착시에는 마그네토를 접지한다.

---

18 마그네토(Magneto)의 임펄스 커플링(Impulse Coupling)의 목적은?

① 밸브 타이밍(Valve timing)의 시정
② 시동시 고전압 발생
③ 토오크(Torque) 방지
④ 시동 부하 흡수

해설

시동시 점화보조 장비

① 임펄스 커플링(Impulse Coupling) : 회전형 스프링에 의해서 마그네토 로터에 순간적인 고회전을하여 고전압을 증가시키는 장치이다. 주로 대향형 기관에 사용
② 부스터 코일 : 초기 성형 기관에 사용, 밧데리에서 전원 받음, 시동 스위치와 연동, 직접 점화 플러그에 고전압 전달
③ 인덕션 바이브레이터 : 주로 성형 기관에 사용, 밧데리에서 전원 받음, 시동 스위치와 연동, 직류를 맥류로 바꿔 마그네토 1차 코일에 전달

---

19 왕복기관 마그네토의 점화스위치는?

① 2차 코일에 직렬로 연결된다.
② 2차 코일에 병렬로 연결된다.
③ 접점(Breaker points)과 병렬로 연결된다.
④ 1차 콘덴서와 직렬로 연결된다.

해설

마그네토 스위치와 브레이크 포인트(접점)는 병렬로 연결된다.

---

20 마그네토 브레이커 포인트의 스프링이 약하면 어느 것이 가장 먼저 발생하는가?

① 전운전범위에서 회전이 불규칙하다.
② 고속시에 실화한다.
③ 시동시 및 저속시 때때로 실화한다.
④ 엔진이 시동되지 않는다.

해설

브레이커 포인트의 스프링

접점의 접촉을 유지하여 개폐시기를 확실히 하는 것 스프링이 약하면 브레이커 캠의 형상을 따라 바르게 접점이 개폐되지 않게 되어 2차 전류의 발생이 잘 안되므로 실화의 원인이 되며, 특히 고속 회전시에 이 현상이 두드러진다.

---

21 마그네토에서 접점(Breaker point)간격이 커지면 어떤 현상을 초래했겠는가?

① 점화(Spark)가 늦게 되고 강도가 높아진다.
② 점화가 일찍 발생하고 강도가 약해진다.
③ 점화가 늦게 되고 강도가 약해진다.
④ 점화가 일찍 발생하고 강도가 높아진다.

해설

접점의 간격이 커지면 접점은 빨리 떨어지고 정확한 E-gap의 위치보다 앞서게 된다.

22 마그네토 배전기(Distributor)로터의 속도를 결정하는 공식은?

① 크랭크축 속도/2
② 실린더 수/(2×로브의 수)
③ 실린더 수/로브의 수
④ 실린더 수×로브의 수

해설

배전기의 회전자는 1회전시 전체 실린더에 점화가 이루어지며 크랭크축은 2회전시에 전체 실린더가 점화가 이루어진다.

23 왕복기관의 고압 마그네토(High Tension Magneto)에 대한 설명 중 가장 관계가 먼 것은?

① 전기 누설의 가능성이 많은 고공용 항공기에 적합한 점화계통이다.
② 고압 마그네토의 자기회로는 회전영구 자석, 폴슈 및 철심으로 구성되었다.
③ 콘덴서는 브레이커 포인트와 병렬로 연결되어 있다.
④ 1차회로는 브레이커 포인트가 붙어 있을 때에만 폐회로를 형성한다.

해설

고압 마그네토는 구조가 간단하나 고전압이 마그네토에서 배전기, 스파크 플러그까지 이어짐으로 전기 누설의 위험이 있어 고공비행에는 적합하지 않다.

24 9기통 성형기관에서 좌측 마그네토 배전판의 5번 전극은 다음 어느 것과 연결되어 있는가?

① 9번 실린더 후방점화플러그
② 5번 실린더 전방점화플러그
③ 5번 실린더 후방점화플러그
④ 9번 실린더 전방점화플러그

해설

성형기관
① 우측 마그네토 : 앞쪽 점화플러그와 연결되어있다.
② 좌측 마그네토 : 뒤쪽 점화플러그와 연결되어있다.

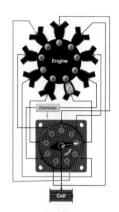

25 수평 대향형 기관에서 우측 마그네토는 어떤 실린더의 어느 쪽의 점화 플러그에 연결되는가?

① 우측 실린더 상부, 좌측 실린더 하부 점화플러그
② 우측 실린더 상부, 좌측 실린더 상부 점화플러그
③ 우측 실린더 하부, 좌측 실린더 상부 점화플러그
④ 우측 실린더 하부, 좌측 실린더 하부 점화플러그

해설

수평대향형 기관의 마그네토 배선 연결 방법
① 우측 마그네토 : 우측 실린더 상부, 좌측 실린더 하부 점화플러그
② 좌측 마그네토 : 좌측 실린더 상부, 우측 실린더 하부 점화플러그

26 저압 점화계통에서 점화플러그의 점화에 필요한 고전압은 어디에서 공급되는가?

① 마그네토 1차 코일
② 마그네토 2차 코일
③ 각 실린더 근처에 설치된 변압 코일
④ 배전기

해설

저압 점화계통에서는 각 실린더의 점화플러그 바로 앞에 변압기를 설치하여 고전압으로 변환시키며 짧은 거리에서만 고전압이 존재한다.

27 점화장치에서 마그네토 2차 코일의 전압은 어디에서 얻는가?

① 1차 코일
② 축전지
③ 승압 코일
④ 배전기

🔍 해설

마그네토 2차 코일은 1차 코일보다 코일의 감긴 횟수를 높여 1차 코일로부터 유도된 전기를 고전압으로 변압시킨다.

28 왕복기관에서 마그네토 점화장치의 점화 스위치는 브레이커 포인트와 어떻게 연결되어있는가?

① 점화 스위치와 브레이커 포인트를 직렬연결
② 점화 스위치와 브레이커 포인트를 병렬연결
③ 점화 스위치와 브레이커 포인트를 직접 연결
④ 점화 스위치와 브레이커 포인트를 교류 연결

🔍 해설

브레이 커포인터
① 브레이커 포인트는 1차 코일에 병렬로 연결되며 E-gap 위치에서 열리도록 되어 있다. 브레이커 포인트가 열리는 순간 2차 코일에 높은 전압이 유도된다.
② 브레이커 포인트는 콘덴서와 병렬로 연결되어 있다.
③ 백금-이리듐으로 만들어져 있다.

29 점화계통에서 콘덴서는 마그네토 회로와 어떻게 연결되는가?

① 1차 코일과 직렬로
② 1차 코일과 병렬로
③ 1차 코일과 교류로
④ 브레이커 포인트와 직렬로

🔍 해설

콘덴서
① 1차 코일과 콘덴서는 병렬로 연결되어 있다.
② 브레이커 포인트에 생기는 아크를 흡수하여 브레이커 포인트 접점부분의 불꽃에 의한 마멸을 방지하고 철심에 발생했던 잔류자기를 빨리 없애준다.
③ 콘덴서의 용량이 너무 작으면 아크를 발생시켜 접점을 태우고 용량이 너무 크면 전압이 감소되어 불꽃이 약해진다.

30 E-gap이란 무엇인가?

① 극 중립위치에서 브레이커 포인트가 열렸을 때의 각도
② 극 중립위치에서 브레이커 포인트가 막혔을 때의 각도
③ 자속 회전에서 브레이커 포인트가 열렸을 때의 각도
④ 자속 회전에서 브레이커 포인트가 막혔을 때의 각도

🔍 해설

E-gap
마그네토의 회전 자석이 중립위치를 약간 지나 1차 코일에 자기 응력이 최대가 되는 위치를 말하고 이것은 중립위치로부터 브레이커 포인트가 떨어지려는 순간까지 회전 자석의 회전 각도를 크랭크축의 회전각도로 환산하여 표시하고 이 각도를 E-gap이라 하는데 설계에 따라 다르긴 하나 보통 5~7도 사이이며, 이때 접점이 떨어져야 마그네토가 가장 큰 전압을 얻을 수 있다.

31 E-gap angle과 가장 관계가 깊은 것은 무엇인가?

① 밸브 오버랩
② 파워 오버랩
③ 밸브 타이밍
④ 마그네토 타이밍

🔍 해설

E-gap은 점화시기와 관련되어 E-gap의 위치에서 접점이 열리고 점화가 되도록 한다.

32 배전기 회전자의 리타드 핑거의 역할은 무엇인가?

① 자동 점화를 방지
② 마그네토의 손상 방지
③ 킥 백 방지
④ 축전지 손상 방지

🔍 해설

리타드 핑거의 역할
기관의 저속 운전시 점화시기가 정상 작동시와 같이 빠르다면 기관이 거꾸로 회전하는 킥 백 현상이 발생하므로 점화시기를 늦추어서 킥 백 현상을 방지한다.

33 점화플러그의 설명 중 잘못된 것은?

① 점화플러그는 전극, 세라믹 절연체, 금속 셀로 구성되어 있다.
② 고온 플러그와 저온 플러그로 구분된다.

[정답] 27 ① 28 ② 29 ② 30 ① 31 ④ 32 ③ 33 ③

③ 고온으로 작동되는 기관에서 고온 플러그를 사용

④ 고온으로 작동되는 기관에서 저온 플러그를 사용

🔍 해설 --------------------------------

점화플러그(Spark plug)

① 점화플러그는 마그네토나 다른 고전압 장치에 의해 만들어진 높은 전기적 에너지를 혼합 가스를 점화하는 데 필요한 열에너지로 변환시켜 주는 장치이다.

② 점화플러그는 전극, 세라믹 절연체, 금속 셀로 이루어진다.

③ 열의 전달 특성에 따라 고온 플러그와 일반 플러그 저온 플러그로 나뉜다.

④ 과열되기 쉬운 기관에는 냉각이 잘되는 저온 플러그를 사용해야 한다.

⑤ 고온으로 작동하는 기관에 고온 플러그를 사용하면 점화플러그 끝이 과열되어 조기점화의 원인이 되고 저온으로 작동하는 기관에 저온 플러그를 사용하면 점화플러그 끝에 타지 않은 탄소가 축적되는 Fouling의 원인이 된다.

34 항공기 왕복기관의 마그네토(Magneto)에서 발생하는 전류는?

① 교류　　　　　　② 직류

③ 스텝파류　　　　④ 구형파류

🔍 해설 --------------------------------

마그네토

영구자석을 사용하는 회전식 교류발전기이다.

35 성형 엔진에서 마그네토(Magneto)를 보기부(Accessory section)에 설치하지 않고 전방 부분에 설치하는 가장 큰 이점은 무엇인가?

① 정비가 용이하다.

② 냉각효율이 좋다.

③ 검사가 용이하다.

④ 설치 제작비가 저렴하다.

🔍 해설 --------------------------------

과열되기 쉬운 기관에는 냉각이 잘되는 저온접압의 장치를 사용해야 한다.

36 왕복기관의 시동기로 가장 많이 사용하는 것은?

① 직권식 시동기　　② 분권식 시동기

③ 복권식 시동기　　④ 직-분권시동기

🔍 해설 --------------------------------

직권 전동기

직류전동기로서 다른 전동기와 비교하여 기동 토크가 크고, 또 가벼운 부하에서는 고속으로 회전한다. 이와 같은 특성은 각종 항공기 구동용으로서 적합하고 때문에 주 전동기에 많이 사용되고 있다.

⑥ 기관의 성능

01 지상 운전시 최대 마력이 얻어지지 않는다. 예상되는 원인은 무엇인가?

① 스로틀이 완전히 전개되지 않는다.

② 카뷰레터 히터가 on 위치에 있다.

③ 카뷰레터에 Ice가 형성

④ 위 모두 맞다.

🔍 해설 --------------------------------

엔진에서 흡기공기 또는 혼합기의 밀도, 체적효율이 감소하면 출력이 감소한다.

02 충분한 난기운전을 하지 않은 상태에서 갑작스럽게 왕복 엔진을 고출력으로 작동하면?

① 베어링과 다른 보기에 윤활이 불충분한 상태가 된다.

② 엔진 오일의 유막이 매우 얇게 된다.

③ 베어링과 다른 부품에 오일이 넘치게 된다.

④ 엔진 오일의 산화가 가속된다.

🔍 해설 --------------------------------

난기운전(Warm-up)을 충분히 하지 않고 고출력을 내면

① 오일의 온도가 낮고 윤활 부족 상태가 된다.

② 연료의 기화가 충분하지 않아 엔진의 작동이 원활하지 않게 된다.

③ 엔진 부품의 팽창률 차이로 부품 간극이 설계 값보다 작아 윤활 부족 상태가 된다.

④ 밸브 간격이 설계 값보다 작게 되어 작동이 원활하게 되지 않는다.

⑤ 오일이 저온에서 점도가 높아 압력지시가 높아진다.

[정답] 34 ① 35 ② 36 ① **⑥** 01 ④ 02 ①

03 지상에서 작동중인 과급이 없는 엔진이 거칠게 운전 중인 것을 발견하여 확인한 결과, 마그네토 드롭(Magneto drop)은 정상이지만 다기관압력(Manifold pressure)이 정상보다 높다면 가장 직접적인 원인은 무엇인가?

① 마그네토 중 한 개의 하이텐션 리이드(High-tension lead)가 불확실하게 연결되어 있다.
② 흡입 다기관(Intake manifold)에서 공기가 새고 있다.
③ 하나의 실린더가 작동을 하지 않는다.
④ 실린더의 서로 다른 점화플러그의 결함이다.

🔍 **해설**

흡입 다기관 압력(MAP)
과급기가 없는 경우 대기압보다 낮고, 과급기가 작동하면 대기압보다 높은 것이 정상이다.

04 M.E.T.O 마력을 가장 올바르게 설명한 것은?

① 순항마력이다.
② 시간제한 없이 장시간 연속작동을 보증할 수 있는 연속 최대마력이다.
③ 기관이 낼 수 있는 최대의 마력이다.
④ 열효율이 가장 좋은 상태에서 얻어지는 동력이다.

🔍 **해설**

최대연속출력(Maximum Except Take Off)
엔진이 어떠한 상태 하에서 어떠한 시간에도 낼 수 있는 가장 큰 출력이다.

05 항공기 왕복기관에서 고도증가에 따르는 배기배압(Exhaust back pressure)의 감소는?

① 소기효과를 향상시켜 제동마력을 향상시킨다.
② 소기효과를 저하시켜 제동마력을 감소시킨다.
③ 마력과는 관계가 없다.
④ 흡기 다기관의 압력을 저하시킨다.

🔍 **해설**

고도가 증가하면 대기압력이 감소하여 배기가스의 배기배압이 감소하여 배기가 잘 되며 결과적으로 출력증가의 요인이 된다.

06 다음 중 왕복 엔진의 출력에 가장 큰 영향을 미치는 압력은?

① 다기관 압력(MAP)　② 오일 압력(P_{oil})
③ 연료 압력(P_{fuel})　④ 섬프 압력($P_{\Sigma0}$)

🔍 **해설**

흡입 다기관 압력(MAP)
과급기가 없는 경우 대기압보다 낮고, 과급기가 작동하면 대기압보다 높은 것이 정상이다.

3　가스터빈 엔진

1 가스터빈 엔진의 종류와 특성

01 가스 터빈 엔진의 종류 중 셔터 밸브의 그리드가 있어서 정적 과정에서 연소가 일어나는 엔진은?

① 램제트 엔진　　② 펄스제트 엔진
③ 터보 제트 엔진　④ 터보팬 엔진

🔍 **해설**

펄스제트엔진
기관의 공기 취입구에 저항이 작은 역류 방지 밸브(셔터 밸브)를 설치해 간헐적으로 개폐하도록 연구한 제트 기관
출력 형태에 따른 분류
① 제트 엔진 : 터보제트, 터보팬 엔진
② 회전 동력 엔진 : 터보프롭, 터보샤프트 엔진

02 다음 동력장치 중 저속에서 효율이 좋은 기관의 순서로 바른 것은?

① 터보팬 → 터보샤프트 → 터보제트 → 램제트
② 터보팬 → 터보제트 → 터보샤프트 → 램제트
③ 터보프롭 → 터보팬 → 터보제트 → 램제트
④ 터보프롭 → 터보팬 → 램제트 → 터보제트

🔍 **해설**

① 터보프롭 엔진
주로 프로펠러를 돌리는 데 엔진의 출력의 90[%]를 사용하여 감속장치를 매개로 프로펠러를 구동시킨다. 고고도, 고속 특성의 장점을 살려 중속, 중고도 비행 시 큰 효율을 볼 수 있다.

[정답] 03 ②　04 ②　05 ①　06 ①　3. 가스터빈 엔진　1 01 ②　02 ③

② 터보팬 엔진

터보제트 엔진의 터빈 후부에 다시 터빈을 추가하여 이것으로 배기가스속의 에너지를 흡수시켜 그 에너지를 사용하여 압축기의 앞부분에 증설한 팬(Fan)을 구동시키고, 그 공기의 태반을 연소용으로 사용하지 않고 측로로부터 엔진 뒤쪽으로 분출함으로써 추력을 더욱 증가시킬 수 있도록 설계된 엔진을 말한다.

③ 터보제트 엔진

고고도에서 고속으로 비행하는 항공기에 가장 적합하다.

④ 램제트엔진

고속에서 우수한 성능을 발휘하고 구조가 간단하다.

03 항공기가 속도 720[km/h]로 비행시, 항공기에 장착된 터보 제트 엔진이 300[kg/s]로 공기를 흡입하여 400[m/s]로 배출시킨다. 진추력[Fn]은 얼마인가? (단, 중력가속도 g=10[m/sec²])

① 300[kg] ② 6,000[kg]

③ 8,000[kg] ④ 18,000[kg]

해설

$$Fn = \frac{W_a}{g}(V_j - V_a) = \frac{300}{10}\left(400 - \frac{720}{3.6}\right) = 6,000[kg]$$

04 연료 유량과 흡입 공기 손실을 고려하지 않은 진추력 공식은?

① $\dfrac{W_f(V_j - V_a)}{g}$ ② $\dfrac{W_f}{g}$

③ $\dfrac{W_f(V_j + V_a)}{g}$ ④ $\dfrac{W_f}{g} = (V_j - V_a)$

해설

진추력의 식은 다음과 같다.

$$Fn = \frac{W_a(V_j - V_a)}{g} + \frac{W_a}{g}(V_j) + A_j(P_j - P_a)$$

흡입 공기 손실 $W_a(1\sim2[\%])$을 고려하지 않고, 배기노즐 출구의 압력과 대기압이 같다면 식은 아래와 같이 단순화 된다.

$$Fn = \frac{W_a}{g}(V_j - V_a)$$

05 엔진을 통해 지나는 공기 흐름량이 322[lb/s]이고 흡입구 속도가 600[ft/s], 출구 속도가 800[ft/s]이면 발생하는 추력은? (단, 중력가속도 g=32.2[m/sec²])

① 2,000[lbs] ② 4,000[lbs]

③ 8,000[lbs] ④ 12,000[lbs]

해설

$$Fn = \frac{W_a}{g}(V_j - V_a) = \frac{322}{32.2}(800 - 600) = 2,000[lbs]$$

06 Stage당 압력비가 1.34인 9 Stage 축류형 압축기의 출구압력은 얼마인가? (단, 압축기 입구 압력은 14.7[psi]이다.)

① 177[psi] ② 205[psi]

③ 255[psi] ④ 276[psi]

해설

압축기의 압력비(γ) = $\dfrac{\text{압축기 출구의 압력}}{\text{압축기 입구의 압력}} = {\gamma_s}^n = 1.34^9$

$$1.34^9 = \frac{X}{14.7} = 204.76$$

07 Brayton cycle에서 열은 어떤 과정에서 유입되는가?

① 정압 과정 ② 정온 과정

③ 정량 과정 ④ 정적 과정

해설

Brayton cycle은 정압사이클이며 정압 과정에서 열이 유입된다.

08 초기압력 및 체적이 각각 P=50[N/cm²], V=0.03[m³]인 상태에서 V=0.3[m³]이 되었다. 이때 하여진 일의 양은 얼마인가?

① 50[kJ] ② 135[kJ]

③ 150[kJ] ④ 175[kJ]

[정답] 03 ② 04 ④ 05 ① 06 ② 07 ① 08 ②

해설

$$P(압력) = \frac{F(힘)}{A(단위면적)} = \frac{\frac{W(일)}{S(거리)}}{A} = \frac{W}{A \cdot S} = \frac{W}{V(체적)}$$

상태변화에서의 일이므로

$W = P \times \triangle V$(체적의 변화량), $50[\text{N/cm}^2] = 50 \times 100^2[\text{N/cm}^2]$

$W = (50 \times 100^2)[\text{N/cm}^2] \times (0.03 - 0.03)[\text{m}^3] = 135,000$

$N \cdot m = 135,000[\text{J}] (1[\text{J}] = 1[\text{N} \cdot \text{M}])$

09 가스 터빈 엔진의 진추력에서 연료 유량과 압력차를 무시 했을 때 성립되는 식은? (단, F_n : 진추력, W_f : 연료의 유량, W_a : 흡입 공기의 유량, V_j : 배기가스의 속도, V_a : 비행 속도, A_j : 배기 노즐의 단면적, P_j : 배기 노즐에서 출구정압, P_a : 대기 압력)

① $F_n = \frac{W_f}{g}V_j + A_j$ ② $F_n = \frac{W_a}{g}A_j(P_j - P_a)$

③ $F_n = \frac{W_f}{g}(V_j - V_a)$ ④ $F_n = \frac{W_a}{g}(V_j - V_a)$

해설

진추력의 식은 다음과 같다.

$$F_n = \frac{W_a(V_j - V_a)}{g} + \frac{W_a}{g}(V_j) + A_j(P_j - P_a)$$

흡입 공기 손실 $W_a(1 \sim 2[\%])$을 고려하지 않고, 배기노즐 출구의 압력과 대기압이 같다면 식은 아래와 같이 단순화 된다.

$$F_n = \frac{W_a}{g}(V_j - V_a)$$

10 축류식 압축기의 1단당 압력비가 1.60이고, 회전자 깃에 의한 압력 상승비가 1.30이다. 압축기의 반동도(Φ_c)를 구하면?

① $\Phi_c = 0.2$ ② $\Phi_c = 0.3$

③ $\Phi_c = 0.5$ ④ $\Phi_c = 0.6$

해설

압축기 회전자 깃의 입구 압력 P_1, 회전자 깃 출구 압력 $P_2 = 1.3P_1$, 압축기 고정자 깃 출구 압력 $P_3 = 1.3P_1$으로 하면

$$\Phi_c = \frac{P_2 - P_1}{P_3 - P_1} = \frac{1.3P_1 - P_1}{1.6P_1 - P_1} = \frac{0.3}{0.6} = 0.5$$

11 브레이턴(Brayton) 사이클의 이론 열효율을 가장 올바르게 표시한 것은? (단, η_{th} : 열효율, r : 압력비, k : 비열비)

① $\eta_{th} = 1 - r^{\frac{1}{k-1}}$ ② $\eta_{th} = 1 - r^{\frac{1-k}{k}}$

③ $\eta_{th} = 1 - r^{\frac{k}{k-1}}$ ④ $\eta_{th} = 1 - r^{\frac{k-1}{k}}$

해설

브레이턴 사이클의 열효율

$$\eta = 1 - \frac{1}{r}^{\frac{k-1}{k}}$$

12 공기 사이클(Air Cycle) 3개 중 같은 압축비에서 최고압력이 같을 때 이론 열효율이 가장 높은 것부터 낮은 것을 올바르게 나열한 것은?

① 정적-정압-합성   ② 정압-합성-정적

③ 합성-정적-정압   ④ 정적-합성-정압

해설

- 압축비가 같을 경우 오토-사바테-디젤 순이며 최고압력이 일정한 경우는 반대가 된다.
- 압력비가 같을 경우 정압-합성-정적 순이며 최고압력이 일정한 경우는 반대가 된다.

13 터보팬(Turbo-fan) 제트 엔진의 1차 공기량이 50[kgf/sec], 2차 공기량 60[kgf/sec], 1차 공기 배기속도 170[m/sec], 2차 공기배기속도 100[m/sec]이었다. 이 엔진의 바이패스비(By-pass ratio)는 얼마인가?

① 0.59   ② 0.83

③ 1.2   ④ 1.7

해설

$$BPR = \frac{W_s}{W_p} = \frac{60}{50} = 1.2$$

14 이상적인 터보 제트 엔진의 구성과정에서 등엔트로피 과정이 아닌 것은?

① 압축과정   ② 터빈과정
③ 분사과정   ④ 연소과정

🔍 해설

등엔트로피 과정
엔트로피를 일정하게 유지하면서 물체가 속한 계의 상태를 변화시키는 것을 말한다.
준정적 또는 가역적 단열변화가 이에 해당한다. 이 경우 역도 성립하여 등엔트로피 상태의 가역적 변화는 항상 단열과정이다. 연소과정은 정압과정이다.

15 공기를 빠른 속도로 분사시킴으로서 소형, 경량으로 큰 추력을 낼 수 있고 비행 속도가 빠를수록 추진 효율이 좋고, 아음속에서 초음속에 걸쳐 우수한 성능을 가지는 엔진의 형식은?

① Turbojet Engine   ② Turboshaft Engine
③ Ramjet Engine   ④ Turboprop Engine

🔍 해설

Turbojet Engine
고온의 배기 가스 흐름으로 인한 반작용력을 추진력으로 이용항 엔진이다.

16 그림과 같은 브레이턴 사이클의 $P-V$ 선도에 대한 설명 중 틀린 것은?

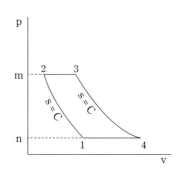

① 넓이 1-2-3-4-1은 사이클의 참 일
② 넓이 3-4-n-m-3은 터빈의 팽창 일
③ 넓이 1-2-m-n-1은 압축 일
④ 1개씩의 정압과정과 단열과정이 있다.

🔍 해설

브레이턴 사이클(Brayton Cycle)
가스 터빈 엔진의 이상적인 사이클로 단열압축, 정압수열, 단열팽창, 정압방열 과정으로 이루어져 있다.

17 왕복기관에 비해 가스 터빈 엔진의 장점이 잘못된 것은?

① 추운 날씨에 시동 성능이 우수하며 높은 회전수를 얻을 수 있다.
② 비행 속도가 증가할수록 효율이 좋아 초음속 비행이 가능하다.
③ 연료 소비율이 적으며 진동이 심하다.
④ 가격이 싼 연료를 사용한다.

🔍 해설

가스 터빈 엔진의 왕복 엔진에 대한 특성
① 연소가 연속적이므로 중량당 출력이 크다.
② 왕복운동 부분이 없어 진동이 적고 고 회전이다.
③ 한랭 기후에서도 시동이 쉽고 윤활유 소비가 적다.
④ 비교적 저급 연료를 사용한다.
⑤ 비행 속도가 클수록 효율이 높고 초음속 비행이 가능하다.
⑥ 연료 소모량이 많고 소음이 심하다.

18 가스 터빈 기관의 분류와 관계가 있는 것은?

① 터보제트 엔진, 터보팬 엔진, 터보프롭 엔진, 터보샤프트 엔진
② 터보제트 엔진, 터보팬 엔진, 터보프롭 엔진, 펄스제트 엔진
③ 터보제트 엔진, 터보팬 엔진, 램제트 엔진, 펄스제트 엔진
④ 터보제트 엔진, 터보팬 엔진, 램제트 엔진, 터보 샤프트 엔진

[정답] 14 ④   15 ①   16 ④   17 ③   18 ①

🔍 해설

가스 터빈 엔진의 분류

① 압축기 형태에 따른 분류
　ⓐ 원심식 압축기 엔진 : 소형 엔진이나 지상용 가스 터빈 엔진에 많이 사용
　ⓑ 축류식 압축기 엔진 : 대형 고성능 엔진에 주로 많이 사용
② 출력 형태에 따른 분류
　ⓐ 제트 엔진 : 터보제트, 터보팬 엔진
　ⓑ 회전 동력 엔진 : 터보프롭, 터보샤프트 엔진

19 가스 터빈 엔진 중 추진효율이 가장 낮은 것은?

① 터보 팬(Turbo fan)

② 터보 제트(Turbo jet)

③ 터보 샤프트(Turbo shaft)

④ 터보 프롭(Turbo prop)

🔍 해설

추진효율

공기가 기관을 통과하면서 얻은 운동 에너지와 비행기가 얻은 에너지인 추력 동력의 비를 말하는데 추진효율을 증가시키는 방법을 이용한 기관 이 터보 팬 기관이다. 특히 높은 바이패스 비를 가질수록 효율이 높다.
터보 샤프트 – 터보 프롭 – 터보 팬 – 터보 제트 순이다.

20 가스 터빈 기관에서 배기소음이 가장 큰 것은?

① 터보 팬

② 터보 프롭

③ 터보 샤프트

④ 터보 제트

🔍 해설

배기소음

① 배기소음은 배기노즐로부터 대기 중에 고속으로 분출된 배기가스가 대기와 심하게 부딪쳐 혼합될 때 발생한다. 소음의 크기는 배기가스 속도의 6～8 제곱에 비례하고 배기노즐 지름의 제곱에 비례 한다.
② 터보 제트 엔진은 배기가스 분출속도가 터보 팬이나 터보 프롭 엔진에 비하여 상당히 빠르므로 배기 소음이 특히 심하다.

21 가스 터빈 엔진 중 고속 비행 중 가장 효율이 좋은 것은 어느 것인가?

① 터보 제트 엔진

② 터보 팬 엔진

③ 터보 프롭 엔진

④ 터보 샤프트 엔진

🔍 해설

터보 제트(Turbo jet) 엔진

① 저 고도, 저속에서 연료 소모율이 높으나 고속에서는 추진효율이 좋다.
② 전면면적이 좁기 때문에 비행기를 유선형으로 만들 수 있다.
③ 천음속에서 초음속 범위에 걸쳐 우수한 성능을 지닌다.
④ 이륙거리가 길고 소음이 심하다.
⑤ 후기 연소기를 사용하여 추력을 증대시킬 수 있다.
⑥ 소형이면서 큰 추력이 필요하고 초음속 비행을 하는 전투기에 많이 사용한다.

22 터보 팬(Turbo fan) 엔진의 특성이 아닌 것은 무엇인가?

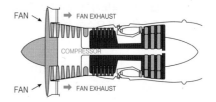

① 추력 증가

② 이륙거리 증가

③ 무게 경감

④ 소음 감소

🔍 해설

터보 팬(Turbo fan) 엔진

① 이·착륙거리의 단축 및 추력이 증가한다.
② 무게가 경량이다.
③ 경제성 향상
④ 소음이 적다.
⑤ 날씨 변화에 영향이 적다.

23 분사 추력을 사용하는 형태는 어느 것인가?

① 터보 프롭

② 터보 샤프트

③ 글라이더

④ 터보 팬

🔍 해설

제트 엔진은 압축기, 연소실, 터빈으로 이루어져 고온 고압의 연소가스를 배기 노즐을 통하여 고속으로 분사하는 반작용력에 의하여 추력을 얻는 것으로 터보 제트 엔진과 터보 팬 엔진이 있다.

[정답] 19 ③　20 ④　21 ①　22 ②　23 ④

24 가스 터빈 엔진 중에서 출력을 감속장치를 통해 프로펠러를 구동하고 배기가스에서 약간의 추력을 얻는 엔진은 어느 것인가?

① Turbo jet　　　　② Turbo fan
③ Turbo prop　　　　④ Turbo shaft

🔍 **해설**

터보 프롭 (Turbo prop) 엔진

① 엔진의 압축기 부에서 축을 내어 감속 기어를 통하여 엔진의 회전수를 감속시켜 프로펠러를 구동하여 추력을 얻는 것으로 추력의 75[%]는 프로펠러에서 나머지는 25[%]는 배기가스에서 얻는다.
② 저속에서 높은 효율과 큰 추력을 가지는 장점이 있지만 고속에서는 프로펠러 효율 및 추력이 떨어지므로 고속 비행을 할 수 없다.
③ 저속에서 단위 추력당 연료 소모율이 가장 적다.
④ 감속 기어 등으로 인하여 무게가 무거우나 역추력 발생이 용이하다.

25 가스 터빈 기관의 종류 중 헬리콥터 및 지상 동력장치로 사용되는 엔진은?

① 터보 제트 기관　　　② 터보 팬 기관
③ 터보 샤프트 기관　　④ 터보 프롭 기관

🔍 **해설**

터보 샤프트(Turbo shaft) 엔진

① 추력의 100[%]를 축을 이용하여 얻고 배기가스에 의한 추력은 없다.
② 자유 터빈 사용으로 시동시 부하가 적다.
③ 헬리콥터에 주로 사용한다.

26 디퓨저, 밸브 망, 연소실 및, 분사 노즐로 구성된 제트 엔진은?

① 램 제트　　　　　② 펄스 제트
③ 터보 제트　　　　④ 터보 팬

🔍 **해설**

펄스 제트와 램제트 엔진

① 펄스 제트(Pulse jet) 엔진 : 디퓨저, 밸브 망, 연소실, 분사 노즐로 구성 되어있다.
② 램 제트(Ram jet) 엔진 : 디퓨저, 연소실, 분사 노즐로 구성되어 있다.

27 Jet 엔진의 추진원리는?

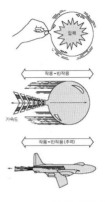

① 오일러 법칙　　　　② 관성의 법칙
③ 가속도의 법칙　　　④ 작용과 반작용 법칙

🔍 **해설**

가스 터빈 엔진의 작동원리

뉴턴의 제3법칙인 작용 반작용의 원리(한 물체가 다른 물체에 힘을 미칠 때는 항상 다른 물체에도 크기가 같고 방향이 반대인 힘이 같은 작용선 상에 미친다. 이 힘을 작용에 대한 반작용이라 한다.)를 이용한 것이다.

28 가스 터빈 엔진의 이상적인 사이클은?

① 오토　　　　　② 카르노
③ 캘빈　　　　　④ 브레이턴

🔍 **해설**

브레이턴 사이클(Brayton cycle)

가스 터빈 엔진의 이상적인 사이클로서 브레이턴에 의해 고안된 동력기관의 사이클이다.
가스 터빈 엔진은 압축기, 연소실 및, 터빈의 주요 부분으로 이루어지며 이것을 가스 발생기라 한다.
가스 터빈 엔진의 압축기에서 압축된 공기는 연소실로 들어가 정압연소(가열)되어 열을 공급하기 때문에 정압 사이클이라고도 한다.

29 브레이턴 사이클(Brayton cycle)의 과정은 다음 중 어느 것인가?

① 단열압축, 정적가열, 단열팽창, 정적방열
② 정적가열, 단열압축, 정적방열, 단열팽창

[정답] 24 ③　25 ③　26 ②　27 ④　28 ④　29 ④

③ 정압수열, 단열압축, 단열팽창, 정압방열

④ 단열압축, 정압가열, 단열팽창, 정압방열

🔍 해설

브레이턴 사이클

단열압축 → 정압가열 → 단열팽창 → 정압방열

30 압력비가 5인 브레이턴 사이클의 열효율은? (단, 공기 비열비는 1.4이다.)

① 35.47[%]　　　　② 36.86[%]

③ 32.86[%]　　　　④ 38.26[%]

🔍 해설

브레이턴 사이클의 열효율

$$\eta = 1 - \frac{1}{r}^{\frac{k-1}{k}} = 1 - \frac{1}{5}^{\frac{1.4-1}{1.4}} = 0.3686 = 36.86[\%]$$

31 진추력 2,000[kg], 비행 속도 200[m/s], 배기가스 속도 300[m/s]인 터보제트 기관에서 저위발열량이 4,600[kcal/kg]인 연료를 1초 동안에 1.3[kg]씩 소모한다고 할 때 추진효율을 구하면 약 얼마인가?

① 0.8　　　　② 0.9

③ 1.0　　　　④ 1.5

🔍 해설

추진효율

공기가 엔진을 통과하면서 얻은 운동에너지에 의한 동력과 추진동력(진추력×비행 속도)의 비

즉, 공기에 공급된 전체에너지와 추력 발생에 사용된 에너지의 비

$$\eta_p = \frac{2V_a}{V_j + V_a} = \frac{2 \times 200}{300 + 200} = 0.8 = 80[\%] \text{ (진추력은 무시)}$$

32 가스 터빈 엔진의 총 추력의 정의는?

① 항공기가 비행 중일 때의 추력

② 압축기를 통과하여 얻은 1차공기에 의한 추력

③ 항공기가 정지한 상태에서의 추력

④ 팬 덕트를 통과한 2차 공기에 의한 추력

🔍 해설

가스 터빈 터보제트 엔진의 작동원리 중 하나는 뉴턴의 제1운동법칙에 기초하여, "정지해 있는 물체는 계속 정지해 있으려 하는 추력"이다.

❷ 가스터빈 엔진의 구조

1. 구성요소

01 축류형 압축기가 가스터빈에 많이 사용되는 이유로 가장 거리가 먼 것은?

① 단당 압력비가 높다.

② 많은 공기량을 처리할 수 있다.

③ 다단화가 용이해서 고 압력비를 얻을 수 있다.

④ 압축기 효율이 높다.

🔍 해설

공기를 디퓨저를 통하여 빨아 들이고 압축기로 고압으로 압축시켜 연소실에서 연료와 혼합하고 점화를 시키면 고온, 고압, 고속의 연소 가스가 뒤로 팽창되어 터빈에 동력을 전달하고 배기노즐을 통해 고속으로 빠져 나가면서 추력을 발생시킨다.
(작용과 반작용의 법칙 - 뉴턴의 제3법칙)

02 터보 제트 기관의 주요 3개 부분은 무엇인가?

① 압축기, 터빈, 후기 연소기

② 압축기, 연소실, 터빈

③ 흡입구, 압축기, 노즐

④ 압축기, 디퓨저, 터빈

🔍 해설

• 디퓨저(Diffuser)
• 압축기(Compressor)
• 연소실(Heater)
• 터빈(Turbine)
• 배기노즐(Nozzle)

[정답] 30 ② 31 ① 32 ③ ❷ 01 ① 02 ②

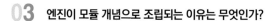

03 엔진이 모듈 개념으로 조립되는 이유는 무엇인가?

① 제작이 용이하다.

② 엔진 출력을 증대시킨다.

③ 효율적인 정비가 가능하다.

④ 낮은 rpm에서 높은 출력을 낸다.

🔍 해설

모듈 구조(Module construction)

엔진의 정비성을 좋게 하기 위하여 설계하는 단계에서 엔진을 몇 개의 정비 단위, 다시 말해 모듈로 분할할 수 있도록 해 놓고 필요에 따라서 결함이 있는 모듈을 교환하는 것만으로 엔진을 사용가능한 상태로 할 수 있게 하는 구조를 말한다.

그 때문에 모듈은 그 각각이 완전한 호환성을 갖고 교환과 수리가 용이하도록 되어 있다.

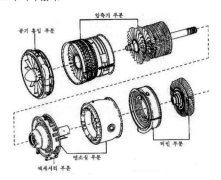

[가스 터빈 기관의 모듈구조]

04 터빈 엔진에 대한 설명으로 가장 올바른 것은?

① 작은 rpm 증가로써 엔진의 고속시에 추력을 더욱 빠르게 증가한다.

② 작은 rpm 증가로써 엔진의 저속시에 추력을 더욱 빠르게 증가한다.

③ 높은 고도에서 온도가 낮기 때문에 엔진은 덜 효율적이다.

④ 높은 고도에서 추력을 내는데 1파운드당 공기 소비량은 적게 든다.

🔍 해설

소형 경량으로 큰 추력을 얻으며, 고속에서 추진효율이 우수하고, 아음속에서 초음속의 범위까지 우수한 성능을 지닌다.

05 다음 중 제트 엔진의 핫 섹션이 아닌 것은?

① 터빈

② 배기노즐

③ 연소실

④ 기어박스

🔍 해설

핫 섹션(Hot section)

엔진 구조 내부에서 직접 고온의 연소가스에 노출되는 부분, 즉, 연소실, 터빈 및 배기계통의 각 부분.

이 외의 부분을 콜드섹션(Cold section)이라 한다.

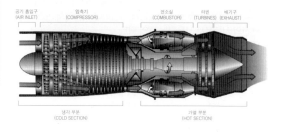

06 가스 터빈 엔진의 주요 구성요소는 무엇인가?

① Compressor, Diffuser, Stator, Turbine

② Turbine, Combustion, Stator, Rotor

③ Turbine, Combustion, Compressor, Exhaust nozzle

④ Compressor, Turbine, Nozzle, Stator

🔍 해설

가스터빈 엔진의 구성

① 공기 흡입부와 보기부

② 압축기부와 연소부

③ 터빈부와 배기부

[정답] 03 ③ 04 ① 05 ④ 06 ③

Aircraft Maintenance

2. 흡입부분

01 날개 아래 장착되는 엔진의 공기 흡입구를 무엇이라 하는가?

① S자 덕트
② 노스 카울
③ 벨 마우스
④ 인렛 스크린

🔍 **해설**

① S자 덕트 : 엔진이 후방 동체 속에 장착되어 있을 때의 흡입 덕트
② 벨 마우스 : 가스 터빈 엔진 입구에 공기를 안내하는데 사용하는 수축형의 흡입 덕트로서 헬리콥터 엔진이나 지상에서 가스 터빈 엔진의 시운전시 사용하는 흡입 덕트
③ 인렛 스크린 : 엔진의 공기흡입구 전방에 설치되어 FOD(외부 물질에 의한 손상) 등 방지

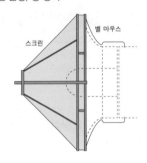

02 램 압력 회복점이란?

① 마찰 압력 손실이 최대가 되는 점
② 램 압력 상승이 최소가 되는 점
③ 마찰 압력 손실과 램 압력 상승이 같아지는 점
④ 마찰 압력 손실이 최소가 되는 점

🔍 **해설**

압축기 입구에서의 정압 상승이 도관 안에서 마찰로 인한 압력 강하와 같아지는 속도, 즉 압축기 입구 정압이 대기압과 같아지는 항공기 속도를 말하며, 압력 회복점이 낮을수록 좋은 흡입 덕트이다.

03 아음속 항공기의 흡입 덕트는 어떤 형태인가?

① 확산형
② 수축형
③ 수축-확산형
④ 가변형

🔍 **해설**

• 아음속 항공기 : 확산형
• 초음속 항공기 : 가변형(수축-확산형)

04 수축 및 확산 덕트에 대한 기술 중 틀린 것은?

① 아음속시 수축 덕트에서 압력은 감소하고 속도는 증가한다.
② 초음속시 수축 덕트에서 압력은 감소하고 속도는 증가한다.
③ 초음속시 확산 덕트에서 압력은 감소하고 속도는 증가한다.
④ 아음속시 확산 덕트에서 압력은 증가하고 속도는 감소한다.

05 터보 팬 기관에서 바이패스 비란 무엇인가?

① 압축기를 통과한 공기 유량과 압축기를 제외한 팬을 통과한 공기 유량과의 비
② 압축기를 통과한 공기 유량과 터빈을 통과한 공기 유량과의 비
③ 팬에 유입된 공기 유량과 팬에서 방출된 공기 유량과의 비
④ 기관에 흡입된 공기 유량과 기관에서 배출된 공기 유량과의 비

🔍 **해설**

바이패스 비(Bypass ratio)

① 터보 팬 기관에서 팬을 지나가는 공기를 2차 공기라 하고 압축기를 지나가는 공기를 1차 공기라 하는데 1차 공기량과 2차 공기량의 비를 바이패스 비라 한다. $BPR = \dfrac{W_s}{W_p}$
② 바이패스 비가 클수록 효율이 좋아지지만 기관의 지름이 커지는 문제점이 있다.

[정답] 01 ② 02 ③ 03 ① 04 ② 05 ①

3. 압축기부분

01 원심식 압축기의 장점이 아닌 것은?

① 경량이다.

② F.O.D에 의한 저항력이 없다.

③ 구조가 간단하다.

④ 제작비가 저렴하다.

🔍 **해설**

- 장점
  ① 단당 압력비가 높다.
  ② 아이들에서 최대 출력까지의 넓은 속도 범위에서 좋은 효율을 가진다.
  ③ 제작이 쉽다.
  ④ 구조가 튼튼하다.
  ⑤ 값이 싸다.
- 단점
  ① 압축기 입구와 출구의 압력비가 낮다.
  ② 많은 양의 공기를 처리할 수 없다.
  ③ 추력에 비해 큰 전면 면적으로 항력이 크다.

02 원심형 압축기에서 속도에너지가 압력에너지로 바뀌면서 압력이 증가하는 곳은?

① 임펠러(Impeller)

② 디퓨저(Diffuser)

③ 매니폴드(Manifold)

④ 배기노즐(Exhaust nozzle)

🔍 **해설**

Diffuser의 위치

속도를 감소시키고 압력을 증가시키는(속도 에너지를 압력 에너지로 바꾸어주는) 확산 통로로서 공기 흐름의 압력이 가장 높은 곳이다.

03 원심형 압축기의 단점에 속하는 것은?

① 단당 큰 압력비를 얻을 수 있다.

② 무게가 가볍고 Starting Power가 낮다.

③ 축류형 압축기와 비교해 제작이 간단하고 가격이 싸다.

④ 동일 추력에 대하여 전면면적(Frontal Area)을 많이 차지한다.

🔍 **해설**

원심식 압축기 단점

① 압축기 입구와 출구의 압력비가 낮다.

② 효율이 낮으며 많은 양의 공기를 처리할 수 없다.

③ 추력에 비하여 기관의 전면면적이 넓기 때문에 항력이 크다.

04 다음 중 원심력식 압축기의 주요 구성품이 아닌 것은?

① 임펠러

② 디퓨저

③ 고정자

④ 매니폴드

🔍 **해설**

원심식 압축기

임펠러(Impeller), 디퓨저(Diffuser), 매니폴드(Manifold)로 구성되어 있다.

05 원심식 압축기의 장점이 아닌 것은?

① 단당 압력비가 높다.

② 구조가 단단하다.

③ 신뢰성이 있다.

④ 대량 공기를 압축할 수 있다.

🔍 **해설**

원심식 압축기

임펠러(Impeller), 디퓨저(Diffuser), 매니폴드(Manifold)로 구성되어 있다.

- 장점
  ① 단당 압력비가 높다.
  ② 구조가 단단하다.
  ③ 구조가 튼튼하고 단단하다.
- 단점
  ① 압축기 입구와 출구의 압력비가 낮다.
  ② 효율이 낮으며 많은 양의 공기를 처리할 수 없다.
  ③ 추력에 비하여 기관의 전면면적이 넓기 때문에 항력이 크다.

06 가스 터빈 기관을 압축기의 형식에 따라 구분할 때 고성능 가스 터빈 기관에 많이 사용하는 형식은 무엇인가?

① 축류형

② 원심력형

③ 축류-원심력형

④ 겹흡입식

[정답] 01 ② 02 ② 03 ④ 04 ③ 05 ④ 06 ①

🔍 **해설**

압축기의 종류
① 원심식 압축기 : 제작이 간단하여 초기에 많이 사용하였으나 효율이 낮아 요즘에는 거의 쓰이지 않음
② 축류형 압축기 : 현재 사용하고 있는 가스 터빈 엔진은 대부분 사용
③ 원심 – 축류형 압축기 : 소형 항공기 및 헬리콥터 엔진 등에 사용

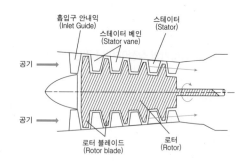

07 최근 가장 보편적으로 사용하는 제트 엔진의 두 가지 압축기 형식은 무엇인가?

① 수평식과 방사형
② 축류식과 방사형
③ 레디얼과 세로형
④ 축류식과 원심식

🔍 **해설**

가스 터빈 엔진의 분류
① 압축기 형태에 따른 분류
　ⓐ 원심식 압축기 엔진 : 소형 엔진이나 지상용 가스 터빈 엔진에 많이 사용
　ⓑ 축류식 압축기 엔진 : 대형 고성능 엔진에 주로 많이 사용
② 출력 형태에 따른 분류
　ⓐ 제트 엔진 : 터보제트, 터보팬 엔진
　ⓑ 회전 동력 엔진 : 터보프롭, 터보샤프트 엔진

08 축류식 압축기에 대한 설명으로 옳은 것은?

① 전면 면적에 비해 많은 양의 공기를 처리할 수 있다.
② 손상에 강하다.
③ 다단으로 제작하기 곤란하다.
④ 구조가 간단하다.

🔍 **해설**

축류식 압축기의 구성 : 로터, 스테이터
① 장점
　ⓐ 전면면적에 비해 많은 양의 공기를 처리할 수 있다.
　ⓑ 압력비 증가를 위해 여러 단으로 제작할 수 있다.
　ⓒ 입구와 출구와의 압력비 및 압축기 효율이 높기 때문에 고성능기관에 많이 사용된다.
② 단점
　ⓐ FOD에 의한 손상을 입기 쉽다.
　ⓑ 제작비가 고가이다.
　ⓒ 동일 압축비의 원심식 압축기에 비해 무게가 무겁다.
　ⓓ 높은 시동 파워가 필요하다.

09 다음 중 원심식 압축기에 대한 축류식 압축기의 장점으로 바른 것은?

① 단당 압력비가 높다.
② 가격이 저렴하다.
③ 무게가 가볍다.
④ 전면 면적에 비해 공기 유량이 크다.

🔍 **해설**

축류식 압축기의 장점
① 전면면적에 비해 많은 양의 공기를 처리할 수 있다.
② 압력비 증가를 위해 여러 단으로 제작할 수 있다.
③ 입구와 출구와의 압력비 및 압축기 효율이 높기 때문에 고성능기관에 많이 사용된다.

10 압축기 형태 중 아이들에서 최대 출력까지 넓은 속도에서 좋은 효율을 얻을 수 있는 것은?

① 축류형
② 원심식
③ 임펠러
④ 확산형

🔍 **해설**

압축기의 종류
① 원심식 압축기 : 제작이 간단하여 초기에 많이 사용하였으나 효율이 낮아 요즘에는 거의 쓰이지 않음
② 축류형 압축기 : 현재 사용하고 있는 가스 터빈 엔진은 대부분 사용
③ 원심 – 축류형 압축기 : 소형 항공기 및 헬리콥터 엔진 등에 사용

[정답] 07 ④　08 ①　09 ④　10 ①

11 축류형 압축기에서 1단이란?

① 저압 압축기

② 고압 압축기

③ 1열 로우터와 1열 스테이터

④ 저압 압축기와 고압 압축기를 합한 것

🔍 해설

축류형 압축기 1단의 의미

회전자(로터)와 비회전자(스테이터)로 이루어져 있다.

12 터빈 기관 압축기 블레이드의 프로파일(Profile)이란?

① 블레이드의 앞전

② 블레이드 뿌리의 만곡

③ 블레이드 뿌리의 모양

④ 블레이드 선단 두께를 축소하기 위해 도려낸 것

🔍 해설

블레이드의 팁에서 두께가 줄어들게 한 것을 프로파일이나 스퀄러 팁이라 한다.

프로파일링은 블레이드의 고유주파수를 크게 하는 방법으로 엔진의 회전주파수보다. 크게 하면 진동 경향이 감소한다. 또한 프로파일은 와류 팁으로 설계된다.

얇은 뒷전부분이 와류를 일으켜 공기속도를 증가시켜 팁 누출을 최소화하며 축 방향 공기흐름을 원활히 한다.

13 가스터빈 기관에서 압축기 스테이터 베인(Stator vanes)의 가장 중요한 역할은 무엇인가?

① 배기가스의 압력을 증가시킨다.

② 배기가스의 속도를 증가시킨다.

③ 공기흐름의 속도를 감소시킨다.

④ 공기흐름의 압력을 감소시킨다.

🔍 해설

스테이터 베인(Stator vanes)

가스터빈엔진의 축류형 압축기에 있는 고정 깃. 고정자 베인의 각 단은 로터 브레이드의 각 단 사이에 위치되어 있으며, 고정자 베인에서는 공기의 속도가 감소하고 압력이 증가한다.

14 터빈 엔진의 압축기 내의 스테이터 베인(Stator vane)의 목적은?

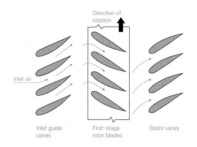

① 압력을 안정시킨다.

② 압력 파동(Surge)을 방지한다.

③ 공기 흐름의 방향을 조절한다.

④ 공기 흐름의 속도를 증가시킨다.

🔍 해설

문제 13번의 해설 참조

15 가변 스테이터 구조의 목적으로 가장 올바른 것은?

① 로터의 회전 속도를 일정하게 한다.

② 유압 공기의 절대 속도를 일정하게 한다.

③ 로터에 대한 유입공기의 상대 속도를 일정하게 한다.

④ 로터에 대한 유입공기의 받음각을 일정하게 한다.

🔍 해설

VSV(Variable Stator Vane)

정익의 최부각을 가변구조로 하여 rpm에 따라 EVC(Engine Vane Control)에 의해 자동조절케 함으로써 공기유입량, 즉 유입속도를 변화시키므로 동익의 영각을 일정하게 한다.

16 가스 터빈 기관에서 인렛 가이드 베인의 목적은?

① 엔진 속으로 들어오는 공기의 속도를 증가시키며 공기흐름의 소용돌이를 방지한다.

② 공기의 압력을 증대시키고 공기 흐름의 소용돌이를 방지한다.

③ 압축기 서지나 스톨을 방지한다.

④ 입구 면적을 증대시킨다.

[정답] 11 ③   12 ④   13 ③   14 ③   15 ④   16 ③

🔍 **해설**

인렛 가이드 베인(Inlet guide vane)
① 압축기 전방 프레임 내부에 있는 정익으로 공기가 흡입될 때 흐름 방향을 동익이 압축하기 가장 좋은 각도로 안내하여 압축기 실속을 방지하고 효율을 높인다.
② 최근의 인렛 가이드 베인은 가변으로 하며(Variable inlet guide vane)이라 한다.

17 축류식 압축기에서 압축기 로터의 받음각을 변화시키는 것은?

① 유입 공기속도의 변화 ② 압축기 지름 변화
③ 압력비 증가 ④ 압력비 감소

🔍 **해설**

가변 고정자 깃
축류식 압축기의 고정자 깃의 붙임각을 변경시킬 수 있도록 하여 공기의 흐름 방향과 속도를 변화시킴으로써 회전속도가 변하는데 따라 회전자 깃의 받음각을 일정하게 한다.

18 축류식 압축기를 가진 가스 터빈 엔진에서 디퓨저 (Diffuser)의 위치는 어디인가?

① 연소실과 터빈 사이 ② 흡입구와 압축기 사이
③ 압축기와 연소실 사이 ④ 압축기 속

🔍 **해설**

Diffuser의 위치
속도를 감소시키고 압력을 증가시키는(속도 에너지를 압력 에너지로 바꾸어주는) 확산 통로로서 공기 흐름의 압력이 가장 높은 곳이다.

19 가스 터빈 엔진에서 디퓨저(Diffuser)의 역할은 무엇인가?

① 디퓨저 내의 압력을 같게 한다.
② 위치 에너지를 운동 에너지로 바꾼다.
③ 압력을 감소시키고 속도를 증가시킨다.
④ 압력을 증가시키고 속도를 감소시킨다.

🔍 **해설**

디퓨저(Diffuser)의 역할
압축기 출구 또는 연소실 입구에 위치하며, 속도를 감소시키고 압력을 증가시키는 역할을 한다.

20 가스 터빈 엔진의 공기 흐름 중에서 최고 압력상승이 일어나는 곳은?

① 터빈 노즐 ② 터빈 로터
③ 연소실 ④ 디퓨저

🔍 **해설**

압축기의 압력비
압축기 회전수, 공기 유량, 터빈 노즐의 출구 넓이, 배기노즐의 출구 넓이에 의해 결정되며 최고 압력상승은 압축기 바로 뒤에 있는 확산 통로인 디퓨저(Diffuser)에서 이루어진다.

21 터빈 엔진 압력비가 커지면 열효율은 증가하는 장점이 있는 반면 단점도 있어 압력비 증가를 제한한다. 이 단점은 다음 중 어느 것인가?

① 압축기 입구 온도 증가 ② 압축기 출구 온도 증가
③ 터빈 입구 온도 증가 ④ 연소실 입구 온도 증가

🔍 **해설**

압축기의 압력비$(\gamma) = \dfrac{\text{압축기 출구의 압력}}{\text{압축기 입구의 압력}} = \gamma_s{}^n$

여기서, γ_s : 압축기 1단의 압력비, n : 압축기 단수
그러므로 터빈 입구의 온도가 증가한다.

22 터보 제트 엔진의 축류형 2축 압축기는 어떠한 효율이 개선되는가?

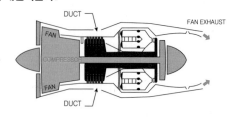

① 더 많은 터빈 휠(Wheel)이 사용될 수 있다.
② 더 높은 압축비를 얻을 수 있다.
③ 연소실로 들어오는 공기의 속도가 증가된다.
④ 연소실 온도가 낮아진다.

[정답] 17 ① 18 ③ 19 ④ 20 ④ 21 ③ 22 ②

해설

2축식(Two spool) 압축기 구조는 압축기 실속(Compressor stall)을 방지하고 축류식 압축기 전체의 고압력비, 높은 효율이 가능하게 한다.

23 축류식 압축기의 반동도를 나타낸 것 중 알맞은 것은?

① $\dfrac{\text{로터에 의한 압력상승}}{\text{스테이지에 의한 압력상승}} \times 100[\%]$

② $\dfrac{\text{압축기에 의한 압력상승}}{\text{터빈에 의한 압력상승}} \times 100[\%]$

③ $\dfrac{\text{로터에 의한 압력상승}}{\text{전체에 의한 압력상승}} \times 100[\%]$

④ $\dfrac{\text{스테이터에 의한 압력상승}}{\text{스테이지에 의한 압력상승}} \times 100[\%]$

해설

반동도(Reaction rate)
① 축류식 압축기에서 단당 압력상승 중 회전자 깃이 담당하는 압력상승의 배분율[%]을 반동도라 한다.
② $\dfrac{\text{회전자깃열에 의한 압력상승}}{\text{단당압력상승}} \times 100[\%] = \dfrac{P_2 - P_1}{P_3 - P_1} \times 100[\%]$
여기서, P_1 : 회전자 깃열의 입구압력
P_2 : 고정자 깃열의 입구, 즉 회전자 깃열의 출구압력
P_3 : 고정자 깃열의 출구압력

24 다음 중에서 압축기의 실속은 언제 발생하는가?

① 공기의 흡입속도가 압축기의 회전속도보다 빠를 때
② 공기의 흡입속도가 압축기의 회전속도보다 느릴 때
③ 압축기의 회전속도가 비행 속도 보다 느릴 때
④ 램 압력이 압축기의 압력보다 높을 때

해설

- **압축기의 실속**
  공기흡입속도가 작을수록, 회전속도가 클수록 회전 깃 받음각이 커진다. 과도한 받음각 증가는 회전자 깃에 실속을 유발하여, 압력비 급감, 기관 출력이 감소하여 작동이 불가능해진다.
- **흡입공기 속도가 감소하는 경우**
  ① 엔진 가속시 연료의 흐름이 너무 많아 압축기 출구 압력이 높아진 경우
  ② 압축기 입구압력(CIP)이 낮은 경우

③ 압축기 입구 온도(CIT)가 높은 경우
④ 지상 엔진 작동시 회전속도가 설계점 이하로 낮아지는 경우 (압축기 뒤쪽 공기의 비체적이 커지고 공기누적(Chocking) 현상이 생긴다.) 압축기 로터의 회전속도가 너무 빠를 때

25 터보 제트 엔진에서 흡입 속도가 감소하여 압축기 로우터 블레이드 받음각이 증가함으로써 압축기 압력비가 급격히 떨어지고, 엔진 출력이 감소하여 작동이 불가능해진다. 이러한 현상을 무엇이라 하는가?

① 동력 실속　　　② 압축기 실속
③ 날개 실속　　　④ 헝 스타트

해설

압축기의 실속
공기흡입속도가 작을수록, 회전속도가 클수록 회전 깃 받음각이 커진다. 과도한 받음각 증가는 회전자 깃에 실속을 유발하여, 압력비 급감, 기관 출력이 감소하여 작동이 불가능해진다.

26 다음 중 축류형 압축기의 실속 방지장치가 아닌 것은?

① 다축식 구조　　② 가변 스테이터 베인
③ 블리드 밸브　　④ 공기 흡입덕트

해설

다축식 구조(Multi spool)
① 가변 스테이터 베인(가변 정익 : VSV) : 압축기 앞쪽의 몇 단의 베인을 가변으로 한다.
② 블리드 밸브 : 압축기 출구쪽에서 누적된 공기를 배출시킨다. (압축기 저속 회전시)
③ 가변 인렛 가이드벤(VIGV) : 압축기 입구 베인을 가변으로 한다.

27 가스 터빈 엔진의 블리드 밸브는 언제 완전히 열리는가?

① 완속 출력　　　② 이륙 출력
③ 최대 출력　　　④ 순항 출력

해설

블리드 밸브(Bleed valve)
압축기 뒤쪽에 설치하며, 엔진이 저속 회전시킬 때에 자동적으로 밸브가 열려 누적된 공기를 배출시키고, 엔진의 회전속도가 규정보다. 높아지면 블리드 밸브는 자동으로 닫힌다.

[정답] 23 ①　24 ②　25 ②　26 ④　27 ①

28 가스 터빈 엔진에서 서지(Surge) 현상이 일어나는 곳은 어디인가?

① 팬 전방
② 압축기
③ 터빈
④ 배기노즐

🔍 **해설**

축류 압축기에서 압력비를 높이기 위하여 단 수를 늘리면 점차로 안전 작동범위가 좁아져 시동성과 가속성이 떨어지고 마침내 빈번하게 실속 현상을 일으키게 된다.
실속이 발생하면 엔진은 큰 폭발음과 진동을 수반한 순간적인 출력 감소를 일으키고, 또 경우에 따라서는 이상 연소에 의한 터빈 로터와 스테이터의 열에 의한 손상, 압축기 로터의 파손 등의 중대 사고로 발전하는 경우도 있다. 또한, 압축기 전체에 걸쳐 발생하는 심한 압축기 실속을 서지라고도 한다.

29 압축기 실속(Compressor stall)의 원인이 아닌 것은?

① 회전속도 증가
② 배기속도 감소
③ FOD
④ 유입 공기속도 감소

🔍 **해설**

압축기의 실속

공기흡입속도가 작을수록, 회전속도가 클수록 회전 깃 받음각이 커진다. 과도한 받음각 증가는 회전자 깃에 실속을 유발하여, 압력비 급감, 기관 출력이 감소하여 작동이 불가능해진다.

30 압축기 실속이 발생하면 다음과 같은 현상이 일어난다. 옳은 것은?

① EGT가 급상승하면서 회전수가 올라간다.
② EGT가 감소한다.
③ 엔진의 소음이 낮아진다.
④ EGT가 급상승하며 회전수가 올라가지 못한다.

🔍 **해설**

압축기 실속 발생현상

연료조절장치의 고장으로 과도한 연료가 연소실에 유입된 상태 또는 파워레버를 급격히 올린 경우 엔진 압축기 로터의 관성력 때문에 RPM이 즉시 상승하지 못해 연소실에 유입된 과다한 연료 때문에 혼합비가 과도하게 농후한 경우에 EGT가상승하게 된다. 그 외에도 압축기나 터빈 쪽에서 오염이나 손상 등에 이유로 가스의 흐름이 원활하지 못해 뜨거운 가스의 정체현상 때문에 EGT가 증가하는 원인이 될 수 있다.

31 가스 터빈 기관의 압축기 실속을 줄이기 위한 방법이 아닌 것은?

① 압축기 블레이드 청결을 유지한다.
② 터빈 노즐의 한계 값을 유지한다.
③ 터빈 노즐 다이어프램을 냉각시킨다.
④ 가변 정익의 한계 값을 유지한다.

🔍 **해설**

압축기 실속을 줄이기 위한 방법

① 압축기 블레이드 청결 유지 및 파손 수리
② 정확한 블레이드 각 유지 및 조절
③ 터빈 노즐의 한계 값 유지
④ 주 연료장치의 연료 스케줄을 한계 값 내로 유지
⑤ 가변 정익 베인의 작동 각도를 한계 값으로 유지

32 압축기의 블리드 밸브가 작동하는 시기는?

① 압축기가 저속으로 작동할 때
② 압축기가 고속으로 작동할 때
③ 회전수가 저속에서 고속으로 급격히 증가할 때
④ 회전수가 고속에서 저속으로 급격히 감소할 때

🔍 **해설**

서지 블리드 밸브(Surge bleed valve)

압축기의 중간단 또는 후방에 블리드 밸브 Bleed valve, Surge bleed valve)를 장치하여 엔진의 시동시와 저출력 작동시에 밸브가 자동으로 열리도록 하여 압축 공기의 일부를 밸브를 통하여 대기 중으로 방출시킨다. 이 블리드에 의해 압축기 전방의 유입 공기량은 방출 공기량만큼 증가되므로 로터에 대한 받음각이 감소하여 실속이 방지된다.

33 가스 터빈 기관의 블리드 밸브에 대한 설명 중 틀린 것은?

① 압축기 실속이나 서지를 방지한다.
② 블리드 밸브를 통하여 나온 고온 공기는 방빙 장치에 이용된다.
③ 블리드 공기로 터빈 노즐 베인의 냉각에 쓰인다.
④ 오일을 가열하여 터빈 노즐 베인은 냉각하지 못한다.

[정답] 28 ② 29 ② 30 ④ 31 ③ 32 ① 33 ④

🔍 해설

블리드 공기

기내 냉방·난방, 객실여압, 날개 앞전 방빙, 엔진 나셀 방빙, 엔진시동, 유압 계통 레저버 가압, 물탱크 가압, 터빈 노즐 베인 냉각 등에 이용된다.

---

34 다음 중 다축식 압축기 구조의 단점이 아닌 것은?

① 베어링 수 증가   ② 연료 소모량 증가

③ 구조가 복잡   ④ 무게 증가

🔍 해설

다축식 압축기

① 압축비를 높이도 실속을 방지하기 위하여 사용한다.

② 터빈과 압축기를 연결하는 축의 수와 베어링 수가 증가하여 구조가 복잡해지며 무게가 무거워진다.

③ 저압 압축기는 저압 터빈과 고압 압축기는 고압 터빈과 함께 연결되어 회전을 한다.

④ 시동시에 부하가 적게 걸린다.

⑤ N_1(저압 압축기와 저압 터빈 연결축의 회전속도)은 자체속도를 유지한다.

⑥ N_2(고압 압축기와 고압 터빈 연결축의 회전속도)는 엔진속도를 유지한다.

---

35 2축식 압축기의 장점이 아닌 것은 무엇인가?

① N_2는 엔진속도를 제어한다.

② N_1은 자체속도를 유지한다.

③ 시동시에 부하가 적게 걸린다.

④ FOD의 저항력이 없다.

🔍 해설

압축기(Compressor)

① 원심형 : 임펠러(Impeller)로 축과 수직방향 원심식 압축 (3요소 : 임펠러, 다기관, 디퓨저)

② 축류형 : 다단, 축방향으로 좁아지면서 압축

③ 다축식 축류형

• 단축식 압축기에서 시동성 및 가감속성 저하, 압축기 실속현상 빈번 등의 단점 보완

• 저압로터(N1)와 고압로터(N2)로 구성

• 2축식 압축기의 장점

  – N_2(고압 로터 : HPC+HPT)는 엔진속도 제어

  – N_1(저압 로터 : LPC+LPT)는 자체속도 제어 (독립회전, 자유터빈) : N_2에 따라 회전

  – 시동기에 부하가 적게 걸린다.

---

④ 원심·축류형 : 복합형, 소형 항공기(터보프롭)이나 헬기(터보샤프트) 엔진에 사용

---

36 2중 축류식 압축기에서 고압 터빈은 어느 축과 연결되어 있는가?

① N2 압축기   ② 1단계 압축기 디스크

③ N1 압축기   ④ 저압 압축기

🔍 해설

문제 35번의 해설 참조

---

37 축류형 2축 압축기 팬(Axial dual compressor fan engine)에서 팬은 다음 어느 것과 같은 속도로 회전하는가?

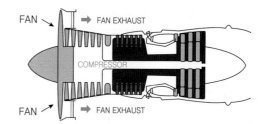

① 고압 압축기   ② 저압 압축기

③ 전방 터빈 휠   ④ 충동 터빈

🔍 해설

팬(Fan)

터보 팬 기관에 사용되며 축류식 압축기와 같은 원리로 공기를 압축하여 노즐을 통하여 외부로 분출시켜 추력을 얻도록 한 것이다. 일종의 지름이 매우 큰 축류식 압축기 또는 흡입관 안에서 작동하는 프로펠러라고도 할 수 있다. 터보 팬 기관의 추력의 약 78[%]가 이 팬에서 얻어진다. 팬은 저압 압축기에 연결되어 저압 터빈과 함께 회전한다.

---

38 가스 터빈 엔진의 기어 박스를 구동하는 것은?

① HPT   ② HPC

③ LPT   ④ LPC

[정답] 34 ② 35 ④ 36 ① 37 ② 38 ②

해설

엔진 기어 박스(Engine gear box)

엔진 기어 박스에는 각종 보기 및 장비품 등이 장착되어 있는데 기어 박스는 이들 보기 및 장비품의 점검과 교환이 용이하도록 엔진 전반 하부 가까이 장착되어 있고 고압 압축기축의 기어와 수직축을 매개로 구동되는 고조로 되어 있는 것이 많다.

39 터보 팬 엔진의 팬 블레이드(Fan blade)의 재질은 다음 어느 것인가?

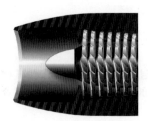

① 알루미늄 합금 ② 티타늄 합금
③ 스테인리스강 ④ 내열 합금

해설

팬 블레이드(Fan blade)

① 팬 블레이드는 보통의 압축기 블레이드에 비해 크고 가장 길기 때문에 진동이 발생하기 쉽고, 그 억제를 위해 블레이드의 중간에 Shroud 또는 Snubber라 부르는 지지대를 1~2곳에 장치한 것이 많다.

② 팬 블레이드를 디스크에 설치하는 방식은 도브 테일(Dove tail) 방식이 일반적이다.

③ 블레이드의 구조 재료에는 일반적으로 티타늄 합금이 사용되고 있다.

40 터빈 엔진에서 Compressor bleed air를 이용하지 않는 것은?

① Turbine disk cooling
② Engine intake anti-icing
③ Air conditioning system
④ Turbine case cooling

해설

Turbine case cooling system

① 터빈 케이스 외부에 공기 매니폴드를 설치하고 이 매니폴드를 통하여 냉각공기를 터빈 케이스 외부에 내뿜어서 케이스를 수축시켜 터빈 블레이드 팁 간격을 적정하게 보정함으로써 터빈 효율의 향상에 의한 연비의 개선을 위해 마련되어 있다.

② 초기에는 고압 터빈에만 적용되었으나 나중에 고압과 저압에 적용이 확대되었다.

③ 냉각에 사용되는 공기는 외부 공기가 아니라 팬을 통과한 공기를 사용한다.

41 축류식 압축기에서 단당 압력상승 중 로터 깃이 담당하는 압력상승의 백분율을 무엇이라 하는가?

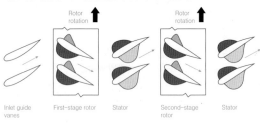

① 반작용 ② 작용
③ 충동도 ④ 반동도

해설

반동도(Reaction rate)

① 축류식 압축기에서 단당 압력상승 중 회전자 깃이 담당하는 압력상승의 배분율[%]을 반동도라 한다.

② $\frac{회전자깃열에 의한 압력상승}{단당압력상승} \times 100[\%] = \frac{P_2-P_1}{P_3-P_1} \times 100[\%]$

여기서, P_1 : 회전자 깃열의 입구압력
P_2 : 고정자 깃열의 입구, 즉 회전자 깃열의 출구압력
P_3 : 고정자 깃열의 출구압력

42 축류식 압축기에서 반동도를 표시한 것 중 맞는 것은?

① P_2-P_1/P_3
② $P_2-P_1/P_3-P_1 \times 100$
③ $P_2-P_1/P_2-P_1 \times 100$
④ $P_3/P_2-P_1 \times 100$

해설

문제 41번의 해설 참조

[정답] 39 ② 40 ④ 41 ④ 42 ②

43 터빈 엔진 압력비(Engine pressure ratio)의 산출방법으로 맞는 것은?

① 엔진 흡입구 전압×터빈 출구전압

② 터빈 흡입구 전압×엔진 흡입구 전압

③ 터빈 출구전압/엔진 흡입구 전압

④ 엔진 흡입구 전압/터빈 출구전압

🔍 해설

압축기의 압력비$(\gamma)=\dfrac{\text{압축기 출구의 압력}}{\text{압축기 입구의 압력}}=\gamma_s{}^n$

여기서, γ_s : 압축기 1단의 압력비, n : 압축기 단수

44 EPR 계기는 어느 두 곳 사이에 설치해야 하는가?

① 압축기 입구와 출구   ② 압축기 입구와 터빈 출구

③ 압축기 출구, 터빈 출구   ④ 터빈 입구와 터빈 출구

🔍 해설

EPR(엔진 압력비 : Engine Pressure Ratio)계기

가스터빈기관의 흡입공기(압축기 입구) 압력과 배기가스(터빈 출구) 압력을 각각 해당 부분에서 수감하여 그 압력비를 지시하는 계기이고, 압력비는 항공기의 이륙 시와 비행 중의 기관 출력을 좌우하는 요소이고, 기관의 출력을 산출하는 데 사용한다.

4. 연소실부분

01 가스 터빈 엔진의 연소실에서 1차 및 2차 공기 흐름에 대한 설명으로 바른 것은?

① 1차 공기는 냉각에, 2차 공기는 연소에 사용된다.

② 1차 공기는 연소에 , 2차 공기는 냉각에 사용된다.

③ 1차 및 2차 공기는 모두 냉각에 사용된다.

④ 1차 및 2차 공기는 모두 연소에 사용된다.

🔍 해설

① 1차 공기 : 1차 연소 영역, 즉, 연소 영역에 유입되는 공기를 말한다. 1차 공기량은 기관에 유입되는 전체 공기의 20~30[%]이며 연료와 섞이어 직접 연소에 참여한다.

② 2차 공기 : 2차 연소 영역내의 공기를 말하며 주로 연소가스의 냉각작용을 담당한다.

02 연소실 입구 압력이 절대 압력 80[inHg], 출구 압력이 77[inHg]일 때, 연소실 압력 손실 계수는?

① 0.0375   ② 0.1375

③ 0.2375   ④ 0.3375

🔍 해설

압력 손실

연소실 입구와 출구의 압력차를 의미하며, 이것은 마찰에 의하여 나타나는 형상 손실과 연소에 의한 가열 팽창 손실 등을 합한 것이다.

압력손실 계수$=\dfrac{(\text{입구압력}-\text{출구압력})}{\text{입구압력}}=\dfrac{3}{80}=0.0375$

03 다음 중 연소 가스 출구 온도가 균일한 연소실은?

① 캔형   ② 애뉼러형

③ 캔-애뉼러형   ④ 라이너형

🔍 해설

① 캔형 : 정비가 용이. 과열 시동 유발 가능성, 출구 온도 불균일

② 애뉼러형 : 구조가 간단, 연소 안정, 출구 온도 균일, 정비 불편

③ 캔-애뉼러형 : 캔형과 애뉼러형의 중간 성질

04 다음 중 제트 엔진에서 연소실의 냉각은?

① 흡입구로부터 블리드되는 공기에 의하여

② 2차 공기 흐름에 의하여

③ 노즐 다이어프램에 의하여

④ 압축기로부터 블리드되는 공기에 의하여

🔍 해설

① 연소실의 냉각 : 압축기에서 연소실로 들어온 공기 중 2차 공기

② 터빈 냉각 : 압축기 뒷단에서 빼낸 고압의 블리드 공기

05 제트 엔진 연소실 냉각에 이용되는 공기의 양은 보통 몇 [%]인가?

① 25[%]   ② 40[%]

③ 50[%]   ④ 75[%]

[정답] 43 ③ 44 ② 01 ② 02 ① 03 ② 04 ② 05 ④

후기연소기(Afterburner, Augmentor) : 주로 전투기용
• 압축공기 → 연소실 연소 25[%]
• 냉각 75[%] → 재연소(추력 1.5배, 연료소모 2배)

참고

실제 터보제트 엔진에서 후기연소 시에는 약 4배의 연료 소모가 있고, 터보 팬 엔진에서는 약 8배의 연료 소모가 되고 있다.

06 가스터빈 엔진의 연소실에 대한 설명 내용으로 가장 올바른 것은?

① 압축기 출구에서 공기와 연료가 혼합되어 연소실로 분사된다.
② 연소실로 유입된 공기의 75[%] 정도는 연소에 이용되고 나머지 25[%] 정도의 공기는 냉각에 이용된다.
③ 1차 연소영역을 연소영역이라 하고 2차 연소영역을 혼합 냉각 영역이라고 한다.
④ 최근 JT9D, CF6, RB-211 엔진 등은 물론 엔진 크기에 관계없이 캔형의 연소실이 사용된다.

해설

① 연소실에서 공기와 연료 혼합
② 연소에 이용되는 공기는 25[%], 나머지는 냉각에 이용
③ 최근의 터보팬 엔진은 모두 애뉼러형 연소실 사용

07 터보제트 엔진의 연소실에서 압력강하(손실)의 요인은?

① 가스의 누설 때문에
② 유체의 마찰손실과 과열에 의한 가스의 가속으로 인한 압력 손실
③ 압력이 증가한다.
④ 연료량이 많기 때문에

해설

유체의 마찰과 과열로 가스 발샐 가속에 의한 압력 손실

08 압력강하가 가장 적은 연소실의 형식은?

① 애뉼러형(Annular type)
② 캐뉼러형(Cannular type)
③ 캔형(Can type)
④ 역류캔형(Counter flow can type)

해설

압력강하(손실)이 가장 적다는 것은 효율이 가장 좋은 연소실을 뜻한다.
① 캔형 : 정비가 용이. 과열 시동 유발 가능성, 출구 온도 불균일
② 애뉼러형 : 구조가 간단, 연소 안정, 출구 온도 균일, 정비 불편
③ 캔-애뉼러형 : 캔형과 애뉼러형의 중간 성질

09 가스터빈 기관(Turbine Engine)의 연소용 공기량은 연소실(Combustion Chamber)을 통과하는 총 공기량의 몇 [%] 정도인가?

① 25[%]
② 50[%]
③ 75[%]
④ 100[%]

해설

연소실을 통과하는 총 공기 흐름량에 대한 1차 공기 흐름량의 비율은 약 25[%] 정도

10 제트 엔진의 연소실 형식으로 구조가 간단하고, 길이가 짧으며 연소실 전면 면적이 좁으며, 연소효율이 좋은 연소실 형식은?

① Can형
② Tubular형
③ Annular형
④ Cylinder형

해설

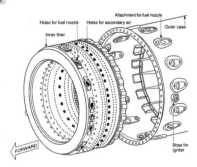

[애뉼러형 연소실]

① 캔형 : 정비가 용이. 과열 시동 유발 가능성, 출구 온도 불균일
② 애뉼러형 : 구조가 간단, 연소 안정, 출구 온도 균일, 정비 불편
③ 캔-애뉼러형 : 캔형과 애뉼러형의 중간 성질

11 가스 터빈 기관의 기본 연소 형식은 어느 것인가?

① 단열가열 ② 등압가열
③ 등용가열 ④ 단열팽창

🔍 해설

등압가열
가스터빈 기관의 연소실은 압축기에서 압축된 고압공기에 연료를 분사하여 연소시킴으로써 연료의 화학적 에너지를 열에너지로 변환시키는 장치로서 가스 터빈 기관의 성능과 작동에 매우 큰 영향을 끼친다.

12 가스 터빈 기관에서 연료와 공기가 혼합되는 곳은?

① Compressor section
② Hot section
③ Combustion section
④ Turbine section

🔍 해설

연소실은 압축기에서 압축된 고압공기에 연료를 분사하여 연소시킴으로써 연료의 화학적 에너지를 열에너지로 변환시키는 장치로서 가스 터빈 기관의 성능과 작동에 매우 큰 영향을 끼친다.

13 연소실의 성능에 대한 설명으로 맞는 것은?

① 연소효율은 고도가 높을수록 좋다.
② 연소실 출구온도 분포는 안지름 쪽이 바깥지름 쪽보다 크다.
③ 입구와 출구의 전압력차가 클수록 좋다.
④ 고공 재시동 가능 범위가 넓을수록 좋다.

🔍 해설

연소실의 성능
연소효율, 압력손실, 크기 및 무게 연소의 안정성, 고공 재시동 특성, 출구 온도 분포의 균일성, 내구성, 대기 오염 물질의 배출 등에 의하여 결정된다.

① 연소효율 : 연소효율이란 공급된 열량과 공기의 실제 증가된 열량의 비를 말하는데 일반적으로 연소효율은 연소실에 들어오는 공기압력 및 온도가 낮을수록 그리고 공기속도가 빠를수록 낮아진다. 따라서 고도가 높아질수록 연소효율은 낮아진다. 일반적으로 연소효율은 95[%] 이상이어야 한다.
② 압력손실 : 연소실 입구와 출구의 전압의 차를 압력손실이라 하며, 이것은 마찰에 의하여 일어나는 형상손실과 연소에 의한 가열 팽창 손실 등을 합쳐서 보통 연소실 입구 전압의 5[%] 정도이다.
③ 출구온도 분포 : 연소실의 출구온도 분포가 불균일하게 되면 터빈 깃이 부분적으로 과열될 염려가 있다. 따라서 연소실의 출구 온도 분포는 균일하거나 바깥지름 쪽이 안쪽보다 약간 높은 것이 좋다. 또, 터빈 고정자 깃의 부분적인 과열을 방지하려면 원주 방향의 온도 분포가 가능한 한 균일해야 한다.
④ 재시동 특성 : 비행고도가 높아지면 연소실 입구의 압력 및 온도가 낮아진다. 따라서 연소효율이 떨어지기 때문에 안정 작동범위가 좁아지고 연소실에서 연소가 정지되었을 때 재시동 특성이 나빠지므로 어느 고도 이상에서는 기관의 연속 작동이 불가능해진다. 따라서, 재시동 가능범위가 넓을수록 안정성이 좋은 연소실이라 할 수 있다.

14 다음 중 가스 터빈 기관의 연소실의 종류가 아닌 것은?

① 캔형(Can type)
② 애뉼러형(Annular type)
③ 액슬형(Axle type)
④ 캔-애뉼러형(Can-annular type)

🔍 해설

연소실의 종류 및 특성
① 캔형(Can type)
ⓐ 연소실이 독립되어 있어 설계나 정비가 간단하므로 초기의 기관에 많이 사용한다.
ⓑ 고공에서 기압이 낮아지면 연소가 불안정해져서 연소 정지(Flame out) 현상이 생기기 쉽다.
ⓒ 기관을 시동할 때에 과열 시동을 일으키기 쉽다.
ⓓ 출구온도 분포가 불균일하다.
② 애뉼러형(Annular type)
ⓐ 연소실의 구조가 간단하고 길이가 짧다.
ⓑ 연소실 전면면적이 좁다.
ⓒ 연소가 안정되므로 연소 정지 현상이 거의 없다.
ⓓ 출구온도 분포가 균일하며 연소효율이 좋다.
ⓔ 정비가 불편하다.
ⓕ 현재 가스 터빈 기관의 연소실로 많이 사용한다.
③ 캔-애뉼러형(Can-annular type)
ⓐ 구조가 견고하고 길이가 짧다.
ⓑ 출구온도 분포가 균일하다.
ⓒ 연소 및 냉각 면적이 크다.
ⓓ 정비가 간단하다.

[정답] 11 ② 12 ③ 13 ④ 14 ③

15 가스 터빈 엔진의 연소효율을 높이기 위한 방법으로 적당하지 않은 것은?

① 압축기 블레이드 세척

② 터빈 블레이드와 케이스의 적절한 간격

③ 주기적인 엔진 오일 교환

④ 압축기 블레이드와 케이스의 적절한 간격

🔍 **해설** ------------------------------------

가스터빈 엔진의 연소효율과 엔진오일과는 상관이 없다.

16 연소실의 구조가 간단하고 전면면적이 좁고 연소가 안정되어 연소정지 현상이 없고 출구온도 분포가 균일하며 효율이 좋으나 정비가 불편한 결점이 있는 연소실 형태는?

① 축류형

② 애뉼러형

③ 원심형

④ 캔형

🔍 **해설** ------------------------------------

① 캔형 : 정비가 용이. 과열 시동 유발 가능성, 출구 온도 불균일

② 애뉼러형 : 구조가 간단, 연소 안정, 출구 온도 균일, 정비 불편

③ 캔-애뉼러형 : 캔형과 애뉼러형의 중간 성질

17 가스 터빈 기관의 연소실 중 애뉼러형 연소실의 특성으로 적당하지 않은 것은?

① 연소실 구조가 복잡하다.

② 연소실 전면면적이 적다.

③ 연소실의 길이가 짧다.

④ 연소효율이 좋다.

🔍 **해설** ------------------------------------

애뉼러형

구조가 간단, 연소 안정, 출구 온도 균일, 정비 불편

18 캔-애뉼러 연소실의 최대 결점은 무엇인가?

① Flame out이 용이하다.

② 배기온도가 불균일하다.

③ Hot start가 쉽다.

④ 고온부의 정비성이 나쁘다.

🔍 **해설** ------------------------------------

캔-애뉼러형 연소실

구조상 견고하고 냉각면적과 연소면적이 커서 대형, 중형기에 사용되며 고온부의 정비작업이 좋지 않다.

19 연소실에서 1차 공기에 와류를 형성시켜 화염 전파 속도를 증가시키는 부품은 무엇인가?

① Flame tube

② Inner liner

③ Outer liner

④ Swirl guide vane

🔍 **해설** ------------------------------------

선회 깃(Swirl guide vane)

연소에 이용되는 1차 공기 흐름에 적당한 소용돌이를 주어 유입속도를 감소시키면서 공기와 연료가 잘 섞이도록 하여 화염 전파속도가 증가되도록 한다. 따라서 기관의 운전조건이 변하더라도 항상 안정되고 연속적인 연소가 가능하다.

20 연소실의 흡입공기에 강한 선회를 주어 적당한 와류를 발생시켜 연소실로 유입되는 속도를 감소시키고 화염 전파속도를 증가시키는 것은?

① 압축기 돔

② 스월 가이드 베인

③ 내부 라이너

④ 연소기 버너

🔍 **해설** ------------------------------------

• 스웰 가이드 베인(Swirl guide vane)
연소실 입구 1차 공기를 선회시켜 공기의 유입속도를 감소시키고 연료와 공비의 배합을 원활하게 하며 화염 전파속도를 증가(안전정, 연속적 연소 가능) 시킨다.

• 내부 라이너
프레임의 구조를 보강하기 위하여 프레임 내부에 삽입한 보강재

21 연소실 부품 중 연소의 효율을 증가시키기 위한 것은?

① Swirl guide vane

② Flame holder

③ Spark plug

④ Exciter

[정답] 15 ③ 16 ② 17 ① 18 ④ 19 ④ 20 ② 21 ①

🔍 **해설**

문제 20번 해설 참조

22 가스 터빈 기관의 캔-애뉼러형 연소실을 1차 연소 영역과 2차 연소영역으로 구분하는데 1차 연소 영역에서 공기-연료의 혼합비는 얼마인가?

① 14 ~ 18 : 1
② 3 ~ 7 : 1
③ 60 ~ 130 : 1
④ 6 ~ 8 : 1

🔍 **해설**

연료 공기 혼합비
연료의 연소에 필요한 이론적인 연료 공기 혼합비는 약 15 : 1 이다. 그러나 실제로 연소실에 들어오는 공기 연료비는 60~130 : 1 정도로 공급되기 때문에 공기의 양이 너무 많아 연소가 불가능하다. 따라서 1차 연소영역에서의 연소에 직접 필요한 최적 공기 연료비인 14~18 : 1이 되도록 공기의 양을 제한한다.

23 제트 엔진 연소실의 구비조건이 아닌 것은?

① 신뢰성
② 양호한 고공 재시동 특성
③ EGT가 커야 함
④ 가능한 한 소형

🔍 **해설**

연소실(Combustion chamber)의 구비조건
① 가능한 한 작은 크기(길이 및 지름)
② 기관의 작동범위 내에서의 최소의 압력손실
③ 연료 공기비, 비행고도, 비행 속도 및 출력의 폭넓은 변화에 대하여 안정되고 효율적인 연료의 연소
④ 신뢰성
⑤ 양호한 고공 재시동 특성
⑥ 출구온도 분포가 균일해야 함

24 가스 터빈 기관에서 연소실에서 사용하는 2차 공기는?

① 내부 라이너를 냉각시킨다.
② 연료로부터 에너지를 더 많이 확보한다.
③ 연소실 온도를 증가시킨다.
④ 연소실 압력을 증가시킨다.

🔍 **해설**

2차 공기
연소실 외부로부터 들어오는 상대적으로 차가운 2차 공기 중 일부가 연소실 라이너 벽면에 마련된 수많은 작은 구멍들을 통하여 연소실 라이너 벽면의 안팎을 냉각시킴으로써 연소실을 보호하고 수명이 증가되도록 한다. 2차 공기는 연소실로 유입되는 전체 공기량의 약 75[%]에 이른다.

5. 터빈부분

01 원심식 터빈(Radial turbine)의 설명 중 틀린 것은?

① 보통 소형 기관에만 사용한다.
② 제작이 간편하고 비교적 효율이 좋다.
③ 단 하나의 팽창비가 4.0 정도로 높다.
④ 단수를 증가시키면 효율이 높다.

🔍 **해설**

원심식 압축기 특징
① 구조가 간단하며 다단 압축방식을 많이 사용하고 있다.
② 경량이 작고 회전운동을 함으로서 동적 밸런스가 용이하고 진동이 적다.
③ 마찰부분이 없으므로 고장이 적고 마모에 의한 손상이나 성능의 저하가 적다.
④ 압축이 연속적이므로 기체의 맥동현상이 없고 압축비가 높다.
⑤ 대형화 될수록 가격이 저렴하다.

02 터보엔진에서 노즐 안내익(Turbine nozzle guide vane)의 목적은?

① 가스의 압력을 증가시키기 위해
② 가스의 속도를 증가시키기 위해
③ 가스의 흐름을 축방향으로 유도하기 위해
④ 반동도를 적게 하기위해

🔍 **해설**

노즐 안내익
터빈에 의해 구동되는 여러 개의 깃을 갖는 일종의프로 펠러기관이다.

[정답] 22 ① 23 ③ 24 ① 01 ④ 02 ③

03 터빈에 대한 설명으로 잘못된 것은?

① 연소실에서 발생된 고온고속의 가스를 통해 운동에너지를 공급하여 터빈 돌려준다.

② 터빈 첫 단의 냉각은 오일냉각이다.

③ 반동터빈은 입·출구의 압력, 속도가 모두 변화한다.

④ 충동터빈은 입·출구의 압력, 속도 변화 없이 흐름방향만 변화한다.

🔎 해설

터빈(Turbine)

압축기 및 그 밖의 필요 장비를 구동시키는데 필요한 동력을 발생하는 부분이며, 연소실에서 연소된 고압, 고온의 연소가스를 팽창시켜 회전동력을 얻는다.

터빈 첫 단계 깃의 냉각에는 고압 압축기의 블리드 공기(Bleed air)를 이용하여 냉각한다.

04 노즐 다이어프램(Nozzle diaphragm)의 목적은 무엇인가?

① 속도를 증대시키고 공기 흐름 방향을 결정한다.

② 속도를 감소시키고 공기 흐름 방향을 결정한다.

③ 압축기 버킷(Bucker)의 코어(Core) 속으로 공기를 흐르게 한다.

④ 배기 콘(Exhaust cone)의 압력을 감소시킨다.

🔎 해설

노즐 다이어프램(Nozzle diaphragm)

가스터빈 엔진의 구성품으로 터빈 바로 앞쪽에 고정 날개깃이 있는 링으로 연소실로부터 나오는 가스를 터빈 브레이드에 정확한 각도로 흐르도록 공기 흐름의 방향을 만들어주어 터빈의 최대효율을 주도록 한다.

05 노즐 다이어프램(Nozzle diaphragm)의 사용목적은?

① 고온가스의 압력을 높이려고

② 가스의 흐름 방향을 변화시키며 그 온도를 낮추기 위해서

③ 터빈 Bucket의 가스의 흐름을 균일하게 하려고

④ 고온가스의 속도를 증가시키고 Turbine bucket에 알맞은 각도로 때리도록 흐름을 조절한다.

🔎 해설

문제 4번의 해설 참조

06 가스 터빈 기관의 터빈효율 중 다음 식으로 표시되는 효율은?

$$\eta_t = \frac{\text{실제팽창일}}{\text{이상적팽창일}}$$

① 마찰효율　　　　　② 냉각효율

③ 팽창효율　　　　　④ 단열효율

🔎 해설

단열효율

터빈의 이상적인 일과 실제 터빈 일의 비를 말하며, 터빈효율을 나타내는 척도로 사용한다.

07 터보 제트 기관의 터빈 형식이 아닌 것은 어느 것인가?

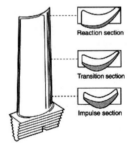

Reaction section

Transition section

Impulse section

① Reserve turbine

② Impulse turbine

③ Reaction turbine

④ Reaction-impulse turbine

🔎 해설

터빈(Turbine)의 종류

① 반지름형 터빈(Radial turbine)
　　ⓐ 구조가 간단하고 제작이 간편하다.

[정답] 03 ② 04 ① 05 ④ 06 ④ 07 ①

ⓑ 비교적 효율이 좋다.
ⓒ 단마다의 팽창비가 4.0 정도로 높다.
ⓓ 단 수를 증가시키면 효율이 낮아지고, 또 구조가 복잡해지므로 보통 소형기관에만 사용한다.
② 축류형 터빈(Axial turbine)
　ⓐ 충동 터빈(Impulse turbine) : 반동도가 0인 터빈으로서 가스의 팽창은 터빈 고정자에서만 이루어지고 회전자 깃에서는 전혀 팽창이 이루어지지 않는다. 따라서 회전자 깃의 입구와 출구의 압력 및 상대속도의 크기는 크다. 다만, 회전자 깃에서는 상대속도의 방향 변화로 인한 반작용력으로 터빈이 회전력을 얻는다.
　ⓑ 반동 터빈(Reaction turbine) : 고정자 및 회전자 깃에서 동시에 연소가스가 팽창하여 압력의 감소가 이루어지는 터빈을 말한다. 고정자 및 회전자 깃과 깃 사이의 공기 흐름 통로가 모두 수축 단면이다. 따라서 이 통로로 연소 가스가 지나갈 때에 속도는 증가하고 압력이 떨어지게 된다. 속도가 증가하고 방향이 바뀌어진 만큼의 반작용력이 터빈의 회전자 깃에 작용하여 터빈을 회전시키는 회전력이 발생한다. 반동 터빈의 반동도는 50[%]를 넘지 않는다.
　ⓒ 충동-반동 터빈(Impulse-reaction turbine) : 회전자 깃을 비틀어 주어 깃뿌리에서는 충동 터빈으로 하고 깃 끝으로 갈수록 반동터빈이 되도록 제작하였다.

08　축류형 터빈의 반동도를 올바르게 표현한 것은?
(단, P_1=고정자 깃 입구의 압력, P_2회전자 깃 입구의 압력, P_3회전자 깃 출구의 압력)

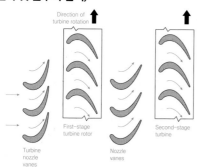

① $\phi = \dfrac{P_1 - P_2}{P_1 - P_3} \times 100[\%]$　② $\phi = \dfrac{P_2 - P_3}{P_1 - P_3} \times 100[\%]$

③ $\phi = \dfrac{P_2 - P_1}{P_3 - P_1} \times 100[\%]$　④ $\phi = \dfrac{P_3 - P_2}{P_3 - P_1} \times 100[\%]$

🔍 **해설**

터빈의 반동도$(\phi) = \dfrac{P_2 - P_3}{P_1 - P_3} \times 100[\%]$

09　반동 터빈(Reaction Turbine)은?

① 회전속도가 빠를 때 효과적이다.
② 회전속도가 느릴 때 효과적이다.
③ 0[%] 반동도를 갖는다.
④ 100[%] 반동도를 갖는다.

🔍 **해설**

현재 터빈 블레이드는 뿌리부분은 충동 터빈으로 깃 부분은 반동 터빈으로 되어 있다.
① 터빈 깃의 냉각은 압축기 뒷단의 압축 공기를 이용한다.
② 충동 터빈(Impulse turbine) : 반동도 - 0[%]
③ 반동 터빈(Reaction turbine) : 반동도 - 50[%]

10　제트기관의 터빈 반동도가 0[%]일 때의 설명으로 가장 올바른 것은?

① 단당압력 상승이 모두 터빈에서 일어난다.
② 단당압력 상승이 모두 정익(터빈노즐)에서 일어난다.
③ 단당압력 강하가 모두 터빈에서 일어난다.
④ 단당압력 강하가 모두 정익에서 일어난다.

🔍 **해설**

• 스테이터 베인＝스테이터 깃＝정익
• 단당압력강하가 모두 정익에서 발생

11　충동터빈(Impulse turbine)의 반동도는 얼마인가?

① 0　　　　　　　　② 1
③ 2　　　　　　　　④ 3

🔍 **해설**

충동터빈은 가스 터빈의 구성품으로 터빈 깃의 모양이 버켓으로 되어 있어 공기가 직접 터빈 깃에 부딪쳐 터빈을 회전시키는 방법의 터빈으로 압력강하는 일어나지 않는다.

12　충동, 반동 터빈을 설명한 것 중 틀린 것은?

① 충동 터빈을 통하는 가스의 압력과 속도는 일정하다.
② 반동 터빈은 가스의 압력과 속도는 일정하고 방향만 바꾼다.

[정답] 08 ② 09 ① 10 ④ 11 ① 12 ②

③ 충동 터빈은 가스의 압력과 속도는 일정하고 방향만 바꾼다.

④ 반동 터빈은 가스의 압력과 속도가 변하고 방향도 바꾼다.

🔍 해설

- 반동터빈(Reaction turbine)
  스테이터 및 로터에서 연소가스가 팽창하여 압력감소가 이루어지는 터빈이다.
- 충동터빈(Impulse turbine)
  스테이터에서 나오는 빠른 연소가스가 터빈 깃에 충돌하여 발생한 충돌력으로 터빈을 회전시키는 방식으로 깃을 통과하면서 속도나 압력은 변하지 않고 흐름의 방향만 변한다.
- 충동-반동 터빈(Impulse-Reaction turbine)
  충동과 반동을 복합적으로 설계한 결과, 일 하중은 블레이드 전 길이에 일정하게 분산되고 블레이드를 지나며, 저하된 압력이 베이스에서 팁까지 일정하게 된다.

13 Turbine rotor blade의 형태는 무엇인가?

① Root는 충동, Tip은 반동

② Root는 반동, Tip은 충동

③ Root, Tip 모두 충동

④ Root, Tip 모두 반동

🔍 해설

터빈 로터 블레이드 형태
Root는 충동이고 Tip은 반동이다.

14 터보 팬 기관에서 터빈 깃의 냉각공기는 어디에서 나오는가?

① 저압 압축기   ② 고압 압축기

③ 팬에서 나온 공기   ④ 연소 공기

🔍 해설

터빈 입구의 노즐 가이드 베인, 터빈 로터, 터빈 로터 디스크 등 고온부의 냉각에는 고압 압축기의 블리드 공기를 이용한다.

15 제트 엔진에서 최고 온도에 접하는 곳은 어디인가?

① 연소실 입구   ② 터빈 입구

③ 압축기 출구   ④ 배기관 출구

🔍 해설

공기의 온도
압축기에서 압축되면서 천천히 증가한다. 압축기 출구에서의 온도는 압축기의 압력비와 효율에 따라 결정되는데 일반적으로 대형 기관에서 압축기 출구에서의 온도는 약 $300 \sim 400[°C]$ 정도이다. 압축기를 거친 공기가 연소실로 들어가 연료와 함께 연소되면 연소실 중심에서의 온도는 약 $2,000[°C]$까지 올라가고 연소실을 지나면서 공기의 온도는 점차 감소한다.

16 가스 터빈 기관에서 가장 고온에 노출되기 쉬운 부분은 어디인가?

① 1단계 터빈 블레이드

② 점화 플러그

③ 터빈 디스크

④ 1단계 터빈 노즐 가이드 베인

🔍 해설

터빈 노즐 가이드 베인(Turbine nozzle guide vane)
항상 고온, 고압에 노출되기 때문에 코발트 합금 또는 니켈 내열 합금으로 정밀 주조하여 특히 1단 및 2단 베인에 공랭 터빈 날개 구조를 채택한 것이 많다.

17 터보 팬(Turbo fan)엔진에서 터빈 노즐 가이드 베인(Turbine nozzle guide vane)의 냉각에 사용되는 것은?

① 저압 압축기(Low compressor) 배출공기(Bleed air)

② 고압 압축기(High compressor) 배출공기(Bleed air)

③ 팬 배기(Fan discharge pressure)

④ 연소실의 냉각구멍을 통해 들어온 공기

🔍 해설

연소실과 터빈 노즐 가이드 베인, 터빈 로터, 터빈 로터 디스크 등 고온부의 냉각에는 고압 압축기로부터의 브리드공기가 이용되고 메인 베어링 시일부의 압력 유지에는 주로 저압 압축기의 브리드공기가 사용된다.
터빈 노즐 다이어프램이라고도 하며, 터빈에서 맨 앞에 있는 고정자 깃(스테이터 베인)

[정답] 13 ① 14 ② 15 ② 16 ④ 17 ②

18 가스 터빈 기관 터빈 깃의 냉각방법 중 내부를 중공으로 제작, 찬 공기를 지나가게 해서 냉각시키는 방법은 무엇인가?

① 충돌 냉각   ② 공기막 냉각

③ 대류 냉각   ④ 침출 냉각

🔍 해설

터빈 깃의 냉각방법

① 대류 냉각 : 터빈 깃 내부를 중공으로 만들어 이 공간으로 냉각공기를 통과시켜 냉각하는 방법으로 간단하기 때문에 가장 많이 사용한다.

② 충돌 냉각 : 터빈 깃의 내부에 작은 공기 통로를 설치하여 이 통로에서 터빈 깃의 앞전 안쪽 표면에 냉각공기를 충돌시켜 냉각한다.

③ 공기막 냉각 : 터빈 깃의 안쪽에 공기 통로를 만들고 터빈 깃의 표면에 작은 구멍을 뚫어 이 작은 구멍을 통하여 차가운 공기가 나오게 하여 찬 공기의 얇은 막이 터빈 깃을 둘러싸서 연소가스가 직접 터빈 깃에 닿지 못하게 함으로써 터빈 깃의 가열을 방지하고 냉각도 되게 한다.

④ 침출 냉각 : 터빈 깃을 다공성 재료로 만들고 깃 내부에 공기 통로를 만들어 차가운 공기가 터빈 깃을 통하여 스며 나오게 하여 냉각한다.

19 제트 엔진 터빈 깃의 냉각 방법 중에서 다공성 재료로 만든 후 블레이드의 내부를 중공으로 하여 냉각하는 것을 무엇이라고 하는가?

① 침출 냉각   ② 공기막 냉각

③ 충돌 냉각   ④ 대류 냉각

🔍 해설

문제 18번 해설 참조

20 Blade 내부에 작은 공기 통로를 설치하여 Blade 앞전을 향하여 공기를 충돌시켜 냉각하는 방법은?

① Transpiration Cooling

② Convection Cooling

③ Impingement Cooling

④ Film Cooling

🔍 해설

문제 18번 해설 참조

① 침출냉각(Transpiration Cooling)
② 대류냉각(Convection Cooling)
③ 충돌냉각(Impingement Cooling)
④ 공기막 냉각(Air Film Cooling)

21 브레이드 내부에 공기 통로를 설치하여 이곳으로 차가운 공기가 지나가게 함으로써 터빈 깃을 냉각하는 방법은?

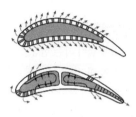

① Film Cooling

② Convection Cooling

③ Impingement Cooling

④ Transpiration Cooling

🔍 해설

터빈 깃의 냉각방법

① 대류냉각(Convection cooling)
② 충돌냉각 (Impingement cooling)
③ 공기막 냉각(Air film cooling)
④ 침출냉각(Transpiration cooling)

22 가스터빈 기관(Turbine Engine)에 있어서 크리프(Creep)현상의 영향이 가장 큰 것은 어느 부분인가?

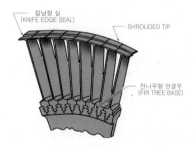

① 연소실

② 터빈 노즐 가이드 베인(Tubine Nozzle Guide Vane)

③ 터빈 블레이드(Turbine Blade)

④ 터빈 디스크(Turbine Disk)

[정답] 18 ③   19 ①   20 ③   21 ②   22 ③

해설

크리프(Creep)

응력을 받고 있는 재료의 영구 비틀림이 시간과 함께 증가하는 현상으로 온도가 높은 만큼 현저하다.

가스 터빈 엔진에서는 고속 회전에 의한 원심력과 연소가스에 의한 고압력과 고온도를 받는 터빈 블레이드가 이 크리프에 문제가 된다.

23 Creep 현상의 설명으로 옳은 것은?

① 과열로 인한 표면에 금이 가는 현상

② 과열로 인한 동익이 찌그러지는 결함

③ 부분적인 과열로 표면의 색깔이 변하는 결함

④ 고온하의 원심력에 의해 동익의 길이가 늘어나는 결함

해설

크리프(Creep) 현상

터빈이 고온가스에 의해 회전하면 원심력이 작용하는데 그 원심력에 의하여 터빈 블레이드가 저피치로 틀어지는 힘을 받아 길이가 늘어나는 현상을 말한다.

24 터빈 어셈블리 점검시 터빈 블레이드 첫 단에서 전면부의 균열 발견시 그 원인은?

① Air seal이 망가짐

② 고온상태

③ Shroud 뒤틀림

④ 과속 상태

해설

블레이드의 3가지 균열

① 크리프

지속적으로 큰 원심력과 높은 온도에 노출되어진 금속파트의 변형

② 금속피로

금속재료에 반복응력이 생길 때, 반복횟수가 증가함으로써 금속재료의 강도가 저하되는 현상. 이와 같은 현상은 특히 고속으로 회전하는 부분의 재료에 많이 일어난다.

③ 부식

공기 중에 노출되면 표면에 산화막이 형성되고, 습기, 염소이온과 같은 음이온, 질소와 유황의 기체 산화물 등이 존재하면 부식이 쉽게 진행된다. 고온에 노출될 경우 부식은 가속화된다.

25 터보 제트 엔진의 고열부분 점검시 무엇으로 금이나 흠집을 표시하는가?

① Chalk

② Metallic pencil

③ Wax

④ Graphite

해설

엔진 및 배기계통에 정비를 수행할 때에는 아연도금이 되어 있거나 아연판으로 만든 공구를 사용해서는 절대로 안 된다. 엔진, 배기계통 같은 고온 부품에는 흑연 연필, 뾰족한것 등으로 표시해서도 안 된다. 납(Lead), 아연(Zinc), 또는 아연도금에 접촉이 되면, 가열될 때 배기계통의 금속으로 흡수되어 분자 구조에 변화를 주게 된다. 이러한 변화는 접촉된 부분의 금속을 약화시켜 균열이 생기게 하거나 궁극적으로는 결함을 발생케 하는 원인이 된다.

26 터빈 축과 압축기 축의 연결방법은 어느 것인가?

① Welding

② Key

③ Bolt

④ Spline

해설

터빈축과 압축기의 연결방법은 Spline type으로 한다.

27 터빈 디스크에 터빈 블레이드를 장착할 때 어떤 방법을 주로 사용하는가?

① Fir tree

② Dove tail

③ Spline

④ Bolt

해설

28 탈거 된 터빈 블레이드를 슬롯에 장착할 때 다음 중 어느 곳에 장착하는 곳이 옳은가?

① 180° 지난 곳
② 시계방향으로 90°
③ 반시계방향으로 90°
④ 원래 장탈 한 슬롯

해설

터빈의 평형이 맞지 않으면 엔진 전체에 진동을 주어 위험한 상태에 이르게 되므로 터빈의 평형에 대하여 주의를 하여야 한다.

29 터빈이 장착된 목적은?

① 공기의 속도를 감소시켜 추력을 얻는다.
② 공기의 속도를 감소시켜 소음을 줄인다.
③ 공기의 속도를 증가시켜 압력을 높여 큰 추력을 얻는다.
④ 압축기 및 그 밖의 필요한 장비를 구동시키는 데 필요한 동력을 발생한다.

해설

터빈의 장착 목적
① 1단계 또는 다단계 터빈 사용
② 연소된 고속가스에서 운동에너지 흡수, 압축기에 전달/구동
③ 연소가스 에너지의 75[%]는 압축기 구동에 사용
④ 프로펠러 구동 또는 출력축 사용 시는 터빈부에서 90[%] 에너지 흡수

30 터빈 엔진에서 터빈의 안전함과 모든 작동상태를 탐지하는데 사용되는 계기는 무엇인가?

① 연료량 계기(Fuel flow meter)
② 오일 온도계(Oil temperature indicator)
③ TIT 계기
④ EPR 계기

해설

터빈 입구온도(TIT : Turbine Inlet Temperature)
가스터빈엔진에서 대단히 중요한 온도이다. 터빈 입구온도(TIT)는 터빈의 첫 단계로 들어가는 공기의 온도로서 엔진 연료제어계통에서 항상 감지하여 자동으로 엔진으로 들어가는 연료의 량을 조절하여 준다. 즉, 터빈입구온도가 과도하게 높으면 자동으로 엔진으로 들어가는 연료의 량을 감소시켜 준다.

31 회전축에 터빈 디스크를 고정시키는 일반적인 방법은?

① Keying
② Splining
③ Welding
④ Bolting

해설

회전축에 터빈 디스크를 고정시키는 일반적인 방법으로는 Bolting이 쓰인다.

6. 배기부분

01 가스 터빈 엔진의 배기 덕트(Exhaust duct)의 목적은?

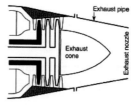

① 배기가스를 정류만 한다.
② 배기가스의 압력에너지를 속도에너지로 바꾸어 추력을 얻는다.
③ 배기가스의 온도를 조절한다.
④ 배기가스의 속도에너지를 압력에너지로 바꾸어 추력을 얻는다.

해설

배기 덕트(Exhaust duct)
배기가스를 대기 중으로 방출하기 위한 통로 역할을 하고, 배기가스를 정류하는 동시에 배기가스의 압력에너지를 속도 에너지로 바꾸어 추력을 얻도록 하기도 한다.

02 배기 PIPE 또는 배기 노즐을 다른 말로 무엇이라 하는가?

① 배기 덕트
② Nozzle Pipe
③ Turbine Nozzle
④ Gas Nozzle

해설

[정답] 28 ④ 29 ④ 30 ③ 31 ④ 01 ② 02 ①

① 터빈 노즐 : 노즐 가이드 베인을 원형으로 배열한 것으로 베인(스테이터)과 그 지지 구조물을 말한다.
② 배기 덕트 : 배기가스의 압력 에너지를 속도 에너지로 바꾸어 추력을 얻는다.

03 가스터빈 기관의 배기계통 중 배기 파이프 또는 테일 파이프라고도 하고 터빈을 통과한 배기가스를 대기 중으로 방출하기 위한 통로는 다음 중 무엇인가?

① 배기 덕트　　　② 고정면적 노즐
③ 배기 소음방지 장치　　　④ 역추력 장치

🔎 **해설**

배기 덕트

배기가스를 대기 중으로 방출하기 위한 통로 역할을 하고, 배기가스를 정류하는 동시에 배기가스의 압력에너지를 속도 에너지로 바꾸어 추력을 얻도록 하기도 한다.

04 제트 엔진에서 배기노즐(Exhaust nozzle)의 가장 중요한 기능은? (단, 노즐에서의 유속은 초음속이다.)

① 배기가스의 속도와 압력을 증가시킨다.
② 배기가스의 속도를 증가시키고 압력을 감소시킨다.
③ 배기가스의 속도와 압력을 감소시킨다.
④ 배기가스의 속도를 감소시키고 압력을 증가시킨다.

🔎 **해설**

초음속 항공기

수축 확산형 배기노즐을 사용하는데 터빈에서 나온 고압, 저속의 배기가스를 수축 통로를 통하여 팽창, 가속시켜 최소 단면적 부근에서 음속으로 변환시킨 다음 다시 확산 통로를 통과하면서 초음속으로 가속시킨다. 이것은 초음속에서는 확산에 의하여 속도 에너지가 압력에너지로 변환되지만 반대로 초음속에서는 확산에 의하여 압력 에너지가 속도에너지로 변하기 때문이다.

05 가스 터빈 기관에서 초음속기에 사용되는 배기노즐(Exhaust nozzle)은 다음 중 어느 것인가?

① 수축형 배기노즐
② 확산형 배기노즐
③ 수축 – 확산형 배기노즐
④ 대류형 배기노즐

🔎 **해설**

배기노즐(Exhaust nozzle) 의 종류

① 아음속 항공기 : 수축형 배기노즐을 사용하여 배기가스의 속도를 증가시켜 추력을 얻는다.
② 초음속 항공기 : 수축 확산형 배기노즐을 사용하는데 터빈에서 나온 고압, 저속의 배기가스를 수축 통로를 통하여 팽창, 가속시켜 최소 단면적 부근에서 음속으로 변환시킨 다음 다시 확산 통로를 통과하면서 초음속으로 가속시킨다. 이것은 초음속에서는 확산에 의하여 속도 에너지가 압력에너지로 변환되지만 반대로 초음속에서는 확산에 의하여 압력 에너지가 속도에너지로 변하기 때문이다.

06 다음 중에서 가스 터빈 엔진의 배기콘의 목적은 무엇인가?

① 속도 증가　　　② 추력 증가
③ 흐름을 직선으로　　　④ 모두 맞다.

🔎 **해설**

배기콘(테일콘)의 목적

배기가스의 흐름을 정류하는 데 있다.
아음속기의 터보팬이나 터보 프롭 엔진에는 배기노즐의 면적이 일정한 수축형 배기노즐이 사용되며 내부에는 정류의 목적을 위하여 원뿔 모양의 테일 콘(Tail cone)이 장착되어 있다.

3 연료 및 연료 계

01 다음 중 연료와 공기가 혼합되는 곳은?

① Compressor
② Hot section
③ Combustion section
④ Turbine section

[정답] 03 ① 　04 ② 　05 ③ 　06 ③ 　**3** 01 ③

해설

연소실

Heater 또는 Combustion section라고 한다.

02 가스 터빈 엔진의 캔-애뉼러형 연소실을 1차 연소 영역과 2차 연소 영역으로 구분, 2차 연소 영역에서 공기 연료의 혼합비는 얼마인가?

① 14 ~ 18 : 1
② 3 ~ 7 : 1
③ 60 ~ 130 : 1
④ 150 ~ 180 : 1

해설

1차 연소 영역 : 14~18 : 1

03 연소 효율이란?

① 연소실에 공급된 열량과 공기의 실제 증가된 에너지의 비율
② 연소실에 공급된 열량과 방출된 에너지와의 비율
③ 연소실로 공급된 에너지와 방출된 에너지와의 비율
④ 연소실로 들어오는 1차 공기와 2차 공기와의 비율

해설

연소 효율

연소실로 들어오는 공기의 압력 및 온도가 낮을수록(고고도), 그리고 공기의 속도가 빠를수록 낮아진다.
일반적으로 연소 효율은 95[%] 이상이어야 한다.

$$연소효율(\eta_b) = \frac{입구와 출구의 총에너지(엔탈피) 차이}{공급된 연료량 \times 연료의 저발열량}$$

04 Jet 엔진의 연료 흐름 순서로 맞는 것은?

① 주연료 펌프 → 연료 필터 → 연료 조절 장치 → 매니폴드 → 여압 및 드레인 밸브 → 연료 노즐
② 주연료 펌프 → 연료 필터 → 여압 및 드레인 밸브 → 연료 조절 장치 → 매니폴드 → 연료 노즐
③ 주연료 펌프 → 연료 필터 → 연료 조절 장치 → 여압 및 드레인 밸브 → 매니폴드 → 연료 노즐
④ 주연료 펌프 → 연료 필터 → 연료 조절 장치 → 여압 및 드레인 밸브 → 매니폴드 → 연료 노즐

해설

기본적인 기관 연료 계통

주연료펌프 → 연료여과기 → 연료조정장치(FCU) → 여압 및 드레인밸브 → 연료매니폴드 → 연료노즐 이다.

05 가스터빈기관 연료계통의 기본적인 유로의 형성순으로 가장 올바른 것은?

⑦ 주 연료펌프	⑭ 연료여과기
⑭ 연료조정장치	⑭ 여압 및 드레인 밸브
⑭ 연료매니폴드	⑭ 연료노즐

① ⑦ → ⑭ → ⑭ → ⑭ → ⑭ → ⑭
② ⑦ → ⑭ → ⑭ → ⑭ → ⑭ → ⑭
③ ⑦ → ⑭ → ⑭ → ⑭ → ⑭ → ⑭
④ ⑦ → ⑭ → ⑭ → ⑭ → ⑭ → ⑭

06 다음 중에서 제트 엔진 연료의 필요조건이 아닌 것은?

① 발열량이 클 것
② 저온에서 동결되지 않을 것
③ 부식성이 없을 것
④ 휘발성이 높을 것

해설

가스 터빈 기관 연료의 구비조건

① 증기압이 낮을 것
② 어는점이 낮을 것
③ 인화점이 높을 것
④ 대량 생산이 가능하고 가격이 저렴할 것
⑤ 단위 중량당 발열량이 크고 부식성이 없을 것
⑥ 점성이 낮고 깨끗하며 균질일 것

07 연료의 증기압이 높을수록 증기 폐쇄 경향은 증가한다. 왕복 엔진 연료계통에서 증기압의 제한은 최대 얼마인가?

[정답] 02 ③ 03 ① 04 ④ 05 ① 06 ④ 07 ②

Aircraft Maintenance

① 4[psi] ② 7[psi]
③ 10[psi] ④ 14[psi]

해설

증기 폐쇄(Vapor lock)
연료가 파이프 속을 흐를 때 기화성이 너무 좋으면 약간의 열만 받아도 증발되어 연료 속에 거품이 생기기 쉽고, 이 거품이 연료 파이프에 차서 연료의 흐름을 방해하는 현상.
연료의 증기압이 높으면 운송 중 또는 저장 중에 연료의 증발 손실이 많아지고, 베이퍼 락을 발생시킨다. 너무 낮으면 한냉시에 엔진의 시동 및 난기가 곤란하게 된다. 이 때문에 현재의 항공 가솔린 규격에서는 5.5~7.0[psi]으로 정하고 있다.

08 다음 중 제트 엔진 연료로 JP-3을 구성하는 성분과 가장 거리가 먼 것은?

① 디젤유 ② 케로신
③ 항공유 ④ 하이드라진

해설

JP-3 구성성분
등유, 가솔린, 디젤, 케로신, 원유로 구성되어 있다.

09 민간 항공기용 연료로서 ASTM에서 규정된 성질을 가지고 있는 가스터빈기관용 연료는?

① JP-2 ② JP-3
③ AV-G형 ④ A-1형

해설

항공용 가스터빈 기관의 연료는 군용으로 JP-4, JP-5, JP-6, JP-7 등 있고, 민간용으로는 제트 A형, 제트 A-1형 및 제트 B형이 있다.
① JET A, JET A-1형 : ASTM에서 규정된 성질을 가지고 있으며, JP-5와 비슷하지만 어는점이 약간 높다.
② JET B형 : JP-4와 비슷하나, 어는점이 약간 높은 연료이다.

10 군용 가스 터빈 연료 규격 중 민간 가스터빈 규격 Jet-b와 유사한 연료는?

① JP-4 ② JP-5
③ JP-7 ④ JP-8

해설

· 군용 : JP-4, JP-5, JP-6, JP-7, JP-8
· 민간용 : Jet a, Jet a-1, Jet b
민간용 Jet b는 군용 JP-4와 유사한 연료이다.

11 Jet A-1 연료가 사용되는 곳은?

① 고고도 비행 ② 저 고도 비행
③ 온도가 낮은 곳 ④ 온도가 높은 곳

해설

JET A, JET A-1형
ASTM에서 규정된 성질을 가지고 있으며, JP-5와 비슷하지만 어는점이 약간 높으며, 고고도 비행에 적합하다.

12 제트 연료로서 케로신계가 아닌 것은?

① Jet A-1 ② JISK22091호
③ JP-B ④ JP-5

해설

연료의 구분
① 와이드 컷트계 : JET-B, JP-4
② 케로신계 : JET-A, JET-A-1, JP-5

13 가스 터빈 엔진에 사용하는 연료 중 등유와 낮은 증기압의 가솔린과 합성 연료이며 주로 군용으로 사용되는 것은?

① Jet A ② Jet A-1
③ JP-4 ④ Jet B

해설

· 군용 : JP-4, JP-5, JP-6, JP-7, JP-8
· 민간용 : Jet a, Jet a-1, Jet b

14 가스 터빈 기관용 연료인 JP-3에 혼합되지 않은 것은?

[정답] 08 ④ 09 ④ 10 ① 11 ① 12 ③ 13 ③ 14 ④

① 가솔린　　　　　② 등유

③ 디젤유　　　　　④ 중유

> 🔍 **해설**

① 가스빈 기관 연료
- JP-3
- JP-4 : 등유와 낮은 증기압의 가솔린과의 합성 연료

② 왕복 기관의 연료
- 항공용 가솔린(AVGAS- Aviation gasoline) : 탄소(C)와 수소(H)로 구성

---

15 가스 터빈엔진에 사용되는 연료는 다음 중 어느 것과 가장 근사한가?

① 등유　　　　　　② 자동차용 가솔린

③ 원유　　　　　　④ 고옥탄가의 항공용 연료

> 🔍 **해설**

가스터빈 기관 연료

등유와 낮은 증기압의 가솔린과의 합성 연료

---

16 가스 터빈 기관의 연료계통에서 연료펌프는 보통 어떤 형식을 많이 사용하는가?

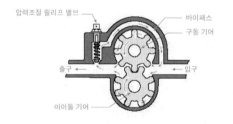

압력조절 릴리프 밸브 / 바이패스 / 구동 기어 / 출구 / 입구 / 이이들 기어

① 기어식　　　　　② 베인식

③ 원심력식　　　　④ 지로터식

> 🔍 **해설**

주 연료펌프

원심 펌프, 기어 펌프 및 피스톤 펌프가 있으며, 그중에서 주로 기어 펌프가 많이 사용 된다.

---

17 제트 엔진에서 부스터 펌프의 형식은 무엇인가?

① 원심식　　　　　② 베인식

③ 기어식　　　　　④ 지로터식

> 🔍 **해설**

승압 펌프(Boost pump)

압력식 연료계통에서는 주 연료 펌프는 기관이 작동하기 전까지는 작동되지 않는다. 따라서 시동할 때나 또는 기관 구동 주 연료펌프가 고장일 때와 같은 비상시에는 수동식 펌프나 전기 구동식 승압 펌프가 연료를 충분하게 공급해 주어야 한다.

또한 이륙, 착륙, 고고도 시 사용하고 그리고 탱크 간에 연료를 이송시키는 데도 사용한다. 전기식 승압 펌프의 형식은 대개 원심식이며 연료 탱크 밑에 부착한다.

---

18 가스터빈 기관의 주연료 펌프에서 펌프출구압력을 조절하는 것은?

① 릴리프 밸브(Relief valve)

② 체크 밸브(Check valve)

③ 바이패스 밸브(Bypass valve)

④ 드레인 밸브(Drain valve)

> 🔍 **해설**

① 릴리프 밸브 : 계통내의 압력이 과도할 때 흐름을 펌프 입구로 되돌려 압력을 일정하게 유지

② 바이패스 밸브 : 여과기가 막혔을 때, 펌프 고장시 등 일 때 그 장치를 거치지 않고 직접 흐름을 만들어 줌

③ 체크 밸브 : 흐름의 역류를 방지

---

19 연료 펌프 Relief valve의 과도한 압력은 어디로 돌아가는가?

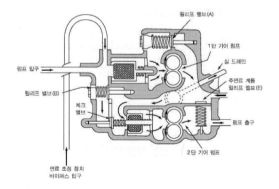

릴리프 밸브(A) / 1단 기어 펌프 / 실 드레인 / 주연료 계통 릴리프 밸브(E) / 펌프 입구 / 릴리프 밸브(B) / 체크 밸브 / 펌프 출구 / 2단 기어 펌프 / 연료 조정 장치 바이패스 입구

[정답] 15 ①　16 ①　17 ①　18 ①　19 ②

Aircraft Maintenance

① 탱크 입구   ② 펌프입구

③ 외부로 배출   ④ 펌프출구

🔍 **해설**

릴리프 밸브

계통내의 압력이 과도할 때 흐름을 펌프 입구로 되돌려 압력을 일정하게 유지

---

20 다음 중 FCU(Fuel Control Unit)의 목적은 무엇인가?

① 적절한 추력 레벨링(Leveling)

② 최대 배기가스 온도를 얻기 위해

③ 최대 배기가스 속도를 얻기 위해

④ Idle rpm을 조절하기위해

🔍 **해설**

기관조절(Engine trimming)

① 제작회사에서 정한 정격에 맞도록 기관을 조절하는 행위를 말하며, 또 다른 정의는 기관의 정해진 rpm에서 정격추력을 내도록 연료 조정 장치를 조정하는 것으로도 정의된다. 제작회사의 지시에 따라 수행하여야 하며 습도가 없고 무풍일 때가 좋으나 바람이 불 때는 항공기를 정풍이 되도록 한다.

② 트림 시기는 엔진 교환시, FCU 교환시, 배기노즐 교환시에 수행한다.

---

21 다음 중에서 FCU의 수감부가 아닌 것은?

① 연소실 입구온도   ② 압축기 입구온도

③ 압축기 출구 압력   ④ 기관 회전수

🔍 **해설**

연료조정장치(Fuel Control Unit : FCU)

① 압축기 입구온도(Compressor Inlet Temperature : CIT)

② 압축기 출구압력(Compressor Discharge Pressure : CDP) 또는 연소실 압력(Burner pressure : Pb)

③ 기관 회전수(Revolution Per Minute : RPM)

④ 동력레버 위치(Power Lever Angle : PLA)

---

22 현재 사용되고 있는 터빈 엔진의 대부분에서 사용하고 있는 연료 조정 장치는 무엇인가?

① Electro-mechanical

② Mechanical

③ Hydro-mechanical or electronic

④ Electrical

🔍 **해설**

FCU의 종류

① 유압-기계식

② 전자식

    ⓐ 아날로그 전자식 : 일부 소형 엔진과 APU에 사용

    ⓑ 디지털 전자식 또는 FADEC : 최근 고성능 대형 엔진에 사용

---

23 FCU(Fuel Control Unit)의 수감부분이 아닌 것은?

① PLA(Power Lever Angle)

② RPM(Revolution Per Minute)

③ CDP(Compressor Discharge Pressure)

④ EGT(Exhaust Gas Temperature)

🔍 **해설**

문제 21번 해설 참조

---

24 제트 엔진에서 연료조정장치(Fuel Control Unit)의 일반적인 기본입력 신호로 가장 올바른 것은?

① 엔진회전수(RPM), 대기압력(PAM), 압축기 출구압력(CDP), 배기가스 온도(EGT)

② 파워레버위치(PLA), 엔진회전수(RPM), 대기압력(PAM), 압축기 입구온도(CIT), 압축기 출구압력(CDP)

③ 파워레버위치(PLA), 연료압력(FP), 연소실압력(Pb), 터빈입구 온도(TIT)

④ 파워레버위치(PLA), 엔전회전수(RPM), 터빈입구 온도(TIT), 압축기 출구압력(CDP)

🔍 **해설**

문제 21번 해설 참조

[정답] 20 ①   21 ①   22 ③   23 ④   24 ②

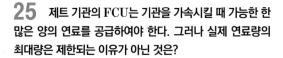

25 제트 기관의 FCU는 기관을 가속시킬 때 가능한 한 많은 양의 연료를 공급하여야 한다. 그러나 실제 연료량의 최대량은 제한되는 이유가 아닌 것은?

① 압축기 실속

② 터빈 과열 방지

③ 과농 혼합비에 의한 연소 정지 방지

④ 급격한 회전수 증가 방지

🔍 **해설**

기관 가속(Engine accelerating)

기관을 가속시키기 위하여 동력 레버를 동력 레버를 급격히 앞으로 밀 경우 연료량은 즉시 증가할 수 있지만 기관의 회전수는 압축기 자체의 관성 때문에 즉시 증가하지 않는다. 따라서 공기량이 적어져 연료-공기 혼합비가 너무 농후하게 되기 때문에 연소 정지 현상이 일어나고 터빈 입구 온도가 과도하게 상승하거나 압축기가 실속을 일으키게 되므로 이와 같은 현상이 일어나지 않는 범위까지만 연료량이 증가 하도록 통제한다.

26 가스터빈 엔진의 연료 조정 장치에서 연료를 제어하는 데 영향이 가장 큰 것은 다음 중 어느 것인가?

① 기관의 회전수　　② CDP

③ CIT　　④ 대기압

🔍 **해설**

문제 25번 해설 참조

27 모든 비행 상태에서 조종사요구에 부응하여 최적의 엔진 조정을 수행하기 위하여 입력신호를 전산 처리하여 작동 부분품을 일괄 조정하는 것은?

① EEC　　② FCU

③ Carburetor　　④ Autopilot

🔍 **해설**

전자 엔진 조절(EEC : Electronic Engine Control)

모든 비행 상태에서 조종사 요구에 부응하여 최적의 엔진 조정을 수행하기 위하여 입력 신호를 전산 처리하여 작동 부분품을 일괄 조정하는 기능을 한다.

28 항공기가 어떤 작동조건에서도 최적의 엔진작동 특성을 유지하도록 만들어 주는 엔진의 연료 부품은?

① 연료조정장치(Fuel Control Unit)

② 연료 펌프(Fuel Pump)

③ 연료 오일 냉각기(Fuel Oil Cooler)

④ 연료 노즐(Fuel Nozzle)

🔍 **해설**

연료조정장치(F.C.U : Fuel Control Unit)

모든 엔진 작동 조건에 대응하여 엔진으로 공급되는 연료유량을 적절한 추력 레벨링(Leveling)하게 제어하는 장치이다.

29 연료 차단 밸브 레버(Fuel shutoff valve)를 open 위치에 놓았을 때, 연료를 연료 조정 장치(FCU)로부터 연소실로 보내주는 밸브는?

① 최소 가압 및 차단 밸브(Minimum metering valve and shutoff valve)

② 메인 미터링 밸브(Main metering valve)

③ 여압 및 덤프 밸브(Pressurizing and dump valve)

④ 부스터 펌프(Booster pump)

🔍 **해설**

여압 및 드레인 밸브

• 연료의 흐름을 1차 연료와 2차 연료로 분리하고, 엔진이 정비되었을 때에 매니폴드나 연료 노즐에 남아 있는 연료를 외부로 방출, 연료의 압력이 일정 압력 이상이 될 때까지 연료의 흐름을 차단

• 여압 및 드레인 밸브는 FCU와 연료매니폴드 사이에 위치

30 가스터빈 연료계통에서 Pressure and Dump 밸브의 역할은?

① 연료탱크의 연료에 압력을 가해 연료조정 장치로 보내줌

② 연료에 압력을 가하고, 엔진정지 시 연료를 배출시킨다.

③ 연료노즐에서 1차 연료와 2차 연료를 보내준다.

④ 엔진의 상태에 따라 연료를 보내준다.

🔍 **해설**

문제 29번 해설 참조

[정답] 25 ③　26 ①　27 ①　28 ①　29 ③　30 ③

31 다음 연료 계통 중에서 1차 연료와 2차 연료를 분배하는 역할을 하는 것은?

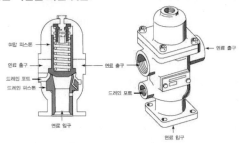

① 연료 필터 　　　　② 연료 매니폴드
③ 여압 및 드레인 밸브 　④ 연료-오일 냉각기

해설

여압 및 드레인 밸브를 여압 및 드레인 밸브라고도 한다.

32 1차 연료와 2차 연료를 분류하고 시동시 과열 시동을 방지 하는 것은?

① FCU(Fuel Control Unit)
② P&D(Pressurizing and Dump valve)
③ 연료노즐(Fuel nozzle)
④ 연료히터(Fuel heater)

해설

P&D Valve(Pressure and Drain Valve)
1차 연료와 2차 연료로 나누어주는 기능과 엔진 정지 시 매니폴드와 노즐에 남은 연료를 배출하여 주는 기능과 배관에 남은 연료는 부식 및 미생물 번식의 위험이 있기 때문에 배출을 해 주어야한다.

33 연료 흐름 분할기에서 연료 흐름이 2차 매니폴드로 흐르지 않게 하는 것은 다음 중 어느 것인가?

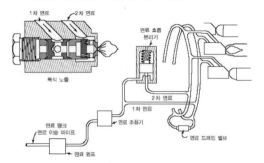

① Dump valve
② Spring에 의해 닫히는 필터
③ Spring힘을 받는 여압 밸브
④ Poppet valve

해설

연료 흐름 분할기(Fuel flow divider)
시동 시에는 1차 연료만 흐르고 기관 회전수가 증가하고 연료량이 증가하여 연료 압력이 규정 압력에 이르면 Poppet valve가 열리고 2차 연료가 흐른다.

34 복식 연료 노즐에 설명 내용으로 가장 올바른 것은?

① 리버스 인젝션을 한다.
② 연료에 회전 에너지를 주면서 분사하는 것이다.
③ 공기 흐름량과 압력에 따라 분사각을 변화시킨다.
④ 낮은 흐름량일 때와 높은 흐름량일 때의 2단계의 분사를 한다.

해설

압력이 높을 때 1차, 2차 연료가 모두 분사된다.

35 연료노즐의 종류 중 맞는 것은?

① 분무식 분사식 　　　② 분무식과 증발식
③ 연소식과 분사식 　　④ 압력식과 증발식

해설

가스터빈 기관의 연료노즐 종류는 분무식과 증발식이 있다.

36 가스터빈 기관의 연료노즐에서 복식 노즐의 설명으로 옳은 것은?

① 시동시 연료 분사식을 작게 해 준다.
② 고속시에 연료를 멀리 분사되도록 한다.
③ 1차 연료는 완속 속도 이상에서 작동한다.
④ 2차 연료는 연소실 벽에 직접 연료와 닿게 한다.

해설

[정답] 31 ③　32 ②　33 ④　34 ④　35 ②　36 ②

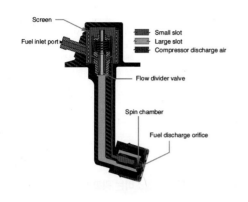

Screen, Fuel inlet port, Small slot, Large slot, Compressor discharge air, Flow divider valve, Spin chamber, Fuel discharge orifice

37 연료노즐의 분사각도를 옳게 설명한 것은?

① 1차 연료보다 2차 연료의 분사각도가 더 넓게 분사 된다.

② 각도는 1차와 2차가 같고 압력은 2차 연료가 더 높다.

③ 1차 연료보다 2차 연료의 분사온도가 높아 균등한 연소를 이룬다.

④ 1차 연료 분사각도는 2차 연료의 분사보다 더 넓게 분사된다.

해설

- 1차 연료
  노즐 중심의 작은 구멍을 통해 분사되고, 시동할 때 점화가 쉽도록 넓은 각도로 이그나이터에 가깝게 분사

- 2차 연료
  가장자리의 큰 구멍을 통해 분사되고, 2차 연료는 연소실 벽에 직접 연료가 닿지 않고 연소실 안에서 균등하게 연소되도록 비교적 좁은 각도로 멀리 분사되며, 완속 회전속도 이상에서 작동한다.

38 복식 노즐의 1차, 2차 연료 분사에 대해 옳은 것은?

① 압력이 낮을 때 1차, 2차 연료가 모두 분사된다.

② 압력이 높을 때 1차, 2차 연료가 모두 분사된다.

③ 압력이 높을 때 1차 연료가 분사된다.

④ 압력이 낮을 때 2차 연료가 분사된다.

해설

복식 노즐의 1차, 2차 연료 분사는 압력이 높을 때 1차, 2차 연료가 모두 분사된다.

39 가스터빈 기관의 열점 현상의 원인으로 옳은 것은?

① 연소실의 균열
② 분사 노즐의 각도 불량
③ 연료계통의 막힘
④ 냉각기관 고장

해설

열점 현상(Hot spot)

연소실(Combustion chamber)이나 Turbine blade에서 열로 인하여 검게 그을리거나 재료가 타서 떨어져 나간 형태이다.
① 연소실 – 연료 노즐의 이상으로 연소실 벽에 연료가 직접 닿아서 그을리거나 검게 탄 흔적이 남는다.
② Turbine blade – 냉각 공기 Hole이 막혀서 연 소실 내에서 오는 뜨거운 공기가 Blade에 직접 닿아서 Blade가 타거나 떨어져 나간다.

40 가스 터빈 엔진에서 연료 여과기로 사용되지 않는 것은?

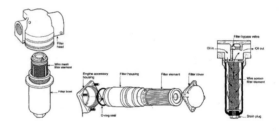

① 스크린형
② 카트리지형
③ 디스크형
④ 스크린-디스크형

해설

연료 여과기(Fuel filter)

연료 계통 내의 불순물을 걸러내기 위하여 여러 곳에 사용한다.
여과기가 막혀서 연료가 잘 흐르지 못할 때에 기관에 연료를 계속 공급하기 위하여 규정된 압력차에서 열리는 바이패스 밸브가 함께 사용한다. 종류에는 카트리지형, 스크린형, 스크린-디스크형이 있다.

41 스테인리스 강철망으로 만들어진 여과기에서 거를 수 있는 최대 입자의 크기는 몇 [μ]인가?

① 10
② 40
③ 100
④ 200

해설

[정답] 37 ④ 38 ② 39 ② 40 ③ 41 ②

① 카트리지형 : 50~100[μ], 필터가 종이로 되어 있으며, 주기적으로 교환(1[μ]=0.001[mm])
② 스크린형 : 40[μ], 주기적으로 세척하여 재사용
③ 스크린-디스크형 : 주기적으로 세척하여 재사용

42 연료 계통의 부스터 펌프는 어느 곳에 위치하는가?

① 연료 계통에서 화염원과 먼 곳에 위치한다.
② 연료 펌프 Relief Valve 다음에 위치한다.
③ 연료 계통의 가장 낮은 곳에 위치한다.
④ 연료 Tank 다음에 위치한다.

해설

연료 승압 펌프(부스터 펌프)
연료 탱크의 가장 낮은 곳에 위치하여 전기식으로 작동되며, 엔진 시동시, 이륙시, 고고도에서 주연료 펌프 고장시, 탱크간의 연료 이송시에 사용한다.

43 터빈 엔진의 연료계통에 수분이 포함되어 있을 때의 문제점으로 적절하지 않은 것은?

① 연료 필터의 빙결   ② 연료 탱크의 부식
③ 미생물 성장 촉진   ④ 엔진 과열의 원인

해설

연료계통에 수분이 포함되어 있을 시에는 연료계통에 빙결, 부식, 미생물 성장 등이 문제될 수 있다.

44 Fire handle을 당기면 연료 흐름은 어떻게 되는가?

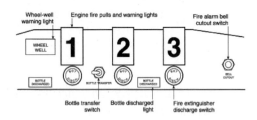

① 다른 방향으로 흐른다.   ② 흐름이 감소한다.
③ 흐름이 역류한다.   ④ 차단된다.

해설

Fire handle
엔진 화재 감지가 되면 조종석의 Overhead panel에 해당엔진 Fire handle에 빨간 불이 들어오면서 Warning horn이 마구 울리게 됩니다. 이때 조종사는 이 핸들을 당기면 엔진으로 공급되던 연료는 차단되고 당겨져있던 핸들을 돌리면 소화물질이 분비된다.

④ 윤활유 및 윤활 계통

01 제트 엔진의 오일소비는 왕복 엔진과 비교하여 어떠한가?

① 고출력 왕복 엔진과 거의 같다.
② 왕복 엔진보다 훨씬 적다.
③ 왕복 엔진보다 약간 더 많다.
④ 왕복 엔진보다 훨씬 더 많다.

해설

가스터빈 엔진의 윤활
가스터빈 엔진은 회전수가 매우 크고, 고온에 노출되기 때문에 윤활작용과 냉각작용이 윤활의 주목적이다. 따라서 윤활유의 소모량 및 사용량은 왕복 기관에 비하여 매우 적으나, 윤활이 잘못 되었을 경우에는 그 영향이 왕복기관에 비하여 치명적이다.

02 가스 터빈 기관의 주 베어링은 어떤 방식으로 윤활을 하는가?

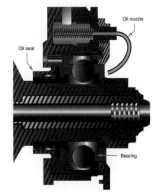

① 끼었는다.
② 오일 심지
③ 압력 분사
④ 오일 속에 부분적으로 잠기게

[정답] 42 ③   43 ④   44 ④   ④ 01 ②   02 ③

해설

오일펌프에 의해 가압된 Oil jet를 통해 분사시켜 베어링을 윤활한다.

03 가스 터빈 오일의 구비 조건이 아닌 것은?

① 유동점이 낮을 것
② 인화점이 높을 것
③ 화학 안정성이 좋을 것
④ 공기와 오일의 혼합성이 좋을 것

해설

윤활유의 구비조건
① 점성과 유동점이 어느 정도 낮을 것
② 점도 지수는 어느 정도 높을 것
③ 윤활유와 공기의 분리성이 좋을 것
④ 산화 안정성 및 열적 안정성이 높을 것
⑤ 인화점이 높을 것
⑥ 기화성이 낮을 것
⑦ 부식성이 없을 것

04 제트 엔진에 합성 윤활유를 사용하는 이유는 무엇인가?

① 여과기가 필요 없고 가격이 저렴하다.
② 휘발성이 적고 높은 온도에서 Coking이 잘 일어나지 않는다.
③ 광물성과 혼합 가능
④ 화학적 안정성

해설

휘발성이 적고 높은 온도에서 Coking이 잘 일어나지 않고(고온, 극저온, 고진공, 고부하, 방사선, 내화 난연성, 부식성 Gas와 접촉)일 때에 사용하는 윤활유

05 터보제트 엔진의 통상적인 오일 계통의 형(type)은?

① Wet sump, Spray, and Splash
② Wet sump, Dip, and Pressure
③ Dry sump, Pressure, and Spray
④ Dry sump, Dip, and Splash

해설

가스터빈엔진에서 주로 사용하는 윤활계동의 형식
Dry Sump System와 Jet(Pressure) and Spray

• Dry Sump System
성형엔진과 일부 대항형 엔진에 사용하는 계통으로 엔진과 따로 방화벽 뒷면상부 Oil Tank가 있고 엔진을 순환한 Oil이 Sump에 모이면 배유펌프에서 Tank로 귀유시키는 계통이다.

06 가스 터빈 엔진의 기어형 윤활유 펌프에 관한 내용이다. 가장 바른 것은?

① 배유 펌프가 압력 펌프보다 용량이 더 크다.
② 압력 펌프가 배유 펌프보다 용량이 더 크다.
③ 압력 펌프와 배유 펌프와 크기가 꼭 같다.
④ 압력 펌프와 배유 펌프의 크기는 무관하다.

해설

탱크로 윤활유를 되돌릴 때는 기관 내부에서 공기와 혼합되어 체적이 증가하기 때문에 배유 펌프가 압력 펌프보다 용량이 더 커야 한다.

07 제트 엔진 오일 계통에서 베어링에서 쓰고 남은 오일을 오일 탱크에 다시 돌려주는 것은?

① 가압 계통　　　② 스케벤지 계통
③ 브리더 계통　　④ 드레인 계통

해설

스켄벤지 펌프 : 배유펌프(Scavenger pump)
항공기 엔진 오일 계통의 건식윤활계통에 사용되는 구성품으로 엔진을 윤활 시킨 오일을 탱크로 귀환시키는 역할을 한다. 엔진의 배유펌프는 압력펌프보다는 그 용량이 크다.

08 오일 계통에서 오일을 베어링까지 보내주는 것은?

① 가압 펌프(Pressure pump)
② 배유 펌프(Scavenge pump)
③ 브리더(Breather) 계통
④ 드레인(Drain) 밸브

[정답] 03 ④　04 ②　05 ③　06 ①　07 ②　08 ①

해설

① 가압 펌프 : 오일 베어링까지 공급
② 배유 펌프 : 섬프에서 탱크로 보내준다.
③ 브리더 계통 : 섬프 내부의 압력은 압력이 변하더라도 항상 대기압과 일정한 차압이 되도록 한다.

09 제트 엔진에 사용되는 오일펌프의 종류가 아닌 것은?

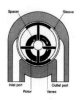

① 지로터 펌프   ② 기어 펌프
③ 베인 펌프   ④ 플런저 펌프

해설

플런저 펌프

실린더 안에서 플런저가 왕복 운동을 하면서 물을 보내는 왕복 운동 펌프. 높은 압력에는 적당하지만, 흡입과 배출이 교대로 행하여지므로 보내는 물의 양이 일정하지 못한 것이 결점이다.

10 오일계통의 소기펌프는 어떤 형태를 주로 사용하는가?

① 압력펌프   ② 베인형
③ 제로터형   ④ 기어형

해설

오일 압력 펌프

기어형(Gear type)과 베인형(Vane type)이 있으며 현재 왕복 엔진에서는 기어형을 가장 많이 사용하고 있다.

11 기어(Gear)식 오일펌프의 사이드 클리어런스(Side clearance)가 클 경우 어떻게 되는가?

① 과도한 오일 소모가 나타난다.
② 과다한 오일 압력이 생긴다.
③ 낮은 오일 압력으로 된다.
④ 오일펌프의 진동에 의한 고장이 나타난다.

해설

엔진 압력 펌프가 엔진 시동 후 30초 이내에 오일 압력이 발생하지 않는다면 이것은 펌프가 마모로 인하여 프라임(Prime)되지 않는다는 표시이다. 펌프에서 기어의 측면 간격(Side clearance)이 너무 크면 오일은 기어를 지나치게 되고 압력도 높아지지 않는다.

12 항공기 기관의 소기 펌프(Scavenge Pump)가 압력 펌프(Pressure Pump)보다 용량이 크다. 그 이유는?

① 윤활유가 고온이 되어 팽창하기 때문에
② 소기되는 윤활유에는 공기가 혼합되어 체적이 증가하므로
③ 소기 펌프가 파괴될 우려가 있으므로
④ 압력펌프보다 소기펌프가 압력이 낮으므로

해설

윤활유 배유펌프

엔진의 각종 부품을 윤활 시킨 뒤에 섬프에 모인 윤활유를 탱크로 보내주며, 배유펌프가 압력펌프보다 용량이 큰 이유는 엔진 내부에서 윤활유가 공기와 혼합되어 체적이 증가하기 때문에 용량이 크다.

13 가스 터빈 엔진의 윤활유 펌프에 대한 설명으로 틀린 것은?

① 압력 펌프는 배유 펌프보다 용량이 2배 이상 크다.
② 윤활유 펌프의 형식에는 기어형, 베인형, 제로터형 등이 있다.
③ 윤활유를 윤활이 필요한 부위에 일정하게 공급 하는 펌프는 압력 펌프이다.
④ 각각의 윤활유 섬프에 모여진 윤활유를 윤활 탱크로 돌려보내는 펌프는 배유 펌프이다.

해설

문제 12번 해설 참조

[정답] 09 ④ 10 ④ 11 ③ 12 ② 13 ①

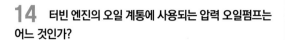

14 터빈 엔진의 오일 계통에 사용되는 압력 오일펌프는 어느 것인가?

① 플런저식　　　　　② 기어식

③ 루츠식　　　　　　④ 베인식

🔍 해설

기어식

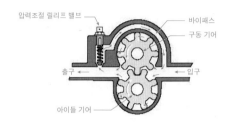

압력조절 릴리프 밸브　　　　바이패스

구동 기어

출구　　　　　　　입구

아이들 기어

15 오일 계통의 과압시 릴리프 밸브를 지난 오일은 어디로 가는가?

① 탱크로 보내진다.　　② 펌프 입구로 보낸다.

③ 펌프 출구가 보낸다.　④ 소기 된다.

🔍 해설

과압되어 릴리프밸브를 지난 오일은 펌프의 입구로 보내어져 다시 순환한다.

16 제트 엔진에서 가장 많이 사용하는 오일펌프의 두 가지 종류는 무엇인가?

① 기어, 지로터　　　② 기어, 베인

③ 베인, 지로터　　　④ 베인, 피스톤

🔍 해설

제트엔진에서 주로 사용하는 오일펌프는 기어형과 지로터형을 가장 많이 사용한다.

17 윤활유 필터가 막혔을 때 발생하는 현상은?

① 어떤 현상도 없이 바이패스 밸브를 통하여 윤활유가 공급된다.

② 윤활유가 누수 된다.

③ 필터가 막힘으로 인하여 고장이 발생

④ 흐름이 역류하여 체크밸브를 통해 엔진계통에 윤활유가 스며든다.

🔍 해설

윤활계통에서 바이패스밸브는 윤활유 여과기가 막혔거나 추운 상태에서 시동할 때에 여과기를 거치지 않고 윤활유가 직접 기관의 안쪽으로 공급되도록 한다.

18 가스터빈 기관(Turbine Engine)에서 사용되는 여과기의 필터(Filter)는 종이로 되어 있다. 이 종이 필터가 걸러낼 수 있는 최소 입자의 크기는 얼마인가?

① $10 \sim 20[\mu]$　　　② $50 \sim 100[\mu]$

③ $300 \sim 400[\mu]$　　④ $500 \sim 600[\mu]$

🔍 해설

① 카트리지형 : $50 \sim 100[\mu]$, 필터가 종이로 되어 있으며, 주기적으로 교환($1[\mu] = 0.001[mm]$)

② 스크린형 : $40[\mu]$, 주기적으로 세척하여 재사용

③ 스크린-디스크형 : 주기적으로 세척하여 재사용

19 가스 터빈 엔진에서 오일을 냉각시키기 위한 방법은?

① 오일을 냉각시키기 위해 작동유를 이용

② 오일을 냉각시키기 위해 연료를 이용

③ 오일을 냉각시키기 위해 알콜을 이용

④ 오일을 냉각시키기 위해 물을 이용

🔍 해설

• 왕복 엔진 : 공랭식

• 가스 터빈 엔진 : 연료-윤활유 냉각기(Fuel-oil cooler)

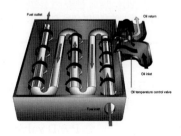

[정답] 14 ② 15 ② 16 ① 17 ① 18 ② 19 ②

20 연료-오일 냉각기의 역할은?

① 연료와 오일을 냉각시킨다.
② 연료의 이물질을 제거하고 오일을 냉각시킨다.
③ 오일의 이물질을 제거하고 연료를 냉각시킨다.
④ 연료를 가열하고 오일을 냉각시킨다.

해설

연료-오일 냉각기
연료와 오일을 열교환함으로써 연료는 예열시키고, 오일은 냉각시키는 역할을 한다. 연료-오일 냉각기에서 누설이 있었다면 오일 내에 연료가 스며들게 된다.

21 제트 기관의 오일 냉각 방식은 무엇인가?

① Air-oil cooler
② Fuel-oil cooler
③ Radiator
④ Radiator evaporator cooler

해설

제트기관에서 가장 많이 사용되는 종류는 Fuel-oil cooler(연료-오일 냉각기)

22 Fuel-oil cooler의 일차적인 목적은 무엇인가?

① 연료 냉각
② 오일 냉각
③ 오일에서 공기 제거
④ 오일 가열

해설

Fuel-oil cooler(연료-오일 냉각기) 1차적 목적
윤활유가 가지고 있는 열을 연료에 전달시켜 윤활유를 냉각시키는 것이 1차적 목적이며, 동시에 연료에 열을 전달하는 기능이 있다.

23 윤활유 온도를 적당히 유지하기 위하여 냉각기를 통과시키거나 바이패스(Bypass) 시키는 장치는 어느 것인가?

① 체크 밸브
② P & D valve
③ 차단 밸브
④ 오일 온도 조절기

해설

윤활유 온도 조절 밸브
윤활유의 온도가 규정 값보다 낮을 때에는 냉각기를 거치지 않도록 하고 온도가 높을 때에는 냉각기를 통과하여 냉각되도록 한다.

24 연료-윤활유 냉각기에서 바이패스 밸브(Bypass valve)가 열려 있을 때는?

① 엔진으로부터 나오는 오일이 더울 때
② 엔진으로 가는 오일이 더울 때
③ 엔진으로부터 나오는 오일이 차가울 때
④ 엔진으로 가는 오일이 차가울 때

해설

윤활유 펌프에서 베어링 부로 들어가는 중간에 연료-윤활유 냉각기가 장착되어 있으므로 엔진으로 들어가는 윤활유의 온도가 낮을 때 바이패스 밸브를 통하여 들어간다.

25 윤활유의 냉각을 위한 Fuel-oil cooler의 내부에 구멍이 나서 연료가 오일과 섞였다면 어떤 현상이 일어나는가?

① 오일의 양이 증가하고 점도가 낮아진다.
② 오일이 연료계통에 흘러들어 연소된다.
③ 연료와 오일이 혼합되어 출력이 저하된다.
④ 배기가스에 그을음이 생긴다.

해설

윤활유에 연료가 들어와 윤활유의 양이 증가하고 묽어져 점도가 낮아진다.

26 Bearing sump를 가압하는 데 사용되는 공기는 무엇인가?

① Ram air
② Exhaust air
③ Fan discharge air
④ Compressor bleed air

해설

대부분의 가스 터빈 기관에서는 압축기 블리드 공기를 이용하여 베어링 섬프(Bearing sump)를 가압시킴으로써 내부 윤활유 누설을 방지한다.

[정답] 20 ④ 21 ② 22 ② 23 ④ 24 ④ 25 ① 26 ④

27 블리더 및 여압계통에 대한 설명이다. 틀린 것은?

① 탱크 내부의 압력이 대기압보다 높기 때문에 탱크로부터 섬프로의 흐름이 가능하다.

② 압축공기는 실을 통하여 섬프로 들어오기 때문에 윤활유의 누설을 방지한다.

③ 압력펌프의 용량보다 배유펌프의 용량이 더 크다.

④ 섬프내부의 압력은 대기압이 변하더라도 항상 대기압과 일정한 차압이 되도록 한다.

해설

① 압축공기는 압축기에서 블리드시킨 공기 사용

② 섬프 안의 압력이 탱크의 압력보다 높으면 섬프 벤트 체크 밸브가 열려서 섬프 안의 공기를 탱크로 배출시키며, 체크 밸브로 인해 역류는 불가능하다.

28 블리더 에어로부터 공기와 오일을 분리하기 위해 기어박스(Gear Box)내에 설치되어 있는 것은?

① Deoiler ② Oil Separate

③ Air Separate ④ Deairer

해설

오일 분리기(Oil separator)

오일로 윤활되는 공기펌프에서 배출되는 공기로부터 오일을 분리하는데 사용하는 장치. 오일 분리기에는 나란히 배플이 있으며, 펌프 배기는 필히 이 배플을 통하도록 되어 있다. 이 배플에서 오일이 공기로부터 분리되어 분리기 하우징 밑바닥에 고이게되고, 이렇게 고인 오일은 엔진으로 되돌아간다.

29 윤활유 시스템에서 고온 탱크형(Hot Tank System)이란?

① 고온의 스케벤지 오일이 냉각되어서 직접 탱크로 들어가는 방식

② 고온의 스케벤지 오일이 냉각되지 않고 직접 탱크로 들어가는 방식

③ 오일 냉각기가 Scavenge System에 있어 오일이 연료가열기에 의해 가열 방식

④ 오일 냉각기가 Scavenge System에 있어 오일 탱크의 오일이 연료 가열기에 의해 가열 방식

해설

① 고온 탱크형(Hot Tank) : 윤활유 냉각기를 압력펌프와 기관 사이에 배치하여 윤활유를 냉각하기 때문에 높은 온도의 윤활유가 윤활유탱크에 저장되는 방식

② 저온 탱크형(Cold Tank) : 윤활유 냉각기를 배유펌프와 윤활유탱크 사이에 위치시켜 냉각된 윤활유가 윤활유 탱크에 저장되는 방식

30 Hot tank jet engine의 윤활장치 중 옳은 것은?

① 소기 펌프로부터 오일이 직접 탱크로 들어온다.

② 오일 탱크는 호퍼를 가지고 있다.

③ 더운 블리드 공기가 오일 탱크로 간다.

④ 오일 탱크 내에 열을 발생하는 기구가 있다.

해설

고온의 소기오일(Scavenge oil)이 냉각되지 않고 직접 탱크로 들어가는 방식

31 Low oil pressure light가 ON되는 시기는 언제인가?

① 오일 압력이 규정값 한계 이상으로 상승했을 경우

② 오일 압력이 규정값 한계 이하로 낮아지는 경우

③ 오일 지시 Transmitter가 고장이 났을 경우

④ Bypass valve가 open되었을 경우

해설

저 오일 압력 경고등(Low oil pressure light)

오일 압력이 규정값 한계 이하로 낮아졌을 때 들어온다.

32 SOAP(Spectroscope Oil Analysis Program)에 대한 설명 내용으로 가장 올바른 것은?

① 오일형의 카본 발생량으로 오일의 품질 저하를 비교한다.

② 오일의 산성도를 측정하고 오일의 품질 저하 상황을 비교한다.

③ 오일 중에 포함된 미량의 금속원소에 의해 오일의 품질 저하 상황을 비교한다.

④ 오일 중에 포함되는 미량의 금속원소에 의해 이상 상태를 비교한다.

해설

윤활유 분광 시험(SOAP)
사람의 혈액검사와 비슷한 것으로서 기관 정지 후 30분 이내에 윤활유 탱크에서 윤활유를 채취하여 윤활유에 섞여있는 금속입자들을 검사하는 것으로 금속입자의 종류에 따라 기관의 이상 부위를 찾아낼 수 있다.

33 고점성 오일의 사용은 무엇을 초래하는가?

① 소기펌프의 고장   ② 압력펌프 고장

③ 낮은 오일압력   ④ 높은 오일압력

해설

높은 오일압력이 발생한다.

⑤ 시동 및 점화 계통

01 DC를 주 전원으로 하는 항공기에서 시동을 위해 전원을 넣으면 점화 릴레이에 어떤 전원이 공급되는가?

① 24[V] DC 모터에 의해 공급

② 115[V] AC 400[cycle] 엔진 Generator에 공급

③ 115[V] AC 600[cycle] 엔진 Generator에 공급

④ 인버터에 의한 115[V] AC 400[cycle] 교류에 의해 공급

해설

• 직류 유도형 점화장치 : 28[V] 직류가 전원으로 사용한다.
• 교류 유도형 점화장치 : 가스 터빈 기관의 가장 간단한 점화장치로 115[V], 400[Hz]의 교류를 전원으로 사용한다.

02 전기식 시동기(Electrical starter)의 클러치(Clutch) 장력은 무엇으로 조절할 수 있는가?

① Clutch housing slip

② Clutch plate

③ Slip torque adjustment unit

④ Ratchet adjust regulator

해설

전기식 시동기의 클러치의 장력은 Slip torque adjustment unit으로 조절한다.

03 다음 시동기 중에서 그 구조가 가장 간단한 것은?

① 공기 충돌식   ② 가스 터빈식

③ 시동-발전기식   ④ 전동기식

해설

가스 터빈 기관의 시동계통

① 전기식 시동계통
  ⓐ 전동기식 시동기 : 28[V] 직류 직권식 전동기 사용, 소형기에 사용한다. 직권식 직류 전동기를 이용하여 30초 이내에 시동(외부 전원 : 발전기, 축전지 사용)
  ⓑ 시동 - 발전기식 시동기 : 항공기의 무게를 감소시킬 목적으로 만들어진 것으로 기관을 시동할 때에는 시동기 역할을 하고 기관이 자립 회전속도에 이르면 발전기 역할을 한다.
② 공기식 시동 계통
  ⓐ 공기 - 터빈식 시동기 : 같은 크기의 회전력을 발생하는 전기식 시동기에 비해 무게가 가볍다. 출력이 크게 요구되는 대형 기관에 적합하고 많은 양의 압축 공기를 필요로 한다. 별도의 보조 가스 터빈 엔진에 의해 형성된 엔진 압축공기를 이용하여 시동하며, 가장 많이 사용한다.
  ⓑ 공기 충돌식 시동기 : 압축 공기를 엔진 터빈에 직접 공급하는 방식. 구조가 간단하고 가벼워 소형기관에 적합하며 많은 양의 압축공기를 필요로 하는 대형기관에는 사용되지 않는다.
  ⓒ 가스 터빈 시동기 : 동력 터빈을 가진 독립된 소형 가스 터빈 기관으로 외부의 동력 없이 기관을 시동시킨다. 이 시동기는 기관을 오래 공회전시킬 수 있고 출력이 높은 반면 구조가 복잡하다.

04 대형 상업용 항공기에 가장 많이 쓰이는 시동기의 종류는?

① Electric starter   ② Stater generator

③ Pneumatic starter   ④ Hydraulic starter

해설

[정답] 33 ④   ⑤ 01 ④ 02 ③ 03 ① 04 ③

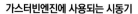
가스터빈엔진에 사용되는 시동기

전기식, 시동 발전기, 공기식 시동기를 사용한다. 최근 주로 대형 상업용 항공기, 여객용 등에서 사용하는 것은 공기식 시동기를 사용한다.

05 공기 터빈식 시동기의 장점이 아닌 것은?

① 대형엔진에 적합하다.

② 출력이 크게 요구되는 기관에 사용된다.

③ 많은 양의 압축공기를 필요로 한다.

④ 전기식보다 공기식이 더 무겁다.

> **해설**
>
> **공기 터빈식 시동기의 장점**
> - 대형엔진에 적합하다.
> - 출력이 크다.
> - 가볍다.

06 터빈 엔진을 시동할 때 Starter가 분리되는 시기는 언제인가?

① rpm 경고등이 Off 되었을 때

② rpm이 Idle 상태일 때

③ rpm이 100[%] 되는 상태

④ 점화가 끝나고 연료 공급이 시작될 때

> **해설**
>
> 가스 터빈 기관의 시동은 먼저 시동기가 압축기를 규정 속도로 회전시키고 점화장치가 작동하면 연료가 분사되면서 연소가 시작된다. 기관이 자립 회전속도에 도달하면 시동 스위치를 차단시켜 시동기와 점화장치의 작동을 중지시킨다. 시동기는 시동이 완료된 후 완속 회전속도에 도달하면 기관으로부터 자동으로 분리되도록 되어 있다.

07 시동시 Pneumatic system으로 사용되지 않는 것은?

① APU

② Cross feed system

③ GTC

④ Air conditioning system

> **해설**
>
> **시동기에 공급되는 압축공기 동력원**
> ① 가스 터빈 압축기 (GTC : Gas Turbine Compressor)
> ② 보조 동력장치 (APU : Auxiliary Power Unit)
> ③ 다른 기관에서 연결(Cross feed)하여 사용

08 가스터빈 엔진의 공기압 시동기에 대해 잘못된 설명은?

① APU 또는 지상 시설에서의 고압 공기를 사용한다.

② 기어박스를 매개로 엔진의 압축기를 구동시킨다.

③ 시동완료 후 발전기로서 작동한다.

④ 사용시간에 제한이 있다.

> **해설**
>
> 문제 6번 해설 참조

09 엔진 시동시 시동밸브 스위치의 전기적 신호에 의해 밸브가 열리지 않았다. 조치사항은?

① 시동스위치의 교환

② 시동스위치 솔레노이드의 점검

③ Pilot valve rod을 수동으로 하여 밸브를 Open

④ Manual override handle을 수동으로 하여 밸브를 Open

> **해설**
>
> 수동 오버라이드 핸들이 있어서 전기적 고장이나 부식이나 얼음이 계통 내에서 과다한 마찰을 유발할 때에는 수동으로 버터플라이(조절)밸브를 작동할 수 있다.

10 터빈엔진 시동시 결핍 시동(Hung start)은 엔진의 어떤 상태를 말하는가?

① 엔진의 배기가스 온도가 규정치를 넘은 상태다.

② 엔진이 완속 회전(Idle rpm)에 도달하지 못하고 걸린 상태이다.

③ 엔진의 완속 회전(Idle rpm)이 규정치를 넘은 상태이다.

④ 엔진의 압력비가 규정치를 초과한 상태이다.

[정답] 05 ④ 06 ② 07 ④ 08 ③ 09 ④ 10 ②

① 과열 시동(Hot start)
　ⓐ 시동할 때에 배가가스의 온도가 규정된 한계값 이상으로 증가하는 현상을 말한다.
　ⓑ 연료-공기 혼합비를 조정하는 연료 조정장치의 고장, 결빙 및 압축기 입구부분에서 공기 흐름의 제한 등에 의하여 발생한다.
② 결핍 시동(Hung start)
　ⓐ 시동이 시작된 다음 기관의 회전수가 완속 회전수까지 증가하지 않고 이보다 낮은 회전수에 머물러 있는 현상을 말하며, 이 때 배기가스의 온도가 계속 상승하기 때문에 한계를 초과하기 전에 시동을 중지시킬 준비를 해야 한다.
　ⓑ 시동기에 공급되는 동력이 충분하지 못하기 때문이다.
③ 시동 불능(No start)
　ⓐ 기관이 규정된 시간 안에 시동되지 않는 현상을 말한다. 시동 불능은 기관의 회전수나 배기가스의 온도가 상승하지 않는 것으로 판단할 수 있다.
　ⓑ 시동기나 전화장치의 불충분한 전력, 연료 흐름의 막힘, 점화 계통 및 연료 조정장치의 고장 등이다.

11 터빈엔진 시동시 과열시동(Hot start)은 엔진의 어떤 현상을 말하는가?

① 시동 중 EGT가 최대한계를 넘은 현상이다.
② 시동 중 RPM이 최대한계를 넘은 현상이다.
③ 엔진을 비행 중 시동하는 비상조치 중의 하나이다.
④ 엔진이 냉각되지 않은 채로 시동을 거는 현상을 말한다.

해설

과열 시동(Hot start)
ⓐ 시동할 때에 배기가스의 온도(EGT)가 규정된 한계값 이상으로 증가하는 현상을 말한다.
ⓑ 연료-공기 혼합비를 조정하는 연료 조정장치의 고장, 결빙 및 압축기 입구부분에서 공기 흐름의 제한 등에 의하여 발생한다.

12 가스 터빈 엔진 시동 후 엔진 계기로 점검하니 배기가스온도가 시동할 때보다 낮게 지시하고 있다면 어떤 현상 때문인가?

① 연료 압력 이상
② 베어링 손상
③ 배기가스 온도의 열전대가 끊어졌다.
④ 정상이다.

해설

연료조절장치의 고장으로 과도한 연료가 연소실에 유입된 상태 또는 파워레버를 급격히 올린 경우 엔진 압축기 로터의 관성력 때문에 RPM이 즉시 상승하지 못해 연소실에 유입된 과다한 연료 때문에 혼합비가 과도하게 농후한 경우에 EGT가상승하게 된다. 그 외에도 압축기나 터빈 쪽에서 오염이나 손상 등에 이유로 가스의 흐름이 원활하지 못해 뜨거운 가스의 정채현상 때문에 EGT가 증가하는 원인이 될 수 있다.
여기서 엔진 계기가 낮게 지시한다면 정상상태를 의미한다.

13 가스 터빈의 교류 전원에 사용되는 전압과 사이클 수는?

① 24[V], 600[cycle]　② 24[V], 400[cycle]
③ 115[V], 600[cycle]　④ 115[V], 400[cycle]

해설

항공기에 사용되는 교류 전원은 115[V], 400[Hz]를 사용한다.

14 대형 터보팬(Turbo fan) 엔진을 장착한 항공기에서 점화계통(Ignition system)이 자화되었을 때 익사이터(Exciter)의 일차 코일에 공급되는 전원은?

① AC 115[V], 60[Hz]　② AC 115[V], 400[Hz]
③ DC 28[V], 400[Hz]　④ AC 220[V], 60[Hz]

해설

익사이터(Exciter)
이그나이터(igniter, 점화 플러그)에서 고온 고에너지의 강력한 전기 불꽃을 튀게 하기 위해 항공기의 저전원 전압을 고전압으로 변환하는 장치

15 가스 터빈 기관의 점화장치 중에서 가장 간단한 점화장치는?

① 직류 유도형 점화장치
② 교류 유도형 점화장치
③ 직류 유도형 반대 극성 점화장치
④ 교류 유도형 반대 극성 점화장치

[정답] 11 ① 12 ④ 13 ④ 14 ② 15 ②

해설

점화계통의 종류

① 유도형 점화계통은 초창기 가스 터빈 기관의 점화장치로 사용되었다.
   ⓐ 직류 유도형 점화장치 : 28[V] 직류가 전원으로 사용한다.
   ⓑ 교류 유도형 점화장치 : 가스 터빈 기관의 가장 간단한 점화장치로 115[V], 400[Hz]의 교류를 전원으로 사용한다.

② 용량형 점화계통은 강한 점화불꽃을 얻기 위해 콘덴서에 많은 전하를 저장했다가 짧은 시간에 흐르도록 하는 것으로 대부분의 가스 터빈 기관에 사용되고 있다.
   ⓐ 직류 고전압 용량형 점화장치
   ⓑ 교류 고전압 용량형 점화장치

③ 글로 플러그(Glow plug) 점화계통

16 가스터빈 기관의 용량형 점화계통에서 높은 에너지의 점화 불꽃을 일으키는데 사용하는 것은?

① 유도 코일   ② 콘덴서

③ 바이브레이터   ④ 점화 계전기

해설

가스터빈 기관 점화계통

① 용량형 점화계통(Capacitor type) : 콘덴서에 많은 전하를 저장했다가 짧은 시간에 방전시켜 높은 에너지의 점화불꽃을 일으키는 것

② 유도형 점화계통(Induction type) : 유도코일에 의해 높은 전압을 유도시켜 점화 불꽃 생성

17 대부분의 가스 터빈 기관에 사용하는 점화장치의 형식은 무엇인가?

① Battery coil ignition

② Magneto ignition

③ Glow plug

④ High energy capacitor discharger

해설

가스 터빈 점화계통의 왕복기관과의 차이점

① 시동할 때만 점화가 필요하다.
② 점화시기 조절장치가 필요 없기 때문에 구조와 작동이 간편하다.
③ 이그나이터(Ignitor)의 교환이 빈번하지 않다.
④ 이그나이터(Ignitor)가 기관 전체에 두 개 정도만 필요하다.
⑤ 교류 전력을 이용할 수 있다.

18 가스터빈 기관의 점화계통에 대한 설명 중 틀린 것은?

① 높은 에너지의 전기 스파크를 이용한다.

② 왕복 기관에 비해 점화가 용이하다.

③ 유도형과 용량형이 있다.

④ 점화시기조절 장치가 없다.

해설

문제 16번, 17번 해설 참조

19 가스터빈 기관의 점화장치는 언제 작동하는가?

① 엔진 시동할 때만

② 시동시 및 Flame out 발생시

③ 엔진 작동 중 연속적으로 사용

④ 엔진의 고속 운전에만 연속적으로 사용

해설

왕복기관의 점화장치는 기관이 작동할 동안 계속 해서 작동하지만 가스 터빈 기관의 점화장치는 시동시 와 연소정지(Flame out)가 우려될 경우에만 작동하도록 되어 있다.

20 EGT 측정시 가장 높은 온도를 측정하는 것은?

① 철-콘스탄탄   ② 구리-콘스탄탄

③ 니켈-카드뮴   ④ 크로멜-알루멜

해설

열전쌍식(Thermocouple) 온도계

① 가스터빈 기관에서 배기가스의 온도를 측정하는데 사용된다.
② 열전쌍에 사용되는 재료로는 크로멜-알루멜, 철-콘스탄탄, 구리-콘스탄탄 등이 사용되는데 측정온도의 범위가 가장 높은 것은 크로멜-알루멜이다.

21 가스 터빈 기관에 사용되고 있는 점화 플러그의 수는?

① 1개   ② 2개

③ 5개   ④ 연소실마다 1개씩

해설

가스 터빈 기관의 이그나이터는 각각의 기관에 보통 2개씩 장착되어있다.

[정답] 16 ② 17 ④ 18 ① 19 ② 20 ④ 21 ②

22 Gas turbine engine의 점화플러그가 고온 고압에서 작동하여도 왕복 엔진 점화플러그보다 수명이 긴 이유는 무엇인가?

① 좋은 재질의 점화플러그를 사용해서

② 전압이 높기 때문에

③ 전압이 낮기 때문에

④ 사용시간이 왕복 엔진보다 짧으므로

🔍 **해설**

시동시에만 점화가 필요하기 때문에 사용시간 및 수명이 길다.

23 가스 터빈 엔진의 시동시 사용되지 않는 것은?

① GTC　　　　② EDP

③ APU　　　　④ 엔진 cross feed air

🔍 **해설**

시동기에 공급되는 압축공기 동력원

① 가스 터빈 압축기 (GTC : Gas Turbine Compressor)

② 보조 동력장치 (APU : Auxiliary Power Unit)

③ 다른 기관에서 연결(Cross feed)하여 사용

🔲 **그 밖의 계통**

01 가스 터빈 기관의 배기소음 방지법에 대한 설명으로 맞는 것은?

① 배기소음 중의 고주파 음을 저주파 음으로 변환시킨다.

② 노즐의 전체 면적을 증가시킨다.

③ 대기와의 상대속도를 크게 한다.

④ 대기와 혼합되는 면적을 크게 한다.

🔍 **해설**

가스 터빈 기관의 소음 감소장치

① 소음의 크기는 배기가스 속도의 6~8 제곱에 비례하고 배기노즐 지름의 제곱에 비례한다.

② 배기소음 중의 저주파 음을 고주파 음으로 변환시킴으로써 소음 감소 효과를 얻도록 한 것이 배기소음 감소장치이다.

③ 일반적으로 배기소음 감소장치는 분출되는 배기가스에 대한 대기의 상대속도를 줄이거나 배기 가스가 대기와 혼합되는 면적을 넓게 하여 배기노즐 가까이에서 대기와 혼합되도록 함으로써 저주파 소음의 크기를 감소시킨다.

④ 터보 팬 기관에서는 배기노즐에서 나오는 1차 공기와 팬으로부터 나오는 2차 공기와의 상대 속도가 작기 때문에 소음이 작아 배기소음 감소장치가 꼭 필요하지는 않다.

⑤ 다수 튜브 제트 노즐형(Multiple tube jet nozzle)

⑥ 주름살형(Corrugated perimeter type 꽃 모양형)

⑦ 소음 흡수 라이너(Sound absorbing liners) 부착

02 소음을 줄이기 위해 사용되는 방법이 아닌 것은 무엇인가?

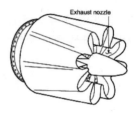

① Multiple tube type

② Corrugated permeator type

③ Single exhaust nozzle

④ Sound absorbing liners

🔍 **해설**

문제 1번 해설 참조

03 터보 팬 기관이 터보 제트 기관보다 소음이 적은 이유는?

① 배기속도가 느리다.

② 배기온도가 높다.

③ 배기가스 온도가 낮다.

④ 배기속도가 빠르다.

🔍 **해설**

터보 제트(Turbo jet) 기관에서는 배기가스의 분출속도가 터보 팬 기관이나 터보 프롭 기관에 비하여 상당히 빠르므로 배기소음이 특히 심하다.

[정답] 22 ④　23 ②　🔲 01 ④　02 ③　03 ①

04 가스 터빈 기관의 각 부에서 발생하는 소음 중 가장 작은 것은?

① 팬 또는 압축기 　 ② 악세서리 기어 박스

③ 터빈 　 ④ 배기노즐 후방

해설

악세서리 기어 박스에서의 소음이 가장 작다.

05 제트 엔진에서 추력을 증가시키는 방법은?

① Afterburner, Water injection

② Reverse thrust, Water injection

③ Afterburner thrust, Noise suppressor

④ Reverse thrust, Afterburner

해설

추력 증가장치
물 분사장치(Water injection), 후기 연소기(After burner)

06 터보 제트 엔진에서 추력을 증가시키는 장치는?

① 압력 분사식 기화기에 의하여

② 높은 휘발성 연료를 사용해서

③ 저고도에서만 얻을 수 있다.

④ 후기 연소기(After burner)에 의하여

해설

문제 5번 해설 참조

07 후기 연소기와 물 분사의 목적은 무엇인가?

① 압축기 입구의 결빙 방지

② 추력 증가

③ 시동성 향상

④ 연료의 점화용이

해설

후기 연소기와 물 분사장치는 기관의 추력을 증가시키기 위한 장치이다.

08 제트 엔진 후기연소기(After burner)의 역할을 가장 올바르게 설명한 것은?

① 엔진 열효율이 증가된다.

② 추력을 크게 할 수 있다.

③ 착륙 때 사용한다.

④ 여객기 엔진에 주로 장착된다.

해설

후기연소기(Afterburner)

① 기관의 전면면적의 증가나 무게의 큰증가 없이 추력의 증가를 얻는 방법이다.

② 터빈을 통과하여 나온 연소가스 중에는 아직도 연소가능한 산소가 많이 남아 있어서 배기도관에 연료를 분사시켜 연소시키는 것으로 총 추력의 50[%]까지 추력을 증가시킬 수 있다.

③ 연료의 소모량은 저의 3배되기 때문에 경제적으로는 불리하다. 그러나 초음속비행기와 같은 고속 비행시에는 효율이 좋아진다.

④ 후기연소기는 후기연소기 라이너, 연료 분무대, 불꽃홀더 및 가변면적 배기노즐 등으로 구성된다.
  ⓐ 후기 연소기 라이너 : 후기연소기가 작동하지 않을 때 기관의 배기관으로 사용된다.
  ⓑ 연료 분무대 : 확산통로 안에 장착
  ⓒ 불꽃 홀더 : 가스의 속도를 감소시키고 와류를 형성시켜 불꽃이 머무르게함으로서 연소가 계속 유지되어 후기연소기 안의 불꽃이 꺼지는 것을 방지한다.
  ⓓ 가변 면적 배기노즐 : 후기연소기를 장착한 기관에는 반드시 가변면적 배기 노즐을 장착해야 하는데 후기연소기가 작동하지 않을 때에는 배기노즐 출구의 넓이가 좁아지고 후기 연소기가 작동할 때에는 배기노즐이 열려 터빈 뒤쪽 압력이 과도하게 높아지는 것을 방지한다.

09 후기 연소기(After burner)의 4가지 기본 구성품으로 가장 올바른 것은?

① Main flame, Flame, Fuel spray bar, Flame holder, Variable area nozzle

② Afterburner duct, Fuel spray bar, Flame hold—er, Variable area nozzle

③ Afterburner duct, Main flame, Flame holder, Variable area nozzle

④ Afterburner duct, Fuel spray bar, Main flame, Variable area nozzle

[정답] 04 ② 05 ① 06 ④ 07 ② 08 ② 09 ②

해설

후기 연소기(After burner) 구성품

① 후기 연소기 덕트는 후기연소기의 주요 구성품이다.
② 후기 연소기 덕트는 배기노즐 및 외부에 장착된 노즐 작동 구성품을 지지한다.
③ 연료는 후기 연소기 덕트의 전방 내부에 위치한 구멍 뚫린 일련의 Spray bar에 의해 분사된다.
④ Flame holder는 Manifold 뒤에 장착되며, 국소적인 와류를 형성하여 후기 연소기 작동 시 속도를 줄여주고 화염이 안정되게 해준다. Flame holder는 V, C 또는 U자 형태의 단면을 가지는 동심 Ring으로 구성되어있다.

10 후기연소기에서 불꽃이 꺼지는 것을 방지하는 것은 무엇인가?

① Slip spring
② Fuel ring
③ Spray ring
④ Flame holder

해설

문제 9번 해설 참조

11 후기연소기를 작동하는 데 있어 가변면적배기노즐이 필요한 이유는?

① 추력증대를 위하여
② 배기가스 증가로 큰 면적이 필요해서
③ 아주 농후한 혼합으로 일어나는 너무 찬 냉각을 방지하기 위해
④ 제트추력을 적절한 방향으로 하기 위하여

해설

문제 9번 해설 참조

12 다음 중 물분사 장치에 대한 설명에서 사실과 다른 것은?

① 물을 분사시키면 흡입공기의 온도가 낮아지고 공기밀도가 증가한다.
② 이륙시 10~30[%] 추력을 증가시킨다.
③ 물분사에 의한 추력증가량은 대기온도가 높을 때 효과가 크다.
④ 물과 알코올을 혼합하는 이유는 연소가스 압력을 증가시키기 위함이다.

해설

물분사장치(Water injection)

① 압축기의 입구나 디퓨저 부분에 물이나 물-알코올의 혼합물을 분사함으로서 높은 기온일 때 이륙시 추력을 증가시키기 위한 방법으로 사용된다. 대기의 온도가 높을 때에는 공기의 밀도가 감소하여 추력이 감소되는데 물을 분사시키면 물이 증발하면서 공기의 열을 흡수하여 흡입공기의 온도가 낮아지면서 밀도가 증가하여 많은 공기가 흡입된다.
② 물분사를 하면 이륙할 때에 기온에 따라 10~30[%] 정도의 추력증가를 얻을 수 있다.
③ 물분사장치는 추력을 증가시키는 장점이 있지만 물분사를 위한 여러 장치가 필요하므로 기관의 무게증가와 구조가 복잡해지는 단점이 있다.
④ 알코올을 사용하는 것은 물이 쉽게 어는 것을 막아주고, 또 물에 의하여 연소가스의 온도가 낮아진 것을 알코올이 연소됨으로서 추가로 연료를 공급하지 않더라도 낮아진 연소가스의 온도를 증가시켜 주기위한 것이다.

13 물분사에 사용되는 액은 보통 무엇인가?

① 순수한 물을 사용
② 물과 알코올의 혼합액
③ 물과 가솔린
④ 물과 에틸렌글리콜

해설

물분사 장치 – 일명 ADI(Anti Detonate Injection)

물에 알코올을 혼합하는 이유는 물이 어는 것을 방지하고, 또 물에 의해 낮아진 연소 가스의 온도를 알코올이 연소됨으로써 증가시킬 수 있기 때문이다.

14 제트 엔진을 냉각시킬 목적으로 물을 분사하는 곳은 어디인가?

① 압축기 입구나 디퓨저
② 터빈입구
③ 연소실
④ Fuel control unit

해설

문제 12번 해설 참조

[정답] 10 ④ 11 ② 12 ④ 13 ② 14 ①

15 물을 압축기 입구에 분사하면 나타나는 결과는?

① 공기 밀도 증가 ② 공기 밀도 감소

③ 물의 밀도 증가 ④ 물의 밀도 감소

🔍 해설

문제 12번 해설 참조

16 현대항공기에 사용되는 역추력장치는 어느 것을 역으로 함으로써 작동되는가?

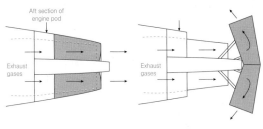

Reversers stowed – Forward thrust   Reversers deployed – Reverse thrust

① Turbine

② Compressor and turbine

③ Exhaust gas

④ Inlet guide vane

🔍 해설

역추력장치(Reverser thrust system)

① 배기가스를 항공기의 앞쪽방향으로 분사시킴으로써 항공기에 제동력을 주는 장치로서 착륙후의 항공기 제동에 사용된다.

② 항공기가 착륙직후 항공기의 속도가 빠를 때에 효과가 크며 항공기의 속도가 너무 느려질 때까지 사용하게 되면 배기가스가 기관 흡입관으로 다시 흡입되어 압축기 실속을 일으키는 수가 있다. 이것을 재흡입 실속이라 한다.

③ 터보팬 기관은 터빈을 통과한 배기가스뿐만 아니라 팬을 통과한 공기도 항공기 반대방향으로 분출시켜야한다.

④ 역추력장치는 항공 역학적 차단방식과 기계적 차단방식이 있다.

　ⓐ 항공역학적 차단방식 : 배기도관내부에 차단판이 설치되어있고 역추력이 필요할 때에는 이 판이 배기 노즐을 막아주는 동시에 옆의 출구를 열어주어 배기가스의 항공기 앞쪽으로 분출되도록 한다.

　ⓑ 기계적 차단방식 : 배기노즐 끝부분에 역추력용 차단기를 설치하여 역추력이 필요할 때 차단기가 장치대를 따라 뒤쪽으로 움직여 배기가스를 앞쪽의 적당한 각도로 분사되도록 한다.

⑤ 역추력장치를 작동시키기 위한 동력은 기관 블리드 공기를 이용하는 공기압식과 유압을 이용하는 유압식이 많이 이용되고 있지만 기관의 회전동력을 직접 이용하는 기계식도 있다.

⑥ 역추력장치에 의하여 얻을 수 있는 역추력은 최대 정상추력의 약 40~50[%] 정도이다.

17 역추력장치의 종류로 맞는 것은?

① 로터리 베인

② 수렴과 발산

③ 기계적, 항공역학적 차단방식

④ 모두 맞다.

🔍 해설

문제 16번 해설 참조

18 터보 팬 엔진의 역추력장치 중에서 바이패스 되는 공기를 막아주는 장치는 무엇인가?

① 공기 모터(Pneumatic motor)

② 블록도어(Blocker door)

③ 캐스케이드 베인(Cascade vane)

④ 트랜슬레이팅 슬리브(Translating sleeve)

🔍 해설

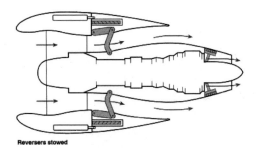

Reversers stowed

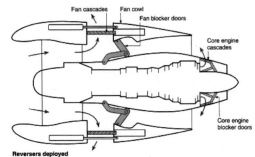

Fan cascades　Fan cowl
Fan blocker doors
Core engine cascades
Core engine blocker doors

Reversers deployed

[정답] 15 ① 16 ③ 17 ③ 18 ②

- 역추력장치(Thrust reverer)
  착륙시 배기가스를 항공기의 앞쪽으로 분사시킴으로써 항공기 제동에 사용, 최대 정상추력의 40~50[%] 정도
- 블록도어(Blocker door) : 차단판
- 캐스케이드 베인
  역추력을 위해 바이패스되는 공기가 흡입구로 재흡입되어 실속되지 않도록 공기의 배출 방향을 만들어 주는 방향 전환 깃

19 역추력 장치를 사용하는 가장 큰 목적은 무엇인가?

① 이륙시 추력 증가   ② 기관의 실속 방지

③ 착륙 후 비행기 제동   ④ 재흡입 실속 방지

🔍 해설

Fan reverser 만 사용되는 이유

터빈 리버서의 발생 역추력은 전체 역추력의 20~30[%] 정도에 지나지 않고 동시에 터빈 역추력 장치가 고온 고압에 누출되기 때문에 고장의 발생률이 높다. 따라서, 터빈 리버를 폐지함으로써 고장이 줄고 정비비가 절감되고 또한 중량 감소만큼 연료비의 절감이 가능하게 되는 등 많은 장점이 있다.

20 현재 사용 중인 대부분의 대형 터보 팬 엔진의 역추력 장치(Thrust Reverser)의 가장 큰 특징은?

① Fan Reverser와 Thrust Reverser를 모두 갖춘 구조가 많이 이용된다.

② Fan Reverser만 갖춘 구조가 가장 많이 이용된다.

③ Turbine Reverser만 갖춘 구자가 이용된다.

④ 역추력장치를 구동하기 위한 동력으로는 유압식이 주로 사용된다.

🔍 해설

문제 19번 해설 참조

21 다음 역추력장치의 설명 중 맞는 것은?

① 스로틀이 저속위치가 아니면 작동되지 않는다.

② 어느 속도에서나 필요시 작동된다.

③ 스로틀이 중속상태에서 작동된다.

④ 스로틀이 고속상태에서 작동되어야 실속위험이 적다.

🔍 해설

역추력장치는 스로틀이 저속위치, 지상에 있을 때가 아니면 작동되지 않도록 안전장치가 마련되어있다.

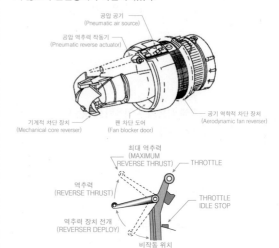

22 가스터빈 기관에서 재흡입 실속이란 무엇인가?

① 이륙시 앞의 항공기의 배기가스를 흡입하여 발생한다.

② 항공기의 속도가 느릴 때 역추력을 사용하면 배기가스가 기관으로 유입되어 발생한다.

③ 압축기 블리드 밸브에서 배출한 공기를 흡입하여 발생한다.

④ 터보프롭 기관에서 역피치로 하였을 때 압축기 입구압력이 낮아져 발생한다.

🔍 해설

항공기가 착륙직후 항공기의 속도가 빠를 때에 효과가 크며 항공기의 속도가 너무 느려질 때까지 사용하게 되면 배기가스가 기관 흡입관으로 다시 흡입되어 압축기 실속을 일으키는 수가 있다. 이것을 재흡입 실속이라 한다.

23 가스 터빈 기관에서 날개 앞전의 방빙장치에 사용되는 것은 무엇인가?

① 이소프로필 알코올   ② 알코올

③ 메탄올   ④ bleed air

[정답] 19 ③   20 ②   21 ①   22 ②   23 ④

해설

블리드 공기(Bleed air) 사용처
블리드 공기는 기내 냉방, 난방, 객실 여압, 날개 앞전 방빙, 엔진 나셀 방빙, 엔진 시동, 유압계통 레저버 가압, 물탱크 가압, 터빈 노즐 베인 냉각 등에 이용된다.

24 터빈 엔진의 방빙계통 작동시 올바른 작동을 확인하는데 필요한 점검항목은 무엇인가?

① 배기가스 감소　　② EPR 감소
③ 연료 유량의 저하　　④ rpm의 저하

해설

EPR(엔진 압력비 : Engine Pressure Ratio)
가스터빈기관의 흡입공기 압력과 배기가스 압력을 각각 해당 부분에서 수감하며기관 출력을 좌우하는 요소이고, 기관의 출력을 산출하는 데 사용한다.

25 다음 중 터빈 블레이드 끝과 터빈 케이스 안쪽의 에어 시일과 간격을 줄여주기 위해서 터빈 케이스 외부 냉각을 시켜준다. 여기에 사용되는 냉각 공기는?

① 압축기 배출공기　　② 연소실 냉각공기
③ 팬 압축공기　　④ 외부공기

해설

ACCS(Active Clearance control system)
팬 압축공기 이용

26 제트 엔진에서 TCCS란 무엇을 의미하는가?

① 엔진의 추력을 자동적으로 제어해 주는 계통을 말한다.
② 터빈 블레이드와 터빈 케이스사이의 간극을 최소가 되게 해주는 계통이다.
③ 주로 중·소형의 터보 팬 엔진에 많이 사용한다.
④ TCCS는 Thrust Case Cooling System의 약자이다.

해설

TCCS(Turbine Case Cooling System)
터빈 케이스를 공기로 강제 냉각하고 수축시켜서 터빈 블레이드의 팁 간격을 최적으로 유지하고 연료비의 개선을 위해 설치한 것

27 터빈 케이스 냉각계통의 목적은 무엇인가?

① 터빈 케이스 팽창　　② 터빈 케이스 수축
③ 터빈 냉각　　④ 연소실 냉각

해설

터빈 케이스 냉각계통(Turbine case cooling system)
① 터빈 케이스 외부에 공기 매니폴드를 설치하고 이 매니폴드를 통하여 냉각공기를 터빈 케이스 외부에 내뿜어서 케이스를 수축시켜 터빈 블레이드 팁 간격을 적정하게 보정함으로써 터빈 효율의 향상에 의한 연비의 개선을 위해 마련되어 있다.
② 초기에는 고압 터빈에만 적용되었으나 나중에 고압과 저압에 적용이 확대되었다.
③ 냉각에 사용되는 공기는 외부 공기가 아니라 팬을 통과한 공기를 사용한다.

28 드라이 모터링(Dry motoring) 점검할 때 틀린 것은?

① 점화스위치 Off
② 연료차단 레버 Off
③ 연료부스터 펌프 On
④ 점화스위치 On

해설

Motoring 의 목적 및 방법
① Dry motoring
　Ignition off, Fuel off 상태에서 Stater만으로 엔진 Rotating
② Wet motoring
　Ignition off, Fuel on 상태에서 Starter 만으로 엔진 Rotating
③ Wet motoring
　Wet motoring 후에는 반드시 Dry motoring 실시하여 잔여연료 Blow out하여야 한다.
④ Motoring
　연료계통 및 오일계통 작업시 계통내에 공기가 차므로 Air locking을 방지하기위해 엔진을 공회전시켜 공기를 빼내고, 또한 계통에 오일이나 연료가 새는지 여부를 검사하기 위해서이다.

29 엔진의 Wet motoring 수행과정 중 작동해서는 안 되는 사항은 무엇인가?

① Start level를 작동시킨다.
② 엔진 rpm이 10[%] 상승되었을 때 연료차단 레버를 On한다.

[정답] 24 ② 25 ③ 26 ② 27 ② 28 ④ 29 ③

③ 연료흐름이 정상인지를 확인한 후 점화스위치를 On 한다.

④ 작동을 멈출 때에는 연료차단 레버를 Off 한 다음 30초 이상 Dry motoring 한다.

해설

문제 28번 해설 참조

30 터빈 발동기의 내부점검에 사용하는 장비는 무엇인가?

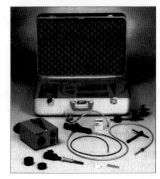

① 적외선 탐지

② 초음파탐지

③ 내시경

④ 형광투시기와 자외선 라이트

해설

① 내시경(Bore scope) : 육안검사의 일종으로 복잡한 구조물을 파괴 또는 분해하지 않고 내부의 결함을 외부에서 직접 육안으로 관찰함으로서 분해검사에서 오는 번거로움과 시간 및 인건비등 의 제반 비용을 절감 하는 효과를 가진다.

② 사용목적 : 왕복기관의 실린더 내부나 가스터빈 기관의 압축기, 연소실, 터빈 부분의 내부를 관찰하여 결함이 있을 경우에 미리 발견하여 방비함으로서 기관의 수명을 연장하고 사고를 미연에 방지하는 데 있다.

참고

보어스코프의 적용시기

ⓐ 기관 작동 중 FOD 현상이 있다고 예상될 때

ⓑ 기관을 과열 시동했을 때

ⓒ 기관 내부에 부식이 예상될 때

ⓓ 기관내부의 압축기 및 터빈 부분에서 이상음이 들릴 때

ⓔ 주기검사를 할 때

ⓕ 기관을 장시간 사용했을 때

ⓖ 정비작업을 하기 전에 작업방법을 결정할 때

31 터빈 엔진의 시동중 화재발생시 조치사항은 무엇 인가?

① 연료를 차단하고 기관을 계속 회전시킨다.

② 즉시 Starter SW를 끊는다.

③ 소화를 위한 시도를 계속한다.

④ Power level 조정으로 연료의 배기를 돕는다.

해설

기관 시동시 화재가 발생하였을 때에는 즉시 연료를 차단하고 계속 시동기로 기관을 회전시킨다.

32 다음 1차 엔진 계기는 어느 것인가?

① Tachometer   ② Air speed indicator

③ Altimeter   ④ Barometric pressure

해설

Tachometer

기관의 회전수를 지시하는 계기 압축기로 압축기의 회전수를 최대 회전수의 백분율[%]로 나타낸다.

7 가스 터빈 엔진의 성능

01 가스 터빈 엔진 항공기는 장거리 순항시 다음 사항 중 어떠한 이유로 36,000[ft]를 최량 고도로 하는가?

① 36,000[ft] 이상부터는 기압이 일정해지고, 기온이 강 하하기 때문이다.

② 36,000[ft] 이상부터는 기온이 일정해지고, 기압이 강 하하기 때문이다.

③ 36,000[ft]에서는 항공기의 비행에 알맞은 jet 기류가 있기 때문이다.

④ 36,000[ft] 이상에서는 기압과 기온이 급격히 강하하 기 때문이다.

해설

36,000[ft]=11[km] 대류권계면(제트기류가 흐름)

02 비행고도가 증가할 때 추력은 어떻게 변화하는가?

① 점차 증가하다가 감소   ② 점차 감소하다가 증가

③ 감소   ④ 증가

🔍 **해설**

추력에 영향을 끼치는 요소

① 공기 밀도 : 추력과 비례
② 비행 속도 : 추력과 비례(비행 속도가 증가하면 추력은 약간 감소하다가 증가)
③ 공기 습도 : 추력과 반비례
④ 비행고도 : 추력과 반비례

03 일정고도에서 제트 항공기의 속도가 저속에서 고속으로 증가할 때 추력은?

① 증가한다.   ② 감소한다.

③ 감소하다 증가한다.   ④ 변화가 없다.

🔍 **해설**

문제 2번 해설 참조

04 터빈엔진 압력비가 커지면 열효율은 증가하는 장점이 있는 반면 단점도 있어 압력비 증가를 제한시킨다. 이 단점은 어느 것인가?

① 압축기 입구온도 증가
② 압축기 출구온도 증가
③ 압축기 실속 가능성 증가
④ 연소실 입구온도 증가

🔍 **해설**

압축기의 압력비$(\gamma) = \dfrac{\text{압축기 출구의 압력}}{\text{압축기 입구의 압력}} = \gamma_s^{\ n}$

여기서, γ_s : 압축기 1단의 압력비, n : 압축기 단수
그러므로 압축기 실속 가능성이 증가한다.

05 터빈 엔진에서 오염(Dirty)된 압축기 브레이드는 특히 무엇을 초래하는가?

① Low R.P.M   ② High R.P.M
③ Low E.G.T   ④ High E.G.T

🔍 **해설**

압축기 블레이드는 확산통로를 만들어 흡입공기의 속도를 감소시키고 압력을 증가시키는 역할을 하는 것으로서 그 역할을 하지 못하면 연료 공기 혼합비가 농후하게 되어 과도한 배기가스온도(E.G.T : Exhaust Gas Temperature)를 초래한다.

06 터보제트 엔진의 추진효율에 대한 설명 중 가장 올바른 것은?

① 추진효율은 배기구 속도가 클수록 커진다.
② 추진효율은 기관의 내부를 통과한 1차 공기에 의하여 발생되는 추력과 2차 공기에 의하여 발생되는 추력의 합이다.
③ 추진효율은 기관에 공급된 열에너지와 기계적 에너지로 바꿔진 양의 비이다.
④ 추진효율은 공기가 기관을 통과하면서 얻은 운동에너지에 의한 동력과 추진 동력의 비이다.

🔍 **해설**

① 추진효율(η_p) : 공기가 기관을 통과하면서 얻은 운동에너지와 비행기가 얻은 에너지인 추력과 비행 속도의 곱으로 표시되는 추력 동력의 비이다.
② 열효율(η_{th}) : 기관에 공급된 열에너지(연료에너지)와 그 중 기계적 에너지로 바꿔진 양의 비
③ 전효율(η_0) : 공급된 열에너지에 의한 동역과 추력동력으로 변한 향의 비
$$전효율(\eta_0) = 추진효율(\eta_p) \times 열효율(\eta_{th})$$

07 터빈 엔진의 배기가스 특징으로 가장 올바른 것은?

① 아이들 시 일산화탄소가 작다.
② 가속 시 일산화탄소가 많다.
③ 가속 시 질소산화물이 많다.
④ 아이들 시 질소화합물이 많다.

🔍 **해설**

아이들이나 저출력 작동 중에 HC(미연소 탄화수소)와 CO(일산화탄소)의 배출량이 최대가 되지만 NOX(질소산화물)은 거의 배출되지 않는다. 또 기관 출력의 증가에 따라 HC와 CO의 배출량은 감소하지만 그 대신 NOX의 배출량이 증가하기 시작하여 이륙 최대 출력시에 최대가 된다.

[정답] 02 ②   03 ③   04 ③   05 ④   06 ④   07 ③

08 제트 엔진의 연료 소비율(TSFC)의 정의로 가장 옳은 것은?

① 엔진의 단위시간당 단위추력을 내는데 소비한 연료량이다.
② 엔진이 단위거리를 비행하는데 소비한 연료량이다.
③ 엔진이 단위시간 동안에 소비한 연료량이다.
④ 엔진이 단위추력을 내는데 소비한 연료량이다.

🔍 **해설**

TSFC(추력비연료소비율)
$1N[kg \cdot m/s^2]$의 추력을 발생하기 위해 1시간 동안 기관이 소비하는 연료의 중량으로 효율, 성능, 경제성에 반비례

09 추력 비연료 소비율(TSFC)에 대한 설명 중 틀린 것은?

① $1[kg]$의 추력을 발생하기 위하여 1초 동안 기관이 소비하는 연료의 중량을 말한다.
② 추력 비연료 소비율이 작을수록 기관의 효율이 높다.
③ 추력 비연료 소비율이 작을수록 기관의 성능이 우수하다.
④ 추력 비연료 소비율이 작을수록 경제성이 좋다.

🔍 **해설**

문제 8번 해설 참조

10 천음속에서 추력 비연료 소비율이 좋은 것은?

① 터보 제트 엔진(Turbo jet)
② 터보 팬 엔진(Turbo fan)
③ 터보 프롭 엔진(Turbo prop)
④ 터보 샤프트 엔진(Turbo shaft)

🔍 **해설**

추진효율
공기가 기관을 통과하면서 얻은 운동 에너지와 비행기가 얻은 에너지인 추력 동력의 비를 말하는데 추진효율을 증가시키는 방법을 이용한 기관 이 터보 팬 기관이다. 특히 높은 바이패스 비를 가질수록 효율이 높다.

11 터보팬 엔진의 팬 트림 밸런스에 관하여 가장 올바른 것은?

① 엔진의 출력 조정이다.
② 정기적으로 행하는 팬의 균형 시험
③ 팬 블레이드를 교환하여 한다.
④ 밸런스 웨이트로 수정한다.

🔍 **해설**

정기적으로 팬의 균형 시험을 실시한다.

12 터빈 깃(Vane)이 압축기 깃보다 더 많은 결함(Damage)이 나타난다. 이는 터빈 깃이 압축기 깃보다 더 많은 무엇을 받기 때문인가?

① 열의 응력
② 연소실 내의 응력
③ 추력간극(Clearance)
④ 진동과 다른 응력

🔍 **해설**

터빈 깃이 압축기 깃보다 더 열의 응력을 받는다.

13 가스 터빈 기관의 열효율 향상 방법으로 가장 거리가 먼 내용은?

① 고온에서 견디는 터빈 재질 개발
② 기관의 내부 손실 방지
③ 터빈 냉각 방법의 개선
④ 배기가스의 온도 증가

🔍 **해설**

가스 터빈 기관의 열효율 향상 방법 중 배기가스의 온도 증가는 아무 관계가 없다.

14 터보 프롭 엔진은 프로펠러에서 추력을 대략 몇 [%] 내는가?

① $15 \sim 25[\%]$
② 약 $30[\%]$
③ $75 \sim 85[\%]$
④ $100[\%]$

🔍 **해설**

터보 프롭 엔진은 프로펠러에서 추력은 75~85[%]이다.

[정답] 08 ① 09 ① 10 ② 11 ② 12 ① 13 ④ 14 ③

15 터보 프롭 엔진(Turbo prop engine)의 출력은 무엇에 비례하는가?

① 출력 토크 ② 회전수

③ 압력비 ④ EGT

🔍 **해설**

터보 프롭(Turbo prop) 기관

기관에서 만들어진 토크는 축을 통하여 추력으로 변환시키기 위한 프로펠러를 구동시키는 기관이다.

16 기관의 정격추력 중 비연료 소비율이 가장적은 추력은?

① 이륙추력 ② 물분사 이륙추력

③ 최대 연속추력 ④ 순항추력

🔍 **해설**

기관의 정격출력

① 물분사 이륙출력 : 기관이 이륙할 때에 발생할 수 있는 최대 추력으로서 이륙추력에 해당하는 위치에 동력레버를 놓고 장치를 사용하여 얻을 수 있는 추력을 말하며, 사용시간도 1~5분간으로 제한하고 이륙할 때만 사용한다.

② 이륙출력 : 기관이 이륙할 때 물분사 없이 발생할 수 있는 최대추력을 말하며, 동력레버를 이륙추력의 위치에 놓았을 때 발생하며 사용시간을 제한한다.

③ 최대 연속추력 : 시간의 제한 없이 작동할 수 있는 최대 추력으로 이륙추력의 90[%] 정도이다. 그러나 기관의 수명 및 안전비행을 위하여 필요한 경우에만 사용한다.

④ 최대 상승추력 : 항공기를 상승시킬 때 사용되는 최대추력으로 어떤 기관에서는 최대 연속 추력과 같을 때가 있다.

⑤ 순항추력 : 순항비행을 하기위하여 정해진 추력으로서 비연료 소비율이 가장 적은 추력이며 이륙추력의 70~80[%] 정도이다.

⑥ 완속추력 : 지상이나 비행중 기관이 자립 회전할 수 있는 최저 회전상태이다.

17 가스터빈 기관의 추력에 대한 설명 중 틀린 것은?

① 비행 속도가 빨라짐에 따라 추력은 감소한다.

② 고도가 높아질수록 추력은 감소한다.

③ 대기온도가 높아질수록 추력은 감소한다.

④ 비행고도가 증가할수록 추력은 감소한다.

🔍 **해설**

추력에 영향을 미치는 요소

① 기관의 회전수[rpm] : 추력은 기관의 최고설계속도에 도달하면 급격히 증가한다.

② 비행 속도 : 흡입공기속도가 증가하면 흡입공기속도와 배기가스 속도의 차이가 감소하기 때문에 추력이 감소한다. 그러나 속도가 빨라지면 기관의 흡입구에서 공기의 운동에너지가 압력에너지로 변하는 램 효과에 의하여 압력이 증가하게 되므로 공기밀도가 증가하여 추력이 증가하게 된다. 비행 속도의 증가에 따라 출력은 어느 정도 감소하다가 다시 증가한다.

③ 고도 : 고도가 높아짐에 따라 대기 압력과 대기온도가 감소한다. 따라서 대기온도가 감소하면 밀도가 증가하여 추력은 증가하고 대기 압력이 감소되면 추력은 감소한다. 그러나 대기온도의 감소에서 받는 영향은 대기 압력의 감소에서 받는 영향보다 적기 때문에 결국 고도가 높아짐에 따라 추력은 감소한다.

④ 밀도 : 밀도는 온도는 반비례하는데 대기온도가 증가하면 공기의 밀도가 감소하고 반대로 공기온도가 감소하면 밀도는 증가하여 추력은 증가한다.

18 제트 항공기에 있어서 엔진 추력을 결정하는 요소는 다음 중 어떤 것인가?

① 외기온도, rpm, 고도, 비행 속도

② 고도, 비행 속도, 외기온도, 연료압력

③ 공기온도, rpm, 연료온도

④ 고도, 비행 속도, 공기 압력비, 윤활유 속도

🔍 **해설**

문제 17번 해설 참조

19 다음 중 가스 터빈 엔진 효율의 종류가 아닌 것은?

① 추진 효율 ② 열효율

③ 전체효율 ④ 압축효율

🔍 **해설**

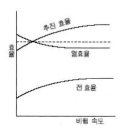

- 추진효율 = $\dfrac{\text{추력 동력}}{\text{운동 에너지}}$

- 열효율 = $\dfrac{\text{기계적 에너지}}{\text{열에너지}}$

- 전체효율 = 추진 효율 × 열효율

20 다음 중 제트 엔진의 추진 효율을 높이는 방법은?

① 터보 제트 엔진을 사용하여 압력비를 낮춘다.

② 터보팬 엔진을 사용하여 분출속도를 줄이며 바이패스 비를 높인다.

③ 터빈 출구온도와 압력비를 높인다.

④ 터보 제트 엔진을 사용하여 터빈 입구온도를 올린다.

🔍 해설

추진효율(η_p) = $\dfrac{2V_a}{V_j + V_a}$ 이므로 V_j(분출속도)를 V_a에 가깝도록 하면 효율은 높아진다. 따라서 분출속도를 바이패스로 줄여주는 터보팬 엔진은 터보 제트 엔진보다 추진 효율이 높다.

21 터보제트 기관의 추진효율을 옳게 나타낸 것은?

① 공기에 공급된 운동에너지와 추진동력의 비

② 엔진에 공급된 연료에너지와 추진동력의 비

③ 기관의 추진동력과 공기의 운동 에너지의 비

④ 공급된 연료에너지와 추력과의 비

🔍 해설

추진효율

공기가 기관을 통과하면서 얻은 운동에너지와 비행기가 얻은 에너지인 추력 동력의 비를 말한다.

$\eta_p = 2V_a / V_j + V_a$ (여기서, V_a : 비행 속도, V_j : 배기가스 속도)

22 추진효율을 증가시키는 방법은 어느 것인가?

① 배기가스의 속도를 크게

② 압축기 단열비율을 높게

③ 터빈 단열비율을 높게

④ 유입 공기속도를 크게

🔍 해설

문제 21번 해설 참조

23 속도 750[mph], 추력 2,000[lbs]의 추진력을 낼 때 추력마력으로 환산하면?

① 10,000[HP]

② 20,000[HP]

③ 30,000[HP]

④ 40,000[HP]

🔍 해설

추력마력 $THP = F_n \times V_a / (75[\text{kg}\cdot\text{m/s}]) = 40,090[\text{HP}]$

$THP = \dfrac{F_n \times V_a}{75[\text{kg}\cdot\text{m/s}]} = \dfrac{F_n \times V_a}{550[\text{lbs}\cdot\text{ft/s}]}$

$= \dfrac{1.47 \times 750 \times 20,000}{550} = 40,090[\text{HP}]$

24 추력 비연료 소비율(TSFC)에 관한 설명 중 옳은 것은?

① 유입되는 단위공기량이 많을수록 증가한다.

② 진추력이 클수록 증가한다.

③ 유입되는 단위 연료량이 많을수록 증가를 한다.

④ 연료량 및 공기량과는 관계가 없다.

🔍 해설

TSFC(추력비연료소비율)

$1N[\text{kg}\cdot\text{m/s}^2]$의 추력을 발생하기 위해 1시간 동안 기관이 소비하는 연료의 중량으로 효율, 성능, 경제성에 반비례

25 제트 엔진에서 추력 비연료 소비율이란?

① 단위 추력당 연료 소비량

② 단위 시간당 연료 소비량

③ 단위 거리당 연료 소비량

④ 단위 추력당 단위시간당 연료 소비량

🔍 해설

추력 비연료 소비율(TSFC) = $\dfrac{W_f \times 3,600}{F_n}$ [kg/kg-h]

26 터보 제트 기관에서 저발열량이 4,600[kcal/kg]인 연료를 1초 동안에 2[kg]씩 소모하여 진추력이 4,000[kg]일 때 추력 비연료 소비량은?

[정답] 20 ② 21 ① 22 ④ 23 ④ 24 ③ 25 ④ 26 ②

① 1.7[kg/kg-h]　　② 1.8[kg/kg-h]

③ 1.9[kg/kg-h]　　④ 2.0[kg/kg-h]

> **해설**
>
> 추력 비연료 소모율(TSFC)$=W_f \times 3,600/F_n$
> $=2 \times 3,600/4,000=1.8[kg/kg-h]$

8 가스 터빈 엔진의 작동

01 가스 터빈 엔진에서 작동 상태와 기계적 안전을 표시하는 계기는?

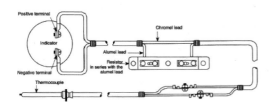

① CIT 계기　　② RPM 계기

③ EPR 계기　　④ EGT 계기

> **해설**
>
> - CIT : 압축기 흡입(입구) 온도　· RPM : 분당 회전수
> - EPR : 엔진의 압력비　　　　· EGT : 배기가스 온도

02 일반적인 Turbo Jet 엔진의 제어 방식 중 옳은 것은?

① 기관 RPM 제어 방식과 Torque 제어 방식

② 기관 RPM 제어 방식과 기관 EPR 제어 방식

③ 기관의 EPR 제어 방식과 Torque 제어 방식

④ 기관 EPR 제어 방식과 Throttle 제어 방식

> **해설**
>
> 초기의 가스 터빈 엔진은 추력을 나타내는 작동 변수로 기관의 회전수만을 사용하였으나, 현재 생산되는 대부분의 엔진은 추력을 측정하는 변수로 기관 압력비를 사용한다.

03 최근 항공기 엔진의 추력조정계통(Thrust control system)에서 리졸버(resolver)에 대한 설명으로 옳은 것은?

① 추력레버(Thrust lever)의 움직임을 전기적인 신호(Signal)로 바꾸어 준다.

② 추력레버(Thrust lever)의 상부에 장착되어 있다.

③ 추력레버(Thrust lever)가 최대추력 위치를 벗어나지 않게 스톱퍼(Stopper) 역할을 한다.

④ 주로 유압-기계식(Hydro-mechanical type)의 연료조정장치 계통에 사용된다.

04 기관 조절(Engine trimming)을 하는 가장 큰 이유는?

① 정비를 편리하도록

② 비행의 안정성을 위해

③ 기관 정격 추력을 유지하기 위해

④ 이륙 추력을 크게 하기 위해

> **해설**
>
> ① 기관의 정해 놓은 정격 추력을 유지하기 위해 주기적으로 기관의 여러 가지 작동 상태를 조정하는 것
> ② 엔진의 정해진 rpm에서 정격추력을 내도록 연료 조정창치를 조정하는 것
> ③ 무풍 저습도 상태에서 실시

05 가스터빈 엔진 작동시 다음 엔진 변수 중 어느 것이 가장 중요한 변수인가?

① 압축기 rpm　　② 터빈입구 온도

③ 연소실 압력　　④ 압축기입구 공기온도

> **해설**
>
> 문제 4번 해설 참조

06 가스터빈기관이 정해진 회전수에서 정격 출력을 낼 수 있도록 연료조절장치와 각종 기구를 조정하는 작업을 무엇이라 하는가?

[**정답**] **8** 01 ④　02 ②　03 ①　04 ③　05 ①　06 ③

Aircraft Maintenance

① 고장탐구   ② 크래킹
③ 트리밍   ④ 모터링

해설

트리밍(Trimming)
가스터빈엔진이 제작회사에서 정한 정격에 맞도록 엔진을 조절하는 것을 트리밍이라 한다.

07 항공기 최대이륙중량이 최대착륙중량의 105[%] 보다 클 경우 어느 계통이 요구되는가?

① 연료 방출장치   ② 연료 분사장치
③ 크로스피드 장치   ④ 연소 이송장치

해설

① 연료 방출장치(Fuel jettisoning) : 기체 중량을 줄이기 위해 탑재하고 있는 연료를 방출하는 장치
② 크로스피드 장치(Fuel crossfeed) : 어느 한 기관이 작동하지 않을 때, 어떤 탱크에서 어느 쪽 기관으로도 연료를 공급할 수 있는 기구

08 드라이 모터링 점검(Dry motoring check)을 할 때는 다음과 같이 한다. 틀린 것은?

① 드로틀 저속   ② 점화스위치 ON
③ 연료 부스터펌프 ON   ④ 연료 차단레버 OFF

해설

① 건식 모터링(Dry motoring) : 연료를 FCU 이후로는 흐르지 못하게 차단한 상태에서 단순히 시동기에 의해 엔진을 회전시키면서 점검하는 방법이다. 점화 스위치 off, 연료차단레버 off, 연료 부스터 펌프 on, 스로틀 저속
② 습식 모터링(Wet motoring) : 건식 모터링 점검에 추가로 연료를 공급하면서 연료 흐름까지 점검해 주는 것

09 가스 터빈 엔진의 작동 점검시 드라이 모터링 점검(Dry motoring check)은 어느 때 수행하는가?

① 연료 계통의 부품교환 후
② 윤활 계통의 부품교환 후
③ 배기 계통의 부품교환 후
④ 점화 계통의 부품교환 후

해설

문제 08번 해설 참조

10 FADEC(Full Authority Digital Electronic Control)이라는 엔진제어기능 중 잘못된 것은?

① 엔진 연료 유량
② 압축기 가변 스테이터 각도
③ 실속 방지용 압축기 블리드 밸브
④ 오일 압력

해설

FADEC
기존의 유압식 FCU(연료조정장치)나 전자식 FCU보다 더 발달된 개념으로서 위 보기의 세가지 외에 ACCS(Active Clearance Control System) 등을 종합적으로 일괄 조절한다.

11 가스 터빈 기관에서 최대 임계 요소는?

① EPR(Engine Pressure Ratio)
② CIT(Compressor Inlet Temperature)
③ TIT(Turbine Inlet Temperature)
④ CDP(Compressor Discharge Pressure)

해설

터빈 입구온도(Turbine Inlet Temperature)
가스터빈엔진에서 대단히 중요한 온도이다. 터빈 입구온도(TIT)는 터빈의 첫 단계로 들어가는 공기의 온도로서 엔진 연료제어계통에서 항상 감지하여 자동으로 엔진으로 들어가는 연료의 량을 조절하여 준다. 즉, 터빈입구온도가 과도하게 높으면 자동으로 엔진으로 들어가는 연료의 량을 감소시켜 준다.

12 터보 팬 엔진에서 운항 중 새(Bird)와 충돌되어 엔진에 손상이 예상될 때 가장 적당한 검사방법은?

① 트랜드 모니터링 검사   ② 시각 검사
③ 보어스코프 검사   ④ 초음파 검사

해설

① FOD(Foreign Object Damage : 외부 물질에 의한 손상)의 대표적인 사례 : 새와의 충돌(Nird strike)
② 보어스코프 검사(Borescope inspection) : 기관을 분해하지 않고 내부를 검사할 수 있는 간접 육안 검사(내시경 검사 원리)

13 가스터빈 기관 시동시 가장 먼저 확인해야 하는 계기는?

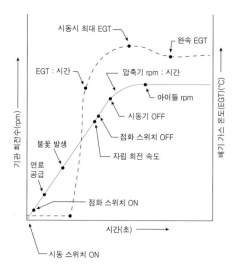

① 오일온도계
② 회전계
③ 배기가스 온도계
④ 엔진 진동 계기

🔍 해설

가스터빈기관 시동 절차(터보팬기관)
① 동력레버 : Idle 위치
② 연료차단레버: Close 위치(시동 및 점화 스위치를 On 하기 전에 연료차단레버를 Open 하지 말 것)
③ 주스위치 : On
④ 연료승압 펌프스위치 : On
⑤ 시동스위치 : On(기관회전수 및 윤활유 압력이 증가하는지 관찰한다.)
⑥ 점화스위치 : On(압축기 회전이 시작되어 정규 rpm의 10[%] 정도의 회전이 될 때까지 점화스위치를 on해서는 안된다.) – 요즘의 기관에는 시동기 스위치를 On시키면 점화스위치를 On 시키지 않아도 점화계통이 먼저 작동하도록 만들어진 것이 대부분이다.
⑦ 연료차단레버 : Open(이때 배기가스 온도의증가로 기관이 시동되고 있다는 것을 알 수 있다. 기관의 연료계통의 작동 후 약 20초 이내에 시동이 완료되어야한다. 또 기관의 회전수가 완속 회전수까지 도달하는데 2분 이상 걸려서는 안된다.)
⑧ 시동이 완료되면 시동스위치 및 점화 스위치를 Off 한다.

14 시동을 끄기 전에 냉각운전을 하는 이유는 무엇인가?

① 베어링을 냉각시키기 위해서
② 잔류 연료를 연소시키기 위해서
③ 윤활유를 정상온도로 유지시키기 위해서
④ 터빈케이스의 냉각을 위해서

🔍 해설

기관을 작동 후에 터빈을 충분히 냉각하지 않고 기관을 정지하면 터빈케이스가 빨리 냉각되어 블레이드가 케이스를 긁거나 고착되는 현상이 발생한다.

15 보조 동력 장치가 자동적으로 Shut down 될 수 있는 조건이 아닌 것은?

① N_1, N_2 이상 Over speed시
② Low oil pressure
③ EGT over temperature
④ rpm normal

🔍 해설

보조 동력 장비(APU : Auxiliary Power Unit)
지상에서 엔진을 작동시킬 필요가 없고 지상동력장비(GPU) 없이도 기내에 필요한 동력이 확보된다. 또 비행중 비상시 필요한 동력원이 확보된다.
• APU가 자동 정지되는 현상 : rpm over speed, battery 전압 강하, APU 화재, 공기 동력원 배관파괴 등

16 External Power를 조종하는 장비는 다음 중 무엇인가?

① GCU(Generator Control Unit)
② TRU(Transformer Rectifier Unit)
③ BPCU(Bus Power Control Unit)
④ Load Controller

[정답] 13 ③ 14 ④ 15 ④ 16 ③

17 APU의 정상 운전 속도는?

① 10% [rpm] ② 50% [rpm]

③ 95% [rpm] ④ 100% [rpm]

해설

• 10% [rpm] : 오일 압력을 확인, 점화 장치 작동, 연료가 유입
• 50% [rpm] : 스타터(시동기) 모터의 분리
• 95% [rpm] : 전력의 공급이 가능, 공기압의 공급이 가능, 점화 장치를 Off
• 100% [rpm] : 정상 운전

18 엔진에 저장하기 위한 오일 부식 방지 콤파운드(장기간 보관시) 방부제의 혼합 비율은?

① 윤활유 25[%] : 부식방지 콤파운드 오일 75[%]

② 윤활유 75[%] : 부식방지 콤파운드 오일 25[%]

③ 윤활유 55[%] : 부식방지 콤파운드 오일 45[%]

④ 윤활유 35[%] : 부식방지 콤파운드 오일 65[%]

해설

윤활유와 부식방지 콤파운드 오일의 비율은(장기간 일 때) 1:3이다.

19 항공기의 엔진을 RUN-UP 시 항공기를 어떻게 놓아야 하는가?

① 바람의 반대 방향으로 기수를 놓는다.

② 바람의 방향과 관계없다.

③ 바람의 방향으로 기수를 놓는다.

④ 바람의 방향과 측면이 되도록 놓는다.

해설

바람을 등지고 이륙하여 바람의 저항을 줄인다.(정풍(Head wind)을 받으면서 이륙한다.)

---

3 프로펠러

1 프로펠러의 깃

01 프로펠러 블레이드 면(Propeller blade face)은?

① 프로펠러 깃(Propeller blade)의 뿌리 끝

② 프로펠러 깃의 평평한 쪽(Flat side)

③ 프로펠러 깃의 캠버된 면(Camber side)

④ 프로펠러 깃의 끝 부분

해설

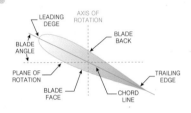

02 프로펠러(Propeller)의 Track이란?

① 프로펠러(Propeller)의 피치(Pitch)각이다.

② 프로펠러 블레이드(Propeller blade) 선단 회전 궤적이다.

③ 프로펠러 1회전하여 전진한 거리다.

④ 프로펠러 1회전하여 생기는 와류(Vortex)이다.

해설

트랙(Track)
프로펠러 블레이드 팁의 회전 궤도이며 각 블레이드의 상대 위치를 나타내는 것이다. 그리고 어느 한 개의 블레이드를 기준으로 해서 다른 블레이드 팁이 같은 원 주위를 회전하는지를 점검하는 것을 궤도 검사(트랙킹 : Tracking)이라고 한다.

03 트랙터 프로펠러(Tractor Propeller)에 대해서 가장 올바르게 설명한 것은?

① 기관의 뒤쪽에 장착되어 있는 프로펠러 형태이다.

② 수상 항공기나 수륙 양용 항공기에 적합한 프로펠러 형태이다.

[정답] 17 ④ 18 ① 19 ③ 01 ② 02 ② 03 ④

③ 날개 위와 뒤쪽에 장착되어 있는 프로펠러 형태이다.

④ 기관의 앞쪽에 장착되어 있는 프로펠러 형태이다.

◎ 해설

프로펠러 장착 방법에 따른 분류

① 견인식(Tractor type) : 프로펠러를 비행기 앞에 장착한 형태, 가장 많이 사용되고 있는 방법

② 추진식(Pusher type) : 프로펠러를 비행기 뒷부분에 장착한 형태

③ 이중반전식 : 비행기 앞이나 뒤 어느 쪽이든 한 축에 이중으로 된 회전축에 프로펠러 장착하여 서로 반대로 돌게 만든 것

　• 탠덤식(Tandem type) : 비행기 앞과 뒤에 견인식과 추진식 프로펠러를 모두 갖춘 방법

04 **프로펠러 깃(Blade) 트랙킹(Tracking)은 무엇을 결정하는 절차인가?**

① 항공기 세로축(Longitudinal axis)에 대해서 프로펠러의 회전면을 결정하는 절차

② 진동을 방지하기 위하여 각 깃 받음각을 동일하게 결정하는 절차

③ 각 깃 각(Blade angle)을 특정한 범위 내에 들어오게 하는 절차

④ 각 프로펠러 깃의 회전 선단(Tip) 위치가 동일한지 여부를 결정하는 절차

◎ 해설

트랙(Track)

프로펠러 블레이드 팁의 회전 궤도이며 각 블레이드의 상대 위치를 나타내는 것이다. 그리고 어느 한 개의 블레이드를 기준으로 해서 다른 블레이드 팁이 같은 원 주위를 회전하는지를 점검하는 것을 궤도검사(트랙킹 : Tracking)라고 한다.

05 **고정피치(Fixed-pitch) 프로펠러의 깃 각(Blade angle)은?**

① 선단(Tip)에서 가장 크다.

② 허브(Hub)에서 선단까지 일정하다.

③ 선단에서 가장 작다.

④ 허브로부터 거리에 따라 비례해서 증가한다.

◎ 해설

프로펠러의 깃 각은 전 길이에 거쳐 일정하지 않고 깃뿌리에서 깃 끝으로 갈수록 작아진다.

06 **일반적으로 프로펠러 깃의 위치는 어디서부터 측정되는가?**

① 블레이드 생크로부터 블레이드 팁까지 측정

② 허브 중심에서부터 블레이드 팁까지 측정

③ 블레이드 팁부터 허브까지 측정

④ 허브부터 생크까지 측정

◎ 해설

깃의 위치

허브의 중심으로부터 깃을 따라 위치를 표시한 것으로 일반적으로 허브의 중심에서 6[in] 간격으로 깃 끝까지 나누어 표시하며 깃의 성능이나 깃의 결함, 깃 각을 측정할 때에 그 위치를 알기 쉽게 한다.

07 **프로펠러 깃 스테이션(Station)의 용도로 가장 올바른 것은?**

① 깃 각(Blade angle) 측정

② 프로펠러 장착과 장탈

③ 깃 인덱싱(Indexing)

④ 프로펠러 성형

◎ 해설

Station

Hub 중심에서 Blade tip까지를 6″ 간격으로 표시하는 가상적인 선으로 손상부분의 표시나 깃 각을 측정하기 위해 정한 위치

08 **프로펠러가 항공기에 장착되어 있을 때 블레이드의 각을 측정하는 측정 기구는?**

① 다이얼 게이지
② 버니어 캘리퍼스
③ 유니버설 프로펠러 프로트랙터
④ 블레이드 앵글 섹터

> **해설**

만능 프로펠러 각도기(Universal propeller protractor)

09 터보프롭엔진의 프로펠러 깃 각(Blade Angle)은 무엇에 의해 조절되는가?

① 속도 레버(Speed Lever)
② 파워 레버(Power Lever)
③ 프로펠러 조종 레버(Propeller Control Lever)
④ 컨디션 레버(Condition Lever)

> **해설**

동력 레버(thrust lever)

10 고출력용에 사용되는 중공(Hollow)프로펠러의 재질은 무엇으로 만들어 지는가?

① 알루미늄 합금(25ST, 75ST)
② 크롬-니켈-몰리브덴 강(Cr-Ni-Mo강)
③ 스테인레스 강(STAINLESS STEEL)
④ 탄소 강(CARBON STEEL)

> **해설**

블레이드는 우선 가벼워야하고 가늘고 길지만, 모양을 유지할 수 있어야 하고, 회전 시 받게 되는 모든 충격으로부터 견뎌야만 한다. 이러한 조건들을 만족하기 위해 제작하는데 여러 가지 방법이 쓰이고 있으며, 공간을 효과적으로 이용해 높은 강도와 경량화를 추구하고 있다.
재질로는 크롬(Cr), 니켈(Ni), 몰리브덴 강(Mo강)으로 구성 되어 있다.

11 회전하고 있는 프로펠러에 사람이 접근하게 되면 치명적인 상해를 입을 수 있는데, 이를 방지하기 위한 방법으로 가장 올바른 것은?

① 블레이드 팁(Blade Tip)에 위험표식(Warning Strip)을 해준다.
② 프로펠러의 전체를 밝은 색으로 칠해 준다.
③ 프로펠러의 돔(Dome)에 위험표식(Warning Strip)을 해준다.
④ 블레이드의 허브(Hub)에 눈(Eye)의 모양을 그려 놓는다.

> **해설**

일반적으로 블레이드 팁에 약 10[cm] 정도의 오렌지색을 도색한다.

② 프로펠러의 피치

01 프로펠러가 비행 중 한 바퀴 회전하여 이론적으로 전진한 거리는?

① 기하학적 피치
② 회전 피치
③ root 피치
④ 유효 피치

> **해설**

① 기하학적 피치(GP)
공기를 강체로 가정하고 프로펠러 깃을 한 바퀴 회전할 때 앞으로 전진 할 수 있는 이론적 거리 ($2\pi r \tan\beta$)
② 유효 피치(EP)
공기 중에서 프로펠러가 1회전할 때 실제 전진하는 거리
$(2\pi r \tan\phi) = V \times \dfrac{60}{N}$

02 프로펠러의 깃 각이 스테이션 40[inch]에서 20° 이면 기하학적 피치는?

① 68.58[inch]
② 77.63[inch]
③ 91.44[inch]
④ 174.27[inch]

> **해설**

관련식이 $2\pi r \tan\beta$이므로 $2 \times 3.14 \times 40 \times \tan 20°$

[정답] 09 ② 10 ② 11 ① ② 01 ① 02 ③

03 다음 중 유효피치를 설명한 것 중 맞는 것은?

① 프로펠러를 한 바퀴 회전시켜 실제로 전진한거리
② 프로펠러를 두 바퀴 회전시켜 전진할 수 있는 이론적인 거리
③ 프로펠러를 두 바퀴 회전시켜 실제로 전진한거리
④ 프로펠러를 한 바퀴 회전시켜 전진할 수 있는 이론적인 거리

해설

항공기에 장착된 프로펠라를 1회전 시켰을 때 실제로 전진한 거리를 유효피치라 한다.

04 다음 중에서 프로펠러의 유효 피치(Effective pitch)를 구하는 공식으로 맞는 것은?(단, α : 받음각, β : 깃 각, ϕ : 유입각, r : 프로펠러 반경)

① $2\pi \tan\alpha$　　　② $2\pi r \tan\pi$
③ $2\pi r \tan\alpha$　　　④ $2\pi r \tan(\alpha+\beta)$

해설

관련식은 $2\pi r \tan\alpha$이다.

05 비행 속도가 V, 회전속도가 $N[\text{rpm}]$인 프로펠러의 유효 피치를 맞게 표현한 것은?

① $V+\dfrac{60}{N}$　　　② $V\times\dfrac{60}{N}$
③ $V+\dfrac{N}{60}$　　　④ $V\times\dfrac{N}{60}$

해설

유효 피치(EP)
공기 중에서 프로펠러가 1회전할 때 실제 전진하는 거리
$(2\pi r \tan\phi)=V\times\dfrac{60}{N}$

06 다음 중 프로펠러에서 슬립을 가장 올바르게 설명한 것은?

① 프로펠러 깃 의 뿌리 부분이다.
② 기하학적 피치와 유효 피치의 차이이다.
③ 허브 중심으로부터 블레이드를 따라 인치로 측정되는 거리이다.
④ 블레이드의 정면과 회전면사이의 각도이다.

해설

$$slip=\frac{GP-EP}{GP}\times 100$$

07 다음은 프로펠러 효율과 진행률과의 관계를 설명한 것이다. 옳지 않은 것은?

① 하나의 깃 각에서 효율이 최대가 되는 진행률은 한 개 뿐이다.
② 진행률이 클 때 깃 각을 작게 한다.
③ 진행률과 프로펠러 효율은 비례한다.
④ 이륙시 깃 각을 작게 한다.

해설

① 진행률이 작을 때는 깃 각을 작게 하고, 진행률이 커짐에 다라 깃 각을 크게 하면 효율이 좋아진다.
② 프로펠러 효율(η_p) $=\dfrac{TV}{P}=\dfrac{C_t}{C_p}\cdot\dfrac{V}{nD}=\dfrac{C_t}{C_p}J$

08 다음 중 프로펠러의 진행률을 바르게 표현한 것은?

① $T\times V/P$　　　② V/nP
③ V/nD　　　④ $V/T\times P$

해설

문제 07번 해설 참조

09 프로펠러 효율과의 관계 중 옳은 것은?

① 회전속도에 비례　　　② 전진율에 비례
③ 가속에 비례　　　④ 동력계수에 반비례

[정답] 03 ①　04 ③　05 ②　06 ②　07 ②　08 ③　09 ④

10 지름이 6.7[ft]인 프로펠러가 2,800[rpm]으로 회전하면서 50[mph]로 비행하고 있다면 이 프로펠러의 진행율은 약 얼마인가?

① 0.26   ② 0.37

③ 0.52   ④ 0.76

🔍 해설

$$J = \frac{V}{nD} = \frac{50}{2,800 \times 6.7} = 0.0026$$

여기서, n : 프로펠러 회전속도, D : 프로펠러 지름, V : 비행 속도

11 프로펠러가 1,020[rpm]으로 회전하고 있을 때 이 프로펠러의 각속도는 몇 [deg/s]인가?

① 17   ② 106

③ 750   ④ 6,120

🔍 해설

$$각속도 = \frac{각}{시간} \;\rightarrow\; \frac{1,020 \times 360°}{60} = 6,120$$

(1회전은 360°, 1분은 60초)

12 프로펠러의 추력동력은?

① (밀도)×(속도)²×(깃의 선속도)

② (밀도)²×(속도)×(깃의 선속도)

③ (밀도)×(속도)×(깃의 선속도)²

④ (밀도)×(속도)×(깃의 선속도)

---

3 프로펠러의 성능

01 회전하는 프로펠러에 발생하는 추력은 무엇에 기인하는가?

① 프로펠러의 슬립

② 프로펠러 깃 뒤쪽의 저압부

③ 프로펠러 깃 바로 앞쪽에 감소된 압력부

④ 프로펠러의 상대풍과 회전속도의 각도

02 프로펠러의 회전 속도가 증가하게 되는 요인에 해당하지 않는 것은?

① 비행 고도의 증가

② 감속 기어를 삽입한 경우

③ 비행자세를 강하자세로 취할 경우

④ 기관의 스로틀 개도의 증가에 의한 기관 출력 증가

🔍 해설

정속 프로펠러에서 위의 요인에 의해 과속회전상태(Over speed)가 되면 조속기에 의해 프로펠러의 피치를 고 피치로 만들어 감속시켜 정속회전 상태로 돌아오게 한다.
① 고 피치로 만들어 주는 힘 : 프로펠러의 원심력
② 저 피치로 만들어 주는 힘 : 조속기 오일 압력

03 프로펠러가 평형 상태를 벗어났을 때 언제 가장 현저하게 발견할 수 있는가?

① High rpm

② Low rpm

③ Cruising rpm

④ Critical range rpm

🔍 해설

높은 rpm(High rpm)에서 프로펠러의 균형이 맞지 않을 때, 진동 현상이 발생한다.

04 프로펠러를 손으로 돌릴 때 (쉬) 소리가 나는 이유는 무엇인가?

① 배기구의 균열

② 밸브로부터 공기가 새고 있다.

③ 피스톤의 마모

④ 리큐드 락크

🔍 해설

프로펠러 밸브 블로우바이(Valve blowby)
프로펠러를 회전시킬 때 바람이 새는 소리가 나는 것

[정답] 10 ①   11 ④   12 ③   **3** 01 ③   02 ②   03 ①   04 ②

05 프로펠러 커프(Cuff)의 주목적은 무엇인가?

① 방빙 작동유를 분해하기 위하여

② 프로펠러 강도를 보강하기 위하여

③ 공기를 유선형 흐름으로 하여 항력을 줄이기 위하여

④ 엔진 나셀(Nacell)로 냉각공기의 흐름을 증가시키기 위하여

🔍 해설

프로펠러 커프

프로펠러 허브 부분이 원형으로 되어 있어 공기의 유입 효과가 저하될 수 있으므로 에어포일 모양의 정형재를 허브 부분에 장착하여 전체가 에어포일 모양을 하도록 한 것이다.

06 터보프롭 엔진의 프로펠러를 지상에서 "Fine Pitch"에 두는데, 그 이유로 가장 관계가 먼 내용은?

① 시동시 프로펠러의 토크를 적게 하기 위하여

② 저속 운전시 소비마력을 적게 하기 위하여

③ 지상 운전시 엔진냉각을 돕기 위하여

④ 착륙거리를 줄이기 위하여

🔍 해설

Fine pitch : 저 피치

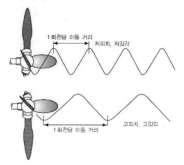

07 터보 프롭 엔진의 프로펠러에 Ground fine pitch를 두는데 그 이유는 무엇인가?

① 시동시 토크를 적게 하기 위해서

② High rpm시 소비마력을 적게 하기 위하여

③ 지상 시운전시 엔진 냉각을 돕기 위하여

④ 항력을 감소시키고 원활한 회전을 위하여

🔍 해설

Ground fine pitch

① 시동시 토크를 적게 하고 시동을 용이하도록 한다.

② 기관의 동력 손실을 방지한다.

③ 착륙시 블레이드의 전면면적을 넓혀서 착륙거리를 단축시킨다.

④ 완속 운전시 프로펠러에 토크가 적다.

[4] 프로펠러에 작용하는 힘과 응력

01 다음 중에서 프로펠러 회전시 작용하는 하중이 아닌 것은?

① 인장력　　　　　② 압축력

③ 비틀림력　　　　④ 굽힘력

🔍 해설

원심력-인장 응력, 추력-굽힘 응력, 비틀림력-비틀림 응력

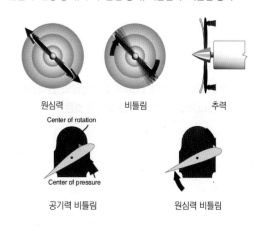

[정답] 05 ④　06 ③　07 ①　**4** 01 ②

02 프로펠러가 고속으로 회전할 때 발생하는 응력 (Stress) 중 추력(Thrust)에 의해서 발생되는 것은?

① 인장 응력　　　　　② 전단 응력
③ 비틀림 응력　　　　④ 굽힘 응력

🔍 **해설**

원심력-인장 응력, 추력-굽힘 응력, 비틀림력-비틀림 응력

03 프로펠러 블레이드에 작용하는 힘 중 가장 큰 힘은?

① 구심력　　　　　　② 인장력
③ 비틀림력　　　　　④ 원심력

🔍 **해설**

프로펠러는 회전을 하므로 원심력이 가장 크게 발생한다.

04 프로펠러 깃(Blade)의 선단(Tip)이 앞으로 휘게 (Bend)하는 가장 큰 힘은?

① 토크-굽힘력(Torque-Bending)
② 공력-비틀림력(Aerodynamic-Twisting)
③ 원심-비틀림력(Centrifugal-Twisting)
④ 추력-굽힘력(Thrust-Bending)

🔍 **해설**

추력-굽힘 응력

05 프로펠러 깃 선단(Tip)이 회전방향의 반대방향으로 처지게(Lag)하는 힘으로 가장 올바른 것은?

① 추력-굽힘력　　　　② 공력-비틀림력
③ 원심-비틀림력　　　④ 토크-굽힘력

06 프로펠러에서 가장 큰 응력을 발생하는 것은?

① 원심력　　　　　　② 토크에 의한 굽힘
③ 추력에 의한 굽힘　④ 공기력에 의한 비틀림

07 프로펠러의 원심 비틀림 모멘트의 경향은?

① 깃을 저 피치로 돌리려는 경향이 있다.
② 깃을 고 피치로 돌리려는 경향이 있다.
③ 깃을 뒤로 구부리려는 경향이 있다.
④ 깃을 바깥쪽으로 던지려는 경향이 있다.

08 프로펠러 회전속도가 증가함에 따라 블레이드에서 원심 비틀림 모멘트는 어떤 경향을 가지는가?

① 감소한다.
② 증가한다.
③ 일정하다.
④ 최대 회전속도에서는 감소한다.

🔍 **해설**

프로펠러 회전속도가 증가함에 따라 블레이드에서 원심 비틀림 모멘트는 증가한다.

5 프로펠러의 종류

01 고정피치 프로펠러 설계시 최대 효율기준은?

① 이륙시　　　　　　② 상승시
③ 순항시　　　　　　④ 최대 출력 사용시

🔍 **해설**

고정피치 프로펠러
프로펠러 전체가 한 부분으로 만들어지며 깃 각이 하나로 고정되어 피치 변경이 불가능하다.
그러므로 순항속도에서 프로펠러 효율이 가장 좋도록 깃 각이 결정되며 주로 경비행기에 사용한다.

02 고정피치(Fixed-pitch) 프로펠러의 깃 각(Blade angle)을 가장 올바르게 나타낸 것은?

① 선단(Tip)에서 가장 크다.
② 허브(Hub)에서 선단까지 일정하다.

[정답] 02 ④　03 ④　04 ④　05 ④　06 ①　07 ①　08 ②　**5** 01 ③　02 ③

③ 선단(Tip)에서 가장 작다.

④ 허브로부터 거리에 따라 비례해서 증가한다.

해설

프로펠러의 깃 각

전 길이에 걸쳐 일정하지 않고 깃뿌리에서 깃 끝으로 갈수록 작아진다.

03 하나의 속도에서 효율이 가장 좋도록 지상에서 피치 각을 조종하는 프로펠러는 다음 중 어느 것인가?

① 고정피치 프로펠러 ② 조정피치 프로펠러

③ 2단 가변피치 프로펠러 ④ 정속 프로펠러

해설

조정피치 프로펠러

1개 이상의 비행 속도에서 최대의 효율을 얻을 수 있도록 피치의 조정이 가능하다.

지상에서 기관이 작동하지 않을 때 조정나사로 조정하여 비행 목적에 따라 피치를 변경한다.

04 2단 가변피치 프로펠러에서 착륙시 피치 각은?

① 저 피치 ② 고 피치

③ 완전 페더링 ④ 중립위치

해설

가변피치 프로펠러

비행 목적에 따라 조종사에 의해서 또는 자동으로 피치 변경이 가능한 프로펠러로서 기관이 작동 될 동안에 유압이다 전기 또는 기계적 장치에 의해 작동된다.

① 2단 가변피치 프로펠러 : 조종사가 저 피치와 고 피치인 2개의 위치만을 선택할 수 있는 프로펠러이다. 저 피치는 이, 착륙할 때와 같은 저속에서 사용하고, 고 피치는 순항 및 강하 비행시에 사용.

② 정속 프로펠러 : 조속기에 의하여 저 피치에서 고 피치까지 자유롭게 피치를 조정할 수 있어 비행 속도나 기관 출력의 변화에 관계없이 항상 일정 한 속도를 유지하여 가장 좋은 프로펠러 효율을 가지도록 한다.

05 2포지션 프로펠러(Two-position Propeller)의 깃 각(Blade angle)을 증가시키는 힘은?

① 엔진오일 압력(Engine Oil pressure)

② 스프링(Springs)

③ 원심력(Centrifugal Force)

④ 가버너 오일 압력(Governor Oil Pressure)

해설

① 2단 가변 피치 프로펠러에서 고 피치로 변경시키는 힘 : 원심력

② 2단 가변 피치 프로펠러에서 저 피치로 변경시키는 힘 : 엔진 오일 압력

06 정속 프로펠러(Constant speed propeller)에서 스피더 스프링(Speeder spring)의 장력과 거버너 플라이 웨이트(Fly weight)가 중립위치일 때 어떤 상태인가?

① 정속상태 ② 과속상태

③ 저속상태 ④ 페더상태

해설

정속 프로펠러

① 정속상태(On speed condition) : 스피더 스프링과 플라이 웨이트가 평형을 이루고 파일럿 밸브가 중립위치에 놓여져 가압된 오일이 들어가고 나가는 것을 막는다.

② 저속상태(Under speed condition) : 플라이 웨이트 회전이 느려져 안쪽으로 오므라들고 스피더 스프링이 펴지며 파일럿 밸브는 밑으로 내려가 열리는 위치로 밀어 내린다. 가압된 오일은 프로펠러 피치 조절 실린더를 앞으로 밀어내어 저 피치가 된다. 프로펠러가 저 피치가 되면 회전수가 회복되어 다시 정속상태로 돌아온다.

③ 과속상태(Over speed condition) : 플라이 웨이트의 회전이 빨라져 밖으로 벌어지게 되어 스피더 스프링을 압축하여 파일럿 밸브는 위로 올라와 프로펠러의 피치 조절은 실린더로부터 오일이 배출되어 고 피치가 된다. 고 피치가 되면 프로펠러의 회전저항이 커지기 때문에 회전속도가 증가하지 못하고 정속상태로 돌아온다.

07 정속 프로펠러에서 프로펠러 피치 레버를 조작했는데 프로펠러가 피치 변경이 되지 않는 결함이 발생한 원인은?

① 조속기의 릴리프 밸브가 고착되었다.

② 파일럿 밸브의 틈새가 과도하게 크다.

③ 조속기 스피더 스프링이 파손되었다.

④ 페더링 스프링이 마모되었다.

해설

조속기(Governor)

정속 프로펠러에서 선택된 프로펠러 속도를 유지하기 위해 피치를 자동으로 조정

[정답] 03 ② 04 ① 05 ③ 06 ① 07 ③

① 파일럿 밸브 : 상하로 움직이면서 프로펠러로 흐르는 오일의 흐름 방향을 결정
② 플라이 웨이트 : 프로펠러와 연결되어 회전속도에 다라 움직여 파일럿 밸브를 움직이게 한다.
③ 스피드 스프링 : 속도 조정 레버를 움직이면 스피더 스프링이 플라이 웨이트에 가하는 압력을 조절하여 정속 프로펠러의 회전수 설정

08 정속 프로펠러의 피치 각을 조정해 주는 것은 무엇인가?

① 공기 밀도
② 조속기
③ 오일 압력
④ 평형 스프링

🔍 **해설**

정속 프로펠러
조속기(Governor)에 의해, 2단 가변피치 프로펠러는 세길 밸브(3-way selecting valve)에 의해 피치 각 조절

09 정속 프로펠러에서 프로펠러 피치 레버(Propeller Pitch Lever)를 조작했는데 프로펠러가 피치 변경이 되지 않는 결함이 발생한다면 가장 큰 원인은 무엇이라 추정하는가?

① 조속기(Governor)의 릴리프 밸브가 고착되었다.
② 파일럿 밸브(Pilot Valve)의 틈새가 과도하게 크다.
③ 조속기(Governor Valve) 스피더 스프링(Speeder Spring)이 파손되었다.
④ 페더링 스프링(Feathering Spring)이 마모되었다.

🔍 **해설**

스피더 스프링
정속 프로펠러에서 플라이 웨이트에 장력을 조절하여 프로펠러 회전수를 설정하기 위해 필요한 것으로, 스피더 스프링이 파손되면 플라이 웨이트는 원심력에 의해 항상 벌어져 있으므로 피치는 고 피치로 되어 고정될 것이다.

10 정속 프로펠러에서 깃 각을 자동으로 변경하는 것은 일반적으로 어느 것에 의하여 이루어지는가?

① 가버너 릴리프 밸브
② 조속기
③ 프로펠러 브레이드에 작용하는 공기 밀도에 의하여
④ 평형 스프링

🔍 **해설**

정속 프로펠러에서 위의 요인에 의해 과속회전상태(Overspeed)가 되면 조속기에 의해 프로펠러의 피치를 고 피치로 만들어 감속시켜 정속 회전상태로 돌아오게 한다.

11 다음 중에서 프로펠러의 회전속도가 증가하게 되는 요인에 해당되지 않는 것은?

① 비행고도의 증가
② 감속기어를 삽입할 경우
③ 비행자세를 강하 자세로 취할 경우
④ 기관의 스로틀 개폐 증가에 의한 기관출력 증가

12 정속 프로펠러의 깃(Blade)을 고 피치(High pitch)로 이동시켜 주는 힘은 어느 것인가?

① 프로펠러 피스톤-실린더에 작용하는 기관오일 압력
② 프로펠러 피스톤-실린더에 작용하는 기관오일 압력과 평형추에 작용하는 원심력
③ 평형추에 작용하는 원심력
④ 프로펠러 피스톤-실린더에 작용하는 프로펠러 조속기 오일 압력

🔍 **해설**

① 저 피치로 이동시키는 힘 : 프로펠러 피스톤-실린더에 작용하는 프로펠러 조속기 오일 압력
② 고 피치로 이동시키는 힘 : 평형추에 작용하는 원심력

13 프로펠러 조속기 내의 스피더 스프링의 압축력을 증가하였다면 프로펠러 깃 각과 엔진 RPM에는 어떤 변화가 있는가?

① 깃 각은 증가하고, RPM은 감소한다.
② 깃 각은 감소하고, RPM도 감소한다.

[정답] 08 ② 09 ③ 10 ② 11 ② 12 ③ 13 ④

③ 깃 각은 증가하고, RPM도 증가한다.

④ 깃 각은 감소하고, RPM은 증가한다.

🔍 해설

스피더 스프링(Speeder spring)의 역할

정속 프로펠러의 조속기에서 플라이 웨이트(Fly weight)를 항상 일정한 힘으로 압력을 가해줌으로서 프로펠러의 회전수를 일정하게 한다. 이 때 압축력이 증가하면 플라이 웨이트를 오므라지게 함으로서 파일럿 밸브(Pilot valve)를 내려주어 윤활유 압력이 공급되어 저 피치를 만들어 주어 회전수를 증가시킨다.

14 정속 프로펠러를 장착한 항공기가 비행 속도를 증가하면 블레이드는 어떻게 되는가?

① 블레이드 각 증가

② 블레이드 각 감소

③ 영각 증가

④ 영각 감소

🔍 해설

프로펠러가 과속회전 상태가 되면 조속기에 의해 고 피치가 되고, 고 피치가 되면 프로펠러 회전 저항이 커지기 때문에 회전 속도가 증가하지 못하고 정속 회전 상태로 돌아오게 된다.

15 정속 프로펠러를 장착한 엔진에서 엔진출력 감소의 작동순서는?

① rpm을 감소시키고 다기관 압력을 감소시킨다.

② rpm을 감소시키고 Propeller control을 조정한다.

③ 다기관 압력을 감소시키고 rpm을 감소시킨다.

④ 다기관 압력을 감소시키고 정확한 rpm을 정하기 위해 드로틀을 감소시킨다.

🔍 해설

정속 프로펠러를 장착한 엔진의 출력 증가 방법

혼합기 농후 → rpm 증대 → MAP(흡기압력)증대

16 프로펠러 중 저 피치와 고 피치 사이에서 피치 각을 취하며 항상 일정한 회전속도로 유지하여 가장 좋은 프로펠러 효율을 같게 하는 것은?

① 고정 피치 프로펠러

② 조정 피치 프로펠러

③ 정속 프로펠러

④ 가변 피치 프로펠러

🔍 해설

정속프로펠러

조속기에 의하여 저피치에서 고 피치까지 자유롭게 피치를 조정할 수 있어 비행속도나 기관 출력의 변화에 관계없이 항상 일정 한 속도를 유지하여 가장 좋은 프로펠러 효율을 가지도록 한다.

17 기관출력이 증가하였을 때 정속 프로펠러는 어떤 기능을 하는가?

① rpm 그대로 유지하기 위해 깃 각을 감소시키고, 받음각을 작게 한다.

② rpm을 증가시키기 위해 깃 각을 감소시키고, 받음각을 작게 한다.

③ rpm을 그대로 유지하기 위해 깃 각을 증가시키고, 받음각을 작게 한다.

④ rpm을 증가시키기 위해 깃 각을 증가시키고, 받음각을 크게 한다.

18 정속 프로펠러에 대한 설명 중 옳은 것은?

① 조종사가 피치를 변경하지 않아도 조속기에 의하여 프로펠러의 회전수가 일정하게 유지된다.

② 조종사가 피치 변경을 할 수 있다.

③ 조종사가 조속기를 통하여 수동적으로 회전수를 일정하게 유지할 수 있다.

④ 피치를 변경하면 자동적으로 조속기에 의해 회전수가 일정하게 유지된다.

🔍 해설

정속 프로펠러

조속기가 설치되어 있어 조속기에 의해 저피치에서 고피치까지 자유롭게 피치를 조절할 수 있어 비행속도나 출력 변화에 관계없이 프로펠러를 항상 일정한 속도로 유지하여 가장 좋은 프로펠러 효율을 가질 수 있다.

[정답] 14 ① 15 ③ 16 ③ 17 ③ 18 ①

Aircraft Maintenance

19 가변피치 프로펠러 중 저 피치와 고 피치 사이에서 무한한 피치 각을 취하는 프로펠러는?

① 2단 가변피치 프로펠러

② 완전 페더링 프로펠러

③ 정속 프로펠러

④ 역피치 프로펠러

20 이·착륙할 때 정속 프로펠러의 위치는 어디에 놓이는가?

① 고 피치, 고 rpm

② 저 피치, 저 rpm

③ 고 피치, 저 rpm

④ 저 피치, 고 rpm

해설

항공기가 이·착륙할 때에는 저피치, 고 rpm에 프로펠러를 위치시킨다.

21 정속 프로펠러 조작을 정속 범위 내에서 위치시키고 엔진을 순항 범위 내에서 운전할 때는?

① 스로틀(Throttle)을 줄이면 블레이드(Blade) 각은 증가한다.

② 블레이드(Blade) 각은 스로틀(Throttle)과 무관하다.

③ 스로틀(Throttle) 조작에 따라 rpm이 직접 변한다.

④ 스로틀(Throttle)을 열면 블레이드(Blade)각은 증가한다.

해설

스로틀(Throttle)을 열면 프로펠러 깃 각(Blade angle)과 흡기압이 증가하고 rpm은 변하지 않는다.

22 정속 프로펠러를 장착한 엔진이 2,300[rpm]으로 조종되어진 상태에서 스로틀 레버를 밀면 rpm은 어떻게 되는가?

① rpm 감소   ② rpm 증가

③ 피치 감소   ④ rpm에는 변화가 없다.

해설

비행속도나 출력 변화에 관계없이 프로펠러를 항상 일정한 속도로 유지한다.

23 프로펠러 블레이드의 받음각이 가장 클 경우는 다음 중 어느 것인가?(단, rpm은 일정하다.)

① Low blade angle, High speed

② Low blade angle, Low speed

③ High blade angle, High speed

④ High blade angle, Low speed

24 정속 프로펠러에서 프로펠러가 과속상태(Over speed)가 되면 플라이 웨이트(Fly weight)는 어떤 상태가 되는가?

① 안으로 오므라든다.

② 밖으로 벌어진다.

③ 스피더 스프링(Speeder spring)과 플라이 웨이트(Fly weight)는 평형을 이룬다.

④ 블레이드 피치 각을 적게 한다.

해설

정속 프로펠러

과속상태(Over speed condition) : 플라이 웨이트의 회전이 빨라져 밖으로 벌어지게 되어 스피더 스프링을 압축하여 파일럿 밸브는 위로 올라가 프로펠러의 피치 조절은 실린더로부터 오일이 배출되어 고 피치가 된다. 고 피치가 되면 프로펠러의 회전저항이 커지기 때문에 회전속도가 증가하지 못하고 정속상태로 돌아온다.

[정답] 19 ③ 20 ④ 21 ④ 22 ④ 23 ④ 24 ②

25 정속 프로펠러에서 조속기(Governor) 플라이 웨이트(Fly weight)가 스피더 스프링의 장력을 이기면 프로펠러는 어떤 상태에 있는가?

① 정속상태
② 과속상태
③ 저속상태
④ 페더상태

26 정속 프로펠러 조속기(Governor)의 스피더 스프링의 장력을 완화시키면 프로펠러 피치와 rpm에는 어떤 변화가 있겠는가?

① 피치 감소, rpm 증가
② 피치 감소, rpm 감소
③ 피치 증가, rpm 증가
④ 피치 증가, rpm 감소

🔍 **해설**

스피더 스프링의 장력을 완화시키면 플라이 웨이트가 밖으로 벌어지게 되고 파일럿 밸브는 위로 올라와 프로펠러의 피치 조절은 실린더로부터 오일이 배출되어 고 피치가 된다. 고 피치가 되면 프로펠러의 회전저항이 커지기 때문에 회전속도가 증가하지 못하고 정속상태로 돌아온다.

27 정속 프로펠러의 최대 효율은 무엇에 의해 일어나는가?

① 항공기 속도가 감소함에 따라 깃(Blade) 피치를 증가시킴으로써
② 비행 중 직면하는 대부분 조건들에 대해 깃 각(Blade angle)을 조절함으로써
③ 깃(Blade) 선단(Tip) 근방의 난류를 줄여줌으로써
④ 깃(Blade)의 양력 계수를 증가시킴으로써

28 정속 프로펠러는 비행조건에 따라 피치를 변경하는데 Low에서 High순서로 나열한 것은 어느 것인가?

① 상승, 순항, 하강, 이륙
② 이륙, 상승, 순항, 강하
③ 이륙, 상승, 강하, 순항
④ 강하, 순항, 상승, 이륙

🔍 **해설**

비행기가 이륙하거나 상승할 때에는 속도가 느리므로 깃 각을 작게 하고 비행 속도가 빨라짐에 따라 깃 각을 크게 하면 비행 속도에 따라 프로펠러 효율을 좋게 유지할 수 있다.

29 비행 중 대기속도가 증가할 때 프로펠러 회전을 일정하게 유지하려면 블레이드 피치는?

① 증가시켜야 한다.
② 감소시켜야 한다.
③ 일정하게 유지해야 한다.
④ 대기속도가 증가함에 따라 서서히 증가시켰다가 감소시켜야 한다.

🔍 **해설**

대기속도가 빨라지면 프로펠러 회전속도가 증가하는데 회전속도를 일정하게 유지하기 위해서 피치를 증가시키면 프로펠러 회전저항이 커지기 때문에 회전속도가 증가하지 못하고 정속회전 상태로 돌아온다.

30 정속 프로펠러(Constant speed propeller)가 장착되어 있는 경우 부가적으로 요구되는 계기는?

① 엑스허스트 어날라이저(Exhaust analyzer)
② 프로펠러 피치 게이지(Propeller pitch gage)
③ 매니폴드 프레셔 게이지(Manifold pressure gage)
④ 실린더 베이스 템퍼레쳐 게이지(Cylinder base temperature gage)

31 프로펠러 회전에 따른 기관의 고장확대를 방지하기 위하여 사용되는 프로펠러는?

① 정속 프로펠러
② 역 피치 프로펠러
③ 완전 페더링 프로펠러
④ 2단 가변피치 프로펠러

🔍 **해설**

[정답] 25 ② 26 ④ 27 ② 28 ② 29 ① 30 ③ 31 ③

완전 페더링 프로펠러(Feathering propeller)

① 비행 중 기관에 고장이 생겼을 때 정지된 프로펠러에 의한 공기 저항을 감소시키고 프로펠러가 풍차 회전에 의하여 기관을 강제로 회전시켜 줌에 따른 기관의 고장 확대를 방지하기 위해서 프로펠러 깃을 진행 방향과 평행이 되도록(거의 90°에 가깝게) 변경시키는 것

② 프로펠러의 정속 기능에 페더링 기능을 가지게 한 것을 완전 페더링 프로펠러라 한다.

③ 페더링 방법에는 여러 가지가 있으나 신속한 작동을 위해 유압식에서는 페더링 펌프를 사용하고 전기식에는 전압 상승 장치를 이용한다.

32 프로펠러가 저 rpm 위치에서 Feather 위치까지 변경될 때 바른 순서는?

① 고 피치가 직접 페더 위치까지
② 저 피치를 통하여 고 피치가 페더 위치까지
③ 저 피치를 직접 페더 위치까지
④ 고 피치를 통하여 저 피치가 페더 위치까지

33 프로펠러의 역추력(Reverse Thrust)은 어떻게 발생하는가?

① 프로펠러를 시계방향으로 회전시킨다.
② 프로펠러를 반시계 방향으로 회전시킨다.
③ 부(Negative)의 블레이드 각으로 회전시킨다.
④ 정(Positive)의 블레이드 각으로 회전시킨다.

34 이륙시 정속 프로펠러에서 rpm과 피치 각은 어떤 상태가 되어야 가장 효율적인가?

① 높은 rpm과 큰 피치각
② 낮은 rpm과 큰 피치각
③ 높은 rpm과 작은 피치각
④ 낮은 rpm과 작은 피치각

해설

저 피치각과 고속 rpm일때 이륙 시 가장 효율적이다.

35 프로펠러의 회전수가 일정한 프로펠러 종류는?

① 고정 피치 프로펠러   ② 조정피치 프로펠러
③ 가변 피치 프로펠러   ④ 정속 프로펠러

해설

정속 프로펠러

조속기가 설치되어 있어 조속기에 의해 저피치에서 고피치까지 자유롭게 피치를 조절할 수 있어 비행속도나 출력 변화에 관계없이 프로펠러를 항상 일정한 속도로 유지하여 가장 좋은 프로펠러 효율을 가질 수 있다.

6 프로펠러의 감속

01 프로펠러 감속 기어의 이점은 무엇인가?

① 효율 좋은 블레이드 각으로 더 높은 엔진 출력을 사용할 수 있다.
② 엔진은 높은 프로펠러의 원심력으로 더 천천히 운전할 수 있다.
③ 더 짧은 프로펠러를 사용할 수 있으며 따라서 압력을 높인다.
④ 연소실의 온도를 조정한다.

해설

프로펠러 감속 기어

감속 기어의 목적은 최대 출력을 내기 위해 고 회전 할 때 프로펠러가 엔지 출력을 흡수하여 가장 효율 좋은 속도로 회전하게 하는 것이다. 프로펠러는 깃 끝 속도가 표준 해면 상태에서 음속에 가깝거나 음속보다 빠르면 효율적인 작용을 할수 없다.
프로펠러는 감속 기어를 사용할 때 항상 엔진보다 느리게 회전한다.

02 프로펠러를 장비한 경항공기에서 감속 기어(Reduction gear)를 사용하는 이유는?

① 블레이드의 길이를 짧게 하기 위해서
② 블레이드 팁(끝)에서의 실속을 방지하기 위해서
③ 연료 소비율을 감소시키기 위해서
④ 프로펠러의 회전속도를 증가시키기 위해서

[정답] 32 ① 33 ③ 34 ③ 35 ④ 6 01 ① 02 ②

해설

깃 끝 속도가 음속에 가깝게 도면 깃 끝 실속이 발생하므로, 음속의
90[%] 이하로 제한하여야 한다.
이를 위해 깃의 길이를 제한하거나 크랭크축과 프로펠러축 사이에
감속 기어를 장착하여 프로펠러 회전수를 감속시킨다.

03 프로펠러 깃의 제한속도는?

① 음속의 90[%] 　　② 음속의 80[%]

③ 음속의 70[%] 　　④ 제한 없다.

해설

문제2번 해설 참고

04 프로펠러 추력과 날개의 양력의 관계를 잘 설명한 것은?

① 프로펠러와 날개의 양력은 원리가 다르다.

② 프로펠러의 추력은 날개의 양력을 발생하는 원리와
같다.

③ 프로펠러와 날개는 작동원리가 반대이다.

④ 프로펠러는 원심력에 의해 추력을 날개는 공기력에 의
해 양력을 발생시킨다.

[정답] 03 ① 04 ②

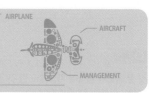

1 항공기 기체 구조(Aircraft structures)

1. 기체구조

(1) 항공기 기체(Airframe) 구조 일반

① 항공기 기체의 구성

동체(Fuselage), 날개(Wing), 수평안정판(Horizontal stabilizer) 및 수직안정판(Vertical stabilizer), 조종면(Flight control surface), 착륙장치(Landinggear), 엔진 마운트와 나셀(Engine mount & nacelles)등으로 구성되어 있다.

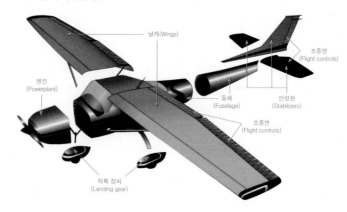

[소형 고정익 항공기의 구조]

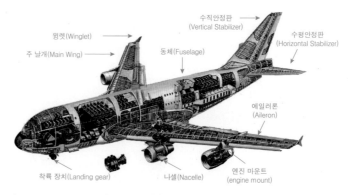

[대형 고정익 항공기의 구조]

Engineer Aircraft Maintenance · Industrial Engineer Aircraft Maintenance · Industrial Engineer Aircraft Maintenance · Industrial Engineer Aircraft Maintenance

콕콕 포인트

② 항공기 위치의 표시 방식

ⓐ 동체 위치선(FS : Fuselage Station, BSTA : Body Btation)

ⓑ 동체 수위선(BWL : Body Water Line)

ⓒ 동체 버턱선(BBL : Body Buttock Line)

ⓓ 날개 버턱선(WBL : Wing Buttock Line)

ⓔ 날개 위치선(WS : Wing Station)

ⓕ 그 밖에 수직안정판, 방향키 위치선, 수평안정판, 승강키 위치선, 엔진, 나셀 위치선 등으로 표시된다.

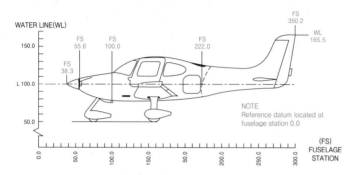

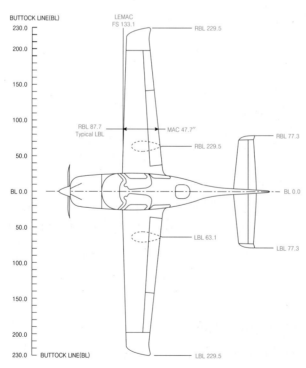

[소형 항공기 위치선]

(2) 동체 및 날개

① 동체의 구조

트러스(Truss)구조, 모노코크(Monocoque)구조, 세미모노코크(Semi-Monocoque)가 있다.

- 최신 대형 항공기는 대부분 세미모노코크구조로 제작되며, 세미모노코크 구조는 프레임(Frame), 스트링거(Stringer), 응력 외피(Stressed Skin) 및 바닥 빔(Floor Beam) 등으로 구성된다.

② 날개의 구조(Wing structure)

ⓐ 트러스형 날개는 날개보와 리브로 구성되어 있으며, 날개 위에 얇은 금속판이나 우포로 만들어지고, 모든 하중은 스파 리브가 담당하고 외피는 공기역학적 외형만을 유지한다.

ⓑ 응력 외피 날개는 날개의 앞쪽과 뒷쪽을 제외한 날개의 전체가 스파 역할을 한다.

ⓒ 안정판은 비행기의 안정성과 조종성을 담당한다.

ⓓ 수평안정판과 승강키는 비행기의 세로 안정성과 키 놀이 운동을 한다.

ⓔ 수직안정판과 방향키는 비행기의 방향 안정성과 빗 놀이 운동을 한다.

(3) 엔진마운트와 나셀(Engine mount & Nacelles)

① 엔진마운트

ⓐ 엔진을 기체에 장착할 수 있게 만든 장치로 엔진의 위치, 장착 방법, 크기, 형태 그리고 특성 등에 따라 여러 가지 다른 특이한 장착 조건들로 설계되어 졌다.

ⓑ 소형 항공기는 크롬 몰리브덴의 배관을 용접, 높은 힘을 적게 받는 곳에 사용한다.

② 나셀

기체에 장착되어 있는 엔진을 보호하기 위한 장치를 말하며, 다발항공기는 유선형의 형식으로 엔진에 둘러 싸여져있는 부분과 파일론(Pylon)을 말한다.

2. 항공기 기체계통(Aircraft system)

(1) 조종장치(Flight control system)

① 1차 조종장치(Primary control system)

ⓐ 도움날개(Aileron)

양쪽 날개의 뒤쪽 부분에 부착되어 있으며, 도움날개는 조종간(Control wheel)을 좌우로 회전시켜 옆 놀이(Rolling)운동을 한다.

① 왕복 엔진 마운트(Reciprocating Engine Mount)와 나셀(Nacelle)
왕복 엔진 마운트는 방화벽(Fire Wall)에 부착되며, 마운트 방진댐퍼(진동흡수 고무)를 통하여 볼트와 너트로 고정되어 있다.
왕복 엔진의 나셀은 카울링(Cowling)을 통하여 공기의 저항을 감소하고, 냉각공기를 흡입하여 엔진 냉각분만 아니라 기화기에 공기를 공급해 준다. 또한 엔진의 냉각상태를 조절해 주기위해서 나셀 안으로 들어오는 공기의 양을 조절해주는 카울 플랩(Cowl flap)을 설치하기도 한다.

② 가스터빈엔진마운트(Gas Turbine Engine Mount)와 나셀(Nacelle)
가스 터빈 엔진을 사용하는 현대의 항공기들은 엔진 마운트(Engine mount)를 날개에 장착하는 방법을 가장 많이 사용하고 있다.
날개 앞전의 밑에 있는 파일론(Pylon)에 엔진을 장착하게 되는데 파일론에는 엔진 마운트와 방화벽이 설치되어 있으며, 나셀은 파일론 밑에 붙어있다.

ⓑ 승강키(Elevator)

수평안정판(Horizontal stabilizer)의 뒤쪽에 부착되어, 비행기를 상·하로 움직여서 기체에 기수를 상향, 또는 기수 하향 모멘트를 발생시킨다.

ⓒ 방향키(Rudder)

수직안정판(Vertical stabilizer)의 뒤쪽에 부착되어 있으며, Rudder 페달을 좌우로 미는 것에 의해서 기수를 좌우로 회전시키고 이동 또는 선회시키는 역할을 한다.

② 2차 조종장치(Auxiliary control system)

ⓐ 항공기 날개 뒤쪽에 부착된 플랩(Trailing edge flap)의 수 및 형식은 항공기의 크기와 형식에 의해 여러 가지가 사용되고 있으며, 항공기의 양력을 일시적으로 증가시켜서 이·착륙 속도를 감소시켜 이착륙 활주거리를 짧게 한다.

ⓑ 항공기 날개 앞쪽에 부착된 플랩(Leading edge flap)은 날개의 Camber가 증가하고 공기의 흐름이 변화하는 것에 의해 보다 많은 양력을 발생시킨다.

ⓒ 항공기 날개 뒤쪽 위에 부착된 스포일러(Spoiler)는 비행중인 항공기의 속도를 줄이고, 큰 각도에서 강하할 때나 활주로 진입 시에 사용되는 스피드 브레이크(Speed brake)는 공중에서 도움날개를 도와주는 플라이트 스포일러(Flight spoiler) 역할을 한다.

· 최근 개발된 항공기는 보조날개와 승강타 기능이 결합된 엘러번(Elevon)이 있다.

· 보조날개 기능과 플랩(Flap)의 역할을 함께 담당하는 플랩퍼론(Flaperon)이 있다.

· 움직이는 수평안정판(Movable horizontal tail section)은 수평안정판과 승강타의 2가지 역할을 담당한다.

ⓓ 조종면 뒷쪽 부분에 부착시키는 작은 플랩의 일종으로서 Tab의 목적은 조종면 뒷쪽 부분의 압력분포를 변화시키는 역할을 함으로써 힌지 모멘트에 큰 변화를 일으키는 역할을 한다.

· 트림탭(Trim tab)

조종사의 조종력을 "0"으로 조정해 주는 역할을 하며, 조종사가 조종석에서 임의로 Tab의 위치를 조절할 수 있도록 되어 있다.

· 밸런스탭(Balance tab)

조종면이 움직이는 방향과 반대 방향으로 움직일 수 있도록 기계적으로 연결되어 있다.

콕콕 포인트

보충 학습

항공기 날개의 형식 및 구성
① 도움 날개(Aileron)
② 앞전 플랩(Leading edge flap)
③ 뒷전 플랩(Trailing edge flap)
④ 스포일러(Spoiler)
⑤ 안정판(Stabilizer) 등으로 구성

이해력 높이기

트림 탭의 종류

[Trim tab]

[Servo tab]

[Balance tab]

[Spring tab]

콕콕 포인트

Industrial Engineer Aircraft Maintenance · Industrial Engineer Aircraft Maintenance · Industrial Engineer Aircraft Maintenance · Industrial Engineer Aircraft Ma

- 서보탭(Servo tab)

  조종석의 조종 장치와 직접 연결되어 Tab만 작동시켜 조종면을 움직이도록 설계된 것이다.

- 스프링탭(Spring tab)

  스프링을 설치하여 Tab의 작용을 배가 시키도록 한 장치이다.

(2) 착륙 및 브레이크계통

① 착륙장치(Landing gear)

ⓐ 항공기 무게 지지, 지상 활주, 방향 전환, 정지 역할을 한다.

ⓑ 항공기 이륙 및 착륙 시 충격을 흡수해 주는 완충장치(Shock strut) 역할을 한다.

- 고무식 완충장치

  고무의 탄성을 이용하여 충격을 흡수(완충효율 50[%])하는 고무식 완충장치가 있다.

- 평판 스프링식 완충장치

  스프링의 탄성을 이용하여 충격을 흡수(완충효율 50[%])하는 평판 스프링식 완충장치가 있다.

- 올레오식 완충장치

  유체의 마찰에 의해 에너지가 흡수되는 형식(완충효율 80[%])의 올레오식 완충장치가 있다.

ⓒ 육상, 수상, 스키 형식의 착륙장치가 있다.

ⓓ 고정식 착륙장치와 펴지거나 접혀지는 형식의 착륙장치가 있다.

ⓔ 앞쪽 바퀴식과 뒷쪽 바퀴식의 착륙장치가 있다.

ⓕ 1개, 전·후, 4개(H형) 바퀴 형식의 착륙장치가 있다.

② 타이어의 휠(Wheel) 및 브레이크(Brake)계통

ⓐ 바퀴와 타이어에 의해서 착륙 중 및 지상 활주 중에 지면에 미끄럼을 방지한다.

ⓑ 타이어의 휠(Wheel)에 장착 되어 있는 브레이크(Brake)는 항공기가 지상에서 움직일 때 속도를 줄이거나 정지하도록 하는 역할을 한다.

(3) 연료계통

① 연료의 일반적 특성

ⓐ 발열량이 높아야 한다.

ⓑ 기화성이 좋아야 한다.

ⓒ 증기 폐쇄(Vapor lock)을 일으키지 않아야 한다.

ⓓ 앤티노크성(Antiknock Rating)이 높아야 한다.

ⓔ 내부식성이 좋아야 한다.

ⓕ 내한성이 커야 한다.

② 연료의 종류 및 저장장치

ⓐ 가스터빈연료

- Jet A : Kerosene type, 결빙점은 −40[℃]이다.
- Jet A−1 : Kerosene type, 결빙점은 −47[℃]이다.
- Jet B : Kerosene과 Gasoline이 혼합되어 있고, JP−4와 비슷하며, 군용기에 많이 쓰이고 있다. 결빙점은 −50[℃]이다.

ⓑ 왕복 엔진 연료

- 옥탄가의 등급에 따라 80, 100LL, 100 로 분류한다.
- 식별을 위한 착색(Color code)을 하여 색깔로 구별한다.
- 옥탄가 등급 100 이상 연료는 Performance number로 등급을 표시한다.
- 왕복 엔진에서 사용하는 연료를 AV−gas라 부르기도 한다.

ⓒ Integral fuel tank

날개의 Front spar와 Rear spar 및 양쪽 Rib사이의 공간을 연료탱크로 사용한다.

- 연료 누설 방지를 위해 특수 Sealant로 Sealing한다.
- 대부분의 항공기는 연료 적재 공간 최대 활용하여 중량을 감소시킨다.

ⓓ Bladder type 또는 Cell type 연료탱크

금속, 나일론천이나 고무주머니 형태로 떼어 낼수 있도록 제작된 Type로 민간 항공기 Center wing tank에 사용한다.

③ 연료의 분배 및 급유 배유, 방출

ⓐ 중력식은 연료탱크와 엔진과의 압력차를 이용하여 탱크에서 엔진으로 공급한다.

ⓑ 가압식은 연료펌프에 의해 연료를 엔진으로 공급한다.

ⓒ 탱크벤트계통(Tank vent system)은 탱크 내·외부의 압력차를 방지한다.

ⓓ 소형 항공기의 급유는 날개위에서 연료를 보급한다.

ⓔ 중형 항공기는 가압식으로 연료를 보급한다.

정전기를 방지하기 위해, 연료보급차량, 항공기, 지상에 접지시킨다.

ⓕ 덤프 시스템(Dump system)은 비행중, 항공기의 일부 연료를 대기에 방출하여 항공기 중량을 최대중량 이내로 감소시킨다.

🔰 콕콕 포인트

▼ 이해력 높이기

폭연방지 비율(Antiknock Rating)

왕복엔진의 연료의 등급으로 폭발(detonation)을 늦추기 위하여 첨가한 물질의 체적비. 폭연 방지제로서 이소옥탄을 사용하며, 연료 중에 이소옥탄의 함유량을 말하며 일반적으로 옥탄가라 한다.

보충 학습

AV−gas를 착색하는 목적

옥탄가에 따라 항공기의 출력이 다르기 때문에, 다르게 표현하면 납의 함유량으로 옥탄가를 확인할 수 있다.

- 청색 : 납성분이 적음 (AV−gas 100LL)
- 녹색 : 납성분이 많음 (AV−gas 100)
- 보라 : 납성분 없음 (AV−gas82UL)

[RED]

[GREEN]

[BLUE]

[COLORLESS OR STRAW]

- 제티슨 펌프(Jettison pump)
- 제티슨 매니폴드, 밸브, 노즐(Jettison nozzle)
- 제티슨 조절 패널(Jettison control pump)

④ 연료 지시계통

    ⓐ 용적용 연료흐름 지시계는 연료의 흐름량과 미터링 베인과 케이스 간격 및 스프링의 항력으로 밸런스를 유지한다.

    ⓑ 중량형 연료유량계는 엔진마다 적산하여 소비 연료 흐름을 지시한다.

⑤ 연료의 작동 점검

    ⓐ 탱크 내 오염 점검(Contamintion check)으로 탱크 내 물을 제거(Sump drain)한다.

    ⓑ 연료 스트레이너(Fuel strainer)와 필터에 침전된 이물질을 배출한다.

    ⓒ 연료량 확인(FQI : Fuel Quantity Indicating system)으로 항공기의 연료량을 측정한다.

    ⓓ 연료용량(Capacitance)을 측정하여 연료를 지속적으로 측정하고 Monitoring한다.

---

2 항공기 재료 및 요소

1. 항공기 재료

(1) 철 및 비철금속 재료

① 금속재료

    ⓐ 항공기 기체에 사용되는 금속재료는 주요부분이 알루미늄합금, 엔진은 티탄합금, 스텐인리스, 내열합금이 사용되고 있으며, 랜딩기어에는 고장력강을 사용하고 있고, 마그네슘합금은 가벼운 금속재료로 사용한다.

    ⓑ 금속의 일반적 특성

- 상온에서 고체이며, 결정체이다.
- 전기 및 열전도율이 양호하다.
- 전성 및 연성이 양호하다.
- 금속 특유의 광택을 가지고 있다.

Engineer Aircraft Maintenance · Industrial Engineer Aircraft Maintenance · Industrial Engineer Aircraft Maintenance · Industrial Engineer Aircraft Maintenance

콕콕 포인트

ⓒ 금속재료의 규격

- **AA 규격** : 미국알루미늄협회 규격으로, 알루미늄합금에 대한 규격
- **ALCOA 규격** : 미국 ALCOA사 규격으로 알루미늄합금의 규격
- **AISI 규격** : 미국철강협회 규격으로, 철강재료의 규격
- **AMS 규격** : 미국자동차기술자협회 항공부가 민간항공기 재료 규격
- **ASTM규격** : 미국재료시험협회의 규격
- **MIL 규격** : 미군의 규격
- **SAE 규격** : 미국자동차기술자협회의 규격

강의 종류	재료 번호	강의 종류	재료번호
탄소강	1 X X X	크롬강	5 X X X
니켈강	2 X X X	크롬–바나듐강	6 X X X
니켈–크롬강	3 X X X	니켈–크롬–몰리브덴강	8 X X X
몰리브덴강	4 X X X	실리콘–망간강	9 X X X

② 비철금속

대표적인 비철금속은 구리, 주석, 아연, 금, 수은, 납이며, 항공기에 많이 사용되는 알루미늄, 티탄, 마그네슘합금 등이 사용된다.

ⓐ 알루미늄합금(Aluminum alloy)의 성질 및 용도

- 고장력(인장)강에 비하여 균열되는 속도가 늦다.
- 티타늄에 비하여 가격 및 가공성이 우수하다.
- 일반적으로 저온에서 강도가 증가한다.
- 단련용 알루미늄합금은 단조, 압연, 인발, 압축 등의 가공에 의한 판, 봉, 관, 선 등으로 사용된다.
- 주조용 알루미늄합금은 시형 주물, 금형 주물, 혹은 다이 캐스트 (Die cast) 등에 사용된다.

ⓑ 티탄합금(Titanium alloy)

- 티탄합금은 피로에 대한 저항이 강하다.
- 내열성과 내식성이 양호하여 기계적 성질이 좋다.
- 비중은 가벼우며, 강도는 알루미늄합금이나 마그네슘합금보다 높다.
- 피로에 대한 저항이 강하고, 내열성과 내식성이 양호하기 때문에 부식이 많이 생기는 펌프, 항공기 외피, 방화벽, 항공기 엔진의 재료로 사용된다.

ⓒ 마그네슘합금(Magnesium alloy)

- 항공기에 사용되고 있는 금속 중에서 가장 가볍다.
- 전연성이 풍부하며 절삭성이 좋지만 내열성과 내마모성이 떨어져 구조재로는 사용되지 않는다.
- 경량 주물로는 유효한 재료이며, 장비품의 하우징 등에 사용된다.
- 내식성이 좋지 않으므로, 일반적으로 화학피막 처리를 할 필요가 있다.

(2) 비금속 재료

항공기에 사용되는 비금속 재료의 종류는 매우 다양하지만, 목재, 고무, 플라스틱 수지 등이 사용되며, 구조 재료, 시일, 실란트, 접착제, 윤활제, 작동유 등이 사용된다.

① 플라스틱

ⓐ 가소성 수지

외력을 가하면 모양을 영구적으로 변형시킬 수 있는 성질이 있는 유기 물질 이다.

ⓑ 열경화성 수지

한번 열을 가하여 성형하면 다시 가열하더라도 연해지거나 용융되지 않는 성질의 물질이다.

② 고무

천연고무와 합성고무로 구분되며, 2가지 모두 탄성을 가지는 고분자 물질이다.

- 천연고무

윤활유, 연료 등에 약하기 때문에 항공기에는 거의 사용되지 않는다.

- 합성고무

천연고무의 단점을 보완한 것으로, 여러 종류로 개발되어 항공기에 많이 사용되고 있으며, 오일실, 개스킷, 연료탱크, 호스 등에 사용된다.

③ 복합재료(Composite material)

복합재료는 2개 이상의 서로 다른 재료를 결합하여 각각의 재료보다 더 우수한 기계적 성질을 가지도록 만든 재료를 의미한다.

- 고체 상태의 강화재료(Reinforce material)와 액체, 분말 또는 박판 상태의 모재(Matrix)를 결합하여 제작한다.
- 층으로 겹겹이 겹쳐서 만든 적층 구조재(Laminate construction)와 복합 재료의 얇은 두 외피 사이에 허니콤이나 거품(Foam) 등과 같은 코어(Core)를 넣어 결합시킨 샌드위치 구조재(Sandwich construction)가 있다.

보충 학습

복합 재료(Composite Material)

① 강화재
- 유리 섬유
- E-글라스
- S-글라스
- D-글라스
- 탄소·흑연 섬유
  (carbon/graphite fiber)
- 아라미드 섬유
- 보론 섬유
- 세라믹 섬유(ceramic fiber)

② 모재(matrix)
- 수지 모재계
- 강화 섬유 금속 모재
- 강화 섬유 세라믹 모재

2. 항공기 요소(Aircraft hardware)

(1) 항공기 요소의 식별

항공기의 수리, 점검을 위해 볼트, 너트, 스크루 등으로 항공기 부품을 분해하고 결합하는데 쓰이는 부분품이며, 반영구적으로 결합되는 리벳 등이 있으며, 규격은 국제규격과 국가규격, 단체규격이 있다.

1) 볼트

  ① 육각머리볼트(AN3~AN20)

  ② 드릴머리볼트(AN73~AN81)

  ③ 정밀공차볼트(AN173~AN186)

  ④ 내부렌치볼트(MS20004~MS20024)

  ⑤ 외부렌치볼트(NAS624~NAS644)

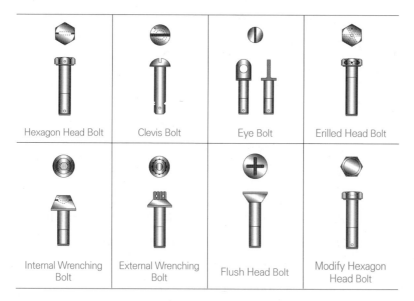

[볼트의 종류]

2) 너트 및 스크루

  ① 너트의 종류

    • 비자동고정너트

    • 평너트(Plain nut)

    • 캐슬너트(Castle nut : AN310)

    • 캐슬전단너트(Castellated shear nut)

    • 체크너트(AN316)

    • 나비너트(Wing nut : AN350)

이해력 높이기

단체 규격

부품의 단체규격의 명칭은 학회, 협회, 공업협회 또는 군 등의 단체에서 심의 제정된 규격이다.

① AN 규격 : 1950년 이전에 미 해군 및 미 공군에 의해 규격 승인되어진 부품이다.

② NAS 규격 : 미군 항공기와 미사일의 제조업자가 협의 작성한 피트 파운드 단위의 규격이며, 미터 단위의 규격은 NA부품이다.

③ MS 규격 : 1950년 이후 미군에 의해 규격 승인된 부품에 사용이며, MS33500~MS 34999는 설계 규격이다.

④ BAC 규격(Boeing Aircraft Co. Standard) 보잉항공기 제작사의 표준 부품의 규격이다.

  ⓐ MDC규격(McDonnell Douglas Corporation Standard)

  ⓑ NSA규격(Norma Sud Aviation Standard)

  ⓒ LS규격(Lockheed Aircraft Corporation Standard)

  ⓓ ABS규격(Airbus Basic Standard)

  ⓔ ANS규격(Aerospatiale Normalisation Standard)

콕콕 포인트

Industrial Engineer Aircraft Maintenance · Industrial Engineer Aircraft Maintenance · Industrial Engineer Aircraft Maintenance · Industrial Engineer Aircraft M

이해력 높이기

비자동 고정 너트

① 캐슬 너트(Castle Nut) : 생크에 구멍이 있는 볼트에 사용하며, 코터핀으로 고정한다.

② 캐슬 전단 너트(Castle Shear Nut) : 캐슬 너트보다 얇고 약하며, 주로 전단응력만 작용하는 곳에 사용한다.

③ 평 너트(Plain Nut) : 큰 인장하중을 받는 곳에 사용하며, 잼 너트나 Lock Washer 등 보조 풀림 방지장치가 필요하다.

④ 잼 너트(Jam Nut) : 체크 너트(Check Nut)라고도 하며, 평 너트나 세트 스크루(Set Screw) 끝부분의 나사가 난 로드(Rod)에 장착하는 너트로 풀림 방지용 너트로 쓰인다.

⑤ 나비 너트(Wing Nut) : 맨손으로 죌 수 있을 정도의 힘이 요구되는 부분에서 빈번하게 장탈, 장착하는 곳에 사용된다.

- 작은(얇은)육각너트(AN304, AN345)
- 전 금속형 자동고정너트(AN363)
- 비금속파이버형 자동고정너트(AN364/MS20364, AN365/MS20365)

AN310		AN315	
AN320		AN335	
AN340		AN316	
AN345		AN350	

[너트의 종류]

② 스크루의 종류

- 구조용 스크루

  합금강으로 만들어지며 적당히 열처리되어 있다.

- Masher screw

  보통 납작 머리, 둥근 머리, Washer 머리 등이 있다.

- 기계용 Self tapping screw

  AN504, 506이 있으며, AN504 스크루는 Round head 이며 AN506 Screw는 82° Countersink head이다.

- AN535 Driver Screw

  Parker-kalon "U" type과 같다.

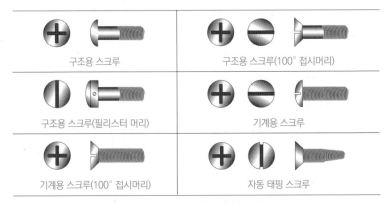

[스크루의 종류]

콕콕 포인트

3) 리벳

리벳은(Rivet) 머리 반대쪽의 샹크(Shank)를 이용하여 성형된 머리를 만들어서, 구조 부재를 반영구적으로 체결하는 고정 부품이다. 항공기에 사용되는 리벳은 일반 목적용으로 가장 많이 사용되는 솔리드 샹크 리벳 (Solid shank rivet)과 특수리벳에 속하는 블라인드 리벳(Blind rivet)으로 구분된다.

리벳(Rivet)의 종류
① 솔리드 샹크 리벳
② 블라인드 리벳
  • 체리 리벳(Cherry rivet)
  • 리브 너트(Rivnuts)
  • 폭발 리벳
  • 고강도 전단 리벳(Hi shear rivet)

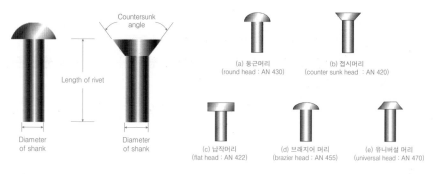

(a) 둥근머리
(round head : AN 430)

(b) 접시머리
(counter sunk head : AN 420)

(c) 납작머리
(flat head : AN 422)

(d) 브래지어 머리
(brazier head : AN 455)

(e) 유니버설 머리
(universal head : AN 470)

[솔리드 샹크 리벳]

4) 와셔, 코터 핀, 안전 결선 및 기타요소

① 와셔

항공기에 많이 사용되는 와셔는 볼트머리 부분에 사용되며, 구조부나 부품의 표면을 보호하거나 볼트와 너트의 느슨함을 방지하고 특수한 부품을 장착하는 등, 각각의 사용 목적에 따라 분류하여 사용한다.

• 그립 길이의 미세한 조정은 와셔를 삽입하여 해결하며, 한쪽에 2개, 양쪽에 3개 이상의 와셔를 삽입하며, 그 이상 필요한 경우에는 볼트를 교환하여야 한다.

• 평 와셔와 스프링 고정 와셔 및 톱니 고정 와셔와 고강도 접시머리 와셔가 있다.

② 코터 핀(Cotter pin)

캐슬너트, 핀 등의 풀림을 방지하거나 빠져나오는것을 방지해야 할 필요가 있는 부품에 사용되며, 정비작업의 대부분인 캐슬너트의 회전을 방지한다.

와셔의 종류

[Flat Washer]

[Spring Lock Washer]

[Flat Internal Teeth Lock Washer]

[Flat External Teeth Lock Washer]

[Tab Washer]

[대체 방법(Optional method)]

[우선 방법(Preferred method)]

[코터 핀 고정 작업]

③ 안전결선(Safety wiring)

항공기가 운항 중에 발생하는 진동과 하중으로 체결 부품이 헐거워지거나 풀리는 것을 방지할 목적의 고정작업이다.

- 안전결선의 방법으로 나사부품을 조이는 방향으로 당겨서 고정시키는 고정와이어(Lock wire) 방법이다.
- 비상구, 소화제 발사장치 및 비상용 브레이크 등의 핸들 스위치를 잘 못 조작되는 것을 방지할 목적으로, 조작할 때 쉽게 절단할 수 있는 전단 와이어(Shear wire) 방법이다.

ⓐ 안전결선용 와이어의 지름을 선택할 경우에는 정비 지침서를 준수하여야 한다.

- 안전결선용 와이어의 지름은 최소한 정비지침서의 최소조건을 만족시켜야 한다.
- 항공기 부품에 가장 많이 사용하는 와이어는 지름이 0.032[in]가 있으며, 다음으로 0.041[in]와 0.020[in]의 와이어를 사용한다.
- 와이어는 장착되는 장소의 온도나 환경을 고려하여야 하며, 한번 사용한 와이어는 재사용해서는 안 된다.
- 특별한 지시가 없는 한 비상용 장치에는 지름이 0.020[in]인 Cu-Cd 도금와이어를 사용한다.

ⓑ 안전결선 드릴 구멍의 위치를 잘 선택하여야 한다.

- 안전결선을 하기 위해 드릴 구멍을 선택할 경우에는 우선 볼트를 규정된 토크 값까지 조이고 난 뒤, 볼트 머리의 구멍 위치를 확인한다. 드릴 구멍의 이상적인 위치를 확보하기 위하여 볼트 머리를 너무 죄거나 덜 죄어서는 안 된다.
- 안전결선작업을 하고 난 뒤, 부품이 느슨해지거나 조여지는 방향으로 작용하지 않으면 안전결선의 의미가 없다.
- 안전결선작업을 실시하기 위하여 우선적으로 드릴 볼트 구멍의 위치를 선택하는 것은 매우 중요하다.
- 2개의 부품 사이에 안전결선용 와이어를 걸 경우, 구멍의 위치는 시계 방향으로 보아 10시 30분 방향에서 4시 30분 방향으로 S자 반대모양으로, 부품이 죄어지는 방향이 된다.

ⓒ 나사 부품의 안전결선방법에는 단선식과 복선식이 있다.

- 주로 전기계통에서 3개 또는 그 이상의 부품이 좁은 간격으로 폐쇄된 삼각형, 사각형, 원형 등의 고정작업에 적용된다.

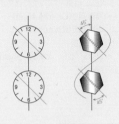
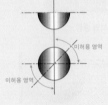
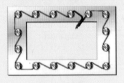

Engineer Aircraft Maintenance · Industrial Engineer Aircraft Maintenance · Industrial Engineer Aircraft Maintenance · Industrial Engineer Aircraft Maintenance

콕콕 포인트

- 복선식 안전결선은 안전결선방법 중에서 가장 일반적으로 사용 하는 방법이다.
- 여러개가 모인 부품을 복선식 안전결선법으로 결선할 때에 연속 으로 결합할 수 있는 최대 부품의 개수는 3개이다.
- 파스너 또는 피팅 사이에 안전결선작업을 해서는 안 된다.
- 좁은 간격으로 여러 개가 모인 부품에 연속해서 안전결선을 할 경우, 와이어의 길이가 24[in](60[cm])를 넘어서는 안 된다.

ⓓ 턴버클의 안전고정작업은 케이블을 연결하여 주는 부품으로, 양쪽 끝에 각각 오른 나사와 왼나사로 되어 있는 2개의 터미널 단자와 중 앙에 있는 배럴로 구성되어 있다.

- 조종 케이블의 장력을 조절해 주는 역할
- 턴버클의 안전고정작업은 배럴의 회전을 방지함으로써 케이블의 장력이 변화되는 것을 방지하는 작업이다.
- 고정작업방법으로는 와이어를 이용한 안전결선방법과 고정 클립 을 이용하는 방법이다.

○ 이해력 높이기

턴버클 안전 결선

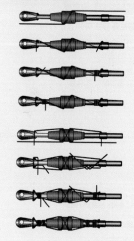

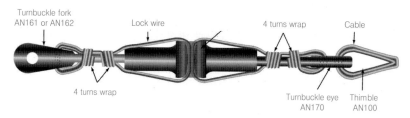

[턴버클 각부 명칭]

[고정 클립 이용하는 방법]

○ 이해력 높이기

턴 로크 파스너

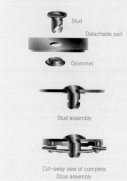

④ 턴 로크 파스너, 조종 케이블, 조종 로드

ⓐ 턴 로크 파스너

항공기 엔진의 카울링, 기체의 점검 창, 떼어 내기가 가능한 판을 안 전하게 고정시키는 곳에 사용한다.

- 검사와 정비목적으로 신속히 판을 부착하거나 떼어내는 데 사용되는 고정용 부품이며 시계 방향과 반시계 방향으로 돌리면 턴 로크가 고정되고 풀린다.

ⓑ 항공기 조종 케이블

항공기의 작동계통을 조작하기 위해 사용되는 철사로 만든 로프로 작동계통을 움직여 동력을 전달하는 역할로 조종 케이블 양 끝에 부착하는 케이블 터미널로 구성되어 있다.

ⓒ 조종 로드

조종계통을 밀고 당기는 운동을 가하는 링크로 사용되며, 로드의 한쪽이나 양쪽 끝에 나사를 사용하여 길이를 조절한다.

⑤ 튜브(Tube) 및 호스(Hose)

ⓐ 항공기에 사용되는 금속 튜브는 연료, 윤활, 냉각, 산소, 계기 및 유압계통 등에 사용한다.

- 호칭치수는 바깥지름(분수)×두께(소수)표시한다.
- 항공기의 유관을 수리하거나 교환기 전에 유관 재질을 식별하는 것이 중요하며, 색자기시험과 질산실험으로 식별 띠에 의한 알루미늄관을 식별한다.
- 플레어 연결 방식은 손 공구로 연결하는 단일 플래어 방식과 이중 플레어 방식이 있다.
- 금속관은 알루미늄 합금관의 긁힘이나 찍힘이 관 두께의 10[%]가 넘을 때에 관을 교환하며, 플레어된 부분에 금이 가거나 결함이 있는 경우에는 수리한다.
- 관의 찌그러진 부분이 지름의 20[%] 이하일 때 수리가 가능하다.

ⓑ 항공기용 호스는 운동하는 부분이나 진동이 심한 부분에 사용한다.

- 호스의 치수표시는 가요성 호스 크기와 안지름(내경)으로 표시하며 1인치의 16분비(X/16[in])로 나타낸다.

    예 No.7인 호스는 안지름이 7/16[in]인 호스

- 호스의 재질은 부나 N, 네오프렌, 부틸, 테프론이 있으며, 그밖에 고무호스, 테프론 호스가 있고, 사용가능 온도는 54~232[℃], 튜브 위에 테프론 수지가 덮여 있고 그 위에 한겹 또는 두겹의 스테인레스강 철사로 보호되어 있다.
- 유관의 식별은 테이프와 데칼로 표시되며, 호스를 장착할 때는 호스가 꼬이지 않도록 하고, 압력이 가해지면 호스가 수축되므로 5~8[%] 여유와 호스의 진동을 막기 위해 60[cm]마다 클램프(Clamp)로 고정한다.

콕콕 포인트

◆ 이해력 높이기

튜브와 튜브 피팅(접합 기구)

① 알루미늄 튜브
② 강 튜브
③ 경질 염화비닐(PVC) 튜브
④ 폴리에틸렌 튜브

◆ 이해력 높이기

호스와 호스 피팅(접합 기구)

① 고무호스
② 테플론 호스

보충 학습

호스를 식별하는 3가지 방법

① 재질에 따라 고무호스와 테프론호스로 분류한다.
② 압력에 따라 중압용 125[kg/cm²]까지 사용, 고압용 125~210[kg/cm²]까지 사용한다.
③ 사용처에 따라 문자와 색상 심볼(Symbol)로 표시한다.

계통	색상
연료계통	붉은색
윤활계통	노란색
유압계통	푸른색/노란색
산소계통	초록색
공기조화계통	은갈색/회색

콕콕 포인트

(2) 항공기 요소의 취급

1) 기본측정작업

길이를 측정하는 직접측정법, 비교측정법 및 한계게이지 측정법이 있다.

① 직접측정법

강철자나 버니어 캘리퍼스(Vernier calipers), 마이크로미터(Micrometer) 등을 사용하여 직접 측정물의 치수를 읽는 방법이 있다.

② 비교측정법

블록게이지와 같이 기준게이지와 측정물을 비교하여 그 차이를 기준게이지에 더하거나 빼서 측정물의 치수를 구하는 방법이다.

③ 한계게이지 측정법

공작물의 정해진 허용 치수내의 최대허용치수와 최소허용치수를 정해서 공작물의 실제치수가 허용범위에 드는지를 측정하여 합격, 불합격 판정을 내리는 측정방법으로, 동일치수를 대량으로 검사할 수 있는 장점이 있다.

2) 부품체결방법(볼트 및 너트)

① 볼트

항공기용 볼트를 이용하여 부품을 체결하는 작업은 인장이나 전단을 받는 체결 부분 중에서 큰 하중을 받는 곳을 반복적으로 분해, 조립할 필요가 있는 곳이나 리벳, 용접이 부적당한 부분을 체결하는 데 사용된다.

ⓐ 볼트의 취급방법

- 사용되는 장소에 따라 강도, 내식, 내열에 적합한 지정된 볼트를 사용하여야 한다.
- 부식방지를 위하여 일반적으로 알루미늄 합금 부분에는 알루미늄합금으로 된 와셔와 볼트를 사용하고, 강 재료에는 강으로 된 와셔 및 볼트를 사용한다.
- 높은 토크에는 알루미늄합금이나 강의 체결부분에 상관없이 강의 와셔와 볼트를 사용한다.
- 알루미늄합금부에 강 볼트를 사용할 때에는 부식방지를 위하여 카드뮴으로 도금된 볼트를 사용한다.

ⓑ 볼트의 장착방법

- 그립의 길이가 부재의 두께와 같거나 약간 길어야 한다.
- 그립 길이의 미세한 조정은 와셔의 삽입을 통해 해결할 수 있지만 한쪽에 2개, 양쪽에 3개 이상의 와셔가 필요한 경우에는 볼트

▼ 이해력 높이기

버니어 캘리퍼스(Vernier Calipers)의 종류

어미자와 아들자가 하나의 몸체로 조립되어 있으며, 공작물의 안지름, 바깥지름, 깊이 등을 측정할 수 있는 편리한 기기이며, 보통 용도에 따라 M1형, M2형, CB형, CM형의 4가지 종류가 있다. 호칭 치수는 대개 150[mm], 200[mm], 300[mm], 600[mm], 1000[mm]의 크기로 구분한다.

[M1형 Vernier Calipers]

[M2형 Vernier Calipers]

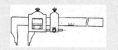
[CB형 Vernier Calipers]

[CM형 Vernier Calipers]

▼ 이해력 높이기

마이크로미터(Micro Meter)

바깥지름 측정용, 안지름 측정용, 깊이 측정용, 기어의 이두께 측정용, 나사의 피치 측정용, 등이며, 바깥지름 측정용과 안지름 측정용이 가장 많이 쓰인다.

[인치식 마이크로미터의 눈금]

[마이크로미터의 구조와 명칭]

콕콕 포인트

Industrial Engineer Aircraft Maintenance · Industrial Engineer Aircraft Maintenance · Industrial Engineer Aircraft Maintenance · Industrial Engineer Aircraft M.

를 교환하여야 한다.

- 전단력이 걸리는 부재에는 나사산이 하나라도 부재에 걸려서는 안 된다.
- 볼트와 너트를 체결할 경우 볼트와 너트가 헐거워 졌을 때에도 빠지지 않도록 볼트 머리 방향이 비행 방향이나 위쪽 방향으로 향하게 체결한다.
- 유압 및 전기계통 등의 클램프 장착 볼트는 방향과는 관계가 없다.

② 너트

항공기용 너트를 이용한 부품체결작업은 여러 가지 모양과 치수가 있으며, 일반적으로 금속 특유의 광택, 내부에 삽입된 파이버 또는 나일론의 색, 구조 및 나사 등으로 식별한다.

ⓐ 너트의 취급 방법

- 사용되는 장소에 따라 강도, 내식, 내열에 적합한 지정된 부품 번호의 너트를 사용하여야 한다.
- 자동고정너트가 느슨하여 볼트의 결손이 비행의 안전성에 영향을 끼치는 곳에는 사용하면 안 된다.
- 자동고정너트는 풀리, 벨 크랭크, 레버, 링케이지, 힌지 핀, 캠, 롤러 등과 같이 회전력을 받는 곳에는 사용하면 안 된다.
- 자동고정너트가 느슨해져 엔진 흡입구 내에 떨어질 우려가 있는 곳에는 사용하면 안 된다.
- 자동고정너트는 비행 전 · 후 정기적인 정비를 위하여 수시로 열고 닫는 점검 창, 도어 등에는 사용하면 안 된다.
- 자동고정너트를 볼트에 장착하였을 때는 볼트 끝 부분의 나사산이 너트면 보다 2개 이상 나와 있어야 한다.
- 자동고정너트는 가공하지 말아야 하며, 카드뮴으로 도금된 자동고정너트는 티탄이나 티탄합금의 볼트 및 스크루에 사용해서는 안 된다.
- 자동고정너트를 코터 핀 구멍이 있는 지름 6.35[mm](1/4 [in]) 이하의 볼트에 사용해서는 안 된다.
- 자동고정너트를 이용하여 토크를 걸 때에는 규정 토크 값에 고정 토크 값을 더한 값을 사용하여야 한다.

ⓑ 체결 부품의 손상을 방지하기 위해서는 각각의 체결 부품의 토크 값은 정비 지침서에 나와 있는 값에 따라야 한다.

콕콕 포인트

③ 토크 렌치의 종류

ⓐ 빔식 토크렌치(Beam type torque wrench)

핸들 부분에 눈금이 새겨진 눈금 판이 있으며, 토크가 걸리면 레버가 휘어져 지시 바늘의 끝이 토크의 양을 지시하는 방식이다.

ⓑ 다이얼식 토크렌치(Dial type torque wrench)

토크가 걸리면 다이얼에 토크의 양이 지시되도록 되어 있다.

ⓒ 제한식 토크렌치(Limit type torque wrench)

다이얼이 지시하는 토크 값을 볼 수 없는 장소에서 볼트와 너트를 죌 때에 사용되는데, 가볍고 사용하기 편리한 장점이 있다. 토크 값은 마이크로미터와 같이 눈금으로 조정하도록 되어 있으며, 규정된 토크 값이 걸리면 소리가 나도록 되어 있다.

ⓓ 프리셋 토크 드라이버(Free set torque driver)

작은 볼트와 너트 또는 스크루를 죌 때에 사용되며, 구조와 작동방법은 제한식 토크렌치와 같다.

④ 토크 값의 계산

토크렌치에 연장 바(Extension bar)나 어댑터(Adapter)를 사용할 경우, 눈금에 나오는 수치는 수정된 토크 값으로 계산하여야 한다.

$$토크(T) = 힘(F) \times 거리(R)$$

· T_a : 필요한 토크 값
· T_b : 토크 렌치 눈금에 표시되는 토크 값
· A : 토크 렌치의 유효길이
· B : 토크 렌치의 유효길이와 연장 공구의 유효길이의 합

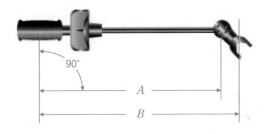

90°

A

B

[토크 값 계산하기]

보충 학습

토크렌치 사용시 주의 사항

· 토크렌치는 정기적으로 교정되는 측정기이므로 사용할 때는 유효기간 이내의 것인가를 확인해야 한다.
· 토크 값에 적합한 범위의 토크렌치를 선택한다.
· 토크렌치를 용도 이외에 사용해서는 안 된다.
· 떨어뜨리거나 충격을 주지 말아야 한다.
· 토크렌치를 사용하기 시작했다면 다른 토크렌치와 교환해서 사용해서는 안 된다.

◉ 이해력 높이기

실제 조임 토크 값 = 토크렌치 지시 값 × 토크렌치의 연장 Bar를 포함한 길이 ÷ 토크렌치 길이

3 기체구조 수리 및 역학

보충 학습

외피수리 방법

• 팔각패치 수리 방법

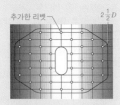

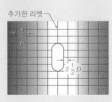

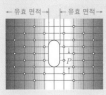

• 원형 패치 수리 방법

1. 기체구조 수리

(1) 판금작업

1) 판금 구조재 수리작업

① 항공기 구조에 하중을 부담하는 구조

• 1차 구조가 파괴되면 직접적으로 항공기의 안전성에 손상을 입히는 부분이다.

• 2차 구조의 한 부분이 파괴되어도 항공기 안전성을 손상시키지 않는다.

② 직접적으로 구조에 하중을 부담하지 않는 구조

페어링, 카울링, 덕트, 탱크, 커버 등이 있다.

③ 손상 부분 수리

수리 하기 전에 크리링 아웃, 크린 업, 스톱 홀, 스무스 아웃을 실시하여야 하며, 본래의 강도 유지와 본래의 윤곽 유지, 중량의 최소 유지, 부식에 대한 보호의 기본 원칙이 있어야 한다.

2) 응력 외피 및 스트링어 수리

① 외피 수리(Smooth skin repair) 방법은 8각 패치(Elongated octagonal patch)와 원형 패치(Round patch), 3열 배치 수리 방법이 있다.

② 스트링어(Stringer)가 절단되어 수리를 할 때에는 스트링어 보강 방식을 결정한다.

• 보강하는 재료의 단면적이 스트링어의 단면적보다 작아서는 안 된다.

3) 날개 보 및 리브, 벌크헤드 정형재 수리

① 항공기 1차 구조의 날개보 및 리브, 벌크헤드의 정형재 수리는 구조의 파손과 항공기 운항에 심각한 지장을 줄 수 있는 매우 중요한 수리 부분이다.

② 항공기 제작회사에서 추천하는 수리 방법 및 정비규정, 지침서에 따라 작업을 실시한다.

4) 여압 구조재 수리

① 여압(Pressurization)의 응력을 담당하는 구조 부분의 수리로, 비행 중의 1차 구조의 파손은 항공기 운항에 심각한 지장을 줄 수 있다.

ⓐ 프레쉬 리페어(Flush repair)

원래의 공기역학적인 표면과 평면을 이루도록 하는 수리이다.

Engineer Aircraft Maintenance · Industrial Engineer Aircraft Maintenance · Industrial Engineer Aircraft Maintenance · Industrial Engineer Aircraft Maintenance

콕콕 포인트

ⓑ 익스터널 리페어(External repair)

수리 시간 단축 또는 수리 주위의 기체 구조상 프레쉬 리페어가 불가능할 경우 외부에 패치재를 장착하는 방법으로 항공기 저항(Drag)을 증가 시키는 단점이 있다.

ⓒ 영구수리(Permanent repair)

항공기 설계 개념에 맞게 원상을 회복시켜 일상적인 점검 외에는 별도의 반복 점검이 필요 없는 수리로서 부품의 교환도 여기에 속한다.

ⓓ 임시수리(Temporary repair, Time limmited repair)

항공기 설계 개념에는 못미치거나 항공기 디스패치(Dispatch)를 위한 임시수리로서 일정시간 이내에 영구수리를 해야 하며 때로는 영구수리 시 까지 수리 부위의 반복 점검이 필요하다.

(2) 리벳작업

리벳의 치수, 리벳의 배열, 리벳작업공구, 리벳작업방법, 리벳제거작업

① 리벳의 치수 결정

ⓐ 리벳의 지름과 길이는 보통 리벳의 여러 가지 지름과 길이가 사용되며, 적당한 리벳을 선택하여 사용하는 것이 중요하다.

ⓑ 일반적으로 솔리드 샹크 리벳의 치수 결정 및 리벳작업 후의 리벳의 크기 결정에서 리벳의 지름(D) 선택은 결합되는 판재 중에서 가장 두꺼운 판재 두께(T)의 3배로 선택한다.

ⓒ 리벳의 길이 선택

> 리벳의 길이＝결합되는 판재의 전체 두께＋1.5D

ⓓ 리벳작업 후 벅테일의 최소지름은 리벳지름의 1.5배(1.5D)이다.

ⓔ 리벳작업 후 벅테일의 높이는 리벳지름의 0.5배(0.5D)이다.

② 리벳의 배열은 일반적으로 손상부분의 주위에 배치되며, 응력분포를 균일하게 하기 위하여 가능한 대칭적으로 배열하는 것이 원칙이다.

③ 리벳작업공구

ⓐ 드릴

리벳작업을 하기 전에 리벳이 들어갈 판재에 구멍을 뚫는 작업공구이다.

ⓑ 리이머

드릴로 구멍을 뚫은 판재 안쪽을 매끄럽게 다듬질하는 공구이다.

ⓒ 리벳 건(Rivet gun)

리벳 머리를 두드리는데 사용하는 공구이다.

보충 학습

Riveting시 Rivet개수 결정요소

① 리벳작업 Area의 크기
② 재료의 두께에 따른 리벳의 직경
③ Rivet Pitch, Rivet Gage(열간 간격), Edge Distance 등 작업환경에 따라 수량 변동

콕콕 포인트

Industrial Engineer Aircraft Maintenance · Industrial Engineer Aircraft Maintenance · Industrial Engineer Aircraft Maintenance · Industrial Engineer Aircraft M

ⓓ 리벳 세트

리벳 건 사용 시 리벳 머리 부분 생김새와 똑같은 모양의 공구이다.

ⓔ 시트 파스너

리벳작업 시 금속판을 미리 고정시키는데 사용하는 공구이다.

ⓕ 딤플링 다이

접시머리 리벳 부분의 주위를 움푹 파는 작업할 때 사용하는 공구이다.

ⓖ 버킹 바

리벳의 벅테일을 만들때 리벳 섕크 끝을 받치는 공구이다.

④ 리벳작업방법

머리 반대쪽의 섕크(Shank)를 이용하여 성형된 머리를 만들어서, 구조 부재를 반영구적으로 체결하는 고정된 부품이며, 항공기에 사용되는 리벳은 일반 목적용으로 가장 많이 사용되는 솔리드 섕크 리벳(Solid shank rivet)과 특수 리벳에 속하는 블라인드 리벳(Blind rivet)으로 구분된다.

ⓐ 리벳설치작업

- 원자재의 손상이 없어야 한다.
- 섕크의 크기와 동일한 드릴을 머리 중앙에 사용여야 한다.
- 드릴은 리벳의 섕크보다 크지 않아야 하며, 동일한 직경의 핀 펀치 사용한다.
- 동일크기 리벳으로 교환하며, 구멍이 너무 큰 경우 다음 단계의 리벳을 사용한다.

ⓑ 리벳제거작업

- 리벳머리 중심을 센터 펀치로 찍어서 제거한다.
- 리벳 머리를 같은 크기의 드릴로 중심을 뚫고, 리벳 머리의 높이까지 뚫어서 제거한다.
- 핀 펀치를 구멍에 넣고, 핀 펀치를 옆으로 당기면 리벳 머리가 제거한다.
- 리벳 섕크에 핀 펀치를 대고 해머로 두드리면서 시작한다.

(3) 용접작업

① 강관 수리

강관의 원둘레에 맞는 3개의 둥글게 패인 목재 블록(Wood block)을 만들고, 강관의 구부러진 부분에 같은 길이의 보를 놓는다. 보위에 2개의 목재 블록을 놓고, 다른 1개의 목재 블록을 강관의 구부러진 윗부분에 놓은 상태에서 클램프로 죄면 구부러진 강관을 직선으로 펼 수 있다.

Engineer Aircraft Maintenance · Industrial Engineer Aircraft Maintenance · Industrial Engineer Aircraft Maintenance · Industrial Engineer Aircraft Maintenance

콕콕 포인트

② 안쪽 슬리브 보강

관재를 용접할 때 안쪽에 이음쇠를 삽입하여 보강하는 방법으로 압력 배관, 고압 배관, 고온 및 저온 배관, 합금강 배관, 스테인레스강 배관의 용접 이음에 채택되며 누수의 염려가 없고 관 지름의 변화가 없는 것이 특징이다.

• 보통 삽입되는 슬리브의 직경은 관의 직경의 80[%]를 사용한다.

[안쪽 슬리브 보강 방법]

③ 바깥쪽 슬리브 보강

관재를 용접할 때 바깥쪽에 이음쇠를 덧대어 보강하는 방법으로 압력 배관, 고압 배관, 고온 및 저온 배관, 합금강 배관, 스테인레스강 배관의 용접이음에 채택되며 누수의 염려가 없고 관 지름의 변화가 없는 것이 특징이다.

• 보통 슬리브의 크기는 관은 직경의 1.2~1.7배 정도를 사용한다.

[바깥쪽 슬리브 보강 방법]

④ 클러스터 수리

클러스터 접합 부위에서 깊게 우그러진 강관을 수리하는 작업이다.

• 손바닥 모양의 덧붙임판을 만들어 강관에 용접하여 부착한다.

• 덧붙임판은 우선 종이로 모양을 만든 다음, 강관과 같은 재질, 같은 두께의 강철판을 종이 모양대로 잘라 클러스터의 접합 부위에 대고, 형을 가공한다.

• 강관의 우그러진 깊이가 강관 지름의 1/10을 넘지 않거나, 그 범위가 원둘레의 1/4을 넘지 않는 우그러진 손상이나 구멍이 난 강관의 수리는 덧붙임판을 용접하여 수리한다.

• 덧붙임판의 재질은 강관의 재질과 같은 것이어야 하며, 덧붙임판의 두께는 강관의 두께보다 한 치수 두꺼운 것을 사용하여 수리한다.

콕콕 포인트

Industrial Engineer Aircraft Maintenance · Industrial Engineer Aircraft Maintenance · Industrial Engineer Aircraft Maintenance · Industrial Engineer Aircraft M

(4) 복합소재 수리

① 적층 구조재 수리

적층판 수리작업은 손상된 적층판을 제거하고, 제거한 적층판 대신 새것으로 교체하며, 교체된 적층판은 열과 압력에 의하여 경화시킴으로써 원래의 복합 구조재 강도를 회복시키는 수리작업이다.

- 단면수리는 강화섬유의 손상이 부품을 완전히 관통하지 않고, 한쪽면에만 손상을 입은 경우에 수리한다.
- 양면수리는 구조재 적층판 모두가 영향을 받은 손상으로 손상 부분의 적층판의 수, 손상의 위치, 손상의 크기 등에 따라 여러 가지 수리방법이 있다.

② 샌드위치 구조재 수리

샌드위치 구조재의 패널은 외피가 얇기 때문에 근본적으로 충격에 취약해 손상을 입기가 쉬우며, 특히, 코어와 외피 사이에 적층 분리가 되기 쉽고, 외피와 코어가 손상을 받는 구멍이 뚫리는 일반적인 현상이다.

- 적층 분리는 외피와 코어 사이의 비교적 작은 적층 분리(Delamination)이며 수지를 주입하여 쉽게 수리할 수 있다. 외피에 구멍을 뚫고 적층 분리된 공간에 수지를 주입한 뒤, 경화시키면 수리가 완료된다.

(5) 부식처리 및 방지

1) 세척작업

도장(Painting), 실링(Sealing), 도금(Plating), 화학피막처리 등을 위한 사전준비 작업이며, 부식의 방지, 미관의 확보 등을 목적으로 기체 또는 부품의 표면에 달라붙어 있는 오물을 제거하여 깨끗한 상태로 만드는 외부와 내부를 세척하는 작업이다.

① 외부세척

항공기의 외부를 세척하는 방법으로는 습식세척, 건식세척, 광택내기 등이 있다.

② 습식세척(Wet wash)

오일, 그리스, 탄소 퇴적물 등과 같은 모든 오물을 제거하여 항공기 외부의 미관과 부식을 방지하는 세척이다.

③ 내부세척

항공기 내부의 구석진 곳을 세척하여 내부의 미관과 구조의 부식을 방지하는 세척이다.

Engineer Aircraft Maintenance · Industrial Engineer Aircraft Maintenance · Industrial Engineer Aircraft Maintenance · Industrial Engineer Aircraft Maintenance

콕콕 포인트

[항공기용 세제와 용도]

세제 규격	용 도
복합 세제(MIR–C–25769) 증기 복합 세제(P–C–437)	기체, 배기 노즐, 배기부 항공기 부품의 세척
알칼리형 세제(P–C–436)	타르의 제거
강력 알칼리 세제(MIL–R–7751)	강철, 마그네슘, 알루미늄 부품에 부착된 페인트, 니스, 그리스 등의 제거
복합 탄소 제거(MIL–C–19853)	엔진 부품에 탄소 찌꺼기의 제거
플라스틱 연마제형 세제 Ⅰ(MIL–C–18767)	투명한 플라스틱의 세척
건식 세척 솔벤트형 세제 Ⅰ및Ⅱ(P–D–680)	내식성 콤파운드와 오일의 제거

2) 방식작업

　① 양극산화처리(Anodizing)는 금속의 표면을 보호하는 데에 1차적인 목적이 있다.

　② 원래 생성되어 있는 산화막을 좀 더 균일하게 생성되도록 하여 표면을 부식으로부터 보호하는 것이다.

　③ 알로다인 처리공정은 전기를 사용하지 않고 알로다인(Alodine)이라는 크롬산 계열의 화학약품 속에서 알루미늄에 산화 피막을 입히는 공정으로 프라이머의 내식 효과를 극대화할 수 있으며, 공정이 단순하고 비용이 적게 든다.

　④ 인산염 피막의 사용 목적은 초기 마찰력 감소, 도장 전 처리, 부식방지 등에 있다.

3) 도장작업

　① 항공기 도장작업은 기체의 부식과 오염 등으로부터의 보호와 색채, 미장 및 그 밖의 특수한 성능을 가지게 하기 위하여 표면에 페인트를 칠하여 막을 만드는 것이다.

　② 도장작업은 비교적 간단한 작업이지만 페인트 막이 성능을 발휘하기 위해서는 여러 가지 상황을 잘 고려하여 적절한 작업을 해야 한다.

4) 부식의 종류

　① 표면부식(Surface corrosion)

　　금속표면이 공기 중의 산소와 직접 반응을 일으켜 생기는 부식이다.

　② 이질금속 간 부식

　　두 종류의 이질금속이 접촉하여 전해질로 연결되면 한쪽의 금속에 전기·화학적인 부식이 촉진된다.

보충 학습

부식의 종류

표면부식, 점부식, 입자간부식, 응력부식, 전해부식, 미생물부식, 찰과부식, 필리폼부식, 이질금속 간 부식, 피로부식 등이 있다.

콕콕 포인트

Industrial Engineer Aircraft Maintenance · Industrial Engineer Aircraft Maintenance · Industrial Engineer Aircraft Maintenance · Industrial Engineer Aircraft M

③ 점부식(Pitting corrosion)

금속의 표면이 국부적으로 깊게 침식되어 콩알 같은 작은 점을 만드는 부식 형태이다.

④ 입자간 부식(Intergranular corrosion)

금속합금의 입자경계면을 따라 발생하는 선택적인 부식을 말한다.

⑤ 응력부식(Stress corrosion)

부식 조건 아래에서 장시간 동안 표면에 가해진 정적인 인장응력의 복합적인 효과로 발생한다.

⑥ 피로부식(Fatigue corrosion)

부식 환경에서 금속에 가해지는 반복응력에 의한 응력부식의 형태이다.

⑦ 찰과부식(Fretting corrosion)

밀착된 구성품 사이에 작은 진폭의 상대운동이 일어날 때에 발생하는 제한적인 형태의 부식이다.

2. 구조역학의 기초

(1) 응력과 변형률

1) 응력(Stress)

면적당 내력의 크기를 응력(Stress)이라고 하며, 이는 작용한 내력을 내력이 작용하는 단면의 크기로 나눈 것과 같다.

• 수직(법선)응력은 인장응력과 압축응력으로 분류한다.

• 접선응력은 전단응력으로 분류한다.

2) 변형률(Strain)

① 부재는 하중을 받으면 모양이 변형되는데, 부재를 구성하는 재료에 따라 변형량이 달라진다.

② 인장력을 받는 봉의 경우, 인장력이 작용하는 방향으로 길이가 원래보다 늘어나며 늘어난 길이와 원래 길이에 대한 비를 변형률(Strain)이라고 한다.

(2) 보의 응력과 변형

보의 종류, 반력, 지지점, 평형방정식, 굽힘 응력, 전단력과 굽힘 모멘트 선도, 크리프, 피로, 좌굴 탄성 에너지 등

① 보는 지지점에서 방력과 외력이 평형을 이루며, 보의 종류는 지지된 방법에 따라 구분된다.

---

② 보의 진단력과 굽힘 모멘트는 보의 단면에서는 굽힘 모멘트에 의하여 굽힘응력이 나타나며, 보의 윗면은 줄어들고, 아랫면이 늘어난다면, 그 중간이 늘어나서도 줄어들지도 않는 면이 생긴다. 이것을 중립면이라 한다.

③ 크리프는 구조재료가 온도의 변화에 따라 팽창 또는 수축되며, 기계적 성질이 변한다.

④ 피로는 여압이 된 항공기 동체와 같이 반복하중을 받는 구조는 정하중에서 재료의 극한강도보다 훨씬 낮은 응력 상태에서 판단되는 피로파괴현상이다.

⑤ 좌굴 형상은 축의 압력에 의하여 굽힘이 되어 파괴되는 현상이다.

(3) 비틀림 응력변형

전단탄성계수, 단면의 성질, 회전반지름, 극관성 모멘트, 코일 스프링 변형

① 재료의 전단탄성계수는 재료에 따른 고유값이다.

② 단면적 A는 재료의 단면의 성질 중에서 가장 기본값이 재료의 중심축과 직각으로 단면의 면적을 $A[\text{cm}^2]$이라 한다.

③ 단면 2차 모멘트(또는 관성 모멘트) $I[\text{cm}^4]$은 재료가 굽힘이나 비틀림을 받을 때에는 단면적뿐만 아니라 굽힘의 중립면이나 비틀림의 중심에서 떨어진 거리에 따라 어떻게 분포되어 있는가가 단면성질을 나타내는 중요한 값이 되며 굽힘을 받을 때는 단면 2차 모멘트(또는 관성모멘트)를 사용하며, 비틀림을 받는 재료는 단면 2차 극관성 모멘트를 사용하여 응력을 계산하고 단면의 강도를 평가하게 된다.

④ 코일 스프링 원리는 스프링강의 한쪽 끝을 고정하고 다른 한 쪽 끝을 비틀었을때 비틀림을 주는 에너지를 스프링강의 비틀림 에너지로 변형하여 흡수하도록 설계된 기계요소이다. 피아노선과 같은 강선을 원통 주위에 감아서 만든 것을 코일 스프링(Coil spring)이라 한다.

(4) 구조의 하중과 $V-n$ 선도

1) 설계제한하중배수

기체에 작용하는 하중은 공기력, 관성력, 돌풍 등과 관련되어 있으며, 하중은 항공기의 비행 상태인 속도와 자세에 의하여 좌우된다.

- 항공기가 이와 같은 하중에 대하여 구조상 안전을 확보하기 위해서는 비행 상태를 안전한 하중이 작용하는 범위 내로 제한하게 된다.
- $V-n$ 선도는 x축에 항공기의 속도, y축에 하중배수를 직교 좌표축으로 하여 항공기의 속도에 대한 하중배수를 나타냄으로써 항공기의 안전한 비행범위를 정해 주는 선도이다.

콕콕 포인트

Industrial Engineer Aircraft Maintenance · Industrial Engineer Aircraft Maintenance · Industrial Engineer Aircraft Maintenance · Industrial Engineer Aircraft M

- $V-n$ 선도는 크게 두 가지 목적을 가지고 있으며, 그 하나는 항공기 제작자에 대한 지시로서 항공기를 어느 정도의 하중에 대하여 구조상 안전하게 설계·제작하여야 한다.

2) 설계운용속도

항공기가 어떤 속도로 수평비행을 하다가 갑자기 조종간을 당겨서 최대양력계수의 상태가 되었을 때을 설계운용속도라 한다.

- 하중배수(n)가 그 항공기의 설계제한하중배수(n_1)와 같게 되면, 수평속도를 설계운용속도(V_A)라고 한다.
- 설계운용속도(V_A)는 항공기의 실속속도(V_S) 및 설계제한하중배수(n_1)와 다음과 같은 관계가 성립된다.

$$V_A = \sqrt{n_1 \times V_S}$$

3) 설계순항속도

설계순항속도(V_C)는 비행 성능과 연료소비율 등을 고려하여 결정되는 경제적인 속도이며, 구조 역학적인 문제와는 관계가 없다.

4) 설계돌풍운용속도

항공기가 어떤 속도로 수평비행을 하다가 상승 돌풍 또는 하강 돌풍을 만나면, 주 날개에 공기가 흘러 들어오는 방향이 달라져서 받음각이 증가 또는 감소한다.

- 상승 돌풍에 의해 받음각이 D_a만큼 증가하면, 받음각의 증가로 인하여 양력계수도 증가한다.
- 양력계수 C_L이 증가하면 양력이 증가하므로, 하중배수가 증가한다.

$$n = 1 + D_n$$

5) 설계급강하속도

하중배수선도($V-n$ 선도)에서 최대속도를 나타내며, 구조 강도의 안전과 조종면에서 안전을 보장하는 구조 설계상의 최대허용속도이다.

- 항공기의 날개가 양력을 발생하지 않고 급강하할 때 비틀림 모멘트를 받는 날개가 견딜수 있는 최대속도이다.

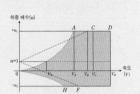

Engineer Aircraft Maintenance · Industrial Engineer Aircraft Maintenance · Industrial Engineer Aircraft Maintenance · Industrial Engineer Aircraft Maintenance

콕콕 포인트

(5) 무게와 평형

1) 무게의 종류

① 기체구조 무게

항공기 기체에 해당되는 주날개, 꼬리 날개, 동체, 착륙장치, 조종면, 나셀, 엔진 마운트의 무게를 포함한 것을 말한다.

② 동력장치 무게

엔진 및 엔진과 관련된 부속계통, 프로펠러계통, 연료계통, 유압계통의 무게를 포함한 것을 말한다.

③ 고정장치 무게

전자ㆍ전기계통, 공ㆍ유압계통, 조종계통, 공기조화계통, 방빙계통, 자동조종계통, 계기계통 등의 무게를 포함한 것을 말한다.

④ 총무게(Gross weight)

항공기에 인가된 최대하중으로, 형식증명서(Type certificate)에 기재된 무게를 말한다.

⑤ 유용하중(Useful load)

승무원, 승객, 화물, 무장계통, 연료, 윤활유의 무게를 포함한 것으로, 최대 총 무게에서 자기 무게를 뺀 것을 말한다.

⑥ 자기 무게(Empty weight)

승무원, 승객 등의 유용하중, 사용 가능한 연료, 배출 가능한 윤활유의 무게를 포함하지 않은 상태에서의 항공기의 무게이다. 자기무게에는 사용 불가능한 연료, 배출 불가능한 윤활유, 엔진 내 냉각액의 전부, 유압계통의 작동유의 무게도 포함된다.

⑦ 영 연료 무게(Zero fuel weight)

연료를 제외하고 적재된 항공기의 최대 무게로 화물, 승객, 승무원의 무게를 포함한다. 영 연료 무게를 초과한 모든 무게는 사용하는 연료 무게가 된다.

⑧ 측정 장비 무게(Tare weight)

항공기의 무게를 측정할 때에 사용하는 잭, 블록, 축, 지지대와 같은 부수적인 품목의 무게를 말한다. 항공기의 실제 무게와는 관계가 없다.

2) 무게중심 계산

① 항공기의 중심위치는 승무원, 승객, 화물 등의 탑재물에 따라 달라지며, 항공기가 비행하는 동안에 사용하는 연료량에 따라서도 달라진다.

이해력 높이기

항공기의 무게와 평형조절

• 근본 목적은 안정성에 있으며, 이차적인 목적은 가장 효과적인 비행을 수행하는 데 있다.

• 부적절한 하중은 상승한계, 기동성, 상승률, 속도, 연료소비율의 면에서 항공기의 효율을 저하시키며, 출발에서부터 실패의 요인이 될 수도 있다.

보충 학습

Ballast

항공기의 무게중심을 맞추기 위해 사용하는 모래주머니, 납 등을 말한다.

이해력 높이기

c·g = 총모멘트/총무게

%MAC
날개의 시위선상에 임의의 점 위치를 시위의 백분율로 나타낸 것이다.

$$중심의 \%MAC = \frac{H-X}{C} \times 100$$

여기서, H = 기준선에서 무게중심까지의 거리, X = 기준선에서 MAC 앞전까지의 거리, C = MAC의 거리

콕콕 포인트

Industrial Engineer Aircraft Maintenance · Industrial Engineer Aircraft Maintenance · Industrial Engineer Aircraft Maintenance · Industrial Engineer Aircraft Maintenance · Industrial Engineer Aircraft M

- 항공기가 안전한 비행을 하기 위해서는 비행 상태에 따라 허용된 중심위치에 중심이 있도록 해야 한다.
- 항공기의 무게와 평형은 주로 세로축, 즉 기축에 대한 것이다.

② 평형의 원리는 항공기의 무게중심을 계산하고 평형작업을 하는 데 기초가 되는 것은 지렛대의 평형원리이다. 지렛대의 받침점으로부터 서로 반대 방향으로 같은 거리에, 같은 무게가 놓여 있다면, 이 지렛대는 평형을 이루게 된다.

- 평형을 이루기 위해서는 지렛대의 받침점을 기준으로 하여 양쪽의 물체에 의한 모멘트가 같아야만 한다.
- 지렛대가 평형이 될 때 지렛대에 작용하는 무게 또는 전체하중은 받침점에 집중하게 된다.
- 항공기의 동체를 지렛대의 보로 생각하여 무게중심($c.g.$)을 지지점이라고 하면, 항공기의 연료, 화물, 승객 등의 모든 하중이 무게중심에 집중되어 평형을 이루게 된다.

③ 무게중심 계산의 기본식은 모든 무게가 기준선에서부터 한쪽 방향에 위치할 때 중심의 위치는 기본식으로 계산한다.

- 무게중심 위치 $c.g. = L - W/W$ 여기서, W는 무게, L은 기준선에서 무게까지의 팔 길이를 나타낸다.
- 모멘트의 계산은 항공기의 하중에 의한 모멘트는 무게와 기준선에서부터 무게까지의 팔길이를 곱하여 나타낸다. 모멘트의 단위는 $[N \cdot m/s^2]$나 $[Kg \cdot m^2]$ 등이 쓰인다.
- 무게 중심 위치의 계산은 항공기의 무게 중심 위치는 무게 중심을 계산하는 기본식에서 항공기의 기준선에 대한 총 모멘트를 총 무게로 나눈 값으로 얻어진다.
  - 기준점에서의 각 중량까지 거리를 측정한다.
  - 각각의 중량에서 작용하는 모멘트를 계산한다.
  - 중량의 합과 모멘트의 합을 구한다.
  - 총 모멘트를 총 중량으로 나누어 CG를 구한다.

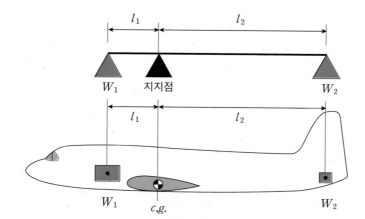

Aircraft Maintenance

항공기체
출제 예상문제

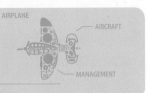

1 항공기 기체의 구성 및 강도

1 기체의 구조

01 항공기 기체의 구조는 어떻게 구성되어 있는가?

① Fuselage, Wing, Tail Wing, Landing Gear, Engine Mount, 및 Nacelle
② Fuselage, Wing, Tail Wing, Landing Gear, Engin
③ Fuselage, Wing, Tail Wing, Landing Gear, Engine 및 Nacelle
④ Fuselage, Wing, Tail Wing, Landing Gear, Engine Mount

해설

항공기 기체의 구성

동체(Fuselage), 날개(Wing), 꼬리날개(Tail Wing, Empennage), 착륙장치(Landing Gear), 엔진 마운트(Engine Mount) 및 나셀(Nacelle)이다.

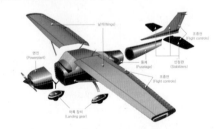

[소형 항공기 구조]

[대형 항공기 구조]

02 항공기의 위치선을 바르게 설명한 것은?

① BBL은 동체의 위치선이다.
② BWL은 동체 위치선이다.
③ WS는 날개 위치선이다.
④ WBL은 동체 수위선이다.

해설

항공기의 위치는 [inch] 또는 [cm]로 나타낸다.

• 동체 위치선(FS : Fuselage Station)
• 동체 수위선(BWL : Body Water Line)
• 동체 버턱선(BBL : Body Buttock Line)
• 날개 버턱선(WBL : Wing Buttock Line)
• 날개 위치선(WS : Wing Station)

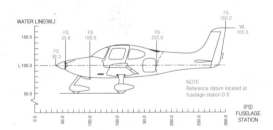

[소형 항공기 위치선]

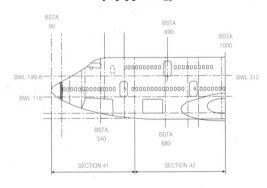

[대형 항공기 위치선]

[정답] 1. 항공기 기체의 구성 및 강도　**1**　01 ①　02 ③

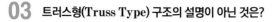

03 트러스형(Truss Type) 구조의 설명이 아닌 것은?

① 외피(Skin)는 공기역학적 외형을 유지해준다.

② 골격/뼈대(Truss)는 기체에 작용하는 대부분의 하중을 담당한다.

③ 내부공간이 넓다.

④ 외형이 각진 부분이 많아 유연하지 않다.

🔍 해설

트러스형(Truss Type) 구조

외피(Skin)는 공기역학적 외형을 유지해주며, 공기력을 트러스에 전달하는 역할만 하며, 골격/뼈대(Truss)는 기체에 작용하는 대부분의 하중을 담당한다.

- 장점
  ① 제작이 용이하다.
  ② 제작비용이 적게 든다.
  ③ 구조가 간단하다.
- 단점
  ① 내부공간 마련이 어렵다.
  ② 외형이 각진 부분이 많아 유연하지 않다.

04 트러스형식에 대한 설명으로 옳은 것은?

① 항공기의 전체적인 구조형식은 아니며 날개 또는 꼬리날개와 같은 구조부분에만 사용하는 구조 형식이다.

② 금속판 외피에 굽힘을 맡게 하며 굽힘 전당응력에 대한 강도를 갖도록 하는 구조방식으로 무게에 비해 강도가 큰 장점이 있어 현재 금속 항공기에서 많이 사용하고 있다.

③ 주 구조가 피로로 인하여 파괴되거나 혹은 그 일부분이 파괴되더라도 나머지 구조가 하중을 지지할 수 있게 하여 파괴 또는 과도한 구조 변형을 방지하는 구조형식이다.

④ 강관 등으로 트러스를 구성하고 여기에 천외피 또는 얇은 금속판의 외피를 씌운 형식으로 소형 및 경비행기에 많이 사용된다.

🔍 해설

문제 3번 해설 참조

05 항공기 세미모노코크 구조에 대한 설명으로 옳은 것은?

① 가장 넓은 동체 내부 공간을 확보할 수 있으며 세로대 및 세로지, 대각선 부재를 이용한 구조이다.

② 하중의 대부분을 표피가 담당하며, 내부에 보강재 없이 금속의 껍질로 구성된 구조이다.

③ 골격과 외피가 하중을 담당하는 구조로서 외피는 주로 전단응력을 담당하고 골격은 인장, 압축, 굽힘 등 모든 하중을 담당하는 구조이다.

④ 구조부재로 삼각형을 이루는 기체의 뼈대가 하중을 담당하고 표피는 항공역학적인 요구를 만족하는 기하학적 형태만을 유지하는 구조이다.

🔍 해설

Semimonocoque 구조

세미모노코크 구조는 모노코크 구조에 프레임(Frame)과 세로대(Longeron), 스트링어(Stringer) 등을 보강하고, 그 위에 외피를 얇게 입힌 구조이다. 이 구조에서 외피는 하중의 일부만 담당하고, 나머지 하중은 골조 구조가 담당하므로, 외피를 얇게 할 수 있어 기체의 무게를 줄일 수 있다.

06 응력외피형 구조의 설명이 아닌 것은?

① 외피도 항공기에 작용하는 하중을 일부 담당하는 구조이다.

② 내부에 골격이 없어 내부공간을 크게 할 수 있고 외형을 유선형으로 할 수 있는 장점이 있다.

③ 모노코크 구조와 세미 모노코크 구조이다.

④ 얇은 금속판으로 외피를 씌운 구조로 경비행기 및 날개의 구조에 사용된다.

🔍 해설

응력외피형 구조

응력외피형 구조는 항공기에 작용하는 하중을 일부 담당하는 구조이며, 내부에 골격이 없어 내부 공간을 크게 할 수 있고 외형을 유선형으로 할 수 있는 장점이 있으며, 모노코크 구조와 세미 모노코크 구조가 있다.

07 Monocoque형 동체의 주요 하중은 어디에 의존하는가?

[정답] 03 ③ 04 ④ 05 ③ 06 ④ 07 ①

① Skin   ② Longeron

③ Stringer   ④ Former

🔍 해설

Monocoque형 동체

외피
(Covering)

정형재
(Formers)

벌크헤드
(Bulkhead)

Monocoque 형식의 동체는 표피(Skin)의 강도나 기본적인 응력을 견디는 외피(Covering)에 주로 의존한다.

08 **Semi Monocoque 구조에서 굽힘 하중의 담당은?**

① 론저론이 굽힘 하중을 담당한다.

② 벌크헤드가 담당한다.

③ 스트링거가 담당한다.

④ 리브가 담당한다.

🔍 해설

Semi Monocoque 구조

기본적인 굽힘 하중은 론저론(Longeron)이 견디고 이것은 몇 군데의 지지점을 통해서 뻗쳐있다. 세로대는 스트링거(Stringer)라고 부른다.

09 **Semi Monocoque 구조를 잘못 설명한 것은 ?**

① 제작이 용이하다. 제작비용이 적게 든다.

② 기본적인 굽힘은 세로대가 견딘다.

③ 수직 구조재는 벙크헤드, 프레임 정형재라 한다.

④ 수직 구조재 중에서 가장 무거운 것이 중간 위치에서 집중되는 하중을 받는다.

🔍 해설

문제 8번 해설 참조

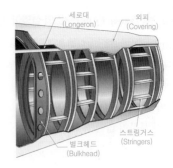

세로대
(Longeron)

외피
(Covering)

벌크헤드
(Bulkhead)

스트링거스
(Stringers)

10 **Semi Monocoque 수직 구조재의 설명이 틀린 것은?**

① 벌크헤드, 프레임, 정형재라고 한다.

② 중간에 위치해서 집중되는 하중을 받는다.

③ 동체의 표피(Skin) 강도는 주로 외피(Covering)에 의존한다.

④ 다른 부품을 장착하기 위해 필요한 연결부가 된다.

🔍 해설

Semi Monocoque 수직 구조재

수직 구조재는 벌크헤드, 프레임, 정형재라고 한다. 이 수직 구조재 중에서 가장 무거운 것이 중간에 위치해서 집중되는 하중을 받고, 다른 부품을 장착하기 위해 필요한 연결부가 되어 날개, 동력장치, 안전판 등을 장착한다.

11 **한 부분이 파괴되더라도 구조상 위험이나 파손을 보완할 수 있는 항공기 구조는?**

① Honey-comb Structure

② Semi Monocoque Structure

③ Truss Structure

④ Failsafe Structure

🔍 해설

페일세이프 구조(Failsafe Structure)

한 구조물이 여러 개의 구조 요소로 결합되어 있어 어느 부분이 피로 파괴가 일어나거나 그 일부분이 파괴되어도 나머지 구조가 작용하는 하중을 지지할 수 있어 치명적인 파괴 또는 과도한 변형을 가져오지 않게 항공기 구조상 위험이나 파손을 보완할 수 있는 구조

12 Failsafe Structure의 형식이 아닌 것은?

① Redundant Structure
② Double Structure
③ Load Dropping Structure
④ Stress Skin Structure

🔍 해설 --------

페일세이프 구조(Failsafe Structure) 형식
• 다경로하중 구조(Redundant Structure) : 일부 부재가 파괴될 경우 그 부재가 담당하던 하중을 분담할 수 있는 다른 부재가 있어 구조 전체로서는 치명적인 결과를 가져오지 않는 구조
• 대치 구조(Back Up Structure) : 하나의 부재가 전체의 하중을 지탱하고 있을 경우 이 부재가 파손될 것을 대비하여 준비된 예비적인 대치 부재를 가지고 있는 구조
• 하중경감 구조(Load Dropping Structure) : 부재가 파손되기 시작하면 변형이 크게 일어나므로 주변의 다른 부재에 하중을 전달시켜 원래 부재의 추가적인 파괴를 막는 구조

리던던트 (Redundant)	더블 (Double)	백업 (Back-up)	로드 드로핑 (Load Dropping)

13 2개의 부재를 결합시켜 치명적인 파괴로부터 안전을 유지할 수 있는 구조 형식은?

① Back Up Structure
② Double Structure
③ Load Dropping Structure
④ Redundant Structure

🔍 해설 --------

이중 구조(Double Structure)
큰 부재 대신 2개의 작은 부재를 결합시켜 하나의 부재와 같은 강도를 가지게 함으로써 치명적인 파괴로 부터 안전을 유지할 수 있는 구조

14 허니컴(Honey Comb) 샌드위치 구조의 장점이 아닌 것은?

① 표면이 평평하다.　② 충격흡수가 우수하다.
③ 집중하중에 강하다.　④ 단열성이 좋다.

🔍 해설 --------

샌드위치 구조 및 장·단점
샌드위치 구조는 2장의 외판 사이에 무게가 가벼운 심(Shim)재를 넣어 접착제로 접착시킨 구조
• 벌집형(Honey Comb), 거품형(Foam), 파형(Wave)
• 날개, 꼬리날개 또는 조종면 등의 끝부분이나 마룻바닥
• 장점
 ① 무게에 비행 강도가 크고, 음 진동에 잘 견딘다.
 ② 피로와 굽힘하중에 강하며, 보온 방습성이 우수하고, 진동에 대한 감쇠성이 크며, 항공기의 무게를 감소시킬 수 있다.
• 단점
 ① 손상 상태를 파악하기 곤란하다.
 ② 고온에 약하다.

15 샌드위치 구조 형식에서 2개의 외판 사이에 넣는 Core의 형식이 아닌 것은?

① 페일형　② 파형
③ 거품형　④ 벌집형

🔍 해설 --------

문제 14번 해설 참조

2 날개

01 공기역학적으로 항공기 날개에서 비행 모멘트에 영향을 주는 것은?

① 플랩(Flap), 스피드 브레이크(Speed Brake), 스포일러(Spoiler)
② 플랩(Flap), 스피드 브레이크(Speed Brake), 슬랫(Slat)
③ 플랩(Flap), 스피드 브레이크(Speed Brake), 방향타(Ruder)
④ 플랩(Flap), 스피드 브레이크(Speed Brake), 보조날개(Aileron)

[정답] 12 ④　13 ②　14 ③　15 ①　**2** 01 ①

해설

날개(Wing)

날개는 공기역학적으로 양력을 발생시키며 플랩(Flap), 스피드 브레이크(Speed Brake), 스포일러(Spoiler)에 의해서 비행 모멘트에 영향을 준다.

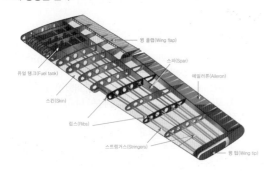

[소형 항공기 날개]

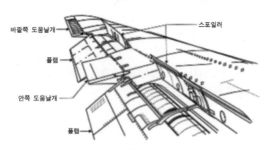

[대형(경비행기) 항공기 날개]

02 응력외피형 날개 부재의 역할 중 옳지 않은 것은?

① 날개보(Spar)는 전단력과 휨모멘트를 담당한다.
② 외피(Skin)는 비틀림 모멘트를 담당한다.
③ 스트링거(Stringer)는 압축응력에 의한 좌굴(Buck-ling)을 방지한다.
④ 리브(Rib)는 공기역학적인 형태를 유지하여야 한다.

해설

응력외피형 날개

- 날개보(Spar) : 전단력과 휨모멘트를 담당한다.
- 외피(Skin) : 비틀림 모멘트를 담당한다.
- 스트링거(Stringer) : 압축응력에 의한 좌굴(Buckling)을 방지한다.
- 리브(Rib) : 날개의 형태를 유지한다.

03 날개를 구성하는 주요구성 부재가 아닌 것은?

① 날개보(Spar)
② 리브(Rib)
③ 세로지(Stringer)
④ 론저론(Longeron)

해설

날개를 구성하는 주요구성 부재는 Spar, Rib, Stringer, Skin 등이 있다.

04 응력외피용 구조 날개에서 큰 응력을 받는 부위는?

① Spar
② Skin
③ Rib
④ Stringer

해설

응력외피용 구조 날개 외피(Skin)

전방 날개보와 후방 날개보 사이의 외피는 날개 구조상 큰 응력을 받기 때문에 응력외피라고 하며 높은 강도가 요구된다. 그러나 날개 앞전과 뒷전 부분의 외피는 응력을 별로 받지 않으며 공기역학적인 형태를 유지하여야 한다.

05 날개에 작용하는 대부분의 하중을 담당하는 구조 부재는?

① Spar
② Skin
③ Rib
④ Stringer

해설

날개보(Spar)

날개에 작용하는 대부분의 하중을 담당하며, 굽힘하중과 비틀림하중을 주로 담당하는 날개의 주 구조 부재이다.

06 좌굴을 방지하며, 외피를 금속으로 부착하기 좋게 하여 강도를 증가시키기는 부재는?

① Spar
② Rib
③ Skin
④ Stringer

해설

스트링거(Stringer)

날개의 굽힘강도를 크게 하기 위하여 날개의 길이 방향으로 리브 주위에 배치하며 좌굴(Buckling)을 방지하며, 외피를 금속으로 부착하기 좋게 하여 강도를 증가시키기도 한다.

07 날개의 가동장치의 슬랫(Slat)의 설명이 잘못된 것은?

① 장착 위치는 날개의 앞부분에 부착한다.

② 역할은 실속받음각을 감소시키는 동시에 최대양력을 증가시킨다.

③ 종류는 고정식과 가동식 슬랫이 있다.

④ 슬롯(Slot)은 슬랫이 날개 앞전부분의 일부를 밀어 내었을 때 슬랫과 날개 앞면 사이의 공간이다.

🔍 해설

슬랫(Slat)

- 날개의 앞부분에 부착
- 높은 압력의 공기를 날개 윗면으로 유도함으로써 날개 윗면을 따라 흐르는 기류의 떨어짐을 막고 실속받음각을 증가시키는 동시에 최대양력을 증가시킨다.
- 고정식, 가동식 슬랫

08 도움날개(Aileron)에 대한 설명이 잘못된 것은?

① 장착 위치는 항공기 날개의 양끝 부분에 장착한다.

② 위로 올라가는 범위와 아래로 내려가는 범위가 다른 구조를 차동조종장치라 한다.

③ 비행기의 옆놀이(Rolling) 모멘트를 발생시킨다.

④ 왼쪽 도움날개와 오른쪽 도움날개는 작동 시 서로 같은 방향으로 작동한다.

🔍 해설

도움날개(Aileron)

- 항공기 날개의 양끝 부분에 장착한다.
- 비행기의 옆놀이(Rolling) 모멘트를 발생시킨다.
- 차동조종장치(Differential Control System)은 왼쪽 도움날개와 오른쪽 도움날개는 작동시 서로 반대방향으로 작동되는데 위로 올라가는 범위와 아래로 내려가는 범위가 다른 구조를 차동조종장치라 한다.
- 대형항공기 및 고속기의 도움날개는 도움날개가 좌우에 각각 2개씩 있는 것도 있는 저속에서는 모두 작동하고 고속에서는 안쪽 도움날개만 작동한다.

09 날개의 장착방식이 아닌 것은?

① Braced Type Wing은 트러스 구조로 장착하기가 간단하고 무게도 줄일 수 있다.

② Braced Type Wing은 무게도 줄일 수 있고 공기저항이 커서 경항공기에 사용된다.

③ Cantilever Type Wing은 항력이 작아 고속기에 적합하다.

④ Cantilever Type Wing은 무게가 가볍다.

🔍 해설

날개장착방식

- 지주식 날개(Braced Type Wing) : 날개 장착부 지주(Strut)의 양끝점이 서로 3점을 이루는 트러스 구조로 장착하기가 간단하고 무게도 줄일 수 있으나 공기저항이 커서 경항공기에 사용된다. 날개와 동체를 연결하는 지주(Strut)에는 비행 중 인장력이 작용한다.
- 캔틸레버식 날개(Cantilever Type Wing) : 항력이 작아 고속기에 적합하나 다소 무게가 무겁다는 결점이 있다.

3 꼬리날개

01 항공기 꼬리날개의 역할은?

① 동체의 꼬리부분에 부착되어 비행기의 안정성과 조종성을 위한 것이다.

② 수평 안정판은 비행 중 비행기의 방향안정성을 담당한다.

③ 수직 안정판은 비행 중 비행기에 세로안정성을 담당한다.

④ Rudder는 조종간과 연결되어 비행기를 상승ㆍ하강시킨다.

🔍 해설

꼬리날개 역할

동체의 꼬리부분에 부착되어 비행기의 안정성과 조종성에 영향을 미친다.

02 항공기 꼬리날개(Tail Section)의 구성은?

① Elevator, Horizontal Stabilizer, Rudder, Vertical Stabilizer

② Flap, Aileron, Elevator, Fin

[정답] 07 ② 08 ④ 09 ④ 3 01 ① 02 ①

③ Aileron, Flap, Rudder, Horizontal Stabilizer

④ Flap, Rudder, Horizontal Stabilizer, Vertical Stabilizer

🔍 해설

꼬리날개(Tail Wing)의 구성

수평꼬리날개는 수평 안정판, 방향타, 수직꼬리날개는 수직 안정판, 승강타로 구성되어 있다.

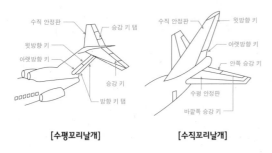

[수평꼬리날개]   [수직꼬리날개]

---

03 수직 안정판과 방향타의 역할이 옳지 않은 것은?

① 수직 안정판은 비행 중 비행기에 방향안정성을 담당한다.

② 왼쪽 페달을 차면 방향키는 왼쪽으로 움직여 수직꼬리 날개에 오른쪽 방향으로 양력이 생겨 기수는 왼쪽으로 돌아간다.

③ 비행 방향을 바꿀 때 사용되며 비행기의 키놀이(Pitch－ing) 모멘트를 발생시킨다.

④ 오른쪽 페달을 차면 방향키는 오른쪽으로 움직이고 수직꼬리날개에 왼쪽으로 양력이 생겨 기수는 오른쪽으로 돌아간다.

🔍 해설

수직꼬리날개

• 수직꼬리날개의 구성은 수직 안정판, 방향타로 구성되어 있다.

• 수직 안정판은 비행 중 비행기에 방향안정성을 담당한다.

• 방향키(Rudder)는 비행기의 비행 방향을 바꿀 때 사용되며 비행기의 빗놀이(Yawing)운동을 조종하며 페달에 연결되어 있다.

• 왼쪽 페달을 차면 방향키는 왼쪽으로 움직여 수직꼬리날개에 오른쪽 방향으로 양력이 발생하여 기수는 왼쪽으로 돌아가게 된다.

• 오른쪽 페달을 차면 방향키는 오른쪽으로 움직이고 수직꼬리날개에 왼쪽으로 양력이 생겨 기수는 오른쪽으로 돌아가게 된다.

---

04 수평꼬리날개의 설명이 잘못된 것은?

① 수평 안정판은 비행중 비행기의 세로 안정성을 담당한다.

② 승강키는 비행기를 상승·하강시키는 키놀이 모멘트를 발생시킨다.

③ 조종간을 밀면 양력이 감소하여 비행기 기수는 아래로 내려가게 된다.

④ 조종간을 잡아당기면 비행기의 기수는 위로 올라가게 된다.

🔍 해설

수평꼬리날개

• 수평꼬리날개는 수평 안정판, 승강키로 구성되어 있다.

• 수평 안정판은 비행 중 비행기의 세로안정성을 담당한다.

• Elevator는 조종간과 연결되어 비행기를 상승·하강시키는 Pitching 모멘트를 발생시킨다.

• 조종간을 밀면 승강키가 내려가서 수평꼬리 날개의 캠버가 커져 양력이 증가하여 비행기 수평꼬리 날개는 위쪽으로 올라가고 기수를 아래로 내려가게 된다.

• 조종간을 잡아당기면 승강키가 올라가 양력이 아래로 발생하여 비행기의 기수위로 올라가게 된다.

---

05 세로안정을 위해 Trim장치로 움직이게 되어 있는 것은?

① Horizontal Stabilizer

② Elevator

③ Vertical Stabilizer

④ Rudder

🔍 해설

Horizontal Stabilizer는 비행 중 비행기의 세로안정성을 담당하며 Trim장치에 의해 움직이게 된다.

---

06 비행 시 발생되는 난류를 감소시켜주고 방향안전성을 담당해 주는 것은?

① Flap   ② Dorsal Fin

③ Elevator   ④ Rudder

🔍 해설

Dorsal Fin(도살핀)

[정답] 03 ③ 04 ③ 05 ① 06 ②

항공기 수직 안정판에 연장된 부분으로 Vertical Stabilizer의 전방에 설치되어 Vertical Stabilizer와 Fuselage 사이의 유선 페어링(Streamline Fairing)으로 되어 비행 시에 발생되는 난류를 감소시켜 주고 항공기의 방향안정성을 증가시키는데 사용된다.

4 엔진 마운트 및 나셀

01 방화벽(Firewall)은 어느 곳에 위치하고 있는가?

① 연료탱크 앞에
② 조종석 뒤에
③ 엔진 마운트 앞에
④ 엔진 마운트 뒤에

🔍 해설

방화벽(Firewall)
방화벽은 엔진의 열이나 화염이 기체로 전달되는 것을 차단하는 장치이며, 재질은 스테인리스강, 티탄 합금으로 되어 있으며, 엔진 마운트 뒤에 위치한다.

02 항공기 기체에 장착된 Nacelle의 역할이 잘못 설명된 것은?

① 기체에 장착된 기관을 둘러싸는 부분을 말한다.
② 기관 및 기체에 장착된 기관을 둘러싸는 부분을 말한다.
③ 동체 안에 기관을 장착할 경우도 나셀이 필요하다.
④ 공기역학적으로 저항을 작게 하기 위하여 유선형으로 되어있다.

🔍 해설

나셀(Nacelle)
기체에 장착된 엔진을 둘러싸는 부분을 말한다. 나셀은 공기역학적으로 저항을 작게 하기 위하여 유선형으로 되어 있으며, 동체 안에 기관을 장착할 때에는 나셀이 필요가 없다. 나셀은 동체 구조와 마찬가지로 외피, 카울링, 구조 부재, 방화벽 그리고 엔진 마운트로 구성되어 있다.

03 항공기 엔진 마운트에 대한 설명이 잘못된 것은?

① 엔진 마운트(Engine Mount)는 기관의 무게를 지지하고 기관의 추력을 기체에 전달하는 구조로서 항공기 구조물 중 하중을 가장 많이 받는 곳 중의 하나이다.

② 방화벽은 기관의 열이나 화염이 기체로 전달되는 것을 차단하는 장치이며, 재질은 스테인리스강, 티탄 합금으로 되어 있으며, 엔진 마운트 뒤에 위치한다.
③ QEC(Quick Engine Change)엔진은 엔진을 떼어낼 때 부수되는 계통, 즉 연료계통, 유압선, 전기계통, 조절 링키지 및 엔진 마운트 등도 함께 쉽게 장탈 가능한 엔진을 말한다.
④ 방화벽은 기관의 열이나 화염이 기체로 전달되는 것을 차단하는 장치이며, 재질은 스테인리스강, 티탄 합금으로 되어 있으며, 엔진 마운트 앞에 위치한다.

🔍 해설

엔진 마운트(Engine Mount)
- 항공기엔진 마운트(Mount)는 항공기 엔진을 기체에 연결하는 중요한 부품이며, 엔진의 추력과 열로 인해 하중이 많이 걸리기 때문에 대부분 내열성이 강한 크롬-몰리브데늄 합금강(AN41430 Chrom-moly-bide alloy steel)으로 제작된다.
- 방화벽은 기관의 열이나 화염이 기체로 전달되는 것을 차단하는 장치이며, 재질은 스테인리스강, 티탄 합금으로 되어 있으며, 엔진 마운트 뒤에 위치한다.
- QEC(Quick Engine Change)엔진은 엔진을 떼어낼 때 부수되는 계통 즉 연료계통, 유압선, 전기계통, 조절 링키지 및 엔진 마운트 등도 함께 쉽게 장탈 가능한 엔진을 말한다.

엔진 마운트
방화벽

[왕복엔진 마운트]

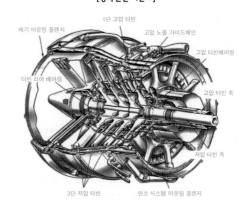

1단 고압 터빈
배기 마운팅 플랜지
고압 노즐 가이드베인
고압 터빈베어링
터빈 리어 베어링
고압 터빈 축
저압 터빈 축
3단 저압 터빈
연소 시스템 마운팅 플랜지

[제트엔진 마운트]

[정답] 4 01 ④ 02 ③ 03 ④

⑤ 강도와 안전성

01 구조재료의 Creep 현상을 바르게 설명한 것은?

① 재료가 일정한 온도에서 시간이 경과함에 따라 변형률이 변하는 상태

② 재료가 일정한 온도에서 시간이 경과함에 따라 하중이 일정하더라도 변형률이 변하는 현상

③ 재료가 일정한 온도에서 시간이 경과함에 따라 하중이 변하지 않는 현상

④ 재료가 온도가 변화함에 따라 하중이 변하지 않는 현상

해설 --------

Creep 현상
일정한 응력을 받는 재료가 일정한 온도에서 시간이 경과함에 따라 하중이 일정하더라도 변형률이 변화하는 현상

02 재료의 피로파괴를 바르게 설명한 것은?

① 피로파괴는 재료의 인성과 취성을 측정하기 위한 시험법이다.

② 피로파괴는 합금성질을 변화시키려는 성질을 말한다.

③ 피로파괴는 시험편(Test Piece)을 일정한 온도로 유지하고 이것에 일정한 하중을 가할 때 시간에 따라 변화하는 현상을 말한다.

④ 피로파괴는 재료에 반복하여 하중이 작용하면 그 재료의 파괴응력보다 훨씬 낮은 응력으로 파괴되는 현상을 말한다.

해설 --------

피로파괴
금속선을 계속 구부렸다가 펴면 절단되는 것처럼 반복적인 하중이 작용하면 재료의 파괴응력보다 훨씬 낮은 응력으로 파괴되는 현상

03 좌굴(Buckling) 현상을 바르게 설명한 것은?

① 작은 봉(Bar)은 좌굴강도에 의하여 파괴된다.

② 큰 인장하중을 받는 곳은 좌굴될 위험이 있다.

③ 큰 전단하중을 받는 곳에 위험이 있다.

④ 기둥에 압축하중이 커지면 강도를 견디지 못하는 현상

해설 --------

좌굴(Buckling) 현상
기둥에 압축하중이 커지면 휘어지면서 파단되어 더 이상 압축강도를 견디지 못하는 현상 이때의 응력을 좌굴 응력이라고 함

⑥ 부재와 강도

01 인장응력을 바르게 설명한 것은?

① 임의의 단면적에 작용하는 인장력

② 단위면적당 작용하는 압축력

③ 임의의 단면적에 작용하는 전단력

④ 단위면적당 작용하는 비틀림

해설 --------

인장응력은 인장하중을 가한 부재의 단면에 발생하는 인장방향의 응력을 말한다.

02 지름이 5[cm]인 원형단면인 봉에 1,000[kg]의 인장하중이 작용할 때 단면에서의 응력은 몇 [kg/cm²]인가?

① 101.8 ② 200

③ 50.9 ④ 63.7

해설 --------

$$\sigma = \frac{W}{A} = \frac{1,000}{2.5^2 \pi} \fallingdotseq 50.9[\text{kg/cm}^2]$$

여기서, σ : 인장응력[kg/cm], W : 인장력[kg], A : 단면적[cm]

03 항복강도에서 일어나는 응력은?

① 금속이 견딜 수 있는 최대응력

② 극한 강도(Ultimate Strength)

③ 인장 응력(Tensile Strength)

④ 탄성변형이 일어나는 한계응력

해설 --------

항복강도는 탄성변형이 일어나는 한계응력을 말한다.

[정답] ⑤ 01 ② 02 ④ 03 ④ ⑥ 01 ① 02 ③ 03 ④

04 응력이 증가하지 않아도 변형이 저절로 되는 점은?

① 비례한도점　　　　② 항복점
③ 탄성점　　　　　　④ 최대응력점

해설

항복점

응력이 증가하지 않아도 변형이 저절로 증가되는 점으로 이때의 응력을 항복응력 또는 항복강도라고 한다.

05 후크의 법칙(Hook Law)이 적용되는 범위는?

① 인장강도　　　　　② 비례한도
③ 소성영역 이내　　　④ 항복강도

해설

탄성영역(비례한도)

후크의 법칙이 적용되는 범위로서 이 안에서는 응력이 제거되면 변형률이 제거되어 원래의 상태로 돌아간다.

06 재료가 열을 받아도 늘어나지 못하게 양쪽 끝이 구속되어 있으면 발생되는 응력은?

① 순수전단응력　　　② 막응력
③ 후크응력　　　　　④ 열응력

해설

열응력

재료가 열을 받아도 늘어나지 못하게 양쪽 끝이 구속되어 있으면 재료 내부에서는 응력이 발생한다.

$$\delta = \alpha \cdot L(\Delta T)$$

여기서, δ : 늘어난 길이, α : 재료의 선팽창계수, L : 원래의 길이, ΔT : 온도변화

07 비행기의 원형 부재에 발생하는 전비틀림각과 이에 미치는 요소와의 관계로 틀린 것은?

① 비틀림력이 크면 비틀림각도 커진다.
② 부재의 길이가 길수록 비틀림 각은 작아진다.
③ 부재의 전단계수가 크면 비틀림각이 작아진다.
④ 부재의 극단면 2차 모멘트가 작아지면 비틀림각이 커진다.

해설

$$비틀림 \ \theta = \frac{TL}{GJ}$$

여기서, θ : 비틀림각, T : 토크(회전력), L : 부재의 길이, G : 전단 탄성계수, J : 극관성 모멘트

08 동체의 전단 응력에 대한 설명이 잘못된 것은?

① 동체의 전단 응력은 항공기 무게에 의해 발생된다.
② 동체의 전단 응력은 항공기 공기력에 의해 발생된다.
③ 동체의 전단 응력은 항공기 지면 반력에 의해 발생된다.
④ 동체의 좌우측 중앙에서 동체의 전단응력이 최소이다.

해설

전단응력은 외력이 서로 반대 방향으로 작용할 때 발생하는 응력으로, 항공기에 작용하는 외력(공기력, 무게, 반력 등)에 의해 항공기 각 요소에서 발생하며, 외력이 작용하는 중심에서 가장 크다.

7 비행성능과 하중

01 비행 중 비행기에 걸리는 하중은?

① 전단, 인장, 비틀림,
② 휨압축, 전단, 인장, 비틀림, 휨
③ 압축, 전단, 비틀림, 휨
④ 압축, 전단, 휨, 인장

해설

비행 중 기체 구조에 작용하는 하중

비행 중에 기체에는 인장력(Tension), 압축력(Compress), 전단력(Shear), 굽힘력(Bending), 비틀림력(Torsion)이 작용한다.

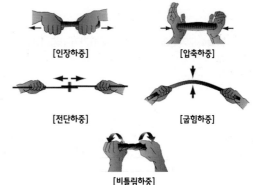

[인장하중]　　　　　[압축하중]

[전단하중]　　　　　[굽힘하중]

[비틀림하중]

02 비행 중 동체에 걸리는 하중을 바르게 나열한 것은?

① 윗면과 아랫면에 모두 압축응력
② 윗면과 아랫면에 모두 인장응력
③ 윗면에 압축응력, 아랫면에 인장응력
④ 윗면에 인장응력, 아랫면에 압축응력

🔍 해설

비행 중 동체의 윗면에는 인장응력이 아랫면에는 압축응력이 작용한다.

03 항공기의 날개 구조 중 최대 휨 모멘트를 받는 곳은 어디인가?

① 날개 끝에서 $\frac{2}{3}$ 지점
② 날개 중간
③ 날개 끝
④ 날개 뿌리

🔍 해설

날개의 구조 중 최대 휨 모멘트가 작용하는 부분은 날개의 뿌리 부분이다.

04 설계하중을 바르게 설명한 것은?

① 설계하중＝한계하중
② 설계하중＝한계하중＋안전계수
③ 설계하중＝안전계수
④ 설계하중＝한계하중×안전계수

🔍 해설

설계하중은 기체가 견딜 수 있는 최대의 하중으로 한계하중에 안전계수의 곱으로 표현되며, 일반적으로 안전계수는 1.50이다.

05 실속속도가 80[Km/h]인 비행기가 150[Km/h]로 비행 중 급히 조종간을 당겼을 때 비행기에 걸리는 하중 배수는 약 얼마인가?

① 0.75
② 1.50
③ 2.25
④ 3.52

🔍 해설

$$하중배수 = \frac{V^2}{Vs^2} = \frac{150^2}{80^2} = 35.156$$

06 기체의 영구 변형이 일어나더라도 파괴되지 않는 하중은?

① 돌풍하중
② 극한하중
③ 한계하중
④ 설계하중

🔍 해설

한계하중은 기체 구조상의 최대하중으로 기체의 영구변형이 일어나더라도 파괴되지 않는 하중을 말한다.

07 항공기의 일반적인 구조물의 경우 안전계수는?

① 0.5
② 1
③ 1.5
④ 2

🔍 해설

안전계수
- 일반 구조물 : 1.5
- 주물 : 1.25～2.0
- 결합부(Fitting) : 1.15 이하
- 힌지(Hinge) 면압 : 6.67 이하
- 조종계통 힌지(Hinge), 로드(Rod) : 3.33 이하

08 항공기의 무게중심을 맞추기 위하여 무엇을 사용하는가?

① Tare
② Ballast
③ Weight
④ Count Weight

🔍 해설

Ballast
항공기의 무게중심을 맞추기 위해 사용하는 모래주머니, 납 등을 말한다.

09 운항자기(Operating Empty Weight) 무게에 포함되는 것은?

① 화물 무게
② 사용 가능한 연료의 무게
③ 승객 무게
④ 장비품 및 식료품

🔍 해설

운항자기 무게(Operating Empty Weight)
자기 무게의 운항에 필요한 승무원, 장비품, 식료품 등의 무게를 포함한 무게로 승객, 화물, 연료, 윤활유는 포함하지 않는다.

[정답] 02 ④   03 ④   04 ④   05 ④   06 ③   07 ③   08 ②   09 ④

10 항공기 자기 무게에 속하지 않은 것은?

① 기체 무게
② 동력 장치무게
③ 잔여 연료무게
④ 유상하중

🔍 해설

자기 무게

항공기 자기 무게에는 항공기 기체 구조, 동력장치, 필요 장비의 무게에 사용 불가능한 연료, 배출 불가능한 윤활유, 기관 내 냉각액의 전부, 유압 계통 작동유의 무게가 포함되며 승객, 화물 등의 유상하중, 사용가능한 연료, 배출 가능한 윤활유의 무게를 포함하지 않은 상태에서의 무게이다.

11 최대이륙중량(Maximum Take-off Gross Weight)이란?

① 지상에서 이용할 수 있는 허가된 최대의 중량
② 착륙이 허용될 수 있는 최대의 중량
③ 제작 시 기본무게에 운항 시 필요한 품목을 더한 무게
④ 최대활주 총무게에서 Engine Run-up, Taxing Holding 등에 사용된 연료를 뺀 무게

🔍 해설

최대이륙중량

최대활주 총무게에서 Engine Run-up, Taxing Holding 등에 사용된 연료를 뺀 무게를 말한다.

12 항공기 무게의 설계 단위 측정 시 여자 승객의 무게는?

① 55[kg]
② 65[kg]
③ 70[kg]
④ 75[kg]

🔍 해설

항공기 탑재물 설계 단위 무게

항공기 탑재물에 대한 무게를 정하는데 기준이 되는 설계상 무게

• 남자 : 75[kg]
• 여자 : 65[kg]
• 가솔린 : 1[L]당 0.7[kg]
• 윤활유 : 1[L]당 0.9[kg]

13 항공기 위치의 Buttock Line이란?

① 항공기의 전방에서 Tail Cone까지 평행하게 측정한 길이
② 항공기의 동체의 수평면으로부터 수직의 높이
③ 날개의 후방 빔에서 수직하게 밖으로부터 안쪽 가장자리를 측정한 길이
④ 항공기 수직 중심선을 기준으로 좌·우의 평행한 폭

🔍 해설

Buttock Line

항공기의 수직 중심선을 기준으로 좌·우의 평행한 폭을 의미한다.

14 항공기 총모멘트가 125,000[kg·cm]이고 총무게가 500[kg]일 때, 이 항공기의 무게중심은?

① 210.4[cm]
② 230[cm]
③ 250[cm]
④ 270[cm]

🔍 해설

$$C.G = \frac{총모멘트}{총무게} = \frac{125,000}{500} = 250[cm]$$

15 항공기 무게측정 결과에 따른 무게중심은? (단, 1[gal]당 무게는 7.5[lbs]이다.)

측정 항목	무게(lbs)	거리(inch)
오른쪽 큰바퀴	617	68
왼쪽 큰바퀴	614	68
앞바퀴	152	−26
윤활유(OIL)	−60	−30

① 57.67[in]
② 67.67[in]
③ 63.66[in]
④ 61.64[in]

🔍 해설

$$C.G = \frac{총모멘트}{총무게}$$

$$= \frac{(617 \times 68) + (614 \times 68) + (152 \times -26) + (-60 \times -30)}{617 + 614 + 152 - 60}$$

$$≒ 61.64[in]$$

[정답] 10 ④ 11 ④ 12 ② 13 ④ 14 ③ 15 ④

16 비행기의 무게가 2,500[kg] 이고 중심 위치는 기준선 후방 0.5[m]에 있다. 기준선 후방 4[m]에 위치한 10[kg]짜리 좌석2개를 떼어내고 기준선 후방 4.5[m]에 17[kg]짜리 항법 장치를 장착하였으며, 이에 따른 구조 변경으로 기준선 후방 3[m]에 12.5[kg]의 무게 증가 요인이 추가 발생하였다면 이 비행기의 새로운 무게중심 위치는?

① 기준선 전방 약 0.21[m]
② 기준선 전방 약 0.51[m]
③ 기준선 후방 약 0.21[m]
④ 기준선 후방 약 0.51[m]

해설

중심위치

$$중심위치(C.G) = \frac{총모멘트}{총무게}$$

$$= \frac{(2,500 \times 0.5) + (-4 \times 10 \times 2) + (4.5 \times 17) + (3 \times 12.5)}{2,500 - 20 + 17 + 12.5}$$

$$= \frac{1,284}{2,509.5} = 0.5116[m]$$

---

⑧ 금속 기초

01 원자 배열의 변화 없이 금속의 자성 변화만 일으키는 형태는?

① 자기 변태
② 동위 변태
③ 등가 변태
④ 동소 변태

해설

금속의 변태
① 변태 : 온도 상승으로 고체가 액체나 기체로 변하는 현상(금속의 상태가 변화하는 현상)
② 동소 변태 : 자기 상태를 그대로 유지 하려는 성질(원인 : 원자 배열의 변화, 특정 결정격자형식 변화)
③ 자기 변태 : 원자 배열 변화 없이 자성만 변하는 성질
  • 순철의 자기 변태점(A2) – 768[℃] 부근에서 급격히 자성 변함
④ 순철의 3개 동소체
  • α(알파)철 : 910[℃] 이하 – 체심입방격자
  • γ(감마)철 : 910~1400[℃] 사이 – 면심입방격자(가공성 양호)
  • δ(델타)철 : 1400~1538[℃] 사이 – 체심입방격자

02 금속의 원래 형태로 되돌아가려는 성질을 무엇인가?

① 취성
② 탄성
③ 연성
④ 인성

해설

금속의 성질
① 전성(Malleability) : 퍼짐성
② 연성(Ductility) : 뽑힘성
③ 탄성(Elasticity) : 외력을 가한 후 그 힘을 제거하면 원래의 상태로 되돌아가려는 성질
④ 취성(Brittleness) : 부서지는 성질, 여린 성질
⑤ 인성(Toughness) : 질긴 성질(찢어지거나 파괴되지 않음. 인성의 반대는 취성)
⑥ 전도성(Conductivity) : 열이나 전기를 전도시키는 성질, 용접가공과 압접가공에 매우 중요
⑦ 강도(Strength) : 하중에 견딜 수 있는 정도
⑧ 경도(Hardness) : 단단한 정도, 정적 강도 표시 기준

03 휨이나 변형이 거의 일어나지 않고 부서지는 성질은?

① 연성
② 전성
③ 취성
④ 탄성

해설

취성(Brittleness)
휨이나 변형이 거의 일어나지 않고 부서지거나 파열되는 성질을 말하며, 취성이 큰 금속은 변형되지 않고 파열 또는 부서지므로, 하중에 의한 충격을 많이 받는 구조용 재료에서는 좋지 못하다.

04 재료의 인성과 취성을 측정하기 위해 실시하는 동적 시험법은?

① 인장시험
② 전단시험
③ 충격시험
④ 경도시험

해설

충격시험
충격력에 대한 재료의 충격저항을 시험하는 것으로서, 일반적으로 재료의 인성 또는 취성을 시험한다.

05 일감을 가열하여 해머 등으로 단련 및 성형하는 방법은?

① 단조 가공 ② 프레스 가공
③ 압연 가공 ④ 인발 가공

해설

단조(Forging)
보통 열간 가공에서 적당한 단조 기계로 재료를 소성 가공하여 조직을 미세화 시키고, 균질 상태로 하면서 성형한다.

06 회전롤러 사이에서 판재나 봉재를 가공하는 방식은?

① 단조 가공 ② 프레스 가공
③ 압연 가공 ④ 인발 가공

해설

압연(Rolling)
재료를 열간 또는 냉간 가공하기 위하여 회전하는 Roller 사이를 통과시켜 원하는 두께, 폭 또는 지름을 가진 제품을 만든다.

07 한 쌍의 형틀 사이에서 가공하는 것은?

① 단조 가공 ② 프레스 가공
③ 압연 가공 ④ 인발 가공

해설

프레스(Press)
금속 판재를 위, 아래 한 쌍의 프레스 형틀 사이에 넣고, 원하는 모양으로 성형, 가공하는 것을 말한다.

08 실린더 모양의 용기 속에 재료를 넣고 램(Ram) 압력을 가하는 소성 가공 방법은?

① 압출 가공 ② 프레스 가공
③ 압연 가공 ④ 인발 가공

해설

압출(Extrusion)
상온 또는 가열된 금속을 실린더 형상을 한 용기(Container)에 넣고, 한쪽에 Ram에 압력을 가하여 봉재, 판재, 형재 등의 제품으로 가공하는 것을 말한다.

09 봉재 및 선재를 뽑아내는 가공은?

① 압출 가공 ② 프레스 가공
③ 압연 가공 ④ 인발 가공

해설

인발(Drawing)
금속 Pipe 또는 봉재를 Die에 통과시켜 축 방향으로 잡아당겨 바깥 지름을 감소시키면서 일정한 단면을 가진 소재 또는 제품으로 가공하는 방법을 말한다.

10 순철의 변태에 있어서 910~1400[°C] 사이에 면심입방격자를 갖는 철의 이름은?

① γ철 ② β철
③ α철 ④ δ철

해설

순철 : 철 중에서 불순물이 전혀 섞이지 않은 철
- 순철의 3개 동소체(α철, γ철, δ철)
  - α철 : 912[°C] 이하, 체심입방격자
  - γ철 : 912~1,394[°C] 면심입방격자
  - δ철 : 1,394[°C] 이상, 체심입방격자

2 항공기 재료

1 금속 재료

01 AN 667이 사용되는 항공기용 Cable End는?

① Road End ② Eye End
③ Fork End ④ Ball End

해설

Cable Terminal
용도에 따라 Ball End (AN664), Threaded End(AN666) Fork End(AN667), Eye End (AN668) 등이 있다.

[정답] 05 ① 06 ③ 07 ② 08 ① 09 ④ 10 ① 2. 항공기 재료 1 01 ③

02 항공기 Landing Gear에 사용하는 재료는?

① 알루미늄   ② 내열 합금
③ 고장력강   ④ 티타늄 합금

🔎 **해설**

Landing Gear에 사용되는 재료
탄소함유량이 0.35[%] 이상 함유된 고장력강으로 SAE4130이나 SAE4340을 사용한다.

03 항공기 Engine Mount에 사용되는 재질은?

① 관으로 된 강철   ② 속이 비지 않은 강철
③ 속이 꽉 찬 마그네슘   ④ 관으로 된 알루미늄

🔎 **해설**

Engine Mount에 사용되는 재료
관으로 된 강철을 사용하여 무게를 경감시킨다.

04 항공기에 탄소강이 많이 사용되는 곳은?

① Wing   ② Landing gear
③ Engine   ④ Cotter Pin, Cable

🔎 **해설**

항공기용 Cotter Pin과 Cable은 탄소강을 주로 사용한다.

05 탄소강에서 규소 원소의 영향에 대한 설명 중 틀린 것은?

① 용접성을 해친다.   ② 냉간 가공성을 해친다.
③ 주조성을 해친다.   ④ 충격저항을 감소시킨다.

🔎 **해설**

탄소강에서 규소 원소의 영향
① 유동성이 양호하여 주조 성능 우수
② 단접성과 냉간 가공성 불량 및 충격저항 감소
③ 저탄소강의 규소 함유량 제한 : 0.2[%] 이하

06 저탄소강의 탄소함유량은?

① 탄소를 0.1 ~ 0.3[%] 포함한 강
② 탄소를 0.3 ~ 0.5[%] 포함한 강
③ 탄소를 0.6 ~ 1.2[%] 포함한 강
④ 탄소를 1.2[%] 이상 포함한 강

🔎 **해설**

탄소강의 분류
① 저탄소강(연강)
  - 탄소 0.1~0.3[%] 함유
  - 전연성 양호
  - 구조용 Bolt, Nut, 핀 등
  - 항공기 – 안전 결선용 철사, 케이블 부싱, 로드 등, 판재 – 2차 구조재로 사용
② 중탄소강
  - 탄소 0.3~0.6[%] 함유
  - 표면경도 요구시 담금질
④ 고탄소강
  - 탄소 0.6~1.2[%] 함유
  - 강도, 경도 및 전단이나 마멸에 강함
  - 높은 인장력이 필요한 철도 레일, 기차 바퀴, 공구, 스프링에 이용

07 특수 합금강이란?

① Fe과 C와의 합금
② 비자성체인 소결 합금
③ 비철 금속과 특수 원소의 합금
④ 탄소강과 특수 원소의 합금

🔎 **해설**

특수강(합금강)
- 탄소강과 특수 원소의 합금
- 특수 원소 – 니켈, 크롬, 텅스텐, 몰리브덴, 바나듐, 붕소, 티탄 등

08 SAE 강의 분류로 4130은?

① 몰리브덴 1[%]에 탄소 30[%]를 함유한 몰리브덴강
② 몰리브덴 1[%]에 탄소 30[%]를 함유한 크롬강
③ 몰리브덴 4[%]에 탄소 0.30[%]를 함유한 탄소강
④ 몰리브덴 1[%]에 탄소 0.30[%]를 함유한 몰리브덴강

[정답] 02 ③   03 ①   04 ④   05 ③   06 ①   07 ④   08 ④

🔍 해설

강의 식별

SAE 4130
- SAE : 합금강 표시
- 4 : 합금의 종류(몰리브덴)
- 1 : 합금 원소의 합금량(몰리브덴 1[%])
- 30 : 탄소의 평균 함유량(0.3[%])

09 SAE 2330 강이란?

① 탄소 3[%] 함유 강   ② 몰리브덴 3[%] 함유 강

③ 니켈 3[%] 함유 강   ④ 텅스텐강 3[%] 함유 강

🔍 해설

SAE 2330
- 2 : 니켈강
- 3 : 니켈의 함유량(3[%])
- 30 : 탄소의 함유량(0.3[%])

10 합금강의 식별표시에 있어서 옳게 짝지어진 것은?

① 3XXX-니켈크롬강   ② 2XXX-몰리브덴강

③ 6XXX-니켈강   ④ 5XXX-탄소강

🔍 해설

합금의 종류 및 합금 번호

탄소강	1	크롬강	5
니켈강	2	크롬바나듐강	6
니켈크롬강	3	니켈크롬몰리브덴강	8
몰리브덴강	4		

11 강철은 단단하게 한 후에 다시 완화해야 하는 이유는?

① 강도와 연성을 증가시키기 위하여

② 연성과 부스러지는 현상을 줄이기 위하여

③ 강도를 증가시키고 내부응력을 증가시키기 위하여

④ 내부응력을 경감시키고 부스러지는 현상(Brittleness)을 줄이기 위하여

🔍 해설

내부응력을 경감시키고 Brittleness를 줄이기 위해서는 단단하게 한 후 다시 완화하여야 한다.

12 니켈 합금강이 사용되는 곳은?

① 부식성이 있는 주위에 사용한다.

② 높은 온도를 받는 곳에서 사용한다.

③ 높은 강도를 받는 곳에서 사용한다.

④ 진동에 의해 저항이 유지되는 곳에 사용한다.

🔍 해설

니켈강
- C : 0.3~0.4[%], Ni : 1.4~5[%]
- 담금질효과가 좋고 고온에서 결정입자의 조대화가 없다. 강도가 크고 내마멸성 및 내식성이 우수하며 고온에서 사용하는 재료에 적합하다
- 볼트, 터미널 키, 링크, 핀 등 기계 부속품에 사용한다.

13 18-8로 기입된 금속은?

① 알루미늄

② 마그네슘

③ 크롬-니켈-몰리브덴강

④ 구조강

🔍 해설

크롬몰리브덴강

Cr(18[%]) - Ni(8[%])은 오스테나이트계로 내식, 내산성이 13[%] Cr보다 우수하며 오스테나이트 조직이므로 비자성체이다. 용접성은 스테인리스강에서 가장 우수하며 담금질로 경화되지 않는다.

14 항공기 엔진의 방화벽을 만들 때 주로 사용되는 것은?

① 알루미늄 합금강   ② 스테인리스강

③ 크롬몰리브덴 합금강   ④ 마그네슘티타늄 합금강

🔍 해설

방화벽(Firewall)

방화벽은 기관의 열이나 화염이 기체로 전달되는 것을 차단하는 장치이며, 재질은 스테인리스강, 티탄 합금으로 되어 있다.

[정답] 09 ③   10 ①   11 ④   12 ②   13 ①   14 ②

② 비철금속 재료

01 알루미늄의 합금의 특성이 아닌 것은?

① 기계적 성질이 좋다.　② 가공성이 좋다.

③ 시효경화성이 없다.　④ 내식성이 좋다.

🔍 해설

알루미늄 합금의 특성

① 가공성이 좋다.
② 적절히 처리하면 내식성 좋다.
③ 합금 비율에 따라 강도, 강성이 크다.
④ 상온에서 기계적 성질이 좋다.
⑤ 시효경화성을 갖는다.

02 순수알루미늄 성질을 잘못 설명한 것은?

① 암모니아에 대한 내식성이 크다.

② 전기 및 열의 양도체이다.

③ 표면에 산화 피막을 입힌다.

④ 바닷물에 침식하지 않는다.

🔍 해설

순수 알루미늄의 특성

알루미늄의 비율이 99[%]이며, 비중이 2.7, 흰색 광택을 내는 비자성체이고 내식성이 강하고 가공성, 전기 및 열의 전도율이 매우 좋다. 또 무게가 가볍고 660[℃]의 비교적 낮은 온도에서 용해되며 유연하고 전연성이 우수하다. 그러나 인장강도가 낮아 구조부분에는 사용할 수 없으며 알루미늄 합금을 만들어 사용한다.

03 AA식별번호 1100이고 순도 알루미늄은 어떤 종류인가?

① 아연이 포함된 알루미늄

② 99.9[%] 순수 알루미늄

③ 11[%] 구리가 포함된 알루미늄

④ 열처리한 알루미늄 합금

🔍 해설

알루미늄 합금

1100 : 99.9[%] 이상의 순수 알루미늄으로, A-2S에 해당한다. 내식성은 있으나 열처리가 불가능하며, 냉간 가공에 의하여 인장 강도가 17[kgf/mm^2]로 증가되지만, 구조용으로는 사용하기 곤란하다.

04 미국알루미늄협회(A.A)에서 정한 알루미늄 합금판 규격을 바르게 표시한 것은?

① 4자리 숫자　　　② 3자리 숫자＋문자

③ 문자＋4자리 숫자　④ 5자리 숫자

🔍 해설

AA 규격 식별 기호

미국 알루미늄협회에서 가공용 알루미늄 합금에 통일하여 지정한 합금 번호로서 네자리 숫자로 되어 있다.
- 첫째자리 숫자 : 합금의 종류
- 둘째자리 숫자 : 합금의 개량 번호
- 나머지 두자리 숫자 : 합금 번호

05 알루미늄 합금이 초고속기 재료로서 적당하지 않은 이유는?

① 무겁기 때문　　　② 부식성이 심하기 때문

③ 열에 약하기 때문　④ 전기저항이 크기 때문

🔍 해설

알루미늄의 특징

문제 1, 2 해설 참조

06 알루미늄 합금 2024의 첫째자리 "2"는 무엇인가?

① 함유량　　　　　② 합금 개량 번호

③ 합금의 번호　　　④ 주합금의 원소

🔍 해설

알루미늄	Al	주합금의 원소	2
개량번호	0	다른 합금의 종류	24
조질 상태의 표시	T$_4$		

[정답] ② 01 ③　02 ④　03 ②　04 ①　05 ③　06 ④

07 대형 항공기 윗면에 주로 많이 사용되는 7075(AA)에 알루미늄과 무엇이 가장 많이 합금되어있는가?

① 구리　　　　　　② 아연
③ 망간　　　　　　④ 마그네슘

🔍 **해설**

AA 7075(75S)
- 성분 : Al+Zn(5.6%)+Mg(2.5%)+Mn(0.3%)+Cr(0.3%)
- 일명 E.S.D(Extra Super Duralumin)
- 알루미늄 합금 중 가장 강함

08 티타늄 합금과 알루미늄 합금의 비교 시 옳지 않은 것은?

① 티타늄 합금이 알루미늄 합금보다 강도가 높다.
② 티타늄 합금이 알루미늄 합금보다 내식성이 불량하다.
③ 티타늄 합금이 알루미늄 합금보다 비중이 1.6배이다.
④ 티타늄 합금이 알루미늄 합금보다 내열성이 좋다.

🔍 **해설**

티타늄의 특성
① 비중 4.5(Al보다 무거우나 강(steel)의 1/2 정도)
② 융점 1,730[℃](스테인리스강 1,400[℃])
③ 열전도율이 적다.(0.035)(스테인리스 0.039)
④ 내식성(백금과 동일) 및 내열성 우수(Al 불수강보다 우수)
⑤ 생산비가 비싸다.(특수강의 30~100배)
⑥ 해수 및 염산, 황산에도 완전한 내식성
⑦ 비자성체(상자성체)

09 미국규격협회(ASTM)에서 정한 질별기호 중 "O"는 무엇을 나타내는가?

① 주조한 그대로의 상태인 것
② 담금질 후 시효경화 진행 중인 것
③ 가공경화한 것
④ 연화, 재결정화의 처리가 된 것

🔍 **해설**

질별 기호(냉간 가공 및 열처리 상태 표시)
- F : 제조된 그대로의 것
- O : 연화, 재결정화의 처리가 된 것
- H : 가공 경화된 것

10 알루미늄 합금의 성질별 기호 중 T_6의 의미는?

① 용체화 처리 후 냉간 가공한 것
② 용체화 처리 후 안정화 처리한 것
③ 용체화 처리 후 인공 시효 처리한 것
④ 제조시에 담금질 후 인공 시효 경화

🔍 **해설**

질별 기호(냉간 가공 및 열처리 상태 표시)
- T : F.O.H 이외의 열처리를 받은 재질
- T_2 : 풀림처리
- T_3 : 담금질 후 냉간 가공
- T_4 : 담금질 후 상온 시효 완료
- T_5 : 제조 후 바로 인공 시효 처리
- T_6 : 담금질 후 인공 시효 경화
- T_7 : 담금질 후 안정화 처리
- T_8 : 담금질 처리 후 냉간 가공 후 인공 시효 처리한 것
- T_9 : 담금질 처리 후 인공시효 후 냉간가공
- T_{10} : 담금질 처리를 하지 않고 인공 시효만 실시

11 2024-T_{36} 알루미늄에서 T_{36}은 무엇을 뜻하는가?

① 가열냉간(Annealing) 처리를 했다.
② 인공적 경화를 시켰다.
③ 용액 내에서 열처리를 하여 6[%] 정도 연화시키기 위하여 냉간 가공을 했다.
④ 인장에서 의해 경화되었다.

🔍 **해설**

T_{36}은 용체화 처리 후 냉간 가공으로 체적률을 6[%] 감소한 재료를 의미한다.

12 알루미늄 합금이 강철에 비해서 항공기 재료로 적합한 이유는?

① 변태점이 제일 낮다.　　② 무게가 가볍다.
③ 부식이 잘 된다.　　　　④ 전기가 잘 통한다.

🔍 **해설**

알루미늄 합금
알루미늄은 무게가 가볍고, 660[℃]의 비교적 낮은 온도에서 용해되며, 다른 금속과 합금이 쉽고 유연하며, 전연성이 우수하다.

[정답] 07 ②　08 ②　09 ④　10 ③　11 ③　12 ②

13 2117-T 리벳보다 강한 강도가 요구되는 곳에 사용되는 리벳은?

① 1100 리벳(A)
② 2017-T 리벳(D)
③ 2117-T 리벳(AD)
④ 2024-T 리벳(DD)

🔍 **해설**

2017-T 리벳(D)

2117-T 리벳보다 강한 강도가 요구되는 곳에 사용되는 리벳으로 열처리인 풀림 처리를 한 후에 사용한다. 풀림 처리를 한 후 상온에 두면 경화되기 때문에 냉장고에 보관하여 사용한다.

14 항공기의 주요 강도 구조재 이외의 거의 모든 구조 부품에 사용되는 리벳은?

① 2117-T의 재질인 리벳
② 2017-T의 재질인 리벳
③ 2024-T의 재질인 리벳
④ 2024-T_2의 재질의 직경

🔍 **해설**

2117-T 리벳(AD)

알루미늄 합금 리벳으로서 구조 부재용 리벳이다. 열처리를 하지 않고 상온에서 작업할 수 있으며, 항공기 구조에 가장 많이 사용되는 리벳이다.

15 2017T 보다 강한 강도를 요구하는 항공기 주요 구조용으로 사용되고 열처리 후 냉장고에 보관하여 사용하며 상온에 노출 후 10분에서 20분 이내에 사용하여야 하는 리벳은?

① A17ST(2117)-AD
② 17ST(2017)-D
③ 24ST(2024)-DD
④ 2S(1100)-A

🔍 **해설**

2024-T (DD)리벳

이 리벳은 비교적 강도가 높은 구조 부재에 사용되며, 열처리를 한 다음 냉장고에 보관하여 사용해야 한다. 리벳작업은 냉장고에서 꺼낸 다음 10~20분 이내 사용해야 한다.

---

③ 복합 재료

01 복합 소재(Composite)의 장점은?

① 무게당 강도비율이 아주 높다.
② 비용이 많이 든다.
③ 제작이 복잡하다.
④ 부식에 약하다.

🔍 **해설**

복합 재료의 장점
① 무게당 강도 비율이 높고 알루미늄을 복합 재료로 대처하면 약 30[%] 이상의 인장, 압축강도가 증가하고 약 20[%] 이상의 무게 경감 효과가 있다.
② 복잡한 형태나 공기역학적인 곡선 형태의 제작이 쉽다.
③ 일부의 부품과 파스너를 사용하지 않아도 되므로 제작이 단순해지고 비용이 절감된다.
④ 유연성이 크고 진동에 강해서 피로응력의 문제를 해결한다.
⑤ 부식이 되지 않고 마멸이 잘 되지 않는다.

02 가장 이상적인 복합 소재이며 진동이 많은 곳에 쓰이고 노란색을 띄는 섬유는?

① 유리 섬유
② 탄소 섬유
③ 아라미드 섬유
④ 보론 섬유

🔍 **해설**

강화재
① 유리 섬유(Glass Fiber) : 내열성과 내화학성이 우수하고 값이 저렴하여 강화 섬유로서 가장 많이 사용되고 있다. 그러나 다른 강화 섬유보다 기계적 강도가 낮아 일반적으로 레이돔이나 객실 내부 구조물 등과 같은 2차 구조물에 사용한다. 유리 섬유의 형태는 밝은 회색의 천으로 식별할 수 있고 첨단 복합 소재 중 가장 경제적인 강화재이다.
② 탄소 섬유(Carbon/Graphite Fiber) : 열팽창계수가 작기 때문에 사용온도의 변동이 있더라도 치수 안정성이 우수하다. 그러므로 정밀성이 필요한 항공 우주용 구조물에 이용되고 있다. 또, 강도와 강성이 높아 날개와 동체 등과 같은 1차 구조부의 제작에 쓰인다. 그러나 탄소 섬유는 알루미늄과 직접 접촉할 경우에 부식의 문제점이 있기 때문에 특별한 부식방지처리가 필요하다. 탄소 섬유는 검은색 천으로 식별할 수 있다.
③ 보론 섬유(Boron Fiber) : 양호한 압축강도, 인성 및 높은 경도를 가지고 있다. 그러나 작업할 때 위험성이 있고 값이 비싸기 때문에 민간 항공기에는 잘 사용되지 않고 일부 전투기에 사용되고 있다. 많은 민간 항공기 제작사들은 보론 대신 탄소 섬유와 아라미드 섬유를 이용한 혼합 복합 소재를 사용하고 있다.

[정답] 13 ② 14 ① 15 ③ **③** 01 ① 02 ③

④ 아라미드 섬유 : 다른 강화 섬유에 비하여 압축강도나 열적 특성은 나쁘지만 높은 인장강도와 유연성을 가지고 있으며 비중이 작기 때문에 높은 응력과 진동을 받는 항공기의 부품에 가장 이상적이다. 또, 항공기 구조물의 경량화에도 적합한 소재이다. 아라미드 섬유는 노란색 천으로 식별이 가능하다.

⑤ 세라믹 섬유(Ceramic) : 높은 온도의 적용이 요구되는 곳에 사용된다. 이 형태의 복합 소재는 온도가 1,200[℃]에 도달할 때까지도 대부분의 강도와 유연성을 유지한다.

- 이용성이 넓고, 가격이 저렴해서 가장 많이 사용하는 보강용 파이버이다.
- E-Glass : Borosilicate Glass로, 일반적으로 많이 사용하는 것으로 높은 고유저항을 가지고 있어 Electric Glass라고 한다.
- Glass : Magnesia-Alumina-Silicate Glass이고 높은 인장강도가 요구되는 곳에 쓰인다.
- 밝은 흰색의 천(White Gleaming Cloth)으로 식별이 가능하다.

03 항공기에 복합 소재를 사용하는 주된 이유는 무엇인가?

① 금속보다 저렴하기 때문에
② 금속보다 오래 견디기 때문에
③ 금속보다 가볍기 때문에
④ 열에 강하기 때문에

🔍 해설

약 20[%] 이상의 무게 경감 효과가 있다.

04 Kevlar라 불리며, 유연성이 좋고 경량인 섬유는?

① Boron Fiber
② Alumina Fiber
③ Aramid Fiber
④ Carbon Fiber

🔍 해설

Kevlar
아라미드라고 하며 노란색이다. 유연성이 좋아 진동이나 큰 하중이 작용하는 곳에 사용된다.

05 흰색 천으로 식별이 가능하며 내열성, 내화학성이 우수한 섬유는?

① Boron Fiber
② Alumina Fiber
③ Glass Fiber
④ Carbon Fiber

🔍 해설

유리 섬유(Glass Fibe)
- 용해된 실리카 글래스(Silica Glass)의 작은 가락을 섬유로 만든 것이다.

06 강화재 중에서 기계적 성질이 우수하여 제트기 동체나 날개 부분에 사용되지만, 중화학반응이 커서 취급하기가 어렵고 가격이 비싼 복합 재료는?

① 보론 섬유
② 아라미드 섬유
③ 탄소 섬유
④ 알루미나 섬유

🔍 해설

보론 섬유(Boron Fiber)
양호한 압축강도, 인성 및 높은 경도를 가지고 있다. 그러나 작업할 때 위험성이 있고 값이 비싸기 때문에 민간 항공기에는 잘 사용되지 않고 일부 전투기에 사용되고 있다. 많은 민간 항공기 제작사들은 보론 대신 탄소 섬유와 아라미드 섬유를 이용한 혼합 복합 소재를 사용하고 있다.

07 탄소 섬유에 대한 설명 중 옳지 않은 것은?

① 사용온도의 변동이 있어도 치수가 안정적이다.
② 그래파이트 섬유라고도 한다.
③ 다른 금속과 접촉하여도 부식이 일어나지 않아 부식방지처리가 불필요하다.
④ 날개와 동체 등과 같은 1차 구조부의 제작에 사용된다.

🔍 해설

탄소 섬유(Carbon/Graphite Fiber)
열팽창계수가 작기 때문에 사용온도의 변동이 있더라도 치수 안정성이 우수하다. 그러므로 정밀성이 필요한 항공 우주용 구조물에 이용되고 있다. 또, 강도와 강성이 높아 날개와 동체 등과 같은 1차 구조부의 제작에 쓰인다. 그러나 탄소 섬유는 알루미늄과 직접 접촉할 경우에 부식의 문제점이 있기 때문에 특별한 부식방지처리가 필요하다. 탄소 섬유는 검은색 천으로 식별할 수 있다.

[정답] 03 ③ 04 ③ 05 ③ 06 ① 07 ③

08 복합 소재의 부품 경화 시 가압하는 목적이 아닌 것은?

① 적층판 사이의 공기를 제거한다.

② 수리 부분의 윤곽이 원래 부품의 형태가 되도록 유지시킨다.

③ 적층판을 서로 밀착시킨다.

④ 경화과정에서 패치 등의 이동을 시킨다.

🔍 해설

가압하는 목적

① 수지와 파이버 보강재의 적절한 비율을 얻기 위해 초과분의 수지를 제거한다.

② 층 사이에 갇혀 있는 공기를 제거한다.

③ 원래 부품에 맞게 수리한 곳의 곡면을 유지한다.

④ 굳는 기간 동안에 패치가 밀리지 않게 수리한 곳을 잡아주는 역할을 한다.

⑤ 파이버 층을 밀착시킨다.

09 복합 재료의 가압 방법에서 숏백이란?

① 미리 성형된 Caul Plate와 함께 사용되어 수리 부분의 뒤쪽을 지지한다.

② 수리한 곳에 압력을 가하는 가장 효과적인 방법이다.

③ 나일론 직물로 진공백을 사용할 때 블리이터 재료 등의 제거를 용이하게 해준다.

④ 넓은 곡면이 있어서 클램프를 사용할 수 없는 곳에 적합하다.

🔍 해설

숏백(Shot Bag)

넓은 곡면이 있어서 클램프를 사용할 수 없는 곳에 적합하다. 숏백이 수리된 부분에 달라붙는 것을 막기 위해 플라스틱 필름을 사용해서 숏백과 수리된 부분을 분리시킨다.

10 공기와 습기를 제거하며 표면에 고른 압력을 가하는 가장 효과적인 가압방법은?

① Shot Bag   ② Vacuum Bagging

③ Cleco   ④ Spring Clamp

🔍 해설

진공백(Vacuum Bagging)

진공백은 수리한 곳에 압력을 가하는 가장 효과적인 방법이다. 이것의 사용이 가능한 곳에는 무엇보다 이 방법을 권한다. 높은 습도가 있는 곳에서 작업할 때는 진공백을 사용해야 한다. 높은 수지의 경화에 영향을 미치는 곳에는 진공백의 공기와 습도를 없애 준다.

4 비금속 재료

01 구조 재료 중 FRP의 설명으로 옳지 않은 것은?

① Fiber Reinforced Plastic(섬유 강화 플라스틱)의 약어이다.

② 경도, 강성이 낮은 것에 비해 강도비가 크다.

③ 2차 구조나 1차 구조에 적층재나 샌드위치 구조재로 사용한다.

④ 진동에 대한 감쇠성이 적다.

🔍 해설

Fiber Reinforced Plastic(FRP : 섬유 강화 플라스틱)

대표적인 것은 전기 절연성, 내열성이 양호한 유리를 섬유 상태로 하고, 불포화 폴리에스텔 수지나 에폭시 수지 등의 열경화성 수지에 보강제로서 유리 섬유를 조합하여 성형한 것이다. FRP는 경도, 강성이 낮은데 비하여 강도비가 크고, 내식성, 전파 투과성이 좋으며 진동에 대한 감쇠성도 크므로 2차 구조나 1차 구조에 적층재로나 샌드위치 구조재로서 사용된다.

02 FRCM의 모재(Matrix)중 사용 온도 범위가 가장 큰 것은?

① FRC   ② BMI

③ FRM   ④ FRP

🔍 해설

섬유보강복합재료 모재의 사용 온도 범위

FRC(섬유보강세라믹) : 약 1,800[℃]

FRM(섬유보강금속) : 약 1,300[℃]

FRP(섬유보강플라스틱) : 약 600[℃]

C/C CM(탄소·탄소 복합재료) : 약 3,000[℃]

03 열가소성수지 중 유압 백업링, 호스, 패킹, 전선피복 등에 사용되는 수지는?

① 테프론
② 폴리에틸렌수지
③ 아크릴수지
④ 염화비닐수지

해설

열가소성수지
가열하면 연화하여 가공하기 쉽고 냉각하면 굳어지는 합성수지로서 폴리염화비닐, 나일론 등이 이에 속한다.
① 테프론 : 거의 완벽한 화학적 비활성 및 내열성, 비점착성, 우수한 절연 안정성, 낮은 마찰계수 등의 특성들을 가지며 인공혈관 등 보조기구, 전선의 피복제, 관 연결 틈새를 막아주는 개스킷 등에 사용된다.
② 폴리에틸렌수지 : 전기절연 재료, 주방용기, 냉장고용 그릇, 화학약품용기, 장난감, 원예용 필름 등에 사용된다.
③ 아크릴수지 : 광고 표지판, 광학렌즈, 콘택트렌즈, 전등 케이스, 유리 대용(비행기나 보트의 채광창) 등에 사용된다.
④ 폴리염화비닐수지 : 가죽 대용품, 상·하수도관, 호스, 전선 피복, 화학 약품 저장 탱크 등에 사용된다.
⑤ 나일론 : 섬유, 플라스틱 베어링, 기어, 롤러, 낙하산, 등산용 장비 등에 사용된다.

04 열경화성수지가 아닌 것은?

① 에폭시수지
② 폴리우레탄
③ 폴리염화비닐
④ 페놀수지

해설

열경화성수지
한번 열을 가하여 단단하게 굳어진 다음에 가열하여도 물러지지 않는 수지로서 페놀수지, 에폭시, 폴리우레탄 등이 이에 속한다.
① 에폭시수지 : 금속·유리 접착제, 도료, 건물 방수 재료 등에 사용된다.
② 페놀수지 : 공구함, 전기배전판, 회로기판, 전화기, 전기플러그, 자동차 브레이크 등에 사용된다.

05 광학적 성질이 우수하여 항공기용 창문 유리로 사용되는 재료는?

① 폴리메틸 메타크릴레이트
② 폴리염화비닐
③ 에폭시수지
④ 페놀수지

해설

폴리메틸 메타크릴레이트
투명도가 높고 매우 유리에 가까운 플라스틱이며 대부분의 경우 아크릴로 불린다. 유리 대신으로 많이 사용한다.

06 세라믹 코팅(Ceramic Coating)의 목적은?

① 내마모성
② 내열성
③ 내열성과 내마모성
④ 내열성과 내식성

해설

세라믹 코팅(Ceramic Coating)
내열성을 좋게 하기 위하여 금속의 표면에 세라믹을 입히는 것으로 연강, 내열강, 내열대금, 몰리브덴, 서멧(cermet) 등에 사용되며 보통 유약을 표면에 발라 소성하여 만든다. 내열성이 좋아 제트 기관이나 원자로 부품 등에 쓰이고 있다.

07 벌집(Honeycomb) 구조의 가장 큰 장점은?

① 음 진동에 잘 견딘다.
② 방화성이 비교적 크다.
③ 검사가 필요치 않다.
④ 무겁기 때문에 아주 강하다.

해설

벌집구조 특징
① 단위면적당 고강도, 저중량이다.
② 가공하기 어려운 부분에 사용가능하다.
③ 수리비가 적게 든다.
④ 음파진동에 잘 견딘다.
⑤ 습기에 약하다.
⑥ 손상발견이 어렵다.

08 금속 벌집구조로 된 샌드위치 판넬을 고속항공기에 사용하는 이유는?

① 동일 강도를 갖는 단면표피보다 가볍고 부식저항이 더 크기 때문에
② 열 플라스틱수지로 된 내부코어 재료를 아교접착 교환 표피로 보수할 수 있기 때문에

[정답] 03 ① 04 ③ 05 ① 06 ② 07 ① 08 ④

③ 손상부분을 수리할 경우 표피의 접착용으로 단지 자체 테핑 스크루만 필요하기 때문에

④ 고강도율을 갖고 있으며, 단면표피보다 더 큰 보강성을 갖기 때문에

🔍 **해설** -

벌집구조로 된 샌드위치 판넬
속이 비고 두 끝이 금속판으로 고정되어 있기 때문에 속이 비지 않은 것보다 강도와 강성이 높고 소리나 열을 격리시키는 성능도 우수하다.

09 금속판 벌집구조의 적층분리가 되었나를 결정하는 가장 좋은 방법은?

① 빛을 비추어 판의 밀도를 검사한다.

② 동전으로 손상 가능부에 두들겨보며 탁한 소리가 들리는가를 확인한다.

③ 형식 승인 데이터 문서(Type Certificate Data Sheet)를 참조한다.

④ 검사할 수 있는 방법이 없으므로 판 전체를 교체해야 한다.

🔍 **해설** -

허니콤 샌드위치 구조의 검사
① 시각 검사 : 층 분리를 조사하기 위해 광선을 이용하여 측면에서 본다.
② 촉각에 의한 검사 : 손으로 눌러 층 분리 등을 검사한다.
③ 습기 검사 : 비금속의 허니콤 판넬 가운데에 수분이 침투되었는가 아닌가는 검사 장비를 사용하여 수분이 있는 부분은 전류가 통하므로 미터의 흔들림에 의해서 수분 침투여부를 발견할 수 있다.
④ 실(Seal) 검사 : 코너 실(Coner Seal)이나 캡 실(Cap Seal)이 나빠지면 수분이 들어가기 쉬우므로 만져보거나 확대경을 이용하여 나쁜 상황을 검사한다.
⑤ 코인 검사 : 판을 두드려 소리의 차이에 의해 들뜬 부분을 발견한다.
⑥ X-선 검사 : 허니콤 판넬 속에 수분의 침투 여부를 검사한다. 물이 있는 부분은 X-선의 투과가 나빠지므로 사진의 결과로 그 존재를 알 수 있다.

10 에폭시수지에 마이크로 발룬을 첨가하는 목적은?

① 수지에 부피를 더해주며 약간의 무게를 갖기 때문

② 수지가 저온에서 굳도록 허용해 주기 때문

③ 주어진 수지의 부피에 무게가 증가하기 때문

④ 수지에 필요한 색깔이 들어가도록 하기 때문

🔍 **해설** -

수지의 양을 증가시키고 밀도를 주어 무게를 줄여주며 균열에 대한 민감성을 줄여 준다.

11 구조 재료 중 FRP의 설명으로 옳지 않은 것은?

① Fiber Reinforced Plastic(섬유 강화 플라스틱)의 약어이다.

② 경도, 강성이 낮은 것에 비해 강도비가 크다.

③ 2차 구조나 1차 구조에 적층재나 샌드위치 구조재로 사용한다.

④ 진동에 대한 감쇠성이 적다.

🔍 **해설** -

FRP(유리섬유보강플라스틱)
모재의 한 종류다. 이 수지는 취성이 강하기 때문에 1차 구조재에는 필요한 충분한 강도를 가지지 못한다. 그러기 때문에 2차 구조재로 많이 사용 된다. 구성은 촉매제와 경화재로 나뉘어진다.

3 항공기 요소

1 볼트

01 항공기용 Bolt Grip의 길이는 어떻게 결정되는가?

① 체결해야 할 부재의 두께와 일치

② Bolt의 직경과 나사산의 수

③ Bolt의 직경과 일치

④ Bolt 전체길이에서 나사부분의 길이

🔍 **해설** -

볼트의 그립은 볼트의 길이 중에서 나사가 나있지 않은 부분의 길이로 체결하여야 할 부재의 두께와 일치한다.

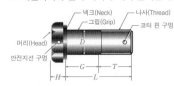

02 심한 반복운동이나 진동에 작용하는 곳에 사용하는 Bolt는?

① 정밀 공차 볼트　② 내식성 볼트
③ 알루미늄 합금 볼트　④ 열처리 볼트

해설

정밀 공차 볼트(육각머리 AN 173–AN 186, NAS 673–NAS 678)
일반 볼트보다 정밀하게 가공된 볼트로서 심한 반복운동과 진동 받는 부분에 사용한다.

03 볼트머리에 X로 표시된 기호의 볼트는?

① 합금강 볼트　② 알루미늄 합금 볼트
③ 정밀 볼트　④ 특수 볼트

해설

볼트의 머리 기호에 의한 식별
볼트머리에 기호를 표시하여 볼트의 특성이나 재질을 나타낸다.
① AL 합금 볼트 : 쌍대시(– –)
② 내식강 : 대시(–)
③ 특수 볼트 : SPEC 또는 S
④ 정밀 공차 볼트 : △
⑤ 정밀 공차 볼트 : △ O
　(고강도 볼트로 허용강도가 160,000~180,000[psi])
⑥ 정밀 공차 볼트 : △ X
　(합금강 볼트로 허용강도가 125,000~145,000[psi])
⑦ 합금강 볼트 : +, *
⑧ 열처리 볼트 : R
⑨ 황동 볼트 : =

참고

AN 볼트의 머리 기호 식별

합금강	알루미늄 합금	정밀공차 볼트 (△표시가 없는 것도 있음)
정밀 공차 볼트(합금강)	내식강	합금강

04 Bolt Head의 "Spec"의 의미는?

① 내식강 Bolt　② 알루미늄 합금 Bolt
③ 특수 Bolt　④ 정밀 공차 Bolt

해설

특수 볼트 : Spec 또는 S

05 Lock Bolt가 주로 사용되는 곳은?

① Engine Mount Bolt로서 사용된다.
② 날개, 연료탱크 연결부 등에 사용된다.
③ 전단하중만 걸리는 곳에 사용한다.
④ 인장하중이 걸리는 곳에 사용한다.

해설

Lock Bolt(고정 볼트)
고강도 볼트와 리벳으로 구성되며 날개의 연결부, 착륙장치의 연결부와 같은 구조부분에 사용된다. 재래식 볼트보다 신속하고 간편하게 장착할 수 있고 와셔나 코터핀 등을 사용하지 않아도 된다.

06 Bolt의 부품번호 AN 3 DD H 5에서 3은 무엇인가?

① Bolt의 길이가 3/16″이다.
② Bolt의 지름이 3/16″이다.
③ Bolt의 지름이 3/8″이다.
④ Bolt의 길이가 3/8″이다.

해설

볼트의 부품번호
- AN 3 DD H 5 A
- AN : 규격(AN 표준기호)
- 3 : 볼트 지름이 3/16″
- DD : 볼트 재질로 2024 알루미늄 합금을 나타낸다.(C : 내식강)
- H : 머리에 구멍 유무(H : 구멍 유, 무표시 : 구멍 무)
- 5 : 볼트 길이가 5/8″
- A : 나사 끝에 구멍 유무(A : 구멍 무, 무표시 : 구멍유)

07 Clevis Bolt는 항공기의 어느 부분에 사용하는가?

① 인장력과 전단력이 작용하는 부분

② 전단력이 작용하는 부분

③ Landing Gear

④ 외부 인장력이 작용하는 부분

🔍 해설

클레비스 볼트

클레비스 볼트는 머리가 둥글고 스크루 드라이버를 사용할 수 있도록 머리에 홈이 파여 있다. 전단하중이 걸리고 인장하중이 작용하지 않는 조종계통에 사용한다.

[클레비스 볼트]

08 Internal Wrenching Bolt를 사용하는 곳은?

① 1차 구조부에 사용한다.

② 2차 구조부에 사용한다.

③ 전단하중이 작용하는 부분에 사용한다.

④ 인장, 전단하중이 작용하는 부분에 사용한다.

🔍 해설

내부 렌칭 볼트(MS 20004−200024) 또는 인터널 렌칭 볼트

고강도 강으로 만들며 큰 인장력과 전단력이 작용하는 부분에 사용한다. 볼트 머리에 홈이 파여져 있으므로 L wench(allen wrench)로 사용하여 풀거나 조일 수 있다.

09 볼트의 사용 목적으로 맞는 것은?

① 1차 조종면에 사용

② 힘을 많이 받는 곳에 사용

③ 2차 조종면에 사용

④ 영구 결합해야 할 곳에 사용

🔍 해설

볼트

비교적 큰 응력을 받으면서 정비를 하기 위해 분해, 조립을 반복적으로 수행할 필요가 있는 부분에 사용되는 체결 요소이다.

10 부품번호가 "NAS 654 V 10 D"인 볼트에 너트를 고정 시키는데 필요한 것은?

① 코터핀

② 스크류

③ 락크 와셔

④ 특수 와셔

🔍 해설

D : 드릴헤드 머리(유) 안전결선을 사용 할 수 있다.

A : 나사산에 구멍(무) A가 없을시 나사산에 구멍이 있다.

즉, 캐슬 너트를 사용하여 코터핀을 이용하여 고정 작업을 할 수 있다.

② 너트

01 Self Locking Nut는 어떤 곳에 주로 사용하는가?

① 진동이 심한 곳

② Engine 흡입구

③ 수시로 장탈·장착하는 점검 창

④ 비행의 안전성에 영향을 주는 곳

🔍 해설

자동 고정 너트(Self Locking Nut)

안전을 위한 보조방법이 필요 없고 구조 전체적으로 고정역할을 하며 과도한 진동하에서 쉽게 풀리지 않는 긴도를 요하는 연결부에 사용. 회전하는 부분에는 사용할 수 없다.

① 탄성을 이용한 것으로 너트 윗부분에 홈을 파서 구멍의 지름을 적게 한 것. 심한 진동에도 풀리지 않는다.

② 부분이 파이버(Fiber)로 된 칼라(Collar)를 가지고 있어 볼트가 이 칼라에 올라오면 아래로 밀어 고정하게 된다. 파이버의 경우 15회, 나일론의 경우 200회 이상 사용을 금지하며 사용온도 한계가 121[℃](250[℉]) 이하에서 제한된 횟수만큼 사용하지만 649[℃](1200[℉])까지 사용할 수 있는 것도 있다.

02 Fiber Self locking Nut의 사용 방법이 아닌 것은?

① 파이버(Fiber)로 된 칼라(Collar)를 가지고 있다.

② 너트나 볼트가 회전하는 부분에 사용할 수 있다.

③ 15회 사용할 수 있다.

④ 볼트가 칼라에 올라오면 아래로 밀어 고정하게 된다.

[정답] 07 ② 08 ④ 09 ② 10 ① ② 01 ① 02 ②

해설

문제 1번 해설 참고

03 얇은 패널에 너트를 부착하여 사용하는 너트는?

① Anchor Nut ② Plain Hexagon Nut
③ Castellated Nut ④ Self Locking Nut

해설

앵커 너트(Anchor Nut)

얇은 패널에 너트를 부착하여 사용할 수 있도록 고안된 것으로서 앵커 너트(Anchor Nut)라고 불리는 플레이트 너트가 있다.

04 AN 310 D−5 너트에서 5의 식별은?

① 사용 볼트의 지름 5/32″
② 재료 식별 기호이다.
③ 평 너트를 의미하는 번호
④ 사용 볼트의 지름 5/16″

해설

너트의 식별

- AN 310 D - 5R
- AN : AN 표준기호
- 310 : 너트 종류(캐슬 너트)
- D : 재질(2017 T)
  (F : 강, B : 황동, D : 2017 T(알루미늄), DD : 2024 T,
  C :스테인리스강)
- 5 : 사용 볼트의 지름(5/16″)
- R : 오른나사

05 비자동 고정 너트의 설명이 틀리는 것은?

① 나비 너트는 자주 장탈 및 장착하는 곳에는 사용하지 않는다.
② 평 너트는 인장하중을 받는 곳에 사용한다.
③ 캐슬 너트는 코터핀을 사용한다.
④ 평 너트 사용시 Lock Washer를 사용한다.

해설

비자동 고정 너트

①		캐슬 너트(Castle Nut) : 생크에 구멍이 있는 볼트에 사용하며, 코터핀으로 고정한다.
②		캐슬 전단 너트(Castle Shear Nut) : 캐슬 너트보다 얇고 약하며, 주로 전단응력만 작용하는 곳에 사용한다.
③	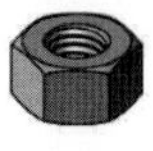	평 너트(Plain Nut) : 큰 인장하중을 받는 곳에 사용하며, 잼 너트나 Lock Washer 등 보조 풀림 방지장치가 필요하다.
④		잼 너트(Jam Nut) : 체크 너트(Check Nut)라고도 하며, 평 너트나 세트 스크루(Set Screw) 끝부분의 나사가 난 로드(Rod)에 장착하는 너트로 풀림 방지용 너트로 쓰인다.
⑤		나비 너트(Wing Nut) : 맨손으로 죌 수 있을 정도의 죔이 요구되는 부분에서 빈번하게 장탈, 장착하는 곳에 사용된다.

3 Screw

01 Screw의 분류에 속하지 않는 것은?

① 접시머리 Screw ② 구조용 Screw
③ 기계용 Screw ④ 자동 탭핑 Screw

해설

Screw의 분류

강으로 만들어지며 적당한 열처리가 되어 볼트와 같은 강도가 요구되는 구조부에 사용한다. 명확한 그립(Grip)을 가지며 머리모양은 둥근머리, 와셔머리, 접시머리(Countersunk)등으로 되어 있다.

① 기계용 스크류(AN 515, AN 520)
  저탄소강, 황동, 내식강, AL 합금 등으로 만들고 가장 다양하게 사용된다.
② 자동 탭핑 스크류(AN 504, AN 506, AN 540, AN 531)
  자신이 나사 구멍을 만들 수 있는 약한 재질의 부품이나 주물에 표찰을 교정시킬 때 사용한다.
③ 구조용 스크류
  구조용 스크류는 구조용 볼트, 리벳이 쓰여지는 항공기 주요 구조부에 사용되며, 머리의 형상 만이 구조용 볼트와 다르다.이 스크류는 볼트와 같은 재질로 만들어지며, 정해진 그립을 가지고 있고, 같은 치수의 볼트와 같은 강도를 가진다.

[정답] 03 ① 04 ④ 05 ① 3 01 ①

Aircraft Maintenance

02 구조용 Screw의 NAS-144DH-22에서 DH는 무엇을 나타낸 것인가?

① Screw의 머리모양   ② 구멍 뚫린 머리

③ Screw의 직경   ④ Screw의 길이

해설

DH는 Drill Head의 약어이며 머리에 구멍이 뚫여 있다.

03 손으로 돌려도 돌아갈 정도의 Free Fit Hardware 등급은?

① 1등급   ② 2등급

③ 3등급   ④ 4등급

해설

나사의 등급

① 1등급(Class 1) : Loose Fit로 강도를 필요로 하지 않는 곳에 사용한다.
② 2등급(Class 2) : Free Fit로 강도를 필요로 하지 않는 곳에 사용하며 항공기용 스크루 제작에 사용한다.
③ 3등급(Class 3) : Medium Fit로 강도를 필요로 하는 곳에 사용하며 항공기용 볼트는 거의 3등급으로 제작된다.
④ 4등급(Class 4) : Close Fit로 너트를 볼트에 끼우기 위해서는 렌치를 사용해야 한다.

04 기계 스크류(Machine screw)의 설명으로 틀린 것은?

① 일반 목적용으로 사용되는 스크류이다.

② 평면머리와 둥근머리 와셔헤드 형태가 있다.

③ 저 탄소, 황동, 내식강, 알루미늄 합금 등으로 만들어진다.

④ 명확한 그립이 있고 같은 크기의 볼트처럼 같은 전단강도를 갖고 있다.

해설

스크류(Screw)의 종류

• 구조용 스크류 : 구조용 스크류는 구조용 볼트, 리벳이 쓰여지는 항공기 주요 구조부에 사용되며, 머리의 형상 만이 구조용 볼트와 다르다. 이 스크류는 볼트와 같은 재질로 만들어지며, 정해진 그립을 가지고 있고, 같은 치수의 볼트와 같은 강도를 가진다.

• 머신 스크류 : 머신 스크류는 항공기의 여러 곳에 가장 많이 사용된다. 이 종류의 스크류는 굵은 나사와 가는 나사의 2종류가 있다.

• 셀프 탭핑 스크류 : 셀프 탭핑 스크류는 스크류 자체 외경보다 약간 작게 펀치한 구멍, 나사를 끼우지 않은 드릴 구멍 등에 나사를 끼워 사용한다.

05 스크류의 부품번호가 AN 501 C-416-7이라면 재질은?

① 탄소강   ② 황동

③ 내식강   ④ 특수 와셔

해설

501~504 : 내식강 재질

규격번호	명 칭
AN 504	탭핑나사, 커팅 둥근머리, 기계용 스크류 (Tapping Threaded, Cutting Round Head, Machine Screw Thread Screw)
재질	탄소강(Cd도금) 내식강

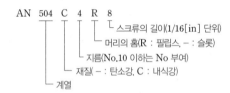

AN 504 C 4 R 8
- 스크류의 길이(1/16[in] 단위)
- 머리의 홈(R : 필립스, − : 슬롯)
- 지름(No.10 이하는 No 부여)
- 재질(− : 탄소강, C : 내식강)
- 계열

---

01 Washer의 종류 중에서 설명이 옳지 않은 것은?

① Lock Washer는 Self Locking Nut나 Cotter Pin과 함께 사용한다.

② Plain Washer는 구조부에 쓰며 힘을 고르게 분산시키고 평준화한다.

③ Lock Washer는 Self Locking Nut나 Cotter Pin과 함께 사용하지 못한다.

④ 고강도 Countersunk Washer는 고장력하중이 걸리는 곳에 쓰인다.

해설

와셔

볼트나 너트에 의한 작용력이 고르게 분산되도록 하며 볼트 그립길이를 맞추기 위해 사용되는 부품이다.

① 종류

ⓐ 평 와셔(AN 960, AN 970)

· AN 960 : 일반적인 목적으로, 성너트를 사용할 때 코터핀이 일치하지 않을 때 위치 조절하는 데도 사용한다.

· AN 970 : AN 960 와셔보다 더 큰 면압을 주며 목재표면을 상하지 않게 하기 위하여 볼트나 너트의 머리 밑에 사용한다.

ⓑ 고정 와셔(AN 935, AN 936)

자동 고정 너트나 캐슬 너트가 적합하지 않은 곳에 기계용 스크루나 볼트와 함께 사용된다. 주구조재 및 2차 구조재 또는 내식성이 요구되고 자주 장탈, 장착하는 곳에는 사용 금지하며 고정 와셔는 강의 재질로 약간 비틀려 제작된다. 와셔의 스프링력은 너트와 볼트의 나사산 사이에서 강한 마찰력을 생기게 한다.

· SPILT 고정 와셔(AN 935)

· 진동방지 고정 와셔(AN 936)

ⓒ 특수 와셔(AN 950, AN 955)

볼 소켓 와셔와 볼 시트 와셔는 표면에 어떤 각을 이루고 있는 볼트를 체결하는데 사용한다.

참고

고정 와셔를 사용해서는 안 되는 부분

① 주 및 부구조물에 고정장치로 사용될 때

② 파손시 항공기나 인명에 피해나 위험을 줄 수 있는 부분에 고정장치로 사용될 때

③ 파손시 공기흐름에 노출되는 곳

④ 스크루를 자주 장탈하는 부분

⑤ 와셔가 공기흐름에 노출되는 곳

⑥ 와셔가 부식될 수 있는 조건에 있는 곳

⑦ 연한 목재에 바로 와셔를 낄 필요가 있는 부분

02 Shake Proof Lock Washer는 어떤 곳에 사용하는가?

① 회전을 방지하기 위하여 고정 와셔가 필요한 곳에 사용한다.

② 고열에 잘 견딜 수 있고 또한 심한 진동에도 안전하게 사용할 수 있으므로 Control System 및 Engine 계통에 사용한다.

③ 기체구조 접합물에 많이 사용된다.

④ 기체외피와 구조물의 접착에 일반적으로 사용한다.

해설

Shake Proof Lock Washer

고열에 잘 견딜 수 있고 또한 심한진동에도 안전하게 사용할 수 있으므로 Control System 및 Engine 계통에 사용한다.

03 와셔의 사용 목적은?

① 볼트나 너트에 의한 작용력이 고르게 분산되도록 하며, 볼트 그립의 길이를 맞추기 위해서 사용되는 부품

② 자신이 나사 구멍을 만들 수 있는 약한 재질의 부품이나 주물에 표찰을 고정시킬 때 사용

③ 안전을 위한 보조 방법이 필요 없고 구조 전체적으로 고정역할을 하며, 과도한 진동 하에서 쉽게 풀리지 않는 강도를 요하는 연결부에 사용

④ 볼트의 짝이 되는 암나사로 카드뮴 도금강, 스테인리스 강으로 제작

해설

와셔(Washer)

항공기에 사용되는 와셔는 볼트 머리 및 너트 쪽에 사용되며, 구조부나 부품의 표면을 보호하거나 볼트나 너트의 느슨함을 방지하거나 특수한 부품을 장착하는 등 각각의 사용 목적에 따라 분류한다.

04 와셔(Washer)의 용도가 아닌 것은?

① 볼트와 너트의 작용력을 분산

② 빈번하게 장탈, 장착하는 곳의 부재를 보호하기 위해

③ 자동 고정 너트의 고정용으로 사용

④ 볼트 그립의 길이를 조절하기 위해

해설

자동 고정 너트(Self Locking Nut)

너트 자체에 Lock 기능이 있다.

[정답] 02 ② 03 ① 04 ③

⑤ 파스너

01 Cowling에 자주 사용되는 Dzus Fastener의 Head에 표시되어 있는 것은?

① 제품의 제조업자 및 종류
② 몸체 지름, 머리 종류, 파스너의 길이
③ 제조업체
④ 몸체 종류, 머리 지름, 재료

🔍 해설

주스 파스너(Dzus Fastener)
스터드(Stud), 그로밋(Grommet), 리셉터클(Receptacle)로 구성되며 반시계방향으로 1/4회전시키면 풀어지고 시계방향으로 회전시키면 고정된다.
- 주스 파스너의 머리에는 직경, 길이, 머리모양이 표시되어 있다.
- 직경은 X/16″로 표시한다.
- 길이는 X/100″로 표시한다.
- 주스 파스너의 머리 모양 : 윙(Wing), 플러시(Flush), 오벌(Oval)
- 주스 파스너의 식별
  F : 플러시 머리(Flush Head)
  6½ : 몸체 직경이 6.5/16″
  50 : 몸체 길이가 50/100″

02 캠록 파스너(Cam Lock Fastener)의 설명이 아닌 것은?

① 머리 모양은 윙(Wing), 플러시(Flush), 오벌(Oval)
② 페어링(FAIRING)을 장착하는 데 사용한다.
③ 카울링(COWLING)을 장착하는 데 사용한다.
④ 스터드(Stud), 그로밋(Grommet), 리셉터클(Receptacle)로 구성

🔍 해설

캠록 파스너(Cam Lock Fastener)
스터드(Stud), 그로밋(Grommet), 리셉터클(Receptacle)로 구성되며 항공기 카울링(COWLING), 훼어링(FAIRING)을 장착하는 데 사용한다.

03 Stud, Cross Pin, Receptacle 등으로 구성된 Fastener는?

① Cam Lock Fastener
② Air Lock Fastener
③ Dzus Fastener
④ Boll Lock Fastener

🔍 해설

에어록 파스너(Air Lock Fastener)
스터드, 크로스 핀(Cross Pin), 리셉터클로 구성되어 있다.

🔽 참고

파스너의 종류

[주스 파스너]　　　[캠록 파스너]　　　[에어록 파스너]

⑥ 리벳 및 판금작업

01 0.032[in] 두께의 알루미늄 두 판을 접합시키는 데 필요한 Universal Rivet은?

① AN 430 AD-4-3
② AN 470 AD-4-4
③ AN 426 AD-3-5
④ AN 430 AD-4-4

🔍 해설

Rivet
- Round Rivet : AN 430
- Flat Rivet : AN 440
- Brazier Rivet : AN 450
- Universal Rivet : AN 470

02 부품 번호가 AN 470 AD 3-5인 리벳에서 AD는 무엇을 나타내는가?

[정답] ⑤ 01 ④　02 ①　03 ②　⑥ 01 ②　02 ④

① 리벳의 직경이 3/16″이다.

② 리벳의 길이는 머리를 제외한 길이이다.

③ 리벳의 머리 모양이 유니버설 머리이다.

④ 리벳의 재질이 알루미늄 합금인 2117이다.

해설

리벳기호 식별

- AA : 1100
- B : 5056
- DD : 2024
- AD : 2117
- D : 2017

03 MS 20470 D 6-16 Rivet에서 규격을 바르게
ⓐ ⓑ ⓒ ⓓ
설명한 것은?

① ⓐ은 Universal Head Rivet을 표시

② ⓑ는 재질 2024

③ ⓒ은 Rivet의 지름을 표시 6/8″

④ ⓓ는 2117 Rivet의 길이를 표시

해설

리벳의 식별

MS 20470 D 6 - 16

- MS 20470 : 리벳의 종류(유니버설 리벳)
- D : 재질(2017 T)
- 6 : 리벳 지름(6/32″)
- 16 : 리벳 길이(16/16″)

04 Countersunk Head Rivet이 주로 사용되는 곳은?

① 인장하중이 큰 곳에 사용된다.

② 항공기 Skin에 사용된다.

③ 항공기 내부구조의 결합에 사용된다.

④ 두꺼운 판재를 접합하는 데 사용된다.

해설

접시 머리 리벳(Countersunk Head Rivet, AN 420, AN 425, MS 20426)

고속 항공기 외피(Skin)에 많이 쓰인다.

05 다음 중 블라인드 리벳이 아닌 것은?

① 체리 리벳(Cherry Rivet)

② 헉 리벳(Huck Rivet)

③ 카운터싱크 리벳(Countersunk Rivet)

④ 체리 맥스 리벳(Cherry Max Rivet)

해설

Blind Rivet 종류

① Pop Rivet

구조 수리에는 거의 사용하지 않으며 항공기에 제한적으로 사용된다. 항공기를 조립할 때 필요한 구멍을 임시로 고정하기 위해 사용하며 기타 비구조물 작업시 주로 사용한다.

② Friction Rivet

블라인드 리벳의 초기 개발품으로 항공기의 제작 및 수리에 폭넓게 사용되었으나 현재는 더 강한 Mechanical Lock Rivet으로 주로 대체 되었으며 경항공기 수리에는 아직도 사용하고 있다.

③ Mechanical Lock Rivet

항공기 작동 중에 발생하는 진동에 의해 리벳의 센터 스템이 떨어져 나가는 것을 방지하도록 설계되어 있으며, Friction Lock Rivet과 달리 센터 스템이 진동에 의해 빠져 나가지 못하도록 영구적으로 고정되었으며 종류는 다음과 같다.

④ 리브 너트(Riv Nut)

생크 안쪽에 나사가 나 있는 곳에 공구를 끼우고 리브 너트를 고정하고 돌리면 생크가 압축을 받아 오므라들면서 돌출 부위를 만든다. 주로 날개 앞전에 제빙부츠(Deicing Boots) 장착시 사용된다.

⑤ 폭발 리벳(Explosive Rivet)

생크 속에 화약을 넣고 리벳 머리를 가열된 인두로 가열하여 폭발시켜 리벳작업을 하도록 되어 있는데 연료탱크나 화재의 위험이 있는 곳은 사용을 금한다.

06 Bucking Bar를 가까이 댈 수 없는 좁은 장소에 사용할 수 있는 Rivet은?

① Countersink Rivet

② Universal Rivet

③ Blind Rivet

④ Brazier Head Rivet

해설

Blind Rivet

버킹바(Bucking Bar)를 가까이 댈 수 없는 좁은 장소 또는 어떤 방향에서도 손을 넣을 수 없는 박스 구조에서는 한쪽에서의 작업만으로 리베팅을 할 수 있는 리벳

[정답] 03 ① 04 ② 05 ③ 06 ③

Aircraft Maintenance

07 리브 너트(Rivnut)사용에 대한 설명으로 옳은 것은?

① 금속면에 우포를 씌울 때 사용한다.

② 두꺼운 날개 표피에 리브를 붙일 때 사용 한다.

③ 기관 마운트와 같은 중량물을 구조물에 부착할 때 사용한다.

④ 한쪽 면에서만 작업이 가능한 제빙장치 등을 설치할 때 사용한다.

🔍 해설

문제 06번 해설 참조

08 열처리가 요구되지 않는 곳에 사용하는 Rivet은?

① 2017−T

② 2024−T

③ 2117−T

④ 2024−T(3/16 이상)

🔍 해설

Ice Box Rivet

알루미늄 합금 2017과 2024는 Ice Box Rivet이기 때문에 사용 전에 열처리를 하여야 한다.

09 2017 Rivet의 열처리 후 사용시간은?

① 10분 이후

② 30분 이후

③ 50분 이후

③ 60분 이후

🔍 해설

2017−T Rivet

풀림 처리 후 사용하며 냉장 보관한다. 상온 노출 후 1시간에 50[%]가 경화되며, 반복적인 열처리가 가능하다.

10 2017, 2024 Rivet을 Icing하여 사용하는 이유는?

① 시효경화 지연

② 내부응력 제거

③ 입자간 부식 방지

④ 잔류응력 제거

🔍 해설

시효경화

열처리 후 시간이 지남에 따라 합금의 강도와 경도가 증가되는 현상

11 Rivet Head 모양을 보고 알 수 있는 것은?

① 재료 종류

② Rivet 지름

③ 재질의 강도

④ Making Head 모양

🔍 해설

리벳 머리에는 리벳의 재질을 나타내는 기호가 표시되어 있다.

① 1100 : 무표시

② 2117 : 리벳 머리 중심에 오목한 점

③ 2017 : 리벳 머리 중심에 볼록한 점

④ 2024 : 리벳 머리에 돌출된 두 개의 대시(Dash)

⑤ 5056 : 리벳 머리 중심에 돌출된＋표시

재질기호	합금	유니버설 머리		접시머리(100˚)		전단응력 [psi]
		형상	기호	형상	기호	
A	1100	MS 20470 A		MS 20470 A		13,000
B	5056	MS 20470 B		MS 20470 B		28,000
AD	2117	MS 20470 AD		MS 20470 AD		30,000
D	2017	MS 20470 D		MS 20470 D		34,000
DD	2024	MS 20470 DD		MS 20470 DD		41,000

12 Rivet의 지름은 어떻게 정하는가?

① Rivet 간의 거리

② 판재의 모양에 따라

③ Sunk의 길이

④ 판재의 두께에 따라

🔍 해설

판재의 두께에 따라 리벳의 직경이 결정된다.

13 리벳의 최소 간격 결정은 무엇에 의하여 하는가?

① 판의 길이　　　　　② 리벳 지름

③ 리벳 길이　　　　　④ 판의 두께

🔍 해설

리벳의 지름에 의해 결정

14　같은 열에 있는 리벳 중심과 Rivet 중심 간의 거리를 무엇이라 하는가?

① 연거리　　　　　　② Rivet Pitch

③ 열간 간격　　　　　④ 가공거리

🔍 해설

리벳 피치(Rivet pitch)

같은 열에 있는 리벳 중심과 리벳 중심 간의 거리를 말하며, 최소 3D～최대 12D로 하며 일반적으로 6～8D가 주로 이용된다.

15　열과 열 사이 거리는?

① 연거리　　　　　　② Rivet Pitch

③ 횡단 피치　　　　　④ 가공거리

🔍 해설

열간 간격(횡단 피치)

열과 열 사이의 거리를 말하며, 일반적으로 리벳 피치의 75[%] 정도로서, 최소열간 간격은 2.5D이고, 보통 4.5～6D이다.

16　Rivet의 Edge Distance(E.D)란?

① 같은 열에 있는 리벳 중심과 Rivet 중심 간의 거리의 열과 열 사이의 거리

② 열과 열 사이의 거리

③ 판재의 모서리와 인접하는 Rivet 중심까지의 거리

④ 최대 E.D는 3D이다.

🔍 해설

연거리(Edge Distance)

판재의 모서리와 인접하는 리벳 중심까지의 거리를 말하며, 최소연거리는 2D이며, 접시 머리 리벳의 최소연거리는 2.5D이고, 최대연거리는 4D를 넘어서는 안 된다.

17　Rivet 작업시 Buck Tail Head 크기로 적당한 것은?

① 폭은 지름의 2.0배, 높이는 지름의 1.0배

② 폭은 지름의 2.5배, 높이는 지름의 0.3배

③ 폭은 지름의 1.5배, 높이는 지름의 0.5배

④ 폭은 지름의 3.0배, 높이는 지름의 1.5배

🔍 해설

리벳의 길이(Rivet Length)

① 리벳 전체 길이 $= G + 1.5D$

② 머리 성형을 위한 이상적인 돌출 길이 : $1.5D = 3/2D$

③ 성형 후 돌출 높이(벅테일 높이) : $0.5D$

④ 성형 후 가로 돌출 길이(벅테일 지름) : $1.5D$

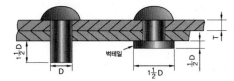

18　Rivet할 판의 두께를 T, Rivet의 직경은 $3T$, Grip의 길이를 G라 할 때 Rivet의 총길이는?

① $1.5T + G$　　　　　② $2.5T + G$

③ $4.5T + G$　　　　　④ $7.5T + G$

🔍 해설

리벳의 총길이 $= G + 1.5D = G + 1.5(3T)$
$\qquad\qquad = G + 4.5T$

19　Dimpling 작업에 대한 설명으로 맞는 것은?

① 판재두께 0.050″ 이하일 때

② Blind Rivet 작업 시

③ 2개의 판재 중 두꺼운 판재에 작업

④ Countersink Rivet작업이 불가능할 때

🔍 해설

Dimpling 작업

접시 머리 리벳의 머리 부분이 판재의 접합부와 꼭 들어맞도록 하기 위해 판재의 주위를 움푹 파는 작업을 말한다. 이때 사용되는 공구가 딤플링 다이이다.

[정답] 14 ② 　15 ③ 　16 ③ 　17 ③ 　18 ③ 　19 ④

20 Rivet 작업 시 사용되는 Bucking Bar의 역할은?

① Rivet Head를 표시   ② Rivet 재질 표시
③ Head 크기를 나타냄   ④ Making Head를 만듦

🔍 **해설**

버킹 바(Bucking Bar)
리벳의 벅테일을 만들 때 리벳 생크 끝을 받치는 공구로서 합금강으로 만든다.

21 알루미늄 합금 리벳 표면의 색이 황색을 띄면 어떤 보호처리를 하였는가?

① 니켈보호 도장   ② 양극 처리
③ 금속도료 도장   ④ 크롬산아연 보호 도장

🔍 **해설**

리벳의 방식 처리법으로는 리벳의 표면에 보호막을 사용한다.
보호막에는 크롬산아연(황색), 메탈스프레이(은빛), 양극 처리(진주빛)이 있다.

22 알루미늄 합금 리벳의 방청제는?

① 크롬산아연   ② 래커
③ 니켈–카드뮴   ④ 가성소다

🔍 **해설**

알루미늄 합금의 리벳의 방청제는 크롬산아연을 사용한다.

23 Rivet을 제거하는데 사용되는 Drill의 사이즈는?

① Rivet 지름보다 두 사이즈 작은 Drill
② Rivet 지름과 동일한 사이즈의 Drill
③ Rivet 지름보다 한 사이즈 작은 Drill
④ Rivet 지름보다 한 사이즈 큰 Drill

🔍 **해설**

리벳 제거
항공기 판금 작업에 가장 많이 사용되는 리벳의 지름은 $3/32 \sim 2/8''$ 이다. 리벳 제거 시에는 리벳 지름보다 한 사이즈 작은 크기($1/32''$ 작은 드릴)로 머리높이까지 뚫는다.

24 구조재 중 응력을 담당하는 구조부 외에 체결용으로 흔히 사용되는 Rivet은?

① 3/32″ 이하   ② 5/32″ 이하
③ 5/32″ 이상   ④ 7/32″ 이상

🔍 **해설**

지름이 3/32″ 이하이거나 8[mm] 이상인 리벳은 응력을 받는 구조부재에 사용할 수 없다.

25 Countersink Rivet의 표준규격 번호가 아닌 것은?

① AN 420   ② AN 425
③ AN 426   ④ AN 430

🔍 **해설**

Countersink Rivet(AN 420 : 90°, AN 425 : 78°, AN 426 : 100°)

26 리벳(Rivet)의 결함을 유발시키는 힘은?

① 인장력   ② 전단력
③ 압축력   ④ 비틀림력

🔍 **해설**

리벳은 전단력에 대해 충분히 견딜 수 있도록 설계되어 있다.

27 리벳의 길이는 어떻게 측정하는가?

① 머리 윗면부터 몸통 끝까지
② 머리 아랫면부터 몸통 끝까지(단, 카운터싱크는 예외)
③ 직경에 의해 측정하며 리벳의 길이는 직경의 4배
④ 모든 리벳은 같은 길이로 제조되어 원하는 길이로 잘라 사용한다.

🔍 **해설**

리벳 길이는 머리 아래부터 몸통 끝까지 측정한다.(단, 카운터싱크는 예외)

[정답] 20 ④   21 ④   22 ①   23 ③   24 ①   25 ④   26 ②   27 ②

28 리벳 작업 시 카운터싱크 방법의 일반적인 규칙은?

① 금속판이 리벳 머리의 두께보다 얇아야 한다.

② 금속판의 두께가 리벳 머리의 두께와 같은 때가 적당하다.

③ 금속이 열처리된 것이어야 한다.

④ 금속판이 리벳 머리의 두께보다 더 두꺼울 경우에만 가능하다.

해설

카운터싱크 방법

접시머리 리벳의 머리 부분이 판재 접합부와 꼭 들어맞도록 하기 위해 판재의 구멍 주위를 움푹 파서 하는 방법으로서 리벳머리의 높이보다도 결합해야 할 판재 쪽이 두꺼운 경우에만 적용한다. 만일 얇은 경우에는 딤플링을 적용해야 한다.

29 니켈강 합금을 리베팅하는 데 사용되는 리벳은?

① 2017 알루미늄   ② 2024 알루미늄

③ 연강(Mild Steel)   ④ 모넬(Monel)

해설

모넬 리벳(Monel Rivet)

니켈 합금강이나 니켈강에 사용되며, 내식강 리벳과 호환적으로 사용된다.

30 2장의 두께가 다른 알루미늄 판을 리베팅 시 리벳의 머리의 위치는?

① 두꺼운 판 쪽

② 어느 쪽이라도 상관없다.

③ 적당한 공구를 사용하면 어느 쪽이라도 상관없다.

④ 얇은 판 쪽

해설

리벳 머리를 얇은 판 쪽에 두어 부재를 보강해 주어야 한다.

31 식별기호가 AN 430 AD-4 8 리벳에서 직경과 길이를 바르게 나타낸 것은?

① 4/32″ 직경×8/16″ 길이

② 4/16″ 직경×8/16″ 길이

③ 1/8″ 직경×1/2″ 길이

④ 4/16″ 직경×8/32″ 길이

해설

AN 430 AD-4 8

- AN 430 : 리벳 머리 모양(둥근머리)
- AD : 재질
- 4 : 리벳 직경 4/32″
- 8 : 리벳 길이 8/16″

7 턴버클

01 턴버클의 사용 목적은?

① 조종 케이블의 장력은 온도에 따라 보정하여 장력을 일정하게 한다.

② 조종면을 고정시킨다.

③ 항공기를 지상에 계류시킬 때 사용한다.

④ 조종 케이블의 장력을 조절한다.

해설

턴버클(Turn Buckle)

조종 케이블의 장력을 조절하는 부품으로서 턴버클 배럴(Barrel)과 터미널 엔드로 구성되어 있다.

02 턴버클 장착 및 검사 방법이 아닌 것은?

① 조종 케이블의 장력을 조절한다.

② 검사 구멍에 핀이 들어가게 한다.

③ 나사산이 3개 이상 보이면 안 된다.

④ 턴버클 양쪽 끝도 안전 결선을 한다.

해설

턴버클(Turn Buckle) 검사 요령

턴버클이 안전하게 감겨진 것을 확인하기 위한 검사 방법은 나사산이 3개 이상 배럴 밖으로 나와 있으면 안 되며 배럴 검사구멍에 핀을 꽂아보아 핀이 들어가면 제대로 체결되지 않은 것이다. 턴버클 생크 주위로 와이어를 5~6회(최소 4회) 감는다.

[정답] 28 ④ 29 ④ 30 ④ 31 ① **7** 01 ④ 02 ②

Aircraft Maintenance

03 케이블 지름이 얼마 이상일 때 복선식을 하는가?

① 1/16″ ② 3/32″
③ 1/8″ ④ 5/32″

해설

턴버클의 안정 고정작업

안전 결선을 이용하는 방법과 클립을 이용하는 방법이 있다. 안전 결선을 이용하는 방법에는 복선식과 단선식이 있는데 복선식은 케이블 지름이 1/8″ 이상인 케이블에, 단선식은 케이블 지름이 1/8″ 이하인 케이블에 적용된다.

04 케이블 조종계통의 턴버클 배럴에 구멍이 있는 이유는?

① 나사의 체결 정도를 확인하기 위한 구멍이다.
② 케이블 피팅에 윤활유를 공급하기 위한 구멍이다.
③ 안전 결선을 하기 위한 구멍이다.
④ 턴버클을 조절하기 위한 구멍이다.

해설

핀을 꽂았을 때 핀이 들어가면 제대로 체결되지 않은 것이다.

8 로드

01 1개의 Pivot점에 2개의 로드(Rod)가 연결되어 직선 운동을 전달하는 것은?

① 풀리(Pulley)
② 쿼드런트(Quardrant)
③ 벨 크랭크(Bell Crank)
④ 푸시 풀 로드(Push Pull Rod)

해설

벨 크랭크(Bell Crank)

1개의 Pivot점에 2개의 로드(Rod)가 연결되어 직선 운동을 전달하여 게이블의 운동방향을 전환해준다.

02 조종 로드(Control Rod) 끝에 작은 구멍이 있는 목적은?

① 안전 결선을 하기 위한 것
② 굽힐 때 내부 공기를 배출하기 위한 것
③ 나사 머리에 윤활유를 공급하기 위한 것
④ 물림상태를 눈으로 점검하기 위한 것

해설

조종 로드 단자(Control Rod End)

조종 로드에 있는 검사 구멍에 핀이 들어가지 않을 정도까지 장착되어야 한다.

03 푸시 풀 로드 조종계통(Push Pull Rod Control System)의 특징으로 맞지 않는 것은?

① 양방향으로 힘을 절단
② 단선 방식
③ 케이블 계통에 비해 경량
④ 느슨함이 생길 수 있음

해설

푸시 풀 로드 조종계통(Push Pull Rod Control System)
• 장점
  ① 케이블 조종계통에 비해 마찰이 적고 늘어나지 않는다.
  ② 온도변화에 의한 팽창 등의 영향을 받지 않는다.
• 단점
  ① 케이블 조종계통에 비해 무겁다.
  ② 관성력이 크다.
  ③ 느슨함이 생길 수 있고, 값이 비싸다.

9 케이블

01 현대 항공기에 사용하는 케이블의 치수는?

① 1/32″ ~ 9/32″ ② 1/32″ ~ 1/4″
③ 1/16″ ~ 1/8″ ④ 1/32″ ~ 3/8″

> **해설**

항공기에 사용되는 케이블은 탄소강이나 내식강으로 되어 있으며 지름은 1/32″~3/8″, 1/32″씩 증가하도록 되어 있다.

02 항공기용 Cable의 절단방법은?

① 기계적인 방법으로   ② Torch Lamp를 사용
③ 용접 Torch를 사용   ④ Tube Cutter를 사용

> **해설**

항공기에 이용되는 케이블의 재질은 탄소강과 내식강이 있고, 주로 탄소강 케이블이 이용되고 있다. 케이블 절단시 열을 가하면 기계적 강도와 성질이 변하므로 케이블 커터와 같은 기계적 방법으로 절단한다.

03 7×19의 모양과 주로 사용하는 곳은?

① 7개의 와이어로 된 19개의 Strand로 구성되며 전반적인 조종계통에 사용된다.
② 19개의 와이어로 된 7개의 Strand로 구성되며 전반적인 조종계통에 사용된다.
③ 7개의 와이어로 된 19개의 Strand로 구성되며 트림 탭 조종계통에 사용된다.
④ 19개의 와이어로 된 7개의 Strand로 구성되며 주조종계통에 주로 사용된다.

> **해설**

7×19 케이블
충분한 유연성이 있고, 특히 작은 직경의 풀리에 의해 구부러졌을 때 굽힘응력에 대한 피로에 잘 견딘다. 지름 1/8″ 이상으로 주로 조종계통에 사용된다.

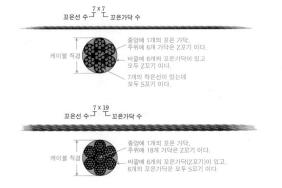

04 7×19 케이블에 대한 설명이 틀린 것은?

① 탄소강 케이블은 내식강 케이블보다 탄성계수가 높다.
② 7×19 케이블의 최소지름은 1/8″이다.
③ Non-flexible Cable이다.
④ 7×19 케이블은 와이어 19가닥을 한 묶음으로 7개를 꼬은 것이다.

> **해설**

내식성 케이블
내식성을 가지므로 부식이 발생하기 쉬운 위치에 사용하고 있는데 탄소강 재료와 비교하여 다음과 같은 결점이 있다.
① 케이블의 탄성계수가 낮으므로 케이블에 인장하중이 가해졌을 때 케이블의 신장이 크고 케이블 계통 조종의 확실성이 감소한다.
② 피로강도가 좋지 않으므로 풀리에 의해 구부러져 있는 부분은 반복하여 굽힘응력이 가해지고 피로에 의한 단선이 발생하기 쉽다.

05 조종계통 케이블 정비에 대한 설명이 틀리는 것은?

① 손상의 주원인은 풀리나 페어리드 및 케이블 드럼과 접촉에 의한 것이다.
② 케이블 가닥 손상 검사는 헝겊을 케이블에 감고 길이 방향으로 움직여 본다.
③ 부식된 케이블은 브러시로 부식을 제거한 후 솔벤트 등으로 깨끗이 세척한다.
④ 케이블 장력은 장력계수의 눈금에 장력환산표를 대조하여 산출한다.

> **해설**

케이블의 세척방법
① 쉽게 닦아낼 수 있는 녹이나 먼지는 마른 헝겊으로 닦는다.
② 케이블 표면에 칠해져 있는 오래된 방부제나 오일로 인한 오물 등은 깨끗한 수건에 케로신을 묻혀서 닦아낸다. 이 경우 케로신이 너무 많으면 케이블 내부의 방부제가 스며 나와 와이어 마모나 부식의 원인이 되어 케이블 수명을 단축시킨다.
③ 세척한 케이블은 마른 수건으로 닦은 후 방식 처리를 한다.

06 터미널 피팅에 케이블을 끼우고 공구나 장비로 압착하는 방법?

① 5단 엮기 이음방법(5 Tick Woven Cable Splice)
② 납땜 이음방법(Wrap Solder Cable Splice)

[정답] 02 ①   03 ④   04 ③   05 ③   06 ④

③ 니코 프레스(Nico Press)

④ 스웨징 방법(Swaging Method)

🔍 해설 ------------------------------

케이블을 터미널 피팅에 연결하는 방법

① 스웨이징 방법은 터미널 피팅에 케이블을 끼우고 스웨이징 공구나 장비로 압착하는 방법으로 연결부분 케이블 강도는 케이블 강도의 100[%]를 유지하며 가장 일반적으로 많이 사용한다.

② 5단 엮기 이음방법은 부싱이나 딤블을 사용하여 케이블 가닥을 풀어서 엮은 다음 그 위에 와이어를 감아 씌우는 방법으로 7×7, 7×19 케이블이나 지름이 $3/32''$ 이상 케이블에 사용할 수 있다. 연결부분의 강도는 케이블 강도의 75[%]이다.

③ 납땜 이음방법은 케이블 부싱이나 딤블 위로 구부려 돌린 다음 와이어를 감아 스테아르산의 땜납 용액에 담아 땜납 용액이 케이블 사이에 스며들게 하는 방법으로 지름이 $3/32''$ 이하의 가요성 케이블이나 1×19 케이블에 적용되며 집합부분의 강도는 케이블 강도의 90[%]이고, 고온부분에는 사용을 금한다.

---

07 직경 $3/32''$ 이하의 가요성 케이블(Flexible cable)에 사용되고, 고열 부분에서는 사용이 제한되는 케이블 작업은?

① Swaging

② Nicopress

③ Five – Tuck Woven Splice

④ Wrap – solder cable Splice

🔍 해설 ------------------------------

랩 솔더 이음방법(Wrap Solder Splice Method)

• 랩 솔더 이음방법은 연결부의 연결 강도를 90% 유지

• Bushing이나 Dimble 위로 구부려 돌린 다음 와이어를 감아 스테아르산 납땜용액에 침지시켜 케이블 사이에 스며들도록 하는 방법

• 케이블 직경이 $3/32''$ 이하 가요성 케이블(Flexible Cable)이나 1×19 케이블에 적용

• 열에 의해 납이 다시 녹아 연결부가 끊어질 수 있기 때문에 고온부에는 사용을 금함

---

08 케이블의 연결 방법 중 열을 많이 받는 부분에 사용해서는 안 되는 연결방법은?

① 5단 엮기 이음방법   ② 랩 솔더 이음방법

③ 니코 프레스   ④ 스웨징 방법

🔍 해설 ------------------------------

납땜 이음방법

케이블 부싱이나 딤블 위로 구부려 돌린 다음 와이어를 감아 스테아르산의 땜납 용액에 담아 땜납 용액이 케이블 사이에 스며들게 하는 방법으로 지름이 $3/32''$ 이하의 가요성 케이블이나 1×19 케이블에 적용되며 집합부분의 강도는 케이블 강도의 90[%]이고, 고온부분에는 사용을 금한다.

---

09 케이블 중 5단 엮기 케이블 이음법을 사용할 수 없는 것은?

① $5/32''$ ② $2/32''$

③ $3/32''$ ④ $4/32''$

🔍 해설 ------------------------------

5단 엮기 이음방법

부싱이나 딤블을 사용하여 케이블 가닥을 풀어서 엮은 다음 그 위에 와이어를 감아 씌우는 방법으로 7×7, 7×19 케이블이나 지름이 $3/32''$ 이상 케이블에 사용할 수 있다. 연결부분의 강도는 케이블 강도의 75[%]이다.

---

10 케이블 세척에 대한 방법이 틀린 것은?

① 쉽게 닦아낼 수 있는 녹이나 먼지는 마른 헝겊으로 닦아낸다.

② 케이블 표면은 솔벤트나 케로신을 헝겊에 묻혀 닦아낸다.

③ 솔벤트나 케로신을 너무 묻히면 내부의 방부제를 녹여 와이어의 마멸을 일으킨다.

④ MEK로 세척한 후 부식에 대한 방지를 하여야 한다.

🔍 해설 ------------------------------

케이블의 세척

① 고착되지 않은 녹, 먼지 등은 마른 수건으로 닦아내고, 케이블 바깥면에 고착된 녹이나 먼지는 #300~400 정도의 미세한 샌드페이퍼로 없앤다.

② 윤활제는 케로신을 적신 깨끗한 수건으로 닦지만 케로신이 너무 많으면 케이블 내부의 방식 윤활유가 스며나와 와이어 마모나 부식의 원인이 되므로 가능한 소량으로 사용하여야 한다.

③ 케이블 표면에 고착된 낡은 방식유를 제거하기 위해 증기 그리스 제거, 수증기 세척, MEK 또는 그 외의 용제를 사용할 경우에는 케이블 내부의 윤활유까지 제거해 버리기 때문에 사용해서는 안 된다.

④ 크리닝을 한 경우는 검사 후 바로 방식처리를 하여야 한다.

[정답] 07 ④   08 ②   09 ②   10 ④

11 케이블 검사 및 정비 방법이 아닌 것은?

① 케이블의 와이어 잘림, 마멸, 부식 등을 검사한다.

② 와이어의 잘림은 헝겊으로 케이블을 감싸서 손에 상처가 없도록 검사한다.

③ 케이블이 풀리와 페어리드에 닿는 부분을 검사한다.

④ 7×7 케이블은 25.4[mm]당 8가닥 이상 잘려 있으면 교환한다.

🔍 해설

케이블 교환

- 7×7케이블은 6개 이상 마모시 케이블을 교환
- 7×19케이블은 12개 이상 마모시 케이블을 교환
- 7×7케이블은 단선수가 3개에 이르기 전에 교환
- 7×19케이블은 단선수가 6에 이르기 전에 교환

12 케이블 스웨이지 후 검사 방법이 아닌 것은?

① 스웨이지된 피팅에 손상이 없는가 검사한다.

② 스웨이지가 규정 치수에 맞는가 검사한다.

③ 볼 형은 규정된 길이로 스웨이지하고 있는가 확인한다.

④ 치수는 Go-no-go Gage로 측정한다.

🔍 해설

스웨이지 후 검사 방법

- 스웨이지된 피팅에 손상이 없는가 검사한다.
- Go-Gage를 사용하여 스웨이지가 규정 치수에 맞는가 검사한다.
- 규정된 길이로 스웨이지하고 있는가 확인한다.(볼 형은 제외)
- 볼 형의 피팅은 앤드보다 케이블이 나와 있는 한계가 정해져 있고 1/16[in] 이상인 경우에는 그 것 이하로 한다.
- 양 끝도 스웨이지가 종료되면 길이 검사를 한다.

🔽 참고

스웨이지 후 검사 방법

[스웨이지 터미널 샹크의 측정]

[스웨이지 후의 검사]

[볼 형식의 끝 부분 한계]

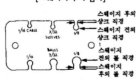

[볼 형식용 터미널 스웨이지]

13 Cable의 보중하중 시험 내용이 아닌 것은?

① 보중하중의 값은 최소파괴하중의 60∼65[%]이다.

② 하중은 서서히 또 평균에서 최댓값에 달하기까지 적어도 3초 이상 경과시킨다.

③ 규정값에 달하고 나서 스플라이스 피팅은 2분간 그대로 방치한다.

④ 보중하중을 건 후는 한번 더 길이를 점검한다.

🔍 해설

케이블의 보중하중 시험

① 제작한 케이블 어셈블리의 피팅과 케이블과의 경계에 슬립 마크(Slip Mark)를 붙여둔다. 이것은 보중하중을 가했을 때 피팅의 미끄러짐을 검사하기 위한 것이다.

② 피팅과 케이블을 전용의 공구, 지그 등을 써서 시험 스탠드에 장착한다.

③ 보중하중의 값은 최소파괴하중의 60∼65[%]이다. 하중은 서서히 또 평균에 걸쳐서 최댓값에 달하기까지 적어도 3초 이상 경과시킨다.

④ 하중이 규정값에 달하고 나서 적어도 다음 시간 그대로 방치한다.
- 엔드 피팅은 5초, 스플라이스 피팅은 3분
- 슬립 마크가 어긋나지 않는지 여부를 검사한다. 하중을 다 가하고 나면 평균적으로 또 서서히 하중을 제거한다.

⑤ 보중하중을 가한 후에는 다시 한번 케이블 어셈블리의 길이를 점검한다.

14 조종케이블을 3° 이내에서 방향을 바꾸어 주는 것은?

① 벨 크랭크(Bell Crank)

② 케이블 드럼(Cable Drum)

③ 풀리(Pulley)

④ 페어 리드(Fair Lead)

🔍 해설

케이블 조종계통에 사용되는 여러 가지 부품의 기능

① 풀리는 케이블을 유도하고 케이블의 방향을 바꾸는 데 사용한다.

② 턴버클은 케이블의 장력을 조절하기 위해 사용된다.

③ 페어 리드는 조종케이블의 작동 중 최소의 마찰력으로 케이블과 접촉하여 직선운동을 하며 케이블을 3°이내에서 방향을 유도한다.

④ 벨 크랭크는 로드와 케이블의 운동방향을 전환하고자 할 때 사용하며 회전축에 대하여 2개의 암을 가지고 있어 회전운동을 직선운동으로 바꿔준다.

[정답] 11 ④ 12 ③ 13 ③ 14 ④

15 케이블 장력 조절기의 사용 목적은?

① 조종 케이블의 장력을 조절한다.

② 조종사가 케이블의 장력을 조절한다.

③ 주 조종면과 부 조종면에 의하여 조절한다.

④ 온도변화에 관계없이 자동적으로 항상 일정한 케이블 장력을 유지한다.

해설

케이블 장력 조절기(Cable Tension Regulator)

항공기 케이블(탄소강 내식강)과 기체(알루미늄 합금)의 재질이 다르므로 해서 열팽창계수가 달라 기체는 케이블의 2배 정도로 팽창 또는 수축하므로 여름에는 케이블의 장력이 증가하고, 겨울에는 케이블의 장력이 감소하므로 이처럼 온도 변화에 관계없이 자동적으로 항상 일정한 장력을 유지하도록 하는 기능을 한다.

16 조종 케이블의 장력을 측정할 때 올바른 방법은 어느 것인가?

① 표준 대기상태에서 실시한다.

② 조종 케이블의 장력은 온도에 따라 변하므로 일정하게 20[℃]를 유지한다.

③ 장력계를 사용할 때는 조종 케이블 지름을 먼저 측정한다.

④ 측정 장소는 가능한 한 케이블 가까이에서 한다.

해설

케이블 장력 측정

케이블 장력 측정기(Calbe Tension Meter)가 필요한데 장력 측정기를 사용하기 위해서는 먼저 케이블의 지름 및 외기 온도를 알아야 한다.

측정 장소는 턴버클이나 케이블 피팅으로부터 최소한 6″이상 떨어져서 측정한다. 측정 후에는 장력의 온도 변화의 보정에 적용되는 케이블 장력 도표에서 해당되는 온도의 장력 값을 확인한 후 규정 범위에 들지 않으면 턴버클을 돌려서 장력을 조절한다.

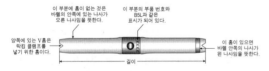

[턴버클 배럴(Turnbuckle Barrel)]

[텐션 미터(Tension Meter)]

17 조종 케이블이 작동 중에 최소의 마찰력으로 케이블과 접촉하여 직선 운동을 하게 하며, 케이블을 작은 각도 이내의 범위에서 방향을 유도하는 것은?

① 풀리(Pulley)

② 페어리드(Fairlead)

③ 벨크랭크(Bell crank)

④ 케이블 드럼(Cable drum)

해설

페어 리드는 조종케이블

작동 중 최소의 마찰력으로 케이블과 접촉하여 직선운동을 하며 케이블을 3°이내에서 방향을 유도한다.

4 항공기 기체 정비

1 안전 결선

01 안전 결선(Safety Wire) 방법이 아닌 것은?

① 에어 덕트의 클램프가 풀리지 않게 하는 로크 와이어(Lock Wire) 방법이 있다.

② 나사 부품을 고정 시키는 로크 와이어(Lock Wire) 방법이 있다.

③ 핸들 등의 잘못된 조작을 막는 고정 와이어(Lock Wire) 방법이 있다.

④ 스위치, 커버 등을 열지 못하게 하는 셰어 와이어(Shear Wire) 방법이 있다.

해설

안전 결선(Safety Wire)

- 비행 중 또는 작동 중의 심한 진동과 하중 때문에 느슨해질 우려가 있다.
- 나사 부품을 조이는 방향으로 당겨, 확실히 고정시키는 로크 와이어(Lock Wire) 방법이 있다.
- 비상구, 소화제 발사 장치, 비상용 브레이크 등의 핸들, 스위치, 커버 등을 잘못 조작하는 것을 막고, 조작 시에 쉽게 작동할 수 있도록 하는 목적으로 사용되는 셰어 와이어(Shear Wire) 방법이 있다.

02 와이어 크기의 선택에 대한 설명이 틀리는 것은?

① 안전 지선의 크기(지름)에 따라 최저 조건을 만족시켜야 한다.

② 보통 3/8[inch] 볼트에는 지름이 최저 0.032[in]인 와이어를 사용한다.

③ 스크루와 볼트가 좁게 배열되어 있을 때는 0.020[in]인 와이어를 사용한다.

④ 비상용 장치에는 특별한 지시가 없는 한 0.032[in]인 와이어를 사용한다.

해설

와이어 크기의 선택

- 보통의 안전풀림 방지용 와이어는 지름이 최저 0.032[in]가 되어야 한다.
- 스크루와 볼트가 좁게 배열되어 있을 때는 0.020[in]인 와이어를 사용한다.
- 싱글 와이어 방법으로 안전풀림 방지를 할 때는 적합한 재질로 구멍을 지나는 최대지름의 와이어를 써야 한다.
- 비상용 장치에 사용하는 와이어는 특별한 지시가 없는 한 지름 0.020[in]인 CY 와이어를 사용한다.(CY 와이어 : Copper, Cadmium도금)

03 드릴 헤드 볼트 구멍의 위치를 정하는 방법이 아닌 것은?

① 좌로 45° 기울어진 위치가 되는 것이 이상적인 상태이다.

② 이상적인 위치를 얻기 위해 유닛을 너무 조이거나 덜 조여서는 안 된다.

③ 규정 토크 범위에 있을 경우, 두께가 다른 와셔 또는 다른 볼트 등으로 교환된다.

④ 유닛의 구멍은 12시에서 3시 사이 및 6시에서 9시 사이를 피해야 한다.

해설

드릴 헤드 볼트 구멍의 위치를 정하는 법

- 규정된 토크 값까지 조이는 순서에 따라 조이고 볼트머리의 구멍의 위치를 확인하며, 구멍의 위치를 조정한다.
- 2개의 유닛 사이에 안전 지선을 걸 때 구멍의 위치는 통하는 구멍이 중심선에 대해 좌로 45° 기울어진 위치가 되는 것이 이상적인 상태이다.
- 이상적인 위치를 얻기 위해 유닛을 너무 조이거나 덜 조여서는 안 된다.
- 구멍이 알맞게 모인 위치가 규정 토크 범위에 없을 경우, 두께가 다른 와셔 또는 다른 볼트 등으로 교환된다.
- 유닛의 구멍은 12시에서 3시 사이 및 6시에서 9시 사이를 피해야 한다.

04 안전 결선(Safety Wire) 방법이 잘못된 것은?

① 더블 트위스트(Double Twist)와 싱글 와이어(Single Wire) 방법이 있다.

② 더블 트위스트 와이어 방법의 유닛 수는 3개가 최대수이다.

③ 슈퍼차저(Supercharger)의 중요 부분에 사용될 때는 싱글와이어 방법을 쓴다.

④ 6[in] 이상 떨어져 있는 파스너(Fastener)의 사이에 와이어를 걸어서는 안 된다.

해설

안전 지선을 거는 방법

- 더블 트위스트(Double Twist)와 싱글 와이어(Single Wire) 방법이 있다.
- 더블 트위스트 와이어 방법의 유닛 수는 3개가 최대수이다.
- 6[in] 이상 떨어져 있는 파스너(Fastener) 또는 피팅(Fitting)의 사이에 와이어를 걸어서는 안 된다.

05 단선 와이어를 거는 방법이 잘못된 것은?

① 전기계통의 부품은 거의 단선 와이어를 한다.

② 좁은 간격에 있는 유압 실(Seal)은 단선 와이어를 사용한다.

③ 비상장치에는 단선 와이어를 사용한다.

④ 비상 계기 커버의 가드(Guard)에는 단선 와이어를 사용 한다.

[정답] 02 ④ 03 ③ 04 ③ 05 ②

🔎 해설

Single Wire Method(싱글 와이어 방법)

- 3개 또는 그 이상의 유닛이 좁은 간격으로 폐쇄된 기하학적인 형상(삼각형, 정사각형, 직사각형, 원형 등)을 하는 전기계통의 부품으로서, 좁은 간격이란 중심 간의 거리가 2[in](최대) 이하인 것을 말한다.
- 좁은 간격으로 배열된 나사라도 유압 실(Seal)이나 공기 실을 막거나 유압을 받거나 클러치(Clutch)기구나 슈퍼차저(Supercharger)의 중요 부분에 사용될 때는 더블 트위스트 와이어 방법을 쓴다.

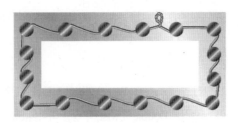

[Single Wire Double Twist]

- 싱글 와이어 방법(Single Wire Method)이 적용되는 곳은 비상용 장치, 예를 들어 비상구, 비상용 브레이크 레버, 산소 조정기, 소화제 발사 장치 등의 핸들 커버의 가드(Guard)등 이다.

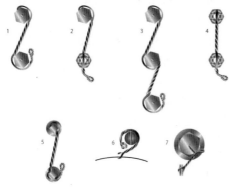

[안전 지선을 거는 법]

06 Safety Wire시 유의사항이 잘못된 것은?

① Wire의 지름이 0.020인 경우 1당 6~8회 꼬임
② Wire 끝부분은 Pig Tail로 1/4~1/2[in]당 3~5회 꼬임
③ Safety Wire의 당기는 방향은 부품의 죄는 반대방향으로 한다.
④ Wire를 자를 때는 수직으로 잘라 안전에 유의한다.

🔎 해설

안전 결선 시 유의 사항

- 1번 사용한 것을 재사용해서는 안 된다.
- 안전 지선은 유닛 사이에 견고하게 설치해야 하며, 마찰이나 진동에 의한 피로를 막고, 와이어에 과도한 응력을 가해서는 안 된다.
- 안전 지선을 장착하는 작업 중에 와이어에 꼬임(Kink), 흠(Nick), 마모된 흠 (Scrape) 등이 생기지 않게 한다.
- 날카로운 모서리를 따라 당기거나 너무 가까이 하거나 공구로 너무 잡거나 해서는 안 된다.
- 캐슬 너트의 흠이 너트의 상단에 가까이 있을 때는 와이어는 너트 주위를 감는 것보다 너트 위를 통해서 감는 것이 더 확실하다.
- 여러개의 유닛에 와이어를 걸 때에는 와이어가 끊어져도 모든 유닛이 느슨해지지 않도록 가능하면 적은 수로 나누어 한다.
- 인터널 스냅 링(Internal Snap Ring)에는 로크 와이어를 걸지 말 것
- 전기 커넥터의 와이어는 0.020[in] 지름인 와이어를 걸어도 좋으며, 전기 커텍터에 와이어를 걸 때는 하나하나에 거는 것이 바람직하고 어쩔 수 없는 경우가 아니면 커넥터 사이에는 와이어를 걸 때는 하나하나에 거는 것이 바람직하고 어쩔 수 없는 경우가 아니면 커넥터 사이에는 와이어를 걸지 않는다.
- 유닛과 환경에 맞는 와이어를 선택하여 필요한 길이로 절단하며, 필요한 길이는 대략 유닛 개개의 거리의 2배에 두 손으로 쥘 수 있는 여분을 더한 것이다.
- 구부러짐이 있으면 똑바로 펴야 하며, 이때 필요한 길이로 절단한 와이어의 끝을 바이스로 고정하고 다른 끝을 플라이어로 꼭 잡고서, 반동을 가하여 1~2번, 적당한 힘으로 당기거나 한끝을 플라이어로 잡고 트위스트 와이어를 잡아당긴다. 와이어 표면의 피막과 도금을 손상시키거나 벗겨지게 하지 않고 팽팽히 똑바로 펼 수 있다.
- 안전 결선의 꼬임 수는 자주 사용되는 0.032[in] 및 0.040[in] 지름인 경우 1[in]당 6~8개의 꼬임이 적당하다.
- 와이어는 직각으로 절단하여야 하며, 끝이 뾰쪽하면 상처를 입을 수 있다.
- 마지막 꼬은 끝을 볼트 쪽에 바짝 붙여서 잘라낸 곳에 걸리거나 작업복을 손상시키지 않게 해두며, 마지막 꼬은 줄 길이는 1/4~1/2[in], 꼬은 수는 3~5번이다.
- 절단된 여분의 와이어를 엔진, 기체 및 부품 속에 떨어뜨려서는 안 된다.

2 Cotter Pin

01 코터 핀의 재질과 적용에 대한 설명이 잘못된 것은?

① 탄소강 코터 핀은 450[°F]까지의 장소에 사용된다.
② 내식강 코터 핀은 800[°F]까지의 장소에 사용된다.

③ 탄소강 코터 핀은 부식성이 있는 환경에 사용

④ 내식강 코터 핀은 비자성이 요구되는 곳에 사용

해설

코터 핀의 재질과 적용

[상용 온도 한계와 용도(MS 33540)]

재 질	주위의 온도	용도
탄소강	450[°F]까지의 장소	코터 핀을 부착하는 볼트 또는 너트가 카드뮴 도금되어 있을 때
내식강	800[°F]까지의 장소	• 비자성이 요구되는 곳 • 부식성이 있는 환경에 사용 • 코터 핀을 장착하는 볼트가 내식강인 곳에 사용 • 코터 핀을 장착하는 너트가 내식강인 곳에 사용

02 코터 핀의 장착 방법을 틀리게 설명한 것은?

① 우선 방법과 대체 방법이 있다.

② 특별한 지시가 없는 한 우선 방법을 쓴다.

③ 볼트 끝부분에 구부려 접은 끝이 가까이 있을 때에는 우선방법을 쓴다.

④ 부품이 닿을 것 같은 경우나 걸리기 쉬운 경우에 대체 방법을 쓴다.

해설

코터 핀의 장착 방법

• 우선 방법(Prefered Method)과 대체 방법(Alternate Method)이 있다.

• 특별한 지시가 없는 한 우선 방법을 쓴다.

• 볼트 끝부분에 구부려 접은 끝이 가까이 있는 부품과 닿을 것 같은 경우나 걸리기 쉬운 경우는 대체 방법을 쓴다.

(a) 우선 방법   (b) 대체 방법

[코터 핀의 부착방법]

03 Cotter Pin Hole의 위치를 잘못 설명한 것은?

① 너트를 규정된 최저 토크로 조이고 구멍과 너트의 홈의 위치를 확인한다.

② 가장 바람직한 위치는 너트의 홈의 바닥과 볼트 구멍의 상부가 동일한 높이이다.

③ 구멍과 홈이 맞지 않으면 와셔의 증감(3장 이하)으로 조정할 수 있다.

④ 구멍이 맞지 않는 경우는 토크 값의 범위 내에서 맞출 수 있다.

해설

코터 핀 장착의 기본 예(우선 방법)

• 너트를 규정된 최저 토크로 조이고 볼트 나사 끝의 구멍과 너트의 홈의 위치를 확인한다.

• 맞지 않는 경우는 토크 값의 범위 내에서 맞춘다.

• 만약 구멍과 홈이 맞지 않으면 너트, 와셔 및 볼트의 교환이나 와셔의 증감으로 조정한다.

• 가장 바람직한 위치는 너트의 홈의 바닥과 볼트 구멍의 하부가 동일한 높이이다.

• 코터 핀 지름의 50[%] 이상이 너트의 윗면으로 나와서는 안된다. 이럴 때는 볼트를 짧은 것으로 교환하든지, 와셔를 두꺼운 것으로 교환하든지, 와셔의 개수를 제한 개수까지 늘려 조정해야 한다.

Cotter Pin Hole의 위치	
	가장 바람직한 구멍에 대한 홈의 위치
	Cotter Pin의 반지름보다 더 나와서는 안된다.

04 코터 핀의 장착 작업을 잘못 설명한 것은?

① 핀 끝의 긴 쪽을 위로해서 손으로 가능한 만큼 밀어 넣는다.

② 핀의 머리가 너트의 벽과 동일 면이 될 때까지 동 해머로 가볍게 두드린다.

③ 코터 핀은 검사 후 재사용할 수 있다.

④ 핀 끝을 동 해머로 가볍게 두드려 너트의 벽에 꼭 붙인다.

해설

[정답] 02 ③ 03 ② 04 ③

코터핀(Cotter Pin) 장착 작업

- 핀 끝의 긴 쪽을 위로해서 손으로 가능한 만큼 밀어 넣는다.
- 코터 핀의 머리가 너트의 벽과 동일 면이 될 때까지 동 해머로 가볍게 두드린다. 이때, 코터 핀의 머리가 변형되지 않게 주의한다. 머리가 변형되면 머리와 벽을 동일 면이 되게 할 필요가 없다.
- 코터 핀의 위쪽 끝을 플라이어(Plier)로 확실히 잡고 앞으로 당기면서 볼트 축 쪽으로 구부려 적당한 길이로 절단한다.
- 절단된 핀 끝을 동 해머로 가볍게 두드려 볼트 끝부분에 꼭 붙인다.
- 남은 핀 끝을 플라이어로 확실히 잡고 앞으로 당기면서 약간 아래쪽으로 구부려 와셔에 닿지 않을 정도로 절단한다.
- 핀 끝을 동 해머로 가볍게 두드려 너트의 벽에 꼭 붙인다.
- 장착한 코터 핀에 느슨함이 없는지 검사한다.

[동 해머]

[코터 핀의 장착]

05 코터 핀(Cotter Pin) 장·탈착 작업 시 주의 사항이 아닌 것은?

① 새것을 사용하고 결코 한번 사용한 것을 재사용해서는 안 된다.
② 핀 끝을 접어 구부릴 때는 펼쳐지게 해야 하고 꼬거나 또는 가로방향으로 구부 려서는 안 된다
③ 핀 끝을 절단할 때는 핀 측에 직각으로 절단해야 한다.
④ 부근의 구조를 손상시키지 않도록 볼 핀 해머를 사용한다.

🔍 해설

코터핀(Cotter Pin) 장·탈착 작업

- 코터 핀은 장착할 때마다 새것을 사용하고 결코 한번 사용한 것을 재사용해서는 안 된다.
- 핀 끝을 접어 구부릴 때는 펼쳐지게 해야 하고 꼬거나 또는 가로방향으로 구부려서는 안 된다.
- 핀 끝을 절단할 때는 끝을 감싸는 등 방법으로 절단 조각이 튀지 않게 해야 하며 그렇게 하지 않으면 절단 조각이 눈에 들어가거나 엔진 내부에 들어가 사고를 일으키게 된다.
- 핀 끝을 절단할 때는 핀 측에 직각으로 절단해야 한다.(비스듬히 절단하면 사고의 원인이 된다)
- 부근의 구조를 손상시키지 않도록 동 해머를 사용한다.

01 Hose의 장착 방법이 틀린 것은?

① 꼬이지 않도록 장착한다.
② 여유 길이가 없도록 직선으로 연결한다.
③ 유관 식별을 위한 식별표를 부착한다.
④ 60[cm] 마다 클램프를 설치한다.

🔍 해설

호스 장착 시 유의 사항

- 호스가 꼬이지 않도록 한다.
- 압력이 가해지면 호스가 수축되므로 5~8[%] 여유를 준다.
- 호스의 진동을 막기 위해 60[cm] 마다 클램프(Clamp)로 고정한다.

02 사용 온도 범위가 넓고 액체 류에 많이 사용하는 호스는?

① Teflon
② Neoprene
③ Butyl
④ Buna-N

🔍 해설

호스의 재질

- 부나 N : 석유류에 잘 견디는 성질을 가지고 있으며, 합성류에 사용해서는 안 된다.
- 네오프렌 : 아세틸렌기를 가진 합성고무로 석유류에 잘 견디는 성질은 부나 N보다는 못하지만 내마멸성은 오히려 강하며, 합성류에 사용금지
- 부틸 : 천연 석유제품으로 만들어지며 합성류에 사용할 수 있으나 석유류와 같이 사용해서는 안 된다.
- 테프론 : 사용 온도범위가 넓고 모든 액체류에 사용할 수 있고, 고무보다 부피의 변형이 적고 수명도 반영구적이다.

03 부틸 호스 재질에 대한 설명이 틀린 것은?

① 천연 석유제품으로 만들어 졌다.
② 합성류에 사용한다.
③ 석유류에 사용금지
④ 모든 액체류에 사용

🔍 해설

부틸 재질 호스

천연 석유제품으로 만들어지며 합성류에 사용할 수 있으나, 석유류와 같이 사용해서는 안 된다.

04 튜브와 호스에 대한 설명이 틀린 것은?

① 튜브의 바깥지름은 분수로 나타낸다.
② 호스는 안지름으로 나타낸다.
③ 진동이 많은 곳에는 튜브를 사용한다.
④ 호스는 움직이는 부분에 사용한다.

해설

튜브와 호스
- 튜브의 호칭 치수는 바깥지름(분수)×두께(소수)로 나타내고, 상대운동을 하지 않는 두 지점 사이의 배관에 사용된다.
- 호스의 호칭 치수는 안지름으로 나타내며, 1/16″ 단위의 크기로 나타내고, 운동 부분이나 진동이 심한 부분에 사용한다.

05 장착하고자 하는 호스거리가 50″라면 장착될 호스의 최소길이는?

① 51과 1″
② 53과 2″
③ 52와 1/2″
④ 55와 1/4″

해설

호스의 최소길이
- 압력이 가해지면 호스가 수축되므로 5~8[%] 여유를 준다.
- 최소 5[%]의 여유를 줘야 한다.

06 제빙장치용 배관을 식별하기 위한 국제적인 표시는?

① 삼각형
② 정사각형
③ 사각형
④ 원형

해설

제빙장치용 배관을 식별하기 위한 국제적인 표시는 삼각형이다.

07 유압용 연성 배관선(Flexible Pipe Line)에 선이 표시되어 있는 이유는?

① 호스의 접착될 부분을 표시
② 광물성 오일계통에 사용하기 위한 표시

③ 호스 장착 시 뒤틀림 방지
④ 천연 오일계통에 사용하기 위한 표시

해설

연성 배관선(Flexible Pipe Line)
호스 장착 시 꼬이지 않게 레이션을 일직선으로 한다.

08 고유압계통의 튜브의 외경은 구부러진 부분에서 일반적으로 직경이 몇 [%] 이하가 되지 않아야 하는가?

① 90[%]
② 75[%]
③ 50[%]
④ 30[%]

해설

튜브의 직경
- 굽힘 작업을 한 튜브에 파임의 결함이 생기면 유체의 흐름을 제한하게 한다.
- 주름진 결함이 생기면 파임이 있는 튜브에 비해 심하게 유체의 흐름을 제한하지 않지만 계속 흐름을 파동시킴으로서 튜브를 약하게 한다.
- 굽힘 공구 자국이 없고 굽힘의 최소직경이 튜브 직경의 75[%] 이하가 되지 않아야 한다.

09 금속튜브에 클램프를 장착할 때 바른 방법은?

① 페인트는 부식을 방지하므로 제거할 필요가 없다.
② 누출된 액을 쉽게 식별하기 위하여 클램프를 장착한 후에 클램프와 튜브에 페인트를 칠한다.
③ 부식을 막기 위해 클램프를 장치한 후에 클램프와 튜브에 페인트를 칠한다.
④ 클램프가 있는 튜브 부분에는 페인트나 양극 처리된 것을 제거한다.

해설

지지 클램프(Support Clamps)
- 고무 쿠션(Cushion)된 클램프 : 진동을 방지하며 배선을 안정시키는데 쓰인다. 큐션은 배관의 마멸을 방지한다.
- 테프론 쿠션 클램프 : 스카이드롤 고압류 혹은 연료에 의한 기능 저하가 예상되는 곳에 사용한다.
- 본드 클램프(Bonded Clamp) : 금속 유압 라인, 오일 라인이 제자리에 확실하게 위치시키기 위해 사용한다. 본드하지 않은 클램프는 배선 보호용으로만 사용하여야 한다. 본드 클램프가 있는 튜브 부분에는 페인트나 양극 처리된 것을 제거한다.

[정답] 04 ③ 05 ③ 06 ① 07 ③ 08 ② 09 ④

10 알루미늄 합금관의 표면에 난 흠집(Scratch)에 대한 수리 범위는?

① 튜브 두께의 20[%] 이하

② 1/32″ 이하

③ 1/16″ 이하

④ 튜브 두께의 10[%] 이하

🔍 해설 ----------

알루미늄 합금 관 수리
알루미늄 합금 관 표면에 난 흠집은 튜브 두께의 10[%] 이하일 때는 수리가 가능하다.

11 연성호스 장착 시 고려해야 할 사항은?

① 두 개의 피팅 사이에 팽팽히 펴지도록 한다.

② 호스의 느슨함을 허용하기 위해 5~8[%]의 여분을 준다.

③ 가능한 한 만곡반경이 작게 한다.

④ 사용시 최소굴곡을 갖도록 한다.

🔍 해설 ----------

연성호스의 설치
압력, 진동, 기체의 팽창으로 인한 호스의 치수가 변경되는 것을 고려하기 위해 호스를 장착할 때 5~8[%]의 장착 여유를 둔다.

12 유압선과 전선의 위치가 서로 인접해 있을 경우 전선의 위치는?

① 유압선 아래쪽 구조물에 고정시킨다.

② 유압선 위쪽 구조물에 안전하게 고정시킨다.

③ 유압선과 케이블의 간격을 적어도 유압선 직경의 4배 정도로 하고 클램프로 유압선을 안전하게 부착시킨다.

④ 유압선과 케이블 간격이 접지선 간격의 4배를 초과하지 않도록 간격을 둔다.

🔍 해설 ----------

유압선 위치
유압이 새어나올 경우를 대비해서 전선은 위쪽으로 설치한다.

13 유압 라인 피팅에 이용되는 더블 플레어에 대한 설명은?

① 모든 유압 배관은 더블 플레어를 필요로 한다.

② 모든 유압 배관은 타우너형 플레어를 필요로 한다.

③ 3/8[in] 외경 이하의 알루미늄 관에는 더블 플레어가 사용되고 그 외는 싱글 플레어가 이용된다.

④ 1/4[in] 외경 이하의 관에는 45°의 더블 플레어가 사용되고 그 외는 싱글 플레어가 이용된다.

🔍 해설 ----------

① 더블 플레어 : 비교적 얇은 두께의 튜브에 사용되는 외경 3/8[in] 이하의 주로 Al 합금 튜브에 사용된다. 항공기에서는 뉴메틱 센싱 라인 등에 이용된다.
② 싱글 플레어 : 일반적으로 널리 이용되고 있다.

14 유압 호스의 저장 기한은 보통 몇 년인가?

① 2년　　　　　　② 3년

③ 4년　　　　　　④ 5년

🔍 해설 ----------

호스(Hose) 및 실의 저장기한
호스 4년, 실(Seal)의 저장기한은 5년

15 호스장착 시의 주의 사항이 아닌 것은?

① 교환하고자 하는 부분과 같은 형태, 크기, 길이의 호스를 사용한다.

② 호스의 직선 띠(Linear Stripe)를 바르게 장착한다.

③ 비틀린 호스에 압력이 가해지면 결함이 발생하거나 너트가 풀린다.

④ 호스가 길 때는 90[cm]마다 클램프(Clamp)로 지지한다.

🔍 해설 ----------

호스장착 시의 주의 사항
• 교환하고자 하는 부분과 같은 형태, 크기, 길이의 호스를 사용한다.
• 호스의 직선 띠(Linear Stripe)를 바르게 장착한다.
• 비틀린 호스에 압력이가해지면 결함이 발생하거나 너트가 풀린다.
• 호스 길이의 5~8[%] 정도의 여유를 두고 장착하여야 한다.
• 호스가 길 때는 60[cm]마다 클램프(Clamp)로 지지한다.

[정답] 10 ④　11 ②　12 ②　13 ③　14 ③　15 ④

16 고압의 유압관 검사 및 수리에 대한 설명이 잘못된 것은?

① 관의 Dent의 허용값은 만곡 부분에서 처음 바깥지름의 75[%] 보다 작아져서는 안 된다.

② 관의 Dent의 허용값은 만곡 부분 이외의 기타 부분에서 처음 바깥지름의 20[%] 이하는 허용된다.

③ 관의 긁힘, 찍힘이 두께의 10[%]를 넘으면 수공구로 갈아 수리할 수 있다.

④ 가요성 호스의 길이는 5~8[%]의 굴곡여유를 충분히 주어야 한다.

🔍 해설

금속 튜브의 검사 및 수리
- 튜브의 긁힘, 찍힘이 두께의 10[%]가 넘을 때 교환
- 플레어 부분에 균열이나 변형이 발생하였을 때는 교환
- Dent가 튜브지름의 20[%] 보다 적고 휘어진 부분이 아니라면 수리
- 굽힘에 있어 미소한 평평해짐은 무시하나 만곡 부분에서 처음 바깥지름의 75[%] 보다 작아져서는 안 된다.

17 고무호스의 외부 표시 내용이 아닌 것은?

① 제작공장
② 종류 식별
③ 저장시간
④ 제작 년 월 일

🔍 해설

고무호스의 외부 표시
- 선과 문자로 이루어진 식별 표시는 호스에 인쇄되어 있다.
- 표시부호에는 호스 크기, 제조 년 월 일과 압력 및 온도 한계 등이 표시되어 있다.
- 표시부호는 호스를 같은 규격으로 추천되는 대체 호스와 교환하는데 유용하다.

4 용접

01 산소 용기는 흔히 어떤 색으로 구별하는가?

① 흑색
② 적색
③ 녹색
④ 백색

🔍 해설

산소 용기
용접에 사용되는 산소 용기는 이음매가 없는 강으로 만들어지며 여러 가지 크기가 있다. 일반적으로 용기는 1,800[psi]에서 2,000[psi]의 산소를 보관하며 산소 용기는 흔히 녹색으로 칠해져 구별한다.

02 산소호스의 색깔과 연결부에 대한 설명으로 옳은 것은?

① 백색이며 오른손나사
② 녹색이며 오른손나사
③ 적색이며 왼손나사
④ 흑색이며 왼손나사

🔍 해설

산소호스의 색깔과 연결부
- 산소호스
  ① 색깔은 녹색이다. ② 연결부의 나사는 오른나사이다.
- 아세틸렌호스
  ① 색깔은 적색이다. ② 연결부의 나사는 왼나사이다.

03 용접 후 금속을 급속히 냉각시키면 어떤 현상이 발생할 수 있는가?

① 금속이 변색한다.
② 금속의 입자 조성이 변한다.
③ 용접한 부분 주위에 균열이 생긴다.
④ 부식이 생긴다.

🔍 해설

용접 후 급속 냉각
용접한 후에 금속을 급속히 냉각시키면 취성이 생기고, 금속 내부에 응력이 남게 되어 접합 부분에 균열이 생긴다.

04 접속부분을 재용접할 경우 조치 사항은?

① 치수가 큰 용접봉을 사용한다.
② 먼저 남아있던 용접부분을 완전히 제거한다.
③ 재용접 전에 미리 열을 가한다.
④ 용제가 적절하게 침투되고 안전하게 하기 위하여 온도를 높인다.

[정답] 16 ③ 17 ③ **4** 01 ③ 02 ② 03 ③ 04 ②

해설

접속부분의 재용접

접속부분을 재용접할 경우 남아있던 용접부분을 완전히 제거한 후에 용접을 하여야 한다.

해설

용제(Flux)

용접 부위의 산화물을 제거하고 용접 부위를 공기와 차단시켜 산화작용을 방지하여 준다.

05 가스 용접의 장점이 아닌 것은?

① 전원이 불필요하다.

② 유해 광선의 발생이 적다.

③ 용접부의 기계적 강도가 낮다.

④ 용접 기술이 쉬운 편이다.

해설

가스 용접의 장·단점

① 가스 용접의 장점
  ⓐ 전기가 필요 없다.(전원이 불필요)
  ⓑ 용접기의 운반이 비교적 자유롭다.
  ⓒ 용접 장치의 설비비가 전기 용접에 비하여 싸다.
  ⓓ 불꽃을 조절하여 용접부의 가열 범위를 조정하기 쉽다.
  ⓔ 박판 용접에 적당하다.
  ⓕ 용접되는 금속의 응용 범위가 넓다.
  ⓖ 유해 광선의 발생이 적다.
  ⓗ 용접 기술이 쉬운 편이다.
② 가스 용접의 단점
  ⓐ 고압가스를 사용하기 때문에 폭발, 화재의 위험이 크다.
  ⓑ 열효율이 낮으므로 용접속도가 느리다.
  ⓒ 아크 용접에 비해 불꽃의 온도가 낮다.
  ⓓ 금속이 탄화 및 산화될 우려가 많다.
  ⓔ 열의 집중성이 나빠 효율적인 용접이 어렵다.
  ⓕ 일반적으로 신뢰성이 낮다.
  ⓖ 용접부의 기계적 강도가 낮다.
  ⓗ 가열 범위가 넓어 용접응력이 크고, 가열시간이 역시 오래 걸린다.

07 보통 용접 전에 예비가열을 하는 이유는?

① 결함 발생을 없애고 보다 완전한 용접을 하기 위해

② 용접 시간을 절약하기 위해

③ 부식을 방지하고 용제의 고른 분포를 확실하게 하기 위해

④ 산화물, 그리스, 오일을 제거하기 위해

해설

예비가열

모재와 용접부와의 조직적인 이질감을 제거함과 동시에 기계적인 성질 역시도 용접 전·후의 차이가 거의 없게 만들어 준다.

08 가스 용접 시 스테인리스강을 용접하려면 용접기의 토치 화염은?

① 탄화화염   ② 산화화염

③ 중화화염   ④ 고화염

해설

불꽃의 종류

- 표준불꽃(중성불꽃)은 연강, 주철, 구리 니크롬강, 아연도금 철판, 아연, 주강, 고탄소강에 이용
- 탄화불꽃(아세틸렌 과잉 또는 환원불꽃)은 경강, 스테인리스 강판, 스텔라이트, 모넬메탈, 알루미늄·알루미늄 합금 등에 이용
- 산화불꽃(산소과잉불꽃)은 황동, 청동 등에 이용

06 알루미늄을 용접할 때 용제(Flux)를 사용하는 이유는?

① 산화작용을 방지해 준다.

② 모재의 융해를 보다 좋게 하기 위해

③ 넓게 흐르는 것을 방지하기 위해

④ 용접 전에 모재를 청소하기 위해

09 용기의 최대사용압력은?

① 15[psi]   ② 29[psi]

③ 25[psi]   ④ 6[psi]

해설

용기 안에서 15[psi] 이상으로 압축하면 위험한 수준으로 불안정해진다.

10 용접 팁을 선택하는 방법은?

① 재료의 종류에 따라 사용한다.

② 적당한 것을 사용한다.

③ 작은 것을 사용한다.

④ 큰 것을 사용한다.

Q 해설

용접 팁의 선택

팁의 구멍 크기가 작업에 공급되는 열의 크기를 결정하기 때문에 너무 작은 팁을 사용하면 열이 불충분해서 적절한 깊이로 침투할 수 없고, 팁이 너무 크면 열이 너무 높아서 금속에 구멍을 만들고 태워버린다. 사용할 팁의 크기는 적당한 것을 선택해야 한다.

11 마그네슘 합금 용접에 제일 적합한 것은?

① 스폿 용접(Spot Welding)

② 가스 용접(Gas Welding)

③ 접착(Bonding)

④ 산소 아크(Oxygen Arc)

Q 해설

마그네슘 합금 용접에 제일 적합한 것은 가스 용접이다.

12 용접의 장점이 아닌 것은?

① 자재절감

② 이음효율의 향상

③ 기밀, 수밀, 유밀성이 우수

④ 유해광선, 폭발위험

Q 해설

용접의 특징 및 장·단점

① 용접의 장점
  ⓐ 자재절감
  ⓑ 공정수 감소
  ⓒ 이음효율의 향상
  ⓓ 제품의 성능 및 수명의 향상
  ⓔ 기밀, 수밀, 유밀성이 우수
  ⓕ 서로 다른 금속의 조합 가능
  ⓖ 중량의 감소

② 용접의 단점
  ⓐ 품질검사 곤란(비파괴검사)
  ⓑ 응력집중에 대하여 민감(변형, 파괴의 원인)
  ⓒ 용접모재의 재질이 변질되기 쉽다.(열에 의한 조직이나 함유량 변화)
  ⓓ 용접사의 능력에 따라 이음부의 강도가 좌우됨
  ⓔ 저온취성 파괴가 발생될 우려
  ⓕ 유해광선, 폭발위험

13 용접봉의 직경은 어떻게 결정하는가?

① 사용될 용접불꽃의 형태 ② 용접될 재질과 두께

③ 팁의 크기 ④ 용제(Flux)의 형태

Q 해설

용접될 재질과 두께에 따라 용접봉의 직경, 길이, 재질 등이 결정된다.

14 가스용접시 산소 및 아세틸렌의 비율은?

① 12[%]의 아세틸렌과 12[%]의 산소

② 12[%]의 아세틸렌과 9[%]의 산소

③ 12[%]의 아세틸렌과 7[%]의 산소

④ 12[%]의 아세틸렌과 15[%]의 산소

Q 해설

산소 및 아세틸렌의 비율

12[%]의 아세틸렌과 7[%]의 산소 비율이 합금을 용접할 때 적당하다.

15 알루미늄판 용접 시 탄화불꽃은 어떻게 이용하는가?

① 아세틸렌을 약간 강하게 한다.

② 아세틸렌과 산소량을 같게 한다.

③ 산소를 약간 강하게 한다.

④ 아세틸렌을 매우 강하게 한다.

Q 해설

알루미늄판 용접 시 탄화불꽃(아세틸렌 과다)을 이용하는데 이 불꽃을 얻기 위해서는 중간불꽃으로 먼저 조절하고 아세틸렌 밸브를 약간 열어서 아세틸렌의 Feather가 생기게 한다.

[정답] 10 ② 11 ② 12 ④ 13 ② 14 ③ 15 ①

16 고탄소강은 어떤 용접을 이용하는가?

① 아크용접으로

② 산소불꽃과 고탄소봉으로

③ 중성불꽃과 고탄소봉으로

④ 탄소불꽃과 저탄소봉으로

🔍 **해설**

표준불꽃(중성불꽃)은 연강, 주철, 구리 니크롬강, 아연도금 철판, 아연, 주강, 고탄소강에 이용된다.

17 강관의 용접 작업시 조인트 부위를 보강하는 방법이 아닌 것은?

① 평 가세트(Flat gassets)

② 스카프 패치(Scarf patch)

③ 손가락 판(Finger strapes)

④ 삽입 가세트(Insert gassets)

🔍 **해설**

스카프 패치(Scarf patch)

• 복합재료는 보다 가볍고 견고한 항공기 제작을 위하여 항공기 구조물에 널리 이용되고 있다.

• 우수한 비 강성, 비 강도를 가진 재료로써 그 적용범위가 스파와 벌크헤드와 같은 주구조물로 확대되는 추세이다.

⑤ **열처리 및 표면 경화법**

01 마텐자이트를 600[℃]로 뜨임 처리하면 조직의 변화는?

① Sorbite   ② Ferrite

③ Austenite   ④ Pearlite

🔍 **해설**

뜨임 과정에서 온도상승에 따른 조직의 변화 과정

Martensite(100~300[℃]) → Troostite(200~400[℃]) → Sorbite(400~600[℃]) → Pearlite (600~700[℃])

02 재료를 일정 시간 가열 후 물, 기름 등에서 급속히 냉각시키는 열처리 방법은?

① 아닐링(Annealing)

② 템퍼링(Tempering)

③ 노멀라이징(Normalizing)

④ 담금질(Quenching)

🔍 **해설**

담금질(Quenching)

A1 변태점 이상 2~30[℃] 이상 온도에서 가열한 후 물이나 기름에 급랭시킴. 강도와 경도 증가

03 뜨임(Tempering)에 대한 설명으로 맞는 것은?

① 물과 기름에 급속 냉각

② 변태점 이하에서 가열 후 서서히 냉각시켜 인성 개선

③ 합금의 기계적 성질을 개선

④ 변태점 이상을 가열한 후 천천히 냉각

🔍 **해설**

뜨임(Tempering)

담금질한 금속의 잔류응력을 제거하기 위해 A1 변태점 이하의 온도에서 가열 후 서서히 냉각시킴. 인성 개선

04 열처리 방법 중 알루미늄 합금에 이용되는 열처리 방법은?

① 담금질(Quenching)

② 풀림(Annealing)

③ 노멀라이징(Normalizing)

④ 뜨임(Tempering)

🔍 **해설**

풀림(Annealing)

일정 온도와 일정 시간 가열 후 서서히 냉각

05 항온 열처리 방법이 아닌 것은?

[**정답**] 16 ③ 17 ② ⑤ 01 ① 02 ④ 03 ② 04 ② 05 ②

① Austemper   ② Normalizing
③ Marquenching   ④ Martemper

🔍 해설

불림(Normalizing)
기계 가공, 용접 등의 작업 후 잔류응력을 제거하기 위해 A3 변태점 이상을 가열 한 후 천천히 냉각

06 열처리 강화형 알루미늄 합금을 500[℃] 전후의 온도로 가열한 후 물에 담금질 하면 합금성분이 기본적으로 녹아 들어가 유연한 상태가 얻어지는데, 이런 열처리를 무엇이라 하는가?

① 풀림(Annealing)
② 뜨임(Tempering)
③ 알로다이징(Alodizing)
④ 용체화처리(Solution heat treatment)

🔍 해설

용제화처리
알루미늄합금에는 열처리에 의해 강도를 올릴 수 있는 것과 그렇지 못한 것이 있다. 내식 알루미늄 합금 가운데 6061과 6063, 고강도 알루미늄 합금, 내열 알루미늄 합금 및 주조용 알루미늄 합금 등은 용제화 처리를 한 후 합금 성분을 균일하게 과포화로 녹아들게 하기 위해 다음 경화 처리 전에는 반드시 행해야 하는 작업이다.

07 Galvanic Corrosion이란?

① 인장응력과 부식이 동시에 일어나서 생기는 부식
② 금속판이 진동에 의해 서로 부딪쳐 발생한 부식
③ 서로 다른 금속이 습기로 인하여 외부 회로가 생겨서 생기는 부식
④ 세척용 화학 약품의 화학 작용으로 생기는 부식

🔍 해설

Galvanic Corrosion(이질 금속 간 부식)
상이한 두 금속이 접촉할 때 습기로 인하여, 외부 회로가 생겨서 일어나는 부식으로 금속 간의 전기 Potential의 차이에 의해서 결정된다.

08 세척용 화학 약품, 공기 중의 산소 등의 화학 작용에 의해 생기는 부식은?

① Surface Corrosion
② Pitting Corrosion
③ Intergranular Corrosion
④ Stress Corrosion

🔍 해설

표면부식(Surface Corrosion)
세척용 화학 약품, 공기 중의 산소 등의 화학 작용에 의해 생긴다.

09 양극 산화 처리(Anodizing)란 무엇인가?

① 표면에 하는 용융금속 분사방법이다.
② 산화물에 피막을 입히는 방법이다.
③ 수산화 피막을 인공적으로 입히는 방법이다.
④ 전기적인 도금방법이다.

🔍 해설

양극 산화 처리(Anodizing)
마그네슘 합금과 알루미늄 합금을 양극으로 하여 크롬산 용액에 담그면 양극으로 된 부분에서 산소가 발생하여 산화피막이 형성된다.

10 인산염 피막을 철제 표면에 형성시켜 부식을 방식하는 방법은?

① Alclade   ② Parkerizing
③ Anodizing   ④ Alodine

🔍 해설

파커라이징(Parkerizing)
부식 방지법 중의 하나로 검은 갈색의 인산염 피막을 철제 표면에 형성시켜 부식을 방식하는 방법

11 알크래드(Alclad) 2024-T₄란 무엇인가?

① 순수 알루미늄이다.
② 알루미늄 합금으로 인공적으로 형성시킨 것이다.

[정답] 06 ④   07 ③   08 ①   09 ③   10 ②   11 ③

③ 순수 알루미늄 합금을 입힌 것으로 상온시효 처리한 것이다.

④ 순수 알루미늄 합금으로 용액 내에서 열처리한 것이다.

해설

알크래드(Alclad)
알루미늄 합금에 내식성을 개선하고자 표면에 순수 알루미늄을 핫 코팅시킨 것이다.

12 항공기 구조물에 Fretting Corrosion이 생기는 원인은?

① 이질 금속 간의 접촉

② 부적당한 열처리

③ 부품 사이의 미세한 움직임

④ 산화물질로 인한 표면 부식

해설

Fretting Corrosion
서로 밀착한 부품 간에 계속적으로 아주 작은 진동이 일어날 경우 그 표면에 흠이 생기는 부식을 말한다.

13 강에 마찰 부식(Fretting Corrosion)이 생긴다면 어떠한 현상이 발생하는가?

① 녹색 산화(Green Oxide)

② 적색 산화(Red Oxide)

③ 갈색 산화(Brown Oxide)

④ 흰색 파우더(White Powder)

해설

Fretting Corrosion
밀착된 2개의 금속판이 진동 등에 의해 서로 맞부딪혀 생기는 것으로 강에서는 갈색 가루로 나타나고, 알루미늄 합금에서는 흑색을 띤 가루로 나타난다.

14 엔진 마운트의 용접된 부분의 부식 방지는 무엇으로 하는가?

① 크롬산　　② 질산

③ 인산　　④ MEK

해설

철강 제품에 부식 방지 목적으로 인산염 피막을 형성하는 것이 이용된다.

15 입자 간 부식(Intergranular Corrosion)이 생기는 원인은?

① 균질성의 결여로 인한 부적당한 열처리

② 이질 금속의 접촉

③ 크롬화 아연 프라이머의 상태불량

④ 부적당하게 조립된 부품

해설

입자간 부식(Intergranular Corrosion)
입자 간 부식은 합금의 결정 입자 경계에서 발생되는 것으로 초기의 상태에서는 쉽게 검출되지 않으나 부식이 충분히 진행되면 금속이 부풀거나 박리된다.
이것은 합금 조직이 균일하게 밀집되어 있지 않고, 군데군데 빈틈이나 변형이 있어서 그런 부분 매질이 있게 되면 합금 결정의 서로 다른 성분 간에 배터리가 구성되어 결정 입자 경계 부분이 침식되고 이 경계를 따라 침식이 진행되어 간다.

16 질화법(Nitriding)에 대한 설명 중 맞는 것은?

① 마모를 방지하기 위하여 중요부분에 표면경화를 형성하는 과정

② 금속조직 구조의 크기를 감소시키는 절차

③ 인장강도를 증가시키기 위하여 철을 강하게 하는 방법

④ 베어링의 열저항을 증가시키는 방법

해설

질화법(Nitriding)
암모니아(NH_3)가스 중에서 질화용 강($Al-Cr\cdot MO$)을 장시간 가열하면 표면에 질화층이 생긴다. 질화 후 그대로 서서히 냉각한다. 질화법은 비교적 낮은 온도로 처리할 수 있는 것이 특징이다.

[정답] 12 ③　13 ③　14 ③　15 ①　16 ①

17 다음 중 부식의 종류에 해당되지 않는 것은?

① 응력 부식   ② 표면 부식

③ 입자간 부식   ④ 자장 부식

🔍 해설

부식의 종류

표면부식, 점부식, 입자간부식, 응력부식, 전해부식, 미생물부식, 찰과부식, 필리폼부식 등이 있다.

18 주로 18-8 스테인레스강에서 발생하며, 부적절한 열처리로 결정립계가 큰 반응성을 갖게 되어 입계에 선택적으로 발생하는 국부적 부식을 무엇이라 하는가?

① 입계 부식   ② 응력 부식

③ 찰과 부식   ④ 이질금속간의 부식

🔍 해설

입계 부식(입자간 부식)

금속 합금의 입자 경계면을 따라서 발생하는 선택적인 부식이 입자간 부식(inter-granular corrosion)으로 간주된다. 이것은 부적절한 열처리에서 합금 조직의 균일성의 결여로 인해 발생한다.

6 비파괴 검사

01 비파괴 검사 종류가 아닌 것은?

① 육안 검사   ② 침투탐상 검사

③ 와전류 검사   ④ ISI 검사

🔍 해설

비파괴 검사(Non Destructive Inspection)

검사 대상 재료나 구조물이 요구하는 강도를 유지하고 있는지, 또는 내부 결함이 없는지를 검사하기 위하여 재료를 파괴하지 않고 물리적 성질을 이용, 검사하는 육안 검사(visual inspection), 침투탐상 검사(liquid penetrant inspection), 전류 검사(eddy current inspection), 초음파 검사(ultrasonic inspection), 자분탐상 검사(magnetic particle inspection), 방사선 검사(radio graphic inspection) 방법을 말한다.

02 육안 검사 방법이 아닌 것은?

① 결함이 계속해서 진행하기 전에 빠르고 경제적으로 탐지하는 방법

② 금속의 표면에 약품을 침투시키는 방법

③ 육안 검사의 신뢰성은 검사자의 능력과 경험

④ 검사에는 확대경이나 보어스코프(bore scope)를 사용

🔍 해설

육안 검사(Visual Inspection)

가장 오래된 비파괴 검사방법으로서 결함이 계속해서 진행하기 전에 빠르고 경제적으로 탐지하는 방법이다. 육안 검사의 신뢰성은 검사자의 능력과 경험에 달려 있다. 눈으로 식별할 수 없는 결함을 찾는 검사에는 확대경이나 보어스코프(Bore scope)를 사용한다.

03 침투탐상 검사(Liquid Penetrant Inspection) 방법이 아닌 것은?

① 육안 검사로 발견할 수 없는 작은 균열 검사방법이다.

② 침투탐상 검사는 금속 표면 결함 검사에 적용되고 검사 비용이 적게 든다.

③ 침투탐상 검사는 비금속의 표면 결함 검사에 적용되고 검사 비용이 적게 든다.

④ 주물과 같이 거친 다공성의 표면 검사에 적합하다.

🔍 해설

침투탐상 검사(Liquid Penetrant Inspection)

육안 검사로 발견할 수 없는 작은 균열검사이다. 침투탐상 검사는 금속, 비금속의 표면 결함 검사에 적용되고 검사 비용이 적게 든다. 주물과 같이 거친 다공성의 표면의 검사에는 적합하지 못하다.

04 와전류 검사(Eddy Current Inspection) 방법은?

① 항공기 주요 파스너(Fastener) 구멍 내부의 균열 검사

② 금속의 표면에 약품을 침투시키는 방법

③ 육안 검사의 신뢰성은 검사자의 능력과 경험

④ 주물과 같이 거친 다공성의 표면 검사에 적합

🔍 해설

와전류 검사(Eddy Current Inspection)

[정답] 17 ④   18 ①   6 01 ④   02 ②   03 ④   04 ①

변화하는 자기장 내에 도체를 놓으면 도체 표면에 와전류가 발생하는데 와전류를 이용한 검사방법으로 철, 비철금속으로 된 부품 등의 결함 검출에 적용된다.
와전류 검사는 항공기 주요 파스너(Fastener) 구멍 내부의 균열 검사를 하는 데 많이 이용된다.

표면이나 표면 바로 아래의 결함을 발견하는 데 사용하며 반드시 자성을 띤 금속 재료에만 사용이 가능하며 자력선방향의 수직방향 결함을 검출하기가 좋다.
또한, 검사 비용이 저렴하고 검사원의 높은 숙련이 필요없다. 비자성체에는 작용 불가하고 자성체에만 적용되는 단점이 있다.

05 초음파 검사(Ultrasonic Inspection) 방법이 아닌 것은?

① 고주파 음속 파장을 이용하여 부품의 불연속 부위를 찾아내는 방법이다.
② 역전류 검출판을 통해 반응 모양의 변화를 조사하여 불연속, 흠집, 튀어나온 상태 등을 검사한다.
③ 검사비가 싸고 균열과 같은 평면적인 결함을 검출하는 데 적합하다.
④ 항공기 주요 파스너(Fastener) 구멍 내부의 균열 검사이다.

🔍 해설

초음파 검사(Ultrasonic Inspection)
고주파 음속 파장을 이용하여 부품의 불연속 부위를 찾아내는 방법으로 높은 주파수의 파장을 검사하고자 하는 부품을 통해 지나게 하고 역전류 검출판을 통해 반응 모양의 변화를 조사하여 불연속, 흠집, 튀어나온 상태 등을 검사한다.
초음파 검사는 소모품이 거의 없으므로 검사비가 싸고 균열과 같은 평면적인 결함을 검출하는 데 적합하다.
검사 대상물의 한쪽 면만 노출되면 검사가 가능하다. 초음파 검사는 표면결함부터 상당히 깊은 내부의 결함까지 검사가 가능하다.

06 자분탐상 검사(Magnetic Particle Inspection) 방법이 아닌 것은?

① 표면이나 표면 바로 아래의 결함을 발견하는 데 사용된다.
② 반드시 자성을 띤 금속 재료에만 사용이 가능하다.
③ 비자성체에는 작용이 불가하고 자성체에만 적용되는 장점이 있다.
④ 자력선방향의 수직방향 결함을 검출하기가 좋다.

🔍 해설

자분탐상 검사(Magnetic Particle Inspection)

07 방사선 검사(Radio Graphic Inspection)는 어느 경우 사용되는가?

① 기체 구조부에 쉽게 접근할 수 없는 구조 부분을 검사할 때 사용된다.
② 표면이나 표면 바로 아래의 결함을 발견하는데 사용된다.
③ 반드시 자성을 띤 금속 재료에만 사용이 가능하다.
④ 자력선방향의 수직방향 결함을 검출하기가 좋다.

🔍 해설

방사선 검사(Radio Graphic Inspection)
기체 구조부에 쉽게 접근할 수 없는 곳이나 결함 가능성이 있는 구조 부분을 검사할 때 사용된다. 그러나 방사선 검사는 검사 비용이 많이 들고 방사선의 위험 때문에 안전관리에 문제가 있으며 제품의 형상이 복잡한 경우에는 검사하기 어려운 단점이 있다. 방사선투과 검사는 표면 및 내부 결함 검사가 가능하다.

08 Bore Scope 장비의 용도는?

① 내부 결함의 관찰   ② 외부의 측정
③ 외부 결함의 관찰   ④ 내부의 측정

🔍 해설

육안 검사(Visual Inspection)
눈으로 식별할 수 없는 결함을 찾는 검사에는 확대경이나 보어스코프(Bore scope)를 사용한다.

09 다이체크 검사 방법이 아닌 것은?

① 침투제를 칠한 후 최소한 2~15분 후에 현상제를 바른다.
② 표면의 세척은 기포 세척을 한다.
③ 표면의 세척은 모래 분사 세척을 한다.
④ 표면의 먼지, 그리스 등을 완전히 세척한다.

[정답] 05 ④   06 ③   07 ①   08 ①   09 ③

해설

다이체크 방법

침투제 검사 용액을 사용하는 데 가장 중요한 사항은 검사될 부분의 청결상태이다. 표면이 완전하게 청결해야만 결함이나 균열에 침투액이 확실하게 침투가 되기 때문이다. 표면의 가장 좋은 세척방법은 증류, 그리스 제거제를 사용하여 오일과 그리스를 표면에서 제거하는 것이며 증류, 그리스 제거제가 없다면 솔벤트나 강한 세척제를 사용하여 세척한다.

10 침투탐상 검사 시 필요한 재료는?

① 세척제, 침투제, 현상제 등

② 물, 침투액, 비누물, 현상제, X-선

③ 비누물, 침투액, 자분, 현상제

④ solvent, 침투액, 자분, 현상제

해설

침투 검사 재료

[RA 세척제]   [PA 침투제-적색]   [DA 현상제-백색]

11 날개 내부구조를 검사하는 방법은?

① 침투탐상 검사   ② 와전류 검사

③ 방사선 검사   ④ 자분탐사 검사

해설

방사선 검사(Radio Graphic Inspection)

엑스레이를 이용하는 검사 방법으로서 내부결함을 사진형태로 검사하는 방법이다.

12 침투탐상 검사의 설명 중 옳은 것은?

① 결함이 미세할수록 침투시간이 적어진다.

② 깨끗한 세척은 결과에 대한 신뢰도를 저하시킨다.

③ 일부 금속에만 사용 가능하다.

④ 결함이 표면에 존재해야 가능하다.

해설

침투 검사

① 침투액을 시험체에 도포하여 세척한 후 현상제를 도포하면 침투액이 들어간 균열부분에 결함이 나타난다.

② 재질에 관계없이 응용분야가 넓다.

③ 표면에 연결된 개구결함만 검출 가능하다.

④ 다공성 재료, 흡수성, 요철이 심한 경우에는 검사가 곤란하다.

⑤ 전처리 - 침투 - 세척 - 현상 - 관찰 - 후처리 순으로 작업한다.

13 형광침투 검사의 순서가 바르게 나열된 것은?

| a. 침투 | b. 현상 | c. 검사 |
| d. 세척 | e. 사전처리 | f. 유화처리 |

① e-d-a-b-f-c   ② e-a-b-c-f-d

③ e-f-b-a-d-c   ④ e-a-f-d-b-c

해설

사전처리 - 침투처리 - 유화처리 - 세척처리 - 현상처리 - 검사

14 형광침투 검사에서 현상제를 사용하는 목적은?

① 표면을 건조시키기 위해

② 유화제의 잔량을 흡수하기 위해

③ 결함 속에 침투된 침투제를 빨아내어 결함을 나타내기 위해

④ 침투제의 침투능력을 향상시키기 위해

해설

현상제는 불연속부 내에 들어 있는 침투제를 시험체면 위로 흡출시키고(모세관 현상) 침투제와의 명암도를 증가시켜 관찰을 용이하게 하는데 그 목적이 있다.

15 수세성 침투탐상 검사 중 유제의 기능은?

① 침투제를 물로 세척할 수 있게 한다.

② 침투제의 침투 능력을 증가시킨다.

[정답] 10 ① 11 ③ 12 ④ 13 ④ 14 ③ 15 ①

③ 현상제의 흡입 작용을 도와준다.

④ 허위 결함을 지시 제거한다.

> 🔍 **해설**
> ---
> 유제를 첨가해서 물로 세척할 수 있게 하고 뛰어난 형광색을 갖게 한다.

16 표면결함 검사가 용이한 검사 방법은?

① 형광침투탐상 검사 ② X-선 검사

③ 자기분말 검사 ④ 방사선 동위원소 검사

> 🔍 **해설**
> ---
> 침투 검사 방법은 금속·비금속을 검사할 수 있지만, 방사선 검사처럼 내부검사까지는 할 수 없다.

17 다음의 검사 방법 중 자장을 이용하는 검사 방법은?

① 초음파 검사 ② 다이체크검사

③ X-선 검사 ④ 자분탐상 검사

> 🔍 **해설**
> ---
> **자분(자기)탐상 검사**
> ① 강자성체(Fe, Co, Ni 등)에 적용한다.
> ② 시험체를 자화시킨 상태에서 결함부에 생기는 누설자속 상태를 철분 또는 검사코일을 사용하여 검출한다.
> ③ 표면 또는 표면 밑 결함에 사용한다.
> ④ 전처리 – 자화 – 자분 적용 – 검사 – 탈자 – 후처리 순으로 작업한다.

18 자분탐상 검사의 올바른 절차는?

① 전처리 – 자화 – 자분살포 – 탈자 – 후처리 – 검사

② 자분살포 – 자화 – 전처리 – 탈자 – 검사 – 후처리

③ 자분살포 – 자화 – 전처리 – 탈자 – 후처리 – 검사

④ 전처리 – 자화 – 자분살포 – 검사 – 탈자 – 후처리

> 🔍 **해설**
> ---
> 전처리 – 자화 – 자분 적용 – 검사 – 탈자 – 후처리 순으로 작업함

19 와전류 검사의 특성이 아닌 것은?

① 검사의 자동화가 가능하다.

② 비전도성 물체에서 적용할 수 없다.

③ 형상이 단순한 것이 아니면 적용할 수 없다.

④ 표면 아래 깊은 위치에 있는 결함의 검출을 쉽게 할 수 있다.

> 🔍 **해설**
> ---
> **와전류탐상 검사**
> ① 검사 속도가 빠르고 검사 비용이 싸다.
> ② 고속 자동화 시험이 가능하다.
> ③ 표면 결함에 대한 검출 감도가 좋다.
> ④ L/G Wheel Tire 비드 시드 부분이나 터빈 엔진 압축기 디스크 균열 검사에 사용된다.

20 초음파 검사의 장점이 아닌 것은?

① 시험체 내의 거의 모든 불연속 검출이 가능하다.

② 시험체의 형상이 검사에 영향을 준다.

③ 미세한 결함에 대하여 감도가 높다.

④ 투과력이 높다.

> 🔍 **해설**
> ---
> **초음파 검사의 장·단점**
> ① 장점
>   ⓐ 시험체 내의 거의 모든 불연속 검출이 가능하다.
>   (Lamination, crack 등과 같은 면상결함 검출능력 우수)
>   ⓑ 미세한 결함에 대하여 감도가 높다.(고주파수 사용)
>   ⓒ 투과력이 높다.
>   ⓓ 불연속(내부 결함)의 위치, 크기, 방향 등을 어느 정도 정확하게 측정할 수 있다.
>   ⓔ 검사결과가 CRT 화면에 즉시 나타나므로 자동탐상 및 빠른 검사가 가능하다.
>   ⓕ 시험체의 한쪽 면만으로도 검사 가능(펄스에코법, 공진법)하다.
>   ⓖ 검사원 및 주변인에 대하여 무해하다.
>   ⓗ 이동성 양호하다.
> ② 단점
>   ⓐ 시험체의 형상이 검사에 영향을 준다.(시험체의 크기, 곡률, 표면거칠기, 복잡한 형태 등)
>   ⓑ 시험체의 내부구조가 검사에 영향을 준다.(금속조직의 상태, 조대한 입자, 비균일재질, 미세 불연속이 내부 전체에 퍼져 있을 때, 결함의 방향 등)

[**정답**] 16 ① 17 ④ 18 ④ 19 ④ 20 ②

ⓒ 불연속의 검출도에 한계가 있다.(감도, 분해능, 잡음식별도 등)
ⓓ 불감대가 존재한다.
ⓔ 시험편과 탐촉자의 접촉 및 주사에 따른 영향이 있다.
ⓕ 결함의 종류(형태) 식별이 곤란하다.
ⓖ 표준시험편, 대비시험편이 필요하다.
ⓗ 검사자의 폭 넓은 지식과 경험이 필요하다.
ⓘ 기록성이 우수하지 못하다.

21 비파괴 검사에 대한 설명이 틀린 것은?

① 자분탐상 검사 : 자력과 직각방향
② 초음파 검사 : 초음파 진행방향과 평행한 방향
③ 와전류 검사 : 소용돌이 전류흐름을 차단하는 방향
④ 방사선 검사 : 방사선 진행방향과 평행한 방향

해설

초음파의 진행시간(송수신 시간간격 – 거리)과 초음파의 에너지량(반사에너지량 진폭)을 적절한 표준자료와 비교·분석하여 불연속의 존재유무 및 위치·크기를 알아낸다는 방법이다.

22 송신파, 반사파, 정상파가 되는 원리를 이용한 검사방법은?

① 투과법
② X-선 검사
③ 반사법
④ 공진법

해설

초음파 검사의 한 종류로 검사 재료에 송신하는 송신파의 파장을 연속적으로 교환시켜서 반파장의 정수가 판 두께와 동일하게 될 때 송신파와 반사파가 공진하여 정상파가 되는 원리를 이용한 것으로 관 두께 측정, 부식 정도, 내부 결함 등을 알아낼 수 있다.

23 X-선 작업과 관계가 없는 것은?

① 보호구 없이 항상 작업해도 무방하다.
② 방사선이 미치는 거리로부터 먼 거리에서 작업해야 한다.
③ 보호구를 사용하여야 한다.
④ X-선 부분의 작업자는 정기적으로 신체검사를 받아야 한다.

해설

방사선투과 시험
① 시험체에 X-선, γ선 등의 방사선을 투과시켜 결함의 유무를 판단할 수 있다.
② 내부 결함의 실상을 그대로 판단할 수 있다.
③ 방사선에 대한 보호 장치가 필요하며 훈련된 전문요원만 취급해야 한다.
④ 방사선 물질 보관 및 저장실, 차폐시설이 필요하며 필름 현상 및 작업실이 필요

24 부식탐지 방법이 아닌 것은?

① 육안 검사
② 코인 검사
③ 염색침투 검사
④ 초음파 검사

해설

부식탐지 방법
① 부식을 가끔 주의 깊은 육안 검사로 찾아낼 수 있다.
② 염색침투 검사는 응력 부식 균열은 상당히 까다로워서 눈으로 식별하기 힘들 때가 있다. 이런 균열은 염색침투 검사로 찾아 낼 수 있다.
③ 초음파 검사는 최근의 부식 검사에 새로 적용하는 방법이 초음파 에너지를 이용하는 것이다.
④ X-ray 검사는 초음파 검사와 마찬가지로 X-ray 검사도 내부에 손상이 있을 때 구조 외부에서 손상을 확인하는 방법이다.

25 금속 재료 내부 깊게 발생하는 결함을 발견할 수 있는 검사법은?

① 형광침투 탐상법
② 초음파 탐상법
③ 자력 탐상법
④ 와전류 탐상법

해설

초음파 검사
최근의 부식 검사에 새로 적용하는 방법으로 초음파 에너지를 이용하는 것이다.

26 방사선 중 가장 파장이 짧은 것은?

① 알파선
② 베타선
③ 감마선
④ 중성자선

[정답] 21 ② 22 ④ 23 ① 24 ② 25 ② 26 ④

해설

중성자선

침투력과 에너지는 파장에 좌우되며 파장이 짧으면 침투력과 에너지가 크고 파장이 길면 투과력과 에너지가 낮다.

---

27 탄소 섬유에 적합한 검사 방법은?

① 방사선 검사   ② 와전류 검사

③ 자력검사   ④ 형광 침투검사

해설

방사선 검사

금속 재료, 비금속 재료 모두 검사할 수 있으며, 표면 결함과 내부 결함도 검사할 수 있다.

---

28 금속 내부에 생긴 입자 간 부식은 어떻게 탐지하는가?

① 금속 표면에 나타난 가루를 보고

② 엑스레이 검사를 통해서

③ 염색침투 검사를 통해서

④ 금속 표면의 변색을 보고

해설

입자 간 부식

표면에 보이는 흔적이 없이 존재하며, 부식이 심할 경우에는 금속 표면에 박리를 발생시킨다. 이것은 부식으로 발생된 생성물의 압력에 의해 입자 경계층의 단층에 기인되어 금속 표면에 돌기가 생기거나 얇은 조각으로 벗겨진다.

---

29 항공기 부품에 자성을 제거시키는 방법에 일반적으로 사용되는 전류는?

① 교류로 전류를 감소시킨다.

② 직류로 전류를 증가시킨다.

③ 교류로 전류를 증가시킨다.

④ 직류로 전류를 감소시킨다.

해설

탈자의 방법

---

① 직류 탈자 : 전류의 방향을 전환하면서 직류 값을 내리거나 자장에서 시험품을 멀리해 가는 방법

② 교류 탈자 : 전류 값을 내리거나 자장에서 시험품을 멀리해 가는 방법

---

7 각종 측정 장비

01 Torque Wrench 길이가 10[inch]이고 길이가 2[inch]인 Adapter를 직선으로 연결하여 Bolt를 180[in-lbs]로 조이려 할 때 지시되는 Torque 값은?

① 120[lbs-in]   ② 130[lbs-in]

③ 150[lbs-in]   ④ 170[lbs-in]

해설

토크렌치의 사용

- TW : 토크렌치의 지시 토크 값
- TA : 실제 죔 토크 값
- L : 토크렌치의 길이
- A : 연장공구의 길이

---

02 토크렌치 사용 방법이 틀린 것은?

① 사용 중이던 것을 계속 사용한다.

② 적정 토크의 토크렌치를 사용한다.

③ 사용 중 다른 작업에 사용한다.

④ 정기적으로 교정되는 측정기이므로 사용시 유효한 것인지 확인한다.

해설

토크렌치(Torque Wrench) 사용시 주의 사항

- 토크렌치는 정기적으로 교정되는 측정기이므로 사용할 때는 유효기간 이내의 것인가를 확인해야 한다.
- 토크 값에 적합한 범위의 토크렌치를 선택한다.
- 토크렌치를 용도 이외에 사용해서는 안 된다.
- 떨어뜨리거나 충격을 주지 말아야 한다.
- 토크렌치를 사용하기 시작했다면 다른 토크렌치와 교환해서 사용해서는 안 된다.

[정답] 27 ①   28 ②   29 ①   **7** 01 ③   02 ③

03 토크렌치에 대한 설명 중 옳지 않은 것은?

① 볼트의 형식, 재료에 따라 틀리다.

② 일반적으로 토크는 너트쪽에 건다.

③ 볼트가 회전 시는 회전방향으로 조인다.

④ 토크는 볼트쪽에 거는 게 정상이다.

🔎 해설

토크렌치(Torque Wrench)

- 토크(Torque)는 대게 너트(Nut)쪽에서 건다.
- 주위의 구조물이나 여유 공간 때문에 Bolt Head에 걸 경우가 자주 있다.
- Bolt Head에 걸 경우가 자주 있으며, 이때는 Bolt와 Shank 와 조임부와의 마찰을 고려하여 토크를 크게 해야 하고, 항공기 제작사별로 값이 다르게 적용되고 있으므로 주의해야 한다.

04 공작물의 안지름, 바깥지름, 깊이 등을 측정할 수 있는 편리한 기기는?

① Vernier Calipers ② Micro Meter
③ Dividers ④ Dial Indicator

🔎 해설

버니어 캘리퍼스(Vernier Calipers)의 종류

어미자와 아들자가 하나의 몸체로 조립되어 있으며, 공작물의 안지름, 바깥지름, 깊이 등을 측정할 수 있는 편리한 기기이며, 보통 용도에 따라 M1형, M2형, CB형, CM형의 4가지 종류가 있다. 호칭 치수는 대개 150[mm], 200[mm], 300[mm], 600[mm], 1,000[mm]의 크기로 구분한다.

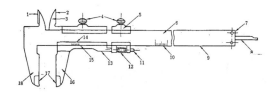

[M1형 Vernier Calipers]

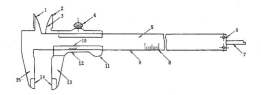

[M2형 Vernier Calipers]

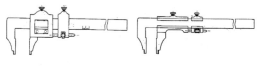

[CB형 Vernier Calipers]　　[CM형 Vernier Calipers]

05 바깥지름 측정용과 안지름 측정용이 가장 많이 쓰이는 측정기기는?

① Vernier Calipers ② Micro Meter
③ Dividers ④ Dial Indicator

🔎 해설

마이크로미터(Micro Meter)

바깥지름 측정용, 안지름 측정용, 깊이 측정용, 기어의 이두께 측정용, 나사의 피치 측정용, 등이며, 바깥지름 측정용과 안지름 측정용이 가장 많이 쓰인다.

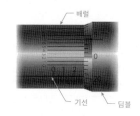

[인치식 마이크로미터의 눈금]

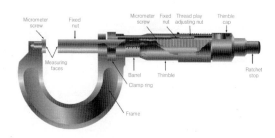

[마이크로미터의 구조와 명칭]

06 Dial Indicator의 용도가 아닌 것은?

① 평면이나 원통의 고른 상태측정

② 원통의 진원상태측정

③ 안지름의 마멸 상태측정

④ 축의 휘어진 상태나 편심 상태측정

[정답] 03 ④　04 ①　05 ②　06 ③

Dial Indicator의 용도
- 평면이나 원통의 고른 상태측정
- 원통의 진원상태측정
- 축의 휘어진 상태나 편심 상태측정
- 기어의 흔들림측정
- 원판의 런 아웃(Run Out)측정
- 크랭크축이나 캠축의 움직임의 크기측정

07 실린더 안지름의 마멸량을 측정하기 전에 마멸되지 않은 부분을 측정하는 기기는?

① 텔레스코핑 게이지나 다이얼 지시계
② 마이크로미터나 실린더 게이지
③ 텔레스코핑 게이지나 실린더 게이지
④ 마이크로미터나 텔레스코핑 게이지

🔍 해설

안지름의 측정 기기
실린더 안지름의 측정에는 안지름 측정용 마이크로미터, 텔레스코핑 게이지, 실린더 게이지 등이 있다. 우선 실린더 안지름의 마멸량을 측정하기 전에 마멸되지 않은 부분을 안지름 측정용 마이크로미터나 텔레스코핑 게이지로 측정한다. 그 다음 실린더 게이지로 정확한 마멸량을 측정하여 보링 사이즈를 결정한다.

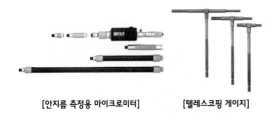

[안지름 측정용 마이크로미터]　　　[텔레스코핑 게이지]

08 두께 게이지와 필러 게이지에 대한 설명이 아닌 것은?

① 두께 게이지와 필러 게이지는 사용법이 서로 다르다.
② 부품 사이의 간격을 검사할 때 사용한다.
③ 평면도 등을 검사할 때 사용한다.
④ 필러 게이지(Feeler Gauge)는 판의 길이가 길며, 낱개로 되어 있다.

🔍 해설

두께 게이지와 필러 게이지
두께 게이지와 필러 게이지는 부품 사이의 간격, 정반이나 직선자와 물건 사이의 간격, 평면도 등을 검사할 때 사용하는 기기이다.
* 두께 게이지는 간극을 측정하는 것으로 담금질한 서로 두께가 다른 여러 장의 얇은 강철 판을 모아서 만든 것으로 길이와 폭은 $60 \times 12[mm]$, $75 \times 12[mm]$, $112 \times (6 \sim 12)[mm]$ 등이 있고, 두께는 0.02[mm] 이상인 것으로 각 장 마다 치수가 새겨 있으며 $1/100 \sim 1/10[mm]$의 순서로 되어 있다.
- 필러 게이지(Feeler Gauge)는 판의 길이가 길며, 낱개로 되어 있다. 사용법은 두께 게이지와 비슷하다.

[두께 게이지(Feeler Gauge)]

09 간극 게이지(Feeler Gauge)는 무엇에 의해 구분되는가?

① 블레이드의 길이　　② 블레이드의 수
③ 블레이드의 폭　　　④ 블레이드의 끝

🔍 해설

간극 게이지
틈새를 측정하는 게이지. 두께가 각각 다른 막대 모양의 얇은 철판을 여러 장 포개어 철(綴)한 것으로, 임의의 두께의 철판을 끄집어내어 측정하고자 하는 틈에 삽입하여 그 거리를 측정한다.

10 측정값을 지시하지 못하는 기기는?

① 마이크로미터(Micro Meter)
② 버니어 캘리퍼스(Vernier Calipers)
③ 디바이더(Divider)
④ 다이얼 지시계(Dial Indicator)

[정답] 07 ④　08 ①　09 ①　10 ③

해설

디바이더(Divider)
선을 등분하거나 길이를 따서 옮기는 데 쓰이는 도구이다.

11 인치용 마이크로미터에서 심블(Thimble)은 몇 개의 눈금으로 되어 있는가?

① 25눈금　　　　② 50눈금
③ 30눈금　　　　④ 20눈금

해설

인치식 마이크로미터
1[in]를 40등분한 것이고, 심블의 둘레는 25등분되어 있다.

---

5 항공기 기체 구조의 수리

1 기체 수리

01 항공기 판재의 직선 굽힘 가공 시 고려해야 할 요소가 아닌 것은?

① 세트백　　　　② 굽힘 여유
③ 최소 굽힘 반지름　　④ 진폭 여유

02 판재에 대한 최소 굴곡 반경의 설명이 아닌 것은?

① 본래의 강도를 유지한 상태로 구부러질 수 있는 최소의 굴곡 반경을 의미한다.
② 굴곡 반경이 작을수록 굴곡부에 일어나는 응력과 비틀림 양은 작아진다.
③ 응력과 비틀림의 한계를 넘은 작은 반경에서 접어 구부리면 균열을 일으킨다.
④ 응력과 비틀림의 한계를 넘은 작은 반경에서 접어 구부리면 파괴될 수 있다.

해설

최소 굴곡 반경

판재가 본래의 강도를 유지한 상태로 구부러질 수 있는 최소의 굴곡 반경을 의미하며, 판재는 굴곡반경이 작을수록 굴곡부에 일어나는 응력과 비틀림 양은 커진다. 만약 판재가 응력과 비틀림의 한계를 넘은 작은 반경에서 접어 구부리면 굴곡부는 강도가 저하되고 균열을 일으킨다. 경우에 따라 파괴될 수도 있다.

03 두께가 0.25[cm]인 판재를 굽힘 반지름 30[cm]로 60°굽히려고 할 때 굽힘 여유는?

① 30.53　　　　② 35.13
③ 31.53　　　　④ 33.15

해설

$$B.A. = \frac{\theta}{360} \times 2\pi\left(R + \frac{1}{2}T\right)$$

여기서, R : 굽힘 반지름, T : 두께

$$B.A. = \frac{60}{360} \times 2 \times 3.14\left(30 + \frac{1}{2} \times 0.25\right) = 31.53$$

04 Mold Point와 Bend Tangent Line까지의 거리는?

① 최소 굽힘 반지름　　② 굽힘 여유
③ Set back　　　　④ 스프링백

해설

Mold Point와 Bend Tangent Line까지의 거리를 Set Back이라 한다.

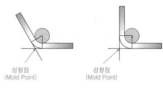

성형점　　성형점　　성형점
(Mold Point)　(Mold Point)　(Mold Point)

[Set Back의 길이]

05 0.051″인 판을 굽힘 반지름 0.125″로서 90°굽히려고 할 때 Set Back은?

① 0.176[inch]　　② 1.176[inch]
③ 0.51[inch]　　　④ 1.51[inch]

[정답] 11 ①　5. 항공기 기체 구조의 수리　1 01 ④　02 ②　03 ③　04 ③　05 ①

해설

$$S.B = K(R+T)$$

여기서, K : 굽힘 각의 tangent, R : 굽힘 반지름, T : 판의 두께

06 응력집중현상 발생을 방지하기 위한 구멍은?

① Relief Hole

② Pilot Hole

③ Sight Line Hole

④ Neutral Hole

해설

Relief Hole

2개 이상의 굴곡부가 교차되는 곳에는 응력집중현상이 발생하는데 사전에 구멍을 뚫어 응력집중현상을 방지하기 위한 구멍을 말한다.

07 Crack이 발생한 경우 더 이상의 Crack 진전을 방지하는 조치는?

① Stop Hole   ② Grain Hole

③ Sight Line Hole   ④ Pilot Hole

해설

Stop Hole

Crack이 발생한 경우, Crack 끝부분에 구멍을 뚫어 더 이상의 Crack 진전을 방지한다.

08 날개 리브에 있는 중량 경감 구멍의 목적은 무엇인가?

① 중량 경감과 강도 증가를 가져온다.

② 가볍고 응력이 직선으로 가도록 한다.

③ 가볍고 응력집중을 방지한다.

④ 무게 증가와 강도 증가를 가져온다.

해설

Lightening Hole

중량 경감 구멍은 중량을 감소시키기 위하여 강도에 영향을 미치지 않고 불필요한 재료를 절단해 내는 구멍을 말한다.

09 구조수리의 기본 원칙이 아닌 것은?

① 원래 강도 유지   ② 원래 형태 유지

③ 최소 무게 유지   ④ 부품으로 교환

해설

구조수리의 기본 원칙

- 원래의 강도 유지   - 원래의 형태 유지
- 최소 무게 유지   - 부식에 대한 보호

10 연한 재료에 Drill작업을 할 때 Drill의 각도는?

① 90° 각도로 고속회전

② 0° 각도로 저속회전

③ 118° 각도의 고압으로 고속회전

④ 118° 각도의 저압으로 저속회전

해설

재질에 따른 드릴 날의 각도

① 경질 재료 또는 얇은 판일 경우 : 118°, 저속, 고압 작업

② 연질 재료 또는 두꺼운 판일 경우 : 90°, 고속, 저압 작업

③ 재질에 따른 드릴 날의 각도(일반 재질 : 118°, 알루미늄 : 90°, 스테인리스강 : 140°)

11 Stainless Steel의 Drill Bit 각도는?

① 45°   ② 90°

③ 118°   ④ 140°

해설

스테인리스강 : 140°

12 Drill로 구멍을 뚫을 때 고속회전을 요하는 재료는?

① 알루미늄   ② 스테인리스강

③ 티타늄   ④ 열처리된 경질 금속

해설

알루미늄

90° : 고속, 저압 작업

[정답] 06 ① 07 ① 08 ③ 09 ④ 10 ① 11 ④ 12 ①

13 연강이나 알루미늄 합금 절삭 시 정상적인 드릴의 각도는?

① 59° ② 118°

③ 135° ④ 80°

해설

정상 드릴 각도
- 목재, 가죽 등의 아주 연한 재질 절삭 시 : 90°
- 연강이나 알루미늄 합금 절삭시 : 118°
- 열처리 된 강 절삭시 : 150°

[알루미늄용 드릴]

14 리머의 적절한 사용 방법은?

① 리머를 회전시키면서 구멍에 수직으로 넣었다가 반대로 뽑아낸다.
② 처음에는 큰 힘을 주었다가 리머를 뺄 때는 힘을 약하게 준다.
③ 수직으로 리머를 회전시킨다.
④ 항상 높은 점도의 절삭용 오일을 사용한다.

해설

리머(Reamer) 사용시 주의 사항
- 드릴 작업된 구멍을 바르게 하기 위해 리머의 측면에서 압력을 가해서는 안된다.(보다 큰 치수로 가공될 수 있기 때문에)
- 리머가 재료를 통화하면 즉시 정지할 것
- 가공 후 리머를 빼낼 때 절단방향으로 손으로 회전시켜 빼낼 것 (그렇지 않으면 Cutting Edge가 손상될 수 있다.)

15 스파(Spar) 및 엔진 버팀대(Engine Mount) 등의 수리는 보통 어떻게 해야 하는가?

① FAR AC 43을 포함하는 승인된 기준으로 한다.
② 압축하중에 관련되는 것을 제외하고는 가능하다.
③ 수리가 불가능하다.
④ 인장하중에 관련되는 것을 제외하고는 가능하다.

해설

구조의 수리

항공기 제작자가 발행하는 구조수리 매뉴얼 및 SB(Service Bulletin)에 의하여 수행하는 것이 우선이지만 모든 경우에 나타나지 않는다. 이와 같은 경우에는 FAR AC 43을 포함하는 승인된 기준으로 수리 계획을 세운다.

16 금속 벌집구조의 내부 부식을 막으려면?

① 부식 방지재료로 수리부위를 먼저 칠하고 대기로부터 밀폐시킨다.
② 외부 면을 먼저 외부용 페인트로 여러 번 칠해준다.
③ 결합된 익면과 모든 조임장치를 오일로 얇게 칠한다.
④ 섬유질 재료이기 때문에 예방조치가 필요 없다.

해설

금속 벌집구조의 내부 부식

만약 밀폐가 안되면 수분이 들어가거나 부식의 염려가 있으니, 부식 방지재료로 수리부위를 먼저 칠하고 밀폐해야 한다.

17 벌집구조에서 층의 분리 여부를 검사하는 가장 간단한 시험은?

① 코인 검사 ② X-선 검사

③ 실(Seal) 검사 ④ 지글로 시험

해설

허니콤 샌드위치 구조의 검사
① 시각 검사는 층 분리를 조사하기 위해 빛을 이용하여 측면에서 본다.
② 촉각에 의한 검사는 손으로 눌러 층 분리 등을 검사한다.
③ 습기 검사는 비금속의 허니콤 패널 가운데에 수분이 침투되었는가 아닌가를 검사 장비를 사용하여 검사한다. 수분이 있는 부분은 전류가 통하므로 미터의 흔들림에 의하여 수분 침투 여부를 발견할 수 있다.
④ 실(Seal) 검사는 코너 실(Coner Seal)이나 캡실(Cap Seal)이 나빠지면 수분이 들어가기 쉬우므로 만져보거나 확대경을 이용하여 검사한다.
⑤ 코인 검사는 판을 두드려 소리의 차이에 의해 들뜬 부분을 발견하는 것으로서 가장 간단한 방법 중에 하나이다.
⑥ X-선 검사는 허니콤 패널 속에 수분의 침투 여부를 검사한다. 물이 있는 부분은 X-선의 투과가 나빠지므로 사진의 결과로 그 존재를 알 수 있다.

[정답] 13 ② 14 ③ 15 ① 16 ① 17 ①

18 벌집구조 표면의 파임(Dent) 부분의 수리 방법은?

① 파인 곳에 빠대(Bondo)로 채운 후 매끄럽게 한 후 페인트칠을 한다.
② 파인 곳 주위를 도려낸 후 덮는 판을 리벳으로 접속시킨다.
③ 파진 곳의 판과 같은 두께와 같은 재료의 더블러(Doubler)로 접속시킨다.
④ 파짐은 표면 판에 강도를 감소시켜 수리로 원래의 강도로 복귀되지 않는다.

🔍 **해설**

Dent된 부분의 수리 방법
더블러를 삽입하면 대폭적으로 하중이 경감되며, 더블러는 스킨에 접착제를 바른 후 보강앵글로 보강하는 것이 보통이다.

19 벌집구조의 손상된 중심부(Core)에 어떤 작업이 필요한가?

① 중심부에 있는 재료를 전부 제거한다.
② 고강질의 벌집구조 플러그를 집어넣으면 따로 접착할 필요가 없다.
③ 손상된 중심부는 제거할 필요가 없고 그냥 새 덮는 판만 씌운다.
④ 같은 강도와 밀도인 벌집구조의 플로그로 삽입하고 접착시킨다.

🔍 **해설**

벌집구조의 수리
손상부가 1″ 이하일 경우에는 포트수리로 코어가 손상된 벌집 구조판을 원상 복구할 수 있으며, 손상부가 1″ 이상일 경우에는 코어 안에 발사 목재나 알루미늄 벌집구조로 된 플러그를 채워 수리할 수 있다.

20 레이돔(Radome)을 수리할 때 고려해야 할 사항은?

① 레이돔의 두께를 변하게 하면 안 된다.
② 전기적 특성을 변하게 하는 특성을 해서는 안 된다.
③ 공기흐름에 방해를 줄 가능성이 있는 수리는 허용이 안 된다.

④ 일반적으로 중심부(Core) 위로 덮는 판을 접촉해서는 안 된다.

🔍 **해설**

레이돔(Radome) 수리
레이돔 안에는 레이더, 안테나 등, 전기, 전자, 전파, 통신 장비가 들어있으므로, 전기적 특성을 변하게 하면 안 된다.

21 날개 표피 수리에 대한 결정은?

① 제조자의 명시사항대로 수리할지를 결정한다.
② 이질금속 부식을 방지하기 위해 표피가 다른 표면에 접촉을 방지한다.
③ 표피의 손상정도와 내부 구조부를 평가하여 수리를 결정한다.
④ 한 규격 큰 리벳을 사용할지를 결정한다.

🔍 **해설**

날개 표피의 수리
우선 제조자의 권유에 따라 수리를 결정하여야 하며, 수리 후에는 원래의 구조강도를 보상하여야 한다. 수리 전에는 반드시 표피의 손상정도와 내부 구조부를 주의 깊게 평가하여 손상부를 수리할지 교체할지를 결정해야 한다.

22 벌집구조부의 알루미늄 중심부의 손상 시 대체용으로 자주 쓰이는 재료는?

① 티타늄   ② 유리섬유
③ 스테인리스강   ④ 마그네슘

🔍 **해설**

유리섬유
구조체에 부착되는 벌집구조부의 알루미늄 중심부의 손상 시 대체용으로 유리섬유가 많이 쓰인다.

23 부재를 심하게 약화시키지 않고 가장 적게 구부릴 수 있는 것을 무엇이라고 하는가?

① 굽힘 허용(Bend Allowance)
② 최소 굽힘 반경(Minimum Radius of Bend)

[정답] 18 ③ 19 ④ 20 ② 21 ① 22 ② 23 ②

③ 최대 굽힘 반경(Maximum Radius of Bend)

④ 중립 굽힘 반경(Neutral Radius of Bend)

해설

최소 굽힘 반경

판재가 본래의 강도를 유지한 상태로 구부러질 수 있는 최소의 굽힘 반경

24 판금 작업 시 불필요한 부분을 잘라내는 가공이 아닌 것은?

① Blanking ② Punching

③ Embossing ④ Trimming

해설

전단 가공

판금 작업시 불필요한 부분을 잘라내는 가공으로 블랭킹(Blanking), 펀칭(Punching), 트리밍(Trimming), 셰이빙(Shaving)이 있다.

25 판금 작업 중 이음 작업은 다음 어디에 속하는가?

① Flanging ② Crimping

③ Beading ④ Seaming

해설

굽힘 가공

얇은 판을 굽히는 작업으로 판을 굽히는 기계를 벤딩머신(Bending Machine)이라 한다.

26 재료의 한쪽 길이를 압축시켜 짧게 함으로써 재료를 커브지게 하는 가공 방법은?

① 수축 가공 ② 프랜징

③ 크림핑 ④ 범핑

해설

수축 가공

재료의 한쪽 길이를 압축시켜 짧게 함으로써 재료를 커브지게 하는 가공을 말한다.

두 판재 가장자리를 얇게 구부려 서로 이어가는 이음작업을 시이밍(Seaming)이라 한다.

27 재료의 한쪽을 늘려서 길게 함으로써 재료를 커브지게 하는 가공 방법은?

① 수축 가공 ② 프랜징

③ 크림핑 ④ 신장 가공

해설

신장 가공

재료의 한쪽을 늘려서 길게 함으로써 재료를 커브지게 하는 가공을 말한다.

28 가운데가 움푹 들어간 구형면을 가공하는 작업은?

① 수축 가공 ② 프랜징

③ 범핑 가공 ④ 신장가공

해설

범핑 가공

가운데가 움푹 들어간 구형면을 가공하는 작업을 말한다.

29 길이를 짧게 하기 위해 판재를 주름잡는 가공은?

① 수축 가공 ② 프랜징

③ 범핑 가공 ④ 크림핑 가공

해설

크림핑(Crimping) 가공

길이를 짧게 하기 위해 판재를 주름잡는 가공을 말한다.

30 원통의 가장자리 등을 늘려서 단을 짓는 가공 방법은?

① Crimping ② Bumping

③ Stretching ④ Flanging

해설

플랜징(Flanging)

원통의 가장자리 등을 늘려서 단을 짓는 가공을 말한다.

[정답] 24 ③ 25 ④ 26 ① 27 ④ 28 ③ 29 ④ 30 ④

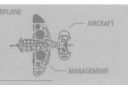

1 항공전기계통

1. 전기회로

(1) 직류와 교류

① 전기저항

전기저항은 전류가 이동하는데 방해하는 성질을 말한다.

② 도체와 절연체

ⓐ 도체 : 은, 구리, 알루미늄과 같이 자유전자가 쉽게 이동할 수 있는 물질이다.

ⓑ 절연체 : 고무, 비닐, 유리, 사기, 플라스틱과 같이 자유전자가 거의 이동할 수 없는 물질이다.

③ 저항기(Type of resistor)

고정저항기(Fixed resistor)의 종류

- 탄소피막(炭素皮膜, Carbon film)
- 금속산화물(金屬酸化物, Metal oxide)
- 금속박막(金屬薄膜, Metal film)
- 메탈글레이즈(Metal glaze, 금속 분말을 유리 속에 분산시키고 자기(瓷器) 등의 표면에 칠하여 구어붙인 것)

④ 옴의 법칙

전기회로 내에 흐르는 전류는 그 양 끝에 가진 전압에 정비례하고, 전기회로의 저항에 반비례 한다.

$$전류 = \frac{전압(기전력)}{저항} \quad 즉, I = \frac{E}{R}, \ 암페어[A] = \frac{볼트[V]}{옴[\Omega]}$$

⑤ 저항의 직 · 병렬 회로

ⓐ 직렬회로 : $R_T = R_1 + R_2 + R_3 + \cdots\cdots R_N$

ⓑ 병렬회로 : $\dfrac{1}{R_T} = \dfrac{1}{R_1} + \dfrac{1}{R_2} + \dfrac{1}{R_3} + \cdots\cdots \dfrac{1}{R_N}$

⑥ 키르히호프의 법칙

    ⓐ 전류법칙 : 접합점(Junction) 또는 마디(Node)로 들어오는 전류의 합은 동일한 접합점(Junction) 또는 마디(Node)에서 흘러나가는 전류의 합과 같다.

    ⓑ 전압법칙 : 모든 전압강하(Voltage drop)의 합은 총전원전압(Total source voltage)과 같다.

⑦ 전력

    ⓐ 전력(P)=전류(I)×전압(E)

    ⓑ 피상전력=$\sqrt{(\text{유효전력})^2+(\text{무효전력})^2}$

    ⓒ 역률(PF, Power Factor)=$\dfrac{\text{유효전력}[\text{Watt}]}{\text{피상전력}[\text{VA}]}\times 100$

⑧ 주기와 주파수

하나의 완전한 주기(Cycle)에서 (+)교번과 (−)교번인 두 번의 교번(Alternation)이 있다.

    • 주기 : $t=\dfrac{1}{f}$, 주파수 : $f=\dfrac{1}{t}$

    • $F=\dfrac{\text{Nmber of Poles}}{2}\times\dfrac{r\cdot p\cdot m}{60}$

여기에서 $\dfrac{P}{2}$는 Pole의 쌍의 수이고, $\dfrac{r\cdot p\cdot m}{60}$은 매 초당 회전수이다.

⑨ 교류의 표시 방법

    ⓐ 순간값(Instantaneous value)은 주기(Cycle) 내내 어떤 순간에서 흐르는 유도전압(Induced voltage) 또는 유도전류(Induced current)이다.

    ⓑ 최대값(Peak value)은 가장 큰 순간값(Instantaneous value)이다.

    ⓒ 실효값(E)=3×최대값(E_m)

⑩ 위상과 위상차

    ⓐ 위상차 : 주파수가 동일한 2개 이상의 교류는 상호간에 시간적인 차이를 나타낼 때이다.

    ⓑ 동위상(in-phase) : 동일한 주파수에서 위상차가 없을 때이다.

⑪ 저항(R)만의 회로

전압과 전류는 같은 위상을 갖는다.

$$I=\dfrac{E}{R}$$

콕콕 포인트

보충 학습

① 키르히호프 제1법칙(키르히호프의 전류법칙) : 회로망의 임의의 접속점에서 볼 때, 접속점에 흘러 들어오는 전류의 합은 흘러나가는 전류의 합과 같다.

② 키르히호프 제2법칙(키르히호프의 전압법칙) : 회로망 중의 임의의 폐회로 내에서 그 폐회로를 따라 한 방향으로 일주함으로써 생기는 전압강하의 합은 그 폐회로 내에 포함되어 있는 기전력의 합과 같다.

❤ 이해력 높이기

교류의 위상

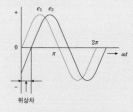

[위상차가 있는 교류 파형]

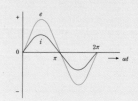

[동위상의 전압과 전류]

콕콕 포인트

Industrial Engineer Aircraft Maintenance · Industrial Engineer Aircraft Maintenance · Industrial Engineer Aircraft Maintenance · Industrial Engineer Aircraft Ma

⑫ 콘덴서(C)만의 회로

전류파형은 전압파형보다 90°($\pi/2$[rad]) 위상이 앞선다.

- 용량 리액턴스(Capacitive reactance) : $X_C = \dfrac{1}{2\pi fc}$

⑬ 코일(L)만의 회로

전압파형은 전류파형보다 90°($\pi/2$[rad]) 위상이 앞선다.

유도리액턴스(Inductive reactance) : $X_L = 2\pi fL$

⑭ 임피던스

임피던스(Z) $= \sqrt{(X_L - X_C)^2}$

(2) 회로보호장치 및 제어장치

1) 회로보호장치

① 퓨즈(Fuse)

퓨즈(Fuse)는 과전류(Over-current) 상황에서 회로를 보호하기 위해 사용된다.

② 회로차단기(Circuit breaker)

퓨즈(Fuse) 대신에 사용되며 회로(Circuit)를 차단하도록 그리고 전류가 미리 정해진 값을 초과할 때 전류흐름을 중지시키고 초기상태로 돌릴(Resetting) 수 있다.

전류제한기(Current limiter)는 퓨즈(Fuse)와 매우 유사하지만 보통 구리로 만들고 짧은 기간 동안 상당한 과부하(Overload), 30[A] 이상의 과전류조건에서 개방시킨다.

③ 열보호장치(Thermal protector)

열보호장치 Motor의 온도가 지나치게 올라가면 언제나 자동적으로 회로(Circuit)를 개방시키도록(Open) 두 금속으로 된 판(Bimetallic disk) 또는 띠(Strip)를 담고 있다.

2) 제어장치

회로의 개폐, 토글 스위치, 푸시버튼 스위치, 마이크로 스위치, 회전 선택 스위치

① 토글 스위치(Toggle switch)

일명 Snuffer switch라고도 부르며, 교류회로 또는 직류회로의 자동 개폐식 조작을 하는 부하 제어 계통에 사용된다.

② 푸시 버튼 스위치(Push-button switch)

1개의 고정접점과 1개의 가동접점을 갖고 있으며, 교류회로 또는 직류회로의 자동 개폐식 조작을 하는 부하제어계통에 사용된다.

③ 마이크로 스위치(Micro-switch)

개폐장치의 1/16[in] 이하의 아주 작은 움직임으로 회로를 개방 또는 접속한다.

④ 회전 선택 스위치(Rotary-selector switch)

여러 개의 스위치를 대신하고 점화 스위치와 전압계 선택 스위치에서 이용된다.

⑤ 계전기(Relay)

계전기(Relay)는 적은 양의 전류가 큰 양의 전류를 제어할 수 있는 간단한 전기계식 스위치이다.

(3) 직류 및 교류 측정장비

① 직류전류계(10[mA]), 직류전압계(10[V]), 멀티미터전압계는 회로에 병렬로 연결, 전류계는 직렬로 연결한다.

② 교류전압조정기, 교류전압계(150[V]), 교류전류계, 단상전력계, 단상역률계, 임피던스 부하(선풍기, 냉장고 등) 등이 있다.

③ 전류력계(Electrodynamometer)는 교류 또는 직류의 전압과 전류를 측정하기 위해 사용한다.

④ 가동철편형계량기(Moving iron-Vane meter)는 교류 또는 직류 모두를 측정하는데 사용되고, 동작을 위해 유도자기(Induced magnetism)에 좌우된다.

2. 직류 및 교류전력(축전지, 발전기, 전동기)

(1) 축전지(Battery)

축전지의 역할은 화학적 에너지를 전기에너지로(축전지의 방전) 전기에너지를 화학적 에너지로(축전지의 충전) 변환시킨다.

1) 납산축전지

① 납산축전지의 구조

ⓐ 전해액(Electrolyte)은 황산(Sulphuric acid)과 물이고, 양극은 이산화납(Lead peroxide)이며, 음극은 납(Lead), 각 Cell의 끝에 있는 판은 음극판이다.

ⓑ 수평비행 시에, 납추(Lead weight)는 작은 구멍을 통해서 가스의 유출을 가능케 하고 배면 비행 시에, 이 구멍은 납추에 의해 덮여진다.

ⓒ 배터리의 장착과 장탈을 용이하도록, 신속분리어셈블리(Quick-Disconnect assembly)가 전원선을 연결시키기 위해 사용된다.

보충 학습

납산축전지의 화학반응식

양극	음극	전해액
PbO_2 +	Pb +	$2H_2SO_4$

방전 ↓↑ 충전

| $PbSO_4$ + | $PbSO_4$ + | $2H_2O$ |

꼭꼭 포인트

Industrial Engineer Aircraft Maintenance · Industrial Engineer Aircraft Maintenance · Industrial Engineer Aircraft Maintenance · Industrial Engineer Aircraft Mai

② 납산축전지의 점검사항

ⓐ 비중계(Hydrometer)는 액체의 비중을 측정하는 기구이다.

ⓑ 전해액은 부피로 약 30[%] 산(acid)과 70[%] 물이며 비중이 1,300 이다. 방전 시에, 전해액 비중은 1,300 이하로 떨어진다.

ⓒ 온도가 90[℉] 이상이거나 또는 70[℉] 이하일 때, 보정계수를 적용 하는 것이 필요하다.

2) 니켈-카드뮴 축전지

① 니켈-카드뮴(알칼리) 축전지의 구조

니켈-카드뮴 축전지의 양극판은 구멍이 많은 니켈기판에 활성물질인 수산화니켈을 함침한 것이며, 음극판은 금속카드뮴을 함침한 것이다. 축전지의 전해액은 수산화칼륨(KOH)을 사용하며, 비중은 1,280~1,300 을 유지한다.

② 니켈-카드뮴 축전지의 장점

비중의 변화가 없는 화학반응이 생기기 때문에 비중은 항상 일정하다. 기전력은 축전지의 용량의 90[%] 이상이 방전될 때까지 유지한다.

③ 니켈-카드뮴 축전지의 사용 시 주의사항

ⓐ 과충전 시에 상실된 물을 공급하기 위해 Cell을 수화시킨다.

ⓑ 적정한 토크값으로서 내부 셀 연결기를 유지한다.

ⓒ 셀의 꼭대기와 노출된 측면은 깨끗하고 건조하게 유지한다.

3) 충전법

① 정전류 충전법

ⓐ 정전류 충전법은 다양한 전압으로서 여러 개의 배터리를 동일한 장 치에서 한 번에 충전시킬 수 있기 때문에 비행기 외부에서 배터리를 충전하는데 가장 용이하다.

ⓑ 여러 개의 배터리는 직렬로 연결되어지며 충전전류가 과열되거나 또 는 가스폭발이 되지 않는 수준으로 유지한다.

ⓒ 배터리를 충전하기 위해 오랜 시간을 필요로 하며, 과정의 끝 무렵, 만약 조금만 주의를 하지 않으면 과충전의 위험이 있다.

ⓓ 니켈-카드뮴 배터리를 충전시키기 위해 알맞은 방법이다.

② 정전압 충전법

ⓐ 조절된 전압을 상수로서 배터리를 통해 전류를 가한다.

ⓑ 정전류 충전법에 비해서 더 적은 시간과 더 적은 관리를 필요로 한다.

ⓒ 정전압 충전법은 납산배터리를 위한 충전법이다.

[니켈-카드뮴 축전지]

[니켈-카드뮴 셀]

③ 축전지 용량의 검사

    ⓐ 5시간 방전율은 일정한 전류를 5시간 동안 방전시켜 단자전압이 1.75[V]에 도달 할 때의 용량을 AH[Ampere-Hour]로 표시한 것이다.

    ⓑ 5분 방전율은 엔진시동과 같은 고전류 방전을 요구할 때 단자전압이 1.2[V]에 도달 할 때의 용량을 AH[Ampere-Hour]로 표시한 것이다.

(2) 직류 및 교류발전기

1) 직류발전기

  ① 직류발전기의 플레밍 오른손 법칙

    플레밍의 오른손 법칙은 집게손가락을 자기장 방향으로, 엄지손가락을 도체가 움직이는 방향으로 잡으면 기전력은 가운데손가락 방향으로 생긴다.

  ② 직류발전기의 출력 전압

    발전기는 출력전압으로 등급을 매긴다. 발전기는 명시된 전압에서 동작하도록 설계되었기 때문에, 보통 발전기의 암페어 값으로 주어진 정격은 그것의 정격전압으로서 안전하게 공급할 수 있다.

  ③ 직류발전기의 구성

    ⓐ 계자틀(Field frame)

      • 발전기를 위한 토대 또는 틀인 것으로 Yoke라고도 부른다.

      • Pole은 일반적으로 와전류 손실을 줄이기 위해서 얇은 판으로 만들었고, 전자석의 철심과 같은 용도에 맞다.

    ⓑ Armature assembly

      • 철심에 감겨진 수많은 전기자코일, 정류자 그리고 그에 딸린 기계적인 부분으로 구성된다.

      • 와전류의 순환을 방지하기 위해서 얇은 판으로 만들었다.

      • 전기자(Armature)는 링타입과 그럼타입이 있다.

    ⓒ Commutator

      정류자는 전기자의 끝에 위치하며 운모(Mica)의 얇은 판에 의해 서로 절연되어 있는 경동선(Hard-Drawn copper)의 쐐기모양의 Segment로 구성된다.

    ⓓ Armature reaction

      전기자 반응은 전기자 전류가 부하에 따라 증가하기 때문에, 왜곡은 부하에 증가로서 더 크게 된다. 이 자기장(磁氣場, Magnetic field)의 왜곡(Distortion)을 전기자 반응이라고 부른다.

곡곡 포인트

보충 학습

플레밍 오른손 법칙

보충 학습

Generator와 Motor의 일반적인 차이점

① Generator
  기계적인 에너지를 전기적인 에너지로 바꿔주며 플레밍의 오른손법칙 사용

② Motor
  전기적인 에너지를 Motor의 회전 동력인 기계적인 에너지로 바꿔주는 장치로 플레밍의 왼손법칙 사용

보충 학습

전기자반응(Armature Reaction)

보극, 전기자전류, 보상권선에 관계된다.

꼭꼭 포인트

Industrial Engineer Aircraft Maintenance · Industrial Engineer Aircraft Maintenance · Industrial Engineer Aircraft Maintenance · Industrial Engineer Aircraft M

ⓔ Interpole

전기자 권선의 주위에 전자기장을 상쇄시킨다.

④ 직류발전기의 종류

ⓐ 직권발전기(Series-Wound generator)

- 외부회로에 직렬로 연결되고 발전기의 계자권선은 부하라고 부른다.
- 계자코일은 굵은 전선의 몇 번의 감김으로 구성되어 있다.
- 출력전압은 계자권선에 병렬로 가변저항(Rheostat)에 의해서 제어되고, 보잘 것 없는 조절을 갖기 때문에 비행기 발전기로서는 사용되지 않는다.

ⓑ 분권발전기(Shunt-Wound generator)

- 외부회로에 계자권선이 병렬로 연결된다.
- 계자코일 가는 전선의 많은 감김을 갖는다.

ⓒ 복권발전기(Compound-Wound generator)

- 각각의 특성이 장점만으로 이용되어진 수단으로 직렬권선과 분권권선의 조합이다.

⑤ 직류발전기의 실험

전반적으로 항공기에 장착된 Generator의 검사

ⓐ Generator 설치의 안전성

ⓑ 전기적인 연결의 상태

ⓒ Generator에 있는 불결물(Dirt)과 Oil

ⓓ Generator Brush의 상태

ⓔ Generator 작동

ⓕ 전압조정기 작동

2) 교류발전기

① 교류발전기의 여자방법에 따른 종류

ⓐ 직류 발전기에 직결식(Direct-Connected)으로, 이것은 교류발전기와 같은 축에 고정시킨 직류발전기로 구성된다.

ⓑ 교류계통으로부터 변류와 정류에 의해 통합된 브러시가 없는 형식으로, 교류발전기와 직류발전기를 같은 축에 연결한다.

② 교류발전기 출력전압의 위상에 따른 종류

ⓐ 단상 교류발전기

ⓑ 2상 교류발전기

ⓒ 3상 교류발전기(Y 결선, △ 결선)

Engineer Aircraft Maintenance · Industrial Engineer Aircraft Maintenance · Industrial Engineer Aircraft Maintenance · Industrial Engineer Aircraft Maintenance

콕콕 포인트

③ 교류전압조절기

Generator의 전압출력을 결정하는 요소 중에서 오직 한 가지인 계자
전류(Field current)의 세기(Strength)를 제어

④ 교류발전기의 주파수 조정

$$F = \frac{P}{2} \times \frac{N}{60} = \frac{PN}{120}$$

P는 극(Pole)의 수이고, N은 Rpm이다.

(3) 직류 및 교류전동기

1) 직류전동기

① 직류전동기의 플레밍 왼손 법칙

집게손가락을 자기장 방향으로 가운데손가락을 전류의 방향으로 잡으
면 도체에 작용하는 힘의 방향은 엄지손가락 방향으로 생긴다.

② 직류전동기의 용도

직류전동기는 직류에너지를 기계에너지로 바꾸는 회전하는 기계이다.

③ 직류전동기의 속도 특성

전동기 속도는 계자권선(Field winding)에서 전류를 변화시킴으로서
제어시킬 수 있다. 계자권선을 통해 흐르는 전류의 양이 증가할 때, 자
기장 세기는 증가하지만, 그러나 전동기는 역기전력의 더 많은 양이 전
기자권선에서 발전되기 때문에 속도를 줄인다.

④ 직류전동기의 토크 특성

Right-hand Motor Rule은 자기장내에서 움직이려는 전류흐름전
선에 방향을 판정하는 데 사용한다. 왼손의 둘째손가락이 자력선의 방
향 그리고 전류의 방향으로 가운데손가락을 가리킨다면, 엄지손가락은
전류흐름전선이 움직이려는 방향을 지시한다.

⑤ 직류전동기의 종류

ⓐ 직권전동기(直捲電動機, Series motor)

- 비교적 굵은 Wire로 몇 번 감은 구조의 계자권선은 전기자권선
  과 직렬로 연결한다.
- 큰 시동토크를 만들어준다.
- 엔진시동기(Starter)로서 그리고 Landing gear, Cowl flap
  그리고 Wing flap을 올리고 내리기 위해 사용한다.

<보충 학습>

플레밍 왼손 법칙

힘 F

자계 B

전류 I

<보충 학습>

Generator와 Motor의 일반적인 차이점

① Generator : 기계적인 에너지를
전기적인 에너지로 바꿔주며 플레
밍의 오른손법칙 사용
② Motor : 전기적인 에너지를 Motor
의 회전동력인 기계적인 에너지로
바꿔주는 장치로 플레밍의 왼손법
칙사용

이해력 높이기

직류 및 교류 전동기

① 직류전동기의 종류
- 직권전동기
- 분권전동기
- 복권전동기
② 교류전동기의 종류
- 3상유도전동기
- 단상유도전동기
- 3상동기도전동기
- 단상동기도전동기

콕콕 포인트

Industrial Engineer Aircraft Maintenance · Industrial Engineer Aircraft Maintenance · Industrial Engineer Aircraft Maintenance · Industrial Engineer Aircraft Ma

ⓑ 분권전동기(分捲電動機, Shunt motor)
- 계자권선이 전기자권선과 병렬로 연결된다.
- 속도는 부하에 따른 변화로서 매우 적게 변화하기 때문에 정속이 필요할 때 사용한다.

ⓒ 복권전동기(複捲電動機, Compound motor)
- 직권전동기와 분권전동기의 조합이다.
- 많이 감겨진 가는 전선으로 구성되어 있는 분권권선은 전기자권선에 병렬로 연결되어 있고, 직렬권선은 몇 번 감겨진 굵은 전선의 구조이며, 전기자권선에 직렬로 연결한다.

⑥ 직류전동기의 가역 전동기

전기자 또는 계자권선 중 하나에서 전류흐름의 방향을 반대로 함으로서 모터의 회전방향은 반대로 된다.

2) 교류전동기

① 교류전동기의 전원

$$r \cdot p \cdot m = \frac{120 \times \text{Frequency}}{\text{Nuber of Poles}}$$

② 교류전동기의 장점
ⓐ 비교되는 직류 전동기보다 덜 비싸다.
ⓑ Brush와 정류자를 사용하지 않으므로 Brush에서 Sparking이 피해진다.
ⓒ 신뢰성 있는 것이고 적은 정비를 필요로 한다.
ⓓ 가변속도 특성에 적합하다.

③ 교류 전동기의 종류
ⓐ 3상유도전동기(농형전동기)

많은 양의 동력이 요구되는 곳에 사용되며 Starter, Flap, Landing gear 그리고 Hydraulic pump 등을 동작시킨다.

ⓑ 단상유도전동기

동력 필요조건이 적은 곳에 Surface lock, Intercooler shutter 그리고 Oil shutoff Valve과 같은 장치를 동작시키기 위해 사용한다.

ⓒ 3상동기전동기

정속동기속도로서 동작되고 보통 Flux gate compass와 Propeller synchronizer system을 동작시키기 위해 사용한다.

Engineer Aircraft Maintenance · Industrial Engineer Aircraft Maintenance · Industrial Engineer Aircraft Maintenance · Industrial Engineer Aircraft Maintenance

콕콕 포인트

ⓓ 단상동기전동기

전기시계와 그 이외에 소형 정밀장비를 동작시키기 위한 공급원의 동력을 위해 사용한다.

3. 변압, 변류 및 정류기

(1) 변압, 변류 및 정류기

① 변압비와 정격 용량

$$\frac{E_2}{E_1} = \frac{N_2}{N_1}$$

E_1은 1차 코일의 전압, E_2는 2차 코일의 출력전압, N_1은 1차 코일의 권선수, N_2는 2차 코일 의 권선수를 말한다.

② 손실과 효율

ⓐ 변압기는 동손(Copper loss)과 철손(Iron loss)에 시달린다. 코일의 감김(Turn)을 구성하는 도체의 저항은 동손을 일으킨다. 두 가지 Type의 철손은 히스테리시스손실(Hysteresis loss)과 와전류손실(Eddy current loss)이라고 부른다.

ⓑ 와전류 손실은 변화하는 자기장에 의해 변압기 철심에 유도되는 와전류에 기인된다. 와전류 손실을 줄이기 위해, 철심은 유도전류의 소용돌이를 감소시키는 절연체로서 입힌 얇은 판자모양으로 만든다.

ⓒ 1차 코일에 새로이 만든 자력선 모두가 2차 코일의 감김을 가로질러 절단하지 못하기 때문에, 누설자속(Leakage flux)이라고 부르는 얼마의 자속의 양은 자기회로에서 누설된다. 1차 코일의 선속(Flux)이 얼마나 많이 2차 코일에 연결되는지의 한도는 "결합계수(Coefficient of coupling)"라고 부른다.

③ 전압변동율

발전기, 전동기, 변압기 등에 있어서 전부하시와 무부하시의 2차 단자 전압차의 정도를 백분율로 나타낸 것

$$전압변동율 = \frac{무부하\ 2차전압 - 정격\ 2차전압}{정격\ 2차전압} \times 100$$

2 항공계기계통

1. 계기 일반

(1) 항공기 계기의 특성

① 소형 항공기의 계기 패널

계기, 조작 스위치 등의 수가 적어지므로 주 계기판에 모든 계기, 조작 스위치 등이 장착된다.

② 회전 날개 항공기의 계기 패널

ⓐ 시계가 중요하므로 조종사 및 부조종사석의 앞을 투명한 창으로 한 것이 많다.

ⓑ 계기, 조작 스위치를 항공기의 중앙 계기판, 중앙 페데스탈, 오버헤드 계기판에 장치함으로서 아래 폭을 최소로 하여 전방 아래를 볼 수 있게 한다.

③ 대형 항공기의 계기 패널

ⓐ 계기의 수, 시계, 조작과 관련성 등을 고려하여 배치한다.

ⓑ 주 계기판, 오버헤드 계기판, 항공엔진사 계기판, 중앙 페데스탈

(2) 계기의 종류

① 비행계기

ⓐ 항공기의 비행자세를 조종하기로서 사용되는 계기이다.

ⓑ 고도계(Altimeter), 대기속도계(對氣速度計, Airspeed indicator) 그리고 Magnetic direction indicator, 나침반(Compass), 인공수평의(人工水平儀, Artificial horizon), Turn coordinator 그리고 승강계(昇降計, VSI, Vertical speed indicator)

② 엔진계기

ⓐ 항공기 엔진의 운전매개변수를 측정하도록 설계한다.

ⓑ 연료계(Fuel gauge), 유량계(流量計, Oil quantity gauge), 압력계(壓力計, Pressure gauge), 회전속도계(回轉速度計, Tachometer) 그리고 온도계(Temperature gauge)

③ 무선/항법계기

ⓐ 일정한 진로를 따라 항공기를 유도하기 위해 조종사에 의해서 사용되는 정보를 제공하는 계기이다.

ⓑ 시계(Clock)와 자기나침반(磁氣羅針盤, Magnetic compass)

보충 학습

항공 계기의 특징
① 온도 변화에 따른 오차가 거의 없다.
② 누설 오차가 없다.
③ 마찰 오차가 없다.
④ 방진을 위해 완충장치가 필요하며, 제트기에서는 마찰 오차를 제거할 목적으로 고의 적인 진동을 발생하는 진동 발생기를 부착하기도 한다.
⑤ 내부에 녹이 슬지 않도록 방청, 방균 처리한다.
⑥ 압력계기에는 서징(surging) 현상을 방지하는 부품이 있다.
⑦ 전기계기 내부에는 불활성 기체 또는 질소가스를 충진시켜 화재를 예방한다.

이해력 높이기

항공계기의 구분
비행계기, 항법계기, 엔진계기

Engineer Aircraft Maintenance · Industrial Engineer Aircraft Maintenance · Industrial Engineer Aircraft Maintenance · Industrial Engineer Aircraft Maintenance

콕콕포인트

(3) 계기의 작동원리

① 압력감지기계장치(Pressure – sensing mechanism)

부르동관(Bourdon tube), 다이어프램 또는 벨로우즈, 고체감지장치
(Solid-state sensing device)

ⓐ 부르동관(Bourdon tube) : 기계장치를 사용하는 계기이다.

엔진오일압력계(Engine oil pressure gauge), 유압계(Hydrau-
lic pressure gauge), 산소탱크압력계(Oxygen tank pressure
gauge) 그리고 제빙부츠압력계(Deice boot pressure gauge)

ⓑ 다이어프램 또는 벨로우즈

- 압력측정을 위해 항공기 계기에서 쓰인다.
- 다이어프램은 Aneroid라고도 부르고, 보통 물결모양으로 만든 얇
  은 벽식 금속 평원반으로 된 공동(Hollow)이다.
- 고도계(Altimeter), 승강계(昇降計, VSI, Vertical Speed In-
  dicator), 객실차압계(客室差壓計, Cabin differential pressure
  gauge) 그리고 매니폴드압력계(Manifold pressure gauge)

ⓒ 고체(Solid-state) 마이크로공학(Micro-technology) 압력감지기
(Pressure sensor)

- 안전운항을 위해 필요로 되는 임계압력(Critical pressure)을 결
  정하기 위해 최신의 항공기에 사용된다.

3 항공기 공·유압 및 환경조절계통

1. 공·유압

(1) 공압계통

① 공급원

ⓐ 공기압계통(Pneumatic system)은 다음과 같은 곳에 사용된다.

- 브레이크
- Door를 열기와 닫기
- 유압펌프(Hydraulic pump), 교류 발전기, 시동기, 물분사펌프
  (Water injection pump) 등을 가동시킬 때 사용된다.
- 비상장치(Emergency device)를 작동할 때 사용된다.

보충 학습

항공계기의 구비 조건

① 내구성 : 계기의 정밀도는 될 수 있
는 대로 오랫동안 유지할 수 있어야
한다.

② 정확성 : 계기는 정확성이 있어야
하는 동시에 내구성과 구조의 단순
화가 요구된다.

③ 무게 : 항공기의 중량을 작게 하기
위하여 가벼워야 한다.(경량화)

④ 크기 : 계기판의 수용 능력에는 한계
가 있으므로, 계기의 수가 증가됨에
따라 소형화되어야 한다.(소형화)

보충 학습

공압계통(Pneumatic System)의 장점

① 적은 양으로 큰 힘을 얻을수 있다.

② 불연성이고 깨끗하다.

③ 조작이 용이하다.

④ 유압계통에 사용되는 Reservoir
와 Return Line에 해당되는 장치
가 불필요하다.

콕콕 포인트

Industrial Engineer Aircraft Maintenance · Industrial Engineer Aircraft Maintenance · Industrial Engineer Aircraft Maintenance · Industrial Engineer Aircraft M

ⓑ 압축공기의 공급원
- 터빈엔진의 압축기부에서 브리딩
- 엔진으로부터 직접 구동되는 압축기를 사용한다.
- 터빈엔진에서 브리딩한 압축공기로 터빈을 구동하고 이것에 연결되어 있는 압축기에서 압축공기를 얻는다.

② 압축공기의 매니폴드

어느 한곳의 공급원이 작동하지 않아도 다른 공급원이 작동하는 한 그 범위 내에서 매니폴드에 연결된 것은 계속 사용 가능하다.

③ 릴리프 밸브

압력제한장치(Pressure limiting unit)로서 기능을 다하고 파열관과 부품 Seal에 과도한 압력을 방지한다.

④ 조절 밸브

3-port Housing, 2개의 포핏 밸브(Poppet valve) 그리고 2개의 돌출부를 갖춘 Control lever로 이루어져 있고, 공기압을 제어한다.

⑤ 차단 밸브

ⓐ 체크 밸브(Check valve)

유압계통과 공기압계통 모두에 사용하고, 한쪽 방향으로만 흐름을 제한한다.

ⓑ 차단 및 압력조절 밸브(Shut-Off and pressure regulator valve)

열림과 차단을 가하며 압력조절 기능을 갖는다.

ⓒ 차단 및 흐름조절 밸브(Shut-off and flow regulator valve)

벤투리(Venturi)로서 공기흐름양을 조절한다.

⑥ 제한장치

ⓐ 흐름제한장치(Restrictor)

공기압계통에 사용되는 제어 밸브(Control valve)의 한 가지 Type이며, 대형 흡입구(Inlet port)와 소형 배출구(Outlet port)를 갖춘 오리피스형(Orifice-type) 흐름제한장치(Restrictor)로서, 소형 배출구는 기류(Airflow)의 비율과 작동장치의 작동은 속도를 줄인다.

ⓑ 가변흐름제한장치(Variable restrictor)

꼭대기 주위에 나삿니와 아래쪽의 끝단에 뾰족한 끝을 갖는 조정니들밸브(Adjustable needle valve)를 담고 있는데, 돌린 방향에 따라서, 조정니들밸브는 열린 구멍의 크기를 감소하거나 증가한다.

⑦ 필터

ⓐ 미크론 여과기(Micron filter)

2개의 Port를 갖춘 Housing, 교체할 수 있는 Cartridge 그리고 릴리프 밸브로 구성한다.

ⓑ 스크린형 여과기(Screen-type filter)

미크론 여과기(Micron filter)와 비슷하지만, 교체할 수 있는 Cartridge 대신에 영구적인 망사스크린 여과기(Wire screen filter)를 담고 있다.

(2) 유압계통

① 작동유

ⓐ 식물성유

- 피마자유와 알코올을 혼합한 것으로 청색이다. 천연고무 Seal에 사용 가능하지만 고온에서 사용할 수 없다.
- 알코올로 세척

ⓑ 광물성유

- 케로신 Type의 서유제품으로 윤활성이 좋고 기포 억제제 및 부식 방지제를 첨가한다.
- 화학적으로 안정적이고 고온에서 점도변화가 적다.
- 나프타, Valsol, Stoddard Solvent로 세척
- 네오프렌 고무제 Seal 및 Hose를 사용한다.

ⓒ 합성유

- 고온, 고압의 원료로서 인산 에스텔액으로 스카이드롤이라 한다.
- 불연성이 강하고 윤활성이 양호, 작동온도 범위가 넓고 내식성이 크다.

② 압력 계통 회로도

ⓐ 중심개방장치(Open-Center system)

유체흐름을 갖지만, 그러나 압력은 동작기계장치가 쓰이고 있지 않은 것일 때 System에 없다.

ⓑ 중심폐쇄장치(Closed-Center system)

유동체는 동력펌프가 동작하고 있을 때에는 언제나 압력하에 있다.

③ 작동유 압력펌프

ⓐ 수동펌프(Hand pump)

- 단동식(Single-Action), 복동식(Double-Action) 그리고 회전식(Rotary) 등이 있다.
- 시험하는 목적뿐만 아니라 비상 시에 사용한다.

콕콕 포인트

Industrial Engineer Aircraft Maintenance · Industrial Engineer Aircraft Maintenance · Industrial Engineer Aircraft Maintenance · Industrial Engineer Aircraft Ma

ⓑ 동력구동(Power-driven) 유압펌프(Hydraulic pump)

- 정용량형 펌프(定容量型, Constant-Displacement pump)

  펌프가 회전하는 동안 배출구를 통하여 일정한 또는 고정된 양의 유동체를 보내게 한다.

- 기어식 동력펌프(Gear-Type power pump)

  - 정용량형 펌프(Constant-Displacement pump)이다.
  - 구동기어가 돌아갈 때, 구동기어는 피동기어를 돌린다. 유동체는 그들이 입구를 지나갈 때 톱니에 의해 포획되고, 유동체는 틀(Housing)을 돌아서 출구에서 나간다.

- Gerotor-Type 동력펌프(Power pump)

  - 편심형(Eccentric-Shaped) 고정덧쇠(Stationary liner)를 담고 있다.
  - 최고의 위치에서 최저의 위치 쪽으로 움직이는, 유동체로 가득 찬 동일한 Pocket이 거꾸로 펌프의 오른쪽으로 회전할 때, Pocket은 크기에서 감소한다. 이것은 초승달 모양의 배출구를 통해 Pocket으로부터 방출된다.

- 피스톤펌프(Piston pump)

  - 정용량형 펌프(Constant-Displacement) 또는 가변용량 펌프(Variable-Displace ment pump)
  - Pump drive coupling은 안전장치로서 역할을 하도록 설계되어졌는데, Spline의 2개 Set 사이에 중간쯤에 위치된 Drive coupling의 전단단면(Shear section)은 Spline 보다 직경에서 더 작다. Pump 또는 구동장치(Driving unit)에 손상을 방지하기 위해 전단된다.

- 날개형 동력펌프(Vane-Type power pump)

  - 정용량형 펌프(Constant-Displacement pump)
  - 4개의 날개, 즉 깃을 담고 있는 틀(Housing), 날개에 Slot을 갖춘 속이 빈 강재(Steel), 회전자(Rotor) 그리고 회전자(Rotor)를 돌려주는 Coupling으로 구성된다.

④ 작동기

ⓐ Linear actuator

일을 수행하기 위해, 기계력 또는 기계작용으로 유체압력의 형태로 에너지를 변환한다.

Engineer Aircraft Maintenance · Industrial Engineer Aircraft Maintenance · Industrial Engineer Aircraft Maintenance · Industrial Engineer Aircraft Maintenance

콕콕 포인트

- 단발식(Single-Action)

  단 하나의 배출구 작동 실린더는 오직 한쪽 방향으로만 동력식 움직임을 일으킬 수 있다.

- 복동식(Double-Action)

  2개 배출구 작동 실린더는 2개의 방향으로 동력식 움직임을 일으킬 수 있다.

ⓑ 요동형 액추에이터(Rotary actuator)

  Cylinder의 요구된 긴 행정길이를 채택 없이 Part에 똑바로 설치한다.

ⓒ 유압전동기(Hydraulic motor)

  축직렬식(Axial inline type)이거나 또는 사축식(Bent-Axis type)

⑤ 작동유 압력계통밸브

ⓐ 유량제어 밸브(流量制御, Flow control valve)

  유압계통(Hydraulic system)에서 유체흐름의 속도 또는 방향을 제어한다.

- 선택 밸브(Selector valve)

  유압 작동 실린더(Hydraulic actuating cylinder) 또는 유사한 장치의 움직임의 방향을 제어하기 위하여 사용한다.

- 체크 밸브(Check valve)

  유동체를 한쪽 방향으로 방해받지 않도록 흐르게 하지만, 그러나 반대방향으로 유체흐름을 막거나 또는 제한한다.

- Orifice-Type 체크 밸브(Check valve) 또는 감쇠 밸브

  한쪽 방향으로 전체 유체흐름을 허락하고 반대방향으로 흐름을 제한한다.

- 시퀀스 밸브(Sequence valve)

  배선에서 2개의 지로 사이에 작동의 순서를 조종하는데, 그들은 하나의 Unit가 자동적으로 또 다른 Unit를 운전으로 설정하는 것을 가능케 한다.

- 우선 밸브(Priority valve)

  계통압력이 낮을 때 덜 중대한 System에 우선하여 중대한 Hydraulic 하부계통에 우선권을 부여한다.

- 신속분리 밸브(Quick-Disconnect valve)

  Unit가 제거되어질 때 유동체의 손실을 방지하기 위하여 유압관에 장착한다.

콕콕포인트

Industrial Engineer Aircraft Maintenance · Industrial Engineer Aircraft Maintenance · Industrial Engineer Aircraft Maintenance · Industrial Engineer Aircraft Ma

ⓑ 압력제어 밸브(Pressure control valve)

안전하고 효율적인 운용은 압력을 제어하기 위함이다.

- 압력릴리프 밸브(Pressure relief valve)
  - 감금된 액체에 가해져 있는 압력의 양을 제한하는데 사용한다.
  - Ball-Type, Sleeve-Type, Poppet-Type
- 감압 밸브(減壓, Pressure reducing valve)
  명시된 양으로서 정상계통동작압력을 더 낮게 하는 것이 필요한 유압계통에서 사용한다.

ⓒ 셔틀 밸브(Shuttle valve)

대체계통 또는 비상계통으로부터 정상계통을 격리시키는 밸브이다.

ⓓ 차단 밸브(Shutoff valve)

특정한 System 또는 구성요소로 유동체의 흐름을 차단하는데 사용한다.

⑥ 기타 작동유 압력계통기기

ⓐ 퓨즈(Fuse)

유압계통(Hydraulic system)의 전체에 걸쳐서 전략적인 장소에 장착하게 된다. 그들은 하류의 파열과 같은, 흐름에서 갑작스런 증가를 감지하고 그리고 유체흐름을 차단한다. 닫히기로서, 퓨즈는 System의 나머지를 위해 유압유(油壓油, Hydraulic fluid)를 보존한다.

ⓑ 압력조절기(Pressure regulator)

미리 결정된 범위 이내로 계통동작압력을 유지하기 위해 펌프의 출력을 관리하는데 있다. 다른 목적은 System에 있는 압력이 정상동작범위 이내에 있을 때 때로는 펌프를 짐덜기라고 부르는, 펌프를 저항 없이 돌아가는 것을 가능케 하는 것이다.

ⓒ 축압기(Accumulator)

- 합성고무 다이어프램에 의해 2개 Chamber로 나누어진 강구(Steel sphere)이다. Upper Chamber는 계통압력으로서 유동체를 억누르고, 반면에 Lower Chamber는 질소 또는 공기로 채워진다.
- 기능은 다음과 같다.
  - 미리 조절된 수준에서 압력을 유지하기 위해 Unit의 발동작용과 펌프의 작용력에 의해 일으켜진 유압계통에 있는 압력서지의 기능을 감소시킨다.
  - 몇 개의 Unit가 그것의 축적된, 또는 저장된 동력으로부터 여분

Engineer Aircraft Maintenance · Industrial Engineer Aircraft Maintenance · Industrial Engineer Aircraft Maintenance · Industrial Engineer Aircraft Maintenance

콕콕 포인트

의 동력을 공급하기로서 한꺼번에 작동하고 있을 때 동력펌프를 보조하거나 또는 보충한다.

- 펌프가 작동하지 않을 때 유압장치의 제한된 작동으로서 동력을 저장한다.
- 끊임없이 움직이기 시작하는 압력 스위치의 작용에 의해 System으로 하여금 끊임없이 순환하게 하는 원하지 않는 얼마 안 되는 내부 또는 외부의 누설에 대해 보충하도록 압력 하에 유동체를 공급한다.

ⓓ 열교환기(Heat exchanger)
  • 유압펌프로부터 유압유를 냉각시키기 위해 유체동력공급계통에서 사용한다.
  • 유동체와 유압펌프의 사용기간을 연장시킨다.
  • 항공기의 연료탱크(Fuel tank)에 위치한다.

ⓔ RAT(Ram Air Turbine)
  만약 항공기 동력의 1차 공급원이 상실되어진다면, 전력과 유체동력을 마련하기 위해 항공기에 장착시킨다.

2. 환경 조절

(1) 객실여압 및 환경 조절

① 대기압
  해수면상에서 대기압은 1,013.2[millibar], 29.92[inHg], 14.7[Psi]이다.

② 객실여압과 비행고도
  ⓐ 객실여압계통은 높은 고도로 비행하는 항공기에서 승객과 승무원들을 기압변화에 대한 안전성과 쾌적성을 확보하는 것이다.
  ⓑ FAA는 8,000[feet](22.22[inHg])에 상당하는 기압 이하로 내려가지 않도록 규정한다.

③ 객실여압과 기체구조
  ⓐ 객실 차압은 동체 외부의 공기압력과 동체 내부의 공기압력의 차이이다.
  ⓑ 경비행기의 최대객실차압은 3~5[Psi], 왕복 엔진 항공기는 5.5[Psi], 가스터빈 엔진 항공기는 9[Psi]에 견디도록 설계한다.

④ 객실여압계통 지시계
  ⓐ 객실여압계통의 지시계는 고도계, 객실상승계, 차압지시계 등이 있다.
  ⓑ 정상적인 상승률은 500[feet/min]이고 하강률은 300[feet/min]이다.

콕콕 포인트

Industrial Engineer Aircraft Maintenance · Industrial Engineer Aircraft Maintenance · Industrial Engineer Aircraft Maintenance · Industrial Engineer Aircraft Me

⑤ 아웃플로 밸브

ⓐ 동체의 여압되는 부분인 동체 하부에 장착한다.

ⓑ 전동기로 개폐하는 Flapper door이다.

ⓒ 여압조절장치에서 조절된 공기압력의 신호를 받는다.

ⓓ 밸브는 착륙장치로 작동되는 안전스위치에 의해 지상에서 완전히 열린다.

ⓔ Cabin outflow valve는 객실에서 유지되는 기압의 양을 안정시키기 위해 Open, Close 또는 조정한다.

⑥ 객실여압안전 밸브

ⓐ 압력 릴리프 밸브(Pressure relief valve)

객실압력이 미리 설정된 대기압과의 차압을 넘는 것을 방지한다.

ⓑ 진공 릴리프 밸브(Cvacuum relief valve)

대기압이 객실압력보다 높을 때 외기가 객실로 들어가도록 하여 대기압이 객실보다 높게 되는 것을 방지한다.

ⓒ 덤프 밸브(Dump valve)

객실공기가 대기로 방출되게 한다.

(2) 산소계통

① 산소취급의 안전성

ⓐ 작업영역에서 최소 50[feet] 이내에는 절대로 금연이거나 또는 화염개방(Open flame)이 되어야 한다.

ⓑ 산소실린더, System component 또는 Plumbing을 작업할 때 항상 보호용 뚜껑과 마개를 사용한다.

ⓒ 어떤 종류의 접착 테이프라도 사용하지 말아야 한다.

② 승무원, 승객, 휴대용 산소 공급

ⓐ 승무원용 산소장치

• A급, B급, 또는 E급의 화물실이 있는 경우에는 방호용 호흡 장치를 갖출 것

• 보충용 산소장치로서 확보해야만 하는 산소분압

– 연속유량식의 경우, 산소분압 140[mmHg]

– 요구유량식의 경우, 산소분압 122[mmHg]이고, 항공기 고도 35,000~40,000[feet] 사이에서 95[%] 이상의 산소를 공급할 것

Engineer Aircraft Maintenance · Industrial Engineer Aircraft Maintenance · Industrial Engineer Aircraft Maintenance · Industrial Engineer Aircraft Maintenance

콕콕 포인트

- 산소의 공급원은 승객용과는 분리하든가 또는 공용인 경우에는 승무원에게 우선으로 공급될 것
- 비행고도를 25,000[feet] 이하에서 운용하는 항공기에서는 승무원이 신속하게 산소를 이용할 수 있을 것
- 25,000[feet] 이상에서 운용하는 항공기에서는 착석한 상태에서 곧바로 사용 가능한 흡입장치를 갖출 것
- 산소가 흡입장치로 흐르는 것이 확인 가능할 것
- 마스크는 통신장치를 사용할 수도 있는 것으로 안면에 유지될 것
- 요구유량식의 경우 승무원 임의로 100[%]의 산소도 흡입할 수 있는 것

ⓑ 승객 객실 승무원용 산소장치
- 각 사람에게 독립된 흡입장치를 갖는다.
- 산소공급량은 고도 10,000~18,500[feet]까지는 100[mmHg], 18,500[feet] 이상에서는 83.3[mmHg]의 산소분압을 유지한다.
- 비행고도 25,000[feet] 이하에서 운용하는 항공기는 산소의 공급이 가능한 것(승객의 의지로 마스크를 꺼내도록 하는 방식)
- 비행고도 25,000[feet] 이상에서 운용하는 항공기에서는 사용자가 즉시 사용 가능한 것
- 비행고도 30,000[feet]를 초과해서 운용하는 항공기는
  - 흡입장치가 자동적으로 출현할 것
  - 흡입장치의 수는 좌석수의 10[%]를 초과할 것
  - 화장실에는 2개 이상의 흡입장치를 구비할 것

③ 산소저장과 공급
  ⓐ 압축가스방식
  고압 산소가스를 용기에 저장하며 압력지시값은 21[℃](70[℉])일 때를 기준으로 한다.
  ⓑ 액체산소방식
  액체산소를 저온으로 보존할 수 있는 용기에 넣고 기화시켜 공급하는 방식이며 군용기에서 특수한 용도로 사용한다.
  ⓒ 고체산소방식
  산소분자를 많이 함유한 고체 화합물에 화학반응을 일으키게 하고 산소가스를 발생시켜 분리해 공급하는 방식이며, 화학산소발생기라고 부른다.

콕콕 포인트

Industrial Engineer Aircraft Maintenance · Industrial Engineer Aircraft Maintenance · Industrial Engineer Aircraft Maintenance · Industrial Engineer Aircraft Me

④ 산소계통 점검과 조절

ⓐ 산소조절

• 연속유량형(Continuous flow type)

연속적으로 산소가 흐르고 공급되는 것이다. 유량은 마스크 압력고도에 따라 필요한 산소 분압이 얻어지도록 자동적으로 조절된다.

• 요구유량형(Demand type)

흡입할 때에만 산소가 흘러 공급하는 방식이다.

• 압력형(Pressure type)

객실고도가 35,000[feet] 이상에서 산소분압을 유지하는데 필요한 압력을 산소마스크에 가하여 공급하는 방식이다.

ⓑ 유량 조절

• 수동식 유량조절기

산소가스용기는 압력계, 유량계 그리고 조절 핸들로 구성되고 조절 핸들로서 산소의 유량을 조절한다.

• 자동식 산소유량조절기

자동적으로 기압고도에 따라 산소 유량이 조절되는 장치이다.

• 요구유량조절기

마스크와 산소용기로 구성되고 흡입 시에만 일정 유량의 산소가 유입된다.

• 희석요구유량형 조절기

흡입공기에 마스크 기압고도에 따른 산소를 보내고 산소분압을 유지하는 희석요구유량형 조절기와 흡입시킨 산소를 공급해 흘려보내는 요구 유량, 산소만을 흡입시켜 100[%] 산소를 연속적으로 흐르게 하는 연속 유량의 선택이 가능하다.

• 압력 요구 유량형

40,000[Feet] 이상의 고도에서 비행하는 군용기에 사용한다.

35,000[Feet] 이상의 고도에서 100[%] 산소로 가압 호흡이 가능하다.

⑤ 산소계통 취급 및 안전

산소계통의 배관, 장비품에 물, 기름, 오존, 이물질의 혼합 또는 부착은 절대로 피해야 한다.

보충 학습

산소계통 취급시 주의사항

① 점검 및 수리시
ⓐ 화재에 대비한 소화장비 준비
ⓑ 감시요원 배치
ⓒ 작업복이나 손에 이물질 오일, 그리스 등 유류가 묻지않도록 조심
ⓓ 전기전자 기타 장비의 작동 금지

② 충전시
ⓐ 환기가 잘 되는 곳에서 직사광선을 피할 것
ⓑ 충격 금지, 장비작동 금지, 소화기 배치
ⓒ 계통의 누설점검, 산소 실린더의 차단 밸브
ⓓ 압력조절기 등의 상태점검

1-352 | 항공산업기사 필기+실기 필답

4 항공기 방빙 및 비상계통

1. 제빙, 제우 및 방빙계통

(1) 공기식 · 전기식 · 화학식 방빙계통

① 공기식 방빙계통

날개의 리딩엣지 내부에 날개폭 방향으로 연결되어 있는 덕트에 가열된 공기를 보내어 얼음 형성을 막는 것이다.

② 전기식 방빙계통

- 전기히터를 이용하여 결빙을 막는 방법이다.
- 피토튜브, 정압공, 프로펠러, 엔진공기흡입구, 윈드실드 글래스에 이용된다.

③ 화학식 방빙계통

- 용해, 결빙 온도를 내려 액체 상태로 유출시키기 위해 알코올을 사용한다.
- 카뷰레타, 윈드실드 글래스에 사용한다.

(2) 공기식 제빙계통

- 날개 또는 꼬리 날개의 리딩에지에 부착된 부츠 또는 슈즈라고 부르는 고무재질의 제빙장치를 이용한다.
- 제빙부츠는 왕복 엔진 항공기에서 엔진구동 진공펌프로서, 제트 항공기에서는 엔진 압축기로부터 브리드 공기에 의해 팽창한다.
- 공기압 및 흡입릴리프 밸브는 이 장치에 필요한 공기압과 진공압을 유지시킨다.

① 엔진구동펌프

4개의 베인을 갖는 로터리 펌프이다.

② 안전 밸브(Safety valve)

엔진 회전속도가 높고 방출압력이 규정치 이상이 되었을 때 열려 여분의 공기를 방출한다.

③ 오일분리기

습식공기펌프에 장착하며 압축공기로부터 약 75[%]의 오일을 분리시킨다.

이해력 높이기

Anti-Icing System

- 경량항공기는 전열기를 이용하여 표면에 열을 가하여 얼음이 얼지 않도록 한다.
- 현대의 항공기는 엔진에서 만들어진 압축공기를 이용하여 뜨거운 공기를 분사하여 방빙시키는 방법을 사용한다.
- 기타 화학물질인 방빙액(Anti-Icing Fluid)을 분사하는 방법이 있다.

보충 학습

프로펠러의 방빙 및 제빙

화학적 방법으로는 이소프로필 알코올과 에틸렌글리콜과 알코올을 섞은 용액을 사용하며 프로펠러의 회전부분에는 슬링거 링을 장착하고 각 블레이드 앞전에는 홈이 있는 슈를 붙이고 방빙액이 이것을 따라 흘러 방빙한다.

콕콕 포인트

Industrial Engineer Aircraft Maintenance · Industrial Engineer Aircraft Maintenance · Industrial Engineer Aircraft Maintenance · Industrial Engineer Aircraft Ma

④ 콤비네이션 유닛
- 압력매니폴드에 들어가기 전에 오일분리기로 제거할 수 없는 여분의 오일을 제거한다.
- 계통 내의 공기압력조절 및 방향 조절을 한다.
- 제빙장치를 사용하지 않을 때 공기압을 대기로 방출하며 펌프하중을 경감시킨다.

⑤ 흡입압력 조절 밸브(Suction regulation valve)
자동적으로 제빙장치의 흡입을 유지시킨다.

⑥ 솔레노이드 분배 밸브
- 제빙장치의 작동 중에는 항상 약 15[Psi]의 압력이 가해지게 한다.
- 비행 중에 제빙부츠를 날개의 리딩에지에 밀착시키도록 흡입압력을 가한다.

⑦ 전자타이머
제빙장치를 작동시키는 순서와 간격을 조절한다.

(3) 항공기의 제빙 및 제설

① 기계적 방법
- 제설도구 또는 압축공기를 이용하여 제거한다.
- 외부온도가 빙점 이하이고 눈이 건조할 때 유효하다.

② 화학적 방법
제빙액 에틸렌 글리콜 또는 프로필렌 글리콜 또는 혼합액을 사용하여 부착된 얼음, 눈 등을 액체 상태로 만들어 흘러 보내는 것이다.

(4) 물방울 제거장치 및 세정

① 윈드실드 와이퍼
와이퍼 블레이드를 적절한 압력으로 누르면서 움직이게 하여 물방울을 기계적으로 제거한다.

② 공기(에어) 커튼
압축공기를 이용하여 윈드실드에 공기커튼을 만들어 부착된 물방울을 날려 보내거나 건조시키고, 또는 부착을 막는다.

③ 레인 리펠런트(Rain repellent)
윈드실드에 표면장력이 작은 화학 액체(Repellent)를 분사하여 피막을 만든다.

④ 윈도 와셔
윈드실드에 세정액을 분사하고 와이퍼를 사용하여 오염을 제거한다.

---

2. 화재 탐지 및 소화계통

(1) 화재탐지기

이상적인 화재감지계통은 가능한 다음과 같은 수만큼의 특색을 포함시킨다.

① 어떤 비행조건 또는 지상조건 하에서도 거짓경고를 일으키지 않아야 한다.

② 화재의 신속한 지시와 화재의 정확한 장소를 알려 주어야 한다.

③ 화재가 진화되었다는 것에 대한 정확한 지시를 해야 한다.

④ 화재가 다시 발화되어진 것에 대해 지시를 해야 한다.

⑤ 화재의 지속기간 동안 연속적인 지시를 해야 한다.

⑥ 항공기 조종석에서 탐지기장치를 전기로 시험하기를 위한 수단이 있어야 한다.

⑦ Oil, 물, 진동, 극한기온, 또는 취급, 노출에서 손상에 영향을 받지 않아야 한다.

⑧ 무게가 가볍고 어떤 설치위치에 쉽사리 적응할 수 있는 것이어야 한다.

⑨ 인버터가 없는 항공기전력계통에서 직접 작동되는 회로소자를 갖추어야 한다.

⑩ 화재를 지시하지 않을 때는 최소 전류 필요조건이어야 한다.

⑪ 화재의 장소를 지시하는, 조명하는 조종석 등(Light) 그리고 가청경보장치와 함께 갖추어야 한다.

⑫ 각각의 엔진에 대해 독립된 탐지기장치를 갖추어야 한다.

(2) 화재 · 과열 탐지계통

① 열스위치(Thermal switch)

어떤 정해진 온도에서 전기회로를 완성하는 열감지장치이다.

② 열전쌍(熱電雙, Thermocouple) 화재경고장치(Fire warning system)
- 탐지기 회로(Detector circuit), 경보회로(Alarm circuit), 시험회로(Test circuit)로 구성된다.
- Chromel과 Constantan과 같은 2개의 이종금속(Dissimilar metal)으로 조립한다.

③ Fenwal System

열에 민감한 공융염제(Eutectic salt)와 Nickel wire center conductor로 채워진 가느다란 인코넬관(Inconel tube, 니켈 80[%], 크롬 14[%], 철 6[%]로 이루어진 고온 · 부식에 강한 합금의 상품명)을 사용한다.

콕콕 포인트

이해력 높이기

화재탐지장치

화재의 가능성이 가장 많은 곳에 화재탐지장치를 설치하고, 화재가 발생하게 되면 화재경고장치에 신호를 보낸다. 화재 탐지 수감부에는 열전쌍, 열스위치, 광전지를 이용한다. 그 밖에 연기경고장치가 있다.

보충 학습

열전쌍(thermocouple)

다른 종류의 금속선의 양끝을 결합하고 양접점을 다른 온도로 유지하면 기전력이 생기므로 한쪽 끝을 정온도로 하고, 다른 쪽 끝을 여러 가지 온도로 하여 그 기전력을 측정하면 다른 접점의 온도를 알 수 있다. 이 조합을 열전쌍(서모커플)이라고 한다.

참고

항공기 경고장치 종류

① 기계적 경고장치(램프, 혼)
② 압력경고장치(오일압, 연료압, 객실압)
③ 화재경고장치(열스위치)
④ 광전자식, 열전쌍식(혼, 램프)
⑤ 연기경고장치(연기감지기, 화재예방)

콕콕 포인트

Industrial Engineer Aircraft Maintenance · Industrial Engineer Aircraft Maintenance · Industrial Engineer Aircraft Maintenance · Industrial Engineer Aircraft M

④ Kidde Continuous-Loop System

인코넬관(Inconel tube)에 끼워 넣어진 2개의 전선은 서미스터(Thermistor) 핵심재료로 채워졌다.

⑤ 공기압탐지기(Pneumatic detector)

- Lindberg, Systron-Donner 그리고 Meggit safety system이라고도 한다.

- 2개의 감지기능을 갖고 있는데, 종합평균온도임계값으로 그리고 충돌화염(Impinging flame) 또는 뜨거운 가스(Hot gas)에 의해 일으켜 찾아낸 불연속온도(Discrete temperature) 증가로 응답한다.

⑥ 광반사식 연기탐지기(Light refraction-Type smoke detector)

연기입자에 의해 반사된 빛을 감지하는 광전지(Photoelectric cell)를 포함한다. 연기입자는 광전지에서 빛을 반사하고 그리고 그것이 이 빛을 충분히 감지할 때, 그것은 빛을 가동시키는 전류를 일으킨다.

⑦ 이온화식 연기탐지기(Ionization-Type smoke detector)

객실 내에서 연기로 인한 이온밀도(Ion density)에 변화를 감지하기로서 Horn과 표시기 모두에 경보신호(Alarm signal)를 발생한다.

⑧ 광감지기(Optical sensor)

화염검출기(Flame detector)라고 부르는데, 탄화수소화염(hydrocarbon flame)으로부터 특정한 복사에너지방사인, 두드러진 존재를 감지할 때 경보를 발하도록 설계한다.

⑨ 일산화탄소감지기(Carbon monoxide detector)

불완전연소에 의해 생성되는 무색의, 무취의 가스의 존재(Presence)에 승무원과 승객 안전을 보장하기 위해, 항공기 객실과 조종석에서 사용한다.

(3) 소화계통

① 휴대용 소화기

운송용 항공기에 대한 휴대용 소화기이다.

② 고정식 소화기

ⓐ 운송용 항공기는 다음의 장소에 고정식 소화계통을 갖춘다.

Turbine Engine Compartment, APU Compartment, Cargo and Baggage Compartment, Lavatories

ⓑ 열방출 표시기(Thermal discharge indicator)는 화재 용기 Relief fitting에 연결되어지고 용기함유량이 과도한 열로 인하여 항공기 밖으로 내보내었을 때 보이도록 Red disk를 몰아낸다.

⊙ 참고

소화기의 종류

① 물 소화기 : A급 화재
② 이산화탄소 소화기 : 조종실이나 객실에 설치되어 있으며 A, B, C급 화재에 사용한다.
③ 분말 소화기 : A, B, C급 화재에 유효하고 소화능력도 강하다.
④ 프레온 소화기 : A, B, C급 화재에 유효하고 소화능력도 강하다.
※ 이 중에서 이산화탄소 소화기가 전기 화재에 주로 사용된다.

보충 학습

여객기 화물실의 화재등급

① A급화물실
승무원이 착석한 채로 육안으로 화재를 발견할 수 있고 휴대용 소화기로 진화할 수 있는 소규모 화물실
② B급화물실
연기탐지기 또는 화재탐지기로 화재를 발견하고 승무원이 휴대용 소화기로 진화할 수 있는 화물실
③ C급화물실
연기탐지기 또는 화재탐지기로 화재를 발견하고 승무원이 고정 소화장치로 진화 가능한 화물실
④ D급화물실
공기유통이 적고 화재가 발생하더라도 화재가 실내에 밀폐되어 산소공급의 중단으로 자연 진화될 수 있는 화물실
⑤ E급화물실
화물전용기의 화물실로 연기탐지기 또는 화재탐지기로 화재를 발견하고 여압장치를 중단하여 산소량을 제한하여 진화시킬 수 있는 화물실

ⓒ 운항승무원이 소화기장치를 발동시킨다면, Yellow disk는 항공기 동체의 외판(Skin)으로부터 쫓아내어진다.

ⓓ 엔진 화재 스위치는 4가지의 기능을 갖는다.

- 엔진화재(Engine fire)에 대한 지시를 제공한다.
- 엔진을 멈춘다.
- 비행기 System으로부터 엔진을 격리한다.
- 엔진소화계통(Engine fire extinguishing system)을 제어한다.

2. 비상계통

(1) 비상 탈출 미끄럼대

① 항공기가 긴급 불시착했을 때 승객과 승무원을 안전하고 신속하게 기체 밖으로 탈출시키기 위한 장치이다.

② 90[Sec] 이내에 승객 전원을 탈출 가능케 하기 위해 고압의 질소가스에 의해 10[Sec] 이내에 자동적으로 펼쳐진다.

(2) 구명장비품

① 구명동의

- 해양을 비행하는 항공기에는 승무원과 승객의 수만큼 비치한다.
- 호각, 전등이 갖추어져 있다.

② 구명보트

- 항공기가 수면에 불시착했을 때 수면에 투하하여 압축가스로서 팽창시켜 탑승자를 수용하고 표류하기 위한 것이다.
- 비상식량, 구급약품, 비상신호장비, 바닷물을 담수로 만드는 장치 등이 갖추어져 있다.

(3) 비상 신호용 장비

① 비상위치 지시용 무선표지설비

축전기를 전원으로 사용하는 송신기이며, 48시간동안 조난신호를 발신한다.

② 연기, 불꽃 신호장비

주간에는 연기, 야간에는 불꽃을 이용하여 구명보트의 위치를 구조대에게 알리는 장비이다.

③ 휴대용 확성기

비상탈출 시 기내방송을 대신하여 승객에게 안전정보를 제공하거나 탈출을 지시하는 경우에 사용한다.

콕콕 포인트

참고

① Emergency Signal Equipment

표류 중에 소재를 알려주는 것으로 백색광탄, 적색광탄, Power Megaphone, Radio Beacon이 장비되어 있다. Radio Beacon 은 보통 비닐커버로 포장되어 있는데 커버를 떼어내어 해수에 띄우면 자동적으로 Antenna가 퍼져서 전파법에 정해진 2종류의 조난 주파수(121.5와 243MHz)의전파를 발신한다.

② Life Saving Equipment

ⓐ Life Vest

개인용 구명조끼로 의자 밑에 한 개씩 장착되어 있고 내장되어 있는 압축공기 또는 입으로 공기를 불어넣어 팽창시킬 수 있다.

ⓑ Life Raft

수면에 긴급 불시착 했을 때 투하하여 압축 Gas로써 팽창시켜 탑승자를 수용하고 표류하기 위한 것으로 여기에는 비상용식량, 바닷물을 담수로 만드는 장치, 약품, 비상신호장비 등이 내장되어 있고, 강우나 직사광선을 피하기 위한 천장도 부착되어 있다.

[현재 사용하고 있는 25인승 Slide]

콕콕 포인트

Industrial Engineer Aircraft Maintenance · Industrial Engineer Aircraft Maintenance · Industrial Engineer Aircraft Maintenance · Industrial Engineer Aircraft M

④ 하강장비

조종사 수만큼 조종실 천장의 격리된 저장함에 비치한다.

⑤ 탈출로프

탈출 해치 근처에 비치한다.

⑥ 화재진압장비

휴대용 소화기, 호흡 및 안면 보호장비, 보호안경, 석면장갑 등

⑦ 기타 비상장비

손전등, 손도끼, 구급약품 등

⑧ 고도와 산소

ⓐ 10,000[feet] 이상의 고도를 비행하는 경우 산소계통을 갖추어야 한다.

ⓑ 객실 내의 압력을 8,000[feet]에 상당하는 기압인 10.92[psi]로 유지할 수 있는 여압계통을 구비한다.

ⓒ 15,000[feet]를 초과하는 경우 100[%] 산소를 공급할 수 있는 산소마스크를 비치한다.

⑨ 승무원 · 승객 산소 공급

ⓐ 승무원 산소공급계통은 압력계, 닫힘 밸브, 프렌저블 디스크(Frangible disk)로 구성한다.

ⓑ 승객 산소공급계통은 객실압력고도가 14,000[feet] 이상일 때, 조종실의 스위치 조작에 의해 사용 가능하다.

⑩ 휴대용 산소공급장치

객실압력이 낮은 경우 조종사, 객실승무원에게 산소를 공급하고 승객이 산소를 필요로 하는 경우에 구급의료용으로 사용한다.

Engineer Aircraft Maintenance · Industrial Engineer Aircraft Maintenance · Industrial Engineer Aircraft Maintenance · Industrial Engineer Aircraft Maintenance

콕콕 포인트

5 항공기 통신 및 항법계통

1. 통신계통

(1) 유선계통

① 플라이트 인터폰

항공기의 통신계통을 제어하는 시스템으로서 운항승무원 상호간 통화와 통신항법시스템의 오디오 신호를 각각의 승무원에게 분해하여 자유로이 선택하여 청취시키고, 마이크로폰을 통신장치에 접속하는 기능이다.

② 객실 인터폰

객실승무원간의 통화, 조종사와 객실승무원과의 통화간에 사용된다.

③ 서비스 인터폰

조종실과 지상근무자와의 통화간에 사용된다.

④ 승객 안내 시스템

승무원이 객실 내에 방송과 다른 음성을 방송한다.

객실로 조종사의 방송, 객실승무원의 방송, 녹음된 방송, 비디오시스템 음성, 기내 음악을 방송한다.

⑤ 승객 서비스 시스템

승객이 객실서비스를 위해 객실승무원을 호출, 승객의 독서등을 제어, 객실사인을 승객에게 제공한다.

(2) 무선계통

① 초단파 통신

ⓐ 유선통신장치보다 더 먼 거리까지 음성통화와 정보교신이 가능하다.

ⓑ 118.00~136.975[MHz](25[kHz] 간격으로 760개 채널)

ⓒ 항공기와 항공기, 항공기와 지상국이 서로 교신하는데 필요하다.

② 단파 통신

ⓐ 유선통신장치보다 더 먼 거리까지 음성통화와 정보교신이 가능하다.

ⓑ 2,000~29,999[MHz](25[kHz]의 단파항공통신대에서 작동된다.)

ⓒ 장거리 통신에 이용한다.

③ Selcal

ⓐ 지상국으로부터 통신 송수신기로 조종사의 호출에 대해 알려준다.

ⓑ 시스템이 모든 입력신호를 감시하기 때문에 조종사가 계속해서 무선 채널을 감시할 필요가 없다.

이해력 높이기

기내방송(Passenger Address)의 우선순위

① 운항 승무원(Flight Crew)의 기내방송

② 객실 승무원(Cabin Crew)의 기내방송

③ 재생장치에 의한 음성방송(Auto-Announcement)

④ 기내음악(Boarding Music)

보충 학습

통신장치와 주파수의 종류

① HF 통신장치

ⓐ VHF 통신장치의 2차 통신수단이며, 주로 국제항공로 등의 원거리통신에 사용

ⓑ 사용주파수 범위는 3~30[MHz]

② VHF 통신장치

ⓐ 국내항공로 등의근거리통신에사용

ⓑ 사용주파수 범위는 30~300[MHz]이며, 항공통신주파수 범위는 118~136.975[MHz]

③ 주파수의 종류

ⓐ VLF : 초장파(3~30[kHz])

ⓑ LF : 장파(30~300[kHz])

ⓒ MF : 중파(300kHz~3[MHz])

ⓓ HF : 단파(3~30[MHz])

ⓔ VHF : 초단파(30~300[MHz])

ⓕ UHF : 극초단파(300[MHz]~3[GHz])

ⓖ SHF : 마이크로파(3~30[GHz])

ⓗ EHF : 밀리파(30~300[GHz])

ⓘ서브밀리파(300[GHz]~3[THz])

콕콕 포인트

Industrial Engineer Aircraft Maintenance · Industrial Engineer Aircraft Maintenance · Industrial Engineer Aircraft Maintenance · Industrial Engineer Aircraft M

④ 위성 통신

ⓐ 정보와 음성메시지를 송수신하기 위해 위성통신망, 지상국과 항공기위성통신 장비를 사용한다.

ⓑ 3~30[GHz] 주파수 범위의 초고주파를 전송하여 인공위성으로 하여금 통신을 중계하는 방법이다.

2. 항법계통

(1) 원조항법

① 자동방향탐지장치

ⓐ 무지향성 무선표지(NDB : Nondirectional Beacon)로부터 전송된 지상신호로부터 동작한다.

ⓑ 190~1,750[kHz]의 전파를 사용하여 지상무선국으로부터의 전파가 전송되는 방향을 알아 지상무선국의 방위를 시각장치나 음향장치를 통해 알아내는 것이다.

② 초단파 전방향 무선표시

ⓐ VOR 지상 무선국별로 고유의 주파수를 360° 전방향으로 전파를 송신하여 항행하는 항공기에 방위 정보를 알려주는 지상무선국을 말한다.

ⓑ 각각의 채널 사이에 50[kHz] 간격으로 108~117.95[MHz]의 초단파 전파를 사용하는데, 최소로 대기간섭(Atmospheric interference)을 유지하지만, 가시선사용법으로 VOR을 제한한다.

③ 거리측정장치

ⓐ 초단파 전방향 무선표지(VOR)로부터 방위와 초단파 전방향 무선표지(VOR)에서 거리측정장치(DME) 안테나의 알고 있는 지점까지 거리로서, 조종사가 항공기의 장소를 확실히 인지할 수 있기 때문에 유용한 것이다.

ⓑ 962~1,213[MHz]에서 극초단파(UHF) 주파수범위로서 동작한다.

④ 전술항법장치

ⓐ 전술항법장치(Tacan)는 선국한 지상국으로부터 방위와 거리를 알 수 있다.

ⓑ 주파수 할당은 UHF와 126 채널로 되어 있고, 간격은 1[MHz]이다.

Engineer Aircraft Maintenance · Industrial Engineer Aircraft Maintenance · Industrial Engineer Aircraft Maintenance · Industrial Engineer Aircraft Maintenance

곡곡 포인트

(2) 자립항법

INS, Weather Radar, GPWS, Radio Altimeter, Doppler

① 관성항법장치

ⓐ 지상항법시설 또는 송신기로부터 입력무선신호를 요구하지 않는 독립된 System이다.

ⓑ System은 알려진 출발점을 제공한 항공기의 가속도계(Accelero-meter)의 측정치로부터 자세정보, 속력정보 그리고 방향정보를 이끌어낸다.

② 관성기준항법시스템

ⓐ 지상항법시설 또는 송신기로부터 입력무선신호를 요구하지 않는 독립된 System이다.

ⓑ 움직임의 각각의 평면에 1개씩, 3개의 고체가속도계(Solid-State accelerometer)의 사용은 또한 정밀도를 증대시킨다.

③ Radio altimeter

ⓐ 전파고도계(Radio altimeter), 또는 레이더 고도계(Radar altimeter)는 항공기로부터 항공기 바로 아래쪽 지형까지의 거리를 측정하는데 사용한다.

ⓑ 항공기로부터 바로 지상으로 향하여 4.3[GHz]로서 반송파를 방송하며 파는 50[MHz]로서 변조된 주파수이다.

④ GPWS

항공기와 산악 또는 지면과의 충돌 사고를 방지하는데 사용한다.

⑤ Weather Radar

ⓐ 조종사에 대해 비행 전방의 기상상태를 지시기에 알려주는 장치이다.

ⓑ 사용되는 전파는 5.44[GHz] 또는 9.375[GHz]와 같은 초고주파 범위(Super high-Frequency range)이다.

(3) 지상항법

① 계기착륙장치(ILS : Instrument landing system)

ⓐ 시정이 불충분할 때 항공기를 착륙시키기 위해 사용한다.

ⓑ Localizer(계기착륙용 유도전파발신기)는 무선전송 중 하나이고 활주로의 중심선으로 좌우 안내를 주기 위해 사용한다. 홀수의 주파수로서 VOR 주파수, 즉 108~111.95[MHz]의 낮은 쪽의 범위에 있는 초단파(VHF) 방송이다.

보충 학습

관성항법장치의 특징

① 완전한 자립항법장치로서 지상보조시설이 필요 없다.

② 항법데이터(위치, 방위, 자세, 거리) 등이 연속적으로 얻어진다.

③ 조종사가 조작할 수 있으므로 항법사가 필요하지 않다.

보충 학습

고도계의 기압 세팅

ⓐ QNH setting : 일반적으로 고도계의 세팅은 이것을 말한다. 14,000ft 이하의 고도에서 사용하게 되며, 활주로상에 있는 항공기의 고도계 지시 수치가 그 활주로의 표고(해발)를 나타내는 세팅이다. 지침은 비행 중에도 해면에서의 고도를 나타낸다.(진고도)

ⓑ QNE setting : 해상 비행 또는 14,000ft 이상의 높은 고도 비행을 할 경우에 항공기와 항공기 간의 고도를 없애기 위한 것이다. 이것은 항상 기압 세팅을 29.92[inHg]로 하고, 모든 항공기가 표준대기압과 고도 관계에 기초하여 고도를 정하는 것이다.(기압고도)

ⓒ QFE setting : 활주로 상에서 고도계가 0ft를 지시하게 하는 것으로, 도중에 착륙하는 경우가 없이 다시 출발한 비행장으로 되돌아오는, 즉 단거리 비행을 할 경우에 사용한다.(절대고도)

콕콕 포인트

Industrial Engineer Aircraft Maintenance · Industrial Engineer Aircraft Maintenance · Industrial Engineer Aircraft Maintenance · Industrial Engineer Aircraft M

계기착륙장치

- 마커비컨(marker beacon)
계기착륙계통(ILS)에서 기준점으로부터 소정의 거리를 표시하기 위해서 설치한 라디오 항법 장치로 지상으로부터 공중으로 원뿔모양의 75[MHz]의 저 출력 주파수를 복사한다.
- 로컬라이저(localizer)
계기에 표시되어 있는 활주로의 중심선을 따라 밖으로 연장된 전자 통로 방향을 산출해낸다.
- 글라이드슬로프(glide slope)
활강진로는 전자항법 중 계기착륙계통의 일부분이다. 계기 활주로 진입 끝으로부터 위쪽으로 약 2½°각도의 연장선으로 발사하는 라디오 빔이다. 이 빔을 중심으로 상 방향은 90[Hz]를 하 방향으로는 150[Hz]의 라디오 신호를 보내고 있다.

　ⓒ 분산된 Glideslope(계기비행 때 무선신호에 의한 활강진로) 방송은 착륙점으로 적당한 경사도로 내리는 항공기의 상하 안내를 준다. 송신 글라이드슬로프안테나는 활주로의 맨 끝으로부터 진입활주로 약 1,000[feet]의 옆쪽을 벗어나 위치하며 무선신호는 약 3°의 각도로서 활주로에 착륙점으로 내리는 항공기를 좁은 통로로 통과하게 한다.

② **Marker beacon**

　ⓐ 활주로에서 계기비행 때 무선신호에 의한 활강진로를 따라 항공기의 위치를 지시하는 신호를 송신한다.

　ⓑ 외측 무선 위치표지(Outer marker beacon) 송신기는 활주로의 맨 끝으로부터 4~7[Mile]에 위치한다. 400[Hz] 가청주파음으로 변조된 75[MHz] 반송파를 송신한다.

　ⓒ 중간 무선 위치표지(Middle marker beacon)는 활주로로부터 약 3,500[feet] 진입에 위치되고 또한 75[MHz]로서 송신한다. 일련의 Dot와 Dash가 있는 1,300[Hz] 음으로 변조시킨다.

　ⓓ 내측 무선 위치표지(Inner marker beacon)는 일련의 Dot만 있는 3,000[Hz]로서 변조 된 신호를 송신한다.

③ **ELT**

　ⓐ 항공기 후방지역의 객실 천정에 항공기등록장치와 함께 장착한다.

　ⓑ 불시착륙 시에 부닥친 과도한 관성력에 의해 작동시켜진 독자적인 배터리식 발신기이다. 적어도 24[Hour] 동안 5[W]로서 406.025[MHz]의 주파수에서 매 50[Sec]마다 디지털신호를 송신한다.

Aircraft Maintenance

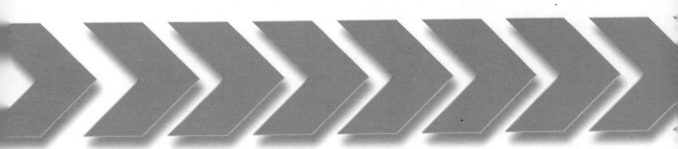

Aircraft Maintenance

항공장비
(전자·전기·계기·시스템)
출제 예상문제

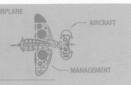

1 항공전자

항공기 전자 장치의 개요

01 전파의 성질을 설명하시오.

🔍 해답

전파는 전기장과 자기장이 서로 수직으로, 동위상으로 공존하는 형태이다.
전파는 빛과 같은 성질을 가지고 있다.

02 전파 속도를 설명하시오.

🔍 해답

전파의 속도는 빛과 같고 대기 중에서 감쇠되며, 주파수에 따라 전리층에서 반사 되거나 투과한다.

03 전파의 주파수와 분류를 설명하시오.

🔍 해답

주파수가 3,000[GHz] 이하인 전자기파를 말하며, 주파수로 분류하거나 파장으로 분류할 수 있다.

04 송 · 수신 장치와 안테나 송신기의 발전부와 변조부의 역할을 설명하시오.

🔍 해답

기본적으로 정보를 실어 나르는 반송파를 발생시키는 발진부와 반송파에 정보신호 를 싣는 역할을 하는 변조부가 있다.

05 변조된 신호를 전력 증폭기에서 어떻게 전파하는가?

🔍 해답

증폭한 다음 안테나를 통하여 전파로써 공간에 방사한다.

06 수신기는 전파를 증폭하고 복조함으로써 원래의 송신 정보를 얻어내는 방식은 ?

🔍 해답

직접 방식과 슈퍼헤테로다인 방식이 있다.

07 수신기의 복조부를 설명하시오.

🔍 해답

수신기의 복조부는 수신된 전파로부터 본래의 정보를 검출해 내는 부분이며, 검파 부라고도 한다.

08 슈퍼헤테로다인 방식을 설명하시오.

🔍 해답

수신된 고주파 신호를 중간 주파수로 변환하여 복조하는 방식이다.

09 안테나 역할을 설명하시오.

🔍 해답

안테나는 전자기파인 고주파 신호를 공간으로 내보내거나 받는 수단으로서 자유 공간과 송 · 수신 장치를 연결하는 일종의 신호 변환기이다.
안테나는 주파수와 용도에 따라 결정되며, 파장에 따라 비례하여 크기가 결정된다.

[정답] 항공기 전자 장치의 개요 01 ~ 09 : 서술형

10 항공기의 초단파(VHF) 디지털 데이터 통신 시스템을 설명하시오.

🔍 **해답**

항공무선 법인(ARINC)의 항공무선통신 접속보고 장치(ACARS)이다.

11 데이터 전송 선로에 대하여 설명하시오.

🔍 **해답**

전자파나 정전기 방전 등의 영향을 받지 않도록 설계되어 있으며, 차폐 연선, 동축 케이블 및 광섬유 등을 주로 사용한다.

12 ARINC 429 데이터 버스를 설명하시오.

🔍 **해답**

하나의 송신 장치에 20개까지 수신 장치가 연결될 수 있는 단방향 통신 데이터 버스 규격으로 하나의 워드 길이가 32비트이다.

13 ARINC 629 데이터 버스를 설명하시오.

🔍 **해답**

전기신호식 비행조종 제어를 채택하면서 개발된 것으로 쌍방향 통신방식의 데이터 버스이다.

14 항공기 인터페이스에 대하여 설명하시오.

🔍 **해답**

항공기의 상태를 조종사에게 정확하게 전달하고 조종사의 선택 사항을 받아들이는 중요한 장치이며, 조종실은 조종사와 항공기 사이에서 항공기에 대한 정보를 공유 하는 인터페이스 공간이다.

15 단파(HF) 통신 장치의 사용 주파수 대역은?

① 3~30[kHz]　　　　② 30~300[kHz]

③ 3~30[MHz]　　　　④ 30~300[MHz]

🔍 **해설**

통신장치
① HF 통신장치
　ⓐ VHF 통신장치의 2차 통신수단이며, 주로 국제항공로 등의 원거리통신에 사용
　ⓑ 사용주파수 범위는 3~30[MHz]
② VHF 통신장치
　ⓐ 국내항공로 등의 근거리통신에 사용
　ⓑ 사용주파수 범위는 30~300[MHz]이며, 항공통신주파수 범위는 118~136.975[MHz]
③ 주파수의 종류
　ⓐ VLF : 초장파(3~30[kHz])
　ⓑ LF : 장파(30~300[kHz])
　ⓒ MF : 중파(300[kHz]~3[MHz])
　ⓓ HF : 단파(3~30[MHz])
　ⓔ VHF : 초단파(30~300[MHz])
　ⓕ UHF : 극초단파(300[MHz]~3[GHz])
　ⓖ SHF : 마이크로파(3~30[GHz])
　ⓗ EHF : 밀리파(30~300[GHz])
　ⓘ 서브밀리파(300[GHz]~3[THz])

16 초단파(VHF) 통신 장치의 사용 주파수 대역은?

① 108.0~112.9[MHz]　　② 112.0~118.9[MHz]

③ 118.0~121.9[MHz]　　④ 118.0~136.9[MHz]

17 항공기 운항 시 위성 통신 시스템의 사용하는 주파수 대역은?

① 3~30[kHz]　　　　② 30~300[kHz]

③ 3~30[MHz]　　　　④ 3~30[GHz]

18 자유 전자가 밀집된 곳을 무엇이라고 하는가?

① 대류권　　　　　　② 전리층

③ D층　　　　　　　④ E층

🔍 **해설**

전리층
태양에서 발사된 복사선 및 복사 미립자에 의해 대기가 전리된 영역이며 자유 전자가 밀집되어 있다.

[정답]　10~14 : 서술형　15 ③　16 ④　17 ④　18 ②

19 수신된 전파에서 원래의 정보를 복원해 내는 과정을 각각 무엇이라고 하는가?

① 변조   ② 모뎀
③ 복조   ④ 주파수

🔍 해설

진폭을 변화시키는 변조방식
• AM이란 부분이 진폭변조
• FM은 주파수 변조된 신호

🔻 참고

FM 통화방식
신호파의 크기에 따라 반송파의 주파수를 변화시키는 변조방식은 잡음이 혼합하기 어려워 음질이 좋고 점유 주파수대가 매우 넓기 때문에 상당히 높은 주파수에 사용한다.

20 무선 송신기의 기본 구성이 아닌 것은?

① 발진부   ② 증폭부
③ 복조부   ④ 변조부

🔍 해설

무선송신기의 기본 구성으로는 발진부, 증폭부, 변조부가 있다.

21 무선 수신기의 기본 구성이 아닌 것은?

① 발진부   ② 저잡음 증폭부
③ 복조부   ④ 수신 안테나

🔍 해설

무선수신기의 기본 구성으로는 복조부, 증폭부, 수신안테나가 있다.

22 주파수가 높은 마이크로파(Microwave)대 영역에서 지향성이 강한 전파를 사용하는 위성 통신용이나 레이더용으로 사용하는 안테나는?

① 야기 안테나   ② 다이폴 안테나
③ 포물선형 안테나   ④ 루프 안테나

🔍 해설

마이크로파의 송수신에 사용되는 안테나
마이크로파는 파장이 매우 짧고 그 성질이 빛과 비슷하기 때문에 입체형의 포물면 거울이나 렌즈를 응용한 안테나가 사용된다. 주요한 것으로는 파라볼라 안테나, 혼 리플렉터 안테나, 전자(電磁) 나팔, 전파 렌즈 등이 있다.

• 파라볼라 안테나
  회전포물도체면(回轉拋物導體面)을 반사기(反射器)로 한 안테나
• 혼 리플렉터 안테나
  도파관에 접속된 각뿔(Pyramid) 혼의 벌린 입면에 회전 포물면형의 반사기를 비스듬히 붙여 전파의 진행 방향을 거의 직각으로 변하게 하는 안테나

23 항공용으로 사용되는 데이터 버스의 표준 규격으로 민간 항공기에 사용이 안되는 것은?

① ARINC 429   ② ARINC 629
③ ARINC 644   ④ MIL-STD-1553B

🔍 해설

MIL STD-1553B
원래 군사용항공전자 시스템을 위해 설계되었으나 점차 민간 및 군사용, 산업 용, 우주용 등으로 폭넓게 사용 되고 있다.

24 화면의 영상을 통하여 데이터를 표시하도록 만든 Man/Machine 인터페이스는?

① 액정 디스플레이   ② 음극선관 표시 장치
③ 헤드업 디스플레이   ④ 아날로그 디스플레이

🔍 해설

액정 디스플레이
액정을 사용해서 문자나 도형을 표시하는 장치를 이르며, 손목시계, 전자계산기의 디스플레이로 이용되고 있다.

25 연속적인 아날로그 정보에서 일정 시간마다 신호값을 추출하는 과정은?

① 연속화   ② 표본화
③ 부호화   ④ 양자화

🔍 해설

[정답] 19 ① 20 ③ 21 ① 22 ③ 23 ④ 24 ① 25 ②

표본화

하나의 통화로에서 단위 시간 내의 표본화의 횟수를 표본화 주파수라 하며, 이것을 역수, 즉 표본화 주기는 하나의 표본화로부터 다음 표본화까지의 시간을 나타낸다.

26 아날로그 신호를 디지털 신호로 바꾸어 주는 장치는?

① 표본화   ② D/A 변환기

③ 부호화   ④ A/D 변환기

🔍 **해설**

A/D 변환기는 아날로그 신호를 디지털 신호로 변환시키는 것이고, D/A 변환기는 그 반대 변환을 하는 것이다.

항공 통신 장치

27 항공 이동 통신 업무를 설명하시오.

🔍 **해답**

항공 통신 장치의 개요 항공기와 지상국 또는 항공기 상호간의 무선 통신 업무를 말한다.

28 항공기 무선 통신 업무의 종류는?

🔍 **해답**

단거리 통신용에 이용하는 초단파 통신, 장거리 통신용으로 이용하는 단파 통신, 위성을 이용한 위성 통신 시스템이 있다.

29 항공 이동 통신의 주요 업무는?

🔍 **해답**

취급 통보의 종류, 통보의 우선순위, 통보 수속, 단파 통신 무선 전화 통신망의 설정, SELCAL 방식 등이 있다.

30 단파 통신 장치의 사용 목적을 설명하시오.

🔍 **해답**

바다 위를 장시간 비행하는 동안 지상국 또는 다른 항공기와 교신하기 위하여 사용한다.

31 단파 통신 송·수신기는 어떻게 작동하는가?

🔍 **해답**

진폭 변조(AM)의 단측 파대(SSB) 모드로 작동하며, 2~25[MHz]의 항공 통신 주파수 범위 안에서 작동한다.

32 항공기에 탑재된 안테나의 사용 목적은?

🔍 **해답**

단파 통신 안테나로는 슬롯(Slot)형을 사용한다.
지상국 안테나로는 전파장 또는 반파장 다이폴(Dipole) 안테나를 주로 사용한다.

33 초단파 통신 항공 주파수의 작동 범위는?

🔍 **해답**

118.0~136.9[MHz]의 범위 안에서 작동된다.

34 지상국 초단파 통신 안테나의 기본은?

🔍 **해답**

1/4파장 다이폴(Dipole) 안테나

35 항공기에 탑재되는 안테나의 어떤 형인가?

🔍 **해답**

1/4파장 접지형 안테나인 블레이드(Blade)형 안테나이다.

36 SELCAL 시스템의 통신 방법을 설명하시오.

🔍 **해답**

해당구역의 지상국으로부터 특정 항공기를 호출하기 위한 시스템으로 보통 초단 파 대역의 통신 방법에 의해 수행된다.

[정답] 26 ④ 항공 통신 장치 27~36 : 서술형

37 위성 통신의 목적을 설명하시오.

해답

단파/초단파 통신 시스템보다 더 멀리 정보와 음성 메시지 신호를 제공한다.

38 위성 통신의 전송 방법을 설명하시오.

해답

원리는 3~30[GHz] 주파수 범위의 마이크로웨이브 초고주파를 이용하여 전송하는 방법이다.

39 위성 통신 시스템의 구성을 설명하시오.

해답

위성 통신 시스템은 위성 자료 장치, 무선 주파수 장치, 무선 주파수 감쇠기, 고출력 증폭기, 고출력 릴레이, 무선 주파수 결합기, 고이득 안테나로 구성되어 있다.

40 플라이트 인터폰 시스템의 사용 목적을 설명하시오.

해답

항공기 기내 통신은 조종사는 서로 간, 그리고 지상 근무자와 승무원 서로 간, 그리고 조종사와 통화를 위해 객실 인터폰 시스템을 사용한다.

41 서비스 인터폰의 사용 목적을 설명하시오.

해답

지상 근무자는 서로 간, 그리고 조종사와 대화를 위해 서비스 인터폰을 사용한다.

42 승객 안내 시스템(PAS)의 역할을 설명하시오.

해답

기내에서 조종사의 방송, 녹음된 방송, 비디오 시스템 음성, 기내 음악을 음성을 형태로 객실로 보낸다.

43 객실 서비스 시스템(PSS)은 세 가지 기능을 설명하시오.

해답

승객의 객실 서비스를 위해 승무원을 호출하고, 승객의 독서등을 제어하도록 하고 객실 사인 등(Fasten seat belt, No smoking, Return to your seat)으로 승객에게 정보를 제공한다.

44 객실 오락 시스템(PES)의 기능을 설명하시오.

해답

개인별 각각의 승객 좌석으로 오락 음성과 기내 방송 음성을 보낸다.

45 항공기 무선 통신 장치 중 단거리 통신용으로 사용하는 장치는?

① 중파(MF) 통신 장치　　② 단파(HF) 통신 장치

③ 초단파(VHF) 통신 장치　④ 극초단파 통신 장치

해설

통신장치

① HF 통신장치
　ⓐ VHF 통신장치의 2차 통신수단이며, 주로 국제항공로 등의 원거리통신에 사용
　ⓑ 사용주파수 범위는 3~30[MHz]
② VHF 통신장치
　ⓐ 국내항공로 등의 근거리통신에 사용
　ⓑ 사용주파수 범위는30~300[MHz]이며, 항공통신주파수 범위는 118~136.975[MHz]

46 항공기 이동 통신에서 취급 통보의 종류 중 통보 우선순위가 가장 높은 것은?

① 기상 통보　　　　　　② 방향 탐지에 관한 통보

③ 위치 및 관제 통보　　④ 조난 통보와 긴급 통보

해설

항공기 통보의 우선순위는 긴박한 상황의 통보가 우선순위 이다.

[정답]　37~44 : 서술형　45 ③　46 ④

47 무선 주파수 송신 신호를 증폭시켜 주는 단파 통신 장치의 명칭은?

① 단파 통신 안테나 커플러 ② 단파 통신 안테나
③ 단파 무선 튜닝 패널 ④ 단파 통신 송·수신기

🔎 **해설**

커플러(Coupler)
① 항행 방식에서, 센서로부터 어떤 종류의 신호를 수신하고, 다른 종류의 신호로서 증폭하여 조작 장치에 보내도록 하는 조합부
② 하나의 회로에서 다른 회로로 에너지를 주고 받기 위해 사용되는 부품
③ 전기-음향 변환 장치 등의 교정 혹은 시험을 하기 위해 2개의 변환 장치를 결합하는 결합 공동

48 항공기의 조종사를 호출하는 선택 호출 장치 (SELCAL) 코드의 문자 수는?

① 1개 ② 2개
③ 3개 ④ 4개

🔎 **해설**

SELCAL System(Selective Calling System)
① 지상에서 항공기를 호출하기 위한 장치이다.
② HF, VHF 통신장치를 이용한다.
③ 한 목적의 항공기에 코드를 송신하면 그것을 수신한 항공기 중에서 지정된 코드와 일치하는 항공기에만 조종실 내에 램프를 점등시킴과 동시에 차임을 작동시켜 조종사에게 지상국에서 호출하고 있다는 것을 알린다.
④ 현재 항공기에는 지상을 호출하는 장비는 별도로 장착되어 있지 않다.
⑤ SELCAL 코드는 AS에서 INO를 제외한 문자 중 4개의 문자로 구성된다.

49 지상국 관제소로부터의 호출을 조종실에 알려 주는 장치는?

① 단파 통신 송·수신기 ② SELCAL 해독 장치
③ SELCAL 코딩 스위치 ④ 위성 통신 송·수신기

🔎 **해설**

지상관제소에서의 호출을 조종실에 알려주는 스위치는 SELCAL 코딩 스위치이다.

50 위성 통신 시스템에서 중간 주파수 신호를 변화시키는 장치는?

① 무선 주파수 장치 ② 고이득 안테나
③ 위성 자료 장치 ④ 무선 주파수 감쇠기

🔎 **해설**

위성통신 시스템
무선 주파수 신호이므로 광대 역주파수이기도 하다.

51 위성 통신 시스템에서 무선 주파수 신호 크기를 조절하는 장치는?

① 고이득 안테나 ② 고출력 릴레이
③ 무선 주파수 장치 ④ 무선 주파수 감쇠기

🔎 **해설**

무선 주파수 감쇠기
입력의 무선 주파 전력과 비교해서 출력의 무선 주파 전력을 거의 감쇠하지만, 거의 또는 전혀 전력의 손실없이 저역 주파수의 신호를 통과시키는 저역 필터(로패스 필터)이다.

52 항공기간 조종사와 지상국 근무자와 통신하기 위한 시스템은?

① 승객 안내 시스템 ② 승객 서비스 시스템
③ 객실 인터폰 시스템 ④ 플라이트 인터폰 시스템

🔎 **해설**

1. 플라이트 인터폰(Flight Interphone)
   • 항공기간 조종사와 지상국 근무자와 통신하기 위한 시스템
2. 서비스 인터폰(Service Interphone)
   • 조종실-객실승무원
   • 조종실-지상정비사(이·착륙 및 지상서비스)
   • 객실승무원 상호
3. 콜 시스템(Call System)
   • 조종석-지상작업자
   • 조종석-객실승무원
   • 조종석-사무장
   • 객실승무원-승객
   • 객실승무원-화장실
   • 객실승무원 상호
4. 메인터넌스 인터폰(Maintenance Interphone)

[정답] 47 ① 48 ④ 49 ③ 50 ① 51 ④ 52 ④

- 기체 정비 작업시에만 사용
- 호출장치가 없어서 음성으로 호출
5. PA 시스템(Passenger Address System)
  - 안내방송-1순위 : 조종실(Cockpit) 방송, 2순위 : 객실(Cabin) 방송, 3순위 : 음악(Music) 방송
  - 캐빈천정, 갤리(Galley), 화장실(Lavatory), 승무원 좌석 근처 등에 스피커 설치
  - PA방송기 기는 40~60[W] 정도의 출력, 중형항공기에는 1대, 대형항공기에는 2대
6. 오락 프로그램 제공 시스템(Passenger Entertainment System)
  - 12개의 채널(테이프코드용 10개 , TV 또는 VTR용 1개, 채널 및 라디오용 1개)이 다중화장치 (Multiplexer : MUX)를 이용하여 각 좌석그룹으로 전송
  - 각 좌석그룹에는 복조기(Demultiplex)가 있고 각 좌석에서 PCU(Passenger Control Unit)을 사용하여 원하는 채널로 조절

53 승무원과 승무원 및 조종사와의 통화를 위해 사용하는 인터폰 시스템은?

① 승객 안내 시스템　　② 승객 오락 시스템
③ 승객 서비스 시스템　　④ 객실 인터폰 시스템

해설

① 플라이트 인터폰
　항공기의 통신계통을 제어하는 시스템으로서 운항승무원 상호간 통화와 통신항법시스템의 오디오 신호를 각각의 승무원에게 분해하여 자유로이 선택하여 청취시키고, 마이크로폰을 통신장치에 접속하는 기능이다.
② 객실 인터폰
　객실승무원간의 통화, 조종사와 객실승무원과의 통화간에 사용된다.
③ 서비스 인터폰
　조종실과 지상근무자와의 통화간에 사용된다.
④ 승객 안내 시스템
　승무원이 객실 내에 방송과 다른 음성을 방송한다.
　객실로 조종사의 방송, 객실승무원의 방송, 녹음된 방송, 비디오 시스템 음성, 기내 음악을 방송한다.
⑤ 승객 서비스 시스템
　승객이 객실서비스를 위해 객실승무원을 호출, 승객의 독서등을 제어, 객실사인을 승객에게 제공한다.

54 지상 근무자와 항공기 조종사와의 통화를 위해 사용하는 인터폰 시스템은?

① 승객 안내 시스템　　② 서비스 인터폰 시스템
③ 승객 서비스 시스템　　④ 객실 인터폰 시스템

해설

문제 53번 해설 참고

55 승객 안내 시스템에서 방송 우선순위가 가장 높은 것은?

① 직접 근접 방송　　② 기내 음악 방송
③ 객실 인터폰 방송　　④ 플라이트 인터폰 방송

해설

문제 53번 해설 참고

56 항공기와 항공기 및 지상 기지국 컴퓨터 사이에 데이터 통신 장치는?

① 비행 표시 장치
② 선택 호출 장치
③ 항공 무선통신 접속 보고 장치
④ 비상 위치 발신기

해설

항공기 통신 접속 및 보고장치

항공기 통신 접속 및 보고장치는 항공기와 지상국의 사이에서 컴퓨터와 디지털 데이터 통신이 가능한 시스템이다. 지상국이 있는 세계의 어느곳이든 연결이 가능하며, 비행 중인 항공기에 위성통신 장치가 설치되어 있으면 전 세계 어디서나 통신이 가능하다.

57 자동적으로 비상 신호를 내보내는 비상 위치 발신기(ELT)는 어떤 장치와 함께 장착하는가?

① 항공기 등록 장치
② 비상 위치 발신기
③ 위성 통신 등록 장치
④ 항공 무선 통신 접속 보고 장치

해설

[정답] 53 ④　54 ②　55 ④　56 ③　57 ①

ELT

① 항공기 후방지역의 객실 천정에 항공기 등록 장치와 함께 장착한다.

② 불시착륙 시에 부닥친 과도한 관성력에 의해 작동시켜진 독자적인 배터리식 발신기이다.
적어도 24[Hour] 동안 5[W]로서 406.025[MHz]의 주파수에서 매 50[Sec]마다 디지털신호를 송신한다.

58 항공기의 표면으로부터 정전기의 양을 줄이기 위한 장치는?

① 긴급 충전 장치

② 정전기 방전 장치

③ 초단파 통신 장치

④ 안테나 정합 장치

🔍 **해설**

낙뢰 및 방전장치

일반적으로 항공기 동체표면은 전기 전도성이 아주 좋은 알루미늄 합금으로 만들어져 있지만 최근에는 전도성이 없는 복합소재를 많이 사용하고 있다.

기체의 제일 앞부분에 있는 둥근 모양의 덮개 안에는 기상 레이더 안테나가 전파를 발사하고 수신할 수 있도록 비금속 물질로 만들어져 있다. 이곳에는 번개를 맞을 때 전기가 동체 쪽으로 흐를 수 있게 표면에 전도성 띠를 일정 간격으로 설치해 놓고 있다.

59 조종실 음성 기록 장치(CVR)의 표면은 어떤 색으로 표시하는가?

① 노란색 ② 빨간색

③ 주황색 ④ 파란색

🔍 **해설**

CVR(Cockpit Voice Recorder)

항공기 추락 시 혹은 기타 중대사고 시 원인 규명을 위해 조종실 승무원의 통신 내용 및 대화 내용 및 조종실 내 제반 Warning 등을 녹음하는 장비이다.

Voice Recorder에 Power가 공급이 되면 비행 중 항상 작동되며, Audio Control Panel에 있는 송신 및 수신 Switch가 작동 Mode에 있고 송신 및 수신 입력 단에 주황색 불빛의 Signal이 공급되면 자동으로 녹음된다.

항법 장치

60 항법 장치의 개요를 설명하시오.

🔍 **해답**

항법은 현재의 위치를 측정하고, 목적지의 거리 및 방위각을 측정하는 것이다.

61 관성 항법 장치를 설명하시오.

🔍 **해답**

외부의 정보를 이용하지 않고 자체의 관성 감지를 이용하여 자신의 위치를 알아 내는 장치이다.

62 항법 보조 장치를 설명하시오.

🔍 **해답**

항법 보조 장치 중 기상 레이더는 전파의 에너지가 지향성 안테나에서 송신되어 어느 목표물에 부딪치면 에너지 일부가 반사되는 원리를 이용하는 장치이다.

63 다음 중 무선 원조 항법 장치가 아닌 것은?

① ADF ② VOR

③ DME ④ GNSS

🔍 **해설**

자동방향탐지장치(ADF), 항공교통관제장치(ATC), 거리측정장치(DME), 전방향표시시설(VOR)은 지상 무선 항행 지원시설이 반드시 필요하나, 지상에 이러한 지원시설을 설치 할 수 없는 대륙 간 바다위에서의 비행에서는 관성항법장치를 사용한다. 관성항법장치는 자이로와 가속도계를 이용하여 현재의 비행위치를 알 수 있으며 특징은 다음과 같다.

① 완전한 자립항법장치로서 지상보조시설이 필요 없다.

② 항법데이터(위치, 방위, 자세, 거리) 등이 연속적으로 얻어진다.

[정답] 58 ② 59 ③ 항법 장치 60~62 : 서술형 63 ④

제4장 항공장비(전자·전기·계기·시스템) | **1-373**

64 다음 중 ADF 수신기의 주파수 범위는?

① 90~1,750[kHz] ② 90~2,750[kHz]
③ 190~1,750[kHz] ④ 190~2,750[kHz]

🔍 해설

자동방향탐지기(Automatic Direction Finder)

① 지상에 설치된 NDB국으로부터 송신되는 전파를 항공기에 장착된 자동방향탐지기로 수신하여 전파도래방향을 계기에 지시하는 것이다.
② 사용주파수의 범위는 190~1750[KHz](중파)이며, 190~415[KHz] 까지는 NDB 주파수로 이용되고 그 이상의 주파수에서는 방송국 방위 및 방송국 전파를 수신하여 기상예보도 청취할 수 있다.
③ 항공기에는 루프안테나, 센스안테나, 수신기, 방향지시기 및 전원장치로 구성되는 수신 장치가 있다.

65 항로상의 위치에 대한 방위를 알 수 있는 장치는?

① DME ② VOR
③ NAV ④ OBS

🔍 해설

DME(Distance Measuring Equipment)

① 거리측정장치로서 VOR Station으로부터 거리의 정보를 항행 중인 항공기에 연속적으로 제공하는 항행 보조 방식 중의 하나로서 통상 VOR과 병설되어 지상에 설치되며 유효거리 내의 항공기는 VOR에 의하여 방위를 DME에 의하여 거리를 파악해서 자기의 위치를 정확히 결정할 수 있다.
② 항공기로부터 송신주파수 1,025~1,150[MHz] 펄스 전파로 송신하면 지상 Station에서는 960~1,215[MHz] 펄스를 항공기로 보내준다.
③ 기상장치는 질문 펄스를 발사한 후 응답 펄스가 수신될 때까지의 시간을 측정하여 거리를 구하여 지시계기에 나타낸다.

66 방위 정보를 제공하는 장치는 무엇인가?

① DME ② VOR
③ NAV ④ TACAN

🔍 해설

TACAN

• 항공기탑재용 단거리 항법장치로, 태칸은 군용기에 사용하는 지상에 있는 TACAN국으로부터 비행기까지의 방위와 거리를 조종사에게 알려주기 위한 계통이다.
• 현대 민간 상업용 항공기에서는 DME이라 한다.

67 항법 정보를 계산하는 항법 장치는 무엇인가?

① 짐벌형 관성 항법 장치 ② 스트랩다운 관성 항법 장치
③ 무선 원조 항법 장치 ④ 기계식 관성 항법 장치

🔍 해설

스트랩다운식 관성 항법 장치

기계적인 안정 플랫폼을 사용하지 않고 가속도계와 링 레이저 자이로를 직접 기체에 부착한 관성 항법 장치. 종래의 기계적 안정 플랫폼을 사용하여 국지 수평을 얻는 방식과는 달리, 컴퓨터에 의해 국지 수평을 계산하는 방식이며, 신뢰성이 높고 소형 경량이고 보수도 용이하다.

68 자이로스코프에서 운동을 유지하는 능력을 무엇이라 하는가?

① 운동량 ② 각속도
③ 가속도 ④ 강직성

🔍 해설

• 강직성 : 외부에서의 힘이 가해지지 않는 한 항상 같은 자세를 유지하려는 성질
• 섭동성 : 외부에서 가해진 힘의 방향과 90° 어긋난 방향으로 자세가 변하는 성질

69 레이저 빛을 이용하여 각속도를 측정하는 자이로는?

① 스트랩다운 자이로 ② 링 레이저 자이로
③ 각속도 자이로 ④ 자이로 가속도계

🔍 해설

레이저를 이용한 자이로. 삼각형 또는 사각형으로 된 자이로의 표면을 따라 상호 반대 방향으로 동일 주파수의 레이저 빔을 발사하여 되돌아오는 주파수를 비교한 후 각 가속도를 산출하여 이를 1차 적분하여 속도를 산출하고, 2차 적분하여 거리를 산출한다.

70 전파 고도계의 측정 범위는?

① -20~2,500[ft] ② -40~2,500[ft]
③ -20~4,500[ft] ④ -40~5,500[ft]

[정답] 64 ③ 65 ① 66 ④ 67 ② 68 ① 69 ② 70 ①

해설

전파고도계의 측정 범위

0~2,500[ft]의 범위에서 정확한 "절대고도"를 나타내며 지표면의 상태에 따라 1~2[%] 가량의 고도측정 오차가 존재한다.

71 반사파를 수신하는 감시 레이더는?

① 1차 감시 레이더   ② 2차 감시 레이더
③ 3차 감시 레이더   ④ 4차 감시 레이더

해설

1차 감시 레이더

- 전파를 목표물에 보낸다.
- 전파 Energy의 반사파를 수신하고 전파의 직진성과 정속성을 이용한다.
- 왕복시간과 안테나의 지향특성에 의해 목표물의 위치(방위 및 거리)를 측정한다.

72 플랩의 위치 는 25~30°에 있을 때 경고하는 지상 접근 경고 장치의 모드는?

① 모드 1   ② 모드 2
③ 모드 3   ④ 모드 4

해설

모드	상황	주의 (Aural Alert)	경고 (Aural Warning)
1	지나친 하강율	'SINKRATE'	'PULL UP'
2	지형물에 지나치게 가깝게 접근	'TERRAIN'	'PULL UP'
3	이륙, 또는 착륙복행 직후 상승이 멈추면서 고도가 갑자기 내려감	'DON'T SINK'	(no warning)
4	지상지형에 대해 고도의 여유가 없을 때	'TOO LOW– GEAR'	'TOO LOW– TERRAIN'
5	계기착륙(ILS)시 글라이드슬로프 (glideslope) 밑을 통과	'GLIDESLOPE'	'GLIDESLOPE'(1)
6	경사각 (Bank Angle Protection)	'BANK ANGLE'	(no warning)
7	윈드시어 (Windshear protection)	'WINDSHEAR'	(no warning)

73 항공기가 순간 돌풍으로 윈드시어를 감지했을 때 경고 지시를 해 주는 모드는?

① 모드 4   ② 모드 5
③ 모드 6   ④ 모드 7

착륙 및 유도 보조 장치

74 착륙 및 유도 보조 장치의 개요는?

해답

착륙 및 유도 보조 장치는 지상에 설치되어 유도 전파를 발사하여 항공기가 활주로에 안전하게 착륙할 수 있도록 지원하는 장치이다.

75 중앙 마커(MM : Middle Marker) 비컨 설치에 대하여 설명하시오.

해답

중앙 마커(MM : Middle Marker) 비컨은 활주로 진입단으로 부터 약 3,500[ft]의 전방 코스 상에 설치하며, 내측 마커(IM : Inner Marker) 비컨은 중앙 마커 비컨과 활주로 진입단 사이에 설치한다.

76 특정한 지점에서 착륙점까지의 거리 정보를 나타내는 장치는?

① 마커 비컨   ② 로컬라이저
③ 글라이드 슬로프   ④ 활주로

해설

마커 비컨(Marker beacon)

최종 접근 진입로상에 설치되어 지향성 전파를 수직으로 발사시켜 활주로까지 거리를 지시해 준다.
① 용도 : 항공기에서 활주로 끝까지의 거리표시
② 주의사항 : 수신기의 감도를 저감도로 하여 측정

77 공항에 진입하며 착륙하는 항공기에 대해 항공기의 수평 정보를 주는 장치는?

① 마커 비컨   ② 로컬라이저
③ 글라이드 슬로프   ④ 활주로

[정답] 71 ① 72 ③ 73 ④ 착륙 및 유도 보조 장치 74~75 : 서술형 76 ① 77 ②

해설

로컬라이저

비행장의 활주로 중심선에 대하여 정확한 수평면의 방위를 지시하는 장치이다.

78 진입 중인 항공기에게 가장 안전한 착륙 각도인 3°의 활공각 정보를 제공하는 시설은?

① 마커 비컨   ② 로컬라이저
③ 글라이드 슬로프   ④ 활주로

해설

글라이드 슬로프(Glide Slope)

지표면에 대하여 2.5~3°로 비행진입 코스를 유도하는 장치이다.

자동 비행 제어 장치

79 오토파일럿 시스템을 설명하시오.

해답

조종사가 항공기 이륙 전에 미리 입력해둔 자료에 따라 자동으로 비행 중인 항공기의 방위, 자세 및 비행 고도를 유지시켜 준다.

80 요 댐퍼 시스템에 대하여 설명하시오.

해답

항공기의 방향 안정성과 탑승감을 증대시키고, 정상 선회와 더치롤을 올바르게 잡아주며, 항공기 기동 후 진동 반응을 억제하게 한다.

81 오토스태빌라이저 트림 시스템에 대하여 설명하시오.

해답

항공기 음속 근처에서 속도가 증가 하면 기수가 아래로 항하게 되는데 이것을 자동으로 보상하는 것을 오토스태빌라이저 트림이라고 한다.

82 플라이트 디렉터 시스템에 대하여 설명하시오.

해답

항법 장치로부터 제어 명령을 받아 항공기의 자세, 속도, 고도, 방위 등을 정해진 값으로 설정하고, 설정 값에 안정하게 수렴하도록 적정한 조종량을 시각적으로 지시하는 장치이다.

83 오토스로틀 시스템에 대하여 설명하시오.

해답

이륙, 상승 및 복행 시 자동으로 추력을 설정하고 순항, 하강, 진입 및 착륙 상태에서는 자동으로 속도를 제어한다.

84 자동 착륙 장치에 대하여 설명하시오.

해답

기상 상황이 나쁠 경우 항공기 착륙 시 발생할 수 있는 조종사의 실수를 최소 한으로 줄여 항공기 안전을 최대한 확보하기 위한 장치이다.

85 오토파일럿 제어 장치의 구성이 아닌 것은?

① 시스템 감지기   ② 오토파일럿 제어
③ 관성 항법 장치   ④ 제어부

해설

자동 비행제어 시스템(AFCS)

항공기의 움직임을 개선해 조종사의 업무량를 줄여줄 수 있도록 만들어졌으며, 항공기의 안전성과 조종성능을 향상시켜주는 모든 장치 및 시스템을 지창한다.

86 착륙 상태에서는 자동으로 속도를 제어하는 장치는?

① 플라이트 디렉터 시스템   ② 요 댐퍼
③ 자동 착륙 장치   ④ 오토스로틀

해설

오토 스로틀

조종사가 원하는 속도를 입력하면 비행기가 스스로 엔진 출력을 조절해 정해진 속도를 유지하는 기능이다. '오토 크루즈' 기능과 같다.

[정답] 78 ③   자동 비행 제어 장치 79~84 : 서술형   85 ③   86 ④

항공 전자 종합문제

01 지상파의 종류가 아닌 것은?

① E층 반사파
② 직접파
③ 대지 반사파
④ 지표파

해설

지상파의 종류
① 직접파(Directed Wave)
② 대지 반사파(Reflected Wave)
③ 지표파(Surface Wave)
④ 회절파(Diffracted Wave)

02 와이어 안테나는 결빙이 발생하는 것을 최소화하기 위하여 비행 중 최소한 몇 도를 넘지 않도록 설치해야 하는가?

① 20°
② 30°
③ 40°
④ 50°

해설

와이어 안테나는 결빙을 방지하기 위해서 비행 중 20°의 각을 넘지 않도록 설치해야 하며 진동강도가 크므로 기계적 형태가 변형되지 않도록 해야 한다.

03 항공기에 사용되는 통신장치(HF, VHF)에 대한 설명으로 맞는 것은?

① VHF는 단거리용이며, HF는 원거리용이다.
② VHF는 원거리에 사용되며, HF는 단거리에 사용한다.
③ 두 장치 모두 원거리에 사용된다.
④ 두 장치 모두 거리에 관계없이 사용할 수 있다.

해설

통신장치
① HF 통신장치
　ⓐ VHF 통신장치의 2차 통신수단이며, 주로 국제항로 등의 원거리통신에 사용
　ⓑ 사용주파수 범위는 3～30[MHz]
② VHF 통신장치
　ⓐ 국내항공로 등의 근거리통신에 사용
　ⓑ 사용주파수 범위는 30～300[MHz]이며, 항공통신주파수 범위는 118～136.975[MHz]

③ 주파수의 종류
　ⓐ VLF : 초장파(3～30[kHz])
　ⓑ LF : 장파(30～300[kHz])
　ⓒ MF : 중파(300[kHz]～3[MHz])
　ⓓ HF : 단파(3～30[MHz])
　ⓔ VHF : 초단파(30～300[MHz])
　ⓕ UHF : 극초단파(300[MHz]～3[GHz])
　ⓖ SHF : 마이크로파(3～30[GHz])
　ⓗ EHF : 밀리파(30～300[GHz])
　ⓘ 서브밀리파(300[GHz]～3[THz])

04 다음 중 HF의 사용주파수는?

① 3～30[MHz]
② 3～30[kHz]
③ 30～300[MHz]
④ 30～300[kHz]

해설

문제 3 해설 참조

05 항공기에서 장거리통신에 사용되는 장치는?

① 장파(LF)통신장치
② 중파(MF)통신장치
③ 단파(HF)통신장치
④ 초단파(VHF)통신장치

해설

오늘날의 항공통신
HF와 VHF 음성통신에서 항행위성과 데이터링크 기반의 통신으로 변화하고 있으며, 통신기술의 급격한 발전으로 HF 장거리 데이터통신, 항공이동위성통신, 항공감시 및 항공종합통신망으로 발전하고 있다.

06 다음 중 VHF의 사용주파수는?

① 3～30[MHz]
② 3～30[kHz]
③ 30～300[MHz]
④ 30～300[kHz]

해설

문제 3 해설 참조

[정답] 항공 전자 종합문제 01 ①　02 ①　03 ①　04 ①　05 ③　06 ③

Aircraft Maintenance

07 주파수 범위에 대한 설명 중 맞는 것은?

① HF는 30 ~ 300[MHz]이다.

② VHF는 3 ~ 300[MHz]이다.

③ UHF는 30 ~ 300[GHz]이다.

④ SHF는 3 ~ 30[GHz]이다.

해설

HF는 3~30[MHz], VHF는 30~300[MHz], UHF는 300~3,000[MHz], SHF는 3~30[GHz]이다.

08 장거리교신용으로 많이 사용하는 통신계통은?

① VHF계통 ② HF계통

③ SELCAL계통 ④ VOR계통

해설

HF전파는 전리층의 반사로 원거리까지 전달되는 성질이 있으나 Noise나 Facing이 많다.

09 항공기 통신 System 중 단거리통신에 사용되며 전리층 변화에 대한 잡음이 없는 System은?

① HF System ② VHF System

③ UHF System ④ SELCAL System

해설

전파의 전달방식은 초단파를 이용하기 때문에 전리층을 통과, 우주 공간으로 전파되므로 직접파 또는 지표 반사파를 이용, 단거리통신에 이용되며 전리층 변화에 의한 잡음이 없는 장점이 있다.

10 HF System에서 Antenna Coupler의 목적은?

① 번개 방지를 목적으로 한다.

② HF의 큰 출력을 얻기 위한 목적이다.

③ 주파수의 적정한 Matching을 위한 목적이다.

④ 전원의 감소를 위한 목적이다.

해설

HF전파에서는 파장에 이용되는 안테나가 매우 크지만 항공기 구조와 구속성 때문에 큰 안테나를 장착하지 못하고 작은 Antenna가 사용되지만 주파수의 적정한 Matching이 이루어지도록 자동적으로 작동하는 Antenna Coupler가 장착되어 있다.

11 VHF 계통의 구성품이 아닌 것은?

① 조정패널 ② 송수신기

③ 안테나 ④ 안테나 커플러

해설

VHF 통신장치는 조정패널, 송수신기, 안테나로 구성되어 있다.

12 항공기에 사용하는 인터폰이 아닌 것은?

① 조종실 내의 승무원 간에 통화연락하는 Flight Interphone

② 조종실과 객실 승무원 또는 지상과의 통화연락을 하는 Service Interphone

③ 항공기가 지상에 있을 시에 지상 근무자들 간에 연락하는 Maintenance Interphone

④ 조종실 승무원 또는 객실 승무원 상호간 통화하는 Cabin Interphone

해설

통화장치의 종류

① 운항 승무원 상호간 통화장치(Flight Interphone System)
조종실 내에서 운항 승무원 상호간의 통화 연락을 위해 각종 통신이나 음성신호를 각 운항 승무원석에 배분한다.

② 승무원 상호간 통화장치(Service Interphone System)
비행 중에는 조종실과 객실 승무원석 및 갤리(Galley) 간의 통화연락을, 지상에서는 조종실과 정비 및 점검상 필요한 기체 외부와의 통화연락을 하기 위한 장치이다.

③ 객실 통화장치(Cabin Interphone System)
조종실과 객실 승무원석 및 각 배치로 나누어진 객실 승무원 상호간의 통화연락을 하기 위한 장치이다.

13 다음 중 통화장치의 종류가 아닌 것은?

① 운항 승무원 통화장치 ② 객실 승무원 통화장치

③ 기내 통화장치 ④ 기내 방송장치

[정답] 07 ④ 08 ② 09 ② 10 ③ 11 ④ 12 ③ 13 ④

해설

문제 12 해설 참조

14 Flight Interphone에 대한 설명 중 맞는 것은?

① 지상과 지상 사이의 유선통신이다.

② 지상과 조종석과의 무선통신이다.

③ 운항 승무원과 운항 승무원 사이의 통신이다.

④ 조종석과 객실 승무원 사이의 통신이다.

해설

문제 12 해설 참조

15 기내 전화장치 중 지상에서 조종실과 정비점검상 필요한 기체 외부와의 통화연락을 하기 위한 장치는?

① Flight Interphone System

② Service Interphone System

③ Cabin Interphone System

④ Passenger Address System

해설

① 플라이트 인터폰
항공기의 통신계통을 제어하는 시스템으로서 운항승무원 상호간 통화와 통신항법시스템의 오디오 신호를 각각의 승무원에게 분해하여 자유로이 선택하여 청취시키고, 마이크로폰을 통신장치에 접속하는 기능이다.
② 객실 인터폰
객실승무원간의 통화, 조종사와 객실승무원과의 통화간에 사용된다.
③ 서비스 인터폰
조종실과 지상근무자와의 통화간에 사용된다.
④ 승객 안내 시스템
승무원이 객실 내에 방송과 다른 음성을 방송한다.
객실로 조종사의 방송, 객실승무원의 방송, 녹음된 방송, 비디오 시스템 음성, 기내 음악을 방송한다.
⑤ 승객 서비스 시스템
승객이 객실서비스를 위해 객실승무원을 호출, 승객의 독서등을 제어, 객실사인을 승객에게 제공한다.

16 항공기 통화장치의 사용목적이 아닌 것은?

① 운항 승무원 상호간 통화를 한다.

② 객실 승무원 상호간 통화를 한다.

③ 비행기 정비 시 필요에 따라 통화한다.

④ 승무원과 승객간 통화한다.

해설

문제 15 해설 참조

17 항법의 4요소는 무엇인가?

① 위치, 거리, 속도, 자세

② 위치, 방향, 거리, 도착예정시간

③ 속도, 유도, 거리, 방향

④ 속도, 고도, 자세, 유도

해설

항법장치는 시각과 청각으로 나타내는 각종 장치 등을 통하여 방위, 거리 등을 측정하고 비행기의 위치를 알아내어 목적지까지의 비행경로를 구하기 위하여 또는 진입, 선회 등의 경우에 비행기의 정확한 자세를 알아서 올바로 비행하기 위하여 사용되는 보조시설이다.

18 항법의 목적이 아닌 것은?

① 항공기 위치의 확인

② 침로의 결정

③ 도착예정시간의 산출

④ 비행항로의 기상상태 예측

해설

항법의 목적
항공기 위치의 확인, 침로의 결정, 도착예정시간의 산출

19 항공기 기내방송의 우선순위 중 순위가 제일 낮은 것은?

① 조종사의 기내방송   ② 부조종사의 기내방송

③ 객실 승무원의 기내방송   ④ 승객을 위한 음악방송

[정답] 14 ③ 15 ② 16 ④ 17 ② 18 ④ 19 ④

🔍 **해설**

기내방송(Passenger Address)의 우선순위
① 운항 승무원(Flight Crew)의 기내방송
② 객실 승무원(Cabin Crew)의 기내방송
③ 재생장치에 의한 음성방송(Auto-Announcement)
④ 기내음악(Boarding Music)

20 기내방송(Passenger Address)에 속하지 않는 것은?

① 기내음악(Boarding Music)
② 재생장치에 의한 음성방송(Auto-Announcement)
③ 좌석음악(Seat Music)
④ 운항 승무원(Flight Crew)의 기내방송

🔍 **해설**

문제 19 해설 참조

21 Passenger Address System에서 우선순위에 의해 가장 먼저 작동하는 Announcement는?

① 조종실에서 제공하는 Announcement
② 객실 승무원이 제공하는 Announcement
③ Pre-Recorder Announcement
④ Boarding Music

🔍 **해설**

문제 19 해설 참조

22 다음 중 항법장비, 장치에 속하지 않는 계기는?

① INS   ② TACAN
③ DME   ④ CVR

🔍 **해설**

항법장비, 장치는 INS, TACAN, DME 등

23 항법계통에 사용되지 않는 것은?

① 대기속도   ② 기수방향
③ 현재 위치   ④ 항공기 자세

🔍 **해설**

항법 정보를 획득하기 위한 기본 정보는 기수 방향, 현재 위치, 항공기 자세이다.

24 인공위성을 이용한 항법전자계통은 무엇인가?

① Inertial Navigation System
② Omega Navigation System
③ LORAN Navigation System
④ Global Positioning System

🔍 **해설**

위성항법장치
① GPS(Global Positioning System)
② INMARSAT(International Marine Satellite Organization)
③ GLONASS(Global Navigation Satellite System)
④ Galileo(GNSS Global Navigatino Satellite System)

25 항공기가 항법사 없이도 장거리 운항을 할 수 있다. 이때 꼭 있어야 할 장비는?

① 관성항법장치(INS)
② 쌍곡선항법장치(LOLAN)
③ 항공교통응답장치(ATC)
④ 거리측정장치(DME)

🔍 **해설**

관성항법장치의 특징
① 완전한 자립항법장치로서 지상보조시설이 필요 없다.
② 항법데이터(위치, 방위, 자세, 거리) 등이 연속적으로 얻어진다.
③ 조종사가 조작할 수 있으므로 항법사가 필요하지 않다.

[정답] 20 ③ 21 ① 22 ④ 23 ① 24 ④ 25 ①

26 관성항법장치에서 가속도를 위치 정보로 변환하기 위해 가속도 정보를 처리하여 속도 정보를 얻고 비행거리를 얻는 것은?

① 적분기   ② 미분기

③ 가속도계   ④ 짐발(Gimbal)

🔍 **해설** ------------------------------------

적분기는 측정된 가속도를 항공기의 위치 정보로 변환하기 위해서 가속도 정보를 처리해서 속도 정보를 알아내고, 또 속도 정보로부터 비행거리를 얻어내는 장치이다.

27 자동방향탐지기(ADF)에 대한 설명 중 맞는 것은?

① 루프(Loop)안테나만 사용한다.

② 센스(Sense)안테나만 사용한다.

③ 중파를 사용한다.

④ 통신거리 내에서만 통신이 가능하다.

🔍 **해설** ------------------------------------

자동방향탐지기(Automatic Direction Finder)
① 지상에 설치된 NDB국으로부터 송신되는 전파를 항공기에 장착된 자동방향탐지기로 수신하여 전파도래방향을 계기에 지시하는 것이다.
② 사용주파수의 범위는 190~1750[KHz](중파)이며, 190~415[KHz]까지는 NDB 주파수로 이용되고 그 이상의 주파수에서는 방송국 방위 및 방송국 전파를 수신하여 기상예보도 청취할 수 있다.
③ 항공기에는 루프안테나, 센스안테나, 수신기, 방향지시기 및 전원장치로 구성되는 수신장치가 있다.

28 ADF(Automatic Direction Finder)안테나 종류는?

① Loop Antenna   ② Rod Antenna

③ Blade Antenna   ④ Parabola Antenna

🔍 **해설** ------------------------------------

문제 27 해설 참조

29 항공기의 세로축을 중심으로 지상 Station까지의 상대 방위를 나타내는 System은?

① 자동방향탐지기(ADF)

② 전방향표지시설(VOR)

③ 자기컴퍼스(Magnetic Compass)

④ 비행자세지시계(ADI)

🔍 **해설** ------------------------------------

문제 27 해설 참조

30 다음 중 VOR의 원어가 맞는 것은?

① Very Omni-Radio Range

② VHF Omni-Radio Range

③ VHF Omni-Directional Range

④ VHF Omni-Directional Range Radio Beacon

🔍 **해설** ------------------------------------

VOR : VHF Omni-Directional Range

31 항공기에서 방향탐지도 하고 일반 라디오방송도 수신하는 장비는?

① Auto Pilot   ② ADF

③ VHF   ④ SELCAL

🔍 **해설** ------------------------------------

문제 27 해설 참조

32 지상 무선국을 중심으로 하여 360° 전 방향에 대해 비행 방향을 지시할 수 있는 기능을 갖춘 항법장치는?

① 전방향표지시설(VOR)

② 마커비컨(Marker Beacon)

③ 전파고도계(LRRA)

④ 위성항법장치(GPS)

[**정답**] 26 ①   27 ③   28 ①   29 ①   30 ③   31 ②   32 ①

🔍 해설

VOR(VHF Omni-Directional Range)

① 지상 VOR국을 중심으로 360° 전 방향에 대해 비행방향을 항공기에 지시한다(절대방위).

② 사용주파수는 108~118[MHz](초단파)를 사용하므로 LF/MF 대의 ADF보다 정확한 방위를 얻을 수 있다.

③ 항공기에서는 무선자기지시계(Radio Magnetic Indicator)나 수평상태지시계(Horizontal Situation Indicator)에 표지국의 방위와 그 국에 가까워졌는지, 멀어지는지 또는 코스의 이탈이 나타난다.

33 VOR에 대한 설명 중 옳은 것은?

① 지상파로 극초단파를 사용한다.

② 지시오차는 ADF보다 작다.

③ 기수가 지상국의 방향을 나타낸다.

④ 기수방위와의 거리를 나타낸다.

🔍 해설

문제 32 해설 참조

34 전방향표지시설(VOR)국에서 항공기를 볼 때의 방위를 무엇이라 하는가?

① 자방위   ② 상대방위

③ 절대방위   ④ 진방위

🔍 해설

문제 32 해설 참조

35 거리측정장치(DME)의 설명 중 틀린 것은?

① DME는 지상국과의 거리를 측정하는 장치이다.

② 수신된 전파의 도래시간을 측정하여 현재의 위치를 알아낸다.

③ 응답주파수는 960 ~ 1,215[MHz]이다.

④ 항공기에서 발사된 질문 펄스와 지상국 응답 펄스 간의 도래시간을 계산하여 거리를 측정한다.

🔍 해설

DME(Distance Measuring Equipment)

① 거리측정장치로서 VOR Station으로부터 거리의 정보를 항행 중인 항공기에 연속적으로 제공하는 항행 보조 방식 중의 하나로서 통상 VOR과 병설되어 지상에 설치되며 유효거리 내의 항공기는 VOR에 의하여 방위를 DME에 의하여 거리를 파악해서 자기의 위치를 정확히 결정할 수 있다.

② 항공기로부터 송신주파수 1,025~1,150[MHz] 펄스 전파로 송신하면 지상 Station에서는 960~1,215[MHz] 펄스를 항공기로 보내준다.

③ 기상장치는 질문 펄스를 발사한 후 응답 펄스가 수신될 때까지의 시간을 측정하여 거리를 구하여 지시계기에 나타낸다.

36 거리측정시설(DME)의 할당주파수 중 지상에서 공중으로 응답해주는 주파수는?

① 962 ~ 1021[MHz]

② 1025 ~ 1150[MHz]

③ 960 ~ 1215[MHz]

④ 1151 ~ 1213[MHz]

🔍 해설

문제 35 해설 참조

37 무선자기지시계(RMI)의 기능은?

① 자북방향에 대해 VOR 신호방향과의 각도 및 항공기의 방위각 지시

② 기수방위를 나타내는 컴퍼스 카드와 코스를 지시

③ 항공기의 자세를 표시하는 계기

④ 조종사에게 진로를 지시하는 계기

🔍 해설

무선자기지시계(Radio Magnetic Indicator)

① 무선자기지시계는 자북방향에 대해 VOR 신호방향과의 각도 및 항공기의 방위각을 나타내 준다.

② 두 개의 지침을 사용하여 하나는 VOR의 방향을, 또 하나는 ADF의 방향을 나타낸다.

[정답] 33 ② 34 ③ 35 ② 36 ③ 37 ①

38 RMI(Radio Magnetic Indicator)에 관한 설명 중 틀린 것은?

① 컴퍼스 시스템과 ADF로 구성된 RMI에서는 기수방위 및 비행 코스와의 관계가 표시된다.

② 컴퍼스 시스템과 VOR로 구성된 RMI에서는 기수방위와 VOR 무선방위가 표시된다. 2침식의 RMI는 동축 2침식 구조이다.

③ 자북방향에 대해 VOR 신호방향과의 각도 및 항공기의 방위각 지시한다.

④ 2침식의 RMI의 경우에도 각각의 지침은 VOR 또는 ADF로 바꾸어 사용할 수 있다.

해설

문제 37 해설 참조

39 ADF와 VOR을 지시할 수 있는 계기는?

① ADI
② HSI
③ RMI
④ Marker Beacon

해설

RMI

자동 방향 탐지기(ADF, Automatic Direction Finder)와 자기 컴퍼스(MC, Magnetic Compass)를 조합한 전자 항법 계기

- 무선 자석 지시계(RMI)의 카드
  자이로 안정 자기 컴퍼스의 역할을 하며 항공기가 비행하는 자석 방향을 지시해 준다.

- 포인터(pointer)
  항공기의 기수(機首)와 항법 무선을 수신하는 무선국과의 상대적인 방향을 제공해 준다.

40 다음 중 항공계기착륙장치(ILS)가 아닌 것은?

① 로컬라이저(Localizer)
② 글라이드 슬로프(Glide Slope) 또는 글라이드 패스(Glide Path)
③ 마커비컨(Marker Beacon)
④ 전방향표지시설(VOR)

해설

계기착륙장치(Instrument Landing System)

착륙을 위해서는 진행방향뿐만 아니라 비행자세 및 활강제어를 위한 정확한 정보를 제공해야 한다. 항로비행 중에 사용하는 고도계는 착륙 정보에 필요한 저고도 측정기로는 부적합하다. 시정이 불량한 경우의 착륙을 위해서는 수평 및 수직 제어를 위한 전자적 착륙 시스템의 도움이 필요하다. 이와 같은 기능을 하는 착륙 시스템이 계기착륙장치이다. ILS는 수평위치를 알려주는 로컬라이저(Localizer)와 활강경로, 즉 하강비행각을 표시해주는 글라이더 슬로프(Glide Slope), 거리를 표시해주는 마커비컨(Marker Beacon)으로 구성된다.

41 ILS에 대한 설명 중 틀린 것은?

① ILS의 지상설비는 로컬라이저장치, 글라이드 패스장치, 마커비컨으로 구성되어 있다.

② 로컬라이저 코스와 글라이드 패스는 90[MHz]와 150[MHz]로 변조한 전파로 만들어져 항공기 수신기로 양쪽의 변조도를 비교하여 코스 중심을 구한다.

③ 항공기가 로컬라이저 코스의 좌측에 위치하고 있을 때는 지시기의 지침은 좌로 움직인다.

④ 항공기가 글라이드 패스 위쪽에 위치하고 있을 때는 지시기의 지침은 밑으로 흔들린다.

해설

ILS 지시기는 로컬라이저와 글라이드 패스의 CROSS POINTER를 사용하고 그 교점이 착륙코스를 지시하고 중심으로부터의 움직임이 편위의 크기를 나타낸다.

42 Localizer Frequency는?

① 108.10 ~ 111.90[MHz Odd Tenth]
② 108.00 ~ 135.00[MHz]
③ 108.00 ~ 120.00[MHz Even Tenth]
④ 108.00 ~ 117.95[MHz]

해설

주파수는 108.10~111.90[MHz]를 50[kHz] 간격으로 구분하여 0.1[MHz] 단위가 홀수인 것을 사용한다.

[정답] 38 ① 39 ③ 40 ④ 41 ③ 42 ①

43 다음 중 계기착륙장치와 관계가 있는 것은?

① 전파고도계(LRRA)와 마커비컨(Marker Beacon)
② 로컬라이저(Localizer)
③ 로컬라이저(Localizer), 전방향표지시설(VOR)
④ 자동방향탐지기(ADF), 마커비컨(Marker Beacon)

해설

문제 40 해설 참조

44 계기착륙장치에서 Localizer의 역할은?

① 활주로의 끝과 항공기 사이의 거리를 알려준다.
② 활주로 중심선과 비행기를 일자로 맞춘다.
③ 활주로와 적당한 접근 각도로 비행기를 맞춘다.
④ 활주로에 접근하는 비행기의 위치를 지시한다.

해설

로컬라이저는 비행장의 활주로 중심선에 대하여 정확한 수평면의 방위를 지시하는 장치이다.

45 90[Hz]와 150[Hz]의 변조파 레벨을 비교 지시하는 것은?

① VOR　　② INS
③ Localizer　　④ ADF

해설

로컬라이저의 수신기에는 90[Hz]와 150[Hz]의 변조파 레벨을 비교하여 코스를 구한다.

46 착륙시설 중 Back Beam이 있어 반대편 활주로 착륙 시 이용할 수 있는 System은?

① 전방향표지시설(VOR)
② Localizer
③ Glide Slope
④ Marker Beacon

해설

반대편 활주로 착륙 시에는 Localizer Back Beam만 이용하여 착륙한다.

47 비행장의 활주로 중심선에 대하여 정확한 수평면의 방위를 지시하는 장치는?

① Localizer　　② Glide Slop
③ Marker Beacon　　④ VOR

해설

비행장의 활주로 중심선에 대하여 정확한 수평면의 방위를 지시하는 장치로 지상국에서 Carrier Frequency 108.10~111.90[MHz]에 수평면 지향성을 가진 두 개의 변조주파수 Beam을 발사하여 이것을 항공기의 Localizer 수신기에서 90Hz, 150Hz 수신 진입중인 항공기가 어떤 위치관계가 있는가를 나타내 주는 장치

48 항공기가 활주로에 대한 수직면 내의 상하 위치의 벗어난 정도를 표시해 주는 설비는?

① 마커비컨(Marker Beacon)
② 로컬라이저(Localizer)
③ 글라이드 슬로프(Glide Slope)
④ 전방향표지시설(VOR)

해설

글라이드 슬로프는 계기착륙 조작 중에 활주로에 대하여 적정한 강하각을 유지하기 위해 수직 방향의 유도를 위한 것이다.

49 활주로에 대하여 수직면 내의 진입각을 지시하여 항공기의 착지점으로의 진로를 지시하는 장치는?

① Localizer　　② Glide slop
③ Marker Beacon　　④ LRRA

해설

활주로에 대하여 수직면 내의 진입각을 지시하여 항공기의 착지점으로의 진로를 지시하는 장치는 Glide slop이다.

[정답] 43 ② 44 ② 45 ③ 46 ② 47 ① 48 ③ 49 ②

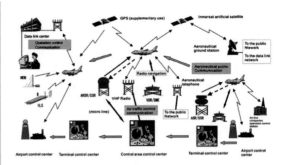

50 글라이드 슬로프(Glide Slope)의 주파수는 어떻게 선택하는가?

① VOR 주파수 선택 시 자동선택

② DME 주파수 선택 시 자동선택

③ Localizer 주파수 선택 시 자동선택

④ VHF 주파수 선택 시 자동선택

🔍 **해설**

글라이드 슬로프 수신기

VHF 항법용 수신장치에서 ILS 주파수를 선택할 때 동시에 글라이드 슬로프 주파수가 선택되도록 되어 있다.

51 글라이드 슬로프(Glide Slope)의 착륙각도는?

① 1.4 ~ 1.5°   ② 0.7 ~ 1.4°

③ 2.5 ~ 3°   ④ 1.5 ~ 4.5°

🔍 **해설**

글라이드 슬로프(Glide Slope)

지표면에 대하여 2.5~3°로 비행진입 코스를 유도하는 장치이다.

52 SELCAL System에 대한 설명 중 틀린 것은?

① SELCAL은 지상에서 항공기를 호출하는 장치이다.

② 호출음은 퍼스트 톤과 세컨드 톤이 있다.

③ HF, VHF 통신기를 이용한다.

④ 호출은 차임(Chime)만 울려서 알린다.

🔍 **해설**

SELCAL System(Selective Calling System)

① 지상에서 항공기를 호출하기 위한 장치이다.

② HF, VHF 통신장치를 이용한다.

③ 한 목적의 항공기에 코드를 송신하면 그것을 수신한 항공기 중에서 지정된 코드와 일치하는 항공기에만 조종실 내에 램프를 점등시킴과 동시에 차임을 작동시켜 조종사에게 지상국에서 호출하고 있다는 것을 알린다.

④ 현재 항공기에는 지상을 호출하는 장비는 별도로 장착되어 있지 않다.

53 SELCAL System에 대한 설명이 틀린 것은?

① 지상에서 항공기를 호출하기 위한 장치이다.

② HF, VHF System으로 송, 수신된다.

③ SELCAL Code는 4개의 Code로 만들어 진다.

④ 항공기 편명에 따라 SELCAL Code가 바뀐다.

🔍 **해설**

지상에서 항공기를 호출하기 위한 장치이다. 지사에서 4개의 Code를 만들어서 HF 또는 VHF 전파를 이용 송신하면 항공기에 장착된 HF 또는 VHF System의 Antenna를 통하여 수신되어 지며 수신된 부호 Code를 항공기에 장착된 SELCAL Decoder에서 해석하여 자기고유부호 Code를 분석한다.

54 요댐퍼 시스템(Yawing Damper System)에 대한 설명 중 틀린 것은?

① 항공기 비행고도를 급속하게 낮추는 것이다.

② 각 가속도를 탐지하여 전기적인 신호로 바꾼다.

③ 방향타를 적절하게 제어하는 것이다.

④ 더치 롤(Dutch Roll)을 방지할 목적으로 이용된다.

🔍 **해설**

Yawing Damper System

① 더치롤(Dutch Roll)방지와 균형선회(Turn Coordination)를 위해서 방향타(Rudder)를 제어하는 자동조종장치를 말한다.

② 감지기는 레이트 자이로(Rate Gyro)가 사용되며 편요 가속도(Yaw Rate)의 전기적 출력을 증폭하여 서보모터를 동작시켜 기계적인 움직임으로 변환시킨다.

[정답] 50 ③ 51 ③ 52 ④ 53 ④ 54 ①

55 저고도용 FM방식이 이용되는 전파고도계의 거리 측정범위는 얼마인가?

① 0 ~ 2,500[feet] ② 0 ~ 5,000[feet]

③ 0 ~ 30,000[feet] ④ 0 ~ 50,000[feet]

🔍 **해설** ------------------------------

전파고도계(Radio Altimeter)

① 항공기에 사용하는 고도계에는 기압고도계와 전파고도계가 있는데 전파고도계는 항공기에서 전파를 대지를 향해 발사하고 이 전파가 대지에 반사되어 돌아오는 신호를 처리함으로써 항공기와 대지 사이의 절대고도를 측정하는 장치이다.

② 고도가 낮으면 펄스가 겹쳐서 정확한 측정이 곤란하기 때문에 비교적 높은 고도에서는 펄스고도계가 사용되고 낮은 고도에서는 FM형 고도계가 사용된다.

③ 저고도용에는 FM형 절대고도계가 사용되며 측정범위는 0 ~ 2,500[feet]이다.

56 전파고도계로 측정 가능한 고도는?

① 진고도 ② 절대고도

③ 기압고도 ④ 계기고도

🔍 **해설** ------------------------------

문제 55 해설 참조

57 기상레이더의 안테나 주파수 Band는?

① X Band ② D Band

③ C Band ④ T Band

🔍 **해설** ------------------------------

기상레이더(Weather Radar)

민간 항공기에 의무적으로 장착되어 있는 기상 레이더는 조종사에게 비행 전방의 기상상태를 지시기(CRT)에 알려주는 장치로서 안전비행을 하기 위한 것이다. 항공기용 기상레이더는 구름이나 비에 반사되기 쉬운 주파수대인 9,375[MHz](X Band)를 이용한다.

58 비행자료기록장치(FDR)에 대한 설명 중 맞는 것은?

① 운항 승무원의 통화내용을 기록하는 장치이다.

② 사고 시 비행상태를 규명하는데 필요한 데이터를 기록하는 장치이다.

③ 운항에 필요한 데이터를 미리 기록해두는 장치이다.

④ 이 장치에 기록된 데이터에 따라 자동비행되는 장치이다.

🔍 **해설** ------------------------------

비행자료기록장치(Flight Data Recorder)

항공기의 상태(기수방위, 속도, 고도 등)를 기록하는 것이다. 이 장치는 이륙을 위해 활주를 시작한 때부터 착륙해서 활주를 끝날 때까지 항상 작동시켜 놓아야 한다. FDR은 얇은 금속성 테이프를 사용하고 사고 발생 시점부터 거슬러 올라가 25시간 전 까지의 기록을 남기도록 하고 있다.

59 지상 관제사가 공중감시장치(ATC)계통을 통해서 얻는 정보가 아닌 것은?

① 위치 및 방향 ② 편명 및 진행방향

③ 고도 및 속도 ④ 상승률과 하강률

🔍 **해설** ------------------------------

ATC(Air Traffic Control)

ATC는 항공관제계통의 항공기 탑재부분의 장치로서 지상 Station의 Radar Antenna로부터 질문주파수 1,030[MHz]의 신호를 받아 이를 자동적으로 응답주파수 1,090[MHz]로 부호화 된 신호를 응답해 주어 지상의 Radar Scope상에 구별된 목표물로 나타나게 해줌으로써 지상 관제사가 쉽게 식별할 수 있게 하는 장비이다. 또, 항공기 기압고도의 정보를 송신할 수 있어 관제사가 항공기 고도를 동시에 알 수 있게 하고 기종, 편명, 위치, 진행방향, 속도까지 식별된다.

60 비행자료기록장치(FDR)에 기록되는 데이터가 아닌 것은?

① 고도 ② 대기속도

③ 기수방위 ④ 비행예정(Schedule)

🔍 **해설** ------------------------------

문제 58 해설 참조

[정답] 55 ① 56 ② 57 ① 58 ② 59 ④ 60 ④

61 항공기 충돌방지장치(TCAS)에서 침입하는 항공기의 고도를 알려주는 것은?

① SELCAL
② 레이더
③ VOR/DME
④ ATC Transponder

해설

TCAS는 항공기의 접근을 탐지하고 조종사에게 그 항공기의 위치정보나 충돌을 피하기 위한 회피정보를 제공하는 장치이다.

62 자동조종계통의 어떤 유닛(Unit)이 조종면에 토크(Torque)를 가하는가?

① 트랜스미터(Transmitter)
② 컨트롤러(Controller)
③ 디스크리미네이터(Discriminator)
④ 서보유닛(Servo Unit)

해설

서보유닛(Servo Unit)
컴퓨터로부터의 조타신호를 기계 출력으로 변환하는 부분으로 자동조종 컴퓨터나 빗놀이 댐퍼 컴퓨터에 의해 구동되고 도움날개, 승강키, 방향키와 수평안정판을 움직인다. 최근의 대형 항공기에서는 유압서보가 많이 사용되고 있다.

63 ADF의 설명으로 바른 것은?

① 초단파를 사용한다.
② 통과 거리 내에서 수신 가능하다.
③ 안테나는 루프안테나 만을 사용한다.
④ 사용 전파는 중파이다.

해설

자동방향탐지기(Automatic Direction Finder)
① 지상에 설치된 NDB국으로부터 송신되는 전파를 항공기에 장착된 자동방향탐지기로 수신하여 전파도래방향을 계기에 지시하는 것이다.
② 사용주파수의 범위는 190~1750[KHz](중파)이며, 190~415[KHz]까지는 NDB 주파수로 이용되고 그 이상의 주파수에서는 방송국 방위 및 방송국 전파를 수신하여 기상예보도 청취할 수 있다.
③ 항공기에는 루프안테나, 센스안테나, 수신기, 방향지시기 및 전원장치로 구성되는 수신장치가 있다.

64 INS의 원리가 아닌 것은?

① 뉴튼의 법칙을 이용한 것이다.
② 가속도는 속도의 시간에 대한 변화[m/s²]이다.
③ 속도는 거리의 시간에 대한 변화율[m/s²]이다.
④ 가속도는 가해진 힘에 반비례하고 가감속에 비례한다.

해설

① Newton의 제1법칙 : 외력이 작용하지 않는 한 물체는 그 성질을 유지하려 한다.
② Newton의 제 2법칙 : 물체의 운동 변화율은 가해진 힘에 비례하고 가해진 힘의 방향을 유지한다.
③ Newton의 제 3법칙 : 가해진 힘과 반대로 작용하는 힘의 크기는 같다.

65 INS의 특징에 대한 설명 중 틀린 것은?

① 지상의 항법 원조 시설은 필요 없다.
② 자북을 기준으로 한다.
③ 종래의 무선항법에 미해 정밀도가 좋다.
④ 고위도에서 사용 가능하다.

해설

출발 전에 항법장비 내의 컴퓨터에 출발지의 위도와 경도를 기억시켜 두고 여기에 동서남북의 이동거리를 계산하여 더하면 연속하여 항공기의 현재 위치를 구할 수 있다.

66 조종실 내의 승무원 상호 혹은 지상조업 요원과 조종실 내 운항 승무원 간에 통화하기 위한 장비는?

① Flight Interphone
② VHF
③ HF
④ Cabin Interphone

해설

통화장치의 종류
① 운항 승무원 상호간 통화장치(Flight Interphone System)
조종실 내에서 운항 승무원 상호간의 통화 연락을 위해 각종 통신이나 음성신호를 각 운항 승무원석에 배분한다.
② 승무원 상호간 통화장치(Service Interphone System)
비행 중에는 조종실과 객실 승무원석 및 갤리(Galley) 간의 통화연락을, 지상에서는 조종실과 정비 및 점검상 필요한 기체 외부와의 통화연락을 하기 위한 장치이다.

[정답] 61 ④ 62 ④ 63 ④ 64 ④ 65 ② 66 ①

③ 객실 통화장치(Cabin Interphone System)
조종실과 객실 승무원석 및 각 배치로 나누어진 객실 승무원 상호간의 통화연락을 하기 위한 장치이다.

67 DME에 대한 설명 중 틀린 것은?

① DME 거리는 수평거리이다.
② DME 거리는 비행기까지의 경사거리다.
③ 거리의 단위는 NAUTICAL MILE이다.
④ 질문해서 응답된 시간차를 거리로 환산한다.

🔍 해설

DME(Distance Measuring Equipment)
① 거리측정장치로서 VOR Station으로부터 거리의 정보를 항행 중인 항공기에 연속적으로 제공하는 항행 보조 방식 중의 하나로서 통상 VOR과 병설되어 지상에 설치되며 유효거리 내의 항공기는 VOR에 의하여 방위를 DME에 의하여 거리를 파악해서 자기의 위치를 정확히 결정할 수 있다.
② 항공기로부터 송신주파수 1,025~1,150[MHz] 펄스 전파로 송신하면 지상 Station에서는 960~1,215[MHz] 펄스를 항공기로 보내준다.
③ 기상장치는 질문 펄스를 발사한 후 응답 펄스가 수신될 때까지의 시간을 측정하여 거리를 구하여 지시계기에 나타낸다.

68 VOR에 관한 설명 중 바른 것은?

① 지상파로 극초단파를 발사한다.
② 지시오차는 ADF보다 작다.
③ 기수가 지상국의 방향을 나타낸다.
④ 기수방위와의 거리를 나타낸다.

🔍 해설

VOR(VHF Omni-Directional Range)
① 지상 VOR국을 중심으로 360° 전 방향에 대해 비행방향을 항공기에 지시한다(절대방위).
② 사용주파수는 108~118[MHz](초단파)를 사용하므로 LF/MF 대의 ADF보다 정확한 방위를 얻을 수 있다.
③ 항공기에서는 무선자기지시계(Radio Magnetic Indicator)나 수평상태지시계(Horizontal Situation Indicator)에 표지국의 방위와 그 것에 가까워졌는지, 멀어지는지 또는 코스의 이탈이 나타난다.

69 VOR에 대한 설명 중 틀린 것은?

① VOR국을 중심으로 항공기에 자방위를 부여하며 기수방위와는 관계없다.
② FROM 지시는 VOR국을 중심으로 자북방향에서 오른쪽으로 돌며 항공기 방향의 각도를 나타낸다.
③ TO 지시는 항공기를 중심으로 자북방향에서 오른쪽으로 돌며 VOR국 방향의 각도를 나타낸다.
④ 주파수는 초단파를 사용하며 도달거리는 간접파를 이용하므로 고도를 높이면 원거리까지 도달한다.

🔍 해설

VOR에 사용되고 있는 전파는 초단파(VHF)이며 주파수는 108.0~117.9[MHz]이다. 초단파는 이른파 직접파를 사용하므로 고도를 높이면 멀리까지 도달한다.

70 ADF와 VOR을 지시할 수 있는 지시계는?

① HIS   ② ADI
③ RMI   ④ ALTIMETER

🔍 해설

무선자기지시계(Radio Magnetic Indicator)
① 무선자기지시계는 자북방향에 대해 VOR 신호방향과의 각도 및 항공기의 방위각을 나타내 준다.
② 두 개의 지침을 사용하여 하나는 VOR의 방향을, 또 하나는 ADF의 방향을 나타낸다.

71 SELCAL System이란?

① 항공기 추락시 혹은 기타 중대사고시 원인 규명
② 지상에서 항공기 호출시 사용
③ 지상국 방위지시
④ 항공기에서 지상을 호출시 사용

🔍 해설

SELCAL System(Selective Calling System)
① 지상에서 항공기를 호출하기 위한 장치이다.
② HF, VHF 통신장치를 이용한다.
③ 한 목적의 항공기에 코드를 송신하면 그것을 수신한 항공기 중에서 지정된 코드와 일치하는 항공기에만 조종실 내에 램프를 점등시킴과 동시에 차임을 작동시켜 조종사에게 지상국에서 호출하고 있다는 것을 알린다.

[정답] 67 ①   68 ②   69 ④   70 ③   71 ②

④ 현재 항공기에는 지상을 호출하는 장비는 별도로 장착되어 있지 않다.

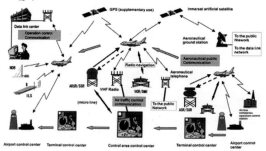

72 Marker Beacon에서 Middle Marker의 주파수는?

① 1,300[Hz]
② 400[Hz]
③ 3,000[Hz]
④ 4,000[Hz]

🔍 해설

① Inner Marker : White, 3,000[Hz]
② Middle Marker : Amber, 1,300[Hz]
③ Outer Marker : Blue, 400[Hz]

73 Marker Beacon에 있어서 Inner Marker의 주파수와 Light의 색은?

① 1,300[Hz], White
② 1,300[Hz], Amber
③ 3,000[Hz], White
④ 3,000[Hz], Amber

🔍 해설

문제 72번 해설 참조

74 PA System에는 Priory Logic이 존재한다. Priority의 순서로서 바른 것은?

① Cabin P.A → Cockpit P.A → Video System
② Auto Announcement → Video System → Cockpit P.A
③ Cockpit P.A → Cabin P.A → Auto Announcement
④ Video System → Auto Announcement → Cockpit P.A

🔍 해설

기내방송(Passenger Address)의 우선순위

① 운항 승무원(Flight Crew)의 기내방송
② 객실 승무원(Cabin Crew)의 기내방송
③ 재생장치에 의한 음성방송(Auto-Announcement)
④ 기내음악(Boarding Music)
▶ Cockpit P.A → Cabin P.A → Auto Announcement

75 Flight Interphone System 사용목적이 아닌 것은?

① 운항 승무원 상호간
② 지상조업 요원과 조종실 내 운항 승무원
③ 운항 승무원과 지상 Station과 통화 시
④ 운항 승무원과 Cabin 승무원과 통화 시

🔍 해설

통화장치의 종류

① 운항 승무원 상호간 통화장치(Flight Interphone System)
조종실 내에서 운항 승무원 상호간의 통화 연락을 위해 각종 통신이나 음성신호를 각 운항 승무원석에 배분한다.
② 승무원 상호간 통화장치(Service Interphone System)
비행 중에는 조종실과 객실 승무원석 및 갤리(Galley) 간의 통화연락을, 지상에서는 조종실과 정비 및 점검상 필요한 기체 외부와의 통화연락을 하기 위한 장치이다.
③ 객실 통화장치(Cabin Interphone System)
조종실과 객실 승무원석 및 각 배치로 나누어진 객실 승무원 상호간의 통화연락을 하기 위한 장치이다.

76 PSS(Passenger Service System)에 속하지 않는 것은?

① Attendant Call S/W
② Reading Light
③ Master Call Light
④ Audio System

[정답] 72 ① 73 ③ 74 ③ 75 ④ 76 ④

해설

PSS(Passenger Service System)

승객에게 Service하기 위한 장치이며, 승객좌석에서 Attendant Call Switch, Reading Light Switch를 작동시켰을 때, Attendant Call Light Control 및 Individual Reading Light Control을 위한 System이다. 승객이 좌석에서 Call Switch를 작동했을 때 Master Call Light가 들어온다.

77 Passenger Address System에 해당하지 않는 것은?

① 조종실에서 방송하는 안내방송
② 객실 승무원이 방송하는 안내방송
③ Pre-Record된 안내방송
④ Boarding Music & Video Audio

해설

기내방송(Passenger Address)의 우선순위
① 운항 승무원(Flight Crew)의 기내방송
② 객실 승무원(Cabin Crew)의 기내방송
③ 재생장치에 의한 음성방송(Auto-Announcement)
④ 기내음악(Boarding Music)

78 LRRA(Low Lange Radio Altimeter)의 고도 계산은?

① 송신된 PULSE가 지면에 반사되어 수신될 때까지의 시간차를 이용
② 송신된 PULSE가 지면에 반사되어 수신될 때까지의 위상차를 이용
③ 송신된 주파수가 지면에 반사되어 수신될 때에 송신되는 주파수와의 주파수차이를 이용
④ 송신된 주파수의 DOPPLER 효과를 이용하여 수신된 주파수를 이용

해설

전파가 발사되어 수신될 때까지 소요된 시간에 얼마만큼 발사주파수가 변화했는지를 주파수 계산기로 계산하여 그 값으로 지시계에 고도 표시를 한다.

79 LRRA에 대한 설명으로 맞는 것은?

① 기압고도계이다.
② 고고도 측정에 사용된다.
③ 전파고도계로 항공기가 착륙할 때 사용한다.
④ 평균해수면고도를 지시한다.

해설

전파고도계로서 물체에 부딪혀서 반사되는 성질을 이용하여 절대고도를 측정하기 위한 항공계기의 일종으로 항공기에서 정현파로 주파수 변조, 대지를 향하여 발사하고 그 대지 반사파를 항공기에서 수신하여 항공계기에 지시하는 것

80 LRRA(Low Range Radio Altimeter)로 구할 수 있는 고도는?

① 진고도   ② 절대고도
③ 기압고도   ④ 마찰고도

해설

문제 79 해설 참조

81 Ground Station을 필요로 하지 않는 장비는?

① LRRA, WXR, DME
② M/B, ADF, VOR
③ LRRA, WXR, INS
④ ILS, WXR, LRRA

해설

이 계통의 항법장치는 Ground의 항법보조시설의 도움 없이 독립적으로 작동되어 항공기 위치의 정보를 공급하며 여기에 포함되는 것은 다음과 같다.
① INS(Inertial Navigation System)
② Weather radar
③ GPWS(Ground Proximity Warning System)
④ Radio Altimeter

82 Ground의 항법보조시설의 도움 없이 독립적으로 작동되는 항법장치가 아닌 것은?

[정답] 77 ④ 78 ③ 79 ③ 80 ② 81 ③ 82 ④

① INS
② LRRA
③ GPWS(Ground Proximity Warning System)
④ DME

Ground 항법보조시설의 도움 없이 작동되는 항법장치는 INS, Weather Radar, GPWS, Radio Altimeter

83 항공기 이·착륙 시 도움을 주는 주된 장비가 아닌 것은?

① VOR/ILS
② Marker Beacon
③ LRRA
④ DME

DME는 거리측정장치로서 VOR Station으로부터의 거리의 정보를 항행 중인 항공기에 연속적으로 제공하는 항행보조방식 중의 하나로서, 통상 VOR과 병설하여 지상에 설치되며 유효거리 내의 항공기는 VOR에 의하여 방위를, DME 에 의하여 거리를 파악해서 자기의 위치를 정확히 결정할 수 있다.

84 INS에 포함되지 않는 것은?

① 가속도계
② 자이로스코프
③ 플럭스 게이트
④ 플랫폼

INS(Inertial Navigation System, 관성항법장치)의 구성
① 가속도계 : 이동에 의해 생기는 동서, 남북, 상하의 가속도 검출
② 자이로스코프 : 가속도계를 올바른 자세로 유지
③ 전자회로 : 가속도의 출력을 적분하여 이동속도를 구하고 다시 한번 적분하여 이동거리를 구함

85 Cockpit Voice Recorder에 대한 설명으로 옳은 것은?

① 지상에서 항공기를 호출하기 위한 장치이다.
② 항공기 사고원인규명을 위해 사용되는 녹음장치이다.
③ HF 또는 VHF를 이용하여 통화를 하는 장치이다.
④ 지상에 있는 정비사에게 Alerting하기 위한 장치이다.

항공기 추락 시 혹은 기타 중대사고 시 원인규명을 위하여 조종실 승무원의 통신내용 및 대담내용, 그리고 조종실 내 제반 Warning 등을 녹음하는 장비이다.

86 Cockpit Voice Recorder에 대한 설명 중 틀린 것은?

① 항공기 추락 또는 기타 중대한 사고 시 원인규명을 위한 장치이다.
② 조종실 승무원의 통화내용을 녹음한다.
③ Tape는 30분 Endless Type이며 3개의 Channel을 갖고 있다.
④ 조종실 내 제반 Warning 상황을 녹음한다.

① 항공기 추락 또는 기타 중대한 사고 시 원인규명을 위한 장치이다.
② 조종실 승무원의 통화내용을 녹음한다.
③ Tape는 30분 Endless Type이며 4개의 Channel을 갖고 있다.
④ 조종실 내 제반 Warning 상황을 녹음한다.

87 항공기에 탑재되어 항공기와 산악 또는 지면과의 충돌사고를 방지하는 장치는?

① Weather Radar
② INS
③ GPWS
④ Radio Altimeter

GPWS는 항공기가 지상의 지형에 대해 위험한 상태에 직면하는가 또는 그 가능성이 있는가를 자동적으로 검출하여 감시하는 장치

88 주변에 사람, 격납고, 건물, 유류보급항공기가 몇 [m] 이내에 있을 경우 Weather Radar를 작동시키지 말아야 하는가?

① 50[m]
② 75[m]
③ 100[m]
④ 125[m]

[정답] 83 ④ 84 ③ 85 ② 86 ③ 87 ③ 88 ③

주변에 사람, 격납고, 건물, 유류보급항공기가 100[m] 이내에 있을 경우 Weather Radar를 작동시키지 말아야 한다.

---

89 자동비행조정장치(Auto Flight Control System)의 목적이 아닌 것은?

① 항공기의 신뢰성과 안전성 향상

② 항공기의 수명 연장

③ 장거리비행에서 오는 조종사의 업무 경감

④ 경제성(연료) 향상

🔍 **해설**

자동비행조정장치의 목적
① 항공기의 신뢰성과 안정성 향상
② 장거리 비행에서 오는 조종사 업무 경감
③ 경제성(연료)향상

---

90 지정된 비행고도를 충실히 유지하기 위해 그 고도에 접근 했을 때 또는 그 고도에서 이탈했을 때 경고등과 경고음을 작동시키는 장치는?

① Stall Warning System

② Flight Management System

③ Altitude Alert System

④ Auto Land System

🔍 **해설**

고도경보장치(Altitude Alert System)
지정된 비행고도를 충실이 유지하기 위해 개발된 장치로 관제탑에서 비행고도가 지정될 때마다 수동으로 고도경보컴퓨터에 고도를 설정하고 그 고도에 접근했을 때 또는 그 고도에서 이탈했을 때 경보등과 경고음을 작동시켜 조종사에게 주의를 촉구하는 장치

---

91 항공기가 지정된 비행고도를 충실히 유지하기 위해 비행고도가 지정될 때마다 조종사에게 알려주는 장치는?

① Altitude Alert System

② LRRA

③ ADF

④ Ground Crew Call System

🔍 **해설**

ATC(Air Trafic Control) 자동응답장치(transponder)는 항로 항공관제계통의 항공기 탑재부분의 장치로서 지상 Station의 Radar Antenna로부터 질문전파주파수 1,030[MHz]의 신호를 받아 이를 자동적으로 응답주파수 1,090[MHz]에 부호화된 신호로 응답해 주어 지상관제사가 항공기를 쉽게 식별할 수 있게 하는 장비이다.

---

92 지상관제사가 항공기를 쉽게 식별할 수 있게 하는 장비는?

① ATC

② DME

③ VOR

④ ADF

🔍 **해설**

문제 91번 해설 참조

---

93 자동비행장치인 FMS(Flight Management System)의 주요기능이 아닌 것은?

① 조종사의 Work Load가 현저히 감소한다.

② 자동비행장치이므로 Human Error 위험성은 다소 많다.

③ 비행안전성이 향상된다.

④ 연료효율이 가장 좋은 상태로 운항할 수 있다.

🔍 **해설**

FMS의 주요기능
① 조종사의 Work Load가 현저히 감소한다.
② 자동항법의 실현에 의해 Human Error 위험성이 감소하고 비행안정성이 향상된다.
③ Computer제어에 의해 연료효율이 가장 좋은 경제적인 운항이 가능하다.

---

94 에어데이터 컴퓨터의 기능 중 틀린 것은?

① Static Pressure를 받아 고도를 산출한다.

② Pitot Pressure를 받아 고도를 산출한다.

[정답] 89 ② 90 ③ 91 ① 92 ① 93 ② 94 ②

③ Pitot와 Static Pressure를 받아 Airspeed를 산출한다.

④ 계산된 Pitot와 Static Pressure를 받아 마하수를 산출한다.

🔍 해설

① Static Pressure를 받아 Altitude를 산출한다.
② Pitot와 Static Pressure를 받아 Airspeed를 산출한다.
③ Altitude와 Airspeed Signal을 이용하여 Mach Signal을 산출한다.
④ Mach Signal과 Temperature Signal을 결합하여 True Airspeed와 Static Air Tempe-rature를 산출한다.

95 자동비행장치의 목적이 아닌 것은?

① 항공기 신뢰성 향상
② 항공기 안전성 향상
③ 장거리비행에 따른 조종사 업무 경감
④ 항공기 정시성 확보

🔍 해설

항공기 신뢰성과 안정성 향상, 장거리비행에 따른 조종사 업무 경감, 경제성(연료) 향상

96 자동조종장치의 유도기능이 아닌 것은?

① VOR에 의한 유도
② ILS에 의한 유도
③ INS에 의한 유도
④ SELCAL에 의한 유도

97 다음 중 항공기가 실속속도에 접근할 때 조종사에게 조종간을 진동시켜 알려주는 경보장치는?

① Stall Warning System
② Flight Management System
③ Altitude Alert System
④ Flight Director

🔍 해설

Stall Warning System
항공기가 실속상태에 들어가기 전에 Flap Down에 비해 받음각이 너무 커 조종사에게 실속속도에 접근하는 것을 조종간에 진동을 주어 알려주는 경보장치

2 항공전기

01 교류회로의 3가지 저항체가 아닌 것은?

① 전류
② 콘덴서
③ 저항
④ 코일

🔍 해설

교류의 전기회로에서 전류가 흐르지 못하게 하는 것에는
① 저항에 의한 Resistance
② 코일에 의한 Inductive Reactance
③ 콘덴서에 의한 Capacitive Reactance
④ 이것을 총칭하여 Impedance라고 한다.

02 0.001[A]는 얼마인가?

① 1[MA]
② 1[mA]
③ 1[kA]
④ 1[GA]

🔍 해설

$$0.001[A] = 1[mA]$$
$$= 1 \times 10^{-6}[kA]$$
$$= 1 \times 10^{-9}[MA]$$
$$= 1 \times 10^{-12}[GA]$$

03 전기저항이 3[Ω]인 지름이 일정한 도선의 길이를 일정하게 3배로 늘렸다면 그 때 저항은 어떻게 되겠는가?

① 25[Ω]
② 26[Ω]
③ 27[Ω]
④ 28[Ω]

🔍 해설

도선의 길이에 관한 저항을 구하는 공식
$R = \rho \times l/S$에서 길이를 3배로 늘린다면 단면적은 1/3로 감소하므로 원래의 저항에서 9배 증가하므로 $3 \times 9 = 27[Ω]$

[정답] 95 ④ 96 ④ 97 ① 2. 항공전기 01 ① 02 ② 03 ③

04 도체의 저항에 대한 설명 중 맞는 것은?

① 도체의 저항은 도체의 길이에 비례하고, 단면적에 비례한다.
② 도체의 저항은 도체의 길이에 반비례하고, 단면적에 비례한다.
③ 도체의 저항은 도체의 길이에 비례하고, 단면적에 반비례한다.
④ 도체의 저항은 도체의 길이에 반비례하고, 단면적에 반비례한다.

해설

문제 3 해설 참조

05 도체의 저항을 감소시키는 방법은?

① 길이를 줄이거나 단면적을 증가시킨다.
② 길이나 단면적을 줄인다.
③ 길이를 늘이거나 단면적을 증가시킨다.
④ 길이나 단면적을 늘인다.

해설

$R = \rho \times \ell / S$에서 길이를 줄이거나 단면적을 증가시킨다.

06 전압이 12[V], 전류가 2[A]로 흐를 때 저항은 얼마인가?

① 2[Ω] ② 4[Ω]
③ 6[Ω] ④ 12[Ω]

해설

$R = V/I = 12/2 = 6[\Omega]$

07 전원이 28[V]이고, 저항 5[Ω], 10[Ω], 13[Ω]을 직렬로 연결할 때 전류는?

① 1[A] ② 2[A]
③ 3[A] ④ 4[A]

해설

직렬로 연결된 저항의 합성저항
$R = R_1 + R_2 + R_3 + \cdots$ 이므로 $R = 28[\Omega]$
$I = V/R = 28/28 = 1[A]$

08 28[V]의 전기회로에 3개의 직렬저항만 들어 있고, 이들 저항은 각각 10[Ω], 15[Ω], 20[Ω]이다. 이때 직렬로 삽입한 전류계의 눈금을 읽으면 다음 어느 것인가?

① 0.62[A] ② 1.26[A]
③ 6.22[A] ④ 62[A]

해설

직렬로 연결된 저항의 합성저항
$R = R_1 + R_2 + R_3 + \cdots$ 이므로 $R = 45[\Omega]$
$I = V/R = 28/45 = 0.62[A]$

09 저항 12[Ω]짜리 2개, 6[Ω]짜리 1개가 병렬로 연결된 회로의 총 저항은?

① 3[Ω] ② 9[Ω]
③ 12[Ω] ④ 24[Ω]

해설

병렬 합성저항을 구하는 공식
$1/R = 1/R_1 + 1/R_2 + 1/R_3 + \cdots$ 이므로 공식에 대입하면
$1/R = 1/12 + 1/12 + 1/6 = 4/12 = 1/3$이므로 $R = 3[\Omega]$

10 200[V], 100[W]의 전열기의 저항은?

① 0.5[Ω] ② 2[Ω]
③ 4[Ω] ④ 400[Ω]

해설

옴의 법칙 $I = E/R$ $E = IR$, 전력 $P = EI$이므로
$P = EI = E \times E/R = E^2/R$이 된다. 따라서 $R = E^2/P$이므로
$R = 200 \times 200/100 = 40,000/100 = 400[\Omega]$

[정답] 04 ③ 05 ① 06 ③ 07 ① 08 ① 09 ① 10 ④

11 전압이 24[V]이고, 직렬로 연결된 저항 값이 2[Ω], 4[Ω], 6[Ω]일 때 전류의 값은?

① 2[A]
② 4[A]
③ 8[A]
④ 12[A]

🔍 해설

직렬로 연결된 저항의 합성저항

$R=R_1+R_2+R_3+\cdots$ 이므로 $R=2+4+6=12[\Omega]$이고,
$E=IR$이므로 $I=E/R=24/12=2[A]$

12 15[μF]인 콘덴서 3개를 직렬로 접속하였을 때 총 콘덴서의 용량은?

① 0.5[μF]
② 5[μF]
③ 15[μF]
④ 45[μF]

🔍 해설

합성정전용량

① 직렬연결인 경우 : $1/C=1/C_1+1/C_2+1/C_3+\cdots$
② 병렬연결인 경우 : $C=C_1+C_2+C_3+\cdots$
　위의 조건을 식에 대입하면
　$1/C=1/15+1/15+1/15=3/15=1/5$
　$\therefore C=5[\mu F]$

13 110[V], 60[Hz]의 교류전원에 20[μF]의 Capacitor를 연결하였을 때 Reactance는?

① 0.0013[Ω]
② 1,326[Ω]
③ 756.6[Ω]
④ 13,200[Ω]

🔍 해설

리액턴스 구하는 공식

$Xc=1/2\pi fC=1/(2\times 3.14\times 60\times 20\times 10^{-6})=1,326.96[\Omega]$

14 50[μF]의 Capacitor에 200[V], 60[Hz]의 교류전압을 가했을 때 흐르는 전류는?

① 약 0.01[A]
② 약 0.106[A]
③ 약 3.77[A]
④ 약 37.7[A]

🔍 해설

리액턴스 구하는 공식

$Xc=1/2\pi fC=1/2\times 3.14\times 60\times 50\times 10^{-6}=53[\Omega]$
$I=E/R=200/53≒3.77[A]$

15 콘덴서만의 회로에 대한 설명으로 틀린 것은?

① 전류는 전압보다 $\pi/2$만큼 위상이 앞선다.
② 용량성 리액턴스는 주파수에 반비례한다.
③ 용량성 리액턴스는 콘덴서의 용량에 반비례한다.
④ 용량성 리액턴스가 작으면 전류가 작아진다.

🔍 해설

리액턴스 : 90° 위상차를 갖게 하는 교류저항

① 인덕턴스로 인한 것을 유도성 리액턴스라 하고, 전압의 위상을 전류보다 90° 앞서게 한다.
② 커패시턴스로 인한 것을 용량성 리액턴스라고 하고, 전압의 위상을 전류보다 90° 늦게 한다.

16 다음 교류회로에 관한 설명 중 틀린 것은?

① 용량성 회로에서는 전압이 전류보다 90° 늦다.
② 유도성 회로에서는 전압이 전류보다 90° 빠르다.
③ 저항만의 회로에서는 전압과 전류가 동상이다.
④ 모든 회로에서 전압과 전류는 동상이다.

🔍 해설

문제 15 해설 참조

17 릴레이에 연결된 Line을 바꾸어 장착하였을 경우 가장 옳다고 생각되는 것은?

① 릴레이는 작동하지 않는다.
② 릴레이는 정상적으로 작동한다.
③ On/Off 상태가 바뀐다.
④ 릴레이가 고착된다.

🔍 해설

릴레이의 단자를 바꾸어 연결하면 On/Off 상태가 바뀐다.

[정답] 11 ①　12 ②　13 ②　14 ③　15 ④　16 ④　17 ③

18 교류전원에서 전압계는 200[V], 전류계는 5[A], 역률이 0.8일 때 다음 중 틀린 것은?

① 유효전력은 800[W]

② 무효전력은 400[VAR]

③ 피상전력은 1,000[VA]

④ 소비전력은 800[W]

해설

- 피상전력$= EI = 200 \times 5 = 1,000[VA]$
- 유효전력$= EI\cos\theta = 1,000 \times 0.8 = 800[W]$
- 무효전력$= EI\sin\theta = 1,000 \times 0.6 = 600$

19 절연된 두 전선을 항공기에 배선할 때 두 전선을 꼬는 이유는?

① 묶을 수 없게 하기 위하여

② 그것을 더 딱딱하게 하기 위하여

③ 조그마한 구멍을 쉽게 통과하게 하기 위하여

④ 마그네틱 컴퍼스 부근을 통과할 때 자기영향을 받지 않게 하기 위하여

해설

전선을 꼬아서 사용함으로써 형성되는 자장을 상쇄시켜 자장에 의한 오차를 최소화하기 위해서이다.

20 전력의 단위는 무엇인가?

① Volt

② Watt

③ Ohm

④ Ampere

21 피상전력과 유효전력의 비는 무엇인가?

① 역률

② 무효전력

③ 총 출력

④ 교류전력

해설

- 피상전력$= \sqrt{(\text{유효전력})^2 + (\text{무효전력})^2}\,[VA]$
- 유효전력$=$ 피상전력 $\times$ 역률$[W]$
- 무효전력$=$ 피상전력 $\times \sqrt{1 - (\text{역률})^2}\,[VAR]$

22 항공기에 상용되는 전기계통에 대한 설명 중 틀린 것은?

① 항공기의 전기계통은 전력계통, 배전 및 부하계통 등으로 나뉘어진다.

② 배전계통은 인버터와 정류기 등이 있다.

③ 전력계통은 엔진에 의해 구동되는 발전기와 축전지로 구성된다.

④ 부하계통은 전동기, 점화계통, 시동계통 및 조명계통 등이다.

해설

배전계통은 도선, 회로제어장치, 회로보호장치 등으로 구성이 된다.

23 최댓값이 200[V]인 정현파교류의 실효값은 얼마인가?

① 129.3[V]

② 141.4[V]

③ 135.6[V]

④ 151.5[V]

해설

교류의 크기

① 순시값 : 교류의 시간에 따라 순간마다 파의 크기가 변하고 있으므로 전류파형 또는 전압파형에서 어떤 임의의 순간에서 전류 또는 전압의 크기

② 최댓값 : 교류파형의 순시값 중에서 가장 큰 순시값

③ 평균값 : 교류의 방향이 바뀌지 않은 반주기 동안의 파형을 평균한 값으로 평균값은 최댓값의 $2/\pi$배, 즉 0.637배이다.

④ 실효값 : 전기가 하는 일량은 열량으로 환산 할 수 있어 일정한 시간동안 교류가 발생하는 열량과 직류가 발생하는 열량을 비교한 교류의 크기로 실효값은 최댓값의 $1/\sqrt{2}$ 배, 즉 0.707배이다.

$E = \dfrac{E_m}{\sqrt{2}}$ 에서 최대전압 $E_m = E\sqrt{2}$

$E_m = 200 \times 0.707 = 141.4$

24 115[V], 3상, 400[Hz]에서 400[Hz]는 무엇인가?

① 초당 사이클

② 분당 사이클

③ 시간당 사이클

④ 회전수당 사이클

[정답] 18 ② 19 ④ 20 ② 21 ① 22 ② 23 ② 24 ①

해설

정현파에 있어서 어떠한 변화를 거쳐서 처음의 상태로 돌아갈 때까지의 변화를 1사이클 이라고 하고 1초간에 포함되는 사이클의 수를 주파수라고 한다. 그 단위는 [CPS : Cycle Per Second] 또는 [Hz: Herz]라고 표시한다.

25 퓨즈는 규정된 수를 예비품으로 보관하여야 하는데 일반적으로 총 사용수의 몇 [%]를 보관하는가?

① 40[%]　　　　　② 50[%]

③ 60[%]　　　　　④ 70[%]

해설

퓨즈를 교환할 때에는 해당 항공기의 매뉴얼을 참고하여 규정용량과 형식의 것을 사용해야 하며, 항공기 내에는 규정된 수의 50[%]에 해당되는 예비 퓨즈를 항상 비치하도록 되어 있다.

26 다음 중 키르히호프 제1법칙을 맞게 설명한 것은?

① 임의의 폐회로를 따라 한 방향으로 일주하면서 취한 전압상승의 대수적 합은 0이다.

② 도선의 임의의 접합점에 유입하는 전류와 나가는 전류의 대수적 합은 0이다.

③ 임의의 폐회로를 따라 한 방향으로 일주하면서 취한 전압상승의 대수적 합은 1이다.

④ 도선의 임의의 접합점에 유입하는 전류와 나가는 전류의 대수적 합은 1이다.

해설

키르히호프의 법칙

① 키르히호프 제1법칙(KCL : 키르히호프의 전류법칙)
회로망의 임의의 접속점에서 볼 때, 접속점에 흘러 들어오는 전류의 합은 흘러나가는 전류의 합과 같다는 법칙

② 키르히호프 제2법칙(KVL : 키르히호프의 전압법칙)
회로망 중의 임의의 폐회로 내에서 그 폐회로를 따라 한 방향으로 일주함으로써 생기는 전압강하의 합은 그 폐회로 내에 포함되어 있는 기전력의 합과 같다는 법칙

27 다음 중 계전기(Relay)의 역할은?

① 전기회로의 전압을 다양하게 사용하기 위함이다.

② 작은 양의 전류로 큰 전류를 제어하는 원격 스위치이다.

③ 전기적 에너지를 기계적 에너지로 전환시켜 주는 장치이다.

④ 전류의 방향 전환을 시켜주는 장치이다.

해설

계전기(Relay)

조종석에 설치되어 있는 스위치에 의하여 먼 거리의 많은 전류가 흐르는 회로를 직접 개폐시키는 역할을 하는 일종의 전자기 스위치(Electromagnetic Switch)라고 할 수 있다.

① 고정철심형 계전기 : 철심이 고정되어 있고, 솔레노이드 코일에서 전류의 흐름에 따라 철편으로 된 전기자를 움직이게 하여 접점을 개폐시킨다.

② 운동철심형 계전기 : 접점을 가진 철심부가 솔레노이드 코일 내부에서 솔레노이드코일의 전류에 의하여 접점이 연결되고, 귀환 스프링에 의하여 접점이 떨어진다.

28 다음 중 본딩 와이어(Bonding Wire)의 역할로 틀린 것은?

① 무선 장해의 감소

② 정전기 축적의 방지

③ 이종 금속 간의 부식의 방지

④ 회로저항의 감소

해설

본딩 와이어(Bonding Wire)는 부재와 부재 간에 전기적 접촉을 확실히 하기 위해 구리선을 넓게 짜서 연결하는 것을 말하며 목적은 다음과 같다.

① 양단간의 전위차를 제거해 줌으로써 정전기 발생을 방지한다.

② 전기회로의 접지회로로서 저저항을 꾀한다.

③ 무선 방해를 감소하고 계기의 지시 오차를 없앤다.

④ 화재의 위험성이 있는 항공기 각 부분 간의 전위차를 없앤다.

29 본딩 점퍼(Bonding Jumper)에 대한 설명 중 맞는 것은?

[정답] 25 ② 　26 ② 　27 ② 　28 ③ 　29 ③

① 본딩 점퍼를 연결하였을 때의 저항은 0.03[Ω] 이하이어야 한다.
② 본딩 점퍼의 길이에는 무관하여 철저하게 연결하는 것이 중요하다.
③ 본딩 점퍼는 항공기의 어떤 움직임에 방해가 되어서는 안 된다.
④ 본딩 점퍼 시 페인트 위를 깨끗이 세척하고 장착해야 한다.

해설

본딩 점퍼는 항공기의 어떤 움직임에 방해가 되어서는 안된다.

30 도선의 접속방법 중 장착, 장탈이 쉬운 방법은?

① 납땜
② 스플라이스
③ 케이블 터미널
④ 커넥터

해설

도선의 연결장치
① 케이블 터미널 : 전선의 한쪽에만 접속을 하게끔 되어 있고, 연결 시 전선의 재질과 동일한 것을 사용해야 하며(이질금속 간의 부식을 방지) 전선의 규격에 맞는 터미널(보통 2~3개의 규격을 공통으로 사용)을 사용해야 한다.
② 스플라이스 : 양쪽 모두 전선과 접속시킬 수 있고 스플라이스의 바깥 면에 플라스틱과 같은 절연물로 절연되어 있는 금속 튜브로 이것이 전선 다발에 위치할 때에는 전선 다발 지름이 변하지 않게 하기 위하여 서로 엇갈리게 장착해야 한다.
③ 커넥터 : 항공기 전기회로나 장비 등을 쉽고 빠르게 장·탈착 및 정비하기 위하여 만들어진 것으로, 취급시 가장 중요한 것은 수분의 응결로 인해 커넥터 내부에 부식이 생기는 것을 방지하는 것이다. 수분의 침투가 우려되는 곳에는 방수용젤리로 코팅하거나 특수한 방수처리를 해야 한다.

31 교류회로에 사용되는 전압은?

① 최댓값
② 평균값
③ 실효값
④ 최솟값

해설

교류전류나 전압을 표시할 때에는 달리 명시되지 않는 한 항상 실효값을 의미한다.

32 전기회로 보호장치 중 규정 용량 이상의 전류가 흐를 때 회로를 차단시키며 스위치 역할과 계속 사용이 가능한 것은?

① 회로차단기
② 열보호장치
③ 퓨즈
④ 전류제한기

해설

회로보호장치
① 퓨즈(Fuse)
규정 이상으로 전류가 흐르면 녹아 끊어짐으로써 회로에 흐르는 전류를 차단시키는 장치
② 전류제한기(Current Limiter)
비교적 높은 전류를 짧은 시간 동안 허용할 수 있게 한 구리로 만든 퓨즈의 일종(퓨즈와 전류제한기는 한번 끊어지면 재사용이 불가능하다.)
③ 회로차단기(Circuit Breaker)
회로 내에 규정 이상의 전류가 흐를 때 회로가 열리게 하여 전류의 흐름을 막는 장치(재사용이 가능하고 스위치 역할도 한다.)
④ 열보호장치(Thermal Protector)
열스위치라고도 하고, 전동기 등과 같이 과부하로 인하여 기기가 과열되면 자동으로 공급전류가 끊어지도록 하는 스위치

33 전기퓨즈의 결정요소는 무엇인가?

① 전압
② 흐르는 전류
③ 전력
④ 온도

해설

퓨즈(Fuse)는 규정 이상으로 전류가 흐르면 녹아 끊어짐으로써 회로에 흐르는 전류를 차단시키는 장치

34 잠깐 동안 과부하전류를 허용하는 것은?

① 역전류차단기(Reverse Current Cut-out Relay)
② 퓨즈(Fuse)
③ 전류제한기(Current Limiter)
④ 회로차단기(Circuit Breaker)

해설

전류제한기(Current Limiter)
비교적 높은 전류를 짧은 시간 동안 허용할 수 있게 한 구리로 만든 퓨즈의 일종(퓨즈와 전류제한기는 한번 끊어지면 재사용이 불가능하다.)

[정답] 30 ④ 31 ③ 32 ① 33 ② 34 ③

35 어떤 계기의 소비전력이 220[W]라고 할 때 100[V] 전원에 연결하면 몇 Ampere 회로 차단기를 장착하는가?

① 1.5[A] ② 2.0[A]

③ 2.5[A] ④ 3.0[A]

🔍 **해설**

$P = VI$에서 $I = P/V = 220/100 = 2.2$[A]

전류가 2.2[A]가 흐르므로 2.5[A]짜리 회로차단기를 사용해야 한다.

36 어떤 회로차단기에 2A라고 기재되어 있다면 이 의미로 맞는 것은?

① 2[A] 미만의 전류가 흐르면 회로를 차단한다.

② 2[A]의 전류가 흐르면 즉시 회로를 차단한다.

③ 2[A]를 넘는 전류가 일정 시간 흐르면 회로를 차단한다.

④ 2[A] 이외의 전류가 흐르면 회로를 차단한다.

🔍 **해설**

회로차단기(Circuit Breaker)

회로 내에 규정 이상의 전류가 흐를 때 회로가 열리게 하여 전류의 흐름을 막는 장치로 보통 퓨즈 대신에 많이 사용되며 스위치 역할까지 하는 것도 있다. 회로차단기의 정상 작동을 점검하기 위해서는 규정 용량 이상의 전류를 흘려보내 접점이 떨어지는 지를 확인하고 다시 정상전류가 공급된 상태로 한 다음 푸시풀(Push Pull)버튼을 눌렀을 때 그대로 있는 지를 점검해야 한다.

37 회로차단기의 장착 위치는?

① 전원부에서 먼 곳에 설치하는 것이 좋다.

② 전원부에서 가까운 곳에 설치하는 것이 좋다.

③ 전원부와 부하의 중간에 설치하는 것이 좋다.

④ 회로의 종류에 따라 적당한 곳에 설치하는 것이 좋다.

🔍 **해설**

회로차단기뿐만 아니라 회로보호장치들은 전원부에서 가까운 곳에 설치를 하여 회로를 보호한다.

38 전기도선의 크기를 선택할 때 고려해야 할 사항은?

① 전압강하와 전류용량

② 길이와 전압강하

③ 길이와 전류용량

④ 양단에 가해질 전압의 크기

🔍 **해설**

도선을 선택할 때의 고려사항

① 도선에서 발생하는 줄열

② 도선 내에 흐르는 전류의 크기

③ 도선의 저항에 따른 전압강하

39 전선을 연결하는 스플라이스(Splice)가 있는데, 사용법의 설명으로 맞는 것은?

① 서모 커플의 보상 도선의 결합에 사용해도 무방하다.

② 진동이 있는 부분에 사용해야 좋다.

③ 납땜을 한 스플라이스(Splice)를 사용해도 좋다.

④ 많은 전선을 결합할 경우는 스태거 접속으로 한다.

🔍 **해설**

전선의 접속시 원칙

① 진동이 있는 장소는 피하거나 최소로 한다.

② 정기적으로 점검할 수 있는 장소에서 완전히 접속한다.

③ 전선 다발로 많은 스플라이스를 이용할 경우에는 스태거(Stagger) 접속으로 한다.

40 현대의 대형 항공기는 직류 System을 사용하지 않고 교류 System을 채택한 이유는 무엇인가?

① 같은 용량의 직류기기보다 무게가 가볍다.

② 전압의 승압, 감압이 편리하다.

③ 높은 고도에서 Brush를 사용하는 직류발전기에서 일어 날 수 있는 Brush Arcing현상이 없다.

④ 이상 다 맞다.

🔍 **해설**

항공기에서 직류를 사용하게 되면 승·감압이 어려워 큰 전류가 필요하게 되므로 항공기의 모든 이용부분에 전기를 공급하기 위한 도선이 굵어야 되기 때문에 전기계통이 차지하는 무게가 무거워지게 된다. 이러한 이유로 전압을 높이기 쉬운 교류를 사용하고, 그중 3상교류를 많이 사용하게 된다.

[정답] 35 ③ 36 ③ 37 ② 38 ① 39 ④ 40 ④

41 항공기의 주 전원 계통으로 교류를 사용할 때 직류에 비교해서 장점이 아닌 것은?

① 가는 전선으로 다량의 전력 전송이 가능하다.

② 전압 변경이 용이하다.

③ 병렬운전이 용이하다.

④ 브러시가 없는 영구자석발전기 사용이 가능하다.

해설

직류발전기의 병렬운전은 출력전압만 맞추어 주면 되지만, 교류일 경우는 전압 외에 주파수, 위상차를 규정값 이내로 맞추어 줘야 하기 때문에 병렬운전이 복잡해진다.

42 직류발전기의 병렬운전에서 필요조건은 어느 것인가?

① 주파수가 같아야 한다.   ② 전압이 같아야 한다.

③ 회전이 같아야 한다.   ④ 부하가 같아야 한다.

해설

직류발전기의 병렬운전은 출력전압만 맞추어 주면 되지만, 교류일 경우는 전압 외에 주파수, 위상차를 규정값 이내로 맞추어 주어야 한다.

43 항공기에서 교류발전기 병렬운전을 위한 조건은?

① 전압, 전류, 주파수가 같아야 한다.

② 전압, 위상, 주파수가 같아야 한다.

③ 전압, 위상, 전류가 같아야 한다.

④ 전류, 위상, 주파수가 같아야 한다.

해설

병렬운전의 조건은 전압, 위상, 주파수가 같아야 한다.

44 비교해 볼 때 회로차단기(Circuit Breaker)의 이점은 무엇인가?

① 교체할 필요가 없다.

② 과부하(Over Load)에서 더 빠르게 반응한다.

③ 스위치가 필요 없다.

④ 다시 작동시킬 수 있고 재사용할 수 있다.

해설

회로보호장치

① 퓨즈
- ⓐ 규정 용량 이상의 전류가 흐를 때 녹아 끊어져 전류를 차단시킨다.
- ⓑ 한번 끊어지면 재사용을 할 수 없다.
- ⓒ 항공기 내에는 규정된 수의 50[%]에 해당되는 예비퓨즈를 항상 비치해야 한다.

② 회로차단기
- ⓐ 규정 용량 이상의 전류가 흐를 때 회로를 차단시킨다.
- ⓑ 스위치 역할도 할 수 있다.
- ⓒ 재사용이 가능하다.

45 항공기에 가장 많이 쓰이는 스위치는 무엇인가?

① 토글스위치(Toggle Switch)

② 리밋스위치(Limit Switch)

③ 회전스위치(Rotary Switch)

④ 버튼스위치(Button Switch)

해설

스위치의 종류

① 토글스위치(Toggle Switch)
가장 많이 쓰인다.

② 푸시 버튼 스위치(Push Button Switch)
계기 패널에 많이 사용되며 조종사가 식별하기 쉽도록 되어 있다.

③ 마이크로스위치(Micro Switch)
착륙장치와 플랩 등을 작동하는 전동기의 작동을 제한하는 스위치(Limit Switch)로 사용된다.

④ 회전스위치(Rotary Switch)
스위치 손잡이를 돌려 한 회로만 개방하고 다른 회로는 동시에 닫게 하는 역할을 하며 여러 개의 스위치 역할을 한 번에 담당하고 있다.

46 1차 코일 감은 수가 500회, 2차 코일 감은 수가 300회인 변압기의 1차 코일에 200[V] 전압을 가하면 2차 코일에 유기되는 전압은 얼마인가?

① 120[V]   ② 180[V]

③ 220[V]   ④ 320[V]

해설

[정답] 41 ③ 42 ② 43 ② 44 ④ 45 ① 46 ①

변압기의 전압과 권선수와의 관계

$$\frac{E_1}{E_2} = \frac{N_1}{N_2}$$

여기서, E_1 : 1차 전압, E_2 : 2차 전압,
$\qquad N_1$: 1차 권선수, N_2 : 2차 권선수

$$E_2 = \frac{E_1 \times N_2}{N_1} = \frac{200 \times 300}{500} = 120[\text{V}]$$

47 다음 변압기의 권선비와 유도기전력과의 관계식으로 옳은 것은?

① $\dfrac{E_1}{E_2} = \dfrac{N_1}{N_2}$　　② $\dfrac{E_1^{\;2}}{E_2^{\;2}} = \dfrac{N_2}{N_{12}}$

③ $\dfrac{E_2}{E_1} = \dfrac{N_1}{N_2}$　　④ $\dfrac{E_1}{E_2} = \dfrac{N_2^{\;2}}{N_1^{\;2}}$

해설

변압기의 전압과 권선수와의 관계

$$\frac{E_1}{E_2} = \frac{N_1}{N_2}$$

여기서, E_1 : 1차 전압, E_2 : 2차 전압,
$\qquad N_1$: 1차 권선수, N_2 : 2차 권선수

48 전류계, 전압계를 회로에 연결시키는 방법은?

① 전류계, 전압계 직렬

② 전류계 직렬, 전압계 병렬

③ 전류계, 전압계 병렬

④ 전류계 병렬, 전압계 직렬

해설

멀티미터(Multimeter) 사용법

① 전류계는 측정하고자 하는 회로 요소와 직렬로 연결하고 전압계는 병렬로 연결해야 한다.

② 전류계와 전압계를 사용할 때에는 측정 범위를 예상해야 하지만 그렇지 못할 때에는 큰 측정 범위부터 시작하여 적합한 눈금에서 읽게 될 때까지 측정 범위를 낮추어 나간다. 바늘이 눈금판의 중앙부분에 올 때 가장 정확한 값을 읽을 수 있다.

③ 저항계는 사용할 때마다 0점 조절을 해야 하며 측정할 요소의 저항값에 알맞은 눈금을 선택해야 한다. 일반적으로 눈금판의 중앙에서 저항이 작은 쪽으로 읽을 수 있도록 해야 한다.

④ 저항계는 전원이 연결되어 있는 회로에 절대로 사용해서는 안 된다.

49 병렬회로에 관한 설명 중 맞는 것은?

① 전체 저항은 가장 작은 저항보다 작다.

② 회로에서 하나의 저항을 제거하면 전체 저항은 감소한다.

③ 전체 전압은 전체 저항과 동일하다.

④ 저항에 관계없이 전류는 동일하다.

해설

병렬회로

직렬로 저항을 연결할 때는 전체 저항이 증가하지만 병렬로 저항을 연결하면 전체저항은 감소한다. 반대로 직렬회로에서는 저항을 제거하면 전체 저항은 감소하고 병렬회로에서는 저항을 제거할 때마다 전체 저항은 증가한다.

50 Ammeter에 사용되는 Shunt저항은 D'Arsonval 가동부에 어떻게 연결되는가?

① 직렬

② 병렬

③ 직·병렬

④ Shunt는 전혀 필요치 않다.

해설

Ammeter에서 계기의 감도보다 큰 전류를 측정하려면 션트(Shunt) 저항을 병렬로 연결하여 대부분의 전류를 션트로 흐르게 하고, 전류계에는 감도보다 작은 전류가 흐르게 함으로써 전류계의 측정범위를 확대시킨다. 계기의 내부에 여러 개의 서로 다른 션트를 가지고 있는 전류계를 다범위 전류계(Multi-Range Ammeter)라고 한다.(감도 : 눈금 끝까지 바늘이 움직이는 데에 필요한 전류의 세기)

51 부하와 연결방법이 잘못된 것은 어느 것인가?

① 전압계는 병렬　　② 전류계는 직렬

③ 주파수는 직렬　　④ Circuit Breaker는 직렬

해설

전압계는 회로에 병렬연결. 전류계와 Circuit Breaker는 직렬연결

52 전기회로의 전압과 전류를 측정하기 위해서는 전압계와 외부 Shunt형 전류계가 있다. 이 연결은 회로에 대하여 어떻게 하여야 하는가?

[정답] 47 ①　48 ②　49 ①　50 ②　51 ③　52 ③

① 전압계는 병렬로, 전류계는 직렬로, Shunt는 병렬로 연결한다.
② 전압계는 병렬로, 전류계는 직렬로, Shunt는 직렬로 연결한다.
③ 전압계는 병렬로, 전류계와 Shunt는 병렬로 연결하고 회로와는 직렬로 연결한다.
④ 전압계, 전류계, Shunt 모두 직렬로 연결한다.

해설

전압계는 회로에 병렬로 전류계는 회로에 직렬로 션트(Shunt)저항은 전류계에 병렬로 연결하여 대부분의 전류를 션트로 흐르게 하고 전류계에는 감도보다 작은 전류가 흐르게 함으로써 전류계의 측정범위를 확대시킨다.

53 회로 내에서 도선의 단선은 무엇으로 측정하는가?

① Voltmeter
② Ammeter
③ Ohmmeter
④ Milli Ammeter

해설

저항계
① 회로 또는 회로 구성요소의 단선된 곳을 찾아내거나 저항값을 측정할 때 사용한다.
② 큰 저항은 메거(Megger) 또는 Megohm Meter를 사용한다.

54 전류를 측정하는 데 사용되고, 다용도로 측정하는 계기로서 필요 구성품의 전압, 저항 및 전류를 측정하는 데 이용되는 것은?

① 전류계
② 전압계
③ 멀티미터
④ 저항계

해설

전류측정계기
① 직류측정계기
ⓐ 전류계(Ammeter)
일반적으로 항공기는 발전기에서 버스로 흐르는 전류의 양을 측정함으로써 발전기의 부하부담을 알 수 있고, 전류계에 사용되는 다르송발 계기의 감도는 보통 10mA가 보통이다. 감도 1mA는 정밀 측정용으로 쓰인다.
ⓑ 전압계(Voltmeter)
계기의 코일과 저항을 직렬로 연결하고, 그 저항에 흐르는 전류를 측정함으로써 해당 전압을 지시하도록 한다.

ⓒ 저항계(Ohmmeter)
회로 또는 회로 구성요소의 단선된 곳을 찾아내거나 저항값을 측정할 때에 저항계를 사용하고, 큰 저항은 메거(Megger) 또는 메거Ohm미터(Megohm Meter)를 사용한다.
ⓓ 멀티미터(Multimeter)
전류, 전압 및 저항을 하나의 계기로 측정할 수 있는 다용도 측정기기이고, 제조회사 및 그 형태와 기능에 약간의 차이가 있으며, 아날로그 방식과 디지털 방식이 있다.
② 교류측정계기에는 전류력계형 이외에 운동 철편형, 경사코일철편형, 열전쌍형 등이 있고, 교류의 실효값을 지시한다.
ⓐ 교류전류계
전류력계형 계기를 이용하여 직류전류계의 션트저항과 마찬가지로 유도성 션트(Inductive Shunt) 코일을 계자코일과는 직렬, 운동코일과는 병렬로 연결한다.
ⓑ 교류전압계
전류력계형을 사용하고 전압의 측정범위를 보정하기 위하여 저항을 운동코일 및 계자코일과 직렬로 연결한다.
ⓒ 전력계(Wattmeter)
전류와 전압의 곱으로 나타나는 전력을 측정하기 위하여 전류에 대한 코일과 전압에 대한 코일을 가진 전류력계형이 사용된다.
ⓓ 주파수계
교류의 주파수를 측정하는 것으로서 전압 변화의 영향을 받지 않아야 한다. 종류에는 진동편형, 가동코일형, 가동디스크형, 공진회로형 등이 있고, 항공기에서는 이중 진동편형을 가장 많이 사용한다.

55 다음 중에서 무효전력의 단위는 무엇인가?

① [VA]
② [W]
③ [Joule]
④ [VAR]

해설

단위
① 피상전력의 단위 : 볼트암페어[VA]
② 유효전력의 단위 : 와트[W]
③ 무효전력의 단위 : 바[VAR]

56 3상교류에서 Y결선의 특징 중 틀린 것은?

① 선간전압의 크기는 상전압의 $\sqrt{3}$배이다.
② 선간전압의 위상은 상전압보다 30° 만큼 앞선다.
③ 선전류의 크기와 위상은 상전류와 같다.
④ 선전류의 크기는 상전류와 같고 위상은 상전류보다 30° 앞선다.

[정답] 53 ③ 54 ③ 55 ④ 56 ④

해설

3상결선

① Y결선의 특징

ⓐ 선간전압$=\sqrt{3}\times$상전압$\fallingdotseq 1.73\times$상전류

ⓑ 상전압$=\dfrac{\text{선간전압}}{\sqrt{3}}\fallingdotseq 0.577\times$선간전압

ⓒ 선전류$=$상전류

ⓓ 선간전압은 상전압의 위상보다 $\dfrac{\pi}{6}$[Rad] 만큼 위상이 앞선다.

② $\triangle$결선의 특징

ⓐ 선간전압$=$상전압

ⓑ 선전류$=\sqrt{3}\times$상전류$\fallingdotseq 1.73\times$상전류

ⓒ 상전류$=\dfrac{\text{선전류}}{\sqrt{3}}\fallingdotseq 0.577\times$선전류

ⓓ 선전류가 상전류보다 $\dfrac{\pi}{6}$[Rad] 만큼 위상이 뒤진다.

57 표준상태보다 낮은 온도의 고도에서 24[V], 40[AH], 축전지는 192[W]의 전기기구를 몇 시간 가동시킬 수 있는가?

① 5시간 이하
② 5시간 이상
③ 8시간 이상
④ 10시간 이상

해설

$P=VI$이므로 $I=\dfrac{P}{V}=\dfrac{102}{24}=8$[A]이고, 용량은 [AH]이므로 40[AH]의 용량을 가진 축전지는 8[A]의 전류를 5시간 사용할 수 있다. 하지만 자연 방전 등을 고려하면 5시간 이하로 사용이 가능하다.

58 서미스터(Thermistor)란 무엇인가?

① 온도저항계수가 음이며, 온도에 비례한다.
② 온도저항계수가 음이며, 온도의 제곱에 반비례한다.
③ 온도저항계수가 음이며, 온도의 제곱에 비례한다.
④ 온도저항계수가 양이며, 온도에 비례한다.

해설

서미스터(Thermistor)

열적으로 민감한 저항체에서 이름 붙여진 명칭이다. 일반적으로 망간, 니켈, 코발트 등 수종의 금속의 산화물을 혼합하여 비트상 또는 디스크상으로 가공하고, 고온에서 소결하여 만들어진다. 서미스터 온도센서는 온도계수가 음이고 온도의 제곱에 반비례한다.

백금측 온저항체와 비교하면, 10배의 저항 변화가 있고(고감도), 소형이며(즉 응성), 저항값이 큰 특징이 있지만, 측정 가능 최고온도가 낮고, 측정 가능 최저온도가 높아 호환성이 없는 등의 결점이 있다.

59 24[V] 축전지에 연결되는 기상 발전기의 출력전압은 보통 몇 Volt를 사용하는가?

① 22[V]
② 24[V]
③ 26[V]
④ 28[V]

해설

직류발전기의 출력전압은 12[V]인 항공기에서는 14[V]이고, 24[V] 축전지를 사용하는 발전기의 출력전압은 28[V]이다.

60 항공기에 사용되는 배터리(Battery) 용량 표시는?

① Ampere
② Voltage
③ AH(Ampere Hour)
④ Watt

해설

배터리의 용량은 [AH]로 나타내는데, 이것은 배터리가 공급하는 전류값에다 공급할 수 있는 총시간을 곱한 것이다. 예를 들어, 이론적으로 50[AH]의 축전지는 50[A]의 전류를 1시간 동안 흐르게 할 수 있다.

61 충전, 방전 시 전해액의 비중에 많은 변화가 있는 배터리는?

① 니켈-카드뮴 배터리
② 납-산 배터리
③ 알칼리 배터리
④ 에디슨 배터리

해설

납-산 배터리

방전이 시작되면 전류는 음극판에서 양극판으로 흐르게 되고, 전해액 속의 황산의 양이 줄어들면서 물의 양이 증가하기 때문에 전해액의 비중이 낮아지게 되고, 외부 전원을 배터리에 가하게 되면 반대의 과정이 진행되어 황산이 다시 생성되고, 물의 양이 감소되면서 비중이 높아지게 된다.

[정답] 57 ① 58 ② 59 ④ 60 ③ 61 ②

62 배터리를 떼어낼 때 순서는?

① (+)극 또는 (−)극에 관계없이 떼어낸다.
② (+)극과 (−)극을 동시에 떼어낸다.
③ (+)극을 먼저 떼어낸다.
④ (−)극을 먼저 떼어낸다.

해설

장탈시는 (−)극을 먼저 떼어내고, 장착시는 (+)극을 먼저 장착한다.

63 분당회전수 8,000[rpm], 주파수 400[Hz]인 교류발전기에서 115[V] 전압이 발생하고 있다. 이때 자석의 극수는 얼마인가?

① 4   ② 6
③ 8   ④ 10

해설

주파수$(F) = \dfrac{극수(P) \times 회전수(N)}{120}$이므로

주파수는 극수와 회전수와 관계된다.

$400 = \dfrac{P \times 8,000}{120}$

$8,000P = 48,000$

$\therefore P = 6$

64 8극(Pole) 교류발전기가 115[V], 400[Hz]의 교류를 발생하려면 회전자(Armature)의 축은 분당 몇 회전으로 구동시켜 주어야 하는가?

① 4,000[rpm]   ② 6,000[rpm]
③ 8,000[rpm]   ④ 10,000[rpm]

해설

주파수$(F) = \dfrac{극수(P) \times 회전수(N)}{120}$,

$400 = \dfrac{8 \times N}{120}$, $N = \dfrac{48,000}{8} = 6,000$[rpm]

65 8극짜리 교류발전기가 900[rpm]으로 회전할 때 주파수는?

① 60[CPS]   ② 120[CPS]
③ 400[CPS]   ④ 3,600[CPS]

해설

주파수$(F) = \dfrac{극수(P) \times 회전수(N)}{120}$,

$F = \dfrac{8 \times 900}{120} = \dfrac{7,200}{120} = 60$[CPS]

66 다음 중 직류발전기의 종류가 아닌 것은?

① 복권형   ② 유도형
③ 직권형   ④ 분권형

해설

직류발전기의 종류

① 직권형 직류발전기
　전기자와 계자코일이 서로 직렬로 연결된 형식으로 부하도 이들과 직렬이 된다. 그러므로 부하의 변동에 따라 전압이 변하게 되므로 전압 조절이 어렵다. 그래서 부하와 회전수의 변화가 계속되는 항공기의 발전기에는 사용되지 않는다.
② 분권형 직류발전기
　전기자와 계자코일이 서로 병렬로 연결된 형식으로 계자코일은 부하와 병렬관계에 있다. 그러므로 부하전류는 출력전압에 영향을 끼치지 않는다. 그러나 전기자와 부하는 직렬로 연결되어 있으므로 부하전류가 증가하면 출력전압이 떨어지므로 이와 같은 전압의 변동은 전압조절기를 사용하여 일정하게 할 수 있다.
③ 복권형 직류발전기
　직권형과 분권형의 계자를 모두 가지고 있으면 부하전류가 증가할 때 출력전압이 감소하는 복권형 발전기는 분권형의 성질을 조합하는 정도에 따라 과복권(Over Compound), 평복권(Flat Compound), 부족복권(Under Compound)으로 분류한다.

67 다음 중 직류발전기의 보조기기가 아닌 것은?

① 셀컨테이너   ② 전압조절기
③ 역전류차단기   ④ 과전압방지장치

해설

직류발전기의 보조기기는 전압조절기, 역전류차단기, 과전압방지장치, 계자제어장치

[정답] 62 ④ 63 ② 64 ② 65 ① 66 ② 67 ①

68 교류발전기에서 정속구동장치의 목적은 무엇인가?

① 전압 변동
② 전류 변동
③ 전류 일정
④ 주파수 일정

🔍 **해설**

정속구동장치
① 교류발전기에서 엔진의 구동축과 발전기축 사이에 장착되어 엔진의 회전수에 상관없이 일정한 주파수를 발생할 수 있도록 한다.
② 교류발전기를 병렬운전할 때 각 발전기에 부하를 균일하게 분담시켜 주는 역할도 한다.

69 직류발전기의 병렬운전에 사용되는 Equalizer Coil의 목적은?

① 출력전압을 같게 하기 위해
② 회로전류를 같게 하기 위해
③ 회전수를 같게 하기 위해
④ 좌우 차이가 발생했을 때 높은 쪽을 분리하기 위해

🔍 **해설**

이퀄라이저회로
① 2대 이상의 발전기가 항공에서 사용될 때에는 서로 병렬로 연결하여 부하에 전력을 공급하는데 발전기의 공급 전류량은 서로 분담되어야 한다. 어떤 한 발전기의 전압이 다른 것들보다 높을 때에는 전류의 상당한 양을 그 발전기가 부담하게 되어 과전류가 되고 상대적으로 다른 발전기들은 적은 전류만을 부담하므로 부하전류를 고르게 분배하기 위해 사용한다.
② 발전기의 병렬운전 때 1개의 발전기가 고장이 나서 발전을 하지 못할 때에는 다른 정상적인 발전기의 전압을 떨어뜨리는 결과를 가져오기 때문에 고장난 발전기 쪽의 회로는 끊어야 한다.

70 브러시(Brush)가 없는 교류발전기(A.C Generator)의 설명 중 틀린 것은?

① 브러시와 슬립 링(Slip Ring)이 없으므로 이에 따른 마찰현상이 없다.
② 브러시와 슬립 링간의 저항 및 전도율의 변화가 없어 출력파형이 변화하지 않는다.
③ 브러시가 없으므로 아크(Arc) 현상의 우려가 없다.
④ 전압의 승압, 감압이 용이하지 않다.

🔍 **해설**

브러시리스 교류발전기의 특징
① 브러시와 슬립 링이 여자전류를 발생시켜 3상교류발전기의 회전계자를 여자시킨다.
② 슬립 링과 정류자가 없기 때문에 브러시가 마멸되지 않아 정비 유지비가 적게 든다.
③ 슬립 링이나 정류자와 브러시 사이의 저항 및 전도율의 변화가 없으므로 출력파형이 불안정해질 염려가 없다.
④ 브러시가 없어 아크가 발생하지 않기 때문에 고공비행시 우수한 기능을 발휘할 수 있다.

71 항공기에서 3상교류발전기를 사용하는 장점이 아닌 것은?

① 구조가 간단하다.
② 정비 및 보수가 쉽다.
③ 효율이 높다.
④ 높은 전력의 수요를 감당하는 데 적합지 않다.

🔍 **해설**

3상교류발전기의 장점
① 효율 우수
② 구조 간단
③ 보수와 정비용이
④ 높은 전력의 수요를 감당하는 데 적합

72 교류발전기에서 엔진의 회전수에 관계없이 일정한 출력주파수를 발생할 수 있도록 발전기축에 전달하는 장치는?

① 정속구동장치
② 전압조절기
③ 역전류차단기
④ 과전압방지장치

🔍 **해설**

정속구동장치
① 교류발전기에서 엔진의 구동축과 발전기축 사이에 장착되어 엔진의 회전수에 상관없이 일정한 주파수를 발생할 수 있도록 한다.
② 교류발전기를 병렬운전할 때 각 발전기에 부하를 균일하게 분담시켜 주는 역할도 한다.

[정답] 68 ④ 69 ① 70 ④ 71 ④ 72 ①

73 전압조절기(Voltage Regulator)의 발전기 출력이 증가하면?

① 전압코일(Voltage Coil)전류 증가, Generator Field 전류감소
② 전압코일(Voltage Coil)전류 감소, Generator Field 전류감소
③ 전압코일(Voltage Coil)전류 감소, Generator Field 전류증가
④ 전압코일(Voltage Coil)전류 증가, Generator Field 전류증가

해설

발전기의 전압 증가 ➔ 전압코일전류 증가 ➔ 전자석의 인력 증가 ➔ 탄소판에 작용하는 압력 감소 ➔ 저항 증가 ➔ 계자전류 감소

74 발전기의 회전수가 높아지면 카본 파일(Carbon File)의 저항은 어떻게 변하는가?

① 저항이 커진다.
② 저항에는 변화가 없고 전류가 증가한다.
③ 저항이 감소한다.
④ 저항에는 변화가 없고 전류가 감소한다.

해설

문제 73 해설 참조

75 다음 중 직류발전기에서 기전력(Emf)의 크기를 결정하는 요소가 아닌 것은?

① Magnetic Field를 지나는 Wire의 수
② 회전방향
③ 자속
④ 회전속도

해설

$E = \dfrac{1}{120}\varepsilon P\phi NV$ 이므로 기전력의 크기는 코일의 수와 감는 방법, 극수, 자속, 회전수에 비례한다.(여기서, E : 기전력, ε : 코일의 수와 감는 방법, P : 극수, ϕ : 자속, N : 회전수)

76 카본 파일형 전압조절기의 탄소판 저항은 발전기의 어디에 넣어져 있는가?

① 발전기 출력축에 직렬로
② 발전기의 출력축에 병렬로
③ 발전기의 계자회로에 병렬로
④ 발전기의 계자회로에 직렬로

해설

전압조절기는 전기자의 회전수와 부하에 변동이 있을 때에는 출력전압을 일정하게 조절해 주는 장치
① 진동형(Vibrating Type) : 계속적이지 못하고 단속적으로 전압을 조절하기 때문에 일부 소형 항공기에서만 사용한다.
② 카본 파일형 : 스프링의 힘을 이용하여 탄소판에 가해지는 압력을 조절하여 저항을 가감함으로써 출력전압을 조절하고, 발전기의 여자회로에 직렬로 연결되어 있다.

77 Carbon-Pile Voltage Regulator의 설명 중 맞는 것은?

① 발전전압이 감소되면 Carbon-Pile은 압축되어 저항값이 감소된다.
② 발전전압이 감소되면 Carbon-Pile은 변화가 없고 따라서 저항값도 변화가 없다.
③ 발전전압이 감소되면 Carbon-Pile은 압축되어 저항값이 증가된다.
④ 발전전압이 감소되면 전압조정 coil의 전류가 증가한다.

해설

Carbon-Pile Voltage Regulator의 발전전압이 감소되면 Carbon-Pile은 압축되어 저항이 감소된다.

78 카본 파일은 주로 어떤 기기에 사용되는가?

① 교류전압기　　　　② 전압조절기
③ 흡입압력계　　　　④ 자동조종장치

해설

문제 76 해설 참조

[정답] 73 ①　74 ①　75 ②　76 ④　77 ①　78 ②

79 직류발전기의 전압조절기는 발전기의 무엇을 조절하는가?

① 회로가 과부하가 되었을 때 발전기의 회전을 내린다.

② 전기자전류를 일정하게 되도록 한다.

③ Equalizer Coil의 전류를 조절한다.

④ Field Current를 조절한다.

🔍 해설

전기자의 회전수와 부하에 변동이 있을 때에는 출력전압이 변하게 되므로 전압조절기를 사용하여 코일의 전류를 조절하여 출력전압을 일정하게 한다.

80 Brush Type DC Generator의 내부 구조를 크게 3개로 구분했을 때 맞는 것은?

① 계자(Field), 전기자(Armature), 브러시(Brush)

② 계자(Field), 전기자(Armature), 요크(Yoke)

③ 계자(Field), 전기자(Armature), 보극(Inter Pole)

④ 계자(Field), 전기자(Armature), 보상권선(Compensating Winding)

🔍 해설

구조는 제작회사마다 약간씩 다르지만 기능과 작동은 거의 같고, 계자, 전기자 및 계자와 브러시 부분으로 구성되어 있다.

81 가장 효과적인 분권식 DC Generator의 전압조절방식은?

① 계자코일의 전류를 변화시킨다.

② Load를 변화시킨다.

③ Armature Coil의 전류를 변화시킨다.

④ Generator의 rpm을 변화시킨다.

🔍 해설

분권형 직류발전기는 계자코일과 부하는 병렬관계에 있기 때문에 부하전류는 출력전압에 영향을 끼치지 않는다.

82 직류발전기에서 발전기의 출력전압이 너무 낮은 경우 그 원인은 무엇인가?

① 전압조절기의 부정확한 조절, 계자회로의 잘못된 접속 및 전압조절기의 조절저항의 불량이다.

② 전압조절기가 그 기능을 발휘하지 못하거나 전압계의 고장이다.

③ 측정전압계의 잘못된 연결이다.

④ 전압조절기의 불충분한 기능 및 발전기 브러시 마멸이나 브러시 홀더의 역할이 잘못 되었다.

🔍 해설

발전기 고장 원인

고장상태	원인
출력전압이 높다.	① 전압조절기의 고장 ② 전압계의 고장
출력전압이 낮다.	① 전압조절기 조절 불량 또는 조절저항의 불량 ② 계자회로의 접속 불량
전압의 변동이 심하다.	① 전압계의 접속 불량 ② 전압조절기의 불량 ③ 브러시의 마멸 또는 접촉 불량
출력발생이 안 된다.	① 발전기스위치의 작동 불량 ② 극성이 바뀜 ③ 회로의 단선이나 단락

83 Armature Reaction에 관련 없는 것은?

① 주극   ② 보극

③ 보상권선   ④ 아마추어전류

🔍 해설

전기자반응(Armature Reaction)은 보극, 전기자전류, 보상권선에 관계된다.

84 회전자(Armature) Coil의 Lap Winding 방식에 대한 설명 중 맞는 것은?

① 정격부하가 큰 발전기에 이용하는 형식이다.

② 높은 출력전압의 발생을 요하는 발전기에 이용되는 형식이다.

[정답] 79 ④ 80 ① 81 ④ 82 ① 83 ① 84 ①

③ 한 회전자를 통해 다만 두 개의 병렬결선 뿐이다.

④ 두 개의 Brush만이 요구된다.

> **해설**
>
> Lap Winding 방식은 정격부하가 큰 발전기에 이용하는 형식, 나머지는 Wave Winding 방식이다.

85 교류회로 내의 전류 흐름을 제한하는 요소 모두를 합친 것은?

① Resistance   ② Capacitance

③ Total Resistance   ④ Impedance

> **해설**
>
> **교류의 전기회로에서 전류가 흐르지 못하게 하는 것**
> ① 저항
> ② 코일에 의한 Inductive Reactance
> ③ 콘덴서에 의한 Capacitive Reactance
> ④ 이것을 총칭하여 Impedance라고 한다.

86 다음 중 접점을 이용하지 않으면서 회로를 제어하기 위해 사용하는 Switch는?

① Toggle Switch

② Micro Switch

③ Rotary Selector Switch

④ Proximity Switch

> **해설**
>
> Proximity Switch는 논리회로로 조합되어 Landing Gear Up-down의 작동 표시, Door 개폐 표시, Flap의 작동 상태 표시 등에 사용되며, Switch는 기체에 장착되며 Target(금속편)은 Landing Gear, Door 등에 장착된다.

87 스위치와 피검출물들과의 기계적인 접촉을 없앤 구조의 스위치는?

① 토글스위치(Toggle Switch)

② 리미트스위치(Limit Switch)

③ 프럭시미티스위치(Proximity Switch)

④ 로커스위치(Rocker Switch)

> **해설**
>
> 스위치와 피검출물들과의 기계적인 접촉을 없앤 구조의 스위치는 프럭시미티스위치(Proximity Switch)이다.

88 다음 중 병렬회로를 가장 잘 설명한 것은?

① 합성저항값은 제일 작은 저항값보다 작다.

② 회로에서 하나의 저항을 제거할 때 합성저항값은 줄어든다.

③ 합성저항값은 인가된 전압값과 같다.

④ 총 전류는 저항과 관계없이 변화가 없다.

> **해설**
>
> Parallel Circuit에서 Total Resistance는 항상 Circuit의 Resistance 중 가장 작은 Resistance 보다 작다.

89 2개 이상의 교류발전기가 병렬로 연결되어 작동한다면?

① Ampere와 Frequency가 같아야 한다.

② Watt와 Voltage가 같아야 한다.

③ Frequency와 Voltage가 같아야 한다.

④ Ampere와 Voltage가 같아야 한다.

> **해설**
>
> 병렬운전의 조건은 주파수, 전압, 상이 같아야 한다.

90 발전기의 속도와 부하가 달라짐에도 불구하고 일정한 전압을 유지할 수 있는 것은 다음 중 무엇을 조절함으로써 가능한가?

① Generator의 계자전류(Field Current)

② 전기자(Armature)의 Conductor 숫자

③ 전기자(Armature)가 돌아가는 속도

④ 정류자(Commutator)를 누르는 Brush의 힘

[정답] 85 ④ 86 ④ 87 ③ 88 ① 89 ③ 90 ①

해설

Generator의 Voltage Output을 결정하는 오직 한가지의 Factor는 Field Current의 세기만이 쉽게 조절될 수 있다.

91 변압기에서 2차 권선의 권선수가 1차 권선의 2배라면 2차 권선의 전압은?

① 일차권선보다 크며 전류는 더 작다.

② 일차권선보다 크며 전류도 더 크다.

③ 일차권선보다 적으며 전류는 더 크다

④ 일차권선보다 적으며 전류도 더 적다.

해설

변압기의 전압과 권선수와의 관계

$$\frac{E_1}{E_2} = \frac{N_1}{N_2}$$

여기서, E_1 : 1차 전압, E_2 : 2차 전압, N_1 : 1차 권선수, N_2 : 2차 권선수

$$E_2 = \frac{E_1 \times N_2}{N_1} = \frac{E_1 \times 2}{1} = 2E_1$$

만약 Transformer가 Voltage를 높여 준다면, 같은 비율로 Current를 감소시킬 것이다.

92 상업용 항공기에서 Generator의 회전속도는 증가하고 있는 추세이다. 교류발전기의 회전속도를 12,000[rpm]에서 24,000[rpm]으로 증가시킬 때 다음 설명 중 틀린 것은?

① 발전기의 출력은 증가한다.

② 회전부의 파괴를 방지하기 위해 기계적 강도를 높여야 한다.

③ 400[Hz]의 주파수를 얻기 위한 발전기의 극(Pole)수는 4극으로 한다.

④ 발전기의 크기는 작게 할 수 있다.

해설

$$주파수(F) = \frac{극수(P) \times 회전수(N)}{120},$$

$$400 = \frac{P \times 24,000}{120}, \quad P = \frac{48,000}{24,000} = 2$$

∴ 극수는 2극이다.

93 Nickel-Cadmium Battery에 관한 설명 중 틀린 것은?

① 사용하는 전해액은 KOH이다.

② 전해액의 비중은 1.24~1.30이다.

③ Battery의 충전상태는 비중을 Check하여 알 수 있다.

④ 전해액의 Level은 Plate의 Top을 유지해야 한다.

해설

Nickel-cadmium Battery에서 사용하는 Electrolyte는 중량 상으로 수산화칼륨(KOH) 30[%] 증류수 용액이다. Electrolyte의 비중은 실내온도 하에서 1.240에서 1.300 사이이다. 방전할 때와 충전할 때에 약간의 비중 변화도 발생하지 않는다. 결과적으로, Electrolyte의 비중검사로는 Battery의 충전상태를 알아볼 수가 없다. Electrolyte의 수면은 항상 Plate의 바로 위에 있어야 한다.

94 Nickel-Cadmium Battery 취급에 대한 설명 중 틀린 것은?

① Battery의 과충전과 과방전시 Vent Cap 주위의 흰색 분말은 Non-Metallic Brush를 사용하여 제거한다.

② Battery Case의 균열 및 손상과 Vent System을 점검한다.

③ Cell 연결부위에서 부식 및 과열현상을 발견 시 Battery는 수리해야 한다.

④ 장기간 저장된 Battery를 항공기에 장착 전 전해액의 Level이 낮은 경우 충전 없이 증류수를 보급한다.

해설

일정 기간을 초과한 때에는 항공기에서 Remove하여 Battery Shop에서 기능 점검을 해야 한다.

95 Battery의 단자전압과 용량의 관계에 대한 설명으로 틀린 것은?

① 단자전압을 증가시키기 위해 Cell을 직렬로 연결한다.

② 용량을 증가시키기 위해 Cell을 병렬로 연결한다.

[정답] 91 ① 92 ③ 93 ③ 94 ④ 95 ④

③ 단자전압과 용량을 동시에 증가시키기 위해 Cell을 직-병렬로 연결한다.

④ 단자전압은 Cell을 직렬로 연결하여 증가시킬 수 있으나 용량은 Plate의 면적을 증가시켜야만 가능하다.

🔍 해설

단자전압을 증가시키기 위해 Cell을 직렬로 연결하고, 용량을 증가시키기 위해 Cell을 병렬로 연결한다.

96 Battery의 육안검사 시 Battery Cell Cover가 누렇게 변하고 다량의 흰색분말이 침전되어 있는 것을 확인하였다. 이에 대한 원인 중 관계가 먼 것은?

① 충전회로의 고장으로 인한 Overcharging

② Overload에 의한 과방전

③ Battery 내부의 양극판과 음극판의 단락

④ Battery의 빙결을 방지하기 위한 Heater Plate의 Heater Open

🔍 해설

충전회로의 고장으로 인한 Overchaging, Overload에 의한 과방전, 그리고 Battery 내부의 양극판과 음극판의 단락으로 인한 원인이다.

97 DC Motor는 계자권선과 Armature권선의 연결 상태에 따라 각기 다른 특성을 나타낸다. 높은 Torque가 요구되는 Starter에 사용되는 DC Motor는?

① Induction Motor

② Series-wound Motor

③ Shunt-wound Motor

④ Compound-wound Motor

🔍 해설

부하가 크고 Starting Torque가 큰 것을 필요로 하는 곳에 Series Motor가 이용된다. 따라서 Engine Starter와 Landing Gear, Cowl Flap, 그리고 Wing Flap 등을 올리고 내리는 데 사용된다.

98 DC Motor에서 반대방향으로 감은 2개의 계자권선의 목적은?

① Motor의 속도 제어

② Motor의 Torque 제어

③ Motor의 회전방향 제어

④ Actuator Motor의 경우 Magnetic Clutch의 제어

🔍 해설

Split Field Motor는 2개의 분리된 Field Winding이 서로 엇갈리게 Poles에 감겨져 있다. 그러한 Motor에서의 Armature는 Four-pole이며 역회전을 할 수 있는 Motor이다.

99 직류 Motor의 회전방향을 바꾸고자 할 경우 올바른 것은?

① 외부 전원장치로부터 Motor에 연결되는 선을 교환한다.

② Field나 Armature 권선 중 1개의 연결을 바꿔준다.

③ 가변저항기를 이용해 계자전류를 조절한다.

④ Motor에 연결된 3상 중 2상의 연결선을 바꿔준다.

🔍 해설

Armature 또는 Field Winding 중 하나에서 Current Flow의 방향을 바꾸어 주면, Motor의 회전을 반대방향으로 할 수 있다.

100 회전방향을 필요에 따라 역으로도 할 수 있는 Motor는?

① Dynamotor　　② Split Motor

③ Synchro Motor　　④ Universal Motor

🔍 해설

Split Motor(Reversible Motor)
회전방향을 필요에 따라 역으로도 할 수 있는 Motor이다.

101 전류와 자기장의 관계에 대한 설명 중 틀린 것은?

① 직선 Wire에 전류가 흐르면 전류를 중심으로 동심원의 자기장이 만들어진다.

② 자기장의 방향은 오른손 엄지가 전류방향 시 나머지 손가락이 감아지는 방향이다.

[정답] 96 ④　97 ②　98 ③　99 ②　100 ②　101 ③

③ Coil에 전류가 흐를 시 자기장의 방향은 왼손 네 손가락을 전류방향으로 가정할 시 엄지가 가리키는 방향이 N극이다.

④ 직선전류에 의한 자기장의 세기는 도선의 거리에 반비례한다.

해설

Coil에 전류가 흐를 시 왼손 네 손가락은 자기장의 자력선방향, 엄지가 가리키는 방향은 전류의 방향이다.

102 다음 중 전자석의 세기와 관계가 가장 먼 것은?

① Coil에 흐르는 전류의 양
② Coil의 감은 수
③ Core Material의 투과율
④ Coil의 굵기

해설

Coil에 흐르는 전류의 양, Coil의 감은 수, 그리고 Core Material의 투과율이 클수록 전자석의 세기는 커진다.

103 전류/전압/저항에 대한 서로의 관계를 잘못 설명한 것은?

① 1[A]는 1초 동안에 1[C]의 전하량이 통과한 값이다.
② 1[V]는 1[A]의 전류를 1[Ω]의 저항에 흐르게 하는 기전력이다.
③ 1[Ω]은 도체에 1[V]의 기전력을 가할 시 1[A]의 전류가 흐르는 값이다.
④ Volt와 Ampere는 반비례 관계에 있다.

해설

Volt와 Ampere는 비례 관계에 있다.

104 다음 설명 중 틀린 것은?

① 한 가지 원자로만 구성된 물질을 원소(Element)라고 한다.

② 원자는 물질 그 자체의 화학적인 성질을 지닌 채 쪼개어 질 수 없는 가장 작은 알맹이이다.
③ 원자는 양자와 중성자로 구성된 핵으로 구성되어 있다.
④ 양자의 양전하가 끌어당김으로 쉽게 떨어져 나갈 수 있는 전자를 자유전자라고 한다.

해설

원자는 양자와 중성자로 구성된 핵과 핵을 중심으로 회전하는 전자로 구성되어 있다.

105 몸체-끝-점 표시법에 의한 저항 Color Code에 대한 설명 중 맞는 것은?

① 세 번째 줄무늬가 금색이면 첫 번째와 두 번째 자리수에 20[%]를 곱한다.
② 세 번째 줄무늬가 은색이면 첫 번째와 두 번째 자리수에 10[%]를 곱한다.
③ 네 번째 줄무늬가 금색이면 공차는 20[%]이다.
④ 네 번째 줄무늬가 없으면 공차는 20[%]이다.

해설

- 세 번째 줄무늬가 금색이면 첫 번째와 두 번째 자리수에 10^{-1}을 곱한다.
- 세 번째 줄무늬가 은색이면 첫 번째와 두 번째 자리수에 10^{-2}를 곱한다.
- 네 번째 줄무늬가 금색이면 공차는 5[%]이다.
- 네 번째 줄무늬가 은색이면 공차는 10[%]이다.
- 네 번째 줄무늬가 없으면 공차는 20[%]이다.

106 다음 설명 중 틀린 것은?

① 니켈, 코발트와 같이 투자율이 1 이상인 비철금속을 상자성체라고 한다.
② 창연(Bismuth)과 같이 투자율이 1보다 작은 물질을 반자성체라고 한다.
③ 철과 철합금과 같이 투자율이 매우 큰 물질을 강자성체라고 한다.
④ 자속이 물질을 투과하는 정도를 투자율이라 하며 완전 진공상태를 0.8로 잡는다.

[정답] 102 ④ 103 ④ 104 ③ 105 ④ 106 ④

> 🔍 **해설**

자속이 물질을 투과하는 정도를 투자율이라 하며 완전 진공상태를 1로 잡는다.

107 Lead-acid Battery의 Cell에서 양극판이 음극판보다 1개 적은 이유는?

① Cell 구성을 위해서이다.
② 양극판의 찌그러짐을 방지하기 위해서이다.
③ 음극판의 찌그러짐을 방지하기 위해서이다
④ Battery의 용량을 증가시키기 위해서이다.

> 🔍 **해설**

화학반응이 양극판 양쪽에서 일어나도록 함으로써 찌그러짐을 방지한다.

108 Battery Cell의 구조물 중 항공기가 배면비행 시 전해액의 누출을 방지하는 것은?'

① Terminal Post ② Supporting Ribs
③ Vent Plug ④ Separator

> 🔍 **해설**

Vent Plug
수평비행 시 납 추가 조그만 구멍을 통해서 Gas를 배출시키도록 하고, 배면비행 시 전해액의 누출을 막아 버린다.

109 Battery의 정전류 충전법의 장점은?

① 일정한 전류로 충전하므로 과충전의 위험이 적다.
② 충전시간을 미리 추정할 수 있다.
③ 완전히 충천하는 데 적은 시간이 요구된다.
④ 초기의 전류는 높지만 점점 낮아진다.

> 🔍 **해설**

① 장점 : 충전시간을 미리 추정할 수 있다.
② 단점 : 과충전의 위험이 많다. 완전히 충천하는 데 많은 시간이 요구된다.

110 Ni-Cd Battery 취급에 대한 설명 중 맞는 것은?

① 전해액을 만들려고 할 때 반드시 물에 수산화칼륨을 섞는다.
② Battery를 깨끗이 하기 위해 Wire Brush를 사용한다.
③ Battery가 완전히 충전된 후에 3~4시간 이내에 물을 첨가한다.
④ Ni-Cd Battery의 전해액은 전극판과 화학반응으로 비중이 크게 변한다.

> 🔍 **해설**

• Battery를 깨끗이 하기 위해 Fiber Brush를 사용한다.
• Battery가 완전히 충전된 후에 3~4시간 이후에 필요 시 물을 첨가한다.
• Ni-Cd Battery의 전해액은 전극판과 화학반응을 하지 않기 때문에 비중이 크게 변화하지 않는다.

111 Fleming의 오른손법칙에 대한 설명 중 맞는 것은?

① 집게손가락은 자장 속을 움직이는 도체의 운동방향을 나타낸다.
② 엄지손가락은 자력선의 방향을 나타낸다.
③ 가운데손가락은 유도기전력의 방향을 나타낸다.
④ 가운데손가락은 전류의 방향을 나타낸다.

> 🔍 **해설**

집게손가락은 자력선의 방향, 가운데손가락은 유도기전력의 방향, 그리고 엄지손가락은 도체의 운동방향을 나타낸다.

112 전자유도에 의해 발생되는 전압의 방향은 그 유도전류가 만드는 자속이 원래 자속의 변화를 방해하는 방향으로 결정되는 법칙은?

① 플레밍의 오른손법칙 ② 플레밍의 왼손법칙
③ 렌츠의 법칙 ④ 키르히호프의 법칙

> 🔍 **해설**

전자유도에 의해 발생되는 전압의 방향은 그 유도전류가 만드는 자속이 원래 자속의 변화를 방해하는 방향으로 결정되는 법칙은 렌츠의 법칙

[정답] 107 ② 108 ③ 109 ② 110 ① 111 ③ 112 ③

113 유도기전력의 값에 영향을 주는 요인이 아닌 것은?

① 자장 속을 움직이는 도선의 수

② 자장의 세기

③ 회전속도

④ 전압의 크기

해설

유도기전력의 값에 영향을 주는 요인은 자장 속을 움직이는 도선의 수, 자장의 세기, 회전속도이다.

114 하나의 Terminal Stud에 장착할 수 있는 Terminal의 Maximum 수는?

① 2개   ② 3개

③ 4개   ④ 5개

해설

Terminal Stud에는 오직 4개까지만 장착할 수 있다.

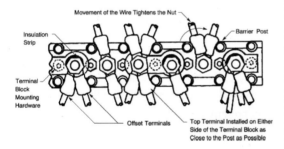

115 Circuit Breaker의 장점이 아닌 것은?

① Electric Circuit에서 수동 또는 전기적으로 Open, Close를 할 수 있다.

② Overload 발생 시 설정된 Time Limit 내에 자동적으로 회로를 차단한다.

③ 회로에 정격값 이상의 전류가 흐르면 즉시 회로를 차단한다.

④ 회로가 차단된 후 다시 Reset할 수 있다.

해설

회로에 정격값 이상의 전류가 흐르면 짧은 시간이 흐른 후에 회로를 차단한다.

116 Wire Number Marking에 대한 설명 중 틀린 것은?

① Wire Number Marking의 Interval은 12~15 [inch]이다.

② Wire의 길이가 3~7[inch]인 Wire는 중앙에 Wire Number를 Marking한다.

③ Wire 길이가 3[inch] 미만인 경우에는 Wire Number를 Marking하지 않는다.

④ Wire 길이가 3[inch] 미만인 경우에는 Tape에 Wire Number를 Marking하여 부착한다.

해설

Wire Number Marking의 Interval은 12~15[inch]이다. Wire의 길이가 3~7[inch]인 Wire는 중앙에 Wire Number를 Marking한다. Wire 길이가 3[inch] 미만인 경우에는 Wire Number를 Marking하지 않는다.

117 3개의 영구자석을 갖는 발전기가 3,600[rpm]으로 회전했을 때 주파수 값은?

① 90[Hz]   ② 180[Hz]

③ 5,400[Hz]   ④ 10,800[Hz]

해설

$$F = \frac{3 \times 3,600}{60} = \frac{10,800}{60} = 180[Hz]$$

118 1개의 영구자석을 갖춘 발전기가 12,000[rpm]으로 회전할 때 발생되는 주파수는?

① 60[Hz]   ② 120[Hz]

③ 200[Hz]   ④ 400[Hz]

해설

$$F = \frac{1 \times 12,000}{60} = \frac{12,000}{60} = 200[Hz]$$

[정답] 113 ④ 114 ③ 115 ③ 116 ④ 117 ② 118 ③

119
220[V]의 교류전동기가 50[A]의 전류를 공급 받고 있다. 그런데 전력계에는 9,350[W]의 전력만을 전동기가 공급 받는 것으로 나타나 있다. 역률은 얼마인가?

① 0.227 ② 0.425
③ 0.850 ④ 1.176

해설

역률＝유효전력/피상전력

역률＝$\dfrac{9,350[W]}{220 \times 50}$＝0.85

120
유효전력이 48[W]이고 무효전력이 36[VAR]인 발전기의 역률은?

① 0.60 ② 0.75
③ 0.80 ④ 1.00

해설

- 피상전력＝$\sqrt{(유효전력)^2 + (무효전력)^2}$＝$\sqrt{48^2 + 36^2}$＝60
- 역률＝$\dfrac{유효전력}{피상전력}$＝$\dfrac{48}{60}$＝0.8

121
Generator에서 기계적인 운동을 전기적인 Energy로 변환시키는 데 적용하는 원리는?

① Atomic Reaction
② Electrical Attraction
③ Magnetic Repulsion
④ Magentic Induction

해설

Generator는 전자 유도(Electromagnetic Induction)에 의하여 기계적인 Energy를 전기적인 Energy로 변환시키는 기계이다.
'아마추어 유도'는 없음 ➔ 반작용은 있음

122
기본적인 Generator의 Output Voltage는 무엇에 의해 Armature에서 Brush로 연결되는가?

① Slip Ring ② Interpoles
③ Terminals ④ Pigtails

해설

Loop에서 발생되는 Voltage를 외부 Circuit에 Current로 흐르게 하기 위해서는, Wire의 Loop를 외부 Circuit에 직렬로 연결하는 방법을 마련하여야 한다. 이런 전기적 연결은 Wire의 Loop가 그 2개의 끝을 Slip Ring이라고 부르는 2개의 금속 Ring에 연결한다.

123
기본적인 Generator가 자장에서 Single Coil로 회전하고 있다. Neutral Plane을 통과하는 Coil에서 Voltage가 유도되지 않는 이유는?

① 자력선이 너무 밀도가 높기 때문에
② 자력선이 Cut되지 않기 때문에
③ 자력선이 존재하지 않기 때문에
④ 자력선이 잘못된 방향으로 Cut되기 때문에

해설

자력선이 Coil에 의해 차단되지 않으므로 기전력도 발생하지 않는다.

124
Generator의 Output에서 A.C. Voltage 대신 D.C. Voltage를 생산하도록 하는 Generator의 Component는?

① Brushes ② Armature
③ Slip Ring ④ Commutator

해설

A.C.Generator 또는 Alternator, 그리고 D.C. Generator는 모두 Loop를 회전 시켜서 Voltage를 얻는다는 점에서 동일하다. 그러나 만약 Slip Ring에 의해서 Loop로부터 Current가 얻어지면 교류라고 한다. 그리고 이 Generator를 A.C. Generator 또는 Alternator라고 부른다.
Commutator에 의해서 얻어지는 Current는 직류이며, 이 Generator를 D.C. Generator라고 부른다.

125
다른 항공기에 대해 해당 항공기의 비행방향을 알려주는 항공기의 외부등은?

[정답] 119 ③ 120 ③ 121 ④ 122 ① 123 ② 124 ④ 125 ①

① 항법등(Navigation Light)
② 충돌방지등(Anti-collision Light)
③ 날개조명등(Wing Illumination Light)
④ 로고등(Logo Light)

🔍 **해설** -

다른 항공기에 대해 해당 항공기의 비행방향을 알려주는 항공기의 외부등은 항법등이다.

126 조종실의 Warning Light에 대한 설명 중 맞는 것은?

① 적색등(Red Light)은 주의를 의미한다.
② 황색등(Amber Light)은 경고를 의미한다.
③ 백색등(White Light)은 정보를 주는 목적이다.
④ 청색등(Blue Light)은 위험을 의미한다.

🔍 **해설** -

① 적색등(Red Light)은 경고
② 황색등(Amber Light)은 주의
③ 백색등(White Light)은 정보를 제공
④ 녹색등(Green Light)은 Transit을 의미한다.

3 항공계기

01 항공기 계기판의 구비조건에 대한 설명이 잘못된 것은?

① 자기 컴퍼스에 의한 자기적인 영향을 받지 않도록 비자성 금속을 사용해야 한다.
② 완충 마운트를 사용하여 진동으로부터 계기를 보호할 수 있어야 한다.
③ 유해한 반사광선으로 인하여 내용이 잘못 파악되지 않도록 해야 한다.
④ 계기판의 지시를 쉽게 읽을 수 있도록 하고 일반적으로 광택 검은색 도장을 한다.

🔍 **해설** -

계기판의 구비조건
① 자기 컴퍼스에 의한 자기적인 영향을 받지 않도록 비자성 금속을 사용해야 한다.(보통 알루미늄 합금을 사용한다.)
② 완충 마운트를 사용하여 진동으로부터 계기를 보호할 수 있어야 한다.
③ 유해한 반사광선으로 인하여 내용이 잘못 파악되지 않도록 해야 한다.(일반적으로 무광택 검은색 도장을 한다.)

02 계기판에 대한 설명 중 틀린 것은?

① 계기판은 비자성 재료인 알루미늄합금으로 되어있다.
② 기체 및 기관의 진동으로부터 보호하기 위해 Shock Mount를 설치한다.
③ 계기판은 지시를 쉽게 읽을 수 있도록 무광택의 검은색을 칠한다.
④ 야간비행 시 조종석을 밝게 하여 계기의 눈금과 바늘이 잘 보이도록 한다.

🔍 **해설** -

야간비행 시 조종석을 어둡게 하기 위해 형광등으로 자외선을 비추어 계기의 눈금과 바늘에 칠해 놓은 형광물질이 빛을 내도록 한다.

03 계기의 구비요건에 대한 설명이 적절하지 않은 것은?

① 소형일 것
② 경제적이며 내구성이 클 것
③ 신뢰성이 좋을 것
④ 정확성이 있을 것

🔍 **해설** -

계기의 구비요건
① 무게와 크기를 작게 하고, 내구성이 높아야 한다.
② 정확성을 확보하고, 외부조건의 영향을 적게 받도록 한다.
③ 누설에 의한 오차를 없애고, 접촉부분의 마찰력을 줄인다.
④ 온도의 변화에 따른 오차를 없애고, 진동에 대해 보호되어야 한다.
⑤ 습도에 대한 방습처리와 염분에 대한 방염처리를 철저히 해야 한다.
⑥ 곰팡이에 대한 항균처리를 해야 한다.

[정답] 126 ③ 3. 항공계기 01 ④ 02 ④ 03 ①

04 여러 가지 비행조건에서 항공계기의 신뢰성이 요구되는 조건에 적합하지 않은 것은?

① 항공기의 중량을 적게 하기 위해 가벼워야 한다.
② 계기의 정밀도를 될 수 있는 대로 오랫동안 유지할 수 있어야 한다.
③ 중요부분에 항균도료로 도장하여 곰팡이의 영향을 방지해야 한다.
④ 제트기관에서는 기관의 진동으로 인한 영향을 막기 위해 방진장치를 설치한다.

해설

왕복기관은 계기판에 방진장치를 설치해야 하고 제트기관은 진동장치를 설치해야 한다.

05 Shock Mount의 역할은?

① 저주파, 고진폭 진동 흡수
② 저주파, 저진폭 진동 흡수
③ 고주파, 고진폭 진동 흡수
④ 고주파, 저진폭 진동 흡수

해설

충격 마운트(Shock Mount)
비행기의 계기판은 저주파수, 높은 진폭의 충격을 흡수하기 위하여 충격 마운트(Shock Mount)를 사용하여 고정한다.

06 청색 호선(Blue Arc)의 색 표식을 사용할 수 있는 계기는?

① 대기속도계
② 기압식 고도계
③ 흡입압력계
④ 산소압력계

해설

계기의 색 표식
① 붉은색 방사선(Red Radiation)
　최대 및 최소운용한계를 나타내며, 붉은색 방사선이 표지된 범위 밖에서는 절대로 운용을 금지해야 함을 나타낸다.
② 녹색 호선(Green Arc)
　안전운용범위, 계속운전범위를 나타내는 것으로서 운용범위를 의미한다.

③ 황색 호선(Yellow Arc)
　안전운용범위에서 초과금지까지의 경계 또는 경고범위를 나타낸다.
④ 흰색 호선(White Arc)
　대기속도계에서 플랩조작에 따른 항공기의 속도범위를 나타내는 것으로서 속도계에서만 사용이 된다. 최대착륙무게에 대한 실속속도로부터 플랩을 내리더라도 구조 강도상에 무리가 없는 플랩 내림 최대속도까지를 나타낸다.
⑤ 청색 호선(Blue Arc)
　기화기를 장비한 왕복기관에 관계되는 기관계기에 표시하는 것으로서, 연료와 공기혼합비가 오토 린(Auto Lean)일 때의 상용안전운용범위를 나타낸다.
⑥ 백색 방사선(White Radiation)
　색 표식을 계기 앞면의 유리판에 표시하였을 경우에 흰색 방사선은 유리가 미끄러졌는지를 확인하기 위하여 유리판과 계기의 케이스에 걸쳐 표시한다. 대기속도계에서 플랩조작에 따른 항공기의 속도범위를 나타내는 것으로서 속도계에서만 사용이 된다. 최대착륙무게에 대한 실속속도로부터 플랩을 내리더라도 구조 강도상에 무리가 없는 플랩 내림 최대속도까지를 나타낸다.

07 백색 호선에 대한 설명이 잘못된 것은?

① 경고범위를 나타낸다.
② 속도계에만 있다.
③ 플랩을 내릴 수 있는 속도를 알 수 있다.
④ 최대 착륙 중량시의 실속속도를 알 수 있다.

해설

문제 6 해설 참조

08 계기의 색 표식에서 황색 호선(Yellow Arc)은 무엇을 나타내는가?

① 위험지역
② 최저운용한계
③ 최대운용한계
④ 경계, 경고범위

해설

문제 6 해설 참조

09 제트항공기의 계기 또는 계기판에 설치된 바이브레이터(Vibrator)와 관련이 있는 것은?

[정답] 04 ④　05 ①　06 ③　07 ④　08 ④　09 ④

① 복선오차   ② 누설오차

③ 상온오차   ④ 마찰오차

해설

바이브레이터(Vibrator : 진동기)

전기계통 구성품으로 전자기 계전기를 사용하여 교류를 맥동 직류로 변환시키는 장치이다. 계전기(Relay)코일을 통하여 전류가 흐르면 전자석에 의하여 열려 있는 접점을 끌러 닫아(Close)준다. 코일과 접점은 직렬로 연결되어 있어 접점이 열리는 순간 전자석에 흐르는 전류는 차단되어 접점이 열린다. 이러한 열림과 닫힘의 주기에 의하여 교류가 맥동 직류로 변환된다. 맥동 직류의 주파수는 자석의 특성에 의하여 결정된다.

마찰오차는 계기의 작동기구가 원활하게 움직이지 못하여 발생하는 오차이다.

---

10 전기계기의 철제 케이스나 강제 케이스가 대부분 부착되어 있는 이유는?

① 정비도중의 계기 손상을 방지하기 위해서이다.

② 장탈 및 장착을 용이하게 하기 위해서이다.

③ 외부 자장의 간섭을 막기 위해서이다.

④ 계기 내부에 열이 축적되는 것을 막기 위해서이다.

해설

항공계기의 케이스

① 자성 재료의 케이스

항공기의 계기판에는 많은 계기들이 모여 있기 때문에 서로간에 자기적 또는 전기적인 영향을 받을 수 있다. 전기적인 영향을 차단하기 위해서는 알루미늄합금같은 비자성 금속 재료로서 차단할 수 있지만, 자기적인 영향은 철제케이스를 이용하여 차단하고, 철제 케이스는 강도면에서도 강하다. 그렇지만 무게가 많이 나가는 단점이 있기 때문에 플라스틱 재료와 금속 재료를 조합하여 케이스 무게를 감소시키기도 한다.

② 비자성 금속제 케이스

알루미늄합금은 가공성, 기계적인 강도, 무게 등에 유리한 점이 있고 전기적인 차단효과가 있으므로 비자성 금속제 케이스로 가장 많이 사용된다.

③ 플라스틱제 케이스

케이스의 제작이 용이하고 표면에 페인트를 칠할 필요가 없으며 무광택으로 하여 계기판 전면에서 유해한 빛의 반사를 방지할 수 있는 특징이 있다. 외부와 내부에서 전기적 또는 자기적인 영향을 받지 않는 계기의 케이스로 가장 많이 사용된다.

---

11 전류로 만들어진 회전자계 또는 이동자계 내에 금속 원판 또는 원통을 두어 이를 이용한 계기는?

① 비율계형계기   ② 유도형계기

③ 가동코일형계기   ④ 가동철편형계기

해설

가동코일형계기

영구 자석에 의한 자계(磁界)속에 가동 코일을 설치하고 이것에 측정하고자 하는 전류를 흐르게 하여 지침을 측정하는 계기

• 특징

① 극성을 가지고 전류 방향으로 지침의 흔들리는 방향이 결정된다.

② 눈금이 등분눈금이다.

③ 감도가 좋다.

④ 직류 전용이다.

---

12 고정코일에 전류가 흐르면 2개의 철편이 자화되어 양자 사이의 반발력을 이용한 계기는?

① 가동코일형계기   ② 가동철편형계기

③ 전류력계형계기   ④ 정류형계기

해설

가동철편형계기

고정 코일에 흐르는 전류에 의해서 생기는 자계와 가동 철편 사이의 전자력, 또는 코일 내에 부착된 고정 철편과 가동 철편 사이의 자력을 이용하는 것을 말한다.

• 특징

① 주로 상용 주파수의 교류에 사용되는데, 히스테리시스손이 적은 양질의 철편을 사용하면 직류에도 사용할 수 있다.

② 눈금은 "0" 부근을 제외하고 거의 등분 눈금에 가깝다.

③ 정확도는 떨어지나 구조가 간단하고 튼튼하며 값이 싸다.

---

13 회로시험기기 사용 시 유의사항 중 틀린 것은?

① 빨간색 LEAD는 항상 (＋), 검은색 LEAD는 (－)에 연결한다.

② 측정할 전압의 크기를 모를 경우 최대측정범위에서 선택한다.

③ 저항측정 시 측정범위를 변경할 때마다 0[Ω] 조정을 할 필요는 없다.

④ 회로시험기기를 사용하지 않을 경우에는 전환스위치를 항상 OFF에 놓는다.

[정답] 10 ③   11 ③   12 ②   13 ③

14   Pitot Tube를 이용한 계기가 아닌 것은?

① 속도계   ② 고도계

③ 선회계   ④ 승강계

🔍 **해설**

피토정압계기의 종류

① 고도계   ② 속도계   ③ 마하계

 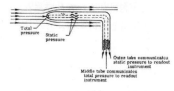

④ 승강계   ⑤ Pitot Tube와 Static Tube

15   동·정압계기가 아닌 것은?

① 승강계   ② 고도계

③ 마하계   ④ 연료유량계

🔍 **해설**

동압만 받는 계기는 없음

① 정압만 받는 계기 : 고도계(Altimeter), 승강계(VSI)

② 동압과 정압 모두를 받는 계기 : 속도계, 마하계

16   공함(Collapsible Chamber)에 사용되는 재료는?

① 알루미늄   ② 니켈

③ 티탄   ④ 베릴륨–구리합금

🔍 **해설**

공함(Collapsible Chamber)

① 공함에 사용되는 재료는 탄성한계 내에서 외력과 변위가 직선적으로 비례하며, 비례상수도 커야 한다.

② 제작의 어려움 때문에 인청동을 사용하였으나, 현재에는 베릴륨–구리합금이 쓰이고 있다.

17   기체 좌·우에 있는 정압공이 기체 내에서 서로 연결되어 있는 이유는?

① 어느 쪽이 막혔을 때를 대비한 것이다.

② 기장측과 부기장측이 공용으로 사용하기 위해서이다.

③ 빗물이 침입한 경우에 대비한 것이다.

④ 측풍에 의한 오차를 방지하기 위한 것이다.

🔍 **해설**

기체의 모양이나 배관의 상태 또는 피토관의 장착위치와 측풍에 의한 오차를 일으킬 수 있기 때문에 이를 방지하기 위하여 동체 좌·우에 두게 된다.

18   기압고도(Pressure Altitude)에서 기압 수치는 얼마인가?

① 14.7[inHg]   ② 14.7[psi]

③ 29.92[psi]   ④ 29.92[inHg]

🔍 **해설**

고도의 종류

① 진고도(True Altitude) : 해면상의 실제고도를 말하고, 기압은 항상 변하고 고도변화에 대한 기압의 변화는 일정하지 않기 때문에 기압고도계로는 진고도를 알 수가 없다. 단지 기압 설정 눈금은 압력지시를 시프트하는 것이고, 해면상의 압력에 맞추는 것에 의해 진고도에 가까운 값을 얻을 수가 있다.

② 절대고도(Absolute Altitude) : 항공기로부터 그 당시의 지형까지의 고도

③ 기압고도(Pressure Altitude) : 기압표준선, 즉 표준대기압해면(29.92[inHg])으로부터의 고도

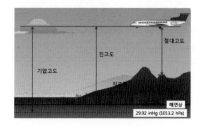

[정답] 14 ③   15 ④   16 ④   17 ④   18 ④

19 해면고도로부터 항공기까지의 고도를 무엇이라 하는가?

① 진고도
② 밀도고도
③ 지시고도
④ 절대고도

🔍 **해설**
문제 18 해설 참조

20 해발 500[m]인 비행장 상공에 있는 비행기의 진고도가 3,000[m]라면 이 비행기의 절대고도는 얼마인가?

① 500[m]
② 2,500[m]
③ 3,000[m]
④ 3,500[m]

🔍 **해설**
고도의 종류
절대고도(Absolute Altitude)는 항공기로부터 그 당시의 지형까지의 고도이므로 3,000−500＝2,500[m]

21 고도계 보정 중 QNH를 통보해 주는 곳이 없는 해변 비행이거나 14,000[feet] 이상의 높은 고도를 비행할 때 주로 사용하는 고도계 보정방식은?

① QNE
② QNH
③ QFE
④ QHN

🔍 **해설**
고도계의 보정방법
① QNE 보정 : 해상 비행 등에서 항공기의 고도 간격의 유지를 위하여 고도계의 기압 창구에 해면의 표준대기압인 29.92[inHg]를 맞추어 표준기압면으로부터 고도를 지시하게 하는 방법이다. 이때 지시하는 고도는 기압고도이다. QNH를 통보할 지상국이 없는 해상 비행이거나 14,000[feet] 이상의 높은 고도의 비행일 때에 사용하기 위한 것이다.
② QNH 보정 : 일반적으로 고도계의 보정은 이 방식을 말한다. 4,200[m](14,000[feet]) 미만의 고도에서 사용하는 것으로 활주로에서 고도계가 활주로 표고를 가리키도록하는 보정이고 진고도를 지시한다.
③ QFE 보정 : 활주로 위에서 고도계가 0을 지시하도록 고도계의 기압 창구에 비행장의 기압을 맞추는 방식이다.

22 고도계 보정 중 14,000[feet] 미만의 고도에서 사용하는 것으로 활주로에서 고도계가 활주로의 표고를 지시하도록 만든 보정방법은?

① QNE 보정
② QNH 보정
③ QFE 보정
④ QHN 보정

🔍 **해설**
문제 21 해설 참조

23 비행 중 기압고도계를 표준기압 값에 보정하는 고도는 얼마인가?

① 12,000[feet]
② 14,000[feet]
③ 16,000[feet]
④ 18,000[feet]

🔍 **해설**
문제 21 해설 참조

24 고도계에서 진고도를 알고 싶을 땐 어떤 조작을 하는가?

① 기압 보정 눈금을 그때 고도의 기압에 맞춘다.
② 기압 보정 눈금을 그때 해면상의 기압에 맞춘다.
③ 기압 보정 눈금을 그때 해면상 1,010[feet] 기압에 맞춘다.
④ 기압 보정 눈금을 표준대기상의 해면상 기압에 맞춘다.

🔍 **해설**
진고도(True Altitude)
해면상의 실제고도를 말하고, 기압은 항상 변하고 고도변화에 대한 기압의 변화는 일정하지 않기 때문에 기압고도로는 진고도를 알 수가 없다. 단지 기압 설정 눈금은 압력지시를 시프트하는 것이고, 해면상의 압력에 맞추는 것에 의해 진고도에 가까운 값을 얻을 수가 있다.

25 고도계에서 압력을 증가시켰다가 다시 감소시키면 출발점을 전후한 위치에서 오차가 발행하는 데 이를 무엇이라 하는가?

[**정답**] 19 ① 20 ② 21 ① 22 ② 23 ② 24 ② 25 ①

① 잔류효과　　　　② Drift

③ 온도오차　　　　④ 밀도오차

🔍 해설

탄성오차

히스테리시스(Histerisis), 편위(Drift), 잔류효과(After Effect)와 같이 일정한 온도에서의 탄성체 고유의 오차로서 재료의 특성 때문에 생긴다.

26 다음 중 진고도는 어느 것인가?

① QNE 보정　　　② QNH 보정

③ QFE 보정　　　④ QHN 보정

🔍 해설

QNH 보정

일반적으로 고도계의 보정은 이 방식을 말한다.

4,200[m](14,000[feet]) 미만의 고도에서 사용하는 것으로 활주로에서 고도계가 활주로 표고를 가리키도록하는 보정이고 진고도를 지시한다.

27 정압계의 정압공(Static Hole)이 막혔을 때, 고도계는 어떻게 지시하는가?

① 고도계와 정압계 모두 증가

② 고도계와 정압계 모두 감소

③ 고도계 증가, 정압계 감소

④ 고도계 감소, 정압계 증가

🔍 해설

정압공이 막힌다면 정압은 증가하게 되므로 고도계는 낮아지게 된다.

28 고도계의 오차에 관계되지 않는 것은?

① 온도오차　　　　② 기계오차

③ 탄성오차　　　　④ 북선오차

🔍 해설

고도계의 오차

① 눈금오차 : 일정한 온도에서 진동을 가하여 기계적 오차를 뺀 계기 특유의 오차이다. 일반적으로 고도계의 오차는 눈금오차를 말하며, 수정이 가능하다.

② 온도오차

　ⓐ 온도의 변화에 의하여 고도계의 각 부분이 팽창, 수축하여 생기는 오차

　ⓑ 온도 변화에 의하여 공함, 그 밖에 탄성체의 탄성률의 변화에 따른 오차

　ⓒ 대기의 온도 분포가 표준대기와 다르기 때문에 생기는 오차

③ 탄성오차 : 히스테리시스(Histerisis), 편위(Drift), 잔류효과(After Effect)와 같이 일정한 온도에서의 탄성체 고유의 오차로서 재료의 특성 때문에 생긴다.

④ 기계오차 : 계기 각 부분의 마찰, 기구의 불평형, 가속도와 진동 등에 의하여 바늘이 일정하게 지시하지 못함으로써 생기는 오차이다. 이들은 압력의 변화와 관계가 없으며 수정이 가능하다.

29 고도계의 오차의 종류가 아닌 것은?

① 눈금오차　　　　② 밀도오차

③ 온도오차　　　　④ 기계적오차

🔍 해설

고도계의 오차 종류는 눈금오차, 온도오차, 탄성오차, 기계적오차

30 기압식 고도계의 잔류효과(After Effect)는 다음의 어느 것에 관계되는가?

① 상온오차　　　　② 누설오차

③ 탄성오차　　　　④ 마찰오차

🔍 해설

고도계의 오차

탄성오차 : 히스테리시스(Histerisis), 편위(Drift), 잔류효과(After Effect)와 같이 일정한 온도에서의 탄성체 고유의 오차로서 재료의 특성 때문에 생긴다.

31 고도계의 오차 중 탄성오차란 무엇인가?

① 계기 각 부분의 마찰, 기구의 불평형, 가속도 및 진동 등에 의하여 바늘이 일정하게 지시 못하는 오차

② 재료의 특성 때문에 일정한 온도에서의 탄성체 고유의 오차

③ 일정한 온도에서 진동을 가하여 얻어낸 기계적 오차

④ 온도 변화로 인해 계기 각 부분이 팽창 수축함으로써 생기는 오차

[정답] 26 ②　27 ④　28 ④　29 ②　30 ③　31 ②

해설

문제 30 해설 참조

32 다음 공함(Collapsible Chamber) 중 고도계에 사용되는 것은?

① 아네로이드(Aneroid)

② 다이어프램(Diaphragm)

③ 벨로즈(Bellows)

④ 버든 튜브(Burdon Tube)

해설

고도계(Altimeter)

① 고도계는 일종의 아네로이드 기압계인데, 대기압력을 수감하여 표준대기압력과 고도와의 관계에서 항공기 고도를 지시하는 계기로서 원리는 진공 공함을 이용한다.

② 공함은 압력을 기계적 변위로 바꾸는 장치이다. 항공기에 사용되는 압력계기 중에는 공함을 응용한 것이 많으며, 이를 사용한 대표적인 계기에는 고도계, 속도계, 승강계가 있다.

③ 고도계는 정압을 이용한다.

33 공함에 대한 설명 중 틀린 것은?

① 공함 재료는 탄성한계 내에서 외력과 변위가 직선적으로 비례한다.

② 공함은 기계적 변위를 압력으로 바꾸는 장치이다.

③ 밀폐식 공함을 아네로이드라고 한다.

④ 개방식 공함을 다이어프램이라 한다.

해설

공함은 압력을 기계적 변위로 바꾸는 장치이다.

34 다음 중 정압만을 필요로 하는 계기는?

① 고도계   ② 속도계

③ 선회계   ④ 자이로계기

해설

문제 32 해설 참조

35 여압된 비행기가 정상 비행 중 갑자기 계기 정압라인이 분리된다면 어떤 현상이 나타나는가?

① 고도계는 높게 속도계는 낮게 지시한다.

② 고도계와 속도계 모두 높게 지시한다.

③ 고도계와 속도계 모두 낮게 지시한다.

④ 고도계는 낮게 속도계는 높게 지시한다.

해설

여압이 되어 있는 항공기 내부에서 정압라인이 분리되었다면 실제 정압보다 높은 객실 내부의 압력이 작용하여 정압을 이용하는 고도계와 속도계는 모두 낮게 지시할 것이다.

36 정압공에 결빙이 생기면 정상적인 작동을 하지 않는 계기는 어느 것인가?

① 고도계   ② 속도계

③ 승강계   ④ 모두 작동하지 못 한다.

해설

고도계, 승강계, 속도계는 모두 정압을 이용하는 계기이므로 정압공에 결빙이 생기면 정상 작동하지 않는다.

37 고도를 수정하지 않고 온도가 낮은 지역을 비행할 때 실제 고도는?

① 낮다.

② 높다.

③ 변화가 없다.

④ 온도와 관계없이 일정하다.

38 속도계에 대한 설명 중 맞는 것은?

① 고도에 따르는 기압차를 이용한 것이다.

② 전압과 정압의 차를 이용한 것이다.

③ 동압과 정압의 차를 이용한 것이다.

④ 전압만을 이용한 것이다.

해설

[정답] 32 ①   33 ②   34 ①   35 ③   36 ④   37 ①   38 ②

속도계(Air Speed Indicator)
① 비행기의 대기에 대한 속도를 지시하는 것으로 대기가 정지하고 있을 때에는 지면에 대한 속도와 같다.
② 속도계는 전압과 정압의 차(동압)를 이용하여 속도로 환산하여 속도를 지시하는 계기이다.

39 다음 중 정압(Static Pressure) 및 전압(Total Pressure)을 필요로 하는 계기는?

① 고도계   ② 승강계
③ 속도계   ④ 자이로계기

🔍 **해설**

문제 38 해설 참조

40 다음 중 속도계(Air Speed Indicator)에 사용되는 것은?

① 아네로이드   ② 버든튜브
③ 다이어프램   ④ 다이어프램＋아네로이드

🔍 **해설**

피토정압계기
① 속도계 : 다이어프램   ② 승강계 : 아네로이드
③ 고도계 : 아네로이드

41 속도계가 고도의 증가에 따라 진대기속도를 지시하지 못하는 이유는?

① 공기의 온도가 변하기 때문에
② 공기의 밀도가 변하기 때문에
③ 대기압이 변하기 때문에
④ 고도가 변하여도 올바른 속도를 지시한다.

🔍 **해설**

대기속도
① 지시 대기속도(IAS : Indicated Air Speed) : 속도계의 공함에 동압이 가해지면 동압은 유속의 제곱에 비례하므로, 압력 눈금 대신에 환산된 속도 눈금으로 표시한 속도
② 수정 대기속도(CAS : Calibrated Air Speed) : 지시 대기속도에 피토정압관의 장착 위치와 계기 자체에 의한 오차를 수정한 속도

③ 등가 대기속도(EAS : Equivalent Air Speed) : 수정 대기속도에 공기의 압축성을 고려한 속도
④ 진대기속도(TAS : True Air Speed) : 등가 대기속도에 고도 변화에 따른 밀도를 수정한 속도

42 수정 대기속도란 무엇인가?

① 대기압, 온도, 고도를 수정한 속도
② 대기온도와 압축성을 수정한 속도
③ 계기 및 피토관의 위치오차를 수정한 속도
④ 대기온도와의 공기밀도를 수정한 속도

🔍 **해설**

문제 41 해설 참조

43 비행속도, 비행고도, 대기온도에 따라 비행 제원이 변하지 않는 것은?

① 지시 대기속도(IAS)   ② 수정 대기속도(CAS)
③ 등가 대기속도(EAS)   ④ 진대기속도(TAS)

🔍 **해설**

지시 대기속도(IAS)
속도계의 바늘이 지시하는 속도. 고도에 따른 밀도의 변화가 무시된 속도이다.

44 대기속도계 배관의 누출 점검방법으로 맞는 것은?

① 정압공에 정압, 피토관에 부압을 건다.
② 정압공에 부압, 피토관에 정압을 건다.
③ 정압공과 피토관에 부압(−)을 건다.
④ 정압공과 피토관에 정압(+)을 건다.

🔍 **해설**

피토정압계통의 시험 및 작동점검
① 피토정압계통의 시험 및 작동점검을 위해서는 피토정압시험기(MB-1 Tester)가 사용되며 피토정압계통이나 계기 내의 공기 누설을 점검하는 데 주로 이용한다. 이 시험기에 부착되어 계기들이 정확할 경우에는 탑재된 속도계와 고도계의 눈금오차도 동기에 시험할 수 있다. 이 밖에는 피토정압계기의 마찰오차시험, 고도계의 오차시험, 승강계의 0점 보정 및 지연시험, 그리고 속도계의 오차시험 등을 실시한다.

[정답] 39 ③ 40 ③ 41 ② 42 ③ 43 ① 44 ②

② 접속 기구를 피토관과 정압공에 연결해서 진공펌프로 정압계통을 배기하여 기압펌프로 피토계통을 가압함으로써 각각의 계통의 누설점검을 한다.

45 대기속도계에 대한 설명 중 틀린 것은?

① 밀폐된 케이스 안에 다이어프램이 들어 있다.
② 계기의 눈금은 속도에 비례한다.
③ 속도의 단위는 KNOT 또는 MPH이다.
④ 난류 등에 의한 취부오차가 발생한다.

해설

계기의 눈금은 속도의 제곱에 비례한다.

46 다음 속도계의 오차 수정의 관계는?

① IAS – CAS – EAS – TAS
② EAS – CAS – IAS – TAS
③ IAS – TAS – EAS – CAS
④ TAS – EAS – CAS – IAS

해설

속도계의 오차 수정

IAS	CAS	EAS	TAS
피토관 장착위치 및 계기 자체의 오차 수정	공기의 압축성 효과를 고려한 수정	고도 변환에 따른 공기 밀도 수정	

47 다음 승강계가 지시하는 단위는?

① m/sec ② km/sec
③ feet/min ④ feet/sec

해설

승강계

수평비행을 할 때에는 눈금이 0을 지시하지만, 상승 또는 하강에 의하여 고도가 변하는 경우에는 고도의 변화율을 [feet/min] 단위로 지시하게 되어 있다.

48 승강계의 원리에 대한 설명 중 맞는 것은?

① 공함 내의 정압, 케이스 내는 모세관을 통해 서서히 변화하는 전압을 유도하여 차압을 지시계에 전달한다.
② 공함 내의 정압, 케이스 내는 모세관을 통해 서서히 변화하는 정압을 유도하여 차압을 지시계에 전달한다.
③ 공함 내의 전압, 케이스 내는 모세관을 통해 서서히 변화하는 정압을 유도하여 차압을 지시계에 전달한다.
④ 공함 내의 전압, 케이스 내는 모세관을 통해 서서히 변화하는 전압을 유도하여 차압을 지시계에 전달한다.

해설

항공기의 수직 방향의 속도를 분당 Feet로 지시하는 계기로서 항공기의 상승률 또는 하강율을 나타내는 계기이다. 일종의 차압계로 Aneroid에 작은 구멍을 뚫어 고도변화에 의한 기압의 변화율을 측정함으로서 항공기의 승강율을 나타낸다.
항공기가 상승할 때 공함의 내측은 그 당시 고도의 기압이 걸리고, 외측은 바로 조금전의 기압이 작용하므로 이 두 압력차에 의해 공함이 수축하며 고도 상승을 멈추면 외측의 공기가 내측으로 모세관의 Pine Hole을 통해 흘러 들어가므로 시간이 경과함에 따라 내·외측의 압력차는 해소되어 공함은 이전상태로 복구된다.

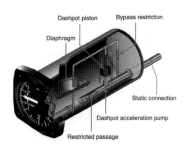

[순간수직 속도지시계]

49 다음은 승강계를 설명한 것이다. 틀린 것은?

① 승강계는 수직방향의 속도를 [feet/min] 단위로 지시하는 계기이다.
② 승강계는 압력의 변화로 항공기의 승강률을 나타내는 계기이다.
③ 전압을 이용하여 승강률을 측정한다.
④ 모세관의 구멍이 작은 경우에는 감도는 높아지나 지시 지연시간이 길어진다.

[정답] 45 ② 46 ① 47 ③ 48 ② 49 ③

해설

문제 48 해설 참조

50 수평비행 중 승강계의 모세관이 막히면 어떻게 되는가?

① 계기 지시가 '0'으로 돌아간다.

② 계기 지시가 '0'으로 돌아가지 않는다.

③ 상승 중에 발생하면 최대위치로 간다.

④ 지시기가 흔들린다.

해설

승강계(Vertical Speed Indicator)

항공기가 일정하게 상승을 하고 있을 경우에는 다이어프램 내외의 압력변화의 비율이 일정하고 차압이 변화하지 않기 때문에 승강계의 지침은 어떤 점을 지시하고 있지만, 수평비행이 되면 대기압이 일정하게 되고 다이어프램 내외의 압력은 균형이 되어 차압이 없어지기 때문에 지침이 "0"으로 돌아오게 된다. 만약 모세관이 막히게 되면 다이어프램 내외의 압력차는 없어지게 되지만 지침이 "0"으로 돌아가시 않는다.

51 승강계의 핀 홀(Pin Hole)의 크기를 크게 하면 지시는 어떻게 되는가?

① 지시지연시간은 짧아지고 둔해진다.

② 지시지연시간은 짧아지고 예민해진다.

③ 지시지연시간은 길어지고 예민해진다.

④ 지시지연시간은 길어지고 둔해진다.

해설

승강계(Vertical Speed Indicator)

공기의 속도, 온도, 밀도가 일정할 때 관속을 통과하는 공기의 저항은 관의 단면적에 반비례하므로 핀 홀이 작으면 감도는 예민해지지만, 지시지연이 커지고, 핀 홀이 커지면 지연시간이 짧아지고 감도는 둔해진다.

52 수평비행 상태로 돌아왔는데도 승강계가 "0"을 지시하지 않는다면, 그 원인은 무엇인가?

① 동압관에 누설이 있다.

② 정압관에 누설이 있다.

③ 모세관에 막힘이 있다.

④ 공함이 파손되었다.

해설

문제 50 해설 참조

53 승강계의 성능에 대한 설명 중 옳은 것은?

① 모세관의 저항이 증가하면 감도는 증가한다.

② 모세관의 저항이 증가하면 지시지연은 짧아진다.

③ 모세관의 저항이 증가하면 감도는 감소하고 지시지연은 짧아진다.

④ 모세관의 저항은 항공기 성능과 관계가 없다.

해설

문제 51 해설 참조

54 게이지압력(Gauge Pressure)이 사용되는 것은?

① 매니폴드압력계   ② 윤활유압력계

③ 연료압력계   ④ EPR압력계

해설

압력계기

① 매니폴드압력계(흡입압력계)

흡입공기의 압력을 측정하는 계기이고, 정속 프로펠러와 과급기를 갖춘 기관에서는 반드시 필요한 필수 계기이며, 낮은 고도에서는 초과 과급을 경고하고 높은 고도를 비행할 때에는 기관의 출력 손실을 알린다.

② 윤활유압력계

윤활유의 압력과 대기압력의 차인 게이지압력을 나타내며, 이를 통하여 윤활유의 공급 상태를 알 수 있다.

③ 연료압력계

비교적 저압을 측정하는 계기이고, 연료압력계가 지시하는 압력은 기화기나 연료조정장치로 공급되는 연료의 게이지 압력과 흡입공기 압력과의 압력차 등 항공기마다 다르다.

④ EPR(엔진 압력비 : Engine Pressure Ratio)계기

가스터빈기관의 흡입공기 압력과 배기가스 압력을 각각 해당 부분에서 수감하여 그 압력비를 지시하는 계기이고, 압력비는 항공기의 이륙 시와 비행 중의 기관 출력을 좌우하는 요소이고, 기관의 출력을 산출하는 데 사용한다.

[정답] 50 ②   51 ①   52 ③   53 ①   54 ②

55 매니폴드압력계에서 고도변화에 따른 오차를 수정하는 것은?

① 아네로이드
② 다이어프램
③ 벨로즈
④ 버든튜브

해설

흡입압력계 내부의 아네로이드가 고도변화에 따른 압력변화에 대응하여 수축 및 팽창을 하여 항상 일정하게 지시를 하도록 한다.

56 다음 계기 중 다이어프램(Diaphragm)을 사용할 수 없는 계기는?

① 객실압력계
② 진공압력계
③ 오일압력계
④ 대기속도계

해설

오일압력계(Oil Pressure Gauge)
① 보통 부르동관(버든튜브 : Bourdon Tube)이 사용되고 관의 바깥쪽에는 대기압이, 안쪽에는 윤활유압력이 작용하여 게이지 압력으로 나타낸다.
② 윤활유압력계의 지시범위는 0~200[psi] 정도이다.

57 승강계가 지상에서 1,000[feet] 이상 상승해 있다면 어떻게 조절하는가?

① 조절 스크루로 조절한다.
② 정압공을 조절해 정압을 상승시킨다.
③ 정압공을 조절해서 정압을 감소시킨다.
④ 승강계를 교환한다.

해설

지상에서 0점이 맞지 않을 때는 계기 자체에 마련되어 있는 0점 조절 스크루(Zero Adjustment Screw)를 이용하여 맞춘다.

58 절대압력과 게이지압력과의 관계는?

① 절대압력＝게이지압력＋대기압
② 절대압력＝대기압±게이지압력

③ 절대압력＝게이지압력－대기압
④ 절대압력＝게이지압력×대기압

해설

압력의 종류
① 절대압력 : 완전 진공을 기준으로 측정한 압력
② 게이지압력 : 대기압을 기준으로 측정한 압력
③ 압력에 사용되는 단위는 [inHg]와 [psi]가 대표적으로 많이 사용된다.
※ 절대압력＝대기압±게이지압력

59 승강계에 가해지는 공기의 온도가 낮아지면 어떤 가능성이 나타날 수 있는가?

① 지시지연시간은 짧아지고, 지시는 둔해진다.
② 지시지연시간은 짧아지고, 지시는 예민해진다.
③ 지시지연시간은 길어지고, 지시는 예민해진다.
④ 지시지연시간은 길어지고, 지시는 둔해진다.

해설

공기의 온도가 낮아지면 밀도는 높아지므로 지시지연시간은 길어지고 지시는 예민해진다.

60 다음 계기 중 아네로이드나 아네로이드식 벨로즈(Bellows)를 사용할 수 없는 것은?

① 기압식고도계
② 연료압력계
③ 오일압력계
④ 흡입압력계

해설

아네로이드 기압계
아네로이드 기압계는 수은과 같은 액체를 쓰지 않는 기압계라는 의미로, 기압계의 속을 진공으로 한 금속 상자가 기압의 변화에 따라 신축하는 것을 이용한 기압계

61 오일압력계기 입구를 제한하는 이유는?

① 갑작스런 압력 파동에 의하여 생길 수 있는 버든튜브의 손상을 방지하기 위하여
② 응결된 오일에 의하여 생길 수 있는 계기 손상을 방지하기 위하여

[정답] 55 ① 56 ③ 57 ① 58 ② 59 ③ 60 ③ 61 ①

③ 계기로부터 습기를 배출하기 위하여

④ 배출을 가능하게 하기 위하여

> 🔍 **해설**

갑작스런 압력 파동으로 인하여 생길 수 있는 버든튜브(Bourdon Tube)의 손상을 방지하기 위하여 압력계기의 입구를 제한한다.

62 연료압력게이지가 지시하는 연료압력은?

① 고도상승에 따라 증가한다.

② 고도상승에 따라 감소한다.

③ 고도상승에 따라 변하지 않는다.

④ 비행속도에 따라 증가한다.

> 🔍 **해설**

연료압력계
① 연료압력계는 비교적 저압을 측정하는 계기이므로 다이어프램 또는 두 개의 벨로스로 구성되어 있다.
② 연료압력계가 지시하는 압력은 기화기나 연료조정장치로 공급 되는 연료의 게이지압력과 흡입공기압력과의 압력차 등 항공기 마다 다르다.
③ 두 개의 벨로우즈(Bellows)로 구성된 연료압력계는 그 중 하나 에 연료의 압력이, 다른 하나에는 공기압이 각각 작용한다. 양 벨 로우즈의 외부 주위에는 계기 케이스에 뚫린 작은 구멍을 통한 계기 주위의 객실 기압이 작용하는데, 계기 주위의 공기압이 변 동하더라도 연료압력계 지시에는 영향을 끼치지 않는다. 계기 주 위의 공기압은 계기 케이스에 마련된 작은 구멍을 통하여 양 벨 로우즈에 똑같이 작용하므로, 공기압 변동에 의한 벨로우즈의 수 축 및 팽창량은 2개의 벨로우즈가 모두 같다.
④ 윤활유압력계와 마찬가지로 대형 항공기에서는 직독식보다 원 격 지시식이 이용된다.

63 왕복엔진에서 시동 시 가장 먼저 보아야 할 계기는?

① 오일압력계   ② 흡입압력계

③ 실린더 온도계   ④ 연료압계기

> 🔍 **해설**

왕복엔진은 시동되었을 때 오일계통이 안전하게 기능을 발휘하고 있는가를 점검하기 위하여 오일압력계기를 관찰하여야 한다. 만약 시동 후 30초 이내에 오일압력을 지시하지 않으면 엔진은 정지하여 결함부분을 수정하여야 한다.

64 과급기가 설치된 왕복기관 항공기가 기관이 정지된 상태로 지상에 있다면 흡입압력계의 지시는 어떻게 되는가?

① 지시가 없다.   ② 주변 대기압을 지시

③ 대기압보다 낮게 지시   ④ 대기압보다 높게 지시

> 🔍 **해설**

흡입압력계(Manifold Pressure Indicator)
① 왕복기관에서 흡입공기의 압력을 측정하는 계기가 흡입압력계로 정속 프로펠러와 과급기를 갖춘 기관에서는 반드시 필요한 필수 계기이다.
② 낮은 고도에서는 초과 과급을 경고하고 높은 고도를 비행할 때에 는 기관의 출력손실을 알린다.
③ 흡입압력계의 지시는 절대압력(대기압±게이지압력)으로 [inHg] 단위로 표시된다.
④ 지상에 정지해 있을 때에는 게이지압력이 0이므로 그 장소의 대 기압을 지시한다.

65 작동유압력을 지시하는 계기에 가장 적합한 것은 다음 중 어느 것인가?

① 아네로이드를 이용한 계기

② 다이어프램을 이용한 계기

③ 버든튜브를 이용한 계기

④ 압력 벨로스를 이용한 계기

> 🔍 **해설**

작동유압력계
① 작동유의 압력을 지시하는 계기는 보통 버든 튜브를 이용한다.
② 지시 범위는 0~1,000, 0~2,000, 0~4,000[psi] 정도이다.
③ 계기에 연결되는 배관은 고압이 작용하기 때문에 강도가 강해야 함과 동시에, 벽면의 두께가 충분한 것이어야 한다.

66 다음 지시계기 중 버든튜브(Burdon Tube)를 이용할 수 있는 계기는?

① 속도계   ② 승강계

③ 고도계   ④ 증기압식 온도계

> 🔍 **해설**

피토정압계기
① 속도계 : 다이어프램 사용
② 승강계 : 아네로이드 사용
③ 고도계 : 아네로이드 사용

67 전기저항식 온도계 측정부에 온도수감 벌브(Bulb)의 저항을 증가시키면 그 지시는 정상보다 어떻게 가리키는가?

① 높게 지시한다.　　② 낮게 지시한다.

③ 변하지 않는다.　　④ 주위 조건에 따라 다르다.

🔍 해설

전기저항식 온도계

① 금속은 온도가 증가하면 저항이 증가하는데 이 저항에 의한 전류를 측정함으로써 온도를 알 수 있다.

② 전기저항식 온도계는 이러한 원리를 이용한 것으로 외부 대기온도, 기화기의 공기온도, 윤활유온도, 실린더 헤드 등의 측정에 사용한다.

68 전기저항식 온도계 측정부의 온도 수감 벌브(Bulb)가 단선되면 지시는 어떻게 되는가?

① "0"을 지시　　② 저온을 지시

③ 고온측 지시　　④ 변하지 않는다.

🔍 해설

전기저항식 온도계

일반적으로 금속의 저항은 온도와 비례한다. 전기저항식 온도계는 저항성으로 거의 순 니켈선을 이용하는데 단선되게 되면 저항값이 무한대가 되므로 지침의 고온의 최댓값을 지시하며 흔들리게 된다.

69 서모커플(Thermocouple)의 재질은?

① 크로멜–알루멜　　② 니켈

③ 니켈＋망간합금　　④ 백금

🔍 해설

서모커플(Thermocouple, 열전쌍)

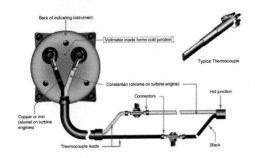

① 서로 다른 금속의 끝을 연결하여 접합점에 온도차가 생기게 되면 이들 금속선에는 기전력이 발생하여 전류가 흐른다. 이때의 전류를 열전류라 하고, 금속선의 조합을 열전쌍이라 한다.

② 왕복기관에서는 실린더 헤드 온도를 측정하는 데 쓰이고, 제트기관에서는 배기가스의 온도를 측정하는 데 쓰인다.

③ 재료는 크로멜–알루멜, 철–콘스탄탄, 구리–콘스탄탄이 사용되고 있다.

70 다음 온도계기 중 실린더 헤드나 배기가스 온도 등과 같이 높은 온도를 정확하게 나타내는 데 사용되는 계기는?

① 증기압식 온도계

② 전기저항식 온도계

③ 바이메탈식 온도계

④ 열전쌍식 온도계

🔍 해설

문제 69 해설 참조

71 열전대식 온도계에서 온도 측정에 사용하고 있는 금속의 조합이 잘못된 것은?

① 크로멜 – 알루멜　　② 구리 – 콘스탄탄

③ 구리 – 철　　④ 철 – 콘스탄탄

🔍 해설

문제 69 해설 참조

72 열을 전기적인 Signal로 바꾸는 장치는?

① 열쌍극자　　② 열스위치

③ 열전대　　④ 열전쌍

🔍 해설

열전쌍

서로 다른 금속의 끝을 연결하여 접합점에 온도차가 생기게 되면 이들 금속선에는 기전력이 발생하여 전류가 흐른다. 이때의 전류를 열전류라 하고, 금속선의 조합을 열전쌍이라 한다.

[**정답**] 67 ①　68 ③　69 ①　70 ④　71 ③　72 ④

73 다음 중 전원이 필요 없는 계기는?

① 전기식 회전계
② 저항식 온도계
③ 서모커플
④ EPR

해설

문제 72 해설 참조

74 열전쌍식 실린더 온도계를 옳게 설명한 것은?

① 직류전원을 필요로 한다.
② Lead 선이 끊어지면 실내 온도를 지시한다.
③ Lead 선이 Short되면 0을 지시한다.
④ Lead 선의 길이를 함부로 변경을 시키지 못하나 저항으로 조정할 수 있다.

해설

서모커플(Thermocouple : 열전쌍)
열전쌍의 열점과 냉점 중 열점은 실린더 헤드의 점화 플러그 와셔에 장착되어 있고 냉점은 계기에 장착되어 있는데 리드 선(Lead Line)이 끊어지면 열전쌍식 온도계는 실린더 헤드의 온도를 지시하지 못하고 계기가 장착되어 있는 주위 온도를 지시

75 열전대식 온도계에서 지시부의 온도가 150[℃], 조종실 온도가 20[℃]일 때 선이 끊어졌다면 몇 도를 지시하는가?

① 20[℃]
② 85[℃]
③ 150[℃]
④ 170[℃]

해설

리드 선(Lead Line)이 끊어지면 열전쌍식 온도계는 실린더 헤드의 온도를 지시하지 못하고 계기가 장착되어 있는 조종실 주위 온도를 지시

76 열전쌍(Thermocouple)에 사용되는 재료 중 측정 범위가 가장 높은 것은 어느 것인가?

① 크로멜–알루멜
② 철–콘스탄탄
③ 구리–콘스탄탄
④ 크로멜–니켈

해설

열전쌍 측정 범위

재질	크로멜 – 알루멜	철 – 콘스탄탄	구리 – 콘스탄탄
사용 범위	상용 70∼1,000℃ 최고 1,400℃	상용 −200∼250℃ 최고 800℃	상용 −200∼250℃ 최고 300℃

77 배기가스 온도 측정용으로 병렬로 연결되어 있는 벌브(Bulb) 중에서 한 개가 끊어졌다면 그 때의 지시값은 어떻게 되겠는가?

① 약간 감소한다.
② 약간 증가한다.
③ 변화하지 않는다.
④ 0을 지시한다.

해설

서모커플(Thermocouple : 열전쌍)
서모커플은 평균값을 얻기 위하여 병렬로 연결되어 있으므로 어느 하나가 끊어지게 되면 그 값이 조금 감소하게 된다.

78 배기가스온도계에 대한 설명 중 틀린 것은?

① 제트기관의 배기가스의 온도를 측정, 지시하는 계기이다.
② 알루멜–크로멜 열전쌍을 사용한다.
③ 열전쌍은 서로 직렬로 연결되어 배기가스의 평균온도를 얻는다.
④ 열전쌍의 열기전력은 두 접합점 사이의 온도차에 비례한다.

해설

열전쌍은 서로 병렬로 연결되어 배기가스의 평균온도를 얻는다.

79 다음 중 액량계기와 유량계기에 대한 설명 중 맞는 것은?

① 액량계기는 Tank에서 기관까지의 흐름량을 지시한다.
② 액량계기는 흐름량을 지시한다.

[정답] 73 ③　74 ②　75 ①　76 ①　77 ①　78 ③　79 ③

③ 유량계기는 연료탱크에서 기관으로 흐르는 연료의 유량을 부피 및 무게 단위로 나타낸다.

④ 유량계기는 Tank 내의 연료의 양을 나타낸다.

🔍 해설

액량계기 및 유량계기

① 액량계 : 일반적으로 액면의 변화를 기준으로 하여 액량으로 하여 측정한다.
　ⓐ 직독식 액량계(Sihgt Gauge)
　　사이트 글라스를 통하여 액량을 측정하는 방법이고, 표면장력과 모세관 현상 등으로 오차가 생길 수 있다.
　ⓑ 부자식 액량계(Float Gauge)
　　액면의 변화에 따라 부자가 상하운동을 함에 따라 계기의 바늘이 움직이도록 하는 방법으로 기계식 액량계와 전기저항식 액량계가 있다.
　ⓒ 전기용량식 액량계(Electric Capacitance Type)
　　고공비행을 하는 제트항공기에 사용되며 연료의 양을 무게로 나타낸다.

② 유량계 : 기관이 1시간 동안 소모하는 연료의 양, 즉 기관에 공급되는 연료의 파이프 내를 흐르는 유량률을 부피의 단위 또는 무게의 단위로 지시한다.
　ⓐ 차압식
　　액체가 통과하는 튜브의 중간에 오리피스를 설치하여 액체의 흐름이 있을 때에 오리피스의 앞부분과 뒷부분에 발생하는 압력차를 측정하여 유량을 알 수 있다.
　ⓑ 베인식
　　입구를 통과하여 연료의 흐름이 있을 때에는 베인은 연료의 질량과 속도에 비례하는 동압을 받아 회전하게 되는데 이때 베인의 각 변위를 전달함으로써 유량을 지시한다.
　ⓒ 동기전동기식
　　연료의 유량이 많은 제트기관에 사용되는 질량유량계로서 연료에 일정한 각속도를 준다. 이때의 각 운동량을 측정하여 연료의 유량을 무게의 단위로 지시할 수 있다.

80 연료량을 중량으로 지시하는 방식은 무엇인가?

① 전기용량식　　　② 전기저항식
③ 기계적인 방식　　④ 부자식

🔍 해설

전기용량식 액량계(Electric Capacitance Type)
고공비행을 하는 제트항공기에 사용되며 연료의 양을 무게로 나타낸다.

81 전기용량식 연료량계를 설명한 것 중 옳지 않은 것은?

① 연료는 공기보다 유전율이 높다.

② 온도나 고도변화에 의한 지시오차가 없다.

③ 전기용량은 연료의 무게를 감지할 수 있으므로 연료량을 중량으로 나타내기가 적합하다.

④ 옥탄가 등 연료의 질이 변하더라도 지시오차가 없다.

🔍 해설

전기용량식(Electric Capacitance Type) 액량계
① 고공비행하는 제트항공기에 사용되는 것으로 연료의 양을 무게로 나타낸다.
② 액체의 유전율과 공기의 유전율이 서로 다른 것을 이용하여 연료탱크 내의 축전지의 극판 사이의 연료의 높이에 따른 전기용량으로 연료의 부피를 측정하고 여기에 밀도를 곱하여 무게로 지시한다.
③ 사용전원은 115[V], 400[Hz] 단상교류를 사용한다.

82 연료량을 중량 단위로 나타내는 연료량계에서 실제는 그렇지 않은데 Full을 지시한다면 예상되는 결함은?

① 탱크 유닛의 단락　　② 탱크 유닛의 절단
③ 보상 유닛의 단락　　④ 시험 스위치의 단락

🔍 해설

탱크 유닛
연료 탱크에 설치되어 있는 연료량 지시를 위한 감지 장치를 말한다. 보통 계기 장치로 가변 전압을 보내는 플로트 작동식이며 단락 시 이상 현상이 발생한다.

83 회전계기에 대한 설명 중 틀린 것은?

① 회전계기는 기관의 분당 회전수를 지시하는 계기인데 왕복기관에서는 프로펠러의 회전수를 [rpm]으로 나타낸다.

② 가스터빈기관에서는 압축기의 회전수를 최대회전수의 백분율[%]로 나타낸다.

③ 회전계기에는 전기식과 기계식이 있으며, 소형기를 제외하고 모두 전기식이다.

④ 다발 항공기에서 기관들의 회전이 서로 동기 되었는가를 알기 위하여 사용하는 계기가 동기계이다.

[정답] 80 ① 81 ③ 82 ① 83 ④

해설

회전계(Tachometer)

① 왕복기관에서는 크랭크축의 회전수를 분당회전수[rpm]로 지시한다.

② 가스터빈기관에서는 압축기의 회전수를 최대출력 회전수의 백분율[%]로 나타낸다.

84 Fuel Flow Meter의 단위는 다음 중 어느 것인가?

① [psi]

② [rpm]

③ [pph]

④ [mpm]

해설

유량계기

연료탱크에서 기관으로 흐르는 연료의 유량을 시간당 부피 단위, 즉 gph(gallon per hour : 3.79[lbs/h]) 또는 무게 단위 pph (pound per hour : 0.45[kg/h])로 지시한다.

85 Tachometer의 기능이 아닌 것은?

① 크랭크축의 회전을 분당 회전수로 지시

② 발전기의 회전수를 지시

③ 압축기의 회전수를 지시

④ 피스톤의 왕복수를 지시

해설

문제 83 해설 참조

86 자기동기계기에서 회전자(Rotor)가 전자석인 계기는?

① 직류데신(Desyn)

② 오토신(Autosyn)

③ 마그네신(Magnesyn)

④ 자이로신(Gyrosyn)

해설

원격지시계기

수감부의 기계적인 각 변위 또는 직선 변위를 전기적인 신호로 바꾸어 멀리 떨어진 지시부에 같은 크기의 변위를 나타내는 계기이고, 각도나 회전력과 같은 정보의 전송을 목적으로 한다. 여기에 사용되는 동기기(Synchro)는 전원의 종류와 변위의 전달방식에 따라 나뉘는데 제작사에 따라 독자적인 명칭으로 불린다.

① 오토신(Autosyn)

벤딕스사에서 제작된 동기기 이름으로서 교류로 작동하는 원격지시계기의 한 종류이며, 도선의 길이에 의한 전기저항값은 계기의 측정값 지시에 영향을 주지 않으며 회전자는 각각 같은 모양과 치수의 교류전자석으로 되어 있다.

② 서보(Servo)

명령을 내리면 명령에 해당하는 변위만큼 작동하는 동기기이다.

③ 직류셀신(D.C Selsyn)

120° 간격으로 분할하여 감겨진 정밀 저항 코일로 되어 있는 전달기와 3상 결선의 코일로 감겨진 원형의 연철로 된 코어 안에 영구 자석의 회전자가 들어 있는 지시계로 구성되어 있으며, 착륙장치나 플랩 등의 위치지시계로 또는 연료의 용량을 측정하는 액량지시계로 흔히 사용된다.

④ 마그네신(Magnesyn)

오토신과 다른 점은 회전자로 영구 자석을 사용하는 것이고, 오토신보다 작고 가볍기는 하지만 토크가 약하고 정밀도가 다소 떨어진다. 마그네신의 코일은 링 형태의 철심 주위에 코일을 감은 것으로 120°로 세 부분으로 나누어져 있고 26[V], 400[Hz]의 교류전원이 공급된다.

87 전기식 회전계는 다음 어느 것에 의하여 작동되는가?

① 직권 모터

② 분권 모터

③ 동기 모터

④ 자기 모터

해설

전기식 회전계(Electric Tachometer)

① 전기식 회전계의 대표적인 것으로 동기전동기식 회전계가 있다.

② 기관에 의해 구동되는 3상 교류발전기를 이용하여 기관의 회전속도에 비례하도록 전압을 발생시키고, 이 전압은 전선을 통하여 회전계 지시기로 전달되는데 지시기 내부에는 3상 동기전동기가 있고, 그 축은 맴돌이 직류식 회전계와 연결되어 있다.

88 원격지시계기에 대한 설명 중 틀린 것은?

① 직류셀신(D.C Selsyn), 오토신(Autosyn), 마그네신(Magnesyn) 등이 있다.

② 직류셀신은 착륙장치나 플랩 등의 위치지시계나 연료의 용량을 측정하는 액량계로 주로 쓰인다.

③ 마그네신은 오토신보다 크고 무겁기는 하나 토크가 크고 정밀도가 높다.

④ 마그네신은 교류 26[V], 400[Hz]를 전원으로 한다.

해설

문제 86 해설 참조

[정답] 84 ③ 85 ④ 86 ② 87 ③ 88 ③

89 싱크로계기에 속하지 않는 것은?

① 직류셀신(D.C Selsyn)

② 마그네신(Magnesyn)

③ 동기계(Synchroscope)

④ 오토신(Autosyn)

해설

문제 86 해설 참조

90 싱크로계기 중에서 전원이 끊겼을 때 지침이 원래 상태로 되돌아가지 않는 것은?

① 오토신계기   ② 마그네신계기

③ DC 셀신계기   ④ 싱크로텔계기

해설

DC 셀신계기

전원 전압이 변동해도 지시기 내에 만들어지는 자장은 크기만 변화하고 방향은 변하지 않는다. 즉 일종의 비율작동형의 계기이며 전원 전압의 변동에 대해 오차는 거의 나타나지 않는다.

91 단락 시 오토신과 마그네신의 특징은?

① 둘 다 그 자리만 지시한다.

② 오토신만 그 자리를 지시한다.

③ 마그네신만 그 자리를 지시한다.

④ 0을 지시한다.

해설

자기 컴퍼스(Magnetic Compass)

① 자기 컴퍼스는 케이스, 자기보상장치, 컴퍼스카드 및 확장실로 구성되어 있다.

② 자기컴퍼스는 케이스 안에는 케로신 등의 액체로 채워져 있는데 그 작용은 다음과 같다.

   ⓐ 항공기의 움직임으로 인한 컴퍼스 카드의 움직임을 제동한다.

   ⓑ 부력에 의해 카드의 무게를 경감함으로써 피벗(Pivot)부의 마찰을 감소시킨다.

   ⓒ 외부 진동을 완화시킨다.

③ 확장실 안에는 다이어프램이 있는데 다이어프램의 작은 구멍은 조종실로 통하게 되어 있으며, 이것은 고도와 온도차에 의한 컴퍼스 액의 수축, 팽창에 따른 압력증감을 방지한다.

④ 컴퍼스 케이스의 앞면 윗부분에는 2개의 조정나사가 있는데 이것은 자기보상장치를 조정하여 자차를 수정한다.

⑤ 외부의 진동 및 충격으로부터 컴퍼스를 보호하기 위하여 케이스와 베어링 사이에 방진용 스프링이 들어 있다.

⑥ 컴퍼스카드는 ±18°까지 경사가 지더라도 자유로이 움직일 수 있으나 일반적으로 65° 이상의 고위도에서는 이 한계가 초과되어 사용하지 못한다.

92 자기 컴퍼스 구조에 대한 설명으로 틀린 것은?

① 컴퍼스 액은 케로신이다.

② 외부의 진동을 줄이기 위한 케이스와 베어링 사이에 피벗이 들어 있다.

③ 컴퍼스카드에 Float가 설치되어 있다.

④ 자기 컴퍼스는 케이스, 자기보상장치, 컴퍼스카드 및 확장실로 구성되어 있다.

해설

문제 91번 해설 참조

93 자기 컴퍼스 계통에서 반원차란?

① 항공기의 영구자석에 의해 생기는 오차

② 항공기의 연철 재료에 의해 생기는 오차

③ 항공기가 속도변화 시에 나타나는 오차

④ 모든 자방위에서 일정한 크기로 나타나는 오차

해설

항공기의 영구자석에 의해 생기는 오차를 반원차라고 한다.

94 마그네틱 컴퍼스에 대한 설명 중 틀린 것은?

① 선회중의 지시치는 신뢰할 수 없다.

② 영구자석이 부착된 카드는 제동액에 잠겨져 있다.

[정답] 89 ③   90 ④   91 ①   92 ②   93 ①   94 ③

③ 자차를 수정하는 경우에는 엔진은 정지시켜야 한다.

④ 카드에는 복각보정을 위한 밸런스 조치가 되어 있다.

해설

지상에서 마그네틱 컴퍼스를 수정하는 경우 가능한 한 비행상태에 가깝게 하기 위하여 엔진을 돌리고 전원을 공급한 상태에서 무선기기를 작동시키면서 행한다.

95 자기 컴퍼스의 케이스 안에 담겨 있는 컴퍼스 액의 목적은?

① 와류오차를 적게 한다.

② 북선오차를 적게 한다.

③ 가속도오차를 적게 한다.

④ 마찰오차를 적게 한다.

해설

자기컴퍼스는 케이스 안에는 케로신 등의 액체로 채워져 있는데 그 작용은 다음과 같다.

ⓐ 항공기의 움직임으로 인한 컴퍼스 카드의 움직임을 제동한다.

ⓑ 부력에 의해 카드의 무게를 경감함으로써 피벗(Pivot)부의 마찰을 감소시킨다.

ⓒ 외부 진동을 완화시킨다.

96 자기 컴퍼스의 자차 수정 시 컴퍼스로즈(Compass Rose)를 설치한다. 건물과 다른 항공기로부터 어느 정도 떨어져야 하는가?

① 100[m], 50[m]

② 20[m], 40[m]

③ 40[m], 20[m]

④ 50[m], 10[m]

해설

자차의 수정

① 자차 수정 시기
  ⓐ 100시간 주기 검사 때
  ⓑ 엔진 교환 작업 후
  ⓒ 전기기기 교환 작업 후
  ⓓ 동체나 날개의 구조부분을 대수리 작업 후
  ⓔ 3개월마다
  ⓕ 그 외에 지시에 이상이 있다고 의심이 갈 때

② 컴퍼스로즈(Compass Rose)를 건물에서 50[m], 타 항공기에서 10[m] 떨어진 곳에 설치한다.

③ 항공기의 자세는 수평, 조종계통중립, 모든 기내의 장비는 비행상태로 한다.

④ 엔진은 가능한 한 작동시킨다.

⑤ 자차의 수정은 컴퍼스로즈(Compass Rose)의 중심에 항공기를 위치시키고, 항공기를 회전시키면서 컴퍼스로즈와 자기 컴퍼스오차를 측정하여 비자성 드라이버로 돌려 수정을 한다.

97 Magnetic Compass의 자차 수정 시기가 아닌 것은?

① 엔진교환 작업 후 수행한다.

② 날개의 구조부분을 대수리 작업 후 수행한다.

③ 전기기기 교환 작업 후 수행한다.

④ 기체의 구조부분을 수리할 때 항상 수행한다.

해설

문제 96 해설 참조

98 Compass에 넣는 컴퍼스 오일(Compass Oil)에 대한 설명 중 맞는 것은?

① 디젤(Diesel)

② Jp-4

③ 케로신(Kerosine)

④ 솔벤트(Solvent)

해설

자기컴퍼스는 케이스 안에는 케로신 등의 액체로 채워져 있는데 그 작용은 다음과 같다.

ⓐ 항공기의 움직임으로 인한 컴퍼스 카드의 움직임을 제동한다.

ⓑ 부력에 의해 카드의 무게를 경감함으로써 피벗(Pivot)부의 마찰을 감소시킨다.

ⓒ 외부 진동을 완화시킨다.

99 마그네틱 컴퍼스(Magnetic Compass)는 무엇을 수정하는가?

① 자차

② 편차

③ 북선오차

④ 계기오차

해설

자기나침반(Magnetic Compass)

지자기를 이용한 컴퍼스, 선회오차, 동요, 가속도에 의해 오차가 발생하기도 하며 시간적 지체가 있다.

[정답] 95 ④ 96 ④ 97 ④ 98 ③ 99 ①

100 다음 오차 중 자기 컴퍼스의 오차가 아닌 것은?

① 와동오차   ② 북선오차

③ 탄성오차   ④ 불이차

🔍 해설

자기 컴퍼스의 오차
① 정적오차
  ⓐ 반원차 : 항공기에 사용되고 있는 수평 철재 및 전류에 의해서 생기는 오차
  ⓑ 사분원차 : 항공기에 사용되고 있는 수평 철재에 의해서 생기는 오차
  ⓒ 불이차 : 모든 자방위에서 일정한 크기로 나타나는 오차로 컴퍼스 자체의 제작상 오차 또는 장착 잘못에 의한 오차
② 동적오차
  ⓐ 북선오차 : 자기 적도 이외의 외도에서 선회할 때 선회각을 주게 되면 컴퍼스카드 면이 지자기의 수직성분과 직각관계가 흐트러져 올바른 방위를 지시하지 못하게 되어 북진하다가 동서로 선회할 때에 오차가 가장 크기 때문에 북선오차라고 하고, 선회할 때 나타난다고 하여 선회오차라고도 한다.
  ⓑ 가속도오차 : 컴퍼스의 가동부분의 무게 중심이 지지점보다 아래에 있기 때문에 항공기가 가속 시에는 컴퍼스카드 면은 앞으로 기울고 감속 시에는 뒤로 기울게 되는데 이 때문에 컴퍼스의 카드 면이 지자기의 수직성분과 직각관계가 흐트러져 생기는 오차를 가속도오차라고 한다.
  ⓒ 와동오차 : 비행 중에 발생하는 난기류와 그 밖의 원인에 의하여 생기는 컴퍼스의 와동으로 인하여 컴퍼스카드가 불규칙적으로 움직임으로 인해 생기는 오차이다.

101 다음 중 지자기의 3요소에 해당되지 않는 것은?

① 편차   ② 복각

③ 수평분력   ④ 수직분력

🔍 해설

지자기의 3요소
① 편차 : 지축과 지자기축이 일치하지 않아 생기는 지구자오선과 자기자오선 사이의 오차 각
② 복각 : 지자기의 자력선이 지구 표면에 대하여 적도 부근과 양극에서의 기울어지는 각
③ 수평분력 : 지자기의 수평방향의 분력

102 자기 컴퍼스의 오차 중 불이차를 바르게 설명한 것은?

① 기내의 전선이나 전기 기기에 의한 불이 자기

② 기내의 수직 철재

③ 기내의 수평 부재

④ 컴퍼스의 중심선이 기축과 바르게 평형 되지 않았을 때

🔍 해설

불이차
모든 자방위에서 일정한 크기로 나타나는 오차로 컴퍼스 자체의 제작상 오차 또는 장착 잘못에 의한 오차

103 자기계기에서 불이차의 발생 원인이 되는 것은?

① Compass의 중심선과 기축선이 서로 평행일 때

② Magnetic Bar의 축선과 Compass Card의 남북선이 서로 일치 할 때

③ Pivot와 Lubber'S Line을 연결한 선과 기축선이 서로 평행일 때

④ Compass의 중심선과 기축선이 서로 평행하지 않을 때

🔍 해설

불이차 발생원인
Pivot와 Lubber'S Line을 연결한 선과 기축선이 서로 불일치 할 때, Magnetic Bar의 축선과 Compass Card의 남북선이 서로 일치하지 않을 때 이다.

104 자기 컴퍼스(Magnetic Compass)의 자차에 포함되지 않는 오차는?

① 부착부분 불량에 의한 오차

② 지리상 북극과 자북이 일치하지 않기 때문에 생기는 오차

③ 기체 내의 자성체의 영향에 의한 오차

④ 기체 내의 배선에 흐르는 전류에 의한 오차

🔍 해설

자차(Deviation)
① 자기계기 주위에 설치되어 있는 전기 기기와 그것에 연결되어 있는 전선의 영향
② 기체 구조재 중의 자성체의 영향
③ 자기계기의 제작과 설치상의 잘못으로 인한 지시오차
④ 조종석에 설치되어 있는 자기 컴퍼스(Magnetic Compass)에 비교적 크게 나타나며, 자기보상장치로 어느 정도 수정이 가능

[정답] 100 ③   101 ④   102 ④   103 ④   104 ②

105 자이로신(Gyrosyn) Compass System의 플럭스 밸브(Flux Valve)에 대한 설명 중 틀린 것은?

① 지자기의 수직성분을 검출하여 전기신호로 바꾼다.

② 400[Hz]의 여자전류에 의해 2차 코일에 지자기의 강도에 비례한 800[Hz]의 교류를 발생한다.

③ 내부는 제동액으로 채워지고 자기 검출기의 진동을 막고 있다.

④ 익단과 미두 등 전기와 자기의 영향이 적은 장소에 설치되어 있다.

해설

플럭스 밸브(Flux Valve)

① 지자기의 수평성분을 검출하여 그 방향을 전기신호로 바꾸어 원격 전달하는 장치이다.

② 자성체의 영향을 받게 되면 자기의 방향에 영향을 주게 되므로 오차의 원인이 되고, 검출기의 철심도 자기 전도율이 좋은 자성 합금을 사용하고 있기 때문에 자기를 띤 물질이 접근하면 오차의 원인이 된다.

106 편차에 대한 설명 중 맞는 것은?

① 진자오선과 자기자오선과의 차이각을 말한다.

② 진북과 진남을 잇는 선 사이의 차이각을 말한다.

③ 자기자오선과 비행기와의 차이각을 말한다.

④ 나침반과 진자오선과의 차이각을 말한다.

해설

편차

지축과 지자기축이 일치하지 않아 생기는 지구자오선과 자기자오선 사이의 오차 각

107 자이로(Gyro)의 섭동성만을 이용한 계기는?

① 선회계(Turn Indicator)

② 방향 자이로지시계(Directional Gyro Indicator)

③ 자이로 수평지시계(Gyro Horizon Indicator)

④ 경사계(Bank Indicator)

해설

• 강직성 : 외부에서의 힘이 가해지지 않는 한 항상 같은 자세를 유지하려는 성질

• 섭동성 : 외부에서 가해진 힘의 방향과 90° 어긋난 방향으로 자세가 변하는 성질

• 자이로계기

①

선회계(Turn Indicator) : 자이로의 특성 중 섭동성만을 이용한다.

②

방향 자이로지시계(Directional Gyro Indicator, 정침의) : 자이로의 강직성을 이용한다.

③

자이로 수평지시계(Gyro Horizon Indicator, 인공수평의) : 자이로의 강직성과 섭동성을 모두 이용한다.

④

경사계(Bank Indicator) : 구부러진 유리관 안에 케로신과 강철 볼을 넣은 것으로서, 케로신은 댐핑 역할을 하고, 유리관은 수평 위치에서 가장 낮은 지점에 오도록 구부러져 있다.

108 자이로를 이용한 계기가 아닌 것은?

① 수평지시계 ② 방향지시계

③ 선회경사계 ④ 수직지시계

해설

자이로를 이용한 계기는 수평지시계, 방향지시계, 선회지시계

109 자이로의 강직성에 대한 설명 중 맞는 것은?

① Rotor의 회전속도가 큰 만큼 강하다.

② Rotor의 회전속도가 큰 만큼 약하다.

③ Rotor의 질량이 회전축에서 멀리 분포하고 있는 만큼 약하다.

④ Rotor의 질량이 회전축에서 가까이 분포하고 있는 만큼 강하다.

해설

[정답] 105 ① 106 ① 107 ① 108 ④ 109 ①

강직성

외부에서의 힘이 가해지지 않는 한 항상 같은 자세를 유지하려는 성질

110 자이로의 Rotor Shaft의 Drift 원인이 되는 것은?

① 각도 정보를 감지하기 위한 Synchro에 의한 전자적 결함
② 지구의 이동과 공전에 의한 Drift
③ Gimbal의 중량적 균형
④ Gimbal Bearing의 균형

🔍 해설

자이로 Rotor Shaft의 Drift 원인

각도 정보를 감지하기 위한 Synchro에 의한 전자적 결함, Gimbal Bearing, Gimbal의 중량적 불균형, 지구의 이동과 자전에 의한 Drift이다.

111 자기 컴퍼스의 컴퍼스 스윙으로 수정할 수 있는 오차는?

① 정적오차
② 북선오차
③ 가속도오차
④ 편차

🔍 해설

컴퍼스 스윙(Compass Swing)

자기 컴퍼스의 자차를 수정하는 방법이지만, 자기 컴퍼스의 장착오차와 기체구조의 강 부재의 영구 자화와 배선을 흐르는 직류 전류에 의해서 생기는 반원차를 수정할 수 있다.

112 플럭스 밸브의 장탈, 장착에 대한 설명 중 맞는 것은?

① 장착용 나사는 비자성체인 것을 사용해야 하는데 사용 공구는 보통의 것이 좋다.
② 장착용 나사, 사용 공구는 모두 비자성체인 것을 사용해야 한다.

③ 장착용 나사, 사용 공구에 대한 특별한 사용 제한은 없다.
④ 장착용 나사 중 어떤 것은 자기를 띤 것을 사용하는데 이때는 그 위치를 조정하여 자차를 보정한다.

🔍 해설

플럭스 밸브(Flux Valve)

① 지자기의 수평성분을 검출하여 그 방향을 전기신호로 바꾸어 원격 전달하는 장치이다.
② 자성체의 영향을 받게 되면 자기의 방향에 영향을 주게 되므로 오차의 원인이 되고, 검출기의 철심도 자기 전도율이 좋은 자성합금을 사용하고 있기 때문에 자기를 띤 물질이 접근하면 오차의 원인이 된다.

113 자이로의 강직성과 섭동성을 이용한 계기는?

① 인공수평의
② 선회계
③ 고도계
④ 회전경사계

🔍 해설

자이로 수평지시계(Gyro Horizon Indicator, 인공수평의)

자이로의 강직성과 섭동성을 모두 이용한다.

114 자이로에 대한 설명 중 틀린 것은?

① 동일한 모멘트에 대하여 각 운동량이 클수록 강직성이 크다.
② 세차운동 각속도는 각 운동량이 클수록 크다.
③ 동일한 모멘트에 대하여 각 운동량이 클수록 세차운동은 쉽게 일어나지 않는다.
④ 강직성과 세차운동은 비례 관계에 있다.

🔍 해설

자이로의 성질

① 강직성(Rigidity) : 자이로에 외력이 가해지지 않는 한 회전자의 축방향은 우주공간에 대하여 계속 일정 방향으로 유지하려는 성질로 자이로 회전자의 질량이 클수록, 자이로 회전자의 회전이 빠를수록 강하다.
② 섭동성(Precession) : 자이로에 외력을 가했을 때 자이로축의 방향과 외력의 방향에 직각인 방향으로 회전하려는 성질을 말한다.

[정답] 110 ① 111 ① 112 ② 113 ① 114 ③

115 자이로의 강직성이란 무엇인가?

① 외력을 가하지 않는 한 항상 일정한 자세를 유지하려는
  성질

② 외력을 가하면 그 힘의 방향으로 자세가 변하는 성질

③ 외력을 가하면 그 힘과 직각으로 자세가 변하는 성질

④ 외력을 가하면 그 힘과 반대방향으로 자세가 변하는 성질

🔍 해설

강직성
외부에서의 힘이 가해지지 않는 한 항상 같은 자세를 유지하려는
성질

116 다음 계기 중 지자기를 수감하여 지구의 자기자오선의 방향을 탐지한 다음 이것을 기준으로 항공기의 기수 방위와 목적지의 방위를 나타내는 계기는?

① 자이로 수평지시계   ② 방향 자이로지시계

③ 선회경사계   ④ 자기 컴퍼스

🔍 해설

자기 컴퍼스
지구 자기장의 방향을 알고, 기수 방위가 자북으로부터 몇 도인가를
지시한다.

117 수직 자이로(Vertical Gyro)가 사용되는 계기는?

① 자이로 컴퍼스   ② 마그네틱 컴퍼스

③ 선회계   ④ 수평의

🔍 해설

수평의
일반적으로 수직 자이로라고 불리고, Pitch 축 및 Roll 축에 대한
항공기의 자세를 감지한다.

118 버티컬 자이로(Vertical Gyro)에서 알 수 있는 요소는 다음 중 무엇인가?

① 롤, 피치 및 기수 방위   ② 롤 및 피치

③ 롤 및 기수 방위   ④ 기수 방위

🔍 해설

비행 중의 항공기는 3개의 축을 기준으로 자세가 변한다. 수평의는
일반적으로 VG(Vertical Gyro)라고 부르고 피치 축과 롤 축에
대한 상공기의 자세를 감지한다.

119 선회계의 지시는 무엇을 나타내는가?

① 선회각 가속도   ② 선회 각속도

③ 선회각도   ④ 선회속도

🔍 해설

선회계의 지시방법
① 2분계(2Min Turn)
  바늘이 1바늘 폭만큼 움직였을 때 180°/min의 선회 각속도를 의
  미하고, 2바늘 폭일 때에는 360°/min의 선회 각속도를 의미한
  다.
② 4분계(4Min Turn)
  가스 터빈 항공기에 사용되는 것으로, 1바늘 폭의 단위가 90°/min
  이고, 2바늘 폭이 180°/min 선회를 의미한다.

120 선회계에 관한 설명으로 바른 것은?

① 선회계는 2분계 및 4분계의 2종류이므로, 크로스 커플
  링에 관해서는 고려할 필요는 없다.

② 크로스 커플링을 적게 하기 위해, 좌선회(좌뱅크)의 경
  우에는 출력축은 우뱅크로 되도록 한다.

③ 대시 포트는 짐벌의 기울기가 일정한 각도 이상이 되지
  않도록 할 목적이다.

④ 로터는 반드시 롤축과 평행이 되도록 장착된다.

🔍 해설

크로스 커플링을 적게 하기 위해 레이트 자이로는 강한 조절 스프링
을 이용하여 로터 축의 기울기가 적은 상태로 이용하든지 또는 로터 축
의 기울기가 작아지는 방법으로 이용된다. 예로 좌선회(좌뱅크)의 경우
에는 출력축은 우뱅크로 되도록 한다.

121 2분계(2Min Turn) 선회계의 지침이 2바늘 폭 움직였다면 360° 선회하는데 소요되는 시간은?

① 3분   ② 2분

③ 1분   ④ 4분

[정답] 115 ① 116 ④ 117 ④ 118 ② 119 ② 120 ② 121 ③

해설

선회계

2분계는 2바늘 폭일 때 선회각속도가 360°/min이므로 360° 선회하는 데 1분이 소요된다.

122 방향 자이로(Directional Gyro)는 보통 15분 간에 몇 도 정도 수정을 하는가?

① ±15°   ② 0°

③ ±4°   ④ ±10°

해설

방향 자이로(Directional Gyro)

① 자이로의 강직성을 이용하여 항공기의 기수 방위와 선회비행을 할 때에 정확한 선회각을 지시하는 계기로 자기 컴퍼스의 지시오차 등에 의한 불편을 없애기 위하여 개발된 것이다.

② 방향 자이로는 지자기와는 무관하므로 자기적인 오차인 편차, 북선오차 등은 없지만 우주에 대해 강직하므로 지구에 대한 방위는 탐지하지 못하므로 수시로(약 15분 간격)자기 컴퍼스를 보고 재 방향 설정을 해주어야 한다.

③ 지구 자전에 따른 오차를 편위(Drift)라고 하는데 가장 심하면 24시간 동안 360°(15분간 약 3.75°)의 오차가 생기며 그 외에 가동부 등의 베어링 마찰을 피할 수 없으므로 15분간 최대로 ±4° 는 허용되고 있는 실정이다.

123 기상 전원이 필요 없는 계기는?

① 기압고도계, 열전대식 온도계, 바이메탈식 온도계

② 기압고도계, 열전대식 온도계, 회전계, 전기저항식 온도계

③ 속도계, 전기저항식 연료유량계, 열전대식 온도계

④ 오토신(Autosyn)계기, 자기 컴퍼스, 속도계

해설

기압고도계, 속도계, 열전대식 온도계, 바이메탈식 온도계, 자기 컴퍼스 등은 기상 전원을 필요로 하지 않는다.

124 ADI에 관한 설명으로 틀린 것은?

① ADI에는 자세의 현상과 미리 설정한 비행 모드에서의 벗어남을 수정하기 위한 조작 지령이 표시된다.

② ADI는 플라이트 디렉터(F/D) 컴퓨터의 표시부이다.

③ 플라이트 디렉터 컴퓨터와 ADI는 음속 이하의 항공기이면 그대로 공용할 수 있다.

④ ADI에는 미끄러짐 지시기와 함께 구성되는 경우가 많다.

해설

ADI(Attitude Director Indicator)

현재의 비행 자세, 미리 설정된 모드로 비행하기 위한 명령장치(FD : Flight Director) 컴퓨터의 출력을 지시하는 계기로서 현재의 비행 자세는 Roll 자세, Pitch 자세, Yaw 자세 변화율, 그리고 Slip의 4개 요소로 표시한다.

125 ADI의 설명 중 틀린 것은?

① ADI의 희망하는 코스로 조작하여 항공기의 위치를 수정한다.

② F/D 컴퓨터의 일부이다.

③ F/D 컴퓨터의 ADI의 음속 이하에서 같이 사용된다.

④ ADI 계기에는 슬립 인디케이터(Indicator)가 함께 사용된다.

해설

문제 124 해설 참조

126 다음 중 HSI에 관한 설명으로 옳은 것은?

① HSI는 기수 방위와 ADF 무선 방위가 회화적으로 표시된다.

② Deviation Bar는 착륙 진입할 때에 글라이드 슬롭과의 관계를 표시할 수도 있다.

③ Deviation Bar는 VOR 또는 LOC 코스와의 관계를 표시한다.

④ Deviation Bar는 수신국과 수신 지점이 확정한 경우에는 일정한 표시로 된다.

해설

HSI(Horizontal Situation Indicator)

컴퍼스 시스템 또는 INS에서 수신한 자방위와 VOR/ILS 수신장치에서 수신한 비행 코스와의 관계를 그림으로 표시한다.

[정답] 122 ③ 123 ① 124 ③ 125 ③ 126 ③

127 EICAS에 대한 설명 중 맞는 것은?

① 엔진계기와 승무원 경보 시스템의 브라운관 표시장치
② 지형에 따라서 비행기가 그것에 접근할 때의 경보장치
③ 기체의 자세 정보의 영상표시장치
④ 엔진출력의 자동제어 시스템장치

🔍 해설

EICAS(Engine Indication And Crew Alerting System)
기관의 각 성능이나 상태를 지시하거나 항공기 각 계통을 감시하고 기능이나 계통에 이상이 발생하였을 경우에는 경고 전달을 하는 장치이다.

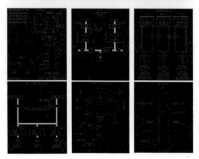

128 ND에 관한 설명으로 옳은 것은?

① ND는 VOR, ADF, ILS 등의 무선항법장치에서의 항법 정보만을 정리하여 표시한 표시장치이다.
② ND의 표시 정보는 PFD에 비하여 우선도가 낮으므로, 표시장치의 크기는 PFD보다 약간 작게 되어 있다.
③ ND에는 자기의 위치와 비행 코스 외에 기상 레이더 정보도 표시 가능하다.
④ ND의 각 표시 모드는 비행의 단계에 따라 자동적으로 교환되어 표시된다.

🔍 해설

항법에 필요한 데이터를 나타내는 CRT로서, 현재의 위치, 기수 방위, 비행방향, Deviation 이외에 비행 예정 코스, 비행 중 통과지점까지의 거리, 방위, 소요시간의 계산과 지시 등을 한다. 이외에 풍향, 풍속, 대지속도, 구름 등을 지시한다.

129 PFD에 관한 설명으로 틀린 것은?

① PFD는 기체의 자세, 속도, 고도, 상승속도 등을 집약화하여 컬러 브라운관상에 표시한다.
② PFD는 초기의 전자식 통합 계기인 EHSI에 다른 계기의 표시 기능을 부가하여 성능을 향상한다.
③ PFD의 표시 정보는 IRU, FMC, ADC 등의 정보를 데이터 처리용의 유닛을 통해서 얻고 있다.
④ PFD의 표시는 운항 상 상당히 중요한 것이고, 표시장치 고장 시에는 ND용 표시장치로 바꾸어 준다.

🔍 해설

EHSI(Electronic Horizontal Situation Indicator)는 다른 계기의 표시 기능을 부가하여 성능을 향상한 것은 ND이다.

130 EICAS(Engine Indication and Crew Alerting System)의 기능이 아닌 것은?

① Engine Parameter를 지시한다.
② 항공기의 각 System을 감시한다.
③ System의 이상상태 발생을 지시해 준다.
④ Engine Parameter를 설정할 수 있다.

🔍 해설

EICAS(Engine Indication and Crew Alerting System)
Engine Parameter를 지시, 항공기의 각 System을 감시, System의 이상상태 발생을 지시하는 기능을 한다.

131 집합계기의 장점이 아닌 것은?

① 필요한 정보를 필요할 때 지시하게 할 수 있다.
② 한 개의 정보를 여러 개의 화면에 나타낼 수 있다.

[정답] 127 ① 128 ③ 129 ② 130 ④ 131 ②

③ 다양한 정보를 도면을 이용하여 표시할 수 있다.

④ 항공기 상태를 그림, 숫자로 표시할 수 있다.

해설

하나의 화면에 여러 개의 정보를 나타낼 수 있다.

132 FD(Flight Derector)을 바르게 설명한 것은?

① 희망하는 방위, 고도, Course에 항공기를 유도하기 위한 명령을 나타낸다.

② 안정화 기능을 갖고 있다.

③ Throttle Lever를 자동적으로 조정하여 조종사가 설정한 속도를 유지시켜 준다.

④ 고도경보장치를 갖고 있다.

해설

희망하는 방위, 고도, Course에 항공기를 유도하기 위한 명령만을 Attitude Director Indicator에 Pitch, Roll Bar로 나타내주고 조종사는 이 명령에 기초하여 수동으로 조종면을 움직여 희망하는 고도 및 방위에 도달할 수 있다.

[정답] 132 ④

Aircraft Maintenance

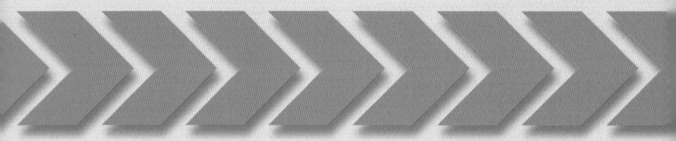

제2편 항공산업기사 과년도 기출문제

자격종목 및 등급(선택분야)	시험시간	문제수	문제형별	성명
항공산업기사	2시간	80	B	듀오북스

제1과목 ◀ 항공역학

01 항공기가 세로 안정한다는 것은 어떤 것에 대해서 안정하다는 의미인가?

① 롤링(Rolling)
② 피칭(Pitching)
③ 요잉(Yawing)과 피칭(Pitching)
④ 롤링(Rolling)과 피칭(Pitching)

🔍 해설

승강키(Elevator)의 키놀이(Pitching)에 의해 항공기 세로안정 운동을 한다.

02 비행기의 무게가 2,500[kg], 큰 날개의 면적이 30[m²]이며, 해발고도에서의 실속속도가 100[kg/h]인 비행기의 최대 양력계수는 약 얼마인가?

① 1.5
② 1.7
③ 3.0
④ 3.4

🔍 해설

$$C_L = \frac{2W}{\rho V^2 S}, \ C_L = \frac{2 \times 2,500}{0.125 \times \left(\frac{100}{3.6}\right)^2 \times 30} = 1.728$$

03 항공기 날개에서의 실속현상이란 무엇을 의미하는가?

① 날개상면의 흐름이 층류로 바뀌는 현상이다.
② 날개상면의 항력이 갑자기 "0"이 되는 현상이다.

③ 날개상면의 흐름속도가 급속히 증가하는 현상이다.
④ 날개상면의 흐름이 날개상면의 앞전 근처로부터 박리되는 현상이다.

🔍 해설

항공기 날개에서의 실속현상이란 날개의 받음각이 최대양력계수를 넘어서서 양력이 점차 감소하고 항력이 증가되는 현상

04 날개의 시위길이가 6[m], 공기의 흐름 속도가 360 [km/h], 공기의 동점성계수가 0.3[cm²/s]일 때 레이놀즈수는 약 얼마인가?

① 1×10^7
② 2×10^7
③ 1×10^8
④ 2×10^8

🔍 해설

$$R_e = \frac{VL}{\nu}, \ R_e = \frac{\left(\frac{360}{3.6}\right) \times 6}{0.00003} = 2 \times 10^7$$

05 헬리콥터의 자동회전(Auto rotation) 비행에 대한 설명이 아닌 것은?

① 호버링의 일종으로 양력과 무게의 균형을 유지한다.
② 기관이 고장났을 경우 로터블레이드의 독립적인 자유회전에 의한 강하비행을 말한다.
③ 위치에너지를 운동에너지로 바꾸면서 무동력으로 하강하는 것이다.
④ 공기흐름은 상향공기흐름을 일으켜 착륙에 필요한 양력을 발생시킨다.

[정답] 01 ② 02 ② 03 ④ 04 ② 05 ①

해설

회전 날개의 축에 토크가 작용하지 않는 상태에서도 일정한 회전수를 유지하게 되는 것을 헬리콥터의 자동회전(Auto rotation)비행이라 한다.

06 프로펠러 깃의 미소길이에 발생하는 미소양력이 dL, 항력이 dD이고, 이때의 유효 유입각(dffective advance angle)이 α라면 이 미소길이에서 발생하는 미소추력은?

① $dL\cos\alpha - dD\sin\alpha$
② $dL\sin\alpha - dD\cos\alpha$
③ $dL\cos\alpha + dD\sin\alpha$
④ $dL\sin\alpha + dD\cos\alpha$

해설

공기의 유입은 ram effect[램 효과(기속)]의 증가에 따라 흡입구에 유입되는 공기의 압력이 증가하는 효과

07 표준대기의 기온, 압력, 밀도, 음속을 옳게 나열한 것은?

① $15[^\circ C]$, $750[mmhg]$, $1.5[kg/m^3]$, $330[m/s]$
② $15[^\circ C]$, $760[mmhg]$, $1.2[kg/m^3]$, $340[m/s]$
③ $18[^\circ C]$, $750[mmhg]$, $1.5[kg/m^3]$, $340[m/s]$
④ $18[^\circ C]$, $760[mmhg]$, $1.2[kg/m^3]$, $330[m/s]$

해설

표준대기
T_0(온도)$=15[^\circ C]=288.16[^\circ k]=59[^\circ F]=518.688[^\circ r]$
P_0(압력)$=760[mmhg]=29.92[inhg]$
　　　　$=1013.25[mbar]=2,116[psf]$
ρ_0(밀도)$=0.12492[kgf\cdot sec^2/m^4]=1/8[kgf\cdot sec^2/m^4]$
　　　　$=0.002378[slug/ft^3]$
a_0(음속)$=340[m/sec]=1,224[km/h]$
g_0(중력가속도)$=9.8066[m/sec^2]=32.17[ft/sec^2]$

08 무게가 500[lbs]인 비행기의 마력곡선이 그림과 같다면 수평정상비행할 때 최대상승률은 몇 [ft/min]인가? (단, HP_{req}는 필요마력, HP_{av}는 이용마력, 비행경로선과 추력선 사이각, 비행경로각은 작다.)

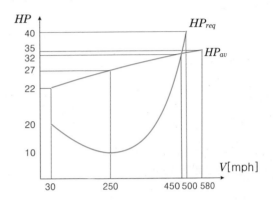

① 1,122
② 1,555
③ 2,360
④ 2,500

해설

상승률(Rate of Climb : R.C)
$$R\cdot C=\frac{75}{W}(P_a-P_r)=V\sin\theta$$
W : 무게, P_a-P_r : 여유마력, θ : 상승각

09 항공기의 동적 안정성이 양(+)인 상태에서의 설명으로 옳은 것은?

① 운동의 주기가 시간에 따라 일정하다.
② 운동의 주기가 시간에 따라 점차 감소한다.
③ 운동의 진폭이 시간에 따라 점차 감소한다.
④ 운동의 고유진동수가 시간에 따라 점차 감소한다.

해설

① 동적 안정(양의 동적 안정)
　어떤 물체가 평형상태에서 이탈된 후 시간이 지남에 따라 운동의 진폭이 소폭 감소되는 현상이다.
② 동적 불안정(음의 동적 안정)
　어떤 물체가 평형상태에서 이탈된 후 시간이 지남에 따라 운동의 진폭이 점점 증가되는 상태이다.

10 비행기의 방향안정에 일차적으로 영향을 주는 것은?

① 수평꼬리날개　　　② 플랩
③ 수직꼬리날개　　　④ 날개의 쳐든각

해설

수직꼬리날개
수직안정판과 방향키로 구성되며, 수직 안정판은 비행중 항공기에 방향안정성을 제공하며, 방향키는 항공기의 빗놀이(yawing) 운동을 한다.

11 항공기 주위를 흐르는 공기의 레이놀즈수와 마하수에 대한 설명으로 틀린 것은?

① 마하수는 공기의 온도가 상승하면 커진다.
② 레이놀즈수는 공기의 속도가 증가하면 커진다.
③ 마하수는 공기 중의 음속을 기준으로 나타낸다.
④ 레이놀즈수는 공기흐름의 점성을 기준으로 한다.

해설

$$M_a = \frac{\text{물체의 속도(비행기의 속도)}}{\text{소리의 속도}} = \frac{V}{C}$$

V : 물체의 속도, C : 음속

① 마하수는 물체의 속도(비행기의 속도)와 그 고도에서의 소리의 속도(음속)에 관계된다.
② 음속은 온도에 따라 변화하지만 표준대기 온도는 15°이고 해면에서의 음속은 340[m/sec]이다.

12 유체흐름을 이상유체(Ideall fluid)로 설정하기 위한 조건으로 옳은 것은?

① 압력변화가 없다.　　② 온도변화가 없다.
③ 흐름속도가 일정하다.　④ 점성의 영향을 무시한다.

해설

이상유체(비점성유체)
점성을 무시해도 오차가 작아 점성과 마찰을 무시한다.

13 프로펠러의 지름(D)에 대한 관계로 옳은 것은?

① n의 제곱에 비례하고 D의 제곱에 비례한다.
② n의 제곱에 비례하고 D의 3제곱에 비례한다.
③ n의 3제곱에 비례하고 D의 4제곱에 비례한다.
④ n의 3제곱에 비례하고 D의 5제곱에 비례한다.

해설

프로펠러의 지름(D)은 프로펠러가 1회전할 때 날개의 끝 부분(Blade tip)이 그리는 원(Tip circle)을 지름이라고 하는데, 이것은 형상, 치수, 성능을 나타내는 데 대단히 중요한 요소이다.

14 비행기의 조종력을 결정하는 요소가 아닌 것은?

① 조종면의 크기
② 비행기의 속도
③ 비행기의 추진효율
④ 조종면의 힌지모멘트계수

해설

$$H = C_h \rho V^2 bc^2 = C_h qbc^2, \quad F_e = K'$$
H : 힌지모멘트, C_h : 힌지모멘트계수, b : 조종면 폭,
c : 조종면의 평균시위, F_e : 조종력,
K : 조종계통의 기계적 장치 이득

15 정상선회에 대한 설명으로 옳은 것은?

① 경사각이 크면 선회반경은 커진다.
② 선회반경은 속도가 클수록 작아진다.
③ 경사각이 클수록 하중배수는 커진다.
④ 선회시 실속속도는 수평비행 실속속도보다 작다.

해설

정상선회
수평평면 내에서 일정한 선회지름으로 원 운동하는 비행을 말하며, 선회반지름을 작게 하려면 선회속도를 작게 하고 경사각을 크게 한다.

[정답] 10 ③ 11 ① 12 ④ 13 ④ 14 ③ 15 ③

16 헬리콥터 회전날개의 추력을 계산하는 데 사용되는 이론은?

① 기관의 연료 소비율에 따른 연소 이론
② 로터 블레이드의 코닝각의 속도변화 이론
③ 로터 블레이드의 회전관성을 이용한 관성 이론
④ 회전면 앞에서의 공기유동량과 회전면 뒤에서의 공기유동량의 차이를 운동량에 적용한 이론

해설

① 운동량 이론
  작용과 반작용의 법칙에 근거, 회전면에서의 운동량 차이를 이용하여 추력을 구하는 방법이다.
② 깃 요소 이론
  깃의 한 단면에 작용하는 공기흐름으로부터 양력과 항력 성분을 구한다.
③ 와류 이론(Vortex Theory)
  깃에서의 정확한 유도속도를 계산한다.

17 비행기가 착륙할 때 활주로 15[m] 높이에서 실속 속도보다 더 빠른 속도로 활주로에 진입하며 강하하는 이유는?

① 비행기의 착륙 거리를 줄이기 위해서
② 지면효과에 의한 급격한 항력증가를 줄이기 위해서
③ 항공기 소음을 속도증가를 통해 감소시키기 위해서
④ 지면 부근의 돌풍에 의한 비행기의 자세교란을 방지하기 위해서

해설

비행기가 착륙할 때, 수평꼬리날개와 수직꼬리날개에 의해 기본적으로 힘의 평형을 유지하여야 하며, 비행기의 앞부분이 좌측으로 교란을 받게 되면 뒤쪽 깃의 회전중심에서 교란된 각만큼의 힘(양력)을 받는다. 비행기의 자세 유지를 위해 비행제어 컴퓨터의 역할도 중요하다.

18 프로펠러 항공기가 최대 항속거리로 비행할 수 있는 조건으로 옳은 것은? (단, C_D는 항력계수, C_L은 양력계수이다.)

① $\left(\dfrac{C_D}{C_L}\right)$ 최대

② $\left(\dfrac{C_L^{\frac{1}{2}}}{C_D}\right)$ 최대

③ $\left(\dfrac{C_L}{C_D}\right)$ 최대

④ $\left(\dfrac{C_D^{\frac{1}{2}}}{C_L}\right)$ 최대

해설

프로펠러의 항속거리를 길게 하려면 프로펠러 효율을 크게 해야 하고, 연료소비율을 작게 하여야 하며 $\dfrac{C_L}{C_D}$max의 받음각으로 비행해야 한다.

19 그림과 같은 항공기의 운동은 어떤 운동의 결합으로 볼 수 있는가?

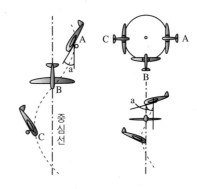

① 자전운동(Autorotation)+ 수직강하
② 자전운동(Autorotation)+ 수평선회
③ 균형선회(Turn coordination)+ 빗놀이
④ 균형선회(Turn coordination)+수직강하

해설

자동회전(Autorotation)과 수직강하가 조합된 비행

실속각 이후에 측풍에 의해 옆놀이 현상이 발생 후 날개에 양력분포가 반대로 되어, 옆놀이 모멘트가 발생하여 날개가 자전을 계속하는 것이다.

20 날개뿌리 시위길이가 60[cm]이고 날개끝 시위길이가 40[cm]인 사다리꼴 날개의 한쪽 날개길이가 150[cm]일 때 평균 시위길이는 몇 [cm]인가?

[정답] 16 ④ 17 ④ 18 ③ 19 ① 20 ②

① 40　　　　　　② 50

③ 60　　　　　　④ 75

🔍 해설

사다리꼴 날개 면적$(S) = \frac{1}{2}$(밑변＋윗변)×높이

$$= \frac{1}{2}(60+40) \times 150 = 7{,}500[\text{cm}^2]$$

∴ 평균 공력시위$(\bar{c}) = \frac{S}{b} = \frac{7{,}500}{150} = 50[\text{cm}]$

제2과목 ◀ 항공기관

21
체적 10[cm³] 속의 완전기체가 압력 760[mmhg] 상태에서 체적이 20[cm³]로 단열팽창하면 압력은 약 몇 [mmhg]로 변하는가? (단, 비열비는 1.40이다.)

① 217　　　　　　② 288

③ 302　　　　　　④ 364

🔍 해설

$\dfrac{P_2}{P_1} = \left(\dfrac{v_1}{v_2}\right)^k$

$\dfrac{P_2}{760} = \left(\dfrac{10}{20}\right)^{1.4} = 287.98$

P : 압력

v : 체적

k : 단열지수(이상기체일 경우 비열비와 같다.)

22
왕복 기관의 마그네토가 점화에 유효한 고전압을 발생할 수 있는 최소 회전속도를 무엇이라 하는가?

① E갭 스피드(E-gap sppeed)

② 아이들 회전수(Idle speed)

③ 2차 회전수(Secondary speed)

④ 커밍-인 스피드(Coming-in speed)

🔍 해설

점화 플러그에서 불꽃을 발생시킬 수 있는 최소 회전속도

마그네토 : 100[rpm]

23
항공기용 왕복기관의 밸브 개폐 시기가 다음과 같다면 밸브 오버랩(Valve overlap)은 몇 도[°]인가?

I.O : 30° BTC	E.O : 60° BBC
I.C : 60° ABC	E.C : 15° ATC

① 15　　　　　　② 45

③ 60　　　　　　④ 75

🔍 해설

흡기밸브와 배기밸브가 동시에 열려 있는 각도로 밸브 오버랩의 장점은 체적효율 향상, 출력 증가, 냉각효과이며, 공식은 다음과 같다.

I.O＋E.C 여기서 I.O : 흡기밸브 열림, E.C : 배기밸브 닫힘

24
가스터빈 기관의 효율이 높을수록 얻을 수 있는 장점이 아닌 것은?

① 연료 소비율이 작아진다.

② 활공거리를 길게 할 수 있다.

③ 같은 적재연료에서 항속거리를 길게 할 수 있다.

④ 필요한 적재 연료의 감소분만큼 유상하중을 증가시킬 수 있다.

🔍 해설

가스터빈 기관의 효율이 높을수록 활공거리를 짧게 할 수 있다.

25
팬 블레이드의 미드 스팬 슈라우드(Mid span shroud)에 대한 설명으로 틀린 것은?

① 유입되는 공기의 흐름을 원활하게 하여 공기역학적인 항력을 감소시킨다.

② 팬 블레이드 중간에 원형링을 형성하게 설치되어 있다.

③ 상호 마찰로 인한 마모현상을 줄이기 위해 주기적으로 코팅을 한다.

④ 공기흐름에 의한 블레이드의 굽힘현상을 방지하는 기능을 한다.

[정답] 21 ②　22 ④　23 ②　24 ②　25 ①

해설

팬 블레이드(Fan blade)

① 팬 블레이드는 보통의 압축기 블레이드에 비해 크고 가장 길기 때문에 진동이 발생하기 쉽고, 그 억제를 위해 블레이드의 중간에 Shroud 또는 Snubber라 부르는 지지대를 1~2곳에 장치한 것이 많다.

② 진동에 의한 마찰로 마모가 일어날 수 있어 코팅을 한다.

③ 팬 블레이드를 디스크에 설치하는 방식은 도브 테일(Dove tail) 방식이 일반적이다.

④ 블레이드의 구조 재료에는 일반적으로 티타늄 합금이 사용되고 있다.

---

26 항공기 기관용 윤활유의 점도지수(Viscosity index)가 높다는 것은 무엇을 의미하는가?

① 온도변화에 따른 윤활유의 점도변화가 작다.

② 온도변화에 따른 윤활유의 점도변화가 크다.

③ 압력변화에 따른 윤활유의 점도변화가 작다.

④ 압력변화에 따른 윤활유의 점도변화가 크다.

해설

점도지수

온도변화에 의해 오일 점도 변화율을 나타낸 수이다.
점도지수란 온도에 따라 점도가 변화하는 정도를 나타낸 척도이다. 일반적으로 파라핀계 윤활유는 온도에 의한 점도변화가 작고, 나프텐계 윤활유는 온도에 의한 점도변화가 크다.

---

27 [보기]에서 왕복 기관과 비교했을 때 가스터빈기관의 장점만을 나열한 것은?

> **[보기]**
> (A) 중량당 출력이 크다.
> (B) 진동이 작다.
> (C) 소음이 작다.
> (D) 높은 회전수를 얻을 수 있다.
> (E) 윤활유의 소모량이 적다.
> (F) 연료소모량이 적다.

① (A), (B), (D), (E) ② (A), (C), (D), (F)

③ (B), (C), (E), (F) ④ (A), (D), (E), (F)

해설

가스터빈 기관의 장점

① 마력당 중량이 크다.

② 진동이 적고 고회전이다.

③ 시동이 쉽다.

④ 윤활유의 소모가 적다.

⑤ 비교적 싼 연료를 사용한다.

⑥ 비행속도가 커질수록 효율이 좋아져 초음속 비행이 가능하다.

* 단점 : 연료 소비가 많고, 소음이 심하며, 가격이 비싸다.

---

28 경항공기에서 프로펠러 감속기어(Reduction gear)를 사용하는 주된 이유는?

① 구조를 간단히 하기 위하여

② 깃의 숫자를 많게 하기 위하여

③ 깃 끝의 속도를 제한하기 위하여

④ 프로펠러 회전속도를 증가시키기 위하여

해설

최대 출력을 내기 위해 프로펠러가 엔진 출력흡수, 최대 효율 작용
– 프로펠러 깃 끝 속도가 음속 운행하지 않도록 제한

---

29 정속 프로펠러에서 프로펠러가 과속상태(Over speed)가 되면 조속기 플라이 웨이트(Fly weight)의 상태는?

① 밖으로 벌어진다. ② 무게가 감소된다.

③ 안으로 오므라든다. ④ 무게가 증가된다.

해설

정속 프로펠러에서 프로펠러의 회전속도가 빠를 시에는 플라이 웨이트가 벌어져서 파일럿 밸브가 작동하여 유로를 형성한다.

---

30 왕복 기관 실린더를 분해 및 조립할 때 주의사항으로 틀린 것은?

① 실린더를 장착할 때 12시 방향의 너트를 먼저 조인 후 다른 너트를 조인다.

[정답] 26 ① 27 ① 28 ③ 29 ① 30 ③

② 실린더를 떼어내기 전에 외부에 부착된 부품들을 먼저 떼어낸다.

③ 실린더를 떼어낼 때 피스톤행정을 배기 상사점 위치에 맞춘다.

④ 실린더를 장착할 때 피스톤 링의 터진 방향을 링의 개수에 따라 균등한 각도로 맞춘다.

🔍 해설

실린더를 떼어낼 때 피스톤행정을 압축 상사점 위치에서 맞춘다.

31 가스터빈 기관에서 압축기 실속(Compressor stall)의 원인이 아닌 것은?

① 압축기의 손상

② 터빈의 변형 또는 손상

③ 설계[rpm] 이하에서의 기관 작동

④ 기관 시동용 블리드공기의 낮은 압력

🔍 해설

압축기에서 실속이 일어나는 원인

① 흡입 공기속도가 너무 느릴 때

② 압축기 회전속도가 너무 빠를 때

③ 압축기 출구 압력상승

④ 압축기 입구 압력이 낮을 때

⑤ 압축기 입구 온도가 높을 때

⑥ 압축기 입구 공기흐름이 와류 현상이 생길 때

32 왕복 기관 동력을 발생시키는 행정은?

① 흡입행정   ② 압축행정

③ 팽창행정   ④ 배기행정

🔍 해설

팽창행정에서는 흡입 및 배기밸브가 다 같이 닫혀 있는 상태에서 압축된 혼합가스가 점화 플러그에 의해 점화되어 폭발하면 크랭크 샤프트의 회전 방향이 상사점을 지나 크랭크 각 10° 근처에서 실린더의 압력이 최고가 되면서 피스톤을 하사점으로 미는 큰 힘이 발생한다.

33 가스터빈기관의 시동계통에서 자립회전속도(Self-accelerating speed)의 의미로 옳은 것은?

① 시동기를 켤 때의 회전속도

② 점화가 일어나서 배기가스 온도가 증가되기 시작하는 상태에서의 회전속도

③ 아이들(idle) 상태에 진입하기 시작했을 때의 회전속도

④ 시동기의 도움 없이 스스로 회전하기 시작하는 상태에서의 회전속도

🔍 해설

자립회전속도

스타터로부터의 도움 없이 정상 공회전 속도로 가속할 수 있도록 시동시의 가스터빈 엔진에 의해 달성되는 속도

34 윤활유 여과기에 대한 설명으로 옳은 것은?

① 카트리지형은 세척하여 재사용이 가능하다.

② 여과능력은 여과기를 통과할 수 있는 입자의 크기인 미크론(Micron)으로 나타낸다.

③ 바이패스밸브는 기관 정지시 윤활유의 역류를 방지하는 역할을 한다.

④ 바이패스밸브는 필터 출구압력이 입구압력보다 높을 때 열린다.

🔍 해설

① 카트리지형 : 필터는 종이로 되어 있으며, 보통 연료 펌프의 입구 쪽에 장치한다.
종이 필터가 걸러 낼 수 있는 최대 입자의 크기는 $50 \sim 100[\mu m]$ 정도이며, 이것은 주기적으로 교환해 주어야 한다.

② 스크린형 : 저압용 연료 여과기로 사용되며, 보통 스테인리스 강철망으로 만든다. 걸러 낼 수 있는 입자의 크기는 최대 $40[\mu m]$ 정도이다.

③ 스크린-디스크형 : 연료 펌프의 출구 쪽에 장치하며, 분해가 가능한 매우 가는 강철망으로 되어 있으며, 주기적으로 세척하여 다시 사용할 수 있다.

35 항공기 왕복 기관의 오일탱크 안에 부착된 호퍼(Hopper)의 주된 목적은?

[정답] 31 ④   32 ③   33 ④   34 ②   35 ④

① 오일을 냉각시켜준다.

② 오일 압력을 상승시켜 준다.

③ 오일 내의 연료를 제거시켜 준다.

④ 시동시 오일의 온도 상승을 돕는다.

해설

호퍼(Hopper)

오일내의 연료를 제거하는 역할을하며, 압력상승 및 냉각을 목적으로한다.

36 단열변화에 대한 설명으로 옳은 것은?

① 팽창일을 할 때는 온도가 올라가고 압축일을 할 때는 온도가 내려간다.

② 팽창일을 할 때는 온도가 내려가고 압축일을 할 때는 온도가 올라간다.

③ 팽창일을 할 때와 압축일을 할 때에 온도가 모두 올라간다.

④ 팽창일을 할 때와 압축일을 할 때에 온도가 모두 내려간다.

해설

단열과정

주위와 열의 출입이 차단된 상태에서 진행되는 작동 유체의 상태 변화를 단열과정이라 한다.
실제로 실린더 안에서 일어나는 과정은 단열과정에 가까운 변화를 한다고 볼 수 있다.
단열 상태로 계가 일을 하기 위해서는 온도가 T_1에서 T_2로 낮아지므로 내부 에너지를 감소시켜야 한다는 것을 알수 있다.

37 부자식 기화기에서 기관이 저속 상태일 때 연료를 분사하는 장치는?

① Venturi

② Main discharge nozzle

③ Main or orifice

④ Idle discharge nozzle

해설

플로트식 기화기

① 특징 : 구조가 간단하고, 비행자세에 영향이 크며, 기화기 빙결이 쉽고 대형기나 곡기 비행에 부적합해서 주로 소형기에 사용된다.

② 완속장치 : 완속 운전시 연료를 공급하여 혼합이 이루어지도록 하는 장치로 종류로는 니들 밸브식, 피스톤식, 매니폴드 압력식이 있다.

③ 이코노마이저 : 출력이 순항출력 이상의 높은 출력일 때 연료를 더 공급하여 농후한 혼합비를 만들어 주는 장치이다.

38 가스터빈 기관의 연소실에 부착된 부품이 아닌 것은?

① 연료노즐
② 선회깃
③ 가변정익
④ 점화프러그

해설

① 캔형 연소실 : 구성 바깥쪽 케이스, 연소실 라이너, 연결관(화염 전달관), 연료노즐, 이그나이터로 구성

② 애뉼러형 연소실 : 바깥쪽 케이스, 안쪽 케이스, 연료 노즐, 이그나이터, 연소실 라이너로 구성

③ 캔-애뉼러형 연소실 : 연소실 외부 케이스, 내부 케이스, 연소실, 화염 전달관, 분사노즐, 이그나이터로 구성

39 항공기 왕복 기관의 제동마력과 단위시간당 기관이 소비한 연료 에너지와의 비는 무엇인가?

① 제동열효율
② 기계열효율
③ 연료소비율
④ 일의 열당량

해설

① 연료소비율 : 내연기관 등의 원동기에서 발생하는 기계에너지에 대한 소비연료의 비율

② 열효율 : 열기관이 하는 유효한 일과 이것에 공급한 열량 또는 연료의 발열량과의 비

③ 열당량 : 일의 에너지를 열로 환산한 열량

40 다음 중 민간 항공기용 가스터빈 기관에 주로 사용되는 연료는?

[정답] 36 ② 37 ④ 38 ③ 39 ① 40 ②

① JP-4   ② Jet A-1
③ JP-8   ④ Jet B-5

🔍 **해설**

항공용 가스터빈 기관의 연료는 군용으로는 JP-4, JP-5, JP-6, JP-7 등 있고, 민간용으로는 제트 A형, 제트 A-1형 및 제트 B형이 있다.
① JET A, JET A-1형 : ASTM에서 규정된 성질을 가지고 있으며, JP-5와 비슷하지만 어는점이 약간 높다.
② JET B형 : JP-4와 비슷하나, 어는점이 약간 높은 연료이다.

제3과목 ▸ **항공기체**

41 복합재료에서 모재(Matrix)와 결합되는 강화재 (Reinforcing material)로 사용되지 않는 것은?

① 유리   ② 탄소
③ 에폭시   ④ 보론

🔍 **해설**

① 강화재의 종류 : 유리섬유(Fiberglass), 탄소섬유(Carbon/ Graphite), 아라미드(Aramid)섬유, 보론(Boron)섬유, 세라믹(Ceramic)섬유 등
② 모재의 종류 : 열경화성수지(Thermoset resin), 열가소성수지(Thermoplastic resin), 금속(Metallic), 세라믹(Ceramic) 등
* 에폭시 수지 : 열경화성수지 중 대표적인 수지로서, 성형 후 수축률이 적고 기계적 성질이 우수하며, 접착 강도를 가지고 있으므로 항공기 구조의 접착제나 도료로 사용된다.

42 접개들이 착륙장치를 비상으로 내리는(Down) 3가지 방법이 아닌 것은?

① 핸드펌프로 유압을 만들어 내린다.
② 축압기에 저장된 공기압을 이용하여 내린다.
③ 핸들을 이용하여 기어의(Up)로크를 풀었을 때 자중에 의하여 내린다.
④ 기어핸들 밑에 있는 비상 스위치를 눌러서 기어를 내린다.

🔍 **해설**

접개들이식 착륙장치
유압, 공기압, 또는 전기동력에 의해 작동하며, 내려갈 때에는 착륙장치의 무게에 의해 내려간다. 동력원이 고장났을 때에 수동으로 조작할 수 있다.

43 조종간의 작동에 대한 설명으로 옳은 것은?

① 조종간을 뒤로 당기면 승강타가 내려간다.
② 조종간을 앞으로 밀면 양쪽의 보조날개가 내려간다.
③ 조종간을 왼쪽으로 움직이면 왼쪽의 보조날개가 내려간다.
④ 조종간을 오른쪽으로 움직이면 왼쪽의 보조날개가 내려간다.

🔍 **해설**

① 옆놀이 운동 : 조종간에 힘을 주어 오른쪽으로 젖히면 오른쪽 도움날개가 올라가고 왼쪽 도움날개는 내려가서 항공기가 오른쪽으로 옆놀이 운동이 발생한다.
② 키놀이 운동 : 조종간을 밀거나 당기면 승강타가 움직여 항공기의 기수가 올라가거나 내려가는 키놀이 운동이 발생한다.
③ 빗놀이 운동 : 방향키의 조종은 페달로 한다. 항공기를 왼쪽으로 빗놀이 시키려면 왼쪽으로 방향키를 움직여 주어야 하며, 조종사는 왼쪽 페달을 약간 밟아야 한다.

44 판재를 절단하는 가공 작업이 아닌 것은?

① 펀칭(Punching)   ② 블랭킹(Blanking)
③ 트리밍(Trimming)   ④ 크림핑(Crimping)

🔍 **해설**

크림핑 : 주름내기 작업

45 진주색을 띄고 있는 알루미늄합금 리벳은 어떤 방식 처리를 한 것인가?

① 양극처리를 한 것이다.
② 금속도료로 도장한 것이다.
③ 크롬산 아연 도금한 것이다.
④ 니켈, 마그네슘으로 도금한 것이다.

[**정답**] 41 ③   42 ④   43 ④   44 ④   45 ①

해설

리벳에 보호칠은 그것의 색상으로서 식별된다. 크롬산아연으로서 입힌 리벳은 노란색이고, 양극산화처리 된 표면은 진주색, 그리고 메탈스프레이 된 리벳은 은회색으로서 식별된다.

46 용접작업에 사용되는 산소·아세틸렌 토치 팁(Tip)의 재질로 가장 적당한 것은?

① 납 및 납합금
② 구리 및 구리합금
③ 마그네슘 및 마그네슘합금
④ 알루미슘 및 알루미늄합금

해설

토치를 사용할 때의 사고로는 역류, 인화, 역화 등이 있는데, 사고가 나면 매우 위험하므로 주의해야 한다.
가스용접의 용접 팁은 구리나 구리합금으로 만든다.

47 한쪽 끝은 고정되어 있고, 다른 한쪽 끝은 자유단으로 되어 있는 지름이 4[cm], 길이가 200[cm]인 기둥의 세장비는 약 얼마인가?

① 100 ② 200
③ 300 ④ 400

해설

기둥의 길이 L과 최소 단면 회전 반지름 K와의 비 L/K은 기둥이 만곡되는 정도를 비교한 것이며 이외에도, 대단히 중요한 값으로, 이것을 장주의 세장비라 한다.
세장비가 30 이하일 때에는 단주, 30~150일 때 에는 중간주, 160 이상일 때에는 장주라 한다.

세장비 $=\dfrac{L}{K}$

L : 길이(200), $K=\sqrt{\dfrac{d^2}{16}}=\sqrt{\dfrac{4^2}{16}}=\sqrt{\dfrac{16}{16}}=1$

$\therefore \dfrac{200}{1}=200$

48 연료를 제외한 적재된 항공기의 최대 무게를 나타내는 것은?

① 최대무게(Maximum weight)
② 영연료무게(Zero fuel weight)
③ 기본자기무게(Basic empty weight)
④ 운항빈무게(Operating empty weight)

해설

① 기본자기무게 : 승무원, 승객 등의 유효하중, 사용 가능한 연료, 배출 가능한 윤활유의 무게를 포함하지 않는 상태에서의 항공기의 무게이다. 기본 빈 무게에는 사용 불가능한 연료, 배출 불가능한 윤활유, 기관 내의 냉각액의 전부, 유압계통의 무게도 포함된다.
② 영연료무게 : 연료를 제외하고 적재된 항공기의 최대 무게로서 화물, 승객, 승무원의 무게 등이 포함된다.
③ 최대이륙무게 : 항공기에 인가된 최대무게로 이륙하기 전 모든 무게를 다 포함한다.

49 샌드위치(Sandwich)구조에 대한 설명으로 옳은 것은?

① 트러스구조의 대표적인 형식이다.
② 강도와 강성에 비해 다른 구조보다 두꺼워 항공기의 중량이 증가하는 편이다.
③ 동체의 외피 및 주요 구조부분에 사용되는 경우가 많다.
④ 구조골격의 설치가 곤란한 곳에 상하 외피 사이에 벌집구조를 접착제로 고정하여 면적당 무게가 적고 강도가 큰 구조이다.

해설

샌드위치 구조(Sandwich structure)
2개의 외판 사이에 발사(Foam)형, 벌집(Honeycomb)형, 파동(Wave) 형 등의 심(Core)을 넣고 고착시켜 샌드위치 모양으로 만든구조형식이다. 항공기의 전체적인 구조 형식은 아니지만, 날개, 꼬리 날개, 조종면등의일부분에 많이 사용되고 있다. 샌드위치 구조는 응력 외피 구조보다 강도와 강성이 크고, 무게가 가볍기 때문에 항공기 무게를 감소시킬 수 있으며, 국부적인 굽힘 응력이나 피로에 강하다는 장점을 가지고 있다.

50 항공기의 안전운항을 담당하는 기관에서 항공기를 사용 목적이나 소요 비행 상태의 정도에 따라 분류하여 정하

[정답] 46 ② 47 ② 48 ② 49 ④ 50 ①

Aircraft Maintenance

는 하중배수와 같은 값이 될 때의 속도는?

① 설계운용속도　　② 설계급강하속도
③ 설계순항속도　　④ 설계돌풍운용속도

해설

① 설계급강하속도 : 속도-하강 하중배수 선도에서 최대 속도를 나타내며, 구조 강도의 안정성과 조종면에서 안전을 보장하는 설계상의 최대 허용속도이다.
② 설계순항속도 : 항공기가 이 속도에서 순항 성능이 가장 효율적으로 얻어지도록 정한 설계속도이다.
③ 설계운용속도 : 플랩 올림 상태에서 설계 무게에 대한 실속속도로 정한다.

51 플러시 머리(Flush head)리벳작업을 할 때 끝거리 및 리벳간격의 최소기준으로 옳은 것은?

① 끝거리는 리벳직경의 2.5배 이상, 간격은 3배 이상
② 끝거리는 리벳직경의 3배 이상, 간격은 2배 이상
③ 끝거리는 리벳직경의 2배 이상, 간격은 3배 이상
④ 끝거리는 리벳직경의 3배 이상, 간격은 3배 이상

해설

① 리벳의 열 : 판재의 인장력을 받는 방향에 대하여 직각 방향으로 배열된 리벳의 집합을 말한다.
② 리벳의 피치 : 같은 열에 있는 리벳과 리벳 중심간의 거리를 말한다. 리벳 지름의 3~12배로 하며, 일반적으로 6~8D가 주로 이용된다.
③ 리벳의 횡단 피치 : 열과 열 사이의 거리를 뜻한다. 일반적으로 리벳 피치의 75[%] 정도로서, 리벳 지름의 4.5~6배이고, 최소 횡단 피치 2.5배이다.
④ 리벳의 끝거리 : 판재의 모서리와 이웃하는 리벳의 중심까지의 거리를 말한다.
　㉮ 리벳의 최소 끝거리 : 리벳 지름의 2배, 접시머리
　㉯ 리벳의 최대 끝거리 : 리벳 지름의 2.5배이고, 최대 끝거리는 리벳 지름의 4배를 넘어서는 안된다.

52 다음 중 항공기의 부식을 발생시키는 요소로 볼 수 없는 것은?

① 탱크내의 유기물
② 해면상의 대기 염분
③ 암회색의 인산철피막
④ 활주로 동결 방지제의 염산

해설

부식 현상에 영향을 주는 요인
주위 환경과 금속의 종류 및 응력 조건에 따라서 다르기 때문에 부식 방지처리도 사용 조건에 따라 여러 가지 방법이 이용되고 있다.
철강 재료의 방식법으로서, 흑갈색의 인산염을 철강 재료 표면에 형성시키는 방법이 파커라이징이며, 철강 재료 표면에 구리를 석출시켜서 부식을 방지하는 방법이 밴더라이징이다.

53 항공기의 무게중심이 기준선에서 90[in]에 있고, MAC의 앞전이 기준선에서 82[in]인 곳에 위치한다면 MAC가 32[in]인 경우 중심은 몇 %MAC인가?

① 15　　② 20
③ 25　　④ 35

해설

$$\%MAC = \frac{H-X}{C} \times 100 = \frac{90-82}{32} \times 100 = 25$$

54 그림과 같은 항공기 동체 구조에 대한 설명으로 틀린 것은?

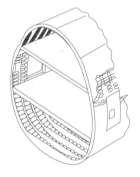

① 외피가 두꺼워져 미사일의 구조에 적합하다.
② 응력스킨구조의 대표적인 형식 중 하나이다.
③ 외피는 하중의 일부만 담당하고 나머지 하중은 골조구조가 담당한다.
④ 벌크헤드, 프레임, 세로대, 스트링거, 외피 등의 부재로 이루어진다.

[정답] 51 ①　52 ③　53 ③　54 ①

해설

세미모노코크 구조

하중의 일부분만 외피가 담당하게 하고, 나머지 하중은 뼈대가 담당하게 하여 기체의 무게를 모노코크에 비해 줄일 수 있어 현대 항공기의 대부분이 채택하고 있는 구조

55 진공백을 이용한 항공기의 복합재료 수리시 사용되는 것이 아닌 것은?

① 요크 ② 브리더

③ 필 플라이 ④ 브레더

해설

진공백(Vacuum Bagging)

진공백은 진공 주입 과정 시, 진공상태에서 금형 표면을 밀봉하는 데 사용된다. 또한 높은 온도, 저항, 인성, 유연성과 매우 낮은 투과성 등 우수한 물성을 기인하며 사용하는 재료로는 브리더, 필 플라이, 브레더 등이 있다.

56 고속 항공기 기체의 재료로서 알루미늄합금이 적합하지 않을 경우 티타늄합금으로 대체한다면 알루미늄합금의 어떠한 이유 때문인가?

① 마찰저항이 너무 크다.

② 온도에 대한 제1변태점이 비교적 낮다.

③ 충격에너지를 효과적으로 흡수하지 못한다.

④ 비중이 높아 항공기 기체의 중량이 너무 크다.

해설

티탄

비중이 4.54로서 강의 1/2 수준이며, 용융온도는 1,668[°C]이다. 티탄합금으로 제조하면 합금강과 비슷한 정도의 강도를 가지며, 스테인리스강과 같이 내식성이 우수하고, 약 500[°C] 정도의 고온에서도 충분한 강도를 유지할 수 있다. 항공기 재료 중에서 비강도가 우수하므로 항공기 이외에 로켓과 가스터빈 기관용 재료로도 널리 이용되고 있다.

57 케이블 조종계통에 사용되는 페어리드의 역할이 아닌 것은?

① 작은 각도의 범위에서 방향을 유도한다.

② 작동 중 마찰에 의한 구조물의 손상을 방지한다.

③ 케이블의 엉킴이나 다른 구조물과의 접촉을 방지한다.

④ 케이블의 직선운동을 토크튜브의 회전운동으로 바꿔 준다.

해설

① 풀리 : 케이블의 방향을 바꾸어 주는 것

② 페어리드 : 최소의 마찰력으로 케이블과 접촉하여 직선운동 3° 이내에서 방향유도

③ 턴버클 : 케이블의 장력을 조절하는 것

④ 케이블 커넥터 : 케이블과 케이블을 연결해 주는 것

58 그림과 같이 길이 L 전체에 등분포하중 q를 받고 있는 단순보의 최대전단력은?

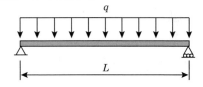

① $\dfrac{q}{L}$ ② $\dfrac{qL}{4}$

③ $\dfrac{qL}{2}$ ④ $\dfrac{qL^3}{8}$

해설

최대전단력$(V) = \dfrac{qL}{2}$

또한, M_{max}가 중앙점에 생기면 $M_{max} = \dfrac{qL^2}{8}$

59 리벳을 열처리하여 연화시킨 다음 저온 상태의 아이스박스에 보관하면 리벳의 시효경화를 지연시켜 연화상태가 유지되는 리벳은?

① 1100 ② 2024

③ 2117 ④ 5056

해설

2017/2024 리벳

시효경화 리벳이며 시효경화는 금속을 일정한 시간 적당한 온도에 두면 물체가 단단해 지는 현상을 시효경화라 한다. 따라서 냉장보관을 하여 시효경화를 지연시킨다.

[정답] 55 ① 56 ② 57 ④ 58 ③ 59 ②

60 [보기]와 같은 구조물을 포함하고 있는 항공기 부위는?

> [보기]
> 수평 · 수직안정판, 방향키, 승강키

① 착륙장치
② 나셀
③ 꼬리날개
④ 주날개

🔍 **해설**

수직 안정판
(Vertical stabilizer)

수평 안정판
(Horizontal stabilizer)

방향키
(Rudder)

트림 탭
(Trim tabs)

승강키
(Elevator)

제4과목 | 항공장비

61 황산납 축전지(lead acid battery)의 과충전상태를 의심할 수 있는 증상이 아닌 것은?

① 전해액이 축전지 밖으로 흘러나오는 경우
② 축전지에 흰색 침전물이 너무 많이 묻어 있는 경우
③ 축전지 셀의 케이스가 구부러졌거나 찌그러진 경우
④ 축전지 윗면 캡 주위의 약간의 탄산칼륨이 있는 경우

🔍 **해설**

① 전해액이 넘친다.
② 축전지에 흰색 침전물이 생긴다.
③ 축전지 케이스가 변형된다.

62 외력을 가하지 않는 한 자이로가 우주공간에 대하여 그 자세를 계속적으로 유지하려는 성질은?

① 방향성
② 강직성
③ 지시성
④ 섭동성

🔍 **해설**

① 강직성 : 자이로는 외력을 가하지 않는 한 그 자세를 우주 공간에 대하여 계속적으로 유지하려는 성질을 가지고 있다.
② 섭동성 : 외력을 가했을 때에는 자이로축의 방향과 외력의 방향에 직각인 방향으로 회전하는 성질을 가지고 있다.

63 항공기 조리실이나 화장실에서 사용한 물은 배출구를 통해 밖으로 빠져나가는데 이때 결빙방지를 위해 사용되는 전원에 대한 설명으로 옳은 것은?

① 지상에서는 저전압, 공중에서는 고전압 전원이 항상 공급된다.
② 공중에서는 저전압, 지상에서는 고전압 전원이 항상 공급된다.
③ 공중에서만 전원이 공급되며 이때 전원은 고전압이다.
④ 지상에서만 전원이 공급되며 이때 전원은 저전압이다.

🔍 **해설**

• 항공기의 Flushing 시스템
요즘은 Vacuum을 이용한 Flushing 시스템을 사용한다. 항공기가 지상에 있을 때나 하늘에 운항중에 어느 때에도 화장실 Flushing 시스템은 작동한다.
• Vacuum의 작동
일정 고도 위에서 비행시에는 외부 압력과 기내 압력이 달라 그 압력차로 자동적으로 빨려들어간다. 지상 및 저 고도에서도 Vacuum blower라는 장치가 달려있어서 빨려들어갈수 있는 압력차이를 만들어 낸다.

64 운항 중 목표 고도로 설정한 고도에 진입하거나 벗어났을 때 경보를 냄으로써 조종사의 실수를 방지하기 위한 장치는?

① SELCAL
② Radio altimeter
③ Altitude alert system
④ Air traffic control

[정답] 60 ③ 61 ④ 62 ② 63 ① 64 ③

해설

① SELCAL : 원하는 무선국만을 호출하는 방식이다.
② Radio altimeter : 전파 고도계
③ Altitude alert system : 고도 경보 장치
   고도를 정확히 인지하지 못하는 위험을 사전에 방지하기 위한 장치. 운항 중인 항공기에서 조종사에게 현재 고도를 확인시키고, 지정한 고도와의 차이를 알려준다.
④ Air traffic control : 항공 교통 관제

해설

① 체크밸브 : 작동유의 흐름을 한쪽 방향으로만 흐르게 하고, 다른 방향으로는 흐르지 못하게 하는 밸브이다.
② 리저버 : 작동유의 저장소이며, 공기 및 각종 불순물을 제거하는 장소이다.
③ 릴리프밸브 : 과도한 압력으로 인하여 계통 내의 관이나 부품이 파손될 수 있는 것을 방지한다.
④ 축압기 : 동력 펌프가 무부하일 때, 또는 고장이 났을 때를 대비하여 유압계통에 공급할 작동유를 저축해 두고 작동유의 압력이 고르지 못할 때 댐퍼 역할을 하며, 압력 조절기의 개폐 빈도를 줄여준다.

65 고도계에서 발생되는 오차가 아닌 것은?

① 북선오차
② 기계오차
③ 온도오차
④ 탄성오차

해설

고도계의 오차

① 눈금오차
   일정한 온도에서 진동을 가하여 기계적 오차를 뺀 계기 특유의 오차이다. 일반적으로 고도계의 오차는 눈금오차를 말하며, 수정이 가능하다.
② 온도오차
   ⓐ 온도의 변화에 의하여 고도계의 각 부분이 팽창, 수축하여 생기는 오차
   ⓑ 온도 변화에 의하여 공함, 그 밖에 탄성체의 탄성률의 변화에 따른 오차
   ⓒ 대기의 온도 분포가 표준대기와 다르기 때문에 생기는 오차
③ 탄성오차
   히스테리시스(Histerisis), 편위(Drift), 잔류효과(After Effect)와 같이 일정한 온도에서의 탄성체 고유의 오차로서 재료의 특성 때문에 생긴다.
④ 기계오차
   계기 각 부분의 마찰, 기구의 불평형, 가속도와 진동 등에 의하여 바늘이 일정하게 지시하지 못함으로써 생기는 오차이다. 이들은 압력의 변화와 관계가 없으며 수정이 가능하다.

67 항공기 계기의 분류에서 비행계기에 속하지 않는 것은?

① 고도계
② 회전계
③ 선회경사계
④ 속도계

해설

회전계기

기관축의 회전수를 지시하는 계기로 왕복기관에서는 크랭크축의 회전수를 분당 회전수로, 즉 RPM으로 지시하고, 가스터빈 기관에서는 압축기의 회전수를 최대 출력 회전수의 백분율[%]로 나타낸다.

68 항공계기의 구비 조건이 아닌 것은?

① 정확성
② 대형화
③ 내구성
④ 경량화

해설

① 내구성 : 계기의 정밀도는 될 수 있는 대로 오랫동안 유지할 수 있어야 한다.
② 정확성 : 계기는 정확성이 있어야 하는 동시에 내구성과 구조의 단순화가 요구된다.
③ 무게 : 항공기의 중량을 작게 하기 위하여 가벼워야 한다.
④ 크기 : 계기판의 수용 능력에는 한계가 있으므로, 계기의 수가 증가됨에 따라 소형화되어야 한다.

66 유압계통에서 압력조절기와 비슷한 역할을 하지만 압력조절기보다 약간 높게 조절되어 있어 그 이상의 압력이 되면 작동되는 장치는?

① 체크밸브
② 리저버
③ 릴리프밸브
④ 축압기

[정답] 65 ① 66 ③ 67 ② 68 ②

69 미국연방항공국(FAA)의 규정에 명시된 항공기의 최대 객실고도는 약 몇 [ft]인가?

① 6,000 　　　　② 7,000
③ 8,000 　　　　④ 9,000

해설

비행고도 0~8,000[ft] 범위 내에서는 여압을 하지 않아도 되는 비여압 범위이고, 8,000~35,000[ft] 사이는 객실고도를 8,000[ft]로 일정하게 계속 유지가 가능한 등기압 범위이다.

70 정비를 위한 목적으로 지상근무자와 조종실 사이의 통화를 위한 장치는?

① Cabin interphone system
② Flight interphone system
③ Passenger address system
④ Service interphone system

해설

① Cabin interphone system : 비행기 내에서 사용
② Flight interphone system : 비행기 내, 외에서 사용
③ Service interphone system : 지상근무자와 조종실에 사용

71 화재탐지기로 사용하는 장치가 아닌 것은?

① 유닛식 탐지기 　　　② 연기 탐지기
③ 이산화탄소 탐지기 　④ 열전쌍 탐지기

해설

화재탐지장치
화재의 가능성이 가장 많은 곳에 화재탐지장치를 설치하고, 화재가 발생하게 되면 화재경고장치에 신호를 보낸다. 화재 탐지 수감부에는 열전쌍, 열 스위치, 광전지를 이용한다.
그 밖에 연기경고장치가 있다.

72 계기착륙장치(Instrument landing system)에서 활주로 중심을 알려 주는 장치는?

① 로컬라이저(Localizer)
② 마커비컨(Marker beacon)
③ 글라이드 슬로프(Glide slope)
④ 거리 측정 장치(Distance measuring equip-ment)

해설

계기 착륙장치(Instrument Landing System)
ILS는 수평 위치를 알려주는 로컬라이저(Localizer)와 활강경로, 즉 하강 비행각을 표시해주는 글라이더 슬로프(Glide slope), 거리를 표시해주는 마커 비컨(Marker beacon)으로 구성된다.

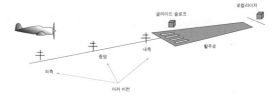

73 면적이 2[in²]인 A 피스톤과 10[in²]인 B 피스톤을 가진 실린더가 유체역학적으로 서로 연결되어 있을 경우 A 피스톤에 20[lbs]의 힘이 가해질 때 B 피스톤에 발생되는 힘은 몇 [lbs]인가?

① 100 　　　　② 20
③ 10 　　　　④ 5

해설

$$F = \frac{200}{2} = 100$$

74 소형항공기의 12[V] 직류전원계통에 대한 설명으로 틀린 것은?

① 직류발전기는 전원전압을 14[V]로 유지한다.
② 배터리와 직류발전기는 접지귀환방식으로 연결된다.
③ 메인 버스와 배터리 버스에 연결된 전류계는 배터리 충전시 (−)를 지시한다.
④ 배터리는 엔진시동기(Starter)의 전원으로 사용된다.

해설

[정답] 69 ③　70 ④　71 ③　72 ①　73 ①　74 ③

소형 항공기의 직류 전원계통에서 메인 버스(Main bus)와 축전지 버스 사이에 접속되어 있는 전류계의 지침이 "+"를 지시하고 있으면 발전기의 출력전압에 의해서 축전지가 충전

75 변압기(Transformer)는 어떠한 전기력 에너지를 변환시키는 장치인가?

① 전류　　　　　　　② 전압
③ 전력　　　　　　　④ 위상

🔍 **해설**

변압기
저전압을 고전압으로 변환시켜주는 역할을 한다.
전압의 전기적 에너지를 다른 전압의 전기적 에너지로 바꾸어 주는 장치로 전압을 올리거나 내려준다.

76 항법시스템을 자립, 무선, 위성항법시스템으로 분류했을 때 자립항법시스템(Self contained system)에 해당하는 장치는?

① LORAN(Long range navigation)
② VOR(VHF omnidirectional range)
③ GPS(Global positioning system)
④ INS(Inertial navigation system)

🔍 **해설**

관성항법장치
INS(Inertial Navigation System) : 항공기, 미사일 등에 장착하여 자기의 위치를 감지하여 자립적으로 목적지까지 유도하기 위한 장치이다.

77 화재탐지기에 요구되는 기능과 성능에 대한 설명으로 틀린 것은?

① 화재의 지속기간 동안 연속적인 지시를 할 것
② 화재가 지시하지 않을 때 최소전류요구이어야 할 것
③ 화재가 진화되었다는 것에 대해 정확한 지시를 할 것
④ 정비작업 또는 장비취급이 복잡하더라도 중량이 가볍고 장착이 용이할 것

🔍 **해설**

화재 발생 우려가 있는 상태나 화재의 발생을 승무원에게 알리고, 신속하게 소화계통을 작동시켜 화재를 진압 할 수 있도록 되어 있는 계통이다.

78 지상파(Ground wave)가 가장 잘 전파되는 것은?

① LF　　　　　　　② UHF
③ HF　　　　　　　④ VHF

🔍 **해설**

• LF : 저주파, 주파수 $30 \sim 300[\text{Hz}]$, 파장이 $5,000 \sim 6,000[\text{km}]$인 대기의 파동은 지표면을 따라 전달된다.
• UHF : 극초단파, 주파수 $470 \sim 770[\text{MHz}]$
• HF : 고주파, 주파수 $3 \sim 30[\text{MHz}]$
• VHF : 초단파, 주파수 $30 \sim 300[\text{MHz}]$

79 그림과 같은 회로도에서 a, b간에 전류가 흐르지 않도록 하기 위해서는 저항 R은 몇 [Ω]으로 해야 하는가?

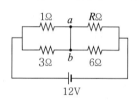

① 1　　　　　　　② 2
③ 3　　　　　　　④ 4

🔍 **해설**

회로를 다시 그리면

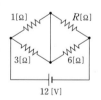

$1 \times 6 = 3 \times R$
$R = \dfrac{1 \times 6}{3} = 2$이므로 R은 $2[\text{Ω}]$이어야 한다.

[정답] 75 ②　76 ④　77 ④　78 ①　79 ②

80 항공기 부품의 이용목적과 이에 적합한 전선이나 케이블의 종류를 옳게 연결한 것은?

> **[이용목적]**
> ㄱ. 화재경보장치의 센서 등 온도가 높은 곳
> ㄴ. 배기온도측정을 위한 크로멜 −알루멜 서모커플
> ㄷ. 음성신호나 미약한 신호 전송
> ㄹ. 기내 영상신호나 무선신호 전송

> **[전선 또는 케이블의 종류]**
> A. 니켈 도금 동선에 유리와 테프론으로 절연한 전선
> B. 크로멜 알루멜을 도체로 한 전선
> C. 전선 주위를 구리망으로 덮은 실드 케이블
> D. 고주파 전송용 동축 케이블

① ㄱ – B   ② ㄴ – C

③ ㄷ – A   ④ ㄹ – D

🔍 **해설**

① 탄소강 케이블 : 조종계통에 적합, 고온(260[℃] 이상) 영역에서 사용불가
② 식강 케이블 : 주 조종계통에 사용, 바깥부분에 노출되는 곳과 고온(260[℃] 이상) 영역에서 사용가능
③ 비자성 내식강 케이블 : 내식성이 요구되거나 비자성이 요구되는 곳에 사용

[정답] 80 ④

자격종목 및 등급(선택분야)	시험시간	문제수	문제형별	성명
항공산업기사	2시간	80	B	듀오북스

제1과목 ▶ 항공역학

01 비행기가 1,000[km/h]의 속도로 1,000[m] 상공을 비행하고 있을 때 마하수는 약 얼마인가? (단, 10,000[m] 상공에서의 음속은 300[m/s]이다.)

① 0.50　　　　② 0.93
③ 1.20　　　　④ 3.33

🔍 **해설**

마하수 = $\dfrac{비행속도}{음속}$

1,000[m] 상공의 음속 = 300[m/s]

비행기의 속도 = $\dfrac{1,000}{3.6[m/s]}$ = 277.78[m/s]

∴ 마하수는 = $\dfrac{277.78}{300}$ = 0.925

02 이용동력(P_A), 잉여동력(P_E), 필요동력(P_R)의 관계를 옳게 나타낸 것은?

① $P_A + P_E = P_R$　　② $P_R \times P_A = P_E$
③ $P_E + P_R = P_A$　　④ $P_A \times P_E = P_R$

🔍 **해설**

정풍(Head wind)
정면에서 불어오는 바람으로 일명 맞바람이라고 불리며 항공기 이착륙에 비교적 도움이 되는 바람 방향이다. 다만 기준 속도를 초과하는 경우에는 배풍보다는 영향이 덜하나 역시 이착륙에 장애를 초래한다. 하지만 순항 중에 정풍은 순항속도를 떨어뜨리며 연료 소비를 증가시키는 원인이 된다.

03 항공기 이륙거리를 짧게 하기 위한 방법으로 옳은 것은?

① 정풍(Head wind)을 받으면서 이륙한다.
② 항공기 무게를 증가시켜 양력을 높인다.
③ 이륙시 플랩이 항력증가의 요인이 되므로 플랩을 사용하지 않는다.
④ 기관의 가속력을 가능한 최소가 되도록 한다.

🔍 **해설**

이륙거리를 짧게하려면 항공기기수를 정풍 방향으로 하여 이륙한다.

04 헬리콥터가 전진비행시 나타나는 효과가 아닌 것은?

① 회전날개 회전면의 앞부분과 뒷부분의 양항비가 달라짐
② 회전면 앞부분의 양력이 뒷부분보다 크게 됨
③ 왼쪽 방향으로 옆놀이 힘(Roll force)이 발생함
④ 기관의 가속력을 가능한 최소가 되도록 한다.

🔍 **해설**

헬리콥터 전진비행 시
전진비행 시 수직면으로부터 전체양력과 추진력을 앞쪽방향으로 기울일 때(Tilting) 양력과 추진력은 2개의 성분으로 변형시킬 수 있는데 수직으로 위쪽 방향으로 작용하는 양력과 비행 방향에 수평으로 작용하는 추력이다. 이 외에 아래쪽 방향으로 작용하는 힘인 무게와 관성저항, 바람저항이 있다. 뒤쪽방향 으로 작용력 또는 지체력(Retarding force)이 있다.
또한 방위각 90°일 때 양력이 최대가 되고, 270°일 때 최소가 된다.

05 비행기가 2,500[m] 상공에서 양항비 8인 상태로 활공한다면 최대 수평활공거리는 몇 [m]인가?

[정답] 01 ②　02 ③　03 ①　04 ②　05 ④

① 1,500 　　② 2,000

③ 15,000 　　④ 20,000

해설

활공거리＝고도×양항비 이므로
활공거리＝2,500×8＝20,000[m]

06 비행기의 정적 세로안정성을 나타낸 그림과 같은 그래프에서 가장 안전한 비행기는? (단, 비행기의 기수를 내리는 방향의 모멘트를 음(−)으로 하며, C_M은 피칭모멘트계수, α는 받음각이다.)

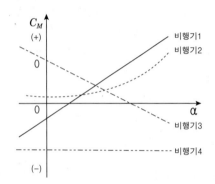

① 비행기 1 　　② 비행기 2

③ 비행기 3 　　④ 비행기 4

해설

$$\frac{dC_m}{da}<0$$

07 대기권을 낮은 층에서부터 높은 층의 순서로 나열한 것은?

① 대류권 – 극외권 – 성층권 – 열권 – 중간권

② 대류권 – 성층권 – 중간권 – 열권 – 극외권

③ 대류권 – 열권 – 중간권 – 극외권 – 성층권

④ 대류권 – 성층권 – 중간권 – 극외권 – 열권

해설

대기권

- 지구의 표면을 둘러싸고 있는 공기의 층을 대기권이라고 한다.
- 대기권은 높이에 따른 온도 변화에 따라 대류권, 성층권, 중간권, 열권으로 구분한다.

08 프로펠러의 효율이 80[%]인 항공기가 기관의 최대 출력이 800[ps]인 경우 이 비행기가 수평 최대속도에서 낼 수 있는 최대 이용마력은 몇 [ps]인가?

① 640 　　② 760

③ 800 　　④ 880

해설

수평비행할 때 필요마력

$P_r=\dfrac{DV}{75}$ 와 이용마력 : $P_a=P\times\eta P_a=800\times0.8=640$

09 속도가 360[km/h], 동점성계수가 0.15[cm²/s]인 풍동 시험부에 시위(Chord)가 1[m]인 평판을 넣고 실험할 때 이 평판의 앞전(Leading edge)으로부터 0.3[m] 떨어진 곳의 레이놀즈수는 얼마인가? (단, 레이놀즈수의 기준속도는 시험부속도이고, 기준길이는 앞전으로부터 거리이다.)

① 1×10^5 　　② 1×10^6

③ 2×10^5 　　④ 2×10^6

해설

레이놀즈수(Re)＝(직경)×(속도)×(밀도)/점도＝(직경)×(속도)/(동점성계수)입니다.

$$\frac{0.3[\mathrm{m}]\times360[\mathrm{km/h}]}{0.15[\mathrm{cm^2/s}]}=\frac{0.3[\mathrm{m}]\times100[\mathrm{m/s}]}{0.000015[\mathrm{m^2/s}]}=2\times10^6$$

10 프로펠러의 직경이 2[m], 회전속도 1,800[rpm], 비행속도 360[km/h]일 때 진행률(Advance ratio)은 약 얼마인가?

① 1.67 　　② 2.57

③ 3.17 　　④ 3.67

[정답] 06 ③　07 ②　08 ①　09 ④　10 ①

해설

진행률$(J) = \dfrac{V}{nD}$

(V : 전진속도, D : 프로펠러 지름, n : 단위시간당 회전수)

$$\dfrac{2[\text{m}] \times \dfrac{1,800}{60}}{360[\text{km/h}]} = \dfrac{100[\text{m/s}]}{2 \times \dfrac{1,800}{60}} = 1.6666$$

11 키놀이(Loop)비행시 발생되는 비행이 아닌 것은?

① 수직상승   ② 배면비행

③ 수직강하   ④ 선회비행

해설

항공기의 키놀이 운동
- 조종간을 당기거나 밀면, 꼬리 날개의 승강키가 움직여 기수를 들어 올리거나 내리는 것이다.
- 키놀이 운동의 기본 조종장치는 두 조종간사이에는 토크 튜브로 연결되어 있어 어느 한쪽의 조종간을 움직이더라도 승강키는 작동하게 된다.

12 항공기가 수평비행이나 급강하로 속도를 증가할 때 천음속 영역에 도달하게 되면 한쪽 날개가 실속을 일으켜서 양력을 상실하여 급격한 옆놀이를 일으키는 현상을 무엇이라 하는가?

① 디프 실속(Deep stall)

② 턱 언더(Tuck under)

③ 날개 드롭(Wing drop)

④ 옆놀이 커플링(Rolling coupling)

해설

날개 드롭(Wing drop)
비행기가 천음속 영역에 도달하면 한쪽 날개가 먼저 실속을 일으켜서 갑자기 양력은 감소하고 급격한 옆놀이를 일으키는 현상으로 도움날개의 효율이 떨어져 회복이 어렵고, 주로 두꺼운 날개를 가진 항공기가 천음속으로 비행 시 발생

13 항공기의 방향안정성이 주된 목적인 것은?

① 수평안정판   ② 주익의 상반각

③ 수직안정판   ④ 주익의 붙임각

해설

수직안정판
비행기 동체 뒤쪽에 기체의 수평면에 수직으로 붙어 있어 기수방향을 진행방향에 따라 안정시키는 역할을 한다.

14 날개골의 모양에 따른 특성 중 캠버에 대한 설명으로 틀린 것은?

① 받음각이 0°일 때도 캠버가 있는 날개골은 양력을 발생한다.

② 캠버가 크면 양력은 증가하나 항력은 비례적으로 감소한다.

③ 두께나 앞전 반지름이 같아도 캠버가 다르면 받음각에 대한 양력과 항력의 차이가 생긴다.

④ 저속비행기는 캠버가 큰 날개골을 이용하고, 고속비행기는 캠버가 작은 날개골을 사용한다.

해설

날개꼴의 캠버(Camber)
날개의 뒷전 부분을 아랫방향으로 구부려서 주익의 캠버를 크게 하고, 날개의 캠버를 크게 하고, 날개의 최대 양력계수를 최대화한다.

15 받음각이 0도일 경우 양력이 발생하지 않는 것은?

① NACA 2412   ② NACA 4415

③ NACA 2415   ④ NACA 0018

해설

NACA 4자와 NACA 5자 계열에서, 앞의 첫 째, 둘째 숫자는 캠버의 크기와 위치를 표시하는데 이 값이 영이면 대칭형 날개골이며 양력이 발생하지 않는다.

[정답]   11 ④   12 ③   13 ③   14 ②   15 ④

16 [보기]와 같은 현상의 원인이 아닌 것은?

> **[보기]**
>
> 비행기가 하강비행을 하는 동안 조종간을 당겨 기수를 올리려 할 때, 받음각과 각속도가 특정값을 넘게 되면 예상한 정도 이상으로 기수가 올라가고, 이를 회복할 수 없는 현상

① 처든각 효과의 감소

② 뒤젖힘 날개의 비틀림

③ 뒤젖힘 날개의 날개끝 실속

④ 날개의 풍압중심이 앞으로 이동

🔍 해설

피치-업 현상의 원인
① 뒤젖힘 날개의 날개 끝 실속
② 뒤젖힘 날개의 비틀림
③ 풍압 중심의 앞으로 이동
④ 승강키 효율의 감소

17 항공기의 중립점(NP)에 대한 정의로 옳은 것은?

① 항공기에서 무게가 가장 무거운 점

② 항공기 세로길이방향에서 가운데 점

③ 받음각에 따른 피칭모멘트가 0인 점

④ 받음각에 따른 피칭모멘트가 일정한 점

🔍 해설

항공기의 중립점(NP)
받음각이 변하더라도 피칭모멘트가 항상 0인 점이다.

18 정상수평선회하는 항공기에 작용하는 원심력과 구심력에 대한 설명으로 옳은 것은?

① 원심력은 추력의 수평성분이며 구심력과 방향이 반대다.

② 원심력은 중력의 수직성분이며 구심력과 방향이 반대다.

③ 구심력은 중력의 수평성분이며 원심력과 방향이 같다.

④ 구심력은 양력의 수평성분이며 원심력과 방향이 반대다.

🔍 해설

정상 선회시 원심력과 구심력과의 관계는

구심력($L\sin\theta$)＝원심력($\dfrac{WV^2}{gR}$)이어야 하고

구심력은 양력의 수평성분이며 원심력과는 반대 방향이다.

19 그림과 같은 전진속도 없이 자동회전(Auto rotation)비행하는 헬리콥터의 회전날개에서 회전력을 증가시키는 힘을 발생하는 영역은?

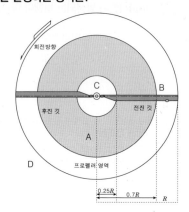

① A지역   ② B지역

③ C지역   ④ D지역

🔍 해설

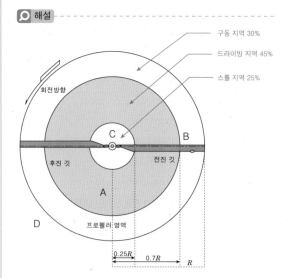

20 날개 뒤쪽 공기의 하향흐름에 의해 양력이 뒤로 기울어져 그 힘의 수평성분에 해당하는 항력은?

① 조파항력   ② 유도항력
③ 마찰항력   ④ 형상항력

해설

유도항력

유한한 가로세로비를 갖는 양력면의 날개 뒷전 와류계(Trailing edge vortex system)에 의해 발생하는 항력. 날개에서 발생하는 양력에 의해 불가피하게 발생하는 항력이다.

제2과목 ◄ **항공기관**

21 항공기용 가스터빈 기관 오일계통에 사용되는 기어 펌프의 작동에 대한 설명으로 옳은 것은?

① 아이들기어(Idle gear)는 동력을 전달받아 회전하고 구동기어(Drive gear)는 아이들기어에 맞물려 자연스럽게 회전한다.
② 구동기어(Drive gear)는 동력을 전달받아 회전하고 아이들기어(Idle gear)는 구동기어에 맞물려 자연스럽게 회전한다.
③ 구동기어(Drive gear)와 아이들기어(Idle gear) 모두 오일 압력에 의해 자연적으로 회전한다.
④ 구동기어(Drive gear)와 아이들기어(Idle gear) 모두 동력을 전달받아 회전한다.

해설

기어 펌프(Gear pump)

• 기어펌프는 연료나 오일 같은 유체를 이송하는데 사용하는 펌프이다. 기어 펌프는 정량펌프로 두 개의 평 기어를 맞물려 하우징에 장착하여 놓고 하나의 평 기어에는 구동축이 연결되어 있다.
• 기어가 구동되면 기어의 톱니바퀴 사이로 유체가 채워져 하우징 안으로 들어와 기어의 치차와 하우징 사이로 통과할 때 압축되어 압력이 형성되어 출구로 빠져 나간다.

22 공기를 외부의 열로부터 차단하고 열의 출입을 수반하지 않은 상태에서 팽창시키면 온도는 어떻게 되는가?

① 감소한다.   ② 상승한다.
③ 일정하다.   ④ 감소하다가 증가한다.

해설

주변의 어떠한 현상도 일어나지 않는 환경에서 팽창을 시키면 온도는 감소한다.

23 가스터빈 기관의 흡입구에 형성된 얼음이 압축기 실속을 일으키는 이유는?

① 공기압력을 증가시키기 때문에
② 공기속도를 증가시키기 때문에
③ 공기 전압력을 일정하게 하기 때문에
④ 공기통로의 면적을 작게 만들기 때문에

해설

압축기에서 실속이 일어나는 원인

① 흡입 공기속도가 너무 느릴 때
② 압축기 회전속도가 너무 빠를 때
③ 압축기 출구 압력상승
④ 압축기 입구 압력이 낮을 때
⑤ 압축기 입구 온도가 높을 때
⑥ 압축기 입구 공기흐름이 와류 현상이 생길 때

24 기관의 손상을 방지하기 위해 왕복 기관 시동 후 바로 작동 상태를 점검하기 위하여 확인해야 하는 계기는?

① 흡입 압력계기   ② 연료 압력계기
③ 오일 압력계기   ④ 기관 회전수계기

해설

오일 압력계기의 동요(Fluctuation)

• 오일 양이 부족한 상태에서 왕복엔진을 시동 하였을 때 오일 압력이 정상적으로 유지하지 못하여 오일 압력계기가 동요한다.
• 조종사는 각 계통에 압력이 적당하게 유지되는 가를 수시로 점검하여야한다.

[정답] 21 ②   22 ①   23 ④   24 ③

Aircraft Maintenance

25 왕복 기관 항공기가 고고도에서 비행시 조종사가 연료/공기 혼합비를 조정하는 주된 이유는?

① 베이퍼록 방지를 위해

② 결빙을 방지하기 위해

③ 혼합비 과농후를 방지하기 위해

④ 혼합비 과희박을 방지하기 위해

🔍 **해설**

고도가 높아 짐에 따라 공기의 밀도가 감소하므로 혼합비가 농후 혼합비 상태로 되는 것을 막아 주기 위해 연료의 양을 줄이는 역할을 하는 것이 혼합비 조정장치이며, 이 역할을 자동적으로 해주는 것이 자동 혼합비 조정장치이다.

26 그림과 같은 오토사이클 $p-v$ 선도에서 v_1은 8[m³/kg], $v_2=2$[m³/kg]인 경우 압축비는 얼마인가?

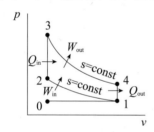

① 2:1

② 4:1

③ 6:1

④ 8:1

🔍 **해설**

압축비는 4 : 1이다.

27 프로펠러 거버너(Governor)의 부품이 아닌 것은?

① 파일럿 밸브

② 플라이 웨이트

③ 아네로이드

④ 카운터 밸런스

🔍 **해설**

거버너 구성

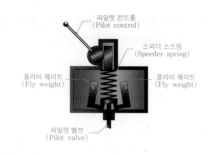

💙 **참고**

아네로이드(Aneroid) : 수은 같은 액체를 쓰지 않는 기압계

28 가스터빈 기관에서 길이가 짧으며 구조가 간단하고 연소효율이 좋은 연소실은?

① 캔형

② 터뷸러형

③ 애뉼러형

④ 실린더형

🔍 **해설**

• 캔형 : 정비가 용이. 과열 시동 유발 가능성, 출구 온도불균일
• 애뉼러형 : 구조가 간단, 연소 안정, 출구온도균일, 연소효율 좋음, 연소용적 비 길이가 짧다. 정비에 불편이있다.

29 옥탄가 90이라는 항공기 연료를 옳게 설명한 것은?

① 노말헵탄 10[%]를 세탄 90[%]의 혼합물과 같은 정도를 나타내는 가솔린

② 연소 후에 발생하는 옥탄가스의 비율이 90[%]정도를 차지하는 가솔린

③ 연소 후에 발생하는 세탄가스의 비율이 10[%]정도를 차지하는 가솔린

④ 이소옥탄 90[%]에 노말헵탄 10[%]의 혼합물과 같은 정도를 나타내는 가솔린

🔍 **해설**

옥탄가
표준연료에서 이소옥탄과 노말헵탄의 함유량 중 이소옥탄이 차지하는 백분율이다. (이소옥탄 90[%] + 노말헵탄 10[%])

[정답] 25 ③ 26 ② 27 ③ 28 ③ 29 ④

30 왕복 기관의 오일탱크에 대한 설명으로 옳은 것은?

① 물이나 불순물을 제거하기 위해 탱크 밑바닥에는 디프스틱이 있다.

② 일반적으로 오일탱크는 오일펌프 입구보다 약간 높게 설치되어 있다.

③ 오일탱크의 재질은 일반적으로 강도가 높은 철판으로 제작된다.

④ 윤활유의 열팽창을 대비해서 드레인 플러그가 있다.

🔎 해설

왕복기관 오일 탱크(Oil tank)

① 윤활유 펌프까지는 중력에 의해 윤활유 공급(펌프 입구보다 약간 높게 위치)

② 드레인 밸브는 이물질 제거

③ 딥스틱(Dip stick)은 윤활유 양을 측정하는 스틱

④ 탱크의 재료는 알루미늄 합금 사용

31 크랭크축의 회전속도가 2,400[rpm]인 14기통 2열 성형기관에서 3-로브 캠판의 회전속도는 몇 [rpm]인가?

① 200

② 400

③ 600

④ 800

🔎 해설

$$캠판속도 = \frac{1}{캠로브의\ 수 \times 2} \times 크랭크축\ 속도$$

$$\frac{1}{3 \times 2} \times 2,400 = 400[rpm]$$

32 가스터빈 기관의 교류 고전압 축전기 방전 점화계통 (A.C capacitor discharge ignition)에서 고전압 펄스가 유도되는 곳은?

① 접점(Breaker)

② 정류기(Rectifier)

③ 멀티로브 캠(Multilobe cam)

④ 트리거 변압기(Trigger transformer)

🔎 해설

트리거 변압기는 고전압 펄스를 요구하는 곳에 사용된다.

33 왕복 기관을 실린더 배열에 따라 분류할 때 대향형 기관을 나타내는 것은?

①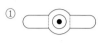

②

③

④

🔎 해설

① 대향형 : Crank shaft를 중심으로 양쪽에 마주보게 배열

② 직렬형 : Crank shaft와 평행, 일직선으로 실린더 배열

③ V자형 : Crank shaft상에 V자를 이루는 형식

④ 성형 : 실린더를 방사형으로 배치하여 중형 및 대형 항공기용으로 사용

34 프로펠러 깃 선단(Tip)이 회전방향의 반대방향으로 처지게(Lag)하는 힘은?

① 토크에 의한 굽힘

② 하중에 의한 굽힘

③ 공력에 의한 비틀림

④ 원심력에 의한 비틀림

🔎 해설

프로펠러가 고속회전하면서 받는 5가지힘의 형태

① 원심력 - 블레이드가 허브 바깥쪽으로 나가려는 힘

② 토크 굽힘력 - 공기저항의 형태로 프로펠러가 회전하는 반대방향으로 브레이드가 굽히려는 힘

③ 추력 굽힘력 - 블레이드가 앞으로 구부러지려는 경향의 추력하중이 발생, 항력에 의해 발생되는 요인보다 크다.

④ 공기역학적 비틀림 힘 - 고 블레이드 각으로 회전하려는 힘

⑤ 원심력적 비틀림 - 블레이드를 저블레이드각으로 향하려는 힘으로 공기역학적 비틀림보다 크다.

35 항공기 왕복 기관 점화장치에서 콘덴서(Condenser)의 기능은?

① 2차 코일을 위하여 안전간격을 준다.

② 1차 코일과 2차 코일에 흐르는 전류를 조절한다.

③ 1차 코일에 잔류되어 있는 전류를 신속히 흡수 제거시킨다.

④ 포인트가 열릴 때 자력선의 흐름을 차단한다.

[정답] 30 ② 31 ② 32 ④ 33 ① 34 ① 35 ③

🔍 **해설**

콘덴서의 기능

1차회로의 Breaker Point와 병렬로 연결된 콘덴서(Capacitor 라고도 함)는 접점에 생길 수 있는 아크를 방지하여 접점을 보호하고 철심에 잔류자기를 빨리 소멸시키는 역할을 한다.

36 추진시 공기를 흡입하지 않고 기관 자체 내의 고체 또는 액체의 산화제와 연료를 사용하는 기관은?

① 로켓
② 펄스제트
③ 램제트
④ 터보프롭

🔍 **해설**

로켓엔진

작동원리는 내부에 연료와 산화제를 함께 갖고 있는 엔진으로서 공기가 없는 우주 공간에서도 비행이 가능하다. 항공기용 엔진으로는 사용되지 않는다.

37 터보팬 기관의 추력에 비례하며 트리밍(Trimming) 작업의 기준이 되는 것은?

① 기관압력비(EPR)
② 연료유량
③ 터빈입구온도(TIT)
④ 대기온도

🔍 **해설**

트리밍(Trimming)

가스터빈엔진이 제작회사에서 정한 정격에 맞도록 엔진을 조절하는 것을 트리밍이라 한다.

38 가스터빈 기관의 연료가열기(Fuel heater)에 대한 설명으로 틀린 것은?

① 연료의 결빙을 방지한다.
② 오일의 온도를 상승시킨다.
③ 압축기 블리드공기를 사용한다.
④ 연료의 온도를 빙점(Freezing point) 이상으로 유지한다.

🔍 **해설**

고온탱크계통(Hot tank type)

가스터빈 엔진오일계통에서 압력부분에 오일 냉각기가 설치되어 있는 오일 탱크. 엔진으로부터 뜨거운 오일은 냉각되지 않고 탱크로 직접 귀환

39 가스터빈 기관의 연소실 효율이란?

① 공급에너지와 기관의 추력비이다.
② 연소실 입구와 출구 사이의 온도비이다.
③ 연소실 입구와 출구 사이의 전압력비이다.
④ 공기의 엔탈피 증가와 공급열량과의 비이다.

🔍 **해설**

연소 효율

연소실로 들어오는 공기의 압력 및 온도가 낮을수록(고고도), 그리고 공기의 속도가 빠를수록 낮아진다. 일반적으로 연소 효율은 95[%] 이상이어야 한다.

$$연소율(\eta_b) = \frac{입구와\ 출구의\ 총에너지(엔탈피)\ 차이}{공급된\ 연료량 \times 연료의\ 저발열량}$$

40 왕복 기관 연료계통에 사용되는 이코노마이저 밸브가 닫힌 위치로 고착되었을 때 발생하는 현상으로 옳은 것은?

① 순항속도 이하에서 노킹이 발생하게 된다.
② 순항속도 이하에서 조기점화가 발생하게 된다.
③ 순항속도 이상에서 조기점화가 발생하게 된다.
④ 순항속도 이상에서 디토네이션이 발생하게 된다.

🔍 **해설**

이코노마이저 밸브(Economizer valve)

가솔린 엔진의 기화기에서, 고속 전부하 운전 상태에 따라 메인 노즐에 공급되는 연료량을 증감시키는 밸브로서, 파워 밸브를 말한다. 밸브가 닫힘 상태 일때는 굉음과 함께 폭발적인 연소(디토네이션)가 일어난다.

[정답] 36 ① 37 ① 38 ② 39 ④ 40 ④

41
다른 재질의 금속이 접촉하면 접촉전기와 수분에 의해 국부전류흐름이 발생하여 부식을 초래하게 되는 현상을 무엇이라 하는가?

① Galvanic corrosion ② Bonding

③ Anti-Corrosion ④ Age Hardening

🔍 해설

전해부식(Galvanic Corrosion)
- 서로 다른 두개의 물질 사이에서 수분에의해 발생하는 부식
- 부식의 량은 두 물질 사이의 전위차의 크기에 의해 결정

42
무게가 2,950[kg]이고 중심위치가 기준선 후방 300[cm]인 항공기에서 기준선 후방 200[cm]에 위치한 50[kg]의 전자 장비를 장탈하고, 기준선 후방 250[cm]에 위치한 화물실에 100[kg]의 비상물품을 실었다면 이때 중심위치는 기준선 후방 약 몇 [cm]에 위치하는가?

① 300 ② 310

③ 313 ④ 410

🔍 해설

중심위치

$$중심위치(C \cdot G) = \frac{총모멘트}{총무게}$$

$$= \frac{(2,950 \times 300) + (-200 \times 50) + (250 \times 100)}{2,950 - 50 + 100}$$

$$= \frac{900,000}{3,000} = 300[m]$$

43
올레오 쇼크 스트러트(Oleo shock strut)에 있는 미터링 핀(Metering pin)의 주된 역할은?

① 스트러트 내부의 공기량을 조정한다.
② 업(Up) 위치에서 스트러트를 제동한다.
③ 다운(Down) 위치에서 스트러트를 제동한다.
④ 스트러트가 압착될 때 오일의 흐름을 제한하여 충격을 흡수한다.

🔍 해설

올레오식 완충장치의 원리
- 올레오식 완충장치는 스트럿 실린더(Strut cylinder)가 장착된 대부분의 항공기에 사용된다.
- 착륙할 때 실린더의 아래로부터 충격하중이 전달되어 피스톤이 실린더 위로 움직이게 된다.
- 작동유는 움직이는 미터링 핀에 의해서 오일의 흐름을 제한하여 충격을 흡수한다.
- 오리피스에서 유체의 마찰에 의해 에너지가 흡수된다.
- 공기실의 부피를 감소시키게 하는 작동유는 공기를 압축시켜 충격에너지가 흡수된다.

44
다음 중 탄소강을 이루는 5개 원소에 속하지 않는 것은?

① Si ② Mn

③ Ni ④ S

🔍 해설

탄소강
철과 탄소의 합금
Si 0~0.35[%], Mn 0.2~0.8[%], P 0.02~0.08[%], S 0.02~0.08[%], Cu 0~0.4[%] 정도를 포함한다.

45
다음 중 알루미늄합금의 부식 방지법이 아닌 것은?

① 클래딩(Cladding)
② 양극처리(Anodizing)
③ 알로다이징(Alodizing)
④ 용체화처리(Solutioning)

🔍 해설

알루미늄합금의 부식방지법

① 클래딩 ② 양극처리
③ 알로다이징

46
항공기가 수평비행을 하다가 갑자기 조종간을 당겨서 최대 양력계수의 상태로 될 때 큰 날개에 작용하는 하중배수가 그 항공기의 설계제한하중과 같게 되는 수평속도는?

[정답] 41 ① 42 ① 43 ④ 44 ③ 45 ④ 46 ②

① 설계급강하속도   ② 설계운용속도

③ 설계돌풍운용속도   ④ 설계순항속도

🔍 **해설**

① 설계급강하속도 : 속도-하강 하중배수 선도에서 최대 속도를 나타내며, 구조 강도의 안정성과 조종면에서 안전을 보장하는 설계상의 최대 허용속도이다.
② 설계순항속도 : 항공기가 이 속도에서 순항 성능이 가장 효율적으로 얻어지도록 정한 설계속도이다.
③ 설계운용속도 : 플랩 올림 상태에서 설계 무게에 대한 실속속도로 정한다.

47 "1/4-28-UNF-3A" 나사(Thread)에 대한 설명으로 옳은 것은?

① 직경은 1/4인치이고 암나사이다.

② 직경은 1/4인치이고 거친나사이다.

③ 나사산 수가 인치당 7개이고 거친나사이다.

④ 나사산 수가 인치당 28개이고 가는나사이다.

🔍 **해설**

- UNF : 유니파이 가는 나사
- 1/4 : 외경 호칭경 1/4인치
- 28 : 1인치당 나사산의 수 28개
- 3 : 피팅 등급은 3급
- A : 수나사

1/4 규격은 암나사이니 골지름은 6.350[mm], 내경은 5.367[mm]이다.

48 가스용접을 할 때 사용하는 산소와 아세틸렌 가스 용기의 색을 옳게 나타낸 것은?

① 산소 용기 : 청색, 아세틸렌 용기 : 회색

② 산소 용기 : 녹색, 아세틸렌 용기 : 황색

③ 산소 용기 : 청색, 아세틸렌 용기 : 황색

④ 산소 용기 : 녹색, 아세틸렌 용기 : 회색

🔍 **해설**

가스 용기의 색

- 산소 : 녹색
- 수고 : 주황색
- 액화염소 : 갈색
- 아세틸렌 : 황색
- 액화암모니아 : 백색
- 액화탄산가스 : 청색

※ 회색 : 질소액화석유가스, 헬륨에틸렌프로판, 기타

49 모노코크구조의 항공기에서 동체에 가해지는 대부분의 하중을 담당하는 부재는?

① 론저론(Longeron)   ② 외피(Skin)

③ 스트링거(Stringer)   ④ 벌크헤드(Bulkhead)

🔍 **해설**

Monocoque형 동체

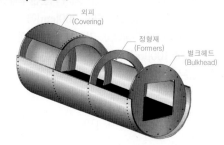

외피 (Covering)
정형재 (Formers)
벌크헤드 (Bulkhead)

Monocoque 형식의 동체는 표피(Skin)의 강도나 기본적인 응력을 견디는 외피(Covering)에 주로 의존한다.

50 1차 조종면(Primary control surface)의 목적이 아닌 것은?

① 방향을 조종한다.

② 가로운동을 조종한다.

③ 상승과 하강을 조종한다.

④ 이착륙거리를 단축시킨다.

🔍 **해설**

1차 조종면 구성 및 목적

- 구성 : 도움날개, 승강타, 방향타
- 목적 : 항공기의 세 가지 운동축에 대한 회전운동을 일으키는 도움날개, 승강키, 방향키를 말함

[정답] 47 ④   48 ②   49 ②   50 ④

51 상온에서 자연시효경화가 가장 빠른 알루미늄 합금은?

① AA2024
② AA6061
③ AA7075
④ AA7178

해설

슈퍼 듀랄루민인 AA2024 알루미늄 합금 리벳은 경도나 강도가 높고 강한 시효경화효과가 있으므로 시효경화 억제를 위해 풀림 처리 후 냉장 보관 함

52 다음 중 항공기의 유용하중(Useful load)에 해당하는 것은?

① 고정장치 무게
② 연료 무게
③ 동력장치 무게
④ 기체구조 무게

해설

① 기본자기무게 : 승무원, 승객 등의 유효하중, 사용 가능한 연료, 배출 가능한 윤활유의 무게를 포함하지 않는 상태에서의 항공기의 무게이다. 기본 빈 무게에는 사용 불가능한 연료, 배출 불가능한 윤활유, 기관 내의 냉각액의 전부, 유압계통의 무게도 포함된다.
② 영연료무게 : 연료를 제외하고 적재된 항공기의 최대 무게로서 화물, 승객, 승무원의 무게 등이 포함된다.
③ 최대이륙무게 : 항공기에 인가된 최대무게로 이륙하기 전 모든 무게를 다 포함한다.

53 인터널 렌칭볼트(Internal wrenching bolt)의 사용시 주의사항으로 옳은 것은?

① 볼트를 풀고 죌때는 L렌치를 사용한다.
② 카운터싱크 와셔를 사용할 때는 와셔의 방향은 무시해도 좋다.
③ MS와 NAS의 인터널 렌칭볼트의 호환은 MS를 NAS로 교환이 가능하다.
④ 너트의 아래는 충격에 강한 연질의 와셔를 사용한다.

해설

인터널 렌칭볼트 주의사항

· Bolt Head 아래의 Round에 맞게 볼트 구멍을 카운터싱크 또는 고강도 카운터 워셔를 사용하고, 너트의 아래는 고강도 워셔를 사용한다.
· 카운터워싱크 워셔를 사용할 때에는 워셔의 방향에 주의 한다.
· 볼트는 고강도 너트를 사용해야한다.
· 볼트를 풀거나 죌때는 L자형 렌치를 사용한다.

54 항공기의 주날개 양쪽에 기관을 장착한 형식에 대한 설명으로 옳은 것은?

① 동체에 흐르는 난기류의 영향이 크다.
② 1개 기관이 고장날 경우 추력 비대칭이 작다.
③ 치명적 고장 또는 비상 착륙 등으로 과도한 충격 발생 시 항공기에서 이탈된다.
④ 정비 접근성은 안 좋으나 비행 중 날개에 대한 굽힘하중이 작다.

해설

주날개 양쪽에 기관이 장착된 항공기는 날개에 대한 굽힘하중이 작다.

55 푸시 풀 로드 조종계통과 비교하여 케이블 조종계통의 장점이 아닌 것은?

① 방향 전환이 자유롭다.
② 다른 조종장치에 비해 무게가 가볍다.
③ 구조가 간단하여 가공 및 정비가 쉽다.
④ 케이블의 접촉이 적어 마찰이 작고 마모가 없다.

해설

· Push-Pull Rod 조종계통의 장점
  ① 케이블 조종계통에 비해 마찰 및 늘어남이 없음
  ② 온도 변화에 따른 팽창 등의 변화가 없음
  ③ 정비 및 관리가 용이함
· Push-Pull Rod 조종계통의 단점
  ① 무겁고 관성력이 큼
  ② 느슨함이 있고, 값이 케이블에 비해 비싸다.
  ③ 조종력의 전달 거리가 짧아 소형기에 주로 사용

[정답] 51 ① 52 ② 53 ① 54 ③ 55 ④

56 반복하중을 받는 항공기의 주구조부가 파괴되더라도 남은 구조에 의해 치명적 파괴 또는 구조변형을 방지하도록 설계된 구조는?

① 응력외피구조

② 트러스(Truss)구조

③ 페일세이프(Fail safe)구조

④ 1차 구조(Primary structure)

🔍 **해설**

페일세이프(Fail safe)구조

페일세이프(Fail-safe) 구조 중 큰 부재 대신에 같은 모양의 작은 부재 2개 이상을 결합시켜 하나의 부재와 같은 강도를 가지게 함으로써 치명적인 파괴로부터 안전을 유지할 수 있는 구조

57 알루미늄 판 두께가 0.051[in]인 재료를 굴곡 반경 0.125[in]가 되도록 90° 굴곡할 때 생기는 세트백은 몇 [in]인가?

① 0.017

② 0.074

③ 0.125

④ 0.176

🔍 **해설**

$S.B = K(R+T)$

여기서, K : 굽힘 각의 tangent, R : 굽힘 반지름, T : 판의 두께

$S.B = \tan 90(0.051 + 0.125) = 0.176$

58 턴버클(Turn buckle)의 검사방법에 대한 설명으로 틀린 것은?

① 이중결선법인 경우 배럴의 검사 구멍에 핀이 들어가면 장착이 잘 되었다고 할 수 있다.

② 이중결선법인 경우에 케이블의 지름이 1/8[in] 이상인지를 확인한다.

③ 단선결선법에서 턴버클 생크 주위로 와이어가 4회 이상 감겼는지 확인한다.

④ 단선결선법인 경우 턴버클의 죔이 적당한지는 나사산이 3개 이상 밖에 나와 있는지를 확인한다.

🔍 **해설**

Turn buckle의 안전고정 작업

- 단선식 결선법(Single wrap method)은 Cable 직경이 1/8[in] 이하에 사용하며 Turn buckle end에 5~6회(최소 4회) 감아 마무리한다.
- 복선식 결선법(Double wrap method)은 Cable 직경이 1/8[in] 이상인 경우에 사용한다.
- 고정클립은 배럴과 단자에 홈이 있을 때 사용가능하다.

59 그림과 같이 보에 집중하중이 가해질 때 하중 중심의 위치는?

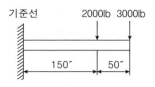

① 기준선에서부터 10″

② 기준선에서부터 150″

③ 보의 우측끝에서부터 20″

④ 보의 우측끝에서부터 180″

🔍 **해설**

$2,000 \times 150 + 3,000 \times 200 = 5,000X$

$300,000 + 600,000 = 5,000X$

$900,000 = 5,000X$

$X = 180$

그러므로 하중 중심은 기준선에서 180″ 떨어져 있으므로 보의 우측 끝에서부터 20″에 위치하고 있다.

60 지름이 10[cm]인 원형단면과 1[m] 길이를 갖는 알루미늄 합금재질의 봉이 10[N]의 축하중을 받아 전체길이가 50[μm] 늘어났다면 이때 인장변형률을 나타내기 위한 단위는?

① $[N/m^2]$

② $[N/m^3]$

③ $[\mu m/m]$

④ $[MPa]$

🔍 **해설**

변형률

[정답] 56 ③ 57 ④ 58 ① 59 ③ 60 ③

단위 길이 및 부피에 대한 변형량을 말한다.
- 인장 변형률 : 인장하중 W가 작용하면 늘어나서 변형이 생긴다.
- 단위 : $[\mu m/m]$를 사용한다.

제4과목 ▶ **항공장비**

61 신호파에 따라 반송파의 주파수를 변화시키는 변조 방식은?

① AM　　② FM
③ PM　　④ PCM

🔍 **해설**

FM 통화방식
신호파의 크기에 따라 반송파의 주파수를 변화시키는 변조방식은 잡음이 혼합하기 어려워 음질이 좋고 점유 주파수대가 매우 넓기 때문에 상당히 높은 주파수에 사용한다.

62 객실압력 조절에 직접적으로 영향을 주는 것은?

① 공압계통의 압력
② 슈퍼차저의 압축비
③ 터보컴프레서의 속도
④ 아웃플로밸브의 개폐 속도

🔍 **해설**

아웃플로밸브
객실 여압계통은 객실 압력의 조절, 압력 릴리프, 진공 릴리프, 등압 영역, 그리고 차압 영역에서 원하는 객실 고도를 선택하는 수단으로서 설계되었다. 더욱이 객실 압력을 덤프(Dump)하는 것도 압력조절계통의 기능 중 하나이다. 이들의 기능을 수행하기 위해 객실 여압조절기, 아웃플로 밸브(Out-flow), 그리고 안전 밸브가 사용된다.

63 유압계통에서 사용되는 체크밸브의 역할은?

① 역류방지　　② 기포방지
③ 압력조절　　④ 유압차단

🔍 **해설**

① 체크밸브 : 작동유의 흐름을 한쪽 방향으로만 흐르게 하고, 다른 방향으로는 흐르지 못하게 하는 밸브이다.
② 리저버 : 작동유의 저장소이며, 공기 및 각종 불순물을 제거하는 장소이다.
③ 릴리프밸브 : 과도한 압력으로 인하여 계통 내의 관이나 부품이 파손될 수 있는 것을 방지한다.
④ 축압기 : 동력 펌프가 무부하일 때, 또는 고장이 났을 때를 대비하여 유압계통에 공급할 작동유를 저축해 두고 작동유의 압력이 고르지 못할 때 댐퍼 역할을 하며, 압력 조절기의 개폐 빈도를 줄여준다.

64 해발 500[m]인 지형 위를 비행하고 있는 항공기의 절대고도가 1,000[m]라면 이 항공기의 진고도는 몇 [m] 인가?

① 500　　② 1,000
③ 1,500　　④ 2,000

🔍 **해설**

고도의 종류
① 진고도 : 해면상으로부터의 고도
② 절대고도 : 항공기에서 그 당시의 지형까지의 고도
③ 기압고도 : 표준 대기선으로부터의 고도(29.92[inHg])
④ 밀도고도 : 표준 대기의 밀도에 상당하는 고도
⑤ 객실고도 : 객실공기 압력에 해당하는 고도의 압력으로 계산하여 환산한 고도
∴ 해면부터 항공기까지의 거리이므로
$1,000[m]+500[m]=1,500[m]$

65 항공기 가스터빈 기관의 온도를 측정하기 위해 1개의 저항값이 0.79[Ω]인 열전쌍이 병렬로 6개가 연결되어 있다. 기관의 온도가 500[°C]일 때 1개의 열전쌍에서 출력되는 기전력이 20.64[mV]라면 이 회로에 흐르는 전체 전류는 약 몇 [mA]인가? (단, 전선의 저항 24.87[Ω], 계기 내부저항 23[Ω]이다.)

① 0.163　　② 0.392
③ 0.430　　④ 0.526

🔍 **해설**

키르히호프의 전압법칙
어느 한 회로에 따른 전압의 합은 0이다.($\sum V=0$)
$\sum V = E$전압생성 − 열전쌍 전압강하

[정답] 61 ②　62 ④　63 ①　64 ③　65 ③

$$-전선\ 전압강하-계기\ 전압강하=0$$

$$\sum V=20.64[\text{mV}]-\frac{1}{6}(0.79[\Omega])-I(24.87[\Omega]+23[\Omega])$$
$$=0$$

$$\therefore I=\frac{20.64[\text{mV}]}{\frac{0.79[\Omega]}{6}+24.87[\Omega]+23[\Omega]}≒0.430[\text{mA}]$$

66 항공기 주 전원장치에서 주파수를 400[Hz]로 사용하는 주된 이유는?

① 감압이 용이하기 때문에
② 승압이 용이하기 때문에
③ 전선의 무게를 줄이기 위해
④ 전압의 효율을 높이기 위해

🔎 해설

항공기의 주파수를 400[Hz]로 사용하는 이유
전기계기나 변압기를 만들 때 철심이나 구리선 등이 일반전원(60[Hz])의 1/6~1/8 정도면 되고 중량도 가볍기 때문에 주파수가 높으면 유도성리액턴스가 높으므로 낮은 전류가 흐른다.
또한 무선 저항 감소, 항공기 무게 감소, RPM이 적당하다.

67 지상에 설치한 무지향성 무선표시국으로부터 송신되는 전파의 도래 방향을 계기상에 지시하는 것은?

① 거리측정장치(DME)
② 자동방향탐지기(ADF)
③ 항공교통관제장치(ATC)
④ 전파고도계(Radio altimeter)

🔎 해설

자동방향탐지기(ADF)
항공기에 탑재되어 있는 무선 방향 탐지기로, 지상의 무지향성 무선표지(NDB) 등의 비컨국에서 보낸 전파를 루프 안테나와 감지 안테나로 수신하여, 루프 안테나의 면이 자동적으로 전파가 오는 방향으로 향하도록 한 항행 장치. 보통의 방향 탐지기와 같은 원리로 동작하지만, 특히 항공기상에서 사용되기 때문에 자동적·연속적으로 방위를 지시하도록 되어 있다. 160~526.5[KHz]의 전파를 사용하는 NDB와 함께 항공기의 무선 항행에 널리 사용되며 항공로 설정의 기초를 이루고 있다.

68 종합전자계기에서 항공기의 착륙 결심고도가 표시되는 곳은?

① Navigation display
② Control display unit
③ Primary flight display
④ Flight control computer

🔎 해설

PFD(Primary Flight Display)
결심고도(Decision height)는 정밀 계기 접근 중 육안으로 참조물을 계속하여 식별하지 못하는 경우에 실패 접근을 시작하여야 하는 특정 고도를 말하며 Primary flight display에 표시된다.

69 자이로신 컴퍼스의 플럭스 밸브를 장·탈착시 설명으로 옳은 것은?

① 장착용 나사와 사용공구 모두 자성체인 것을 사용해야 한다.
② 장착용 나사와 사용공구 모두 비자성체인 것을 사용해야 한다.
③ 장착용 나사는 비자성체인 것을 사용해야 하며, 사용공구는 보통의 것이 좋다.
④ 장착용 나사와 사용공구에 대한 특별한 사용 제한이 없으므로 일반공구를 사용해도 된다.

🔎 해설

플럭스 밸브
지자기의 수평성분을 검출하여 그 방향을 전기신호로 바꾸어 원격 전달하는 장치이다. 사용공구는 특수공수로서 비자성체를 사용한다.

70 동압(Dynamic pressure)에 의해서 작동되는 계기가 아닌 것은?

① 고도계
② 대기 속도계
③ 마하계
④ 진대기 속도계

🔎 해설

동압만 받는 계기는 없음
① 정압만 받는 계기 : 고도계(Altimeter), 승강계(VSI)
② 동압과 정압 모두를 받는 계기 : 속도계, 마하계

71 항공기의 수직방향 속도를 분당 피트(feet)로 지시하는 계기는?

① VSI
② LRRA
③ DME
④ HSI

해설

- VSI(Vertical speed indicator) : 항공기가 상승하거나 강하 중인 비율의 지시를 조종사에게 제공하는 계기
- LRRA : 비행 중인 항공기에서 바로 밑의 지표면을 향해서 전파를 발사하고 그 반사파가 되돌아올 때까지의 전파에 소요된 시간을 측정함으로써 항공기와 지표면의 거리, 즉 고도를 측정하는 장치
- DME : 항행 중인 항공기에 UHF대(帶)의 전파를 이용해서 DME 설치점에서의 거리정보를 연속적으로 보내는 장치
- HSI : 항공분야에서 비행계기의 일종인 수평자세 지시계

72 다른 종류와 비교해서 구조가 간단하여 항공기에 많이 사용되는 축압기(Accumulator)는?

① 스풀(Spool)형
② 포핏(Poppet)형
③ 피스톤(Piston)형
④ 솔레노이드(Solenoid)형

해설

축압기 종류

다이어프램형(Diaphragm Type), 블래더형(Bladder Type), 피스톤형(Piston Type)등이 있으며, 이중에 피스톤형을 현재의 항공기에 많이 사용한다.

73 병렬운전을 하는 직류 발전기에서 1대의 직류 발전기가 역극성 발전을 할 경우 발전을 멈추기 위해 작동되는 것은?

① 밸런스 릴레이
② 출력 릴레이
③ 이퀄라이징 릴레이
④ 필드 릴레이

해설

- Field Relay
  축전지의 불필요한 방전을 방지하기 위하여 축전지와 발전기의 회전자 코일 사이에 저항을 접속하거나 회로를 차단시키는 역할을 하는 릴레이
- Balance relay
  비슷한 두 입력량을 비교함으로써 동작하는 계전기. 공통 접극자에 작용하는 전자력(電磁力)의 평형에 의하거나, 혹은 공통의 자기 회로에 작용하는 기자력의 평형에 의하거나, 혹은 스프링, 지레 등의 기계적 평형에 의해서 비교 동작이 이루어지는 계전기
- Output relay
  주안전 제어기에 조립되어 기동 스위치를 누르든가, 온·오프식 압력 조절기(압력 제한기)로부터 버너 기동의 신호가 나옴에 따라 최초에 작동하는 계전기

74 화재탐지장치에 대한 설명으로 틀린 것은?

① 광전기셀(Photo-electric cell)은 공기 중의 연기가 빛을 굴절시켜 광전기셀에서 전류를 발생한다.
② 열전쌍(Thermocouple)은 주변의 온도가 서서히 상승함에 따라 전압을 발생한다.
③ 서미스터(Thermister)는 저온에서는 저항이 높아지고 온도가 상승하면 저항이 낮아져 도체로서 회로를 구성한다.
④ 열스위치(Thermal switch)식에 사용되는 Ni-Fe의 합금 철편은 열팽창률이 낮다.

해설

열전쌍(Thermocouple)

다른 종류의 금속선의 양끝을 결합하고 양접점을 다른 온도로 유지하면 기전력이 생기므로 한쪽 끝을 정온도로 하고, 다른 쪽 끝을 여러 가지 온도로 하여 그 기전력을 측정하면 다른 접점의 온도를 알 수 있다. 이 조합을 열전쌍(서모커플)이라고 한다.

75 램효과(Ram effect)에 의해 방빙이나 제빙이 필요하지 않은 부분은?

① Windshield
② Nose Radome
③ Drain Mast
④ Engine Inlet

[정답] 71 ① 72 ③ 73 ④ 74 ② 75 ②

해설

① 날개결빙 방지장치는 엔진에서 발생하는 고온, 고압의 압축기 공기를 날개의 전연(Leading edge)과 미익부(Horizontal stabilizer)에 공급하여 결빙이 되는 것을 사전에 방지하며 날개 상부 표면에서의 공기박리 현상을 막아주고 공기역학적 특성을 향상시킨다.

② 지상에서의 날개결빙 방지장치 작동은 고온의 압축공기로 인해 과열되는 것을 방지하기 위하여 방비계통의 test시 외에는 작동이 안된다.
  • 기수덮개(Nose Radome)는 방빙 및 제빙이 필요없다.

76 소형 항공기의 직류 전원계통에서 메인 버스(Main bus)와 축전지 버스 사이에 접속되어 있는 전류계의 지침이 "+"를 지시하고 있는 의미는?

① 축전지가 과충전 상태

② 축전지가 부하에 전류 공급

③ 발전기가 부하에 전류 공급

④ 발전기의 출력전압에 의해서 축전지가 충전

해설

항공기 버스(Bus)

• Bus(전기)모선 : 항공기 전기계통의 주 전선으로 여러 개의 전기 부품이나 부 전선이 연결된 부분이다.

• Bus bar(모선) : 항공기 전기계통의 출력을 분배하는 접점으로 이 모선은 금속제 띠로 되어 있으며, 발전기 또는 축전기 출력부분에 연결되어 있다.

• 발전기의 출력전압에 의해서 전류계의 지침이 '+'일 때 축전지가 충전된다.

77 항공기 동체 상하면에 장착되어 있는 충돌방지등(Anti-collision light)의 색깔은?

① 녹색　　　　　　② 청색

③ 흰색　　　　　　④ 적색

해설

Anti-collision light

항공기 상하면에 있는 Anti Collision Light은 충돌방지등으로 적색의 불빛이 1분에 50~60회 깜박인다.

78 항공기의 니켈-카드뮴(Nickel-Cadmium) 축전지가 완전히 충전된 상태에서 1셀(Cell)의 기전력은 무부하에서 몇 [V]인가?

① 1.0 ~ 1.1[V]　　　　② 1.1 ~ 1.2[V]

③ 1.2 ~ 1.3[V]　　　　④ 1.3 ~ 1.4[V]

해설

니켈-카드뮴(Nickel-Cadmium) 축전지의 충전

완충전 된 상태에서 1셀(cell)의 기전력은 무부하에서 1.3~1.4[V]이지만, 부하가 가해지면 1.2[V]가 된다. 이와 같은 기전력은 축전지의 용량이 90[%] 이상 방전될 때까지 유지한다.

79 다음 중 가시거리에 사용되는 전파는?

① VHF　　　　　　② VLF

③ HF　　　　　　④ MF

해설

• LF : 저주파, 주파수 30~300[Hz], 파장이 5,000~6,000[km]인 대기의 파동

• UHF : 극초단파, 주파수 470~770[MHz]

• HF : 고주파, 주파수 3~30[MHz]

• VHF : 초단파, 주파수 30~300[MHz](가시거리에 사용)

• MF : 중파, 주파수 300~3,000[KHz], 파장은 100~1,000[m]이다.

80 비행장에 설치된 컴퍼스 로즈(Compass rose)의 주 용도는?

① 지역의 지자기의 세기 표시

② 활주로의 방향을 표시하는 방위도 지시

③ 기내에 설치된 자기 컴퍼스의 자차수정

④ 지역의 편각을 알려주기 위한 기준방향 표시

해설

컴퍼스 로즈(Compass rose)

지상에서 항공기 자차를 수정할 때 쓰이는 판으로 컴퍼스 로즈 중심에 항공기를 위치시켜 항공기를 회전시키면서 컴퍼스로즈와 자기컴퍼스의 오차를 측정하는것

[정답] 76 ④　77 ④　78 ④　79 ①　80 ③

자격종목 및 등급(선택분야)	시험시간	문제수	문제형별	성명
항공산업기사	2시간	80	B	듀오북스

제1과목 ▶ 항공역학

01 비행기 날개의 가로세로비가 커졌을 때 옳은 설명은?

① 양력이 감소한다.

② 유도항력이 증가한다.

③ 유도항력이 감소한다.

④ 스팬효율과 양력이 증가한다.

🔍 **해설**

항공기가 멀리 활공하기 위해서는 활공각이 작아야 되며, 활공각이 작으려면 양항비가 커야 한다. 활공기에서 양항비를 크게 하기 위하여 항력계수를 최소로 해야 하며, 이렇게 하기 위해서 기체 표면을 매끈하게 하고 모양을 유선형으로 하여 형상항력을 작게 한다. 또, 날개의 길이를 길게 함으로써 가로세로비를 크게 해 유도항력을 작게 한다.

02 제트 항공기가 최대 항속거리로 비행하기 위한 조건은? (단, C_L 양력계수, C_D 항력계수이며, 연료소비율은 일정하다.)

① $\left(\dfrac{C_L^{\frac{1}{2}}}{C_D}\right)$ 최대 및 고고도

② $\left(\dfrac{C_L^{\frac{1}{2}}}{C_D}\right)$ 최대 및 저고도

③ $\left(\dfrac{C_L}{C_D}\right)$ 최대 및 고고도

④ $\left(\dfrac{C_L}{C_D}\right)$ 최대 및 저고도

🔍 **해설**

제트비행기의 최대 항속거리

항공기가 연료를 최대 적재량까지 실어 비행 할 수 있는 최대 거리이다. 예비연료는 제외하기도 한다. 이륙 시 탑재한 연료를 다 사용할 때까지의 비행거리를 말하므로 속도에 따른 필요 추력이 작을수록, 양항비가 클수록, 고도에 따른 연료 소비율이 작을수록 항속 거리는 길어진다.

$$\left(\dfrac{C_L^{\frac{1}{2}}}{C_D}\right)$$

03 그림은 주 로터(Main rotor)와 테일로터(Tail rotor)를 갖는 헬리콥터에서 발생하는 요구마력을 발생 원인별로 속도에 따른 변화를 나타낸 것으로 이에 대한 설명으로 옳은 것은?

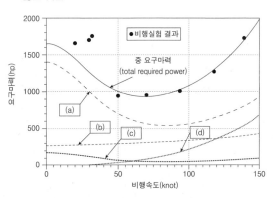

① (a)는 테일로터의 요구마력이다.

② (b)는 주 로터 블레이드의 항력에 의한 형상마력이다.

③ (c)는 동체의 항력에 의한 유해마력이다.

④ (d)는 주 로터 유도속도에 의한 유도마력이다.

🔍 **해설**

주 포터 블레이드의 항력에 의한 형상마력

비행속도 0노트부터 150노트까지 조금씩 증가할 것이다. 동체의 항력은 속도의 제곱에 비례하며 주 로터 유도속도는 비행속도와 관계없이 거의 일정할 것이다.

[정답]   01 ③   02 ①   03 ②

04 헬리콥터에서 회전날개의 깃(Blade)은 회전하면 회전면을 밑면으로 하는 원추의 모양을 만들게 되는데 이 때 회전면과 원추 모서리가 이루는 각은?

① 피치각(Pitch angle)

② 코닝각(Coning angle)

③ 받음각(Angle of attack)

④ 플래핑각(Flapping angle)

🔍 해설

코닝각(Cone angle)

• 헬리콥터가 전진 비행 시 회전날개의 로터 블래이드 양력이 로터 허브에서 만드는 모멘트와 원심력이 로터허브에서 만드는 모멘트와 평형이 될 때까지 위로 쳐들게 하여 회전면을 밑면으로 하는 원추(Cone) 모양을 만들게 되며, 이때 회전면과 원추 모서리가 이루는 각이다.

• 헬리콥터가 제자리에서 정지비행을 할 때 이를 호버링(Hovering)이라 한다.

• 헬리콥터가 무풍상태에서 호버링 시 로터(Rotor)의 회전면(Rotor disc) 혹은 깃끝 경로면(Tip path plane)은 수평지면과 평행이다.

05 방향안정성에 관한 설명으로 틀린 것은?

① 도살핀(Dorsal fin)을 붙여주면 큰 옆미끄럼각에서 방향안정성이 좋아진다.

② 수직꼬리날개의 위치를 비행기의 무게중심으로부터 멀리 할수록 방향안정성이 증가한다.

③ 가로 및 방향진동이 결합된 옆놀이 및 빗놀이의 주기 진동을 더치롤(Dutch roll)이라 한다.

④ 단면이 유선형인 동체는 일반적으로 무게중심이 동체의 1/4지점 후방에 위치하면 방향안정성이 좋다.

🔍 해설

• 도살 핀
수직꼬리날개가 실속하는 큰 미끄럼각에서도 방향안정성을 유지하는 강력한 효과를 얻는다. 비행기에 도살 핀을 장착하면 큰 옆미끄럼각에서 방향안정성을 증가시킨다.

• 더치롤
가로방향불안정을 더치롤이라고 한다. 평형상태로부터 영향을 받은 비행기의 반응은 옆놀이와 빗놀이 운동이 결합된 것으로 옆놀이 운동이 빗놀이 운동보다 앞서 발생된다. 이것은 정적 방향안정보다 쳐든각 효과가 클 때 일어난다.

06 비행기의 옆놀이(Rolling)안정에 가장 큰 영향을 주는 것은?

① 수평안정판

② 주날개의 받음각

③ 수직꼬리날개

④ 주날개의 후퇴각

🔍 해설

세로축(Longitudinal axis)

• 기수(Nose)부터 꼬리(Tail)까지 동체를 관통하여 이어진 전후 방향의 가상의 축을 세로축 이라고 한다.

• 세로축 주변의 운동은 횡요(Roll : 좌우의 경사)라고하며 이것은 좌우의 날개(Wing : 주익)뒷전(Trailing edge)에 부착된 꼬리인 도움날개(Ailieron : 보조익)의 작동으로 행해진다.

07 비행기가 하강비행을 하는 동안 조종간을 당겨 기수를 올리려 할 때, 받음각과 각속도가 특정값을 넘게 되면 예상한 정도 이상으로 기수가 올라가게 되는 현상은?

① 피치 업(Pitch up)

② 스핀(Spin)

③ 버페팅(Buffeting)

④ 딥실속(Deep stall)

🔍 해설

피치-업 현상의 원인

① 뒤젖힘 날개의 날개 끝 실속

② 뒤젖힘 날개의 비틀림

③ 풍압 중심의 앞으로 이동

④ 승강키 효율의 감소

08 프로펠러 깃을 통과하는 순수한 유도속도를 옳게 표현한 것은?

① 프로펠러 깃을 통과하는 공기속도 + 비행속도

② 프로펠러 깃을 통과하는 공기속도 - 비행속도

③ 프로펠러 깃을 통과하는 공기속도 × 비행속도

④ 비행속도 ÷ 프로펠러 깃을 통과하는 공기속도

🔍 해설

프로펠러 깃을 통과하는 순수한 유도속도는 공기속도에서 비행속도를 뺀 것이다.

[정답] 04 ② 05 ④ 06 ③ 07 ① 08 ②

09 글라이더가 고도 2000[m] 상공에서 양항비 20인 상태로 활공한다면 도달할 수 있는 수평활공거리는 몇 [m] 인가?

① 2,000

② 20,000

③ 4,000

④ 40,000

○ 해설

- 활공거리＝고도×양항비
- 활공거리＝2,000×20＝40,000

10 360[km/h]의 속도로 표준 해면고도 위를 비행하고 있는 항공기 날개 상의 한 점에서 압력이 100[kPa]일 때 이 점에서의 유속은 약 몇 [m/s]인가? (단, 표준 해면고도에서 공기의 밀도는 1.23[kg/m³]이며, 압력은 1.01×10⁵ [N/m²]이다.)

① 105.82

② 107.82

③ 109.82

④ 111.82

○ 해설

$$V = 360[\text{km/h}] = \frac{360,000}{3,600} = 100[\text{m/s}]$$

정압 : 유체의 어느 점에서의 압력 p

동압 : $q = \frac{1}{2}\rho V^2$(속도에 의해 나타나는 압력)

$$p + \frac{1}{2}\rho V^2 = 일정$$

즉, 베르누이 법칙은 정상유동 유체의 각 위치 점에 있어서 정압과 동압의 합 즉, 전압은 항상 일정함을 나타낸다. 따라서 항공기 앞쪽을 점 1이라고 항공기 날개 상의 한 점을 2라 하면 다음과 같다.

$$p_1 + \frac{1}{2}\rho V_1^2 = p_2 + \frac{1}{2}\rho V_2^2$$

즉, 양쪽 점에서의 전압은 일정하다. 따라서

$$V_2^2 - V_1^2 = \frac{2(p_1 - p_2)}{\rho} = \frac{2(101,000 - 100,000)}{1.23}$$

$$= \frac{2,000}{1.23} = \frac{2,000 \times \frac{1 \cdot 1}{1}}{1.23} ≒ 1,626[\text{m}^2/\text{s}^2]$$

$$V_2^2 = V_1^2 + 1,626 = 10,000 + 1,626 = 11,626[\text{m}^2/\text{s}^2]$$

$$V_2 ≒ 107.82[\text{m/s}]$$

11 이륙과 착륙에 대한 비행성능의 설명으로 옳은 것은?

① 착륙 활주시에 항력은 아주 작으므로 보통 이를 무시한다.

② 이륙할 때 장애물 고도란 위험한 비행상태의 고도를 말한다.

③ 착륙거리란 지상활주거리에 착륙진입거리를 더한 것이다.

④ 이륙할 때 항력은 속도의 제곱에 반비례하므로 속도를 증가시키면 항력은 감소하게 되어 이륙한다.

○ 해설

착륙거리

착륙진입 중인 항공기가 높이 50[ft](15[m])에 달한 지점부터, 지상에 완전히 정지할 때까지의 거리

12 중량 3200[kgf]인 비행기가 경사각 15°로 정상 선회를 하고 있을 때 이 비행기의 원심력은 약 몇 [kgf]인가?

① 857

② 1600

③ 1847

④ 3091

○ 해설

선회에 대한식 $\tan\phi = \dfrac{L}{W}$ 의 양변을 로 곱하면

$$W \times \tan\phi = \frac{WV^2}{gR} = 원심력이므로$$

원심력＝$W \times \tan\phi = 3,200 \times \tan 15 = 857.28$

13 수평등속도 비행을 하던 비행기의 속도를 증가시켰을 때 그 상태에서 수평비행하기 위해서는 받음각은 어떻게 하여야 하는가?

① 감소시킨다.

② 증가시킨다.

③ 변화시키지 않는다.

④ 감소하다 증가시킨다.

○ 해설

수평비행을 할 때 속도를 증가시키면 기수가 올라가려는 경향이 커지게 되는데 즉 받음각이 커지므로 계속 수평비행을 하려면 받음각을 감소시켜야한다.

[정답] 09 ④ 10 ② 11 ③ 12 ① 13 ①

14 오존층이 존재하는 대기의 층은?

① 대류권   ② 열권
③ 성층권   ④ 중간권

🔍 해설 ----------------------------------

상부 성층권에는 오존층이 존재한다.

15 꼬리날개가 주날개의 뒤에 위치하는 일반적인 항공기에서 수평꼬리날개의 체적계수(tail volume coeffcient)에 대한 설명으로 틀린 것은?

① 주날개의 면적에 반비례한다.
② 주날개의 시위길이에 반비례한다.
③ 수평꼬리날개의 면적에 비례한다.
④ 수평꼬리날개의 시위길이에 비례한다.

🔍 해설 ----------------------------------

체적 계수

일정한 '체적 변형률'을 발생시키기 위해 요구되는 정수압의 비(比)로서, 정수압에 대한 물체의 저항성을 나타낸다.
수평꼬리날개 또한 주날개와 같이 면적에 비례하고 시위길이에 반비례한다.

16 비행기 날개에 작용하는 양력을 증가시키기 위한 방법이 아닌 것은?

① 양력계수를 최대로 한다.
② 날개의 면적을 최소로 한다.
③ 항공기의 속도를 증가시킨다.
④ 주변 유체의 밀도를 증가시킨다.

🔍 해설 ----------------------------------

보다 큰 양력을 얻으려고 하는 항공기는 날개 면적을 증가시키는 것이 가능한 Fowler Flap을 사용한다.

17 비행기가 수직 강하 시 도달할 수 있는 최대 속도를 무엇이라 하는가?

① 수직속도(vertical speed)
② 강하속도(descending speed)
③ 최대침하속도(rate of descent)
④ 종극속도(terminal velocity)

🔍 해설 ----------------------------------

종극속도

항공기 이륙 시 소용되는 양력(lift)은 기체가 위로 떠오를 수 있게 하는 힘이며, 중력은 지표 부근에 있는 물체를 지구의 중심 방향으로 끌어당기는 힘이고, 추력은 엔진의 파워인 추진력으로 박차고 나가 속도를 내게 하고, 항력은 중력에 대한 대응력으로 중력가속도로 인해 더 이상의 속도가 증가하지 않는다.
항공기가 급강하 할 때 가속도가 계속 증가하며, 항력과 중력이 평형을 이룬다.

18 제트 비행기가 240[m/s]의 속도로 비행할 때 마하수는 얼마인가? (단, 기온 : 20[℃], 기체상수 : 287[m²/s²·k], 비열비 : 1.40이다.)

① 0.699   ② 0.785
③ 0.894   ④ 0.926

🔍 해설 ----------------------------------

음속은 공기 중에 미소한 교란이 전파되는 속도라서 온도가 증가할수록 빨라진다. 0[℃]인 공기 중에서 음속은 331.2[%]이며, 공기의 온도가 t[℃]일 때 음속은 다음과 같다.

$$C = \sqrt{\gamma RT}$$

여기서, γ는 교란이 전파되는 유체의 비열비로 이상기체의 경우에 $\gamma = 1.4$이고, R은 유체의 기체상수로 공기의 경우에 $R = 287[\text{m}^2/\text{s}^2 \text{K}]$이며, T는 유체의 온도로서 절대온도로 표시된다.
절대온도와 섭씨온도의 관계는 다음과 같다.

$$T[\text{K}] = t[℃] + 273.16$$
$$C = \sqrt{\gamma RT} = \sqrt{1.4 \times 287 \times 293.16} = 343.2$$

이 음속과 관련되어 공기의 압축성 효과를 나타내는 데 가장 중요하게 사용되는 무차원수는 마하수(mach number)이다. 마하수는 음속과 비행체의 속도의 비로 정의되며, 음속을 C로 하고, 비행체의 속도를 V라고 할 때 다음 식과 같다.

$$M_a = \frac{V}{C} = \frac{240}{343.2} = 0.699$$

[정답] 14 ③ 15 ④ 16 ② 17 ④ 18 ①

19 받음각(Angle of attack)에 대한 설명으로 옳은 것은?

① 후퇴각과 취부각의 차
② 동체 중심선과 시위선이 이루는 각
③ 날개 중심선과 시위선이 이루는 각
④ 항공기 진행방향과 시위선이 이루는 각

🔍 해설

받음각
받음각은 날개의 시위선과 상대풍의 방향 사이의 각도로 정의된다. 이것은 날개의 시위선과 항공기의 세로축 사이의 각도이다. 붙임각과 혼동하지 말아야 한다.

20 헬리콥터를 전진, 후진, 옆으로 비행을 시키기 위하여 회전면을 경사시키는 데 사용되는 조종 장치는?

① 동시피치조종장치　　② 추력조절장치
③ 주기피치조종장치　　④ 방향조종 페달

🔍 해설

주기피치조종장치
로터 블레이드가 플래핑을 하는 대신, 회전 시 전진하는 블레이드의 받음각을 감소시키고, 후퇴하는 블레이드의 받음각은 증가되도록 만든 장치이다. 회전 시 받음각의 조정으로 양력 불균형 현상을 해소시킨다.

제2과목　　항공기관

21 [보기]와 같은 특성을 가진 기관의 명칭은?

[보기]
• 비행속도가 빠를수록 추진효율이 좋다.
• 초음속 비행이 가능하다.
• 배기소음이 심하다.

① 터보프롭기관　　② 터보팬기관
③ 터보제트기관　　④ 터보축기관

🔍 해설

터보제트기관에 팬을 추가한 방식으로 대량의 공기를 비교적 저속으로 분출시켜 추력은 줄지 않고 추진효율을 증가시킴
① 아음속에서 추진효율이 향상되어 연료소비율 감소
② 배기소음감소
③ 민간용 여객기 및 수송기에 널리 이용
④ 이·착륙 거리 단축
⑤ 무게가 가볍고 경제성 향상
⑥ 날씨 변화에 영향이 적음

22 정상 작동중인 왕복기관에서 점화가 일어나는 시점은?

① 상사점 전　　② 상사점
③ 하사점 전　　④ 하사점

🔍 해설

압축행정의 상사점 전 즉, 점화진각

23 장탈과 장착이 가장 편리한 가스터빈기관 연소실 형식은?

① 가변정익형　　② 캔형
③ 캔-애뉼러형　　④ 애뉼러형

🔍 해설

① 캔형 연소실 : 설계나 정비가 간단하고 구조가 튼튼하여 초기의 엔진에 많이 사용된다.
② 애뉼러형 연소실 : 구조가 간단하고 길이가 짧으며 연소실 전면 면적이 좁으며, 연소가 안정하여 연소정지 현상이 없으며 출구온도분포가 균일하며 연소효율이 좋다.
③ 캔-애뉼러형 연소실 : 구조상 견고하고 냉각면적과 연소면적이 커서 대형, 중형기에 사용된다.

24 엔탈피(Enthalpy)의 차원과 같은 것은?

① 에너지　　② 동력
③ 운동량　　④ 엔트로피

[**정답**] 19 ④　20 ③　21 ③　22 ①　23 ②　24 ①

해설

엔탈피(Enthalpy)

반응 전후의 온도를 같게 하기 위하여 계가 흡수하거나 방출하는 열
(에너지)을 의미한다. 이와 같은 열을 다른 말로 엔탈피(enthalpy:
H)라 부른다.

25 다음 중 프로펠러를 항공기에 장착하는 위치에 따라
형식을 분류한 것은?

① 단열식, 복렬식   ② 거버너식, 베타식

③ 트랙터식, 추진식   ④ 피스톤식, 터빈식

해설

프로펠러 장착 방법에 따른 분류

① 견인식(Tractor type) : 프로펠러를 비행기 앞에 장착한 형태,
가장 많이 사용되고 있는 방법

② 추진식(Pusher type) : 프로펠러를 비행기 뒷부분에 장착한
형태

③ 이중반전식 : 비행기 앞이나 뒤 어느 쪽이든 한 축에 이중으로 된
회전축에 프로펠러 장착하여 서로 반대로 돌게 만든 것
 • 탠덤식(Tandem type) : 비행기 앞과 뒤에 견인식과 추진
식 프로펠러를 모두 갖춘 방법

26 가스터빈기관의 점화계통에 사용되는 부품이 아닌
것은?

① 익사이터(Exciter)

② 마그네토(Magneto)

③ 리드라인(Lead line)

④ 점화플러그(Igniter plug)

해설

마그네토(자석 발전기)

왕복엔진 점화계통에 사용하는 고전압 전기에너지를 만들어내는 교
류발전기의 일종. 마그네토에는 작은 교류발전기와 브리커 포인트
가 내장되어 순간적으로 높은 전압을 만들어 점화 플러그에 보낸다.

27 아음속 항공기의 수축형 배기노즐의 역할로 옳은
것은?

① 속도를 감소시키고 압력을 증가시킨다.

② 속도를 감소시키고 압력을 감소시킨다.

③ 속도를 증가시키고 압력을 증가시킨다.

④ 속도를 증가시키고 압력을 감소시킨다.

해설

수축형 배기노즐 기능

배기가스의 속도를 증가시키고 압력을 감소시킨다.

28 프로펠러 비행기가 비행 중 기관이 고장나서 정지시
킬 필요가 있을 때, 프로펠러의 깃각을 바꾸어 프로펠러의 회
전을 멈추게 하는 조작을 무엇이라고 하는가?

① 슬립(Slip)   ② 비틀림(Twisting)

③ 피칭(Pitching)   ④ 페더링(Feathering)

해설

프로펠러를 페더링(Feathering)

항공기가 비행 중에 엔진이 고장으로 프로펠러를 항공기 진행방향으
로 돌려서 항력을 줄이는 목적으로 추진력을 얻기 위해 회전방향에
대해서 약간 기울게 한 것을 말한다.

29 가스터빈기관에 사용되고 있는 윤활계통의 구성품
이 아닌 것은?

① 압력펌프   ② 조속기

③ 소기펌프   ④ 여과기

해설

조속기

정속 플로펠러에서 위의 요인에 의해 과속회전상태가 되면 조속기에
의해 프로펠러의 피치를 고 피치로 만들어 감속시켜 정속회전 상태
로 돌아오게 한다.

30 항공기용 가스터빈기관에서 터빈깃 끝단의 슈라우
드(shroud)구조의 특징이 아닌 것은?

[정답] 25 ③ 26 ② 27 ④ 28 ④ 29 ② 30 ①

① 깃을 가볍게 할 수 있다.
② 터빈깃의 진동억제특성이 우수하다.
③ 깃 팁(Tip)에서 가스 누설 손실이 적다.
④ 깃 팁(Tip)에서 공기역학적 성능이 우수하다.

해설

슈라우드
터빈 휠 블레이드 팁의 틈새에서 가스가 누출되는 것을 막기 위한 것이다. 이 블레이드 팁에서 지나치게 공기가 누출되면 난류 흐름을 생성하여 팁 부근에서 블레이드 효율을 저하시키게 된다. 또한 진동완화에 우수하다.

31 왕복기관의 열효율이 25[%], 정격마력이 50[ps]일 때, 총 발열량은 약 몇 [kcal/h]인가? (단, 1[ps]는 0.736[kW], 1[kcal]는 4.2[J]이다.)

① 24,000
② 80,000
③ 63,000
④ 126,000

해설

총발열량(Q)
$1[PS]=0.75[kW]$, $1[cal]=4.27[J]$
총발열량(Q)을 구하기 위해서는 총마력이 필요하다.

총마력 $=\dfrac{50}{0.25}=200[PS]$

총발열량(Q) $=\dfrac{200 \times 0.736 \times 3,600}{4.2}=126,171.42$

32 다음 중 기관에서 축방향과 동시에 반경방향의 하중을 지지할 수 있는 추력베어링 형식은?

① 평면베어링
② 볼베어링
③ 직선베어링
④ 저널베어링

해설

회전축을 지지하면서 부드럽게 회전시키는 부품을 베어링(Bearing)이라고 한다. 베어링에는 평평하고 넓은 면으로 축을 지지하는 플레인 베어링(Plain Bearing)과 축의 주변을 볼 및 롤러로 지지하는 볼 베어링(Ball Bearing) 및 롤러 베어링(Roller Bearing)이 있지만 엔진의 크랭크샤프트를 지지하는 것은 플레인 베어링을 사용한다.

33 가스터빈기관 내의 가스의 특성변화에 대한 설명으로 옳은 것은?

① 항공기 속도가 느릴 때 공기는 대기압보다 낮은 압력으로 압축기 입구로 들어간다.
② 연소실의 온도보다 이를 통과한 터빈의 가스 온도가 더 높다.
③ 항공기 속도가 증가하면 압축기 입구압력은 대기압보다 낮아진다.
④ 터빈노즐의 수축 통로에서 압력이 감소되면서 배기가스의 속도가 급격히 감소된다.

해설

가스터빈기관 내의 가스의 특성변화
• 항공기 속도가 느릴 때 공기는 대기압보다 낮은 압력으로 압축기 입구로 들어간다.
• 연소실의 온도는 높고 이를 통과한 터빈의 가스 온도는 낮다.
• 항공기 속도가 증가하면 압축기 입구압력은 대기압보다 높아진다.
• 터빈노즐의 수축 통로에서 압력이 감소되면서 배기가스의 속도는 증가한다.

34 가스터빈기관 연료계통의 고장탐구에 관한 설명으로 틀린 것은?

① 시동 시 연료 흐름량이 낮을 때 부스터 펌프의 결함을 예상할 수 있다.
② 시동 시 연료가 흐르지 않을 때 연료조정장치의 차단밸브 결함을 예상할 수 있다.
③ 시동 시 결핍시동(Hung start)이 발생하였다면 연료조정장치의 결함을 예상할 수 있다.
④ 시동 시 배기가스온도가 높을 때 연료조정장치의 고장으로 부족한 연료흐름이 원인임을 예상할 수 있다.

해설

연료계통의 고장탐구
가스터빈기관이 시동 시 정해진 회전수에서 정격 출력을 낼 수 있도록 연료조절장치와 각종 기구를 조정하는 작업으로 연료흐름이 부족 시 고장을 확인할 수 있다.

[정답] 31 ④ 32 ② 33 ① 34 ④

35 압력 7[atm], 온도 300[˚C]인 0.7[m³]의 이상기체가 압력 5[atm], 체적 0.56[m³]의 상태로 변화했다면 온도는 약 몇 [˚C]가 되는가?

① 54   ② 87

③ 115   ④ 187

🔍 **해설**

$$\frac{P_1 V_1}{T_1} = \frac{P_2 V_2}{T_2}$$

$$\frac{7 \times 0.7}{300 + 273} = \frac{5 \times 0.56}{T_2}$$

$$T_2 \fallingdotseq 327.43[\text{K}] = 54.43[˚\text{C}]$$

36 왕복기관에서 혼합비가 희박하고 흡입 밸브(intake valve)가 너무 빨리 열리면 어떤 현상이 나타나는가?

① 노킹(Knocking)

② 역화(Back fire)

③ 후화(After fire)

④ 디토네이션(Detonation)

🔍 **해설**

역화(Back fire)

연소 장치에서 연소로 내에서 이상한 고연소가 발생할 때(착화시 미연소 가스의 잔류가 많을 때 등에 일어나기 쉬움) 화염이 입구 쪽으로 분출하는 현상이다.

37 배기 밸브 제작시 축에 중공(Hollow)을 만들고 금속나트륨을 삽입하는 것은 어떤 효과를 위해서인가?

① 밸브서징을 방지한다.

② 밸브에 신축성을 부여하여 충격을 흡수한다.

③ 밸브 헤드의 열을 신속히 밸브 축에 전달한다.

④ 농후한 연료에 분사되어 농도를 낮춰준다.

🔍 **해설**

금속나트륨

엔진작동온도(약 200[˚C])에 녹아 대류작용에 의해 Head의 열을 흡수하여 Valve Stem으로 옮겨주어 Valve의 냉각을 촉진시켜 준다.

38 왕복기관의 연료계통에서 이코노마이져(Economizer) 장치에 대한 설명으로 옳은 것은?

① 연료 절감 장치로 최소 혼합비를 유지한다.

② 연료 절감 장치로 순항속도 및 고속에서 닫혀 희박 혼합비가 된다.

③ 출력 증강 장치로 순항속도에서 닫혀 희박혼합비가 되도록 한다.

④ 출력 증강 장치로 순항속도에서 열려 농후혼합비가 되고 고속에서 닫혀 희박 혼합비가 되도록 한다.

🔍 **해설**

이코노마이저(Economizer)

왕복기관에서 고출력(高出力)시에는 다소 농후한 혼합기(混合器)를 필요로 한다. 그러나 기화기(氣化器)를 항상 그런 상태에 두면 사용이 빈번한 부분 출력시에는 혼합기가 너무 농후하여 비경제적이다. 그리하여 부분 부하(負荷)시에는 다소 희박한 경제적 혼합비로 기화기를 조정해 놓고, 고출력시에 일시적으로 농후한 혼합기를 내보낸다. 이러한 역할을 하는 장치를 이코노마이저라고 한다.

39 항공기용 왕복기관 윤활계통에서 소기펌프(Scavenge pump)의 역할로 옳은 것은?

① 프로펠러 거버너로 윤활유를 보내준다.

② 크랭크축의 중공 부분으로 윤활유를 보내준다.

③ 오일탱크로부터 윤활유를 각각의 윤활부위로 보내준다.

④ 윤활부위를 빠져 나온 윤활유를 다시 오일탱크로 보내준다.

🔍 **해설**

배유펌프(Scavenger pump)

항공기 엔진오일계통의 건식윤활계통에 사용되는 구성품으로 엔진을 윤활 시킨 오일을 탱크로 귀환시키는 역할을 한다. 엔진의 배유펌프는 압력펌프보다는 그 용량이 크다.

[정답] 35 ①   36 ②   37 ③   38 ③   39 ④

40 마그네토(Magneto)의 배전기 블록(Distributor block)에 전기누전 점검 시 사용하는 기기는?

① Voltmeter

② Feeler gage

③ Harness tester

④ High tension am meter

해설

• 전압계(Voltmeter)
 전압을 측정하는데 사용하는 전기측정계기. 전압계의 사용에서 일반적인 것은 실제로 전류를 측정하는 계기에 직렬로 높은 저항을 붙인 것이다. 이 저항은 계기의 코일을 통하여 흐르는 전류의 량을 제한하기 위한 것이다.

• 휠러 게이지(Feeler gage)
 정밀한 두께를 가지고 있는 간극 측정 게이지. 휠러 게이지는 움직이는 두 물체 사이에 벌어진 틈을 측정하는데 사용한다.

제3과목 ▶ **항공기체**

41 굴곡 각도가 90°일 때 세트백(set back)을 계산하는 식으로 옳은 것은? (단, T : 두께, R : 굴곡반경, D : 지름이다.)

① $R+T$

② $\dfrac{D+T}{2}$

③ $R+\dfrac{T}{2}$

④ $\dfrac{R}{2}+T$

해설

세트백(Set Back)

• 판금 세트백(Set Bback) 성형점(Mold point)과 굴곡접선(Bend tangent line)과의 거리이다.

• 성형점은 굴곡한 판 외면의 연장선의 교차점이며, 굴곡접선은 굴곡이 시작하는 점과 끝나는 점의 연결선을 말한다.

$$SB=K(R+T)=\tan\left(\frac{\theta}{2}\right)\times(R\times T)$$

42 그림과 같은 $V-n$선도에서 GH선은 무엇을 나타내는 것인가?

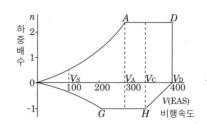

① 돌풍하중배수

② 최소제한하중배수

③ 최대제한하중배수

④ "+"방향에서 얻어지는 하중배수

해설

• $A-D$: 설계제한 하중배수
• $G-H$: 최소제한 하중배수

43 그림과 같은 외팔보에 집중하중(P_1, P_2)이 작용할 때 벽지점에서의 굽힘모멘트를 옳게 나타낸 것은?

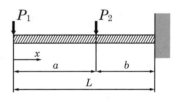

① 0

② $-P_1a$

③ $-P_1b+P_2b$

④ $-P_1L-P_2b$

해설

외팔보에 작용하는 굽힘모멘트

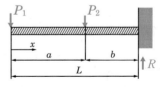

$R=P_1+P_2$
$\sum M=0=P_1x+P_2(x-a)+M_x=0$
$M_x=-P_1x-P_2(x-a)$
$M_L=-P_1L-P_2b$

[정답] 40 ③   41 ①   42 ②   43 ④

44 설계제한하중배수가 2.5인 비행기의 실속속도가 120[km/h]일 때 이 비행기의 설계운용속도는 약 몇 [km/h]인가?

① 150   ② 240
③ 190   ④ 300

해설

설계운용속도

$VA = \sqrt{n1} \times Vs$

$VA = \sqrt{2.5} \times 120 = 189.736$

45 두께 1[mm]인 알루미늄 합금판을 그림과 같이 전단가공할 때 필요한 최소한의 힘은 몇 [kgf]인가? (단, 이 판의 최대전단 강도는 3,600[kgf/cm²]이다.)

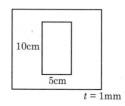

$t = 1mm$

① 10,800   ② 36,000
③ 108,000   ④ 180,000

해설

전단 가공이 이루어지는 면의 총 넓이(X)

$X = (10 \times 0.1 \times 2) + (5 \times 01. \times 2) = 3[cm^2]$

$\therefore F = \tau A = 3,600 \times 3 = 10800[kgf]$

46 [보기]와 같은 특징을 갖는 강은?

[보기]

- 크롬 몰리브덴강
- 1[%]의 몰리브덴과 0.30[%]의 탄소를 함유함
- 용접성을 향상시킨 강

① AA 1100   ② SAE 4130
③ AA 7150   ④ SAE 4340

해설

- 4130 크롬-몰리브덴강(L/G, 크랭크축, 볼트, 엔진부품)은 가공과 용접이 쉬우면서 강도가 떨어지지 않는다.
- 4340 니켈-크롬-몰리브덴강(L/G, 엔진부품)은 4130의 담금질성을 개선한 고장력강의 대표적인 것이다.
- 2330 니켈은 3[%] 함유한 강(연소실)이다.

47 스크류(Screw)를 용도에 따라 분류할 때 이에 해당되지 않는 것은?

① 머신 스크류(Machine screw)
② 구조용 스크류(Structural screw)
③ 트라이 윙 스크류(Tri wing screw)
④ 셀프 탭핑 스크류(Self tapping screw)

해설

스크류(Screw)의 종류

- 구조용 스크류 : 구조용 스크류는 구조용 볼트, 리벳이 쓰여지는 항공기 주요 구조부에 사용되며, 머리의 형상 만이 구조용 볼트와 다르다. 이 스크류는 볼트와 같은 재질로 만들어지며, 정해진 그립을 가지고 있고, 같은 치수의 볼트와 같은 강도를 가진다.
- 머신 스크류 : 머신 스크류는 항공기의 여러 곳에 가장 많이 사용된다. 이 종류의 스크류는 굵은 나사와 가는 나사의 2종류가 있다.
- 셀프 탭핑 스크류 : 셀프 탭핑 스크류는 스크류 자체 외경보다 약간 작게 펀치한 구멍, 나사를 끼우지 않은 드릴 구멍 등에 나사를 끼워 사용한다.

48 경항공기에 사용되는 일반적인 고무완충식 착륙장치(Landing gear)의 완충효율은 약 몇 [%]인가?

① 30   ② 50
③ 75   ④ 100

해설

완충 장치

- 고무 완충장치 : 고무의 감쇄성 이용, 효율 50[%]
- 평판 스프링식 완충장치 : Coil spring, 평판 spring의 탄성이용, 효율 50[%]
- 공기 압축식 완충장치 : 공기의 압축성 이용, 효율 47[%]
- Oleo식(공유압식) 완충장치 : Orifice와 metering Pin에 의해 충격 에너지를 운동 에너지로 변환시켜 완충, 효율 75[%] 이상

[정답] 44 ③   45 ①   46 ②   47 ③   48 ②

- Air-Oleo Combination : Oleo식의 Strut에 외부로 공기압 실린더를 추가하여 완충 효과를 높인 것, 효율 80[%] 이상, 고속 및 대형 항공기에 사용

49 알루미늄 합금 주물로 된 비행기 부품이 공기 중에서 부식하는 것을 방지하기 위하여 어떤 처리를 하는가?

① 카드뮴 도금 ② 침탄
③ 양극산화처리 ④ 인산염 피막

해설

화학적 피막리(Chemical conversion coating)의 하나인 알로다인처리(Alodining)는 양극산화처리와 다르게 화학적으로 알루미늄 합금의 표면에 0.00001~0.00005[in]의 크로메이트 처리(Chromate treatment)를 하여 내식성과 도장 작업의 접착 효과를 증진시키기 위한 부식방지 처리작업이다.

50 2개의 알루미늄 판재를 리벳팅하기 위해 구멍을 뚫으려 할 때 판재가 움직이려 한다면 사용해야 하는 것은?

① 클레코 ② 리머
③ 버킹바 ④ 뉴메틱 해머

해설

접합 할 금속판을 고정시키는데 사용하는 공구
시트 파스너(Sheet fastener), 클레코(Cleco), C 클램프, 락킹 플 라이어

51 항공기 무게를 계산하는 데 기초가 되는 자기무게(Empty weight)에 포함되는 무게는?

① 고정 밸러스트 ② 승객과 화물
③ 사용가능 연료 ④ 배출 가능 윤활유

해설

항공기 무게
① 외부포장을 제외한 순수한 내용의 중량
② 승무원과 유상하중을 뺀 항공기의 총무게
③ 자기무게에 포함되는 것은 고정 밸런스이다.

52 항공기 기관을 날개에 장착하기 위한 구조물로만 나열한 것은?

① 마운트, 나셀, 파일론
② 블래더, 나셀, 파일론
③ 인테그럴, 블래더, 파일론
④ 캔틸레버, 인테그럴, 나셀

해설

파일론(Pylon), 엔진나셀(Nacelle)이나 마운트는 항공기의 날개에 부착하는 구조물이다.

53 키놀이 조종계통에서 승강키에 대한 설명으로 옳은 것은?

① 일반적으로 승강키의 조종은 페달에 의존한다.
② 세로축을 중심으로 하는 항공기 운동에 사용한다.
③ 일반적으로 수평 안정판의 뒷전에 장착되어 있다.
④ 수직축을 중심으로 좌우로 회전하는 운동에 사용한다.

해설

Tail Cone은 Fuselage의 가장 뒤쪽 끝을 감싸고 있는 부분이며, 고정된 수평안정판 및 수직안정판이 있으며, 움직이는 방향키(Rudder)와 승강키(Elevator)가 있다.

54 케이블 조종계통의 턴버클 배럴(Barrel) 양쪽 끝에 구멍의 용도로 옳은 것은?

① 코터핀 작업을 위하여
② 안전 결선(Safety wire)을 하기 위하여
③ 양쪽 케이블 피팅에 윤활유를 보급하기 위하여
④ 양쪽 케이블 피팅의 나사가 충분히 물려있는지 확인하기 위하여

해설

나사의 안전결선 체결 정도를 확인하기 위해 핀을 꽂았을 때 핀이 들어가면 제대로 체결되지 않은 것이다.

[정답] 49 ③ 50 ① 51 ① 52 ① 53 ③ 54 ②

55 알루미늄 합금(Aluminum alloy) 2024 −T4에서 T4가 의미하는 것은?

① 풀림(Annealing) 처리 한 것
② 용액 열처리 후 냉간 가공품
③ 용액 열처리 후 인공시효한 것
④ 용액 열처리 후 자연시효한 것

🔎 **해설**

기호		의 미
F		제조상태 그대로인 것
O		풀림 처리한 것
H		냉간 가공한 것(비 열처리 한 것)
	H1	가공 경화만 한 것
	H2	가공 경화 후 적당하게 풀림 처리한 것
	H3	가공 정화 후 안정화 처리한 것
W		용체화 처리 후 자연 시효한 것
T		열처리한 것
	T1	고온 성형 공정부터 냉각 후 자연 시효를 끝낸 것
	T2	풀림 처리한 것(주조용 합금)
	T3	용체화 처리 후 냉간 가공한 것
	T361	용체화 처리 후 6% 단면축소 냉간 가공한 것(2024판재)
	T4	제조시에 용체화 처리 후 자연 시효한 것
	T42	사용자에 의해 용체화 처리 후 자연 시효 한 것 (2014−0, 20124−0, 6061−0만 사용한다.)
	T5	고온 성형 공정에서 냉각 후 인공 시효 한 것
T	T6	용체화 처리 후 냉간 가공한 것
	T62	용체화 처리 후 사용자에 의해 인공 시효 한 것
	T7	용체화 처리 후 안정화 처리한 것
	T8	용체화 처리 후 냉간 가공하고 인공 시효한 것 (T3을 인공한 것)
	T9	용체화 처리 후 냉간 가공하고 냉간 시효한 것 (T6을 인공한 것)
	T10	고온 성형 공정부터 냉각하고 인공 시효하여 냉간 가공한 것

56 항공기 구조에서 벌크헤드(Bulkhead)에 대한 설명으로 옳은 것은?

① 기관이나 연소실을 객실로부터 분리시키기 위한 수직 부재이다.
② 동체나 나셀에서 앞 뒤 방향으로 배치되며 다양한 단면 모양의 부재이다.
③ 날개에서 날개보를 결합하기 위한 세로 방향 부재이다.
④ 방화벽, 압력유지, 날개 및 착륙장치 부착, 동체의 비틀림 방지, 동체의 형상유지 등의 역할을 한다.

🔎 **해설**

벌크헤드(Bulkhead)
세미모노코크 구조에서 동체가 비틀림에 의해 변형되는 것을 방지해 주며 날개, 착륙장치 등의 장착부위로 사용되기도 하는 부재

57 다음 중 항공기 세척 시 사용하는 알카리 세제는?

① 톨루엔　　　　　② 케로신
③ 아세톤　　　　　④ 계면활성제

🔎 **해설**

알칼리세제
가성소다와 과탄산나트륨, 차아염소산나트륨(락스) 등 알칼리성을 띠는 세제이다. 산성의 오염물을 중화시켜 제거하는데 쓰인다. 오염물에 맞는 세제촉진제를 넣은 것이 유리창용 세제, 가정용 왁스세제, 기름때 전용세제, 얼룩제거세제, 탄화전용세제, 만능세제 등이 있다.

58 세미모노코크 구조의 항공기 동체에서 주 구조물이 아닌 것은?

① 프레임(Frame)　　　② 외피(Skin)
③ 스트링어(Stringer)　④ 스파(Spar)

🔎 **해설**

세미모노코크 구조(Semi-monocoque structure)
프레임 및 벌크헤드(Bulkhead)를 동체의 형태를 만들고 동체의길이 방향으로 세로대 스트링거(Longeron & Stringer)를 보강하여 외피를 입히는 구조를 말한다.

59 다음 중 리벳팅 작업과정에서 순서가 가장 늦은 과정은?

[정답] 55 ④　56 ④　57 ④　58 ④　59 ③

① 드릴링   ② 리밍
③ 디버링   ④ 카운터싱킹

해설
펀칭 및 드릴링-리밍-카운터싱킹-디버링

60 착륙장치 계통에 대한 설명으로 틀린 것은?

① 시미댐퍼는 앞 착륙장치의 진동을 감쇠시키는 장치이다.
② 안티-스키드 시스템은 저속에서 작동하며 브레이크 효율을 감소시킨다.
③ 브레이크 시스템은 지상활주 시 방향을 바꿀 때도 사용할 수 있다.
④ 트럭형식의 착륙장치는 바퀴수가 4개 이상인 경우로서 이를 보기형식이라고도 한다.

해설
안티스키드(Anti-skid)의 기능
- Anti-Skid System은 Hydraulic Brake System에 의하여 Brake에 작용하는 유압을 제한하여 Wheel이 Skidding 되는 것을 방지한다.
- 최대의 Braking 효율은 모든 Wheel이 약간씩 Skid될 때 얻어진다.

제4과목 ▶ 항공장비

61 화재탐지장치 중 온도상승을 바이메탈로 탐지하는 것은?

① 용량형(Capacitance Type)
② 서머커플형(Thermo Couple Type)
③ 저항루프형(Resistance Loop Type)
④ 서멀스위치형(Thermal Switch Type)

해설
서멀스위치형(Thermal Switch Type)
어떤 정해진 온도에서 온-오프 신호를 내는 장치를 말한다.
바이메탈 식의 온도 스위치나 감온(感溫) 페라이트의 자기 특성이 급변하는 현상을 이용한 스위치

62 다른 항법장치와 비교한 관성항법장치의 특징이 아닌 것은?

① 지상보조시설이 필요하다.
② 전문 항법사가 필요하지 않다.
③ 항법데이터를 지속적으로 얻는다.
④ 위치, 방위, 자세 등의 정보를 얻는다.

해설
관성항법장치
항공기의 3축에 각각 설치된 가속도계와 Gyroscope의 관성의 원리를 이용하여 지속적으로 가속도를 감지해내고, 이를 적분하여 지상속도를, 다시 적분하여 최초 출발지로부터 이동 거리를 산출하여 궁극적으로 항공기의 위치를 자력으로 알아내는 항법이다.

63 엔진화재에 대한 설명으로 틀린 것은?

① 화재탐지회로는 이중으로 되어있다.
② 엔진의 화재는 연료나 오일 등에 의해서도 발생한다.
③ 엔진의 화재는 주로 압축기 내에서 발생한다.
④ T류 항공기의 경우 화재의 탐지 및 소화장비의 구비가 의무화 되어있다.

해설
엔진의 화재는 압축기 외에도 여러 곳에서 발생할 수 있다.

64 회전계 발전기(Tacho-Generator)에서 3개의 선 중 2개선이 바꾸어 연결되면 지시는 어떻게 되는가?

① 정상지시   ② 반대로 지시
③ 다소 낮게 지시   ④ 작동하지 않는다.

해설
회전속도계에서 2개의 선이 바뀌면 지시는 반대가 된다.

[정답] 60 ②   61 ④   62 ①   63 ③   64 ②

65 다음 중 시동특성이 가장 좋은 직류전동기는?

① 션트전동기 ② 직권전동기

③ 직·병렬전동기 ④ 분권전동기

🔍 **해설**

직권 전동기

직류전동기로서 다른 전동기와 비교하여 기동 토크가 크고, 또 가벼운 부하에서는 고속으로 회전한다. 이와 같은 특성은 각종 항공기 구동용으로서 적합하고 때문에 주 전동기에 많이 사용되고 있다.

66 대형 항공기에서 객실여압(Pressurization) 장치를 설비하는 데 직접적으로 고려하여야 할 점이 아닌 것은?

① 항공기 최대 운용 속도

② 항공기 내부와 외부의 압력차

③ 항공기의 기체 구조 자재의 선택과 제작

④ 최대 운용 고도에서 일정한 객실 고도의 유지

🔍 **해설**

객실여압(Cabin pressurization)장치

고고도를 비행하는 항공기의 승객 및 승무원을 기압변화에서 보호하고 쾌적한 여행을 할 수 있도록 항공기내에 압력을 가하는 것으로 통상 8,000[ft] 기압 상태가 유지 되도록 조절한다.

67 무선 통신 장치에서 송신기(Transmitter)의 기능에 대한 설명으로 틀린 것은?

① 신호의 증폭을 한다.

② 교류 반송파 주파수를 발생시킨다.

③ 입력정보신호를 반송파에 적재한다.

④ 가청신호를 음성신호로 변환시킨다.

🔍 **해설**

무선 송신기(Radio Transmitter)

- 주파수의 신호를 생성하기 위한 주파수 발생기
- 주파수의 신호를 생성하기 위한 디지털 분주기 회로
- 주파수의 신호를 증폭시켜 원하는 전력의 출력 신호를 생성하기 위한 전력 증폭기

68 자동조종장치를 구성하는 장치 중 현재의 자세와 변화율을 측정하는 센서의 역할을 하는 것이 아닌 것은?

① 서보장치 ② 수직자이로

③ 고도센서 ④ VOR/ILS 신호

🔍 **해설**

서보장치

피드백을 사용하여 원하는 장치의 작동을 제어하는 장치

69 그림과 같은 회로에서 20[Ω]에 흐르는 전류 I_1은 몇 [A]인가?

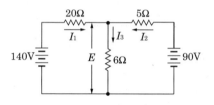

① 4 ② 6

③ 8 ④ 10

🔍 **해설**

90[V] 전압원 단락시 합성저항

$$20 + \frac{5 \times 6}{5+6} = 20 + \frac{30}{11} = 22.727 ≒ 22.73$$

$$I = \frac{140}{22.73} = 6.159 ≒ 6.16$$

140[V] 전압원 단락시 합성저항

$$5 + \frac{20 \times 6}{20+6} = 5 + \frac{120}{26} = 5 + 4.615 ≒ 9.62$$

$$I = \frac{90}{9.62} = 9.355 ≒ 9.36$$

이 때, I_1 방향으로 흐르는 전류

$$9.36 \times \frac{6}{20+6} = 2.16$$

$I_1 \rightarrow$ 방향과 $I_1 \leftarrow$ 방향의 크기 합성

$$6.16 - 2.16 = 4[A]$$

70 유압계통에서 열팽창이 적은 작동유를 필요로 하는 1차적인 이유는?

[정답] 65 ② 66 ① 67 ④ 68 ① 69 ① 70 ③

① 고 고도에서 증발감소를 위해서

② 화재를 최소한 방지하기 위해서

③ 고온일 때 과대압력 방지를 위해서

④ 작동유의 순환불능을 해소하기 위해서

해설

작동유가 갖추어야 할 성질

① 비압축성이고 거품성 기포가 잘 발생하지 않을 것

② 윤활성이 우수하고, 점도가 낮아 마찰 저항에 대한 손실이 적을 것

③ 화학적 안정성이 높을 것(고온에서 분해, 산화 변질, 고체의 석출이 없을 것 : 탄화된 물질이나 가스화 된 물질)

④ 온도 변화에 따른 점성, 윤활성, 유동성 및 열팽창계수가 작을 것

⑤ 충분한 내화성과 비등점이 높을 것 : 인화점이 높을 것

⑥ 열전도율이 좋고, 밀도가 낮을 것

⑦ 장치와의 결합성이 좋을 것

⑧ 휘발성이 적을 것

71 일반적인 공기식 제빙(De-icing)계통에서 솔레노이드 밸브의 역할은?

① 부츠(Boots)로 물이 공급되도록 한다.

② 장착 위치에 부츠(Boots)를 고정시킨다.

③ 부츠(Boots) 내의 수분이 배출되도록 한다.

④ 타이머에 따라 분배 밸브(Distributor valve)를 작동시킨다.

해설

전자 밸브로서, 전기가 통하면 플랜지가 올라가 밸브가 열리고 전기가 차단되면 플랜지 무게에 의하여 자동적으로 밸브가 닫힌다.

72 유압계통에서 저장소(Reservoir)에 작동유를 보급할 때 이물질을 걸러내는 장치는?

① 스탠드 파이프(Stand pipe)

② 화학건조기(Chemical drier)

③ 손가락거르개(Finger strainer)

④ 수분제거기(Moisture separator)

해설

Finger strainer

• Finger screen이라고도 하며 비행기 연료계통 및 유압계통에 사용하는 필터로 직경이 작고 거친 망으로 되어 있으며 손가락 모양과 같아 붙인 이름. 탱크 안쪽의 연료 및 오일 관 끝에 장착되어 있으며, 탱크로부터 연료 및 오일이 흐를 때 연료 및 오일 속에 섞여있는 큰 입자의 오물을 걸러내는 역할을 한다. 미세한 오물은 최종 마지막 필터에 의해서 걸러진다.

• Stand pipe : 유압계통의 누설로 레저버에 비상 작동유를 확보할 수 있도록 하는 장치

73 고휘도 음극선관과 컴바이너(Combiner)라고 부르는 특수한 거울을 사용하여 1차적인 비행 정보를 조종사의 시선 방향에서 바로 볼 수 있도록 만든 장치는?

① PFD

② ND

③ MFD

④ HUD

해설

HUD

전방표시장치로서 최근 자동차, 항공 분야에서 운전자의 안전과 편의성을 높여 주기 위해 앞유리에 계기를 표시하여 보여주는 전자장비 기술이다.

74 항공기의 비행 중 피토튜브(Pitot tube)로부터 얻은 정보에 의해 작동되지 않는 계기는?

① 대기속도계(Air speed indicator)

② 승강계(Vertical speed indicator)

③ 기압고도계(Baro altitude indicator)

④ 지상속도계(Ground speed indicator)

해설

피토튜브(Pitot tube)

풍속 측정에서 가장 간편하게 쓰이는 방법이며, 대기속도, 승강, 기압고도에 관여한다.

[정답] 71 ④ 72 ③ 73 ④ 74 ④

75 다음 중 항공기에서 이론상 가장 먼저 측정하게 되는 것은?

① CAS
② IAS
③ EAS
④ TAS

🔍 해설

IAS

항공기 계기에 의하여 지시된 속도라 한다.
조종사와 관제사 간에 송수신 시 일반적 인 용어 "속도"로 사용되는 속도 용어이다.

76 내부저항이 5[Ω]인 배율기를 이용한 전압계에서 50[V]의 전압을 5[V]로 지시하려면 배율기 저항은 몇 [Ω]이어야 하는가?

① 10
② 25
③ 45
④ 50

🔍 해설

$$R = (n-1) \times 5 = \left\{ \left(\frac{50}{5} \right) - 1 \right\} \times 5 = (10-1) \times 5$$
$$= 9 \times 5 = 45$$

77 [보기]와 같은 특징을 갖는 안테나는?

> **[보기]**
> • 가장 기본적이며, 반파장 안테나
> • 수평 길이가 파장의 약 반정도
> • 중심에 고주파 전력을 공급

① 다이폴안테나
② 루프안테나
③ 마르코니안테나
④ 야기안테나

🔍 해설

다이폴안테나

실효 안테나 길이가 2분의 1 파장인 도선의 중앙부에서 급전하여 안테나의 중앙을 기준으로 상하 또는 좌우의 선상 전위 분포 및 극성이 항상 대칭이 되어 다이폴과 같이 작용하는 안테나이다.
안테나 이득이나 지향성 안테나의 지향성을 규정하는 표준 안테나로 이용된다.

78 24[V] 납산축전지(Lead acid battery)를 장착한 항공기가 비행 중 모선(Main base)에 걸리는 전압은 몇 [V]인가?

① 24
② 26
③ 28
④ 30

🔍 해설

발전기의 전압은 발전기의 계자회로에 연결된 전압조절기에 의해 정밀하게 제어된다. 12[V] 장치에서, 발전기의 전압은 약 14.25[V]로 조정된다. 24[V] 장치에서, 조정은 28~28.5[V] 사이에 있어야 한다.

79 QNH 방식으로 보정한 고도계에서 비행 중 지침이 나타내는 고도는?

① 압력고도
② 진고도
③ 절대고도
④ 밀도고도

🔍 해설

QNH 방식

고도 14,000[ft] 미만의 고도에서 사용하는 것으로서, 고도계가 해면으로부터의 기압 고도, 즉 진고도를 지시하도록 수정하는 방법

🔽 참고

① QNE 보정 : 고도계가 표준 면상으로부터의 높이 즉 기압고도를 지시하도록 고도계를 수정하는 방법
② QFE 보정 : 고도계가 주로(지표면)로부터의 고도 즉 절대 고도를 지시하도록 수정하는 방법

80 자이로의 강직성에 대한 설명으로 옳은 것은?

① 회전자의 질량이 클수록 약하다.
② 회전자의 회전속도가 클수록 강하다.
③ 회전자의 질량관성모멘트가 클수록 약하다.
④ 회전자의 질량이 회전축에 가까이 분포할수록 강하다.

🔍 해설

항공기 자이로 계기(Gyro Instrument)의 특성

① 강직성 : 외부에서 힘이 가해지지 않는 한 항상 같은 자세를 유지하려는 성질

[정답] 75 ② 76 ③ 77 ① 78 ③ 79 ② 80 ②

② 섭동성 : 외부에서 가해진 힘의 방향과 90도 뒤쳐진 방향으로 자세가 변하는 성질
   ▶ 그러므로 회전자의 속도가 클수록 강하다.

자격종목 및 등급(선택분야)	시험시간	문제수	문제형별	성명
항공산업기사	2시간	80	A	듀오북스

제1과목 　 항공역학

01 항공기가 선회속도 20[m/s], 선회각 45° 상태에서 선회비행을 하는 경우 선회반경은 약 몇 [m]인가?

① 20.4　　　　　② 40.8

③ 57.7　　　　　④ 80.5

해설

$R=\dfrac{V^2}{g\tan\phi}$ 이므로 $R=\dfrac{(20)^2}{9.81\times\tan45}=40.7747\fallingdotseq40.78[m]$

02 정상흐름의 베르누이방정식에 대한 설명으로 옳은 것은?

① 동압은 속도에 반비례한다.
② 정압과 동압의 합은 일정하지 않다.
③ 유체의 속도가 커지면 정압은 감소한다.
④ 정압은 유체가 갖는 속도로 인해 속도의 방향으로 나타나는 압력이다.

해설

베르누이 정리는 정압(p)+동압(q)=전압으로 일정 하므로 동압과 정압은 서로 반비례 관계임(동압은 정체된 압력이 외부 에너지에 의해 한 방향의 속도로 나타난 압력임)

03 스팬(Span)의 길이가 39[ft], 시위(Chord)의 길이가 6[ft]인 직사각형 날개에서 양력계수가 0.8일 때 유도 받음각은 약 몇 [°]인가? (단, 스팬효율계수는 1이다.)

① 1.5　　　　　② 2.2

③ 3.0　　　　　④ 3.9

해설

유도각(α_i)$=\dfrac{C_L}{\pi eAR}$

$AR=\dfrac{Span}{Chord}=\dfrac{39}{6}=6.5$

$\therefore \alpha_i=\dfrac{0.8}{\pi\times1\times6.5}=2.24$

04 수평스핀과 수직스핀의 낙하속도와 회전각속도 크기를 옳게 나타낸 것은?

① 수평스핀 낙하속도 > 수직스핀 낙하속도
　 수평스핀 회전각속도 > 수직스핀 회전각속도
② 수평스핀 낙하속도 < 수직스핀 낙하속도
　 수평스핀 회전각속도 < 수직스핀 회전각속도
③ 수평스핀 낙하속도 > 수직스핀 낙하속도
　 수평스핀 회전각속도 < 수직스핀 회전각속도
④ 수평스핀 낙하속도 < 수직스핀 낙하속도
　 수평스핀 회전각속도 > 수직스핀 회전각속도

해설

수직스핀 : 20~40° 각도에 낙하속도는 40~80[m/s]
수평스핀 : 60° 각도에 낙하속도는 느리지만 회전하는 각속도가 매우 빨라 회복 불가
∴ 수평스핀 회전각속도 > 수직수핀 회전각속도

05 날개면적이 100[m²]인 비행기가 400[km/h]의 속도로 수평비행하는 경우 이 항공기의 중량은 약 몇 [kgf]인가? (단, 양력계수는 0.6, 공기밀도는 0.125[kgf·s²/m⁴]이다.)

① 60,000　　　　② 46,300

③ 23,300　　　　④ 15,600

[정답] 01 ②　02 ③　03 ②　04 ④　05 ②

해설

$$W = L = C_L \frac{1}{2} \rho V^2 S$$

$$= 0.6 \times 0.5 \times 0.125 \times \left(\frac{400}{3.6}\right)^2 \times 100$$

$$= 46,296.2963 \,[\mathrm{kgf \cdot s^2/m^4}]$$

06 형상항력을 구성하는 항력으로만 나타낸 것은??

① 유도항력＋조파항력

② 간섭항력＋조파항력

③ 압력항력＋표면마찰항력

④ 표면마찰항력＋유도항력

해설

형상항력＝압력항력＋마찰항력

07 항공기의 성능 등을 평가하기 위하여 표준대기를 국제적으로 통일하는데 국제표준대기를 정한 기관은?

① UN ② FAA

③ ICAO ④ ISO

해설

항공기의 설계, 운용의 기준이 되는 대기의 상태를 ICAO에서 정함

08 프로펠러 비행기의 항속거리를 증가시키기 위한 방법이 아닌 것은?

① 연료소비율을 적게 한다.

② 프로펠러 효율을 크게 한다.

③ 날개의 가로세로비를 작게 한다.

④ 양항비가 최대인 받음각으로 비행한다.

해설

프로펠러 비행기의 항속 거리를 증가시키려면, 프로펠러 효율을 크게 해야 하고, 연료 소비율은 작게 하며, 양항비가 최대인 받음각으로 비행해야하고 연료의 적재를 많이 할 수 있어야 한다.

$$R = \frac{540\eta}{c} \cdot \frac{C_L}{C_D} \cdot \frac{W_1 - W_2}{W_1 + W_2} \,[\mathrm{km}]$$

09 등속상승비행에 대한 상승률을 나타내는 식이 아닌 것은?

V : 비행속도	γ : 상승각
W : 항공기 무게	T_A : 이용추력
T_R : 필요추력	

① $V\sin\gamma$ ② $\dfrac{(T_A - T_R)V}{W}$

③ $\dfrac{잉여동력}{W}$ ④ $\dfrac{T_A - T_R}{W}$

해설

$$R \cdot C = V\sin\gamma$$

$$= \frac{\Delta P}{W} = \frac{P_a - P_r}{W}$$

$$= \frac{TV - DV}{W} \,(\because 동력 P = 힘 \times 속도)$$

이 문제에서 힘은 추력의 형태로 주어졌으므로 T와 D 자리에 이용추력, 필요추력을 대입해주면 된다.

10 라이트형제는 인류 최초로 유인동력비행을 성공하던 날 최고기록으로 59초 동안 이륙 지점에서 260[m] 지점까지 비행하였다. 당시 측정된 43[km/h]의 정풍을 고려한다면 대기속도는 약 몇 [km/h]인가?

① 27 ② 40

③ 60 ④ 80

해설

$$V = \frac{S}{t} = \frac{260m}{59s}$$

$$= 4.40678 \,[\mathrm{m/s}] = 15.86 \,[\mathrm{km/h}]$$

$$\therefore V_{atm} = 15.86 + 43 = 58.86 \,[\mathrm{km/h}]$$

11 비행기가 장주기 운동을 할 때 변화가 거의 없는 요소는?

① 받음각
② 비행속도
③ 키놀이 자세
④ 비행고도

해설

장주기 운동에서는 키놀이 자세, 비행속도, 비행고도에는 상당한 변화가 있지만 받음각은 거의 일정하다.

12 에어포일(airfoil) "NACA 23012"에서 첫 번째 자리 숫자 "2"가 의미하는 것은?

① 최대캠버의 크기가 시위(Chord)의 2[%]이다.
② 최대캠버의 크기가 시위(Chord)의 20[%]이다.
③ 최대캠버의 위치가 시위(Chord)의 15[%]이다.
④ 최대캠버의 위치가 시위(Chord)의 20[%]이다.

해설

NACA 23015
2 : 최대 Camber의 크기가 시위의 2[%]
3 : 최대 Camber의 위치가 시위의 15[%]
0 : 평균 캠버선의 뒤쪽 절반이 직선(1은 곡선)
15 : 최대 두께가 시위의 15[%]

13 프로펠러의 이상적인 효율을 비행속도(V)와 프로펠러를 통과할 때의 기체 유동속도(V_1) 및 순수 유도속도(w)로 옳게 표현한 것은? (단, $V_1 = V + w$이다.)

① $\dfrac{V_1}{V_1 + w}$

② $\dfrac{V}{V + w}$

③ $\dfrac{2V}{V_1 + w}$

④ $\dfrac{2V_1}{V + w}$

해설

프로펠러의 효율 $\eta = \dfrac{output}{input}$ 이 성립되므로 프로펠러를 통과할 때의 속도가 입력 값으로, 비행속도가 출력 값으로 들어가면 된다.

14 헬리콥터가 전진비행을 할 때 주 회전날개의 전진깃과 후진깃에서 발생하는 양력차이를 보정해 주는 장치는?

① 플래핑 힌지(Flapping hinge)
② 리드-래그 힌지(Lead-lag hinge)
③ 동시 피치 제어간(Collective pitch control lever)
④ 사이클릭 피치 조종간(Cyclic pitch control lever)

해설

플래핑 힌지
회전면 내에서 회전 날개의 상, 하의 일정 각도 움직임을 갖도록 하여 회전날개 중심 연결부에 과도한 휨이 발생되는 것을 방지하고, 일정각도 상향 및 하향 플래핑을 함으로서 전진 브레이드에서 받음각의 감소, 후진 블레이드에서 받음각 증가로 회전면 내에서 양력의 수평 성분을 만든다.

15 평형상태를 벗어난 비행기가 이동된 위치에서 새로운 평형상태가 되는 경우를 무엇이라고 하는가?

① 동적 안정(Dynamic stability)
② 정적 안정(Positive static stability)
③ 정적 중립(Neutral static stability)
④ 정적 불안정(Negative static stability)

해설

평형상태에서 벗어난 물체가 원래의 위치로 되돌아 오지도 않고, 벗어난 방향으로도 움직이지 않는 상태를 정적 중립이라 함

16 헬리콥터 속도가 초과금지속도에 이르면 후진 블레이드 실속징후가 발생되는데 그 징후가 아닌 것은?

① 높은 중량 증가
② 기수 상향 방향
③ 비정상적인 진동
④ 후진블레이드 방향으로 헬리콥터 경사

해설

후퇴하는 깃이 받는 공기의 속도는 방위각 270°에서 최소가 되며 전진 속도가 커질수록 양력을 얻기 위한 깃의 받음각은 기 끝에서 최대가 됨으로 실속에 도달한다. 양력에 따른 높은 중량은 Over Coning 상태를 만드나 실속에는 관계 없음

[정답] 11 ① 12 ① 13 ② 14 ① 15 ③ 16 ①

17 프로펠러의 회전에 의해 깃이 허브 중심에서 밖으로 빠져 나가려는 힘은?

① 추력   ② 원심력

③ 비틀림응력   ④ 구심력

🔍 **해설**

프로펠러의 회전에 의해 깃이 허브 중심에서부터 블레이드 팁까지 빠져나가는 원심력이 발생한다.

18 비행기의 가로축(Lateral axis)을 중심으로 한 피치운동(Pitching)을 조종하는데 주로 사용되는 조종면은?

① 플랩(Flap)   ② 방향키(Rudder)

③ 도움날개(Aileron)   ④ 승강키(Elevator)

🔍 **해설**

① X축(세로축) : 조종간 좌, 우 – Aileron – Rolling Moment
② Y축(가로축) : 조종간 전, 후 – Elevator-Pitching Moment
③ Z축(수직축) : 페달 전, 후 – Rudder-Yawing Moment

19 고도 10[km] 상공에서의 대기온도는 몇 [℃]인가?

① −35   ② −40

③ −45   ④ −50

🔍 **해설**

대류권에서는 1[km] 상승 시 마다 습윤단열감률에 의해 6.5[℃]씩 감소하므로 −65[℃]가 되고 지표면에서의 표준 온도가 15[℃]이므로 10[km] 상공의 온도는 −50[℃]가 됨

20 더치롤(Dutch roll)에 대한 설명으로 옳은 것은?

① 가로진동과 방향진동이 결합된 것이다.
② 조종성을 개선하므로 매우 바람직한 현상이다.
③ 대개 정적으로는 안정하지만 동적으로는 불안정하다.
④ 나선 불안정(spiral divergence)상태를 말한다.

🔍 **해설**

가로 방향 불안정은 더치 롤(Dutch Roll)이라고도 하며, 가로진동과 방향진동이 결합된 것으로, 동적으로는 안정하지만 진동하는 성질이 문제가 되며, 정적 방향 안정보다 쳐든각(상반각) 효과가 클 때 발생(빗놀이와 옆놀이의 결합운동)

제2과목   **항공기관**

21 외부 과급기(External supercharger)를 장착한 왕복엔진의 흡기계통에서 압력이 가장 낮은 곳은?

① 흡입 다기관   ② 기화기 입구

③ 스로틀밸브 앞   ④ 과급기 입구

🔍 **해설**

외부과급기는 기화기 이전에 압력을 상승시키는 장치이므로 과급기 입구가 가장 앞이며 압력상승이 있기 전에 공기가 끌려서 과급기로 들어오는 부분이므로 압력이 가장 낮다.

22 시운전 중인 가스터빈엔진에서 축류형 압축기의 RPM이 일정하게 유지된다면 가변 스테이터 깃(Vane)의 받음각은 무엇에 의해 변하는가?

① 압력비의 감소   ② 압력비의 증가

③ 압축기 직경의 변화 ④ 공기흐름 속도의 변화

🔍 **해설**

VSV(Variable Stator Vane)
정익의 최부각을 가변구조로 하여 rpm에 따라 EVC(Engine Vane Control)에 의해 자동조절케 함으로써 공기유입량, 즉 유입속도를 변화시키므로 동익의 영각을 일정하게 한다.

23 왕복엔진의 마그네토에서 접점(Breaker point) 간격이 커지면 점화시기와 강도는?

① 점화가 늦게 되고 강도가 약해진다.
② 점화가 늦게 되고 강도가 높아진다.
③ 점화가 일찍 발생하고 강도가 약해진다.
④ 점화가 일찍 발생하고 강도가 높아진다.

[정답] 17 ②   18 ④   19 ④   20 ①   21 ④   22 ④   23 ③

해설

간격이 크면 살짝 붙어 있다가 캠로브가 약간만 밀어도 열리므로 빨리 열리고 열리면 점화가 생기므로 점화가 빠르고 정확한 시기(E-gap 위치)에서 열려야 최대의 강도가 생기는데 빨리 열리니까 강도는 약하게 된다.

---

24 왕복엔진에 사용되는 고휘발성 연료가 너무 쉽게 증발하여 연료배관내에서 기포가 형성되어 초래할 수 있는 현상은?

① 베이퍼 락(Vapor lock)
② 임팩트 아이스(Impact ice)
③ 하이드로릭 락(Hydraulic lock)
④ 이베포레이션 아이스(Evaporation ice)

해설

Vapor lock(증기 폐색, 증기 폐쇄)
기화성이 너무 높은 연료가 관속을 흐를 때 열을 받으면 기포가 생기고 기포가 많아지면 연료의 흐름을 차단하는 현상이며, 그 원인을 들면
① 연료 증기압이 연료압력보다 클 때
② 연료관에 열이 가해질 때
③ 연료관이 심히 굴곡되거나 오리피스가 있을 때

---

25 가스터빈엔진의 복식(Duplex) 연료 노즐에 대한 설명으로틀린 것은?

① 1차 연료는 아이들 회전 속도 이상이 되면 더 이상 분사되지 않는다.
② 2차 연료는 고속 회전 작동 시 비교적 좁은 각도로 멀리 분사된다.
③ 연료 노즐에 압축 공기를 공급하여 연료가 더욱 미세하게 분사되는 것을 도와준다.
④ 1차 연료는 시동할 때 이그나이터에 가깝게 넓은 각도로 연료를 분무하여 점화를 쉽게 한다.

해설

복식노즐에서 연료를 제한하는 장치가 여압밸브이므로 여압밸브를 통과하는 2차연료만 제한되고 1차연료는 시동 시부터 계속 분사된다.

• 1차 연료
  – 점화가 쉽게 이루어지도록 이그나이터에 가깝게 분사
  – 아이들 회전 속도 이상에서 계속 분사
• 2차 연료
  – 고속 회전 작동시 비교적 좁은 각도로 멀리 분사
  – 연소실 벽에 연료가 닿지 않도록 분사

---

26 압축비가 동일할 때 사이클의 이론 열효율이 가장 높은 것부터 낮은 것 순서로 나열한 것은?

① 정적–정압–합성
② 정적–합성–정압
③ 합성–정적–정압
④ 정압–합성–정적

해설

정적 – 합성 – 정압
압축비가 같을 경우 오토-사바테-디젤 순이며 최고압력이 일정한 경우는 반대가 된다.

---

27 플로트식 기화기에서 이코너마이저장치의 역할로 옳은 것은?

① 연료가 부족할 때 신호를 발생한다.
② 스로틀밸브가 완전히 열렸을 때 연료를 감소시킨다.
③ 순항출력이상의 높은 출력일 때 농후한 혼합비를 만든다.
④ 고도에 의한 밀도의 변화에 대하여 혼합비를 적절히 유지한다.

해설

이코노마이저장치(Economizing system)
순항출력이하일 때는 최대한 희박하게 하여 연료를 절감하고(경제장치) 고출력일 때 연료를 더 공급해서 농후하게 하여 연료의 기화열에 의하여 연소실 온도를 낮추어 디토네이션을 방지하면서 출력을 높게 하므로 고출력장치라고도 한다.

---

28 가스터빈기관에 사용되는 오일의 구비조건이 아닌 것은?

[정답] 24 ① 25 ① 26 ② 27 ③ 28 ④

① 유동점이 낮을 것

② 인화점이 높을 것

③ 화학 안정성이 좋을 것

④ 공기와 오일의 혼합성이 좋을 것

해설

가스터빈기관 윤활유의 구비 조건
- 점성과 유동점이 낮을 것(-56~250[℃] 까지)
- 점도 지수가 높을 것
- 공기와 윤활유의 분리성이 좋을 것
- 인화점, 산화 안정성, 열적 안정성이 높고 기화성이 낮을 것

공기와 오일의 분리성이 좋아야 거품을 방지하고 펌프의 동공현상(Cavitation)을 방지할 수 있다.

29 왕복엔진의 피스톤 지름이 16[cm], 행정길이가 0.16[m], 실린더수가 6, 제동평균유효압력이 8[kg/cm²], 회전수가 2,400일 때의 제동마력은 약 몇 [ps]인가?

① 411.6

② 511.6

③ 611.6

④ 711.6

해설

$$bhp = \frac{PLANK}{9,000}$$

$$= \frac{8 \times 0.16 \times \frac{3.14 \times 16^2}{4} \times 6 \times 2,400}{9,000} = 411.566$$

30 다음 중 프로펠러 날개가 회전 시 받는 힘이 아닌 것은?

① 원심력

② 탄성력

③ 비틀림력

④ 굽힘력

해설

비행 중에는 프로펠러에 추력, 원심력, 비틀림력이 작용하여 굽힘응력, 인장응력, 비틀림응력이 생긴다.

31 터보 팬엔진에 대한 설명으로 틀린 것은?

① 터보제트와 터보프롭의 혼합적인 성능을 갖는다.

② 단거리 이착륙 성능은 터보프롭과 유사하다.

③ 확산형 배기노즐을 통해 빠른 속도로 공기를 가속시킨다.

④ 터빈에 의해 구동되는 여러 개의 깃을 갖는 일종의프로펠러기관이다.

해설

수축형 배기노즐을 통해 빠른 속도로 공기를 가속 시킨다.

32 항공기용 엔진 중 터빈식 회전엔진이 아닌 것은?

① 램제트엔진

② 터보프롭엔진

③ 가스터빈엔진

④ 터보제트엔진

해설

제트엔진의 종류에 램제트, 펄스제트, 가스터빈, 로켓 등이 있고 이들 중 터빈이 회전하여 압축기를 구동하는 가스터빈엔진의 종류에 터보제트, 터보팬, 터보프롭, 터보샤프트가 있다.

33 왕복엔진에 사용되는 기어(Gear)식 오일펌프의 옆 간격(Side clearance)이 크면 나타나는 현상은?

① 엔진 추력이 증가한다.

② 오일 압력이 낮아진다.

③ 오일의 과잉공급이 발생한다.

④ 오일펌프에 심한 진동이 발생한다.

해설

기어식 펌프의 옆 간격이란 기어 이빨의 끝부분과 케이스 사이의 간격이므로 이 간격이 크면 오일이 압축되지 못하므로 압력이 낮아진다.

[**정답**] 29 ① 30 ② 31 ③ 32 ① 33 ②

34 [그림]과 같은 이론공기 사이클을 갖는 엔진은? (단, Q는 열의 출입, W는 일의 출입을 표시한다.)

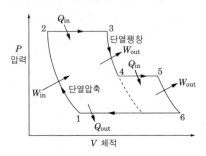

① 2단압축 브레이튼사이클
② 과급기를 장착한 디젤사이클
③ 과급기를 장착한 오토사이클
④ 후기연소기를 장착한 가스터빈사이클

🔍 **해설**

브레이튼 사이클의 팽창부분에서 다시 정압수열과 팽창이 붙어 있으므로 후기연소기에서 재연소됨을 알 수 있다.

35 가스터빈엔진의 추력 비연료 소비율(Thrust specific fuel consumption)이란?

① 1시간동안 소비하는 연료의 중량
② 단위추력의 추력을 발생하는데 소비되는 연료의 중량
③ 단위추력의 추력을 발생하기 위하여 1시간 동안 소비하는 연료의 중량
④ 1,000[km]를 순항비행 할 때 시간당 소비하는 연료의 중량

🔍 **해설**

TSFC : 1N[kg·m/s²]의 추력을 발생하기 위해 1시간 동안 기관이 소비하는 연료의 중량으로 효율, 성능, 경제성에 반비례

$$TSFC = \frac{W_f \times 3,600}{F_n}$$

또는 $TSFC = \frac{g\dot{m}_f \times 3,600}{F_n}$ [kg/N·h, kg/kg·h, lb/lb·h]

36 흡입덕트의 결빙방지를 위해 공급하는 방빙원(Anti icing source)은?

① 압축기의 블리드 공기
② 연소실의 뜨거운 공기
③ 연료펌프의 연료이용
④ 오일탱크의 오일이용

🔍 **해설**

팬과 압축기의 동익은 원심력의 작용으로 착빙이 없으므로 주로 흡입덕트의 립, 노스 돔, IGV, 압축기 전방 정익 등에 압축기 후방의 블리드 공기를 불어넣어 방빙한다.

37 다음 중 아음속 항공기의 흡입구에 관한 설명으로 옳은 것은?

① 수축형 도관의 형태이다.
② 수축−확산형 도관의 형태이다.
③ 흡입공기 속도를 낮추고 압력을 높여준다.
④ 음속으로 인한 충격파가 일어나지 않도록 속도를 감속시켜준다.

🔍 **해설**

아음속기에서 사용하는 고정면적 흡입덕트로써 압축기 입구의 공기속도를 비행속도에 관계없이 항상 압축 가능한 최고속도 이하인 $M=0.5$ 정도로 유지하도록 덕트의 안쪽을 넓게 하여 확산시키므로 최근 아음속기의 속도인 $M=0.8\sim0.9$를 감속시키면서 압력상승을 기한다.

38 제트엔진의 추력을 나타내는 이론과 관계있는 것은?

① 파스칼의 원리
② 뉴톤의 제1법칙
③ 베르누이의 원리
④ 뉴톤의 제2법칙

🔍 **해설**

· 제1법칙 : 관성의 법칙
· 제2법칙 : 질량 가속도의 법칙
· 제3법칙 : 작용과 반작용의 법칙

[정답] 34 ④ 35 ③ 36 ① 37 ③ 38 ④

39 프로펠러의 회전면과 시위선이 이루는 각을 무엇이라 하는가?

① 붙임각   ② 깃각

③ 회전각   ④ 깃뿌리각

🔍 해설

깃각(Blade angle)이란 회전면과 시위선이 이루는 각이다.

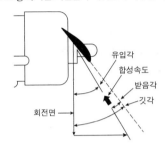

40 총 배기량이 1500[cc]인 왕복엔진의 압축비가 8.5라면 총 연소실 체적은 약 몇 [cc]인가?

① 150   ② 200

③ 250   ④ 300

🔍 해설

$\varepsilon = 1 + \dfrac{V_d}{V_c}$ 에서 $\varepsilon - 1 = \dfrac{V_d}{V_c}$ 이므로 $8.5 - 1 = \dfrac{1500}{V_c}$

$\therefore V_c = 200$

단, 위 문제에서 총배기량은 행정체적으로 바꿔야만 함

제3과목 ▶ 항공기체

41 항공기의 주 조종면이 아닌 것은?

① 방향키(Rudder)   ② 플랩(Flap)

③ 승강키(Elevator)   ④ 도움날개(Aileron)

🔍 해설

플랩이나 탭과 같은 조종면은 2차 조종면으로 부조종 계통이다.

42 일정한 응력(힘)을 받는 재료가 일정한 온도에서 시간이 경과함에 따라 변형률이 증가되는 현상을 무엇이라고 하는가?

① 크리프(Creep)   ② 파괴(Fracture)

③ 항복(Yielding)   ④ 피로굽힘(Fatigue)

🔍 해설

일정 응력, 일정 온도, 일정 하중에서 시간 경과에 따라 변형률이 변화하는 현상

⊙ 크리이프 파단 곡선
    1단계 ➡ 탄성 범위내의 변형 ➡ 비례 탄성 범위
    2단계 ➡ 변형률이 직선으로 증가 ➡ 크리이프율(Creep Ratio)
    3단계 ➡ 변형률의 급격한 증가로 파단

※ 2단계와 3단계의 경계점을 천이점(Transition point)이라 함

43 엔진마운트와 나셀에 대한 설명으로 틀린 것은?

① 나셀은 외피, 카울링, 구조부재, 방화벽, 엔진마운트로 구성된다.

② 착륙거리를 단축하기 위하여 나셀에 장착된 역추진 장치를 사용한다.

③ 엔진마운트를 동체에 장착하면 공기역학적 성능이 양호하나 착륙장치를 짧게 할 수 없다.

④ 엔진마운트는 엔진을 기체에 장착하는 지지부로 엔진의 추력을 기체에 전달하는 역할을 한다.

🔍 해설

① 왕복 엔진 마운트(Reciprocating Engine Mount)와 나셀(Nacelle) : 왕복엔진 마운트는 방화 벽(Fire Wall)에 부착되며, 마운트 방진댐퍼(진동흡수 고무)를 통하여 볼트와 너트로 고정되어 있다.
    왕복엔진의 나셀은 카울링(Cowling)을 통하여 공기의 저항을 감소하고, 냉각공기를 흡입하여 엔진 냉각뿐만 아니라 기화기에 공기를 공급해 준다. 또한 엔진의 냉각상태를 조절해 주기위해서 나셀 안으로 들어오는 공기의 양을 조절해주는 카울 플랩(cowl flap)을 설치하기도 한다.

② 가스 터빈 엔진 마운트(Gas Turbine Engine Mount)와 나셀(Nacelle) : 가스 터빈 엔진을 사용하는 현대의 항공기들은 엔진 마운트(engine mount)를 날개에 장착하는 방법을 가장 많이 사용하고 있다.
    날개 앞전의 밑에 있는 파일론(pylon)에 엔진을 장착하게 되는데 파일론에는 엔진 마운트와 방화벽이 설치되어 있으며, 나셀은 파일론 밑에 붙어있다.

[정답] 39 ②   40 ②   41 ②   42 ①   43 ③

노즈 카울(nose cowl)과 팬 카울(fan cowl), 역추력 장치 (thrust reverser) 등으로 구성되어 있다. 노즈 카울은 엔진 흡입구를 싸고 있으며, 역추력 장치는 항공기가 착륙 시 활주거리 단축을 위해 사용된다.

③ 나셀(nacelle)
- 나셀은 기체에 장착된 엔진을 둘러싸는 부분을 말하며, 엔진 및 엔진에 관련된 각종 장치를 수용하는 공간이다.
- 나셀은 공기 역학적으로 저항을 적게 하기 위하여 유선형으로 되어 있다.
- 동체 안에 엔진을 장착할 때에는 나셀이 필요 없다.
- 나셀은 동체 구조와 마찬가지로 외피, 카울링, 구조 부재, 방화벽 그리고 기관 마운트로 구성되어 있다.

44 복합재료로 제작된 항공기 부품의 결함(층분리 또는 내부손상)을 발견하기 위해 사용되는 검사방법이 아닌것은?

① 육안검사 ② 와전류탐상검사
③ 초음파검사 ④ 동전 두드리기 검사

해설

복합재료로 제작된 샌드위치 구조의 층 분리나 내부 손상을 검사하기 위해서는 육안검사나, Coin Tap Test, 초음파나 X-ray 등의 비파괴 검사가 적합

45 페일 세이프(Fail safe) 구조형식이 아닌 것은?

① 이중(Double) 구조
② 대치(Back-up) 구조
③ 샌드위치(Sandwich) 구조
④ 다경로하중(Redundant load) 구조

해설

Fail-Safe Structure 종류

① Redundant Structure
  일부 부재가 파괴 될 경우 그 부재가 담당하던 하중을 분담할 수 있는 다른 부재가 있어 구조 전체로서는 치명적인 결과를 가져오지 않는 구조형식

② Double Structure
  큰 부재 대신 2개의 작은 부재를 결합시켜 하나의 부재와 같은 강도를 가지게 함으로써 치명적인 파괴로 부터 안전을 유지할 수 있는 구조형식

③ Back-up Structure
  하나의 부재가 전체의 하중을 지탱하고 있을 경우 이 부재가 파손될 것을 대비하여 준비된 예비적인 대치 부재를 가지고 있는 구조형식

④ Load Dropping Structure
  부재가 파손되기 시작하면 변형이 크게 일어나므로 주변의 다른 부재에 하중을 전달 시켜 원래 부재의 추가적인 파괴를 막는 구조형식

46 TIG 또는 MIG 아크 용접 시 사용되는 가스끼리 짝지어진것은?

① 아르곤가스, 헬륨가스
② 헬륨가스, 아세틸렌가스
③ 아르곤가스, 아세틸렌가스
④ 질소가스, 이산화탄소 혼합가스

해설

불활성 가스 아크용접(TIG 용접)

- 용접에 필요한 열에너지를 비소모성의 텅스텐 전극과 모재사이에서 발생하는 아크 열에 의해 공급되며 이때 비피복용가재는 이 열에너지에 의하여 용해되어 용접되는 방법
- 용접이 진행되는 동안 용접 부위를 대기와 차단시키기 위해 ARC 둘레에 보호덮개로서 불활성 가스인 헬륨이나 아르곤 사용
- ※ 아르곤 불활성 가스 : 값이 싸고, 헬륨보다 널리 사용되며, 헬륨보다 무거워 더 좋은 보호 덮개 역할 수행 → Al, Mg 용접에 사용
- ※ 헬륨 불활성 가스 : 높은 열전도율을 가진 무거운 재료 용접에 사용

47 항공기 타이어 트레드(Tire tread)에 대한 설명으로 옳은 것은?

① 여러 층의 나일론 실로 강화되어 있다.
② 강 와이어로부터 패브릭으로 둘러싸여 있다.
③ 내구성과 강인성을 갖기 위해 합성고무 성분으로 만들어 졌다.
④ 패브릭과 고무 층은 비드 와이어로부터 카커스를 둘러싸고 있다.

[정답] 44 ② 45 ③ 46 ① 47 ③

해설

① 트레드 : 타이어 바깥 원주의 고무 복합체로 된 층이며, 마멸을 담당
② 트레드 홈(Tread Groove) : 마멸 측정 및 제동 효과 증대
③ 코어 보디 : 나일론 섬유에 고무를 입힌 여러 개의 플라이를 서로 직각으로 겹쳐서 이루어진 부분
④ 브레이커(Breaker) : 트레드와 코어 보디의 접착을 가하고 타이어의 강도 보강
⑤ 차퍼(Chafer) : 와이어 비드와 연결부에 부착되어 제동열을 차단하고 바퀴와 타이어 사이의 밀폐 효과
⑥ 와이어 비드(Wire bead) : 타이어의 골격으로 바퀴에 단단한 고착 및 타이어의 강도 유지

48 다음과 같은 트러스(Truss)구조에 있어, 부재 DE 의 내력은 약 몇 [kN]인가?

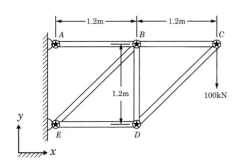

① 141.4
② 100
③ −141.4
④ −100

해설

라미의 정리를 적용하면
$\dfrac{100}{\sin 135}=\dfrac{F_{BC}}{\sin 135}=\dfrac{F_{DC}}{\sin 135}$ $F_{BC}=100$ $F_{DC}=100\dfrac{\sin 90}{\sin 135}=141.4$
$F_{BD}=F_{ED}=141.4\times\dfrac{\sin 135}{\sin 90}=99.98$ $\dfrac{141.4}{\sin 90}=\dfrac{F_{BD}}{\sin 135}=\dfrac{F_{ED}}{\sin 135}$

49 코터 핀의 장착 및 제거 할 때의 주의사항으로 옳은 것은?

① 한번 사용한 것은 재사용하지 않는다.
② 장착 주변의 구조를 강화시키기 위해 주철 해머를 사용한다.
③ 핀 끝을 접어 구부릴 때는 꼬거나 가로방향으로 구부린다.
④ 핀 끝을 절단할 때는 최대한 가늘고 뾰족하게 절단하여 다른 곳과의 연결을 유연하게 한다.

해설

코터핀 장착 시의 유의사항
① 한 번 사용한 것은 재사용해서는 결코 안 된다.
② 핀을 잡아 구부릴 때는 꼬거나 가로 방향으로 구부린다.
③ 핀을 절단할 때에는 안전사고를 방지하기 위해 핀 축에 직각으로 절단 한다.
④ 부근의 구간을 손상시키지 않도록 플라스틱 해머를 사용 한다.

50 항공기의 무게중심(c.g)에 대한 설명으로 가장 옳은 것은?

① 항공기 무게중심은 항상 기준에 있다.
② 항공기가 이륙하면 무게중심은 전방으로 이동한다.
③ 제작회사에서 항공기를 설계할 때 결정되며 변하지 않는다.
④ 무게중심은 연료나 승객, 화물 등을 탑재하면 이동되며, 비행 중 연료소모량에 따라서도 이동된다.

해설

항공기 무게중심
많은 사람들이 타는 여객기의 경우 무게중심을 맞추기 위해서는 많은 요소들을 고려해야한다. 항공기의 설계와 기체 중량은 물론, 승객(국제선 기준 화물포함 성인 76[kg], 유아 36[kg]), 좌석 위치, 화물 등을 확인하고 비행 중 무게가 바뀌는 연료탱크 또한 고려해야 한다.

[정답] 48 ④ 49 ① 50 ④

51 재질의 두께와 구멍(Hole)치수가 같을 때 일감의 재질에 따른 드릴의 회전속도가 빠른 순서대로 나열된 것은?

① 구리–알루미늄–공구강–스테인리스강

② 알루미늄–구리–공구강–스테인리스강

③ 구리–알루미늄–스테인리스강–공구강

④ 알루미늄–공구강–구리–스테인리스강

해설

- 경질재료 : 얇은 판의 드릴각도(118° 저속 고압)
- 연질재료 : 두꺼운 판의 드릴각도(90° 고속 저압)

52 항공기 주 날개에 작용하는 굽힘 모멘트(Bending moment)를 주로 담당하는 것은?

① 리브(Rib)

② 외피(Skin)

③ 날개보(Spar)

④ 날개보 플랜지(Spar flange)

해설

굽힘 모멘트

- 물체의 어느 한 점에 대해서 물체를 굽히려고 하는 작용이다. 휨 모멘트
- 보의 임의의 단면 양측의 힘의 모멘트는 크기가 같고 방향이 반대로, 보에 굽힘작용을 주는 것으로 굽힘 모멘트라고 한다.
- 스트링어(Stringer) 압축응력에 대한 좌굴을 방지하고, 날개의 굽힘 강도를 크게하고 날개보를 보조하여 비틀림을 방지하고 외피를 보조한다.

53 다음 중 탄소의 함량이 가장 큰 SAE 규격에 따른 강은?

① 4050

② 4140

③ 4330

④ 4815

해설

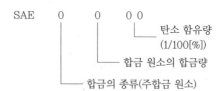

SAE 1025   1 : 탄소강

0 : 5대 기본 원소 이외의 합금 원소가 없음

25 : 탄소 평균 함유량이 0.25[%] 함유

4xxxx : 몰리브덴강, 41xx : 크롬–몰리브덴강

43xx : 크롬–몰리브덴강

54 [보기]와 같은 특성을 갖춘 재료는?

> **[보기]**
> - 무게당 강도 비율이 높다.
> - 공기역학적 형상 제작이 용이하다.
> - 부식에 강하고 피로응력이 좋다.

① 티타늄 합금

② 탄소강

③ 마그네슘 합금

④ 복합소재

해설

복합소재

현재 항공기에서는 무게 경량, 고강도, 부식, 저항성 등을 고려하여 복합소재로는 주로 카본 라미네이트를 사용한다.

55 0.0625[in] 두께의 금속판 2개를 접합하기 위하여 1/8[in] 직경의 유니버설 리벳을 사용하려고 한다면 최소한의 리벳 길이는 몇 [in]가 되어야 하는가?

① 1/4

② 1/8

③ 5/16

④ 7/16

해설

$$L = Grip + 1.5D = 2T + 1.5D$$

$$= (0.0625 \times 2) + \left(1.5 \times \frac{1}{8}\right)$$

$$= 0.125 + 0.1875 = 0.3125$$

$$\therefore \frac{5}{16}$$

[정답] 51 ② 52 ③ 53 ① 54 ④ 55 ③

56 항공기에 사용되는 평와셔(plain washer)에 대한 설명으로 틀린 것은?

① 볼트, 너트를 조일 때 락크 역할을 한다.
② 볼트, 너트를 조일 때 구조물 장착 부품을 보호한다.
③ 구조물, 장착 부품의 조임면의 부식을 방지한다.
④ 구조물이나 장착 부품의 힘을 분산 시킨다.

🔍 **해설**

평 Washer (AN 960, 970)
① Bolt와 Nut에 의한 작용력을 고르게 분산시킨다.
② Bolt Grip의 길이를 맞추기 위해 사용
③ 표면 재질의 손상으로부터 보호

57 두 종류의 이질 금속이 접촉하여 전해질로 연결되면 한 쪽의 금속에 부식이 촉진되는 것은?

① 피로 부식   ② 점 부식
③ 찰과 부식   ④ 동전기 부식

🔍 **해설**

이질 금속간 부식(Bimetal type corrosion or Galvanic corrosion)
이질 금속이 서로 접촉된 상태에서 습기 또는 타 물질에 의해 어느 한쪽 재료가 먼저 부식되는 현상으로 접촉면에 부식 퇴적물을 만드는 부식(동전기 부식)

58 비행기의 조종간을 앞쪽으로 밀고 오른쪽으로 움직였다면 조종면의 움직임은?

① 승강키는 내려가고, 왼쪽 도움날개는 올라간다.
② 승강키는 올라가고, 왼쪽 도움날개는 내려간다.
③ 승강키는 내려가고, 오른쪽 도움날개는 올라간다.
④ 승강키는 올라가고, 오른쪽 도움날개는 올라간다.

🔍 **해설**

조종간을 앞쪽으로 밀면 승강키는 내려가고 조종간을 오른쪽으로 움직이면 오른쪽 도움날개는 올라간다.

59 하중배수선도에 대한 설명으로 옳은 것은?

① 수평비행을 할 때 하중배수는 0이다.
② 하중배수선도에서 속도는 진대기속도를 말한다.
③ 구조역학적으로 안전한 조작범위를 제시한 것이다.
④ 하중배수는 정하중을 현재 작용하는 하중으로 나눈 값이다.

🔍 **해설**

하중배수$(n) = \dfrac{L}{W} = 1$ (수평비행)

하중배수$(n) = \dfrac{V^2}{V_s^2}$ (속도 변화에 따른 하중배수)

$V-n$선도란?
속도와 하중계수와의 관계식을 직교 좌표축에 나타낸 그래프로 항공기의 안전한 운용 범위를 지정해주는 도표이다.

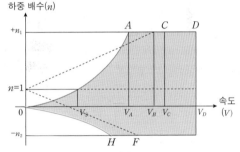

- V_D(설계 급강하 속도) : 구조상의 안전성과 조종면의 안전을 보장하는 설계상의 최대 허용 속도
- V_C(설계 순항속도) : 가장 효율적인 속도
- V_B(설계 돌풍 운용속도) : 기상 조건이 나빠 돌풍이 예상될 때 항공기는 V_B 이하로 비행
- V_A(설계 운용속도) : 플랩이 업 된 상태에서 설계 무게에 대한 실속속도
- V_S(실속 속도)

60 그림과 같은 단면에서 y축에 관한 단면의 2차 모멘트(관성모멘트)는 몇 [cm⁴]인가?

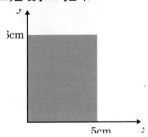

[정답] 56 ①   57 ④   58 ③   59 ③   60 ④

① 175   ② 200
③ 225   ④ 250

해설

$$I_y = \sum_{i=1}^{n} x_i^2 (\Delta A_i)$$

$$I_{y'} = I_y + Ad_2^2 = \frac{hb^3}{12} + bh \times \left(\frac{b}{2}\right)^2$$

$$= \frac{hb^3}{3} = \frac{6 \times 5^3}{3} = 250$$

제4과목   항공장비

61 비행기록장치(DFDR : Digital Flight Data Recorder) 또는 조종실음성기록장치(CVR : Cockpit Voice Recorder)에 장착된 수중위치표시(ULD : Under Water Locating Device) 성능에 대한 설명으로 틀린 것은?

① 비행에 필수적인 변화가 기록된다.
② 물속에 있을 때만 작동이 가능하다
③ 매초마다 37.5[kHz]로 Pulse Tone신호를 송신한다.
④ 최소 3개월 이상 작동 되도록 설계가 되어있다.

해설

수중위치표시(ULD)의 특성
① 물속에 있을 때만 작동이 가능하다.(최대 20,000[feet])
② 탐지범위는 7,000∼12,000[feet]이다.
③ 최소 1개월 이상 작동 되도록 설계가 되어있다
④ 매초마다 37.5[kHz]로 Pulse Tone신호를 송신한다.

62 작동유에 의한 계통내의 압력을 규정된 값 이하로 제한하는 것은?

① 레귤레이터   ② 릴리프밸브
③ 선택밸브   ④ 감압밸브

해설

유압계통에 사용되는 구성품의 기능
① 압력조절기 : 불규칙한 배출압력을 규정범위로 조절, 무부하 운전 가능
② Reief(릴리프) v/v : 계통 내 규정 값 이하로 제한
③ Priority v/v : 일정압력 이하로 떨어지면 중요작동 계통에만 유로 형성
④ Reduce(감압) v/v : 낮은 압력이 필요한 곳에 요구수준 까지 제공

63 Service Interphone System에 관한 설명으로 옳은 것은?

① 정비용으로 사용된다.
② 운항 승무원 상호간 통신장치이다.
③ 객실 승무원 상호간 통화장치이다.
④ 고장수리를 위해 서비스센터에 맡겨둔 인터폰이다.

해설

Service Interphone
항공기 기체 내부 및 외부의 여러 곳에 정비 목적으로 Interphone Jack들이 설치되어 있으며 각 Jack 위치에서 Interphone을 통해 서로 통신을 할 수 있다.
Jack의 위치는 항공기에 적절하게 잘 배치되어 있어 정비를 하면서 원하는 임의의 곳에서 사용이 가능 하다

64 대형 항공기 공압계통에서 공통 매니폴드에 공급되는 공기 공급원의 종류가 아닌 것은?

① 터빈기관의 압축기(Compressor)
② 기관으로 구동되는 압축기(Super charger)
③ 전기모터로 구동되는 압축기(Electric motor com-pressor)
④ 그라운드 뉴메틱 카트(Ground pneumatic cart)

해설

[정답] 61 ④   62 ②   63 ①   64 ③

압축공기의 공급원
- 엔진 압축기 블리드 공기(Bleed Air)
- 보조 동력장치(APU) 블리드 공기(Bleed Air)
- 지상 공기 압축기(Ground pneumatic cart)에서 공급되는 공기

65 엔진 계기에 해당하지않는 것은?

① 오일압력계(Oil pressure gage)
② 연료압력계(Fuel pressure gage)
③ 오일온도계(Oil temperature gage)
④ 선회경사계(Turen & bank indicator)

해설

엔진 계기
① 회전계(RPM gauge, engine speed indicator)
② 오일 압력계(Oil pressure gauge)
③ 연료 압력계(Fuel pressure gauge)
④ 오일 온도계(Oil temperature indicator)
⑤ 기관 압력비 지시기(Engine pressure ratio indicator) : 제트기관에 사용
⑥ 연료 온도계(Fuel temperature indicator) : 제트기관에 사용
⑦ 배기 가스 온도계(Exhaust gas temperature indicator) : 제트기관에 사용
⑧ 압축기 입구 온도계(Compressor inlet temperature indicator) : 제트기관에 사용

66 $R_1 = 10[\Omega]$, $R_2 = 5[\Omega]$의 저항이 연결된 직렬회로에서 R_2의 양단전압 V_2가 10[V]를 지시하고 있을 때 전체전압은 몇 [V]인가?

① 10   ② 20
③ 30   ④ 40

해설

$V = I \times R$, $I = V_2/R_2$, $I = 10/5$, $I = 2[A]$
$R_t = 10 + 5 = 15[\Omega]$, $V_t = I \times R_t = 2 \times 15 = 30[V]$

67 Air-Cycle Conditioning System에서 팽창터빈(Expansion turbine)에 대한 설명으로 옳은 것은?

① 찬공기와 뜨거운 공기가 섞이도록 한다.
② 1차 열교환기를 거친 공기를 냉각시킨다.
③ 공기공급 라인이 파열되면 계통의 압력손실을 막는다.
④ 공기조화계통에서 가장 마지막으로 냉각이 일어난다.

해설

팽창터빈
항공기의 Pneumatic manifold에서 Flow control and shut off valve를 통하여 Heat exchanger로 보내지는데 Primary core에서 냉각된 공기는 ACM(Air Cucle Machine)의 Compressor를 거치면서 Pressure가 증가한다. Compressor에서 방출된 공기는 Heat exchanger의 Secondary core를 통과하면서 압축으로 인한 열은 상실된다. 공기는 ACM의 Turbine을 통과하면서 팽창되고 온도는 떨어진다.
그러므로 터빈을 통과한 공기는 저온, 저압의 상태이다. 터빈을 지나 냉각된 공기는 수분을 포함하고 있으므로 수분 분리기를 지나면서 수분이 제거되어 더운 공기와 혼합되어 객실 내부로 공급된다.

68 그로울러 시험기(Growler tester)는 무엇을 시험하는데 사용하는가?

① 전기자(Armature)
② 브러시(Brush)
③ 정류자(Commutator)
④ 계자코일(Field coil)

해설

그로울러 시험기로 전기자를 시험할 수 있는 항목
* 단선, 단락, 접지

전기자 철심
정류자
전기자 권선 눌림
브러시
계자 권선
계자 철심
축

[정답] 65 ④ 66 ③ 67 ④ 68 ①

69 항공기에서 사용되는 축전지의 전압은?

① 발전기 출력 전압보다 높아야 한다.

② 발전기 출력 전압보다 낮아야 한다.

③ 발전기 출력 전압과 같아야 한다.

④ 발전기 출력 전압보다 낮거나, 높아도 된다.

해설

발전기 전압이 축전지 전압보다 낮게 출력될 때 발생되는 현상은 역전류 차단기에 의해 발전기가 부하로부터 분리된다.

- 역전류 차단기
  전자적으로 조작되는 직류 전류 장치. 규정 전압에서는 회로를 막고, 규정 전류 이상의 전류가 역방향으로 흐를 때는 회로를 여는 장치이다.

70 공기압식 제빙계통에서 부츠의 팽창 순서를 조절하는 것은?

① 분배밸브　　　　② 부츠구조

③ 진공펌프　　　　④ 흡입밸브

해설

분배밸브(Distributor)

엔진 압축기에 의해 공급된 압축공기가 압력 조절기에 의하여 작동 압력까지 감압되어서 분배 밸브에 공급되면 분배 밸브에 의해서 압축공기가 부츠의 공기방에 공급되면 부츠는 팽창되고 분배 밸브에 의하여 잠시동안 압력관이 닫혀 있다가 공기 배출관에 연결된 진공관 쪽에 연결되면 부츠는 수축된다. 부츠 안에 흐르는 공기의 압력이 규정치 이하로 되면 다시 분배 밸브의 압력관에 연결된다.

71 항공계기에 대한 설명으로 틀린 것은?

① 내구성이 높아야 한다.

② 접촉 부분의 마찰력을 줄인다.

③ 온도의 변화에 따른 오차가 적어야 한다.

④ 고주파수, 작은 진폭의 충격을 흡수하기 위하여 충격마운트를 장착 한다.

해설

항공계기의 특징

① 내구성이 높아야 한다.

② 마찰오차가 적다.

③ 상온오차가 거의 없다.

④ 누설오차가 없다.

⑤ 방진을 위해 완충 마운트(Shock mount or load mount)가 필요하다. 그러나 제트기에서는 마찰 오차를 제거할 목적으로 오히려 발진기(Vibrator)로 고의적인 진동을 가하기도 한다.

⑥ 내부에 녹이 슬지 않도록 방청(Anticorrosive), 방균 처리한다.

⑦ 전자 계기 내부에는 불활성 가스를 충만 시켜 화재를 예방한다.

72 건조한 윈드실드(Windshield)에 레인 리펠런트(Rain repellent)를 사용할 수 없는 이유는?

① 유리를 분리시킨다.

② 유리를 애칭시킨다.

③ 유리가 뿌옇게 되어 시계가 제한된다.

④ 열이 축적되어 유리에 균열을 만든다.

해설

Rain repellent(방우제)

방우제는 비가 오는 동안 윈드실드가 더욱 선명해질 수 있도록 와이퍼 작동과 함께 사용한다. 방우제는 표면 장력이 작은 액체로서 윈드실드 위에 분사하면 피막을 형성하여 빗방울을 아주 작고 둥글게 만들어 윈드실드에 붙지 않고 대기 중으로 빨리 흩어져 날릴 수 있게 한다. 건조한 윈드실드에 사용하면 방우제가 고착되기 때문에 오히려 시야를 방해하므로 강우량이 적을 때 사용해서는 안된다. 또 방우제가 고착되면 제거하기가 어렵기 때문에 빨리 중성 세제로 닦아내야 한다.

73 길이가 L인 도선에 1[V]의 전압을 걸었더니 1[A]의 전류가 흐르고 있었다. 이 때 도선의 단면적으로 1/2로 줄이고, 길이를 2배로 늘리면 도선의 저항변화는? (단, 도선 고유의 저항 및 전압은 변함이 없다.)

① 1/4감소　　　　② 1/2 감소

③ 2배 증가　　　　④ 4배 증가

해설

도선의 크기에 따른 저항 구하는 공식

$R = \rho \dfrac{l}{A}$ (ρ : 고유저항, l : 도선의 길이, A : 도선의 단면적)

[정답] 69 ②　70 ①　71 ④　72 ③　73 ④

일정한 양(체적)을 가지는 도선을 가정한다.
길이를 2배로 늘리면 상대적으로 단면적이 1/2로 감소하게 된다.

따라서, $R=\rho\dfrac{2l}{\frac{1}{2}A}=4\rho\dfrac{l}{A}$ 이므로 원래의 저항에서 4배 증가함

74 항공계기와 그 계기에 사용되는 공함이 옳게 짝지어진 것은?

① 고도계 – 차압공함, 속도계 – 진공공함
② 고도계 – 진공공함, 속도계 – 진공공함
③ 속도계 – 차압공함, 승강계 – 진공공함
④ 속도계 – 차압공함, 승강계 – 차압공함

해설

- 속도계
  동압과 정압을 차압공함에 적용하여 속도를 측정
- 승강계
  공기 흐름이 자유로운 통로의 정압과 통로를 좁혀 흐름이 자유롭지 않은 정압을 차압공함에 적용하여 수직방향의 속도를 측정

75 항공기의 직류 전원을 공급(Source)하는 것은?

① TRU   ② IDG
③ APU   ④ Static Inverter

해설

① TRU : Transformer Rectifier Unit
   AC(교류전원) ➡ DC(직류전원)
② IDG : Integrated Drive Generator
③ APU : Auxiliary Power Unit
④ Static Inverter : DC(직류전원) ➡ AC(교류전원)

76 다음 중 압력측정에 사용하지 않는 것은?

① 벨로즈(Bellows)
② 바이메탈(Bimetal)
③ 아네로이드(Aneroid)
④ 버든튜브(Bourden tube)

해설

압력수감장치
① 속도계 : 다이어프램(Diaphragm)
② 승강계 : 아네로이드(Aneroid)
③ 고도계 : 아네로이드(Aneroid)
④ 증기압식 온도계 : 버든 튜브(Burdon tube)

77 전파(Radio wave)가 공중으로 발사되어 전리층에 의해서 반사되는데 이 전리층을 설명한 내용으로 틀린 것은?

① 전리층이 전파에 미치는 영향은 그 안의 전자밀도와는 관계가 없다.
② 전리층의 높이나 전리의 정도는 시각, 계절에 따라 변한다.
③ 태양에서 발사된 복사선 및 복사 미립자에 의해 대기가 전리된 영역이다.
④ 주간에만 나타나 단파대에 영향이 나타나며 D층에서는 전파가 흡수된다.

해설

전리층(Lonosphere)
지상 50[km] 이상에서는 태양의 자외선에 의하여 전리된 이온과 자유 전자의 밀도가 큰 구역이 있는데 이곳을 전리층 이라 한다.
① D층 : 지상 약 70[km] 높이에서 단파와 중파는 흡수하여 약하게 하고 장파(LF)는 반사하는 층이다. 이 층은 소멸하는 층이다.
② E층 : 지상 약 100[km] 높이에서 중파(MF)를 반사한다.
③ F층 : 지상 약 200[km] 높이의 F1층과 약 350[km] 높이의 F2층으로 나뉘어 있지만, 밤에는 F1층이 소멸된다.
   F층은 단파(HF)를 반사한다.

78 화재방지계통(Fire protection system)에서 소화제 방출 스위치가 작동하기 위한 조건으로 옳은 것은?

① 화재 벨이 울린 후 작동된다.

② 언제라도 누르면 즉시 작동한다.

③ Fire shutoff switch를 당긴 후 작동한다.

④ 기체외벽의 적색 디스크가 떨어져 나간 후 작동한다.

🔍 **해설**

Engine FIRE WARNING switch

· 평상시에는 Lock Down되어 있다.

· Overheat 또는 Fire Warning Signal은 Switch를 Pull 할 수 있도록 Electrically Unlock시킨다.

· Manual Override Release Button은 Automatic Release 가 Fail되면 Locking Mechanism을 Override시켜준다.

79 착륙 및 유도 보조장치와 가장 거리가 먼 것은?

① 마커비컨   ② 관성합법장치

③ 로컬라이저   ④ 글라이더 슬로프

🔍 **해설**

계기 착륙장치(Instrument landing system)

ILS는 수평 위치를 알려주는 로컬라이저(Localizer)와 활강경로, 즉 하강 비행각을 표시해주는 글라이더 슬로프(Glide slope), 거리를 표시해주는 마커 비컨(Marker beacon)으로 구성된다.

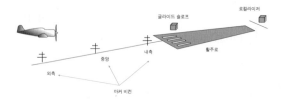

80 지상 관제사가 항공교통관제(ATC : Air Traffic Control)를 통해서 얻는 정보로 옳은 것은?

① 편명 및 하강률

② 고도 및 거리

③ 위치 및 하강률

④ 상승률 또는 하강률

🔍 **해설**

ATC(Air Traffic Control)

ATC는 항공 관제 계통의 항공기 탑재부분의 장치로서 지상 Station 의 Radar antenna로 부터 질문 주파수 1030[MHz]의 신호를 받 아 이를 자동적으로 응답주파수 1090[MHz]로 부호화 된 신호를 응답해주어 지상의 Radar scope 상에 구별 된 목표물로 나타나게 해 줌으로써 지상 관제사가 쉽게 식별할 수 있게 하는 장비이다.

또, 항공기 기압고도의 정보를 송신할 수 있어 관제사가 항공기 고도 를 동시에 알 수 있게 기종, 편명, 위치, 진행 방향, 속도까지 식별된다.

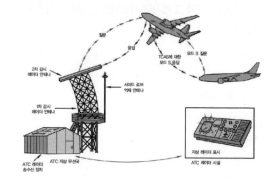

자격종목 및 등급(선택분야)	시험시간	문제수	문제형별	성명
항공산업기사	2시간	80	A	듀오북스

제1과목 ◀ 항공역학

01 반 토크 로터(Anti torque rotor)가 필요한 헬리콥터는?

① 동축로터 헬리콥터(Coaxial HC)

② 직렬로터 헬리콥터(Tandom HC)

③ 단일로터 헬리콥터(Single rotor HC)

④ 병렬로터 헬리콥터(Side-by-side rotor HC)

🔍 **해설**

단일 회전 날개 헬리콥터는 한 개의 Main Rotor와 1개의 Tail Rotor로 구성되며 기관의 구동력이 Main Rotor를 회전시킬 때 동체를 Rotor의 회전 방향과 반대 방향으로 회전 시키려는 Torque가 발생되므로 Tail Rotor에 의해 Torque를 상쇄 시켜야 한다.

02 프로펠러나 터보제트기관을 장착한 항공기가 비행할 수 있는 대기권 영역으로 옳은 것은?

① 열권과 중간권

② 대류권과 중간권

③ 대류권과 하부성층권

④ 중간권과 하부성층권

🔍 **해설**

현대의 항공기는 일반적으로 여압 강도에 따라 저고도와 고고도의 비행을 할 수 있는 항공기로 구분할 수 있으며 고고도 비행은 일반적으로 여객기의 순항 고도인 대류권 계면 즉, 36,300[ft] 정도이며 그 외 특수한 목적으로 비행하는 항공기는 약 45,000[ft] 높이까지 비행하므로 대류권에서부터 등온층 이라 불리는 하부 성층권까지에 해당된다.

03 프로펠러의 회전 깃단 마하수(Rotational tip Mach number)를 옳게 나타낸 식은? (단, n : 프로펠러 회전수[rpm], D : 프로펠러 지름, a : 음속 이다.)

① $\dfrac{\pi n}{60 \times a}$　　　② $\dfrac{\pi n}{30 \times a}$

③ $\dfrac{\pi n D}{30 \times a}$　　　④ $\dfrac{\pi n D}{60 \times a}$

🔍 **해설**

프로펠러의 회전수를 n, 프로펠러 지름을 D라하면, 깃 끝의 회전 속도는 $\pi D n$이며, 회전수가 분당 회전수 이므로 초속으로 바꿔줘야 한다. 마하수는 물체의 속도를 음속으로 나눈 값이므로 $\dfrac{\pi n D}{60 \times 음속}$ 이 된다.

04 레이놀즈수(Reynolds number)에 대한 설명으로 틀린 것은?

① 무차원수이다.

② 유체의 관성력과 점성력 간의 비이다.

③ 레이놀즈수가 낮을수록 유체의 점성이 높다.

④ 유체의 속도가 빠를수록 레이놀즈수는 낮다.

🔍 **해설**

레이놀즈수는 층류와 난류를 구분하는 척도이며, 무차원수이고, 관성력과 점성력의 비로 나타내므로 레이놀즈수가 클수록 난류가 되어 점성이 커지고, 작을수록 층류가 되어 마찰이 작으므로 박리가 쉽게 일어난다.

05 이륙거리에 포함되지 않는 거리는?

[**정답**] 01 ③　02 ③　03 ④　04 ④　05 ③

① 상승거리(Climb distance)

② 전이거리(Transition distance)

③ 자유활주거리(Free roll distance)

④ 지상활주거리(Ground run distance)

🔍 **해설**

이륙거리＝지상 활주거리＋상승거리＝전이거리
상승거리란 장애물고도(프로펠러기 50[ft], 제트항공기 35[ft]) 도
달까지 상승거리로 수직으로 내린 수평 거리를 말한다.

06 비행기의 키돌이(Loop) 비행 시 비행기에 작용하는 하중배수의 범위로 옳은 것은?

① −6 ~ 0

② −6 ~ 6

③ −3 ~ 3

④ 0 ~ 6

🔍 **해설**

감항류별 항공기의 제한 하중배수는 A류 : ＋6G, U류 : ＋4.4G,
N류 : 2.25~3.8G, T류 : ＋2.0G

07 그림과 같은 비행 특성을 갖는 비행기의 안정 특성은?

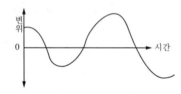

① 정적 안정, 동적 안정

② 정적 안정, 동적 불안정

③ 정적 불안정, 동적 안정

④ 정적 불안정, 동적 불안정

🔍 **해설**

시간에 따른 변위의 크기로서 항공기의 동적 안정을 나타내는데 시
간이 경과할수록 변위가 증가하는 현상은 동적 불안정이다.

💙 **참고**

정적으로 안정인 것은 동적으로 불안정일수 있으나 동적안정이면
정적으로도 안정이다.

08 양력계수가 0.25인 날개면적 20[m²]의 항공기가 720[km/h]의 속도로 비행할 때 발생하는 양력은 몇 [N]인가? (단, 공기의 밀도는 1.23[kg/m³]이다.)

① 6,150

② 10,000

③ 123,000

④ 246,000

🔍 **해설**

$$L = C_L \frac{1}{2} \rho V^2 S$$

$$\therefore L = 0.25 \times 0.5 \times 1.23 \times \left(\frac{720}{3.6}\right)^2 \times 20 = 123,000[N]$$

09 직사각형 날개의 가로세로비를 나타내는 것으로 틀린것은? (단, c : 날개의 코드, b : 날개의 스팬, S : 날개 면적이다.)

① $\dfrac{b}{c}$

② $\dfrac{b^2}{S}$

③ $\dfrac{S}{c^2}$

④ $\dfrac{S^2}{bc}$

🔍 **해설**

가로세로비(AR)

$$AR = \frac{전장}{시위} = \frac{Span}{Chord} = \frac{b}{c} = \frac{b^2}{S} = \frac{S}{c^2}$$

10 두께가 시위의 12[%]이고 상하가 대칭인 날개의 단면은?

① NACA 2412

② NACA 0012

③ NACA 1218

④ NACA 23018

🔍 **해설**

대칭익은 시위를 중심으로 위, 아래가 똑같은 날개로 캠버의 크기도,
최대 캠버의 위치도 없으므로 4자 계열의 NACA 0012에 해당된다.

[정답] 06 ④ 07 ② 08 ③ 09 ④ 10 ②

11 고도 5,000[m]에서 150[m/s]로 비행하는 날개면적이 100[m²]인 항공기의 항력계수가 0.02일 때 필요마력은 몇 [ps]인가? (단, 공기의 밀도는 0.070[kg·s²/m⁴]이다.)

① 1,890   ② 2,500
③ 3,150   ④ 3,250

🔍 **해설**

$$P_r = \frac{DV}{75}$$
$$= C_D \frac{1}{2} \rho V^2 S \times \frac{V}{75}$$
$$= \frac{1}{150} C_D \rho V^3 S$$
$$= \frac{1}{150} \times 0.02 \times 0.07 \times (150)^3 \times 100$$
$$= 3,150[\text{ps}]$$

12 해면에서의 온도가 20[°C]일 때 고도 5[km]의 온도는 약 몇 [°C]인가?

① -12.5   ② -15.5
③ -19.0   ④ -23.5

🔍 **해설**

대류권에서는 습윤단열감률에 의해 1[km] 상승 시 -6.5[°C]씩 감소하므로 5×6.5=32.5[°C]가 감소하며, 해면 온도가 20[°C]이므로 20-32.5=-12.5[°C]

13 활공기가 1[km] 상공을 속도 100[km/h]로 비행하다가 활공각 45°로 활공할 때 침하속도는 약 몇 [km/h]인가?

① 50   ② 70.7
③ 100   ④ 141.4

🔍 **해설**

고도가 1[km]이고, 활공각이 45°이므로 1[km]×tan45°=1[km] 활공거리가 1[km]로 활공속도는 $100\sqrt{2} = 141.4$[km/h]의 값이 된다.

14 프로펠러의 후류(slip stream) 중에 프로펠러로부터 멀리 떨어진 후방 압력이 자유흐름(free stream)의 압력과 동일해질 때의 프로펠러 유도속도(induced velocity) V_2와 프로펠러를 통과할 때의 유도속도 V_1의 관계는?

① $V_2 = 0.5V_1$ ② $V_2 = V_1$
③ $V_2 = 1.5V_1$ ④ $V_2 = 2V_1$

🔍 **해설**

프로펠러의 회전면을 통과한 유도속도는 회전면에서의 유도속도의 2배가 된다.

15 프로펠러 항공기의 경우 항속거리를 최대로 하기 위한 조건으로 옳은 것은?

① 양항비가 최소인 상태로 비행한다.
② 양항비가 최대인 상태로 비행한다.
③ $\frac{C_L}{\sqrt{C_D}}$가 최대인 상태로 비행한다.
④ $\frac{\sqrt{C_L}}{C_D}$가 최대인 상태로 비행한다.

🔍 **해설**

프로펠러 항공기의 항속거리나 항속 시간을 최대로 하기 위해서는 양항비의 최대인 상태로 비행해야한다.

16 일반적인 비행기의 안정성에 관한 설명으로 틀린 것은?

① 고속형 날개인 뒤젖힘 날개(Sweep back wing)는 직사각형 날개보다 방향안정성이 적다.
② 중립점(Neutral point)에 대한 비행기 무게중심의 위치관계는 비행기의 안정성에 큰 영향을 미친다.
③ 단일 기관을 비행기의 기수에 장착한 프로펠러 비행기의 경우 방향안정성이 프로펠러에 영향을 받는다.
④ 주 날개의 쳐든각(Dihedral angle)이 있는 비행기는 쳐든각이 없는 비행기에 비하여 가로안정성이 더 크다.

[**정답**] 11 ③ 12 ① 13 ② 14 ④ 15 ② 16 ①

Aircraft Maintenance

17 운항중인 항공기에서 조종면의 조종효과를 발생시키기 위해서 주로 변화시키는 것은?

① 날개골의 캠버 ② 날개골의 면적
③ 날개골의 두께 ④ 날개골의 길이

18 피치업(Pitch up) 현상의 원인이 아닌 것은?

① 받음각의 감소
② 뒤젖힘 날개의 비틀림
③ 뒤젖힘 날개의 날개 끝 실속
④ 날개의 풍압 중심이 앞으로 이동

19 비행기의 선회반지름을 줄이기 위한 방법으로 옳은 것은?

① 선회각을 크게 한다.
② 선회속도를 크게 한다.
③ 날개면적을 작게 한다.
④ 중력가속도를 작게 한다.

20 헬리콥터의 공중 정지비행 시 기수 방향을 바꾸기 위한 방법은?

① 주 회전날개의 코닝각을 변화시킨다.
② 주 회전날개의 회전수를 변화시킨다.
③ 주 회전날개의 피치각을 변화시킨다.
④ 꼬리 회전날개의 피치각을 조종한다.

제2과목 ◁ 항공기관

21 왕복엔진에서 기화기 빙결(Carburetor icing)이 일어나면 발생하는 현상은?

① 오일압력이 상승한다.
② 흡입압력이 감소한다.
③ 흡입밀도가 증가한다.
④ 엔진회전수가 증가한다.

22 가스터빈엔진 중 저속비행 시 추진 효율이 낮은 것에서 높은 순으로 나열된 것은?

① 터보제트 – 터보팬 – 터보프롭
② 터보프롭 – 터보제트 – 터보팬

[정답] 17 ① 18 ① 19 ① 20 ④ 21 ② 22 ①

③ 터보프롭 – 터보팬 – 터보제트

④ 터보팬 – 터보프롭 – 터보제트

🔍 **해설**

추진효율은 바이패스 비율과 비례한다.
터보제트 – 터보팬 – 터보프롭

23 가스터빈엔진용 연료의 첨가제가 아닌 것은?

① 청정제

② 빙결 방지제

③ 미생물 살균제

④ 정전기 방지제

🔍 **해설**

제트 연료의 첨가제
① 산화 방지제(Anti-oxidant) : 연료가 변질하여 검(용해, 불용
　해 산화물)을 생성, 산화를 방지
② 금속 불활성제(Metal Deactivator) : 부유 금속(특히 동 및
　동화합물)을 불활성화
③ 부식 방지제(Corrosion Inhibitor) : 녹이나 부식 발생을 방지
④ 빙결 방지제(Anti-icing Additive) : 수분중에 녹아 빙결 온
　도를 낮추고 저온에서의 연료 동결을 방지
⑤ 정전기 방지제(Anti-static Additive, Electrical Con-
　ductivity Additive) : 계통 내를 고속으로 통과시 정전기 발
　생함으로 축전을 방지한다.
⑥ 미생물 살균제(Microbicide) : 박테리아가 증식하지 못하도록
　살균

24 아음속 고정익 비행기에 사용되는 공기 흡입덕트 (Inlet duct)의 형태로 옳은 것은?

① 벨마우스 덕트

② 수축형 덕트

③ 수축 확산형 덕트

④ 확산형 덕트

🔍 **해설**

Divergent duct
아음속기에서 사용하는 고정면적 흡입덕트로써 압축기 입구의 공기
속도를 비행속도에 관계없이 항상 압축 가능한 최고속도 이하 인
$M=0.5$ 정도로 유지하도록 덕트의 안쪽을 넓게 하여 확산시키므
로 최근 아음속기의 속도인 $M=0.8 \sim 0.9$를 감속시키면서 압력상
승을 기한다.

25 내연기관이 아닌 것은?

① 가스터빈엔진

② 디젤엔진

③ 증기터빈엔진

④ 가솔린엔진

🔍 **해설**

외연기관은 증기기관, 증기터빈기관처럼 연소하는 장소와 일하는
장소가 따로 되어 있는 기관이며 내연기관은 같은 공간에서 연소되
어 일하는 기관으로 왕복기관, 회전기관, 가스터빈기관이 해당된다.

26 가스터빈엔진의 윤활장치에 대한 설명으로 틀린 것은?

① 재사용하는 순환을 반복한다.

② 윤활유의 누설 방지 장치가 없다.

③ 고압의 윤활유를 베어링에 분무한다.

④ 연료 또는 공기로 윤활유를 냉각한다.

🔍 **해설**

대부분의 베어링 하우징에서는 가스유로로 오일이 누설되지 않도록
실(Seal)을 내장하고 있으며 그 종류에는 표면접촉실인 Carbon
seal과 Air-oil seal인 Labyrinth seal)이 있다.

27 성형엔진에 사용되며 축 끝의 나사부에 리테이닝 너트가 장착되고 리테이닝 링으로 허브를 크랭크축에 고정하는 프로펠러 장착방식은?

① 플랜지식

② 스플라인식

③ 테이퍼식

④ 압축밸브식

🔍 **해설**

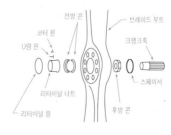

[Spline Type]

28 고열의 엔진 배기구 부분에 표시(Marking)를 할 때 납(Lead)이나 탄소(Carbon) 성분이 있는 필기구를 사용하면 안 되는 가장 큰 이유는?

① 고열에 의해 열응력이 집중되어 균열을 발생시킨다.

② 배기부분의 재질과 화학 반응을 일으켜 재질을 부식시킬 수 있다.

③ 납이나 탄소 성분이 있는 필기구는 한번 쓰면 지워지지 않는다.

④ 배기부분의 용접부위에 사용하면 화학 반응을 일으켜 접합 성능이 떨어진다.

해설

배기계통에 정비를 수행할 때에는 아연도금이 되어 있거나 아연판으로 만든 공구를 사용해서는 절대로 안 된다. 배기계통 부품에는 흑연 연필로 표시해서도 안 된다. 납(Lead), 아연(Zinc), 또는 아연도금에 접촉이 되면, 가열될 때 배기계통의 금속으로 흡수되어 분자구조에 변화를 주게 된다. 이러한 변화는 접촉된 부분의 금속을 약화시켜 균열이 생기게 하거나 궁극적으로는 결함을 발생케 하는 원인이 된다.

29 항공기 왕복엔진 연료의 옥탄가에 대한 설명으로 틀린 것은?

① 연료의 안티노크성을 나타낸다.

② 연료의 이소옥탄이 차지하는 체적비율을 말한다.

③ 옥탄가가 낮을수록 엔진의 효율이 좋아진다.

④ 옥탄가가 높을수록 엔진의 압축비를 더 높게 할 수 있다.

해설

Octan(옥탄가)

안티노크제인 이소옥탄과 노크제인 노말헵탄으로 만든 표준연료 중 이소옥탄의 함유된 [%]를 말하므로 값이 클수록 노크를 방지하면서 압축비를 높일 수 있다.

30 볼(Ball)이나 롤러 베어링(Roller bearing)이 사용되지 않는 곳은?

① 가스터빈엔진의 축 베어링

② 성형엔진의 커넥트 로드(Connect rod)

③ 성형엔진의 크랭크 축 베어링(Crank shaft bearing)

④ 발전기의 아마추어 베어링(Amateur bearing)

해설

왕복기관의 커넥팅 로드에는 플레인 베어링이 사용된다.

31 그림과 같은 브레이튼 사이클(Brayton cycle)에서 2-3 과정에 해당하는 것은?

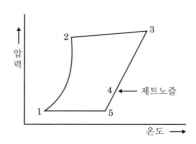

① 압축과정   ② 팽창과정

③ 방출과정   ④ 연소과정

해설

1 → 2 : 온도와 압력이 상승하므로 단열압축
2 → 3 : 압력일정 온도상승이므로 정압수열(연소)
3 → 5 : 온도 및 압력 하강하므로 단열팽창
5 → 1 : 압력일정 온도하강이므로 정압방열(배기)

32 항공기 왕복엔진 작동 중 주의 깊게 관찰하며 점검해야 할 변수가 아닌 것은?

① N1 및 N2 rpm   ② 흡기매니폴드압력

③ 엔진오일압력   ④ 실린더 헤드온도

해설

N1 및 N2 rpm은 가스터빈엔진의 회전계기에서 저압압축기의 회전수와 고압압축기의 회전수를 나타냄

[정답] 28 ① 29 ③ 30 ② 31 ④ 32 ①

33 축류식 압축기의 1단당 압력비가 1.6이고, 회전자 깃에 의한 압력 상승비가 1.3일 때 압축기의 반동도는?

① 0.2 　　　　　② 0.3

③ 0.5 　　　　　④ 0.6

🔍 **해설**

$$\frac{P_2-P_1}{P_3-P_1}=\frac{1.3-1}{1.6-1}=0.5$$

34 가스터빈엔진의 점화장치를 왕복엔진과 비교하여 고전압, 고에너지 점화장치로 사용하는 주된 이유는?

① 열손실이 크기 때문에

② 사용연료의 기화성이 낮아서

③ 왕복엔진에 비하여 부피가 크므로

④ 점화기 특성 규격에 맞추어야 하므로

🔍 **해설**

가스터빈용 연료는 기화성이 낮고 혼합비가 희박하며 공기속도가 빨라서 점화가 매우 어려우므로 고에너지 점화장치를 사용한다.

35 열역학 제1법칙과 관련하여 밀폐계가 사이클을 이룰 때 열전달량에 대한 설명으로 옳은 것은?

① 열전달량은 이루어진 일과 항상 같다.

② 열전달량은 이루어진 일보다 항상 작다.

③ 열전달량은 이루어진 일과 반비례 관계를 가진다.

④ 열전달량은 이루어진 일과 정비례 관계를 가진다.

🔍 **해설**

열역학 제1법칙과 관련하여 밀폐계가 사이클을 이룰 때 열전달량은 이루어진 일과 정비례 관계를 가진다.(에너지 보존의 법칙)

36 왕복엔진에서 마그네토의 작동을 정지시키는 방법은?

① 축전지에 연결시킨다.

② 점화스위치를 ON 위치에 둔다.

③ 점화스위치를 OFF 위치에 둔다.

④ 점화스위치를 BOTH 위치에 둔다.

🔍 **해설**

점화스위치를 OFF시키면 P-lead를 통해 양쪽 마그네토의 1차선을 접지시키므로 2차전압이 없어진다.

37 항공기가 400[mph]의 속도로 비행하는 동안 가스터빈엔진이 2,340[lbf]의 진추력을 낼 때, 발생되는 추력마력은 약 몇 [hp]인가?

① 1,702 　　　　② 1,896

③ 2,356 　　　　④ 2,496

🔍 **해설**

$$THP=\frac{F_n \times V_a}{550}[\text{lb}-\text{ft/sec}]=\frac{F_n \times V_a[\text{mph}]}{375[\text{mph}]}$$

$$=\frac{2,340 \times 400}{375}=2,496$$

🔍 **참고**

3[hp]＝33,000[ft·lb/min]이므로
33,000×60＝1,980,000[ft·lb/hr]
1[mile]＝5,280[ft]이므로
1,980,000÷5,280＝375[mile]이다.

38 다발 항공기에서 각 프로펠러의 회전속도를 자동적으로 조절하고 모든 프로펠러를 같은 회전속도로 유지하기 위한 장치를 무엇이라고 하는가?

① 동조기 　　　　② 슬립 링

③ 조속기 　　　　④ 피치변경모터

🔍 **해설**

쌍발 이상의 항공기에서 엔진의 rpm을 일치시키기 위해 사용하는 장치를 Propeller synchronizer system이라한다.

39 항공기 왕복엔진은 동일한 조건에서 어느 계절에 가장 큰 출력을 발생시키는가?

[**정답**] 33 ③ 　34 ② 　35 ④ 　36 ③ 　37 ④ 　38 ① 　39 ③

① 봄   ② 여름
③ 겨울   ④ 계절에 관계없다.

해설

출력은 공기밀도에 비례하므로 온도에는 반비례한다.

① 30   ② 40
③ 50   ④ 60

해설

하중이 1이고, 완충장치의 행정거리가 1인 면적의 절반이므로 50[%]가 된다.

40 가스터빈엔진이 정해진 회전수에서 정격출력을 낼 수 있도록 연료조절장치와 각종 기구를 조정하는 작업을 무엇이라 하는가?

① 리깅(Rigging)   ② 모터링(Motoring)
③ 크랭킹(Cranking)   ④ 트리밍(Trimming)

해설

가스터빈엔진이 제작회사에서 정한 정격에 맞도록 엔진을 조절하는 것을 트리밍이라 한다.

제3과목 ◀ 항공기체

41 대형항공기에서 리브(Rib)가 사용되는 부분이 아닌 것은?

① 플랩   ② 엔진마운트
③ 에일러론   ④ 엘리베이터

해설

항공기의 조종면인 Aileron, Rudder, Elevator, Flap은 Airfoil의 형태를 갖추기 위해 Rib가 사용됨

42 그림과 같은 그래프를 갖는 완충장치의 효율은 약 몇 [%]인가?

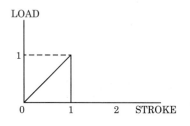

43 항공기 기체 내부와 외부 구조부에 모두 사용할 수 있는 리벳은?

① 납작머리 리벳(Flat head rivet)
② 둥근머리 리벳(Round head rivet)
③ 접시머리 리벳(Countersink head rivet)
④ 유니버설머리 리벳(Universal head rivet)

해설

- 납작머리, 둥근머리 : 내부 구조부에 사용
- 접시머리, 브레이져 머리 : 외피에 사용
- 유니버설 머리 : 내부 구조 및 외피에 사용

44 손가락 힘으로 조일 수 있는 곳으로 조립과 분해가 빈번한 곳에 사용하는 너트는?

① 윙 너트   ② 체크 너트
③ 플레인 너트   ④ 캐슬 너트

해설

체크 너트나 평 너트, 평 체크너트, 캐슬너트, 캐슬레이티드 시어 너트, 윙 너트 등은 일반 너트로 외부 고정 부품(Safety Wire, Cotter Pin, Double Nut등)이 필요하며, 공구 없이 손으로 쉽게 조이고 풀 수 있는 너트는 윙 너트이다.

45 항공기 구조에서 하중을 담당하는 부재가 파괴 되었을 때 그 하중을 예비부재가 전체하중을 담당하도록 설계된 방식의 페일세이프(Fail safe)구조는?

① 다중경로구조   ② 이중구조
③ 하중경감구조   ④ 대치구조

[정답] 40 ④   41 ②   42 ③   43 ④   44 ①   45 ④

🔍 **해설** ----------------

① 다경로하중구조 : 하중을 담당하는 부재를 여러개로 만들어 한 부재의 손상 시 나머지 부재가 하중을 분담하는 구조
② 이중구조 : 두개의 작은 부재에 의하여 하나의 몸체를 이루게 함으로서 동일한 강도와 어느 부분의 손상이 부재 전체의 파손에 이르는 것을 예방
③ 하중경감구조 : 큰 부재 위에 작은 부재를 겹쳐 만든 구조로서 파괴가 시작된 부재의 완전 파단이나 파괴를 방지할 수 있도록 설계된 구조
④ 대치구조 : 부재의 파손에 대비하여 예비 부재를 삽입시켜 구조의 안전성을 도모한 구조

46 항공기 실속 속도 80[mph], 설계제한 하중배수 4인 비행기가 급격한 조작을 할 경우에도 구조역학적으로 안전한 속도 한계는 약 몇 [mph]인가?

① 140   ② 160
③ 200   ④ 320

🔍 **해설** ----------------

속도변화에 따른 하중배수(n) $=\sqrt{n\mathrm{Lim}} \times V_s = \sqrt{4} \times 80 = 160$

47 그림과 같이 단면적 20[cm²], 10[cm²]로 이루어진 구조물의 $a-b$ 구간에 작용하는 응력은 몇 [kN/cm²]인가?

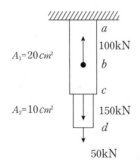

① 5   ② 10
③ 15   ④ 20

🔍 **해설** ----------------

인장응력 $\sigma = \dfrac{W}{A} = \dfrac{100}{20} = 5[\mathrm{KN/cm^2}]$

48 알루미나 섬유에 대한 설명으로 옳은 것은?

① 기계적 특성이 뛰어나므로 주로 전투기 동체나 날개 부품 제작에 사용된다.
② 알루미나 섬유를 일명 "케블러"라고 한다.
③ 무색 투명하며 약 1,300[℃]로 가열하여도 물성이 유지되는 우수한 내열성을 가지고 있다.
④ 기계적 성질이 떨어져 주로 객실내부 구조물 등 2차 구조물에 사용된다.

🔍 **해설** ----------------

알루미나 섬유

카본 섬유보다 밀도는 높으나 내열성이 뛰어나 공기 중에서 1,300[℃]로 가열해도 취성을 갖지 않으며, 전기, 광학적 특성은 글래스 섬유와 같이 무색 투명하고 부도체이다.

49 항공기 판재 굽힘작업 시 최소 굽힘반지름을 정하는 주된 목적은?

① 굽힘작업 시 낭비되는 재료를 최소화하기 위해
② 판재의 굽힘작업으로 발생되는 내부 체적을 최대로 하기 위해
③ 굽힘 반지름이 너무 작아 응력 변형이 생겨 판재가 약화되는 현상을 막기 위해
④ 굽힘작업 시 발생하는 열을 최소화하기 위해

🔍 **해설** ----------------

굽힘 반지름이 너무 작아지면 응력 집중으로 균열이나 재료의 피로현상이 발생됨

50 대형 항공기 조종면을 수리하여 힌지라인 후방의 무게가 증가되었다면 어떠한 문제가 발생하는가?

① 기수가 상승한다.
② 기수가 하강한다.
③ 플러터(Flutter) 발생 원인이 된다.
④ 속도가 증가하고 진동이 감소한다.

[정답] 46 ②   47 ①   48 ③   49 ③   50 ③

🔍 **해설**

진동 없이 안정적인 조종면의 작동을 위해서는 과대 평형(Over balance)상태이어야 하며, 과소 평형(Under balance)이 되면 플러터의 주원인이 된다.

51 알루미늄합금과 구조용 강과의 기계적 성질에 대한 설명으로 옳은 것은?

① 동일한 하중에 대한 알루미늄합금의 변형량은 구조용 강철에 비해 약 3배 많다.

② 알루미늄합금은 구조용 강철에 비해 제 1변태점이 약 300[℃] 정도가 높다.

③ 구조용 강철의 탄성계수는 알루미늄합금의 탄성계수의 약 2배 정도이다.

④ 제 1변태점 이상에서 알루미늄합금은 구조용 강철보다 기계적 성질이 좋다.

🔍 **해설**

알미늄 합금은 비중이 강의 1/3이지만 동일한 하중에 대한 변형량은 구조용 강에 비해 3배 많다.
Fe : 7.85, Al : 2.7

52 일반적인 금속의 응력-변형률 곡선에서 위치별 내용이 옳게 짝지어진 것은?

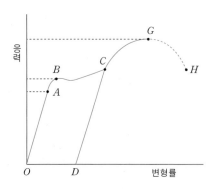

① G :항복점 　　② OA : 인장강도
③ B :비례탄성범위 　④ OD : 영구 변형률

🔍 **해설**

① A : 비례탄성영역
② B : 항복점(항복강도)
③ C : Creep → 일정 온도, 일정하중 하에서 시간이 경과됨에 따라 하중의 증가 없이 변형률이 변화하는 현상
④ G : 최대 강도점
⑤ H : 파단

53 연료탱크에 있는 벤트계통(Vent system)의 역할로 옳은 것은?

① 연료탱크 내의 증기를 배출하여 발화를 방지한다.

② 비행자세의 변화에 따른 연료탱크 내의 연료유동을 방지한다.

③ 연료탱크 내·외의 차압에 의한 탱크구조를 보호한다.

④ 연료탱크의 최하부에 위치하여 수분이나 잔류 연료를 제거한다.

🔍 **해설**

연료 탱크가 밀폐되어 있을 경우 원활한 연료의 공급이 Cavitation 현상으로 어려워지고, 연료의 기화가스 충만으로 탱크 내압이 상승할 경우 탱크의 변형 또는 손상의 원인이 될 수 있으므로 Vent system이 필요함

54 항공기 도면에서 "Fuselage Station 137"이 의미하는것은?

① 기준선으로부터 137[in] 전방

② 기준선으로부터 137[in] 후방

③ 버턱라인(BL)으로부터 137[in] 좌측

④ 버턱라인(BL)으로부터 137[in] 우측

🔍 **해설**

① Fuselage Station : 동체의 기축 방향의 기준선으로부터 뒤쪽으로 137[in]의 위치를 의미함
② Buttock Line : 동체 중심을 수직으로 나눠 좌, 우에 대한 위치를 표시함. 치수 뒤에 L,R를 기입하여, 좌, 우 표시
③ Water Line : 지표면을 기준으로 동체 수평면까지의 수직 거리로 위치 표시

[정답] 51 ① 　52 ④ 　53 ③ 　54 ②

55 Al 표면을 양극산화처리하여 표면에 산화 피막이 만들어지도록 처리하는 방법이 아닌 것은?

① 수산법
② 크롬산법
③ 황산법
④ 석출경화법

🔍 **해설**

석출 경화법

금속의 모재상(Original phase matrix) 내부에 미세하고 균일한 2차상의 입자(과포화 성분)를 형성함으로써 금속의 강도와 경도를 증가시킬 수 있다. 이러한 공정은 미세한 입자의 석출상의 형성을 수반하므로 석출경화라고 하며 시간에 따라 경도가 증가하므로 시효경화라고 하기도 한다.

56 다음 중 드릴(Drill)로 구멍을 뚫을 때 가장 빠른 드릴회전을 해야 하는 재료는?

① 주철
② 알루미늄
③ 티타늄
④ 스테인리스강

🔍 **해설**

드릴의 날 끝 각과 회전속도 및 작업압력

재질	날끝각	회전속도	작업 압력
프라스틱	78°	고속	저압
알미늄	90°	고속	저압
강	118°	저속	고압
스테인리스	140°	저속	고압

57 하중배수(Load factor)에 대한 설명으로 틀린 것은?

① 등속수평비행 시 하중배수는 1이다.
② 하중배수는 비행속도의 제곱에 비례한다.
③ 선회비행시 경사각이 클수록 하중배수는 작아진다.
④ 하중배수는 기체에 작용하는 하중을 무게로 나눈값이다.

🔍 **해설**

하중배수$(n) = \dfrac{L}{W} = 1$ → 수평비행

선회시 하중배수$(n) = \dfrac{1}{\cos\theta}$

그러므로 선회시 하중배수는 경사각이 클수록 커진다.

58 항공기의 기체구조 수리에 대한 내용으로 가장 올바른 것은?

① 수리를 위하여 대치할 재료의 두께는 원래 두께와 같거나 작아야 한다.
② 사용 리벳 수는 같은 재질로 기체의 강도를 고려하여 최소한의 수를 사용한다.
③ 같은 두께의 재료로써 17ST의 판재나 리벳을 A17ST로 대체하여 사용할 수 있다.
④ 수리부분의 원래 재료와의 접촉면에는 재료의 성분에 관계없이 부식방지를 위하여 기름으로 표면처리한다.

🔍 **해설**

수리의 4원칙
① 본래의 강도 유지
② 본래의 윤곽 유지
③ 최소 무게 유지
④ 부식에 대한 보호

💡 **참고**

17ST는 2117T이고, A17ST는 2017T이므로 대체사용 불가함

59 항공기의 구조부재 용접작업 시 최우선으로 고려해야 할 사항은?

① 작업 부위의 청결
② 용접 방향
③ 용접 슬러지 제거
④ 재질 변화

🔍 **해설**

용접 수리 시 용접 열에 의한 열 변형이나 변색 등은 재료의 손상이나 산화를 촉진함

[**정답**] 55 ④ 56 ② 57 ③ 58 ② 59 ④

60 항공기의 최대 총 무게에서 자기무게를 뺀 무게는?

① 유상하중(Useful load)
② 테어무게(Tare weight)
③ 최대허용무게(Max allowable weight)
④ 운항자기무게(Operating empty weight)

해설

총무게－자기무게＝유상하중

제4과목 ◀ 항공장비

61 직류 직권 전동기의 속도를 제어하기 위한 가변저항기(Rheostat)의 장착방법은?

① 전동기와 병렬로 장착
② 전동기와 직렬로 장착
③ 전원과 직·병렬로 장착
④ 전원 스위치와 병렬로 장착

해설

직권형 전동기
계자와 전기자가 직렬로 연결되고, 시동 시 계자에 전류가 많이 흘러 시동토크가 크다. 부하가 크고 시동 토크가 크게 필요한 기관의 시동용 전동기, 착륙장치, 플랩 등을 움직이는 전동기로 사용한다.

62 싱크로 계기의 종류 중 마그네신(Magnesyn)에 대한설명으로 틀린 것은?

① 교류전압이 회전자에 가해진다.
② 오토신(Autosyn)보다 작고 가볍다.
③ 오토신(Autosyn)의 회전자를 영구자석으로 바꾼 것이다.
④ 오토신(Autosyn)보다 토크가 약하고 정밀도가 떨어진다.

해설

마그네신(Magnesyn)
오토신과 다른 점은 회전자로 영구 자석을 사용하는 것이고, 오토신보다 작고 가볍기는 하지만 토크가 약하고 정밀도가 다소 떨어진다. 마그네신의 코일은 링형태의 철심 주위에 코일을 감은 것으로 120°로 세 부분으로 나누어져 있고 26[V], 400[Hz]의 교류전원이 공급된다.

63 고도계에서 발생되는 오차와 발생 요인을 옳게 짝지어진 것은?

① 탄성오차 : 케이스의 누출
② 온도오차 : 온도 변화에 의한 팽창과 수축
③ 눈금오차 : 섹터기어와 피니언기어의 불균일
④ 기계적오차 : 확대장치의 가동부분, 연결, 백래쉬, 마찰

해설

고도계의 오차
탄성오차 : 히스테리시스(Histerisis), 편위(Drift), 잔류 효과(After effect)와 같이 일정한 온도에서의 탄성체 고유의 오차로서 재료의 특성 때문에 생긴다.
① 온도 오차
  ㉮ 온도의 변화에 의하여 고도계의 각 부분이 팽창, 수축하여 생기는 오차
  ㉯ 온도 변화에 의하여 공함, 그밖에 탄성체의 탄성률의 변화에 따른 오차
  ㉰ 대기의 온도 분포가 표준 대기와 다르기 때문에 생기는 오차
② 눈금 오차 : 일정한 온도에서 진동을 가하여 기계적 오차를 뺀 계기의 특유의 오차이다. 일반적으로 고도계의 오차는 눈금 오차를 말하며, 수정이 가능하다.
③ 기계적 오차 : 계기 각 부분의 마찰, 기구의 불평형, 가속도와 진동 등에 의하여 바늘이 일정하게 지시하지 못함으로써 생기는 오차이다. 이들은 압력의 변화와 관계가 없으며 수정이 가능하다.

64 항공기의 축압기(Accumulator)에 대한 설명으로 틀린 것은?

① 압력 조절기가 너무 빈번하게 작동되는 것을 방지한다.
② 갑작스럽게 계통 압력이 상승할 때 이 압력을 흡수한다.
③ 작동유 압력계통의 호스가 파손되거나 손상되어 작동유가 누설되는 것을 방지한다.
④ 비상시 최소한의 작동 실린더를 제한된 횟수만큼 작동시킬 수 있는 작동유를 저장한다.

해설

축압기의 기능
① 가압된 작동유를 저장하는 저장 통으로서 여러 개의 유압 기기가 동시에 사용될 때 압력 펌프를 돕는다.
② 동력 펌프가 고장났을 때는 저장되었던 작동유를 유압 기기에 공급한다.
③ 유압계통의 서지(Surge)현상을 방지한다.

[정답] 60 ① 61 ② 62 ① 63 ① 64 ③

④ 유압계통의 충격적인 압력을 흡수한다.

⑤ 압력 조정기의 개폐 빈도를 줄여 펌프나 압력 조정기의 마멸을 적게 한다.

⑥ 비상시에 최소한의 작동 실린더를 제한된 횟수만큼 작동시킬 수 있는 작동유를 저장한다.

65 수평상태 지시계(HSI)가 지시하지 않는 것은?

① 비행고도
② DME거리
③ 기수 방위 지시
④ 비행코스와의 관계지시

 해설

수평상태 지시계(Horizontal Situation Indicator)

컴퍼스 시스템 또는 INS에서 수신한 자방위와 VOR/ILS 수신장치에서 수신한 비행 코스와의 관계를 그림으로 표시한다. 비행고도는 지시하지 않는다.

66 항공기에서 화재탐지를 위한 장치가 설치되어 있지 않는 곳은?

① 조종실내
② 화장실
③ 동력장치
④ 화물실

 해설

항공기의 화재발생영역

Power Plant, APU, Fuel Heater, 화물적재실 ,L/G Wheel Well,객실, 화장실 등이다.

67 10[mH]의 인덕턴스에 60[Hz], 100[V]의 전압을 가하면 약 몇 암페어[A]의 전류가 흐르는가?

① 15.35
② 20.42
③ 25.78
④ 26.54

 해설

$$X_L = 2f_L, \ X_L = 2 \times 3.14 \times 60 \times 0.01 = 3.77[\Omega]$$
$$V = IR, \ I = \frac{V}{R} = \frac{100}{3.77} = 26.5[A]$$

68 Transmitter와 Indicator 양쪽 모두 △ 또는 Y결선의 스테이터(Stator)와 교류 전자석의 로터(Rotor) 사이에 발생되는 전류와 자장발생에 의해 동조되는 방식의 계기는?

① 데신(Desyn)
② 오토신(Autosyn)
③ 마그네신(Magnesyn)
④ 일렉트로신(Electrosyn)

 해설

① 직류 셀신(D.C selsyn) : 120° 간격으로 분할하여 감겨진 정밀 저항 코일로 되어 있는 전달기와 3상 결선의 코일로 감겨진 원형의 연철로 된 코어 안에 영구 자석의 회전자가 들어 있는 지시계로 구성되어 있으며, 착륙장치나 플랩 등의 위치 지시계로 또는 연료의 용량을 측정하는 액량 지시계로 흔히 사용된다.

② 오토신(Autosyn) : 벤딕스사에서 제작된 동기기 이름으로서 교류로 작동하는 원격 지시계기의 한 종류이며, 도선의 길이에 의한 전기 저항값은 계기의 측정값 지시에 영향을 주지 않으며 회전자는 각각 같은 모양과 치수의 교류 전자석으로 되어 있다.

③ 마그네신(Magnesyn) : 오토신과 다른 점은 회전자로 영구 자석을 사용하는 것이고, 오토신보다 작고 가볍기는 하지만 토크가 약하고 정밀도가 다소 떨어진다. 마그네신의 코일은 링형태의 철심 주위에 코일을 감은 것으로 120°로 세 부분으로 나누어져 있고 26[V], 400[Hz]의 교류전원이 공급된다.

69 항공계기의 색표지(Color marking)와 그 의미를 옳게짝지은 것은?

① 푸른색 호선(Blue arc) : 최대 및 최소 운용한계
② 노란색 호선(Yellow radiation) : 순항 운용범위
③ 붉은색 방사선(Red radiation) : 경계 및 경고 범위
④ 흰색 호선(White arc) : 플랩을 조작할 수 있는 속도 범위 표시

[정답] 65 ① 66 ① 67 ④ 68 ② 69 ④

🔍 **해설**

계기의 색표지

① 푸른색 호선(Blue arc) : 기화기를 장비한 왕복기관에 관계되는 기관 계기에 표시하는 것으로서, 연료와 공기 혼합비가 오토 린 (Auto lean)일 때의 상용 안전 운용 범위를 나타낸다.

② 노란색 호선(Yellow arc) : 안전 운용 범위에서 초과 금지까지의 경계 또는 경고 범위를 나타낸다.

③ 붉은색 방사선(Red radiation) : 최대 및 최소 운용 한계를 나타내며, 붉은색 방사선이 표시된 범위 밖에서는 절대로 운용을 금지해야 함을 나타낸다.

④ 흰색 호선(White arc) : 대기속도계에서 플랩 조작에 따른 항공기의 속도 범위를 나타내는 것으로서 속도계에만 사용이 된다. 최대 착륙 무게에 대한 실속 속도로부터 플랩을 내리더라도 구조 강도상에 무리가 없는 플랩 내림 최대 속도까지를 나타낸다.

---

70 객실의 개별 승객에게 영화, 음악 등 오락프로그램을 제공하는 장치는?

① Cabin interphone system

② Passenger address system

③ Service interphone system

④ Passenger entertainment system

🔍 **해설**

PES(Passenger Entertainment System)

승객이 장시간 여행 시 좀더 즐겁고 쾌적한 시간이 될 수 있도록 기내 음악과 영화를 제공하는 System이다.

---

71 항공기 내 승객 안내시스템(Passenger Address System)에서 방송의 제1순위부터 순서대로 옳게 나열한 것은?

① Cabin 방송, Cockpit 방송, Music 방송

② Cabin 방송, Music 방송, Cockpit 방송

③ Cockpit 방송, Cabin 방송, Music 방송

④ Cockpit 방송, Music 방송, Cabin 방송

🔍 **해설**

PAS(Passenger Address System)

동시에 방송이 될 때는 Priority가 있어 높은 Priority 만 방송이 되고 낮은 것은 중지 된다.

또한 기내 여러 지역에서 방송이 가능하기 때문에 승객 안내방송 할 때 승무원석보다는 조종실에서의 방송이 우선 순위가 있도록 설계되었다.

(조종실-객실-기내방송)

① Flight Deck Announcement(Priority 1)

② Cabin Attendant Announcement(Priority 2)

③ PRAM(Pre-Recorded Announcement(Priority 3)

④ Boarding Music(Priority 4)

⑤ Chime(No Priority)

---

72 자동비행조종장치에서 오토파일롯(Auto pilot)을 연동(Engage)하기 전에 필요한 조건이 아닌 것은?

① 이륙 후 연동한다.

② 충분한 조정(Trim)을 취한 뒤 연동한다.

③ 항공기의 기수가 진북(True north)을 향한 후에 연동한다.

④ 항공기 자세(Roll, Pitch)가 있는 한계 내에서 연동한다.

🔍 **해설**

IRS Preflight Alignment

IRS가 Attitude 및 Position Information을 Calculation하기 전에 Preflight Alignment를 해야 한다. Preflight Alignment에서 IRS는 Attitude, True North 및 Position을 Sensing하게 되며, Align하는 데 다른 NAV Aids는 필요하지 않다.

---

73 직류 전원을 교류 전원으로 바꿔주는 것은?

① Static Inverter

② Load Controller

③ Battery Charger

④ TRU(Transformer Rectifier Unit)

🔍 **해설**

① TRU : Transformer Rectifier Unit AC(교류전원) → DC(직류전원)

② IDG : Integrated Drive Generator

③ APU : Auxiliary Power Unit

④ Static Inverter : DC(직류전원) → AC(교류전원)

[정답] 70 ④ 71 ③ 72 ③ 73 ①

74

Full deflection current 10[mA], 내부저항이 4[Ω]인 검류계로 28[V]의 전압측정용 전압계를 만들려면 약 몇 [Ω]짜리의 직렬저항을 이용해야 하는가?

① 2,000   ② 2,500

③ 2,800   ④ 3,000

해설

분압기(voltage divider) or 배율기(Multiplier)

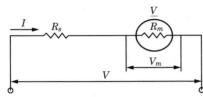

$$n = \frac{V}{V_m} = I \times \frac{(R_s + R_m)}{I \times R_m} = \frac{(R_s + R_m)}{R_m}$$

$$= 1 + \frac{R_s}{R_m} \Rightarrow \frac{R_s}{R_m} = n - 1$$

$$V_m = I_m \times R_m = 0.01 \times 4 = 0.04[V]$$

$$n = \frac{V}{V_m} = \frac{28}{0.04} = 700$$

$$n = 1 + \frac{R_s}{R_m}$$

$$R_s = R_m \times (n - 1) = 4 \times 700 = 2,800[\Omega]$$

75

기본적인 에어 사이클 냉각 계통의 구성으로 옳은 것은?

① 히터, 냉각기, 압축기

② 압축기, 열교환기, 터빈

③ 열교환기, 증발기, 히터

④ 바깥공기, 압축기, 엔진브리드공기

해설

항공기의 Pneumatic manifold에서 Flow control and shut off valve를 통하여 Heat exchanger로 보내지는데 Primary core에서 냉각된 공기는 ACM(Air Cucle Machine)의 Compressor를 거치면서 Pressure가 증가한다. Compressor에서 방출된 공기는 Heat wxchanger의 Secondary core를 통과하면서 압축으로 인한 열은 상실된다. 공기는 ACM의 Turbine을 통과하면서 팽창되고 온도는 떨어진다.

그러므로 터빈을 통과한 공기는 저온, 저압의 상태이다. 터빈을 지

나 냉각된 공기는 수분을 포함하고 있으므로 수분 분리기를 지나면서 수분이 제거되어 더운 공기와 혼합되어 객실 내부로 공급된다.

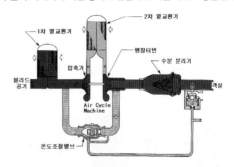

76

유압계통에서 압력이 낮게 작동되면 중요한 기기에만 작동 유압을 공급하는 밸브는?

① 선택밸브(Selector valve)

② 릴리프밸브(Relief valve)

③ 유압퓨즈(Hydraulic valve)

④ 우선순위밸브(Priority valve)

해설

유압계통에 사용되는 구성품의 기능

① Relief(릴리프) v/v : 계통 내 규정 값 이하로 제한

② 유압 Fuse : 유압계통 Fail 시나 많은 유량 공급 시 누설 방지를 위해 작동

③ Priority v/v : 일정압력 이하로 떨어지면 중요작동 계통에만 유로 형성

④ Reduce(감압) v/v : 낮은 압력이 필요한 곳에 요구수준까지 제공

77

비행 중에 비로부터 시계를 확보하기 위한 제우(Rain protection)시스템이 아닌 것은?

① Air Curtain System

② Rain Repellent System

③ Windshield Wiper System

④ Windshield Washer System

해설

Rain Removal

[정답] 74 ③   75 ②   76 ④   77 ④

① #1 Windows의 Rain Removal System
Wiper 및 Rain Removal Repellent Coating
- Both Wiper는 독립적으로 작동한다.
- Taxi, Takeoff, Approach & Landing 중 Rain or Snow가 있다면 Wiper를 사용할 수 있다.
  ※ Caution : Dry Windshield일 때, Permanent Rain Repellent Coating에 손상을 줄 수 있으므로 Wiper를 작동시켜서는 안된다.
② Windshield Wiper Selector

[PARK / INT / LOW / HIGH]

78 광전연기탐지기에 대한 설명으로 옳은 것은?

① 연기의 양을 측정한다.
② 연기의 반사광을 감지한다.
③ 주변 연기의 온도를 측정한다.
④ 연기 내 오염물의 정도를 탐지한다.

해설

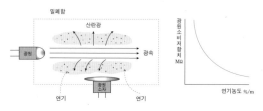

[광전 연기감지기의 구조 및 특성]

79 직류 발전기에서 잔류자기를 잃어 발전기 출력이 나오지 않을 경우 잔류자기를 회복하는 방법으로 가장 적절한 것은?

① 계자코일을 교환한다.
② 계자권선에 직류전원을 공급한다.

③ 잔류자기가 회복될 때까지 반대방향으로 회전시킨다.
④ 잔류자기가 회복될 때까지 고속 회전시킨다.

해설

잔류자기 회복

발전기가 처음 발전을 시작할 때에는 남아 있는 계자, 즉 잔류 자기(Residual magnetism)에 의존하게 되는데, 만약 잔류 자기가 전혀 남아 있지 않아 발전을 시작하지 못할 때 외부전원으로부터 계좌 코일에 잠시동안 전류를 통해주는 것을 계자 플래싱(Field flashing)이라고 한다.

80 HF통신의 용도로 가장 옳은 것은?

① 항공기 상호간 단거리 통신
② 항공기와 지상간의 단거리 통신
③ 항공기 상호간 및 항공기와 지상간의 장거리 통신
④ 항공기 상호간 및 항공기와 지상간의 단거리 통신

해설

HF 통신장치

항공기와 지상, 항공기와 타 항공기상호간의 High Frequency(HF : 단파) 전파를 이용하여 장거리 통화에 이용된다. HF 전파는 전리층의 반사로 원거리까지 전달되는 성질이 있으나 Noise나 Fading이 많으며, 또한 흑점의 활동 영향으로 전리층이 산란되어 통신 불능이 가끔 발생되는 단점이 있다.
주파수 범위는 2∼29.999[MHz]로 AM과 USB(SSB의 일종) 통신을 사용하며 각 Channel Space는 1[kHz]를 사용한다.

[정답] 78 ② 79 ② 80 ③

자격종목 및 등급(선택분야)	시험시간	문제수	문제형별	성명
항공산업기사	2시간	80	A	듀오북스

제1과목 ▸ 항공역학

01 다음 중 항력발산 마하수가 높은 날개를 설계할 때 옳은 것은?

① 쳐든각을 크게 한다.

② 날개에 뒤젖힘각을 준다.

③ 두꺼운 날개를 사용한다.

④ 가로세로비가 큰 날개를 사용한다.

해설

항력발산 마하수를 높이는 방법
① 얇은 날개를 사용하여 날개 표면에서의 속도 증가 억제
② 날개에 뒤젖힘각을 준다.
③ 종횡비가 작은 날개 사용
④ 경계층을 제어한다.

02 날개의 면적을 유지하면서 가로세로비만 2배로 증가시켰을 때 이 비행기의 유도항력계수는 어떻게 되는가?

① 2배 증가한다.　　② 1/2 로 감소한다.

③ 1/4 로 감소한다.　　④ 1/16 로 증가한다.

해설

유도항력계수$(C_{Di}) = \dfrac{C_L^2}{\pi e AR}$

AR이 2배 이므로, 유도항력계수는 $\dfrac{1}{2}$ 로 감소한다.

03 물체 표면을 따라 흐르는 유체의 천이(Transition) 현상을 옳게 설명한 것은?

① 충격 실속이 일어나는 현상이다.

② 층류에 박리가 일어나는 현상이다.

③ 층류에서 난류로 바뀌는 현상이다.

④ 흐름이 표면에서 떨어져 나가는 현상이다.

해설

$Re = \dfrac{관성력}{점성력} = \dfrac{\rho V L}{\mu} = \dfrac{V L}{\nu}$ 로 유체의 흐름이 층류에서 난류로 바뀔 때의 현상이며, 이 때를 천이점(Transition point)이라 함. 또한 이때의 레이놀즈 수를 임계 레이놀즈라고 한다.

04 온도가 0[℃], 고도 약 2,300[m]에서 비행기가 825[m/s]로 비행할 때의 마하수는 약 얼마인가? (단, 0[℃] 공기 중 음속은 331.2[m/s]이다.)

① 2.0　　　　　② 2.5

③ 3.0　　　　　④ 3.5

해설

음속$(C) = C_0 \sqrt{\dfrac{273 + t_0}{273}}$

C_0 : 0[℃] 음속으로 331.2[m/s]

$M = \dfrac{V}{C} = \dfrac{825}{331.2} = 2.49$

05 에어포일 코드 'NACA 0009'를 통해 알 수 있는 것은?

① 대칭단면의 날개이다.

② 초음속 날개 단면이다.

③ 다이아몬드형 날개 단면이다.

④ 단면에 캠버가 있는 날개이다.

[정답] 01 ②　02 ②　03 ③　04 ②　05 ①

해설

NACA 4자 계열은
첫째자리 : Camber의 크기가 시위의 몇 [%]
둘째자리 : 최대 Camber의 위치가 시위의 앞전으로부터 [%]에 있다.
마지막 두자리 : 날개의 최대 두께가 시위의 몇 [%]이다.
그러므로 NACA 0009은 캠버의 크기와 위치는 없고, 최대 두께
만 시위의 9[%]인 대칭익이다.

06 다음 중 이륙 활주거리를 줄일 수 있는 조건으로 옳은 것은?

① 추력을 최대로 한다.
② 고항력 장치를 사용한다.
③ 비행기의 하중을 크게 한다.
④ 항력이 큰 활주 자세로 이륙한다.

해설

이륙 활주거리를 짧게 하기위한 조건
① 비행기 무게를 가볍게   ② 추력을 크게
③ 항력이 작은 자세로 이륙   ④ 정풍을 받으며 이륙
⑤ 고양력 장치 사용

07 다음 중 ( ) 안에 알맞은 내용은?

비행기에서 무게중심이 날개의 공기역학적 중심보다
앞쪽에 위치할수록 세로안정은 (㉠)하고, 조종성은
(㉡)한다.

① ㉠ 감소 ㉡ 증가   ② ㉠ 감소 ㉡ 감소
③ ㉠ 증가 ㉡ 증가   ④ ㉠ 증가 ㉡ 감소

해설

세로 안정을 좋게 하는 방법
① 무게중심이 날개의 공기역학적 중심보다 앞에 위치할 것
② 날개가 무게중심보다 높은 위치에 있을 것
③ 꼬리 날개의 : 면적이 크거나 시위를 크게 할 것
④ 꼬리날개의 효율을 크게 할 것

참고

안정성과 조종성은 상반된 개념 임
그러므로 세로 안정성은 증가하나 조종성은 감소한다.

08 날개드롭(Wing drop)에 대한 설명으로 틀린 것은?

① 옆놀이와 관련된 현상이다.
② 한쪽 날개가 충격 실속을 일으켜서 갑자기 양력을 상실
하며 발생하는 현상이다.
③ 아음속에서 충격파가 과도할 경우 날개가 동체에서 떨
어져 나가는 현상을 말한다.
④ 두꺼운 날개를 사용한 비행기가 천음속으로 비행시 발
생한다.

해설

날개 드롭이란 비행기가 천음속 영역에 도달하면 한쪽 날개가 먼저
실속을 일으켜서 갑자기 양력은 감소하고 급격한 옆놀이를 일으키는
현상으로 도움날개의 효율이 떨어져 회복이 어렵고, 주로 두꺼운 날
개를 가진 항공기가 천음속으로 비행 시 발생

09 500[rpm]으로 회전하고 있는 프로펠러의 각속도
는 약 몇 [rad/sec]인가?

① 32   ② 52
③ 65   ④ 104

해설

$$각속도 = \frac{회전수 \times 각도}{시간}$$

$$500[rev/min] = \frac{500 \times 360° \times \frac{2\pi}{360°}}{60} = 52.36[rad/s]$$

10 항공기 형상이 비행안정성에 미치는 영향을 옳게 설
명한 것은?

① 후퇴각(Sweepback)을 갖는 주 날개에서는 측풍이 날
개 익형에서 상대적인 공기속도를 변화시켜 항력 차이
에 의한 복원 모멘트로 횡안정성이 개선된다.
② 고익(High wing) 항공기에서는 횡안정성을 저해하
는 방향으로 동체주위의 유동이 날개의 받음각을 변화
시킨다.

[정답] 06 ① 07 ④ 08 ③ 09 ② 10 ④

③ 일정한 면적의 꼬리날개는 장착위치가 무게중심에 가까울수록 수직 및 수평안정판이 비행 안정성에 기여하는 영향이 크다.

④ 상반각을 갖는 주 날개에서는 측풍이 좌측 및 우측 날개에서 받음각 차이로 양력의 차이를 발생시켜 횡안정성이 개선된다.

🔍 해설

상반각을 갖는 날개는 옆미끄럼을 하는 방향에서 상대풍에 의해 받음각의 증가로 양력이 증가하여 옆미끄럼에 대한 안정성이 증가된다.

11 다음 중 실속 받음각 영역이 다른 것은?

① 스핀   ② 방향발산
③ 더치롤   ④ 나선발산

🔍 해설

동적 가로 불안정에는 초기의 작은 옆미끄럼이 방향 안정성보다 클 때 나타나는 방향 불안정, 정적 방향 안정이 쳐든각 효과 보다 클 때 나타나는 나선 불안정, 가로진동과 방향진동이 결합되어 발생되는 가로방향 불안정(Dutch roll)이 있다.

12 항공기 중량이 900[kgf], 날개면적이 10[m²]인 제트 항공기가 수평 등속도로 비행할 때 추력은 몇 [kgf]인가? (단, 양항비는 3이다.)

① 300   ② 250
③ 200   ④ 150

🔍 해설

$T = D = \dfrac{1}{2}\rho v^2 SC_D$

$W = L = \dfrac{1}{2}\rho v^2 SC_L$에서

$\dfrac{T}{W} = \dfrac{C_D}{C_L}$이므로

$T = W\dfrac{C_D}{C_L} = 900 \times \dfrac{1}{3} = 300\,[\mathrm{kgf}]$

13 조종면 효율변수(Flap or control effectiveness parameter)를 설명한 것으로 옳은 것은?

① 양력계수와 항력계수의 비를 말한다.
② 플랩의 변위에 따른 양력계수의 변화량을 나타내는 값이다.
③ 날개 면적을 날개 면적과 플랩 면적을 합한 값으로 나눈 값이다.
④ 플랩 면적을 날개 면적과 플랩 면적을 합한 값으로 나눈 값이다.

🔍 해설

조종면의 효율 변수는 플랩의 변위에 따른 양력계수의 변화량을 나타내는 값으로 양력계수의 곡선 기울기($\dfrac{dC_L}{d\delta_f}$)로 표시된다.

14 프로펠러가 항공기에 가해준 소요동력을 구하는 식은?

① 추력/비행속도   ② 추력×비행속도²
③ 비행속도/추력   ④ 추력×비행속도

🔍 해설

소요동력＝추력×비행속도
Propeller 동력$(P) = C_p \rho n^3 D^5$
Propeller 추력$(T) = C_t \rho n^2 D^4$
$\therefore P = T \times V$

15 일반적인 헬리콥터 비행 중 주 회전날개에 의한 필요마력의 요인으로 보기 어려운 것은?

① 유도속도에 의한 유도항력
② 공기의 점성에 의한 마찰력
③ 공기의 박리에 의한 압력항력
④ 경사충격파 발생에 따른 조파항력

🔍 해설

경사충격파는 고정익 초음속기에 해당되며, 그로인한 항력을 조파항력이라 한다. 회전익 항공기는 깃 끝의 마하수 영향으로 깃 끝 회전속도를 225[m/s]로 제한하고 있다.

[정답] 11 ① 12 ① 13 ② 14 ④ 15 ④

16 무게 20,000[kgf], 날개면적 80[m²]인 비행기가 양력계수 0.45 및 경사각 30°상태로 정상선회(균형선회) 비행을 하는 경우 선회반경은 약 몇 [m]인가?
(단, 공기밀도는 1.22[kg/m³]이다.)

① 1,820　　　　　② 2,000

③ 2,800　　　　　④ 3,000

🔍 **해설**

$$L = \frac{W}{\cos\theta} = \frac{20,000}{\cos 30} = 23,094[\text{kg}]$$

$$V = \sqrt{\frac{2L}{C_L \rho S}} = \sqrt{\frac{2 \times 23,094}{0.45 \times (1.22/9.81) \times 80}} \fallingdotseq 101.57[\text{m/s}]$$

$$R = \frac{V^2}{g\tan\theta} = \frac{(102.55)^2}{9.81 \times \tan 30} = 1,821.47[\text{m}]$$

17 상승 가속도 비행을 하고 있는 항공기에 작용하는 힘의 크기를 옳게 비교한 것은?

① 양력>중력, 추력<항력

② 양력<중력, 추력>항력

③ 양력>중력, 추력>항력

④ 양력<중력, 추력<항력

🔍 **해설**

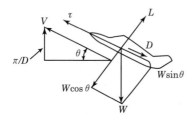

18 대기를 구성하는 공기에 대한 설명으로 틀린 것은?

① 공기의 점성계수는 물보다 작다.

② 공기는 압축성 유체로 볼 수 있다.

③ 공기의 온도는 고도가 높아짐에 따라서 항상 감소한다.

④ 동일한 압력조건에서 공기의 온도 변화와 밀도변화는 반비례 관계에 있다.

🔍 **해설**

유체는 크게 액체와 기체로 나누는데 액상의 물과 같은 유체는 하중을 받아도 체적과 밀도의 변화가 없으나 기체는 압력을 받으면 체적이 감소하고 밀도는 증가한다. 이러한 유체를 압축성 유체라 한다. 또한 대류권 계면까지 공기는 일정 감소폭을 갖고 온도가 감소하지만 하부 성층권에서는 고도 변화와 관계없이 일정 온도가 유지되며, 상부 성층권인 오존층에서는 온도가 상승하게 된다.
공기의 온도가 증가하면 체적이 증가하고 그로인한 밀도는 감소하므로 반비례 관계이다.

19 비행기가 등속도 수평비행을 하고 있다면 이 비행기에 작용하는 하중배수는?

① 0　　　　　② 0.5

③ 1　　　　　④ 1.8

🔍 **해설**

등속수평비행 $L=W$, $T=D$

수평비행시하중배수 $(n) = \dfrac{L}{W} = 1$

20 헬리콥터 구동 계통에서 자유회전장치(Free wheeling unit)의 주된 목적은?

① 주 회전날개 제동장치를 풀어서 작동을 가능하게 한다.

② 시동 중에 주 회전날개 깃의 굽힘응력을 제거한다.

③ 착륙을 위해서 기관의 과회전을 허용한다.

④ 기관이 정지되거나 제한된 주 회전날개의 회전수 보다 느릴 때 주 회전날개와 기관을 분리한다.

🔍 **해설**

자유회전장치(Free Wheeling Unit)는 기관의 회전 속도가 회전날개의 회전속도보다 느려지면 자동으로 기관 구동축과 주 회전날개 구동축을 분리시켜 회전날개가 돌던 방향으로 계속해서 돌아 자동회전이 용이하게 해준다.

[정답] 16 ① 17 ③ 18 ③ 19 ③ 20 ④

2-90 | 항공산업기사 필기+실기 필답

제2과목 항공기관

21 가스터빈엔진의 연료조정장치(FCU) 기능이 아닌 것은?

① 파워레버의 위치에 따른 연료량을 적절히 조절한다.
② 연료흐름에 따른 연료필터의 계속 사용여부를 조정한다.
③ 압축기 출구압력 변화에 따라 연료량을 적절히 조정한다.
④ 압축기 입구압력 변화에 따라 연료량을 적절히 조절한다.

해설

FCU가 받는 엔진의 자료는 PLA, RPM, CDP(CCP), CIP (CIT)이므로 연료필터의 계속 사용여부와 관련 없음

22 가스터빈엔진에서 방빙장치가 필요 없는 곳은?

① 터빈 노즐
② 압축기 전방
③ 흡입덕트 입구
④ 압축기의 입구 안내 깃

해설

방빙장치가 필요한 부분은 엔진의 Cold section인데 터빈노즐은 Hot section임

23 프로펠러 깃(Propeller blade)에 작용하는 응력이 아닌 것은?

① 인장응력
② 굽힘응력
③ 비틀림응력
④ 구심응력

해설

프로펠러가 받는 응력

① 굽힘응력(Bending stress)
　추력에 의해 발생되며 깃이 전방으로 굽어질려는 성질과 기관 토크에 의한 관성력에 의해 깃 회전의 반대방향으로도 휨이 발생하나 원심력에 의해 소멸된다.
② 인장응력(Tensile stress)
　깃의 무게에 따른 원심력에 의해 발생되며 회전수의 제곱에 비례하여 깃이 허브로부터 원주방향으로 이탈하려고 하나 허브가 뿌리를 잡고 있으므로 인장이 작용한다.

③ 비틀림응력(Torsional stress)
　원심염력 모멘트에 의해 발생하며 두 가지의 응력이 작용한다.
　㉮ 공기 역학적 비틀림 모멘트
　　깃에 작용하는 공기흐름에 대한 반작용에 의하여 발생되며 보통 비행시는 피치를 크게 할려는 쪽으로 작용하나 급강하 비행시에는 깃각을 작게하므로 일관성이 없다.
　㉯ 원심력 비틀림 모멘트
　　깃의 회전에 의한 원심력에 의해 발생되며 피치를 작게 할려는 쪽으로 작용되는데 회전속도의 제곱에 비례하여 일정하게 증가하므로 깃각 조종에 이용된다.

24 정속 프로펠러(Constant-speed propeller)는 엔진 속도를 정속으로 유지하기 위해 프로펠러 피치를 자동으로 조정해 주도록 되어 있는데 이러한 기능은 어떤 장치에 의해 조정되는가?

① 3-way 밸브
② 조속기(Governor)
③ 프로펠러 실린더(Propeller cylinder)
④ 프로펠러 허브 어셈블리(Propeller hub assembly)

해설

정속프로펠러

2단 가변피치에서의 3 way valve 대신에 Governor를 사용하여 정해진 출력에서 조종사가 Propé lever로 정한 회전속도(ON SPEED)를 스스로 깃각을 변경시켜 유지하게 된다.

25 왕복엔진을 장착한 비행기가 이륙한 후에도 최대 정격 이륙 출력으로 계속 비행하는 경우에 대한 설명으로 옳은 것은?

① 엔진이 과열되어 비행이 곤란해진다.
② 공기흡입구가 결빙되어 출력이 저하된다.
③ 엔진의 최대 출력을 증가시키기 위한 방법으로 자주 이용한다.
④ 연료소모가 많지만 1시간 이내에서 비행할 수 있다.

해설

이륙출력은 엔진이 낼 수 있는 최대출력이므로 이륙 시 5분 이내에만 사용이 가능하며 고출력일수록 실린더 헤드온도가 높아지므로 오래 사용하면 과열되어 데토네이션을 일으킨다.

[**정답**] 21 ② 22 ① 23 ④ 24 ② 25 ①

Aircraft Maintenance

26 왕복엔진의 마그네토 브레이커 포인트(Breaker point)가 과도하게 소실되었다면 브레이커 포인트와 어떤 것을 교환해 주어야 하는가?

① 1차 코일　　　　② 2차 코일
③ 회전자석　　　　④ 콘덴서

🔍 **해설**

Breaker point가 소실되는 원인은 Point가 여닫힐 때 과전류 때문이며 이를 방지하기 위해 콘덴서를 병렬로 연결함

27 흡입공기를 사용하지 않는 제트엔진은?

① 로켓　　　　　② 램제트
③ 펄스제트　　　④ 터보 팬

🔍 **해설**

로켓은 공기로 숨을 쉬는 엔진이 아님

28 왕복엔진의 피스톤 오일 링(Oil ring)이 장착되는 그루브(Groove)에 위치한 구멍의 주요 기능은?

① 피스톤 무게를 경감해 준다.
② 윤활유의 양을 조절해 준다.
③ 피스톤 벽에 냉각 공기를 보내준다.
④ 피스톤 내부 점검을 하기 위한 통로이다.

🔍 **해설**

오일 링은 실린더 벽에 적당한 두께의 오일을 유지하도록 링 홈에 구멍이 있다.

29 열역학에서 주어진 시간에 계(System)의 이전 상태와 관계없이 일정한 값을 갖는 계의 거시적인 특성을 나타내는 것을 무엇이라 하는가?

① 상태(State)
② 과정(Process)

③ 상태량(Property)
④ 검사체적(Control volume)

🔍 **해설**

- 상태(State) : 측정할 수 있는 물질의 성질들이 일정한 값을 가지고 있을 때를 말한다.
- 성질(Property) : 물질의 상태를 결정할 수 있는 측정 가능한 물리적인 변수로서 어떤 상태에 의해 결정되고 경로는 상관되지 않으며 종량적 성질과 강성적 성질로 분류됨(상태량)

30 피스톤 핀과 크랭크축을 연결하는 막대이며, 피스톤의 왕복 운동을 크랭크축으로 전달하는 일을 하는 엔진의 부품은?

① 실린더 배럴　　② 피스톤 링
③ 커넥팅 로드　　④ 플라이 휠

🔍 **해설**

Connecting rod(연결막대)
왕복 엔진에서 피스톤과 크랭크축의 드로와 연결하는 장치

31 왕복엔진에서 물분사 장치에 대한 설명으로 틀린 것은?

① 물을 분사시키면 엔진이 더 큰 추력을 낼 수 있게하는 안티노크 기능을 가진다.
② 물과 소량의 알코올을 혼합시키는 이유는 배기가스의 압력을 증가시키기 위한 것이다.
③ 물분사는 짧은 활주로에서 이륙할 때와 착륙을 시도한 후 복행할 필요가 있을 때 사용한다.
④ 물분사가 없는 드라이(Dry)엔진은 작동허용범위를 넘었을 때 디토네이션으로 출력에 제한이 있다.

🔍 **해설**

물(증류수)과 소량의 알코올을 혼합시키는 이유는 첫째 얼지 않도록 하는 것이며 둘째 물이 증발할 때 온도가 낮아지므로 알콜이 연소하면서 연소온도를 높여 효율을 증대시킨다.

[정답] 26 ④　27 ①　28 ②　29 ③　30 ③　31 ②

32 민간용 가스터빈엔진의 공압 시동기에 대한 설명으로 틀린 것은?

① 시동완료 후 발전기로써 작동한다.

② APU, GTC에서의 고압 공기를 사용한다.

③ 약 20[%] 전후 엔진rpm 속도에서 분리된다.

④ 엔진에 사용되는 같은 종류의 오일로 윤활된다.

해설

시동 후 발전기로 사용할 수 있는 것은 시동기-발전기식(Starter-generator type)이다.

33 가스터빈엔진의 추력감소 요인이 아닌 것은?

① 대기 밀도 증가

② 연료조절장치불량

③ 터빈블레이드 파손

④ 이물질에 의한 압축기 로터 블레이드 오염

해설

추력은 밀도에 비례한다.

34 가스터빈엔진의 엔진압력비(EPR : Engine Pressure Ratio)를 나타낸 식으로 옳은 것은?

① 터빈 출구압력/압축기 입구압력

② 압축기 입구압력/터빈 출구압력

③ 압축기 입구압력/압축기 출구압력

④ 압축기 출구압력/압축기 입구압력

해설

EPR＝Pt7/Pt2 즉 가스발생기의 출구압력과 입구압력의 비이며 가스터빈엔진의 출력을 나타내는 값이다.

35 9개의 실린더로 이루어진 왕복엔진에서 실린더 직경 5[in], 행정길이 6[in]일 경우 총배기량은 약 몇 [in³]인가?

① 118

② 508

③ 1,060

④ 4,240

해설

$$LAK = 6 \times \frac{3.14 \times 5^2}{4} \times 9 = 1,059.75$$

36 왕복엔진의 마그네토 캠축과 엔진 크랭크축의 회전 속도비를 옳게 나타낸 식은? (단, 캠의 로브수와 극수는 같고, n : 마그네토 극수, N : 실린더 수이다.)

① $\dfrac{N+1}{2n}$

② $\dfrac{N}{n+1}$

③ $\dfrac{N}{2n}$

④ $\dfrac{N}{n}$

해설

크랭크 축과 영구자석이 ($\frac{기통수}{2 \times 극수}$)의 정확한 회전비 로 구동되면서 Pole shoe를 통해 자력선을 형성한다.

37 그림과 같은 브레이턴사이클(Brayton cycle)의 P–V선도에 대한 설명으로 틀린 것은?

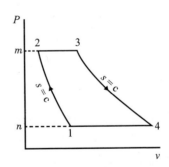

① 넓이 1-2-m-n-1은 압축일이다.

② 1개씩의 정압과정과 단열과정이 있다.

③ 넓이 1-2-3-4-1은 사이클의 참일이다.

④ 넓이 3-4-n-m-3은 터빈의 팽창일이다.

해설

두 개의 정압과정과 두 개의 단열과정으로 되어 있다.

[정답] 32 ① 33 ① 34 ① 35 ③ 36 ③ 37 ②

38 민간 항공기용 연료로서 ASTM에서 규정된 성질을 갖고 있는 가스터빈기관용 연료는?

① JP-2   ② JP-3
③ JP-8   ④ Jet-A

해설

JP 계열은 군용이고 Jet A와 Jet B가 민간용이다.

39 항공기 가스터빈엔진의 성능평가에 사용되는 추력이 아닌 것은?

① 진추력   ② 총추력
③ 비추력   ④ 열추력

해설

① Net Thrust(진추력) : 기관이 비행 중 발생시키는 추력
② Gross Thrust(총추력) : 공기 및 연료의 유입 운동량을 고려하지 않았을 때의 추력, 항공기가 지상에 정지하고 있을 때, 즉 지상작동 또는 활주시의 추력
③ Specific Thrust(비추력) : 기관에 흡입되는 단위공기유량에 대한 진추력이며 전면면적에 반비례한다.
④ Thrust Weight Ratio(추력중량비) : 기관의 진추력과 무게의 비로 무게와 반비례
⑤ Thrust Horse Power(추력마력) : 진추력(Fn)을 발생하는 기관이 속도(Va)로 비행할 때 기관의 동력을 마력으로 환산한 것
⑥ TSFC(추력비연료소비율) : $1N[kg \cdot m/s^2]$의 추력을 발생하기 위해 1시간 동안 기관이 소비하는 연료의 중량으로 효율, 성능, 경제성에 반비례

40 마하 0.85로 순항하는 비행기의 가스터빈엔진 흡입구에서 유속이 감속되는 원리에 대한 설명으로 옳은 것은?

① 압축기에 의하여 감속한다.
② 유동 일에 대하여 감속한다.
③ 단면적 확산으로 감속한다.
④ 충격파를 발생시켜 감속한다.

해설

공기 흡입구가 아음속에서 확산형이므로 속도감소

---

41 항공기기체 제작과 정비에 사용되는 특수용접에 속하지 않는 것은?

① 전기아크용접   ② 플라스마용접
③ 금속불활성가스용접   ④ 텅스텐불활성가스용접

해설

특수용접
- 특수 아크용접 : 서머지드 아크용접, 금속 불활성 가스 아크용접, 텅스텐 불활성 가스 아크용접, CO_2 아크용접 그 외 스터드 용접, 테르밋 용접, 고주파 용접 등이 있다.
- 플라즈마 아크 용접(PAW) : 가스 텅스텐 아크 용접(GTAW)과 유사한 아크 용접 공정이다.

42 양극처리(Anodizing)에 대한 설명으로 옳은 것은?

① 알루미늄합금에 은도금을 하는 것이다.
② 강철에 순수한 탄소피막을 입히는 것이다.
③ 크롬산이나 황산으로 알루미늄합금의 표면에 산화피막을 만드는 것이다.
④ 알루미늄합금의 표면에 순수한 알루미늄피막을 입히는 것이다.

해설

양극처리(Anodizing)
알루미늄 합금이나 마그네슘 합금을 양극으로 하여 황산, 크롬산 등의 전해액에 담그면 양극에 발생하는 산소에 의해 산화 피막이 금속의 표면에 형성되는 처리

43 앞바퀴형 착륙장치의 장점으로 틀린 것은?

① 조종사의 시야가 좋다.
② 이착륙 저항이 적고 착륙성능이 양호하다.
③ 가스터빈엔진에서 배기가스 분출이 용이하다.
④ 고속에서 주 착륙장치의 제동력을 강하게 작동하면 전복의 위험이 크다.

[정답] 38 ④   39 ④   40 ③   41 ①   42 ③   43 ④

해설

전륜식의 장점

① 동체 후방이 들려 있으므로 이륙 시 저항이 적고 착륙 성능이 좋음

② 이·착륙 및 지상 활주 시 항공기의 자세가 수평이므로 조종 시계가 좋다.

③ 무게 중심이 주바퀴의 앞에 있기 때문에 착륙 활주 중 전복의 위험이 없다.

④ 제트 항공기의 배기가스 배출을 용이하게 함

슈퍼 듀랄루민인 AA2024 알루미늄 합금 리벳은 경도나 강도가 높고 강한 시효경화 효과가 있으므로 시효경화 억제를 위해 풀림 처리 후 냉장 보관 함

44 페일 세이프 구조 중 다경로구조(Redundant structure)에 대한 설명으로 옳은 것은?

① 단단한 보강재를 대어 해당량 이상의 하중을 이 보강재가 분담하는 구조이다.

② 여러 개의 부재로 되어 있고 각각의 부재는 하중을 고르게 분담하도록 되어 있는 구조이다.

③ 하나의 큰 부재를 사용하는 대신 2개 이상의 작은부재를 결합하여 1개의 부재와 같은 또는 그 이상의 강도를 지닌 구조이다.

④ 규정된 하중은 모두 좌측 부재에서 담당하고 우측 부재는 예비 부재로 좌측 부재가 파괴된 후 그 부재를 대신하여 전체하중을 담당한다.

해설

다경로 하중 구조(Redundant Structure)

하중을 분담하는 경로를 여러 개로 만들어 그 중 1개가 파괴 되더라도 나머지 부재가 하중을 분담할 수 있는 구조

45 아이스박스 리벳인 2024(DD)를 아이스박스에 저온 보관하는 이유는?

① 리벳을 냉각시켜 경도를 높이기 위해

② 리벳의 열변화를 방지하여 길이의 오차를 줄이기위해

③ 시효경화를 지연시켜 연한 상태를 연장시키기 위해

④ 리벳을 냉각시켜 리벳팅 시 판재를 함께 냉각시키기 위해

해설

46 그림과 같이 벽으로부터 0.8[m] 지점에 250[N]의 집중하중이 작용하는 1.0[m] 길이의 보에 대한 굽힘모멘트 선도는?

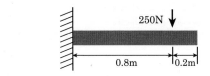

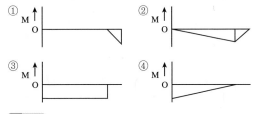

해설

굽힘 모멘트 선도(BDM)는 그림과 같은 외팔보에서는 하중이 작용한 부분의 고정단에 반력의 형태로 나타나므로 ④번의 그림이 맞다.

47 외피(Skin)에 주 하중이 걸리지 않는 구조형식은?

① 모노코크구조

② 트러스구조

③ 세미모노코크구조

④ 샌드위치구조

해설

트러스 구조

Pratt Truss 와 Warren Truss 구조가 있으며, 특성으로는 삼각형의 집합체로 모든 하중을 골격이 담당하고, 외피는 기하학적인 외형만 유지

48 섬유 강화플라스틱(FRP)에 대한 설명으로 틀린 것은?

① 내식성, 진동에 대한 감쇠성이 크다.
② 항공기의 조종면에는 FRP 허니컴 구조가 사용된다.
③ 경도, 강성이 낮은데 비하여 강도비가 크다.
④ 인장강도, 내열성이 높으므로 엔진마운트로 사용된다.

🔍 해설

① 경도와 강성이 낮고, 강도비가 크다
② 내식성, 진동에 대한 감쇄성이 크다
③ 최근 항공기 조종면에는 FRP Honeycomb 구조로 많이 쓰인다.

49 최근 대형 항공기의 동체구조에 대한 설명으로 틀린 것은?

① 날개, 꼬리날개 및 착륙장치의 장착점이 존재한다.
② 응력 분산이 용이한 세미모노코크구조가 사용된다.
③ 동체의 주요 구조부재는 정형재와 벌크헤드 및 외피로 구성된다.
④ 동체는 화물, 조종실, 장비품, 승객 등을 위한 공간으로 활용된다.

🔍 해설

최근의 대형 항공기는 세미모노코크 구조를 사용하며, 동체는 날개 및 착륙장치가 장착되고, 동체 내부의 공간은 조종실, 화물실, 장비품과 승객의 탑승 공간으로 이용된다. 또한 동체는 조종력을 전달하는 보의 역할을 담당, ③번의 보기는 모노코크 구조의 내용 임

50 항공기의 케이블 조종계통과 비교하여 푸시풀로드 조종계통의 장점으로 옳은 것은?

① 마찰이 작다.
② 유격이 없다.
③ 관성력이 작다.
④ 계통의 무게가 가볍다.

🔍 해설

Push-Pull Rod 조종계통의 장점
① 케이블 조종계통에 비해 마찰 및 늘어남이 없음
② 온도 변화에 따른 팽창 등의 변화가 없음

③ 정비 및 관리가 용이함

Push-Pull Rod 조종계통의 단점
① 무겁고 관성력이 큼
② 느슨함이 있고, 값이 케이블에 비해 비싸다.
③ 조종력의 전달 거리가 짧아 소형기에 주로 사용

51 그림과 같은 볼트의 명칭은?

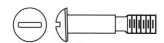

① 아이볼트
② 육각머리볼트
③ 클레비스볼트
④ 드릴머리볼트

🔍 해설

Clevis Bolt
주로 전단력이 걸리는 곳에 사용하며, 인장용으로는 사용불가
→ 비행조종계통의 Push pull Rod 장착부에 많이 사용

52 인장하중(P)을 받는 평판에 구멍이 있다면 구멍 주위에 생기는 응력분포를 옳게 나타낸 것은?

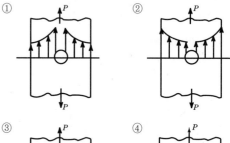

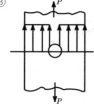
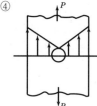

🔍 해설

그림과 같이 중앙에 구멍(Hole)이 뚫려 있다면 응력은 구멍 주위에서 크게 작용하고 판재의 외측으로 갈수록 작아진다.

[정답] 48 ④ 49 ③ 50 ① 51 ③ 52 ①

53 기계재료가 일정온도에서 일정한 응력이 가해질 때 시간이 경과함에 따라 계속적으로 변형률이 증가하게 되는데 이와 같이 시간 경과에 따라 변하는 변형률을 나타내는 그래프는?

① 피로(Fatigue)곡선
② 크리프(Creep)곡선
③ 탄성(Elasticity)곡선
④ 천이(Transition)곡선

🔍 **해설**

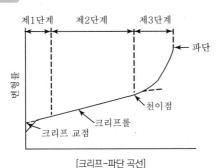

[크리프-파단 곡선]

54 그림과 같은 $V-n$선도에서 실속속도(V_S) 상태로 수평비행하고 있는 항공기의 하중배수(n_S)는?

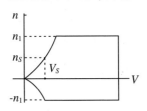

① 1
② 2
③ 3
④ 4

🔍 **해설**

수평 비행 시의 최소속도가 곧 실속 속도이므로

$W = L_{\max} = C_{L\max} \dfrac{1}{2} \rho V_s^2 S$이다.

그러므로 $W = L_{\max}$ ➔ $n = \dfrac{L_{\max}}{W} = 1$

55 판재 홀 가공 절차 중 리머작업에 대한 설명으로 옳은 것은?

① 강을 리밍할 때 절삭유를 사용하지 않는다.
② 드릴로 뚫은 작은 구멍의 안쪽을 매끈하게 가공한다.
③ 홀 가공시 드릴 작업보다 빠른 회전 속도로 작업한다.
④ 드릴로 뚫은 구멍의 안쪽의 부식을 제거한다.

🔍 **해설**

Reamer 작업
Drill에 의해 뚫은 구멍은 표면이 거칠기 때문에 매끈하게 다듬기 위해 사용하는 공구임

56 두께가 40/1,000[in], 길이가 2.75[in]인 2024 T3 알루미늄 판재를 AD리벳으로 결합하려면 몇 개의 리벳이 필요한가? (단, 2024 T3 판재의 극한인장응력은 60,000[psi], AD리벳 1개당 전단강도는 388[lb], 안전계수는 1.15이다.)

① 15
② 18
③ 20
④ 39

🔍 **해설**

$N = 1.15 \times \dfrac{4LT\sigma_{\max}}{\pi D^2 \times \tau_{\max}}$

$D = 3T = 3 \times 0.04 = 0.12,$
$T = 0.04, \ L = 2.75, \ \sigma_{\max} = 60,000$
rivet 하나의 전단강도가 388[lb]이고,

$\tau_{\max} = \dfrac{1}{\dfrac{\pi D^2}{4}} = \dfrac{388}{\dfrac{(0.12)^2 \times 3.14}{4}}$

$N = 1.15 \times \dfrac{2.75 \times 0.04 \times 60000}{\dfrac{(0.12)^2 \times 3.14}{4} \times \dfrac{388}{\dfrac{(0.12)^2 \times 3.14}{4}}}$

$= 19.56 ≒ 20개$

57 항공기 연료 계통에 대한 설명으로 틀린 것은?

① 연료 펌프로 가압 공급한다.
② 연료 탑재 위치는 항공기 평형에 영향을 준다.

[**정답**] 53 ② 54 ① 55 ② 56 ③ 57 ④

Aircraft Maintenance

③ 탑재하는 연료의 양은 비행거리 및 시간에 따라 달라진다.

④ 연료 탱크 내부에 수분 증발 장치가 마련되어 있다.

🔍 해설

항공기 연료 탱크의 위치는 항공기의 성능에 따라 다르며, 고속기의 경우 특성상의 이유로 날개의 두께가 얇기 때문에 동체에 탱크가 있다. 연료의 공급은 부스터 펌프에 의해 기관의 연료 펌프까지 공급되며, 연료의 탑재량은 그 항공기의 항속거리나 항속 시간에 대한 성능과 직관되며, 연료 보급 30분경과 후 Water Drain을 수행하도록 되어 있다.

58 알루미늄 합금판에 순수 알루미늄의 압연 코팅(Coating)을 하는 알크래드(Alcad)의 목적은?

① 공기 저항 감소　　② 표면 부식 방지

③ 인장강도의 증대　　④ 기체 전기저항 감소

🔍 해설

알크래드(Alcad)

초강알루미늄 합금 판재의 부식 방지를 위해 순수 알루미늄 또는 부식에 강한 알루미늄 합금을 5∼10[%] 압연 접착 피복시킨 것

59 재료가 탄성한도에서 단위 체적에 축적되는 변형에너지를 나타내는 식은? (단, σ 응력, E 탄성계수이다.)

① $\dfrac{\sigma^2}{2E}$　　　　　② $\dfrac{E}{2\sigma^2}$

③ $\dfrac{\sigma}{2E^2}$　　　　　④ $\dfrac{E}{2\sigma^3}$

🔍 해설

$\dfrac{\sigma^2}{2E}$

60 판재를 굴곡작업하기 위한 그림과 같은 도면에서 굴곡 접선의 교차부분에 균열을 방지하기 위한 구멍의 명칭은?

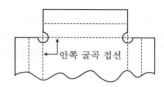

안쪽 굴곡 접선

① Lighting hole　　② Pilot hole

③ Countsunk hole　　④ Relief hole

🔍 해설

Relief Hole

두 개 이상의 굴곡이 교차하는 지점에 발생할 수 있는 응력 집중을 방지할 목적으로 안쪽 굴곡접선의 교차점에 1/8" 이상이나 굴곡 반경 치수의 Relief Hole을 뚫는다.

제4과목　▶ 항공장비

61 다음 중 지향성 전파를 수신할 수 있는 안테나는?

① Loop　　　　　② Sense

③ Dipole　　　　④ Probe

🔍 해설

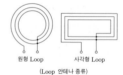

원형 Loop　　사각형 Loop
(Loop 안테나 종류)

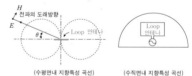

(수평면내 지향특성 곡선)　　(수직면내 지향특성 곡선)

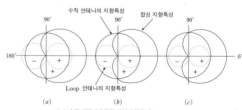

(a) 수직 안테나의 전압 성분이 작을 때
(b) Loop 안테나와 수직안테나의 전압 성분이 같을 때
(c) 수직 안테나의 전압 성분이 클 때

[정답] 58 ② 　59 ① 　60 ④ 　61 ①

루프 안테나 특징

- 복사전계 또는 수신전압의 크기는 루프면적, 권수, $\cos\ominus$에 비례하므로 루프안테나를 회전하여 루프면이 전파 도래방향과 일치($\ominus=0$)할 때 최대, 직각($\ominus=90$)일 때 최소감도가 됨(전파 도래 방향 측정에 사용)
- 실효고와 복사저항이 일반적으로 적으며, 야간에는 전리층 반사파의 수평 성분이 안테나의 수평도선에 유기되어 측정오차(야간오차)가 발생함
- 따라서 효율이 나쁘고 급전선과의 정합이 어려운 것이 단점임
- 소형으로 이동이 용이함

62 그림에서 편차(Variation)을 옳게 나타낸 것은?

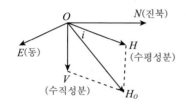

① $N-O-H$ ② $N-O-H_o$
③ $N-O-V$ ④ $E-O-V$

해설

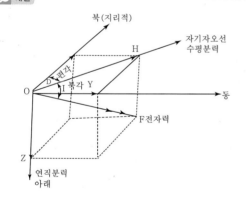

63 다음 중 화학적 방빙(Anti-icing)방법을 주로 사용하는 곳은?

① 프로펠러   ② 화장실
③ 피토튜브   ④ 실속경고 탐지기

해설

프로펠러의 방빙 및 제빙
화학적 방법으로는 이소프로필 알코올과 에틸렌글리콜과 알코올을 섞은 용액을 사용하며 프로펠러의 회전부분에는 슬링거 링을 창착하고 각 블레이드 앞전에는 홈이 있는 슈를 붙이고 방빙액이 이것을 따라 흘러 방빙한다.

64 레인 리펠런트(Rain repellent)에 대한 설명으로 틀린 것은?

① 물방울이 퍼지는 것을 방지한다.
② 우천 시 항공기 이착륙에 와이퍼(Wiper)와 같이사용한다.
③ 표면장력 변화를 위하여 특수용액을 사용한다.
④ 강우량이 적을 때 사용하면 매우 효과적이다.

해설

Rain repellent(방우제)
방우제는 비가 오는 동안 윈드실드가 더욱 선명해질 수 있도록 와이퍼 작동과 함께 사용한다. 방우제는 표면 장력이 작은 액체로서 윈드실드 위에 분사하면 피막을 형성하여 빗방울을 아주 작고 둥글게 만들어 윈드실드에 붙지 않고 대기 중으로 빨리 흩어져 날릴 수 있게 한다. 건조한 윈드실드에 사용하면 방우제가 고착되기 때문에 오히려 시야를 방해하므로 강우량이 적을 때 사용해서는 안된다. 또 방우제가 고착되면 제거하기가 어렵기 때문에 빨리 중성 세제로 닦아내야 한다.

65 SELCAL(Selective calling)은 무엇을 호출하기 위한 장치인가?

① 항공기   ② 정비타워
③ 항공회사   ④ 관제기관

해설

SELCAL system(Selective calling system)
① 지상에서 항공기를 호출하기 위한 장치이다.
② HF, VHF 통신장치를 이용한다.
③ 한 목적의 항공기에 코드를 송신하면 그것을 수신한 항공기 중에서 지정된 코드와 일치하는 항공기에만 조종실 내에 램프를 점등시킴과 동시에 차임을 작동시켜 조종사에게 지상국에서 호출하고 있다는 것을 알린다.

[정답] 62 ①   63 ①   64 ④   65 ①

④ 현재 항공기에는 지상을 호출하는 장비를 별도로 장착되어 있지 않다.

66 유압계통에서 유압관 파손 시 작동유의 과도한 누설을 방지하는 장치는?

① 유압 퓨즈
② 흐름 평형기
③ 흐름 조절기
④ 압력 조절기

해설

유압 퓨즈
유압계통의 관이나 호스가 파손되거나, 기기 내의 실에 손상에 생겨 과도한 누설이 발생할 때 이를 방지하는 장치
- 흐름 평형기 : 2개의 작동기(예를 들면 좌우 플랩)가 동일하게 움직이게 하기 위하여 작동기에 공급되거나 작동기로부터 귀환되는 작동유의 유량을 같게 하는 장치이다. 양옆 통로를 따라 흐르는 작동유 속도차에 의한 압력차로 미터링 피스톤(k)과 움직여 통로의 크기를 조절하는 원리이다
- 흐름조절기 : 계통의 압력 변화에 관계없이 작동유의 흐름이 일정하게 유지되도록 하는 장치

67 20[hp]의 펌프를 작동시키기 위해 몇 [kW]의 전동기가 필요한가? (단, 펌프의 효율은 80[%]이다.)

① 8
② 10
③ 12
④ 19

해설

$1[\text{hp}]=746[\text{W}]$, $20[\text{hp}]=14,920[\text{W}]=14.9[\text{kW}]$
$14.9 \div 0.8 = 18.6[\text{kW}]$

68 발전기와 함께 장착되는 역전류차단장치(Reverse current cut-out relay)의 설치목적은?

① 발전기 전압의 파동을 방지한다.
② 발전기 전기자의 회전수를 조절한다.
③ 발전기 출력전류의 전압을 조절한다.
④ 축전지로부터 발전기로 전류가 흐르는 것을 방지한다.

해설

역전류차단장치
발전기는 전압을 버스를 통하여 부하에 전류를 공급하는 동시에 배터리를 충전하게 되는데, 발전기의 출력전압보다 배터리의 출력전압이 높게 되면 배터리가 불필요하게 방전하게 되고, 발전기가 배터리의 전압으로 전동기 효과에 의하여 반대 방향의 회전력을 발생하게 되고 심할 때는 타버리게 되므로 발전기의 출력전압이 낮을 때 배터리로부터 발전기로 전류가 역류하는것을 방지하는 장치가 역전류 차단기이다.

69 다음 중 화재 진압 시 사용되는 소화제가 아닌 것은?

① 이산화탄소
② 물
③ 암모니아가스
④ 하론1211

해설

소화기의 종류
① 물 소화기 : A급 화재
② 이산화탄소 소화기 : 조종실이나 객실에 설치되어 있으며 A, B, C급 화재에 사용된다.
③ 분말 소화기 : A, B, C급 화재에 유효하고 소화능력도 강하다.
④ 프레온 소화기 : A, B, C급 화재에 유효하고 소화능력도 강하다.

참고

이 중에서 이산화탄소 소화기가 전기 화재에 주로 사용된다.

70 다음 중 합성 작동유 계통에 사용되는 씰(Seal)은?

① 천연 고무
② 일반 고무
③ 부틸 합성 고무
④ 네오프렌 합성 고무

해설

구분	식물섬유	광물섬유	합섬유
성분(제조)	아주까리+알코올	원유	인산염+에스테르
색깔	파란색	붉은색	자주색
실(Seal)	천연고무	네오프렌	부틸, 실리콘, 테프론
세척	알콜	솔벤트, 나프타	트리클로에틸렌
MIL spec	MIL-H-7644	MIL-H-5606	MIL-H-8446 (Skydrol)
특징	부식성, 산화성 크다	인화점 낮다 → 화재위험	인화점 높다 독성 주의

[정답] 66 ① 67 ④ 68 ④ 69 ③ 70 ③

71
자이로의 섭동성을 나타낸 그림에서 자이로가 굵은 화살표 방향으로 회전하고 있을 때, 힘(F)을 가하면 실제로 힘을 받는 부분은?

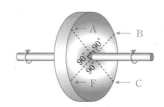

① F   ② A
③ B   ④ C

🔍 **해설**

자이로의 섭동성
고속으로 회전하는 물체에 회전하는 방향의 직각으로 힘(F 방향)을 가하면 그 힘의 회전하는 방향의 90° 앞선(A 방향)에 나타난다.

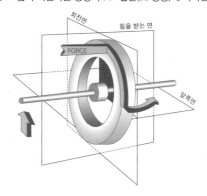

72
정전용량 20[μF], 인덕턴스 0.01[H], 저항 10[Ω]이 직렬로 연결된 교류회로가 공진이 일어났을 때 전원전압이 30[V]라면 전류는 몇 [A]인가?

① 2   ② 3
③ 4   ④ 5

🔍 **해설**

XL(유도성 리액턴스)＝XC(용량성 리액턴스)
리액턴스 성분이 0이므로 순수 저항에 흐르는 전류를 계산한다.
$V = IR$, $I = V/R = 30/10 = 3[A]$

73
객실고도를 옳게 설명한 것은?

① 운항중인 항공기 객실의 실제 고도를 해발고도로표현한 것
② 항공기 외부의 압력을 표준대기 상태의 압력에 해당되는 고도로 표현한 것
③ 항공기 내부의 압력을 표준대기 상태의 압력에 해당되는 고도로 표현한 것
④ 항공기 내부의 기온을 현재 비행 상태의 외기 온도에 해당되는 고도로 표현한 것

🔍 **해설**

객실고도
실제 비행하는 고도의 대기압과 객실 안의 기압이 서로 다른데 실제 비행하는 고도를 비행고도라 하고 객실 안의 기압에 해당되는 기압고도를 객실고도라 한다. 비행고도와 객실고도와의 차이로 인하여 기체 외부와 내부에는 다른 압력이 작용하는데 이 압력차를 차압이라 하며 비행기 구조가 견딜 수 있는 차압은 설계할 때에 정해지게 된다.

74
액량계기와 유량계기에 관한 설명으로 옳은 것은?

① 액량계기는 대형기와 소형기가 차이 없이 대부분 동압식 계기이다.
② 액량계기는 연료탱크에서 기관으로 흐르는 연료의 유량을 지시한다.
③ 유량계기는 연료탱크에서 기관으로 흐르는 연료의 유량을 시간당 부피 또는 무게단위로 나타낸다.
④ 유량계기는 직독식, 플로우트식, 액압식 등이 있다.

🔍 **해설**

액량 계기 및 유량 계기
액량계는 연료탱크에 담겨져 있는 양을 측정하는 계기이고, 유량계는 단위시간당 연료통에서 엔진으로 흐르는 양을 측정하는 계기를 의미한다.

75
유압계통의 압력서지(Pressure surge)를 완화하는 역할을 하는 장치는?

[정답] 71 ②   72 ②   73 ③   74 ③   75 ④

① 펌프(Pump)
② 리저버(Reservoir)
③ 릴리프밸브(Relief valve)
④ 어큐뮬레이터(Accumulator)

🔍 해설

축압기(Accumulator)의 역할
① 가압된 작동유를 저장하는 저장 통으로서 여러 개의 유압 기기가 동시에 사용될 때 압력 펌프를 돕는다.
② 동력 펌프가 고장났을 때는 저장되었던 작동유를 유압 기기에 공급한다.
③ 유압계통의 서지(Surge)현상을 방지한다.
④ 유압계통의 충격적인 압력을 흡수한다.
⑤ 압력 조정기의 개폐 빈도를 줄여 펌프나 압력 조정기의 마멸을 적게 한다.
⑥ 비상시에 최소한의 작동 실린더를 제한된 횟수만큼 작동시킬 수 있는 작동유를 저장한다.

76 활주로 진입로 상공을 통과하고 있다는 것을 조종사에게 알리기 위한 지상장치는?

① 로컬라이저(Localizer)
② 마커비컨(Marker beacon)
③ 대지접근경보장치(GPWS)
④ 글라이드슬로프(Glide slope)

🔍 해설

마커비컨(Marker beacon)
활주로 중심 연장선상의 일정한 지점에 설치하여 착륙하는 항공기에 수직상공으로 역원추형의 75[MHz]의 VHF 전파를 발사하여 진입로상의 일정한 통과지점에 대한 위치정보를 제공하는 시설로 Maker Beacon의 지상국은 Outer Marker, Middle Marker, Inner Marker가 있다.

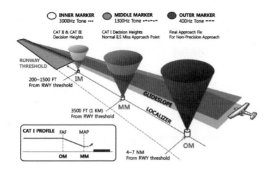

77 발전기의 무부하(No-load)상태에서 전압을 결정하는 3가지 주요한 요소가 아닌 것은?

① 자장의 세기
② 회전자의 회전방향
③ 자장을 끊는 회전자의 수
④ 회전자가 자장을 끊는 속도

🔍 해설

$$E = \frac{\varepsilon P \phi N}{120}$$

(여기서, E : 기전력, ε : 코일의 수와 감는 방법, P : 극수, ϕ : 자속, N : 회전수)

78 속도계에만 표시되는 것으로 최대 착륙하중시의 실속속도에서 플랩(Flap)을 내릴 수 있는 속도까지의 범위를 나타내는 색 표식의 색깔은?

① 녹색
② 황색
③ 청색
④ 백색

🔍 해설

계기의 색표지
① 붉은색 방사선(Red radiation)
최대 및 최소 운용 한계를 나타내며, 붉은색 방사선이 표시된 범위 밖에서는 절대로 운용을 금지해야 함을 나타낸다.
② 녹색 호선(Green arc)
안전 운용 범위, 계속 운전 범위를 나타내는 것으로서 운용범위를 의미한다.
③ 노란색 호선(Yellow arc)
안전 운용 범위에서 초과 금지까지의 경계 또는 경고 범위를 나타낸다.
④ 흰색 호선(White arc)
대기속도계에서 플랩 조작에 따른 항공기의 속도 범위를 나타내는 것으로서 속도계에만 사용이 된다. 최대 착륙 무게에 대한 실속 속도로부터 플랩을 내리더라도 구조 강도상에 무리가 없는 플랩 내림 최대 속도까지를 나타낸다.
⑤ 푸른색 호선(Blue arc)
기화기를 장비한 왕복기관에 관계되는 기관 계기에 표시하는 것으로서, 연료와 공기 혼합비가 오토 린(Auto lean)일 때의 상용 안전 운용 범위를 나타낸다.
⑥ 흰색 방사선(White radiation)
색표시를 계기 앞면의 유리판에 표시하였을 경우에 흰색 방사선은 유리가 미끄러졌는지를 확인하기 위하여 유리판과 계기의 케이스에 걸쳐 표시한다.

79 다음 중 니켈-카드뮴 축전지에 대한 설명으로 틀린 것은?

① 전해액은 질산계의 산성액이다.

② 진동이 심한 장소에 사용 가능하고, 부식성 가스를 거의 방출하지 않는다.

③ 고부하 특성이 좋고 큰 전류 방전 시 안정된 전압을 유지한다.

④ 한 개의 셀(Cell)의 기전력은 무부하 상태에서 1.2 ~ 1.25[V] 정도이다.

🔍 해설

니켈 - 카드뮴 축전지

① 납산 축전지와 연결하여 충전하면 안 되며, 공구나 장치들도 분리하여 사용해야 한다.

② 전해액은 독성이 강해 보호 장구를 착용해야 하며, 중화제를 갖추어 놓아야 하며, 전해액을 만들 경우 물에 수산화칼륨을 조금씩 떨어뜨려 혼합해야 한다.

③ 충전 시 전해액의 높이가 높아진다. 그런데 충전이 끝난 후 3~4시간이 되어야 전해액이 높이의 변화가 멈춘다.

④ 세척 시에는 캡을 반드시 막아야 하고, 산 등의 화학 용액을 절대 사용하면 안 되며, 와이어 브러시 사용을 금해야 한다.

⑤ 축전지가 완전 방전하게 되면 전위가 0이 되거나 반대 극성이 되는 경우가 있는데, 이렇게 되면 재충전이 안 되므로 재충전하기 전에 각각의 셀을 단락시켜 전위가 0이 되도록 셀을 평준화시켜야 한다.

⑥ 충/방전이 이루어져도 전해액이 증발하지 않는 한 비중은 변하지 않는다.

💬 참고

화학반응식

양극판		음극판		양극판		음극판
$Ni(OH)3$	+	Cd	=	$Ni(OH)2$	+	$Cd(OH)$
수산화제2니켈		카드뮴		수산화제1니켈		수산화카드뮴

80 전방향 표지시설(VOR) 주파수의 범위로 가장 적절한 것은?

① 1.8~108[kHz]   ② 18~118[kHz]

③ 108~118[MHz]   ④ 130~165[MHz]

🔍 해설

VOR : VHF Omni-directional Range

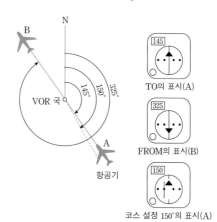

TO의 표시(A)

FROM의 표시(B)

코스 설정 150°의 표시(A)

① 지상 VOR국을 중심으로 360° 전방향에 대해 비행방향을 항공기에 지시한다.(절대방위)

② 사용 주파수는 108~118[MHz](초단파)를 사용하므로 LF/MF대의 ADF보다 정확한 방위를 얻을 수 있다.

③ 항공기에서는 무선 자기 지시계(radio magnetic indicator)나 수평상태 지시계(horizontal situation indicator)에 표지국의 방위와 그 국에 가까워졌는지, 멀어지는지 또는 코스의 이탈이 나타난다.

자격종목 및 등급(선택분야)	시험시간	문제수	문제형별	성명
항공산업기사	2시간	80	A	듀오북스

항공역학

01 프로펠러의 깃각을 감소시키려는 경향을 갖는 요소로 옳은것은?

① 추력에 의한 굽힘모멘트

② 회전력에 의한 굽힘모멘트

③ 원심력에 의한 굽힘모멘트

④ 공기력에 의한 비틀림모멘트

🔍 해설

운동량 이론

- 추력과 항력 및 중력과 양력은 헬리콥터에 작용하는 힘으로는 헬리콥터 진행 방향으로의 추력과 반대 방향으로 작용하는 항력이 있으며, 헬리콥터에서 지면을 향해 수직방향으로 작용하는 중력 및 그 반대 방향으로의 양력이 있다
- 원심력은 헬리콥터의 회전 날개가 회전하면, 회전 날개의 깃 끝 방향으로 원심력이 작용한다.
  – 회전 날개는 원심력과 회전 날개에 발생하는 양력의 합성력이 작용하는 방향으로 각도 b만큼 기울어지게 된다.
- 회전력은 뉴턴의 운동 제3법칙은 작용·반작용 법칙으로, 작용력이 있으면 반대 방향으로 반작용력이 작용한 다는 것이다.
- 헬리콥터의 등속도 전진 비행은 회전면(깃 끝 경로면)이 전진하는 방향으로 기울어지기 때문에 그 방향으로의 추력이 발생한다.

💬 참고

헬리콥터의 전진 비행 상태

추력(T)=항력(D), 양력(L)=중력(W)

02 날개의 양력분포가 타원 모양이고 양력계수가 1.2, 가로세로비가 6일 때 유도항력계수는 약 얼마인가?

① 0.012

② 0.076

③ 1.012

④ 1.076

🔍 해설

유도 항력

$$D_i = \frac{1}{2}\rho V^2 C_{Di} S, \quad C_{Di} = \frac{C_L^2}{\pi e AR}$$

여기서, C_{Di} : 유도항력계수

AR : 가로세로비

e : 날개효율계수(타원형은 $e=1$)

유도항력은 가로세로비에 반비례한다.

날개면적은 동일하고 날개길이를 2배로 할 경우 $AR = \frac{b^2}{S}$ 이므로

가로세로비는 4배 증가하여 유도항력은 $\frac{1}{4}$ 로 감소한다.

$$C_{Di} = \frac{1.2^2}{3.14 \times 1 \times 6} = 0.0764$$

03 조정면에 발생되는 힌지 모멘트가 증가하는 경우로 옳은것은?

① 조종면의 폭을 키운다.

② 비행기의 속도를 줄인다.

③ 항공기 주 날개의 무게를 늘린다.

④ 조종면의 평균 시위를 최대한 작게 한다.

🔍 해설

힌지 모멘트(Hinge Moment, H)

$$H = C_h \frac{1}{2}\rho V^{2bc^2} = C_h q b c^2$$

- H : 힌지 모멘트
- C_h : 힌지 모멘트 계수
- b : 조종면의 폭
- c : 조종면의 평균시위

조종력과 승강키 힌지 모멘트 관계식

$$F_e = KH_e = Kqbc^2 C_h$$

- F_e : 조종력
- H_e : 승강키 힌지 모멘트
- K : 조종계통의 기계적 장치에 의한 이득

[정답] 01 ③ 02 ② 03 ①

04 항공기의 조종성과 안정성에 대한 설명으로 옳은 것은?

① 전투기는 안정성이 커야 한다.
② 안정성이 커지면 조종성이 나빠진다.
③ 조종성이란 평형상태로 되돌아오는 정도를 의미한다.
④ 여객기의 경우 비행성능을 좋게 하기 위해 조종성에 중점을 두어 설계해야 한다.

🔍 **해설** -

조성성과 안정정

- 피치 운동(Pitching)
- 비행기의 세로 안정성(Longitudinal stability)은 피치 운동(Pitching)에 대한 안정성을 의미한다.
- 받음각의 변화
  세로 안정성은 받음각의 변화에 따른 피칭 모멘트의 변화로 그 특성을 나타낼 수 있다.
  - 받음각은 비행기 진행 방향에 대해 비행기 기수가 상승하면 양(+)의 값을 가지고, 비행기 기수가 하강하면 음(-)의 값을 가진다.
  - 비행기 무게 중심에 대한 피칭 모멘트(Mcc) 또한 비행기 기수가 올라가는 방향을 양(+)의 값으로 잡고, 비행기 기수 내려가는 방향을 음(-)의 값으로 잡는다.
- 피칭 모멘트의 변화
  받음각에 대한 피칭 모멘트의 기울기가 음(-)의 값을 가져야만 정적 세로 안정성이 있다고 본다.
  - 받음각에 대한 피칭 모멘트의 기울기가 양(+)의 값을 가지게 되면, 정적 세로 안정성이 없다고 보며, 이를 정적 세로 불안정이라고 한다.

05 비행기의 수직꼬리날개 앞 동체에 붙어 있는 도살핀(Dorsal fin)의 가장 중요한 역할은?

① 구조 강도를 좋게 한다.
② 가로 안정성을 좋게 한다.
③ 방향 안정성을 좋게 한다.
④ 세로 안정성을 좋게 한다.

🔍 **해설** -

- 세로축 운동(Longitudinal Axis) : 옆놀이(Rolling) – 도움날개(Aileron) – 가로안정 – Main Wing
- 가로축 운동(Lateral Axis) – 키놀이(Pitching) – 승강키(Elevator) – 세로안정 – 수평안정판
- 수직축 운동(Vertical Axis) – 빗놀이(Yawing) – 방향키(Rudder) – 방향안정 – 수직안정판 – 도살핀

06 다음 중 항공기의 양력(Lift)에 영향을 가장 적게 미치는 요소는?

① 양력계수
② 공기 밀도
③ 항공기 속도
④ 공기 점성

🔍 **해설** -

항공기의 성능에 영향을 미치는 공기의 특성은 크게 점성과 압축성이다.

🔽 **참고**

점성
일단 모든 유체는 점성을 가지고 있다. 공기라고 빼지 못한다. 점성이란 들러붙으려고하는 성질이니 즉 전단력을 유발시키는 성질이라 할 수 있겠다.

07 특정한 헬리콥터에서 회전날개(Rotor blades)에 비틀림 각을 주는 주된 이유는?

① 회전날개의 무게를 경감하기 위하여
② 회전날개의 회전속도를 증가시키기 위하여
③ 전진비행에서 발생하는 진동을 줄이기 위하여
④ 정지비행 시 균일한 유도속도의 분포를 얻기 위하여

🔍 **해설** -

회전날개에서 각 위치별로 발생되는 양력 크기를 갖게 하기 위해 선속도가 큰 깃 끝에서는 각도를 작게, 선속도가 큰 깃뿌리에서는 각도를 크게 비틀어 놓는다.

08 수직충격파 전후의 유동특성으로 틀린 것은?

① 충격파를 통과하는 흐름은 등엔트로피 흐름이다.
② 수직충격파 뒤의 속도는 항상 아음속이다.
③ 충격파를 통과하게 되면 급격한 압력상승이 일어난다.
④ 충격파는 실제적으로 압력의 불연속면이라 볼 수 있다.

🔍 **해설** -

수직 충격파
충격파 속에서 상류의 흐름 방향에 대해서 파면이 수직인 충격파를 말한다. 수직충격파를 고정한 좌표계에서 보면 수직충격파의 상류

는 초음파흐름, 하류는 아음속흐름이고 흐름은 수직충격파에 의해서 초음속에서 아음속으로 감속되고 그에 수반하여 압력, 온도 및 밀도가 급상승하여 엔트로피가 증가한다. 수직충격파 전후의 압력비, 밀도비와 온도비 사이의 관계식은 랭킨휴고니오식(Rankine-Hugoniot equation)이라고 부른다

09 프로펠러 항공기의 항속거리를 최대로 하기 위한 조건으로 옳은 것은? (단, C_{Dp}는 유해 항력계수, C_{Di}는 유도 항력계수이다.)

① $C_{Dp}=C_{Di}$ ② $C_{Dp}=2C_{Di}$
③ $C_{Dp}=3C_{Di}$ ④ $3C_{Dp}=C_{Di}$

🔍 해설

구분	항속 거리를 최대로 하기 위한 조건		항속 시간을 최대로 하기 위한 조건	
	프로펠러기	제트기	프로펠러기	제트기
양항비	$\left(\dfrac{C_L}{C_D}\right)_{max}$	$\left(\dfrac{C_L^{\frac{1}{2}}}{C_D}\right)_{max}$	$\left(\dfrac{C_L^{\frac{3}{2}}}{C_D}\right)_{max}$	$\left(\dfrac{C_L}{C_D}\right)_{max}$
항력계수	$C_{DP}=C_{DI}$	$C_{DP}=3C_{DI}$	$C_{DP}=\dfrac{1}{3}C_{DI}$	$C_{DP}=C_{DI}$

10 무게 4,000[kgf]인 항공기가 선회경사각 60°로 경사선회하며 하중계수 1.5가 작용한다면 이 항공기의 양력은 몇 [kgf]인가?

① 2,000   ② 4,000
③ 6,000   ④ 8,000

🔍 해설

선회 비행
- 선회 비행을 하는 비행기는 선회 방향 바깥쪽(반대쪽)으로 원심력(Centrifugal Force, Fcf)이 작용한다.
  - 선회 속도 V와 선회 반지름 R로 선회 비행하는 비행기는 양력의 수직 성분이 비행기의 하중과 일치하게 된다.
  - 양력의 수평 성분은 구심력(Centripetal Force, Fcπ)이 된다.
  - 원심력과 일치되어 수평 선회 비행인 정상 선회 비행이 이루어진다.
    비행기 하중(W)=양력(L)\cos$u$
    원심력(Fcf)=구심력($Fc\pi$)=양력(L)\sin$u$

11 전리층이 존재하기 때문에 전파를 흡수, 반사하는 작용을 하여 통신에 영향을 주는 대기층은?

① 대류권   ② 열권
③ 중간권   ④ 성층권

🔍 해설

열권

고도가 올라감에 따라 온도는 높아지지만 공기는 매우 희박해지는 구간이다. 전리층이 존재하고, 전파를 흡수, 반사하는 작용을 하여 통신에 영향을 끼친다. 중간권과 열권의 경계면을 중간권계면이라고 한다.

12 전진비행 중인 헬리콥터의 진행방향 변경은 어떻게 이루어지는가?

① 꼬리 회전날개를 경사시킨다.
② 꼬리 회전날개의 회전수를 변경시킨다.
③ 주 회전날개깃의 피치각을 변경시킨다.
④ 주 회전날개 회전면을 원하는 방향으로 경사시킨다.

🔍 해설

정지 비행, 측면 비행, 전·후진 비행, 상승·하강 비행, 자동 회전
- 수평방향 조종은 Cyclic Pitch Control Lever를 전진 및 후진으로 하여, 측진 등 조종간의 위치에 따라 회전면을 기울여 원하는 방향으로 조종한다.
- 좌·우 방향조종은 Pedal을 작동시켜 Tail Rotor의 Pitch를 조종함으로써 원하는 방향으로 조종한다.
  - Swash plate(경사판)은 비행기의 조종면(Control Surface) 역할을 하는 장치로 주 회전날개 아래에 한 쌍(회전 경사판, 고정 경사판)으로 되어 있으며, 조종간을 움직이면 경사판이 움직여 원하는 방향으로 조종할 수 있다.
- 자동 회전 비행은 비행기가 동력이 없이 활공하는 것처럼, 헬리콥터의 경우에 엔진이 정지하면 자동 회전 비행(Auto Rotation)에 의해 일정한 하강 속도로 안전하게 지상에 착륙할 수 있다.

13 무게 2000[kgf]의 비행기가 5[km] 상공에서 급강하할 때 종극속도는 약 몇 [m/s]인가? (단, 항력계수 0.03, 날개 하중 300[kgf/m²], 공기의 밀도 0.075[kgf·s²/m⁴]이다.)

[정답] 09 ① 10 ③ 11 ② 12 ④ 13 ②

① 350   ② 516.4
③ 620   ④ 771.5

해설

종극속도

항공기 이륙 시 소용되는 양력(Lift)은 기체가 위로 떠오를 수 있게 하는 힘이며, 중력은 지표 부근에 있는 물체를 지구의 중심 방향으로 끌어당기는 힘이고, 추력은 엔진의 파워인 추진력으로 박차고 나가 속도를 내게 하고, 항력은 중력에 대한 대응력으로 중력가속도로 인해 더 이상의 속도가 증가하지 않는다. 항공기가 급강하 할 때 가속도가 계속 증가하며, 항력과 중력이 평형을 이룬다.

$$종극속도(V_T) = \sqrt{\frac{2}{\rho} \cdot \frac{W}{S} \cdot \frac{1}{C_D}} = \sqrt{\frac{2 \times 300}{0.075 \times 0.03}} = 516.39$$

14 100[m/s]로 비행하는 프로펠러 항공기에서 프로펠러를 통과하는 순간의 공기 속도가 120[m/s]가 되었다면 이 항공기의 프로펠러 효율은 약 얼마인가?

① 0.76   ② 0.83
③ 0.91   ④ 0.97

해설

프로펠러의 효율(η) $= \dfrac{\text{output}}{\text{input}}$ 이 성립되므로 프로펠러를 통과할 때의 속도가 입력 값으로, 비행속도가 출력 값으로 들어가면 된다.

프로펠러의 효율(η) $= \dfrac{100}{120} = 0.833$

15 비행기의 최대양력계수가 커질수록 이와 관계된 비행성능의 변화에 대한 설명으로 옳은 것은?

① 상승속도가 크고 착륙속도도 커진다.
② 상승속도는 작고 착륙속도는 커진다.
③ 선회반경이 크고 착륙속도는 작아진다.
④ 실속속도가 작아지고 착륙속도도 작아진다.

해설

최대 양력계수

양력이 최대일 때의 영각에서 발생하며, 비행 상태에 무관하게 최대 선회율과 최대 "G"를 얻을 수 있다.
실속속도와 착륙속도는 작아진다.

16 항공기 사고의 원인이 되기도 하는 스핀(Spin)이 일어날 수 있는 조건으로 가장 옳은 것은?

① 기관이 멈추었을 때
② 받음각이 실속각보다 클 때
③ 한쪽 날개 플랩이 작동하지 않을 때
④ 항공기 착륙장치가 작동하지 않을 때

해설

스핀(Spin)

비행기가 수직 강하 또는 급경사 강하를 하면서 제어할 수 있거나 제어할 수 없는 상태로 하강축 주위를 선회하는 공중 조작 또는 운동

17 항공기의 착륙거리를 줄이기 위한 방법이 아닌 것은?

① 추력을 크게 한다.
② 익면하중을 작게 한다.
③ 역추력장치를 사용한다.
④ 지면 마찰계수를 크게 한다.

해설

항공기 착륙거리 단축

착륙에서의 활주거리를 짧게 하기 위해서는 접지속도를 작게 하고 진행과 반대방향의 힘을 크게 해야 한다. 진행과 반대방향의 힘을 크게 하기 위해서 역추진 이나 에어 브레이크를 사용하며 접지속도를 작게 하기 위하여 고양력 장치를 사용한다.

18 비행기의 세로안정을 좋게 하기 위한 방법이 아닌 것은?

① 수직꼬리날개의 면적을 증가시킨다.
② 수평꼬리날개의 부피계수를 증가시킨다.
③ 무게중심이 날개의 공기역학적 중심 앞에 위치하도록 한다.
④ 무게중심에 관한 피칭모멘트계수가 받음각이 증가함에 따라 음(−)의 값을 갖도록 한다.

해설

비행기의 세로 안정성 향상법
- 무게 중심이 공기역학적 중심보다 앞에 위치
- 무게 중심이 공기 역학적 중심보다 아래에 위치
- 꼬리 날개 부피(Tail Volume) 즉, $S_t \cdot l$이 클수록 안정
- 꼬리 날개 효율($\frac{q_t}{q}$)이 클수록 안정

19 직사각형 날개의 가로세로비를 나타낸 식으로 틀린 것은? (단, b : 날개의 길이, c : 날개의 시위, s : 날개의 면적이다.)

① $\dfrac{b}{c}$ ② $\dfrac{b^2}{s}$

③ $\dfrac{s}{c^2}$ ④ $\dfrac{c^2}{s}$

해설

가로세로비(AR) $= \dfrac{\text{전장}}{\text{시위}} = \dfrac{Span}{Chord} = \dfrac{b}{c} = \dfrac{b^2}{s} = \dfrac{s}{c^2}$

20 해면상 표준대기에서 정압(Static pressure)의 값으로 틀린 것은?

① $0[\text{kg/m}^2]$ ② $2116.2[\text{lb/ft}^2]$

③ $29.92[\text{inHg}]$ ④ $1013.25[\text{mbar}]$

해설

$760[\text{mmHg}] = 29.92[\text{inHg}] = 2116.2[\text{lb/ft}^2]$
$= 1,013[\text{hPa}] = 1,013[\text{mbar}]$

제2과목 항공기관

21 엔진의 오일탱크가 별도로 장치되어 있지 않고 스플래쉬(splash) 방식에 의해 윤활되는 오일계통을 무엇이라 하는가?

① Hot Tank System
② Wet Sump System
③ Cold Tank System
④ Dry Sump System

해설

Wet Sump System

습식 섬프는 건식 섬프 설계에 사용되는 외부 또는 2차 저장소와 달리 크랭크 케이스를 오일 용 내장 저장소로 사용하는 피스톤 엔진의 윤활유 관리
- 비말 급유법
기계의 운동부를 오일탱크 내 유표면에 미접시켜, 소량의 오일을 마찰면에 튀기하여 오일을 공급하는 방법으로 수개의 다른 마찰면을 동시에 급유 할 수 있고, 냉각효과도 어느정도 기대할 수 있다. 사용 예로 공기압축기의 크랭크 케이스, 공작기계의 기어 케이스, 중소형 감속기어 장치 등이 있다

22 왕복엔진 기화기의 혼합기 조절장치(Mixture control system)에 대한 설명으로 틀린 것은?

① 고도에 따라 변하는 압력을 감지하여 점화시기를 조절한다.
② 고고도에서 혼합기가 너무 농후해지는 것을 방지한다.
③ 고고도에서 기압, 밀도, 온도가 감소하는 것을 보상하기 위해 사용된다.
④ 실린더가 과열되지 않는 출력 범위 내에서 희박한 혼합기를 사용하게 함으로써 연료를 절약한다.

해설

점화시기 조절
- 외부점화시기 조절 : 스파크 플러그가 터질 때 1번 실린더의 피스톤 위치를 맞춰준다.
- 내부점화시기 조절 : 마그네토에서 전기를 공급해주는 순간을 맞춘다.
즉 마그네토 자체를 맞춰주는 것이다.(E-gap이 형성되는 순간, 시차가 배전기에 딱 맞는 순간)

23 왕복엔진에 장착된 피스톤 링(Piston ring)의 역할이 아닌 것은?

① 피스톤의 진동에 의한 경화현상을 방지하는 기능
② 윤활유가 연소실로 유입되는 것을 방지하는 기능

[정답] 19 ④ 20 ① 21 ② 22 ① 23 ①

③ 연소실 내의 압력을 유지하기 위한 밀폐기능

④ 피스톤으로부터 실린더벽으로 열을 전도하는 기능

🔍 **해설**

피스톤 링(Piston ring)의 역할

동력행정에서 고온 고압의 가스 압력을 받아 실린더 내를 상하 운동을 하며, 발생시키는 일을 한다.

24 회전동력을 이용하여 프로펠러를 움직여 추진력을 얻는 엔진으로만 짝지어진 것은?

① 터보프롭 – 터보팬

② 터보샤프트 – 터보팬

③ 터보샤프트 – 터보제트

④ 터보프롭 – 터보샤프트

🔍 **해설**

터보프롭 엔진

• 터보프롭 엔진
제트가스의 반동력을 이용해 추진력을 얻기보다는 터빈의 회전축으로 프로펠러를 돌려 프로펠러에서 항공기 추진력을 얻는 것이 특징이다. 프로펠러를 이용하기 때문에 특히 중저속 영역에서 제트엔진에 비해 효율이 높다.

• 터보팬 엔진
터보제트 엔진의 효율을 개선하기 위해 프로펠러를 부착한 터보프롭 엔진이 실용화되었지만 프로펠러는 고속에서 비효율적이었다.

25 왕복엔진에서 저압점화계통을 사용할 때 단점은?

① 캐패시턴스

② 무게의 증대

③ 플래시 오버

④ 고전압 코로나

🔍 **해설**

저압 마그네토(점화계통)

주로 고공비행 항공기에 사용되며 Mag' 내에는 1차코일 만 있고 약 500[V] 정도의 낮은 전압이 Dist'에서 분배되고 각 Cyl' 상부의 2차코일(변압기)에서 승압되어 짧은 전선을 통해 점화전까지 공급된다.

26 압축비가 8인 오토사이클의 열효율은 약 얼마인가? (단, 공기 비열비는 1.50이다.)

① 0.52

② 0.56

③ 0.58

④ 0.64

🔍 **해설**

이론 오토사이클의 열효율

• 열효율(Thermal efficiency)은 일로 바뀐 열량과 엔진에 공급된 열량과의 비로서, 공급된 연료가 완전연소한 경우 저위발열량과 소비연료량의 곱이 공급열량이 된다.
연료중의 H_2는 연소되면 H_2O로 되지만, H_2O가 기체 그대로 있는가, 액체로 바뀌는가에 따라 응축열은 달라지기 때문에 전자를 저위발열량, 후자를 고위발열량이라 한다.

• 이론사이클은 열역학상 피할수 없는 불가역변화에 기초한 손실만 있는 사이클로서 가솔린엔진의 이론 사이클인 오토사이클의 이론열효율은 아래식과 같이 압축비와 비열비만으로 결정되며, 이것이 커질수록 열효율이 높아진다.

$$1 - \left(\frac{1}{8}\right)^{1.5-1} = 0.646$$

27 가스터빈엔진의 터빈에서 공기압력과 속도의 변화에 대한 설명으로 옳은 것은?

① 압력과 속도 모두 감소한다.

② 압력과 속도 모두 증가한다.

③ 압력은 증가하고 속도는 감소한다.

④ 압력은 감소하고 속도는 증가한다.

🔍 **해설**

공기 압력과 속도의 변화

공기의 흐름과 압축이 압축기의 회전축과 평행하기 때문에 붙여진 이름이며, 조금씩 압축되면서 뒤로 나가는 형식으로 저압축기와 고압축기 두 부분으로 나뉘어져 서로 다른 터빈에 연결되어 다른 속도로 변화하게 설계되어 있다.

28 [보기]에 나열된 왕복엔진의 종류는 어떤 특성으로 분류한 것인가?

> **[보기]**
>
> V형, X형, 대향형, 성형

[**정답**] 24 ④ 25 ② 26 ④ 27 ④ 28 ④

① 엔진의 크기　　② 엔진의 장착 위치
③ 실린더의 회전 형태　　④ 실린더의 배열 형태

해설

왕복엔진의 종류
- V형 엔진(V-type Engine)
  이 엔진은 실린더가 크랭크 케이스에 60°, 90° 또는 45°의 경사각을 이루는 V자 형태로 2열로 배치되어 있으며, 직렬형 엔진과 비교해서 마력 당 중량비가 줄어들었으나 앞면적은 약간 커졌다.
- X형 엔진
  성형, 단열, 복열, 다열 이 있으며, 이 중 현재 가장 많이 사용하고 있는 엔진 형식은 대향 형과 성형엔진이며, 약간의 V형과 직렬형 엔진이 아직도 사용되고 있으나 일반 항공기용으로의 제작은 중단된 상태이다.
- 대향 형 엔진
  경항공기와 경 헬리콥터에 대부분 사용되며 마력은 통상 100~400[hp]입니다. 이 엔진은 효율, 신뢰성, 경제성이 가장 우수하므로 경항공기에 적합하다. 대향 형 엔진은 보통 실린더와 크랭크축이 수평으로 장착되나 어떤 헬리콥터에는 크랭크축이 수직으로 장착되며, 엔진은 낮은 마력 당 중량 비를 가지며 유선형 공기 흐름과 진동이 적은 것이 장점이다.
- 성형 엔진
  단열(Singel row)성형 엔진은 크랭크축을 중심으로 방사상으로 배치된 기수의 실린더로 되어 있으며, 일반적으로 실린더 수는 5, 7, 9개이며, 모든 피스톤은 단열 360° 크랭크축에 연결되어 있어 작동 부품의 수와 무게가 줄었다.
  복열(Double-row)성형 엔진은 1개의 크랭크축에 연결된 2개의 단열 성형 엔진과 같으며, 실린더는 복열로 방사상으로 배열되어 있으며 각 열은 기수의 실린더를 가지고 있다.

29 비행 중 엔진고장 시 프로펠러를 페더링(Feathering) 시켜야 하는 이유로 옳은 것은?

① 엔진의 진동을 유발해 화재를 방지하기 위하여
② 풍차(Windmill) 효과로 인해 추력을 얻기 위하여
③ 프로펠러 회전을 멈춰 추가적인 손상을 방지하기 위하여
④ 전면과 후면의 차압으로 프로펠러를 회전시키기 위하여

해설

프로펠러를 페더링(Feathering)
항공기가 비행 중에 엔진이 고장으로 프로펠러를 항공기 진행방향으로 돌려서 항력을 줄이는 목적으로 추진력을 얻기 위해 회전방향에 대해서 약간 기울게 한 것을 말한다.

30 가스터빈엔진에서 가스 발생기(Gas generator)를 나열한 것은?

① Compressor, Combustion chamber, Turbine
② Compressor, Combustion chamber, Diffuser
③ Inlet duct, Combustion chamber, Diffuser
④ Compressor, Combustion chamber, Exhaust

해설

Gas Generator
- 기체발생장치라고도 한다. 액체 또는 고체로부터 가스를 발생시키기 위해 사용되는 장치를 말한다.
- Compressor, Combustion chamber, Turbine

31 가스터빈엔진에서 연료계통의 여압 및 드레인 밸브(P&D vlave)의 기능이 아닌 것은?

① 일정 압력까지 연료흐름을 차단한다.
② 1차 연료와 2차 연료흐름을 분리한다.
③ 연료 압력이 규정치 이상 넘지 않도록 한다.
④ 엔진정지 시 노즐에 남은 연료를 외부로 방출한다.

해설

P&D Valve(Pressure and Drain Valve)
1차 연료와 2차 연료로 나누어주는 기능과 엔진 정지 시 매니폴드와 노즐에 남은 연료를 배출하여 주는 기능과 배관에 남은 연료는 부식 및 미생물 번식의 위험이 있기 때문에 배출을 해 주어야한다.

32 2차 공기유량이 16,500[lb/s]이고 1차 공기유량이 3,000[lb/s]인 터보팬엔진에서 바이패스비는?

① 6.3 : 1　　② 5.5 : 1
③ 4.3 : 1　　④ 3.7 : 1

해설

터보팬 엔진에서 바이패스 비
- 바이패스 유동의 유량과 코어 유동의 유량의 비율을 바이패스 비(Bypass ratio)라고 한다.
- 바이패스비 2 : 1이라고 하면 이는 바이패스 유동의 유량이 코어 유동의 유량의 2배라는 의미이다.

- 터보젯은 터보팬 중 바이패스비가 0 : 1인 특수한 경우라고 할 수 도 있을 것이다.
  ∴ 16,500 : 3,000 = 5.5 : 1

33 왕복엔진 배기밸브(Exhaust valve)의 냉각을 위해 밸브 속에 넣는 물질은?

① 스텔라이트 ② 취화물
③ 금속나트륨 ④ 아닐린

해설

왕복엔진에서 버섯형 배기밸브는 흡기밸브보다 과열되므로 밸브의 내부에 중공으로 만들어 그 속을 금속나트륨(Sodium)을 채운다.

34 비가역 과정에서의 엔트로피 증가 및 에너지 전달의 방향성에 대한 이론을 확립한 법칙은?

① 열역학 제0법칙 ② 열역학 제1법칙
③ 열역학 제2법칙 ④ 열역학 제3법칙

해설

열역학 제2의 법칙 비가역 과정
공기의 저항이 없을 때 A점에서 놓으면 B점까지 갔다가 다시 A점으로 돌아온다. 이렇게 외부에 아무런 흔적도 남기지 않고 스스로 원래의 상태로 되돌아갈 수 있는 현상을 가역 과정이라고 한다.

35 비행 중 프로펠러에 작용하는 힘의 종류가 아닌 것은?

① 원심력 ② 추력
③ 구심력 ④ 비틀림 힘

해설

4가지 힘(Force)
- 위로 향해 작용하는 양력(Lift)
- 아래로 향해 작용하는 중력(Weight : 중량)
- 앞으로 향해 작용하는 추력(Thrust)
- 뒤로 향해 작용하는 항력(Drag : 관성이나 공기저항으로 전진을 방해하는 힘)

36 초기압력과 체적이 각각 1,000[N/cm²], 1,000[cm³]인 이상기체가 등온상태로 팽창하여 체적이 2,000[cm³]이 되었다면, 이 때 기체의 엔탈피 변화는 몇 [J]인가?

① 0 ② 5
③ 10 ④ 20

해설

엔탈피(H) = 내부에너지(E) + 압력(P)부피(V)이다.

37 가스터빈엔진의 시동 시 정상작동 여부를 판단하는 데 중요한 계기는?

① 오일압력계기, 연소실 압력계기
② 오일압력계기, 배기가스온도계기
③ 오일압력계기, 압축기입구 공기온도계기
④ 오일압력계기, 압축기입구 공기압력계기

해설

가스터빈 엔진 또는 왕복엔진이 시동되었을 때 오일계통이 안전하게 기능을 발휘하고 있는가를 점검하기 위하여 오일압력계기를 관찰하여야 한다. 만약 시동 후 30초 이내에 오일압력을 지시하지 않으면 엔진은 정지하여 결함부분을 수정하여야 한다.
또한 연료조절장치의 고장으로 과도한 연료가 연소실에 유입된 상태 또는 파워레버를 급격히 올린 경우 엔진 압축기 로터의 관성력 때문에 RPM이 즉시 상승하지 못해 연소실에 유입된 과다한 연료 때문에 혼합비가 과도하게 농후한 경우에 EGT(배기가스온도계기)가 상승하게 된다.

38 다음 중 초음속 전투기 엔진에 사용되는 수축 – 확산형 가변배기 노즐(VEN)의 출구면적이 가장 큰 작동상태는?

① 전투추력(Military thrust)
② 순항추력(Cruising thrust)
③ 중간추력(Intermediate thrust)
④ 후기연소추력(Afterburning thrust)

해설

[정답] 33 ③ 34 ③ 35 ③ 36 ① 37 ② 38 ④

아음속기에서 사용하는 고정면적 흡입덕트로써 압축기 입구의 공기속도를 비행속도에 관계없이 항상 압축 가능한 최고속도 이하인 $M = 0.5$ 정도로 유지하도록 덕트의 안쪽을 넓게 하여 확산시키므로 최근 아음속기의 속도인 $M = 0.8 \sim 0.9$를 감속시키면서 압력상승을 기한다.(후기연소추력)

39 왕복엔진을 장착하는 동안 마그네토 점화스위치를 OFF 위치에 두는 이유는?

① 점화스위치가 잘못 놓일 수 있는 가능성 때문에
② 엔진장착 도중에 프로펠러를 돌리면 엔진이 시동될 가능성이 있기 때문에
③ 엔진시동 시 역화(Back fire)를 방지하기 위하여
④ 엔진을 마운트(Mount)에 완전히 장착시킨 후 마그네토 접지선을 점검치 않기 위하여

해설

마그네토 점화스위치를 OFF시키면 P-lead를 통해 양쪽 마그네토의 1차선을 접지시키므로 2차전압이 없어진다.

40 터빈엔진(Turbine engine)의 윤활유(Lubrication oil)의 구비조건이 아닌 것은?

① 인화점이 낮을 것　　② 점도지수가 클 것
③ 부식성이 없을 것　　④ 산화 안정성이 높을 것

해설

윤활유의 구비조건
· 응고점은 낮고 인화점이 높을 것.
· 점도가 적당할 것.
· 항유 화성(抗乳化性)이 클 것.
· 수분 산류(酸類)등 불순물이 적을 것.
· 산에 대하여 안정하고 왁스(Wax) 성분이 적을 것.
· 장기 휴지 중 방청능력이 있고 오일포밍(Oil foaming)에 대한 소포성이 클 것

제3과목　　항공기체

41 AN 표준규격 재료기호 2024(DD) 리벳을 상온에 노출되고 10분 이내에 리벳팅을 해야 하는 이유는?

① 시효경화가 되기 때문에
② 부식이 시작되기 때문에
③ 시효경화가 멈추기 때문에
④ 열팽창으로 지름이 커지기 때문에

해설

2014(DD) 리벳
· Ice Box Rivet으로 2017 Rivet 보다 강한 강도가 요구되는 곳에 사용
· 상온에 강하며, 강한 작업 시 균열 발생
· 열처리 후 사용하고 냉장고에 보관한다.
· 상온에 노출되면 10~20분 이내에 사용

42 폭이 20[cm], 두께가 2[mm]인 알루미늄판을 그림과 같이 직각으로 굽히려 할 때 필요한 알루미늄판의 세트백(set back)은 몇 [mm]인가?

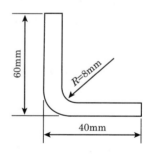

① 8　　　　　　② 10
③ 12　　　　　④ 14

해설

세트백
· 세트백(S.B : Setback)은 굽힘 접선에서 성형 점까지 길이를 나타낸 것이다.
· 성형점이란 판재 외형선의 연장선이 만나는 점을 말하고, 굽힘 접선은 굽힘의 시작점과 끝점에서의 접선을 말한다.

[정답] 39 ② 40 ① 41 ① 42 ②

43 구조재료에 발생하는 현상에 대한 설명으로 틀린 것은?

① 반복하중에 의하여 재료의 저항력이 증가하는 현상을 피로라 한다.

② 일정한 응력을 받는 재료가 일정한 온도에서 시간이 경과함에 따라 하중이 일정하더라도 변형률이 변하는 현상을 크리프라 한다.

③ 노치, 작은 구멍, 키, 홈 등과 같이 단면적의 급격한 변화가 있는 부분에 대단히 큰 응력이 발생하는 현상을 응력집중이라 한다.

④ 축방향의 압축력을 받는 부재 중 기둥이 압축하중에 의해 파괴되지 않고 휘어지면서 파단되어 더 이상 하중에 견디지 못하게 되는 현상을 좌굴이라 한다.

🔍 해설

피로(Fatigue)

종주 하중이하의 하중이 계속적으로 가해져 재료가 파괴되는 현상이다.

44 셀프락킹 너트(Self locking nut) 사용에 대한 설명으로 틀린 것은?

① 규정토크 값에 락킹토크 값을 더한 값을 적용한다.

② 볼트에 장착했을 때 너트면 보다 2산 이상의 나사산이 나와 있어야 한다.

③ 볼트 지름이 1/4[in] 이하이며 코터핀 구멍이 있는 볼트에는 사용할 수 없다.

④ 회전부분의 너트가 연결부를 이루는 곳에 주로 사용된다.

🔍 해설

자동 고정 너트(Self-locking nut)

• 자동 고정 너트(Self-locking nut)는 심한 진동을 받는 부분에 사용하며, 고정 장치의 형식에 따라
• 전 금속형과 비금속 파이버형 너트로 구분된다.
• 너트는 코터 핀이나 안전 결선 작업에 의해 고정을 하지 않아도 되기 때문에 작업 속도가 빠르다.
• 사용하는 곳의 온도에 따라 구분되므로 주의하여 사용하여야 한다.

45 항공기의 자세 조종에 사용되는 1차 조종면으로 나열된 것은?

① 승강타, 방향타, 플랩

② 도움날개, 승강타, 방향타

③ 도움날개, 스포일러, 플랩

④ 도움날개, 방향타, 스포일러

🔍 해설

① 1차 조종면
 항공기의 세 가지 운동축에 대한 회전운동을 일으키는 도움날개, 승강키, 방향키를 말함
② 2차 조종면
 1차 조종면을 제외한 보조조종계통에 속하는 모든 조종면을 말하며, 태브, 플랩, 스포일러 등을 말함

46 리벳 작업에 대한 설명으로 옳은 것은?

① 리벳의 최소 연거리는 리벳 지름의 2배 정도이다.

② 리벳의 피치는 열과 열사이의 거리이다.

③ 리벳의 지름은 접합할 판재 중 제일 두꺼운 판재두께의 2배 정도가 적당하다.

④ 리벳의 열은 판재의 인장력을 받는 방향으로 배열된 리벳의 집합이다.

🔍 해설

리벳 작업(Riveting)

• 리벳 작업(Riveting)
 리벳을 이용하여 두 금속 판재를 접합시키는 것을 말한다.
• 리벳 작업을 올바르게 수행하기 위해서는 합하여야 할 부재의 치수와 재질을 고려하여 적합한 규격의 리벳을 선정하고, 리벳을 정확하게 배치한 뒤 올바른 공구를 사용하여 작업을 해야 한다.
• 리벳 배치
 결합하고자 하는 판재의 리벳 배치는 다음 사항을 준수하여야 한다.
• 연거리(Edge distance)
 판재의 끝에서 첫 번째 리벳 구멍 중심까지의 거리를 말한다. 2~4D 사이에 위치하나 보통은 2.5D 거리가 적당하다. 접시 머리 리벳의 경우에는 2.5~4D 사이에 위치한다.
• 피치(pitch)
 같은 열에 인접하는 리벳중심 간의 거리를 말하며, 3~12D 사이에 위치하나 보통은 6~8D가 적당하다.
• 횡단 피치(Transverse pitch)
 리벳 열 간의 거리를 말한다. 보통은 리벳 간격의 75[%] 정도인 4.5~6D가 적당하다.

[정답] 43 ① 44 ④ 45 ② 46 ①

47 2차원의 구조물에 미치는 힘을 해석할 때 정역학의 평형방정식($\sum F = 0$, $\sum M = 0$)은 총 몇 개가 되는가?

① 1
② 2
③ 3
④ 6

🔍 **해설**

평형 방정식
- 힘의 정적 평형은 정역학에서 중요한 개념이다.
- 물체에 작용하는 모든 힘의 합력이 제로에 동일한 경우에만 평형 상태에 있다.
- 직교 좌표계에서 평형 방정식은 3개의 모든 방향의 힘의 합이 '0'에 동일한 3개의 스칼라 방정식으로 나타낼 수 있다.

48 경비행기의 방화벽(Fire wall) 재료로 사용되는 18-8스테인리스강(Stainless steel)에 대한 설명으로 옳은 것은?

① Cr-Mo 강으로서 열에 강하다.
② 18[%] Cr과 8[%] Ni를 갖는 내식강이다.
③ 1.8[%]의 탄소와 8[%]의 Cr를 갖는 특수강이다.
④ 1.8[%]의 Cr과 0/8[%]의 Ni를 갖는 내식강이다.

🔍 **해설**

18-8스테인리스강(Stainless steel)
- 스테인리스강은 스테인리스강 시장의 70[%]를 차지한다.
- 0.15[%]의 탄소, 16[%] 이하의 크롬과, 특별히 망간이나 니켈이 들어가 용융점부터 낮은 온도까지 오스테나이트 구조를 유지시킨다.
- 18[%]의 크롬과 10[%]의 니켈이 들어간것을 18/10 스테인리스라고 부르는데, 이것들은 식기류에 사용되며, 이와 유사하게 18/0, 18/8도 사용 가능하다.

49 세미모노코크 구조에서 동체가 비틀림에 의해 변형되는 것을 방지해 주며 날개, 착륙장치 등의 장착부위로 사용되기도 하는 부재는?

① 프레임(Frame)
② 세로대(Longeron)
③ 스티링거(Stringer)
④ 벌크헤드(Bulkhead)

🔍 **해설**

세미모노코크 구조
- 세미 모노코크 구조는 모노코크 구조와 달리 하중의 일부만 외피가 담당한다.
- 하중은 뼈대가 담당하게 하여 기체의 무게를 모노코크에 비해 줄일 수 있으며, 현대 항공기의 대부분이 채택하고 있는 구조형식으로 정역학적 으로 부정정구조물이다.
- 세로부재(길이방향)로 세로대(Longeron), 세로지가 있으며, 수직부재(횡방향)는 링(Ring), 벌크헤드(Bulkhead), 뼈대(Frame), 정형재(Former)가 있다.

50 기체 구조의 고유진동수와 일치하는 진동수를 가지는 외부하중이 부가되면 하중의 크기가 아주 크지 않더라도 파괴가 일어날 수 있는 현상을 무엇이라 하는가?

① 피로
② 공진
③ 크리프
④ 항복

🔍 **해설**

공진 현상
항공기의 날개들은 과도한 힘들의 스트레스(공진현상)를 견딜 수 있게 설계되었다.

51 올레오 스트러트(Oleo strut) 착륙장치의 구성품 중 토크링크(Torque link)에 대한 설명으로 틀린 것은?

① 휠 얼라인먼트를 바르게 한다.
② 피스톤의 과도한 신장을 제한한다.
③ 피스톤과 실린더의 회전을 방지한다.
④ 올레오 스트러트의 전, 후 행정을 제한한다.

🔍 **해설**

토크링크(Torque link)
피스톤식의 완충 지주를 가진 다리로 피스톤의 회전을 구속하는 결합 링크를 토크 링크라 한다.

52 단면적이 A이고, 길이가 L이며 탄성계수가 E인 부재에 인장하중 P가 작용하였을 때, 이 부재에 저장되는 탄성에너지로 옳은 것은?

[정답] 47 ③ 48 ② 49 ④ 50 ② 51 ② 52 ③

① $\dfrac{PL^2}{2AE}$ ② $\dfrac{PL^2}{3AE}$

③ $\dfrac{P^2L}{2AE}$ ④ $\dfrac{P^2L}{3AE}$

해설

- 탄성 변형에너지 : $U = \dfrac{1}{2}P\delta$ (P : 하중, δ : 변형량)

$$U = \dfrac{P^2l}{2AE} = \dfrac{AE\delta^2}{2l}[\text{kg·cm}]$$

- 단위체적당 탄성에너지 : $U = \dfrac{U}{V} = \dfrac{\sigma^2}{2E} = \dfrac{E\varepsilon^2}{2}[\text{kg·cm/cm}^3]$

53 밀착된 구성품 사이에 작은 진폭의 상대운동이 일어날 때 발생하는 제한된 형태의 부식은?

① 점(Pitting)부식

② 피로(Fatigue)부식

③ 찰과(Fretting)부식

④ 이질금속간의(Galvanic)부식

해설

찰과(Fretting)부식

- 부식 환경에서 상대운동을 하는 금속면에서는 기계적 마모보다 빠른 손상이 발생한다.
- 부식이 동반된 마모가 발생하는데 이러한 손상을 찰과 부식, 또는 마찰부식이라 한다.

54 조종간의 조종력을 케이블이나 푸시풀로드를 대신하여 전기, 전자적으로 변환된 신호상태로 조종면의 유압작동기를 움직이도록 전달하는 장치는?

① 트림 시스템(Trim system)

② 인공감지장치(Artificial feel system)

③ 플라이 바이 와이어 장치(Fly by wire system)

④ 부스터 조종장치(Boostre control system)

해설

플라이 바이 와이어 장치(Fly by wire system)

- 기계적 제어가 아닌 전기신호를 사용한 제어를 뜻한다.
- 조종사의 조작을 전기적 신호로 바꾸어서 전선으로 전기
- 유압서보·액추에이터(Actuator)에 입력하여 전기적으로 조타하는 방식이다.
- 디지털컴퓨터를 사용하는 것을 '디지털 FBW'라고 부르며, 전기신호를 전하는 전선을 복수(다중)로 하여, Redundancy을 갖도록 하고 있다

55 항공기에서 복합재료를 사용하는 주된 이유는?

① 무게 당 강도가 높다.

② 재료를 구하기가 쉽다.

③ 재질 표면에 착색이 쉽다.

④ 재료의 가공 및 취급이 쉽다.

해설

복합재료

- 무게 당 강도비가 높다.
- 복잡한 형태나 공기 역학적 곡선 형태의 부품 제작이 쉽다.
- 유연성이 크고, 진동에 대한 내구성이 크다.
- 부식을 최소화한다.
- 제작이 단순하고 비용이 절감된다.

56 그림과 같이 단면의 면적이 10[cm²]의 원형 강봉에 40[kN]의 인장하중이 작용하는 경우, 축의 수직인 면에 발생하는 수직응력은 약 몇 [MPa]인가?

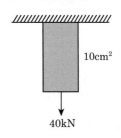

10cm²

40kN

① 40 ② 50

③ 60 ④ 70

해설

인장응력$(\sigma) = \dfrac{W}{A} = \dfrac{40}{10} = 4[\text{kgf/cm}^2] = 40[\text{MPa}]$

[정답] 53 ③ 54 ③ 55 ① 56 ①

57 안티스키드(Anti-skid) 기능 중 착륙 시 바퀴가 지면에 닿기 전에 조종사가 브레이크를 밟더라도 제동력이 발생하지 않도록 하여 착륙장치에 무리한 힘이 가해지지 않도록 하는 기능은?

① 페일 세이프 보호(Fail safe protection)

② 터치다운 보호(Touch down protection)

③ 정상 스키드 컨트롤(Normal skid control)

④ 락크된 휠 스키드 컨트롤(Locked wheel skid control)

🔍 해설

안티스키드(Anti-skid)의 기능

- Anti-Skid System은 Hydraulic Brake System에 의하여 Brake에 작용하는 유압을 제한하여 Wheel이 Skidding되는 것을 방지한다.
- 최대의 Braking 효율은 모든 Wheel이 약간씩 Skid될 때 얻어진다.

58 트러스(Truss) 구조형식의 항공기에 없는 부재는?

① 리브(Rib)

② 장선(Brace wire)

③ 스파(Spar)

④ 스트링거(Stringer)

🔍 해설

트러스(Truss) 구조형식

- 강관으로 구성된 트러스 위에 천 또는 얇은 금속판의 외피를 씌운 구조 형식이다.
- 외피(Skin)는 공기 역학적인 외형을 유지하고 있으며, 기체에 걸리는 대부분의 하중은 트러스가 담당한다.

59 NAS 514 P 428-8 스크류에서 P가 의미하는 것은?

① 재질

② 나사계열

③ 길이

④ 머리의 홈

🔍 해설

NAS514P428-8

- NAS514P : 카운터 성크헤드(머리의 홈)
- 428 : 직경이 4/16[in]이며, 인치당 28개의 나사산
- 8 : 총 길이 8/16[in]인 스크류

60 탄성을 가진 고분자 물질인 합성고무가 아닌 것은?

① 부틸

② 부나

③ 에폭시

④ 실리콘

🔍 해설

- 고무(Rubber)는 공기, 액체, 가스 등의 누설을 방지하거나, 진동과 소음을 방지하기 위한 부분에 사용한다.
- 종류로는 천연 고무와 합성 고무가 있는데 합성 고무가 기름 및 기후에 대한 저항성 등이 우수하여 사용 목적에 따라 항공기 부품으로 널리 사용하고 있으며, 니트릴 고무, 부틸 고무, 실리콘 고무 등이 있다.

제4과목 ◀ 항공장비

61 항공기에서 결심고도에 대한 설명으로 옳은 것은?

① 항공기 이륙 시 조종사가 이륙여부를 결정하는 고도

② 항공기 착륙 시 조종사가 착륙여부를 결정하는 고도

③ 항공기가 비행 중 긴급한 사항이 발생하여 착륙여부를 결정하는 고도

④ 항공기의 착륙장치를 "Down"할 것인가를 결정하는 고도

🔍 해설

- 항공기 착륙 시 조종사가 활주로 접근 중 육안으로 주변 참조 물을 식별하지 못하는 경우에 실패 접근을 시작하여야 하는 고도를 말한다.
- 항공기가 특정 고도에 도달하였을 때 활주로 또는 주변 시각 참조물이 보이지 않는다면 재접근을 위한 복행을 시작하여야 한다.

62 계자가 8극인 단상교류 발전기가 115[V], 400[Hz] 주파수를 만들기 위한 회전수는 몇 [rpm]인가?

① 4,000

② 6,000

③ 8,000

④ 10,000

🔍 해설

주파수$(F) = \dfrac{\text{극수}(P) \times \text{회전수}(N)}{120}$ 이므로

[정답] 57 ② 58 ④ 59 ④ 60 ③ 61 ② 62 ②

주파수는 극수와 회전수와 관계된다.

$$400 = \frac{8 \times N}{120}, \ 8N = 48,000$$

$$\therefore N = 6,000[\text{rpm}]$$

🔍 해설

유압계통의 특징
- 항공기 시스템에 동력을 전달한다.
- 기계요소를 윤활 시킨다.
- 필요한 요소 사이를 밀봉시킨다.
- 기계요소의 열을 흡수한다.

63 고도계에서 압력에 따른 탄성체의 휘어짐 양이 압력 증가 때와 압력감소 때가 일치하지 않는 현상의 오차는?

① 눈금오차   ② 온도오차

③ 히스테리오차   ④ 밀도오차

🔍 해설

탄성오차
히스테리시스(Histerisis), 편위(Drift), 잔류효과(After Effect)와 같이 일정한 온도에서의 탄성체 고유의 오차로서 재료의 특성 때문에 생긴다.

66 니켈-카드뮴 축전지의 특성에 대한 설명으로 옳은 것은?

① 양극은 카드뮴이고 음극은 수산화니켈이다.

② 방전 시 수분이 증발되므로 물을 보충해야 한다.

③ 충전 시 음극에서 산소가 발생되고, 양극에서 수소가 발생한다.

④ 전해액은 KOH 이며 셀당 전압은 약 1.2~1.25[V] 정도이다.

🔍 해설

니켈 카드뮴 축전지의 특성
- 니켈 카드뮴 축전지는 내부 저항, 자기 방전, 저온도 특성, 사용 수명 등이 아주 우수하다.
- 고가이기 때문에 무정전 전원 장치에 적용하면 장비의 가격보다 축전지의 가격이 더 비쌀 수도 있지만 유지 보수만 잘 하면 20년 이상 사용할 수 있다.
- 공장 자동화의 예비 전원, 무정전 전원 장치, 비상 발전 시동용, 공장 등의 비상용 전원, 기타 중요한 예비 전원 등과 같이 산업용 축전지로 널리 이용되고 있다
- 전해액은 KOH 이며 셀당 전압은 약 1.2~1.25[V] 정도이다.

64 조종실의 온도변화에 따른 속도계 지시 보상방법으로 옳은 것은?

① 진대기속도를 이용한다.

② 등가대기속도를 이용한다.

③ 장착된 바이메탈(Bimetal)을 이용한다.

④ 서멀스위치에 의해서 전기적으로 실시된다.

🔍 해설

바이메탈(Bimetal)
- 열팽창률이 서로 다른 두 종류의 금속판을 맞붙인 것이다.
- 온도의 변화에 비례하여 꽤 크게 변형한다.
- 바이메탈 성질을 이용하여 서모스탯(Thermostat) 온도계 등을 만든다.

67 객실여압계통에서 주된 목적이 과도한 객실 압력을 제거하기 위한 안전장치가 아닌 것은?

① 압력 릴리프밸브   ② 덤프밸브

③ 부압 릴리프밸브   ④ 아웃플로밸브

🔍 해설

아웃플로밸브
동체바깥부의 공기배출은 아웃플로(Out-flow) 밸브에 의해서 조절되며 이것은 밸브 조정기에 의해 작동이 된다.

65 항공기에 사용되는 유압계통의 특징이 아닌 것은?

① 리저버와 리턴라인이 필요 없다.

② 단위중량에 비해 큰 힘을 얻는다.

③ 과부하에 대해서도 안전성이 높다.

④ 운동속도의 조절범위가 크고 무단변속을 할 수 있다.

[정답] 63 ③   64 ③   65 ①   66 ④   67 ④

68 엔진에 화재가 발생되어 화재차단스위치(Fire shutoff switch)를 작동 시켰을 때 작동하는 소화준비 과정으로 틀린 것은?

① 발전기의 발전을 정지한다.
② 작동유의 공급밸브를 닫는다.
③ 엔진의 연료 흐름을 차단한다.
④ 화재탐지계통의 활동을 멈춘다.

🔍 해설

Firewall Shutoff Valve

방화벽 차단 밸브는 항공기 동체와 엔진격실 사이에 있는 방화벽에 장착된 유체계통(연료, 오일, 유압 작동유)의 밸브로 엔진으로 들어가는 유체를 차단시키기 위해서 설치된 밸브. 이 밸브는 엔진에 화재가 발생하여 엔진소화계통이 작동하면 자동으로 닫혀 가연성 유체가 엔진으로 들어가는 것을 차단한다.

69 자이로를 이용한 계기가 아닌 것은?

① 수평지시계
② 방향지시계
③ 선회경사계
④ 제빙압력계

🔍 해설

자이로 계기(Gyro Instrument)

• 자이로 수평의 : 항공기의 롤(Roll)과 피치(Pitch) 자세를 위해서 자이로스코프를 이용하여 조종사에게 인공적으로 정확한 수평면을 만들어주는 장치이다.
• 자이로스코프 : 위아래가 완전히 대칭인 팽이를 원륜(X축)에 의하여 직각인 방향에 지탱하고, 다시 그 것을 제2의 원륜(Y축)에 의하여 앞과 직각인 방향의 바퀴로서 지탱한다.
• 자이로 선회계(旋回計) : 항공기축과 직각으로 수평한 자이로 축을 가진 고정자이로로서 항공기가 선회할 때 선회 방향으로 섭동이 일어나 바늘이 선회 하는 방향을 지시하도록 한다.

70 활주로에 접근하는 비행기에 활주로 중심선을 제공해주는 지상시설은?

① VOR
② Glide slope
③ Localizer
④ Marker beacon

🔍 해설

로컬라이저(Localizer) – 계기착륙용 유도전파 발신기

계기에 표시되어 있는 활주로의 중심선을 따라 밖으로 연장된 전자 통로 방향을 산출해낸다.

71 자이로스코프(Gyroscope)의 섭동성에 대한 설명으로 옳은 것은?

① 피치 축에서의 자세변화가 롤(Roll) 및 요(Yaw)축을 변화시키는 현상
② 극 지역에서 자이로가 극 방향으로 기우는 현상
③ 외부에서 가해진 힘의 방향과 자이로 축의 방향에 직각인 방향으로 회전하려는 현상
④ 외력이 가해지지 않는 한 일정 방향을 유지하려는 현상

🔍 해설

자이로스코프(Gyroscope)

위아래가 완전히 대칭인 팽이를 원륜(X축)에 의해 직각인 방향에 지탱하고, 다시 그 것을 제2의 원륜(Y축)에 의하여 앞과 직각인 방향의 바퀴로서 지탱 한다.

72 자장 내 단일코일로 회전하는 발전기에서 중립면을 통과하는 코일에 전압이 유도되지 않는 이유로 옳은 것은?

① 자력선이 존재하지 않기 때문
② 자력선이 차단되지 않기 때문
③ 자력선의 밀도가 너무 높기 때문
④ 자력선이 잘못된 방향으로 차단되기 때문

🔍 해설

코일이 중립면을 통과 시 자력선을 차단하지 못하므로 전압이 코일에 유도되지 않는다.

73 신호의 크기에 따라 반송파의 주파수를 변화시키는 변조방식은?

[정답] 68 ④   69 ④   70 ③   71 ③   72 ②   73 ①

① FM ② AM
③ PM ④ PCM

해설

주파수변화(FM)
- 주파수변화(FM)는 AM과는 달리 반송파의 진폭은 일정하게 유지시키지만 전송하려는 정보에 따라 반송파의 주파수를 변화 시킨다.
- 주파수변화(FM)는 1930년대초 미국의 전기기사 에드윈 H. 암스트롱이 AM 라디오 수신시에 생기는 상호 간섭과 잡음을 극복하기 위해 개발했으며 FM은 천둥·번개나 다른 기계·기구류 등의 불규칙 전류에 의한 잡음이 AM에 비해 영향을 덜 받는다.

74 제빙 부츠의 이물질을 제거할 때 우선 사용하는 세척제는?

① 비눗물 ② 부동액
③ 테레빈 ④ 중성 솔벤트

해설

제빙장치에서 실제작업상황은 세척, 재 표면처리, 그리고 수리로 이루어져 있다. 세척은 대개 자극성이 없는 비눗물 용액을 사용하여, 항공기가 세척되는 것과 동시에 이루어져야 한다.

75 군용 항공기에서 지상국과 항공기까지의 거리와 방위를 제공하는 항법장치는?

① DME ② TCAS
③ VOR ④ TACAN

해설

TACAN
- 항공기탑재용 단거리 항법장치로, 타칸은 군용기에 사용하는 지상에 있는 TACAN국으로부터 비행기까지의 방위와 거리를 조종사에게 알려주기 위한 계통이다.
- 현대 민간 상업용 항공기에서는 DME이라 한다.

76 유압작동 피스톤의 작동속도를 증가시키는 것으로 옳은 것은?

① 공급유량 감소
② 펌프 회전수 증가
③ 작동 실린더의 직경증가
④ 작동 실린더의 스트로크(storke) 감소

해설

피스톤의 작동속도를 증가시키는 요인은 펌프의 회전수와 관계있다.

77 자기 컴파스의 자침이 수평면과 이루는 각을 무엇이라고 하는가?

① 지자기의 복각 ② 지자기의 수평각
③ 지자기의 편각 ④ 지자기의 수직각

해설

자자기의 복각(Geomagnetic Inclination)
- 지구자기의 방향이 수평면과 이루는 각을 일컫는다.
- 지자기 3요소 중의 하나이다.
- 수평에서 아래로 향하면 양($+$), 위로 향하면 음($-$)이라고 한다.
- 복각이 $0°$인 장소를 자기적도라고 한다.
- 복각은 적도 부근에서 $0°$에 가깝고, 북반구에서는 양($+$), 남반구에서는 음($-$)의 값을 취한다.
- 복각이 $+90°$인 곳이 자북극, $-90°$인 곳이 자남극이다.

78 다용도 측정기기 멀티미터(Multimeter)를 이용하여 전압, 전류, 및 저항 측정 시 주의사항으로 틀린 것은?

① 전류계는 측정하고자 하는 회로에 직렬로, 전압계는 병렬로 연결한다.
② 저항계는 전원이 연결되어 있는 회로에 사용해서는 절대 안 된다.
③ 저항이 큰 회로에 전압계를 사용할 때는 저항이 작은 전압계를 사용하여 계기의 션트작용을 방지해야 한다.
④ 전류계와 전압계를 사용할 때는 측정 범위를 예상해야 하지만 그렇지 못할 때는 큰 측정 범위부터 시작하여 적합한 눈금에서 읽게 될 때까지 측정범위를 낮추어 간다.

해설

[정답] 74 ① 75 ④ 76 ② 77 ① 78 ③

Multimeter 사용 시 유의사항

- 고압 측정 시 계측기 사용 안전 규칙을 준수한다.
- 측정하기 전에 계측기의 지침이 "0"점에 있는지 확인한다.
- 측정하기 전에 레인지 선택 스위치와 시험 봉이 적정 위치에 있는지 확인한다.
- 측정 위치를 잘 모르면 제일 높은 레인지에서부터 선택한다.
- 측정이 끝나면 피 측정체의 전원을 끄고 반드시 레인지 선택 스위치를 OFF에 둔다.
- Multimeter의 외형은 서로 다르지만 그 기본구성 및 측정방법, 그리고 눈금(스케일), 읽는 방법은 거의 동일하다.
- Multimeter로 저항측정, 직류 전압측정, 직류 전류측정, 교류 전압측정, 인덕턴스 측정, 콘덴서 측정, 전압비[dB] 측정 등을 할 수 있다.

79 산소계통에서 산소가 흐르는 방식의 종류가 아닌 것은?

① 희석 유량형 ② 압력형

③ 연속 유량형 ④ 요구 유량형

🔍 **해설**

희석흡입산소장치(Dilute Demand Oxygen Equipment)
사용자의 호흡작용으로 산소를 사용자 폐 속으로 공급하는 장치이다.

80 그림과 같은 회로에서 저항 6[Ω]의 양단 전압 E는 몇 [V]인가?

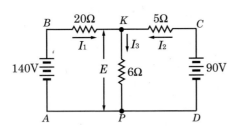

① 20 ② 60

③ 80 ④ 120

🔍 **해설**

140[V] 전압원 단락시 전체 합성저항

$5 + \dfrac{20 \times 6}{20+6} = 9.615 ≒ 9.62[\Omega]$

140[V] 전압원 단락시 6[Ω] 저항이 흐르는 전류

$\dfrac{90}{9.62} \times \dfrac{20}{20+6} = 7.196 ≒ 7.20[A]$ ············· ①

90[V] 전압원 단락시 전체 합성저항

$20 + \dfrac{6 \times 5}{6+5} = 22.727 ≒ 22.73[\Omega]$

90[V] 전압원 단락시 6[Ω] 저항에 흐르는 전류

$\dfrac{140}{22.73} \times \dfrac{5}{6+5} = 2.799 ≒ 2.8[A]$ ············· ②

6[Ω]에 흐르는 전체 전류는 ①+② = 7.2 + 2.8 = 10[A]

6[Ω] 저항 양단 전압 $E = IR = 10 \times 6 = 60[V]$

자격종목 및 등급(선택분야)	시험시간	문제수	문제형별	성명
항공산업기사	2시간	80	A	듀오북스

제1과목 항공역학

01 헬리콥터의 동시피치제어간(Collective pitch control lever)을 올리면 나타나는 현상에 대한 설명으로 옳은 것은?

① 피치가 커져 전진비행을 가능하게 한다.
② 피치가 커져 수직으로 상승할 수 있다.
③ 피치가 작아져 후진비행을 빠르게 할 수 있다.
④ 피치가 작아져 수직으로 상승할 수 있다.

해설

헬리콥터의 동시피치 제어간
• 수직방향 비행
• 주 회전 날개의 피치각 변경

02 V의 속도로 비행하는 프로펠러 항공기의 프로펠러 유속 속도가 $v = -\dfrac{V}{2} + \sqrt{\left(\dfrac{V}{2}\right)^2 + \dfrac{T}{2A\rho}}$ 라면 이 항공기가 정지하였을 때의 유도 속도는? (단, T : 발생 추력, A : 프로펠러 회전면적, ρ : 공기밀도이다.)

① $v = \left(\dfrac{T}{2A\rho}\right)^{\frac{1}{2}}$
② $v = \left(\left(\dfrac{V}{2}\right)^2 + \dfrac{T}{2A\rho}\right)^{\frac{1}{2}}$

③ $v = \dfrac{T}{2A\rho}$
④ $v = -\dfrac{V}{2} + \left(\dfrac{T}{2A\rho}\right)^{\frac{1}{2}}$

해설

항공기가 정지하였을 때 : $V = 0$

$\therefore$ 유도속도$(v) = \sqrt{\dfrac{T}{2A\rho}}$

03 그림과 같은 비행기의 운동에 대한 설명이 아닌 것은?

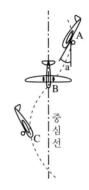

① 수평스핀보다 낙하 속도가 크다.
② 옆미끄럼이 생긴다고 할 수 있다.
③ 자동회전과 수직강하가 조합된 비행이다.
④ 비행 중 가장 큰 하중배수는 상단점이다.

해설

자동회전(Autorotation)과 수직강하가 조합된 비행
실속각 이후에 측풍에 의해 옆놀이 현상이 발생 후 날개에 양력분포가 반대로 되어, 옆놀이 모멘트가 발생하여 날개가 자전을 계속하는 것이다.

04 조종면의 앞전을 길게 하는 앞전 밸런스(Leading edge balance)의 주된 이용 목적은?

① 양력증가
② 조종력 경감
③ 항력 감소
④ 항공기 속도 증가

해설

조종면 앞전을 길게하는 것과 조종력과는 상관이 없다.

[정답] 01 ② 02 ① 03 ④ 04 ②

Aircraft Maintenance

05 비행속도가 300[m/s]인 항공기가 상승각 10°로 상승할 때 상승률은 약 몇 [m/s]인가?

① 52
② 150
③ 152
④ 295

🔍 **해설**

상승률$(R \cdot C) = V\sin\theta$
$R \cdot C = 300 \times \sin 10 = 52.08$

06 피토 정압관(Pitot static tube)으로 측정하는 것은?

① 비행속도
② 외기온도
③ 하중계수
④ 선회반경

🔍 **해설**

피토 정압관
전압을 측정하는 피토관과 정압을 측정하는 정압관을 조합하여 일체로 한 유속측정기. 전압과 정압이 동시에 측정되고, 이들을 마노미터에 접속하는 것에 의해 등압을 측정하고, 이것에서 유속 혹은 유량을 구할 수가 있다

07 지구 북반구에서 서에서 동으로 37[m/s]정도의 속도로 부는 제트 기류가 발생하는 대기층은?

① 열권 계면
② 성층권 계면
③ 중간권 계면
④ 대류권 계면

🔍 **해설**

대류권 계면(對流圈界面)
지구 대기권에서 대류권과 성층권의 경계 영역을 나타낸다. 표면으로부터 위로 갈수록 이 지점에서 공기는 차가워지는 것을 멈추고 거의 완전히 마르게 된다. 더 형식적으로, 대기의 이 지역에는 기온 저하율이 음의 값에서(대류권에서) 양의 값으로(성층권에서) 변한다. 이것은 평형 단계에서 일어나고, 대기에서 열역학적인 중요한 값이 된다.

08 날개의 폭(Span)이 20[m], 평균 기하학적 시위의 길이가 2[m]인 타원 날개에서 양력계수가 0.7일 때 유도항력계수는 약 얼마인가?

① 0.008
② 0.016
③ 1.56
④ 16

🔍 **해설**

가로세로비$(AR) = \dfrac{b}{c} = \dfrac{20}{2} = 10$

스팬효율 $c = 1$

$\therefore C_{Di} = \dfrac{C_L^2}{\pi c AR} = \dfrac{(0.7)^2}{\pi \cdot 1 \cdot 10} = 0.016$

09 정상선회하는 항공기의 선회각이 60° 일 때 하중배수는?

① 0.5
② 2.0
③ 2.5
④ 3.0

🔍 **해설**

수평시 하중배수$(n) = \dfrac{L}{W} = 1$

선회시 하중배수$(n) = \dfrac{1}{\cos\theta} = 1$

그러므로 선회시 하중배수는 경사각이 클수록 커진다.

하중배수$= \dfrac{1}{\frac{1}{2}} = 2$

10 뒤젖힘각(Sweep back angle)에 대한 설명으로 옳은 것은?

① 날개가 수평을 기준으로 위로 올라간 각
② 기체의 세로축과 날개의 시위선이 이루는 각
③ 날개 끝의 붙임각을 날개 뿌리의 붙임각보다 크거나 작게 한 각
④ 25[%] C(코드길이) 되는 점들을 날개뿌리에서 날개끝까지 연결한 직선과 기체의 가로축이 이루는각

🔍 **해설**

뒤젖힘각(후퇴각 : Sweep Back angle)

- 날개가 뒤로 젖혀진 각도
- 날개시위 길이의 25[%] 위치를 연결한 선과 날개의 가로 방향과 이루는 각도

$$D = C_D \frac{1}{2} \rho V^2 S$$

$$\frac{D_2}{D_1} = \frac{C_{D2} \frac{1}{2} \rho V_2^2 S}{C_{D1} \frac{1}{2} \rho V_1^2 S} = \frac{V_2^2}{V_1^2} = \left(\frac{V_2}{V_1}\right)^2 = 2^2 = 4$$

$$D_2 = 4D_1 = 600[\text{lbf}]$$

11 수직꼬리날개가 실속하는 큰 옆미끄럼 각에서도 방향 안정을 유지하기 위한 목적의 장치는?

① 윙렛
② 도살핀
③ 드루프 플랩
④ 쥬리 스트러트

🔍 **해설**

도살핀

- 수직꼬리 날개가 실속하는 큰 옆미끄럼 각에서도 방향 안정을 유지하는 강력한 효과
- 비행기에 도살핀을 장착하면, 큰 옆 미끄럼각에서 방향 안정성을 증가 시키며, 큰 옆 미끄럼각에서의 동체의 안정성의 증가시키고, 수직꼬리 날개의 유효 가로 세로비를 감소 시켜 실속각을 증가시킨다.

12 양항비가 10인 항공기가 고도 2,000[m]에서 활공 시 도달하는 활공거리는 몇 [m]인가?

① 10,000
② 15,000
③ 20,000
④ 40,000

🔍 **해설**

활공거리＝고도×양항비이므로
활공거리＝2,000×10＝20,000[m]

13 150[lbf]의 항력을 받으며 200[mph]로 비행하는 비행기가 같은 자세로 400[mph]로 비행시 작용하는 항력은 몇 [lbf]인가?

① 300
② 400
③ 600
④ 800

🔍 **해설**

14 프로펠러의 진행율(Advance ratio)을 옳게 설명한 것은?

① 추력과 토크와의 비이다.
② 프로펠러 기하피치와 프로펠러 지름과의 비이다.
③ 프로펠러 유효피치와 프로펠러 지름과의 비이다.
④ 프로펠러 기하피치와 프로펠러 유효피치와의 비이다.

🔍 **해설**

프로펠러의 진행율

- 프로펠러의 직경을 $D[\text{n}]$, 회전속도를 $n[\text{rps}]$, 비행속도를 $V[\text{m/s}]$라 할 때, V/nD이다.
- 진행율은 프로펠러의 공기 역학적 성능을 결정하는 중요한 값이다.

15 동체에 붙는 날개의 위치에 따라 쳐든각 효과의 크기가 달라지는데 그 효과가 큰 것에서 작은 순서로 나열된 것은?

① 높은날개 → 중간날개 → 낮은날개
② 낮은날개 → 중간날개 → 높은날개
③ 중간날개 → 낮은날개 → 높은날개
④ 높은날개 → 낮은날개 → 중간날개

🔍 **해설**

날개의 쳐든각(Dihedral angle)

- 비행기가 가로로 기우는 것은 주로 날개의 쳐든각에 의해 자동적으로 수정된다
- 기체는 좌우 중 어느 한쪽으로 기울어지면 기운 방향으로 횡활을 시작한다.
- 기체에 쳐든각이 있으면 내려온 쪽 날개는 가로로 바람을 맞게 되므로 기체의 기울기를 수평으로 하려는 모멘트가 작용한다.

[정답] 11 ②　12 ③　13 ③　14 ③　15 ①

• 수직꼬리날개도 가로안정에 도움이 된다. 기체가 왼쪽 또는 오른쪽으로 기울어 그 방향으로 활주하면 수직꼬리날개는 가로바람을 받아 기울기를 회복하려는 모멘트가 발생한다.

16 원심력에 대해 양력이 회전날개에 수직으로 작용한 결과로서 헬리콥터 회전날개 깃 끝 경로면(Tip path plane)과 회전날개 깃이 이루는 각을 의미하는 용어는?

① 경로각   ② 깃각

③ 회전각   ④ 코닝각

🔍 해설

코닝각(Cone angle)

• 헬리콥터가 전진 비행 시 회전날개의 로터 블레이드 양력이 로터 허브에서 만드는 모멘트와 원심력이 로터 허브에서 만드는 모멘트와 평형이 될 때까지 위로 처들게 하여 회전면을 밑면으로 하는 원추(Cone) 모양을 만들게 되며, 이때 회전면과 원추 모서리가 이루는 각이다.

• 헬리콥터가 제자리에서 정지비행을 할 때 이를 호버링(Hovering)이라 한다.

• 헬리콥터가 무풍상태에서 호버링 시 로터(Rotor)의 회전면(Rotor disc) 혹은 깃끝 경로면(Tip path plane)은 수평지면과 평행이다.

17 다음 중 세로 정안정성이 안정인 조건은? (단, 비행기가 nose down시 음의 피칭 모멘트가 발생되며, C_m은 피칭모멘트 계수, α는 받음각이다.)

① $\dfrac{dC_m}{d\alpha}=0$ ② $\dfrac{dC_m}{d\alpha}\neq0$

③ $\dfrac{dC_m}{d\alpha}>0$ ④ $\dfrac{dC_m}{d\alpha}<0$

🔍 해설

피칭 모멘트의 변화

• 받음각에 대한 피칭 모멘트의 기울기가 음(-)의 값을 가져야만 정적 세로 안정성이 있다고 본다.

• 받음각에 대한 피칭 모멘트의 기울기가 양(+)의 값을 가지게 되면, 정적 세로 안정성이 없다고 보며, 이를 정적 세로 불안정이라고 한다.

18 다음 중 층류 날개골에 해당하는 계열은?

① 4자 계열 날개골   ② 5자 계열 날개골

③ 6자 계열 날개골   ④ 8자 계열 날개골

🔍 해설

층류 날개골

• 대기의 입자가 흐름의 방향을 항상 일정하게 유지 하면서 고르게 흐르는 것을 층류(Laminar Fow)라 한다.

• 서로 뒤섞이면서 불규칙적으로 흐르는 상태를 난류(Turbulent Fow)라 한다.

19 항공기 속도와 음속의 비를 나타낸 무차원 수는?

① 마하수   ② 웨버수

③ 하중배수   ④ 레이놀즈 수

🔍 해설

마하수

• 마하수(Ma)는 물체의 속도를 음속으로 나눈 값이다.
  - 아음속 : Ma<1
  - 초음속 : Ma>1

• 천음속은 물체와 일정 거리 이상 떨어진 곳의 유체는 아음속인데, 물체와 바로 접한 부분의 유체에서 국부적으로 초음속이 나타나는 것을 의미하며, 이상에서는 Ma<1이고, 바로 접한 특정 영역에서는 Ma>1이다.

20 항공기 이륙거리를 줄이기 위한 방법이 아닌 것은?

① 항공기의 무게를 가볍게 한다.

② 플랩과 같은 고양력 장치를 사용한다.

③ 엔진의 추력을 증가하여 이륙활주 중 가속도를 증가시킨다.

④ 바람을 등지고 이륙하여 바람의 저항을 줄인다.

🔍 해설

정풍(Head wind)을 받으면서 이륙한다.

[정답] 16 ④ 17 ④ 18 ③ 19 ① 20 ④

제2과목 ◀ 항공기관

21 가스터빈엔진의 윤활계통에서 고온탱크계통(Hot tank type)에 대한 설명으로 옳은 것은?

① 윤활유는 노즐을 거치고 냉각기를 거쳐 탱크로 이동한다.
② 탱크의 윤활유는 연료가열기에 의하여 가열된다.
③ 윤활유는 배유 펌프에서 탱크로 곧바로 이동한다.
④ 냉각기가 배유펌프와 탱크사이에 위치하여 냉각된 윤활유가 탱크로 유입된다.

🔍 해설

고온탱크계통(Hot tank type)
가스터빈 엔진오일계통에서 압력부분에 오일 냉각기가 설치되어 있는 오일 탱크. 엔진으로부터 뜨거운 오일은 냉각되지 않고 탱크로 직접 귀환

22 왕복엔진과 비교하여 가스터빈엔진의 특징으로 틀린 것은?

① 단위추력 당 중량비가 낮다.
② 대부분의 구성품이 회전운동으로 이루어져 진동이 많다.
③ 고도에 따라 출력을 유지하기 위한 과급기가 불필요하다.
④ 주요 구성품의 상호마찰부분이 없어서 윤활유 소비량이 적다.

🔍 해설

가스터빈엔진의 특성
- 연소가 연속적으로 진행되기 때문에 기관의 추력이 증가한다.
- 왕복 부분이 없으므로 진동이 적고 높은 회전수를 얻을 수 있다.
- 추운 기후에서도 시동이 용이하고 윤활유 소모가 적다.
- 저급 연료 사용이 가능하다.
- 고속 비행이 가능하다.

23 수동식 혼합제어장치(Mixture control)를 사용하는 왕복엔진을 장착한 비행기가 순항중일 때 일반적으로 혼합제어장치의 조작 위치는?

① RICH
② MIDDLE
③ LEAN
④ FULL RICH

🔍 해설

수동식 혼합제어장치(Mixture control)
왕복엔진 혼합기조절기 : 항공기용 왕복엔진에 장착되어 엔진 작동 중에 조종사의 요구에 따라 공기와 연료를 혼합하여 출력을 조절하는데 사용되는 엔진출력을 조절하는 장치의 일종이다. 공기의 밀도(단위 용적당 무게)는 항공기 고도가 올라감에 따라 감소하므로 공기의 밀도가 낮아지는 데 따라 연료의 량을 조절하는 장치이다.

24 성형 왕복엔진에서 마그네토(Magneto)를 액세서리 부(Accessory section)에 부착하지 않고 엔진 전방부에 부착하는 주된 이유는?

① 무게중심의 이동이 쉽다.
② 공기에 의한 냉각효과를 높일 수 있다.
③ 엔진 회전력을 이용할 수 있기 때문이다.
④ 공기저항을 줄여 엔진회전의 효율을 높일 수 있다.

🔍 해설

마그네토(자석 발전기)
왕복엔진 점화계통에 사용하는 고전압 전기에너지를 만들어내는 교류발전기의 일종. 마그네토에는 작은 교류발전기와 브리커 포인트가 내장되어 순간적으로 높은 전압을 만들어 점화 플러그에 보낸다.

25 항공기 왕복엔진의 마찰마력을 옳게 표현한 것은?

① 제동마력과 정격마력의 차
② 지시마력과 정격마력의 차
③ 지시마력과 제동마력의 차
④ 엔진의 용적효율과 제동마력의 차

🔍 해설

마력
- 기관마력
- 지시마력(I.H.P)(PE : 평균유효압력, A : 피스톤 단면적, 1 : 피스톤의 행정, N : 매분 회전수)
- 제동마력(B.H.P)(QD : 동력계의 제동모우멘트[kg-m])
- 축마력(S.H.P)(G : 전단탄성계수 약 $8.3 \times 105[kg/cm^2]$, d : 추진기 축지름[cm])

[정답] 21 ③ 22 ② 23 ③ 24 ② 25 ③

Aircraft Maintenance

26 항공기 기관용 윤활유의 점도지수(Viscosity index)가 높다는 것은 무엇을 의미하는가?

① 온도변화에 따른 윤활유의 점도 변화가 작다.
② 온도변화에 따른 윤활유의 점도 변화가 크다.
③ 압력변화에 따른 윤활유의 점도 변화가 작다.
④ 압력변화에 따른 윤활유의 점도 변화가 크다.

🔍 해설

윤활유의 점도지수(Viscosity Index)
온도에 따라 변화되는 점도를 측정하여 만든 대조표이다.
점도지수가 높으면 윤활유의 점도 변화가 작다.

27 내연기관의 이론 공기 사이클을 해석하는데 가정한 내용으로 틀린 것은?

① 가열은 외부로부터 피스톤과 실린더를 가열하는 것으로 한다.
② 작동 사이클은 공기 표준 사이클에 대하여 계산한다.
③ 비열은 온도에 따라 변화하지 않는 것으로 한다.
④ 열해리는 일어나지 않는 것으로 하고 열손실은 없다고 가정한다.

🔍 해설

공기 사이클 장치(Air cycle machine)
기내의 공조 장치의 요소로 기내에 흐르는 공기에 의하여 구동하는 터빈, 압축기, 팬, 열교환기 등에서 구성된다. 공기 사이클에 대비 한 것에 증기 사이클 장치가 있다.

28 항공기 왕복엔진에서 2중 마그네토 점화계통(Dual magneto ignition system)을 사용하는 이유가 아닌 것은?

① 출력의 증가
② 점화 안전성
③ 불꽃의 지연
④ 디토네이션의 방지

🔍 해설

2중 마그네토 점화계통(Dual magneto ignition system)
• 이중 마그네토는 한 개의 회전 자석과 캠을 가지고 있으며, 브리

커 포인트, 코일, 콘덴서는 두 개로 구성되어 있다.
• 이중 마그네토는 항공기의 한 개 엔진을 위해 분리된 두 개의 점화계통에 사용한다.

29 가스터빈엔진의 윤활계통에 대한 설명으로 옳은 것은?

① 윤활유 양은 비중을 이용하여 측정한다.
② 배유 윤활유에 함유된 공기를 분리시키는 것은 드웰 챔버(Dwell chamber)이다.
③ 냉각기의 바이패스밸브는 입구의 압력이 낮아지면 배유 펌프 입구로 보낸다.
④ 윤활유 펌프는 베인(Vane)식이 주로 쓰인다.

🔍 해설

배유 윤활유
오일과 섞여 있는 벤트공기는 회전하는 슬링 거실(Slinger Chamber)에 들어가게 되고 여기서 원심력에 의해 오일은 반경방향으로 향하여 밖으로 배출되어 오일섬프로 돌아가고 깨끗해진 공기는 엔진 밖으로 배출되거나 여압장치 및 벤트 밸브에 사용된다.

30 항공기 왕복엔진의 기본 성능요소에 관한 설명으로 옳은 것은?

① 고도가 증가하면 제동마력이 증가한다.
② 엔진의 배기량을 증가시키기 위해서는 압축비를 줄인다.
③ 회전수가 증가하면 제동마력이 감소 후 증가한다.
④ 총 배기량은 엔진이 2회전 하는 동안 전체 실린더가 배출한 배기가스 양이다.

🔍 해설

실린더의 용적과 배기량
• 실린더의 용적을 표시하는 배기량은 실린더내 피스톤 상사점의 용적을 말한다.
• 실린더의 단면적에 스트로크를 곱한 것이 실린더 계당 기량이다.
• 실린더의 수를 곱한 것이 총 배기량이다.

[정답] 26 ① 27 ① 28 ③ 29 ② 30 ④

31 왕복엔진을 낮은 기온에서 시동하기 위해 오일 희석 (Oil dilution)장치에서 사용하는 것은?

① Alcohol   ② Propane

③ Gasoline   ④ Kerosene

🔍 **해설**

오일 희석(Oil dilution)
- 온도가 매우 낮을 때 왕복엔진 시동을 가능하도록 윤활 오일을 다루는 방법
- 날씨가 차가우면 오일의 점도가 굳어져 시동할 때 원활한 윤활을 하지 못하게 된다.
- 엔진을 정지시킬 때 엔진오일에 연료를 희석시켜 오일을 묽게 만들어 오일 탱크 안에 있는 호퍼 탱크에 따로 저장하였다가 차기 시동할 때 이 호퍼탱크에 있는 오일이 엔진을 윤활 시켜준다.
- 희석된 연료는 엔진 오일이 뜨거워지면 엔진 밖으로 빠져 나간다.

32 가스터빈엔진에서 사용하는 주 연료펌프의 형식으로 옳은 것은?

① 기어 펌프(Gear pump)

② 베인 펌프(Vane pump)

③ 루트 펌프(Roots pump)

④ 지로터 펌프(Gerotor pump)

🔍 **해설**

기어 펌프(Gear pump)
- 기어펌프는 연료나 오일 같은 유체를 이송하는데 사용하는 펌프. 기어 펌프는 정량펌프로 두 개의 평 기어를 맞물려 하우징에 장착하여 놓고 하나의 평 기어에는 구동축이 연결되어 있다.
- 기어가 구동되면 기어의 톱니바퀴 사이로 유체가 채워져 하우징 안으로 들어와 기어의 치차와 하우징 사이로 통과할 때 압축되어 압력이 형성되어 출구로 빠져나간다.

33 원심형 압축기에서 속도 에너지가 압력 에너지로 바뀌는 곳은?

① 임펠러(Impeller)

② 디퓨저(Diffuser)

③ 매니폴드(Manifold)

④ 배기노즐(Exhaust nozzle)

🔍 **해설**

디퓨저(Diffuser)
공기흐름 도관의 일종으로 고속, 저압의 공기의 흐름을 저속, 고압의 공기 흐름으로 변화시킨다.

34 가스터빈 엔진에서 펌프 출구압력이 규정값 이상으로 높아지면 작동하는 밸브는?

① 릴리프 밸브   ② 체크 밸브

③ 바이패스 밸브   ④ 드레인 밸브

🔍 **해설**

릴리프밸브(Relief Valve)
- 스프링 힘을 받고 있는 유체계통 압력조절 밸브로서 스프링의 힘은 최대작동압력에 세트되어 밸브가 닫혀 있다.
- 작동압력이 최대압력 이상으로 상승하면 밸브가 스프링 힘을 이기고 열려 과도한 압력을 배출시켜 계통을 보호하는 역할을 한다.

35 속도 540[km/h]로 비행하는 항공기에 장착된 터보제트엔진이 196[kg/s]인 중량유량의 공기를 흡입하여 250[m/s]의 속도로 배기시킨다면 총 추력은 몇 [kg]인가?

① 4,000   ② 5,000

③ 6,000   ④ 7,000

🔍 **해설**

총 추력＝흡입공기의 질량유량[kg/s] × 배기가스 속도[m/s]

$$Fg = \frac{196}{9.8} \times 250 = 5,000[kg]$$

36 비행속도가 V[ft/s], 회전속도가 N[rpm]인 프로펠러의 유효피치(Effective pitch)를 옳게 표현한 것은?

① $V \times \dfrac{N}{60}$ ② $V + \dfrac{60}{N}$

③ $V + \dfrac{N}{60}$ ④ $V \times \dfrac{60}{N}$

[정답] 31 ③   32 ①   33 ②   34 ①   35 ②   36 ④

해설

유효피치는 프로펠러의 1회전에 실제 전진한 거리이며 rpm이 분당이므로 비행속도에 60을 곱해서 rpm으로 나눈 값이다.

$$\therefore \frac{60V}{n} \text{ 이다.}$$

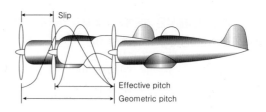

37 가스터빈엔진에서 RPM의 변화가 심할 때 원인이 아닌 것은?

① 배기가스온도가 낮을 때
② 주 연료장치가 고장일 때
③ 연료 부스터 압력이 불안정할 때
④ 가변 스테이터 베인 리깅이 불량일 때

해설

RPM(Revolutions Per Minute)
- 회전체의 1분간의 회전수를 말하며 모터, 엔진 등의 회전수
- RPM이 낮으면 가스터빈 주변으로 흐르는 냉각용 공기의 유입이 적어지므로 온도가 올라간다.
- 스로틀밸브 카본과 ISC 모터의 불량
- 흡입 공기량의 변화를 주는 액츄레이터 불량
- 공회전시 엔진이 심한 떨림

38 프로펠러의 슬립(Slip)에 대한 설명으로 옳은 것은?

① 프로펠러가 1분 회전 시 실제 전진거리
② 허브중심으로부터 끝부분까지의 길이를 인치로 나타낸 거리
③ 블레이드 시위 앞전 25[%]를 연결한 선의 길이와 시위 길이를 나눈 값
④ 기하학적피치와 유효피치의 차이를 기하학적 피치로 나눈 %값

해설

프로펠러의 슬립(Slip)
- 항공기 프로펠러에서의 슬립은 기하학 적 피치와 유효피치 사이의 차이를 말한다.
- 기하학적 피치는 프로펠러가 고체 내에서 회전했을 때 앞으로 전진한 거리이며, 유효피치는 프로펠러가 공기 중에서 실제로 전진한 거리이다.

39 오일(Oil)의 구비 조건으로 틀린 것은?

① 저 인화점 일 것
② 열전도율이 좋을 것
③ 화학적 안정성이 좋을 것
④ 양호한 유성(oiliness)을 가질 것

해설

오일(Oil)의 구비 조건
- 양호한 유성 : 기름이 금속 표면에 양호하게 달라붙는 성질을 유성(Oiliness)이라고 하고, 유성이 좋고 나쁨은 오일 중에서 금속 표면으로 강력하게 흡착시키는 성분의 존재에 의한다.
- 적당한 점도 : 점도는 오일의 유체 흐름 저항으로서 정의된다. 낮은 점도 오일은 더 잘 흐를 수 있다. 엔진의 모든 작동 부품에 적절한 윤활을 위해서 사용되기 위해서는 충분한 점도를 가져야 한다.
- 고점도 지수 : 항공용 오일은 시동에서 이륙까지의 넓은 온도 범위에 걸쳐서 윤활유의 기능을 유지한다.
- 고 인화점 : 인화점은 가열된 오일 표면 위에서 증기가 생성되어 불씨가 접촉되어 탈 때의 온도이다. 항공기 엔진은 높은 온도에서 작동하기 때문에 인화점이 높아야 한다.
- 화학적 안정성 : 고온에서 산화되면 Gum을 생성하고 산을 유리해서 부식성을 초래하며, 엔진의 기능을 감소시킨다.
- 저 응고점 : 오일을 흔들지 않은 상태로 냉각시켜서 응고하기 시작할 때의 온도를 응고점이라고 하고, 극한지방에서의 시동을 위해서 필요한 성질이다.
- 고 비열/열전도율 : 엔진에서 발생하는 열을 빠르게 흡수하여 분산시켜만 냉각효과가 좋다. 흡수하는 열 용량은 열에 비례하고 열을 흡수하는 속도는 열전도율에 의한다.

40 이상기체에 대한 설명으로 틀린 것은?

① 엔탈피는 온도만의 함수이다.
② 내부에너지는 온도만의 함수이다.
③ 상태방정식에서 압력은 체적과 반비례 관계이다.
④ 비열비(Specific heat ratio)값은 항상 1 이다.

[정답] 37 ① 38 ④ 39 ① 40 ④

해설

이상기체
보일-샤를의 법칙 $PV = RT$(P : 기체의 압력, V : 비체적, R : 기체상수, T : 절대온도)를 완전히 따를 수 있는 이상적인 기체 통계 역학적으로 상호 작용이 전혀 없는 입자(분자)의 집결

제3과목 ◀ **항공기체**

41 다음 중 와셔의 사용방법에 대한 설명으로 옳은 것은?

① 볼트와 같은 재질을 사용하지 않는 것이 좋다.
② 기밀을 요구하는 부분에는 반드시 락크와셔를 사용한다.
③ 와셔의 사용 개수는 라크와셔 및 특수와셔를 포함하여 최대 3개까지 허용한다.
④ 락크와셔는 1·2차 구조부, 부식되기 쉬운 곳에는 사용하지 않는다.

해설

와셔(Washer)의 사용방법
• 와셔는 사용되는 장소에 따라 적합하게 지정된 부품 번호의 와셔를 사용한다.
• 와셔의 사용 갯수는 최대 3개까지 허용된다.(1개는 부재 표면 보호, 다른 2개는 볼트머리 및 너트쪽에 끼위 넣음) 이때 락크 와셔 및 특수 와셔는 사용 개수에 포함 되지 않는다.
• 와셔는 원칙적으로 볼트와 같은 재질의 것을 사용한다.
• 알루미늄 합금 또는 마그네슘 합금의 구조부에 볼트나 너트를 장착하는 경우, 카드뮴 도금된 탄소강 와셔를 사용한다.
• 알루미늄 합금 볼트의 조임에 있어서는 알루미늄 합금 또는 카드뮴 도금된 강 와셔를 사용한다.
• 클램프 장착 시에는 평 와셔를 붙여 사용할 필요가 없다.
• 락크 와셔는 1차, 2차 구조부, 또는 때때로 장탈 하거나 부식되기 쉬운 곳에 사용해서는 안 된다.
• 알루미늄 합금, 마그네슘 합금에 락크 와셔를 사용할 경우, 카드뮴 도금된 탄소강의 평와셔를 그 아래 넣는다.
• 기밀을 요하는 장소 및 공기의 흐름에 노출되는 표면에는 락크 와셔를 사용하지 않는다.
• 탭 와셔, 프리로드 지시 와셔는 재사용할 수 없다.
• 특수 와셔는 그 용도에 따라 여러 종류가 있으므로, 각각의 용도에 맞는 것을 사용해야 한다.

42 다음 중 아크 용접에 속하는 것은?

① 단접법
② 테르밋 용접
③ 업셋 용접
④ 원자수소 용접

해설

원자수소 용접
• 원자수소용접은 2개의 텅스텐 전극 사이에서 아크를 발생시키고 홀더의 노즐에서 수소가스를 유출시켜서 용접한다.
• 수소가스는 아크 열에 의해 가스분자 상태에서 원자상태로 분해되어 아크 열을 빼앗는다.
• 아크에서 조금 멀리 있는 원자상태의 가스는 다시 분자상태로 결합되며 이때 결합열(3,000~4,000[℃])을 발생시킨다.

43 항공기엔진 장착 방식에 대한 설명으로 옳은 것은?

① 가스터빈엔진은 구조적인 이유로 동체 내부에 장착이 불가능하다.
② 동체에 엔진을 장착하려면 파일론(Pylon)을 설치하여야 한다.
③ 날개에 엔진을 장착하면 날개의 공기역학적 성능을 저하시킨다.
④ 왕복엔진 장착부분에 설치된 나셀의 카울링은 진동감소와 화재 시 탈출구로 사용된다.

해설

항공기엔진
• 동체 내부나 날개 아래쪽에 설치한다.
• 날개와 엔진의 연결부를 파일론이라 한다.

44 항공기 소재로 사용되고 있는 알루미늄합금의 특성으로 틀린 것은?

① 비강도가 우수한다.
② 시효경화성이 있다.
③ 상온에서 기계적 성질이 우수하다.
④ 순수 알루미늄인 상태에서 큰 강도를 가진다.

해설

[정답] 41 ④ 42 ④ 43 ③ 44 ④

Aircraft Maintenance

알루미늄의 특징

- 비중 2.7(동의 1/3.3, 철의 1/2.9)
- 용융접 : 660[℃](1220[℉]) 면심 입방 격자
- 흰색 광택의 비자성체
- 담금질 효과는 시효 경화로 얻음
- 전기 및 열의 양도체
- Cu, Si 첨가
- 경도 증가
- 내식성 및 가공성 양호
- 산과 알칼리에 약함
- 구조 부분 사용 불가
- 공기중에서 Al_2O_3(산화 피막)형성으로 내식성 증가

45 외경이 8[cm], 내경이 7[cm]인 중공원형단면의 극관성모멘트는 약 몇 [cm⁴]인가?

① 166 ② 252

③ 275 ④ 402

🔍 **해설**

$$I_P = \frac{\pi}{64}(d_2{}^4 - d_1{}^4), \ I_P = \frac{1}{2}$$

$$\frac{1}{2} = \frac{3.14 \times (8^4 - 7^4)}{64}$$

$$\frac{1}{2} = 83.16, \ I_P = 166.32$$

46 항공기 동체의 축방향으로 작용하는 인장력 및 압축력과 동체의 각 단면의 굽힘모멘트를 담당하도록 되어 있는 항공기 구조재는?

① 링(Ring) ② 스트링어(Stringer)

③ 외피(Skin) ④ 벌크헤드(Bulkhead)

🔍 **해설**

굽힘 모멘트

- 물체의 어느 한 점에 대해서 물체를 굽히려고 하는 작용이다. 휨 모멘트
- 보의 임의의 단면 양측의 힘의 모멘트는 크기가 같고 방향이 반대로, 보에 굽힘작용을 주는 것으로 굽힘 모멘트라고 한다.
- 스트링어(Stringer) 압축응력에 대한 좌굴을 방지하고, 날개의 굽힘 강도를 크게하고 날개보를 보조하여 비틀림을 방지하고 외피를 보조한다.

47 항공기 조종계통에서 운동의 방향을 바꿔주는 것이 아닌 것은?

① 풀리(Pulley)

② 스토퍼(Stopper)

③ 벨 크랭크(Bell crank)

④ 토크 튜브(Torque tube)

🔍 **해설**

수동조종 계통

조종사가 조작하는 조종간 및 방향키 페달과 조종면을 조종 케이블(Cable)이나 풀리(Pulley) 또는 푸시 풀 로드(Push-pull rod)를 이용한 링크 기구(Link mechanism)로 연결하여, 조종사가 가하는 힘과 조작 범위를 기계적으로 조종면에 전달하는 방식으로 작동된다.

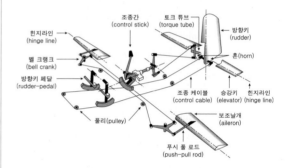

[수동조종 계통(Manual control system)의 구성도]

48 이질 금속간의 접촉부식에서 알루미늄 합금의 경우 A군과 B군으로 구분하였을 때 군이 다른 것은?

① 2014 ② 2017

③ 2024 ④ 3003

🔍 **해설**

알루미늄 합금

- 내식알루미늄 합금
  - ① 1100(2S) ② 3003
  - ③ 5056 ④ 6061, 6063
  - ⑤ 알클래드판
- 고강도 알루미늄 합금
  - ① 2014 ② 2017
  - ③ 2024 ④ 7075

[정답] 45 ① 46 ② 47 ② 48 ④

49 실속속도 100[mph]인 비행기의 설계제한 하중배수가 4일 때, 이 비행기의 설계운용속도는 몇 [mph]인가?

① 100
② 150
③ 200
④ 400

🔍 해설

설계운용속도

$$VA = \sqrt{n1} \times Vs$$
$$VA = \sqrt{4} \times 100 = 200$$

50 항공기의 외피 수리에서 다음의 [조건]에 의하면 알루미늄 판재의 굽힘 허용값은 약 몇 [in]인가?

[조건]
• 곡률 반지름(R) : 0.125[in]
• 굽힘각도(°) : 90°
• 두께(T) : 0.050[in]

① 0.216
② 0.226
③ 0.236
④ 0.246

🔍 해설

굽힘 여유

$$BA = \frac{굽힘각도}{360} \times 2\pi\left(R + \frac{T}{2}\right) = \frac{90}{360} \times 2\pi\left(R + \frac{T}{2}\right)$$
$$= \frac{\pi}{2}\left(0.125 + 0.025\right) = 0.236[in]$$

51 0.040[in] 두께의 알루미늄 판 2장을 체결하기 위해 재질이 2117인 유니버설헤드 리벳을 사용 한다면 리벳의 규격으로 적당한 것은?

① MS 20426D4-6
② MS 20426AD4-4
③ MS 20470D4-6
④ MS 20470AD4-4

🔍 해설

리벳 규격

• 유니버설 헤드 : MS20470
• 재질 - 2117 : AD로 표시
• 리벳 지름 : 결합되는 판재 중에서 두꺼운 판재의 3배
∴ 0.12[in](≒ 1/8[in])

52 다음 중 주 조종면이 아닌 것은?

① 러더(Rudder)
② 에일러론(Aileron)
③ 스포일러(Spoiler)
④ 엘리베이터(Elevator)

🔍 해설

1차 조종면

주 조종면	작동 방향	항공기 운동	회전 축	안정성 종류
보조 날개 (aileron)	좌/우 비대칭 (asymmetric)	옆놀이 (rolling motion)	세로축 (longitudinal axis)	가로 안정성 (lateral stability)
승강키 (elevator)	좌/우 대칭 (symmetric)	키놀이 (pitching motion)	가로축 (lateral axis)	세로 안정성 (longitudinal stability)
방향키 (rudder)	한 방향 (unidirection)	빗놀이 (yawing motion)	수직축 (vertical axis)	방향 안정성 (directional stability)

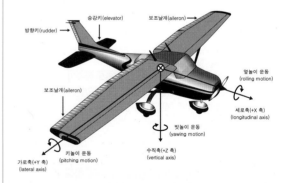

[항공기 몸체 좌표계의 기준 축과 항공기 운동의 정의]

53 무게 2,000[kg]인 항공기의 중심위치가 기준선 후방 50[cm]에 위치하고 있으며, 기준선 전방 80[cm]에 위치한 화물 70[kg]을 기준선 후방 80[cm] 위치로 이동시켰을 때 새로운 중심 위치는?

[정답] 49 ③ 50 ③ 51 ④ 52 ③ 53 ①

① 기준선 후방 55.6[cm]

② 기준선 후방 60.6[cm]

③ 기준선 후방 65.6[cm]

④ 기준선 후방 70.6[cm]

해설

구분	무게	거리	모멘트
비행기	2,000	50	100,000
화물(제거)	−70	−80	5,600
화물(추가)	70	80	5,600
합계	2,000		111,200

$$\therefore CG = \frac{111,200}{2,000} = 55.6[\text{cm}]$$

54 항공기 날개의 스팬방향의 주요 구조부재로서 날개에 가해지는 공기력에 의한 굽힘모멘트를 주로 담당하는 부재는?

① 리브(Rib)

② 스파(Spar)

③ 스킨(Skin)

④ 스트링어(Stringer)

해설

스파(Spar)

- 공기 날개의 스팬방향의 주요 구조부재로서 날개에 가해지는 공기력에 의한 굽힘모멘트를 주로 담당한다.
- 날개의 주요 부분 및 요소는 응력외피구조의 항공기의 날개를 가지며 날개의 외피와 길이 방향으로 배치되어 있는 두꺼운 부재인 스파와 날개 뒷전의 조종면으로 구성된다.

55 그림과 같은 트러스(truss) 구조에 하중 P가 작용할 때, 내력이 작용하지 않는 부재는? (단, 각 단위 부재의 길이는 1[m]이다.)

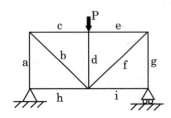

① 부재 a, h

② 부재 h, i

③ 부재 a, g

④ 부재 b, f

해설

트러스 구조에서 내력이 작용하지 않는 부재

- 2개 부재로 구성된 절점에 외력이나 반력이 작용하지 않는 경우, 2개 부재는 무응력 부재(h, i)
- 3개 부재로 구성된 절점에 2개의 부재가 평행하고 외력이나 반력이 작용하지 않는 경우, 나머지 1개 부재는 무응력 부재(d)

56 특별한 지시가 없을 때 비상용 장치에 사용하는 CY (구리-카드뮴 도금)안전결선의 지름은?

① 0.020[in]

② 0.025[in]

③ 0.030[in]

④ 0.032[in]

해설

- 안전풀림방지용은 와이어의 지름은 Bolt 크기에 따라, 0.020, 0.032, 0.041[in]를 사용하며, 보통 0.032[in]가 많이 사용하게 된다.
- Screw와 Bolt가 좁게 배열되어 있을 때에는 0.020[in]를 사용한다.
- 단선식 안전결선으로 안전풀림방지장치를 할 때에는 구멍을 지나는 최대지름의 Wire를 사용한다.
- 비상용 장치에는 특별한 지시가 없는 한 0.020[in]인 동 Wire나 카드뮴 도금 Wire를 사용한다.

57 온도가 약 700[°F]까지 올라가는 부위에 사용할 수 있는 안전결선 재료는?

① Cu 합금

② Ni−Cu 합금(모넬)

③ 5056 AL 합금

④ 탄소강(아연도금)

해설

Ni−Cu 합금(모넬)

- 모넬 메탈(Monel metal)
  내식강 금속의 등록상표의 이름으로서 니켈이 67[%], 구리가 30[%], 알루미늄 또는 실리콘이 3[%] 함유된 합금강으로 고온에 강하다.

[정답] 54 ② 55 ② 56 ① 57 ②

58 단단한 방부 페인트를 유연하게 하기 위해 솔벤트 유화 세척제와 혼합하여 일반 세척용으로 사용하며, 다른 보호제와 함께 바르거나 씻는 작업이 뒤따라야 하는 세척제는?

① 케로신
② 메틸에틸케톤
③ 메틸클로로포름
④ 지방족 나프타

🔍 **해설**

오래된 방부제나 오일로 인한 오물 등은 깨끗한 수건에 솔벤트나 케로신을 묻혀 닦아낸다.

59 그림과 같은 응력 – 변형률 선도에서 극한 응력의 위치는? (단, σ는 응력, ε은 변형률을 나타낸다.)

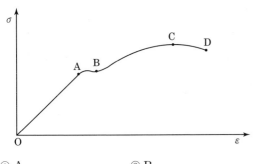

① A
② B
③ C
④ D

🔍 **해설**

$\varepsilon = \dfrac{\sigma}{E}$, $E = \varepsilon \times \sigma$

그러므로 응력과 변형율의 최고점인 C가 극한응력의 위치이다.

60 항공기의 날개 착륙장치의 트럭형식에서 트럭위치 작동기(Truck position actuator)에 대한 설명으로 틀린 것은?

① 착륙장치를 접어들이거나 펼칠 때 사용되는 유압작동기이다.
② 착륙장치가 접혀 들어갈 때 공간을 줄이기 위해서도 사용된다.

③ 항공기가 지상에서 수평으로 활주할 때에는 완충 스트럿과 트럭빔이 수직이 되도록 댐퍼(Damper)의 역할도 한다.
④ 바퀴가 지면으로부터 떨어지는 순간에 완충 스트럿과 트럭빔을 특정한 각도로 유지시켜주는 유압 작동기이다.

🔍 **해설**

Truck position actuator

- Truck은 Piston의 하부에 연결되며, Wheel 장착을 위한 Axle과 조합되어 "H"형Beam을 이룬다.
- Take-Off 또는 Landing시 항공기 자세에 따라 Piston과의 연결부위가 전후로 일정각도로 Tilt될 수 있게 되어 착륙시 지면으로부터 충격을 1차 흡수하며 Landing Gear가 Retraction시 수납공간을 최소화해준다.
- Truck을 Bogie라고 부르기도 하며 무게절감을 위해 내부가 비어 있는 Tubular Beam형식으로 설계된다.

제4과목 ▶ 항공장비

61 1차 감시 레이더에 대한 설명으로 옳은 것은?

① 전파를 수신만하는 레이더이다.
② 전파를 송신만하는 레이더이다.
③ 송신한 전파가 물체(항공기)에 반사되어 되돌아오는 전파를 감지하는 방식이다.
④ 송신한 전파가 물체(항공기)에 닿으면 항공기는 이 전파를 수신하여 필요한 정보를 추가한 후 다시 송신하는 방식이다.

🔍 **해설**

1차 감시 레이더

- 전파를 목표물에 보낸다.
- 전파 Energy의 반사파를 수신하고 전파의 직진성과 정속성을 이용한다.
- 왕복시간과 안테나의 지향특성에 의해 목표물의 위치(방위 및 거리)를 측정한다.

62 FAA에서 정한 여압장치를 갖춘 항공기의 제작순항고도에서의 객실고도는 몇 [ft]인가?

[정답] 58 ① 59 ③ 60 ① 61 ③ 62 ③

① 0　　　　　　　② 3,000

③ 8,000　　　　　④ 20,000

🔍 **해설** ------------------------------

FAA(Federal Aviation Administration)

미국 연방 항공국)에서는 높은 고도를 비행하는 항공기에 대하여 순항 고도에서 객실 내의 압력을 고도 8,000[ft]에 상당되는 기압인 약 10.92[psi]를 8,000[ft] Cabin Altitude(객실고도)라고 부르며 이 압력을 유지할 수 있는 여압 계통을 구비할 것을 형식증명의 조건으로 하고 있다.

63 항공기 버스(Bus)에 대한 설명으로 틀린 것은?

① 로드버스(Load bus)는 전기 부하에 직접 전력을 공급한다.

② 대기버스(Standby bus)는 비상 전원을 확보하기 위한 것이다.

③ 필수버스(Essential bus)는 항공기 항법등, 점검등을 작동시키기 위한 전력을 공급한다.

④ 동기버스(Synchronizing bus)는 엔진에 의해 구동되는 발전기들을 병렬 운전하기 위한 것이다.

🔍 **해설** ------------------------------

항공기 버스(Bus)

• Bus(전기)모선 : 항공기 전기계통의 주 전선으로 여러 개의 전기 부품이나 부 전선이 연결된 부분이다.

• Bus bar(모선) : 항공기 전기계통의 출력을 분배하는 접점으로 이 모선은 금속제 띠로 되어 있으며, 발전기 또는 축전기 출력부분에 연결되어 있다.

64 항공기에 사용되는 수평철재 구조재에 의해 지자기의 자장이 흩어져 생기는 오차는?

① 반원차　　　　　② 와동오차

③ 불이차　　　　　④ 사분원차

🔍 **해설** ------------------------------

자기 컴퍼스의 오차

• 정적오차
　– 반원차 : 수직 철재 및 전류에 의해 생기는 오차
　– 사분원차 : 수평 철재에 의해 생기는 오차(자기력을 방해하는 철재)

　– 불이차 : 일정한 크기로 나타내는 오차 컴퍼스 자체의 오차 또는 장착 잘못 오차

• 동적오차
　– 북선오차 : 북진하다가 동서로 선회할 때 오차 선회 오차라고도 함
　– 가속도 오차 : 동서로 향하고 있을 때 가장 크게 나타나는 오차

65 계기의 색표지 중 흰색 방사선이 의미하는 것은?

① 안전 운용 범위

② 최대 및 최소 운용 한계

③ 플랩 조작에 따른 항공기의 속도 범위

④ 유리판과 계기케이스의 미끄럼 방지 표시

🔍 **해설** ------------------------------

계의 색 표시

• 붉은색 : 최소와 최대 운용 한계
• 노란색 : 경계범위와 경고 범위
• 녹색 : 순항범위
• 흰색 : 항공기의 속도범위

66 선회경사계가 그림과 같이 나타났다면 현재 항공기 비행 상태는?

① 좌선회 균형　　　　② 좌선회 내활

③ 좌선회 외활　　　　④ 우선회 외활

🔍 **해설** ------------------------------

선회경사계

• 선회계와 경사계가 1개의 케이스에 조합되어 있는 계기
• 선회계는 자이로를 이용하여 선회 각속도를 나타낸다.
• 선회경사계는 수평 비행을 할 때에 항공기 날개의 쳐짐을 나타낸다.
• 선회 비행 시에는 정상선회, 스키드 또는 슬립을 나타내는 계기이다.
∴ 그림의 선회경사계는 좌회전 균형 비행상태이다.

[정답] 63 ③　64 ④　65 ④　66 ①

67 다음 중 종합계기 PFD에서 지시되지 않는 것은?

① 승강속도
② 날씨정보
③ 비행자세
④ 기압고도

🔍 **해설** ----------------

PFD(Primary Flight Display)
- 여러개의 정보를 모니터에 수집
- 주용 비행 표시계기

68 작동유 저장탱크에 관한 설명으로 옳은 것은?

① 배플은 불순물을 제거한다.
② 가압식과 비가압식이 있다.
③ 저장탱크의 압력은 사이트게이지로 알 수 있다.
④ 용량은 축압기를 포함한 모든 계통이 필요로 하는 용량의 75[%] 이상이어야 한다.

🔍 **해설** ----------------

작동유 저장탱크
- In-Line Type
  자체의 Housing을 가지고 있으며, 그 자체 내에 필요한 모든 것을 갖추고 있으며, Tubing이나 Hose에 의해 계통 내에서 다른 보기들과 연결되어 있다.
- Integral Type
  자체의 Housing을 가지고 있지 않다.
- 가압식
  작동유를 계통내로 가압시키는 펌프가 있다.

69 계기착륙장치(Instrument landing system)의 구성장치가 아닌 것은?

① 로컬라이저(Localizer)
② 마커비컨(Marker beacon)
③ 기상레이다(Weather radar)
④ 글라이드슬로프(Glide slope)

🔍 **해설** ----------------

계기착륙장치

- 마커비컨(marker beacon)
  계기착륙계통(ILS)에서 기준점으로부터 소정의 거리를 표시하기 위해서 설치한 라디오 항법 장치로 지상으로부터 공중으로 원뿔모양의 75[MHz]의 저 출력 주파수를 복사한다.
- 로컬라이저(localizer)
  계기에 표시되어 있는 활주로의 중심선을 따라 밖으로 연장된 전자 통로 방향을 산출해낸다.
- 글라이드슬로프(glide slope)
  활강진로는 전자항법 중 계기착륙계통의 일부분이다. 계기 활주로 진입 끝으로부터 위쪽으로 약 $2\frac{1}{2}°$ 각도의 연장선으로 발사하는 라디오빔이다. 이 빔을 중심으로 상 방향은 90[Hz]를 하 방향으로는 150[Hz]의 라디오 신호를 보내고있다.
- 진입등(Approach Lighting System)
  접근등(ALS)이라 부르며, 연쇄식 섬광등(Sequenced Flashing Lights)으로 릴레이식으로 1초에 3회 섬광하며, 조종사에게 진입하는 활주로의 중심방향을 시각적으로 안내하여 준다.

70 그림과 같은 회로에서 합성저항은 몇 [Ω]인가?

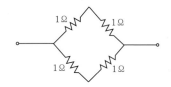

① 1
② 2
③ 3
④ 4

🔍 **해설** ----------------

등가회로
상단의 그림과 같이 위쪽과 아래쪽 각각 2[Ω]이므로

$$병렬합성저항 = \frac{1}{\frac{1}{2}+\frac{1}{2}} = \frac{1}{\frac{2}{2}} = \frac{1}{1} = 1$$

71 온도변화에 의한 전기저항의 변화를 측정하는 화재 경고장치 형식은?

① 바이메탈(Bi-metal)식
② 서미스터(Thermistor)식
③ 서모커플(Thermocouple)식
④ 서멀 스위치(Thermal switch)식

[정답] 67 ② 68 ② 69 ③ 70 ① 71 ②

해설

화재경고장치
- 온도 상승률 탐지기
- 복사 감지 탐지기
- 연기 감지기
- 과열 탐지기
- 일산화 탄소 감지기
- 가연성 혼합가스 탐지기
- 승무원 또는 승객에 의한 감시 등

72 교류 발전기의 출력 주파수를 일정하게 유지하는데 사용되는 것은?

① Brushless
② Magn-amp
③ Carbon pile
④ Constant speed drive

해설

Constant speed drive
항공기 발전기를 일정 속도로 구동시키기 위하여 가변인 엔진 기어 박스 속도를 일정하게 유지시키는 장비. 정속 구동장치의 출력축은, 정상 작동 범위 내의 기관의 속도가 가변임에도 불구하고, 일정한 속도이며, 일정한 교류 주파수를 발생시킨다.

73 도선도표(導線圖表, Wire chart)상에서 도선의 굵기를 정할 때 고려할 사항이 아닌 것은?

① 전류 ② 주파수
③ 전선의 길이 ④ 장착위치의 온도

해설

도선의 굵기
- 이가 같고 구성 물질이 같은 도선에서 굵기(단면적)가 굵어지면, 전자의 이동은 방해를 덜 받으므로 저항이 작아진다.
- 저항은 도선의 굵기에 반비례한다.

74 다음중 작동유가 과도하게 흐르는 것을 방지하기 위한 장치는?

① 필터(Filter)
② 우선밸브(Priority valve)
③ 유압퓨즈(Hydraulic fuse)
④ 바이패스밸브(By-pass valve)

해설

유압퓨즈(Hydraulic fuse)
유압 라인에 파손이 일어나 유압이 누설될 때 상류와 하류의 압력 차이에 의하여 작동하는 보펫 밸브에 의하여 작동유의 흐름을 차단하는 장치. 항공기 브레이크 계통에 장착되어 있다.

75 압력센서의 전압값을 기준전압 5[V]의 10[bit] 분해능의 A/D컨버터로 변환하려 한다면, 센서의 출력 전압이 2.5[V]일 때 출력되는 이상적인 디지털 값은?

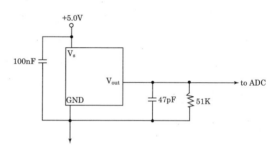

① 128 ② 256
③ 512 ④ 1024

해설

$5[V] = 10[bit] \rightarrow 2^{10} = 1{,}024$
$2.5[V] = 9[bit] \rightarrow 2^9 = 512$

76 저항 루프형 화재탐지계통의 구성품이 아닌 것은?

① 타임 스위치 ② 경고벨
③ 테스트 스위치 ④ 경고등

해설

[정답] 72 ④ 73 ② 74 ③ 75 ③ 76 ①

저항 루프형 화재탐지계통은 경고벨(warning bell), 경고등(warning light), 테스트스위치(test switch), 경고벨 차단스위치(warning bell cutoff switch), 루프형 화재탐지장치로 이루어진다.

77 주파수 300[MHz]의 파장은 몇 [m]인가?

① 1   ② 10
③ 100   ④ 1,000

해설

$$F = \frac{C}{\lambda}$$

F : 주파수, C : 광속(3×10^8[m/s]), λ : 파장

$$F = \frac{C}{F} = \frac{3 \times 10^8}{300,000,000[m]} = 1[m]$$

78 서로 떨어진 2개의 송신소로부터 동기신호를 수신하고 신호의 시간차를 측정하여 자기위치를 결정하는 장거리 쌍곡선 무선항법은?

① VOR   ② ADF
③ TACAN   ④ LORAN C

해설

로란-C 시스템의 정비
- 점검 절차를 정하여 시설 및 장비의 기능유지로 극동전파표지협의회(FERNS) 운영지침서에 명시되어 있다.
- 로란-C는 99.8[%] 이상의 운영 효율을 유지함으로서 국제협력 체인의 효율적 운영 및 업무의 능률증진에 기여한다.
- "장거리무선항법(로란-C)시스템"이라 함은 쌍곡선항법방식에 의하여 선박이나 항공기 또는 차량 등에서 위치를 측정할 수 있도록 정보를 제공하는 장치를 말한다.

79 항공기에서 사용된 물을 방출하는 드레인 마스트(Drain mast)의 방빙 방법으로 옳은 것은?

① 마스트 주변에 알코올을 분사하여 방빙한다.
② 마스트 주변에 배기가스를 공급하여 방빙한다.

③ 마스트 주변의 파이프에 제빙부츠를 장착하여 방빙한다.
④ 항공기가 지상에 있을 때는 저전압, 비행 중에는 고전압을 공급하는 전기히터를 이용한다.

해설

WATER HEATER
- 항공기가 지상에 있을 때는 저전압, 비행 중에는 고전압을 공급하는 전기히터를 이용 한다.
- 보통 115[V] AC로 작동되는 Heater Element로 구성되어 있으며, Thermal SW에 의해 일정한 온도의 물을 Faucet에 보내 주고 있다.
- Thermal SW가 Close Stick되어 Over Heating이 되면 Heater 내부에 있는 Overheat SW가 Trip 되어 Heater를 보호하도록 되어 있다.
- 한 번 Overheat가 발생하면 Heater는 물의 온도가 떨어져도 다시 작동되지 않는다.
- Heater 상부의 Cap을 장탈하고 Heater가 충분히 식은 다음에 Overheat SW의 상부를 눌러 Reset를 해야 한다.
- Heater의 겉면에는 ON-OFF SW와 Heater의 상태를 표시해 주는 Indicator Light가 붙어 있다.

80 자이로스코프의 섭동성을 이용한 계기는?

① 경사계   ② 선회계
③ 정침의   ④ 인공 수평의

해설

선회경사계
선회계와 경사계를 조합한 계기로서 회전하는 자이로의 성직 중에서 섭동성을 이용한 계기로 좌우방향에 회전축을 가진 자이로에 의해서 선회의 각속도를 지시한다.

[정답] 77 ①   78 ④   79 ④   80 ②

자격종목 및 등급(선택분야)	시험시간	문제수	문제형별	성명
항공산업기사	2시간	80	A	듀오북스

01 다음 중 방향 안정성이 양(+)인 경우는? (단, β : 옆비끄럼각, C_n : 요잉모멘트계수이다.)

① $\dfrac{dC_n}{d\beta}=0$　　　　② $\dfrac{dC_n}{d\beta}\neq 0$

③ $\dfrac{dC_n}{d\beta}>0$　　　　④ $\dfrac{dC_n}{d\beta}<0$

🔍 해설

방향 안정성
- (+)옆미끄럼각에서 기수는 좌측으로 움직이게 되므로 안정을 위해서는 기수를 우측으로 회전시키는 모멘트(양의 모멘트)가 발생되어야 한다.
- 상대풍이 오른쪽에 위치하면오른쪽 회전의 빗놀이 모멘트가 발생되고, 기수를 바람 방향으로 향하게 한다.

02 일반적으로 고정피치 프로펠러의 깃각은 어떤 속도에서 효율이 가장 좋도록 설정하는가?

① 이륙　　　　② 착륙
③ 순항　　　　④ 상승

🔍 해설

고정피치 프로펠러의 깃각
고정피치 프로펠러의 깃각을 변동할 수 없으므로 순항 시의 비행 상태에서 최적의 피치 각을 갖도록 제작

03 항공기 날개에 관한 설명으로 옳은 것은?

① 날개에서 발생하는 양력은 유도항력을 유발한다.

② 날개의 뒤처짐각은 임계마하수를 낮춘다.

③ 날개의 가로세로비는 날개폭을 넓이로 나눈 값이다.

④ 양력과 항력은 날개면적의 제곱에 비례한다.

🔍 해설

날개 이론
- 비행기의 날개는 Lift(양력), Drag(항력), Moment(회전힘)를 발생시키는 기본 요소가 된다.
- 삼각날개 장점은 초음속 항공기에 적합하고 시위가 길어 지므로 두께비가 적다.
- 뒤젖힘 각이 있어 임계마하수가 높고 구조면으로 강하다.
- 삼각날개의 단점
  - 최대 양력이 작아 날개면적이 크다.
  - 저속 비행시 큰 받음각이 필요함으로 조종시계가 나쁘다.
- 후퇴날개는 임계마하수를 크게 하는 장점이 있으며, 천음속, 초음속 항공기에 많이 사용된다.

04 등가대기속도(V_e)와 진대기속도(V)에 대한 설명으로 옳은 것은? (단, 밀도비 $\sigma=\dfrac{\rho}{\rho_0}$, P_t : 전압, P_s : 정압, ρ_0 : 해면고도 밀도, ρ : 현재고도 밀도이다.)

① 등가대기속도와 진대기속도의 관계는 $V_e=\sqrt{\dfrac{V}{\sigma}}$ 이다.

② 등가대기속도는 고도에 따른 밀도변화를 고려한 속도이다.

③ 표준대기의 대류권에서 고도가 증가할수록 진대기속도가 등가대기속도보다 느리다.

④ 베르누이의 정리를 이용하여 등가대기속도를 나타내면 $V_e=\sqrt{\dfrac{(P_t-P_s)}{\rho_0}}$ 이다.

🔍 해설

등가대기속도

[정답] 01 ③　02 ③　03 ①　04 ②

① 압축성 오차를 수정한 수정 대기 속도
② 항공기의 교정대기속도(CAS)를 특정고도에서의 단열압축류에 대하여 수정한 것. (해면상 표준대기에 있어서 EAS와 CAS는 같다.)

$$V = \frac{V_e}{\sqrt{\sigma}}, \quad V_e = \sqrt{\frac{2(P_t - P_s)}{\rho_0}}$$

05 조종면의 폭이 2배가 되면 조종력은 어떻게 되어야 하는가?

① 1/2 로 감소
② 변함 없음
③ 2배 증가
④ 4배 증가

해설

조종면의 폭
- 조종면의 폭이 1[in]에서 2[in]로 2배 증가하면 서보의 필요토크는 3.6배 증가한다.
- 조종면의 폭이 1[in]에서 3[in]로 3배 증가하면 서보의 필요토크는 7배 증가한다.
- 조종면의 폭이 1[in]에서 4[in]로 4배 증가하면 서보의 필요토크는 11배 증가한다.
- 조종면의 길이가 2배 증가하면 서보의 필요 토크도 2배 증가하여 정비례 관계가 성립된다.
- 조종력은 힌지 모멘트에 비례(조종면 폭에 비례)

$$F = K \cdot He = K \cdot C_h \frac{1}{2} \rho V^2 Sc = KC_h \frac{1}{2} \rho V^2 (bc)c$$

06 비행기가 날개를 내리거나 올려 비행기의 전후축(세로축 : Longitudinal axis)을 중심으로 움직이는 것과 관련된 모멘트는?

① 옆놀이 모멘트(Rolling moment)
② 빗놀이 모멘트(Yawing moment)
③ 키놀이 모멘트(Pitching moment)
④ 방향 모멘트(Directional moment)

해설

세로축(Longitudinal axis)
- 기수(Nose)부터 꼬리(Tail)까지 동체를 관통하여 이어진 전후 방향의 가상의 축을 세로축 이라고 한다.
- 세로축 주변의 운동은 횡요(Roll : 좌우의 경사)라고하며 이것은 좌우의 날개(Wing : 주익)뒷전(Trailing edge)에 부착된 도

움날개(Ailieron : 보조익)의 작동으로 행해진다.

07 항공기가 등속수평비행을 하기 위한 조건으로 옳은 것은? (단, L은 양력, D는 항력, T는 추력, W는 항공기 무게이다.)

① $L = W, \ T > D$
② $L = W, \ T = D$
③ $T = W, \ L > D$
④ $T = W, \ L = D$

해설

등속수평비행
단순한 비행형태로, 항공기에 작용하는 힘들인 추력과 항력, 무게와 양력이 서로 평형을 이루어 항공기가 일정한 고도와 속도로 비행한다.

08 비행기 무게가 1,000[kgf]이고 경사각 30°, 100[km/h]의 속도로 정상선회를 하고 있을 때 양력은 약 몇 [kgf]인가?

① 500
② 866
③ 1,155
④ 2,000

해설

$$W = L\cos\theta$$

$$\therefore L = \frac{W}{\cos\theta} = \frac{1,000}{\cos 30} = 1,155[\text{kgf}]$$

09 다음 중 압력계수(C_p)의 정의로 틀린 것은? (단, P_∞ : 자유흐름의 정압, p : 임의점의 정압, V : 임의점의 속도, V_∞ : 자유흐름의 속도, ρ : 밀도, q_∞ : 자유흐름의 동압이다.)

① $C_p = \dfrac{p - p_\infty}{q_\infty}$
② $C_p = 2V^2 - p_\infty \rho V_\infty$
③ $C_p = \dfrac{p - p_\infty}{\frac{1}{2}\rho V_\infty^2}$
④ $C_p = 1 - \left(\dfrac{V}{V_\infty}\right)^2$

[정답] 05 ③ 06 ① 07 ② 08 ③ 09 ②

🔍 해설

$$C_p = \frac{p - p_\infty}{q_\infty} = \frac{p - p_\infty}{\frac{1}{2}\rho V_\infty^2} = \frac{\frac{1}{2}\rho V_\infty^2 - \frac{1}{2}\rho V^2}{\frac{1}{2}\rho V_\infty^2} = 1 - \left(\frac{V}{V_\infty}\right)^2$$

$$\left(\because P + \frac{1}{2}\rho V^2 = P_\infty + \frac{1}{2}\rho V_\infty^2, \ P - P_\infty = \frac{1}{2}\rho V_\infty^2 - \frac{1}{2}\rho V^2 \right)$$

10 고정익 항공기 추진에 사용되는 프로펠러에 대한 설명으로 옳은 것은?

① 일반적으로 지상활주 시와 같이 전진비가 낮은 경우에 프로펠러 효율은 최대가 된다.

② 전진비의 증가에 따라 피치각을 증가시켜야 한다.

③ 로터면에 대한 비틀림각을 블레이드 팁(Tip)방향으로 증가하도록 분포시킨다.

④ 프로펠러 직경이 큰 경우에는 회전수 변화로 추력을 증감시키는 방법이 일반적으로 사용된다.

🔍 해설

프로펠러 피치각
- 프로펠러에서 효율이 최대가 되는 전진비는 하나의 깃각(피치각)
- 전진비(진행률 : Advance ratio)가 작을 때는 깃각을 작게 하고, 전진비가 커짐에 따라 깃각을 크게 해야 효율이 좋아진다.

11 꼬리회전날개(Tail rotor)가 필요한 헬리콥터는?

① 단일 회전날개 헬리콥터

② 직렬식 회전날개 헬리콥터

③ 병렬식 회전날개 헬리콥터

④ 동축 역회전식 회전날개 헬리콥터

🔍 해설

꼬리 회전날개(Tail rotor)
- 헬리콥터는 날개가 한쪽으로만 회전하기 때문에 동체가 날개 반대쪽으로 돌려는 힘이 발생
- 동체가 돌려는 힘을 없애기 위해 꼬리에 작은 회전날개가 필요

12 착륙 접지 시 역추력을 발생시키는 비행기에 작용하는 순 감속력에 대한 식은? (단, 추력 : T, 항력 : D, 무게 : W, 양력 : L, 활주로 마찰계수 : μ이다.)

① $T - D + \mu(W - L)$

② $T + D + \mu(W + L)$

③ $T - D + \mu(W + L)$

④ $T + D + \mu(W - L)$

🔍 해설

순 감속력
착륙전진 방향과 반대방향으로 작용하는 힘으로 역추력(T), 항력(D), 마찰력(R)의 합으로 나타난다.
$T + D + \mu(W - L)$

13 레이놀즈수(Reynolds number)에 대한 설명으로 틀린 것은?

① 단위는 [cm²/s]이다.

② 동점성계수에 반비례한다.

③ 관성력과 점성력의 비를 나타낸다.

④ 임계레이놀즈수에서 천이현상이 일어난다.

🔍 해설

레이놀즈수(Reynolds number)
- 물체를 지나는 유체의 흐름 또는 유로속에서 유체흐름의 관성력(관성저항)과 점성력의 크기의 비를 알아보는 데 있어서 지표가 되는 무차원수이다.
- 가장 간단한 무차원수는 직사각형의 가로·세로길이의 비이다.
- 레이놀즈수는 속도[m/s]와 길이의 곱을 운동 점성계수[m²/s]로 나눈 것으로 분명 무차원수이다.

14 날개골(Airfoil)의 정의로 옳은 것은?

① 날개의 단면

② 날개가 굽은 정도

③ 최대두께를 연결한 선

④ 앞전과 뒷전을 연결한 선

🔍 해설

[정답] 10 ② 11 ① 12 ④ 13 ① 14 ①

날개골(Airfoil)
- 비행기 측면에서 본 날개의 단면 형상
- 비행에 필요한 양력을 담당

15 700[ps]짜리 2개의 엔진을 장착한 항공기가 대기속도 50[m/s]로 상승비행을 하고 있다면 이 항공기의 상승률은 몇 [m/s]인가? (단, 비행기의 중량은 5,000[kgf], 항력은 1,000[kgf], 프로펠러 효율은 0.8이다.)

① 3.4   ② 5.0

③ 6.0   ④ 6.8

해설

$$RC = \frac{P_a - P_r}{W} = \frac{TV - DV}{W} = \frac{(\eta_p \times BHP) - DV}{W}$$

$$= \frac{(0.8 \times 700 \times 2 \times 75) - (1,000 \times 50)}{5,000} = 6.8[m/s]$$

16 다음 중 수평스핀(Flat spin) 상태에서 받음각의 크기로 가장 적합한 것은?

① 약 5°   ② 10 ~ 20°

③ 약 60°   ④ 약 95° 이상

해설

수평스핀(Flat spin)
- 동체가 크고 낮은 양항비(가로세로비)의 날개를 갖은 비행기에서 무게중심이 너무 후방에 위치할 때 발생되기 쉬우며, 수직스핀보다 실속 회복이 어렵다.
- 수직스핀 상태에서 스핀축에 대한 받음각은 20°~40°정도이고, 낙하속도는 약 40~80[m/s]이다.
- 수평스핀 상태는 수직스핀보다 받음각이 증가한다.

17 제트 비행기의 최대항속시간에 해당하는 속도는 다음 중 어느 조건에서 이루어지는가?

① 최대 이용추력   ② 최소 이용추력

③ 최대 필요추력   ④ 최소 필요추력

해설

최대 항속시간(Endurance)
항공기가 한번의 연료로 비행할 수 있는 항속 시간(Endurance)라고 하며, 연료를 가득싣고 비행속도, 엔진출력, 자세 및고도를 적적하게 비행하는 최대 비행시간을 최대 항속시간이라 한다.

18 전진하는 회전날개 깃에 작용하는 양력을 헬리콥터 전진속도(V)와 주 회전날개의 회전속도(ν)로 옳게 설명한 것은?

① $(\nu - V)^2$에 비례한다.

② $(\nu + V)^2$에 비례한다.

③ $\left(\dfrac{\nu + V}{\nu - V}\right)^2$에 비례한다.

④ $\left(\dfrac{\nu - V}{\nu + V}\right)^2$에 비례한다.

해설

$$L = C_L \frac{1}{2} \rho V_\phi^2 S = C_L \frac{1}{2} \rho V^2 (cR) \text{이며,}$$

이 때 V_ϕ(깃이 받는 상대풍 속도)$= V\cos\alpha \cdot \sin\phi + r\cos\beta \cdot \omega$
(α : 받음각, β : 코닝각, ϕ : 깃의 회전각도, R : 깃의 반지름, V : 전진속도)
즉, 양력은 V_ϕ의 제곱에 비례한다.

19 도움날개(Aileron) 및 승강키(Elevator)의 힌지 모멘트와 이들 조종면을 원하는 위치에 유지하기 위한 조종력과의 관계로 옳은 것은?

① 힌지 모멘트가 크면 조종력도 커야 한다.

② 힌지 모멘트가 커져도 필요한 조종력에는 변화가 없다.

③ 힌지 모멘트가 크면 조종력은 작아도 된다.

④ 아음속 항공기에서는 힌지모멘트가 커질수록 필요한 조종력은 작아진다.

해설

힌지 모멘트
도움날개에 장착되어 연동되는 도움날개의 힌지 모멘트가 서로 상쇄되도록 한다.

[정답] 15 ④ 16 ③ 17 ④ 18 ② 19 ①

20 국제표준대기의 평균 해발고도에서 특성값을 틀리게 짝지은 것은?

① 온도 : 20[℃]

② 압력 : 1013[hPa]

③ 밀도 : 1.225[kg/m³]

④ 중력가속도 : 9.8066[m/s²]

🔍 **해설**

국제표준대기 평균 해밀고도

- 압력=760[mmHg]=101325[Pa]
  =760[mmHg](1[pa]=1[N/m²])
- 밀도=1.225[kg/m³]=0.12492[kgf·s²/m⁴]
- 온도=15[℃]=288.16[K]
- 중력가속도=9.8066[m/s²]

제2과목 ◀ 항공기관

21 가스터빈엔진의 기본 구성요소가 아닌 것은?

① 압축기   ② 터빈

③ 연소실   ④ 감속장치

🔍 **해설**

가스터빈엔진 기본 구성 요소

- 압축기   · 흡입구
- 연소실   · 배기구
- 터빈

22 가스터빈엔진에 사용되는 연료의 구비조건이 아닌 것은?

① 가격이 저렴할 것

② 어는점이 높을 것

③ 인화점이 높을 것

④ 연료의 중량당 발열량이 클 것

🔍 **해설**

가스터빈기관 연료의 구비조건

- 증기압이 낮을 것
- 어는점이 낮을 것
- 인화점이 높을 것
- 대량 생산이 가능하고 가격이 저렴할 것
- 발열량이 크고 부식성이 없을 것
- 점성이 낮고 깨끗하며 균질일 것

23 오일 양이 매우 작은 상태에서 왕복엔진을 시동하였을 때, 조종사는 어떤 현상을 인지할 수 있는가?

① 정상 작동을 한다.

② 오일 압력계기가 0을 지시한다.

③ 오일 압력계기가 동요(fluctuation)한다.

④ 오일 압력계기가 높은 압력을 지시한다.

🔍 **해설**

오일 압력계기의 동요(fluctuation)

- 오일 양이 부족한 상태에서 왕복엔진을 시동 하였을 때 오일 압력이 정상적으로 유지하지 못하여 오일 압력계기가 동요한다.
- 조종사는 각 계통에 압력이 적당하게 유지되는 가를 수시로 점검하여야한다.

24 단(stage)당 압력비가 1.34인 9단 축류형 압축기의 출구압력은 약 몇 [psi]인가? (단, 압축기 입구압력은 14.7[psi]이다.)

① 177   ② 205

③ 255   ④ 276

🔍 **해설**

$$\gamma = \frac{P_{out}}{P_{in}} = \gamma_s{}^n = \frac{P_{out}}{14.7} = 1.34$$

압축기의 압력비$(\gamma) = \dfrac{\text{압축기 출구의 압력}}{\text{압축기 입구의 압력}} = \gamma_s{}^n = 1.34^9$

$$1.34^9 = \frac{X}{14.7} = 204.76$$

25 이륙 시 정속 프로펠러에서 rpm과 피치각은 어떤 상태가 되어야 가장 효율적인가?

[정답] 20 ① 21 ④ 22 ② 23 ③ 24 ② 25 ①

① 높은 rpm과 작은 피치각

② 높은 rpm과 큰 피치각

③ 낮은 rpm과 작은 피치각

④ 낮은 rpm과 큰 피치각

🔍 **해설**

이륙 시 정속 프로펠러
- 비행기가 이·착륙할 때에는 저피치, 고 rpm에 프로펠러를 위치시킴
- 이륙 시 정속 프로펠러의 저 피치와 고 회전수
- 비행기의 속도가 작을 때는 저피치
- 비행기의 속도가 빠를 때는 고피치
- 프로펠러로 이륙 시는 비행기의 속도가 작으므로 저피치, 고회전수를 유지

26 오토사이클의 열효율을 옳게 나타낸 것은? (단, ε : 압축비, k : 비열비이다.)

① $1 - \dfrac{1}{\varepsilon^{k-1}}$

② $\dfrac{k-1}{\varepsilon^{k-1}}$

③ $1 - \dfrac{1}{\varepsilon^{\frac{1}{k-1}}}$

④ $\dfrac{1}{1 - \varepsilon^{k-1}}$

🔍 **해설**

오토사이클
가솔린 기관의 대표적인 오토사이클의 열효율은 실린더 체적에 의한 압축비로서 출력의 제한을 둘 정도로 중요하다.

27 왕복엔진 부품 중 윤활유에서 열을 가장 많이 흡수하는 부품은?

① 피스톤

② 배기밸브

③ 푸시로드

④ 프로펠러 감속기어

🔍 **해설**

피스톤의 역할
기밀작용, 냉각작용, 윤활유 조절작용

28 왕복엔진에서 마그네토(Magneto)의 브레이커 어셈블리에서 접촉부분은 일반적으로 어떤 재료로 되어 있는가?

① 은(Silver)

② 구리(Copper)

③ 코발트(Cobalt)

④ 백금(Platinum)-이리듐(Iridium) 합금

🔍 **해설**

마그네토(Magneto)의 브레이커
- 브레이커 포인트의 스프링은 접점의 접촉을 유지하여 개폐시기를 확실히 하는 것 스프링이 약하면 브레이커 캠의 형상을 따라 바르게 접점이 개폐되지 않게 되어 2차 전류의 발생이 잘 안되므로 실화의 원인이 되며, 특히 고속 회전 시에 이 현상이 두드러진다.
- 포인트의 재료는 주로 백금 혹은 이리듐을 사용한다.

29 가스터빈엔진에서 압축기 실속(Compressor stall)이 일어나는 경우는?

① 흡입공기압력이 높을 때

② 유입공기속도가 상대적으로 느릴 때

③ 항공기 속도가 터빈 회전속도에 비하여 너무빠를 때

④ 흡입구로 들어오는 램공기(Ram-air)의 밀도가 높을 때

🔍 **해설**

압축기의 실속
- 공기흡입속도가 작을수록, 회전속도가 클수록 회전 깃 받음각이 커진다.
- 과도한 받음각 증가는 회전자 깃에 실속을 유발하여, 압력비 급감, 기관 출력이 감소하여 작동이 불가능해진다.
- 흡입공기 속도가 감소한다.
- 엔진 가속 시 연료의 흐름이 너무 많아 압축기 출구 압력이 높아진다.
- 압축기 입구압력(CIP)이 낮아진다.
- 압축기 입구 온도(CIT)가 높아진다.
- 지상 엔진 작동 시 회전속도가 설계점 이하로 낮아진다.
- 압축기 뒤쪽 공기의 비체적이 커지고 공기누적 현상이 생긴다.
- 압축기 로터의 회전속도가 너무 빠르다.

2017년

30 가스터빈엔진 점화계통의 구성품이 아닌 것은?

① 익사이터(Exciter)

② 이그나이터(Igniter)

③ 점화 전선(Ignition lead)

④ 임펄스 커플링(Impulse coupling)

🔍 해설

왕복기관 시동 시 점화보조 장치 종류

• 임펄스 커플링
• 부스터 코일
• 인덕션 바이브레터

31 다음 중 디토네이션(detonation)을 일으키는 요인은?

① 너무 늦은 점화시기

② 낮은 흡입공기 온도

③ 너무 낮은 옥탄가의 연료사용

④ 너무 높은 옥탄가의 연료사용

🔍 해설

디토네이션 발생 요인

• 높은 흡입 공기 온도, 너무 낮은 연료의 옥탄가
• 너무 큰 엔진 하중, 너무 이른 점화시기
• 너무 희박한 연료공기 혼합비
• 너무 높은 압축비 등이다.

32 항공기 왕복엔진의 벤튜리 부분에서 실린더 흡입 공기량으로부터 생긴 부압에 의해 가솔린을 빨아내고 혼합기를 만드는 방식의 기화기는?

① 부자식 기화기

② 충동식 기화기

③ 경계 압력식 기화기

④ 압력 분사식 기화기

🔍 해설

부자식 기화기

• 부자실의 대기압은 벤츄리 부분에서 압력이 감소할 때 방출노즐에서 연료를 분사시킨다.

• 피스톤의 흡입행전은 실린더에서 압력을 감소시켜 공기가 공기가 흡입 메니폴드를 통해 흐르게 한다.
• 공기가 기화기의 벤츄리를 통해 흐를 때 벤츄리압력이 감소되어 방출노즐에서 연료가 분사 된다.

33 다음 중 프로펠러 조속기의 파일롯(Pilot) 밸브의 위치를 결정하는데 직접적인 영향을 주는 것은?

① 플라이웨이트

② 엔진오일 압력

③ 조종사의 위치

④ 펌프오일 압력

🔍 해설

정속 프로펠러

• 정속상태(On speed condition)
  스피더 스프링과 플라이 웨이트가 평형을 이루고 파일럿 밸브가 중립위치에 놓여져 가압된 오일이 들어가고 나가는 것을 막는다.
• 저속상태(Under speed condition)
  플라이 웨이트 회전이 느려져 안쪽으로 오므라들고 스피더 스프링이 펴지며 파일럿 밸브는 밑으로 내려가 열리는 위치로 밀어 내린다. 가압된 오일은 프로펠러 피치 조절 실린더를 앞으로 밀어내어 저 피치가 된다. 프로펠러가 저 피치가 되면 회전수가 회복되어 다시 정속상태로 돌아온다.
• 과속상태(Over speed condition)
  플라이 웨이트의 회전이 빨라져 밖으로 벌어지게 되어 스피더 스프링을 압축하여 파일럿 밸브는 위로 올라와 프로펠러의 피치 조절은 실린더로부터 오일이 배출되어 고 피치가 된다.
• 고 피치가 되면 프로펠러의 회전저항이 커지기 때문에 회전속도가 증가하지 못하고 정속상태로 돌아온다.

34 항공기 왕복엔진의 출력증가를 위하여 장착하는 과급기 중 가장 많이 사용되는 형식은?

① 기어식(Gear type)

② 베인식(Vane type)

③ 루츠식(Roots type)

④ 원심식(Centrifugal type)

🔍 해설

과급기(Supercharger)

• 실린더로 유입되는 공기나 혼합가스를 압축하여 압축비를 증가시켜 출력을 증가시키는 장치
• 고고도에서 출력 감소 방지, 이륙시 출력 증가(가장 많이 사용되는 원심식과 루츠식, 베인식이 있다.)

[정답] 30 ④ 31 ④ 32 ① 33 ① 34 ④

35 엔진의 공기 흡입구에 얼음이 생기는 것을 방지하기 위한 방빙(Anti-icing) 방법으로 옳은 것은?

① 배기가스를 인렛 스트러트(Inlet strut)에 보낸다.

② 압축기 통과 전의 청정한 공기를 인렛(Inlet) 쪽으로 순환시킨다.

③ 압축기의 고온 브리드 공기를 흡입구(Intake), 인렛 가이드 베인(Inlet guide vane)으로 보낸다.

④ 더운 물을 엔진 인렛(Inlet) 속으로 분사한다.

해설

기관의 열 방빙 장치

- 왕복 기관
  왕복 기관에서 결빙되는 부분은 기화기 및 연소용 공기 흡입구이다.
- 부분의 방빙은 예열 방식으로, 기관을 냉각시킨 후의 고온 공기나 배기관 주위를 통과하여 따뜻해진 공기를 기화기로 들어가게 하는 것이다.
- 가스 터빈 기관의 열 방빙 방식은 기관 압축기부에서 고온 공기를 이용 하여 가열하는 방법과 전기식으로 가열하는 방법이 있다.
- 나셀이나 기관 카울(Cowl)은 가스 터빈 기관이나 터보프롭 등 기관에서 결빙되기 쉽다.
- 공기 흡입구의 결빙은 출력을 저하시키고, 나가는 얼음이 흡입되어 기관에 손상을 주기 때문이다.

36 가스터빈엔진의 오일 필터를 손상시키는 힘이 아닌 것은?

① 압력변화로 인한 피로 힘

② 흐름체적으로 인한 압력 힘

③ 가열된 오일에 의한 압력 힘

④ 열순환(Thermal cycling)으로 인한 피로 힘

해설

오일 필터 손사

터빈 엔진은 고속으로 회전하기 때문에 윤활유 속에 외부 물질이 들어오면 베어링이 매우 빠르게 손상되어 심각한 엔진 손상을 초래한다.

37 가스터빈엔진에서 사용되는 추력증가 장치로만 짝지어진 것은?

① Reverse Thrust, Afterburner

② Afterburner, Water-injection

③ Afterburner, Noise suppressor

④ Reverse Thrust, Water-injection

해설

가스터빈 추력증가

- 가스터빈엔진의 추력증가장치로는 후기연소장치 물분사장치(Water injection)가 있다.
- 물분사 장치 - 일명 ADI(Anti Detonate Injection)
  물에 알코올을 혼합하는 이유는 물이 어는 것을 방지하고, 또 물에 의해 낮아진 연소 가스의 온도를 알코올이 연소됨으로써 증가시킬 수 있기 때문이다.

38 왕복엔진에서 밸브 오버랩의 주된 효과가 아닌 것은?

① 실린더 냉각효과를 높여준다.

② 실린더의 체적 효율을 높여준다.

③ 크랭크 축의 마모를 감소시켜 준다.

④ 배기가스를 완전히 배출시키는데 유리하다.

해설

밸브 오버랩(Valve overlap)

배기행정 말기와 흡입행정 초기에 배기밸브와 흡입밸브가 동시에 열리는 상태로 냉각효과, 체적효율증가, 배기가스의 완전배출 등의 효과

39 항공기용 왕복엔진으로 사용하는 성형엔진에 대한 설명으로 옳은 것은?

① 단열 성형엔진은 실린더 수가 짝수로 구성되어 있다.

② 성형엔진의 2열은 짝수의 실린더 번호가 부여된다.

③ 성형엔진의 1열은 홀수의 실린더 번호가 부여된다.

④ 14기통 성형엔진의 크랭크 핀은 2개이다.

해설

성형엔진의 실린더와 크랭크 핀

- 14기통 성형엔진은 7기통 실린더를 2열로 배열
- 크랭크 핀은 열당 1개가 필요

[정답] 35 ③ 36 ③ 37 ② 38 ③ 39 ④

40 비열비(k)에 대한 식으로 옳은 것은? (단, C_p : 정압비열, C_v : 정적비열이다.)

① $k=\dfrac{C_v}{C_p}$ ② $k=\dfrac{C_p}{C_v}$

③ $k=1-\dfrac{C_p}{C_v}$ ④ $k=\dfrac{C_p-1}{C_v}$

🔍 해설

비열비(k)

어떤 물질이 일정한 압력상태에서 얻어지는 비열과 일정한 체적상태에서 얻어지는 비열의 비율을 말하며, 보통 공기의 비열비는 1.4를 사용한다.

$$k=\dfrac{C_p}{C_v}$$

제3과목 ▶ **항공기체**

41 구조부재의 일부분에 균열과 같은 결함이 잠재할 수 있다고 가정하고 기체의 안전한 사용 기간을 규정하여 안전성을 확보하는 설계 개념은?

① 정적강도설계   ② 안전수명설계
③ 손상허용설계   ④ 페일세이프설계

🔍 해설

손상허용설계

항공기의 기체 구조에 발견되지 않은 결함이 내재된 것으로 가정하여 피로와 부식에 의한 재료의 약화가 발생하더라도 차기 전기체 검사까지는 치명적인 사고가 되지 않도록 대비하는 설계하는 기법이다.

42 부품 번호가 AN 470 AD 3-5인 리벳에서 "AD"는 무엇을 나타내는가?

① 리벳의 직경이 $\dfrac{3}{16}$[in]이다.
② 리벳의 길이는 머리를 제외한 길이이다.
③ 리벳의 머리모양이 유니버셜 머리이다.
④ 리벳의 재질이 알루미늄 합금인 2117 이다.

🔍 해설

AN 470 AD-3-5
- AN 470 : 리벳의 종류(유니버설 리벳)
- AD : 재질(알루미늄 합금 2117 T)
- 3 : 리벳 직경(3/32[in])
- 5 : 리벳 길이(5/16[in])

43 다음 중 SAE 규격에 따른 합금강으로 탄소를 가장 많이 함유하고 있는 것은?

① 6150   ② 4130
③ 2330   ④ 1025

🔍 해설

SAE(Society of Automotive Engineers) 규격

미국 자동차 기술 협회의 규격으로 철강에 많이 쓰임(최근에는 SAE 대신에 AISI 규격이 쓰임)

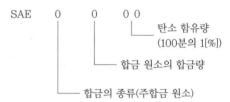

44 항공기 엔진을 장착하거나 보호하기 위한 구조물이 아닌 것은?

① 킬빔   ② 나셀
③ 포드   ④ 카울링

🔍 해설

킬빔(Keel beam)
- 기체의 주요 구조물로 용골이라고도 한다.
- 동체와 주날개의 결합 부분은 킬빔(Keel beam)이라는 구조체로 결합돼있다.
- 항공기 이착륙 시에 걸리는 반복하중에 안전율(×2)을 더한 수치에도 견딜 수 있는 강도를 지니도록 설계되어있다고 한다.
- 비행기에서 가장 안전한 장소는 '날개가 붙어 있는 부근'이라고 하는 것은 기체에서 가장 튼튼한 킬 빔이 있기 때문이다.

[정답] 40 ②   41 ③   42 ④   43 ①   44 ①

45 착륙장치(Landing gear)에 사용되는 올레오 완충 장치(Oleo shock absorber)의 충격흡수 원리에 대한 설명으로 옳은 것은?

① 스트럿 실린더(Strut cylinder)에 공급되는 공기의 마찰에너지를 이용하여 충격을 흡수한다.

② 헬리컬 스프링(Helical spring)이 탄성체의 탄성변형 에너지형식으로 충격을 흡수한다.

③ 공기의 압축성효과에 의한 탄성에너지와 작동유흐름 제한에 따른 에너지 손실에 의해 충격을 흡수한다.

④ 리프스프링(Leaf spring) 자체가 랜딩 스트럿(Landing strut)역할을 하여 충격을 굽힘에너지로 흡수한다.

해설

올레오식 완충장치의 원리

- 올레오식 완충장치는 스트럿 실린더(Strut cylinder)가 장착된 대부분의 항공기에 사용된다.
- 착륙할 때 실린더의 아래로부터 충격하중이 전달되어 피스톤이 실린더 위로 움직이게 된다.
- 작동유는 움직이는 미터링 핀에 의해서 형성되는 오리피스를 통하여 위 챔버로 밀려들어가게 된다.
- 오리피스에서 유체의 마찰에 의해 에너지가 흡수된다.
- 공기실의 부피를 감소시키게 하는 작동유는 공기를 압축시켜 충격에너지가 흡수된다.

46 접개식 강착장치(Retractable landing gear)에서 부주의로 인해 착륙장치가 접히는 것을 방지하기 위한 안전장치를 나열한 것은?

① Down lock, Safety pin, Up lock

② Down lock, Up lock, Ground lock

③ Up lock, Safety pin, Ground lock

④ Down lock, Safety pin, Ground lock

해설

Retractable Type Landing Gear 안전장치

- Down lock
  landing gear가 정상 작동 시 Gear가 Down되면 순서에 의해 자동으로 Lock이 된다.

- Safety pin
  Safety switch에 의해 작동되는 핀으로 항공기가 지상에 있을 때 스트러트가 압축되면 안전est 위치를 오픈시킨다. 회로가 차단되면 스프링 힘에 의해 기어선택밸브에 안전핀이 Lock된다.
- Ground lock
  항공기가 지상에 있을 때 추가적인 안전장치로 장착했다가 비행 전에 제거해야 하는 장치이다.

47 티타늄합금의 성질에 대한 설명으로 옳은 것은?

① 열전도 계수가 크다.

② 불순물이 들어가면 가공 후 자연경화를 일으켜 강도를 좋게 한다.

③ 티타늄은 고온에서 산소, 질소, 수소 등과 친화력이 매우 크고, 또한 이러한 가스를 흡수하면 강도가 매우 약해진다.

④ 합금원소로써 Cu가 포함되어 있어 취성을 감소시키는 역할을 한다.

해설

티타늄의 특성

- 비중 4.5(Al보다 무거우나 강(steel)의 1/2 정도)
- 융점 1730[°C](스테인리스강 1400[°C])
- 열전도율(0.035)이 적다.(스테인리스 0.039)
- 내식성(백금과 동일) 및 내열성 우수(Al 불수강보다 우수)
- 생산비가 비싸다.(특수강의 30~100배)
- 해수 및 염산, 황산에도 완전한 내식성
- 비자성체(상자성체)

48 실속속도가 90[mph]인 항공기를 120[mph]로 수평 비행 중 조종간을 급히 당겨 최대 양력계수가 작용하는 상태라면 주날개에 작용하는 하중배수는 약 얼마인가?

① 1.5

② 1.78

③ 2.3

④ 2.57

해설

하중배수 : $n = \dfrac{V^2}{V_s^2} = \dfrac{120^2}{90^2} = \dfrac{14,400}{8,100} = 1.777$

[정답] 45 ③ 46 ④ 47 ④ 48 ②

Aircraft Maintenance

49 그림과 같이 100N의 힘(P)이 작용하는 구조물에서 지점 A의 반력(R_1)은 몇 N인가? (단, 구조물 ABC는 4분원이다.)

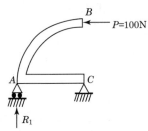

① 100   ② 50
③ 25   ④ 0

🔍 해설

$M_C = 0$, $M_C = R_1 \times r - P \times r = 0$
$\therefore R_1 = P = 100[\mathrm{N}]$

50 항공기에 작용하는 하중에 대한 설명으로 옳은 것은?

① 구조물에 가해지는 힘을 응력이라 한다.
② 하중에는 탑재물의 중량, 공기력, 관성력, 지면반력, 충격력 등이 있다.
③ 구조물인 항공기는 하중을 지지하기 위한 외력으로 응력을 가진다.
④ 면적 당 작용하는 내력의 크기를 하중이라 한다.

🔍 해설

비행 중 기체 구조에 작용하는 하중
비행 중에 기체에는 인장력(Tension), 압축력(Compress), 전단력(Shear), 굽힘력(Bending), 비틀림력(Torsion)이 작용한다.

51 숏 피닝(Shot peening) 작업으로 나타나는 주된 효과는?

① 내부균열 및 변형 방지
② 크롬 도금으로 인한 표면부식 방지
③ 표면강도 증가와 스트레스부식 방지
④ 광택감소로 인한 표면마찰증가와 내열성 증가

🔍 해설

Shot peening
금속 또는 유리로 된 작은 볼을 압력을 가해 금속표면을 두들겨 매끄럽게 만들어 주고 표면강도를 증가시키는 금속 표면 처리한 종류이다.

52 표와 같은 항공기의 기본 자기무게에 대한 무게 중심(c.g)의 위치는 몇 [cm]인가?

측정항목	측정무게[N]	거리[cm]
왼쪽 바퀴	3,200	135
오른쪽 바퀴	3,100	135
앞 바퀴	700	−45
연료	2,500	−10

① 176.4   ② 187.6
③ 194.4   ④ 201.6

🔍 해설

$C.G = \dfrac{\text{총모멘트}}{\text{총무게}}$

$C.G = \dfrac{3,200 \times 135 + 3,100 \times 135 + 700 \times (-45) - 2,500 \times (-10)}{3,200 + 3,100 + 700 - 2,500}$

$C.G = \dfrac{844,000}{4,500} = 187.555 \cdots ≒ 187.6$

53 리브너트(Rivnut)를 사용하는 방법으로 옳은 것은?

① 금속면에 우포를 씌울 때 사용한다.
② 두꺼운 날개 표피에 리브를 붙일 때 사용한다.
③ 한쪽 면에서만 작업이 가능한 제빙장치 등을 설치할 때 사용한다.
④ 기관마운트와 같은 중량물을 구조물에 부착할 때 사용한다.

🔍 해설

리브너트(Rivnut)
• 생크 안쪽에 나사가 있다.
• 장착 후 제거하지 않는 강도가 요구되는 반영구적인 곳에 사용한다.
• 가까이 댈 수 없는 좁은 장소 또는 어떤 방향에서도 손을 넣을 수 없는 박스 구조에서는 한쪽에서의 작업만으로 리베팅을 할 수 있는 리벳이다.

[정답] 49 ①   50 ②   51 ③   52 ②   53 ③

54 [보기]에서 설명하는 작업의 명칭은?

> **[보기]**
> - 플러쉬 헤드 리벳의 헤드를 감추기 위해 사용
> - 리벳 헤드의 높이보다 판재의 두께가 얇은 경우 사용

① 디버링(Deburing)
② 딤플링(Dimpling)
③ 클램핑(Clamping)
④ 카운터 싱킹(Counter sinking)

🔍 **해설**

Dimpling 작업
접시 머리 리벳의 머리 부분이 판재의 접합부와 꼭 들어맞도록 하기 위해 판재의 두께가 얇을경우(0.040″이하) 카운터 싱킹 대신 주위를 움푹 들어가게 하여 접시머리모양으로 만드는 작업을 말한다.

55 항공기 구조의 특정 위치를 쉽게 알 수 있도록 위치를 표시하는 것 중 기준 수평면과 일정거리를 두며 평행한 선은?

① 기준선(Datum line)
② 버턱선(Buttock line)
③ 동체 수위선(Body water line)
④ 동체 위치선(Body station line)

🔍 **해설**

항공기의 위치는 [in] 또는 [cm]로 나타낸다.
- 동체 위치선(FS : Fuselage Station)
- 동체 수위선(BWL : Body Water Line),
- 동체 버턱선(BBL : Body Buttock Line)
- 날개 버턱선(WBL : Wing Buttock Line)
- 날개 위치선(WS : Wing Station)

56 항공기 기체 판재에 적용한 릴리프 홀(Relief hole)의 주된 목적은?

① 무게 감소
② 강도 증가
③ 좌굴 방지
④ 응력 집중 방지

🔍 **해설**

릴리프 홀
- 판재 접기 작업에서 2개 이상의 굽힘이 교차하는 장소는 안쪽 굽힘 접선의 교점에 응력이 집중하여 교점에 균열이 일어난다.
- 굽힘 가공에 앞서서 응력집중이 일어나는 교점에 홀을 뚫어 응력을 제거하는 것이다.

57 FRCM(Fiber Reinforced Composite Material)의 모재(matrix) 중 사용온도 범위가 가장 큰 것은?

① FRC(Fiber Reinforced Ceramic)
② FRP(Fiber Reinforced Plastic)
③ FRM(Fiber Reinforced Metallics)
④ C/C 복합재(Carbon−Carbon Composite Material)

🔍 **해설**

섬유보강 복합재료 모재의 사용 온도 범위
- FRC(섬유보강세라믹) : 약 1,800[°C]
- FRM(섬유보강금속) : 약1,300[°C]
- FRP(섬유보강플라스틱) : 약600[°C]
- C/C CM(탄소·탄소 복합재료) : 약3,000[°C]

58 토크렌치의 길이는 10[in]이고, 5[in]의 연장 공구를 사용하여 작업을 하여 토크렌치의 지시값이 300[lb]이라면 실제 너트에 가해진 토크는 몇 [in-lb]인가?

① 400
② 450
③ 500
④ 550

🔍 **해설**

토크렌치의 사용

$$TW = \frac{TA \times L}{L \pm A}$$

- TW : 토크렌치의 지시 토크 값
- TA : 실제 죔 토크 값
- L : 토크렌치의 길이
- A : 연장공구의 길이

$$300 = \frac{TA \times 10}{10+5} = 10TA = 4,500$$

$$TA = 450[in-lb]$$

59 리벳작업을 위한 구멍 뚫기 작업에 대한 설명으로 옳은 것은?

① 드릴작업 전 리밍작업을 한다.
② 드릴작업 후 구멍의 버(Burr)는 되도록 보존하도록 한다.
③ 구멍은 리벳 직경보다 약간 작게 한다.
④ 리밍작업 시 회전방향을 일정하게 하여 가공한다.

🔍 **해설**

리밍(Reaming)
- 리머(Reamer)는 회전하는 절삭공구의 일종이다.
- 리머는 기존에 있는 구멍을 높은 정확도(작은 공차)로 매끈한 면(낮은 조도)을 만들면서 구멍을 넓히는 작업을 하도록 설계 되어 있다.
- 구멍을 크게하는 작업을 리밍(Reaming)이라 한다.

60 항공기 조종장치의 종류가 아닌 것은?

① 동력 조종장치(Power control system)
② 매뉴얼 조종장치(Manual control system)
③ 부스터 조종장치(Booster control system)
④ 수압식 조종장치(Water pressure control system)

🔍 **해설**

항공기 조종 장치의 종류
- 매뉴얼 조종장치
- 동력 조종장치
- 부스터 조종장치
- 플라이 바이 와이어 조종장치

제4과목　항공장비

61 전원회로에서 전압계(Voltmeter)와 전류계(Ammeter)를 부하로 연결하는 방법으로 옳은 것은?

① 전압계와 전류계 모두 직렬연결 한다.
② 전압계와 전류계 모두 병렬연결 한다.
③ 전압계는 병렬, 전류계는 직렬연결 한다.
④ 전압계는 직렬, 전류계는 병렬연결 한다.

🔍 **해설**

전압계(Voltmeter) 및 전류계(Ammeter)
- 전기회로의 직류 또는 교류전압의 크기를 측정(병렬)
- 전기회로의 직류 또는 교류전류의 크기를 측정(직렬)

62 VOR국은 전파를 이용하여 방위 정보를 항공기에 송신하는데 이때 VOR국에서 관찰하는 항공기의 방위는?

① 진방위
② 상대방위
③ 자방위
④ 기수방위

🔍 **해설**

자기 방위
유효거리 내에 있는 모든 항공기에 VOR 지상국에 대한 자기 방위를 연속적으로 지시해 주며, 정확한 항공로를 알 수 있게 하는 전방향 표시 시설

63 교류발전기의 정격이 115[V], 1[kVA], 역률이 0.866이라면 무효전력(Reactive power)은 얼마인가? (단, 역률(Power factor) 0.866은 cos30°에 해당한다.)

① 500[W]
② 866[W]
③ 500[Var]
④ 866[Var]

🔍 **해설**

무효전력
- 피상전력＝1,000[V]
- 유효전력＝피상전력×역률＝866[W]
- 무효전력＝피상전력×sin30°＝500[Var]
- ∴ 무효전력＝$1,000 \times \frac{1}{2} = 500[Var]$

64 열을 받게 되면 스테인리스강으로 된 케이스가 늘어나게 되므로, 금속 스트럿이 펴지면서 접촉점이 연결되어 회로를 형성시키는 화재경고장치는?

① 열전쌍식 화재경고장치
② 광전지식 화재경고장치
③ 열 스위치식 화재경고장치
④ 저항 루프형 화재경고장치

[정답] 59 ④　60 ④　61 ③　62 ③　63 ③　64 ③

해설

열 스위치식 화재경고장치

열 팽창률이 낮은 니켈 – 철 합금인 금속스트럿이 서로 휘어져 있어 평창 시에 접촉점이 떨어져 있으나 열을 받게 되면 열 팽창률이 높은 스테인레스 강으로 된 케이스가 늘어나게 되어 금속 스트럿이 펴지면서 접촉점이 영결되어 화재를 경고

65 왕복엔진의 실린더에 흡입되는 공기압을 아네로이드와 다이어프램을 사용하여 절대 압력으로 측정하는 계기는?

① 윤활유 압력계   ② 제빙 압력계
③ 증기압식 압력계   ④ 흡입 압력계

해설

흡입 압력계(Suction gage)

• 흡입구 압력계 펌프 흡입측에 장착된 게이지
• 대기압을 기준으로 그 상하의 압력을 측정

66 솔레노이드 코일의 자계세기를 조정하기 위한 요소가 아닌 것은?

① 철심의 투자율
② 전자석의 코일 수
③ 도체를 흐르는 전류
④ 솔레노이드 코일의 작동 시간

해설

솔레노이드 코일 자계세기

• 솔레노이드 코일 자계의 세기는 같다.
• 내부 자계의 세기는 0이다.
• 외부 자계는 평등 자계이다.
• 3,000회의 A코일과 권수 200회인 B코일이 감겨져있다.

67 공기순환 공기 조화계통(Air cycle air conditioning)에 대한 설명으로 틀린 것은?

① 냉매를 사용하여 공기를 냉각시킨다.
② 수분분리기는 압축공기로부터 수분을 제거하기 위해 사용된다.

③ 항공기 공기압계통에 공기를 공급한다.
④ 항공기 객실에 압력을 가하기 위하여 엔진 추출 공기를 사용한다.

해설

공기 조화계통(Air cycle air conditioning)

• 터빈엔진의 압축기에서의 고온 압축공기는 Flow control and Shutoff v/v에 의해 공기의 흐름이 조절되어 1차교환기로 들어가고, 교환기에 의해 냉각된 공기는 압축기를 통과하며 가압이 된다.
• 가압된 공기는 2차열교환기로 들어가서 냉각되고 이후에 팽창터빈을 지나면서 다시 냉각이 된다.
• 냉각된 공기는 수분을 포함하고 있으므로 팽창터빈을 나온 이후에 수분분리기로 가서 냉각공기에서 수분이 분리가 되고, 수분이 분리된 냉각 공기는 객실로 공급이 된다.
• 수분분리기에서 분리된 수분은 일부는 배출이 되고, 일부는 수분분리기에서 기화시켜서 열교환기앞에서 분사시켜줌으로서 냉각효과를 증대시키는데 사용된다.

68 수평의(Vertical gyro)는 항공기에서 어떤 축의 자세를 감지하는가?

① 기수 방위   ② 롤 및 피치
③ 롤 및 기수방위   ④ 피치 및 기수 방위

해설

수평의(VERTICAL GYRO)

• 지구 표면에 대한 항공기의 자세(피치와 롤)를 지시하는 계기
• 기수 방향에 대하여 수직인 자이로 축을 가지고 있다.
• 회전축이 항상 지구 중심을 향하게 한다.
• 항공기 기수방향에 대하여 수직인 자이로 축을 가지며 항공기의 자세, 즉 피치와 경사를 지시한다.

69 VHF 무전기의 교신가능 거리에 대한 설명으로 옳은 것은?

① 장애물이 있을 때에는 100[km] 이내로 제한된다.
② 송신 출력을 높여도 가시거리 이내로 제한된다.
③ 항공기 운항속도를 늦추면 더 먼 거리까지 교신이 가능하다.
④ 안테나 성능향상으로 장애물과 상관없이 100[km] 이상 교신이 가능하다.

[**정답**] 65 ④   66 ④   67 ①   68 ②   69 ②

Aircraft Maintenance

🔍 해설

초단파(Very high Frequency)
- 30[MHz]에서 300[MHz] 사이의 주파수대
- 빛의 성질과 비슷한 전파성질

70 압력조절기에서 킥인(Kick-in)과 킥아웃(Kick-out)상태는 어떤 밸브의 상호작용으로 하는가?

① 체크밸브와 릴리프밸브
② 체크밸브와 바이패스밸브
③ 흐름조절기와 릴리프밸브
④ 흐름평형기와 바이패스밸브

🔍 해설

압력조절기의 킥인(Kick-in)과 킥아웃(Kick-out)상태
불규칙한 배출 압력을 규정 범위로 조절하며, 체크밸브와 바이패스 밸브 작동에 따라서 킥인과 킥아웃 상태의 작용을 한다.

71 항공기 속도에서 등가대기속도에서 대기밀도를 보정한 속도는?

① IAS
② CAS
③ TAS
④ EAS

🔍 해설

- 등가대기속도
  항공기가 실제로 나는 속도로서, 항공기의 고도가 높아질 수록 공기 밀도가 낮아지므로 이것을 보정해 주는 IAS와 TAS의 관계가 있다.
- 진대기속도(TAS : True Air Speed)
  등가 대기속도에 고도변화에 따른 밀도를 수정한 속도

72 그림에서 압력계에 나타나는 압력은 몇 [kgf/cm²]인가? (단, 단면적은 A측 2[cm²], B측 10[cm²]이며, 작용하는 힘은 A측 50[kgf], B측 250[kgf]이다.)

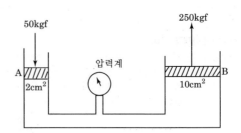

① 25
② 50
③ 100
④ 250

🔍 해설

A $= 50 \times 2 = 100$
B $= 250 \times 10 = 2,500$
∴ 압력계의 압력은 25이다.

73 자이로의 섭동 각속도를 나타낸 것으로 옳은 것은? (단, M : 외부력에 의한 모멘트, L : 각 운동량이다.)

① $\dfrac{M}{L}$
② $\dfrac{L}{M}$
③ $L - M$
④ $M \times L$

🔍 해설

섭동 각속도
- 섭동각속도 = 외력/관성력 × 회전각속도 = m
- 섭동성은 가해진 힘에 비례하고 로터회전 속도에 반비례한다.

74 축전지 터미널(Battery terminal)에 부식을 방지하기 위한 방법으로 가장 적합한 것은?

① 납땜을 한다.
② 증류수로 씻어낸다.
③ 페인트로 얇은 막을 만들어 준다.
④ 그리스(Grease)로 얇은 막을 만들어 준다.

🔍 해설

축전지 터미널(Battery teminal) 부식
- 축전지 터미널에 부식을 방지하기 위한 방법은 그리스(grease)로 얇은 막을 만들어 준다.

[정답] 70 ② 71 ③ 72 ① 73 ① 74 ④

- 양극 격자 부식은 동질 계면에서의 부식과 이질 계면에서 부식으로 나누며 양극 격자 부식의 결과를 극판성장 현상이다.
- 전해액과 양극 격자 부식 관계는 전해액 비중이 낮을수록 증가한다.
- 전지 내부의 음극 STRAP 및 BAR 부식음극 극판 LUG와 Strap 사이에서 부식이 진행된다.
- LUG와 Strap합금이 다른 경우 이종 합금간 전기화학적 전위차로 인한 부식된다.

75 교류발전기의 병렬운전 시 고려해야 할 사항이 아닌 것은?

① 위상
② 전류
③ 전압
④ 주파수

🔍 **해설**

교류발전기의 병렬운전
- 교류는 사인파 교류를 이용하여서 교류 전기를발생시킨다.
- 2대 이상의 전기 기기의 출력을 병렬로 접속하여 운전하고, 부하에 출력을 공급하는 것이다.
- 각 발전기의 정격 단자 전압이 같아야 한다.
- 각 발전기의 극성이 하여야 한다.
- 각 발전기 외부특성 곡선이 일치하여야한다.

76 압축공기 제빙부츠 계통의 팽창순서를 제어하는 것은?

① 제빙장치 구조
② 분배밸브
③ 흡입 안전밸브
④ 진공펌프

🔍 **해설**

압축공기 제빙부츠
비행 중에 압축 공기를 공급하여, 제빙부츠를 부풀리고 줄이는 과정을 주기적으로 하여 표면에 생선된 얼음을 깨뜨려 제거하는 방법이다.

77 항공기가 산악 또는 지면과 충돌하는 것을 방지하는 장치는?

① Air traffic control system
② Inertial navigation system
③ Distance measuring equipment
④ Ground proximity warning system

🔍 **해설**

지상 접근 경보장치(Ground proximity warning system)
지상 접근 경보장치(GPWS)는 조종사의 판단 없이 항공기가 지상에 접근했을 경우, 조종사에게 경보하는 장치로서 고도계의 대지로부터 고도/기압 변화에 의한 승강율, 이착륙 형태, 글라이드슬로프의 편차 정보에 근거해서 항공기가 지표에 접근하였을 경우에 경고등과 음성에 의한 경보를 제공한다.

78 공압계통에 대한 설명으로 옳은 것은?

① 유압과 비교하여 큰 힘을 얻을 수 있다.
② 공압계통은 리저버(Reservoir)가 필요하다.
③ 공기압은 비압축성이라 그대로의 힘이 잘 전달된다.
④ 공압계통은 리턴라인(Return line)이 필요하다.

🔍 **해설**

항공기 공압계통
- 공기압 계통은 유압 계통과 같은 원리로 작동하지만 액체 대신 공기를 이용하는 점이 다름
- Gyro Instrument의 구동 및 제빙 장치의 작동
- Brake 및 Door의 개폐
- 유압펌프, Alternator, 시동기, Water Injection Pump등의 구동
- Emergency Power Source

79 자기나침반(Magnetic compass)의 자차수정 시기가 아닌 것은?

① 엔진교환 작업 후 수행한다.
② 지시에 이상이 있다고 의심이 갈 때 수행한다.
③ 철재 기체 구조재의 대수리 작업 후 수행한다.
④ 기체의 구조부분을 검사할 때 항상 수행한다.

🔍 **해설**

[정답] 75 ② 76 ② 77 ④ 78 ① 79 ④

자기나침반(Magnetic compass)의 자차수정
- 엔진교환 작업후, 전자기기 교환작업후, 동체나 날개의 구조부분의 대수리 작업 후 3개월마다
- 컴파스로즈를 건물에서 50[m], 타 항공기에서 10[m] 떨어진 곳에 설치
- 항공기의 자세는 수평, 조종계통은 중립, 모든 기내장비는 비행상태
- 엔진은 가능한 작동
- 자차의 수정은 컴파스로즈의 중심에 항공기를 일치시키고 항공기를 회전 시키면서 컴파스 로즈와 자기 콤파스 오차를 측정하여 비자성 드라이버로 돌려 수정을 함

80 항공기가 야간에 불시착 했을 때 기내·외를 밝혀주는 비상용조명(Emergency light)은 최소 몇 분간 조명하여야 하는가?

① 10분   ② 30분
③ 60분   ④ 90분

🔍 **해설** -

비상용조명(Emergency light)
- 야간에 항공기가 불시착했을 때 항공기 외부를 비추는 비상용 조명으로 독립된 비상용 전원(Emergency battery)에 의해 작동
- 기내·외 비상 조명은 책을 읽을 수 있을 정도로 밝으며 최소 10분 이상 점등

80 ①

자격종목 및 등급(선택분야)	시험시간	문제수	문제형별	성명
항공산업기사	2시간	80	A	듀오북스

2018년

제1과목 ◀ 항공역학

01 무동력(Power off)비행 시 실속속도와 동력(Power on)비행 시 실속속도의 관계로 옳은 것은?

① 서로 동일하다.
② 비교할 수가 없다.
③ 동력비행 시의 실속속도가 더 크다.
④ 무동력비행 시의 실속속도가 더 크다.

해설

실속 속도
- 실속이 발생할 수 있는 속도. 비행기의 이륙과 착륙의 비행 성능을 결정하는 주요 요소로 비행기의 안전 운항에 있어서 엄격하게 제한한다.
- 무동력 실속은 기관의 출력을 줄일 때 비행기의 속도가 작아져서 양력이 비행기 무게보다 작게 되어 비행기가 침하하는 경우이다.
- 고출력의 실속. 무동력 실속의 경우에 비해 작은 속도에서 실속에 진입하지만 이륙 직후의 상승 비행 단계에서 상승각을 크게 하기 위해 기수를 지나치게 올리는 경우 흔히 발생할 수 있다.
- 이륙 상황에서는 최대의 동력을 작용하기 때문에 이를 가정하여 최대 동력을 사용하여 의도적으로 실속을 일으키는 조종술이다.

02 날개의 길이(Span)가 10[m]이고 넓이가 25[m²]인 날개의 가로세로비(Aspect ratio)는?

① 2
② 4
③ 6
④ 8

해설

가로세로비 : $AR = \dfrac{b}{\bar{c}} = \dfrac{b \times b}{\bar{c} \times b} = \dfrac{b^2}{s}$ 이므로 $AR = \dfrac{10^2}{25} = 4$ 이다.

여기서 $\bar{c}$: 평균공력시위, s : 면적, b : 날개길이

03 헬리콥터의 제자리 비행 시 발생하는 전이성향편류를 옳게 설명한 것은?

① 주로터가 회전할 때 토크를 상쇄하기 위해 미부로터가 수평추력을 발생시키는 것
② 단일로터 헬리콥터에서 주 로터와 미부로터의 추력이 효과적인 균형을 이룰 때 헬리콥터가 옆으로 흐르는 현상
③ 종렬로터와 동축로터 시스템이 헬리콥터에서 토크를 방지하기 위한 로터가 상호 반대로 회전하는 것
④ 헬리콥터의 주 로터 회전방향의 반대방향으로 동체가 돌아가려는 성질

해설

전이성향
제자리 비행 중 단일 회전익(Single rotor) 계통의 헬리콥터는 우측으로 밀리는 경향이 있는데 이 현상은 메인 로터의 토큐를 상쇄시키기 위한 테일 로터의 추진력이 우측으로 작용하기 때문이다.
이러한 현상을 막기 위해 메인로터의 회전면을 좌로 기울여야 한다.

04 유체흐름과 관련된 각 용어의 설명이 옳게 짝지어진 것은?

① 박리 : 층류엣 난류로 변하는 현상
② 층류 : 유체가 진동을 하면서 흐르는 흐름
③ 난류 : 유체 유동특성이 시간에 대해 일정한 정상류
④ 경계층 : 벽면에 가깝고 점성이 작용하는 유체의 층

해설

경계층의 박리 현상
- 날개골 주위에는 경계층이 형성되고, 앞전 가까운 구역에서는 속도가 점점 증가하여 최대값에 이르고, 계속 뒤쪽으로 가면 속도는 감소하고, 베르누이의 정리에 따라 압력은 점점 커지게 된다.

[정답] 01 ④ 02 ② 03 ② 04 ④

- 경계층은 공기가 어떤 면 위를 흐를 때 점성의 영향이 거의 없는 구역과 점성영향이 나타나는 두 구역으로 구분 할 수 있는데, 점성의 영향이 뚜렷한 벽 가까운 구역을 경계층이라 한다.
- 층류(Laminar flow)는 유체입자들이 부드럽고 평행하게 정렬된 형태로 움직이며, 교란이 일어나지 않는 흐름을 말한다.
- 난류는 유체입자들이 불규칙하고 소용돌이치는 흐름을 보여주며, 활발한 교란이 일어난다.

05 프로펠러의 역피치(Reverse pitch)를 사용하는 주된 목적은?

① 후진비행을 위해서
② 추력의 증가를 위해서
③ 착륙 후의 제동을 위해서
④ 추력을 감소시키기 위해서

해설

역피치(Reverse Pitch)
프로펠러의 브레이드의 피치 각을 변화시켜 역추력을 얻어내는 것으로 항공기가 착륙 후에 사용하여 착륙거리를 단축시키는데 사용한다.

06 임계마하수가 0.70인 직사각형 날개에서 임계 마하수를 0.91로 높이기 위해서는 후퇴각을 약 몇 도[°]로 해야 하는가?

① 10°
② 20°
③ 30°
④ 40°

해설

$\cos^{-1}\left(\dfrac{임계마하수}{마하수}\right)=0.41$

07 비행기의 이륙활주거리를 짧게 하기 위한 방법이 아닌 것은?

① 엔진의 추력을 크게 한다.
② 비행기의 무게를 감소한다.

③ 슬랫(Slat)과 플랩(Flap)을 사용한다.
④ 항력을 줄이기 위해 작은 날개를 사용한다.

해설

이륙활주거리를 짧게 하기 위한 방법
펌 랜딩 – 에어브레이크 – 역 추진장치 – 드레그 슈트 – 플랩 작동

08 항력계수가 0.02이며, 날개면적이 20[m²]인 항공기가 150[m/s]로 등속도 비행을 하기 위해 필요한 추력은 약 몇 [kgf]인가? (단, 공기의 밀도는 0.125[kgf·s²/m⁴]이다.)

① 433
② 563
③ 643
④ 723

해설

등속도 비행 시 추력과 항력은 동일하다.

$T=D=C_D \dfrac{1}{2}\rho V^2 S=0.02\times\dfrac{1}{2}\times 0.125[\text{kgf}\cdot\text{s}^2/\text{m}^4]$

$=0.02\times\dfrac{1}{2}\times 0.125\times 150^2\times 20$

$=563[\text{kgf}]$

09 항공기가 스핀상태에서 회복하기 위해 주로 사용하는 조종면은?

① 러더
② 에일러론
③ 스포일러
④ 엘리베이터

해설

스핀(Spin)의 회복
- 스로틀을 아이들 상태로 한다.
- 회전 반대방향의 러더를 최대한 밟아준다.
- 에일러론은 중앙 위치에 둔다.
- 엘리베이터는 에일러론을 움직이지 않게 한 상태에서 서서히 앞쪽으로 밀어준다.(강하)
- 스핀이 멈추면 러더를 즉시 중앙위치에 오도록 한다.
- 엘리베이터를 서서히 뒤로 당겨 급격한 강하에서 회복시킨다.

10 비행기의 방향 조종에서 방향키 부유각(Float angle)에 대한 설명으로 옳은 것은?

① 방향키를 고정했을 때 공기력에 의해 방향키가 변위되는 각

② 방향키를 자유로 했을 때 공기력에 의해 방향키가 자유로이 변위되는 각

③ 방향키를 밀었을 때 공기력에 의해 방향키가 변위되는 각

④ 방향키를 당겼을 때 공기력에 의해 방향키가 변위되는 각

해설

방향키 부유각(Float angle)

방향키가 자유로 하였을 때 공기력에 의해 방향키가 자유로이 변위되는 각

11 해면고도에서 표준대기의 특성값으로 틀린 것은?

① 표준온도는 15[°F]이다.

② 밀도는 1.23[kg/m³]이다.

③ 대기압은 760[mmHg]이다.

④ 중력가속도는 32.2[ft/s²]이다.

해설

국제표준대기의 특성값

- 온도 : 15[°C]
- 압력 : 760[mmHg]
- 밀도 : 1.225[kg/m³]
- 점성계수 : $1.783 \times 100,000$[kg/m−s]
- 음속 : 340.43[m/s]

12 날개끝 실속을 방지하는 보조장치 및 방법으로 틀린 것은?

① 경계층 펜스를 설치한다.

② 톱날 앞전 형태를 도입한다.

③ 날개의 후퇴각을 크게 한다.

④ 날개가 워시아웃(Wash out) 형상을 갖도록 한다.

해설

날개끝 실속을 방지

테이퍼 날개에서는 날개부리보다 날개 끝에서 먼저 실속이 생기므로 이를 방지하기 위해서는 날개끝을 앞쪽으로 비틀어서(Wash out) 날개부리보다 받음각을 작게 하여 날개끝 실속을 방지한다.

이를 기하학적 비틀림(Geometrical twist)이라 한다.

13 등속수평비행에서 경사각을 주어 선회하는 경우 동일 고도를 유지하기 위한 선회속도와 수평비행속도와의 관계로 옳은 것은? (단, V_L : 수평비행속도, V : 선회속도, ϕ : 경사각이다.)

① $V = \dfrac{V_L}{\sqrt{\cos\phi}}$

② $V = \dfrac{V_L}{\cos\phi}$

③ $V = \sqrt{\dfrac{V_L}{\cos\phi}}$

④ $V = \dfrac{\sqrt{V_L}}{\cos\phi}$

해설

V_L 및 V_t를 각각 직선비행 및 선회비행시의 속도라 하면

$V_t = \dfrac{V_L}{\sqrt{\cos\phi}}$ 로 되고, 같은 받음각이면

경사각이 클수록 비행기 속도도 크지 않으면 안 된다.

14 날개하중이 30[kgf/m²]이고, 무게가 1000[kgf]인 비행기가 7,000[m] 상공에서 급강하 하고 있을 때 항력계수가 0.1이라면 급강하 속도는 몇 [m/s]인가? (단, 공기의 밀도는 0.06[kgf·s²/m⁴]이다.)

① 100

② $100\sqrt{3}$

③ 200

④ $100\sqrt{5}$

해설

비행기가 급강하 시 힘의 자유물체도 $D = W$

즉, $D = C_D \dfrac{1}{2}\rho V^2 S = W$

$V = \sqrt{\dfrac{2W}{C_D \rho S}} = \sqrt{\dfrac{2 \times 30}{0.1 \times 0.06}} = 100$[m/s]

[정답] 10 ② 11 ① 12 ③ 13 ① 14 ①

15 무게가 4000[kgf], 날개면적 30[m²]인 항공기가 최대양력계수 1.4로 착륙할 때 실속속도는 약 몇 [m/s]인가? (단, 공기의 밀도는 1/8[kgf·s²/m⁴]이다.)

① 10
② 19
③ 30
④ 39

🔍 해설

최대양력계수 C_{Lmax}로 착륙할 때 발생하는 양력은 항공기 무게와 같아야 한다.

$$W = L = C_L \frac{1}{2} \rho V^2 S$$

$$\frac{1}{2} \rho V^2 = \frac{W}{C_L S}$$

$$V = \sqrt{\frac{2W}{\rho C_L S}} = \sqrt{\frac{2 \times 4,000}{0.125 \times 1.4 \times 30}} = 39 [\text{m/s}]$$

16 비행기가 트림(Trim)상태로 비행한다는 것은 비행기 무게중심 주위의 모멘트가 어떤 상태인 경우인가?

① "부(−)"인 경우
② "정(+)"인 경우
③ "영(0)"인 경우
④ "정"과 "영"인 경우

🔍 해설

트림탭

조종면의 뒷전 부분에 부착시키는 작은 플랩의 일종으로서 조종면 뒷전 부분의 압력 분포를 변화시켜 힌지 모멘트에 영향을 준다. 이 중에서 트림 탭은 비행기 중심 주위의 모멘트를 "0"으로 만들어 조종력을 "0"으로 맞추어 준다.

17 비행기가 평형상태에서 이탈된 후, 평형상태와 이탈상태를 반복하면서 그 변화의 진폭이 시간의 경과에 따라 발산하는 경우를 가장 옳게 설명한 것은?

① 정적으로 안정하고, 동적으로는 불안정하다.
② 정적으로 안정하고, 동적으로도 안정하다.
③ 정적으로 불안정하고, 동적으로는 안정하다.
④ 정적으로 불안정하고, 동적으로도 불안정하다.

🔍 해설

안정 및 조종

- 정적안정(Static Stability)
  평형상태(Trim)로부터 벗어난 뒤(＝교란) 어떤 형태로든 움직여 원래 상태로 되돌아가려는 비행기의 초기경향
- 동적 불안정(Dynamically Neutral)
  시간이 지나감에 따라 항공기의 진동이 커져서 발산하고 원 평형상태로 되돌아가지 않으려는 경우 항공기는 동적 불안정

18 태양이 방출하는 자외선에 의하여 대기가 전리되어 자유전자의 밀도가 커지는 대기권 층은?

① 중간권
② 열권
③ 성층권
④ 극외권

🔍 해설

대기권의 구조

- 성층권은 평균적으로 고도 변화에 따라 기온 변화가 거의 없는 영역을 성층권이라고 하나 실제로는 많은 관측 자료에 의하면 불규칙한 변화를 하는 것으로 알려져 있다.
- 중간권(50∼80[km])은 높이에 따라 기온이 감소하고, 대기권에서 이곳의 온도가 가장 낮다.
- 열권은 고도가 올라감에 따라 온도는 높아지지만 공기는 매우 희박해지는 구간이다. 전리층이 존재하고, 전파를 흡수, 반사하는 작용을 하여 통신에 영향을 끼친다. 중간권과 열권의 경계면을 중간권계면이라고 한다.
- 극외권은 열권 위에 존재하는 구간이고 열권과 극외권의 경계면인 열권계면의 고도는 약 500[km]이다.

19 프로펠러에 작용하는 토크(Torque)의 크기를 옳게 나타낸 것은? (단, ρ : 유체밀도, n : 프로펠러 회전수, C_q : 토크계수, D : 프로펠러의 지름이다.)

① $C_q \rho n D$
② $\dfrac{C_q D^2}{\rho n}$
③ $C_q \rho n^2 D^5$
④ $\dfrac{\rho n}{C_q D^2}$

🔍 해설

- 프로펠러의 토크 : $Q = C_D \cdot \rho \cdot n^2 \cdot D^5$
- 프로펠러의 동력 : $P = C_D \cdot \rho \cdot n^3 \cdot D^5$

[정답] 15 ④ 16 ③ 17 ① 18 ② 19 ③

20 헬리콥터에서 회전날개의 회전 위치에 따른 양력 비대칭 현상을 없애기 위한 방법은?

① 회전깃에 비틀림을 준다.

② 플래핑 힌지를 사용한다.

③ 꼬리 회전날개를 사용한다.

④ 리드-래그 힌지를 사용한다.

🔍 해설

양력 비대칭 현상

· 로터는 시계반대방향으로 회전하면서 전진하고 있습니다. 그러면 로터회전면의 오른쪽 면에서는(전진속도＋회전속도)의 양력이 발생하고 왼쪽면에서는(전진속도－회전속도)인 양력이 발생해서 좌우가 비대칭인 양력이 발생한다.

· 플래핑 로터 블레이드(Flapping Rotor Blade)란 로터 블레이드가 회전하면서 오르락 내리락 하는 것을 말한다.

· 플래핑 로터 블레이드란 관절식 로터(Articulated rotor)로써 로터 허브(Hub)에 힌지를 장착하여 블레이드가 아래위로 움직일 수 있게 한다.

제2과목 ▶ 항공기관

21 가스터빈엔진의 후기연소기가 작동중일 때 배기노즐 단면적의 변화로 옳은 것은?

① 감소된다.

② 증가된다.

③ 변화 없다.

④ 증가 후 감소된다.

🔍 해설

후기연소기

· 작동하지 않을 때는 출력이 증가할 때 단면적이 감소(아음속)

· 작동할 때는 증가(초음속)

22 그림과 같은 P-V 선도는 어떤 사이클을 나타낸 것인가?

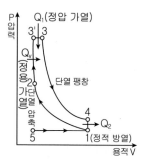

① 정압사이클 　 ② 정적사이클

③ 합성사이클 　 ④ 카르노사이클

🔍 해설

합성 사이클

디젤 기관의 사이클의 한 형식으로 오토사이클과 디젤 사이클이 합성된 사이클을 말한다.

23 왕복엔진에서 순환하는 오일에 열을 가하는 요인 중 가장 영향이 적은 것은?

① 연료펌프 　 ② 로커암 베어링

③ 커넥팅로드 베어링 　 ④ 피스톤과 실린더 벽

🔍 해설

가장 온도가 낮은 부분으로 위 보기 중에는 연료 펌프이다.

24 프로펠러의 평형작업에 관한 설명으로 틀린 것은?

① 2깃 프로펠러는 수직 또는 수평평형검사 중 한가지 만 수행한 후 수정 작업한다.

② 동적 불평형은 프로펠러 깃 요소들의 중심이 동일한 회전면에서 벗어났을 때 발생한다.

③ 정적 불평형은 프로펠러의 무게중심이 회전축과 일치하지 않을 때 발생한다.

④ 깃의 회전궤도가 일정하지 못할 때에는 진동이 발생하므로 깃 끝 궤도검사를 실시한다.

🔍 해설

[정답]　20 ②　21 ②　22 ③　23 ①　24 ①

수직 및 수평 검사
- 2깃 프로펠러는 수평 및 수직평형검사를 모두 실시 한 후 수정
- 3깃 프로펠러는 수평검사만 하고 수정

25 가스를 팽창 또는 압축시킬 때 주위와 열의 출입을 완전히 차단시킨 상태에서 변화하는 과정을 나타낸 식은? (단, P는 압력, v는 비체적, T는 온도, k는 비열비이다.)

① Pv = 일정
② Pv^k = 일정
③ $\dfrac{P}{T}$ = 일정
④ 일정

해설

단열과정
열의 출입을 완전히 차단시킨 상태
- 정압과정($n=0$) : $P=C$
- 등온과정($n=1$) : $Pv=C$
- 단열과정($n=k$) : $P_v{}^k=C$
- 정적과정($n\rightarrow\infty$) : $v=C$

26 제트엔진의 압축기에서 압축된 고온의 공기를 일부 우회시켜 압축기 흡입부의 방빙, 연료가열 및 항공기 여압과 제빙에 사용하는데 이 공기를 제어하는 장치는?

① 차단밸브
② 섬프밸브
③ 블리드밸브
④ 점화가스밸브

해설

Bleed Valve
가스터빈 엔진의 압축기 케이스에 장착된 밸브로서 고압의 압축 단계에서 압축된 공기압을 제어하는 장치

27 항공기용 왕복엔진의 이상적인 사이클은?

① 오토사이클
② 디젤사이클
③ 카르노사이클
④ 브레이톤사이클

해설

오토 사이클
가솔린 내연 기관의 이상적인 열역학 사이클로서 정적(定積)사이클이다.

28 체적을 일정하게 유지시키면서 단위질량을 단위온도로 높이는데 필요한 열량은?

① 단열
② 비열비
③ 정압비열
④ 정적비열

해설

정적비열
- 기체 1[kg]를 체적이 일정한 상태에서, 온도 1[℃] 만큼 높이는데 필요한 열량. 단위는 [kcal/kg·℃]
- 단위질량을 단위온도로 높이는데 필요한 열량은 비열, 정압은 압력일정, 정적은 체적일정

29 축류형 압축기에서 1단(Stage)의 의미를 옳게 설명한 것은?

① 저압압축기(Low compressor)를 말한다.
② 고압압축기(High compressor)를 말한다.
③ 1열의 로터(Rotor)와 1열의 스테이터(Stator)를 말한다.
④ 저압압축기(Low compressor)와 고압압축기(High compressor)의 1쌍을 말한다.

해설

축류형 압축기
회전자(로터)와 비회전자(스테이터)로 이루어져 있다.

30 속도 1,080[km/h]로 비행하는 항공기에 장착된 터보제트엔진이 294[kg/s]로 공기를 흡입하여 400[m/s]로 배기 시킬 때 비추력은 약 얼마인가?

① 8.2
② 10.2
③ 12.2
④ 14.2

해설

비추력(Specific Thrust)
- 연료 소모율을 진추력으로 나눈 값
- 단위 추력당, 단위 시간당 연료 소모량
- 엔진에 흡입되는 단위공기유량에 대한 진추력
- 전면면적에 반비례한다.

[정답] 25 ② 26 ③ 27 ① 28 ④ 29 ③ 30 ②

즉 $F_s = F_n/W_a$ 또는 $(V_j - V_a)/g$

$F_s = F_n/W_a$에서 F_n을 구하면

$F_s = \dfrac{W_a}{g}(V_j - V_a) = \dfrac{294}{9.8}\left(400 - \dfrac{1,080}{3.6}\right) = 3,000$

$\dfrac{3,000}{294} = 10.2$

$F_s = \dfrac{V_j - V_a}{g} = \dfrac{400 - 300}{9.8} = 10.2$

31 왕복엔진의 밸브작동장치 중 유압 타펫(Hydraulic tappet)의 장점이 아닌 것은?

① 밸브 개폐시기를 정확하게 한다.

② 밸브 작동기구의 충격과 소음을 방지한다.

③ 열팽창 변화에 의한 밸브간극을 항상 "0"으로 자동 조정한다.

④ 엔진 작동 시 열팽창을 작게하여 실린더 헤드의 온도를 낮춘다.

해설

유압 타펫(Hhydraulic Tappet)
- 밸브 타펫 내부에 설치된 HLA의 작동에 의해서 밸브간극을 "0"으로 유지
- 캠과 밸브 타펫 사이에 오일을 공급하여 윤활이 가능
- 직동식 밸브 트레인의 장점인 낮은 관성 질량, 높은 구동계 강성, 레이아웃 자유도를 유지
- 밸브 간극 발생에 의한 밸브 타이밍 불균일 및 밸브 타음을 저감할 수 있는 효과가 있음

32 항공기 엔진의 오일필터가 막혔다면 어떤 현상이 발생 하는가?

① 엔진 윤활계통의 윤활 결핍현상이 온다.

② 높은 오일압력 때문에 필터가 파손된다.

③ 오일이 바이패스 밸브(Bypass valve)를 통하여 흐른다.

④ 높은 오일압력으로 체크밸브(Check valve)가 작동하여 오일이 되돌아 온다.

해설

Bypass Valve

바이패스 밸브는 펌프에서 나오는 압력을 일정하게 유지하기 위하여, 필터 입구와 출구의 압력차가 발생하면 밸브가 열려, 필터를 거치지 않은 오일이 계통으로 직접 들어가게 한다.

33 정속 프로펠러(Constant speed propeller)에 대한 설명으로 옳은 것은?

① 조속기에 의해서 자동적으로 피치를 조정할 수 있다.

② 3방향 선택밸브(3way vlave)에 의해 피치가 변경된다.

③ 저 피치(Low pitch)와 고 피치(High pitch)인 2개의 위치만을 선택 할 수 있다.

④ 깃각(Blade angle)이 하나로 고정되어 피치 변경이 불가능하다.

해설

정속 프로펠러(Constant speed propeller)
- 스로틀은 다기관압력계에서 지정된 대로 출력을 조절하고 프로펠러 조종기는 엔진의 RPM을 조절한다.
- 스로틀은 다기관압력계에서 지정된 대로 출력을 조절하고 프로펠러 조종기는 프로펠러 블레이드 각도가 일정하도록 조절한다.
- 스로틀은 타코미터에서 지정된 대로 엔진의 RPM을 조절하고 믹스쳐 조종기는 출력을 조절한다.

34 가스터빈엔진의 연료계통에 사용되는 P&D 밸브 (Pressurizing & Dump Valve)의 역할이 아닌 것은?

① 연료의 흐름을 1차 연료와 2차 연료로 분리시킨다.

② 엔진이 정지되었을 때 연료노즐에 남아있는 연료를 외부로 방출한다.

③ 연료의 압력이 일정압력 이상이 될 때까지 연료의 흐름을 차단한다.

④ 펌프 출구압력이 규정 값 이상으로 높아지면 열려서 연료를 기어펌프 입구로 되돌려 보낸다.

해설

Pressurizing & Dump Valve
- 연료의 흐름을 1, 2차로 분리
- 일정한 압력이 될 때까지 여압
- 엔진이 정지되었을 때 매니폴드나 연료노즐에 남아있는 연료를 배출

[정답] 31 ④ 32 ③ 33 ① 34 ④

35 엔진 윤활유 탱크내 설치된 호퍼(Hopper)의 기능은?

① 엔진의 급가속 시 윤활유의 공급량을 증대시킨다.

② 엔진으로부터 배유된 윤활유의 온도를 측정한다.

③ 윤활유에 연료를 혼합하여 윤활유의 점도를 조정한다.

④ 시동 시 신속히 오일온도를 상승시키게 한다.

🔍 **해설**

호퍼탱크(Hopper Tank)

시동시 유온촉진, 배면비행시 오일공급, 거품방지

36 왕복엔진의 크랭크 케이스 내부에 과도한 가스 압력이 형성되었을 경우 크랭크 케이스를 보호하기 위하여 설치된 장치는?

① 블리드(Bleed) 장치

② 브레더(Breather) 장치

③ 바이패스(By-pass) 장치

④ 스케벤지(Scavenge) 장치

🔍 **해설**

브레더(Breather) 장치

- 진 크랭크 케이스 내부에 공기압력을 가압한 공기는 엔진 통기계통을 통하여 대기로 배출된다.
- 브레이더 계통의 공기압은 크랭크 케이스 밖으 로 오일이 빠져나가지 않도록 방지하는 공기 압으로 작용한다.

37 추진 시 공기를 흡입하지 않고 자체 내의 고체 또는 액체의 산화제와 연료를 사용하는 엔진은?

① 로켓   ② 램제트

③ 펄스제트   ④ 터보프롭

🔍 **해설**

로켓(Rocket)

- 로켓 안에서 연료와 산소가 혼합되어 연소할 때 발생하는 가스의 팽창을 분사시켜 추진력을 얻어 비행하는 물체이다.
- 로켓엔진의 연료는 액체 또는 고체를 사용하며 연소에 필요한 산소는 대기 중에서 얻지 않고 자체에 산소를 실어놓고 그 산소를 이용한다.

- 로켓은 우주공간이나 공기저항을 최소로 하여 고속을 내는데 사용하며 항공기에는 이용되지 않는다.

38 항공기용 왕복엔진의 연료계통에서 베이퍼록(Vapor lock)의 원인이 아닌 것은?

① 연료 온도 상승

② 연료의 낮은 휘발성

③ 연료탱크 내부의 거품발생

④ 연료에 작용되는 압력의 저하

🔍 **해설**

Vapor Lock

기화성이 너무 높은 연료가 관속을 흐를 때 열을 받으면 생기고 기포가 많아지면 연료흐름을 차단하는 현상이다.

- 연료 증기압이 연료압력보다 클 때
- 연료관에 열이 가해질 때
- 연료관이 심히 굴곡되거나 오리피스가 있을 때

39 헬리콥터용 터보샤프트엔진을 시운전실에서 시험하였더니 24,000[rpm]에서 토크가 51[kg·m]이었다면 이 때 엔진은 약 몇 마력[ps]인가? (단, 1[ps]=75[kg·m/s]이다.)

① 1,709   ② 2,105

③ 2,400   ④ 2,571

🔍 **해설**

- 프로펠러 1회전당 일=$2\pi \times$토크 로 나타낸다.
- 동력=회전당 일$\times$rpm이다.
- 회전당 일=$2\pi \times 51 = 320.28$[kg·m]
- 마력=$320.28 \times (24,000/60)/75 = 1,708.16$[ps]

40 왕복엔진의 작동 중에 안전을 위해 확인해야 하는 변수가 아닌 것은?

① 오일압력   ② 흡기압력

③ 연료온도   ④ 실린더헤드온도

[정답] 35 ④ 36 ② 37 ① 38 ② 39 ① 40 ③

해설

왕복기관 주요계기

RPM, MAP, CHT, Oil pressure, Oil temp, Fuel pressure, TOP, CAT 등이며 안전을위해 확인해야하는 것은 오일압력, 흡입압력, 실린더 온도 등이다.

제3과목 항공기체

41 SAE 4130 합금강에서 숫자 4 는 무엇을 의미하는가?

① 크롬
② 몰리브덴강
③ 4[%]의 카본
④ 0.04[%]의 카본

해설

SAE 4130 합금강

```
SAE  4 1 3 0
           └─ 탄소의 평균 함유량으로
              소숫점 이하의 %
         └─── 몰리브덴 1%
       └───── 몰리브덴강
```

42 세미모노코크(Semi monocoque)구조형식의 비행기 동체에서 표피가 주로 담당하는 하중은?

① 굽힘과 비틀림
② 인장력과 압축력
③ 비틀림과 전단력
④ 굽힘, 인장력 및 압축력

해설

세미모노코크 구조
• 골격과 외피는 하중을 담당한다.
• 동체는 인장, 압축, 휨을 담당한다.
• 외피는 전단 및 비틀림 하중을 담당

43 그림과 같은 외팔보에 집중하중(P_1, P_2)이 작용할 때 벽 지점에서의 굽힘모멘트를 옳게 나타낸 것은?

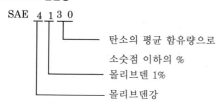

① 0
② $-P_1a$
③ $-P_1L-P_2b$
④ $-P_1b+P_2b$

해설

굽힘모멘트
• 보(beam)에 발생하는 수직응력을 말한다.
• 중립축을 경계로서 철(凸)측이 인장응력, 요(凹)측이 압축응력이 된다.
• 크기는 중립축으로부터의 거리에 비례하고 중립축으로부터 가장 먼 가장자리에서 최대가 된다.
• $-P_1L-P_2b$

44 판금작업 시 구부리는 판재에서 바깥면의 굽힘 연장선의 교차점과 굽힘 접선과의 거리를 무엇이라고 하는가?

① 세트백(Set back)
② 굽힘각도(Degree of bend)
③ 굽힘여유(Bend allowance)
④ 최소반지름(Minimum radius)

해설

세트백(Set Bback)
• 판금 세트백(Set Bback) 성형점(Mold point)과 굴곡접선(Bend tangent line)과의 거리이다.
• 성형점은 굴곡한 판 외면의 연장선의 교차점이며, 굴곡접선은 굴곡이 시작하는 점과 끝나는 점의 연결선을 말한다.

45 그림과 같은 $V-n$ 선도에서 n_1은 설계제한 하중배수, 점선 $1-B$는 돌풍하중배수선도라면 옳게 짝지은 것은?

[정답] 41 ② 42 ③ 43 ③ 44 ① 45 ①

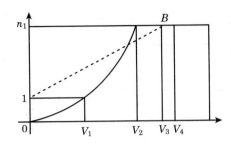

① V_1 – 실속속도   ② V_2 – 설계순항속도

③ V_3 – 설계급강하속도   ④ V_4 – 설계운용속도

🔍 해설

V_1 : 실속속도
V_2 : 설계운용속도
V_3 : 설계순항속도
V_4 : 설계급강하속도

46 양극산화처리 방법 중 사용 전압이 낮고 소모전력량이 적으며, 약품 가격이 저렴하고 폐수처리도 비교적 쉬워 가장 경제적인 방법은?

① 수산법   ② 인산법

③ 황산법   ④ 크롬산법

🔍 해설

황산법
양극산화 처리 방법 중 전해수조를 황산을 사용하며, 양극의 금속에 산화물을 처리하는 방법으로 비교적 소모 전력이 낮고, 작업이 용이함

47 항공기의 고속화에 따라 기체재료가 알루미늄합금에서 티타늄합금으로 대체되어 있는데 티타늄합금과 비교한 알루미늄합금의 어떠한 단점 때문인가?

① 너무 무겁다.
② 열에 강하지 못하다.
③ 전기저항이 너무 크다.
④ 공기와의 마찰로 마모가 심하다.

🔍 해설

알루미늄의 취약점
항공기가 초음속화 됨에 따라 대기에 의한 마찰열로 알루미늄 합금은 열에 취약함으로 용융점(1,688[℃])이 높은 티타늄 합금으로 대체됨

48 항공기의 연료계통에 대한 고려 사항으로 틀린 것은?

① 고도에 따른 공기와 연료의 특성변화를 고려해야 한다.
② 항공기의 운동자세와 무관하게 연료를 엔진으로 공급할 수 있어야 한다.
③ 연료의 소모량에 따라 변하는 항공기의 무게중심에 대한 균형을 유지하여야 한다.
④ 연료탱크가 주 날개에 장착된 항공기는 날개 끝 부분의 연료부터 사용해야 한다.

🔍 해설

인테그럴 연료탱크
대형 항공기의 인테그럴 연료탱크의 연료 사용 순서는 중앙 탱크 #1, #2, #3, #4의 해당 기관 순서로 사용하고 Surge Tank 연료는 비행 중에는 Balance를 위해 이송하여 사용하지 않는다.

🔽 참고

Surge Vent Tank에 연료가 있다면 그것은 중력에 의해 중앙 Tank로 자동 이송됨

49 다음 중 용접 조인트(Joint) 형식에 속하지 않는 것은?

① 랩조인트(Lap joint)
② 티조인트(Tee joint)
③ 버트조인트(Butt joint)
④ 더블조인트(Double joint)

🔍 해설

용접 이음의 종류
- 버트용접(Butting Welding)
- 필릿용접(Fillet Welding)
- 엣지용접(Edge Welding)
- 플러그용접(Plug Welding)

[정답] 46 ③   47 ②   48 ④   49 ④

2018년

🔍 해설

위치	무게[Kg]	팔길이	모멘트
Nose	1,500	15	22,500
L/H	3,400	145	493,000
R/H	3,500	145	507,500
Total	8,400		1,023,000

$$c.g = \frac{총모멘트}{총무게} = \frac{1,023,000}{8,400} = 121.79$$

$$\%MAC = \frac{H-X}{C} \times 100 = \frac{121.79-110}{70} \times 100 ≒ 16.84$$

50 비행 중 발생하는 불균형 상태를 탭을 변위시킴으로써 정적균형을 유지하여 정상 비행을 하도록 하는 장치는?

① 트림탭(Trim tab)

② 서보탭(Servo tab)

③ 스프링탭(Spring tab)

④ 밸런스탭(Balance tab)

🔍 해설

Trim Tab

· 주 조종면 뒷전에 붙어 있는 작은 날개로 정상 비행 시 조종간에 작용하는 힘을 0으로 맞추어 주는 장치이다.

· 비행기가 비뚤어 가는 것을 바로 잡을 수 있는 장치로 조종사가 장시간 힘을 주고 조종간를 잡고 있으면 피곤하고, 조종간이 움직일 수 있으므로 조종사가 조종간을 놓아도 비행기가 똑바로 갈 수 있도록 하는 장치이다.

51 항공기 중량을 측정한 결과를 이용하여 날개 앞전으로부터 무게중심까지의 거리를 MAC(공력평균시위) 백분율로 표시하면 약 얼마인가?

[결과]

· 앞바퀴(nose landing gear) : 1500[kg]

· 우측 주바퀴(main landing gear) : 3500[kg]

· 좌측 주바퀴(main landing gear) : 3400[kg]

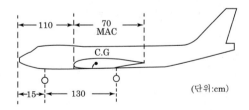

(단위:cm)

① 14.5% MAC

② 16.9% MAC

③ 21.7% MAC

④ 25.4% MAC

52 비상구, 소화제 발사장치, 비상용 제동장치핸들, 스위치, 커버 등을 잘못 조작하는 것을 방지하고, 비상 시 쉽게 제거할 수 있도록 하는 안전결선은?

① 고정 결선(Lock wire)

② 전단 결선(Shear wire)

③ 다선식 안전 결선법(Multi wire methed)

④ 복선식 안전 결선법(Double twist method)

🔍 해설

전단 결선(Shear wire)

비상 시 사용되어야 할 스위치나 장치들은 평상 시 오작동 방지를 위해 위급 시 바로 끊어질 수 있는 구리(Copper) 재질의 20 Wire를 사용하여 안전 결선을 하므로 전단 결선이라 함

53 다음과 같은 특징을 갖는 착륙장치의 형식은?

· 지상에서 항공기 동체의 수평 유지로 기내에서 승객들의 이동이 용이하다.

· 고속상태에서 항공기의 급제동이 가능하고 지상 전복을 방지하여 안정성이 좋다.

· 조종사는 이·착륙 시 넓은 시야각을 갖는다.

① 고정식 착륙장치

② 앞 바퀴식 착륙장치

③ 직렬식 착륙장치

④ 뒷 바퀴식 착륙장치

🔍 해설

플렌지 용접(Flange Welding)
· 티용접(Tee Welding)
· 랩용접(Lap Welding)

[정답] 50 ① 51 ② 52 ② 53 ②

전륜식(Nose Gear Type) 장점
- 이륙 시 저항이 적고, 착륙 성능이 좋음
- 이·착륙 및 지상 활주 시 항공기의 자세가 수평으로 조종사의 시계가 넓음
- 무게중심이 주바퀴 앞에 있어 루핑이나 전복의 위험이 없음
- 제트 항공기의 배기가스 배출이 용이

54 다음 중 응력을 설명한 것으로 옳은 것은?

① 단위 체적 당 무게이다.
② 단위 체적 당 질량이다.
③ 단위 길이 당 늘어난 길이이다.
④ 단위 면적 당 힘 또는 힘의 세기이다.

🔍 **해설**

응력
- 외력에 견디려는 재료의 내력
- 가해진 하중을 하중이 작용한 면적으로 나눈 값

$$\text{(인장 및 압축응력)}\ \sigma = \frac{W}{A}$$

$$\text{(전단응력)}\ \tau = \frac{V}{A}\quad V = \text{전단하중}$$

55 나셀(Nacelle)에 대한 설명으로 옳은 것은?

① 기체의 인장하중을 담당한다.
② 엔진을 장착하여 하중을 담당하기 위한 구조물이다.
③ 기체에 장착된 엔진을 둘러싼 부분을 말한다.
④ 일반적으로 기체의 중심에 위치하여 날개구조를 보완한다.

🔍 **해설**

Nacelle
- 엔진을 둘러싸고 있는 유선형의 외피
- 엔진 카울링과 페어링으로 구성

56 항공기용 볼트의 부품번호가 AN 3 DD 5 A인 경우 "DD"를 가장 옳게 설명한 것은?

① 부식 저항용 강을 나타낸다.
② 카드뮴 도금한 강을 나타낸다.
③ 싱크에 드릴작업이 되지 않은 상태를 나타낸다.
④ 재질을 표시하는 것으로 2024 알루미늄 합금을 나타낸다.

🔍 **해설**

AN 3 DD 5 A

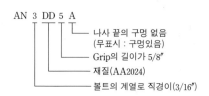

57 원형단면의 봉이 비틀림 하중을 받을 때 비틀림 모멘트에 대한 식으로 옳은 것은?

① 굽힘응력×(단면계수÷단면의 반지름)
② 전단응력×(횡탄성계수÷단면의 반지름)
③ 전단변형도×(단면오차모멘트÷단면의 반지름)
④ 전단응력×(극관성모멘트÷단면의 반지름)

🔍 **해설**

$$T = \tau_{max} \times \frac{I_p}{r}$$

58 다음 중 평소에는 하중을 받지 않는 예비부재를 가지고 있는 구조형식은?

① 이중구조
② 하중경감구조
③ 대치구조
④ 다중하중경로구조

🔍 **해설**

대치구조(Back-up Structure)
한 부재의 파손에 대비해서 하중을 지탱할 수 있는 예비 부재를 포함하고 있는 구조 형태

[정답] 54 ④ 55 ③ 56 ④ 57 ④ 58 ③

59 다른 재질의 금속이 접촉하면 접촉전기와 수분에 의해 국부전류흐름이 발생하여 부식을 초래하게 되는 현상을 무엇이라고 하는가?

① Galvanic corrosion

② Bonding

③ Anti-Corrosion

④ Age Hardening

해설

전해부식(Galvanic Corrosion)
- 서로 다른 두개의 물질 사이에서 발생하는 부식
- 부식의 량은 두 물질 사이의 전위차의 크기에 의해 결정

60 항공기 기체수리 작업 시 리벳팅 전에 임시 고정하는 데 사용하는 공구는?

① 시트파스너　　　　② 딤플링

③ 캠-록파스너　　　　④ 스퀴즈

해설

시트파스너 또는 크레코
- 판재를 임시 고정할 목적으로 사용되는 공구이다.
- 종류는 핀 크레코, 윙 너트 크레코, 웨지 동력크레코가 있다.

제4과목 항공장비

61 화재감지계통에서 화재의 지시에 대한 설명으로 옳은 것은?

① 가청 알람 시스템과 경고등으로 화재를 확인할 수 있다.

② 화재가 진행되는 동안 발생 초기에만 지시해 준다.

③ 화재가 다시 발생할 때에는 다시 지시하지 않아야 한다.

④ 화재를 지시하지 않을 때 최대의 전력 소모가 되어야 한다.

해설

화재감지계통
- 감지기가 열을 받아 두 개의 루프가 모두 팽창하면서 접점이 회로를 구성하여 접지를 만들어 경고음과 함께 경고등이 들어온다.
- 키드-형 감지기는 제어 유닛에 있는 릴레이에 연결되어 있으며, 감지 루프 전체의 저항을 측정하고 계통의 평균 온도를 감지하여 그 온도가 경고를 동작할 온도에 도달하면 회로가 동작하여 경고등과 알람이 작동한다.

62 신호에 따라 반송파의 진폭을 변화시키는 변조방식은?

① FM 방식　　　　② AM 방식

③ PCM 방식　　　　④ PM 방식

해설

진폭을 변화시키는 변조방식
- AM이란 부분이 진폭변조
- FM은 주파수 변조된 신호

63 지상 무선국을 중심으로 하여 360도 전방향에 대해 비행 방향을 항공기에 지시할 수 있는 기능을 갖추고 있는 항법장치는?

① VOR　　　　② M/B

③ LRRA　　　　④ G/S

해설

항법장치
- ADF(Automatic Direction Finder)
  항공기 기수를 기준으로 NDB(Non Directional radio Beacon)와의 상대방위(relative bearing)만을 알 수 있으며, 서로 다른 방향으로 진행하는 항공기가 동일한 각도를 지시하는 문제점이 있다. 즉, 나침반 없이 ADF만으로는 NDB에 대한 자북방위를 알 수 없다.
- NDB(Non Directional radio Beacon)
  상대방위(relative bearing)만을 얻을 수 있으며, VOR은 기수방향과 상관없이 항공기 입장에서 VOR 지상국이 위치한 곳에 대한 Magnetic Bearing 각을 알 수 있다

[정답] 59 ①　60 ①　61 ①　62 ②　63 ①

64 항공기에서 직류를 교류로 변환시켜 주는 장치는?

① 정류기(Rectifier)
② 인버터(Inverter)
③ 컨버터(Converter)
④ 변압기(Transformer)

🔍 **해설**

인버터(Inverter)
인버터(Inverter)는 직류(D.C)를 교류(A.C)로 변환

65 항공기 날개 부위 중 리딩에지(Leading edge)에 발생하는 빙결을 방지 또는 제가하는 방법이 아닌 것은?

① 전기적인 열을 가해 제거
② 압축공기에 의해 팽창되는 장치로 제거
③ 엔진 압축기부에서 추출된 블리드(Bleed) 공기로 제거
④ 드레인 마스트(Drain mast)에 사용되는 물로 제거

🔍 **해설**

Anti-Icing System
- 경량항공기는 전열기를 이용하여 표면에 열을 가하여 얼음이 얼지 않도록 한다.
- 현대의 항공기는 엔진에서 만들어진 압축공기를 이용하여 뜨거운 공기를 분사하여 방빙시키는 방법을 사용한다.
- 기타 화학물질인 방빙액(Anti-Icing Fluid)을 분사하는 방법이 있다.

66 대형 항공기의 객실을 여압하기 위해 가장 고려하여야 할 문제는?

① 항공기의 최대운영속도
② 항공기의 최저운영실속속도
③ 항공기의 내부와 외부의 압력 차
④ 항공기의 최저운영고도 이하에서 객실고도

🔍 **해설**

객실 여압
- 고공을 비행하는 항공기의 조종실과 객실은 승무원과 탑승객에게 안락한 환경과 인체에 쾌적한 상태가 되도록 유지

- 고도가 높아짐에 따라서 기압과 온도가 낮아지고, 산소 부족으로 기체 내에 신선한 공기를 계속적으로 공급하여 부족한 산소의 양을 조절
- 객실 내의 대기압을 지상과 유사하게 유지시켜주는 신선한 공기의 공급을 위한 공기조화계통과 이를 인체에 알맞은 압력을 유지

67 공함(Pressure capsule)을 응용한 계기가 아닌 것은?

① 선회계
② 고도계
③ 속도계
④ 승강계

🔍 **해설**

공함(Pressure capsule)
압력을 기계적 변위로 바꾸는 장치
- 공함에 사용되는 재료는 베릴륨, 구리 합금
- 아네로이드는 진공공함, 절대압력을 측정
- 속도계는 피토공, 정압공에 연결
- 고도계, 승강계는 정압공에 연결
- 밀폐식 공함은 아네로이드
- 개방식 공함은 다이어프램

68 그림과 같은 불평형 브리지회로에서 단자 A, B간의 전위차를 구하고, A와 B 중 전위가 높은 쪽을 옳게 표시한 것은?

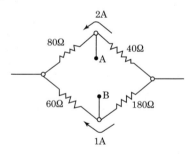

① 100V, A<B
② 220V, A<B
③ 100V, A>B
④ 220V, A>B

🔍 **해설**

휘트스톤 브리지(Wheaststone Bridge)
4개의 저항으로 구성된 브리지로 점 A-B에 직류 전원을 가해 C-D 사이에 직류 검류계를 연결한 회로를 직류 브리지 회로라고 한다.

[정답] 64 ② 65 ④ 66 ③ 67 ① 68 ③

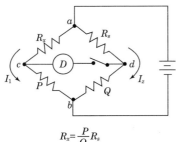

$$R_x = \frac{P}{Q} R_s$$

[휘트스톤 브리지]

- 휘트스톤 브리지(Wheatstone Bridge)
  저항 R_x와 P를 흐르는 전류를 I_1, 저항 R_s와 Q를 흐르는 전류를 I_z라 하며, 검류계 D를 흐르는 전류가 없어 졌을 때 이 브리지는 평형 되었다고 한다. 평형 조건은 점 $C-D$ 간의 전위가 같다는 것이므로 각각의 저항을 변화시켜서 다음 식을 얻는다.

$$I_1 \cdot P = I_z \cdot Q \qquad I_1 \cdot R_x = I_z \cdot R_s$$
$$I_1 \cdot P = I_z \cdot Q$$
$$I_1 \cdot R_x = I_z \cdot R_s \qquad \cdots\cdots (3.1)$$

휘트스톤 브리지에 R_x되는 미지의 저항을 연결하고 P, Q, R_s를 조정하여 브리지의 평형을 구하면, 식 (3.1)에 의해 미지 저항의 값을 구할 수 있다. 이 평형 조건은 교류 브리지에도 적합하다.

69 ND(Navigagion Display)에 나타나지 않는 정보는?

① DME data
② Ground speed
③ Radio Altitude
④ Wind Speed/Direction

해설

ND(Navigation Display)
항로 표시기를 이용하여 항공기 위치, 기수방향, 항로, 바람 정보, 주변 항공기 정보를 수집
- Approach Mode
- VOR Mode
  Course Pointer 및 Deviation Bar로 지시되며 VOR 지상국의 방향을 나타낸 "To/From" 지시는 "TO" 또는 "From"의 문자 또는 삼각형의 Pointer로 표시한다.
- Map Mode
  Map에서는 Flight Mode, 무선 항법 시설의 위치 등의 지시가 영상 지시되고 순항 중에는 보통 Map Mode가 이용되며 ND에서 중요한 Mode이다.

- Plan Mode
  Flight Plan을 작성할 때 사용된다.

70 다음 중 오리피스 체크밸브에 대한 설명으로 옳은 것은?

① 유압 도관 내의 거품을 제거하는 밸브
② 유압 계통 내의 압력 상승을 막는 밸브
③ 일시적으로 작동유의 공급량을 증가시키는 밸브
④ 한 방향의 유량은 정상적으로 흐르게 하고 다른 방향의 유량은 작게 흐르도록 하는 밸브

해설

오리피스 체크밸브(Orifice Check Valve)
유압 또는 공압 계통에 사용하는 특수한 체크밸브로서 한쪽 방향으로는 흐름이 자유롭고 반대 방향으로는 작은 오리피스를 통하여 제한되어 흐르도록 되어 있다.

71 위상으로부터 전파를 수신하여 자신의 위치를 알아내는 계통으로서 처음에는 군사 목적으로 이용하였으나 민간여객기, 자동차용으로도 실용화되어 사용 중인 것은?

① 로란(LORAN)
② 관성항법(INS)
③ 오메가(OMEGA)
④ 위성항법(GPS)

해설

- 위성항법시스템(Global Positioning System)
  항법, 위치, 시간에 대한 정보를 송신하는 위성 시스템이다.
- GPS(위성항법시스템)
  수신기를 적절하게 장착하여 이용자의 수와 위치에 관계없이 매우 정확한 위치, 속도, 시간정보를 제공한다.

72 유압계통에서 레저버(Reservoir) 내에 있는 스탠드파이프(Stand pipe)의 주된 역할은?

① 벤트(Vent) 역할을 한다.

② 비상 시 작동유의 예비공급 역할을 한다.

③ 탱크 내의 거품이 생기는 것을 방지하는 역할을 한다.

④ 계통 내의 압력 유동을 감소시키는 역할을 한다.

◎ 해설

스탠드파이프(Stand Pipe))

- 레저버에서 펌프로 공급되는 작동유의 연결구는 두개가 있다.
- 정상적인 펌프에는 레저버 내의 스탠드 파이프를 통해 공급되며, 다른 하나의 비상펌프 공급관은 레저버의 맨 밑바닥을 통하여 공급되도록 하였다.
- 정상펌프 쪽에서 누설이 있더라도 스탠드 파이프 이하의 작동유는 비상계통 펌프로 작동유를 공급하기 위하여 설계되어 있다.

73 도체의 단면에 1시간 동안 10,800[C]의 전하가 흘렀다면 전류는 몇 [A]인가?

① 3

② 18

③ 30

④ 180

◎ 해설

$$1[A] = \frac{1[C]}{1[s]}$$

1초 동안에 1[C]의 전하가 흐르는 것을 1[A]라 한다.

따라서, $I = \frac{10,800}{3,600} = \frac{3}{1} = 3[A]$ 이다.

74 무선 통신 장치에서 송신기(Transmitter)의 기능에 대한 설명으로 틀린 것은?

① 신호를 증폭한다.

② 교류 반송파 주파수를 발생시킨다.

③ 입력정보신호를 반송파에 적재한다.

④ 가청신호를 음성신호로 변환시킨다.

◎ 해설

무선 송신기(Radio Transmitter)

- 주파수의 신호를 생성하기 위한 주파수 발생기
- 주파수의 신호를 생성하기 위한 디지털 분주기 회로
- 주파수의 신호를 증폭시켜 원하는 전력의 출력 신호를 생성하기 위한 전력 증폭기

75 D급 화재의 종류에 해당하는 것은?

① 기름에서 일어나는 화재

② 금속물질에서 일어나는 화재

③ 나무 및 종이에서 일어나는 화재

④ 전기가 원인이 되어 전기 계통에 일어나는 화재

◎ 해설

화재의 종류

- A급 Class A 화재는 목재, 종이 등과 유사한 물질에 의해 발생하는 화재
- B급 Class 화재는 석유, 솔벤트, 그리스 등과 같은 유류에 의해 발생하는 화재
- C급 Class 화재는 전기에 의하여 발생하는 화재
- D급 Class 화재는 금속 분말에 의한 화재로 알루미늄, 마그네슘, 티탄 등

76 다음 중 항법계기에 속하지 않는 계기는?

① INS

② CVR

③ DME

④ TACAN

◎ 해설

- **항공기에 장착되어 있는 항법 장치**
  - 자동 방향 탐지기(ADF : Automatic Direction Finder)
  - 전방향 표지 시설(VOR)
  - 전술 항행장치(TACAN)
  - 거리측정 시설(DME)
  - 쌍곡선 항법 장치(LORAN)
  - 전파고도계(Radio altimeter)
  - 기상 레이더(Weather radar)
  - 도플러 레이더(Doppler radar)
  - 관성 항법 장치(INS : Inertial Navigation System)
  - 위성항법시스템(Global Positioning System)
- **수신기**
  - CVR(Cockpit Voice Recorder)
    항공기 추락 시 혹은 기타 중대사고 시 원인 규명을 위해 조종실 승무원의 통신 내용 및 대화 내용 및 조종실 내 제반 Warning 등을 녹음하는 장비이다.
    Voice Recorder에 Power가 공급이 되면 비행 중 항상 작동되며, Audio Control Panel에 있는 송신 및 수신 Switch가 작동 Mode에 있고 송신 및 수신 입력 단에 Signal이 공급되면 자동으로 녹음된다.

[정답] 73 ① 74 ④ 75 ② 76 ②

77 계기착륙장치인 로컬라이저(Localizer)에 대한 설명으로 틀린 것은?

① 수신기에서 90[Hz], 150[Hz] 변조파 감도를 비교하여 진행 방향을 알아낸다.

② 로컬라이저의 위치는 활주로의 진입단 반대쪽에 있다.

③ 활주로에 대하여 적절한 수직 방향의 각도 유지를 수행하는 장치이다.

④ 활주로에 접근하는 항공기에 활주로 중심선을 제공하는 지상시설이다.

🔍 **해설**

로컬라이저(Localizer)
- Localizer장치의 위치는 계기 진입용 활주로의 진입단 반대측에 있는 활주로 중심선 연장선상에 설치하여 이착륙 항공기와 충돌하지 않도록 활주로에서 적어도 1,000[ft] 떨어진 곳에 있다.
- Localizer전파는 활주로의 진입방향에 있는 Middle Marker와 Outer Marker쪽으로 발사되며, 반대방향으로도 전파가 발사되는데 진입 측 전파를 Front Course, 반대쪽을 Back Course라 부른다.
- Localizer는 2,000[ft]의 고도에서 최저 25[NM]까지 Beam이 전달될 수 있도록 전파를 발사한다.

78 다음 중 황산납축전지 캡(cap)의 용도가 아닌 것은?

① 외부와 내부의 전선연결

② 전해액의 보충, 비중측정

③ 충전 시 발생되는 가스배출

④ 배면비행 시 전해액의 누설방지

🔍 **해설**

황산납 축전지(Lead-Acid Battery)
- 금속 납을 음극, 산화납을 양극, 진한 황산을 전해질 로 구성한 대표적인 2차 전지이다.
- 납축전지는 진한 황산의 비중(약 38[%])이 약 1.280인 상태에서 기전력(전압)이 약 2.1[V]이다.

79 교류와 직류 겸용이 가능하며, 인가되는 전류의 형식에 관계없이 항상 일정한 방향으로 구동될 수 있는 전동기는?

① Induction motor

② Universal motor

③ Reversible motor

④ Synchronous motor

🔍 **해설**

만능전동기(Universal Motor = 교류정류자 전동기)
직류 및 교류를 모두 사용할 수 있는 전동기
- 직류직권전동기에서 계자의 자극과 전기자코일의 전류방향을 동시에 바꾸면 전기자의 회전방향은 변하지 않는다. 그러므로 교류를 가해도 회전방향은 같다.
- 만능전동기는 교류사용 시 낮은 주파수가 필요하므로 400[Hz]의 높은 주파수를 사용하는 항공기에서는 만능전동기를 사용하기가 곤란하다.
- 진공청소기, 전기드릴 등에 사용

※ 가역전동기(Reversible Motor) : 직류직권전동기에서 계자의 자극이나 전기자코일의 전류방향중 하나만 바꾸면 전기자의 회전방향은 반대로 된다.

80 버든 튜브식 오일압력계가 지시하는 압력은?

① 동압

② 대기압

③ 게이지압

④ 절대압

🔍 **해설**

윤활유 압력계
- 엔진 오일펌프에서 엔진으로 들어가는 입구에서 측정하며 대기압력과 윤활유 압력과의 차이인 게이지 압력을 나타낸다.
- 일반적으로 버든 튜브를 사용하며 관의 바깥쪽에는 대기압이 작용하고, 버든 튜브 내에는 오일의 압력이 작용하여 게이지 압력을 지시하며, 지시범위는 0~200[psi] 정도이다.

2018년

자격종목 및 등급(선택분야)	시험시간	문제수	문제형별	성명
항공산업기사	2시간	80	A	듀오북스

제1과목 ▶ 항공역학

01 에어포일(Airfoil)의 공력중심에 대한 설명으로 틀린 것은?

① 일반적으로 압력중심보다 뒤에 위치한다.

② 일반적으로 공력중심에 대한 피칭모멘트계수는 음의 값이다.

③ 받음각이 변해도 피칭모멘트가 일정한 기준점을 말한다.

④ 대부분의 아음속 에어포일은 앞전에서 시위선 길이의 1/4에 위치한다.

🔍 해설

에어포일(Airfoil)의 공력 중심(Aerodynamic Center)
- 에어포일에는 받음각이 변하더라도 피칭 모멘트의 값이 변하지 않는 점이 존재하는데 이를 공력중심이라고 하며 x_{ac}로 표기한다.
- 대칭 에어포일의 공력 중심은 일반적으로 앞전으로부터 시위 길이의 25[%]($c/4$)인 점이 된다.
- 보통의 경우에 공력 중심은 $c/4$점으로 정하는 경우도 있다.
- 공력 중심에 대한 피칭 모멘트 계수는 c_m, ac로 표기하며 대략적으로 $c_m, ac \sim c_m, c/4$인 관계가 있다.

02 헬리콥터 회전날개의 추력을 계산하는데 사용되는 이론은?

① 엔진의 연료소비율에 따른 연소이론

② 로터 블레이드의 코닝각의 속도변화 이론

③ 로터 블레이드의 회전관성을 이용한 관성이론

④ 회전면 앞에서의 공기유동량과 회전면 뒤에서의 공기유동량의 차이를 운동량에 적용한 이론

🔍 해설

헬리콥터 회전날개의 추력 계산 이론
회전면 앞에서의 공기유동량과 회전면 뒤에서의 공기유동량의 차이를 운동량에 적용한 이론

03 2,000[m]의 고도에서 활공기가 최대 양항비 8.5인 상태로 활공한다면 이 비행기가 도달할 수 있는 최대수평거리는 몇 [m]인가?

① 25,500 ② 21,300

③ 17,000 ④ 12,300

🔍 해설

- 활공거리＝고도×양항비
- 활공거리＝2,000×8.5＝17,000

04 공기를 강체로 가정하여 프로펠러를 1회전시킬 때 전진하는 거리를 무엇이라고 하는가?

① 유효 피치 ② 기하학적 피치

③ 프로펠러 슬립 ④ 프로펠러 피치

🔍 해설

기하학적 피치
- 기하학적 피치는 나사의 피치와 같다.
- 공기를 강체로 가정하여 프로펠러가 1회전 하였을 때 이론적인 진행거리를 말한다.

05 대기권을 높은 층에서부터 낮은 층의 순서로 나열한 것은?

[정답] 01 ① 02 ④ 03 ③ 04 ② 05 ③

① 대류권 → 열권 → 중간권 → 성층권 → 극외권

② 대류권 → 성층권 → 중간권 → 열권 → 극외권

③ 극외권 → 열권 → 중간권 → 성층권 → 대류권

④ 극외권 → 성층권 → 중간권 → 열권 → 대류권

해설

대기권
- 지구의 표면을 둘러싸고 있는 공기의 층을 대기권이라고 한다.
- 대기권은 높이에 따른 온도 변화에 따라 대류권, 성층권, 중간권, 열권의 4개의 층으로 구분한다.

06 다음 중 정적 중립을 나타낸 것은?

해설

교란을 받아도 새로운 힘이나 모멘트가 생기지 않는 경우를 정적 중립(Static neutral)이라고 한다.
이와 같은 교란에 의해서 새로 생긴 힘과 모멘트는 비행기에 주기적인 진동 운동을 주게 된다. 이 경우 진동이 차차 감소해서 원평형 상태로 되돌아가는 경우를 동적 안정(Dynamic stability)이라 하고, 반대로 진동이 차차 증가하여 원상태로 되돌아가지 않는 경우를 동적 불안정이라 한다.

07 이상기체의 온도(T), 밀도(ρ) 그리고 압력(P)과의 관계를 옳게 나타낸 식은? (단, V : 체적, v : 비체적, R : 기체상수이다.)

① $P = TV$

② $Pv = RT$

③ $P - \dfrac{RT}{\rho}$

④ $P = RV$

해설

이상기체
보일-샤를의 법칙 $PV = RT$(P : 기체의 압력, V : 비체적, R : 기체상수, T : 절대온도)를 완전히 따를 수 있는 이상적인 기체 통계 역학적으로 상호 작용이 전혀 없는 입자(분자)의 집결

08 층류와 난류에 대한 설명으로 옳은 것은?

① 층류는 난류보다 유속의 구배가 크다.

② 층류는 난류보다 경계층(Boundary layer)이 두껍다.

③ 층류는 난류보다 박리(Separation)가 되기 쉽다.

④ 난류에서 층류로 변하는 지역을 천이지역(Transition region)이라고 한다.

해설

층류와 난류
- 난류는 층류에 비해 마찰력이 크다.
- 층류는 급전하는 두 개의 층사이에 혼합이 없고 난류에는 혼합이 있다.
- 박리는 난류보다 층류에 잘 일어난다.
- 박리점은 항상 천이점보다 뒤에 있다.
- 층류는 항상 난류 앞에 있다.

09 다음 중 프로펠러에 의한 동력을 구하는 식으로 옳은 것은? (단, n : 프로펠러 회전수, D : 프로펠러의 직경, ρ : 유체밀도, C_p : 동력계수이다.)

① $C_p \rho n^3 D^5$

② $C_p \rho n^2 D^4$

③ $C_p \rho n^3 D^4$

④ $C_p \rho n^2 D^5$

해설

- 추력 $= C \rho n^2 D^4$
- 토크(Q) $= C_q \rho n^2 D^5$
- 동력(P) $= C_P \rho n^3 D^5$

10 날개골의 모양에 따른 특성 중 캠버에 대한 설명으로 틀린 것은?

① 받음각이 0°일때도 캠버가 있는 날개골은 양력을 발생한다.

② 캠버가 크면 양력은 증가하나 항력은 비례적으로 감소한다.

③ 두께나 앞전 반지름이 같아도 캠버가 다르면 받음각에 대한 양력과 항력의 차이가 생긴다.

④ 저속비행기는 캠버가 큰 날개골을 이용하고 고속비행기는 캠버가 작은 날개골을 사용한다.

[**정답**] 06 ① 07 ② 08 ③ 09 ① 10 ②

🔍 해설

날개꼴의 캠버(Camber)

날개의 뒷전 부분을 아랫방향으로 구부려서 주익의 캠버를 크게하고, 날개의 캠버를 크게하고, 날개의 최대 양력계수를 최대화한다.

11 헬리콥터 회전날개의 조종장치 중 주기피치조종과 피치조종을 위해서 사용되는 장치는?

① 평형 탭(Balance tab)
② 안정 바(Stabilizer bar)
③ 회전 경사판(Swash plate)
④ 트랜스미션(Transmission)

🔍 해설

회전 경사판(Swash plate)

- 헬리콥터의 로터는 마스트, 베어링, 링키지 등의 구조물
- 헬리콥터의 로터는 회전 중심인 허브, 로터 브레이드, 경사판(Swash Plate), 피치 조종링키지 등으로 구성

12 키돌이(Loop)비행 시 상단점에서의 하중배수를 0이라고 하면 이론적으로 하단점에서의 하중배수는 얼마인가?

① 0
② 1
③ 3
④ 6

🔍 해설

국제표준으로 아래의 표와 같이 제한하중배수를 설정하여 항공기 운동에 제한을 주고 있다. 여객기를 설계할 때 설계자는 하중배수 2.5에 능히 견딜 수 있도록 설계해야 하며, 또 조종사는 하중배수 2.5를 넘는 조작을 피해야 한다.

[제한하중배수]

감항류별	제한 하중배수(n)	제한운동
A류 (Acrobatic category)	6	곡예비행에 적합
U류 (Utility category)	4.4	실용적으로 제한된 곡예비행만 가능 경사각 60° 이상
N류 (Normal category)	2.25~3.8	곡예비행 불가능 경사각 60° 이내 선회 가능
T류 (Transport category)	2.5	수송기로서의 운동가능 곡예비행 불가능

13 등속수평비행을 하기 위한 힘의 관계를 옳게 나열한 것은?

① 양력=무게, 추력>양력
② 양력>무게, 추력=항력
③ 양력>무게, 추력>항력
④ 양력=무게, 추력=항력

🔍 해설

등속수평 비행

단순한 비행형태로, 항공기에 작용하는 힘들인 추력과 항력, 무게와 양력이 서로 평형을 이루어 항공기가 일정한 고도와 속도로 비행

14 비행기의 무게가 3,000[kg], 경사각이 60°, 150[km/h]의 속도로 정상선회하고 있을 때 선회반지름은 약 몇 [m]인가?

① 102.3
② 200
③ 302.3
④ 500

🔍 해설

선회반지름 $r = \dfrac{V^2}{g\tan\phi}$

$V = \dfrac{150}{h} = \dfrac{150[km]}{1[h]} \times \dfrac{1,000[m]}{1[km]} \times \dfrac{1[h]}{3,600[s]} = 41.7[m/s]$

$r = \dfrac{41.7^2}{9.8 \times \tan 60°} = 102.4[m/s]$

15 비행기의 동적안정성이 (+)인 비행 상태에 대한 설명으로 옳은 것은?

① 진동수가 점차 감소한다.
② 진동수가 점차 증가한다.
③ 진폭이 점차로 증가한다.
④ 진폭이 점차로 감소한다.

🔍 해설

비행기의 동적 안정성

- 동적 안정성이 높은 비행기는 자세를 잡으려면 별 동요 없이 원하는 자세로 잡는다.

- 반대로 동적 안정성이 낮은 비행기는 진동을 여러번 거친 후 자세를 잡게 된다.
- 비행기의 동적 안정성이 (+)인 비행상태는 진폭이 점차로 감소한다.

16 받음각이 클 때 기체 전체가 실속되고 그 결과 옆놀이와 빗놀이를 수반하여 나선을 그리면서 고도가 감소되는 비행 상태는?

① 스핀(spin) 상태
② 더치 롤(dutch roll) 상태
③ 크랩 방식(crab method)에 의한 비행 상태
④ 윙다운 방식(wing down method)에 의한 비행 상태

해설

스핀(spin)
받음각이 클 때 기체 전체가 실속되고 그 결과 옆놀이와 빗놀이를 수반하여 나선을 그리면서 고도가 감소되는 비행 상태

17 제트항공기가 최대항속시간을 비행하기 위해 최대가 되어야 하는 것은? (단, C_L은 양력계수, C_D는 항력계수이다.)

① $\left(\dfrac{C_L^{\frac{3}{2}}}{C_D}\right)$
② $\left(\dfrac{C_L}{C_D}\right)$
③ $\left(\dfrac{C_L^{\frac{1}{2}}}{C_D}\right)$
④ $\left(\dfrac{C_L}{C_D^{\frac{1}{2}}}\right)$

해설

제트 비행기에서 항속거리 및 항속시간에 대한 식은 다음과 같다.

항속거리 : $R=\dfrac{2,828}{C_t\sqrt{\rho S}}\times\dfrac{C_L^{\frac{1}{2}}}{C_D}\times(\sqrt{W_0}-\sqrt{W_1})$

항속시간 : $E=\dfrac{1}{C_t}\times\left(\dfrac{C_L}{C_D}\right)\times\ell n\dfrac{W_0}{W_1}$

여기서, W_0 : 이륙무게, W_1 : 착륙무게,
C_t : 제트기관의 연료소비율(kg/추력/시간)

제트 비행기에서는 $\dfrac{C_L^{\frac{1}{2}}}{C_D}$이 최대일 때 항속거리가 최대가 되고

양항비 $\dfrac{C_L}{C_D}$가 최대인 경우에는 항속시간이 최대가 된다.

18 정지상태인 항공기가 가속도 2[m/s²]로 가속되었을 때, 30초 되었을 때 거리는 몇 [m]인가?

① 100
② 400
③ 900
④ 1,200

해설

- 30초 후의 속도 : $V=a(가속도)\times T(시간)=2\times30=60[m/s]$
- 30초 동안간 평균속도 : $V=30[m/s]$
- 30초간 이동거리 : $s=V(평균속도)\times T(시간)$
$=30\times30=900[m]$

19 항공기를 오른쪽으로 선회시킬 경우 가해주어야 할 힘은? (단, 오른쪽 방향으로 양(+)으로 한다.)

① 양(+) 피칭모멘트
② 음(−) 롤링모멘트
③ 제로(0) 롤링모멘트
④ 양(+) 롤링모멘트

해답

축	운동	조종면	안정
세로축, X축,종축	옆놀이(rolling)	도움날개(aileron)	가로안정
가로축, Y축,횡축	키놀이(pitching)	승강키(elevator)	세로안정
수직축 Z축	빗놀이(yawing)	방향키(rudder)	방향안정

20 레이놀즈수(Reynold's number)를 나타내는 식으로 옳은 것은? (단, c : 날개의 시위길이, μ : 절대점성계수, ν : 동점성계수, ρ : 공기밀도, V : 공기속도이다.)

① $\dfrac{V_c}{\rho}$
② $\dfrac{V_c}{\nu}$
③ $\dfrac{V_c}{\mu}$
④ $\dfrac{V_{c\nu}}{\rho}$

해설

레이놀즈수(Reynold's number)
유체의 관성력과 마찰력이 어떤 비로 작용하는가를 나타내는 수 이다.
$Re=\dfrac{\rho V_L}{\mu}=\dfrac{V_L}{\nu}$

[정답] 16 ① 17 ② 18 ③ 19 ④ 20 ②

21 가스터빈엔진에서 길이가 짧으며 구조가 간단하고, 연소효율이 좋은 연소실은?

① 캔형   ② 터뷸러형

③ 애뉼러형   ④ 실린더형

해설

- 캔형
  - 정비가 용이
  - 과열 시동 유발 가능성, 출구 온도불균일
- 애뉼러형
  - 구조가 간단하고 연소가 안정적이며 출구온도균일하고 연소효율 좋음
  - 연소용적 비 길이가 짧음
  - 정비에 불편이있음
- 캔 – 애뉼러형
  - 캔형과 애뉼러형의 중간 성질

22 가스터빈엔진 연료의 성질에 대한 설명으로 옳은 것은?

① 발열량은 연료를 구성하는 탄화수소와 그 외 화합물의 함유물에 의해서 결정된다.

② 가스터빈엔진 연료는 왕복엔진보다 인화점이 낮다.

③ 유황분이 많으면 공해문제를 일으키지만 엔진고온부품의 수명은 연장된다.

④ 연료 노즐에서의 분출량은 연료의 점도에는 영향을 받은, 노즐의 형상에는 영향을 받지 않는다.

해설

- 고위 발열량 : 연소 생성물 중 물이 액체 상태로 존재하는 경우의 발열량
- 저위 발열량 : 기체 상태로 존재하는 경우의 발열량

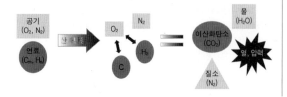

23 항공기엔진의 오일 교환을 정해진 기간마다 해야 하는 주된 이유로 옳은 것은?

① 오일이 연료와 희석되어 피스톤을 부식시키기 때문

② 오일의 색이 점차 짙게 변하기 때문

③ 오일이 열과 산화에 노출되어 점성이 커지기 때문

④ 오일이 습기, 산, 미세한 찌꺼기로 인해 오염되기 때문

해설

오일을 교환해야하는 가장 큰 이유는 사용 중 오염 때문이다.

24 왕복엔진용 윤활유의 점도에 관한 설명으로 틀린 것은?

① 점도는 윤활유의 흐름을 저항하는 유체마찰을 뜻한다.

② 일반적으로 겨울철에는 고점도 윤활유를 사용한다.

③ 윤활유의 점도를 알 수 있는 것으로 SUS가 사용된다.

④ 점도 변화율은 점도지수(Viscosity index)로 나타낸다.

해설

- 오일의 점도는 일반적으로 온도가 높아지면 점도는 낮아지고 온도가 낮아지면 점도는 올라간다.
- 점도지수가 높다는 것은 온도변화에 점도변화가 적다는 것을 말한다.

25 왕복엔진 점화과정에서의 이상 연소가 아닌 것은?

① 역화   ② 조기점화

③ 디토네이션   ④ 블로우바이

해설

왕복엔진 연소과정에서 이상 연소는 노킹, 역화, 후화, 조기점화, 등이 있으며 이러한 것들을 폭발)이라한다.

26 터빈엔진을 사용하는 도중 배기가스온도(EGT)가 높게 나타났다면 다음 중 주된 원인은?

[정답] 21 ③ 22 ① 23 ④ 24 ② 25 ④ 26 ①

① 과도한 연료흐름　　② 연료필터 막힘

③ 과도한 바이패스비　④ 오일압력의 상승

해설

연료조절장치의 고장으로 과도한 연료가 연소실에 유입된 상태 또는 파워레버를 급격히 올린 경우 엔진 압축기 로터의 관성력 때문에 RPM이 즉시 상승하지 못해 연소실에 유입된 과다한 연료 때문에 혼합비가 과도하게 농후한 경우에 EGT가상승하게 된다.

그 외에도 압축기나 터빈 쪽에서 오염이나 손상 등에 이유로 가스의 흐름이 원활하지 못해 뜨거운 가스의 정체현상 때문에 EGT가 증가하는 원인이 될 수 있다.

27 가스터빈엔진에서 사용되는 시동기의 종류가 아닌 것은?

① 전기식 시동기(Electric starter)

② 시동 발전기(Starter generator)

③ 공기식 시동기(Pneumatic starter)

④ 마그네토 시동기(Magneto starter)

해설

가스터빈엔진에 사용되는 시동기는 전기식, 시동 발전기, 공기식 시동기를 사용한다. 최근 주로 사용하는 것은 역시 공기식 시동기이다.

28 4,500[lbs]의 엔진이 3분 동안 5[ft]의 높이로 끌어 올리는데 필요한 동력은 몇 [ft·lbs/min]인가?

① 6,500　　　　　② 7,500

③ 8,500　　　　　④ 9,000

해설

$$\frac{4,500 \times 5}{3} = 7,500$$

29 가스터빈엔진에서 윤활유의 구비 조건이 아닌 것은?

① 유동점이 낮아야 한다.

② 부식성이 낮아야 한다.

③ 점도지수가 낮아야 한다.

④ 화학안정성이 높아야 한다.

해설

- 점도지수가 높아야 한다.
- 점도지수란 온도변화에 점도변화가 적은 것을 말한다.

30 항공기 왕복엔진에서 마력의 크기에 대한 설명으로 옳은 것은?

① 가장 큰 값은 마찰마력이다.

② 가장 큰 값은 제동마력이다.

③ 가장 큰 값은 지시마력이다.

④ 마력들의 크기는 모두 같다.

해설

지시마력(IHP)＝제동마력(BHP)＋마찰마력(FHP)

31 벨마우스(Bellmouth) 흡입구에 대한 설명으로 틀린 것은?

① 헬리콥터 또는 터보프롭 항공기에 사용 가능하다.

② 흡입구는 공력 효율을 고려하여 확산형으로 제작한다.

③ 흡입구에 아주 얇은 경계층과 낮은 압력손실로 덕트 손실이 거의 없다.

④ 대부분 이물질 흡입방지를 위한 인렛스크린을 설치한다.

해설

벨마우스(Bell mouth) 공기흡입구

① 수축형 덕트로 사용

② 헬리콥터, 터보프롭, 엔진 시운전실에서사용

③ 테이퍼형 덕트로 덕트 손실이 거의 0이다.

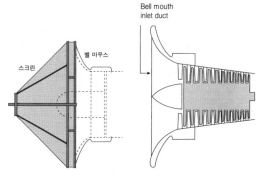

[벨 마우스 흡입구]

[정답] 27 ④　28 ②　29 ③　30 ③　31 ②

32 왕복엔진의 피스톤 지름이 16[cm]인 피스톤에 6,370 [kPa]의 가스압력이 작용하면 피스톤에 미치는 힘은 약 몇 [kN]인가?

① 63   ② 98

③ 110   ④ 128

해설

- 피스톤면적 $= \dfrac{3.14 \times 16^2}{4} = 200.96 \, [\mathrm{cm}^2]$
- $1[\mathrm{kPa}] = 0.010197 [\mathrm{kgf/cm}^2]$
- $1[\mathrm{kN}] = 1000[\mathrm{N}] = 1000/9.8[\mathrm{kgf}] = 102[\mathrm{kgf}] \fallingdotseq 100[\mathrm{kgf}]$

33 왕복엔진의 점화계통에서 E-gap각이란 마그네토의 폴(Pole)의 중립위치로 부터 어떤 지점까지의 각도를 말하는가?

① 접점이 열리는 지점   ② 접점이 닫히는 지점

③ 1차 전류가 가장 낮은 점   ④ 2차 전류가 가장 낮은 점

해설

마그네토 E-gap각이란 브리커 포인가 열리는 위치 즉, 회전자석이 중립 위치를 지나면서 1차 자속과의 차이가 발생하며, 두 자속 차이가 최대위치가 되는 것을 E-gap 위치라 한다.
이 위치에서 브리커 포인트를 열어 1차회로를 차단하면 1차 자속은 붕괴되고 정자속과 1차 자속과의 합성 자속도 급격히 붕괴되며 자속의 급속한 붕괴는 시간에 대한 자속의 변화율을 크게 한다.

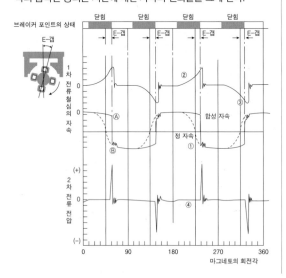

34 왕복엔진의 평균유효압력에 대한 설명으로 옳은 것은?

① 사이클 당 유효일을 행정길이로 나눈 값

② 사이클 당 유효일을 행정체적으로 나눈 값

③ 행정길이를 사이클 당 엔진의 유효일로 나눈 값

④ 행정체적을 사이클 당 엔진의 유효일로 나눈 값

해설

평균 유효압력(Mean effective perssure)은 아래 그림에서 PB-PA 즉, (순일/행정체적)순일을 행정체적으로 나눈 것이다.

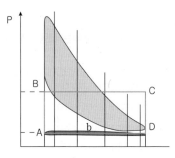

35 일반적으로 왕복엔진의 배기가스 누설 여부를 점검하는 방법으로 옳은 것은?

① 배기가스온도(EGT)가 비정상적으로 올라가는지 살펴본다.

② 공기흡입관의 압력계기가 안정되지 않고 흔들리며 지시(Fluctuating indication)하는지 살펴본다.

③ 엔진카울 및 주변 부품 등에 심한 그을음(Exhaust soot)이 묻어 있는지 검사한다.

④ 엔진 배기부분을 알칼리 용액 또는 샌드블라스팅(Sand blasting)으로 세척을 하고 정밀검사를 한다.

해설

- 배기계통은 배기 매니폴드 관과 소음을 줄이고 난방에도 이용되나 일차목적은 배압을 높이지 않고 기체나 인체를 유해가스로 부터 보호 하는 것이다.
- 이러한 구조물들이 손상 또는 균열이 생겼다면 카울 내부나 외부에 배기가스의 흔적으로 알 수 있다.

[정답] 32 ④   33 ①   34 ②   35 ③

36 그림과 같은 브레이튼사이클의 $P-V$ 선도에서 각 과정과 명칭이 틀린 것은?

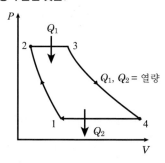

① 1 - 2 : 단열압축
② 2 - 3 : 정적수열
③ 3 - 4 : 단열팽창
④ 4 - 1 : 정압방열

해설

브레이튼 사이클은 가스터빈엔진 사이클로 정압 사이클이라고도 한다. 4개의 과정은 $P-V$ 선도로 설명된다.

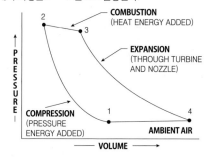

- 1 → 2 : 단열압축
- 2 → 3 : 정압가열(수열, 연소)
- 3 → 4 : 단열팽창
- 4 → 1 : 정압방열

37 왕복엔진의 압력식 기화기에서 저속혼합조정(Idle mixture control)을 하는 동안 정확한 혼합비를 알 수 있는 계기는?

① 공기압력계기
② 연료유량계기
③ 연료압력계기
④ RPM계기와 MAP계기

해설

일반적으로 아이들 혼합비는 적정 매니폴드압력(혼합가스의 압력)에서 아이들 RPM이 한계치(Limit)에 들어오는가를 측정하여 RPM의 높고 낮음으로 연료량을 증감하여 조절 한다.

38 프로펠러 깃의 허브중심으로부터 깃끝까지의 길이가 R, 깃각이 β일 때 이 프로펠러의 기하학적 피치는?

① $2\pi R\tan\beta$
② $2\pi R\sin\beta$
③ $2\pi R\cos\beta$
④ $2\pi R\sec\beta$

해설

기하학적 피치

프로펠러가 깃 각과 같은 각으로 나선을 따라 움직일 때 1회전 동안 항공기가 이론상으로 전진하는 거리
$GP = 2\pi r \cdot \tan\beta (r : 회전면의 반지름, \beta : 깃 각)$
※ 기하학적 피치를 같게 하기 위하여 깃 끝으로 갈수록 깃 각이 작아지게 비틀려 지도록 한다.

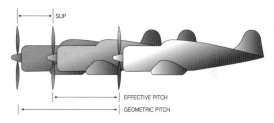

39 프로펠러를 [보기]와 같이 분류한 기준으로 가장 적합한 것은?

> **[보기]**
> - 유형 A : 고정피치 프로펠러
> - 유형 B : 지상조정피치 프로펠러
> - 유형 C : 정속 프로펠러

① 프로펠러의 최대 회전 속도
② 프로펠러 지름의 최대 크기
③ 프로펠러 피치의 조정 방식
④ 프로펠러 유효피치의 크기

해설

프로펠러의 종류를 분류할 때 블레이드의 피치각을 어떻게 조종하느냐에 따라 분류한다.

- 고정피치 프로펠러
- 지상조정피치 프로펠러
- 가변 피치 프로펠러
- 두 지점 프로펠러
- 정속 프로펠러
- 페더링 프로펠러
- 역피치 프로펠러

[정답] 36 ② 37 ④ 38 ① 39 ③

40 제트엔진의 추력을 결정하는 압력비(EPR：Engine Pressure Ratio)의 정의는?

① $\dfrac{터빈입구압력}{엔진입구압력}$ 　② $\dfrac{엔진입구압력}{터빈입구압력}$

③ $\dfrac{터빈출구압력}{엔진입구압력}$ 　④ $\dfrac{엔진입구압력}{터빈출구압력}$

해설

EPR(Engine Pressure Ratio)

엔진 흡입구로 들어간 공기가 배기노즐로 배출될 때까지 압력이 얼마나 증가했는가를 측정하는 것으로 터빈 출구 전압을 엔진입구 전압으로 나눈 값을 백분율 해야 한다.

$$EPR = \dfrac{터빈출구압력}{엔진입구압력}$$

제3과목 ◀ **항공기체**

41 실속속도가 120[km/h]인 수송기의 설계제한 하중배수가 4.4인 경우 이 수송기의 설계운용속도는 약 몇 [km/h]인가?

① 228 　② 252

③ 264 　④ 270

해설

설계운용속도

$$VA = \sqrt{n1} \times Vs$$
$$VA = \sqrt{4.4} \times 120 = 251.71$$

42 키놀이 조종계통에서 승강키에 대한 설명으로 옳은 것은?

① 일반적으로 승강키의 조종은 페달에 의존한다.

② 세로축을 중심으로 하는 항공기 운동에 사용한다.

③ 일반적으로 수평 안정판의 뒷전에 장착되어 있다.

④ 수직축을 중심으로 좌·우로 회전하는 운동에 사용한다.

해설

항공기의 키놀이 운동

- 조종간을 당기거나 밀면, 꼬리 날개의 승강키가 움직여 기수를 들어 올리거나 내리는 것이다.
- 키놀이 운동의 기본 조종장치는 두 조종간사이에는 토크 튜브로 연결되어 있어 어느 한쪽의 조종간을 움직이더라도 승강키는 작동하게 된다.

43 세미모노코크(Semi monocoque)구조에 대한 설명으로 틀린 것은?

① 트러스 구조보다 복잡하다.

② 뼈대가 모든 하중을 담당한다.

③ 하중의 일부를 표피가 담당한다.

④ 프레임, 정형재, 링, 스트링거로 이루어져 있다.

해설

세미 모노코크 구조(Semi-Monocoque Construction)

- 트러스의 장점과 모노코크의 장점만을 모아 만든 구조 형태다.
- 트러스의 골격과 모노코크의 외벽을 통해 기체를 지탱하는 방식으로 내부 공간 효율이 높다.
- 외부의 압력에도 잘 견디며 유선형의 곡면 처리도 가능하기 때문에 현대 항공기 대부분이 세미 모노코크 구조를 이용하고 있다.

44 다음 중 착륙거리를 단축시키는데 사용하는 보조 조종면은?

① 스테빌레이터(Stabilator)

② 브레이크 브리딩(Brake bleeding)

③ 플라이드 스포일러(Flight spoiler)

④ 그라운드 스포일러(Ground spoiler)

해설

Ground Ppoiler

- 비행기가 착륙을 하려면 스포일러를 전개하여 공기 저항력을 키우면서 속도를 낮춘다.
- 비행기 바퀴가 활주로에 닿으면 날개 좌우에 있는 그라운드 스포일러를 모두 올려서 공기의 저항(항력)를 크게 함과 동시에 날개의 양력 발생을 방해하여 속도를 줄이게 한다.

[정답] 40 ③　41 ②　42 ③　43 ②　44 ④

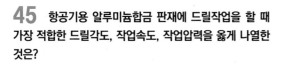

45 항공기용 알루미늄합금 판재에 드릴작업을 할 때 가장 적합한 드릴각도, 작업속도, 작업압력을 옳게 나열한 것은?

① 118°, 고속회전, 손힘을 균일하게

② 140°, 저속회전, 매우 힘있게

③ 90°, 저속회전, 변화있게

④ 75°, 저속회전, 매우 세게

해설

알루미늄합금 판재 드릴작업
- 각도 : 118°
- 고속회전
- 손의 힘을 균일하게

46 항공기 날개구조에서 리브(rib)의 기능으로 옳은 것은?

① 날개 내부구조의 집중응력을 담당하는 골격이다.

② 날개에 걸리는 하중을 스킨에 분산시킨다.

③ 날개의 스팬(Span)을 늘리기 위하여 사용되는 연장 부분이다.

④ 날개의 곡면상태를 만들어주며, 날개의 표면에 걸리는 하중을 스파에 전달시킨다.

해설

리브(Rib)
날개의 단면이 공기 역학적인 에어포일(Airfoil)을 유지할 수 있도록 날개의 모양을 형성해 주는것으로 날개 외피에 작용하는 하중을 날개 보에 전달하는 역할을 한다.

47 AN426AD3-5 리벳의 부품번호에 대한 각 의미로 옳게 짝지어진 것은?

① 426 : 플러시머리리벳

② AD : 알루미늄 합금 2017T

③ 3 : 3/16[in]의 직경

④ 5 : 5/32[in]의 길이

해설

리벳의 종류(일반 리벳 426)
- AN 426 : 접시머리 리벳으로 주로 기체 외피에 사용
- AN 430 : 둥근 머리 리벳으로 두꺼운 판재나 강도를 필요로 하는 비행기 내부구조에 사용
- AN 442 : 납작 머리리벳으로 최대 강도를 요구 하는 내부구조에 사용
- AN 455 : 브레저 리벳으로 얇은 판재를 연결하는데 사용
- AN 470 : 비행기 기체 내 또는 외부 구조에 사용
- 리벳의 식별법(AD)
  - A(1,000) : 순수알루미늄, 구조용에 사용금지
  - AD(2117) : 구리-알루미늄 합금(가장 많이 사용, 상온)
  - D(2017) : 구리-알루미늄 합금(열처리)-Ice Box리벳(시효경화성), 두랄루민
  - B(5056) : 마그네슘-알루미늄합금
  - M(Monel) : 니켈합금강-엔진 부분같이 열을 많이 받는 곳에 사용

48 다음 중 토크렌치의 형식이 아닌 것은?

① 빔 식(Beam type)

② 제한 식(Limit type)

③ 다이얼 식(Dial type)

④ 버니어 식(Vernier type)

해설

토크렌치의 형식
- 빔 식(Beam type)
- 제한 식(Limit type)
- 다이얼 식(Dial type)

49 다음 중 대형 항공기 연료탱크 내 연료 분배계통의 구성품에 해당하지 않는 것은?

① 연료 차단 밸브

② 섬프 드레인 밸브

③ 부스트(승압) 펌프

④ 오버라이드 트랜스퍼 펌프

해설

연료 섬프 드레인
연료탱크 Sump Drain는 항공기 연료탱크 및 Fuel System내에 물이 존재하는 경우 부식 및 동절기에 얼음입자가 엔진 연료 필터를 막아 연료 공급부족으로 인한 엔진 플레임 아웃(Engine Flame Out)이 될 수 있으며, 밸브, 연료펌프, 인렛 스크린 등 연료시스템 부품의 결함을 유발시킬 수 있으므로 이를 방지하기 위함

[정답] 45 ① 46 ④ 47 ① 48 ④ 49 ②

50 다음과 같은 항공기 트러스 구조에서 부재 BD의 내력은 몇 [kN]인가?

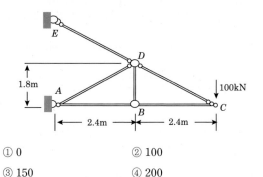

① 0

② 100

③ 150

④ 200

🔍 **해설**

트러스 구조에서 내력이 작용하지 않는 부재

• 점 B에서 부재 AB, BC : 평행(외력이나 반력이 작용하지 않음)

• 부재 BD : 힘이 걸리지 않는 무력부재로 내력은 0[kN]

51 그림과 같이 인장력 P를 받는 봉에 축적되는 탄성 에너지에 관한 설명으로 틀린 것은?

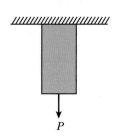

① 봉의 길이에 비례한다.

② 하중의 제곱에 비례한다.

③ 봉의 단면적에 비례한다.

④ 재료의 탄성계수에 반비례한다.

🔍 **해설**

인장응력은 인장하중을 가한 부재의 단면에 발생하는 인장방향의 응력을 말하며, 탄성에너지는 봉의 단면적에 비례한다.

52 항공기의 구조물에서 프레팅(Fretting)부식이 생기는 원인으로 가장 적합한 것은?

① 잘못된 열처리에 의해 발생

② 표면에 생성된 산화물에 의해 발생

③ 서로 다른 금속간의 접촉에 의해 발생

④ 서로 밀착된 부품간에 아주 작은 진동에 의해 발생

🔍 **해설**

프레팅(Fretting)부식

• 궤도바퀴와 전동체의 접촉 부분에 적색의 산화철분이 생겨 심하게 마모하는 현상이다.

• 궤도바퀴와 축이나 하우징의 끼움새가 느슨한 경우에도 이들 끼움새에서 발생한다.

53 항공기엔진의 카울링에 대한 설명으로 옳은 것은?

① 엔진을 둘러싸고 있는 전체부분이다.

② 엔진과 기체를 차단하는 벽의 구조물이다.

③ 엔진의 추력을 기체에 전달하는 구조물이다.

④ 엔진이나 엔진에 부수되는 보기 주위를 쉽게 접근할 수 있도록 장·탈착하는 덮개이다.

🔍 **해설**

엔진이나 엔진에 관계되는 보기, 마운트, 방화벽 주위를 쉽게 접근할 수 있도록 장착하거나 떼어낼 수 있는 덮개이다.

54 복합재료인 수지용기의 라벨에 "Pot life 30min, Shelf life 12Mo."라고 적혀 있다면 옳은 설명은?

① 수지가 선반에 보관된 기간이 12개월이다.

② 얇은 판재 두께의 12배의 넓이로 작업한다.

③ 수지를 촉매와 섞어 혼합시키면 30분 안에 사용하여 작업을 끝내야 한다.

④ 용기의 크기는 최소 12[in] 크기로 최소 30분 동안 혼합한다.

🔍 **해설**

촉매제

촉매제를 섞은 후 경화될 때까지의 시간수지를 촉매와 혼합시키면 30분 안에 사용하여 작업을 끝내야 한다.

55 다음 중 변형률에 대한 설명으로 틀린 것은?

① 변형률은 길이와 길이의 비이므로 차원은 없다.

② 변형률은 변화량과 본래의 치수와의 비를 말한다.

③ 변형률은 비례한계 내에서 응력과 정비례 관계에 있다.

④ 일반적으로 인장봉에서 가로변형률은 신장률을 나타내며, 축변형률은 폭의 증가를 나타낸다.

해설

변형률

- 변형을 유발하는 힘에 따라 수직변형률, 전단변형률)로 나뉜다.
- 전단변형률이나 수직변형률은 차원이 없는 수이다.
- 수직변형률은 물질의 면이나 단면에 수직인 방향으로 작용하는 힘에 의해서 생긴다.
- 전단변형률은 물체의 면이나 단면에 평행하거나 또는 그 면을 따라 작용하는 힘에 의해서 야기된다.
- 수직변형률을 수학적으로 표현하면 체적의 변화를 원래의 체적으로 나누어준 값이 된다.
- 전단변형률에서 물질 내에서의 직각(90°)은 직4각형이 마름모꼴로 변형되기 때문에 그 크기가 변하게 된다.

56 두께 0.051[in]의 판을 $\frac{1}{4}$[in] 굴곡반경으로 90° 굽힌다면 굴곡허용량(bend allowance)은 약 몇 [in]인가?

① 0.342   ② 0.433

③ 0.652   ④ 0.833

해설

굽힘 여유

$$BA = \frac{\text{굽힘각도}}{360} \times 2\pi\left(R + \frac{T}{2}\right) = \frac{90}{360} \times 2\pi\left(\frac{1}{4} + \frac{0.051}{2}\right)$$

$$= \frac{\pi}{2}(0.25 + 0.0255) = 0.4325$$

57 항공기의 중량과 균형(Weight and balance)조정을 수행하는 주된 목적은?

① 순항 시 수평비행을 위하여

② 항공기의 조종성 보장을 위하여

③ 효율적인 비행과 안전을 위하여

④ 갑작스러운 돌풍 등 예기치 않은 비행조건에 대처하기 위하여

해설

항공기의 중량과 균형(Weight and balance)

- 항공기에 작용하는 무게는 항공기 자체의 무게, 조종사, 승무원 및 화물을 포함한 무게로 이는 중력에 의해 지구 중심으로 향하는 힘을 말한다.
- 항공기의 구조와 운용에 직접적으로 영향을 미치는 요소이다.
- 항공기 무게는 항공기를 부양시킬 수 있는 양력(lift)발생에 직접적인 영향을 미친다.
- 항공기 성능에 따른 무게 운용 범위가 정해져 있다.

58 SAE 규격으로 표시한 합금강의 종류가 옳게 짝지어진 것은?

① 13XX : 망간강

② 23XX : 망강 – 크롬강

③ 51XX : 니켈 – 크롬 – 몰리브덴강

④ 61XX : 니켈 – 몰리브덴강

해설

SAE 재료번호

강의 종류	재료 번호	강의 종류	재료 번호
탄소강	1×××	크롬강	5×××
망간간	13××	크롬 바나듐 강	6×××
니켈강	2×××	텅스텐 크롬 강	72××
니켈크롬강	3×××		81××
몰리브덴 강	40××	니켈 크롬 몰리브덴 강	86××
	44××		~88××
크롬 몰리브덴 강	41××	실리콘 망간	92××
니켈 크롬 몰리브덴 강	43××	니켈 크롬 몰리브덴 강	93××
	47××		~98××

Aircraft Maintenance

59 강관의 용접작업 시 조인트 부위를 보강하는 방법이 아닌 것은?

① 평 가세트(Flat gassets)
② 스카프 패치(Scarf patch)
③ 손가락 판(Finger strapes)
④ 삽입 가세트(Insert gassets)

해설
스카프 패치(Scarf patch)
- 복합재료는 보다 가볍고 견고한 항공기 제작을 위하여 항공기 구조물에 널리 이용되고 있다.
- 우수한 비 강성, 비 강도를 가진 재료로써 그 적용범위가 스파와 벌크헤드와 같은 주구조물로 확대되는 추세이다.

60 복합재료의 강화재 중 무색 투명하며 전기부도체인 섬유로서 우수한 내열성 때문에 고온 부위의 재료로 사용되는 것은?

① 아라미드섬유　② 유리섬유
③ 알루미나섬유　④ 보론섬유

해설
알루미나섬유
- 금속과 수지와의 친화력이 좋음
- 전기 광학적 특성
- 유리섬유와 같이 무색투명하고 부도체

제4과목　항공장비

61 항공기에서 고도 경고 장치(Altitude alert system)의 주된 목적은?

① 지정된 비행 고도를 충실히 유지하기 위하여
② 착륙 장치를 내릴 수 있는 고도를 지시하기 위하여
③ 고 양력 장치를 펼치기 위한 고도를 지시하기 위하여
④ 항공기가 상승 시 설정된 고도에 진입된 것을 지시하기 위하여

해설
고도 경고 장치(Altitude Alert System)
- 지정된 비행고도를 충실이 유지하기 위해 개발된 장치이다.
- 관제탑에서 비행고도가 지정될 때 마다 수동으로 고도경보컴퓨터에 고도를 설정하고 그 고도를 접근하였을 때 또는 그 고도에서 이탈했을 때 경고등과 경고음을 작동시켜 조종사에게 주의를 촉구하는 장치이다.

62 교류회로에서 피상전력이 100[kVA]이고 유효전력은 80[kW], 무효전력은 60[kVar]일 때 역률은 얼마인가?

① 0.60　② 0.75
③ 0.80　④ 1.25

해설
$$역률 = \frac{유효전력}{피상전력} = \frac{80}{100} = 0.8$$

63 항공기의 자기컴퍼스가 270°(W)를 가리키고 있고, 편각은 6°40′, 복각은 48°50′인 경우 항공기가 비행하는 실제 방향은?

① 221°10′　② 263°20′
③ 276°40′　④ 318°50′

해설
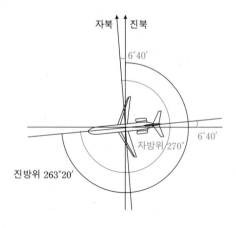

64 피토관 및 정압공에서 받은 공기압의 차압으로 속도계가 지시하는 속도를 무엇이라고 하는가?

① 지시대기속도(IAS)
② 진대기속도(TAS)
③ 등가대기속도(EAS)
④ 수정대기속도(CAS)

해설

지시대기 속도(IAS : Indicated Air Speed)
- IAS는 속도계에 표시되는 속도이다.
- 기압 측정이 정확하다면 IAS는 이상적으로 CAS와 동일하게 된다.
- 항공기의 받음각, 플랩상태, 지상접근, 바람방향 그리고 다른 유입 변수에 따라 약간의 측정 오차가 발생하는데 주로 정압이 발생한다.
- CAS와 IAS 값 사이에서 약간의 차이를 발생한다.
  이런 차이를 계기 수정 또는 안테나 오차(K)라고 한다.

65 지상 근무자가 다른 지상 근무자 또는 조종사와 통화할 수 있는 장치는?

① 객실(Cabin) 인터폰
② 화물(Freight) 인터폰
③ 서비스(Service) 인터폰
④ 플라이트(Flight) 인터폰

해설

서비스 인터폰
항공기기체 내부 및 외부의 여러 곳에 정비 목적으로 인터폰 잭 들이 설치되어 있으며, 각 잭 위치에서 서로 통신을 할 수 있는 장치

66 엔진을 시동하여 아이들(Idle)로 운전할 경우 발전기 전압이 축전지 전압보다 낮게 출력될 때 발생되는 현상은?

① 발전기와 축전지가 부하로부터 분리된다.
② 축전지는 부하로부터 분리되고, 발전기가 전체의 부하를 담당한다.
③ 발전기와 축전지가 병렬로 접속되어 전체부하를 담당한다.
④ 역전류 차단기에 의해 발전기가 부하로부터 분리된다.

해설

역전류 차단기
전자적으로 조작되는 직류 전류 장치. 규정 전압에서는 회로를 막고, 규정 전류 이상의 전류가 역방향으로 흐를 때는 회로를 여는 장치이다.

67 유압계통에서 작동기의 작동방향을 결정하기 위해 사용되는 것은?

① 축압기(Accumulator)
② 체크 밸브(Check valve)
③ 선택 밸브(Selector valve)
④ 압력 릴리프 밸브(Pressure relief valve)

해설

선택 밸브(Selector valve)
유체 출력계통에 사용하는 밸브로서 제어밸브의 일종으로서 유압을 선택하면 다른 하나의 구멍은 작동기로부터 들어오는 귀환 압력을 보내는 역할을 한다.

68 서머커플형(Thermocouple type)화재탐지장치에 관한 설명으로 옳은 것은?

① 연기 감지에 의해 작동한다.
② 빛의 세기에 의해 작동한다.
③ 급격한 움직임에 의해 작동한다.
④ 온도상승에 의한 기전력 발생으로 작동한다.

해설

서머커플 형(Thermocouple type)화재탐지
2개의 성질이 다른 금속의 한끝을 접속시키고, 다른 한쪽은 열어 놓았을 때 접속된 부분에 열이 가해지면 두 지점의 온도 차이에 의하여 기전력이 발생하는데 이것을 열기전력이라고 하며, 이렇게 제작된 감지기를 Thermocouple(열전기쌍)이라 한다.

69 고도계의 오차 중 탄성오차에 대한 설명으로 틀린 것은?

① 재료의 피로 현상에 의한 오차이다.

② 온도 변화에 의해서 탄성계수가 바뀔 때의 오차이다.

③ 확대장치의 가동부분, 연결 등에 의해 생기는 오차이다.

④ 압력 변화에 대응한 휘어짐이 회복되기까지의 시간적인 지연에 따른 지연 효과에 의한 오차이다.

🔍 해설

고도계의 탄성 오차

대부분의 압력고도계는 기계적인 탄성, 온도, 장착오차에 영향을 받는다.

70 다음 중 엔진의 상태를 지시하는 엔진계기의 종류가 아닌 것은?

① RPM 계기
② ADI
③ EGT 계기
④ Fuel flowmeter

🔍 해설

ADI(Attitude Director Indicator)

항공기의 상승각, 후퇴각, 회전각 등 전 후 좌우의 수평상태를 알려주는 계기

71 엔진의 회전수와 관계없이 항상 일정한 회전수를 발전기축에 전달하는 장치는?

① 정속구동장치(C.S.D)
② 전압 조절기(Voltage regulator)
③ 감쇠 변압기(Damping transformer)
④ 계자 제어장치(Field control relay)

🔍 해설

Constant-Speed Drive(CSD) -정속 구동장치

가스터빈 또는 왕복엔진의 교류 발전기를 구동시키는 장치로 엔진 보기구동 기어박스와 교류발전기사이에 장착되어 엔진 회전속도의 변화에 관계없이 교류발전 기를 일정한 속도로 회전시키는 구동장치

72 항공기 방화시스템에 대한 설명으로 옳은 것은?

① 방화시스템은 감지(Detection), 소화(Extinguishing), 탈출(Evacuation)시스템으로 구성되어 있다.

② 엔진의 화재감지에 사용되는 감지기(Detector)는 주로 스로그감지장치(Smoke detector)이다.

③ 연속 저항 루프 화재 탐지기에는 키드시스템(Kidde system)과 팬웰시스템(Fenwal system)이 있다.

④ 항공기에서 화재가 감지되면 자동적으로 해당 소화시스템(Extinguishing system)이 작동되어 화재를 진압한다.

🔍 해설

항공기 방화시스템

• 키드시스템(Kidde system)은 Inconnel Tube에 2개의 Wire가 장착되고 Tube 내부에는 Thermistor Material 이 충만되어 있어 저항이 온도에 비례하여 저항에 영향을 미쳐 화재를 감지한다.

• 팬웰시스템(Fenwal system)은 1개의 Wire가 스텐레스 튜브에 들어 있고, 공융염(Eutetic Salt)에 적셔있으며, Stinger Ceramic Core 둘러 싸여 있다.

73 자기 콤파스(Magnetic compass)의 북선 오차에 대한 설명으로 틀린 것은?

① 항공기가 선회할 때 발생하는 오차이다.

② 항공기가 북극 지방을 비행할 때 콤파스 회전부가 기울어져 발생하는 오차이다.

③ 항공기가 북진하다 선회할 때 실제 선회각보다 작은각이 지시된다.

④ 콤파스 회전부의 중심과 지지점이 일치하지 않기 때문에 발생한다.

🔍 해설

북선 오차(Northern turning error):

• 자기 적도 이외의 위도에서는 지자기의 수직 성분이 존재하는데, 이 때문에 항공기가 선회할 때 선회각을 주게 되면 컴퍼스 카드면이 지자기의 수직 성분과 직각 관계가 흐트러져서 올바른 자방위를 지시하지 못한다.

• 오차는 북진하다가 동서로 선회할 때에 오차가 가장 크므로 북선 오차라 하며, 선회할 때에 나타난다고 하여 선회 오차라고도 한다.

74 다음 중 붉은 색을 띄며 인화점이 낮은 작동유는?

① 식물성유　　　　　② 합성유
③ 광물성유　　　　　④ 동물성유

해설

작동유
- 식물성 작동유는 파란색
- 광물성 작동유는 붉은색
- 합성유 작동유는 보라색

75 현대 항공기에서 사용되는 결빙 방지 방법이 아닌 것은?

① 화학물질 처리
② 발열소자를 사용한 가열
③ 팽창식 부츠를 활용한 제빙
④ 기계적 운동으로 인한 마찰열 발생

해설

항공기는 결빙을 방지하는 방법
- 엔진에서 나오는 고온공기를 이용해 표면을 가열
- 전기적 열에 의한 가열
- Deicing Boots에 공기를 불어넣어 표면을 팽창시켜얼음을 제거
- 제빙액체가 혼합된 알코올을 분사
- 전기히터를 이용하여 결빙을 방지

76 객실여압(Cabin pressurization)장치가 있는 항공기의 순항고도에서 저절한 객실고도는?

① 6,000[ft]　　　　② 8,000[ft]
③ 10,000[ft]　　　④ 12,000[ft]

해설

객실여압(Cabin pressurization)장치
고고도를 비행하는 항공기의 승객 및 승무원을 기압변화에서 보호하고 쾌적한 여행을 할 수 있도록 항공기내에 압력을 가하는 것으로 통상 8,000[ft] 기압 상태가 유지 되도록 조절한다.

77 황산 납 축전지(Lead acid battery)의 충전 작용의 결과로 나타나는 현상은?

① 전해액 속의 황산의 양은 줄어든다.
② 물의 양은 증가하고 전해액은 묽어진다.
③ 내부 저항은 증가하고 단자 전압은 감소한다.
④ 양극판은 과산화납으로, 음극판은 해면상납이 된다.

해설

황산 납 축전지(lead acid battery)의 충전
- 축전지는 전류의 화학작용을 이용
- 양극판 → 과산화 납
- 음극판 → 해면상납
- 전해액 → 묽은 황산
- 과산화 납과 해면상납 → 황상화 납
- 묽은황산 → 물로 변화

78 다음 중 자동 착륙시스템(Autoland system)의 종류가 아닌 것은?

① Dual system
② Triplex system
③ Dual-Dual system
④ Triple-Triple system

해설

자동 착륙시스템(autoland system)의 종류
- Dual System
- Dual-Dual System
- Single-pole System
- Triplex system

79 항공기의 전기회로에 사용되는 스위치에 대한 설명으로 틀린 것은?

① 푸시버튼스위치는 접속방식에 따라 SPUT, SPWT, DPUT, DPWT가 있다.
② 항공기의 토글스위치는 운동부분이 공기 중에 노출되지 않도록 케이스로 보호되어 있다.

[정답] 74 ③　75 ④　76 ②　77 ④　78 ④　79 ①

③ 회선선택스위치는 한 회로만 개방하고 다른 회로는 동시에 닫히게 하는 역할을 한다.

④ 마이크로스위치는 짧은 움직임으로 회로를 개폐시키는 것으로, 착륙장치와 플랩 등을 작동시키는 전동기의 작동을 제한하는 스위치로 한다.

🔍 해설 -------------------------------

푸시버튼 스위치

푸시버튼 스위치는 손으로 누르는 동안만 동작을 하고, 손을 놓으면 동작이 복귀되는 접점으로 a접점과 b접점이 있다.

a접점(a contact, 또는 메이크 접점 Make contact)은 누르고 있는 동안만 접점이 닫히는 것이고, b접점(b contact, 또는 브레이크 접점 Break contact)은 누르고 있는 동안은 접점이 열리는 것이다. 접점의 구성은 $1a1b$, $2a2b$로 표현하며, 단일 접점과 여러 개인 경우는 4개의 접점까지 사용한다.

① 복귀형 수동 스위치

② 유지형 수동 스위치

③ 검출 스위치

- 마이크로 스위치 및 한계 스위치(Limit switch)
- 리드 스위치(Reed switch)
- 근접 스위치(Proximity switch)
- 광전 스위치(Photo electric switch)
- 플로트 스위치(Float switch)
- 온도 스위치

80 항공기 안테나에 대한 설명으로 옳은 것은?

① 첨단 항공기는 안테나가 필요 없다.

② 일반적으로 주파수가 높을수록 안테나의 길이가 짧아진다.

③ ADF는 주로 다이폴 안테나가 사용된다.

④ HF 통신용은 전리층 반사파를 이용하기 때문에 안테나가 필요없다.

🔍 해설 -------------------------------

항공기 안테나

- 일반적으로 주파수가 낮으면 안테나가 커진다.
- 고속항공기는 공기 저항을 줄이기 위해서 기체의 외판의 일부를 안테나로서 사용하거나 기체내부에 매입하는 플래시 형이 보통이다.

[정답] 80 ②

제1과목 항공역학

01

공기가 아음속의 흐름으로 풍동 내의 지점 1을 밀도 ρ, 속도 250[m/s]로 통과하고 지점2를 밀도 $\frac{4}{5}\rho$인 상태로 지난다면, 이 때 속도는 약 몇 [m/s]인가? (단, 지점2의 단면적은 지점1의 절반이다.)

① 155　　　　　② 215

③ 465　　　　　④ 625

🔍 **해설**

$A_1 \times V_1 \times \rho_1 = A_2 \times V_2 \times \rho_2$이므로

$1 \times 250 \times 1 = 0.5 \times V_2 \times \frac{4}{5}$

$250 = 0.4 V_2$　　∴ $V_2 = 625$[m/s]

02

날개의 뒤젖힘 각 효과(Sweep back effect)에 대한 설명으로 옳은 것은?

① 방향안정과 가로안정 모두에 영향이 있다.

② 방향안정과 가로안정 모두에 영향이 없다.

③ 가로안정에는 영향이 있고 방향안정에는 영향이 없다.

④ 방향안정에는 영향이 있고 가로안정에는 영향이 없다.

🔍 **해설**

날개의 뒤젖힘 각 효과(Sweep back effect)

날개 뒤젖힘 각은 날개가 뒤로 젖혀진 각도를 말하며, 일반적으로 날개 길이 방향으로 변하는 시위 길이의 25[%] 위치를 연결한 선과 날개의 가로 방향을 말하며, 날개가 앞으로 젖혀 있으면 앞전 힘과 또는 전진 각(Sweep forward angle) 이라 부른다.

날개에 뒤젖힘 각을 주면 옆 미끄럼 시 기수가 방향안정성으로 인해 옆 미끄럼 방향으로 돌아가므로 옆 미끄럼 방향 날개의 경사면에 직각상태의 기류를 받게 되어 위로 들어 올리려는 큰 양력이 작용하므

로 가로 안정성이 증대되며, 빗 놀이에 의해서 기수가 빗 놀이 각을 갖을 때 바람 축과 기축의 방향 받음각에 의해 기수를 기류 방향으로 돌리려는 방향 안정성도 증대된다.

03

유도항력계수에 대한 설명으로 옳은 것은?

① 유도항력계수와 유도항력은 반비례한다.

② 유도항력계수는 비행기 무게에 반비례한다.

③ 유도항력계수는 양력의 제곱에 반비례한다.

④ 날개의 가로세로비가 커지면 유도항력계수는 작아진다.

🔍 **해설**

유도항력계수

양력이 발생함에 따라서 수반되어 생기는 항력이다.

유도항력계수 $C_{Di} = \frac{C_L^2}{\pi e AR}$ 이므로 유도항력계수와 종횡비는 반비례한다.

04

중량이 2,000[kgf]인 항공기가 받음각 4°로 등속 수평비행을 하고 있을 때 이 항공기에 작용하는 항력은 몇 [kgf]인가? (단, 받음각이 4°일 때 양항 비는 20이다.)

① 100　　　　　② 200

③ 300　　　　　④ 400

🔍 **해설**

받음 각

비행기의 날개를 절단한 면의 기준선(일반적으로 프로필의 전연과 후연을 연결한 직선. 시위선이라고도 한다)과 기류가 이루는 각도

$T = W \frac{C_D}{C_L}$ 이며, 등속이므로 $T = D$

∴ $2,000 \times \frac{1}{20} = 100$

[정답] 01 ④　02 ①　03 ④　04 ①

05 프로펠러 깃의 받음각에 가장 큰 영향을 주는 2가지 요소는?

① 깃각과 인장력
② 굽힘모멘트와 추력
③ 비행속도와 회전수
④ 원심력과 공기탄성력

🔍 **해설**

비행속도와 회전수

트랩으로부터 가장 좋은 비행 각도로 평온한 기상 상태에서 75[m]를 날지 않으면 안 된다. 초속 몇 [m]라는 규정은 없으나, 보통 초속 30[m]이다.

비행 중에 프로펠러는 비행기의 전진 운동과 그 단면의 회전 운동이 합성된 운동을 하므로 비행속도와 회전수가 깃의 받음각에 큰 영향을 미친다.

06 그림과 같은 날개(Wing)의 테이퍼비(Taper ratio)는 얼마인가?

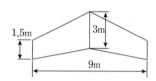

① 0.5
② 1.0
③ 3.5
④ 6.0

🔍 **해설**

테이퍼 비(Taper ratio taper)

날개끝 시위 길이와 날개뿌리 시위 길이와의 비. 직사각형 날개는 테이퍼비가 1이고 삼각 날개는 테이퍼비가 0이다.
따라서, 위 그림의 테이퍼비(Taper ratio)는 0.5이다.

$$(테이퍼비)\lambda = \frac{C_t}{C_r} = \frac{1.5}{3} = 0.5$$

07 그림과 같이 초음속 흐름에 쐐기 형 에어포일 주위에 충격파와 팽창파가 생성될 때 각각의 흐름의 마하수(M)와 압력(P)에 대한 설명으로 옳은 것은?

① ㉠는 충격파이며 $M_1 > M_2$, $P_1 < P_2$이다.
② ㉡는 충격파이며 $M_2 > M_3$, $P_2 < P_3$이다.
③ ㉠는 팽창파이며 $M_1 > M_2$, $P_1 < P_2$이다.
④ ㉡는 팽창파이며 $M_2 > M_3$, $P_2 < P_3$이다.

🔍 **해설**

초음속(Supersonic)

항공기 비행속도와 항공기 주위 공기흐름 속도 모두 항상 음속보다 빠른 영역으로써, 비행속도는 마하수 1.2~5.0이다.

초음속 흐름에는 단면적과 유속이 비례하므로 수축 단면에서는 속도가 감소하고 압력은 높아진다.

그림과 같은 단면에서 처음 흘러들어오는 기류는 초음속이며, 압력은 낮아서 약간 파인 경사충격파가 발생되고, 수축 단면으로 가면서 속도는 줄고 압력은 높아 강한 수직 충격파 발생, 이후 다시 확산단면이 되면서 속도는 증가하고 압력이 낮아지면서 부채 살 모양의 팽창파가 발생하며, 단면이 끝나는 지점에서는 다시 처음 상태와 같은 경사 충격파가 발생한다.

08 항공기가 선회경사각 30°로 정상 선회할 때 작용하는 원심력이 3,000[kgf]이라면 비행기의 무게는 약 몇 [kgf]인가?

① 6,150
② 6,000
③ 5,800
④ 5,196

🔍 **해설**

선회 비행

항공기의 선회 비행과 하중 계수입니다. 항공기가 이륙하고 상승하면 선회합니다. 여객기가 목적지를 향해 방향을 틀기 위해서는 반드시 선회를 해야 합니다.

원심력$= \frac{WV^2}{gR} = W\tan\theta$ 이므로 $3,000 = W\tan\theta = 5,196[\text{kgf}]$

09 수직강하와 함께 비행기의 스핀(Spin)운동을 이루는 현상은?

[**정답**] 05 ③ 06 ① 07 ① 08 ④ 09 ①

① 자전(Auto rotation) 현상
② 딥실속(Deep stall) 현상
③ 날개드롭(Wing drop) 현상
④ 가로방향 불안정(Dutch roll) 현상

해설

비행기의 스핀(Spin)운동

스핀(Spin)은 어느 한쪽 날개가 반대쪽 날개보다 적게 실속(Stall)에 들어감으로 인해 유발되며, 수직 강하와 자전현상이 조합된 비행을 말한다.

10 항공기 총 중량 24,000[kgf]의 75[%]가 주(제동)바퀴에 작용한다면 마찰계수가 0.7일 때 주 바퀴의 최소 제동력은 몇 [kgf]이어야 하는가?

① 5,250
② 6,300
③ 12,600
④ 25,200

해설

주 바퀴의 최소 제동력

총 중량이 24,000[kg]이며, 총 중량의 75[%]가 주 바퀴에 작용하는 하중으로 $24,000 \times 0.75 = 18,000[kg]$

∴ $18,000 \times 0.7 = 12,600[kgf]$

11 비행기의 세로안정을 향상시키는 방법이 아닌 것은?

① 꼬리날개효율을 높인다.
② 꼬리날개부피를 최대한 줄인다.
③ 무게중심의 위치를 공기역학적 중심 앞으로 위치시킨다.
④ 무게중심과 공기역학적 중심과의 수직거리를 양(+)의 값으로 한다.

해설

세로안정

• 무게중심이 공기역학적 중심보다 앞에 위치할 것
• 날개가 무게중심보다 놓은 위치에 있을 것
• 꼬리날개의 면적을 크게 하거나 시위를 크게 할 것
• 꼬리날개의 효율을 크게 할 것

12 제트 비행기의 속도에 따른 추력변화 그래프 분석을 통해 알 수 있는 최대항속거리에 대한 조건으로 옳은 것은?

① 속도에 대한 필요추력의 비가 최대인 값
② 속도에 대한 필요추력의 비가 최소인 값
③ 속도에 대한 이용추력의 비가 최대인 값
④ 속도에 대한 이용추력의 비가 최소인 값

해설

최대 항속거리

항공기나 선박이 연료를 최대 적재량까지 실어 비행 또는 항행할 수 있는 최대 거리이다. 예비연료는 제외하기도 한다.

이륙 시 탑재한 연료를 다 사용할 때까지의 비행거리를 말 하므로 속도에 따른 필요 추력이 작을수록, 양항비가 클수록, 고도에 따른 연료 소비율이 작을수록 항속 거리는 길어진다.

13 회전익장치가 하나뿐인 헬리콥터는 질량이 큰 동체가 하나의 점에 매달려 있는 것과 같아 한번 흔들리면 전후. 좌우로 자연스럽게 진동운동을 하게 되는데 이런 현상을 무엇이라 하는가?

① 지면효과(Ground effect)
② 시계추작동(Pendular action)
③ 코리오리스 효과(Coriolis effect)
④ 편류(Drift or translating tendency)

해설

시계추작동(Pendular action)

주 회전익장치가 하나뿐인 헬리콥터는 시계추의 구조와 같이 질량이 상당히 큰 동체가 하나의 점에 매달려 있는 것과 같다. 한번 흔들리면 시계추와 같이 전후 또는 좌우로 자연스럽게 진동운동을 하게 된다. 이런 현상은 과도하게 조종할수록 더욱 커진다.

14 지구를 둘러싸고 있는 대기를 지표에서 고도가 높아지는 방향으로 순서대로 나열한 것은?

① 성층권, 대류권, 중간권, 열권, 외기권
② 대류권, 중간권, 열권, 성층권, 외기권
③ 성층권, 열권, 중간권, 대류권, 외기권
④ 대류권, 성층권, 중간권, 열권, 외기권

[정답] 10 ③ 11 ② 12 ② 13 ② 14 ④

해설

지표로부터 대류권(11[km]) → 성층권(50[km]) → 중간권(80[km]) → 열권(300~500[km]) → 극외권(1,000[km])

15 일반적인 프로펠러의 깃뿌리에서 깃 끝으로 위치변화에 따른 깃각의 변화를 옳게 설명한 것은?

① 커진다
② 작아진다
③ 일정하다
④ 종류에 따라 다르다.

해설

프로펠러 회전면은 중심에서 깃 끝으로 갈수록 선속도가 빨라지므로 회전면에서의 고른 추력을 위해 회전선속도가 느린 허브 쪽에서는 큰 깃 각을 선속도가 빠른 깃 끝은 작은 깃 각이 요구된다.

16 직경 20[cm]인 원형배관이 직경 10[cm]인 원형배관과 연결되어 있다. 직경 20[cm]인 원형배관을 지난 공기가 직경 10[cm]인 원형배관을 지나게 되면 유속의 변화는 어떻게 되는가?

① 2배로 증가한다.
② $\frac{1}{2}$로 감소한다.
③ 4배로 증가한다.
④ $\frac{1}{4}$로 감소한다.

해설

연속의 법칙에서 단면적과 유속은 반비례하므로 단면적으로 계산하면 면적이 1/4로 감소했으므로 속도는 4배로 증속된다.

17 수평꼬리날개에 의한 모멘트의 크기를 가장 옳게 설명한 것은? (단, 양(+), 음(-)의 부호는 고려하지 않는다.)

① 수평 꼬리날개의 면적이 클수록, 수평 꼬리날개 주위의 동압이 작을수록 커진다.
② 수평 꼬리날개의 면적이 클수록, 수평 꼬리날개 주위의 동압이 클수록 커진다.

③ 수평 꼬리날개의 면적이 작을수록, 수평 꼬리날개 주위의 동압이 클수록 커진다.
④ 수평 꼬리날개의 면적이 작을수록, 수평 꼬리날개 주위의 동압이 작을수록 커진다.

해설

$M = C_h \cdot q \cdot b \cdot c^2$ 이므로 조종모멘트는 힌지모멘트계수와 동압과 조종면의 폭과 평균시위의 제곱에 비례함

18 항공기엔진이 정지한 상태에서 수직강하하고 있을 때 도달 할 수 있는 최대속도인 종극속도 상태의 경우는?

① 항공기 양력과 항력이 같은 경우
② 항공기 양력의 수평분력과 항력의 수직분력이 같은 경우
③ 항공기 총중량과 항공기에 발생되는 항력이 같아지는 경우
④ 항공기 총중량과 항공기에 발생되는 양력이 같은 경우

해설

급강하 상태에서 종극 속도란 총중량과 항력의 크기가 같아져서 더 이상 중력 가속도에 의한 속도 증속 없이 일정속도에 도달할 때 (즉, $W=D$)

19 헬리콥터에서 양력 불균형이 일어나지 않도록 하는 주회전날개 깃의 플래핑 작용의 결과로 나타나는 현상으로 옳은 것은?

① 후퇴하는 깃에는 최대상향 변위가 기수 전방에서 나타난다.
② 후퇴하는 깃에는 최대상향 변위가 기수 후방에서 나타난다.
③ 전진하는 깃에는 최대상향 변위가 기수 후방에서 나타난다.
④ 전진하는 깃에는 최대상향 변위가 기수 전방에서 나타난다.

해설

[정답] 15 ② 16 ③ 17 ② 18 ③ 19 ④

회전날개의 플래핑 운동은 회전면에서 전진 깃과 후퇴 깃에서의 양력의 불균형을 막기 위해 상향 시 깃의 받음각 감소, 하향 시 깃의 받음각 증가, 전지 블레이드에서 저 피치, 양력 감소, 후퇴 블레이드에서 고 피치, 양력 증가로 양력의 수평성분을 갖게 한다.

전진 깃에서 90°상향 플래핑 180°에서 상향 플래핑 최대 270°하향 플래핑 360° 하향 플래핑 최대가 된다.

20 다음 중 양(+)의 가로안정성(Lateral stability)에 기여하는 요소로 거리가 먼 것은?

① 저익(Low wing)
② 상반각(Dihedral angle)
③ 후퇴각(Sweep back angle)
④ 수직꼬리날개(Vertical tail)

해설

수직 꼬리 날개는 수직 안정판과 방향타로 구성되어 있으며, 방향조종 및 방향 안정성을 만들므로 가로 안정성에는 거리감이 있고, 뒤젖힘 각을 주면 가로안정과 방향안정성이 증대된다.

• 날개의 부착 위치에 따른 상반각 효과
  높은 날개 : +2∼+3°의 쳐든각 효과
  중간 날개 : 부착 위치만큼의 쳐든각 효과
  낮은 날개 : −3∼−4°의 쳐든각 효과로 음(−)의 값을 가지므로 큰 상반각이 요구됨

제2과목 ▶ 항공기관

21 가스터빈엔진의 압축기 블레이드 오염(Dirty or contamination)으로 발생되는 현상이 아닌 것은?

① 연료소모율 증가
② 엔진 서지
③ 엔진 회전속도 증가
④ 배기가스 온도 증가

해설

압축기 깃이 오염되면 깃과 깃 사이의 유로단면적의 변화로 인한 실속의 원인되고, 따라서 출력과 회전속도는 감소하고 배기가스온도는 증가하며 같은 출력을 요구할 때 연료소비는 증가한다.

22 왕복엔진의 크랭크 핀(Crank pin)의 속이 비어있는 이유가 아닌 것은?

① 윤활유의 통로 역할을 한다.
② 열팽창에 의한 파손을 방지한다.
③ 크랭크축의 전체 무게를 줄여준다.
④ 탄소 침전물 등 이물질을 모으는 슬러지 실(Sludge chamber) 역할을 한다.

해설

무게를 경감하고 오일통로 및 Sludge Chamber의 역할과 열팽창에 의한 파손 방지를 위해 중공이다.

23 제트엔진에서 착륙거리를 줄이기 위하여 사용하는 장치는?

① 베인
② 방향타
③ 노즐
④ 역추력 장치

해설

역추력 장치는 항공기가 착륙할 때 배기가스의 방향을 전진방향으로 하여 착륙활주거리를 감소시키는 장치로 반드시 바퀴가 접지된 후에 사용해야 한다.

24 압축비가 8인 경우 오토사이클의 열효율은 약 몇 [%]인가? (단, 작동유체는 공기이고, 비열비는 1.40이다.)

① 48.9
② 56.5
③ 78.2
④ 94.5

해설

$$\eta_{tho} = 1 - \left(\frac{1}{\varepsilon}\right)^{k-1} = 1 - \frac{1}{8^{1.4-1}} = 0.5647 = 56.47[\%]$$

25 터보제트엔진의 추진효율이 1일 때는?

① 비행속도가 음속을 돌파할 때
② 비행속도와 배기가스 속도가 같을 때

[정답] 20 ① 21 ③ 22 ② 23 ④ 24 ② 25 ②

③ 비행속도가 배기가스 속도보다 빠를 때

④ 비행속도가 배기가스 속도보다 늦을 때

해설

터빈엔진의 추진효율은 공기가 기관을 통과하면서 얻은 운동에너지에 의한 동력과 추진동력의 비로서 $\eta_p = \dfrac{2V_a}{V_j + V_a}$ 이므로 추진효율이 1이면 비행속도와 배기속도는 같아야 한다.

26 열역학에서 가역과정에 대한 설명으로 옳은 것은?

① 마찰과 같은 요인이 있어도 상관없다.

② 주위의 작은 변화에 의해서는 반대과정을 만들 수 없다.

③ 계와 주위가 항상 불균형 상태여야 한다.

④ 과정이 일어난 후에도 처음과 같은 에너지양을 갖는다.

해설

가역과정(Reversible process)

계가 한 상태에서 다른 상태로 변화한 후에 계와 주위에 아무런 영향도 주지 않으면서 다시 맨 처음의 상태로 되돌아올 수 있는 이상적인 과정을 말한다.

27 항공기 연료 "옥탄가 90"에 대한 설명으로 옳은 것은?

① 노말헵탄 105에 세탄 90[%]의 혼합물과 같은 정도를 나타내는 가솔린이다.

② 연소 후에 발생하는 옥탄가스의 비율이 90[%] 정도를 차지하는 가솔린이다.

③ 연소 후에 발생하는 세탄가스의 비율이 10[%] 정도를 차지하는 가솔린이다.

④ 이소옥탄 90[%]에 노말헵탄 10[%]의 혼합물과 같은 정도를 나타내는 가솔린이다.

해설

옥탄가는 표준연료에서 이소옥탄과 노말헵탄의 함유량 중 이소옥탄이 차지하는 백분율이다.

28 윤활계통 중 오일탱크의 오일을 베어링까지 공급해 주는 것은?

① 드레인 계통(Drain system)

② 가압계통(Pressure system)

③ 브레더 계통(Breather system)

④ 스캐빈지계통(Scavenge system)

해설

가압계통은 압력펌프에 의해 엔진으로 공급하는 계통이며 배유계통(Scavenge)은 작동을 마친 오일을 탱크로 리턴시키는 계통이다.

29 비행속도가 V, 회전속도가 n[rpm]인 프로펠러의 1회전 소요시간이 $\dfrac{60}{n}$ 초 일 때 유효피치를 나타내는 식은?

① $\dfrac{60V}{n}$

② $\dfrac{60n}{V}$

③ $\dfrac{nV}{60}$

④ $\dfrac{V}{60}$

해설

유효피치는 프로펠러의 1회전에 실제 전진한 거리이며 rpm이 분당이므로 비행속도에 60을 곱해서 rpm으로 나눈 값이다.

$$V \times \dfrac{60}{n}$$

30 FADEC(Full Authority Digital Electronic Control)에서 조절하는 것이 아닌 것은?

① 오일 압력

② 엔진 연료 유량

③ 압축기 가변 스테이터 각도

④ 실속 방지용 압축기 블리드 밸브

해설

FADEC는 엔진의 출력과 연료조정, 실속과 관련되는 자료들을 수집하고 이를 엔진제어에 사용한다.

[정답] 26 ④ 27 ④ 28 ② 29 ① 30 ①

31 왕복엔진의 고압 마그네토(Magneto)에 대한 설명으로 틀린 것은?

① 콘덴서는 브레이커 포인트와 병렬로 연결되어 있다.

② 전기누설 가능성이 많은 고공용 항공기에 적합하다.

③ 1차회로는 브레이커 포인트가 붙어있을 때에만 폐회로를 형성한다.

④ 마그네토의 자기회로는 회전영구자석, 폴슈(Pole shoe) 및 철심으로 구성되어 있다.

해설

고전압 계통은 주로 저공비행하는 항공기에 사용하는 점화계통이며 비행고도가 높아지면 기압이 낮아져서 플래시 오버와 같은 결함이 발생하므로 2차코일의 위치를 실린더 헤드에 위치시켜 고전압이 흐르는 전선의 길이를 줄여 전기적인 누설 가능성을 줄여주는 저전압 계통을 사용한다.

32 왕복엔진의 부자식 기화기에서 부자실(Float chamber)의 연료 유면이 높아졌을 때 기화기에서 공급하는 혼합비는 어떻게 변하는가?

① 농후해진다

② 희박해진다.

③ 변하지 않는다.

④ 출력이 증가하면 희박해진다.

해설

부자실의 작동기구는 Needle과 Seat로 구성되고 유면의 조절은 Seat의 Washer로 한다.
- 와셔 제거 ➔ 유면상승 ➔ Rich
- 와셔 첨가 ➔ 유면하강 ➔ Lean

33 가스터빈엔진의 공압시동기(Pneumatic starter)에 공급되는 고압공기 동력원이 아닌 것은?

① 지상동력장치(Ground power unit)

② 보조동력장치(Auxiliary power unit)

③ 다른 엔진의 배기가스(Exhaust gas)

④ 다른 엔진의 블리드 공기(Bleed air)

해설

공기압식 시동기는 압축기에서 압축된 공기압(pneumatic pressure)을 사용하는 시동기이다.

34 왕복엔진에서 엔진오일의 기능이 아닌 것은?

① 재생작용

② 기밀작용

③ 윤활작용

④ 냉각작용

해설

오일의 작용

Oiling(윤활작용), Cooling(냉각작용), Sealing(밀봉, 기밀작용), Cleaning, Anti-corrosion(부식방지)등 이다.

35 다음 중 고공에서 극초음속으로 비행할 경우 성능이 가장 좋은 엔진은?

① 터보팬엔진

② 램제트엔진

③ 펄스제트엔진

④ 터보제트엔진

해설

램제트 엔진

항공역학적으로 설계된 파이프로 내부에서 회전하는 장치 없이 고속일수록 램효과에 의해 효율을 극대화할 수 있는 간단하고 가벼운 초음속용 제트엔진이다.

36 속도 1,080[km/h]로 비행하는 항공기에 장착된 터보제트엔진이 중량유량 294[kgf/s]로 공기를 흡입하여 400[m/s]로 배기분사 시킬 때 진추력은 몇 [N]인가?

① 1000

② 3000

③ 29400

④ 108000

해설

$$F_n = \frac{W_a}{g}(V_j - V_a) = \frac{294}{9.8}\left(400 - \frac{1080}{3.6}\right) = 3000[\text{kgf}]$$

1[kgf]=9.8[N], 1[N]=0.102[kgf]이므로,
3000/0.102=29411.76[N]

[정답] 31 ② 32 ① 33 ③ 34 ① 35 ② 36 ③

Aircraft Maintenance

37 정속프로펠러의 블레이드 각이 증가하면 나타나는 현상은?

① 회전수가 감소한다.
② 엔진출력이 감소한다.
③ 진동과 소음이 심해진다.
④ 실속 속도가 감소하고 소음이 증가한다.

> **해설**
>
> 깃각이 증가하면 회전저항이 증가하여 회전수는 감소하고 추력이 증가하여 비행속도가 증가한다.

38 겨울철 왕복엔진 작동(Reciprocating engine operation in winter)전 점검사항이 아닌 것은?

① 연료 가열(Fuel heating)
② 섬프 드레인(Sump drain)
③ 엔진 예열(Engine preheat)
④ 결빙 방지제 첨가(Anti-icing fluid additive)

> **해설**
>
> **겨울철 왕복기관의 작동 시 준비사항**
> 연료섬프 드레인, 연료 결빙 방지제 첨가, 엔진 예열(오일계통)

39 항공용 왕복엔진의 효율과 마력에 대한 설명으로 틀린 것은?

① 지시마력은 지압선도로부터 구할 수 있다.
② 연료소비율(SFC)은 1마력당 1시간 동안의 연료소비량이다.
③ 기계효율은 지시마력과 이론마력의 비이다.
④ 축마력은 실제 크랭크축으로부터 측정한다.

> **해설**
>
> 기계효율은 지시마력과 제동마력의 비이다.

40 지시마력을 나타내는 식 $iHP = \dfrac{P_{mi}LANK}{75 \times 2 \times 60}$ 에서 N이 의미하는 것은? (단, P_{mi} : 지시평균 유효압력, L : 행정 길이, A : 실린더 단면적, K : 실린더 수 이다.)

① 축마력
② 기계효율
③ 제동평균 유효압력
④ 엔진의 분당 회전수

> **해설**
>
> 축마력은 제동마력 또는 정미마력으로 bHP, 기계효율은 지시마력과 제동마력의 비로 η_m, 제동평균유효압력은 P_{mb}, 엔진의 분당회전수는 $RPM[N]$

제3과목 ◀ **항공기체**

41 다음 AA(Aluminum Association) 규격의 알루미늄합금 중 마그네슘 성분이 없거나 가장 적게 함유된 것은?

① 2024
② 3003
③ 5052
④ 7075

> **해설**
>
> **AA 규격 식별 기호**
> - Al 2024 : A-24S, 구리 4.4[%], 마그네슘 1.5[%]를 첨가한 합금으로 초듀랄루민(Super Duralumin)이라고도 하며, 파괴에 대한 저항성이 우수하고 피로 강도도 양호하여, 인장하중이 크게 작용하는 대형 항공기의 날개 밑면의 외피나 여압 동체의 외피 등에 쓰인다.
> - Al 3003 : A-3S, 내식성 우수, 가공성과 용접성이 우수하고 일반적으로 가공 경화 상태로 사용-연료 탱크의 배관이나 날개 끝의 Skin으로 사용한다.
> - Al 5052 : A-52S, 염분에 의한 부식에 강하고, 가공성과 용접성이 우수하며, 특히 피로 강도가 우수하여 진동이 심한 기관 부품에 사용-판재, 봉재, 관재, 벌집형 재료 및 내부 재료 등에 사용한다.
> - Al 7075 : A-75S, 아연 5.6[%], 마그네슘 2.5[%]를 첨가한 합금으로 2024보다 강도가 높고 내식성이 우수하여 극초두랄루민(ESD : Extra Super Duralumin)이라고도 하며, 항공기의 주날개 외피와 날개보, 기체 구조부분 등에 사용-큰 강도가 요구되는 구조부 및 압출 재료로 사용한다.

42 다음 중 날개에 발생한 비틀림 하중을 감당하기에 가장 효과적인 것은?

[정답] 37 ① 38 ① 39 ③ 40 ④ 41 ② 42 ④

① 스파   ② 스킨

③ 리브   ④ 토션 박스

🔍 해설

토션 박스(Torsion Box)
- 토션박스는 날개의 비틀림 응력에 대한 안정성을 갖는 구조로써 토션빔, 토션바, 토션박스가 있다.
- 토션 빔은 한줄의 빔으로는 응력에 대응하기 힘이 드므로 빔을 두줄 이상 넣어서 해결하고 있으나 빔 사이의 외피와 리브에 그 응력이 집중되므로 외피부분을 강하게 하여 박스형태의 구조로 만들게 된다.

43 항공기 기체의 비틀림 강도를 높이기 위한 방법으로 틀린 것은?

① 기체의 길이를 증가시킨다.

② 기체 표피의 두께를 증가시킨다.

③ 표피 소재의 전단계수를 증가시킨다.

④ 기체의 극단면 2차 모멘트를 증가시킨다.

🔍 해설

$T = 2\tau At$

(T : 비틀림력, τ : 전당응력, A : 단면적, t : 두께)

기체의 비틀림 강도를 높이기 위한 방법으로는 표피 두께를 증가시키고, 표피 소재의 전간력을 높이고, 모멘트를 증가시킨다.

44 금속판재를 굽힘가공할 때 응력에 의해 영향을 받지 않는 부위를 무엇이라 하는가?

① 굽힘선(Bend line)   ② 몰드선(Mold line)

③ 중립선(Neutral line)   ④ 세트백 선(Setback line)

🔍 해설

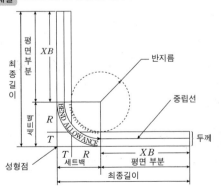

45 항공기가 비행 중 오른쪽으로 옆놀이 현상이 발생하였다면 지상 정비작업으로 옳은 것은?

① 왼쪽 보조날개 고정탭을 올린다.

② 방향타의 탭을 왼쪽으로 굽힌다.

③ 오른쪽 보조날개 고정탭을 올린다.

④ 방향타의 탭을 오른쪽으로 굽힌다.

🔍 해설

고정 탭(Fixed Tab)
- 비행 중에 조종사가 조절할 수 있는 Tab이 아니며 정비사가 지상에서 조절할 수 있는 Tab이다.
- Aileron 또는 Rudder에 설치되어 있으며, 정비사가 직접 구부려서 비행자세를 수정한다.
- 고속으로 비행 중일 때에는 조종사가 항공기의 자세를 미세하게 조정할 수 있다.
- 비행 중에 조종사가 자동조종장치를 사용해서 오른쪽에 있는 Aileron에 달린 Tab을 올려서 항공기 스스로 자세를 바로 수정한다.

46 높이가 H이고 폭이 B인 그림과 같은 직사각형의 무게중심을 원점으로 하는 X축에 대한 관성모멘트는?

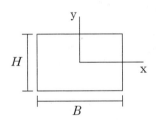

① $\dfrac{BH^3}{36}$ ② $\dfrac{BH^3}{24}$

③ $\dfrac{BH^3}{12}$ ④ $\dfrac{BH^3}{4}$

🔍 해설

단면 형상	A	I (관성모멘트)	k^2	Z
(직사각형 $h \times b$)	bh	$\dfrac{bh^3}{12}$	$\dfrac{h^2}{12}$	$\dfrac{bh^2}{6}$

단면 형상	A	I (관성모멘트)	k^2	Z
	$\dfrac{\pi d^2}{4}$	$\dfrac{\pi d^4}{64}$	$\dfrac{d^2}{16}$	$\dfrac{\pi d^3}{32}$
	$\dfrac{\pi}{4}(d_2^{\,2}-d_1^{\,2})$	$\dfrac{\pi}{64}(d_2^{\,4}-d_1^{\,4})$	$\dfrac{1}{16}(d_2^{\,2}-d_1^{\,2})$	$\dfrac{\pi}{32}\dfrac{d_2^{\,4}-d_1^{\,4}}{d_2}$

47 경항공기에 사용되는 일반적인 고무완충식 착륙장치(Landing gear)의 완충효율은 약 몇 [%]인가?

① 30 　　　　　② 50

③ 75 　　　　　④ 100

🔍 **해설**

완충 장치

- 고무 완충장치 : 고무의 감쇄성 이용, 효율 50[%]
- 평판 스프링식 완충장치 : Coil spring, 평판 Spring의 탄성 이용, 효율 50[%]
- 공기 압축식 완충장치 : 공기의 압축성 이용, 효율 47[%]
- Oleo식(공유압식) 완충장치 : Orifice와 Metering Pin에 의해 충격 에너지를 운동 에너지로 변환시켜 완충, 효율 75[%] 이상
- Air-Oleo Combination : Oleo식의 Strut에 외부로 공기압 실린더를 추가하여 완충 효과를 높인 것, 효율 80[%] 이상, 고속 및 대형 항공기에 사용

48 2개의 알루미늄 판재를 리벳팅하기 위해 구멍을 뚫으려할 때 판재가 움직이려 한다면 사용해야 하는 것은?

① 클레코 　　　　　② 리머

③ 버킹바 　　　　　④ 뉴메틱 해머

🔍 **해설**

접합 할 금속판을 고정시키는데 사용하는 공구

시트 파스너(Sheet fastener), 클레코(Cleco), C 클램프, 락킹 플라이어

49 다음 중 부식의 종류에 해당되지 않는 것은?

① 응력 부식 　　　　　② 표면 부식

③ 입자간 부식 　　　　　④ 자장 부식

🔍 **해설**

부식의 종류

- 표면 부식(Surface corrosion)
화학침식 또는 전기화학 침식에 의해서 형성되며 가루모양의 부식 생성물로 확인 가능하고, 표면의 거칠어짐(Roughening), 긁힘, 패임 등의 형태로 발생함
- 이질 금속간 부식(Bimetal type corrosion or Galvanic corrosion)
이질 금속이 서로 접촉된 상태에서 습기 또는 타 물질에 의해 어느 한쪽 재료가 먼저 부식되는 현상으로 접촉면에 부식 퇴적물을 만드는 부식
- 공식 부식(Pitting corrosion)
금속 표면 일부분의 부식 속도가 빨라서 국부적으로 깊은 홈을 발생시키는 부식 – 주로 알루미늄 합금과 스테인리스강과 같이 산화 피막이 형성되는 금속 재료에 많이 발생 – 백색이나 회색 부식 생성물과 그 하단에 홈 발생
- 입자 부식(Inter-granular corrosion)
금속 재료의 결정 입자에서 합금 성분의 불균일한 분포로 인하여 발생하는 부식으로 부식 부위가 부풀어 오르거나 나뭇결, 섬유 조직 형태로 나타나는 부식으로 효과적인 검사법 초음파 검사, 와전류 탐상 법이 있음
- 응력 부식(Stress corrosion)
강한 인장 응력과 적당한 부식 환경 조건이 재료 내부에 복합적으로 작용하여 발생하는 부식으로 표면에 균열 형태로 나타남
- 프레팅 부식(Fretting corrosion)
마찰부식은 두 금속 간의 접합면에서 미세한 부딪힘이 지속 되는 상대운동에 의하여 발생하며 부식성의 침식에 의해 손상되는 형태

50 알루미나(Alumina)섬유의 특징으로 틀린 것은?

① 은백색으로 도체이다.

② 금속과 수지와의 친화력이 좋다.

③ 표면처리를 하지 않아도 FRP나 FRM으로 할 수 있다.

④ 내열성이 뛰어나 공기중에서 1,300[°C]로 가열해도 취성을 갖지 않는다.

🔍 **해설**

알루미나(Alumina)섬유

- 무색투명하며, 약 1,300[°C]로 가열하여도 물성이 유지되는 우수한 내열성을 가지고 있다.

[정답] 47 ② 48 ① 49 ④ 50 ①

- 표면처리를 하지 않아도 FRP나 FRM으로 할 수 있다.
- 금속과 수지와의 친화력이 좋다

---

51 샌드위치구조의 특징에 대한 설명이 아닌 것은?

① 습기와 열에 강하다.

② 기존의 보강재보다 중량당 강도가 크다.

③ 같은 강성을 갖는 다른 구조보다 무게가 가볍다.

④ 조종면(Control surface)이나 뒷전(Trailing edge) 등에 사용된다.

해설

샌드위치 구조(Sandwich Structure)
- 2개의 외판 사이에 삽입물(Core)을 삽입 고착시킨 구조
- 주로 보강재 사용이 어려운 곳에 사용(날개, 꼬리 날개, 동체 마루판)

---

52 볼트그립 길이와 볼트가 장착되는 재료의 두께에 관한 설명으로 옳은 것은?

① 볼트가 장착될 재료의 두께는 볼트그립 길이의 2배여야 한다.

② 볼트그립 길이는 가장 얇은 판 두께의 3배가 되어야 한다.

③ 볼트가 장착될 재료의 두께는 볼트그립 길이에 볼트 직경의 길이를 합한 것과 같아야 한다.

④ 볼트그립 길이는 볼트가 장착되는 재료의 두께와 같거나 약간 길어야 한다.

해설

볼트
- 그립의 길이는 부재의 두께와 같거나 약간 길어야 한다.
- 그립 길이의 미세한 조정은 와셔의 삽입으로 가능하다.

---

53 항공기에 일반적으로 사용하는 리벳 중 순수 알루미늄(99.45[%])으로 구성된 리벳은?

① 1100

② 2017 − T

③ 5056

④ 2117 − T

해설

1100 Rivet(A)
순수 알루미늄 리벳으로 열처리가 필요 없고 비 구조용에 사용한다. 순수 알루미늄(99.45[%])으로 구성되어 있다.

---

54 케이블 턴버클 안전결선방법에 대한 설명으로 옳은 것은?

① 배럴의 검사구멍에 핀을 꽂아 핀이 들어가지 않으면 양호한 것이다.

② 단선식결선법은 턴버클 엔드에 최소 10회 감아 마무리한다.

③ 복선식결선법은 케이블 직경이 1/8[in] 이상인 경우에 주로 사용한다.

④ 턴버클엔드의 나사산이 배럴 밖으로 10개 이상 않도록 한다.

해설

Turn buckle의 안전고정 작업
- 단선식 결선법(Single wrap method)은 Cable 직경이 1/8[in] 이하에 사용하며 Turn buckle end에 5~6회(최소 4회) 감아 마무리한다.
- 복선식 결선법(Double wrap method)은 Cable 직경이 1/8[in] 이상인 경우에 사용한다.
- 고정클립은 배럴과 단자에 홈이 있을 때 사용가능하다.

---

55 조종 케이블이 작동 중에 최소의 마찰력으로 케이블과 접촉하여 직선운동을 하게 하며, 케이블을 작은 각도 이내의 범위에서 방향을 유도하는 것은?

① 풀리(Pulley)

② 페어리드(Fair lead)

③ 벨 크랭크(Bell crank)

④ 케이블드럼(Cable drum)

[정답] 51 ① 52 ④ 53 ① 54 ③ 55 ②

Aircraft Maintenance

🔍 **해설**

페어리드(Fair lead)
- 풀리는 케이블 유도, 케이블의 방향 전환
- 케이블 드럼(Cable drum)은 케이블 조종계통에 사용
- 턴버클은 케이블 장력 조절
- 페어 리드는 조종 케이블의 작동 중 최소의 마찰력으로 케이블과 접촉하여 직선운동을 하며 케이블을 3° 이내에서 방향을 유도
- 벨 크랭크는 로드와 케이블의 운동방향을 전환하고자 할 때 사용하며 회전축에 대하여 2개의 암을 가지고 있어 회전운동을 직선운동으로 바꿔줌

56 그림과 같은 수송기의 V−n선도에서 A와 D의 연결선은 무엇을 나타내는가?

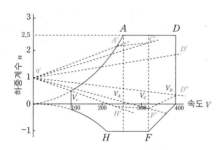

① 돌풍 하중배수
② 양력계수
③ 설계 순항속도
④ 설계제한 하중배수

🔍 **해설**

설계 급강하 속도
- $V-n$선도에서 최대 속도를 나타내고, 구조 강도의 안정성과 조종면에서 안전을 보장하는 설계상의 최대 허용 속도이다.
- 설계 순항 속도(V_C)는 운항 효율이 가장 효율적으로 얻어지도록 정한 설계 속도이다.
- 설계 운용 속도(V_A)는 Flap 올림 상태에서 설계 무게에 대한 실속 속도를 정하며, 한계 하중 계수와의 관계식은 $V_A = \sqrt{n_1} V_s$ 이다.(n_1: 설계 제한 하중배수)
- 돌풍 하중배수 선도는 일반적으로 속도 - 하중배수 선도에 나타내는 돌풍은 20.1[m/s], 15.25[m/s], 7.6[m/s]의 상승 및 하강 속도를 선택한다.
- H - F 구간은 최소제한하중배수이다.

57 항공기 나셀에 대한 설명으로 틀린 것은?

① 나셀의 구조는 세미모노코크구조 형식으로 세로부재와 수직부재로 구성되어 있다.
② 항공기 엔진을 동체에 장착하는 경우에도 나셀의 설치는 필요하다.
③ 나셀은 외피, 카울링, 구조부재, 방화벽, 엔진마운트로 구성되며 유선형이다.
④ 나셀은 안으로 통과하여 나가는 공기의 양을 조절하여 엔진의 냉각을 조절한다.

🔍 **해설**

나셀(Nacelle)
- 나셀은 기체에 장착된 엔진을 둘러싸는 부분을 말하며, 엔진 및 엔진에 관련된 각종 장치를 수용하는 공간이다.
- 나셀은 공기 역학적으로 저항을 적게 하기 위하여 유선형으로 되어 있다.
- 동체 안에 엔진을 장착할 때에는 나셀이 필요 없다.
- 나셀은 동체 구조와 마찬가지로 외피, 카울링, 구조 부재, 방화벽 그리고 기관 마운트로 구성되어 있다.

58 다음 중 한쪽에서만 작업이 가능하도록 고안된 리벳이 아닌 것은?

① 리브 너트(Rivnut)
② 체리 리벳(Cherry rivet)
③ 폭발 리벳(Explosive rivet)
④ 솔리드 섕크 리벳(Solid shank rivet)

🔍 **해설**

블라인드 리벳
- 블라인드 리벳은 버킹 바를 가까이 댈 수 없는 좁은 장소 또는 어떤 방향에서도 손을 넣을 수 없는 박스구조에서는 한쪽에서의 작업만으로 리벳팅 할 수 있는 리벳이 필요하다.
- 블라인드 리벳으로 종류는 체리 리벳, 리브 너트, 폭발 리벳이 있다.

59 엔진이 2대인 항공기의 엔진을 1,750[kg]의 모델에서 1,850[kg]의 모델로 교환하였으며, 엔진은 기준선에서 후방 40[cm]에 위치하였다. 엔진을 교환하기 전의 항공기 무게평형(weight and balance)기록에는 항공기 무게 15,000[kg], 무게중심은 기준선 후방 35[cm]에 위치하였다면, 새로운 엔진으로 교환 후 무게중심위치는?

[정답] 56 ④ 57 ② 58 ④ 59 ③

① 기준선 전방 약 32[cm]

② 기준선 전방 약 20[cm]

③ 기준선 후방 약 35[cm]

④ 기준선 후방 약 45[cm]

🔍 **해설**

새로운 $c.g = \dfrac{\text{본래모멘트} + \text{추가모멘트}}{\text{본래의 무게} + \text{추가된 무게}}$

$c.g = \dfrac{\text{본래모멘트}}{\text{본래무게}}$, 본래모멘트 $= c.g \times$ 본래무게

본래모멘트 $= 35 \times 15,000 = 525,000$

$c.g = \dfrac{525,000 + 100 \times 2 \times 40}{1,500 + 200} = 35[cm]$

60 그림과 같이 길이 2[m]인 외팔보에 2개의 집중하중 400[kg], 200[kg]이 작용할 때 고정단에 생기는 최대굽힘모멘트의 크기는 약 몇 [kg-m]인가?

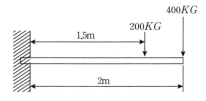

① 1,000

② 1,100

③ 1,200

④ 1,500

🔍 **해설**

모멘트 = 힘 × 거리

굽힘모멘트 $= 200 \times 1.5 + 400 \times 2 = 1,100[kg-m]$

제4과목 ◀ **항공장비**

61 항공기에서 레인 리펠런트(Rain repellent)를 사용하기 가장 적합한 때는?

① 많은 눈이 내릴 때

② 블리드 공기를 사용할 수 없을 때

③ 폭우가 내려 시야를 확보할 수 없을 때

④ 윈드실드(Windshield)가 결빙되어 있을 때

🔍 **해설**

화학적 강우 차단(Chemical Rain Repellent)

• 깨끗한 유리 위의 물은 평탄하게 널리 펼쳐진다.

• 특정 화학약품으로 처리되었을 때, 물은 유리 위에서 수은과 같이 표면장력으로 인해 물방울 모양으로 나타낸다.

• 고속의 후류를 만나면 표면에서 쉽게 떨어져 나간다.

62 저주파 증폭기에서 수신기 전체의 성능을 판단할 때 활용되는 특성이 아닌 것은?

① 감도(Sensitivity)

② 검출도(Detection)

③ 충실도(Fidelity)

④ 선택도(Selectivity)

🔍 **해설**

무선수신기의 성능지표

• 감도(Sensitivity)

• 선택도(Selectivity)

• 충실도(Fidelity)

• 안정도(Stability)

63 다음 중 3상 교류를 사용하는 항공용 계기는?

① 데신(Desyn)

② 오토신(Autosyn)

③ 전기용량식 연료량계

④ 전자식 타코메타(Tachometer)

🔍 **해설**

오토신(Autosyn)

• 오토신은 변환기와 지시계 회전자 코일은 26[V], 400[Hz]의 단상교류가 연결되어 있다.

• 고정자 코일은 3상 권선이 발신기와 수신기에 서로 같은 상끼리 병렬로 연결되어 있다.

• 변환기의 회전자가 어떤 작동기에 의해서 회전하면 3개의 고정자 코일에 유도 전압이 만들어진다.

• 전압이 수신기(지시계)의 3상 권선에도 같은 양의 전압이 걸리게 되며, 지시계 회전자는 변환기 회전자와 같이 여자되어 자력이 같으므로 변환기의 회전자가 움직인 만큼 지시계 회전자가 움직이게 되며 이때 바늘이 지시치를 가리키게 된다.

[정답] 60 ② 61 ③ 62 ② 63 ②

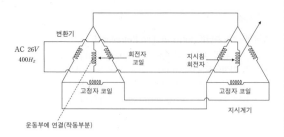

[오토신(auto-syn)]

64 항공기 VHF 통신장치에 관한 설명으로 틀린 것은?

① 근거리 통신에 이용된다.

② VHF통신 채널 간격은 30[kHz]이다.

③ 수신기에는 잡음을 없애는 스켈치회로를 사용하기도 한다.

④ 국제적으로 규정된 초단파 통신주파수 대역은 108~ 136[MHz]이다.

해설

VHF항공통신 주파수는 25[kHz]의 간격을 두고 통신 채널이 부여된다.

65 다음 중 일반적인 계기의 구성부가 아닌 것은?

① 수감부   ② 지시부

③ 확대부   ④ 압력부

해설

계기의 구조

· 수감부(Sensing element)
  압력, 온도 등을 감지하여 기계적 변위 또는 전기적 변화를 가져 오는 부분
· 확대부(Enlarging element)
  수감부의 변위나 변화가 지시부에 직접 지시하기에는 변화가 너 무 작기 때문에 Bell crank, Sector, Pinion Gear 또는 Chain을 이용하여 확대하는 부분
· 지시부(Indicating element)
  눈금이 표시된 Dial과 지침(Pointer)으로 구성

66 다음 중 전위차 및 기전력의 단위는?

① 볼트[V]   ② 오옴[Ω]

③ 패러드[F]   ④ 암페어[A]

해설

전압(기전력, 전위차, electrical pressure)

기호 : E, 단위 : V(volt)

67 자동조종항법장치에서 위치정보를 받아 자동적으로 항공기를 조종하여 목적지까지 비행시키는 기능은?

① 유도 기능   ② 조종 기능

③ 안정화 기능   ④ 방향탐지 기능

해설

자동조종장치의 기능은 주로 요 댐퍼(Yaw Damper)시스템과 같이 외란과 같은 외부 입력에 대해 항공기를 안정화 시키는 역할을 하는 안정증대(Stability Augmentation) 기능과 INS나 각종 센서 등의 정보를 이용하고 FMS(Flight Management System) 등을 활용하여 자동으로 목적지로 유도하거나 진입, 착륙하는 유도(Guidance) 기능, 자세나 고도를 유지하거나 바꾸는 조종(Control) 기능 등을 들 수 있다.

68 유압계통에서 열팽창이 적은 작동유를 필요로 하는 1차적인 이유는?

① 고 고도에서 증발감소를 위해서

② 화재를 최대한 방지하기 위해서

③ 고온일 때 과대압력 방지를 위해서

④ 작동유의 순환불능을 해소하기 위해서

해설

작동유가 갖추어야 할 성질

① 비압축성이고 거품성 기포가 잘 발생하지 않을 것
② 윤활성이 우수하고, 점도가 낮아 마찰 저항에 대한 손실이 적을 것
③ 화학적 안정성이 높을 것(고온에서 분해, 산화 변질, 고체의 석출 이 없을 것 : 탄화된 물질이나 가스화 된 물질)
④ 온도 변화에 따른 점성, 윤활성, 유동성 및 열팽창계수가 작을 것
⑤ 충분한 내화성과 비등점이 높을 것 : 인화점이 높을 것
⑥ 열전도율이 좋고, 밀도가 낮을 것

[정답] 64 ② 65 ④ 66 ① 67 ① 68 ③

⑦ 장치와의 결합성이 좋을 것
⑧ 휘발성이 적을 것

69 고도계 오차의 종류가 아닌 것은?

① 눈금오차 ② 밀도오차
③ 온도오차 ④ 기계적오차

🔍 **해설** ----

고도계의 오차 : ± 30[ft]까지의 오차는 허용
① 눈금 오차
  ⓐ 일반적으로 고도계의 오차는 눈금 오차를 의미
  ⓑ 계기 특유의 오차로 수정이 가능
② 온도 오차
  ⓐ 온도 변화에 의한 수축, 팽창 및 탄성률의 변화에 의한 오차
  ⓑ −30〜50[℃]에서는 자동으로 수정(바이메탈을 이용)
③ 탄성 오차
  ⓐ 일정한 온도에서의 탄성체 고유의 오차, 재료의 Creep 현상의 의한 오차
  ⓑ 고도가 높을수록(기압과 온도가 낮으므로) 오차가 적다.
  ⓒ 히스테리시스(hysteresis), 편위(drift), 잔류 효과(after effect)
④ 기계적 오차
  ⓐ 계기 각 부분의 마찰, 불평형 및 가속도와 진동에 의한 오차, 수정 가능

70 항공기의 조명계통(Light system)에 대한 설명으로 옳은 것은?

① 객실(Cabin)의 조명은 일반적으로 형광등(Flood light)에 의해 직접 조명된다.
② 충돌방지등(Anti−collision light)은 비행 중에만 점멸(Flashing)된다.
③ 패슨 시트 벨트(Fasten seat belt) 사인라이트(Sign light)는 항공기의 비행자세에 따라 자동으로 조종(on/off/control)된다
④ 조종실의 인테그랄 인스트루먼트 라이트(Integral ins−trument light)는 포텐시오미터(Potentiometer)에 의해 디밍컨트롤(Dimmingcontrol)할 수 있다.

🔍 **해설** ----

맑은 날씨, 구름, 일출, 일몰, 야간과 같이 크게 밝기를 바꾸는 경우 조종사의 눈은 항상 적절한 밝기로 계기의 판독과 그 조작을 할 수 있어야 하며 그 때문에 계기 및 계기판의 조명은 넓은 범위로 그 밝기를 조절할 수 있게 되어 있다.

71 계기의 지시속도가 일정할 대 기압이 낮아지면 진대 기속도의 변화는?

① 감소한다. ② 증가한다.
③ 변화가 없다. ④ 변화는 일정하지 않다.

🔍 **해설** ----

IAS에 피토−정압관 장착위치 및 계기 자체의 오차를 수정한 것을 교정대기속도(CAS : Calibrated Air Speed), CAS에 공기의 압축성을 고려한 속도를 등가대기속도(EAS : Equivalent Air Speed), EAS에 고도변화에 따른 공기 밀도를 수정한 것을 진대기속도(TAS : True Air Speed)라 부른다.

72 다음 중 항공기에 사용되는 화재 탐지기가 아닌 것은?

① 저항 루프(Loop)형 탐지기
② 바이메탈(Bimetal)형 탐지기
③ 열전대(Thermocouple)형 탐지기
④ 코일을 이용한 자기(Magnetic)형 탐지기

🔍 **해설** ----

화재탐지계통에는 여러 가지 형태가 있으나 일반적으로 널리 사용하는 것은 Thermal switch(열 스위치), Fenwal spot 감지기, Thermocouple 감지계통과 Continuous-loop 감지계통이 있다.

73 유압계통에 있는 축압기(Accumulator)의 설치 위치로 가장 적합한 곳은?

① 공급라인(Supply line)
② 귀환라인(Return line)
③ 작업라인(Working line)
④ 압력라인(Pressure line)

[정답] 69 ② 70 ④ 71 ③ 72 ④ 73 ④

Aircraft Maintenance

해설

펌프에서 가압된 유압을 저장

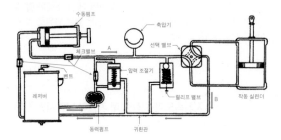

[동력펌프를 갖춘 유압계통]

74 축전지에서 용량의 표시기호는?

① Ah   ② Bh

③ Vh   ④ Fh

해설

배터리의 용량(Capacity)

- 전압이 급격히 떨어지는 쓸모없는 잔류 전기량을 제외한 전기량
- 전압이 규정전압의 약 2/3에 도달할 때까지 사용할 수 있는 전기량
- 단위는 AH(Ampere-Hour)로 표시

75 지자기의 3요소가 아닌 것은?

① 복각(Dip)

② 편차(Variation)

③ 자차(Deviation)

④ 수평분력(Horizontal componet)

해설

지자기의 3요소

- 복각(Dip)
- 편차(Variation)
- 수평분력

76 기상레이더(Weather radar)에 대한 설명으로 틀린 것은?

① 반사파의 강함은 강우 또는 구름 속의 물방울 밀도에 반비례한다.

② 청천 난기류역은 기상레이다에서 감지하지 못한다.

③ 영상은 반사파의 강약을 밝음 또는 색으로 구별한다.

④ 전파의 직진성, 등속성으로부터 물체의 방향과 거리를 알 수 있다.

해설

구름이나 비에 대해 반사되기 쉬운 주파수대(X-밴드)인 9,375[MHz]를 이용하며 Antenna에서 발사된 Pulse가 전파상의 물체(비나 구름)와 충돌하면 비나 구름 중의 수분의 밀도 또는 습도에 따라 Radar전파의 반사 현상이 달라진다.
이 반사파를 수신 증폭하여 그것을 지시기에 표시되며 영상은 예를 들어 반사파가 강할수록 밝아지고 반사파가 약할 때는 어둡게 표시된다. 반사파의 세기를 처리하여 색으로 표시한다.

[Moisture에 대한 주파수 특성]

77 5[A]/50[mV]인 분류기저항 양단에 걸리는 전압이 0.04[V]일 경우 이 회로의 전원버스에 흐르는 전류는 몇 [A]인가?

① 1   ② 2

③ 3   ④ 4

해설

$R = V/I = 0.05/5 = 0.01$
$I = V/R = 0.04/0.01 = 4$

[정답] 74 ①   75 ③   76 ①   77 ④

78 다음 중 직류전동기가 아닌 것은?

① 유도전동기   ② 복권전동기

③ 분권전동기   ④ 직권전동기

🔍 해설

전동기의 종류

- 직류전동기 : 직권전동기, 분권전동기, 복권전동기
- 교류전동기 : 만능전동기, 유도전동기, 동기전동기

79 다음 중 회로보호 장치로 볼 수 없는 것은?

① 퓨즈   ② 계전기

③ 회로차단기   ④ 열보호장치

🔍 해설

계전기(Relay)

- 고전류 회로를 저전류로 제어하며 고전류 부분이 조종석 내를 거치지 않아 감전 및 계기의 전자기 간섭 피해가 감소된다.
- 전선이 차지하는 무게를 감소시키는 역할을 한다.

80 미국 연방 항공국(FAA)의 규정에 명시된 항공기의 최대 객실고도는 약 몇 [ft]인가?

① 6,000   ② 7,000

③ 8,000   ④ 9,000

🔍 해설

최대 객실고도

- 객실 고도(Cabin altitude) : 객실 안의 기압에 해당하는 기압 고도이다.
- 일반적으로 여압은 기압고도 약 2,400[m](8,000[ft])로 한다.

제1과목 ◀ 항공역학

01 비행기 날개위에 생기는 난류의 발생 조건으로 가장 적합한 것은?

① 성층권을 비행할 때
② 레이놀즈수가 0일 때
③ 레이놀즈수가 아주 클 때
④ 비행기 속도가 아주 느릴 때

🔍 해설

난류(Turbulence)
지표면이 강하게 가열되고 습도가 높은 기상 조건에서는 대류운동이 일어나상당한 높이까지 발달하는 적운이 형성된다. 일반적으로 이와 같은 구름 부근은 매우 불안정하여 항공기 기체가 심하게 흔들린다.
뇌운의 내부는 매우 강한 난류의 영역이다. 이와 같이 혼란한 대기 내를 비행하는 항공기는 연직 방향의 가속도를 받아 안전띠를 하지 않은 승객은좌석에서 이탈하게 되는 일이 있다.

02 무게가 1,000[lb]이고 날개면적이 100[ft²]인 프로펠러 비행기가 고도 1,000[ft]에서 100[mph]의 속도, 받음각 3°로 수평정상비행 할 때 필요마력은 약 몇 [HP]인가? (단, 밀도 0.001756[slug/ft³], 양력 0.6, 항력 0.2이다.)

① 50.5
② 100
③ 68.2
④ 83.5

🔍 해설

$$P_r = \frac{DV}{75} = C_D \frac{1}{2} \rho V^2 S \times \frac{V}{75}$$

문제에서 주어진 속도, 무게, 밀도, 날개면적, 양력 등의 오류로 인해 기존 답안 4를 전항정답으로 변경

03 다음과 같은 [조건]에서 헬리콥터의 원판하중은 몇 [kgf/m²]인가?

[조건]
· 헬리콥터의 총중량 : 800[kgf]
· 엔진 출력 : 160[HP]
· 회전날개의 반지름 : 2.8[m]
· 회전날개 깃의 수 : 2개

① 25.5
② 28.5
③ 30.5
④ 32.5

🔍 해설

$$D.L. = \frac{W}{\pi R^2} = \frac{800}{3.14 \times 2.8^2} = \frac{800}{24.6176} = 32.5$$

04 국제표준대기의 특성 값으로 옳게 짝지어진 것은?

① 압력=29.92[mmHg]
② 밀도=1.013[kg/m³]
③ 온도=288.15[K]
④ 음속=340.429[ft/s]

🔍 해설

국제표준대기의 특성값
온도 : 15[℃]
압력 : 760[mmHg]
밀도 : 1.225[kg/m³]
점성계수 : 1.783×100,000[kg/m-s]
음속 : 340.43[m/s]

[정답] 01 ③   02 전항정답   03 ④   04 ③

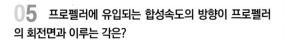

05 프로펠러에 유입되는 합성속도의 방향이 프로펠러의 회전면과 이루는 각은?

① 받음각   ② 유도각

③ 유입각   ④ 깃각

해설

피치각(유입각)

비행속도와 깃의 회전 선속도를 합하여 합성속도를 만든 다음 회전면이 이루는 각을 말한다.

06 회전원통 주위의 공기를 비 회전운동을 시켜서 순환을 생기게 했다. 원통중심에서 1[m]되는 점에서의 속도가 10[m/s]였을 때 볼텍스(Vortex)의 세기는 약 몇 [m²/s]인가?

① 62.83   ③ 125.66

② 94.25   ④ 157.08

해설

$\Gamma = 2\pi v r = 2 \times 3.14 \times 10 \times 1 = 62.83 \,[\text{m}^2/\text{s}]$

07 항공기에 쳐든각(Dihedral angle)을 주는 주된 이유로 옳은 것은?

① 익단 실속을 방지할 수 있다.

② 임계 마하수를 높일 수 있다.

③ 가로 안정성을 높일 수 있다.

④ 피칭 모멘트를 증가시킬 수 있다.

해설

안정 중요 요소

쳐든각(Dihedral angle)효과 이용, 뒤젖힘각(Sweep back angle)을 준다.(가로 안전성을 높일 수 있다.)

08 대류권에서 고도가 상승함에 따라 공기의 밀도, 온도, 압력의 변화로 옳은 것은?

① 밀도, 압력, 온도 모두 증가한다.

② 밀도, 압력, 온도 모두 감소한다.

③ 밀도, 온도는 감소하고 압력은 증가한다.

④ 밀도는 증가하고 압력, 온도는 감소한다.

해설

공기의 밀도, 온도, 압력의 변화

- 보통 밀도는 압력이나 온도가 바뀜에 따라 바뀐다.
- 압력이 증가하면 무조건 물질의 밀도가 증가한다.
- 온도가 증가하면 보통 밀도가 낮아지지만, 어느 정도 예외가 존재한다.
- 물의 밀도는 녹는점 0[°C]에서 4[°C] 사이에서 증가하며, 비슷한 모습이 낮은온도의 규소에서 발견된다.
- 고체>액체>기체 순으로 밀도가 크다.
  그러나 물은 액체>고체>기체순으로 밀도가 크다.

09 다음 중 비행기의 안정성과 조종성에 관한 설명으로 가장 옳은 것은?

① 안정성과 조종성은 정비례한다.

② 정적 안정성이 증가하면 조종성도 증가된다.

③ 비행기의 안정성을 최대로 키워야 조종성이 최대가 된다.

④ 조종성과 안정성을 동시에 만족시킬 수 없다.

해설

안정성과 조종성

항공기가 돌풍이나 교란을 받았을 때 조종사의 조작이나 조종 장치 등에 의존하지 않고 정상상태로 돌아가려는 성질

10 항공기의 세로 안정성(Static longitudinal stability)을 좋게 하기 위한 방법으로 틀린 것은?

① 꼬리날개 면적을 크게 한다.

② 꼬리날개의 효율을 작게 한다.

③ 날개를 무게 중심보다 높은 위치에 둔다.

④ 무게 중심을 공기 역학적 중심보다 전방에 위치시킨다.

해설

세로 안정성에 영향을 미치는 요소

[정답] 05 ③   06 ①   07 ③   08 ②   09 ④   10 ②

- 중심(공력중심, 무게중심, 중립점)의 위치
- 수평꼬리날개의 위치/크기
- 추력선의 위치 : 추력을 변화시킬 경우 Hz Stabilizer의 공기 흐름에 영향을 미치므로 Hz Stabilizer를 추력선 약간 아래에 설계

11 에어포일 코드 'NACA 0009'를 통해 알 수 있는 것은?

① 대칭단면의 날개이다.
② 초음속 날개 단면이다.
③ 다이아몬드형 날개 단면이다.
④ 단면에 캠버가 있는 날개이다.

🔍 해설

에어포일(airfoil)

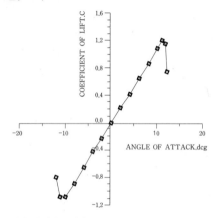

날개를 만들 때 가장 고민이 되는 것 중의 하나가 바로 날개 단면 형상, 미국식 영어로는 에어포일(airfoil)이라고 하고, 다른 말로 윙 프로파일(wing profile)이라고도 한다.

12 유체의 점성을 고려한 마찰력에 대한 설명으로 옳은 것은?

① 마찰력은 유체의 속도에 반비례한다.
② 마찰력은 온도변화에 따라 그 값이 변한다.
③ 유체의 마찰력은 이상유체에서만 고려된다.
④ 마찰력은 유체의 종류에 관계없이 일정하다.

🔍 해설

유체의 점성을 고려한 마찰력

유체의 점성에 의한 마찰을 말하며, 예컨대 완전히 윤활유로 윤활된 미끄럼 베어링 등의 유막의 전단력에 의한 저항을 말한다. 마찰력은 기본적으로 표면 분자들끼리 서로 달라붙기 때문에 생기게 됩니다. 온도가 높다면 분자운동이 격렬해져서 두 표면상의 분자들끼리 잘 달라붙지 못하게 됩니다.
온도가 많이 높다면 표면 분자들이 서로 떨어져 나가버려서 미끄러지는 현상 발생하여 그 값이 변한다.

13 수평스핀과 수직스핀의 낙하속도와 회전각속도 크기를 옳게 나타낸 것은?

① 낙하속도 : 수평스핀 > 수직스핀,
　회전각속도 : 수평스핀 > 수직스핀
② 낙하속도 : 수평스핀 < 수직스핀,
　회전각속도 : 수평스핀 < 수직스핀
③ 낙하속도 : 수평스핀 > 수직스핀,
　회전각속도 : 수평스핀 < 수직스핀
④ 낙하속도 : 수평스핀 < 수직스핀,
　회전각속도 : 수평스핀 > 수직스핀

🔍 해설

항공기 기수가 들려서(수직축 대비 60° 이상) 실속 상태가 될 때 발생하며, 수평 피치와 옆놀이 자세로 구분된다.
동체가 크고 낮은 양항비(가로세로비)의 날개를 갖은 비행기에서 무게중심이 너무 후방에 위치 할 때 발생되기 쉬우며, 수직스핀보다 실속 회복이 어렵다.

14 항공기의 승강키(Elevator) 조작은 어떤 축에 대한 운동을 하는가?

① 가로축(Lateral axis)
② 수직축(Vertical axis)
③ 방향축(Directional axis)
④ 세로축(Longitudinal axis)

🔍 해설

가로축(Lateral axis)

항공기 무게 중심을 통과하여 한쪽 날개 끝에서 다른 쪽 날개 끝을 연결한 선

[정답] 11 ① 12 ② 13 ④ 14 ①

15 항공기 이륙거리를 짧게 하기 위한 방법으로 옳은 것은?

① 정풍(Head wind)을 받으면서 이륙한다.
② 무게를 증가시켜 양력을 높인다.
③ 이륙 시 플랩이 항력증가의 요인이 되므로 플랩을 사용하지 않는다.
④ 엔진의 가속력을 가능한 최소가 되도록 하여 효율을 높인다.

🔍 **해설**

정풍(Head wind)
정면에서 불어오는 바람으로 일명 맞바람이라고 불리며 항공기 이착륙에 비교적 도움이 되는 바람 방향이다. 다만 기준 속도를 초과하는 경우에는 배풍보다는 영향이 덜하나 역시 이착륙에 장애를 초래한다. 하지만 순항 중에 정풍은 순항속도를 떨어뜨리며 연료 소비를 증가시키는 원인이 된다.

16 프로펠러 항공기의 경우 항속거리를 최대로 하기 위한 조건으로 옳은 것은?

① 양항비가 최소인 상태로 비행한다.
② 양항비가 최대인 상태로 비행한다.
③ $\dfrac{C_L}{\sqrt{C_D}}$가 최대인 상태로 비행한다.
④ $\dfrac{\sqrt{C_L}}{C_D}$가 최대인 상태로 비행한다.

🔍 **해설**

프로펠러 항공기의 항속거리나 항속 시간을 최대로 하기 위해서는 양항비의 최대인 상태로 비행해야한다.

17 비행자세 각속도와 조종간 변위를 일정하게 유지할 수 있는 정상상태 트림비행(Steady trimmed flights)에 해당하지 않는 비행상태는?

① 루프 기동비행(Loop maneuver)
② 하강각을 갖는 비정렬 선회비행(Uncoordinated he-lical descent turn)

③ 상승각을 갖는 정렬 선회비행(Coordinated helical climb turn)
④ 상승각 및 사이드 슬립각을 갖는 직선비행

🔍 **해설**

루프 기동비행(Loop maneuver)
수평 비행 상태에서 단순히 조종간을 앞으로 당겨서 수직 방향으로 원을 그리는 것이다.

18 헬리콥터 속도-고도선도(Velocity-height diagram)와 관련된 설명으로 틀린 것은?

① 양력불균형이 심화되는 높은 고도에서의 전진비행 시 비행가능영역이 제한된다.
② 엔진 고장 시 안전한 착륙을 보장하기 위한 비행가능영역을 표시한 것이다.
③ 속도-고도선도는 항공기 중량, 비행고도 및 대기 온도 등에 따라 달라진다.
④ 속도-고도선도는 인증을 받은 후 비행교범의 성능차트로 명시되어야 한다.

🔍 **해설**

속도-고도선도
• 양력 발생 시 동반되는 하향기류(Down Wash) 속도와 날개의 윗면, 아랫면을 통과하는 공기흐름을 저해하는 와류(Vortex)에 의해 발생되는 항력
• 양력에 관계되는 모든 종류의 항력
• 점성과는 무관
• 항공기 속도 증가 시 유도기류 속도 감소(유도항력 감소) 비행영역은 제한되지 않음

19 다음중 프로펠러 효율을 높이는 방법으로 가장 옳은 것은?

① 여속과 고속에서 모두 큰 깃각을 사용한다.
② 저속과 고속에서 모두 작은 깃각을 사용한다.
③ 저속에서는 작은 깃각을 사용하고 고속에서는 큰 깃각을 사용한다.
④ 저속에서는 큰 깃각을 사용하고 고속에서는 작은 깃각을 사용한다.

[정답] 15 ① 16 ② 17 ① 18 ① 19 ③

🔍 **해설**

프로펠러 효율

더 멀리(고속) 가려면 깃각을 크게 해주어 회전반경과 같게 해 준다.

20 항공기가 선회속도 20[m/s], 선회각 45° 상태에서 선회비행을 하는 경우 선회반경은 몇 [m]인가?

① 20.4   ② 40.8
③ 57.7   ④ 80.5

🔍 **해설**

$R = \dfrac{V^2}{g\tan\phi}$ 이므로 $R = \dfrac{(20)^2}{9.81 \times \tan45} = 40.7747 ≒ 40.78[\text{m}]$

제2과목 ◀ 항공기관

21 점화플러그를 구성하는 주요부분이 아닌 것은?

① 전극   ② 금속 쉘(shell)
③ 보상 캠   ④ 세라믹 절연체

🔍 **해설**

보상 캠은 실린더 압축상사점 전에 정확한 각도에 점화가 일어나게 하기위해 마그네토 내에 있는 캠을 말한다.

22 왕복엔진의 압축비가 너무 클 때 일어나는 현상이 아닌 것은?

① 후화   ② 조기점화
③ 디토네이션   ④ 과열현상과 출력의 감소

🔍 **해설**

후화는 혼합비가 과 농후할 때 일어나는 현상이다.

23 압축비가 일정할 때 열효율이 좋은 순서대로 나열된 것은?

① 정적사이클 > 정압사이클 > 합성사이클
② 정압사이클 > 합성사이클 > 정적사이클
③ 정적사이클 > 합성사이클 > 정압사이클
④ 정압사이클 > 정적사이클 > 합성사이클

🔍 **해설**

오토사이클, 카르노 사이클, 디젤 사이클 세 개의 기본 사 이클은 모두 압축비를 높게 할 정도로 이론 열효율이 증대 한다. 같은 압축비에서 열효율을 비교하면 정적 사이클이 가장 크므로 합성 사이클, 정압 사이클의 순서가 된다.

24 가스터빈엔진에서 저압압축기의 압력비는 2:1, 고압압축기의 압력비는 10:1 일 때의 엔진전체의 압력비는 얼마인가?

① 5:1   ② 8:1
③ 12:1   ④ 20:1

🔍 **해설**

압축기의 압력비(Y)= 압축기 출구의 압력/압축기 입구의 압력
단의 압력비를 알을 경우 $Y = (Ys)^n$
(Ys 단의 압력비, n 스테이지 수)

25 왕복엔진의 마그네토 브레이커 포인트(Breaker point)가 고착되었다면 발생하는 현상은?

① 마그네토의 작동이 불가능하다.
② 엔진 시동 시 역화가 발생한다.
③ 고속 회전 점화 시 과열현상이 발생한다.
④ 스위치를 Off 해도 엔진이 정지하지 않는다.

🔍 **해설**

마그네토 브레이커가 기능을 하지 못하면 마그네토의 기능을 할 수 없다. 포인트가 접촉된 상태로 고착되었다면 2차회로에 유기될 전류는 없는 상태가 된다.

[정답] 20 ② 21 ③ 22 ① 23 ③ 24 ④ 25 ①

26 왕복엔진에서 과도한 오일소모(Excessive oil consumption)와 점화플러그의 파울링(Fouling) 원인은?

① 더러워진 오일필터(Oil filter)때문
② 피스톤링(Piston ring)의 마모 때문
③ 오일이 소기펌프(Scavenger pump)로 되돌아가기 때문
④ 캠 허브 베어링(Cam hub bearing)의 과도한 간격 때문

🔍 해설

윤활유가 피스톤에 공급되는 이유는 피스톤의 윤활 및 실링 역할인데 과도하게 공급되거나 피스톤링의 마모가 심하면 오일의 일부가 피스톤 상부, 즉 연소실에 유입되어 연소되어 카본을 형성하게 된다.

27 오토사이클의 열효율에 대한 설명으로 틀린 것은?

① 압축비가 증가하면 열효율도 증가한다.
② 동작유체의 비열비가 증가하면 열효율도 증가한다.
③ 압축비가 1이라면 열효율은 무한대가 된다.
④ 동작유체의 비열비가 1이라면 열효율은 0이 된다.

🔍 해설

오토사이클의 열효율

$$\eta = 1 - \frac{T_4 - T_1}{\varepsilon^{\gamma-1} \, T_3 - T_2} = 1 - \left(\frac{1}{\varepsilon}\right)^{\gamma-1}$$

28 정속 프로펠러를 장착한 항공기가 순항 시 프로펠러 회전수를 2,300[rpm]에 맞추고 출력을 1.2배 높이면 프로펠러 회전계가 지시하는 값은?

① 1,800[rpm]　　　② 2,300[rpm]
③ 2,700[rpm]　　　④ 4,600[rpm]

🔍 해설

정속프로펠러
조속기에 의하여 저피치에서 고 피치까지 자유롭게 피치를 조정할 수 있어 비행속도나 기관 출력의 변화에 관계없이 항상 일정 한 회전속도[rpm]를 유지하여 가장 좋은 프로펠러 효율을 가지도록 한다.

29 가스터빈엔진에서 후기연소기(After burner)에 대한 설명으로 틀린 것은?

① 후기연소기는 연료소모가 증가된다.
② 후기연소기의 화염 유지기는 튜브형 그리드와 스포크형이 있다.
③ 후기연소기를 장착하면 후기 연소 모드에서 약 100[%] 정도 추력 증가를 얻을 수 있다.
④ 후기연소기는 약 5[%]의 비교적 적은 비 연소 배기가스와 연료가 섞여 점화된다.

🔍 해설

후기연소기(Afterburner)는 기존의 기관을 유지하면서 추가의 추력과 속도를 낼 수 있도록 해 주는 것으로서, 추가적인 연료 소모가 늘어나게 된다. 배가가스에 추가적으로 연료를 분사하여 재연소로 출력을 증가시킨다.

30 제트엔진 부분에서 압력 이 가장 높은 부위는?

① 터빈 출구　　　② 터빈 입구
③ 압축기 입구　　　④ 압축기 출구

🔍 해설

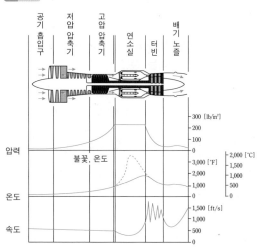

31 항공기 엔진에 사용하는 연료의 저발열량(LHV)에 대한 설명으로 옳은 것은?

① 연료 중 탄소만의 발열량을 말한다.
② 연소 효율이 가장 나쁠 때의 발열량이다.
③ 연소가스 중 물(H_2O)이 액상일 때 측정한 발열량이다.
④ 연소가스 중 물(H_2O)이 증기인 상태일 때 측정한 발열량이다.

🔎 해설

저발열량(Lower calorific value, 低發熱量)

고발열량으로부터 수증기의 잠열을 공제한 것을 저발열량이라고 하고, 실제의 열설비 설계나 열계산 등에서는 저발열량을 사용하는 것을 원칙으로 한다. 이것은 보일러 설비 등에서 실용상, 연소 배기 가스는 200~300[℃]에서 굴뚝으로부터 배출되며, 수증기의 잠열은 이용할 수 없기 때문이다.
또한 고발열량의 수치로부터 저발열량의 개략값은 다음 식으로 구할 수 있다. 액체 연료인 경우, 저발열량=고발열량$-(50.45 \times h)$, 단 식 중의 h는 연료 중의 수소분[%]으로서 등유나 A 중유에서는 13[%], B 중유에서는 12[%], C 중유는 11[%]로 하면 된다. 기체 연료인 경우는 저발열량$=x \times$고발열량, 단 식 중의 x는 정수로서, 도시 가스에서는 0.9, LPG에서는 0.925로 하면 된다. 고체 연료인 경우는 고발열량의 수치에서 200~300을 뺀 것이라고 판정하면 된다.

32 열역학적 성질(Property)을 세기성질(Intensive pjpperty)과 크기성질(Extensive property)로 분류할 경우 크기성질에 해당하는 것은?

① 체적   ② 온도
③ 밀도   ④ 압력

🔎 해설

세기성질과 크기성질

세기 성질은 변화가 가능하고 계의 크기(질량 등)에 무관한 계의 물리 성질이다. 이를테면 압력, 온도, 화합물의 농도, 밀도, 녹는점 끓는점, 색이 있다.
크기 성질은 계의 크기(질량 등)에 비례하는 계의 양이다. 이를테면 질량, 부피, 열용량 등이 있다.

33 왕복엔진의 피스톤 형식이 아닌 것은?

① 오목형(Recessed typ)
② 요철형(Irregularly type)
③ 볼록형(Dome or convex type)
④ 모서리 잘린 원뿔형(Truncated cone type)

🔎 해설

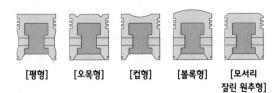

[평형]   [오목형]   [컵형]   [볼록형]   [모서리 잘린 원추형]

34 가스터빈엔진의 공기식 시동기를 작동시키는 공기, 공급 장치가 아닌 것은?

① APU
② GPU
③ D.C power supply
④ 시동이 완료된 다른 엔진의 압축공기

🔎 해설

가스터빈 공기식 시동기를 작동하기위해서는 APU, GTC, OTHER ENGINE의 공기압 공급과 시동기 밸브는 AC전원이 필요하다.

35 회전하는 프로펠러 깃(Blade)의 선단(Tip)이 앞으로 휘게(Bend)될 때의 원인과 힘은?

① 토크에 의한 굽힘(Torque-bending)
② 추력에 의한 굽힘(Thrust-bending)
③ 공력에 의한 비틀림(Aerodynamic-twisting)
④ 원심력에 의한 비틀림(Centrifugal-twisting)

🔎 해설

프로펠러가 고속회전하면서 받는 5가지힘의 형태
① 원심력 - 블레이드가 허브 바깥쪽으로 나가려는 힘
② 토크 굽힘력 - 공기저항의 형태로 프로펠러가 회전하는 반대방향으로 브레이드가 굽히려는 힘
③ 추력 굽힘력 - 블레이드가 앞으로 구부러지려는 경향의 추력하중이 발생, 항력에 의해 발생되는 요인보다 크다.

[정답] 31 ④ 32 ① 33 ② 34 ③ 35 ②

④ 공기역학적 비틀림 힘 – 고 블레이드 각으로 회전하려는 힘
⑤ 원심력적 비틀림 – 블레이드를 저블레이드각으로 향하려는 힘으로 공기역학적 비틀림보다 크다.

36 가스터빈엔진 연료의 구비 조건이 아닌 것은?

① 인화점 이 높아야 한다.
② 연료의 빙점이 높아야 한다.
③ 연료의 증기압이 낮아야 한다.
④ 대량생산이 가능하고 가격이 저렴해야 한다.

🔍 해설

항공기 연료의 구비조건 중 연료의 빙점은 낮아야한다.

37 가스터빈엔진에 사용되는 윤활유 펌프에 대한 설명으로 틀린 것은?

① 배유펌프가 압력펌프보다 용량이 더 작다.
② 윤활유 펌프엔 베인형, 지로터형, 기어형이 사용된다.
③ 베인형 펌프는 다른 형식에 비해 무게가 가볍고 두께가 얇아 기계적 강도가 약하다.
④ 기어형 펌프는 기어 이와 펌프 내부 케이스사이의 공간에 오일을 담아 회전시키는 원리로 작동한다.

🔍 해설

가스터빈 윤활계통에 사용되는 펌프는 압력펌프보다 배유펌프가 용량이 더 커야 한다.

38 터보제트엔진과 비교한 터보팬엔진의 특징이 아닌 것은?

① 연료소비가 작다.　　② 소음이 작다.
③ 엔진정비가 쉽다.　　④ 배기속도가 작다.

🔍 해설

엔진의 정비성은 팬 엔진의 특성에 속하지는 않는다.

39 왕복엔진의 작동여부에 따른 흡입 매니폴드(Intake manifold)의 압력계가 나타내는 압력으로 옳은 것은?

① 엔진정지 또는 작동 시 항상 대기압보다 높은 값을 나타낸다.
② 엔진정지 또는 작동 시 항상 대기압보다 낮은 값을 나타낸다.
③ 엔진정지 시 대기압보다 낮은 값을, 엔진작동 시 대기압보다 높은 값을 나타낸다.
④ 엔진정지 시 대기압과 같은 값을 엔진작동 시 대기압보다 낮은 값을 나타낸다.

🔍 해설

수퍼차저가 있는 엔진이라면 정지 시 대기압 지시 시동이되면 MAP도 당연히 증가해야한다.(도표참고)

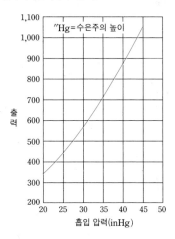

40 가스터빈엔진에서 연소실 입구압력은 절대압력 80[inHg], 연소실 출구압력은 절대압력 77[inHg]이라면 연소실 압력손실계수는 얼마인가?

① 0.0375　　　　② 0.1375
③ 0.2375　　　　④ 0.3375

🔍 해설

$$손실계수 = \frac{80-77}{80} = 0.0375$$

제3과목 항공기체

41 양극산화처리 방법이 아닌 것은?

① 질산법   ② 황산법

③ 수산법   ④ 크롬산법

🔍 해설

양극산화처리 방법

금속표면에 전해질인 산화피막을 형성하는 방법으로 부식에 대한 저항을 향상시켜주며 방법으로는 황산법, 수산법, 크롬산법이 있다.

42 두랄루민을 시작으로 개량된 고강도 알루미늄 합금으로 내식성보다도 강도를 중시하여 만들어진 것은?

① 1100   ② 2014

③ 3003   ④ 5056

🔍 해설

고강도 알루미늄 합금

1906년에 개발된 두랄루민을 시작으로 개량을 거듭하여 현재 항공기에서 가장 많이 사용되고 있는 합금이다.

- 2014 : 알루미늄 구리계 합금으로, 내식성은 별로 좋지 않으나, 인공 시효 경화를 수행하여 내부 응력에 대한 저항성을 향상시킨 합금이다. 항공기에서는 고강도의 장착대나 과급기(supercharger), 임펠러(impeller) 등에 사용되고 있다.

43 항공기의 부품 연결이나 장착 시 볼트, 너트 등의 토크 값을 맞추어 조여 주는 이유가 아닌 것은?

① 항공기에는 심한 진동이 있기 때문이다.

② 상승, 하강에 따른 심한 온도 차이를 견뎌야 하기 때문이다.

③ 조임 토크 값이 부족하면 볼트, 너트에 이질금속간의 부식을 초래하기 때문이다.

④ 조임 토크 값이 너무 크면 나사를 손상시키거나 볼트가 절단되기 때문이다.

🔍 해설

토크 값

① 항공기는 비행 중이거나 이·착륙 시에 심한 진동으로 급격한 온도 변화를 받는다.

② 조임 정도가 느슨하게 되면 체결 부품의 피로(Fatigue) 현상을 촉진시키거나 체결 부품에 마모를 초래하게 된다.

44 알루미늄 합금이 열처리 후에 시간이 지남에 따라 경도가 증가하는 특성을 무엇이라고 하는가?

① 시효 경화   ② 가공 경화

③ 변형 경화   ④ 열처리 강화

🔍 해설

시효 경화

- 급랭 또는 냉간 가공한 철강이 시효에 의해서 경화하는 현상
- 열처리나 가공한 후에 시간과 더불어 재료가 경화되는 현상

45 블라인드 리벳(Blind rivet)의 종류가 아닌 것은?

① 체리 리벳   ② 리브 너트

③ 폭발 리벳   ④ 유니버설 리벳

🔍 해설

블라인드 리벳(Blind rivet)

- 체리 리벳(cherry rivet)
  버킹 바(bucking bar)를 댈 수 없는 곳에 쓰이며 돌출 부위를 가지고 있는 스템(stem)과 속이 비어있는 리벳 섕크머리로 되어 있다.
- 리브 너트(Rivnut)
  섕크 안쪽에 구멍이 뚫려 나사가 나있는 곳에 리브너트를 끼워 시계 끼워 시계방향으로 돌리면 섕크가 압축을 받아 오그라 들면서 돌출부위를 만든다. 항공기의 날개나 테일 표면에 고무재 제빙부츠를 장착하는데 사용한다
- 폭발 리벳(Explosive Rivet)
  섕크끝 속에 화약을 넣어 리벳 머리에 가열된 인두로 폭발시켜 리벳작업을 하도록 되어 있다. 연료탱크나 화재 위험 있는 곳에는 사용을 금지한다.

46 길이 1[m], 지름 10[cm]인 원형단면의 알루미늄합금 재질의 봉이 10[N]의 축하중을 받아 전체길이가 50[μm] 늘어났다면 이때 인장변형률을 나타내기 위한 단위는?

① $[\mu m/m]$ ② $[N/m^2]$
③ $[N/m^3]$ ④ $[MPa]$

해설

변형률
단위 길이 및 부피에 대한 변형량을 말한다.
• 인장 변형률 : 인장하중 W가 작용하면 늘어나서 변형이 생긴다.
• 단위 : $[\mu m/m]$를 사용한다.

47 원형 단면 봉이 비틀림에 의하여 단면에 발생하는 비틀림각을 옳게 나타낸 식은? (단, L : 봉의 길이, G : 전단 탄성계수, R : 반지름, J : 극관성 모멘트, T : 비틀림 모멘트이다.)

① $\dfrac{TL}{GJ}$ ② $\dfrac{GJ}{TL}$
③ $\dfrac{TR}{J}$ ④ $\dfrac{GR}{TJ}$

해설

비틀림 $\theta = \dfrac{TL}{GJ}$

여기서, θ : 비틀림각, T : 토크(회전력), L : 부재의 길이,
G : 전단 탄성계수, J : 극관성 모멘트

48 샌드위치구조에 대한 설명으로 옳은 것은?

① 보온효과가 있어 습기에 강하다.
② 초기 단계 결함의 발견이 용이하다.
③ 강도비는 우수하나 피로하중에는 약하다.
④ 코어의 종류에는 허니컴형, 파형, 거품형 등이 있다.

해설

샌드위치 구조(Sandwich structure)
2개의 외판 사이에 발사(Foam)형, 벌집(Honeycomb)형, 파동(Wave)형 등의 심(Core)을 넣고 고착시켜 샌드위치 모양으로 만든 구조형식이다.
항공기의 전체적인 구조 형식은 아니지만, 날개, 꼬리 날개, 조종면 등의 일부분에 많이 사용되고 있다. 샌드위치 구조는 응력 외피 구조보다 강도와 강성이 크고, 무게가 가볍기 때문에 항공기 무게를 감소시킬 수 있으며, 국부적인 굽힘 응력이나 피로에 강하다는 장점을 가지고 있다.

49 두께가 0.055[in]인 재료를 90° 굴곡에 굴곡반경 0.135[in]가 되도록 굴곡할 때 생기는 세트백(Set back)은 몇 [in]인가?

① 0.167   ② 0.176
③ 0.190   ④ 0.195

해설

$S.B = K(R+T)$
여기서, K : 굽힘 각의 tangent, R : 굽힘 반지름, T : 판의 두께
$S.B = \tan90(0.055+0.135) = 0.19$

50 항공기의 손상된 구조를 수리할 때 반드시 지켜야 할 기본 원칙으로 틀린 것은?

① 중량을 최소로 유지해야 한다.
② 원래의 강도를 유지하도록 한다.
③ 부식에 대한 보호 작업을 하도록 한다.
④ 수리부위 알림을 위한 윤곽변경을 한다.

해설

구조수리 원칙
• 본래의 강도 유지(Maintaining Original Strength)
• 본래의 윤곽 유지(Maintaining Original Strength)
• 중량의 최소 유지(Keeping Weight to a Minimum)
• 부식에 대한 보호(Corrosion Prevention)

51 항공기 기체의 구조를 1차 구조와 2차 구조로 분류할 때 그 기준에 대한 설명으로 옳은 것은?

① 강도비의 크기에 따라 구분한다.
② 허용하중의 크기에 따라 구분한다.
③ 항공기 길이와의 상대적인 비교에 따라 구분한다.
④ 구조역학적 역할의 정도에 따라 구분한다.

해설

항공기 기체의 구조 형식은 구조물의 하중 지지 형태에 따라 트러스 구조, 응력 외피 구조, 샌드위치 구조로 나누어지며, 하중 담당 중요도 및 구조역학적 역할에 따라, 1차 구조와 2차 구조로 누어지고, 구조물의 파손과 안전 그리고 손상의 허용 기준에 따라 페일세이프(Fail-Safe) 구조 등으로 나누어진다.

[정답] 47 ①   48 ④   49 ③   50 ④   51 ④

52 조종 케이블이나 푸시풀 로드(Push-pull rod)를 대체하여 전기·전자적인 신호 및 데이터로 항공기 조종을 가능하게 하는 플라이 바이 와이어(Fly-by-wire) 기능과 관련된 장치가 아닌 것은?

① 전기 모터

② 유압 작동기

③ 쿼드런트(Quadrant)

④ 플라이트 컴퓨터(Flight computer)

🔍 **해설**

플라이 바이 와이어(Fly-by-wire)

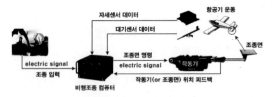

플라이 바이 와이어 조종 계통은 조종간의 움직임을 조종 케이블이나 푸쉬 풀 로드로 조종면에 전달하는 대신 전기·전자적인 신호 및 데이터를 전송하여 작동기를 구동함으로써 조종 면을 움직이는 방식이다.

53 그림과 같은 일반적인 항공기의 $V - n$ 선도에서 최대속도는?

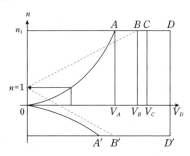

① 실속속도

② 설계급강하속도

③ 설계운용속도

④ 설계돌풍운용속도

🔍 **해설**

• 설계 급강하 속도 : 구조상의 안전성과 조종면의 안전을 보장하는 설계상의 최대 허용 속도
• 설계 순항속도 : 가장 효율적인 속도

• 설계 돌풍 운용속도 : 기상 조건이 나빠 돌풍이 예상될 때 항공기는 V_B 이하로 비행
• 설계 운용속도 : 플랩이 업 된 상태에서 설계 무게에 대한 실속 속도

54 항공기 조종장치의 구성품에 대한 설명으로 틀린 것은?

① 풀리는 케이블의 방향을 바꿀 때 사용되며, 풀리의 베어링은 윤활이 필요 없다.

② 턴버클은 케이블의 장력조절에 사용되며, 턴버클 배럴은 한쪽은 왼나사, 다른 쪽은 오른나사로 되어 있다.

③ 압력 시일(Seal)은 케이블이 압력벌크헤드를 통과하지 않는 곳에 사용되며, 케이블의 움직임을 방해한다면 기밀은 하지 않는다.

④ 페어리드는 케이블이 벌크헤드의 구멍이나 다른 금속이 지나는 곳에 사용되며, 페놀수지 또는 부드러운 금속 재료를 사용한다.

🔍 **해설**

조종장치의 구성품

조종사가 조작하는 조종간 및 방향키 페달과 조종면을 조종 케이블(Cable)이나 풀리(Pulley) 또는 푸시 풀 로드(Push-pull rod)를 이용한 링크 기구(Link mechanism)로 연결하여, 조종사가 가하는 힘과 조작 범위를 기계적으로 조종면에 전달하는 방식으로 작동된다.

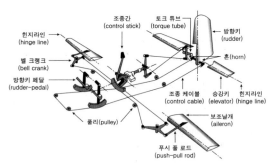

55 리벳의 배치와 관련된 용어의 설명으로 옳은 것은?

① 연거리는 열과 열 사이의 거리를 의미한다.

② 리벳의 피치는 같은 열에 있는 리벳의 중심간 거리를 말한다.

③ 리벳의 횡단피치는 판재의 모서리와 이웃하는 리벳의 중심까지의 거리를 말한다.

④ 리벳의 열은 판재의 인장력을 받는 방향에 대하여 같은 방향으로 배열된 리벳들을 말한다.

해설

리벳 배치

① 리벳의 연 거리(Edge distance)를 준수하여 작업한다.
  ⓐ 그림과 같이 판재의 끝에서 첫 번째 리벳구멍의 중심까지 거리를 확인한다.
  ⓑ 2~4D 사이에 위치하나 보통 2.5D 거리를 두고 작업한다.
  ⓒ 접시 머리 리벳의 경우에는 2.5~4D 사이에서 작업한다.
② 리벳의 피치(Pitch)를 맞추어 작업한다.
  ⓐ 그림과 같이 같은 열에서 인접하는 리벳 중심 간의 거리를 맞추어 작업한다.
  ⓑ 3~12D 사이에 위치하나 보통은 6~8D가 되도록 작업한다.
③ 리벳의 횡단 피치(Transverse pitch)를 맞추어 작업한다.
  ⓐ 그림과 같이 리벳 열간의 거리를 맞추어 작업한다.
  ⓑ 리벳 간격은 75[%] 정도인 4.5~6D가 적당하게 작업한다.

56 비행기의 무게가 2500[kg]이고 중심위치는 기준선 후방 0.5[m]에 있다. 기준선 후방 4[m]에 위치한 15[kg]짜리 좌석을 2개 떼어내고 기준선 후방 4.5[m]에 17[kg]짜리 항법장비를 장착 하였으며, 이에 따른 구조변경으로 기준선 후방 3[m]에 12.5[kg]의 무게증가 요인이 추가 발생하였다면 이 비행기의 새로운 무게중심위치는?

① 기준선 전방 약 0.30[m]

② 기준선 전방 약 0.40[m]

③ 기준선 후방 약 0.50[m]

④ 기준선 후방 약 0.60[m]

해설

중심위치

$$중심위치(C.G) = \frac{총모멘트}{총무게}$$

$$= \frac{(2,500 \times 0.5) + (-4 \times 10 \times 2) + (4.5 \times 17) + (3 \times 12.5)}{2,500 - 20 + 17 + 12.5}$$

$$= \frac{1,284}{2,509.5} = 0.5116[m]$$

57 그림과 같이 집중하중을 받는 보의 전단력 선도는?

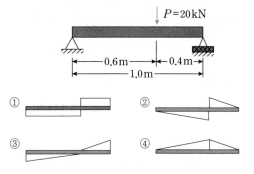

①
②
③
④

해설

단순보에서 임의의 기준점 P에서 전단력 선도는 크기가 같지만 방향은 반대방향으로 작용한다.

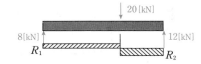

$$R_1 = \frac{0.4[m]}{1[m]} \times 20[kN] = 8[kN]$$

$$R_2 = \frac{0.6[m]}{1[m]} \times 20[kN] = 12[kN]$$

$$\sum_{x=0}^{0.6[m]} F = R_1 - V = 0 \rightarrow V = R_1$$

$$\sum_{x=0.6}^{1[m]} F = R_1 - 20[kN] - V = 0 \rightarrow V = R_1 - 20[kN]$$

58 체결 전에 열처리가 요구되는 리벳은?

① A : 1100

② DD : 2024

③ KE : 7050

④ M : MONEL

해설

2024는 10~20분 이내에 리벳 작업을 각각 완료하여야 한다.

2024 리벳은 열처리한 후, 시간이 지남에 따라 원래의 강도가 회복되는 특성을 시효 경화라고 한다. 시효 경화의 특성을 지닌 리벳은 냉장고에 보관하여 경화되는 것을 지연시킨다. 따라서, 이런 리벳들을 냉장고에 보관한다고하여 아이스박스 리벳(Icebox rivet)이라고 한다.

[정답] 56 57 ① 58 ②

2019년

59 프로펠러항공기처럼 토크(Torque)가 크지 않은 제트엔진항공기에서 2개 또는 3개의 콘볼트(Cone bolt)나 트러니언 마운트(Trunnion mount)에 의해 엔진을 고정하는 장착 방법은?

① 링 마운트방법(Ring mount method)
② 포드 마운트방법(Pod mount method)
③ 배드 마운트방법(Bed mount method)
④ 피팅 마운트방법(Fitting mount methcxl)

🔍 **해설**

포드 마운트방법
포드를 항공기에 장착하거나 탈착하는 데 사용되는 장비. 장착 · 탈착 작업이 용이하도록 지원하는 장비이다.

60 접개들이 착륙장치를 비상으로 내리는(Down) 3가지 방법이 아닌 것은?

① 핸드펌프로 유압을 만들어 내린다.
② 측압기에 저장된 공기압을 이용하여 내린다.
③ 핸들을 이용하여 기어의 업락(Up-lock)을 풀었을 때 자중에 의하여 내린다.
④ 기어핸들 밑에 있는 비상 스위치를 눌러서 기어를 내린다.

🔍 **해설**

접개들이식 착륙장치
유압, 공기압, 또는 전기동력에 의해 작동하며, 내려갈 때에는 착륙장치의 무게에 의해 내려간다. 동력원이 고장났을 때에 수동으로 조작할 수 있다.

제4과목 ▶ 항공장비

61 정상 운전 되고 있는 발전기(Generator)의 계자코일(Field coil)이 단선될 경우 전압의 상태는?

① 변함없다.　　　　② 약간 저하한다.
③ 약하게 발생한다.　④ 전혀 발생치 않는다.

🔍 **해설**

직류 발전기는 전기자에 전원을 공급하는 방식에 따라 자여자방식과 타여자 방식으로 구별되며 계자와 전기자를 접속 하는 방식에 따라 직권 분권, 복권으로 나뉜다. 직권 및 분권 발전기에서 계자코일 단선되면 출력전압은 발생치 않으나 복권의 경우에는 출력전압이 떨어진다.

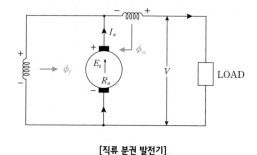

[직류 분권 발전기]

62 작동유의 압력에너지를 기계적인 힘으로 변환시켜 직선운동 시키는 것은?

① 유압 밸브(Hydraulic valve)
② 지로터 펌프(Gerotor pump)
③ 작동 실린더(Actuating cylinder)
④ 압력 조절기(Pressure regulator)

🔍 **해설**

① 유압의 형태로 되어있는 Energy를 기계적인 힘으로 변환시켜 주는 역할을 한다.
② 작업을 수행 하는 Energy로 전환시켜 주는 역할을 한다.
③ Actuating Cylinder의 Linear Motion은 움직일 수 있는 물체나 Mechanism에 전달된다.

63 항공계기 중 각 변위의 빠르기(각속도)를 측정 또는 검출하는 계기는?

① 선회계　　　　② 인공 수평의
③ 승강계　　　　④ 자이로 콤파스

🔍 **해설**

선회경사계

[정답]　59 ②　60 ④　61 ③　62 ③　63 ①

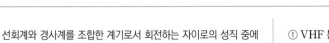

선회계와 경사계를 조합한 계기로서 회전하는 자이로의 성직 중에서 섭동성을 이용한 계기로 좌우방향에 회전축을 가진 자이로에 의해서 선회의 각속도를 지시한다.

[선회경사계]

64　자동비행조종장치에서 오토파일롯(Auto pilot)을 연동(Engage)하기 전에 필요한 조건이 아닌 것은?

① 이륙 후 연동한다.
② 충분한 조정(Trim)을 취한 뒤 연동한다.
③ 항공기의 기수가 진북(True north)을 향한 후에 연동한다.
④ 항공기 자세(Roll, Pitch)가 있는 한계 내에서 연동한다.

🔍 해설

초기의 자동비행조종장치는 자이로를 이용하여 난기류를 만났을 때 비행자세가 변화하거나 연료소비 등으로 무게중심이 변하였을 때 자동으로 안정시키는 시스템 이었으나 이후 비행기가 더 빨라지고 더 커지면서 조종사의 업무를 경감 시키고 안전성을 높이기 위해 항공기를 안정시키는 안정증대(Stability Augmentation) 기능과 자동으로 진입, 착륙의 유도(Guidance) 역할, 비행기 자체의 자세나 고도를 일정하게 유지하거나 바꾸는 조종(Control) 기능 추가되었다. 오토파일럿의 연동(Engage는 이륙 후, 항공기 자세 가 제한된 범위(Limit)내에 있고 조정(Trim)이 된 후에 이루어진다.

65　다음 중 VHF 계통의 구성품이 아닌 것은?

① 조정 패널　　　　② 안테나
③ 송·수신기　　　　④ 안테나 커플러

🔍 해설

① VHF 통신장치는 ⓐ 조정패널, ⓑ 송·수신기, ⓒ 안테나로 구성되어 있다.
② HF 통신에서는 파장에 이용되는 안테나가 매우 크지만 항공기 구조와 구속성 때문에 큰 안테나를 장착하지 못하고 작은 Antenna가 사용되며 이로 인해 주파수의 Matching이 이루어지도록 자동적으로 작동하는 Antenna Coupler가 장착되어 있다.

66　키르히호프의 제1법칙을 설명한 것으로 옳은 것은?

① 전기회로 내의 모든 전압강하의 합은 공급된 전압의 합과 같다.
② 전기회로에 들어가는 전류의 합과 그 회로로부터 나오는 전류의 합은 같다.
③ 직렬회로에서 전류의 값은 부하에 의해 결정된다.
④ 전기회로 내에서 전압강하는 가해진 전압과 같다.

🔍 해설

① 키르히호프 제 1법칙(키르히호프의 전류법칙)
　회로망의 임의의 접속점에서 볼 때, 접속점에 흘러 들어오는 전류의 합은 흘러나가는 전류의 합과 같다.
② 키르히호프 제 2법칙(키르히호프의 전압법칙)
　회로망 중의 임의의 폐회로 내에서 그 폐회로를 따라 한 방향으로 일주함으로써 생기는 전압강하의 합은 그 폐회로 내에 포함되어 있는 기전력의 합과 같다.

67　다음 중 무선원조 항법장치가 아닌 것은?

① Inertial navigation system
② Automatic direction finder
③ Air traffic control system
④ Distance measuring equipment system

🔍 해설

자동방향탐지장치(ADF), 항공교통관제장치(ATC), 거리측정장치(DME)는 지상 무선 항행 지원시설이 반드시 필요하나, 지상에 이러한 지원시설을 설치 할 수 없는 대륙 간 바다위에서의 비행에서는 관성항법장치를 사용한다. 관성항법장치는 자이로와 가속도계를 이용하여 현재의 비행위치를 알 수 있으며 특징은 다음과 같다.
① 완전한 자립항법장치로서 지상보조시설이 필요 없다.
② 항법데이터(위치, 방위, 자세, 거리) 등이 연속적으로 얻어진다.

[정답]　64 ③　65 ④　66 ②　67 ①

68 방빙계통(Anti-icing system)에 대한 설명으로 옳은 것은?

① 날개 앞전의 방빙은 공기역학적 특성을 유지하기 위해 사용한다.

② 날개의 방빙장치는 공기역학적 특성보다는 엔진이나 기체구조의 손상방지를 위해필요하다.

③ 날개 앞전의 곡률 반경이 큰 곳은 램효과(Rameffect)에 의해 결빙되기 쉽다.

④ 지상에서 날개의 방빙을 위해 가열공기(Hotair)를 이용하는 날개의 방빙장치를 사용한다.

🔍 **해설**

① 날개결빙 방지장치는 엔진에서 발생하는 고온, 고압의 압축기 공기를 날개의 전연(Leading edge)과 미익부(Horizontal sta-bilizer)에 공급하여 결빙이 되는 것을 사전에 방지하며 날개상부 표면에서의 공기박리 현상을 막아주고 공기역학적 특성을 향상시킨다.

② 지상에서의 날개결빙 방지장치 작동은 고온의 압축공기로 인해 과열되는 것을 방지하기 위하여 방비계통의 test시 외에는 작동이 안된다.

69 유압계통에서 압력이 낮게 작동되면 중요한 기기에만 작동 유압을 공급하는 밸브는?

① 선택밸브(Selector valve)

② 릴리프밸브(Relief valve)

③ 유압퓨즈(Hydraulic fuse)

④ 우선순위밸브(Priority valve)

🔍 **해설**

프라이어리티 밸브(Priority Valve)

작동유의 압력이 일정 압력 이하로 떨어지면 유로를 막아 작동기구의 중요도에 따라 우선 필요한 계통만을 작동시키는 기능을 가진 밸브이다.

70 항공기엔진과 발전기 사이에 설치하여 엔진의 회전수와 관계없이 발전기를 일정하게 회전하게 하는 장치는?

① 교류발전기   ② 인버터

③ 정속구동장치   ④ 직류발전기

🔍 **해설**

정속구동장치

① 교류발전기에서 엔진의 구동축과 발전기축 사이에 장착되어 엔진의 회전수에 상관없이 일정한 주파수를 발생할 수 있도록 한다.

② 교류발전기를 병렬운전할 때 각 발전기에 부하를 균일하게 분담시켜 주는 역할도 한다.

71 알칼리축전지(Ni-Cd)의 전해액 점검사항으로 옳은 것은?

① 온도와 점도를 정기적으로 점검하여 일정수준 이상 유지해야한다.

② 비중은 측정할 필요가 없지만 액량은 측정하고 정확히 보존하여야 한다.

③ 일정한 온도와 염도를 유지해야 한다.

④ 비중과 색을 정기적으로 점검해야 한다.

🔍 **해설**

축전지의 완전 충전여부는 전해액의 비중으로 판단할 수 없으며, 항상 충전 완료시점에 반드시 각 축전지가 적정수준의 전해액을 보유하고 있는지 검사하여야 하며 최고액면선 보다 내려가 있으면 증류수나 이온수를 적정수준까지 채워주어야 한다.

축전지에 주입된 전해액은 미량이지만 증발되어 감소하므로 전해액의 높이가 중간과 최고 사이 또는 극판 상단과 최고 높이사이로 보충하고 유지시켜야 한다.

72 항공기에 사용되는 전기계기가 습도 등에 영향을 받지 않도록 내부 충전에 사용되는 가스는?

① 산소가스   ② 메탄가스

③ 수소가스   ④ 질소가스

🔍 **해설**

외부로부터의 습기나 이물질과 같은 불순물 유입에 의한 계기오작동 및 내구성 저하를 방지하고 계기 내부의 부식을 방지하기위해 질소가스를 봉입한다.

[정답] 68① 69④ 70③ 71② 72④

73 24V, $\frac{1}{3}$[hp]인 전동기가 효율 75[%]로 작동하고 있다면, 이때 전류는 약 몇 [A]인가?

① 7.8   ② 13.8
③ 22.8   ④ 30.0

🔍 해설

$1[\text{hp}] = 746[\text{W}]$

효율 $= \dfrac{출력}{입력}$

$24X = 746 \cdot \dfrac{1}{3} \cdot 0.75$에서, $X = 7.8[\text{A}]$

74 감도 20[mA]이고 내부 저항은 10[Ω]이며 200[A]까지 측정할 수 있는 전류계를 만들 때 분류기(shunt)는 약 몇 [Ω]으로 해야 하는가?

① 1   ② 0.1
③ 0.01   ④ 0.001

🔍 해설

$S = \dfrac{1}{(M-1)} \cdot$ 검류계의 내부저항, $M = \dfrac{공급전류}{눈금전류}$

$S = \dfrac{1}{\dfrac{200X10^{-3}}{20}} X10$에서 $X = 0.001[\Omega]$

75 프레온 냉각장치의 작동 중 점검창에 거품이 보인다면 취해야할 조치로 옳은 것은?

① 프레온을 보충한다.
② 장치에 물을 공급한다.
③ 장치의 흡입구를 청소한다.
④ 계통의 배관에 이물질을 제거한다.

🔍 해설

가스탱크건조기 스탠드튜브의 상단에 있는, 사이트글라스(sight glass, 검사용 유리창)는 정비사가 냉매를 볼 수 있게 한다. 충분한 냉매가 장치 내에 있을 때, 액체가 사이트글라스에 쇄도한다. 만약 냉매가 부족하면, 가스탱크건조기에 있는 거품으로 하여금 사이트글라스에서 보이게 하는, 모든 증기는 스탠드튜브로 빨려 들어가게 된다. 그 결과로서, 사이트글라스에 거품은 장치가 더 많은 냉매를 보충하는 것이 필요하다는 것을 나타낸다.

76 서모커플(Thermo couple)에 사용되는 금속 중 구리와 짝을 이루는 금속은?

① 백금(Platinum)
② 티타늄(Titanium)
③ 콘스탄탄(Constantan)
④ 스테인리스강(Stainless steel)

🔍 해설

열전쌍(Thermo couple)은 두 개의 다른 물질로 된 금속선의 양 끝을 연결하여 접합점에 온도차가 생기면 금속선에는 기전력이 발생하여 전류가 흐른다. 이들 금속선의 조합을 열전쌍이라하며 재료는 다음과 같다.
① 구리-콘스탄탄 : 최고 300[℃]까지 측정
② 철-콘스탄탄 : 최고 800[℃]까지 측정가능하며 실린더 헤드 온도를 측정 하는 곳에 사용한다.
③ 크로멜-아루멜 : 최고 1,400[℃]까지 측정가능하며 가스터빈 기관의 배기가스 온도계에 사용한다.

77 종합전자계기에서 항공기의 착륙 결심고도가 표시되는 곳은?

① Navigation display
② Control display unit
③ Primary flight display
④ Flight control computer

🔍 해설

결심고도(Decision height)
정밀 계기 접근 중 육안으로 참조물을 계속하여 식별하지 못하는 경우에 실패 접근을 시작하여야 하는 특정 고도를 말하며 Primary flight display에 표시된다.

78 전기 저항식 온도계에 사용되는 온도 수감용 저항 재료의 특성이 아닌 것은?

① 저항값이 오랫동안 안정해야 한다.
② 온도 외의 조건에 대하여 영향을 받지 않아야 한다.
③ 온도에 따른 전기저항의 변화가 비례관계에 있어야 한다.
④ 온도에 대한 저항값의 변화가 작아야 한다.

[정답] 73 ①   74 ④   75 ①   76 ③   77 ③   78 ④

해설

금속은 온도가 올라가면 저항이 증가하는 특성을 이용하여 니켈선을 이용하여 저항체를 만들고 전압을 가하면 전류는 저항체의 온도와 반비례하여 변화하며 이때의 전류값을 온도로 환산하여 지시하게 되며, 이때 사용하는 저항체는 다음 조건을 만족해야한다.
① 온도와 저항의 관계가 직선적인 관계일 것
② 저항은 온도이외 다른 조건에는 변하지 말 것
③ 전기저항계수의 변화가 클 것

---

79 조종사가 산소마스크를 착용하고 통신하려고 할 때 작동시켜야 하는 장치는?

① Public Address
② Flight Interphone
③ Tape Reproducer
④ Service Interphone

해설

통화장치의 종류
① 운항 승무원 상호간 통화장치(Flight Interphone System)
조종실 내에서 운항 승무원 상호간의 통화 연락을 위해 각종 통신이나 음성신호를 각 운항 승무원석에 배분한다.
② 승무원 상호간 통화장치(Service Interphone System)
비행 중에는 조종실과 객실 승무원석 및 갤리(Galley) 간의 통화연락을, 지상에서는 조종실과 정비 및 점검상 필요한 기체 외부와의 통화연락을 하기 위한 장치이다.
③ 객실 통화장치(Cabin Interphone System)
조종실과 객실 승무원석 및 각 배치로 나누어진 객실 승무원 상호간의 통화연락을 하기 위한 장치이다.

80 안테나의 특성에 대한 설명으로 틀린 것은?

① 안테나 이득은 방향성으로 인해 파생되는 상대적 이득을 의미한다.
② 무지향성 안테나를 기준으로 하는 경우 안테나 이득을 dBi로 표현한다.
③ 지향성 안테나를 기준으로 안테나 이득을 계산할 때 dBd를 사용한다.
④ 안테나의 전압 정재파비는 정재파의 최소전압을 정재파의 최대전압으로 나눈 값이다.

해설

전압정재파비(VSWR)
① 진폭의 크기는 같고 진행 방향이 반대인 두 파의 최대 진폭전압과 최저 진폭전압과의 비율이며 VHF 트랜스미터와 안테나 사이의 임피던스매칭을 알 수 있다.
② 전송선로에서 부하쪽으로 진행하는 전압파와 부하 쪽에서 반사되어 나오는 전압파의 합에 의해 발생되는 전압 정재파(Voltage Standing Wave) 진폭의 최대값과 최소값의 차

[정답] 79 ② 80 ④

제1과목 ▸ **항공역학**

01 항공기의 스핀에 대한 설명으로 틀린것은?

① 수직스핀은 수평스핀보다 회전 각속도가 크다.

② 스핀 중에는 일반적으로 옆미끄럼(Side slip)이 발생한다.

③ 강하속도 및 옆놀이 각속도가 일정하게 유지되면서 강하하는 상태를 정상스핀이라한다.

④ 스핀상태를 탈출하기 위하여 방향키를 스핀과 반대 방향으로 밀고, 동시에 승강키를 앞으로 밀어야 한다.

해설

- 수직스핀 : 20~40° 각도에 낙하속도는 40~80[m/s]
- 수평스핀 : 60° 각도에 낙하속도는 느리지만 회전하는 각속도가 매우 빨라 회복 불가

∴ 수평스핀 회전각속도 > 수직수핀 회전각속도
  수평스핀 낙하속도 < 수직스핀 낙하속도

02 양력(lift)의 발생 원리를 직접적으로 설명할 수 있는 원리는?

① 관성의 법칙   ② 베르누이의 정리

③ 파스칼의 정리   ④ 에너지보존 법칙

해설

베르누이의 정리

비행기의 양력이 발생하는 원리를 설명한 것인데, 비행기 날개의 위쪽은 약간 굴곡이 져 있기 때문에 공기의 흐름이 빨라져 압력이 작아지고, 날개 아래쪽은 직선으로 돼 있어 공기의 흐름이 느려 압력이 크다. 따라서 압력이 작은 쪽으로 이끌려 위로 올라가는 힘인 양력이 발생하여 비행기가 떠오를 수 있다는 것이다. 즉, 기압차가 생기기 때문에 비행기 날개가 위로 들어 올려지는 것이다.

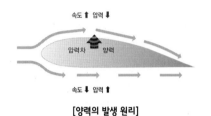

[양력의 발생 원리]

03 헬리콥터가 비행기처럼 고속으로 비행할 수 없는 이유로 틀린 것은?

① 후퇴하는 깃의 날개 끝 실속 때문에

② 후퇴하는 깃 뿌리의 역풍범위 때문에

③ 전진하는 깃 끝의 마하수의 영향 때문에

④ 전진하는 깃 끝의 항력이 감소하기 때문에

해설

헬리콥터 고속비행시 전진블레이드 깃의 맞바람 영향과 날개끝 실속으로 고속비행이 제한된다. 그러므로 마하수 영향을받고 그로인해 실속이 생긴다.

04 밀도가 0.1[kg·s²/m⁴]인 대리를 120[m/s]의 속도로 비행할 때 동압은 몇 [kg/m²]인가?

① 520   ② 720

③ 1,020   ④ 1,220

해설

$$동압 = \frac{1}{2} \times \rho \times V^2 = \frac{1}{2} \times 0.1 \times (120)^2 = \frac{1,440}{2} = 720$$

[정답] 01 ①   02 ②   03 ④   04 ②

Aircraft Maintenance

05 날개 뿌리 시위 길이가 60[cm]이고 날개 끝 시위 길이가 40[cm]인 사다리꼴 날개의 한 쪽 날개 길이가 150[cm]일 때 양쪽 날개 전체의 가로세로비는?

① 4 　　　　② 5
③ 6 　　　　④ 10

🔍 **해설**

$$AR = \frac{\text{날개길이}}{\text{공력평균시위}} = \frac{150+150}{\left(\frac{60+40}{2}\right)} = 6$$

06 관의 단면이 10[cm²]인 곳에서 10[m/s]로 흐르는 비압축성유체는 관의 단면이 25[cm²]인 곳에서는 몇 [m/s]의 흐름 속도를 가지는가?

① 3 　　　　② 4
③ 5 　　　　④ 8

🔍 **해설**

$$AV = \text{const}$$
$$10 \times 10 = 25 \times V$$
$$V = \frac{100}{25} = 4[m/s]$$

07 평형상태에 있는 비행기가 교란을 받았을 때 처음의 상태로 돌아가려는 힘이 자체적으로 발생하게 되는데 이와 같은 정적안정상태에서 작용하는 힘을 무엇이라 하는가?

① 가속력 　　　　② 기전력
③ 감쇠력 　　　　④ 복원력

🔍 **해설**

복원력
평형을 이루고 있는 계에서 외부로부터의 힘이 작용하여 평행상태가 깨어졌을 때 다시 정적안전상태로 되돌아가려는 방향으로 작용하는 힘이 생기는데, 이 힘을 복원력이라고 한다.

08 고도가 높아질수록 온도가 높아지며, 오존층이 존재하는 대기의 층은?

① 열권 　　　　② 성층권
③ 대류권 　　　　④ 중간권

🔍 **해설**

성층권 상부에는 오존층이 존재한다.

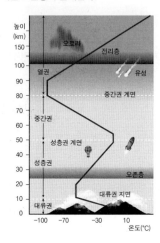

09 프로펠러의 기하학적 피치비(Geometric pitch ratio)를 옳게 정의한 것은?

① $\frac{\text{프로펠러 지름}}{\text{기하학적 피치}}$ 　　② $\frac{\text{기하학적 피치}}{\text{유효 피치}}$
③ $\frac{\text{기하학적 피치}}{\text{프로펠러 지름}}$ 　　④ $\frac{\text{유효 피치}}{\text{기하학적 피치}}$

🔍 **해설**

프로펠러의 기하학적 피치비(Geometric pitchratio)

$$\text{기하학적 피치비} = \frac{\text{기하학적 피치}}{\text{프로펠러 지름}}$$

10 양의 세로안정성을 가지는 일반형 비행기의 순항 중 트림 조건으로 알맞은 것은? (단, 화살표는 힘의 방향, ◐는 무게중심을 나타낸다.)

[정답] 05 ③　06 ②　07 ④　08 ②　09 ③　10 ①

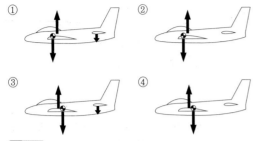

2019년

해설

세로안정성의 무게중심은 공력중심 보다 앞에 위치할수록 좋으며, 트림 조건은 항공기에 작용하는 힘의 합력이 0인 상태이다.

---

11 공력평형장치 중 프리즈 밸런스(Frise balance)가 주로 사용되는 조종면은?

① 방향기(Rudder) ② 승강키(Elevator)

③ 도움날개(Aileron) ④ 도살핀(Dorsal fin)

해설

프리즈 에어론(Frise Aileron)

비행기의 횡적 조종을 위해서 사용하는 도움날개의 모양으로 힌지(Hinge)가 날개골의 전방으로부터 조금 떨어진 아래쪽에 위치하고 있어 도움날개를 올리면 도움날개의 전련 부분이 날개의 밑면보다 아래로 돌출 되어 유해항력이 날개 밑 부분에 형성되어 공기역학적인 균형을 만들어주고. 도움날개가 내려가는 반대쪽 날개에서는 유도항력이 만들어져 비행기를 회전(Rolling)운동을 하게된다.

---

12 활공비행에서 활공각(θ)을 나타내는 식으로 옳은 것은? (단, C_L : 양력계수, C_D : 항력계수이다.)

① $\sin\theta = \dfrac{C_L}{C_D}$ ② $\sin\theta = \dfrac{C_D}{C_L}$

③ $\cos\theta = \dfrac{C_D}{C_L}$ ④ $\tan\theta = \dfrac{C_D}{C_L}$

해설

활공각 $\tan\theta = \dfrac{1}{\text{양항비}} = \dfrac{\text{고도}}{\text{활공거리}} = \dfrac{C_D}{C_L}$

---

13 항공기의 이륙거리를 옳게 나타낸 것은? (단, S_G 지상활주거리(Ground run distance), S_R 회전거리(Rotation distance), S_T 전이거리(Transition distance), S_C 상승거리(Climb distance)이다.)

① S_G ② $S_G + S_T + S_C$

③ $S_G + S_R - S_T$ ④ $S_G + S_R + S_T + S_C$

해설

항공기의 이륙거리

지상활주거리＋회전거리＋전이거리＋상승거리

---

14 프로펠러 비행기의 이용마력과 필요마력을 비교할 때 필요마력이 최소가 되는 비행속도는?

① 비행기의 최고속도

② 최저상승률일 때의 속도

③ 최대항속거리를 위한 속도

④ 최대항속시간을 위한 속도

해설

필요마력이 최소인 경우

연료소비율이 최소인 속도로 최대항속시간을 위한 속도이다.

---

15 헬리콥터가 지상 가까이에 있을 때, 회전날개를 지난 흐름이 지면에 부딪혀 헬리콥터와 지면사이에 존재하는 공기를 압축시켜 추력이 증가되는 현상을 무엇이라 하는가?

① 지면효과 ② 페더링효과

③ 실속효과 ④ 플래핑효과

해설

지면효과

헬리콥터나 비행기는 이착륙을 할 때에 지표면과 거리가 가까워지면 하강풍이 지면과의 충돌로 인해서 양력이 커지게 되는데 이런 현상을 지면효과(Ground effect)라고 한다.

[정답] 11 ③ 12 ④ 13 ④ 14 ④ 15 ①

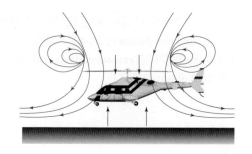

16 무게가 $7,000[\mathrm{kgf}]$인 제트항공기가 양항비 3.5로 등속수평비행할 때 추력은 몇 $[\mathrm{kgf}]$인가?

① 1,450   ② 2,000

③ 2,450   ④ 3,000

🔍 **해설**

$T=D=\dfrac{1}{2}\rho v^2 SC_D$

$W=L=\dfrac{1}{2}\rho v^2 SC_L$에서 $\dfrac{T}{W}=\dfrac{C_D}{C_L}$ 이므로

$T=W\dfrac{C_D}{C_L}=7,000\times\dfrac{1}{3.5}=2,000[\mathrm{kgf}]$

17 프로펠러 항공기의 최대항속거리 비행 조건으로 옳은 것은? (단, C_{D_P} : 유해항력계수, C_{D_i} : 유도항력계수이다.)

① $C_{D_P}=C_{D_i}$ ② $3C_{D_P}=C_{D_i}$

③ $C_{D_P}=3C_{D_i}$ ④ $C_{D_P}=2C_{D_i}$

🔍 **해설**

최대항속거리로 비행가기 위해서는 $\dfrac{C_{D_P}}{C_{D_i}}$이 최대인 받음각으로 비행하여야 한다.

18 비행기의 동적 세로안정으로서 속도변화에 무관한 진동이며 진동주기는 0.5~5초가 되는 진동은 무엇인가?

① 장주기 운동   ② 승강키 자유운동

③ 단주기 운동   ④ 도움날개 자유운동

🔍 **해설**

단주기 운동

조종사가 거의 느끼지 못할 정도로 빠른 주파수에 빠르게 진폭이 감쇄하는 항공기의 세로 운동

19 선회각 ϕ로 정상선회비행하는 비행기의 하중배수를 나타낸 식은? (단, W는 항공기의 무게이다.)

① $W\cos\phi$ ② $\dfrac{W}{\cos\phi}$

③ $\dfrac{1}{\cos\phi}$ ④ $\cos\phi$

🔍 **해설**

수평시 하중배수$(n)=\dfrac{L}{W}=1$

선회시 하중배수$(n)=\dfrac{1}{\cos\theta}=1$

그러므로 선회시 하중배수는 경사각이 클수록 커진다.

20 다음 중 가로세로비가 큰 날개라 할 때 갑자기 실속 가능성이 가장 적은 날개골은?

① 캠버가 큰 날개골

② 두께가 얇은 날개골

③ 레이놀즈수가 작은 날개골

④ 앞전 반지름이 작은 날개골

🔍 **해설**

항공기가 멀리 활공하기 위해서는 활공각이 작아야 되며, 활공각이 작으려면 양항비가 커야 한다. 활공기에서 양항비를 크게 하기 위하여 항력계수를 최소로 해야 하며, 이렇게 하기 위해서 기체 표면을 매끈하게 하고 모양을 유선형으로 하여 형상항력을 작게 한다. 또, 날개의 길이를 길게(캠버가 큰 날개) 함으로써 가로세로비를 크게 해 유도항력을 작게 한다.

[정답] 16 ②   17 ①   18 ③   19 ③   20 ①

제2과목 ▶ 항공기관

21 그림과 같은 브레이턴 사이클선도의 각 단계와 가스터빈엔진의 작동부위를 옳게 짝지은 것은?

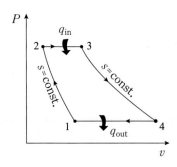

① 1 → 2 : 디퓨저
② 2 → 3 : 연소기
③ 3 → 4 : 배기구
④ 4 → 1 : 압축기

🔍 **해설**

브레이턴 사이클(Brayton cycle)
가스터빈 엔진의 이상적인 사이클로서 브레이턴에 의해 고안된 동력기관의 사이클이다. 가스터빈엔진은 압축기, 연소실 및 터빈의 주요부분으로 이루어지며 이것을 가스발생기라 한다.

22 가스터빈엔진에서 배기노즐(Exhaust nozzle)의 가장 중요한 기능은?

① 배기가스의 속도와 압력을 증가시킨다.
② 배기가스의 속도와 압력을 감소시킨다.
③ 배기가스의 속도를 증가시키고 압력을 감소시킨다.
④ 배기가스의 속도를 감소시키고 압력을 증가시킨다.

🔍 **해설**

수축형 배기노즐 기능
배기가스의 속도를 증가시키고 압력을 감소시킨다.

23 완전기체의 상태변화와 관계식을 짝지은 것으로 틀린것은? (단, P 압력, V 체적, T 온도, r 비열비이다.)

① 등온변화 : $P_1 V_1 = P_2 V_2$

② 등압변화 : $\dfrac{T_1}{V_2} = \dfrac{T_2}{V_1}$

③ 등적변화 : $\dfrac{P_1}{T_1} = \dfrac{P_2}{T_2}$

④ 단열변화 : $\dfrac{T_2}{T_1} = \left(\dfrac{P_2}{P_1}\right)^{\frac{r-1}{r}}$

🔍 **해설**

등압변화 : $\dfrac{T_2}{T_1} = \dfrac{V_2}{V_1}$

24 왕복엔진의 윤활계통에서 엔진오일의 기능이 아닌 것은?

① 밀폐작용
② 윤활작용
③ 보온작용
④ 청결작용

🔍 **해설**

오일의 작용
① 윤활작용(Oiling)
② 냉각작용(Cooling)
③ 밀폐작용(Sealing)
④ 청결작용(Cleaning)
⑤ 부식방지작용(Anti-corrosion)

25 가스터빈엔진 점화기의 중심전극과 원주전극 사이의 간극에서 공기가 이온화되면 점화에 어떠한 영향을 주는가?

① 아무 변화가 없다.
② 불꽃방전이 잘 이루어진다.
③ 불꽃방전이 이루어지지않는다.
④ 플러그가 손상된 것이므로 교환해 주어야 한다.

🔍 **해설**

점화플러그의 양전극 사이에 전압이 가해질 경우 전극 사이의 공기가 이온화되며, 이온화된 공기는 전기저항이 낮아 저전압에도 불꽃방전이 잘 이루어진다.

[정답] 21 ② 22 ③ 23 ② 24 ③ 25 ②

26 터보제트엔진에서 비행속도 100[ft/s], 진추력 10,000 [lbf]일 때 추력마력은 약 몇 [ft·lbf/s]인가?

① 1818
② 2828
③ 8181
④ 8282

🔍 해설 ----------

추력마력 $THP = F_n \times V_a / (75[\text{kg·m/s}]) = 1818.18[\text{HP}]$

$$THP = \frac{F_n \times V_a}{75[\text{kg·m/s}]} = \frac{F_n \times V_a}{550[\text{lbs·ft/s}]}$$

27 가스터빈엔진에서 주로 사용하는 윤활계통의 형식은?

① Dry sump, Jet and spray
② Dry sump, Dip and splash
③ Wet sump, Spray and splash
④ Wet sump, Dip and pressure

🔍 해설 ----------

가스터빈엔진에서 주로 사용하는 윤활계통의 형식
Dry Sump System와 jet and spray
• Dry Sump System
  성형엔진과 일부 대향형 엔진에 사용하는 계통으로 엔진과 따로 방화벽 뒷면상부 Oil Tank가 있고 엔진을 순환한 Oil이 Sump 에 모이면 배유펌프에서 Tank로 귀유시키는 계통이다.

28 프로펠러의 회전면과 시위선이 이루는 각을 무엇이라 하는가?

① 깃각
② 붙임각
③ 회전각
④ 깃뿌리각

🔍 해설 ----------

깃각(Blade angle)이란 회전면과 시위선이 이루는 각각이다.

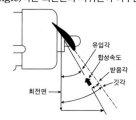

29 가스터빈엔진의 축류압축기에서 발생하는 실속(Stall) 현상 방지를 위해 사용하는 장치가 아닌 것은?

① 블리드 밸브(Bleed valve)
② 다축식 구조(Multi spool design)
③ 연료-오일 냉각기(Fuel-oil cooler)
④ 가변 스테이터 베인(Variable stator vance)

🔍 해설 ----------

축류 압축기의 실속 방지
축류 압축기의 실속 방지 방법으로서는 다축 기관, 가변 스테이터, 블리드 밸브를 이용하는 3가지 방법이 있으며, 현재의 가스터빈 엔진은 이들을 적절히 조합하여 사용하고 있다.

30 가스터빈엔진의 압축기에서 축류식과 비교한 원심식의 특징이 아닌 것은?

① 경량이다.
② 구조가 간단하다.
③ 제작비가 저렴하다.
④ 단(스테이지)당 압축비가 작다.

🔍 해설 ----------

원심식 압축기 특징
① 구조가 간단하며 다단 압축방식을 많이 사용하고 있다.
② 경량이 작고 회전운동을 함으로서 동적 밸런스가 용이하고 진동이 적다.
③ 마찰부분이 없으므로 고장이 적고 마모에 의한 손상이나 성능의 저하가 적다.
④ 압축이 연속적이므로 기체의 맥동현상이 없고 압축비가 높다.
⑤ 대형화 될수록 가격이 저렴하다.

31 9기통 성형엔진에서 회전영구자석이 6극형이라면, 회전영구자석의 회전속도는 크랭크축 회전속도의 몇 배가 되는가?

① 3
② 1.5
③ 3/4
④ 2/3

🔍 해설 ----------

$$\frac{\text{마그네토 회전속도}}{\text{크랭크축 회전속도}} = \frac{\text{실린더수}}{2 \times \text{극수}} = \frac{9}{2 \times 6} = 0.75$$

[정답] 26 ① 27 ① 28 ① 29 ③ 30 ④ 31 ③

32 왕복엔진의 실린더 배열에 따른 종류가 아닌 것은?

① 성형엔진　　　　② 대향형엔진
③ V형엔진　　　　④ 액냉식엔진

🔍 **해설**

일반적으로 항공기용 왕복 기관은 실린더 배열과 냉각 방식에 의하여 분류된다.
종류에는 V형, X형, 대향형, 성형이 있다.

33 피스톤이 하사점에 있을 때 차압 시험기를 이용한 압축점검(Compression check)을 하면 안되는 이유는?

① 폭발의 위험성이 있기 때문에
② 최소한 1개의 밸브가 열려있기 때문에
③ 과한 압력으로 게이지가 손상되기 때문에
④ 실린더 체적이 최대가 되어 부정확하기 때문에

🔍 **해설**

차압시험(실린더 압축시험)
• 실린더의 밸브와 피스톤링이 연소실 내의 기밀을 정상적으로 유지하는지 검사하는 것
• 피스톤을 압축 상사점에 위치시킨 상태에서 실시(두 개의 밸브가 완전히 닫혀 있는 상태)

34 왕복엔진의 연료계통에서 증기폐색(Vapor lock)에 대한 설명으로 옳은 것은?

① 연료 펌프의 고착을 말한다.
② 기화기(Carburetter)에서의 연료 증발을 말한다.
③ 연료흐름도관에서 증기 기포가 형성되어 흐름을 방해하는 것을 말한다.
④ 연료계통에 수증기가 형성되는 것을 말한다.

🔍 **해설**

베이퍼 록(Vapor Lock)
증기폐색이라 하며 왕복엔진의 연료계통이 연료의 증기에 의하여 공급관이 막히는 현상.

35 흡입밸브와 배기밸브의 팁 간극이 모두 너무 클 경우 발생하는 현상은?

① 점화시기가 느려진다.
② 오일소모량이 감소한다.
③ 실린더의 온도가 낮아진다.
④ 실린더의 체적효율이 감소한다.

🔍 **해설**

흡기밸브와 배기밸브가 동시에 열려 있는 각도로 밸브 오버랩의 장점은 체적효율 향상, 출력 증가, 냉각효과이다.
흡입과 배기밸브간에 팁 간극이 클경우 체적율감소, 출력저하, 온도 상승의 현상이 일어난다.

36 가스터빈엔진의 연료 중 항공 가솔린의 증기압과 비슷한 값을 가지고 있으며 등유와 증기압이 낮은 가솔린의 합성연료이고, 군용으로 주로 많이 쓰이는 연료는?

① JP－4　　　　② JP－6
③ 제트 A형　　　④ AV－GAS

🔍 **해설**

JP-4
가스터빈엔진의 연료로 65[%]의 가솔린과 35[%]의 케로신 증류액이 혼합되어 있음

✅ **참고**

항공용 가스터빈 기관의 연료분류
• 군용으로는 JP-4, JP-5, JP-6, JP-7 등이 있다.
• 민간용으로는 제트 A형, 제트 A-1형 및 제트 B형이 있다.
　① JET A, JET A-1형 : ASTM에서 규정된 성질을 가지고 있으며, JP-5와 비슷하지만 어는점이 약간 높다.
　② JET B형 : JP-4와 비슷하나, 어는점이 약간 높은 연료이다.

37 왕복엔진의 크랭크축에 다이나믹 댐퍼(Dynamic damper)를 사용하는 주된 목적은?

① 커넥팅로드의 왕복운동을 방지하기 위하여
② 크랭크축의 비틀림 진동을 감쇠하기 위하여
③ 크랭크축의 자이로 작용(Gyroscopic action)을 방지하기 위하여
④ 항공기가 교란되었을 때 원위치로 복원시키기 위하여

[정답] 32 ④　33 ②　34 ③　35 ④　36 ①　37 ②

다이나믹 댐퍼(Dynamic damper)
동적 댐퍼는 왕복엔진의 크랭크축에 장착되는 실패모양의 무거운 추로 엔진이 작동할 때 발생하는 비틀림 진동을 흡수한다. 실패모양의 추는 넓은 구멍에 작은 축으로 걸려있으며 크랭크축이 회전할 때 추가 전, 후로 흔들려 움직이면서 엔진의 비틀림 진동을 흡수한다.

38 왕복엔진에서 로우텐션(Low tension) 점화장치를 사용하는 경우의 장점은?

① 구조가 간단하여 엔진의 중량을 줄일 수 있다.
② 부스터 코일(Booster coil)이 하나이므로 정비가 용이하다.
③ 점화플러그에 유기되는 전압이 낮아 정비 시 위험성이 적다.
④ 높은 고도 비행 시 하이텐션(High tension) 점화장치에서 발생되는 플래시오버(Flash over)를 방지할 수 있다.

로우텐션(Low tension)-저전압 점화계통
고고도를 운항하는 왕복엔진에 사용하도록 설계된 마그네토 점화계통으로 저전압 마그네토에는 고전압 마그네토에 있는 일차 권선과 같은 코일권선이 하나만 있다. 탄소 브러시로 되어 있는 분배기에서 낮은 전압을 직접해당 실린더로 보냄. 각각의 실린더의 점화 플러그에는 변압기가 있어 저전압을 고전압으로 변환시켜 점화플러그에 보내 플래시오버(Flash over)를 방지 하고 점화불꽃을 만듦

39 프로펠러 날개의 루트 및 허브를 덮는 유선형의 커버로, 공기흐름을 매끄럽게 하여 엔진효율 및 냉각효과를 돕는 것은?

① 램(Ram)
② 커프스(Cuffs)
③ 가버너(Governor)
④ 스피너(Spinner)

스피너(Spinner)
항공기 프로펠러의 허브에 장착되는 유선형의 덮개로 공기의 흐름을 엔진 카울링(덮개)의 열린 부분으로 들어가도록 유도하고 또한 항공기의 유선형을 부여한다.

40 흡입공기를 사용하지 않는 제트엔진은?

① 로켓
② 램제트
③ 펄스제트
④ 터보팬엔진

로켓은 공기로 숨을 쉬는 엔진이 아님

항공기체

41 탄소강에 첨가되는 원소 중 연신율을 감소시키지 않고 인장강도와 경도를 증가시키는 것은?

① 탄소
② 규소
③ 인
④ 망간

탄소강
철과 탄소의 합금
Si $0 \sim 0.35[\%]$, Mn $0.2 \sim 0.8[\%]$, P $0.02 \sim 0.08[\%]$,
S $0.02 \sim 0.08[\%]$, Cu $0 \sim 0.4[\%]$ 정도를 포함한다.
탄소의 함유량에 따라 인장강도와 경도는 증가한다.

42 항공기 무게를 계산하는 데 기초가 되는 자기무게(Empty Weight)에 포함되는 무게는?

① 고정밸런스
② 승객과 화물
③ 사용 가능 연료
④ 배출 가능 윤활유

항공기 무게
① 외부포장을 제외한 순수한 내용의 중량
② 승무원과 유상하중을 뺀 항공기의 총무게
③ 자기무게에 포함되는 것은 고정 밸런스이다.

43 다음과 같은 단면에서 x, y축에 관한 단면상승 모멘트$(I_{xy} = \int_A xy\, dA)$는 약 몇 $[\mathrm{cm}^4]$인가?

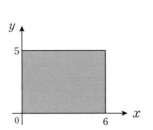

① 56　　　　　　② 152

③ 225　　　　　　④ 900

해설

사각형의 단면상승 모멘트

$$I_{xy} = \frac{b^2 h^2}{4} = \frac{900}{4} = 225 [\text{cm}^4]$$

44　주날개(Main Wing)의 주요 구조요소로 옳은 것은?

① 스파(Spar), 리브(Rib), 론저론(Longeron), 표피(Skin)

② 스파(Spar), 리브(Rib), 스트링거(Stringer), 표피(Skin)

③ 스파(Spar), 리브(Rib), 벌크헤드(Bulkhead), 표피(Skin)

④ 스파(Spar), 리브(Rib), 스트링거(Stringer), 론저론(Longeron)

해설

주날개(Main Wing)구조

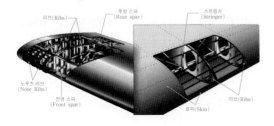

45　설계제한하중배수가 2.5인 비행기의 실속속도가 120[km/h]일 때 이 비행기의 설계운용속도는 약 몇 [km/h]인가?

① 150　　　　　　② 240

③ 190　　　　　　④ 300

해설

설계운용속도

$$VA = \sqrt{n1} \times Vs$$

$$VA = \sqrt{2.5} \times 120 = 189.736$$

46　두 판재를 결합하는 리벳작업 시 리벳직경의 크기는?

① 두 판재를 합한 두께의 3배 이상이어야 한다.

② 얇은 판재 두께의 3배 이상이어야 한다.

③ 두꺼운 판재 두께의 3배 이상이어야 한다.

④ 두꺼운 판재를 합한 두께의 1/2 이상이어야 한다.

해설

Rivet의 지름과 길이는 판재의 두께에 따라 결정된다.

① 리벳지름은 작업하고자 하는 판재중 두꺼운 판재두께의 3배가 적당($D = 3T$)하다.

② 길이는 작업하고자 하는 판재의 두께(Grip)에 Rivet직경의 1.5배 정도가 돌출되어야 적당하다.

　　L(리벳길이)$=G$(판두께)$+1.5 \times$ 리벳직경

47　페일세이프구조 중 다경로구조(Redundant structure)에 대한 설명으로 옳은 것은?

① 단단한 보강재를 대어 해당량 이상의 하중을 이 보강재가 분담하는 구조이다.

② 여러 개의 부재로 되어 있고 각각의 부재는 하중을 고르게 분담하도록 되어 있는 구조이다.

③ 하나의 큰 부재를 사용하는 대신 2개 이상의 작은 부재를 결합하여 1개의 부재와 같은 또는 그 이상의 강도를 지닌 구조이다.

④ 규정된 하중은 모두 좌측 부재에서 담당하고 우측 부재는 예비 부재로 좌측 부재가 파괴 된 후 그 부재를 대신하여 전체하중을 담당하는 구조이다.

해설

다경로구조(Redundant structure)

[**정답**] 44 ② 45 ③ 46 ③ 47 ②

일부 부재가 파괴 될 경우 그 부재가 담당하던 하중을 분담할 수 있는 다른 부재가 있어 구조 전체로서는 치명적인 결과를 가져오지 않는 구조형식

48 착륙장치(Landing gear)가 내려올 때 속도를 감소시키는 밸브는?

① 셔틀밸브
② 시퀀스밸브
③ 릴리프밸브
④ 오리피스 체크밸브

🔍 해설 -

오리피스 체크밸브(Orifice Check Valve)
오리피스 밸브+체크밸브의 기능을 합쳐 한쪽 방향으로는 정상적인 흐름을, 반대 방향으로는 흐름을 제한하는밸브이다.
랜딩 기어를 펼치고 들어올릴 때 오리피스 체크밸브가 사용되며, 랜딩기어가 올라갈때는 관여하지않고 랜딩기어가 펼쳐질때 랜딩기어의 무게 때문에 빠르게 내려가는 것을 조정하며, 플랩에서도 빠른 공기유속에 올라가는것을 방지한다

49 일정한 응력(힘)을 받는 재료가 일정한 온도에서 시간이 경과함에 따라 변형률이 증가하는 현상을 무엇이라고 하는가?

① 크리프(Creep)
② 항복(Yield)
③ 파괴(Fracture)
④ 피로굽힘(Fatigue bending)

🔍 해설 -

크리프(Creep)
가스터빈 엔진의 터빈 브레이드가 일정한 온도에서 늘어나 말리는 영구변형된 상태의 결함.

50 항공기 부식을 예방하기 위한 표면처리 방법이 아닌 것은?

① 마스킹처리(Masking)
② 알로디인처리(Alodining)

③ 양극산화처리(Anodizing)
④ 화학적피막처리(Chemical conversion coating)

🔍 해설 -

- 양극산화처리(Anodizing) : 알루미늄 합금 조각의 표면에 공기, 및 다른 물질에 의하여 부식되는 것을 방지하기 위하여 파손, 되지 않는 산화피막을 씌우는 방법.
- 화학적피막처리(Chemical conversion coating) : 금속 표면에 산 또는 알칼리성 수용액에 의해 화학적으로 생성시킨 피막
- 알로디인처리(Alodining) : 알루미늄이나 알루미늄합금의 표면을 화학적으로 처리하기 위해 알로다인용액을 표면에 발라서 산화피막을 형성함
- 마스킹처리(Masking) : 항공기 도색 할 때 도료가 묻지 않게 하기 위한 처리방법

51 그림과 같이 판재를 굽히기 위해서 Flat A의 길이는 약 몇 [in]가 되어야 하는가?

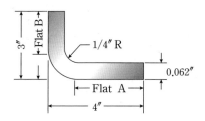

① 2.8
② 3.7
③ 3.8
④ 4.0

🔍 해설 -

$S.B = K(R+T)$
여기서, K : 굽힘 각의 tangent, R : 굽힘 반지름, T : 판의 두께
$S.B = \tan\frac{90}{2}(0.25+0.062) = 0.311$
∴ Flat A의 길이 $= 4 - 0.311 = 3.689$

52 복합소재의 결합탐지방법으로 적합하지 않은 것은?

① 와전류검사
② X-RAY 검사
③ 초음파검사
④ 탭 테스트(tap test)

🔍 해설 -

[정답] 48 ④ 49 ① 50 ① 51 ② 52 ①

복합소재의 결합탐지방법

복합재료로 제작된 샌드위치 구조의 층 분리나 내부 손상을 검사하기 위해서는 육안검사나, Coin Tap Test, 초음파, X-ray 등의 비파괴 검사가 적합

정밀공차볼트

53 항공기엔진을 날개에 장착하기 위한 구조물로만 나열한 것은?

① 마운트, 나셀, 파일론

② 블래더, 나셀, 파일론

③ 인테그널, 블래더, 파일론

④ 캔틸레버, 인테그널, 나셀

해설

파일론(Pylon), 엔진나셀(Nacelle)이나 마운트는 항공기의 날개에 부착하는 구조물이다.

54 용접 작업에 사용되는 산소·아세틸렌 토치 팁(Tip)의 재질로 가장 적절한 것은?

① 납 및 납합금

② 구리 및 구리합금

③ 마그네슘 및 마그네슘합금

④ 알루미늄 및 알루미늄합금

해설

토치를 사용할 때의 사고로는 역류, 인화, 역화 등이 있는데, 사고가 나면 매우 위험하므로 주의해야 한다.
가스용접의 용접 팁은 구리나 구리합금으로 만든다.

55 육각 볼트머리의 삼각형 속에 X가 새겨져 있다면 이것은 어떤 볼트인가?

① 표준볼트

② 정밀공차볼트

③ 내식성볼트

④ 내부렌칭볼트

해설

56 다음 중 크기와 방향이 변화하는 인장력과 압축력이 상호 연속적으로 반복되는 하중은?

① 교번하중

② 정하중

③ 반복하중

④ 충격하중

해설

교번하중

반복 하중 중, 크기 뿐만 아니라 방향도 변하는 하중

① 인장과 압축이 교대로 작용하는 경우

② 굽힘 또는 비틀림이 교대로 작용하는 경우

57 항공기 기체 구조의 리깅(Rigging)작업을 할 때 구조의 얼라인먼트(Alignment) 점검 사항이 아닌 것은?

① 날개 상반각

② 수직 안전판 상반각

③ 수평 안정판 장착각

④ 착륙 장치의 얼라인먼트

해설

리깅(Rigging)

항공기 정비의 일종으로 날개와 후방 날개에 있는 조종면을 정확한 비행특성에 맞도록 조절하는 절차이며, 구조의 얼라인먼트 점검은 날개 상반각, 수평 안정판의 장착각, 착륙 장치의 얼라인먼트등이 있다.

58 연료탱크에 있는 벤트계통(Vent system)의 역할로 옳은 것은?

① 연료탱크 내의 증기를 배출하여 발화를 방지한다.

② 비행자세의 변화에 따른 연료탱크 내의 연료유동을 방지한다.

[정답] 53 ① 54 ② 55 ② 56 ① 57 ② 58 ④

③ 연료탱크의 최하부에 위치하여 수분이나 잔류 연료를 제거한다.

④ 연료탱크 내·외의 차압에 의한 탱크구조를 보호한다.

🔍 해설

벤트계통(Vent system)

밀폐된 용기에 내·외부와의 차압으로부터 용기를 보호하기위해 공기가 통할 수 있도록 뚫어놓은 구멍 또는 오리피스

59 너트의 부품번호 AN 310 D-5 R에서 문자 D가 의미하는 것은?

① 너트의 안전결선용 구멍

② 너트의 종류인 캐슬너트

③ 사용 볼트의 직경을 표시

④ 너트의 재료인 알루미늄 합금 2017T

🔍 해설

AN 310 D-5 R

```
AN  310  D-5  R
               └── 나사 끝의 구멍 유무
            └── Grip의 길이
         └── 재질(2017T)
     └── 볼트의 직경
```

60 SAE 1035가 의미하는 금속재료는?

① 탄소강

② 마그네슘강

③ 니켈강

④ 몰리브덴강

🔍 해설

[SAE 재료 번호]

강의 종류	재료 번호	강의 종류	재료 번호
탄소강	1×××	크롬강	5×××
망간강	13××	크롬 바듐 강	6×××
니켈강	2×××	텅스텐 크롬 강	72××
니켈 크롬강	3×××	니켈 크롬 몰리브덴 강	81××
올리브덴 강	40××		86××
	44××		~88××

강의 종류	재료 번호	강의 종류	재료 번호
크롬 몰리브덴 강	41××	실리콘 망간	92××
니켈 크롬 몰리브덴 강	43××	니켈 크롬 몰리브덴 강	93××
	47××		~98××

제4과목 ◀ 항공장비

61 12,000[rpm]으로 회전하고 있는 교류 발전기로 400[Hz]의 교류를 발전하려면 몇 극(Pole)으로 하여야 하는가?

① 4극

② 8극

③ 12극

④ 24극

🔍 해설

$$주파수(F) = \frac{극수(P) \times 회전수(N)}{120}$$

$$400 = \frac{P \times 12,000}{120}, \quad P = \frac{48,000}{12,000} = 4$$

62 10[mH]의 인덕턴스에 60[Hz], 100[V]의 전압을 가하면 약 몇 암페어[A]의 전류가 흐르는가?

① 15

② 20

③ 25

④ 26

🔍 해설

$$X_L = 2f_L \quad X_L = 2 \times 3.14 \times 60 \times 0.01 = 3.77[\Omega]$$

$$V = IR \quad I = \frac{V}{R} = \frac{100}{3.77} = 26.5[A]$$

63 객실압력 조절에 직접적으로 영향을 주는 것은?

① 공압계통의 압력

② 슈퍼차저의 압축비

③ 터보컴프레서의 속도

④ 아웃플로밸브의 개폐 속도

[정답] 59 ④ 60 ① 61 ① 62 ④ 63 ④

해설

아웃플로밸브

객실 여압계통은 객실 압력의 조절, 압력 릴리프, 진공 릴리프, 등압 영역, 그리고 차압 영역에서 원하는 객실 고도를 선택하는 수단으로서 설계되었다. 더욱이 객실 압력을 덤프(Dump)하는 것도 압력조절계통의 기능 중 하나이다. 이들의 기능을 수행하기 위해 객실 여압조절기, 아웃플로 밸브(Out-flow), 그리고 안전 밸브가 사용된다.

64 다음 중 계기착륙장치의 구성품이 아닌 것은?

① 마커비컨
② 관성항법장치
③ 로컬라이저
④ 글라이더슬로프

해설

- 마커비컨(Marker beacon)
  계기착륙계통(ILS)에서 기준점으로부터 소정의 거리를 표시하기 위해서 설치한 라디오 항법 장치로 지상으로부터 공중으로 원뿔모양의 75[MHz]의 저 출력 주파수를 복사한다.
- 로컬라이저(Localizer)
  계기에 표시되어 있는 활주로의 중심선을 따라 밖으로 연장된 전자 통로 방향을 산출해낸다.
- 글라이드슬로프(Glide slope)
  활강진로는 전자항법 중 계기착륙계통의 일부분이다. 계기 활주로 진입 끝으로부터 위쪽으로 약 $2\frac{1}{2}°$ 각도의 연장선으로 발사하는 라디오 빔이다. 이 빔을 중심으로 상 방향은 90[Hz]를 하 방향으로는 150[Hz]의 라디오 신호를 보내고 있다.
- 관성항법장치 INS(Inertial Navigation System)
  항공기, 미사일 등에 장착하여 자기의 위치를 감지하여 자립적으로 목적지까지 유도하기 위한 장치이다.

65 제빙부츠장치(De-ice system)에 대한 설명으로 옳은 것은?

① 날개 뒷전이나 안정판(Stabilizer)에 장착된다.
② 조종사의 시계 확보를 위해 사용된다.
③ 조종사의 전원을 공급할 때 발생하는 진동을 이용하여 제빙하는 장치이다.
④ 고압의 공기를 주기적으로 수축, 팽창시켜 제빙하는 장치이다.

해설

압축공기 제빙부츠

비행 중에 압축 공기를 공급하여, 제빙부츠를 부풀리고 줄이는 과정을 주기적으로 하여 표면에 생선된 얼음을 깨뜨려 제거하는 방법이다.

66 항공계기에 표시되어 있는 적색방사선(Red radiation)은 무엇을 의미하는가?

① 플랩 조작 속도 범위
② 계속운전범위(순항범위)
③ 최소, 최대운전 또는 운용한계
④ 연료와 공기 혼합기의 Auto-lean시의 계속운전범위

해설

계기의 색표지

① 푸른색 호선(Blue arc) : 기화기를 장비한 왕복기관에 관계되는 기관 계기에 표시하는 것으로서, 연료와 공기 혼합비가 오토 린(Auto lean)일 때의 상용 안전 운용 범위를 나타낸다.
② 노란색 호선(Yellow arc) : 안전 운용 범위에서 초과 금지까지의 경계 또는 경고 범위를 나타낸다.
③ 붉은색 방사선(Red radiation) : 최대 및 최소 운용 한계를 나타내며, 붉은색 방사선이 표시된 범위 밖에서는 절대로 운용을 금지해야 함을 나타낸다.
④ 흰색 호선(White arc) : 대기속도계에서 플랩 조작에 따른 항공기의 속도 범위를 나타내는 것으로서 속도계에만 사용이 된다. 최대 착륙 무게에 대한 실속 속도로부터 플랩을 내리더라도 구조 강도상에 무리가 없는 플랩 내림 최대 속도까지를 나타낸다.

67 항공기에서 거리측정장치(DME)의 기능에 대한 설명으로 옳은 것은?

① 질문펄스에서 응답펄스에 대한 펄스 간 지체시간을 구하여 방위를 측정할 수 있다.
② 질문펄스에서 응답펄스에 대한 펄스 간 지체시간을 구하여 거리를 측정할 수 있다.
③ 응답펄스에서 질문펄스에 대한 시간차를 구하여 방위를 측정할 수 있다.
④ 응답펄스에서 선택된 주파수만을 계산하여 거리를 측정할 수 있다.

[정답] 64 ② 65 ④ 66 ③ 67 ②

해설

DME(Distance Measuring Equipment)

거리 측정장치는 펄스(지속시간이 극히 짧은 전류 또는 변조전파)형 전자항법계통으로 항공기와 지상국 사이의 거리를 해리로 조종석에 있는 계기를 통하여 조종사에게 알려준다. 항공기 내에 있는 거리측정장치의 송신기는 전기 에너지를 가지고 있는 특정한 펄스로 송신한다. 이 펄스는 지상국에서 수신하여 다른 주파수로 재 송신한다. 되돌아온 펄스를 항공기에서 수신하여 이 시간을 거리로 환산하여 계기에 지시한다.

68 통신장치에서 신호 입력이 없을 때 잡음을 제거하기 위한 회로는?

① AGC회로
② 스켈치회로
③ 프리엠파시스회로
④ 디엠파시스회로

해설

스켈치회로

한 지역에서 동일 주파수의 전파를 다수의 허가자가 공유하여, 무선국의 운용을 개선할 목적으로 실용화된 장치로 톤 신호를 송출하여 통신 상대방의 수신기 스켈치 회로를 자동 제어함으로써 수신 출력을 ON으로 하는 간단한 선택 호출 장치이다.
스켈치 노브를 조정하는 방법은 FM 신호가 없을때 는 "칙~" 하는 소리가 스피커에서 나오지만 스켈치 손잡이를 천천히 시계방향으로 돌려서 스켈치 회로를 동작시키면 잡음이 갑자기 없어지는 곳이 생긴다.

69 화재탐지장치에 대한 설명으로 틀린 것은?

① 열전쌍(Thermocouple)은 주변의 온도가 서서히 상승할 때 열전대의 열팽창으로 인해 전압을 발생시킨다.
③ 광전기셀(Photo-electric cell)은 공기 중의 연기로 빛을 굴절시켜 광전기셀에서 전류를 발생시킨다.
② 써미스터(Thermister)는 저온에서는 저항이 높아지고, 온도가 상승하면 저항이 낮아지는 도체로 회로를 구성한다.
④ 열스위치(Thermal switch)식은 2개 합금의 열팽창에 의해 전압을 발생시킨다.

해설

열전쌍(Thermocouple)

다른 종류의 금속선의 양끝을 결합하고 양접점을 다른 온도로 유지하면 기전력이 생기므로 한쪽 끝을 정온도로 하고, 다른 쪽 끝을 여러 가지 온도로 하여 그 기전력을 측정하면 다른 접점의 온도를 알 수 있다. 이 조합을 열전쌍(서모커플)이라고 한다.

70 셀콜시스템(SELCAL system)에 대한 설명으로 틀린 것은?

① HF, VHF 시스템으로 송·수신 된다.
② 양자 간 호출을 위한 화상시스템이다.
③ 일반적으로 코드는 4개의 코드로 만들어져 있다.
④ 지상에서 항공기를 호출하기 위한 장치이다.

해설

SELCAL system(SELective CALling system)

지상과 항공기의 통신에 있어서 항공기 조종사는 항공사나 관제기관으로부터 호출을 받기위해 주파를 대기해야한다. 이런 대기해야 하는 문제점을 해결하기위해 고안된 장치이다. 사용주파수는 HF, VHF며, 일반적으로 4개의 코드화된 호출부호를 송신하여 통신을 시작한다.

71 실린더에 흡입되는 공기와 연료 혼합기의 압력을 측정하는 왕복엔진계기는?

① 흡기 압력계
② EPR 계기
③ 흡인 압력계
④ 오일 압력계

해설

• 흡기 압력계 : 흡기관 내의 정압(靜壓)을 측정하기 위한 압력계
• EPR 계기 : 엔진 압력비는 축류형 가스터빈 엔진에 의해서 만들어지는 추력의량을 압력으로 측정하여 나타냄
• 오일 압력계 : 오일 양이 매우 작은 상태에서 왕복엔진을 시 오일 압력계기가 동요(Fluctuation)한다.

72 다음 중 자기 컴파스에서 발생하는 정적오차의 종류가 아닌 것은?

[정답] 68② 69① 70② 71① 72①

① 북선오차　　　　② 반원차

③ 사분원차　　　　④ 불이차

⚲ 해설 --

자기 컴퍼스의 오차

- 정적오차
  ① 반원차 : 수직 철재 및 전류에 의해 생기는 오차
  ② 사분원차 : 수평 철재에 의해 생기는 오차(자기력을 방해하는 철재)
  ③ 불이차 : 일정한 크기로 나타내는 오차 컴퍼스 자체의 오차 또는 장착 잘못 오차
- 동적오차
  ① 북선오차 : 북진하다가 동서로 선회할 때 오차 선회 오차라고도 함
  ② 가속도 오차 : 동서로 향하고 있을 때 가장 크게 나타나는 오차

73 다음 중 외기온도계가 활용되지 않는 것은?

① 외기 온도 측정　　　　② 엔진의 출력 설정

③ 배기가스 온도 측정　　④ 진대기 속도의 파악

⚲ 해설 --

배기가스 온도계

직렬 Thermocouple로 만든 평균온도 측정기이며 배기관(Tail Pipe) 내부 둘레에 장착되어 있다.

74 유압계통에서 압력조절기와 비슷한 역할을 하며 계통의 고장으로 인해 이상 압력이 발생되면 작동하는 장치는?

① 체크밸브　　　　② 리저버

③ 릴리프밸브　　　④ 축압기

⚲ 해설 --

① 체크밸브 : 작동유의 흐름을 한쪽 방향으로만 흐르게 하고, 다른 방향으로는 흐르지 못하게 하는 밸브이다.
② 리저버 : 작동유의 저장소이며, 공기 및 각종 불순물을 제거하는 장소이다.
③ 릴리프밸브 : 과도한 압력으로 인하여 계통 내의 관이나 부품이 파손될 수 있는 것을 방지한다.
④ 축압기 : 동력 펌프가 무부하일 때, 또는 고장이 났을 때를 대비하여 유압계통에 공급할 작동유를 저축해 두고 작동유의 압력이 고르지 못할 때 댐퍼 역할을 하며, 압력 조절기의 개폐 빈도를 줄여준다.

75 4대의 교류발전기가 병렬운전을 하고 있을 경우 1대의 발전기가 고장나면 해당 발전기 계통의 전원은 어디에서 공급받는가?

① 전력이 공급되지 않는다.

② 배터리에서 전원을 공급 받는다.

③ 비상시에 사용되는 버스에서 전원을 공급 받는다.

④ 병렬운전하는 버스에서 전원을 공급 받는다.

⚲ 해설 --

항공기 버스(Bus)

- Bus(전기)모선 : 항공기 전기계통의 주 전선으로 여러 개의 전기부품이나 부 전선이 연결된 부분이다.
- Bus bar(모선) : 항공기 전기계통의 출력을 분배하는 접점으로 이 모선은 금속제 띠로 되어 있으며, 발전기 또는 축전기 출력부분에 연결되어 있다.
- 발전기의 출력전압에 의해서 축전지가 충전된다.

76 조종실이나 객실에 설치되며 전기나 기름화재에 사용하는 소화기는?

① 물 소화기　　　　② 포말 소화기

③ 분말 소화기　　　④ 이산화탄소 소화기

⚲ 해설 --

소화기의 종류

① 물 소화기 : A급 화재
② 이산화탄소 소화기 : 조종실이나 객실에 설치되어 있으며 A, B, C급 화재에 사용된다.
③ 분말 소화기 : A, B, C급 화재에 유효하고 소화능력도 강하다.
④ 프레온 소화기 : A, B, C급 화재에 유효하고 소화능력도 강하다.
※ 이 중에서 이산화탄소 소화기가 전기 화재에 주로 사용된다.

77 증기순환 병각계통의 구성품 중 계통의 모든 습기를 제거해 주는 장치는?

① 증발기　　　　② 응축기

③ 리시버 건조기　④ 압축기

⚲ 해설 --

리시버 건조기 기능

[**정답**] 73 ③　74 ③　75 ④　76 ④　77 ③

① 저장 기능　　② 기포분리 기능
③ 수분제거 기능　　④ 압력밸브 기능

위성항법시스템(Global Positioning System)
① 항법, 위도, 경도, 고도, 시간에 대한 정보를 송신하는 위성 시스템이다.
② 수신기를 적절하게 장착하여 이용자의 수와 위치에 관계없이 매우 정확한 위치, 속도, 시간정보를 제공한다.

78 황산납 축전지(Lead acid battery)의 과충전상태를 의심할 수 있는 증상이 아닌 것은?

① 전해액이 축전지 밖으로 흘러나오는 경우
② 축전지에 흰색 침전물이 너무 많이 묻어 있는 경우
③ 축전지 셀의 케이스가 부풀어 오른 경우
④ 축전지 윗면 캡 주위의 약간의 탄산칼륨이 있는 경우

🔍 **해설**

① 전해액이 넘친다.
② 축전지에 흰색 침전물이 생긴다.
③ 축전지 케이스가 변형된다.

79 교류에서 전압, 전류의 크기는 일반적으로 어느 값을 의미하는가?

① 최대값　　② 순시값
③ 실효값　　④ 평균값

🔍 **해설**

실효값식

$$실효값 = \frac{최대1A교류의\ 열\ 효과}{최대1A직류의\ 열\ 효과}$$

80 인공위성을 이용하여 3차원의 위치(위도, 경도, 고도), 항법에 필요한 항공기 속도 정보를 제공하는 것은?

① Inertial Navigation System
② Global Positioning System
③ Omega Navigation System
④ Tactical Air Navigation System

🔍 **해설**

[정답] 78 ④　79 ③　80 ②

제1과목 ◀ 항공역학

01 활공기에서 활공거리를 증가시키기 위한 방법으로 옳은 것은?

① 압력항력을 크게 한다.

② 형상항력을 최대로 한다.

③ 날개의 가로세로비를 크게 한다.

④ 표면 박리현상 방지를 위하여 표면을 적절히 거칠게 한다.

🔍 해설

활공비는 양항비에 비례한다. 날개의 가로세로비를 크게 하면 유도항력이 작아져서 양항비가 커지게 된다. 따라서 활공비도 커진다.

02 비행기의 무게가 2000[kgf]이고 선회경사각이 30°, 150[km/h]의 속도로 정상선회하고 있을 때 선회반지름은 약 몇 [m]인가?

① 214 ② 256

③ 307 ④ 359

🔍 해설

선회반지름 $r = \dfrac{V^2}{g\tan\phi}$

$V = \dfrac{150}{h} = \dfrac{150[km]}{1[h]} \times \dfrac{1,000[m]}{1[km]} \times \dfrac{1[h]}{3,600[s]} = 41.7[m/s]$

$g = 9.8[m/s]$

$\tan30° = 0.58$

$r = \dfrac{41.7^2}{9.8 \times \tan30°} = 306.8$

03 베르누이의 정리에 대한 식과 설명으로 틀린 것은? (단, P_t : 전압, P : 정압, q : 동압, V : 속도, ρ : 밀도이다.)

① $q = \dfrac{1}{2}\rho V^2$

② $P = P_t + q$

③ 정압은 항상 존재한다.

④ 이상유체 정상흐름에서 전압은 일정하다.

🔍 해설

베르누이의 정리

베르누이 정리 또는 베르누이 방정식이라 함은 정압(P)와 동압($\dfrac{1}{2}\rho V^2$)의 합은 항상 일정하다는 것이다. 이 정압과 동압의 합을 전압(total pressure)이라 한다.

💡 참고

베르누이 방정식(Bernoulli's equation)

수압이나 대기압 같이 유체의 운동상태에 관계없이 항상 모든 방향으로 작용하는 유체의 압력을 정압(static pressure)이라 하며, 유체가 갖는 속도로 인해 속도의 방향으로 나타나는 압력을 동압(dynamic pressure)이라고 하고, 동압은 유체의 흐름을 직각되게 판으로 막았을 때 판에 작용하는 압력을 말한다. 그 크기는

$$q = \dfrac{1}{2} \times \rho V^2$$

여기서, q(동압) : kg_t/m^2, N/m^2
ρ(밀도) : $kg_f \cdot s^2/m^4$, kg/m^3
V(속도) : m/s

윗 식에서 알 수 있는 바와 같이, 동압은 유체가 갖는 운동에너지가 압력으로 변한 것임을 알 수 있다. 연속적인 흐름에서 같은 유선상의 정압 P와 동압 q는 다음과 같은 관계가 있으며 정압과 동압의 합을 전압(total pressure)이라 한다.

$$P + q = \text{const} \quad \text{혹은} \quad P + \dfrac{1}{2}\rho V^2 = \text{const}$$

이 식을 비압축성 베르누이(Bernoulli)의 방정식 또는 베르누이 정리라 하며, 흐름의 속도가 커지면 정압은 감소한다는 것을 나타낸다.

04 프로펠러 비행기가 최대항속거리를 비행하기 위한 조건은?

① 양항비 최소, 연료소비율 최소

② 양항비 최소, 연료소비율 최대

③ 양항비 최대, 연료소비율 최대

④ 양항비 최대, 연료소비율 최소

해설

최대 항속거리

항공기나 선박이 연료를 최대 적재량까지 실어 비행 또는 항행할 수 있는 최대 거리이다. 예비연료는 제외하기도 한다.

이륙 시 탑재한 연료를 다 사용할 때까지의 비행거리를 말하므로 속도에 따른 필요 추력이 작을수록, 양항비가 클수록, 고도에 따른 연료 소비율이 작을수록 항속 거리는 길어진다.

05 폭이 3[m], 길이가 6[m]인 평판이 20[m/s] 흐름속도에 있고, 층류 경계층이 평판의 전길이에 따라 존재한다고 가정할 때, 앞에서부터 3[m]인 곳의 경계층 두께는 약 몇 [m]인가? (단, 층류에서의 두께=$\dfrac{5.2x}{\sqrt{R_e}}$, 동점성계수 $10 \times 10^{-4}[\text{m}^2/\text{s}]$이다.)

① 0.52

② 0.63

③ 0.0052

④ 0.0063

해설

층류에서의 두께=$\dfrac{5.2x}{\sqrt{R_e}}$

$R_e = \dfrac{V \cdot c}{\nu} = \dfrac{20 \times 3}{0.1 \times 10^{-4}} = 0.6 \times 10^7$

($V = 20[\text{m/s}]$, $c = 3[\text{m}]$, $\nu = 0.1 \times 10^{-4}[\text{m}^2/\text{s}]$)

$t = \dfrac{5.2 \cdot 3}{\sqrt{0.6 \times 10^2}} = 0.0063$

06 일반적인 헬리콥터 비행 중 주 회전날개에 의한 필요마력의 요인으로 보기 어려운 것은?

① 유도속도에 의한 유도항력

② 공기의 점성에 의한 마찰력

③ 공기의 박리에 의한 압력항력

④ 경사충격파 발생에 따른 조파저항

해설

경사충격파는 고정익 초음속기에 해당되며, 그로인한 항력을 조파항력이라 한다. 회전익 항공기는 깃끝의 마하수 영향으로 깃끝 회전속도를 225[m/s]로 제한하고 있다.

07 그림과 같은 프로펠러 항공기의 이륙과정에서 이륙거리는?

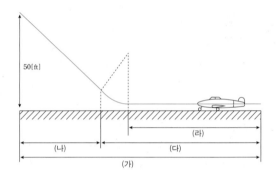

① (가)

② (나)

③ (다)

④ (라)

해설

이륙거리

이륙거리=지상 활주거리+상승거리=전이거리

상승거리란 장애물고도(프로펠러기 50[ft], 제트항공기 35[ft]) 도달까지 상승거리로 수직으로 내린 수평 거리를 말한다.

08 비행기의 조종면을 작동하는데 필요한 조종력을 옳게 설명한 것은?

① 중력가속도에 반비례한다.

② 힌지 모멘트에 반비례한다.

③ 비행속도의 제곱에 비례한다.

④ 조종면 폭의 제곱에 비례한다.

해설

[정답] 04 ④　05 ④　06 ④　07 ①　08 ③

$H = C_h \rho V^2 bc^2 = C_h qbc^2$, $F_e = K'$

H : 힌지모멘트, C_h : 힌지모멘트계수, b : 조종면 폭,
c : 조종면의 평균시위, F_e : 조종력,
K : 조종계통의 기계적 장치 이득
비행속도의 제곱에 비례한다.

09 NACA 2412 에어포일의 양력에 관한 설명으로 옳은 것은?

① 받음각이 0°일 때 양의 양력계수를 갖는다.

② 받음각이 0° 보다 작으면 양의 양력계수를 가질 수 없다.

③ 최대양력계수의 크기는 레이놀즈수에 무관하다.

④ 실속이 일어난 직후에 양력이 최대가 된다.

🔍 해설

NACA 2412
각 숫자의 뜻은 다음과 같다.
2 : 최대캠버가 시위의 2[%]이다.
4 : 최대캠버의 위치가 앞전에서부터 시위 40[%] 뒤에 있다.
12 : 최대두께가 시위의 12[%]이다.
4자 계열은 주로 ○○XX, 24XX, 44XX로 표시되며, ○○XX는 대칭형 날개골을 뜻한다.
받음각이 0도일 경우 양력계수가 발생한다.

10 비행기가 음속에 가까운 속도로 비행 시 속도를 증가시킬수록 기수가 내려가려는 현상은?

① 피치 업(Pitch up)

② 턱 언더(Tuck under)

③ 디프 실속(Deep stall)

④ 역 빗놀이(Adverse yaw)

🔍 해설

턱 언더(Tuck under)
저속비행시 수평비행이나 하강비행을 할 때 속도를 증가시키면 기수가 올라가려는 경향이 커지게 되는데 속도가 음속에 가까운 속도로 비행하게 되면 속도를 증가시킬 때 기수가 오히려 내려가는 경향이 생기게 되는데 이러한 경향을 턱 언더라고 한다. 이러한 현상은 조종사에 의해 수정이 어렵기 때문에 마하트리머(Mach trimmer)나 피치트림보상기를 설치하여 자동적으로 턱 언더 현상을 수정할 수 있게 한다.

11 표준 대기의 기온, 압력, 밀도, 음속을 옳게 나열한 것은?

① 15[°C], 750[mmHg], 1.5[kg/m³], 330[m/s]

② 15[°C], 760[mmHg], 1.2[kg/m³], 340[m/s]

③ 18[°C], 750[mmHg], 1.5[kg/m³], 340[m/s]

④ 18[°C], 760[mmHg], 1.2[kg/m³], 330[m/s]

🔍 해설

표준대기
T_0(온도) $= 15°C = 288.16°k = 59°F = 518.688°r$
P_0(압력) $= 760mmhg = 29.92inhg$
$\quad = 1013.25mbar = 2,116psf$
ρ_0(밀도) $= 0.12492kgf \cdot sec^2/m^4 = 1/8kgf \cdot sec^2/m^4$
$\quad = 0.002378slug/ft^3$
a_0(음속) $= 340m/sec = 1,224km/h$
g_0(중력가속도) $= 9.8066m/sec^2 = 32.17ft/sec^2$

12 프로펠로의 회전 깃단 마하수(Rotational tip Mach number)를 옳게 나타낸 식은?

① $\dfrac{\pi n}{60 \times a}$

② $\dfrac{\pi n}{30 \times a}$

③ $\dfrac{\pi nD}{30 \times a}$

④ $\dfrac{\pi nD}{60 \times a}$

🔍 해설

프로펠러의 회전수를 n, 프로펠러 지름을 D라하면, 깃 끝의 회전속도는 πDn이며, 회전수가 분당 회전수 이므로 초속으로 바꿔줘야 한다. 마하수는 물체의 속도를 음속으로 나눈 값이므로 $\dfrac{\pi nD}{60 \times 음속}$이 된다.

13 헬리콥터는 제자리비행 시 균형을 맞추기 위해서 주 회전날개 회전면이 회전방향에 따라 동체의 좌측이나 우측으로 기울게 되는데 이는 어떤 성분의 역학적 평형을 맞추기 위해서인가? (단, x, y, z는 기체축(동체축) 정의를 따른다.)

① x축 모멘트의 평형

② x축 힘의 평형

③ y축 모멘트의 평형

④ y축 힘의 평형

[정답] 09 ① 10 ② 11 ② 12 ④ 13 ④

헬리콥터 제자리비행 시

주기적 피치 제어 간을 이용해 기울기를 맞춰서 y축(가로축) 힘의 평형을 맞춰 준다.

14 항공기의 방향 안정성이 주된 목적인 것은?

① 수직 안정판   ② 주익의 상반각

③ 수평 안정판   ④ 주익의 붙임각

수직 꼬리 날개는 수직 안정판과 방향타로 구성되어 있으며, 방향조종 및 방향 안정성을 만들므로 가로 안정성에는 거리감이 있고, 뒤젖힘 각을 주면 가로안정과 방향안정성이 증대된다.

15 가로안정(lateral stability)에 대해서 영향을 미치는 것으로 가장 거리가 먼 것은?

① 수평꼬리날개   ② 주날개의 상반각

③ 수직꼬리날개   ④ 주날개의 뒤젖힘각

수직 꼬리 날개는 수직 안정판과 방향타로 구성되어 있으며, 방향조종 및 방향 안정성을 만들므로 가로 안정성에는 거리감이 있고, 뒤젖힘 각을 주면 가로안정과 방향안정성이 증대된다.

• 날개의 부착 위치에 따른 상반각 효과

  높은 날개 : $+2\sim+3°$의 쳐든각 효과

  중간 날개 : 부착 위치만큼의 쳐든각 효과

  낮은 날개 : $-3\sim-4°$의 쳐든각 효과로 음(-)의 값을 가지므로 큰 상반각이 요구됨

16 프로펠러를 장착한 비행기에서 프로펠러 깃의 날개 단면에 대해 유입되는 합성속도의 크기를 옳게 표현한 식은? (단, : 비행속도, : 프로펠러 반지름, : 프로펠러 회전수[rpm] 이다.)

① $\sqrt{V^2-(\pi nr)^2}$ ② $\sqrt{V^2+(2\pi nr)^2}$

③ $\sqrt{V^2+(\pi nr)^2}$ ④ $\sqrt{V^2-(2\pi nr)^2}$

회전면^2+비행속도^2=합성속도^2

$2\pi nr^2+V^2$=합성속도^2

합성속도 $=\sqrt{(V)^2+(2\pi nr)^2}$

17 스팬(Span)의 길이가 39[ft], 시위(Chord)의 길이가 6[ft]인 직사각형 날개에서 양력계수가 0.8일 때 유도 받음각은 약 몇 도[°]인가? (단, 스팬 효율계수는 1이라 가정한다.)

① 1.5   ② 2.2

③ 3.0   ④ 3.9

유도각 $(\alpha_i)=\dfrac{C_L}{\pi eAR}$

$AR=\dfrac{Span}{Chord}=\dfrac{39}{6}=6.5$

$\therefore \ \alpha_i=\dfrac{0.8}{\pi\times1\times6.5}=2.24$

18 대기권의 구조를 낮은 고도에서부터 순서대로 나열한 것은?

① 대류권 → 성층권 → 열권 → 중간권

② 대류권 → 중간권 → 성층권 → 열권

③ 대류권 → 성층권 → 중간권 → 열권

④ 대류권 → 중간권 → 열권 → 성층권

대기권의 구조

• 성층권은 평균적으로 고도 변화에 따라 기온 변화가 거의 없는 영역을 성층권이라고 하나 실제로는 많은 관측 자료에 의하면 불규칙한 변화를 하는 것으로 알려져 있다.

• 중간권(50~80[km])은 높이에 따라 기온이 감소하고, 대기권에서 이곳의 온도가 가장 낮다.

• 열권은 고도가 올라감에 따라 온도는 높아지지만 공기는 매우 희박해지는 구간이다. 전리층이 존재하고, 전파를 흡수, 반사하는 작용을 하여 통신에 영향을 끼친다. 중간권과 열권의 경계면을 중간권계면이라고 한다.

• 극외권은 열권 위에 존재하는 구간이고 열권과 극외권의 경계면인 열권계면의 고도는 약 500[km]이다.

• 대류권 → 성층권 → 중간권 → 열권 → 극외권

[정답] 14 ①   15 ①   16 ②   17 ②   18 ③

19 고정 날개 항공기의 자전운동(Auto rotation)과 연관된 특수 비행성능은?

① 선회 운동
② 스핀(Spin) 운동
③ 키돌이(Loop) 운동
④ 온 파일런(On pylon) 운동

🔍 해설

비행기의 스핀(Spin)운동
스핀(Spin)은 어느 한쪽 날개가 반대쪽 날개보다 덜 실속(Stall)에 들어감으로 인해 유발되며, 수직 강하와 자전현상이 조합된 비행을 말한다.

20 양력계수가 0.25인 날개면적 20[m²]의 항공기가 720[km/h]의 속도로 비행할 때 발생하는 양력은 몇 N인가? (단, 공기의 밀도는 1.23[kg/m³]이다.)

① 6,150
② 10,000
③ 123,000
④ 246,000

🔍 해설

$$L = C_L \frac{1}{2} \rho V^2 S$$

$$\therefore L = 0.25 \times 0.5 \times 1.23 \times \left(\frac{720}{3.6}\right)^2 \times 20 = 123,000 \text{kg}$$

제2과목 항공기관

21 부자식 기화기를 사용하는 왕복엔진에서 연료는 어느 곳을 통과할 때 분무화되는가?

① 기화기 입구
② 연료펌프 출구
③ 부자실(Float chamber)
④ 기화기 벤튜리(Carburetor venturi)

🔍 해설

기화기 벤튜리(Carburetor venturi)

일부의 왕복 엔진에서 사용하는 연료 조절 장치의 형태. 엔진 내부로 흐르는 공기는 기화기의 벤츄리를 통하여 지나가며, 이 벤츄리를 지나는 공기 압력의 변화량을 측정하여 공기 흐름의 량에 맞는 연료의 량을 조절하여 실린더에 연료-공기 혼합기를 공급하는 장치

22 외부 과급기(External supercharger)를 장착한 왕복엔진의 흡기계통 내에서 압력이 가장 낮은 곳은?

① 과급기 입구
② 흡입 다기관
③ 기화기 입구
④ 스로틀밸브 앞

🔍 해설

외부과급기는 기화기 이전에 압력을 상승시키는 장치이므로 과급기 입구가 가장 앞이며 압력상승이 있기 전에 공기가 끌려서 과급기로 들어오는 부분이므로 압력이 가장 낮다.

23 소형 저속 항공기에 주로 사용되는 엔진은?

① 로켓
② 터보팬엔진
③ 왕복기관
④ 터보제트엔진

🔍 해설

소형 저속 항공기에 주로사용되는 엔진은 왕복기관을 가지고 있는 엔진이다

24 윤활유 시스템에서 고온 탱크형(Hot tank system)에 대한 설명으로 옳은 것은?

① 고온의 소기오일(Scavenge oil)이 냉각되어서 직접 탱크로 들어가는 방식
② 고온의 소기오일(Scavenge oil)이 냉각되지 않고 직접 탱크로 들어가는 방식
③ 오일 냉각기가 소기계통에 있어 오일이 연료 가열기에 의해 가열되는 방식
④ 오일 냉각기가 소기계통에 있어 오일탱크의 오일이 가열기에 의해 가열되는 방식

[**정답**] 19 ② 20 ③ 21 ④ 22 ① 23 ③ 24 ②

Aircraft Maintenance

해설

① 고온 탱크형(Hot Tank) : 윤활유 냉각기를 압력펌프와 기관 사이에 배치하여 윤활유를 냉각하기 때문에 높은 온도의 윤활유가 윤활유탱크에 저장되는 방식
② 저온 탱크형(Cold Tank) : 윤활유 냉각기를 배유펌프와 윤활유 탱크 사이에 위치시켜 냉각된 윤활유가 윤활유 탱크에 저장되는 방식

25 정적비열 0.2[kcal/kg·K]인 이상기체 5[kg]이 일정 압력하에서 50[kcal]의 열을 받아 온도가 0[°C]에서 20[°C]까지 증가하였을 때 외부에 한 일은 몇 [kcal]인가?

① 4
② 20
③ 30
④ 70

해설

$$Q = (U_2 - U_1) + W$$
$$W = Q - (U_2 - U_1)$$
$$= Q - mC_v(t_2 - t_1)$$
$$= 50 - 5 \times 0.2(20 - 0)$$
$$= 30[\text{kcal}]$$

여기서, Q : 열량, U : 내부에너지, t : 온도

26 가스터빈엔진 연료조절장치(FCU)의 수감요소(Sensing factor)가 아닌 것은?

① 엔진회전수(RPM)
② 압축기 입구 온도(CIT)
③ 추력레버위치(Power lever angle)
④ 혼합기조정위치(Mixture control position)

해설

수감요소 및 연료의 증감
① 압축기입구온도(CIT)가 증가하면 연료 감소
② 압축기출구압력(CDP)이 증가하면 연료 감소
③ 엔진회전수(RPM)가 증가하면 연료 감소
④ 파워레버위치(PLA)가 증가하면 연료 증가

27 왕복엔진의 기계효율을 옳게 나타낸 식은?

① $\dfrac{제동마력}{지시마력} \times 100$　② $\dfrac{제동마력}{지시마력} \times 100$

③ $\dfrac{제동마력}{지시마력} \times 100$　④ $\dfrac{제동마력}{지시마력} \times 100$

해설

축마력은 제동마력 또는 정미마력으로 bHP, 기계효율은 지시마력과 제동마력의 비로 η_m, 제동평균유효압력은 P_{mb}, 엔진의 분당회전수는 $RPM[N]$

- 기계효율 $= \dfrac{제동마력}{지시마력} \times 100$

28 비행 중이나 지상에서 엔진이 작동하는 동안 조종사가 유압 또는 전기적으로 피치를 변경시킬 수 있는 프로펠러 형식은?

① 정속 프로펠러(Constant-speed propeller)
② 고정피치 프로펠러(Fixed pitch propeller)
③ 조정피치 프로펠러(Adjustable pitch propeller)
④ 가변피치 프로펠러(Controllable pitch propeller)

해설

- 가변피치 프로펠러
  항공기가 비행하는 동안 블레이드 각을 바꿀 수 있는것, 항공기 엔진으로부터 최상의 성능을 얻기 위하여 조종사가 의도한 대로 프로펠러 블레이드 각을 바꿀 수 있게 한 것이다.
- 정속구동피치 프로펠러
  선택된 엔진속도를 유지하기 위해 프로펠러 피치를 자동으로 조정하는 조속기에 의해 조종된다.
- 조정피치 프로펠러
  1개 이상의 비행속도에서 최대의 효율을 얻을 수 있도록 피치의 조정이 가능하다. 지상에서 기관이 작동하지 않을 때 조정나사로 조정하여 비행 목적에 따라 피치를 변경한다.
- 고정피치 프로펠러
  프로펠러 전체가 한 부분으로 만들어지며 깃 각이 하나로 고정되어 피치 변경이 불가능하다. 그러므로 순항속도에서 프로펠러 효율이 가장 좋도록 깃 각이 결정되며 주로 경비행기에 사용한다.

29 왕복엔진과 비교하여 가스터빈엔진의 점화장치로 고전압, 고에너지 점화장치를 사용하는 주된 이유는?

[정답] 25 ③　26 ④　27 ①　28 ④　29 ②

① 열손실을 줄이기 위해

② 사용연료의 기화성이 낮아 높은 에너지 공급을 위해

③ 엔진의 부피가 커 높은 열공급을 위해

④ 점화기 특정 규격에 맞추어 장착하기 위해

해설

가스터빈용 연료는 기화성이 낮고 혼합비가 희박하며 공기속도가 빨라서 점화가 매우 어려우므로 고에너지 점화장치를 사용한다.

30 프로펠러의 특정 부분을 나타내는 명칭이 아닌 것은?

① 허브(Hub) ② 네크(Neck)

③ 로터(Roter) ④ 블레이드(Blade)

해설

플래핑 로터 블레이드

관절식 로터(Articulated rotor)로써 로터 허브(Hub)에 힌지를 장착하여 블레이드가 아래위로 움직일 수 있게 한다.

31 항공기 엔진에서 소기펌프(Scavenger pump)의 용량을 압력펌프(Pressure pump)보다 크게 하는 이유는?

① 소기펌프의 진동이 더욱 심하기 때문

② 소기되는 윤활유는 체적이 증가하기 때문

③ 압력펌프보다 소기펌프의 압력이 높기 때문

④ 윤활유가 저온이 되어 밀도가 증가하기 때문

해설

소기펌프(배유펌프)(Scavenger pump)

항공기 엔진 오일 계통의 건식윤활계통에 사용되는 구성품으로 엔진을 윤활 시킨 오일을 탱크로 귀환시키는 역할을 한다. 엔진의 배유펌프는 압력펌프보다는 소기되는 윤활유용량(체적)이 크다.

32 왕복엔진에서 시동을 위해 마그네토(Magneto)에 고전압을 증가시키는데 사용되는 장치는?

① 스로틀(Throttle)

② 기화기(Carburetor)

③ 과급기(Supercharger)

④ 임펄스 커플링(Impulse coupling)

해설

왕복엔진의 시동 보조장치

① 임펄스 커플링(Impulse Coupling)

회전형 스프링에 의해서 마그네토 로터에 순간적인 고회전을 하여 고전압을 증가시키는 장치이다.

② 인덕션 바이브레이터(Induction Vibrator)

축전지 전원을 빠른 맥류로 만들어 마그네토 1차 권선에 공급한다.

③ 부스터 코일(Booster Coil)

마그네토가 정상적인 기능을 발휘할 때까지 축전지 전원을 받아 승압시켜 점화플러그에 공급한다.

33 실린더 내경이 6[in]이고 행정(stroke)이 6[in]인 단기통 엔진의 배기량은 약 몇 [in³]인가?

① 28 ② 169

③ 339 ④ 678

해설

$$LAK = 6 \times \frac{3.14 \times 6^2}{4} = 169.56$$

34 가스터빈엔진에서 실속의 원인으로 볼 수 없는 것은?

① 압축기의 심한 손상 또는 오염

② 번개나 뇌우로 인한 엔진 흡입구 공기 온도의 급격한 증가

③ 가변 스테이터 베인(Variable stator vane)의 각도 불일치

④ 연료조정장치와 연결되는 압축기 출구 압력(CDP) 튜브의 절단

해설

실속의 원인

압축기의 손상 및 비행기 비행 자세의 급변에 따르는 기관 유입공기 흐름의 난류, 측풍과 돌풍, 다른 엔진으로부터 배기가스의 흡입 등으로 회전속도와 흡입가스의 속도가 맞지 않아서 발생된다.

[정답] 30 ③ 31 ② 32 ④ 33 ② 34 ④

Aircraft Maintenance

35 압축기 입구에서 공기의 압력과 온도가 각각 1기압, 15[°C]이고, 출구에서 압력과 온도가 각각 7기압, 300[°C]일 때, 압축기의 단열효율은 몇 [%]인가? (단, 공기의 비열비는 1.4이다.)

① 70
② 75
③ 80
④ 85

해설

$$\eta_c = \frac{T_{2i} - T_1}{T_2 - T_1}$$

$$T_{2i} = T_1 \times r^{\frac{k-1}{k}} \ (r : 기관압력비, \ k : 비열비)$$

$$T_{2i} = (15 - 273) \times 7^{\frac{1.4-1}{1.4}} = 506K$$

$$\eta_c = \frac{506 - 288}{573 - 288} = \frac{218}{285} = 76.49[\%]$$

36 [다음]과 같은 특성을 가진 엔진은?

> **[다음]**
> - 비행속도가 빠를수록 추진효율이 좋다.
> - 초음속 비행이 가능하다.
> - 배기소음이 심하다.

① 터보팬엔진
② 터보프롭엔진
③ 터보제트엔진
④ 터보샤프트엔진

해설

터보제트엔진의 특성
연소실, 터빈 및 배기노즐로 구성되며 소량의 공기를 고속으로 분출시켜 추력을 얻음
① 소형 경량으로 큰 추력 발생
② 고속에서 추진효율이 우수함
③ 저속에서 추진효율 감소하고 연료소비율 증가
④ 소음이 심함
⑤ 추력의 100[%]를 배기가스 흐름에서 발생시킴

37 브레이튼 사이클(Brayton cycle)의 열역학적인 변화에 대한 설명으로 옳은 것은?

① 2개의 정압과정과 2개의 단열과정으로 구성된다.
② 2개의 정적과정과 2개의 단열과정으로 구성된다.
③ 2개의 단열과정과 2개의 등온과정으로 구성된다.
④ 2개의 등온과정과 2개의 정적과정으로 구성된다.

해설

브레이튼 사이클은 가스터빈엔진 사이클로 정압 사이클이라고도 한다. 4개의 과정은 $P-V$선도로 설명된다.

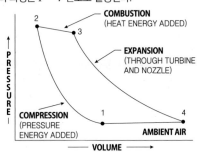

- 1 → 2 : 단열압축
- 2 → 3 : 정압가열(수열, 연소)
- 3 → 4 : 단열팽창
- 4 → 1 : 정압방열

38 축류형 터빈에서 터빈의 반동도를 구하는 식은?

① $\dfrac{제동마력}{터빈깃의\ 팽창} \times 100$

② $\dfrac{스테이터깃의\ 팽창}{단당팽창} \times 100$

③ $\dfrac{회전자깃에\ 의한\ 팽창}{단당팽창} \times 100$

④ $\dfrac{회전자깃에\ 의한\ 압력상승}{터빈깃의\ 팽창} \times 100$

해설

축류형 터빈에서 터빈의 반동도

$$\Phi = \frac{P_2 - P_3}{P_1 - P_3} \times 100\%$$

- P_1 = 고정자 깃 입구의 압력
- P_2 = 회전자 깃 입구의 압력
- P_3 = 회전자 깃 출구의 압력

$$터빈의\ 반동도 = \frac{로우터깃에서의\ 압력팽창}{1단에서의\ 압력팽창}$$

[정답] 35 ② 36 ③ 37 ① 38 ③

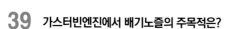

39 가스터빈엔진에서 배기노즐의 주목적은?

① 난류를 얻기 위하여

② 배기 가스의 속도를 증가시키기 위하여

③ 배기 가스의 압력을 증가시키기 위하여

④ 최대 추력을 얻을 때 소음을 증가시키기 위하여

🔍 해설

가스터빈엔진의 수축형 배기노즐 기능

배기가스의 속도를 증가시키고 압력을 감소시킨다.

40 왕복엔진 실린더에 있는 밸브 가이드(Valve guide)의 마모로 발생할 수 있는 문제점은?

① 높은 오일 소모량

② 낮은 오일 압력

③ 낮은 오일 소모량

④ 높은 오일 압력

🔍 해설

밸브 가이드

밸브의 직선 운동을 안내하는 것으로 마모가 되면 밸브와 가이드 사이로 오일이 실린더 안쪽으로 흘러 들어갈 수 있어 오일의 소모량이 많아진다.

제3과목 ◀ 항공기체

41 리벳작업에 대한 설명으로 틀린 것은?

① 리벳의 피치는 같은 열에 이웃하는 리벳 중심 간의 거리로 최소한 리벳직경의 5배 이상은 되어야 한다.

② 열간간격(횡단피치)은 최소한 리벳직경의 2.5배 이상은 되어야 한다.

③ 리벳과 리벳구멍의 간격은 0.002~0.004[in]가 적당하다.

④ 판재의 모서리와 최 외곽열의 중심까지의 거리는 리벳직경의 2~4배가 적당하다.

🔍 해설

• 리벳지름과 홀의 간격은 0.002~0.004[inch](리벳의 보호피막 손상방지의 목적)

• 판재의 모서리와 이웃하는 리벳의 중심까지의 거리를 말한다.(최소 2D, 최대 4D, 접시머리리벳은 2.5D로 한다.)

• 리벳피치는 리벳 열에서 인접한 리벳의 중심 간의 거리를 말한다.(최소 3D 이상, 최대 12D 이내로 해야 한다.)

• 횡단피치는 리벳 열간 거리이(최소 리젯직경의 2.5D 이상이어야 한다.)

42 항공기 판재 굽힘작업 시 최소 굽힘 반지름을 정하는 주된 목적은?

① 굽힘작업 시 발생하는 열을 최소화하기 위해

② 굽힘작업 시 낭비되는 재료를 최소화하기 위해

③ 판재의 굽힘작업으로 발생되는 내부 체적을 최대로 하기 위해

④ 굽힘반지름이 너무 작아 응력 변형이 생겨 판재가 약화되는 현상을 막기 위해

🔍 해설

굽힘 반지름이 너무 작아지면 응력 집중으로 균열이나 재료의 피로 현상이 발생됨

43 스크류의 식별기호 AN507 C 428 R 8에서 C가 의미하는 것은?

① 직경

② 재질

③ 길이

④ 홈을 가진 머리

🔍 해설

AN507 C 428 R 8

• AN507 : 리벳 머리 모양

• C : 재질

44 지상 계류 중인 항공기가 돌풍을 만나 조종면이 덜컹거리거나 그것에 의해 파손되지 않게 설비된 장치는?

① 스토퍼(Stopper)

② 토크 튜브(Torque tube)

[정답] 39 ② 40 ① 41 ① 42 ④ 43 ② 44 ③

2019년

Aircraft Maintenance

③ 거스트 락(Gust lock)

④ 장력 조절기(Tension regulator)

🔍 해설

- **Torque tube(토크 튜브)**
  항공기의 조종계통에서 플랩과 같은 공기력을 많이 받는 조종면을 작동시키기 위한 회전력을 전달하는 기계장치로 사용하는 구성품
- **Gust lock(돌풍 고정장치)**
  지상에서 항공기 조종면을 돌풍에 의한 파손으로부터 보호하기 위해서 일정한 위치에 고정시키는 장치
- **Tension adjusters(장력조절기)**
  장력 조절기는 일부 대형 운송용 항공기 조종계통에 사용되며, 온도변화에 의하여 항공기 구조의 변화에 따른 케이블의 장력을 일정하게 유지시켜주는 장치로 일명 Tension regulator라고도 한다.

45 한쪽의 길이를 짧게 하기 위해 주름지게 하는 판금 가공 방법은?

① 범핑(Bumping)
② 크림핑(Crimping)
③ 수축가공(Shrinking)
④ 신장가공(Stretching)

🔍 해설

- **범핑 가공**
  가운데가 움푹 들어간 구형면을 가공하는 작업을 말한다.
- **크림핑(Crimping) 가공**
  길이를 짧게 하기 위해 판재를 주름잡는 가공을 말한다.
- **수축 가공**
  재료의 한쪽 길이를 압축시켜 짧게 함으로써 재료를 커브지게 하는 가공을 말한다. 두 판재 가장자리를 얇게 구부려 서로 이어가는 이음작업을 시이밍(Seaming)이라 한다.
- **신장 가공**
  재료의 한쪽을 늘려서 길게 함으로써 재료를 커브지게 하는 가공을 말한다.

46 케이블 조종계통(Cable control system)에서 7×19의 케이블을 옳게 설명한 것은?

① 19개의 와이어로 7번을 감아 케이블을 만든 것이다.

② 7개의 와이어로 19번을 감아 케이블을 만든 것이다.

③ 19개의 와이어로 1개의 다발을 만들고, 이 다발 7개로 1개의 케이블로 만든 것이다.

④ 7개의 와이어로 1개의 다발을 만들고, 이 다발 19개로 1개의 케이블을 만든 것이다.

🔍 해설

- 7×7 케이블 : 7개의 와이어를 꼬아서 1개의 가닥(strand)을 만들고, 7개의 가닥을 꼬아서 만든 케이블
- 7×19 케이블 : 19개의 와이어를 꼬아서 1개의 가닥(strand)을 만들고, 7개의 가닥을 꼬아서 만든 케이블

47 그림과 같은 $V-n$ 선도에서 항공기의 순항성능이 가장 효율적으로 얻어지도록 설계된 속도를 나타내는 지점은?

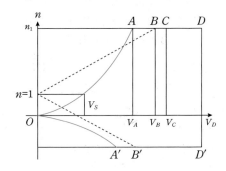

① V_A
② V_B
③ V_C
④ V_D

🔍 해설

- V_D : 설계 급강하 속도 : 구조상의 안전성과 조종면의 안전을 보장하는 설계상의 최대 허용 속도
- V_C : 설계 순항속도 : 가장 효율적인 속도
- V_B : 설계 돌풍 운용속도 : 기상 조건이 나빠 돌풍이 예상될 때 항공기는 V_B 이하로 비행
- V_A : 설계 운용속도 : 플랩이 업 된 상태에서 설계 무게에 대한 실속 속도

48 세미모노코크 구조형식의 날개에서 날개의 단면 모양을 형성하는 부재로 옳은 것은?

① 스파(Spar), 표피(Skin)

② 스트링거(Stringer), 리브(Rib)

③ 스트링거(Stringer), 스파(Spar)

④ 스트링거(Stringer), 표피(Skin)

[정답] 45 ② 46 ③ 47 ③ 48 ②

해설

- 세미모노코크 구조(Semi-monocoque structure)
프레임 및 벌크헤드(Bulkhead)를 동체의 형태를 만들고 동체의 길이 방향으로 세로대 스트링거(Longeron & Stringer)를 보강하여 외피를 입히는 구조를 말한다.
- 리브(Rib)
날개의 단면이 공기 역학적인 에어포일(Airfoil)을 유지할 수 있도록 날개의 모양을 형성해 주는 것으로 날개 외피에 작용하는 하중을날개 보에 전달하는 역할을 한다.

49 벤트 플로트 밸브, 화염차단장치, 서지탱크, 스케벤지펌프 등의 구성품이 포함된 계통은?

① 조종계통
② 착륙장치계통
③ 연료계통
④ 브레이크계통

해설

연료계통

Wing Tip에 위치하고 있는 Surge tank가 있고 Main Tank가 Over Flow일때 넘치는 연료를 보관하는 역할을 하며, 연료탱크로의 유입 및 탱크로부터의 유출을 쉽게 하여 연료 펌프의 기능을 확보하고 연료의 보급 및 방출을 확실히 하는 벤트 시스템 및 각종 밸브들로 구성되어있다.

50 항공기의 무게중심이 기준선에서 90[in]에 있고, MAC의 앞전이 기준선에서 82[in]인 곳에 위치한다면 MAC가 32[in]인 경우 중심은 몇 [%MAC]인가?

① 15
② 20
③ 25
④ 35

해설

%MAC

날개의 시위선상에 임의의 점 위치를 시위의 백분율로 나타낸 것이다.

중심의 $\%MAC = \dfrac{H-X}{C} \times 100$

여기서, H = 기준선에서 무게중심까지의 거리
$\quad\quad X$ = 기준선에서 MAC 앞전까지의 거리
$\quad\quad C$ = MAC의 거리

$\therefore \dfrac{90-82}{32} \times 100 = 25[\%MAC]$

51 알루미늄의 표면에 인공적으로 얇은 산화피막을 형성하는 방법은?

① 주석 도금처리
② 파커라이징
③ 카드뮴 도금처리
④ 아노다이징

해설

① 목적 : 알루미늄 표면에 산화피막을 형성시켜 산화를 방지(부식으로부터 알루미늄을 보호)
② Al합금에 적용되는 방법 : 아노다이징, 알로다인

52 안티스키드장치(Anti-skid system)의 역할이 아닌 것은?

① 유압식 브레이크에서 작동유 누출을 방지하기 위한 것이다.
② 브레이크의 제동을 원활하게 하기 위한 것이다.
③ 항공기가 착륙 활주 중 활주속도에 비해 과도한 제동을 방지한다.
④ 항공기가 미끄러지지 않게 균형을 유지시켜준다.

해설

Anti-skid system(항공기 브레이크 계통)

안티스키드계통 Anti-skid System은 Power Brake 계통에 의하여 브레이크가 작동하는 항공기에 적용되는 계통으로 항공기가 고속으로 착륙할 때 휠의 회전속도가 빠른 상태에서 브레이크 압력이 가해지면 마찰력에 의하여 휠의 회전 속도가 급격히 감소하면서 활주로 면에 타이어가 끌리면서 닳게 되므로 타이어의 파손을 가져오는 국부적인 마모현상(Skidding)으로부터 보호하기 위하여 설치한 계통으로 휠의 회전속도와 브레이크 압력을 적절히 조절하여 브레이크의 효율을 최대로 하면서 끌림이 일어나지 않도록 한다. Anti-skid System은 Control Unit, Wheel Speed Transducer, Antiskid Control Valve, 상태표시 경고등으로 구성되어 있다.

53 다음 중 인공시효 경화처리로 강도를 높일 수 있는 알루미늄 합금은?

① 1100
② 2024
③ 3003
④ 5052

[정답] 49 ③ 50 ③ 51 ④ 52 ① 53 ②

Aircraft Maintenance

시효경화

열처리 후 시간이 지남에 따라 합금의 강도와 경도가 증가하는 것을 말하며, 상온시효와 인공시효가 있다.

시효경화 알루미늄 종류

- Al2024 : 구리 4.4[%]와 마그네슘 1.5[%]를 첨가한 합금(초두랄루민)
- Al2014 : 알루미늄 4.4[%]의 구리를 첨가한 알루미늄–구리–마그네슘계 합금
- Al2017 : 알루미늄 4.0[%]의 구리를 첨가한 합금(두랄루민)

54
두께가 0.01[in]인 판의 전단흐름이 30[lb/in]일 때 전단응력은 몇 [lb/in²]인가?

① 3,000
② 300
③ 30
④ 0.3

응력

- 외력에 견디려는 재료의 내력
- 가해진 하중을 하중이 작용한 면적으로 나눈 값

  (인장 및 압축응력) $\sigma = \dfrac{W}{A}$

  (전단응력) $\tau = \dfrac{V}{A}$ V = 전단하중

55
항공기의 무게중심 위치를 맞추기 위하여 항공기에 설치하는 모래주머니, 납봉, 납판 등을 무엇이라 하는가?

① 밸러스트(Ballast)
② 유상하중(Pay load)
③ 테어무게(Tare weight)
④ 자기무게(Empty weight)

밸러스트(Ballast) – 항공기 균형

항공기 무게중심을 범위 내에 들게 하기 위하여 일정한 위치에 영구적으로 장착한 무게

56
그림과 같은 단면에서 축에 관한 단면의 1차 모멘트는 몇 [cm³]인가? (단, 점선은 단면의 중심선을 나타낸 것이다.)

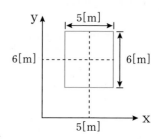

① 150
② 180
③ 200
④ 220

y축에 대한 단면 1차 모멘트(G_y)는 단면적(A)에 도심까지의 거리(x_0)를 곱한 값이다.

$G_y = A \cdot x_0 = 30 \times 5 = 150[\text{cm}^3]$

57
기체구조의 형식 중 응력외피구조(Stress skin structure)에 대한 설명으로 옳은 것은?

① 2개의 외판 사이에 벌집형, 거품형, 파(wave)형 등의 심을 넣고 고착시켜 샌드위치 모양으로 만든 구조이다.
② 하나의 구조요소가 파괴되더라도 나머지 구조가 그 기능을 담당해 주는 구조이다.
③ 목재 또는 강판으로 트러스(삼각형구조)를 구성하고 그 위에 천 또는 얇은 금속판의 외피를 씌운 구조이다.
④ 외피가 항공기의 형태를 이루면서 항공기에 작용하는 하중의 일부를 외피가 담당하는 구조이다.

응력외피구조(Stress skin structure)

응력외피의 구조는 트러스 구조와 같은 골격이 없기 때문에 기체에 작용하는 모든 하중을 외피가 담당하는 구조 형식이다. 응력외피의 구조는 기체 내부에 응력을 담당하기 위한 골격이 없으므로 내부공간을 쉽게 마련할 수 있고, 외형을 유선형으로 만들기 쉬운 장점이 있지만, 균열과 같은 작은 손상에 전체 구조의 안전에 영향을 미친다는 단점이 있다. 응력외피 구조에는 모노코크 형식(Monocoque Type)과 세미모노코크형식(Semi-Monocoque Type)이 있다.

[정답] 54 ① 55 ① 56 ① 57 ④

58 다음 중 조종 케이블의 장력을 측정하는 기구는?

① 턴버클(Turn buckle)
② 프로트랙터(Protractor)
③ 케이블 리깅(Cable rigging)
④ 케이블 텐션미터(Cable tension meter)

해설

① 풀리 : 케이블을 안내하며 방향전환에 사용된다.
② 페어리드 : 케이블의 처짐, 얽힘, 흔들림을 방지하고 3° 이내의 방향전환에 사용한다.
③ 가이드 : 케이블의 이탈을 방지하고 안내 역할을 한다.
④ 턴버클 : 케이블을 연결하고, 장력을 조절할 수 있는 부품이다.
⑤ 케이블 텐션미터 : 케이블의 장력을 측정하는데 사용하는 계측장비이다.
⑥ 케이블 텐션 레귤레이터 : 온도변화에 관계없이 항상 일정하게 조절된 장력을 유지시킬 수 있는 부품의 일종이다.

59 [다음]과 같은 특징을 갖는 강은?

[다음]
• 크롬 몰리브덴강
• 0.30[%]의 탄소를 함유함
• 용접성을 향상 시킨 강

① AA1100
② SAE4130
③ AA5052
④ SAE4340

해설

• 4130 크롬-몰리브덴강(L/G, 크랭크축, 볼트, 엔진부품)은 가공과 0.3[%] 탄소를 함유하고 용접이 쉬우면서 강도가 떨어지지 않는다.
• 4340 니켈-크롬-몰리브덴강(L/G, 엔진부품)은 4130의 담금질성을 개선한 고장력강의 대표적인 것이다.
• 2330 니켈은 3[%] 함유한 강(연소실)이다.

60 항공기 외부 세척방법에 해당하지 않는 것은?

① 습식세척
② 연마
③ 건식세척
④ 블라스팅

해설

• 운항중인 항공기는 Oil, Grease, 먼지, 탄소퇴적물, 염분 등으로 오염되어 기체표면에 부식과 항력, 중력을 증가시키게 되어 수시로 외부세척과 내부세척을 실시하여야 한다.
• 외부세척에는 건식세척, 습식세척, 광택내기(연마)가 있다.
① 건식세척은 매연피막, 먼지, 흙 등을 제거하기 위하여 액체세제가 부적합한 곳에 건식세제를 발라 마른 헝겊으로 문질러 닦는다.
② 습식세척은 Oil, Grease, 탄소퇴적물과 부식피막의 제거를 위하여 알칼리세제나 유화세제를 분무기 또는 걸레로 바르고 고압분출수로 씻어낸다.
③ 광택내기는 산화피막이나 부식을 제거하기 위하여 광택연마제 또는 왁스를 이용하여 광을 낸다.
• 내부세척은 항공기 내부를 청결하게 유지하기 위하여 오물 및 먼지를 제거하기 위하여 진공청소기를 사용하며 Oil 등은 Solvent로 걸레를 이용하여 닦아낸다.

제4과목 ▶ 항공장비

61 항공기 동체 상·하면에 장착되어 있는 충돌 방지등(Anti-collision light)의 색깔은?

① 녹색
② 청색
③ 적색
④ 흰색

해설

충돌 방지등(Anticollision light)
항공기 동체의 상부 또는 하부 밑바닥에 장착되어 항공기의 식별을 확실하게 하는 적색 섬광 등화

62 14,000[ft] 미만에서 비행할 경우 사용하고, 활주로에서 고도계가 활주로 표고를 지시하도록 하는 방식의 고도계 보정 방법은?

① QNH 보정
② QNE 보정
③ QFE 보정
④ QFG 보정

해설

고도계의 보정방법
① QNE 보정 : 해상 비행 등에서 항공기의 고도 간격의 유지를 위하여 고도계의 기압 창구에 해면의 표준대기압인 29.92[inHg]

[정답] 58 ④ 59 ② 60 ④ 61 ③ 62 ①

를 맞추어 표준기압면으로부터 고도를 지시하게 하는 방법이다. 이때 지시하는 고도는 기압고도이다. QNH를 통보할 지상국이 없는 해상 비행이거나 14,000[feet] 이상의 높은 고도의 비행일 때에 사용하기 위한 것이다.

② QNH 보정 : 일반적으로 고도계의 보정은 이 방식을 말한다. 4,200[m](14,000[feet]) 미만의 고도에서 사용하는 것으로 활주로에서 고도계가 활주로 표고를 가리키도록하는 보정이고 진고도를 지시한다.

③ QFE 보정 : 활주로 위에서 고도계가 "0"을 지시하도록 고도계의 기압 창구에 비행장의 기압을 맞추는 방식이다.

63 HF(High Frequency) system에 대한 설명으로 옳은 것은?

① 항공기 대 항공기, 항공기 대 지상 간에 가시거리 음성 통화를 위해 사용한다.

② 작동 주파수 범위는 118[MHz]~137[MHz]이며, 채널별 간격은 8.33[kHz]이다.

③ 송신기는 발진부, 고주파 증폭부, 변조기 및 안테나로 이루어진다.

④ HF는 파장이 짧기 때문에 안테나의 길이가 짧아야 한다.

🔍 해설

HF 통신장치

항공기와 지상, 항공기와 타 항공기 상호간의 High Frequency (HF : 단파) 전파를 이용하여 장거리 통화에 이용된다. HF 전파는 전리층의 반사로 원거리까지 전달되는 성질이 있으나 Noise나 Fading이 많으며, 또한 흑점의 활동 영향으로 전리층이 산란되어 통신 불능이 가끔 발생되는 단점이 있다.

주파수 범위는 2~29.999[MHz]로 AM과 USB(SSB의 일종) 통신을 사용하며 각 Channel Space는 1[kHz]를 사용한다.

64 싱크로 전기기기에 대한 설명으로 틀린 것은?

① 회전축의 위치를 측정 또는 제어하기 위해 사용되는 특수한 회전기이다.

② 각도검출 및 지시용으로는 2개의 싱크로 전기기기를 1조로 사용한다.

③ 구조는 고정자측에 1차권선, 회전자측에 2차권선을 갖는 회전변압기이고, 2차측에는 정현파 교류가 발생하도록 되어있다.

④ 항공기에서는 콤파스계기에 VOR국이나 ADF국 방위를 지시하는 지시계기로서 사용되고 있다.

🔍 해설

싱크로 계기의 종류

① 오토신(Autosyn)
벤딕스사에서 제작된 동기기 이름으로서 교류로 작동하는 원격지시계기의 한 종류이며, 도선의 길이에 의한 전기저항값은 계기의 측정값 지시에 영향을 주지 않으며 회전자는 각각 같은 모양과 치수의 교류전자석으로 되어 있다.

② 서보(Servo)
명령을 내리면 명령에 해당하는 변위만큼 작동하는 동기기이다.

③ 직류셀신(D.C Selsyn)
120° 간격으로 분할하여 감겨진 정밀 저항 코일로 되어 있는 전달기와 3상 결선의 코일로 감겨진 원형의 연철로 된 코어 안에 영구 자석의 회전자가 들어 있는 지시계로 구성되어 있으며, 착륙장치나 플랩 등의 위치지시계로 또는 연료의 용량을 측정하는 액량지시계로 흔히 사용된다.

④ 마그네신(Magnesyn)
오토신과 다른 점은 회전자로 영구 자석을 사용하는 것이고, 오토신보다 작고 가볍기는 하지만 토크가 약하고 정밀도가 다소 떨어진다. 마그네신의 코일은 링 형태의 철심 주위에 코일을 감은 것으로 120°로 세 부분으로 나누어져 있고 26[V], 400[Hz]의 교류 전원이 공급된다.

65 유압계통에서 유량제어 또는 방향제어밸브에 속하지 않는 것은?

① 오리피스(Orifice)

② 체크밸브(Check valve)

③ 릴리프밸브(Relief valve)

④ 선택밸브(Selector valve)

🔍 해설

- 오리피스 밸브(Orifice Valve)
오리피스 밸브는 한쪽 방향으로는 정상적인 흐름을, 반대 방향으로는 흐름을 제한하는 밸브이다.

- 체크밸브(Check valve)
작동유의 흐름을 한쪽 방향으로만 흐르게 하고, 다른 방향으로는 흐르지 못하게 하는 밸브이다.

- 릴리프밸브(Relief valve)
과도한 압력으로 인하여 계통 내의 관이나 부품이 파손될 수 있는 것을 방지한다.

- 선택밸브(Selector valve)
유로를 선정해 주는 밸브이며 중심 개방형, 중심 폐쇄형으로 구분한다. 기계적으로 작동하는 밸브는 회전형, 포핏형, 스풀형, 피스톤형, 플렌지형 등 작동방식은 전기식과 기계식이 있다.

[정답] 63 ③ 64 ③ 65 ③

66 다음 중 피토압에 영향을 받지 않는 계기는?

① 속도계   ② 고도계

③ 승강계   ④ 선회 경사계

🔍 해설

피토-정압 계기(Pitot-Tube Instrument) 종류

피토-정압 계통의 계기는, 기본으로 속도계(airspeed indicator), 고도계(altimeter) 및 승강계(vertical speed indicator)가 있다.

67 유압계통에서 축압기(Accumulator)의 사용목적은?

① 계통의 유압 누설 시 차단

② 계통의 과도한 압력 상승 방지

③ 계통의 결함 발생 시 유압 차단

④ 계통의 서지(Surge)완화 및 유압저장

🔍 해설

축압기(Accumulator)

유압 어큐뮬레이터는 작동유에 압력을 가한 상태로 저장하며, 압력 탱크(Pressure Tank)라고도 부른다.

어큐뮬레이터에는 계통 압력의 약 1/3 정도의 압축공기 또는 질소 가스가 충전되어 있으며 압력라인에 장착한다.

68 객실 내의 공기를 일정한 기압이 되도록 동체의 옆이나 끝부분 또는 날개의 필릿(Fillet)을 통하여 공기를 외부로 배출 시켜주는 밸브는?

① 덤프 밸브(Dump valve)

② 아웃플로 밸브(Out-flow valve)

③ 압력 릴리프 밸브(Cabin pressure relief valve)

④ 부압 릴리프 밸브(Negative pressure relief valve)

🔍 해설

아웃플로밸브

객실 여압계통은 객실 압력의 조절, 압력 릴리프, 진공 릴리프, 등압 영역, 그리고 차압 영역에서 원하는 객실 고도를 선택하는 수단으로서 설계되었다. 더욱이 객실 압력을 덤프(Dump)하는 것도 압력조

절계통의 기능 중 하나이다. 이들의 기능을 수행하기 위해 객실 여압조절기, 아웃플로 밸브(Out-flow valve), 그리고 안전 밸브가 사용된다.

69 다음 중 시동 특성이 가장 좋은 직류전동기는?

① 션트전동기   ② 직권전동기

③ 직·병렬전동기   ④ 분권전동기

🔍 해설

① 직권 전동기

직류전동기로서 다른 전동기와 비교하여 기동 토크가 크고, 또 가벼운 부하에서는 고속으로 회전한다. 이와 같은 특성은 각종 항공기 구동용으로서 적합하기 때문에 주 전동기에 많이 사용되고 있다.

② 전동기의 종류
- 직류전동기 : 직권전동기, 분권전동기, 복권전동기
- 교류전동기 : 만능전동기, 유도전동기, 동기전동기

70 조종실내의 온도와 열전대식(Thermo-couple) 온도계에 대한 설명으로 옳은 것은?

① 조종실내의 온도계는 열전대식(Thermo-couple) 온도계가 사용되지 않는다.

② 조종실내의 온도계로 사용되는 열전대식(Thermo-couple) 온도계는 최고 100[℃] 까지 측정이 가능하다.

③ 조종실내의 온도가 높아지면 열전대식(Thermo-couple) 온도계의 지시값은 낮게 지시된다.

④ 조종실내의 온도가 높아지면 열전대식(Thermo-couple) 온도계의 지시값은 높게 지시된다.

🔍 해설

서모커플(Thermocouple : 열전쌍)

열전쌍의 열점과 냉점 중 열점은 실린더 헤드의 점화 플러그 와셔에 장착되어 있고 냉점은 계기에 장착되어 있는데 리드 선(Lead-Line)이 끊어지면 열전쌍식 온도계는 실린더 헤드의 온도를 지시하지 못하고 계기가 장착되어 있는 주위 온도를 지시

[정답] 66 ④   67 ④   68 ②   69 ②   70 ①

71 다음 중 방빙장치가 되어 있지 않은 곳은?

① 착륙장치 휠 웰 ② 주날개 리딩에지
③ 꼬리날개 리딩에지 ④ 엔진의 전방 카울링

해설

방빙장치가 필요한 부분은 Cold section인데 노출이 적거나 Hot section인 곳은방빙장치가 필요없다.

72 다음 중 전압을 높이거나 낮추는데 사용되는 것은?

① 변압기 ② 트랜스미터
③ 인버터 ④전압 상승기

해설

① 변압기 : 전압을 승압 또는 감압시키는 장치
② 변류기 : 전류의 값을 변화시키는 일종의 변압기

73 관성항법장치(INS)계통에서 얼라인먼트(Alignment)는 무엇을 하는 것인가?

① 플랫폼(Platform) 방향을 진북을 향하게 하고, 지구에 대해 수평이 되게 하는것
② 조종사가 항공기 위치 정보를 입력하는 것
③ 플랫폼(Platform)에 놓여진 3축의 가속도계가 검출한 가속도를 적분하여 위치나 속도를 계산하는 것
④ INS가 계산한 위치(위도)와 제어표시장치를 통해 입력한 항공기의 실제 위치를 일치시켜 주는 것

해설

관성항법장치

항공기의 3축에 각각 설치된 가속도계 와 Gyroscope의 관성의 원리를 이용하여 지속적으로 가속도를 감지해내고, 이를 적분하여 지상속도를, 다시 적분하여 최초 출발지로부터 이동 거리를 산출하여 궁극적으로 항공기의 위치를 자력으로 알아내는 항법이다.
관성항법장치계통의 얼라인먼트라는 진북을 향하게 하며 지구에 대해 수평을 이루도록 정렬하는 것이다.

74 지상접근경보장치(G.P.W.S)의 입력 소스가 아닌 것은?

① 전파고도계
② BELOW G/S LIGHT
③ 플랩 오버라이드 스위치
④ 랜딩기어 및 플랩위치 스위치

해설

GPWS(Ground proximity warning system)
지상접근경보장치로서 조종사의 판단 없이 항공기가 지상에 접근 했을 경우, 조종사에게 경보하는 장치로서 고도계의 대지로부터 고도/기압 변화에 의한 승강율, 이착륙 형태, 글라이드슬로프의 편차정보에 근거해서 항공기가 지표에 접근하였을 경우에 경고등과 음성에 의한 경보를 제공한다.(입력소스 : 전파고도계, 플랩 오버라이드 스위치, 랜딩기어 및 플랩위치 스위치)

75 그림과 같은 △결선에서 $R_{ab}=5[\Omega]$, $R_{bc}=4[\Omega]$, $R_{ca}=3[\Omega]$일 때 등가인 Y결선 각 변의 저항은 약 몇 $[\Omega]$인가?

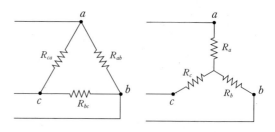

① $R_a=1.00$, $R_b=1.25$, $R_c=1.67$
② $R_a=1.00$, $R_b=1.67$, $R_c=1.25$
③ $R_a=1.25$, $R_b=1.00$, $R_c=1.67$
④ $R_a=1.25$, $R_b=1.67$, $R_c=1.00$

해설

$$R_a=\frac{R_{ab}R_{ca}}{R_{ab}+R_{bc}+R_{ca}}=\frac{5\cdot3}{5+4+3}=1.25[\Omega]$$

$$R_b=\frac{R_{ab}R_{bc}}{R_{ab}+R_{bc}+R_{ca}}=\frac{5\cdot4}{5+4+3}=1.67[\Omega]$$

$$R_c=\frac{R_{bc}R_{ca}}{R_{ab}+R_{bc}+R_{ca}}=\frac{4\cdot3}{5+4+3}=1[\Omega]$$

76 화재탐지기에 요구되는 기능과 성능에 대한 설명으로 틀린 것은?

① 무게가 가볍고 설치가 용이할 것

② 화재가 시작, 진행, 및 종료시 계속 작동할 것

③ 화재 발생장소를 정확하고 신속하게 표시할 것

④ 화재가 지시하지 않을 때 최소전류가 소비될 것

🔍 **해설**

화재 발생 우려가 있는 상태나 화재의 발생을 승무원에게 알리고, 신속하게 소화계통을 작동시켜 화재를 진압 할 수 있도록 되어 있는 계통이다.
- 화재의 지속기간 동안 연속적인 지시를 할 것(종료시 정지)
- 화재가 지시하지 않을 때 최소전류가 소비될 것
- 화재가 진화되었다는 것에 대해 정확한 지시를 할 것
- 화재탐지기는 중량이 가볍고 장착이 용이할 것

77 고주파 안테나에서 30[MHz]의 주파수에 파장은 몇 [m]인가?

① 25 　　　　　② 20

③ 15 　　　　　④ 10

🔍 **해설**

$$F = \frac{C}{\lambda}$$

F : 주파수, C : 광속(3×10^8[m/s]), λ : 파장

$$F = \frac{C}{F} = \frac{3 \times 10^8}{30,000,000[m]} = 10[m]$$

78 항공기용 회전식 인버터(Rotary inverter)가 부하변동이 있어도 발전기의 출력 전압을 일정하게 하기 위한 방법은?

① 직류전원의 전압을 변화시킨다.

② 교류발전기의 전압을 변화시킨다.

③ 직류전동기의 분권 계자 전류를 제어한다.

④ 교류발전기의 회전 계자 전류를 제어한다.

🔍 **해설**

인버터(변환 장치) - Inverter

논리 회로 장치로 하나의 입력과 하나의 출력을 가지고 있으며 항상 입력된 신호에 반대의 신호가 출력되는것. 때로는 NOT의 기능을 가지고 있어 Negator라 부른다.

79 축전지의 충전 방법과 방법에 해당하는 [다음]의 설명이 옳게 짝지어진 것은?

> **[다음]**
>
> A. 충전시간이 길면 과충전의 염려가 있다.
> B. 충전이 진행됨에 따라 가스발생이 거의 없어지며 충전 능률도 우수해진다.
> C. 충전 완료시간을 미리 예측할 수 있다.
> D. 초기 과도한 전류로 극판 손상의 위험이 있다.

① 정전류 충전 - A, B　　　정전압 충전 - C, D

② 정전류 충전 - A, C　　　정전압 충전 - B, D

③ 정전류 충전 - B, C　　　정전압 충전 - A, D

④ 정전류 충전 - C, D　　　정전압 충전 - A, B

🔍 **해설**

축전지의 충전방법

① 정전류충전법 : 전류를 일정하게 유지하면서 충전하는 방법으로 충전 완료시간은 미리 예측할 수 있으나 충전 소요시간이 길고, 과충전되기 쉽다.

② 정전압충전법 : 일정 전압으로 충전하는 방법으로 전동기 구동발전기를 이용하여 축전지에 전원을 공급하며 충전기와 축전지를 병렬로 연결한다. 정격 용량의 충전시기가 미리 알려지지 않기 때문에 일정시간 간격으로 충전상태를 확인하여 축전지가 과충전되지 않도록 주의한다.

80 지자기의 3요소 중 편각에 대한 설명으로 옳은 것은?

① 플럭스 밸브(Flux valve)가 편각을 감지한다.

② 지자력의 지구수평에 대한 분력을 의미한다.

③ 지자기 자력선의 방향과 수평선 간의 각을 말하며 양극으로 갈수록 90°에 가까워진다.

④ 지축과 지자기축이 서로 일치하지 않음으로서 발생되는 진방위와 자방위의 차이이다.

[정답] 76 ② 77 ④ 78 ③ 79 ② 80 ④

해설

지자기의 3요소

- 편차(편각) : 지축과 지자기축이 일치하지 않아 생기는 지구자오선과 자기자오선 사이의 오차 각
- 복각 : 지자기의 자력선이 지구 표면에 대하여 적도 부근과 양극에서의 기울어지는 각
- 수평분력 : 지자기의 수평방향의 분력

자격종목 및 등급(선택분야)	시험시간	문제수	문제형별	성명
항공산업기사	2시간	80	A	듀오북스

제1과목 항공역학

01 다음 중 프로펠러의 효율(η)을 표현한 식으로 틀린 것은? (단, T : 추력, D : 지름, V : 비행속도, 진행률, n : 회전수, P : 동력, C_P : 동력계수, C_T : 추력계수이다.)

① $\eta < 1$

② $\eta = \dfrac{C_T}{C_P} J$

③ $\eta = \dfrac{P}{TV}$

④ $\eta = \dfrac{C_T}{C_P} \dfrac{V}{nD}$

해설

$\eta D = \dfrac{C_t}{C_D} \times \dfrac{V}{nD}$, $J = \dfrac{V}{nD}$

02 평형상태로부터 벗어난 뒤에 다시 평형상태로 되돌아가려는 초기의 경향을 표현한 것은?

① 정적 중립
② 양(+)의 정적안정
③ 정적 불안정
④ 음(−)의 정적안정

해설

- 정적 안정
  평형상태로부터 벗어난 뒤에 어떤 형태로든 움직여서 원래의 평형상태로 되돌아가려는 비행기의 초기 경향(양(+)의 정적안정)
- 동적 안정
  평형상태로부터 벗어난 뒤에 시간이 지남에 따라 진폭이 감소되는 경향

03 비행기가 등속도 수평비행을 하고 있다면 이 비행기에 작용하는 하중배수는?

① 0
② 0.5
③ 1
④ 1.8

해설

- 등속수평비행 $L = W$, $T = D$
- 수평비행시하중배수$(n) = \dfrac{L}{W} = 1$

04 다음 중 비행기의 정적여유에 대한 정의로 옳은 것은? (단, 거리는 비행기의 동체중심선을 따라 Nose에서부터 측정한 거리이다.)

① 정적여유＝중립점까지의 거리−무게중심까지의 거리
② 정적여유＝공력중심까지 거리−중립점까지의 거리
③ 정적여유＝무게중심까지 거리−공력중심까지 거리
④ 정적여유＝무게중심까지의 거리−중립점까지의 거리

해설

정적여유

항공기의 세로 운동의 안정성을 결정하는 중요한 파라미터. 무게 중심 위치에서 중립점까지의 거리를 날개의 평균 시위로 나눈 값이다.

05 헬리콥터에서 회전날개의 깃(Blade)이 회전하면 회전면을 밑으로 하는 원추의 모양을 만들게 되는데 회전면과 원추모서리가 이루는 각은?

① 피치각(Pitch angle)
② 코닝각(Coning angle)
③ 받음각(Angle of attack)
④ 플래핑각(Flapping angle)

[정답] 01 ③ 02 ② 03 ③ 04 ① 05 ②

🔍 **해설**

코닝각(Cone angle)
- 헬리콥터가 전진 비행 시 회전날개의 로터 블레이드 양력이 로터 허브에서 만드는 모멘트와 원심력이 로터허브에서 만드는 모멘트와 편형이 될 때까지 위로 처지게 하여 회전면을 밑면으로 하는 원추(Cone) 모양을 만들게 되며, 이때 회전면과 원추 모서리가 이루는 각이다.
- 헬리콥터가 제자리에서 정지비행을 할 때 이를 호버링(Hovering)이라 한다.
- 헬리콥터가 무풍상태에서 호버링 시 로터(Rotor)의 회전면(Rotor disc) 혹은 깃끝 경로면(Tip path plane)은 수평지면과 평행이다.

06 라이트형제는 인류 최초의 유인동력비행을 성공 하던 날 최고기록으로 59초 동안 이륙지점에서 260[m]지점까지 비행하였다. 당시 측정된 43[km/h]의 정풍을 고려한다면 대기속도는 약 몇 [km/h]인가?

① 27　　　　　　　　② 43

③ 59　　　　　　　　④ 80

🔍 **해설**

$$V = \frac{S}{t} = \frac{260\text{m}}{59\text{s}}$$

$$= 4.40678[\text{m/s}] = 15.86[\text{km/h}]$$

$$\therefore V_{atm} = 15.86 + 43 = 58.86[\text{km/h}]$$

07 [다음]과 같은 현상의 원인이 아닌 것은?

> **[다음]**
> 비행기가 하강 비행을 하는 동안 조종간을 당겨 기수를 올리려 할 때, 받음각과 각속도가 특정값을 넘게 되면 예상한 정도 이상으로 기수가 올라가고, 이를 회복할 수 없는 현상

① 쳐든각 효과의 감소

② 뒤젖힘 날개의 비틀림

③ 뒤젖힘 날개의 날개끝 실속

④ 날개의 풍압중심이 앞으로 이동

🔍 **해설**

피치-업 현상의 원인
① 뒤젖힘 날개의 날개 끝 실속
② 뒤젖힘 날개의 비틀림
③ 풍압 중심의 앞으로 이동
④ 승강키 효율의 감소

08 헬리콥터의 전진비행 또는 원하는 방향으로의 비행을 위해 회전면을 기울여 주는 조종장치는?

① 사이클릭 조종레버　　　② 페달

③ 콜렉티브 조종레버　　　④ 피치 암

🔍 **해설**

주조종레버(사이클릭스틱)
헬리콥터 조종석의 주조종레버(사이클릭스틱)를 기울이면 로터의 회전면의 경사 각도와 경사 방향이 변하고, 기운 방향으로 헬리콥터가 나아가게 된다. 주조종레버를 앞뒤로 기울이면 전·후진, 좌·우로 기울이면 좌·우로 움직이는게 하는 레버이다.

09 비행기 무게 1,500[kgf], 날개면적이 30[m²]인 비행기가 등속도 수평비행하고 있을 때 실속속도는 약 몇 [km/h]인가?
(단, 최대양력계수 1.2, 밀도 0.125[kgf·s²/m⁴]이다.)

① 87　　　　　　　　② 90

③ 93　　　　　　　　④ 101

🔍 **해설**

실속속도 $V_s = \sqrt{\dfrac{2W}{\rho C_{LMAX}S}} = \sqrt{\dfrac{2 \times 1,500}{0.125 \times 30 \times 1.2}}$

$$= \sqrt{666,666\cdots} = 25.82[\text{m/s}]$$ 이므로

$$25.82[\text{m/s}] \times 3.6[\text{km/h}] = 92.952[\text{km/h}]$$

10 비행기 속도가 2배로 증가했을 때 조종력은 어떻게 변화하는가?

[**정답**] 06 ③　07 ①　08 ①　09 ③　10 ④

① $\frac{1}{2}$로 감소한다.　　② $\frac{1}{4}$로 감소한다.

③ 2배로 증가한다.　　④ 4배로 증가한다.

해설

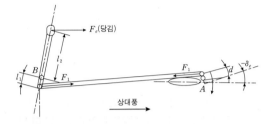

조종익면에 발생되는 힌지 모멘트를 식으로 나타내면 다음과 같다.

$$H = C_h \frac{1}{2} \rho V^2 b \bar{c}^2 = C_h q b \bar{c}^2$$

또는 $C_h = \dfrac{H}{q b \bar{c}^2}$　… (4−1)

여기서, H : 힌지 모멘트

$\quad C_h$: 힌지 모멘트 계수

$\quad b$: 조종익면의 폭

$\quad \bar{c}$: 조종익면의 평균 시위이다.

조종익면을 조작하기 위한 조종력은 힌지 모멘트의 크기에 관계되며, 힌지 모멘트는 식 (4−1)에서 힌지 모멘트 계수, 동압, 그리고 조종익면의 크기에 비례한다.

조종력 F_e는 승강타 힌지 모멘트 H에 직접 비례하므로, 식으로 나타낼 수 있다.

$$F_e = K \cdot H_e$$

여기서, F_e : 조종력

$\quad H_e$: 승강타 힌지 모멘트

$\quad K$: 조종계통의 기계적 장치에 의한 이득이다.

K 값은 그림으로부터 구할 수 있다. 그림에서 조종계통이 평형상태라면, 점 A에서의 모멘트는 $H_e = F_1 \times d$가 되고, 점 B의 모멘트는 $F_e \times l_2 = F_1 \times l_1$이 된다.

앞의 두 식으로부터 기계적 이득 K는 $K = \dfrac{l_1}{l_2 \times d}$로 구한다.

따라서 $F_e = K \cdot q \cdot b \cdot \bar{c}^2 \cdot C_h$조종력 임을 알 수 있다.

조종력에 관한 식에서 힌지 모멘트는 비행속도의 제곱에 비례함을 알 수 있다. 즉, 속도가 2배가 되면 조종력은 4배가 필요하게 된다. 또, $b \cdot \bar{c}^2$에 비례하므로, 조종익면의 폭과 시위의 크기를 2배로 하면 조종력은 8배가 되어야 한다.

11 항공기의 정적안정성이 작아지면 조종성 및 평형을 유지하는 것은 어떻게 변화하는가?

① 조종성은 감소되며, 평형유지도 어렵다.

② 조종성은 감소되며, 평형유지는 쉬워진다.

③ 조종성은 증가하며, 평형유지도 쉬워진다.

④ 조종성은 증가하나, 평형유지는 어려워진다.

해설

안정성과 조종성

항공기가 돌풍이나 교란을 받았을 때 조종사의 조종성은 집중되며, 평형상태로 돌아가려는 성질은 어렵다.

12 날개의 시위(Chord)가 2[m]이고 공기의 유속이 360[km/h]일 때 레이놀즈수는 얼마인가? (단, 공기의 동점성계수는 0.1[cm²/s]이고, 기준속도는 유속, 기준길이는 날개시위길이이다.)

① 2.0×10^7　　② 3.0×10^7

③ 4.0×10^7　　④ 7.2×10^7

해설

레이놀즈수(Re)=(직경)×(속도)×(밀도)/점도=(직경)×(속도)/(동점성계수)입니다.

$$\frac{2[\text{m}] \times 360[\text{Km/h}]}{0.1[\text{cm}^2/\text{s}]} = \frac{2[\text{m}] \times 100[\text{m/s}]}{0.00001[\text{m}^2\text{s}]} = 2 \times 10^7$$

13 헬리콥터 날개의 지면효과에 대한 설명으로 옳은 것은?

① 헬리콥터 날개의 기류가 지면의 영향을 받아 회전면 아래의 항력이 증가되어 헬리콥터의 무게가 증가되는 현상

② 헬리콥터 날개의 기류가 지면의 영향을 받아 회전면 아래의 양력이 증간되어 헬리콥터의 무게가 증가되는 현상

③ 헬리콥터 날개의 후류가 지면에 영향을 주어 회전면 아래의 항력이 증가되고 양력이 감소되는 현상

④ 헬리콥터 날개의 후류가 지면에 영향을 주어 회전면 아래의 압력이 증가되어 양력의 증가를 일으키는 현상

해설

지면효과

[정답] 11 ④　12 ①　13 ④

헬리콥터나 비행기는 이착륙을 할 때에 지표면과 거리가 가까워지면 하강풍이 지면과의 충돌로 인해서 양력이 커지게 되는데 이런 현상을 지면효과(Ground effect)라고 한다.

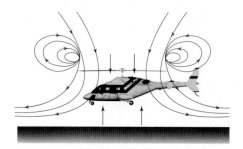

14 활공비행의 한 종류인 급강하 비행 시(활공각 90°) 비행기에 작용하는 힘을 나타낸식으로 옳은 것은? (단, L=양력, D=항력, W=항공기무게이다.)

① $L=D$　　　　　② $D=0$
③ $D=W$　　　　　④ $D+W=0$

해설

활공비행의 한 종류인 급강하는 활공각 $h=90°$인 경우에 해당하며 비행기에 작용하는 힘은 무게 W와 항력 D가 된다. 처음에는 가속도로 강하하다가 무게 W와 항력 D가 같게 되면 그 이상 속도가 증가하지 않고 등속도로 강하한다. 이때의 속도(V_T)를 극한속도(Terminal velocity) 또는 종극속도라 한다.

$$V_T = \sqrt{\frac{2}{\rho} \cdot \frac{W}{S} \cdot \frac{1}{C_D}}$$

15 대기의 층과 각각의 층에 대한 설명이 틀린 것은?

① 대류권 – 고도가 증가하면 온도가 감소한다.
② 성층권 – 오존층이 존재한다.
③ 중간권 – 고도가 증가하면 온도가 감소한다.
④ 열권 – 고도는 약 50[km]이며, 온도는 일정하다.

해설

대기권의 구조
• 성층권은 평균적으로 고도 변화에 따라 기온 변화가 거의 없는 영역을 성층권이라고 하나 실제로는 많은 관측 자료에 의하면 불규칙한 변화를 하는 것으로 알려져 있다.

• 중간권(50~80[km])은 높이에 따라 기온이 감소하고,대기권에서 이곳의 온도가 가장 낮다.
• 열권은 고도가 올라감에 따라 온도는 높아지지만 공기는 매우 희박해지는 구간이다. 전리층이 존재하고, 전파를 흡수, 반사하는 작용을 하여 통신에 영향을 끼친다. 중간권과 열권의 경계면을 중간권계면이라고 한다.
• 극외권은 열권 위에 존재하는 구간이고 열권과 극외권의 경계면인 열권계면의 고도는 약 500[km]이다.

16 전중량이 4,500[kgf]인 비행기가 400[km/h]의 속도, 선회반지름 300[m]로 원운동을 하고 있다면 이 비행기에 발생하는 원심력은 약 몇 [kgf]인가?

① 170　　　　　② 18,900
③ 185,000　　　　　④ 245,000

해설

비행기의 무게를 W, 선회 속도를 V, 선회 반지름을 R이라고 하면 원심력은 $\dfrac{W}{g} \times \dfrac{V^2}{R}$이 되고,

$$\frac{W}{g} \times \frac{V^2}{R} = \frac{4,500}{9.8} \times \frac{400^2}{300} = 244,898 ≒ 245,000$$

17 해면고도로부터의 실제 길이 차원에서 측정된 고도를 의미하는 것은?

① 압력고도　　　　　② 기하학적고도
③ 밀도고도　　　　　④ 지구포텐셜고도

해설

① 기하학적 고도(Geometrical height)
　지구 중력가속도가 고도에 관계없이 일정하다고 가정하여 정한 고도 $dH = \dfrac{g}{g_0} dh$
② 지오포텐셜 고도(Geopotential altitude)
　실제로 중력가속도는 고도가 증가함에 따라 변화하는데, 고도변화를 고려하여 정한 고도
$$dH = \frac{1}{g_0} \int_0^h g\,dh$$

[정답] 14 ③　15 ④　16 ④　17 ②

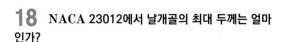

18 NACA 23012에서 날개골의 최대 두께는 얼마인가?

① 시위의 12[%] 　　② 시위의 15[%]

③ 시위의 20[%] 　　④ 시위의 30[%]

🔍 해설 ------------------------------

NACA 23012
- 2 : 최대 Camber의 크기가 시위의 2[%]
- 3 : 최대 Camber의 위치가 시위의 15[%]
- 0 : 평균 캠버선의 뒤쪽 절반이 직선(1은 곡선)
- 12 : 최대 두께가 시위의 12[%]

19 일반적인 베르누이 방정식 $P_t = P + \dfrac{1}{2}\rho V^2$ 을 적용할 수 있는 가정으로 틀린 것은?

① 정상류 　　② 압축성

③ 비점성 　　④ 동일 유선상

🔍 해설 ------------------------------

베르누이의 정리
베르누이 정리 또는 베르누이 방정식이라 함은 정압(P)과 동압 ($\dfrac{1}{2}\rho V^2$)의 합은 항상 일정하다는 것이다. 이 정압과 동압의 합을 전압(total pressure)이라 한다.

20 유도항력계수에 대한 설명으로 옳은 것은?

① 양항비에 비례한다.

② 가로세로비에 비례한다.

③ 속도의 제곱에 비례한다.

④ 양력계수의 제곱에 비례한다.

🔍 해설 ------------------------------

① 유도항력계수는 양력계수제곱에 비례
② 가로세로비에 반비례하며 가로세로비는 스팬의 제곱에 비례

제2과목 ◀ 　 항공기관

21 일반적인 가스터빈엔진에서 연료조정장치(Fuel control unit)가 받는 주요 입력자료가 아닌 것은?

① 파워레버 위치 　　② 엔진오일 압력

③ 압축기 출구압력 　　④ 압축기 입구온도

🔍 해설 ------------------------------

연료조정장치(FCU : Fuel Control Unit)
① 압축기 입구온도(CIT : Compressor Inlet Temperature)
② 압축기 출구압력(CDP : Compressor Discharge Pressure)
　 또는 연소실 압력(BP : Burner pressure)
③ 기관 회전수(RPM : Revolution Per Minute)
④ 동력레버 위치(PLA : Power Lever Angle)

22 왕복엔진의 점화시기를 점검하기 위하여 타이밍 라이트(Timing light)를 사용할 때, 마그네토 스위치는 어디에 위치시켜야 하는가?

① OFF 　　② LEFT

③ RIGHT 　　④ BOTH

🔍 해설 ------------------------------

마그네토 점화스위치 형식은 여러 가지가 있으나, 일반적으로 전기적 접속장치중 선택스위치(Selector switch)를 사용하는데 위치표시는 Off, Both, Left, Right로 되어 있고 시동이나 점검 등의 정비시에는 Both 위치로 놓는다.

23 체적 10[cm³]의 완전기체가 압력 760[mmHg] 상태에서 체적 20[cm³]로 단열팽창하면 압력은 약 몇 [mmHg]로 변하는가? (단, 비열비는 1.4 이다.)

① 217 　　② 288

③ 302 　　④ 364

🔍 해설 ------------------------------

$$\frac{P_2}{P_1} = \left(\frac{v_1}{v_2}\right)^k$$

$$\frac{P_2}{760} = \left(\frac{10}{20}\right)^{1.4} = 287.98$$

[정답] 18 ① 19 ② 20 ④ 21 ② 22 ④ 23 ②

P : 압력
v : 체적
k : 단열지수(이상기체일 경우 비열비와 같다.)

24 터보제트엔진의 추진효율에 대한 설명으로 옳은 것은?

① 추진효율은 배기가스속도가 클수록 커진다.
② 엔진의 내부를 통과한 1차 공기에 의하여, 발생되는 추력과 2차 공기에 의하여 발생되는 추력의 합이다.
③ 엔진에 공급된 열에너지와 기계적 에너지로 바꿔진 양의 비이다.
④ 공기가 엔진을 통과하면 얻는 운동에너지에 의한 동력과 추진 동력의 비이다.

🔍 해설

① 추진효율(η_p) : 공기가 기관을 통과하면서 얻은 운동에너지와 비행기가 얻은 에너지인 추력과 비행 속도의 곱으로 표시되는 추력 동력의 비이다.
② 열효율(η_{th}) : 기관에 공급된 열에너지(연료에너지)와 그 중 기계적 에너지로 바꿔진 양의 비
③ 전효율(η_0) : 공급된 열에너지에 의한 동역과 추력동력으로 변한 항의 비
전효율(η_0)＝추진효율(η_p)×열효율(η_{th})

25 왕복엔진의 분류 방법으로 옳은 것은?

① 연소실의 위치, 냉각방식에 의하여
② 냉각방식 및 실린더 배열에 의하여
③ 실린더 배열과 압축기의 위치에 의하여
④ 크랭크축의 위치와 프로펠러 깃의 수량에 의하여

🔍 해설

일반적으로 항공기용 왕복 기관
실린더 배열과 냉각 방식에 의하여 분류된다.
• 실린더 배열 : V형, X형, 대향형, 성형이 있다.
• 냉각 방식 : 공랭식과 액랭식이 있다.

26 프로펠러 깃각(Blade angle)은 에어포일의 시위선(Chord line)과 무엇의 사이각으로 정의 되는가?

① 회전면
② 상대풍
③ 프로펠러 추력 라인
④ 피치변화시 깃 회전 축

🔍 해설

프로펠러의 깃각은 시위선과 회전면의 사이각으로 정의 된다.

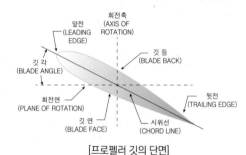

[프로펠러 깃의 단면]

27 왕복엔진 마그네토에 사용되는 콘덴서의 용량이 너무 작으면 발생하는 현상은?

① 점화플러그가 탄다.
② 브레이커 접점이 탄다.
③ 엔진시동이 빨리 걸린다.
④ 2차 권선에 고 전류가 생긴다.

🔍 해설

콘덴서
① 브레이크 포인트에 생기는 아크(Arc), 즉 전기 불꽃을 흡수하여 브레이크 포인트 부분의 불꽃에 의한 마멸을 방지하고, 철심에서 발생했던 잔류 자기를 빨리 없애주는 역할을 한다.
② 콘덴서의 용량이 너무 작으면 브레이크 포인트가 타고 콘덴서가 손상된다.
③ 콘덴서의 용량이 너무 크면 2차 전압이 낮아진다.
④ 브레이크 포인트의 재질 : 백금-이리듐 합금

28 항공기 제트엔진에서 축류식 압축기의 실속을 줄이기 위해 사용되는 부품이 아닌 것은?

① 블로우 밸브
② 가변 안내베인
③ 가변 정익베인
④ 다축식 압축기

[정답] 24 ④ 25 ② 26 ① 27 ② 28 ①

해설

축류 압축기의 실속 방지

축류 압축기의 실속 방지 방법으로서는 다축 기관, 가변 스테이터, 블리드 밸브를 이용하는 3가지 방법이 있으며, 현재의 가스터빈 엔진은 이들을 적절히 조합하여 사용하고 있다
① 다축식 구조로 구성한다.
② 블리드 밸브(실속 방지용 압축기 밸브)
③ 가변 고정자 깃(가변 안내베인, 가변 정익베인)

29 다음 중 가스터빈엔진 점화계통의 구성품이 아닌 것은?

① 익사이 터(Exciter)
② 이그나이터(Igniter)
③ 점화 전선(Ignition lead)
④ 임펄스 커플링(Impulse coupling)

해설

왕복기관 시동 시 점화보조 장치 종류
• 임펄스 커플링
• 부스터 코일
• 인덕션 바이브레터

30 왕복엔진 기화기의 혼합기 조절장치(Mixture control system)에 대한 설명으로 틀린 것은?

① 고도에 따라 변하는 압력을 감지하여 점화시기를 조절한다.
② 고고도에서 기압, 밀도, 온도가 감소하는 것을 보상하기 위해 사용된다.
③ 고고도에서 혼합기가 너무 농후해지는 것을 방지 한다.
④ 실린더가 과열되지 않는 출력 범위 내에서 희박한 혼합기를 사용하게 함으로써 연료를 절약한다.

해설

점화시기 조절
• 외부점화시기 조절 : 스파크 플러그가 터질 때 1번 실린더의 피스톤 위치를 맞춰준다.
• 내부점화시기 조절 : 마그네토에서 전기를 공급해주는 순간을 맞춘다. 즉 마그네토 자체를 맞춰주는 것이다.(E-gap이 형성되는 순간, 시차가 배전기에 딱 맞는 순간)

31 가스터빈엔진의 윤활계통에 대한 설명으로 틀린 것은?

① 가스터빈 윤활계통은 주로 건식 섬프형이다.
② 건식 섬프형은 탱크가 엔진 외부에 장착된다.
③ 가스터빈엔진은 왕복엔진에 비해 윤활유 소모량이 많아서 윤활유 탱크의 용량이 크다.
④ 주 윤활부분은 압축기와 터빈축의 베어링부, 액세서리 구동기어의 베어링부이다.

해설

• 가스터빈엔진의 윤활계통
  압축기와 터빈 축을 지지해 주는 베어링과 액세서리를 구동하는 기어 및 축의 베어링을 윤활해주는 부분이며, 윤활작용과 냉각작용을 한다.
• 가스터빈엔진에서 주로 사용하는 윤활계동의 형식
  Dry Sump System와 jet and spray

  ※ Dry Sump System
    성형엔진과 일부 대향형 엔진에 사용하는 계통으로 엔진과 따로 방화벽 뒷면상부 Oil Tank가 있고 엔진을 순환한 Oil이 Sump에 모이면 배유펌프에서 Tank로 귀유시키는 계통이다.

32 수평 대향형 왕복엔진의 특징이 아닌 것은?

① 항공용에는 대부분 공랭식이 사용된다.
② 실린더가 크랭크 케이스 양쪽에 배열되어 있다.
③ 도립식 엔진이라 하며 직렬형 엔진보다 전면 면적이 작다.
④ 실린더가 대칭으로 배열되어 진동이 적게 발생한다.

해설

대향형 엔진(Opposed-Type engine)
중앙에 Crankshaft로서 서로 맞은편에 Cylinder의 Two-Bank로 놓여 있다. 양쪽의 Cylinder 열(bank)의 Piston은 Single crankshaft에 연결되어 있고, 냉각방식은 대부분 공랭식을 사용, 윤활계통은 습윤식을 널리 사용하며, 소형항공기에 주로 사용되고, 65~400[hp] 정도의 출력을 낼 수 있다.
• 장점은 구조가 간단하고 전방 면적이 작아 공기저항을 줄일 수 있다.(도립식은 아님)
• 단점은 실린더 수를 많이 할수록 길이가 길어지고, 큰 출력의 엔진으로는 적합하지 않다.

[정답] 29 ④ 30 ① 31 ③ 32 ③

33 열역학의 법칙 중 에너지 보존법칙은?

① 열역학 제 0법칙   ② 열역학 제 1법칙

③ 열역학 제 2법칙   ④ 열역학 제 3법칙

🔍 해설

- 열역학 제 1법칙
  에너지의 보존 법칙으로 열과 일은 모두 에너지의 한 형태이며, 열을 일로 변환하는 것이 가능하며, 일을 열로 변환하는 것도 가능하다.
- 열역학 제 2법칙
  열과 일 사이의 비가역성에 관한 법칙으로 역학적 일은 열로 모두 전환시키는 것은 가능하지만 주어진 열을 일로 모두 전환시키는 것은 불가능하다는 것이다.
  열역학 제 1법칙이 에너지의 양적 전환에 대한 것이라면, 제 2법칙은 에너지 전환의 방향성에 관한 법칙이라고 할 수 있다.

34 정속프로펠러(Constant speed propeller)는 프로펠러 회전속도를 정속으로 유지하기 위해 프로펠러 피치를 자동으로 조정해 주도록 되어 있는데 이러한 기능은 어떤 장치에 의해 조정되는가?

① 3-Way 밸브

② 조속기(Governor)

③ 프로펠러 실린더(Propeller cylinder)

④ 프로펠러 허브 어셈블리(Propeller hub aseembly)

🔍 해설

정속프로펠러

2단 가변피치에서의 3 way valve 대신에 조속기(Governor)를 사용하여 정해진 출력에서 조종사가 Propeller lever로 정한 회전속도(ON SPEED)를 스스로 깃각을 변경시켜 유지하게 된다.

35 항공기 가스터빈엔진의 역추력장치에 대한 설명으로 틀린 것은?

① 비상착륙 또는 이륙포기 시에 제동능력을, 향상시킨다.

② 항공기 착지 후 지상 아이들 속도에서 역추력 모드를 선택한다.

③ 역추력장치의 구동방법은 안전상 주로 전기가 사용되고 있다.

④ 캐스케이드 리버서(Cascade reverser)와 클램셀 리버서(Clamshell reverser)등이 있다.

🔍 해설

역추력장치(Reverser thrust system)

① 배기가스를 항공기의 앞쪽방향으로 분사시킴으로써 항공기에 제동력을 주는 장치로서 착륙후의 항공기 제동에 사용된다.

② 항공기가 착륙직후 항공기의 속도가 빠를 때에 효과가 크며 항공기의 속도가 너무 느려질 때까지 사용하게 되면 배기가스가 기관 흡입관으로 다시 흡입되어 압축기 실속을 일으키는 수가 있다. 이것을 재흡입 실속이라 한다.

③ 터보팬 기관은 터빈을 통과한 배기가스뿐만 아니라 팬을 통과한 공기도 항공기 반대방향으로 분출시켜야한다.

④ 역추력장치는 항공 역학적 차단방식과 기계적 차단방식이 있다.
  ⓐ 항공역학적 차단방식 : 배기도관내부에 차단판이 설치되어있고 역추력이 필요할 때에는 이 판이 배기 노즐을 막아주는 동시에 옆의 출구를 열어주어 배기가스의 항공기 앞쪽으로 분출되도록 한다.
  ⓑ 기계적 차단방식 : 배기노즐 끝부분에 역추력용 차단기를 설치하여 역추력이 필요할 때 차단기가 장치대를 따라 뒤쪽으로 움직여 배기가스를 앞쪽의 적당한 각도로 분사되도록 한다.

⑤ 역추력장치를 작동시키기 위한 동력은 기관 블리드 공기를 이용하는 공기압식과 유압을 이용하는 유압식이 많이 이용되고 있지만 기관의 회전동력을 직접 이용하는 기계식도 있다.

⑥ 역추력장치에 의하여 얻을 수 있는 역추력은 최대 정상추력의 약 40~50[%] 정도이다.

36 실린더 내의 유입 혼합기 양을 증가시키며 실린더의 냉각을 촉진시키기 위한 밸브작동은?

① 흡입 밸브 래그   ② 배기 밸브 래그

③ 흡입 밸브 리드   ④ 배기 밸브 리드

🔍 해설

모든 고출력 항공기 엔진에서 흡입과 배기밸브는 흡입행정을 시작할 때에 피스톤이 상사점에 위치에서 밸브가 열리기 시작한다. 위에서 언급한 바와 같이 흡입밸브는 배기행정의 상사점 전에서 열리며(valve lead), 배기밸브의 닫힘은 피스톤이 상사점을 통과하여 흡입행정을 시작한 후에도 상당히 지연된다(valve lag). 이와 같은 밸브개폐시기를 밸브오버랩(valve overlap)이라 하며, 흡입되는 차가운 연료·공기의 혼합가스의 순환에 의해서 실린더 내부를 냉각시키고, 실린더 안으로 흡입되는 연료·공기 혼합가스의 양을 증가시키고, 연소로 발생되는 부산물 배출을 쉽게 하기 위한 방안이다.

[정답] 33 ② 34 ② 35 ③ 36 ③

37 건식 윤활유 계통내의 배유펌프 용량이 압력펌프 용량보다 큰 이유는?

① 윤활유를 엔진을 통하여 순환시켜 예열이 신속히 이루어지도록하기 위해서

② 엔진이 마모되고 갭(Gap)이 발생하면 윤활유, 요구량이 커지기 때문

③ 윤활유에 거품이 생기고 열로 인해 팽창되어 배유되는 윤활유의 부피가 증가하기 때문

④ 엔진부품에 윤활이 적절하게 될 수 있도록 윤활유의 최대 압력을 제한하고 조절하기 위해서

해설

가스터빈 윤활계통에 사용되는 펌프는 압력펌프보다 배유펌프가 용량이 더 커야 한다.
열로 인해 팽창되어 배유되는 윤활유의 부피가 증가하기 때문이다.

38 오토사이클 왕복엔진의 압축비가 8일 때, 이론적인 열효율은 얼마인가? (단, 가스의 비열비는 1.4 이다.)

① 0.54
② 0.56
③ 0.58
④ 0.62

해설

$$\eta_{th \cdot o} = 1 - \left(\frac{1}{\varepsilon}\right)^{k-1} = 1 - \left(\frac{1}{8}\right)^{1.4-1} = 0.565$$

참고

- 오토 사이클의 열효율 공식

$$\eta_o = 1 - \left(\frac{v_2}{v_1}\right)^{k-1} = 1 - \left(\frac{1}{\varepsilon}\right)^{k-1}$$

- 브레이튼 사이클의 열효율 공식

$$\eta_B = 1 - \left(\frac{P_1}{P_2}\right)^{\frac{k-1}{k}} = 1 - \left(\frac{1}{\gamma_p}\right)^{\frac{k-1}{k}}$$

39 다음 중 항공기 왕복엔진의 흡입계통에서 유입되는 공기량의 누설이 연료공기비(Fuel airratio)에 가장 큰 영향을 미치는 경우는?

① 저속 상태일 때

② 고출력 상태일 때

③ 이륙출력 상태일 때

④ 연속사용 최대출력 상태일 때

해설

Fuel-air mixture ratio

연료-공기 혼합비는 내연기관에서 공기의 양(무게)과 연료의 양(무게)을 수치로 나타내어 연소에 필요한 혼합 기체로 만들 때 필요한 비율. 가솔린이 실린더 안에서 연소되기 위해서 공기 8, 연료 1의 비율로 혼합되었을 때 농후(Rich)한 혼합기라 하고, 공기 18, 연료 1의 비율로 혼합되었을 때를 희박(Lean)한 혼합기라 한다. 적절한 연료-공기 혼합비는 1:12이다.
공기의 누설에의해 영향을 많이 받는 상태는 저속상태이다.

40 항공기 터보제트엔진을 시동하기 전에 점검 해야 할 사항이 아닌 것은?

① 추력 측정
② 엔진의 흡입구
③ 엔진의 배기구
④ 연결부분 결합상태

해설

터보팬엔진은 오직 하나의 출력조종레버를 갖고 있다. 출력레버 또는 스로틀레버를 조절하는 것은 연료조정장치가 엔진에 공급되는 연료를 계량하여 추력 조건을 조절하는 것이다.
시동하기 전에, 공기흡입구를 육안 점검하고 압축기와 터빈어셈블리의 자유로운 회전 등에 대해 확인하고 항공기 앞쪽과 뒤쪽 주기장 지역에 엔진 작동으로 인한 피해 가능성 여부에 대해서도 각별한 주의를 기울여야 한다.

| 제3과목 | 항공기체 |

41 그림과 같이 집중하중 P가 작용하는 단순 지지보에서 지점 B에서의 반력 R_2는? (단, a > b이다.)

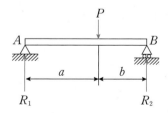

2020년

① P 　　　　　　② $\dfrac{1}{2}P$

③ $\dfrac{a}{a+b}P$ 　　　　④ $\dfrac{b}{a+b}P$

🔍 **해설** ------

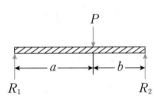

$$R_1 = \dfrac{b}{a+b} \times P$$

$$R_2 = \dfrac{a}{a+b} \times P$$

42 판금성형작업 시 릴리프 홀(Relief hole)의 지름 치수는 몇 인치 이상의 범위에서 굽힘반지름의 치수로 하는가?

① $\dfrac{1}{32}$ 　　　　　② $\dfrac{1}{16}$

③ $\dfrac{1}{8}$ 　　　　　④ $\dfrac{1}{4}$

🔍 **해설** ------

릴리프 홀(Relief hole)

판금조각을 접을 때 접히는 부분이 만나는 부분에 드릴로 구멍을 내어 응력집중을 분산시켜 균열을 방지시키는 역할을 한다. 경감구멍의 직경은 굽힘 반경의 2배로 한다.

43 그림과 같은 구조물에서 A단에서 작용하는 힘 200[N]이 300[N]으로 증가하면 케이블 AB에 발생하는 장력은 약 몇 [N]이 증가하는가?

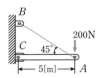

① 141 　　　　　② 212

③ 242 　　　　　④ 282

🔍 **해설** ------

라미의 정의

$$\left|\dfrac{P}{\sin 45°}\right| = \left|\dfrac{F_{AB}}{\sin 270°}\right| = \left|\dfrac{F_{AC}}{\sin 45°}\right|$$

$F_{AB} = \sqrt{2}\,P$

P가 100 증가하면 F_{AB}는 $100\sqrt{2} = 141.4$ 증가

44 리벳작업 시 리벳 성형머리(B0ucktail)의 일반적인 높이를 리벳 지름(D)으로 옳게 나타낸 것은?

① $0.5D$ 　　　　　② $1D$

③ $1.5D$ 　　　　　④ $2D$

🔍 **해설** ------

① 성형머리의 높이 : $0.5D$
② 성형머리의 지름 : $1.5D$

45 가로 5[cm], 세로 6[cm]인 직사각형단면의 중심이 그림과 같은 위치에 있을 때 x, y에 관한 단면의 상승모멘트 $I_{xy} = \displaystyle\int_A xy\,dA$는 몇 인가?

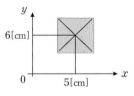

① 750 　　　　　② 800

③ 850 　　　　　④ 900

🔍 **해설** ------

dA(직사각형 면적) $= 5 \times 6 = 30[\text{cm}^2]$

$$I_{xy} = \int_A xy\,dA = 5[\text{cm}] \times 6[\text{cm}] \times 30[\text{cm}^2] = 900$$

[정답] 42 ③　43 ①　44 ①　45 ④

46 항공기 조종계통은 대기온도 변화에 따라 케이블의 장력이 변하는데 이것을 방지하기 위하여 온도 변화에 관계 없이 자동적으로 항상 일정한 케이블의 장력을 유지하는 역할을 하는 장치는?

① 턴버클(Turn buckle)
② 푸시 풀 로드(Push pull rod)
③ 케이블 장력 측정기(Cable tension meter)
④ 케이블 장력 조절기(Cable tension regulator)

해설

케이블 장력 조절기(Cable Tension adjusters)
장력 조절기는 일부 대형 운송용 항공기 조종계통에 사용되며, 온도 변화에 의하여 항공기 구조의 변화에 따른 케이블의 장력을 일정하게 유지시켜주는 장치로 일명 Cable tension regulator라고도 한다. 즉, 항공기가 뜨거운 날씨에 지상에 있으면 열팽창 계수가 큰 알루미늄 합금의 동체구조가 늘어나게 되고, 또한 고공을 비행하면 지상에서 늘어났던 동체가 줄어드는 경향이 있다.
이러한 온도 변화에 따른 동체구조의 변화에 따라 케이블의 장력을 일정하게 조절해주는 장치로 구성은 2개의 쿼드런트 섹터(Quadrant sector)를 하나의 베어링 축에 장착하고, 그 사이에 가이드 바(Guide Bar)와 압축 스프링(Compression spring)으로 연결시켜 놓았다. 온도 변화에 따라 케이블의 장력이 느슨해지면 압축 스프링에 의하여 크로스 헤드(Cross head)가 가이드 바(Guide bar)를 따라 움직여서 쿼드런트와 크로스헤드와 연결된 링크에 의하여 케이블을 당겨 케이블의 장력을 팽팽하게 해주고, 장력이 너무 높아지면 압축스프링을 압축시켜 쿼드런트가 반대로 작동하여 장력을 일정하게 유지시킨다.
조종간을 작동하여 케이블이 작동하면 크로스헤드와 섹터사이에 연결된 슬랙 실린더(Slack cylinder)가 제동기 역할을 하여 섹터의 변형을 주지 않고 그 상태로 회전시켜 일정한 작동신호를 전달한다.

47 그림과 같은 응력변형률 선도에서 접선계수(tangent modulus)는? (단, $\overline{S_1T}$는 점 S_1에서의 접선이다.)

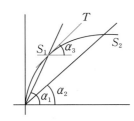

① $\tan\alpha_1$
② $\tan\alpha_2$
③ $\tan\alpha_3$
④ $\tan\left(\dfrac{\alpha_1}{\alpha_2}\right)$

해설

접선계수(tangent)
특정 응력의 응력-변형율 선도 기울기 $\tan\alpha_3$이다.

48 민간 항공기에서 주로 사용하는 인테그랄 연료탱크(Integral fuel tank)의 가장 큰 장점은?

① 연료의 누설이 없다.
② 화재의 위험이 없다.
③ 연료의 공급이 쉽다.
④ 무게를 감소시킬 수 있다.

해설

내부구조식 연료탱크(Integral fuel tank)
항공기의 기골 구조를 기밀시켜 그대로 연료탱크의 표면으로 사용하는 연료탱크로서 무게를 감소할 수 있는 장점이 있다.

49 비소모성 텅스텐 전극과 모재 사이에서 발생하는 아크열을 이용하여 비피복 용접봉을 용해시켜 용접하며 용접 부위를 보호하기 위해 불활성가스를 사용하는 용접 방법은?

① TIG용접
② 가스용접
③ MIG용접
④ 플라즈마용접

해설

불활성가스로 사용하는 용접기는 TIG용접기, 미그용접기 등을 주로 사용한다.

• TIG용접(Tungsten Inert Gas welding)
텅스텐 불활성 아크 용접이라고도 한다. 이너트가스(헬륨이나 아르곤 가스 등의 불활성 가스)로 아크를 덮듯이 하여 산화·질화를 방지하는 용접방법으로, 일반적으로 비철금속의 용접에 사용된다. 용착부는 아름다운 금속면을 얻을 수 있다. 텅스텐을 전극으로 하여 용가봉(溶加棒)을 옆쪽에서 공급하여 용착시켜 전극은 소모되지 않는다. 직류의 정극성에서는 동합금 등의 용접, 역극성에서는 경합금 등의 용접에 사용된다. 일반적으로 3mm 정도 이하의 박판의 용접에 사용된다.

[정답] 46 ④ 47 ③ 48 ④ 49 ①

50 케이블 단자 연결방법 중 케이블 원래의 강도를 90[%] 보장하는 것은?

① 스웨이징 단자방법(Swaging terminal method)

② 니코프레스 처리방법(Nicopress process)

③ 5단 엮기 이음방법(5 tuck woven splice method)

④ 랩 솔더 이음방법(Wrap solder cable splice method)

🔍 **해설** -

랩솔더 이음방법
전기 전선의 연결부분에 사용하는 접속기구, 접속기구를 연결하는 방법은 전선의 끝 부분의 와이어를 꼬아서 끼우고 눌러서 접속하는 것과 전선을 끼우고 납땜을 하는 방법이 있다. 그러나 납땜을 하였을 경우가 전기적 저항이 감소하나 연결강도는 원래의 강도에 가깝다.

51 딤플링(Dimpling)작업 시 주의사항이 아닌 것은?

① 반대방향으로 다시 딤플링을 하지 않는다.

② 판을 2개 이상 겹쳐서 딤플링 하지 않는다.

③ 스커드 판 위에서 미끄러지지 않게 스커드를 확실히 잡고 수평으로 유지한다.

④ 7000시리즈의 알루미늄합금은 홀 딤플링을 적용하지 않으면 균열을 일으킨다.

🔍 **해설** -

딤플링(Dimpling)작업
얇은 판재에 카운터 싱크 리벳이나 스크루를 장착하기 위해 머리모양의 홈을 가공하는 것을 말하며, 판재의 두께가 리벳머리의 두께보다 얇은 경우와 접시머리 리벳작업에서 Countersinking을 해야 하나 판재가 얇아 불가능할 때, 판재의 두께가 0.04[in] 이하일 때, Dimpling Tool을 이용하여 판재를 눌러서 오목한 홈을 만들며, 장착시 리벳머리가 판재 위를 나와서는 안 된다. 또한 알루미늄 합금은 균열을 일으킬 수가 있어 홀 딤플링을 하지 않는다.

52 항공기 동체에서 모노코크구조와 비교하여 세미모노코크구조의 차이점에 대한 설명으로 옳은 것은?

① 리브를 추가하였다.

② 벌크헤드를 제거하였다.

③ 외피를 금속으로 보강하였다.

④ 프레임과 세로대, 스트링어를 보강하였다.

🔍 **해설** -

Semimonocoque 구조
세미모노코크 구조는 모노코크 구조에 프레임(Frame)과 세로대(Longeron), 스트링어(Stringer) 등을 보강하고, 그 위에 외피를 얇게 입힌 구조이다. 이 구조에서 외피는 하중의 일부만 담당하고, 나머지 하중은 골조 구조가 담당하므로, 외피를 얇게 할 수 있어 기체의 무게를 줄일 수 있다.

53 항공기용 볼트의 부품 번호가 "AN 6 DD H7A"에서 숫자 '6'이 의미하는 것은?

① 볼트의 길이가 $\frac{6}{16}$[in]이다.

② 볼트의 직경이 $\frac{6}{16}$[in]이다.

③ 볼트의 길이가 $\frac{6}{8}$[in]이다.

④ 볼트의 직경이 $\frac{6}{32}$[in]이다.

🔍 **해설** -

볼트의 부품번호
- AN 6 DD H7A
- AN : 규격(AN 표준기호)
- 6 : 볼트 지름이 6/16″
- DD : 볼트 재질로 2024 알루미늄 합금을 나타낸다.(C : 내식강)
- H : 머리에 구멍 유무(H : 구멍 유, 무표시 : 구멍 무)
- 7 : 볼트 길이가 7/8″
- A : 나사 끝에 구멍 유무(A : 구멍 무, 무표시 : 구멍유)

54 그림과 같은 항공기에서 무게중심의 위치는 기준선으로부터 약 몇 [m]인가? (단, 뒷바퀴는 총 2개이며, 개당 1,000[kgf]이다.)

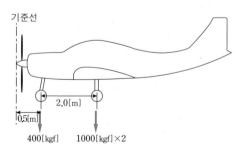

① 0.72   ② 1.50

③ 2.17   ④ 3.52

🔍 해설

Moment＝무게×ARM

$CG = \dfrac{총모멘트}{총무게}$

	무게	ARM[m]	모멘트
Nose	400	0.5	200
Left Main	1,000	2.5	2,500
Right Main	1,000	2.5	2,500

$CG = \dfrac{5,200}{2,400} = 2.166 \fallingdotseq 2.17$

55 금속표면에 접하는 물, 산, 알칼리 등의 매개체에 의해 금속이 화학적으로 침해되는 현상은?

① 침식   ② 부식

③ 찰식   ④ 마모

🔍 해설

부식의 종류

- 표면 부식(Surface corrosion)
  화학침식 또는 전기화학 침식에 의해서 형성되며 가루모양의 부식 생성물로 확인 가능하고, 표면의 거칠어짐(Roughening), 굵힘, 패임 등의 형태로 발생함
- 이질 금속간 부식(Bimetal type corrosion or Galvanic corrosion)
  이질 금속이 서로 접촉된 상태에서 습기 또는 타 물질에 의해 어느 한쪽 재료가 먼저 부식되는 현상으로 접촉면에 부식 퇴적물을 만드는 부식
- 공식 부식(Pitting corrosion)
  금속 표면 일부분의 부식 속도가 빨라서 국부적으로 깊은 홈을 발생시키는 부식 – 주로 알루미늄 합금과 스테인리스강과 같이 산화 피막이 형성되는 금속 재료에 많이 발생 – 백색이나 회색 부식 생성물과 그 하단에 홈 발생
- 입자 부식(Inter-granular corrosion)
  금속 재료의 결정 입자에서 합금 성분의 불균일한 분포로 인하여 발생하는 부식으로 부식 부위가 부풀어 오르거나 나뭇결, 섬유 조직 형태로 나타나는 부식으로 효과적인 검사법 초음파 검사, 와전류 탐상 법이 있음
- 응력 부식(Stress corrosion)
  강한 인장 응력과 적당한 부식 환경 조건이 재료 내부에 복합적으로 작용하여 발생하는 부식으로 표면에 균열 형태로 나타남

- 프레팅 부식(Fretting corrosion)
  마찰부식은 두 금속 간의 접합면에서 미세한 부딪힘이 지속 되는 상대운동에 의하여 발생하며 부식성의 침식에 의해 손상되는 형태

56 페일세이프구조(Fail safe structure)방식으로만 나열한 것은?

① 리던던트구조, 더블구조, 백업구조, 로드드롭핑 구조

② 모노코크구조, 더블구조, 백업구조, 로드드롭핑구조

③ 리던던트구조, 모노코크구조, 백업구조, 로드드롭핑 구조

④ 리던던트구조, 더블구조, 백업구조, 모노코크구조

🔍 해설

페일세이프구조(Fail safe structure)

페일세이프는 쉽게 말하면 완전파괴를 방지하는 구조를 말한다.
그 구조에는 4가지가 있으며, 다경로구조, 2중구조, 대치구조, 하중경감구조가 있다.

① 다경로 하중구조(Redundant Structure) : 페일세이프의 대표적 구조
② 2중구조(Double Structure) : 2중구조는 하나의 부재를 둘로 나누어 연결하는 구조
③ 대치구조(Back-up Structure) : 주 부재외에 예비 부재를두어 주 부재가 파괴 시 예비 부재가 하중을 담당하는 구조
④ 하중경감구조(Load Dropping Structure) : 여러 부재중 한 부재가 파괴되면 다른 부재가 상대적으로 강성이 커지므로 하중을 분산시키는 구조(항공기의 중량이 늘어나는 단점이 있다.)

57 알크래드(Alclad)에 대한 설명으로 옳은 것은?

① 알루미늄 판의 표면을 변형경화 처리한 것이다.

② 알루미늄 판의 표면에 순수 알루미늄을 입힌 것이다.

③ 알루미늄 판의 표면을 아연 크로메이트 처리한 것이다.

④ 알루미늄 판의 표면을 풀림 처리한 것이다.

🔍 해설

알루미늄 합금(Alclad)

미국에 있는 알루미늄 제작회사의 상품명으로 알루미늄 합금판에 순수 알루미늄을 판 두께의 약5%을 도금한 형태의 알루미늄 합금으로 부식에 강하다.

[**정답**] 55 ②   56 ①   57 ②

Aircraft Maintenance

58 브레이크 페달(Brake pedal)에 스폰지(Sponge) 현상이 나타났을 때 조치 방법은?

① 공기를 보충한다.

② 계통을 블리딩(Bleeding)한다.

③ 페달(Pedal)을 반복해서 밟는다.

④ 작동유(MIL-H-5606)를 보충한다.

해설

① 원인 : 브레이크장치의 유압계통에 공기가 차 있을 때 발생한다.

② 조치 : 유압계통에서 공기를 배출시키는 Air Bleeding 작업을 실시한다.

59 고정익 항공기가 비행 중 날개 뿌리에서 가장 크게 발생하는 응력은?

① 굽힘응력

② 전단응력

③ 인장응력

④ 비틀림응력

해설

전단응력

외력이 서로 반대 방향으로 작용할 때 발생하는 응력으로, 항공기에 작용하는 외력(공기력, 무게, 반력 등)에 의해 항공기 각 요소에서 발생하며, 외력이 작용하는 중심에서 가장 크다.

60 상품명이 케블라(Kevlar)라고 하며 가볍고 인장강도가 크며 유연성이 큰 섬유는?

① 아라미드섬유

② 보론섬유

③ 알루미나섬유

④ 유리섬유

해설

아라미드섬유

폴리아미드(Polyamide) 계열 단백질 실, 나일론(Nylon) 같은 합성 섬유를 만들 때 썼는데 유연성이 좋고 열에 강하고 잘 타지 않는 성질을 높인 끝에 이른바 '슈퍼 섬유'로 거듭났다. 보통 나일론과 달리 섭씨 400[℃] 이상에도 원래 상태를 유지하는 '아라미드 섬유'가 나왔다.

61 최대값이 141.4[V]인 정현파 교류의 실효값은 약 몇 [V]인가?

① 90

② 100

③ 200

④ 300

해설

① 순시값 : 교류의 시간에 따라 순간마다 파의 크기가 변하고 있으므로 전류파형 또는 전압파형에서 어떤 임의의 순간에서 전류 또는 전압의 크기

② 최댓값 : 교류파형의 순시값 중에서 가장 큰 순시값

③ 평균값 : 교류의 방향이 바뀌지 않은 반주기 동안의 파형을 평균한 값으로 평균값은 최댓값의 $2/p$배, 즉 0.637배이다.

④ 실효값 : 전기가 하는 일량은 열량으로 환산 할 수 있어 일정한 시간동안 교류가 발생하는 열량과 직류가 발생하는 열량을 비교한 교류의 크기로 실효값은 최댓값의 $1/\sqrt{2}$ 배, 즉 0.707배이다.

$E = \dfrac{E_m}{\sqrt{2}}$ 에서 최대전압 $E_m = E \times \sqrt{2}$

$141.4 = \dfrac{E_m}{\sqrt{2}}$

$E_m = 141.4 \times 0.707 = 99.96$

62 다음 중 항공기의 엔진 계기만으로 짝지어진 것은?

① 회전속도계, 절대고도계, 승강계

② 기상레이더, 승강계, 대기온도계

③ 회전속도계, 연료유량계, 자기나침반

④ 연료유량계, 연료압력계, 윤활유압력계

해설

엔진 계기

① 회전계(RPM gauge, engine speed indicator)

② 오일 압력계(Oil pressure gauge)

③ 연료 압력계(Fuel pressure gauge)

④ 오일 온도계(Oil temperature indicator)

⑤ 기관 압력비 지시기(Engine pressure ratio indicator) : 제트기관에 사용

⑥ 연료 온도계(Fuel temperature indicator) : 제트기관에 사용

⑦ 배기 가스 온도계(Exhaust gas temperature indicator) : 제트기관에 사용

⑧ 압축기 입구 온도계(Compressor inlet temperature indicator) : 제트기관에 사용

[정답] 58 ②   59 ②   60 ①   61 ②   62 ④

63 착륙장치의 경보회로에서 그림과 같이 바퀴가 완전히 올라가지도 내려가지도 않은 상태에서 스크롤 레버를 감소로 작동시키면 일어나는 현상은?

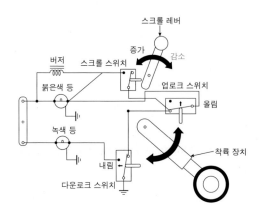

① 버저만 작동된다.
② 녹색등만 작동된다.
③ 버저와 붉은색등이 작동된다.
④ 녹색등과 붉은색등 모두 작동된다.

해설

그림에서 스크롱 레버를 감소시키면 스크롤 스위치가 연결되어 버저 울림과 붉은색 등이 켜진다.

64 항공기의 위치와 방빙(Anti-icing) 또는 제빙(De-icing) 방식의 연결이 틀린 것은?

① 조종날개 – 열공압식, 열전기식
② 프로펠러 – 열전기식, 화학식
③ 기화기(Carburetor) – 열전기식, 화학식
④ 윈드쉴드(Windshield), 윈도우(Window) – 열전기식, 열공압식

해설

기화기 공기 히터(Carburetor heat control)
① 기화기의 결빙 방지를 위해 흡입 공기를 가열
② 제어 밸브 : 알터네이트 에어 밸브(Alternate air valve)
③ 배기관에 있는 히터 머프(Heater muff)가 배기가스의 열을 이용하여 공기 가열기화기 종류에는 플로트식 기화기와 압력 분사식 기화기가 있다.

65 다음 중 화재탐지장치에서 감지센서로 사용되지 않는 것은?

① 바이 메탈(Bimetal)
② 아네로이드(Aneroid)
③ 공용염(Eutectic salt)
④ 열전대(Thermocouple)

해설

아네로이드(Aneroid)
액체를 사용하지 않는 청우계로 민감한 장치로 대기의 압력을 측정하기위한 기압계 또는 고도계에 사용한다.

66 SELCAL시스템의 구성 장치가 아닌 것은?

① 해독장치
② 음성 제어 패널
③ 안테나 커플러
④ 통신 송 · 수신기

해설

SELCAL System(Selective Calling System)
① 지상에서 항공기를 호출하기 위한 장치이다.
② HF, VHF 통신장치를 이용한다.
③ 한 목적의 항공기에 코드를 송신하면 그것을 수신한 항공기 중에서 지정된 코드와 일치하는 항공기에만 조종실 내에 램프를 점등시킴과 동시에 차임을 작동시켜 조종사에게 지상국에서 호출하고 있다는 것을 알린다.
④ 현재 항공기에는 지상을 호출하는 장비는 별도로 장착되어 있지 않다.

67 3상 교류발전기와 관련된 장치에 대한 설명으로 틀린 것은?

① 교류발전기에서 역전류 차단기를 통해 전류가 역류하는 것을 방지한다.
② 엔진의 회전수에 관계없이 일정한 출력 주파수를 얻기 위해 정속구동장치가 이용된다.
③ 교류발전기에서 별도의 직류발전기를 설치하지 않고 변압기 정류기 장치(TR unit)에 의해 직류를 공급한다.
④ 3상 교류발전기는 자계권선에 공급되는 직류전류를 조절함으로서 전압조절이 이루어진다.

[정답] 63 ③ 64 ③ 65 ② 66 ③ 67 ①

발전기의 출력전류를 제한하는 전류조절기는 발전기로부터 배터리의 전원을 끊는 역전류개폐기이다. 만약 배터리의 전원을 끊지 않았다면, 발전기 전압이 배터리 전압 이하가 될 때, 발전기 전기자를 통해서 방전하고, 그래서 발전기를 전동기로서 가동시킨다. 이 작용은 발전기에 "전동기화(motoring)"라고 하며, 그리고 만약 그것이 방지되지 않는 한, 그것은 단시일 내에 배터리를 방전시킨다.

68 착륙장치시스템과 관련하여 활주로까지 가시거리(RVR)가 최소 30[m](150[ft]) 이상만 되면 착륙할 수 있는 국제민간항공기구의 활주로 시정등급은?

① CAT I
② CAT Ⅱ
③ CAT ⅢA
④ CAT ⅢB

항공기 정밀접근 범주별 착륙기상 최저치

종류	결심고도	시정(Visibility) 또는 RVR
Cat-Ⅰ	60[m] 이상	시정 800[m] 또는 RVR 550[m] 이상
Cat-Ⅱ	30[m]~60[m]	RVR 300[m]~550[m]
Cat-Ⅲa	15[m]~30[m]	RVR 175[m]~300[m]
Cat-Ⅲb	15[m]미만 또는 미적용	RVR 50[m]~175[m] (* 인천공항은 RVR 75[m]까지 승인)
Cat-Ⅲc	제한 없음	제한 없음

69 시동 토크가 커서 항공기엔진의 시동장치에 가장 많이 사용되는 전동기는?

① 분권 전동기
② 직권 전동기
③ 복권 전동기
④ 분할 전동기

직권 전동기
직류전동기로서 다른 전동기와 비교하여 기동 토크가 크고, 또 가벼운 부하에서는 고속으로 회전한다. 이와 같은 특성은 각종 항공기 구동용으로서 적합하고 때문에 주 전동기에 많이 사용되고 있다.

70 항공기를 운항하기 위해 필요한 음성통신은 주로 어떤 장치를 이용하는가?

① GPS 통신장치
② ADF 수신기
③ VOR 통신장치
④ VHF 통신장치

• 항법장치 : GPS, ADF, VOR 등
• 통신장치 : HF, VHF 등

71 다음 중 자이로(Gyro)의 강직성 또는 보전성에 대한 설명으로 옳은 것은?

① 외력을 가하지 않는 한 일정한 자세를 유지하려는 성질이다.
② 외력을 가하면 그 힘의 방향으로 자세가 변하려는 성질이다.
③ 외력을 가하면 그 힘과 직각방향으로 자세가 변하려는 성질이다.
④ 외력을 가하면 그 힘과 반대방향으로 자세가 변하려는 성질이다.

• 강직성 : 외부에서의 힘이 가해지지 않는 한 항상 같은 자세를 유지하려는 성질
• 섭동성 : 외부에서 가해진 힘의 방향과 90° 어긋난 방향으로 자세가 변하는 성질

72 전파고도계(Radio altimeter)에 대한 설명으로 틀린 것은?

① 전파고도계는 지형과 항공기의 수직거리를 나타낸다.
② 항공기 착륙에 이용하는 전파고도계의 측정범위는 0~2,500[ft]정도이다.
③ 절대고도계라고하며 높은 고도용의 FM형과 낮은 고도용의 펄스형이 있다.
④ 항공기에서 지표를 향해 전파를 발사하여 그 반사파가 되돌아올 때까지의 시간을 투정하여 고도를 표시한다.

[정답] 68 ④ 69 ② 70 ④ 71 ① 72 ③

해설

전파고도계(Radio Altimeter)

① 항공기에 사용하는 고도계에는 기압고도계와 전파고도계가 있는데 전파고도계는 항공기에서 전파를 대지를 향해 발사하고 이 전파가 대지에 반사되어 돌아오는 신호를 처리함으로써 항공기와 대지 사이의 절대고도를 측정하는 장치이다.

② 고도가 낮으면 펄스가 겹쳐서 정확한 측정이 곤란하기 때문에 비교적 높은 고도에서는 펄스고도계가 사용되고 낮은 고도에서는 FM형 고도계가 사용된다.

③ 저고도용에는 FM형 절대고도계가 사용되며 측정범위는 0~2,500[feet]이다.

---

73 매니폴드(Manifold) 압력계에 대한 설명으로 옳은 것은?

① EPR 계기라 한다.

② 절대압력으로 측정한다.

③ 상대압력으로 측정한다.

④ 제트엔진에 주로 사용한다.

해설

일반적으로 아이들 혼합비는 적정 매니폴드압력(혼합가스의 압력)에서 아이들 RPM이 한계치(Limit)에 들어오는가를 측정하여 RPM의 높고 낮음으로 연료량을 증감하여 조절 한다.

Manifold Pressure는 Pressure의 부족 혹은 엔진의 Manifold intake가 빨아들이는 힘을 측정한다.

이게 진짜 Manifold Pressure Gauge가 보여주는 것 Manifold Pressure Gauge는 비행기 계기중 굉장히 중요한 계기이고 단위는 [inHg]로 Pressure가 낮을수록 Manifold Gauge가 가리키는 숫자는 커진다.

• 시동 걸고 난 후 (Throttle IDLE)엔 내외부 압력이 달라진다.
• 연소를 위해 Intake Valve가 열릴때 공기가 빨려 들어간다.

이런 공기의 흐름은 낮은 Manifold Intake관(管)에 Pressure 혹은 Partial vacuum을 형성하고 이때 Manifold Pressure Gauge를 보면 수치가 올라간다.(*Pressure가 낮을수록 Manifold Gauge가 가리키는 숫자는 커짐) 이때 Manifold Pressure Gauge를 통해 엔진이 어느 정도 힘을 내는지 알 수 있다.(당연히 RPM과 같이봐야 한다. 만약 다르다면 Abnormal 현상으로 Emergency Checklist를 확인해야한다.)

---

74 화재탐지기가 갖추어야 할 사항으로 틀린 것은?

① 화재가 계속되는 동안에 계속 지시해야 한다.

② 조종실에서 화재탐지장치의 기능 시험이 가능해야 한다.

③ 과도한 진동과 온도변화에 견디어야 한다.

④ 화재탐지는 모든 구역이 하나의 계통으로 되어야 한다.

해설

화재탐지장치

화재의 가능성이 가장 많은 곳에 화재탐지장치를 설치하고, 화재가 발생하게 되면 화재경고장치에 신호를 보낸다. 화재 탐지 수감부에는 열전쌍, 열 스위치, 광전지를 이용한다.
그 밖에 연기경고장치가 있다.

---

75 압력제어밸브 중 릴리프밸브의 역할로 옳은 것은?

① 불규칙한 배출 압력을 규정 범위로 조절한다.

② 계통의 압력보다 낮은 압력이 필요할 때 사용된다.

③ 항공기 비행자세에 의한 흔들림과 온도 상승으로 인하여 발생된 공기를 제거한다.

④ 계통 안의 압력을 규정값 이하로 제한하고, 과도한 압력으로 인하여 계통안의 관이나 부품이 파손되는 것을 방지한다.

해설

릴리프밸브

과도한 압력으로 인하여 계통내 압력을 규정값 이하로 제한하고 관이나 부품이 파손될 수 있는 것을 방지한다.

---

76 유압계통에서 사용되는 체크밸브의 역할은?

① 역류방지   ② 기포방지

③ 압력조절   ④ 유압차단

해설

체크밸브

작동유의 흐름을 한쪽 방향으로만 흐르게 하고, 다른 방향으로는 흐르지 못하게 하는 밸브이다.

[정답] 73 ②   74 ④   75 ④   76 ①

77 지자기 자력선의 방향과 지구 수평선이 이루는 각을 말하며 적도부근에서는 거의 0°이고 양극으로 갈수록 90°에 가까워지는 것을 무엇이라 하는가?

① 복각 ② 수평분력
③ 편각 ④ 수직분력

🔍 **해설**

지자기의 3요소
- 편차(편각) : 지축과 지자기축이 일치하지 않아 생기는 지구자오선과 자기자오선 사이의 오차 각
- 복각 : 지자기의 자력선이 지구 표면에 대하여 적도 부근과 양극에서의 기울어지는 각
- 수평분력 : 지자기의 수평방향의 분력

78 다음 중 항공기에서 이론상 가장 먼저 측정하게 되는 것은?

① CAS ② IAS
③ EAS ④ TAS

🔍 **해설**

대기속도
① 지시 대기속도(IAS : Indicated Air Speed) : 속도계의 공함에 동압이 가해지면 동압은 유속의 제곱에 비례하므로, 압력 눈금 대신에 환산된 속도 눈금으로 표시한 속도
② 수정 대기속도(CAS : Calibrated Air Speed) : 지시 대기속도에 피토정압관의 장착 위치와 계기 자체에 의한 오차를 수정한 속도
③ 등가 대기속도(EAS : Equivalent Air Speed) : 수정 대기속도에 공기의 압축성을 고려한 속도
④ 진대기속도(TAS : True Air Speed) : 등가 대기속도에 고도변화에 따른 밀도를 수정한 속도

79 FAA에서 정한 여압장치를 갖춘 항공기의 제작 순항고도에서의 객실고도는 약 몇 [ft]인가?

① 0 ② 3,000
③ 8,000 ④ 20,000

🔍 **해설**

객실고도
비행고도 0~8,000[ft] 범위 내에서는 여압을 하지 않아도 되는 비여압 범위이며, 8,000~35,000[ft] 사이는 객실고도를 8,000[ft]로 일정하게 계속 유지가 가능한 등기압 범위이다.

80 다음 중 니켈-카드뮴 축전지에 대한 설명으로 틀린 것은?

① 전해액은 질산계의 산성액이다.
② 한 개 셀(Cell)의 기전력은 무부하 상태에서 약 1.2~1.25[V] 정도이다.
③ 진동이 심한 장소에 사용 가능하고, 부식성 가스를 거의 방출하지 않는다.
④ 고부하 특성이 좋고 큰 전류 방전 시 안정된 전압을 유지한다.

🔍 **해설**

니켈 카드뮴 축전지의 특성
- 니켈 카드뮴 축전지는 내부 저항, 자기 방전, 저온도 특성, 사용수명 등이 아주 우수하다.
- 고가이기 때문에 무정전 전원 장치에 적용하면 장비의 가격보다 축전지의 가격이 더 비쌀 수도 있지만 유지 보수만 잘 하면 20년 이상 사용할 수 있다.
- 공장 자동화의 예비 전원, 무정전 전원 장치, 비상 발전 시동용, 공장 등의 비상용 전원, 기타 중요한 예비 전원 등과 같이 산업용 축전지로 널리 이용되고 있다
- 전해액은 KOH(강염기)이며 셀당 전압은 약 1.2~1.25[V] 정도이다.

[정답] 77 ① 78 ② 79 ③ 80 ①

제1과목 ▷ 항공역학

01 이륙시 활주거리를 감소시킬 수 있는 방법으로 옳은 것은?

① 플랩을 활용하여 최대양력계수를 증가시킨다.
② 양항비를 높여 항력을 증가시킨다.
③ 최소 추력을 내어 가속력을 줄인다.
④ 양항비를 높여 실속속도를 증가시킨다.

🔍 **해설**

이륙활주거리를 짧게 하기 위한 방법
① 최대 파워 (이륙 마력)
  항공기가 활주로에서 가속되면서 양력을 얻어 지상이륙 거리를 짧게 한다.
② 정풍 (맞바람)
  정풍은 속도 증가에 도움이 되어 지상이륙 거리와 지상이륙시간을 감소시킨다.
③ 고양력 장치 사용 (작게)
  항공기가 이륙하기 전 플랩을 조금 접는다.(플랩을 내린다)

02 항공기 날개의 압력중심(Center of Pressure)에 대한 설명으로 옳은 것은?

① 날개 주변 유체의 박리점과 일치한다.
② 받음각이 변하더라도 피칭모멘트의 값이 변하지 않는 점이다.
③ 날개에 있어서 양력과 항력의 합성력이 실제로 작용하는 작용점이다.
④ 양력이 급격히 떨어지는 지점의 받음각을 말한다.

🔍 **해설**

압력중심(Center of Pressure)
항공기 날개의 전련으로부터 후련까지 연결한 선의 한 부분의 점에 날개 위에 작용하는 공기역학적 힘의 중심이 되게 모아진 곳

03 키놀이 모멘트(Pitching Moment)에 대한 설명으로 옳은 것은?

① 프로펠러 깃의 각도 변경에 관련된 모멘트이다.
② 비행기의 수직축(상하축 : Vertical Axis)에 관한 모멘트이다.
③ 비행기의 세로축(전후축 : Longitudinal Axis)에 관한 모멘트이다.
④ 비행기의 가로축(가로축 : Lateral Axis)에 관한 모멘트이다.

🔍 **해설**

① X축(세로축) : 조종간 좌, 우 – Aileron – Rolling Moment
② Y축(가로축) : 조종간 전, 후 – Elevator – Pitching Moment
③ Z축(수직축) : 페달 전, 후 – Rudder – Yawing Moment

04 헬리콥터 회전날개의 코닝각에 대한 설명으로 틀린 것은?

① 양력이 증가하면 코닝각이 증가한다.
② 무게가 증가하면 코닝각은 증가한다.
③ 회전날개의 회전속도가 증가하면 코닝각은 증가한다.
④ 헬리콥터의 전진속도가 증가하면 코닝각은 증가한다.

🔍 **해설**

코닝각(Cone angle)
• 헬리콥터가 전진 비행 시 회전날개의 로터 블레이드 양력이 로터 허브에서 만드는 모멘트와 원심력이 로터허브에서 만드는 모멘트와 편형이 될 때까지 위로 처들게 하여 회전면을 밑면으로 하는 원추(Cone) 모양을 만들게 되며, 이때 회전면과 원추 모서리가 이루는 각이다.
• 헬리콥터가 제자리에서 정지비행을 할 때 이를 호버링(Hovering)이라 한다.
• 헬리콥터가 무풍상태에서 호버링 시 로터(Rotor)의 회전면(Rotor disc) 혹은 깃끝 경로면(Tip path plane)은 수평지면과 평행이다.

[정답] 01 ① 02 ③ 03 ④ 04 ④

05 수평비행의 실속속도가 71[km/h]인 항공기가 선회경사각 60°로 정상선회비행 할 경우 실속속도는 약 몇 [km]인가?

① 80　　　　　② 90

③ 100　　　　　④ 110

해설

선회시 실속속도 $V_{ts}=\dfrac{V_s}{\sqrt{\cos\theta}}=\dfrac{71}{\sqrt{\cos60}}≒100.41$

(V_{ts} : 선회 중의 실속속도, V_s : 수평비행 중의 실속속도)

06 엔진고장 등으로 프로펠러의 페더링을 하기 위한 프로펠러의 깃각 상태는?

① 0°가 되게 한다.
② 45°가 되게 한다.
③ 90°가 되게 한다.
④ 프로펠러에 따라 지정된 고유값을 유지한다.

해설

프로펠러 페더링(Feathering)
추진력을 얻기 위해 회전방향에 대해서 약간 기울게 한 것을 말한다. 주회전익의 회전면과 추력의 방향이 수직이 되도록 만들면 플래핑과 마찬가지로 안정된 양력을 얻을 수 있다. 이때 로터의 깃이 구동축의 방향과 수직이 되도록 깃 전체를 수평으로 조절하는 주회전익의 운동을 페더링(Feathering)이라 한다.

07 지름이 20[cm]와 30[cm]로 연결된 관에서 지름 20[cm] 관에서의 속도가 2.4[m/s]일 때 30[cm] 관에서의 속도는 약 몇 [m/s]인가?

① 0.19　　　　　② 1.07
③ 1.74　　　　　④ 1.98

해설

지름 20[cm] 관의 넓이 : $20^2[\text{cm}^2]\rightarrow400\pi[\text{cm}^2]$
지름 30[cm] 관의 넓이 : $30^2[\text{cm}^2]\rightarrow900\pi[\text{cm}^2]$
$x=2.4\times\dfrac{400}{900}=1.07$

08 양항비가 10인 항공기가 고도 2,000[m]에서 활공비행 시 도달하는 활공거리는 몇 [m]인가?

① 10,000　　　② 15,000
③ 20,000　　　④ 40,000

해설

활공거리＝고도×양항비이므로
활공거리＝2,000×10＝20,000[m]

09 프로펠러 비행기가 최대 항속거리를 비행하기 위한 조건으로 옳은 것은? (단, C_L은 양력계수, C_D는 항력계수이다.)

① $\dfrac{C_L}{C_D}$가 최소일 때　② $\dfrac{C_L}{C_D}$가 최대일 때

③ $\dfrac{C_L^{\frac{3}{2}}}{C_D}$가 최대일 때　④ $\dfrac{C_L^{\frac{3}{2}}}{C_D}$가 최소일 때

해설

프로펠러의 항속거리를 길게 하려면 프로펠러 효율을 크게 해야 하고, 연료소비율을 작게 하여야 하며 $\dfrac{C_L}{C_D}$ max의 받음각으로 비행해야 한다.

10 항공기 날개의 유도항력계수를 나타낸 식으로 옳은 것은? (단, AR : 날개의 가로세로비, C_L : 양력계수, e : 스팬(Span) 효율계수이다.)

① $\dfrac{C_L^2}{\pi eAR}$　　② $\dfrac{C_L^3}{\pi eAR}$

③ $\dfrac{C_L}{\pi eAR}$　　④ $\sqrt{\dfrac{C_L}{2\pi eAR}}$

해설

유도항력계수
양력이 발생함에 따라서 수반되어 생기는 항력이다.
유도항력계수 $C_{Di}=\dfrac{C_L^2}{\pi eAR}$ 이므로 유도항력계수와 종횡비는 반비례 한다.

[정답] 05 ③　06 ③　07 ②　08 ③　09 ②　10 ①

11 정상수평비행하는 항공기의 필요마력에 대한 설명으로 옳은 것은?

① 속도가 작을수록 필요마력은 크다.

② 항력이 작을수록 필요마력은 작다.

③ 날개하중이 작을수록 필요마력은 커진다.

④ 고도가 높을수록 밀도가 증가하여 필요마력은 커진다.

해설

필요마력(Power Required)

- 항공기가 일정한 속도를 유지하며 공중을 날기 위해서는 항력을 이겨내기 위한 추력이 필요하며, 이와 같이 어떤 속도를 유지하기 위해 필요한 추력을 그 속도에서의 '필요추력 (Thrust Required)'이라 한다
- 필요추력 이상의 힘이 작용하지 않으면 해당 비행 상태를 지속적으로 유지할 수 없다.
- 필요추력과 엔진에서 낼 수 있는 추력을 서로 비교하여 성능을 결정할 수 있다.

12 그림과 같은 프로펠러 항공기의 비행속도에 따른 필요마력과 이용마력의 분포에 대한 설명으로 옳은 것은?

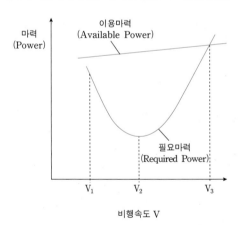

비행속도 V

① 비행속도 V_1에서 주어진 연료로 최대의 비행거리를 비행할 수 있다.

② 비행속도 V_1 근처에서 필요마력이 감소하는 것은 유해항력의 증가에 기인한다.

③ 일반적으로 비행속도 V_2에서 최대 양항비를 갖도록 항공기 형상을 설계한다.

④ 비행속도가 V_2에서 V_3 방향으로 증가함에 따라 프로펠러 토크에 의한 롤 모멘트(Roll Moment)가 증가한다.

해설

① 비행속도 V_2에서 주어진 연료로 최대의 비행거리를 비행할 수 있다.

② 비행속도 V_1 근처에서 필요마력이 감소하는 것은 유도항력의 증가에 기인한다.

③ 일반적으로 비행속도 V_2에서 양항비를 갖도록 항공기 형상을 설계한다. → 필요마력이 최소가 되는 지점에서 양력에 대한 항력의 비율 감소

13 등속상승비행에 대한 상승률을 나타내는 식이 아닌 것은? (단, V : 비행속도, γ : 상승각, W : 항공기 무게, T : 추력, D : 항력, P_a : 이용동력, P_r : 필요동력이다.)

① $\dfrac{P_a - P_r}{W}$

② $\dfrac{잉여동력}{W}$

③ $\dfrac{(T-D)V}{W}$

④ $\dfrac{V}{W}\sin\gamma$

해설

$$R \cdot C = V\sin\gamma$$
$$= \frac{\Delta P}{W} = \frac{P_a - P_r}{W}$$
$$= \frac{TV - DV}{W} (\because 동력 P = 힘 \times 속도)$$

이 문제에서 힘은 추력의 형태로 주어졌으므로 T와 D 자리에 이용 추력, 필요추력을 대입해주면 된다.

14 다음 중 항공기의 가로안정에 영향을 미치지 않는 것은?

① 동체

② 처든각 효과

③ 도어(Door)

④ 수직 꼬리날개

해설

항공기의 가로안정

- 비행기가 가로로 기우는 것은 주로 날개의 처든각에 의해 자동적으로 수정된다.
- 기체는 좌우 중 어느 한쪽으로 기울어지면 기운 방향으로 횡활을 시작한다.

- 기체에 쳐든각이 있으면 내려온 쪽 날개는 가로로 바람을 맞게되므로 기체의 기울기를 수평으로 하려는 모멘트가 작용한다.
- 수직꼬리날개도 가로안정에 도움이 된다. 기체가 왼쪽 또는 오른쪽으로 기울어 그 방향으로 활주하면 수직꼬리날개는 가로바람을 받아 기울기를 회복하려는 모멘트가 발생한다.

15 날개면적이 150[m²], 스팬(Span)이 25[m]인 비행기의 가로세로비(Aspect Ratio)는 약 얼마인가?

① 3.0
② 4.17
③ 5.1
④ 7.1

해설

가로세로비 : $AR = \dfrac{b}{c} = \dfrac{b \times b}{c \times b} = \dfrac{b^2}{s}$ 이므로 $AR = \dfrac{25^2}{150} = 4.170$ 이다.

여기서 $\overline{c}$: 평균공력시위, s : 면적, b : 날개길이

16 음속을 구하는 식으로 옳은 것은? (단, K : 비열비, R : 공기의 기체상수, g : 중력가속도, T : 공기의 온도이다.)

① $\sqrt{KgRT}$
② $\sqrt{\dfrac{gRT}{K}}$
③ $\sqrt{\dfrac{RT}{gK}}$
④ $\sqrt{\dfrac{gKT}{R}}$

해설

음속 $a = \sqrt{\gamma RT} = \sqrt{KgRT}$

17 헬리콥터의 주회전날개에 플래핑 힌지를 장착함으로써 얻을 수 있는 장점이 아닌 것은?

① 돌풍에 의한 영향을 제거할 수 있다.
② 지면효과를 발생시켜 양력을 증가시킬 수 있다.
③ 회전축을 기울이지 않고 회전면을 기울일 수 있다.
④ 주회전날개 깃 뿌리(Root)에 걸린 굽힘 모멘트를 줄일 수 있다.

해설

플래핑 힌지

회전면 내에서 회전 날개의 상, 하의 일정 각도 움직임을 갖도록 하여 회전날개 중심 연결부에 과도한 휨이 발생되는 것을 방지하고, 일정각도 상향 및 하향 플래핑을 함으로서 전진 브레이드에서 받음각의 감소, 후진 블레이드에서 받음각 증가로 회전면 내에서 양력의 수평 성분을 만든다.

참고

회전익 항공기가 전진 비행을 하게 되면 회전 날개에 서로 다른 상대풍의 속도가 작용하여 오른쪽 회전 날개(Rotor)는 올라가고 왼쪽 회전 날개는 내려가는 양력 불균형이 일어난다. 이 현상을 제거하기 위해 설치된 장치

18 항공기의 성능 등을 평가하기 위하여 표준대기를 국제적으로 통일하여 정한 기관의 명칭은?

① ICAO
② ISO
③ EASA
④ FAA

해설

국제표준대기(ISA)

국제민간항공기구(ICAO)에서 설정하였으며 온도는 대기의 온도분포를 실측 평균한 식으로, 압력과 밀도는 완전기체의 상태식에 의해 유도된 식으로 계산하여 구하였다.

19 비행기가 고속으로 비행할 때 날개 위에서 충격실속이 발생하는 시기는?

① 아음속에서 생긴다.
② 극초음속에서 생긴다.
③ 임계 마하수에 도달한 후에 생긴다.
④ 임계 마하수에 도달하기 전에 생긴다.

해설

임계 마하수(Critical Mach Number)

날개 윗면의 속도가 마하 1이 될 때의 비행기의 마하수, 이때 날개위에서의 충격실속이 발생한다.

[정답] 15 ② 16 ① 17 ② 18 ① 19 ③

20 날개 드롭(Wing Drop) 현상에 대한 설명으로 옳은 것은?

① 비행기의 어떤 한 축에 대한 변화가 생겼을 때 다른 축에서도 변화를 일으키는 현상

② 음속비행 시 날개에 발생하는 충격실속에 의해 기수가 오히려 급격히 내려가는 현상

③ 하강비행 시 기수를 올리려 할 때, 받음각과 각속도가 특정값을 넘게 되면 예상한 정도 이상으로 기수가 올라가는 현상

④ 비행기의 속도가 증가하여 천음속 영역에 도달하게 되면 한쪽 날개가 충격실속을 일으켜서 갑자기 양력을 상실하고 급격한 옆놀이(Rolling)를 일으키는 현상

해설

날개 드롭(Wing drop)

비행기가 천음속 영역에 도달하면 한쪽 날개가 먼저 실속을 일으켜서 갑자기 양력은 감소하고 급격한 옆놀이를 일으키는 현상으로 도움날개의 효율이 떨어져 회복이 어렵고, 주로 두꺼운 날개를 가진 항공기가 천음속으로 비행 시 발생

제2과목 ◀ 항공기관

21 왕복엔진의 흡기밸브와 배기밸브를 작동시키는 관련 부품으로 볼 수 없는 것은?

① 캠(Cam)

② 푸시 로드(Push Rod)

③ 로커 암(Rocker Arm)

④ 실린더 헤드(Cylinder Head)

해설

실린더 헤드(Cylinder Head)

왕복엔진 실린더의 일부분으로 연소실 형태로 제작된 부분. 이 헤드 부분에 흡입밸브, 배기밸브와 점화 플러그가 장착되어 있으며 흡기밸브와 배기밸브의 작동에는 관련이 없다.

22 복식 연료노즐에 대한 설명으로 틀린 것은?

① 1차 연료는 넓은 각도로 분사된다.

② 공기를 공급하여 미세하게 분사되도록 한다.

③ 2차 연료는 고속회전 시 1차 연료보다 멀리 분사 된다.

④ 1차 연료는 노즐의 가장자리 구멍으로 분사되고, 2차 연료는 중심에 있는 작은 구멍을 통해 분사된다.

해설

분무식 연료노즐

- 1차 연료
  노즐 중심의 작은 구멍을 통해 분사되고, 시동할 때 점화가 쉽도록 넓은 각도로 이그나이터에 가깝게 분사

- 2차 연료
  가장자리의 큰 구멍을 통해 분사되고, 2차 연료는 연소실 벽에 직접 연료가 닿지 않고 연소실 안에서 균등하게 연소되도록 비교적 좁은 각도로 멀리 분사되며, 완속 회전속도 이상에서 작동한다.

23 터빈엔진에서 과열시동(Hot Start)을 방지하기 위하여 확인해야 하는 계기는?

① 토크 미터

② EGT 지시계

③ 출력 지시계

④ RPM 지시계

해설

과열시동(Hot Start)

가스터빈 엔진 시동할 때 순간적으로 내부 온도가 급격히 올라가 엔진에 파손을 초래함. 이러한 경우에는 엔진 핫섹션을 특별점검을 해야 함

참고

① 원인
   과열시동은 연료의 과다 공급, 시동 스케줄 부적합, 엔진 부품의 손상 등으로 인하여 시동 중 또는 시동 직후에 배기가스온도(EGT)가 규정 값보다 높은 경우를 말한다.

② 조치
   엔진을 정지시키고 연료조절장치의 재조정(Rigging) 및 고장탐구를 실시해야 한다.

24 다음 중 주된 추진력을 발생하는 기체가 다른 것은?

① 램제트엔진

② 터보팬엔진

③ 터보프롭엔진

④ 터보제트엔진

[정답] 20 ④ 21 ④ 22 ④ 23 ② 24 ③

해설

- 램제트엔진
  공기를 디퓨저에서 흡입하여 연소실에서 연료와 혼합, 점화시키고 연소가스를 배기노즐을 통하여 배출시킨다.
- 터보팬 엔진
  터보제트 엔진의 터빈 후부에 다시 터빈을 추가하여 이것으로 배기가스속의 에너지를 흡수시켜 그 에너지를 사용하여 압축기의 앞부분에 증설한 팬(fan)을 구동시키고, 그 공기의 태반을 연소용으로 사용하지 않고 측로로부터 엔진 뒤쪽으로 분출함으로써 추력을 더욱 증가시킬 수 있도록 설계된 엔진을 말한다.
- 터보프롭엔진
  주로 프로펠러를 돌리는 데 엔진의 출력의 90[%]를 사용하여 감속장치를 매개로 프로펠러를 구동시킨다. 고 고도, 고속 특성의 장점을 살려 중속, 중고도 비행 시 큰 효율을 볼 수 있다.
- 터보제트엔진
  고 고도에서 고속으로 비행하는 항공기에 가장 적합하다.

해설

- 베이퍼 록(증기폐색-Vapor Lock)
  왕복엔진의 연료계통이 연료의 증기에 의하여 공급관이 막히는 현상
- 충돌 결빙(Impact Ice)
  항공기가 비행중에 공기의 온도가 결빙온도 범위(0℃에서 -15℃ 사이)에서 공기 중에 있는 습기가 항공기 표면에 부딪쳐 형성되는 결빙상태. 임팩트 결빙은 항공기 날개의 전련이나 엔진 공기 흡입구 전련이나 공기필터부분에 많이 발생한다.
- 유압 락(hydraulic lock)
  왕복엔진에서 실린더하부로 오일이 누설되고, 누설된 오일이 피스톤 링을 거쳐 연소실로 들어가는 상태. 만약에 오일이 엔진시동 전에 제거되지 않으면 엔진의 파손을 가져옴
- evaporation
  증발한 어떤 물질의 상태가 액체상태를 거쳐 기체로 변하는 물리적인 변화과정

25 왕복엔진을 낮은 기온에서 시동하기 위해 오일 희석(Oil Dilution)장치에서 사용하는 것은?

① Alcohol
② Propane
③ Gasoline
④ Kerosene

해설

오일 희석(Oil Dilution)

온도가 매우 낮을 때 왕복엔진 시동을 가능하도록 윤활 오일을 다루는 방법. 날씨가 차가우면 오일의 점도가 굳어져 시동할 때 원활한 윤활을 하지 못하게 된다. 이러한 이유로 엔진을 정지시킬 때 엔진 오일에 연료(Gasoline)를 희석시켜 오일을 묽게 만들어 오일탱크 안에 있는 호퍼 탱크에 따로 저장하였다가 차기 시동할 때 이 호퍼 탱크에 있는 오일이 엔진을 윤활 시켜준다. 이렇게 희석된 연료는 엔진 오일이 뜨거워지면 기화하여 통기계통을 통하여 엔진 밖으로 빠져나감

26 왕복엔진에 사용되는 고휘발성 연료가 너무 쉽게 증발하여 연료비관내에서 기포가 형성되어 초래할 수 있는 현상은?

① 베이퍼 락(Vapor Lock)
② 임팩트 아이스(Impact Ice)
③ 하이드로릭 락(Hydraulic Lock)
④ 이베포레이션 아이스(Evaporation Ice)

27 고열의 엔진 배기구 부분에 표시(Marking)를 할 때 납이나 탄소 성분이 있는 필기구를 사용하면 안되는 주된 이유는?

① 고열에 의해 열응력이 집중되어 균열을 발생시킨다.
② 고압에 의해 비틀림 응력이 집중되어 균열을 발생시킨다.
③ 고압에 의해 전단응력이 집중되어 균열을 발생시킨다.
④ 고열에 의해 전단응력이 집중되어 균열을 발생시킨다.

해설

고열의 엔진 배기구 부분에 표시(Marking) 시 주의사항

배기계통에 정비를 수행할 때에는 아연도금이 되어 있거나 아연판으로 만든 공구를 사용해서는 절대로 안 된다. 배기계통 부품에는 흑연 연필로 표시해서도 안 된다. 납(Lead), 아연(Zinc), 또는 아연도금에 접촉이 되면, 가열될 때 배기계통의 금속으로 흡수되어 분자구조에 변화를 주게 된다. 이러한 변화는 접촉된 부분의 금속을 약화시켜 균열이 생기게 하거나 궁극적으로는 결함을 발생케 하는 원인이 된다.

28 가스터빈엔진에서 압축기 입구온도가 200[K], 압력이 1.0[kgf/cm²]이고, 압축기 출구압력이 10[kgf/cm²]일 때 압축기 출구온도는 약 몇 [K]인가?

① 184.14
② 285.14
③ 386.14
④ 487.14

해설

$$\frac{T_2}{T_1}=\left(\frac{P_2}{P_1}\right)^{\frac{k-1}{k}}=\left(\frac{10}{1.0}\right)^{\frac{0.4}{1.4}}=1.93 \;\rightarrow\; 200\times1.93=368[\mathrm{K}]$$

29 가스터빈엔진의 공기흡입 덕트(Duct)에서 발생하는 램 회복점에 대한 설명으로 옳은 것은?

① 흡입구 내부의 압력이 대기압과 같아질 때의 항공기 속도
② 마찰압력 손실이 최소가 되는 항공기의 속도
③ 마찰압력 손실이 최대가 되는 항공기의 속도
④ 램 압력상승이 최대가 되는 항공기의 속도

해설

램 회복점
항공기가 비행중 엔진입구의 압력이 엔진 입구의 형상이나 마찰에 의해 감소하여 엔진 효율이 떨어지지만 항공기의 속도가 고속화 되면 마찰이나 형상에 의한 손실된 압력이 회복되는 지점을 회복점이라 한다.

30 항공기용 엔진 중 터빈식 회전엔진이 아닌 것은?

① 램제트엔진　　② 터보프롭엔진
③ 터보제트엔진　　④ 터보샤프트엔진

해설

항공용 엔진의 종류
① 왕복 엔진
② 제트 엔진
　ⓐ 덕트 엔진 : 펄스제트, 램제트
　ⓑ 가스터빈 엔진 : 터보제트, 터보팬, 터보프롭, 터보샤프트
　ⓒ 로켓 엔진

31 밀폐계(Closed System)에서 열역학 제1법칙을 옳게 설명한 것은?

① 엔트로피는 절대로 줄어들지 않는다.
② 열과 에너지, 일은 상호 변환 가능하며 보존된다.

③ 열효율이 100[%]인 동력장치는 불가능하다.
④ 2개의 열원사이에서 동력 사이클을 구성할 수 있다.

해설

에너지 보존의 법칙
① 열역학 제1법칙(에너지 보존의 법칙)
　밀폐계가 사이클을 이룰 때의 열전달량은 이루어진 일과 정비례한다. 즉, 열은 언제나 상당량의 일로, 일은 상당량의 열로 바뀌어질 수 있음을 뜻한다.
② 열역학 제2법칙
　쉽게 전부 열로 바꿀 수 있지만, 반대로 열을 일로 바꾸는 것은 쉽지않다. 이것은 열역학 제1법칙으로서는 설명할 수 없다.

32 이상기체의 등온과정에 대한 설명으로 옳은 것은?

① 단열과정과 같다.
② 일의 출입이 없다.
③ 엔트로피가 일정하다.
④ 내부에너지가 일정하다.

해설

이상기체
보일–샤를의 법칙 $PV=RT$(P : 기체의 압력, V : 비체적, R : 기체상수, T : 절대온도)를 완전히 따를 수 있는 이상적인 기체 통계 역학적으로 상호 작용이 전혀 없는 입자(분자)의 집결
① 엔탈피는 온도만의 함수이다.
② 내부에너지는 온도만의 함수이다.
③ 상태방정식에서 압력은 체적과 반비례 관계이다.

33 속도 720[km/h]로 비행하는 항공기에 장착된 터보제트엔진이 300[kgf/s]로 공기를 흡입하여 400[m/s]의 속도로 배기시킨다면 이때 진추력은 몇 [kgf]인가? (단, 중력가속도는 10[m/sec²]로 한다.)

① 3,000　　② 6,000
③ 9,000　　④ 18,000

해설

$$F_n=\frac{W_a}{g}(V_j-V_a)=\frac{300}{10}\left(400-\frac{720}{3.6}\right)=6,000[\mathrm{kgf}]$$

[정답] 29 ①　30 ①　31 ②　32 ④　33 ②

34 프로펠러 페더링(Feathering)에 대한 설명으로 옳은 것은?

① 프로펠러 페더링은 엔진 축과 연결된 기어를 분리하는 방식이다.
② 비행 중 엔진정지 시 프로펠러 회전도 같이 멈추게 하여 엔진의 2차 손상을 방지한다.
③ 프로펠러 페더링을 하게 되면 항력이 증가하여 항공기 속도를 줄일 수 있다.
④ 프로펠러 페더링을 하게 되면 바람에 의해 프로펠러가 공회전하는 윈드밀링(Wind Milling)이 발생하게 된다.

🔍 해설

페더링 프로펠러(Feathering Propeller)
프로펠러의 깃을 바람 방향에 평행 되게 하여 항공기가 전진할 때 풍차회전을 시켜 공기역학   적 항력을 없게 만들어 주도록 설계된 프로펠러로 엔진정지 시 프로펠러도 같이 멈추게하여 엔진의 2차손상을 방지한다.

35 가스터빈엔진의 흡입구에 형성된 얼음이 압축기 실속을 일으키는 이유는?

① 공기압력을 증가시키기 때문에
② 공기 전압력을 일정하게 하기 때문에
③ 형성된 얼음이 압축기로 흡입되어 로터를 파손시키기 때문에
④ 흡입 안내 깃으로 공기의 흐름이 원활하지 못하기 때문에

🔍 해설

압축기의 실속 원인
• 공기흡입속도가 작을수록, 회전속도가 클수록 회전 깃 받음각이 커진다.
• 과도한 받음각 증가는 회전자 깃에 실속을 유발하여, 압력비 급감, 기관 출력이 감소하여 작동이 불가능해진다.
• 흡입공기 속도가 감소한다.
• 엔진 가속 시 연료의 흐름이 너무 많아 압축기 출구 압력이 높아진다.
• 압축기 입구압력(CIP)이 낮아진다.
• 압축기 입구 온도(CIT)가 높아진다.
• 지상 엔진 작동 시 회전속도가 설계점 이하로 낮아진다.
• 압축기 뒤쪽 공기의 비체적이 커지고 공기누적 현상이 생긴다.
• 압축기 로터의 회전속도가 너무 빠르다.

36 왕복엔진의 연료-공기 혼합비(Fuel-Air Ratio)에 영향을 주는 공기밀도변화에 대한 설명으로 틀린 것은?

① 고도가 증가하면 공기밀도가 감소한다.
② 연료가 증가하면 공기밀도는 증가한다.
③ 온도가 증가하면 공기밀도는 감소한다.
④ 대기 압력이 증가하면 공기밀도는 증가한다.

🔍 해설

고도·온도가 높아 짐에 따라 공기의 밀도가 감소하고 압력이증가하면 공기의 밀도가 증가 하므로 혼합비가 농후 혼합비 상태가 되는 것을 막아 주기 위해 연료의 양을 줄이는 역할을 하는 것이 혼합비 조정장치이며, 이 역할을 자동적으로 해주는 것이 자동 혼합비 조정장치이다.

37 프로펠러에서 기하학적 피치(Geometric Pitch)에 대한 설명으로 옳은 것은?

① 프로펠러를 1바퀴 회전시켜 실제로 전진한 거리이다.
② 프로펠러를 2바퀴 회전시켜 실제로 전진한 거리이다.
③ 프로펠러를 1바퀴 회전시켜 전진할 수 있는 이론적인 거리이다.
④ 프로펠러를 2바퀴 회전시켜 전진할 수 있는 이론적인 거리이다.

🔍 해설

기하학적 피치
• 기하학적 피치는 나사의 피치와 같다.
• 공기를 강체로 가정하여 프로펠러가 1회전 하였을 때 이론적인 진행거리를 말한다.

38 왕복엔진의 마그네토에서 브레이커 포인트 간격이 커지면 발생되는 현상은?

① 점화가 늦어진다.　　② 전압이 증가한다.
③ 점화가 빨라진다.　　④ 점화불꽃이 강해진다.

🔍 해설

[정답] 34 ② 35 ④ 36 ② 37 ③ 38 ③

차단점(Breaker Point)

항공기 마그네토의 1차 회로의 전기적 접점으로 엔진에 의하여 구동되는 캠에 의하여 접점은 열린다. 차단점이 열리면 1차 회로의 전류는 정지되고 전자장은 붕괴되고, 이 자속은 2차 권선의 회로에 고전압의 유도전류를 발생시킨다. 이 고전압은 점화 플러그에서 방전하여 점화 불꽃을 만들어낸다.

참고

브레이커 포인트 간격이 커지면 점화가 빨라진다.

39 전기식 시동기(Electrical Starter)에서 클러치(Clutch)의 작동 토크 값을 설정하는 장치는?

① Clutch Plate
② Clutch Housing Slip
③ Rachet Adjust Regulator
④ Slip Torque Adjustment Unit

해설

Slip Torque Adjustment Unit

전기식 시동기(Electrical Starter)에서 클러치(Clutch)를 점차적으로 크게 조절한다.

40 왕복엔진의 악세서리(Accessory)부품이 아닌 것은?

① 시동기(Starter)
② 하네스(Harness)
③ 기화기(Carburetor)
④ 블리드 밸브(Bleed Valve)

해설

블리드 밸브(Bleed Valve)

가스터빈 엔진의 압축기 케이스에 장착된 밸브로서 고압의 압축 단계에서 압축된 공기압을 끌어내는 데 사용하는 밸브

제3과목 항공기체

41 대형 항공기에서 주로 사용하는 3중 슬롯 플랩을 구성하는 플랩이 아닌 것은?

① 상방플랩
② 전방플랩
③ 중앙플랩
④ 후방플랩

해설

고양력장치의 3가지 종류

① 앞전 플랩(Leading Edge Flap)
슬롯과 슬랫, 크루거플랩, 드루프 앞전, 핸들 리페이지 슬롯, 로컬 캠버 등이 있다.
② 뒷전 플랩(Trailing Edge Flap)
단순플랩, 분할플랩, 잽플랩, 간격플랩, 이중플랩, 파울러플랩, 블로플랩, 블로제트 등이 있다.
③ 경계층제어장치(Boundary Layer Control)
경계층 안에 난류 흐름을 발생시켜 공기역학적 항력을 감소시키는 방법. 경계층 면에 고속의 공기를 불어넣던가 또는 날개표면에 구멍을 내어 경계층을 표면으로 끌어들이는 흡입방법이 있다.

42 항공기엔진 장착 방식에 대한 설명으로 옳은 것은?

① 가스터빈엔진은 구조적인 이유로 동체 내부에 장착이 불가능하다.
② 동체에 엔진을 장착하려면 파일론(Pylon)을 설치하여야 한다.
③ 날개에 엔진을 장착하면 날개의 공기역학적 성능을 저하시킨다.
④ 왕복엔진 장착부분에 설치된 나셀의 카울링은 진동감소와 화재 시 탈출구로 사용된다.

해설

항공기엔진

• 엔진은 동체 내부나 날개 아래쪽에 설치한다.
• 날개와 엔진의 연결부를 파일론이라 한다.

43 복합재료(Composite Material)를 수리할 때 접착용 수지를 효과적으로 접착시키기(Curing) 위하여 열을 가하는 장비가 아닌 것은?

① 오븐(Oven)

② 가열건(Heat Gun)

③ 가열램프(Heat Lamp)

④ 진공백(Vacuum Bag)

🔍 해설

진공백(Vacuum Bagging)

진공백은 진공 주입 과정 시, 진공상태에서 금형 표면을 밀봉하는 데 사용된다. 또한 높은 온도, 저항, 인성, 유연성과 매우 낮은 투과성 등 우수한 물성을 기인하며 사용하는 재료로는 브리더, 필 플라이, 브레더 등이 있다.

44 연료계통이 갖추어야 하는 조건으로 틀린 것은?

① 번개에 의한 연료발화가 발생하지 않도록 해야 한다.

② 각각의 엔진과 보조동력장치에 공급되는 연료에서 오염물질을 제거할 수 있어야 한다.

③ 계통에 저장된 연료를 안전하게 제거하거나 격리 할 수 있어야 한다.

④ 고장발생 감지가 유용하도록 한 계통 구성품의 고장이 다른 연료계통의 고장으로 연결되어야 한다.

🔍 해설

연료계통

항공기 엔진 및 보보동력장치를 작동시키기 위해 연료의 탑재를 필요로 합니다.

항공기 연료 계통은 저장 탱크(Storage Tank), 펌프(Pump), 필터(Filter), 밸브(Valve), 연료 관, 계량 장치(Metering Device) 및 감시 장치(Monitoring Device)등으로 구성되어 있다.

각각의 연료계통은 항공기의 자세에 관계없이 오염물질이 없는 (Contaminant-Free) 연료를 중단 없이 공급하여야 합니다.

연료 하중은 항공기 무게에 있어서 중대한 부분이기 때문에 기체는 충분히 튼튼하게 설계되고 구성품의 배치가 이루어져야 합니다.

기동(Maneuver)으로 발생하는 연료하중과 무게의 변화(Shift)는 항공기의 조종에 부정적인 영향을 주지 않아야 한다.

45 티타늄합금에 대한 설명으로 옳은 것은?

① 열전도 계수가 크다.

② 불순물이 들어가면 가공 수 자연경화를 일으켜 강도를 좋게 한다.

③ 티타늄은 고온에서 산소, 질소, 수소 등과 친화력이 매우 크고, 또한 이러한 가스를 흡수하면 강도가 매우 약해진다.

④ 합금원소로써 Cu가 포함되어 있어 취성을 감소시키는 역할을 한다.

🔍 해설

티타늄의 특성

• 비중 4.5(Al보다 무거우나 강(Steel)의 1/2 정도)

• 융점 1730[°C](스테인리스강 1400[°C])

• 열전도율(0.035)이 적다.(스테인리스 0.039)

• 내식성(백금과 동일) 및 내열성 우수(Al 불수강보다 우수)

• 생산비가 비싸다.(특수강의 30~100배)

• 해수 및 염산, 황산에도 완전한 내식성

• 비자성체(상자성체)

46 다음 중 가스용접에 해당되는 것은?

① 산소-수소용접

② MIG 용접

③ CO_2 용접

④ TIG 용접

🔍 해설

가스용접

가스 불꽃의 열을 이용해서 금속을 용접하는 방법을 가스용접이라 하며, 가스 불꽃의 종류를 구별하는 경우에는 산소아세틸렌 용접, 공기아세틸렌 용접, 산ㆍ수소용접 등으로 호칭된다.

47 단줄 유니버설 헤드 리벳(Universal Head Rivet) 작업을 할 때 최소 끝거리 및 리벳의 최소 간격(Pitch)의 기준으로 옳은 것은?

① 최소 끝거리는 리벳 직경의 2배 이상, 최소 간격은 리벳 직경의 3배

② 최소 끝거리는 리벳 직경의 2배 이상, 최소 간격은 리벳 길이의 3배

③ 최소 끝거리는 리벳 직경의 3배 이상, 최소 간격은 리벳 길이의 4배

④ 최소 끝거리는 리벳 직경의 3배 이상, 최소 간격은 리벳 직경의 4배

[정답] 44 ④ 45 ③ 46 ① 47 ①

해설

① 리벳의 열 : 판재의 인장력을 받는 방향에 대하여 직각 방향으로 배열된 리벳의 집합을 말한다.
② 리벳의 피치 : 같은 열에 있는 리벳과 리벳 중심간의 거리를 말한다. 리벳 지름의 3~12배로 하며, 일반적으로 6~8D가 주로 이용된다.
③ 리벳의 횡단 피치 : 열과 열 사이의 거리를 뜻한다. 일반적으로 리벳 피치의 75[%] 정도로서, 리벳 지름의 4.5~6배이고, 최소 횡단 피치 2.5배이다.
④ 리벳의 끝거리 : 판재의 모서리와 이웃하는 리벳의 중심까지의 거리를 말한다.
　㉮ 리벳의 최소 끝거리 : 리벳 지름의 2배, 접시머리
　㉯ 리벳의 최대 끝거리 : 리벳 지름의 2.5배이고, 최대 끝거리는 리벳 지름의 4배를 넘어서는 안된다.

48 다음 특징을 갖는 배열 방식의 착륙장치는?

[특징]

- 주 착륙장치와 앞 착륙장치로 이루어져 있다.
- 빠른 착륙속도에서 제동 시 전복의 위험이 적다.
- 착륙 및 지상이동 시 조종사의 시계가 좋다.
- 착륙 활주 중 그라운드 루핑의 위험이 없다

① 탠덤식 착륙장치
② 후륜식 착륙장치
③ 전륜식 착륙장치
④ 충격흡수식 착륙장치

해설

항공기착륙장치 배열 방식

① 후륜 식 착륙장치(Tail wheel type landing gear)는 주 착륙장치가 무게 중심의 앞쪽에 위치하므로 꼬리 착륙장치의 하중 지지가 요구되며, 이것은 착륙속도가 느린 항공기에 도움이 되고 방향 안정성을 준다.
② 탠덤식 착륙장치(Tandem landing gear)는 일부의 항공기에 사용되며, 이 형태의 착륙장치는 주 착륙장치와 꼬리 착륙장치를 가지고 있다.
③ 전륜 식 착륙장치(Tricycle-type landing gear)는 주 착륙장치(Main gear)와 앞 착륙장치(Nose gear)로 이루어져 있다. 전륜식 착륙장치는 대형 항공기 및 소형항공기에 사용된다.
　1. 보다 빠른 착륙속도(Landing speed)에서 제 동 시 전복의 위험 없이 큰 제동력을 사용할 수 있다.
　2. 착륙 및 지상 이동 시 조종사의 시계가 좋다.
　3. 항공기의 무게 중심이 주 착륙장치의 앞에 있기 때문에 착륙 활주 중 그라운드 루핑(Ground looping)의 위험이 없다.

49 조종간이나 방향키 페달의 움직임을 전기적인 신호로 변환하고 컴퓨터에 입력 후 전기, 유압식 작동기를 통해 조종계통을 작동하는 조종방식은?

① Cable control system
② Automatic pilot system
③ Fly-By-Wire control system
④ Push Pull Rod control system

해설

플라이 바이 와이어(Fly-by-wire)

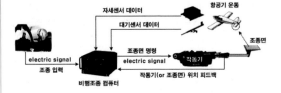

플라이 바이 와이어 조종 계통은 조종간의 움직임을 조종 케이블이나 푸쉬 풀 로드로 조종면에 전달하는 대신 전기·전자적인 신호 및 데이터를 전송하여 작동기를 구동함으로써 조종 면을 움직이는 방식이다.

50 그림과 같이 하중(W)이 작용하는 보를 무엇이라 하는가?

① 외팔보
② 돌출보
③ 고정보
④ 고정 지지보

해설

- 외팔보 : 한쪽 끝은 고정되고 다른 끝은 받쳐지지 아니한 상태로 있는 보
- 돌출보 : 벽이나 기둥으로부터 비어져 나온 보. 한쪽 끝은 받침점에 고정되고 다른 끝은 공중에 자유로이 들려 있다.
- 고정보 : 양쪽 끝이 고정되어 있는 보
- 고정지지보 : 한끝은 고정되고 다른 한끝은 받치고 있는 들보

[정답] 48 ③　49 ③　50 ④

51 비행기가 양력을 발생함이 없이 급강하할 때 날개는 비틀림 등의 하중을 받게 되며 이러한 하중에 항공기가 구조적으로 견딜 수 있는 설계상의 최대속도는?

① 설계순항속도
② 설계급강하속도
③ 설계운용속도
④ 설계돌풍운용속도

해설

- 설계 급강하 속도 : 구조상의 안전성과 조종면의 안전을 보장하는 설계상의 최대 허용 속도
- 설계 순항속도 : 가장 효율적인 속도
- 설계 돌풍 운용속도 : 기상 조건이 나빠 돌풍이 예상될 때 항공기는 V_B 이하로 비행
- 설계 운용속도 : 플랩이 업 된 상태에서 설계 무게에 대한 실속속도

52 실속속도가 90[mph]인 항공기를 120[mph]로 수평비행 중 조종간을 급히 당겨 최대 양력계수가 작용하는 상태라면 주날개에 작용하는 하중배수는 약 얼마인가?

① 1.5
② 1.78
③ 2.3
④ 2.57

해설

하중배수 : $n = \dfrac{V^2}{V_s^2} = \dfrac{120^2}{90^2} = \dfrac{14,400}{8,100} = 1.777$

53 항공기 외피용으로 적합하며, 플러시 헤드 리벳 (Flush Head Rivet)이라 부르는 것은?

① 납작머리 리벳(Flat Head Rivet)
② 유니버셜 리벳(Unversal Rivet)
③ 둥근머리 리벳(Round Head Rivet)
④ 접시머리 리벳(Counter Sunk Head Rivet)

해설

플러시 헤드 리벳(Flush Head Rivet)

① 솔리드 리벳 [Solid Rivet]
   가장 일반적으로 알려진 리벳으로서, 버킹바에 의해 벅 테일이 형성되는 리벳이다.
   - 브레이지어 (Brazier) 헤드 기호 : AN456

- 카운터 싱크 (Countersink) 헤드 기호 : AN426 or MS20426
- 둥근머리 (Round) 기호 : AN430
- 유니버셜 (Universal) 헤드 기호 : AN470 or MS20470

② 카운터 싱크 리벳(Counter Sink Rivet)
   카운터 싱크 리벳은 상단에 모따기가 되어있는 홀이며, 접시머리 볼트, 리벳과 같은 체결요소를 결합하고자 할 때 가공하는 것으로 대상물의 두께가 얇거나 카운터 보어를 사용할 수 없을 때 적용한다.

③ 블라인드(체리) 리벳 [Blind(Cherry) Rivet]
   버킹바를 댈 수 없는 조건의 부분을 결합할 때 사용되는 리벳이다. 리벳은 버킹바에 의해 벅테일이 형성되며, 스킨 뒤쪽의 공간이 좁아 버킹바를 댈 수 없을 때, 블라인드 또는 체리 리벳을 사용한다.
   카운터 보어(Counter bore)는 직경이 다른 2개의 홀이 단차를 구성하며, 육각렌치 볼트를 체결하기 위한 홀로써 볼트 머리가 표면에 노출되지 않게 할 수 있다.

54 연료를 제외하고 화물, 승객 등이 적재된 항공기의 무게를 의미하는 것은?

① 최대 무게(Maximum Weight)
② 영연료 무게(Zero Fuel Weight)
③ 기본 자기 무게(Basic Empty Weight)
④ 운항 빈 무게(Operating Empty Weight)

해설

- 기본 자기 무게
  승무원, 승객 등의 유효하중, 사용 가능한 연료, 배출 가능한 윤활유의 무게를 포함하지 않는 상태에서의 항공기의 무게이다. 기본 빈 무게에는 사용 불가능한 연료, 배출 불가능한 윤활유, 기관 내의 냉각액의 전부, 유압계통의 무게도 포함된다.
- 영연료 무게
  연료를 제외하고 적재된 항공기의 최대 무게로서 화물, 승객, 승무원의 무게 등이 포함된다.
- 최대이륙 무게
  항공기에 인가된 최대무게로 이륙하기 전 모든 무게를 다 포함한다.

55 이질 금속간의 접촉부식에서 알루미늄 합금의 경우 A그룹과 B그룹으로 구분하였을 때 그룹이 다른 것은?

① 2014
② 2017
③ 2024
④ 5052

[정답] 51 ② 52 ② 53 ④ 54 ② 55 ④

해설

AA 규격 식별 기호

- Al 2024 : A-24S, 구리 4.4[%], 마그네슘 1.5[%]를 첨가한 합금으로 초듀랄루민(Super Duralumin)이라고도 하며, 파괴에 대한 저항성이 우수하고 피로 강도도 양호하여, 인장하중이 크게 작용하는 대형 항공기의 날개 밑면의 외피나 여압 동체의 외피 등에 쓰인다.
- Al 3003 : A-3S, 내식성 우수, 가공성과 용접성이 우수하고 일반적으로 가공 경화 상태로 사용-연료 탱크의 배관이나 날개 끝의 Skin으로 사용한다.
- Al 5052 : A-52S, 염분에 의한 부식에 강하고, 가공성과 용접성이 우수하며, 특히 피로 강도가 우수하여 진동이 심한 기관 부품에 사용-판재, 봉재, 관재, 벌집형 재료 및 내부 재료 등에 사용한다.
- Al 7075 : A-75S, 아연 5.6[%], 마그네슘 2.5[%]를 첨가한 합금으로 2024보다 강도가 높고 내식성이 우수하여 극초두랄루민(ESD : Extra Super Duralumin)이라고도 하며, 항공기의 주날개 외피와 날개보, 기체 구조부분 등에 사용-큰 강도가 요구되는 구조부 및 압출 재료로 사용한다.

56 너트의 부품 번호가 AN310D-5 일 때 310은 무엇을 나타내는가?

① 너트 계열
② 너트 지름
③ 너트 길이
④ 재질 번호

해설

AN310D-5
- AN 310 : 너트의 종류(계열)
- D : 재질
- 5 : 직경

57 손상된 판재를 리벳에 의한 수리작업 시 리벳수를 결정하는 식으로 옳은 것은? (단, L : 판재의 손상된 길이, D : 리벳지름, t : 손상된 판의 두께, s : 안전계수, σ_{max} : 판재의 최대인장응력, τ_{max} : 판재의 최대전단응력이다.)

① $s \times \dfrac{8tL\sigma_{max}}{\pi D^2 \tau_{max}}$
② $s \times \dfrac{4tL\sigma_{max}}{\pi D^2 \tau_{max}}$
③ $s \times \dfrac{\pi D^2 \tau_{max}}{4tL\sigma_{max}}$
④ $s \times \dfrac{\pi D^2 \tau_{max}}{8tL\sigma_{max}}$

해설

판재에 작용하는 인장력 $= L \times t \times \sigma_{max}$

리벳에 작용하는 전단력 $= \pi \left(\dfrac{D}{2}\right)^2 \tau_{max}$

$\dfrac{L \times t \times \sigma_{max}}{\pi \left(\dfrac{D}{2}\right)^2 \tau_{max}} = \dfrac{4tL\sigma_{max}}{\pi D^2 \tau_{max}}$

$S \times \dfrac{4tL\sigma_{max}}{\pi D^2 \tau_{max}}$

58 페일세이프(Fail Safe) 구조형식이 아닌 것은?

① 이중(Double)구조
② 대치(Back-Up)구조
③ 다경로(Redundant)구조
④ 샌드위치(Sandwich)구조

해설

페일세이프(Fail Safe) 구조형식 종류

① 다경로하중구조 : 하중을 담당하는 부재를 여러개로 만들어 한부재의 손상 시 나머지 부재가 하중을 분담하는 구조
② 이중구조 : 두개의 작은 부재에 의하여 하나의 몸체를 이루게 함으로서 동일한 강도와 어느 부분의 손상이 부재 전체의 파손에 이르는 것을 예방
③ 하중경감구조 : 큰 부재 위에 작은 부재를 겹쳐 만든 구조로서 파괴가 시작된 부재의 완전 파단이나 파괴를 방지할 수 있도록 설계된 구조
④ 대치구조 : 부재의 파손에 대비하여 예비 부재를 삽입시켜 구조의 안전성을 도모한 구조

59 복합재료에서 모재(Matrix)와 결합되는 강화재 (Reinforcing Material)로 사용되지 않는 것은?

① 유리
② 탄소
③ 에폭시
④ 보론

해설

복합 재료(Composite Material)

① 강화재
- 유리 섬유
- E-글라스

- S-글라스
- D-글라스
- 탄소·흑연 섬유(carbon/graphite fiber)
- 아라미드 섬유
- 보론 섬유
- 세라믹 섬유(ceramic fiber)

② 모재(matrix)
- 수지 모재계
- 강화 섬유 금속 모재
- 강화 섬유 세라믹 모재

60 그림과 같은 평면응력상태에 있는 한 요소가 $\sigma_x=100[\mathrm{MPa}]$, $\sigma_y=20[\mathrm{MPa}]$, $\tau_{xy}=60[\mathrm{MPa}]$의 응력을 받고 있을 때, 최대전단응력은 약 몇 [MPa]인가?

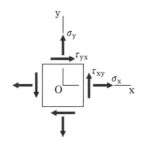

① 67.11   ② 72.11

③ 77.11   ④ 87.11

🔍 해설

$$\tau_{max}=\sqrt{\left(\frac{\sigma_x-\sigma_y}{2}\right)^2+\tau_{xy}^{\,2}}=\sqrt{\left(\frac{100-200}{2}\right)^2+60^2}$$
$$=\sqrt{5200}=72.11$$

제4과목 ◀ 항공장비

61 장거리 통신에 유리하나 잡음(Noise)이나 페이딩(Fading)이 많으며 태양 흑점의 활동으로 인한 전리층 산란으로 통신 불능이 가끔 발생되는 항공기 통신장치는?

① HF 통신장치   ② MF 통신장치

③ LF 통신장치   ④ VHF 통신장치

🔍 해설

HF 통신장치

항공기와 지상, 항공기와 타 항공기 상호간의 High Frequency (HF : 단파) 전파를 이용하여 장거리 통화에 이용된다. HF 전파는 전리층의 반사로 원거리까지 전달되는 성질이 있으나 Noise나 Fading이 많으며, 또한 흑점의 활동 영향으로 전리층이 산란되어 통신 불능이 가끔 발생되는 단점이 있다.
주파수 범위는 2~29.999[MHz]로 AM과 USB(SSB의 일종) 통신을 사용하며 각 Channel Space는 1[kHz]를 사용한다.

62 항공기에 사용되는 전선의 굵기를 결정할 때 고려해야 할 사항이 아닌 것은?

① 도선내 흐르는 전류의 크기

② 도선의 저항에 따른 전압강하

③ 도선에 발생하는 줄(Joule) 열

④ 도선과 연결된 축전지의 전해액 종류

🔍 해설

전선의 굵기에따른 영향

도선내의 전류량, 저항, 열 등에 의해 전선의 굵기는 결정된다.

63 항공기 계기 중 압력 수감부를 이용한 것이 아닌 것은?

① 고도계   ② 방향지시계

③ 승강계   ④ 대기속도계

🔍 해설

압력계기 종류

고도계(Altimeter), 승강계(VSI, Vertical Speed Indicator), 객실차압계(Cabin differential pressure gauge), 대기속도계 그리고 매니폴드압력계(Manifold pressure gauge) 등이 있다.

64 니켈-카드뮴 축전지의 충·방전 시 설명으로 옳은 것은?

① 충·방전 시 전해액(KOH)의 비중은 변화하지 않는다.

② 방전 시 물이 발생되어 전해액의 비중이 줄어든다.

[정답] 60 ②   61 ①   62 ④   63 ②   64 ①

③ 충전 시 전해액의 수면높이가 낮아진다.

④ 방전 시 전해액의 수면높이가 높아진다.

🔍 해설

니켈 – 카드뮴 축전지

① 납산 축전지와 연결하여 충전하면 안 되며, 공구나 장치들도 분리하여 사용해야 한다.

② 전해액은 독성이 강해 보호 장구를 착용해야 하며, 중화제를 갖추어 놓아야 하며, 전해액을 만들 경우 물에 수산화칼륨을 조금씩 떨어뜨려 혼합해야 한다.

③ 충전 시 전해액의 높이가 높아진다. 그런데 충전이 끝난 후 3~4시간이 되어야 전해액이 높이의 변화가 멈춘다.

④ 세척 시에는 캡을 반드시 막아야 하고, 산 등의 화학 용액을 절대 사용하면 안 되며, 와이어 브러시 사용을 금해야 한다.

⑤ 축전지가 완전 방전하게 되면 전위가 0이 되거나 반대 극성이 되는 경우가 있는데, 이렇게 되면 재충전이 안 되므로 재충전하기 전에 각각의 셀을 단락시켜 전위가 0이 되도록 셀을 평준화시켜야 한다.

⑥ 충/방전이 이루어져도 전해액이 증발하지 않는 한 비중은 변하지 않는다.

---

65 터보팬 항공기의 방빙(Anti-Icing)장치에 관한 설명으로 틀린 것은?

① 윈드실드는 내부 금속 피막에 전기를 통하여 방빙한다.

② 피토관의 방빙은 내부의 전기 가열기를 사용한다.

③ 날개 앞전의 방빙은 엔진 압축기의 고온 공기를 사용한다.

④ 엔진의 공기흡입장치의 방빙은 화학적 방빙계통을 사용한다.

🔍 해설

Anti-Icing

Engine의 Bleed Air 또는 전열선을 이용하여 Engine Nacelle, Wing Leading Edge, Window에 얼음이 형성되는 것을 방지하는 것이다.

① 화학적 방빙

결빙의 우려가 있는 부분에 이소프로필 알코올이나 에틸렌글리콜과 알코올을 섞은 용액을 분사하여 어는점을 낮게 하여 결빙을 방지한다.

② 열적(Thermal) 방빙

방빙이 필요한 부분에 덕트를 설치하고 가열된 공기를 통과시켜 온도를 높여 줌으로써 얼음이 어는 것을 막는 장치이며, 전기적인 열을 이용하기도 한다.

66 다음 중 화재 진압 시 사용되는 소화제가 아닌 것은?

① 물　　② 이산화탄소

③ 할론　　④ 암모니아

🔍 해설

소화기의 종류

① 물 소화기 : A급 화재

② 이산화탄소 소화기 : 조종실이나 객실에 설치되어 있으며 A, B, C급 화재에 사용된다.

③ 분말 소화기 : A, B, C급 화재에 유효하고 소화능력도 강하다.

④ 프레온 소화기 : A, B, C급 화재에 유효하고 소화능력도 강하다.

💬 참고

이 중에서 이산화탄소 소화기가 전기 화재에 주로 사용된다. 또한 할론은 새로운 소화제(消火劑)로 산소 원자를 비활성화함으로써 연소반응을 억제한다.

67 항공계기에 요구되는 조건으로 옳은 것은?

① 기체의 유효 탑재량을 크게 하기위해 경량이어야 한다.

② 계기의 소형화를 위하여 화면은 작게 하고 본체는 장착이 쉽도록 크게 해야 한다.

③ 주위의 기압과 연동이 되도록 승강계, 고도계, 속도계의 수감부와 케이스는 노출이 되도록 해야 한다.

④ 항공기에서 발생하는 진동을 알 수 있도록 계기판에는 방진장치를 설치해서는 안된다.

🔍 해설

항공계기의 구비 조건

① 내구성 : 계기의 정밀도는 될 수 있는 대로 오랫동안 유지할 수 있어야 한다.

② 정확성 : 계기는 정확성이 있어야 하는 동시에 내구성과 구조의 단순화가 요구된다.

③ 무게 : 항공기의 중량을 작게 하기 위하여 가벼워야 한다.(경량화)

④ 크기 : 계기판의 수용 능력에는 한계가 있으므로, 계기의 수가 증가됨에 따라 소형화되어야 한다.(소형화)

68 비행 중 비로부터 시계를 확보하기 위한 제우(Rain Protection)시스템이 아닌 것은?

① Air curtain system

② Rain repellent system

③ Windshield wiper system

④ Windshield washer system

🔍 **해설**

제우 계통(Rain Protection System)

① Wiper system
와이퍼 Bleed를 적절한 압력으로 누르면서 움직이게 하여 물방울을 기계적으로 제거한다. 건조한 Windshield에는 사용하여서는 아니 된다.

② Chemical rain repellent
Windshield에 화학약품처리를 하여 유리 위에 물방울이 생기게 하여, 물방울은 쉽게 제거한다.

③ Hydrophobic seal coating
Windshield에 제작 시 코팅을 하여, 와이퍼의 필요성을 줄이고, 폭우에 승무원이 더 잘 볼 수 있도록 한다.

④ Pneumatic rain removal system(Jet blast)
Windshield 위로 가열된 공기(Air Curtain)로 비를 제거한다. Windshield에 빗방울을 작은 입자로 부수고, 그리고 날려버린다. 공기가 앞 유리를 가열하여 습기가 얼지 않도록 한다.

69 그림과 같은 회로에서 5[Ω] 저항에 흐르는 전류값은 몇 [A]인가?

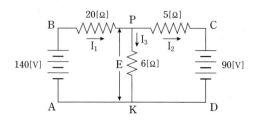

① 1

② 4

③ 6

④ 10

🔍 **해설**

$V = IR$ ➡ $140 = 20I_1 + 6I_3$

$I_3 = I_1 + I_2$ ➡ $90 = 5I_2 + 6I_3$

$I_1 = 4$, $I_2 = 6$, $I_3 = 10$

$\therefore I_2 = 6$

70 자기컴퍼스의 조명을 위한 배선 시 지시오차를 줄이기 위한 방법으로 옳은 것은?

① 음(−)극선을 가능한 자기컴퍼스 가까이에 접지시킨다.

② 양(+)극선과 음(−)극선은 가능한 충분한 간격을 두고 음(−)극선에는 실드선을 사용한다.

③ 모든 전선은 실드선을 사용하여 오차의 원인을 제거한다.

④ 양(+)극선과 음(−)극선을 꼬아서 합치고 접지점을 자기컴퍼스에서 충분히 멀리 뗀다.

🔍 **해설**

자기컴퍼스 배선 시 지시오차를 줄이기 위해서는 양(+)극선과 음(−)극선을 꼬아서 합치고 접지점을 자기컴퍼스에서 멀리 이격 시켜야 한다.

71 계기착륙장치(Instrument Landing System)의 구성장치가 아닌 것은?

① 로컬라이저(Localizer)

② 마커 비컨(Marker Beacon)

③ 기상 레이다(Weather Radar)

④ 글라이드 슬로프(Glide Slope)

🔍 **해설**

계기착륙장치

• 마커비컨(marker beacon)
계기착륙계통(ILS)에서 기준점으로부터 소정의 거리를 표시하기 위해서 설치한 라디오 항법 장치로 지상으로부터 공중으로 원뿔 모양의 75[MHz]의 저 출력 주파수를 복사한다.

• 로컬라이저(localizer)
계기에 표시되어 있는 활주로의 중심선을 따라 밖으로 연장된 전자 통로 방향을 산출해낸다.

• 글라이드슬로프(glide slope)
활강진로는 전자항법 중 계기착륙계통의 일부분이다. 계기 활주로 진입 끝으로부터 위쪽으로 약 2½° 각도의 연장선으로 발사하는 라디오빔이다. 이 빔을 중심으로 상 방향은 90[Hz]를 하 방향으로는 150[Hz]의 라디오 신호를 보내고있다.

• 진입등(Approach Lighting System)
접근등(ALS)이라 부르며, 연쇄식 섬광등(Sequenced Flashing Lights)으로 릴레이식으로 1초에 3회 섬광하며, 조종사에게 진입하는 활주로의 중심방향을 시각적으로 안내하여 준다.

[정답] 69 ③ 70 ④ 71 ③

72 항공기가 산악 또는 지면과 충돌하는 것을 방지하는 장치는?

① Air traffic control system

② Inertial navigation system

③ Distance measuring equipment

④ Ground proximity warning system

해설

지상 접근 경보장치(Ground proximity warning system)

지상 접근 경보장치(GPWS)는 조종사의 판단 없이 항공기가 지상에 접근했을 경우, 조종사에게 경보하는 장치로서 고도계의 대지로부터 고도/기압 변화에 의한 승강율, 이착륙 형태, 글라이드슬로프의 편차 정보에 근거해서 항공기가 지표에 접근하였을 경우에 경고등과 음성에 의한 경보를 제공한다.

73 객실여압장치를 가진 항공기 여압계통 설계 시 고려해야 하는 최소 객실고도는?

① 2,400[ft]

② 8,000[ft]

③ 10,000[ft]

④ 해면고도

해설

객실여압(Cabin pressurization)장치

고고도를 비행하는 항공기의 승객 및 승무원을 기압변화에서 보호하고 쾌적한 여행을 할 수 있도록 항공기내에 압력을 가하는 것으로 통상 8,000[ft] 기압 상태가 유지 되도록 조절한다.

74 CVR(Cockpit Voice Recorder)에 대한 설명으로 옳은 것은?

① HF 또는 VHF를 이용하여 통화를 한다.

② 항공기 사고원인 규명을 위해 사용되는 녹음장치이다.

③ 지상에 있는 정비사에게 경고하기 위한 장비이다.

④ 지상에서 항공기를 호출하기 위한 장치이다.

해설

조종석 음성 기록 장치(Cockpit Voice Recorder)

항공기 추락 시 혹은 기타 중대사고 시 원인 규명을 위해 조종실 승무원의 통신 내용 및 대화 내용 및 조종실 내 제반 Warning 등을 녹음하는 장비이다.

Voice Recorder에 Power가 공급이 되면 비행 중 항상 작동되며, Audio Control Panel에 있는 송신 및 수신 Switch가 작동 Mode에 있고 송신 및 수신 입력 단에 Signal이 공급되면 자동으로 녹음된다.

75 자동조종장치(Auto pilot)의 구성요소에 해당하지 않는 것은?

① 출력부(Output Elements)

② 전이부(Transit Elements)

③ 수감부(Sensing Elements)

④ 명령부(Command Elements)

해설

자동조종장치(Auto pilot)의 구성요소

기본적인 구성요소는 수감부(Sensing Element), 컴퓨터부(Computing Element), 출력부(Output Element), 명령부(Command Element)이다.

개선된 자동비행장치는 Feedback or Follow-up가 추가된다.

76 유압계통에서 기기의 실(Seal)이 손상 또는 유압관의 파열로 작동유가 완전히 새어나가는 것을 방지하기위해 설치한 안전장치는?

① 유압퓨즈(Hydraulic Fuse)

② 오리피스밸브(Orifice Valve)

③ 분리밸브(Disconnect Valve)

④ 흐름조절기(Flow Regulator)

해설

유압퓨즈(Hydraulic fuse)

유압 라인에 파손이 일어나 유압이 누설될 때 상류와 하류의 압력 차이에 의하여 작동하는 보펫 밸브에 의하여 작동유의 흐름을 차단하는 장치. 항공기 브레이크 계통에 장착되어 있다.

77 항공기 유압계통에서 축압기(Accumulator)의 사용 목적으로 옳은 것은?

[정답] 72 ④ 73 ② 74 ② 75 ② 76 ① 77 ④

① 유압유 내 공기 저장

② 작동유의 누출을 차단

③ 계통 내 작동유의 방향 조정

④ 비상 시 계통 내 작동유 공급

🔍 **해설**

축압기(Accumulator)

유압 어큐뮬레이터는 작동유에 압력을 가한 상태로 저장하며, 압력탱크(Pressure Tank)라고도 부른다.

① 어큐뮬레이터에는 계통 압력의 약 1/3 정도의 압축공기 또는 질소가스가 충전되어 있으며 압력라인에 장착한다.

② 유압펌프가 어큐뮬레이터 내부로 작동유를 밀고 들어가면 어큐뮬레이터 내부의 공기는 더욱 가압되고 작동유에 압력을 가하여 계통의 압력조절기가 펌프를 무부하로 한 후에 계통 압력을 유지한다.

③ 여러 개의 유압기기가 사용될 때 동력펌프를 돕는다.

④ 동력펌프 고장시 제한된 유압기기를 작동시킨다.

⑤ 유압계통의 서지(Surge)현상을 방지한다.

⑥ 유압계통의 충격적인 압력을 흡수한다.

⑦ 압력조절기의 개폐 빈도를 줄여준다.

⑧ 다이어프램형(Diaphragm Type) 축압기의 종류가 있다.

⑨ 블래더형(Bladder Type) 축압기의 종류가 있다.

⑩ 피스톤(Piston Type) 축압기의 종류는 현재의 항공기에 많이 사용한다. 이 어큐뮬레이터는 구형 어큐뮬레이터에 비해 간단한 구조이므로 널리 사용되고 있으며, 이 피스톤형 어큐뮬레이터는 한끝에 공기 피팅(Fitting)과 밸브(Valve), 다른 끝에 작동유 피팅을 갖는 실린더로 구성되어 있다.

78 직류발전기에서 발생하는 전기자 반작용을 없애기 위한 것은?

① 보극(Interpole)

② 직렬권선(Series-Winding)

③ 병렬권선(Shunt-Winding)

④ 회전자권선(Armature Coil)

🔍 **해설**

내부자극(Interpole)-보극

자기장의 일그러짐의 정도는 전기자 전류가 증가하면 커진다.

이와 같은 현상 때문에 브러시에서는 아크가 발생하여 브러시가 과도하게 마멸되며, 발전기의 출력이 감소한다.

이러한 상태를 고치려면 브러시를 중립 평면에 따 이동시키거나 주극과 직각으로 보극(internal poles)을 설치하여야한다.

79 발전기 출력 제어회로에서 제너 다이오드(Zener-diode)의 사용 목적은?

① 정전류제어   ② 역류방지

③ 정전압제어   ④ 자기장제어

🔍 **해설**

제너 다이오드(Zener Diode)

전자 부품의 하나로 한쪽 방향으로 전자의 흐름 을 통하여 전자의 흐름이 있는 반도체장치의 특수한 형태이다. 그러나 정상적으로는 반대방향으로 전자가 흐른다.(정전압제어)

80 항공기 계기에서 플랩의 작동 범위를 표시하는 것은?

① 녹색호선(Green Arc)

② 백색호선(White Arc)

③ 황색호선(Yellow Arc)

④ 적색방사선(Red Radiation)

🔍 **해설**

계기의 색표지

① 붉은색 방사선(Red radiation) : 최대 및 최소 운용 한계를 나타내며, 붉은색 방사선이 표시된 범위 밖에서는 절대로 운용을 금지해야 함을 나타낸다.

② 녹색 호선(Green arc) : 안전 운용 범위, 계속 운전 범위를 나타내는 것으로서 운용범위를 의미한다.

③ 노란색 호선(Yellow arc) : 안전 운용 범위에서 초과 금지까지의 경계 또는 경고 범위를 나타낸다.

④ 흰색 호선(White arc) : 대기속도계에서 플랩 조작에 따른 항공기의 속도 범위를 나타내는 것으로서 속도계에만 사용이 된다. 최대 착륙 무게에 대한 실속 속도로부터 플랩을 내리더라도 구조 강도상에 무리가 없는 플랩 내림 최대 속도까지를 나타낸다.

⑤ 푸른색 호선(Blue arc) : 기화기를 장비한 왕복기관에 관계되는 기관 계기에 표시하는 것으로서, 연료와 공기 혼합비가 오토 린(Auto lean)일 때의 상용 안전 운용 범위를 나타낸다.

⑥ 흰색 방사선(White radiation) : 색표시를 계기 앞면의 유리판에 표시하였을 경우에 흰색 방사선은 유리가 미끄러졌는지를 확인하기 위하여 유리판과 계기의 케이스에 걸쳐 표시한다.

자격종목 및 등급(선택분야)	시험시간	문제수	문제형별	성명
항공산업기사	2시간	80	CBT	듀오북스

제1과목 항공역학

01 지오퍼텐셜 고도(Geopotential height)에 대한 올바른 설명은?

① 지구의 중력가속도가 일정한 고도
② 지구의 중력가속도 변화를 고려한 고도
③ 운동에너지가 일정한 고도
④ 위치에너지가 일정한 고도

해답

고도에는 지구의 중력가속도(g)가 일정한 것으로 가정해서 정한 종래의 기하학적 고도(Geometrical height)와 현재의 표준대기로 사용하는 것으로 고도에 따라 (g)의 변화를 고려해서 높은 고도에 적합하게 만들어진 지오퍼텐셜 고도(Geopotential height)가 있다. 기하학적 고도(h)에서 지오퍼텐셜 고도(H)의 환산식은 다음과 같다.

$$H = h\left(1 - \frac{h}{r_0}\right)$$

여기서, H=지오퍼텐셜 고도, h=기하학적 고도,
r_0=지구의 반지름($r_0 = 6.376 \times 10^6 [\text{m}]$)

02 대류권에서의 기온체감률(Lapse rate)은 얼마인가?

① $-5.6 [\text{℃}]/1,000[\text{m}]$
② $-4.5 [\text{℃}]/1,000[\text{m}]$
③ $-6.5 [\text{℃}]/1,000[\text{m}]$
④ $-9.8 [\text{℃}]/1,000[\text{m}]$

해답

대류권에서는 구름이 생성되고, 비, 눈, 안개 등의 기상현상이 생기며 1[km] 올라갈 때마다 기온이 6.5℃씩 내려간다. 즉 $-6.5/1,000[\text{m}]$를 기온체감률이라 한다.

03 압축성 유체에 대한 설명 중 맞는 것은?

① 흐름속도가 변할 때 밀도는 일정하고 압력만 변한다.
② 압력, 온도, 밀도는 흐름의 마하수에 따라 변한다.
③ 밀도와 온도는 일정하고 압력은 마하수에 따라 변한다.
④ 압력, 온도, 밀도의 변화는 흐름속도의 함수가 된다.

해답

비압축성 유체에서는 속도가 변하면 압력만 변화하고 밀도와 온도는 일정하다. 그러나 압축성 유체에서는 속도가 변하면 압력, 온도, 밀도가 전부 변하는데 이들 값은 마하수의 함수로 변화한다. 이 이론은 오스트리아의 과학자 Ernest Mach가 처음으로 발표하였다.

04 날개 주위를 흐르고 있는 유동장에서 어떤 단면에서의 유선의 간격이 25[mm]이고 그 점에서의 유속은 36[m/s]이다. 이 유선이 하류 쪽에서 18[mm]로 좁아졌다면, 이곳에서의 유속은?

① 20[m/s]
② 36[m/s]
③ 50[m/s]
④ 62[m/s]

해답

$A_1 V_1 = A_2 V_2$에서, 단위깊이(1[m])의 유관이라 하면,
하류에서의 속도 V_2는 $36 \times (0.025 \times 1) = V_2 \times (0.018 \times 1)$
$\therefore V_2 = 50[\text{m/s}]$

05 비행기가 밀도 $\rho = 0.1 [\text{kg} \cdot \text{s}^2/\text{m}^4]$인 고도를 200 [km/h]의 속도로 날고 있다. 항공기에 부딪히는 동압은?

① $154 [\text{kg/m}^2]$
② $100 [\text{kg/m}^2]$
③ $300 [\text{kg/m}^2]$
④ $500 [\text{kg/m}^2]$

[정답] 01 ② 02 ③ 03 ② 04 ③ 05 ①

Aircraft Maintenance

해답 - - - - - - - - - - - - - - - -

동압, $q=\dfrac{1}{2}\times\rho V^2$이므로

$q=\dfrac{1}{2}\times 0.1[\mathrm{kg\cdot s^2/m^4}]\times\left(\dfrac{200\times 1000[\mathrm{m}]}{23600[\mathrm{s}]}\right)^2=154.3[\mathrm{kg/m^2}]$

06 밀도 ρ, 속도 V인 공기흐름이 벽면에 충돌하였을 때 받는 힘은?

① 속도에 비례한다.　　② 속도 제곱에 비례한다.
③ 속도에 반비례한다.　④ 속도 제곱에 반비례한다.

해답 - - - - - - - - - - - - - - - -

공기흐름이 벽면에 충돌하였을 때 받는 힘은 동압($\dfrac{1}{2}\rho V^2$)이 되므로 동압은 속도 제곱에 비례한다.

07 동점성계수(Kinematic viscosity)의 정의로 옳은 것은?

① 속도와 점성계수의 비　② 밀도와 점성계수의 비
③ 점성계수와 속도의 비　④ 점성계수와 밀도의 비

해답 - - - - - - - - - - - - - - - -

레이놀즈 수는 $Re=\dfrac{\rho vl}{\mu}$ 또는 $Re=\dfrac{vl}{\mu/\rho}$로 쓸 수있다. 이때 분모 항인 $\dfrac{\mu}{\rho}$는 자주 사용이 되므로이를 동점성계수 ν로 정의한다. 즉 점성계수와 밀도의 비를 동점성계수라 한다.

08 날개 윗면에 천이(Transition)현상이 일어난다. 그 현상은?

① 표면에서 공기가 떨어져 나가는 현상
② 층류가 난류로 변하는 현상
③ 충격파에 의해서 압력이 급증하는 현상
④ 풍압중심이 이동하는 현상

해답 - - - - - - - - - - - - - - - -

레이놀즈 수가 점점 커지게 되면 층류흐름이 난류로 변하는 천이현상이 생긴다.(이때의 레이놀즈 수를 임계 레이놀즈 수라 한다.)

09 날개의 시위길이가 3[m], 공기의 흐름속도가 360[km/h], 공기의 동점성계수가 0.15[cm²/s]일 때 레이놀즈 수는?

① 2×10^7 　　　② 1.5×10^7
③ 20×10^7 　　④ 2×10^5

해답 - - - - - - - - - - - - - - - -

$Re=\dfrac{vl}{\nu}$ 에서 $v=360[\mathrm{km/h}]=100[\mathrm{m/s}]$, $l=3[\mathrm{m}]$,
$\nu=0.15[\mathrm{cm^2/s}]=0.000015[\mathrm{m^2/s}]$,
$\therefore Re=\dfrac{vl}{\nu}=\dfrac{100\times 3}{0.000015}=2\times 10^7$

10 일반적으로 비행기에 사용되는 날개의 최대두께는 보통 시위의 몇 [%]인가?

① $0\sim 3[\%]$이다.　　② $4\sim 7[\%]$이다.
③ $10\sim 18[\%]$이다.　④ $20\sim 25[\%]$이다.

해답 - - - - - - - - - - - - - - - -

비행기에 사용되는 날개골의 최대두께는 보통 $10\sim 18[\%]$일 때, 양항특성이 좋고 또 강도상 무난하다.

11 다음은 날개골의 특성에 관계되는 것들이다. 틀린 것은?

① 최대 양력계수가 클수록 날개 특성은 좋다.
② 항력계수가 작을수록 날개 특성은 좋다.
③ 압력중심의 위치 변화가 작을 수록 날개 특성은 좋다.
④ 실속속도가 클수록 날개 특성은 좋다.

해답 - - - - - - - - - - - - - - - -

날개골은 최대 양력계수(C_{Lmax})가 크고 최소 항력계수(C_{Dmin})가 작으며, 압력중심의 변화가 작을수록 좋다. 또한 실속속도가 작을수록 이착륙거리가 단축되어 유리하다.

[정답] 06 ② 07 ④ 08 ② 09 ① 10 ③ 11 ④

12 NACA 0012의 날개골에서 최대두께는 시위의 몇 [%]인가?

① 9[%]이다.   ② 12[%]이다.

③ 0[%]이다.   ④ 6[%]이다.

해답

NACA 4자 및 5자 계열에서 끝의 두 자리 숫자는 날개골의 최대 두께를 표시하는 것으로 시위의 12[%]가 된다.

13 속도 300[km/h]로 비행하는 항공기의 날개 윗면의 어떤 점에서의 흐름속도가 360[km/h]이다. 이 점에서의 압력계수는?

① 0.25   ② 0.45

③ −0.30   ④ −0.44

해답

압력분포를 나타내는 무차원 계수로써 압력계수(Pressure coefficient)를 정의하고, 이를 C_p라고 하면 다음과 같이 표시된다.

$$C_p = \frac{P - P_\infty}{\frac{1}{2}\rho V_\infty^2} = 1 - \left(\frac{V}{V_\infty}\right)^2$$

여기서 $C_p < 0$인 경우 부압이, $C_p > 0$일 때 정압이 작용한다는 것을 알 수 있다. 따라서 $C_p = 1 - \left(\frac{V}{V_\infty}\right)^2 = 1 - \left(\frac{360}{300}\right)^2 = -0.44$

14 다음 중에서 날개에 작용하는 공기력은?

① 양력과 중력   ② 추력과 중력

③ 양력과 추력   ④ 양력과 항력

해답

날개에 작용하는 공기력은 흐름방향에 수직 성분인 양력(Lift)과 평행 성분인 항력(Drag)으로 나누어진다.

15 비행기 날개의 길이가 10[m], 날개면적이 20[m²]일 때, 가로세로비(Aspect ratio)는?

① 2   ② 4

③ 5   ④ 6

해답

가로세로비 : $AR = \frac{b}{c} = \frac{b \times b}{c \times b} = \frac{b^2}{s}$ 이므로 $AR = \frac{10^2}{20} = 5$이다.

여기서 $\bar{c}$: 평균공력시위, s : 면적, b : 날개길이

16 다음 그림은 날개에 생기는 와류를 나타낸 것이다. 와류의 방향으로 맞는 것은?

①    ②

③   ④

해답

아래 그림에서 보는 바와 같이 날개뒷전에서는 위로 말아 올라가는 출발와류가 생기고 이 와류가 생기면 날개에는 크기가 같고 방향이 반대인 속박와류(Bound vortex)가 생긴다.

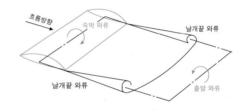

[날개주위에 발생하는 와류]

17 날개의 면적은 같고 스팬(Span)만 2배로 하면 유도 항력은?

① 1/2이 된다.   ② 1/4이 된다.

③ 2배가 된다.   ④ 변화없다.

해답

유도항력계수는 $C_{Di} = C_L^2/\pi e AR$이다.

여기서 $AR = \frac{b^2}{S}$이므로 날개면적(S)을 일정히 하고 스팬 b를 두배로 하면 가로세로비가 4배가 되어 유도항력은 $\frac{1}{4}$이 된다.

[정답] 12 ②   13 ④   14 ④   15 ③   16 ②   17 ②

Aircraft Maintenance

18 어떤 제트 비행기가 1,000[kg]의 추력을 사용해서 300[km/h]의 속도로 수평비행을 하고 있다. 이용마력은 얼마인가?

① 1,200　　② 1,111
③ 1,085　　④ 1,035

해답

속도를 V, 이용추력을 T라 하면 이용마력 $P_a = \dfrac{TV}{75}$

$$P_a = \frac{TV}{75} = \frac{1,000 \times \frac{300}{3.6}}{75} = 1,111.11$$

19 엔진출력이 350마력이고 312[km/h]의 속도로 수평등속비행 중인 비행기의 전항력은?(단, 프로펠러 효율은 0.8이다.)

① 158[kg]　　② 202[kg]
③ 242[kg]　　④ 260[kg]

해답

수평등속비행할 때 필요마력 $P_r = \dfrac{DV}{75}$와 이용마력 $P_a = P \times \eta$은 같으므로 두 식을 같게 놓으면

$$D = \frac{P \times \eta \times 75}{V} = \frac{350 \times 0.8 \times 75}{\frac{312}{3.6}} = 242.30[kg]$$

20 오늘날 항공기의 무게와 평형(Weight & Balance)을 고려하는 가장 중요한 이유는 무엇인가?

① 비행시의 효율성 때문에
② 소음을 줄이기 위해서
③ 비행기의 안정성 위해서
④ Payload를 증가시키기 위해서

해답

항공기의 무게와 평형조절
- 근본 목적은 안정성에 있으며, 2차적인 목적은 가장 효과적인 비행을 수행하는 데 있다.
- 부적절한 하중은 상승한계, 기동성, 상승률, 속도, 연료소비율의 면에서 항공기의 효율을 저하시키며, 출발에서부터 실패의 요인이 될 수도 있다.

21 섭씨온도를 t_C 화씨온도를 t_F로 표시할 때 화씨온도를 섭씨온도로 환산하는 관계식 중 옳은 것은?

① $t_C = \dfrac{5}{9}(t_F - 32)$　　② $t_C = \dfrac{9}{5}(t_F - 32)$

③ $t_C = \dfrac{5}{9}(t_F + 32)$　　④ $t_C = \dfrac{9}{5}(t_F + 32)$

해설

$t_F = \dfrac{9}{5}t_C + 32$, $t_C = \dfrac{5}{9}(t_F - 32)$

22 처음 20[kg/cm²], 150[℃] 상태에 있는 0.3[m³]의 공기가 가역정적과정으로 50[℃]까지 냉각된다. 이때의 압력을 구하면?(단, 열역학적 절대온도 $T = 273$[°K]이다.)

① 6.67[kg/cm²]　　② 15.27[kg/cm²]
③ 26.67[kg/cm²]　　④ 25.27[kg/cm²]

해설

$$\frac{P_1}{T_1} = \frac{P_2}{T_2}, \quad P_2 = \frac{T_2}{T_1} = \frac{50 + 273.15}{150 + 273.15} \times 20 = 15.27[kg/cm^2]$$

23 비열비(γ)에 대한 공식 중 맞는 것은? (단, C_P : 정압비열, C_v : 정적비열)

① $\gamma = \dfrac{C_v}{C_P}$　　② $\gamma = \dfrac{C_P}{C_v}$

③ $\gamma = 1 - \dfrac{C_P}{C_v}$　　④ $\gamma = \dfrac{C_P - 1}{C_v}$

해설

비열비
어떤 물질이 일정한 압력상태에서 얻어지는 비열과 일정한 체적상태에서 얻어지는 비열의 비율을 말하며, 보통 공기의 비열비는 1.4를 사용한다.

[정답] 18 ② 19 ③ 20 ③ 21 ① 22 ② 23 ②

24 그림은 어떤 사이클인가?

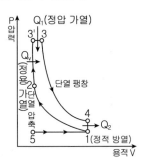

① 카르노 사이클
② 정적 사이클
③ 정압 사이클
④ 합성 사이클

🔍 해설

• 카르노 사이클 : 단열압축, 단열팽창, 등온수열, 등온방열
• 정적 사이클(오토 사이클) : 단열압축, 단열팽창, 정적수열, 정적 방열
• 정압 사이클(디젤 사이클) : 단열압축, 단열팽창, 정압수열, 정적 방열
• 합성 사이클(사바테 사이클) : 단열압축, 단열팽창, 정적, 정압수열 정적방열

25 압축비가 8인 오토사이클의 열효율은 몇 [%]인가?

(단, 단열지수 $k=1.4$)

① 48.7
② 56.5
③ 78.2
④ 94.6

🔍 해설

$$1-\left(\frac{1}{\varepsilon}\right)^{k-1}=1-\left(\frac{1}{8}\right)^{1.4-1}=1-0.435=0.565$$

26 항공기용 왕복 엔진에서 피스톤의 넓이가 165[cm²], 행정길이가 155[mm], 실린더 수가 4개, 제동평균유효압력이 8[kg/cm²], 회전수가 2,400[rpm]일 때 제동마력은?

① 203[ps]
② 218[ps]
③ 235[ps]
④ 257[ps]

🔍 해설

제동마력을 구하는 데 있어서 단위 환산이 아주 중요하다.

$$bhp=\frac{PLANK}{75\times2\times60}$$

$$=\frac{8[kg/cm^2]\times0.155[m]\times165[cm^2]\times2,400[rpm]\times4}{75\times2\times60}\times S$$

$$=\frac{1,964,160}{9,000}=218.24[ps]$$

27 과급기를 장착한 왕복 엔진에서 흡입되는 공기온도는 280[˚K]이고, 압축행정 후 온도는 840[˚K]이며, 이때 외부 대기 공기의 온도는 0[˚C]이다. 열효율은 얼마인가?

① 58.9[%]
② 60[%]
③ 66.7[%]
④ 67.5[%]

🔍 해설

$$\eta_{th}=1-\frac{T_2}{T_1}=1-\frac{280}{840}\times100≒66.7[\%]$$

28 왕복 엔진의 밸브 간극에 대한 설명 중 틀린 것은?

① 냉간 간극은 엔진 정지시에 측정하며 검사 간극이다.
② Valve의 간극이 작으면 완전 배기가 안된다.
③ 열간 간극은 1.52[mm]~1.782[mm]이고 냉간 간극은 0.22[mm]이다.
④ 열간 간극이 큰 것은 열팽창 중 Push rod보다 실린더 헤드의 열팽창이 더 크기 때문이다.

🔍 해설

① 열간 간극(작동간극)
　엔진이 정상 작동온도일 때의 간극(0.07[inch])
② 냉간 간극(검사간극)
　엔진이 정지해 상온일 때의 간극(0.01[inch])

💬 참고

밸브 간극이 작은 경우에는 밸브는 일찍 열리고 늦게 닫히게 되므로 밸브 작동기간이 길어져 배기의 시간이 길어진다.

[정답] 24 ④　25 ②　26 ②　27 ③　28 ②

29 9기통 성형엔진 4로브 캠의 경우 크랭크축과 캠축의 회전 속도의 비는?

① 1/2
② 1/4
③ 1/6
④ 1/8

🔍 **해설**

$$캠판\ 속도 = \frac{1}{로브의수 \times 2} \times S$$

30 기화기의 결빙시 나타나는 현상 중 옳은 것은?

① C.H.T에 이상이 생긴다.
② 흡입 압력 증가한다.
③ Engine R.P.M 이상이 생긴다.
④ 흡입 압력 강하한다.

🔍 **해설**

기화기가 결빙되면 흡입 공기의 양이 감소하여 혼합 가스의 압력 저하

31 왕복 엔진에 일반적으로 사용되는 연료 펌프의 형식은?

① 기어형(Gear type)
② 임펠러형(Impeller type)
③ 베인형(Vane type)
④ 지로터형(Gerotor type)

🔍 **해설**

왕복 엔진의 주연료 펌프로는 베인형(Vane type)이 주로 사용된다.

32 왕복기관 중 직접연료분사 엔진에서 연료가 분사되는 곳이 아닌 것은?

① 흡입 밸브 앞
② 흡입 다기관
③ 실린더 내
④ 벤투리 목 부분

🔍 **해설**

직접연료 분사 장치는 흡입밸브 바로 앞 각 실린더의 흡입관 입구에 연료를 분사하는 것과 실린더의 연소실에 직접 분사하는 것이다.

33 다음 중에서 오일의 온도가 올라가고 압력이 떨어지는 이유는?

① 오일량이 부족하다
② 오일 냉각기가 고장이 났다.
③ 오일 Pump가 고장이 났다.
④ 릴리프 Valve의 조절 불량

🔍 **해설**

오일량이 부족하면 충분한 냉각을 할 수 없기에 온도가 상승하고 압력이 떨어진다.

34 왕복기관 윤활계통에서 오일펌프는 주로 어떤 것이 쓰이는가?

① 원심식 펌프
② 피스톤 펌프
③ 기어 펌프
④ 베인 펌프

🔍 **해설**

오일 압력 펌프
기어형(Gear type)과 베인형(Vane type)이 있으며 현재 왕복 엔진에서는 기어형을 가장 많이 사용하고 있다.

35 브레이커 포인트가 손상되었을 때 교환해야 하는 부품은?

① 1차코일
② 2차코일
③ 배전기 접점
④ 콘덴서

🔍 **해설**

콘덴서
① 브레이크 포인트에 생기는 아크(Arc), 즉 전기 불꽃을 흡수하여 브레이크 포인트 부분의 불꽃에 의한 마멸을 방지하고, 철심에서 발생했던 잔류 자기를 빨리 없애주는 역할을 한다.
② 콘덴서의 용량이 너무 작으면 브레이크 포인트가 타고 콘덴서가 손상된다.
③ 콘덴서의 용량이 너무 크면 2차 전압이 낮아진다.
④ 브레이크 포인트의 재질 : 백금-이리듐 합금

[정답] 29 ④ 30 ④ 31 ③ 32 ④ 33 ① 34 ③ 35 ④

36 마그네토(Magneto)의 임펄스 커플링(Impulse Coupling)의 목적은?

① 밸브 타이밍(Valve timing)의 시정

② 시동시 고전압 발생

③ 토오크(Torque) 방지

④ 시동 부하 흡수

해설

시동시 점화보조 장비

① 임펄스 키플링 : 주로 대향형 기관에 사용

② 부스터 코일 : 초기 성형 기관에 사용, 밧데리에서 전원 받음, 시동 스위치와 연동, 직접 점화 플러그에 고전압 전달

③ 인덕션 바이브레이터 : 주로 성형 기관에 사용, 밧데리에서 전원 받음, 시동 스위치와 연동, 직류를 맥류로 바꿔 마그네토 1차 코일에 전달

37 브레이턴(Brayton) 사이클의 이론 열효율을 가장 올바르게 표시한 것은? (단, η_{th} : 열효율, r : 압력비, k : 비열비)

① $\eta_{th}=1-r^{\frac{1}{k-1}}$

② $\eta_{th}=1-r^{\frac{1-k}{k}}$

③ $\eta_{th}=1-r^{\frac{k}{k-1}}$

④ $\eta_{th}=1-r^{\frac{k-1}{k}}$

해설

브레이턴 사이클의 열효율

$\eta=1-\dfrac{1}{r^{\frac{k-1}{k}}}$

38 가스 터빈 기관을 압축기의 형식에 따라 구분할 때 고성능 가스 터빈 기관에 많이 사용하는 형식은 무엇인가?

① 축류형

② 원심력형

③ 축류-원심력형

④ 겹흡입식

해설

압축기의 종류

① 원심식 압축기 : 제작이 간단하여 초기에 많이 사용하였으나 효율이 낮아 요즘에는 거의 쓰이지 않음

② 축류형 압축기 : 현재 사용하고 있는 가스 터빈 엔진은 대부분 사용

③ 원심 - 축류형 압축기 : 소형 항공기 및 헬리콥터 엔진 등에 사용

39 가스 터빈 엔진에서 서지(Surge) 현상이 일어나는 곳은 어디인가?

① 팬 전방

② 압축기

③ 터빈

④ 배기노즐

해설

축류 압축기에서 압력비를 높이기 위하여 단 수를 늘리면 점차로 안전 작동범위가 좁아져 시동성과 가속성이 떨어지고 마침내 빈번하게 실속 현상을 일으키게 된다.

실속이 발생하면 엔진은 큰 폭발음과 진동을 수반한 순간적인 출력 감소를 일으키고, 또 경우에 따라서는 이상 연소에 의한 터빈 로터와 스테이터의 열에 의한 손상, 압축기 로터의 파손 등의 중대 사고로 발전하는 경우도 있다. 또한, 압축기 전체에 걸쳐 발생하는 심한 압축기 실속을 서지라고도 한다.

40 터보 팬 기관에서 터빈 깃의 냉각공기는 어디에서 나오는가?

① 저압 압축기

② 고압 압축기

③ 팬에서 나온 공기

④ 연소 공기

해설

터빈 입구의 노즐 가이드 베인, 터빈 로터, 터빈 로터 디스크 등 고온부의 냉각에는 고압 압축기의 블리드 공기를 이용한다.

제3과목 ◀ 항공기체

41 응력외피형 구조의 설명이 아닌 것은?

① 외피도 항공기에 작용하는 하중을 일부 담당하는 구조이다.

② 내부에 골격이 없어 내부공간을 크게 할 수 있고 외형을 유선형으로 할 수 있는 장점이 있다.

③ 모노코크 구조와 세미 모노코크 구조이다.

④ 얇은 금속판으로 외피를 씌운 구조로 경비행기 및 날개의 구조에 사용된다.

해설

응력외피형 구조

[정답] 36 ② 37 ② 38 ① 39 ② 40 ② 41 ④

응력외피형 구조는 항공기에 작용하는 하중을 일부 담당하는 구조이며, 내부에 골격이 없어 내부 공간을 크게 할 수 있고 외형을 유선형으로 할 수 있는 장점이 있으며, 모노코크 구조와 세미 모노코크 구조가 있다.

42 좌굴을 방지하며, 외피를 금속으로 부착하기 좋게 하여 강도를 증가시키기는 부재는?

① Spar
② Rib
③ Skin
④ Stringer

🔍 **해설**

스트링거(Stringer)

날개의 굽힘강도를 크게 하기 위하여 날개의 길이 방향으로 리브 주위에 배치하며 좌굴(Buckling)을 방지하며, 외피를 금속으로 부착하기 좋게 하여 강도를 증가시키기도 한다.

43 비행 시 발생되는 난류를 감소시켜주고 방향안전성을 담당해 주는 것은?

① Flap
② Dorsal Fin
③ Elevator
④ Rudder

🔍 **해설**

Dorsal Fin(도살핀)

항공기 수직 안정판에 연장된 부분으로 Vertical Stabilizer의 전방에 설치되어 Vertical Stabilizer와 Fuselage 사이의 유선 페어링(Streamline Fairing)으로 되어 비행 시에 발생되는 난류를 감소시켜 주고 항공기의 방향안정성을 증가시키는데 사용된다.

44 지름이 5[cm]인 원형단면인 봉에 1,000[kg]의 인장하중이 작용할 때 단면에서의 응력은 몇 [kg/cm²]인가?

① 101.8
② 200
③ 50.9
④ 63.7

🔍 **해설**

$$\sigma = \frac{W}{A} = \frac{1,000}{2.5^2\pi} \fallingdotseq 50.9[\text{kg/cm}^2]$$

여기서, σ : 인장응력[kg/cm], W : 인장력[kg], A : 단면적[cm]

45 비행 중 비행기에 걸리는 하중은?

① 전단, 인장, 비틀림,
② 휨압축, 전단, 인장, 비틀림, 휨
③ 압축, 전단, 비틀림, 휨
④ 압축, 전단, 휨, 인장

🔍 **해설**

비행 중 기체 구조에 작용하는 하중

비행 중에 기체에는 인장력(Tension), 압축력(Compress), 전단력(Shear), 굽힘력(Bending), 비틀림력(Torsion)이 작용한다.

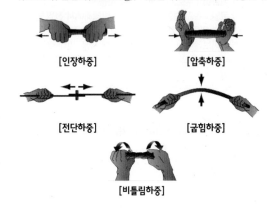

[인장하중] [압축하중]

[전단하중] [굽힘하중]

[비틀림하중]

46 항공기 총모멘트가 125,000[kg·cm]이고 총무게가 500[kg]일 때, 이 항공기의 무게중심은?

① 210.4[cm]
② 230[cm]
③ 250[cm]
④ 270[cm]

🔍 **해설**

$$C.G = \frac{\text{총모멘트}}{\text{총무게}} = \frac{125,000}{500} = 250[\text{cm}]$$

47 재료의 인성과 취성을 측정하기 위해 실시하는 동적 시험법은?

① 인장시험
② 전단시험
③ 충격시험
④ 경도시험

[정답] 42 ④ 43 ② 44 ③ 45 ② 46 ③ 47 ③

해설

충격시험

충격력에 대한 재료의 충격저항을 시험하는 것으로서, 일반적으로 재료의 인성 또는 취성을 시험한다.

① 보론 섬유 ② 아라미드 섬유
③ 탄소 섬유 ④ 알루미나 섬유

해설

보론 섬유(Boron Fiber)

양호한 압축강도, 인성 및 높은 경도를 가지고 있다. 그러나 작업할 때 위험성이 있고 값이 비싸기 때문에 민간 항공기에는 잘 사용되지 않고 일부 전투기에 사용되고 있다. 많은 민간 항공기 제작사들은 보론 대신 탄소 섬유와 아라미드 섬유를 이용한 혼합 복합 소재를 사용하고 있다.

48 SAE 2330 강이란?

① 탄소 3[%] 함유 강 ② 몰리브덴 3[%] 함유 강
③ 니켈 3[%] 함유 강 ④ 텅스텐강 3[%] 함유 강

해설

SAE 2330

- 2 : 니켈강
- 3 : 니켈의 함유량(3[%])
- 30 : 탄소의 함유량(0.3[%])

51 같은 열에 있는 리벳 중심과 Rivet 중심 간의 거리를 무엇이라 하는가?

① 연거리 ② Rivet Pitch
③ 열간 간격 ④ 가공거리

해설

리벳 피치(Rivet pitch)

같은 열에 있는 리벳 중심과 리벳 중심 간의 거리를 말하며, 최소 3D~최대 12D로 하며 일반적으로 6~8D가 주로 이용된다.

49 티타늄 합금과 알루미늄 합금의 비교 시 옳지 않은 것은?

① 티타늄 합금이 알루미늄 합금보다 강도가 높다.
② 티타늄 합금이 알루미늄 합금보다 내식성이 불량하다.
③ 티타늄 합금이 알루미늄 합금보다 비중이 1.6배이다.
④ 티타늄 합금이 알루미늄 합금보다 내열성이 좋다.

해설

티타늄의 특성

① 비중 4.5(Al보다 무거우나 강(steel)의 1/2 정도)
② 융점 1,730[℃](스테인리스강 1,400[℃])
③ 열전도율이 적다.(0.035)(스테인리스 0.039)
④ 내식성(백금과 동일) 및 내열성 우수(Al 불수강보다 우수)
⑤ 생산비가 비싸다.(특수강의 30~100배)
⑥ 해수 및 염산, 황산에도 완전한 내식성
⑦ 비자성체(상자성체)

52 7×19의 모양과 주로 사용하는 곳은?

① 7개의 와이어로 된 19개의 Strand로 구성되며 전반적인 조종계통에 사용된다.
② 19개의 와이어로 된 7개의 Strand로 구성되며 전반적인 조종계통에 사용된다.
③ 7개의 와이어로 된 19개의 Strand로 구성되며 트림탭 조종계통에 사용된다.
④ 19개의 와이어로 된 7개의 Strand로 구성되며 주조종계통에 주로 사용된다.

해설

7×19 케이블

충분한 유연성이 있고, 특히 작은 직경의 풀리에 의해 구부러졌을 때 굽힘응력에 대한 피로에 잘 견딘다. 지름 1/8″ 이상으로 주로 조종계통에 사용된다.

50 강화재 중에서 기계적 성질이 우수하여 제트기 동체나 날개 부분에 사용되지만, 중화학반응이 커서 취급하기가 어렵고 가격이 비싼 복합 재료는?

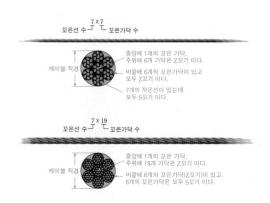

53 고유압계통의 튜브의 외경은 구부러진 부분에서 일반적으로 직경이 몇 [%] 이하가 되지 않아야 하는가?

① 90[%]

② 75[%]

③ 50[%]

④ 30[%]

🔍 해설

튜브의 직경
- 굽힘 작업을 한 튜브에 파임의 결함이 생기면 유체의 흐름을 제한하게 한다.
- 주름진 결함이 생기면 파임이 있는 튜브에 비해 심하게 유체의 흐름을 제한하지 않지만 계속 흐름을 파동시킴으로서 튜브를 약하게 한다.
- 굽힘 공구 자국이 없고 굽힘의 최소직경이 튜브 직경의 75[%] 이하가 되지 않아야 한다.

54 양극 산화 처리(Anodizing)란 무엇인가?

① 표면에 하는 용융금속 분사방법이다.

② 산화물에 피막을 입히는 방법이다.

③ 수산화 피막을 인공적으로 입히는 방법이다.

④ 전기적인 도금방법이다.

🔍 해설

양극 산화 처리(Anodizing)
마그네슘 합금과 알루미늄 합금을 양극으로 하여 크롬산 용액에 담그면 양극으로 된 부분에서 산소가 발생하여 산화피막이 형성된다.

55 비파괴 검사 종류가 아닌 것은?

① 육안 검사

② 침투탐상 검사

③ 와전류 검사

④ ISI 검사

🔍 해설

비파괴 검사(Non Destructive Inspection)
검사 대상 재료나 구조물이 요구하는 강도를 유지하고 있는지, 또는 내부 결함이 없는지를 검사하기 위하여 재료를 파괴하지 않고 물리적 성질을 이용, 검사하는 육안 검사(visual inspection), 침투탐상 검사(liquid penetrant inspection), 전류 검사(eddy current inspection), 초음파 검사(ultrasonic inspection), 자분탐상 검사(magnetic particle inspection), 방사선 검사(radio graphic inspection) 방법을 말한다.

56 두께가 0.25[cm]인 판재를 굽힘 반지름 30[cm]로 60°굽히려고 할 때 굽힘 여유는?

① 30.53

② 35.13

③ 31.53

④ 33.15

🔍 해설

$$B.A. = \frac{\theta}{360} \times 2\pi \left(R + \frac{1}{2}T \right)$$

여기서, R : 굽힘 반지름, T : 두께

$$B.A. = \frac{60}{360} \times 2 \times 3.14 \left(30 + \frac{1}{2} \times 0.25 \right) = 31.53$$

57 Dial Indicator의 용도가 아닌 것은?

① 평면이나 원통의 고른 상태측정

② 원통의 진원상태측정

③ 안지름의 마멸 상태측정

④ 축의 휘어진 상태나 편심 상태측정

🔍 해설

Dial Indicator의 용도
- 평면이나 원통의 고른 상태측정
- 원통의 진원상태측정
- 축의 휘어진 상태나 편심 상태측정
- 기어의 흔들림측정
- 원판의 런 아웃(Run Out)측정
- 크랭크축이나 캠축의 움직임의 크기측정

[정답] 53 ② 54 ③ 55 ④ 56 ③ 57 ③

58 비파괴 검사에 대한 설명이 틀린 것은?

① 자분탐상 검사 : 자력과 직각방향

② 초음파 검사 : 초음파 진행방향과 평행한 방향

③ 와전류 검사 : 소용돌이 전류흐름을 차단하는 방향

④ 방사선 검사 : 방사선 진행방향과 평행한 방향

해설

초음파의 진행시간(송수신 시간간격 – 거리)과 초음파의 에너지량(반사에너지량 진폭)을 적절한 표준자료와 비교·분석하여 불연속의 존재유무 및 위치·크기를 알아낸다는 방법이다.

59 알루미늄판 용접 시 탄화불꽃은 어떻게 이용하는가?

① 아세틸렌을 약간 강하게 한다.

② 아세틸렌과 산소량을 같게 한다.

③ 산소를 약간 강하게 한다.

④ 아세틸렌을 매우 강하게 한다.

해설

알루미늄판 용접 시 탄화불꽃(아세틸렌 과다)을 이용하는데 이 불꽃을 얻기 위해서는 중간불꽃으로 먼저 조절하고 아세틸렌 밸브를 약간 열어서 아세틸렌의 Feather가 생기게 한다.

60 안전 결선(Safety Wire) 방법이 잘못된 것은?

① 더블 트위스트(Double Twist)와 싱글 와이어(Single Wire) 방법이 있다.

② 더블 트위스트 와이어 방법의 유닛 수는 3개가 최대수이다.

③ 슈퍼차저(Supercharger)의 중요 부분에 사용될 때는 싱글와이어 방법을 쓴다.

④ 6[in] 이상 떨어져 있는 파스너(Fastener)의 사이에 와이어를 걸어서는 안 된다.

해설

안전 지선을 거는 방법

- 더블 트위스트(Double Twist)와 싱글 와이어(Single Wire) 방법이 있다.
- 더블 트위스트 와이어 방법의 유닛 수는 3개가 최대수이다.
- 6[in] 이상 떨어져 있는 파스너(Fastener) 또는 피팅(Fitting)의 사이에 와이어를 걸어서는 안 된다.

제4과목 **항공장비**

61 주파수가 높은 마이크로파(Microwave)대 영역에서 지향성이 강한 전파를 사용하는 위성 통신용이나 레이더용으로 사용하는 안테나는?

① 야기 안테나

② 다이폴 안테나

③ 포물선형 안테나

④ 루프 안테나

해설

마이크로파의 송수신에 사용되는 안테나

마이크로파는 파장이 매우 짧고 그 성질이 빛과 비슷하기 때문에 입체형의 포물면 거울이나 렌즈를 응용한 안테나가 사용된다. 주요한 것으로는 파라볼라 안테나, 혼 리플렉터 안테나, 전자(電磁) 나팔, 전파 렌즈 등이 있다.

- 파라볼라 안테나
  회전포물도체면(回轉抛物導體面)을 반사기(反射器)로 한 안테나
- 혼 리플렉터 안테나
  도파관에 접속된 각뿔(Pyramid) 혼의 벌린 입면에 회전 포물면형의 반사기를 비스듬히 붙여 전파의 진행 방향을 거의 직각으로 변하게 하는 안테나

62 항공기 무선 통신 장치 중 단거리 통신용으로 사용하는 장치는?

① 중파(MF) 통신 장치

② 단파(HF) 통신 장치

③ 초단파(VHF) 통신 장치

④ 극초단파 통신 장치

해설

통신장치

① HF 통신장치
  ⓐ VHF 통신장치의 2차 통신수단이며, 주로 국제항공로 등의 원거리통신에 사용
  ⓑ 사용주파수 범위는 3~30[MHz]

② VHF 통신장치
  ⓐ 국내항공로 등의 근거리통신에 사용
  ⓑ 사용주파수 범위는30~300[MHz]이며, 항공통신주파수 범위는 118~136.975[MHz]

63 승무원과 승무원 및 조종사와의 통화를 위해 사용하는 인터폰 시스템은?

[정답] 58 ② 59 ① 60 ③ 61 ③ 62 ③ 63 ④

① 승객 안내 시스템   ② 승객 오락 시스템
③ 승객 서비스 시스템   ④ 객실 인터폰 시스템

> **해설**

1. 플라이트 인터폰(Flight Interphone)
   - 항공기간 조종사와 지상국 근무자와 통신하기 위한 시스템
2. 서비스 인터폰(Service Interphone)
   - 조종실-객실승무원
   - 조종실-지상정비사(이·착륙 및 지상서비스)
   - 객실승무원 상호
3. 콜 시스템(Call System)
   - 조종석-지상작업자
   - 조종석-객실승무원
   - 조종석-사무장
   - 객실승무원-승객
   - 객실승무원-화장실
   - 객실승무원 상호
4. 메인터넌스 인터폰(Maintenance Interphone)
   - 기체 정비 작업시에만 사용
   - 호출장치가 없어서 음성으로 호출
5. PA 시스템(Passenger Address System)
   - 안내방송-1순위 : 조종실(Cockpit) 방송, 2순위 : 객실(Cabin) 방송, 3순위 : 음악(Music) 방송
   - 캐빈천정, 갤리(Galley), 화장실(Lavatory), 승무원 좌석 근처 등에 스피커 설치
   - PA방송기 기는 40~60[W] 정도의 출력, 중형항공기에는 1대, 대형항공기에는 2대
6. 오락 프로그램 제공 시스템(Passenger Entertainment System)
   - 12개의 채널(테이프코드용 10개 , TV 또는 VTR용 1개, 채널 및 라디오용 1개)이 다중화장치 (Multiplexer : MUX)를 이용하여 각 좌석그룹으로 전송
   - 각 좌석그룹에는 복조기(Demultiplex)가 있고 각 좌석에서 PCU(Passenger Control Unit)을 사용하여 원하는 채널로 조절

64   특정한 지점에서 착륙점까지의 거리 정보를 나타내는 장치는?

① 마커 비컨   ② 로컬라이저
③ 글라이드 슬로프   ④ 활주로

> **해설**

마커 비컨(Marker beacon)
최종 접근 진입로상에 설치되어 지향성 전파를 수직으로 발사시켜 활주로까지 거리를 지시해 준다.
① 용도 : 항공기에서 활주로 끝까지의 거리표시
② 주의사항 : 수신기의 감도를 저감도로 하여 측정

65   착륙 상태에서는 자동으로 속도를 제어하는 장치는?

① 플라이트 디렉터 시스템   ② 요 댐퍼
③ 자동 착륙 장치   ④ 오토스로틀

> **해설**

오토스로틀
조종사가 원하는 속도를 입력하면 비행기가 스스로 엔진 출력을 조절해 정해진 속도를 유지하는 기능이다. '오토 크루즈' 기능과 같다.

66   다음 중 통화장치의 종류가 아닌 것은?

① 운항 승무원 통화장치   ② 객실 승무원 통화장치
③ 기내 통화장치   ④ 기내 방송장치

> **해설**

통화장치의 종류
① 운항 승무원 상호간 통화장치(Flight Interphone System)
   조종실 내에서 운항 승무원 상호간의 통화 연락을 위해 각종 통신이나 음성신호를 각 운항 승무원석에 배분한다.
② 승무원 상호간 통화장치(Service Interphone System)
   비행 중에는 조종실과 객실 승무원석 및 갤리(Galley) 간의 통화연락을, 지상에서는 조종실과 정비 및 점검상 필요한 기체 외부와의 통화연락을 하기 위한 장치이다.
③ 객실 통화장치(Cabin Interphone System)
   조종실과 객실 승무원석 및 각 배치로 나누어진 객실 승무원 상호간의 통화연락을 하기 위한 장치이다.

67   항법의 4요소는 무엇인가?

① 위치, 거리, 속도, 자세
② 위치, 방향, 거리, 도착예정시간
③ 속도, 유도, 거리, 방향
④ 속도, 고도, 자세, 유도

> **해설**

항법장치는 시각과 청각으로 나타내는 각종 장치 등을 통하여 방위, 거리 등을 측정하고 비행기의 위치를 알아내어 목적지까지의 비행경로를 구하기 위하여 또는 진입, 선회 등의 경우에 비행기의 정확한 자세를 알아서 올바로 비행하기 위하여 사용되는 보조시설이다.
(위치, 방향, 거리, 도착예정시간)

[정답] 64 ①   65 ④   66 ④   67 ②

68 항공기 기내방송의 우선순위 중 순위가 제일 낮은 것은?

① 조종사의 기내방송

② 부조종사의 기내방송

③ 객실 승무원의 기내방송

④ 승객을 위한 음악방송

🔍 **해설**

기내방송(Passenger Address)의 우선순위

① 운항 승무원(Flight Crew)의 기내방송
② 객실 승무원(Cabin Crew)의 기내방송
③ 재생장치에 의한 음성방송(Auto-Announcement)
④ 기내음악(Boarding Music)

69 전원이 28[V]이고, 저항 5[Ω], 10[Ω], 13[Ω]을 직렬로 연결할 때 전류는?

① 1[A]

② 2[A]

③ 3[A]

④ 4[A]

🔍 **해설**

직렬로 연결된 저항의 합성저항

$R = R_1 + R_2 + R_3 + \cdots$ 이므로 $R = 28[\Omega]$
$I = V/R = 28/28 = 1[A]$

70 전압이 24[V]이고, 직렬로 연결된 저항 값이 2[Ω], 4[Ω], 6[Ω]일 때 전류의 값은?

① 2[A]

② 4[A]

③ 8[A]

④ 12[A]

🔍 **해설**

직렬로 연결된 저항의 합성저항

$R = R_1 + R_2 + R_3 + \cdots$ 이므로 $R = 2 + 4 + 6 = 12[\Omega]$이고,
$E = IR$이므로 $I = E/R = 24/12 = 2[A]$

71 도선의 접속방법 중 장착, 장탈이 쉬운 방법은?

① 납땜

② 스플라이스

③ 케이블 터미널

④ 커넥터

🔍 **해설**

도선의 연결장치

① 케이블 터미널 : 전선의 한쪽에만 접속을 하게끔 되어 있고, 연결 시 전선의 재질과 동일한 것을 사용해야 하며(이질금속 간의 부식을 방지) 전선의 규격에 맞는 터미널(보통 2~3개의 규격을 공통으로 사용)을 사용해야 한다.

② 스플라이스 : 양쪽 모두 전선과 접속시킬 수 있고 스플라이스의 바깥 면에 플라스틱과 같은 절연물로 절연되어 있는 금속 튜브로 이것이 전선 다발에 위치할 때에는 전선 다발 지름이 변하지 않게 하기 위하여 서로 엇갈리게 장착해야 한다.

③ 커넥터 : 항공기 전기회로나 장비 등을 쉽고 빠르게 장·탈착 및 정비하기 위하여 만들어진 것으로, 취급시 가장 중요한 것은 수분의 응결로 인해 커넥터 내부에 부식이 생기는 것을 방지하는 것이다. 수분의 침투가 우려되는 곳에는 방수용젤리로 코팅하거나 특수한 방수처리를 해야 한다.

72 다음 변압기의 권선비와 유도기전력과의 관계식으로 옳은 것은?

① $\dfrac{E_1}{E_2} = \dfrac{N_1}{N_2}$

② $\dfrac{E_1^2}{E_2^2} = \dfrac{N_2}{N_{12}}$

③ $\dfrac{E_2}{E_1} = \dfrac{N_1}{N_2}$

④ $\dfrac{E_1}{E_2} = \dfrac{N_2^2}{N_1^2}$

🔍 **해설**

변압기의 전압과 권선수와의 관계

$\dfrac{E_1}{E_2} = \dfrac{N_1}{N_2}$

여기서, E_1 : 1차 전압, E_2 : 2차 전압,
N_1 : 1차 권선수, N_2 : 2차 권선수

73 분당회전수 8,000[rpm], 주파수 400[Hz]인 교류발전기에서 115[V] 전압이 발생하고 있다. 이때 자석의 극수는 얼마인가?

① 4

② 6

③ 8

④ 10

🔍 **해설**

[정답] 68 ④ 69 ① 70 ① 71 ④ 72 ① 73 ②

주파수(F)= $\dfrac{극수(P) \times 회전수(N)}{120}$ 이므로

주파수는 극수와 회전수와 관계된다.

$$400 = \dfrac{P \times 8,000}{120}$$

$$8,000P = 48,000$$

$$\therefore P = 6$$

74 Shock Mount의 역할은?

① 저주파, 고진폭 진동 흡수

② 저주파, 저진폭 진동 흡수

③ 고주파, 고진폭 진동 흡수

④ 고주파, 저진폭 진동 흡수

🔍 해설

충격 마운트(Shock Mount)

비행기의 계기판은 저주파수, 높은 진폭의 충격을 흡수하기 위하여 충격 마운트(Shock Mount)를 사용하여 고정한다.

75 청색 호선(Blue Arc)의 색 표식을 사용할 수 있는 계기는?

① 대기속도계   ② 기압식 고도계

③ 흡입압력계   ④ 산소압력계

🔍 해설

계기의 색 표식

① 붉은색 방사선(Red Radiation)

　최대 및 최소운용한계를 나타내며, 붉은색 방사선이 표지된 범위 밖에서는 절대로 운용을 금지해야 함을 나타낸다.

② 녹색 호선(Green Arc)

　안전운용범위, 계속운전범위를 나타내는 것으로서 운용범위를 의미한다.

③ 황색 호선(Yellow Arc)

　안전운용범위에서 초과금지까지의 경계 또는 경고범위를 나타낸다.

④ 흰색 호선(White Arc)

　대기속도계에서 플랩조작에 따른 항공기의 속도범위를 나타내는 것으로서 속도계에서만 사용이 된다. 최대착륙무게에 대한 실속속도로부터 플랩을 내리더라도 구조 강도상에 무리가 없는 플랩 내림 최대속도까지를 나타낸다.

⑤ 청색 호선(Blue Arc)

　기화기를 장비한 왕복기관에 관계되는 기관계기에 표시하는 것으로서, 연료와 공기혼합비가 오토 린(Auto Lean)일 때의 상용안전운용범위를 나타낸다.

⑥ 백색 방사선(White Radiation)

　색 표식을 계기 앞면의 유리판에 표시하였을 경우에 흰색 방사선은 유리가 미끄러졌는지를 확인하기 위하여 유리판과 계기의 케이스에 걸쳐 표시한다. 대기속도계에서 플랩조작에 따른 항공기의 속도범위를 나타내는 것으로서 속도계에서만 사용이 된다. 최대착륙무게에 대한 실속속도로부터 플랩을 내리더라도 구조 강도상에 무리가 없는 플랩 내림 최대속도까지를 나타낸다.

76 정압계의 정압공(Static Hole)이 막혔을 때, 고도계는 어떻게 지시하는가?

① 고도계와 정압계 모두 증가

② 고도계와 정압계 모두 감소

③ 고도계 증가, 정압계 감소

④ 고도계 감소, 정압계 증가

🔍 해설

정압공이 막힌다면 정압은 증가하게 되므로 고도계는 낮아지게 된다.

77 지상파(Ground wave)가 가장 잘 전파되는 것은?

① LF   ② UHF

③ HF   ④ VHF

🔍 해설

- LF : 저주파, 주파수 30~300[Hz], 파장이 5,000~6,000[km]인 대기의 파동은 지표면을 따라 전달된다.
- UHF : 극초단파, 주파수 470~770[MHz]
- HF : 고주파, 주파수 3~30[MHz]
- VHF : 초단파, 주파수 30~300[MHz]

78 항공기의 니켈-카드뮴(Nickel-Cadmium) 축전지가 완전히 충전된 상태에서 1셀(Cell)의 기전력은 무부하에서 몇 [V]인가?

① 1.0 ~ 1.1[V] ② 1.1 ~ 1.2[V]

③ 1.2 ~ 1.3[V] ④ 1.3 ~ 1.4[V]

해설

니켈-카드뮴(Nickel-Cadmium) 축전지의 충전

완충전 된 상태에서 1셀(cell) 의 기전력은 무부하에서 1.3~1.4[V]이지만, 부하가 가해지면 1.2[V]가 된다. 이와 같은 기전력은 축전지의 용량이 90[%] 이상 방전될 때까지 유지한다.

79 [보기]와 같은 특징을 갖는 안테나는?

> **[보기]**
> • 가장 기본적이며, 반파장 안테나
> • 수평 길이가 파장의 약 반정도
> • 중심에 고주파 전력을 공급

① 다이폴안테나 ② 루프안테나

③ 마르코니안테나 ④ 야기안테나

해설

다이폴안테나

실효 안테나 길이가 2분의 1 파장인 도선의 중앙부에서 급전하여 안테나의 중앙을 기준으로 상하 또는 좌우의 선상 전위 분포 및 극성이 항상 대칭이 되어 다이폴과 같이 작용하는 안테나이다.
안테나 이득이나 지향성 안테나의 지향성을 규정하는 표준 안테나로 이용된다.

80 화재방지계통(Fire protection system)에서 소화제 방출 스위치가 작동하기 위한 조건으로 옳은 것은?

① 화재 벨이 울린 후 작동된다.

② 언제라도 누르면 즉시 작동한다.

③ Fire shutoff switch를 당긴 후 작동한다.

④ 기체외벽의 적색 디스크가 떨어져 나간 후 작동한다.

해설

Engine FIRE WARNING switch

• 평상시에는 Lock Down되어 있다.
• Overheat 또는 Fire Warning Signal은 Switch를 Pull 할 수 있도록 Electrically Unlock시킨다.

• Manual Override Release Button은 Automatic Release 가 Fail되면 Locking Mechanism을 Override시켜준다.

[정답] 79 ① 80 ③

제1과목 ◀ 항공역학

01 선회비행성능에 대한 설명으로 틀린 것은?

① 정상선회를 하려면 원심력과 양력의 수평성분이 같아야 한다.
② 원심력이 양력의 수평성분의 구심력보다 크면 스키드(Skid)가 나타난다.
③ 선회반경을 최소로 하기 위해서는 비행속도를 최소로 하고, 경사각 또한 최소로 하는 것이 좋다.
④ 슬립(Slip)은 경사각이 너무 크거나 방향타의 조작량이 부족할 경우 일어나기 쉽다.

해설

선회반경을 최소로 하기 위해서는 비행속도를 최소로 하고, 경사각을 최대로 하는 것이 좋다.

02 날개에서 발생하는 와류(Fortex)에 대한 설명으로 틀린 것은?

① 높은 받음각에서는 점성효과에 의한 유동박리(Flow separation)로 발생하며 추가적인 양력 감소의 주요 요인이다.
② 와류면(Vortex surface)을 걸쳐 압력 차이를 유지할 수 있는 날개표면 와류(Bound vortex)는 양력 발생과 직접적인 관련이 있다.
③ 날개의 양력분포에 따라 발생하여 공기흐름방향(Down-stream)으로 이동하며 유도항력 발생의 주요 요인이다.

④ 윙렛(Wing let)은 날개 끝에서 발생하는 와류(Wing tip vortex)에 의한 유도항력을 감소시키기 위한 효과적인 장치이다.

해설

와류현상

날개가 흐름 속에 있을 때 날개 윗면이 압력은 작고, 아랫면의 압력은 크기 때문에 날개 끝에서 흐름이 날개 아랫면에서 윗면으로 흐르는 현상이다.

03 날개면적이 $100[\text{m}^2]$이고 평균공력시위가 $5[\text{m}]$일 때 가로세로비는 얼마인가?

① 1   ② 2
③ 3   ④ 4

해설

$$AR = \frac{b}{c} = \frac{b^2}{S}, \ S = b \cdot c$$

여기서, c : 평균시위길이, b : 날개길이, S : 날개면적

$S = b \cdot c$
$100 = b \cdot 5$
$b = 20$

$$AR = \frac{b^2}{S} = \frac{400}{100} = 4$$

04 프로펠러의 역피치(Reversing)를 사용하는 주된 목적은?

① 후진비행을 위해서
② 추력의 증가를 위해서
③ 착륙 후의 제동을 위해서
④ 추력을 감소시키기 위해서

[정답] CBT 1회 01 ③ 02 ① 03 ④ 04 ③

해설

프로펠러의 깃각을 부(-)의 깃각으로 함으로 프로펠러의 역추력을 발생시키는데, 역추력이란 보통 프로펠러에 의해 발생하는 전진 추력의 반대 방향으로 작용하는 추력을 말한다.

05 비행속도가 100[m/s]이고 프로펠러를 지나는 공기의 속도는 비행속도와 유도속도의 합으로 120[m/s]가 된다면 공기의 밀도가 0.125[kgf·s²/m⁴]이고, 프로펠러 디스크의 면적이 2[m²]일 때 발생하는 추력은 몇 [kgf]인가?

① 300　　　　　　② 600
③ 1,200　　　　　④ 3,000

해설

프로펠러 추력을 나타내는 식은 날개의 양력을 나타내는 식과 비슷하다.

$$L = C_L \times \frac{1}{2} \times \rho \times S \times V^2$$

V는 nD에, S는 D^2에 관계하므로, $T = C_T \rho n^2 D^4$로 나타난다.
$P = TV$이므로 $P = D_P \rho n^3 D^5$이 된다.
(n은 회전수, D는 직경)

06 항공기 이륙거리를 줄이기 위한 방법이 아닌 것은?

① 항공기의 무게를 가볍게 한다.
② 플랩과 같은 고양력장치를 사용한다.
③ 기관의 추력을 작게 하여 이륙활주 중 가속도를 증가시킨다.
④ 맞바람을 받으면서 이륙하여 바람의 속도만큼 항공기의 속도를 증가시킨다.

해설

이륙활주거리를 짧게 하기 위한 방식
① 비행기의 무게를 가볍게 한다.
② 기관의 추진력을 크게 하여 이륙 성능을 좋게 한다.
③ 항력은 속도의 제곱에 비례한다. 따라서, 항력이 작은 활주 자세로 이륙한다.
④ 맞바람을 받으면서 이륙하면 바람의 속도만큼 비행기의 속도가 증가하는 효과를 나타내어 이륙성능을 좋게 한다.
⑤ 플랩과 같은 고양력장치를 사용하여 양력을 증가시킨다.

07 중량이 2,500[kgf], 날개면적이 10[m²], 최대양력계수가 1.6인 항공기의 실속속도는 몇 [m/s]인가? (단, 공기의 밀도는 0.12[kgf·s²/m⁴]로 가정한다.)

① 40　　　　　　② 50
③ 60　　　　　　④ 100

해설

$$V_S = \sqrt{\frac{2W}{\rho S C_{Lmax}}}$$

08 날개의 뒤젖힘각 효과(Sweep back)에 대한 설명으로 옳은 것은?

① 방향안정과 가로안정 모두에 영향이 있다.
② 방향안정과 가로안정 모두에 영향이 없다.
③ 가로안정에는 영향이 있고 방향안정에는 영향이 없다.
④ 방향안정에는 영향이 있고 가로안정에는 영향이 없다.

해설

뒤젖힘각
앞전에서 25%되는 점들을 날개 뿌리에서 날개 끝까지 연결한 직선과 기체의 가로축이 이루는 각이다. 뒤젖힘 각이 클수록 고속 특성이 좋아지게 된다.

09 키돌이(Loop)비행시 상단점에서의 하중배수를 "0"이라고 하면 이론적으로 하단점에서의 하중배수는 얼마인가?

① 0　　　　　　② 1
③ 3　　　　　　④ 6

해설

[제한하중배수]

감항류별	제한하중배수(n)	제한운동
A류 (Acrobatic category)	6	곡예비행에 적합
U류 (Utility category)	4.4	실용적으로 제한된 곡예비행만 가능 경사각 60° 이상
N류 (Normal category)	2.25~3.8	곡예비행 불가능 경사각 60° 이내 선회 가능
T류 (Transport category)	2.5	수송기로서의 운동가능 곡예비행 불가능

[정답] 05 ③　06 ③　07 ②　08 ①　09 ④

국제표준으로 상단의 표와 같이 제한하중배수를 설정하여 항공기 운동에 제한을 주고 있다. 여객기를 설계할 때 설계자는 하중배수 2.5에 능히 견딜 수 있도록 설계해야 하며, 또 조종사는 하중배수 2.5를 넘는 조작을 피해야 한다.

10 다음 중 날개의 캠버와 면적을 동시에 증가시켜 양력을 증가시키는 플랩은?

① 평 플랩(Plain flap)
② 스플릿 플랩(Split flap)
③ 파울러 플랩(Flower flap)
④ 슬롯티드 평 플랩(Sloted plain flap)

해설

파울러플랩
날개면적을 증가시키고, 틈의 효과와 캠버 증가의 효과로 다른 플랩들보다 최대양력계수 값이 가장 크게 증가하고 항력증가가 작기 때문에 이륙시에도 사용된다.

11 ICAO에서 설정한 해면고도 표준대기에 대한 값이 틀린 것은?

① 압력은 29.92[inhg]이다.
② 온도는 섭씨 0도이다.
③ 밀도는 [1.255kg/m³]이다.
④ 음속은 340.29[m/s]이다.

해설

국제표준대기
- 압력 $P_0=760[\text{mmHg}]=101,325[\text{Pa}](1[\text{Pa}]=1[\text{N/m}^2])$
- 밀도 $\rho_0=1.1225[\text{kg/m}^3]=0.12492[\text{kgf}\cdot\text{s}^2/\text{m}^4]$
- 온도 $t_0=15[^\circ\text{C}]=288.16[\text{K}]$
- 중력 가속도 $g=9.8066[\text{m/s}^2]$

12 항공기의 양항비가 8인 상태로 고도 600[m]에서 활공을 한다면 수평활공거리는 몇 [m]인가?

① 2,500 ② 3,200
③ 4,200 ④ 4,800

해설

수평 활공거리 $=\dfrac{C_L}{C_D}\times$ 높이

13 다음 중 동점성계수의 단위는?

① m²/s ② kg·s/m²
③ kg/m·s ④ kg·m/s²

해설

유체가 가지고 있는 밀도로 점성계수를 나눈 값이며 유체가 가지고 있는 온도의 영향을 받고, 단위로 [m²/s]나 [cm²/s]를 쓴다.

14 헬리콥터 날개의 지면효과를 가장 옳게 설명한 것은?

① 헬리콥터 날개의 기류가 지면의 영향을 받아 회전면 아래의 항력이 증가되어 헬리콥터의 무게가 증가되는 현상
② 헬리콥터 날개의 기류가 지면의 영향을 받아 회전면 아래의 양력이 증가되어 헬리콥터의 무게가 증가되는 현상
③ 헬리콥터 날개의 후류가 지면에 영향을 주어 회전면 아래의 항력이 증가되고 양력이 감소되는 현상
④ 헬리콥터 날개의 후류가 지면에 영향을 주어 회전면 아래의 압력이 증가되어 양력의 증가를 일으키는 현상

해설

지면효과
헬리콥터나 비행기는 이착륙을 할 때에 지표면과 거리가 가까워지면 하강풍이 지면과의 충돌로 인해서 양력이 커지게 되는데 이런 현상을 지면효과(Ground effect)라고 한다.

15 동체에 붙는 날개의 위치에 따라 쳐든각 효과의 크기가 달라지는데 그 효과가 큰 것에서 작은 순서로 나열된 것은?

① 높은날개 – 중간날개 – 낮은 날개
② 낮은날개 – 중간날개 – 높은 날개
③ 중간날개 – 낮은날개 – 높은날개
④ 높은날개 – 낮은날개 – 중간날개

[정답] 10③ 11② 12④ 13① 14④ 15①

쳐든각을 주게 되면 옆놀이 안정성이 좋아진다. 안정성을 중요시하는 여객기나 폭격기들은 날개에 쳐든각을 주고, 기동성을 중요시하는 고성능 전투기들은 처진각의 날개를 사용하는 경우가 많다.
날개가 아래에 있으면 무게중심을 맞춰주어야 한다.
• 높은날개 – 중간날개 – 낮은 날개

16 제트항공기가 최대항속거리를 비행하기 위한 조건은?

① $\left(\dfrac{C_L}{C_D}\right)_{MAX}$

② $\left(\dfrac{C_L^{\frac{1}{2}}}{C_D}\right)_{MAX}$

③ $\left(\dfrac{C_L^{\frac{3}{2}}}{C_D}\right)_{MAX}$

④ $\left(\dfrac{C_L}{C_D^{\frac{1}{2}}}\right)_{MAX}$

$$R = \frac{2.828}{C_t\sqrt{\rho S}} \times \frac{C_L^{\frac{1}{2}}}{C_D} \times (\sqrt{W_0} - \sqrt{W_1})$$

항속시간 : $E = \dfrac{1}{C_t} \times \left(\dfrac{C_L}{C_D}\right) \times \ln\dfrac{W_0}{W_1}$

제트비행기에서는 $\dfrac{C_L^{\frac{1}{2}}}{C_D}$ 이 최대일 때 항속거리가 최대가 되고 양항비 $\dfrac{C_L}{C_D}$ 가 최대인 경우에는 항속시간이 최대가 된다.

17 헬리콥터는 제자리 비행시 균형을 맞추기 위해서 주회전날개 회전면이 회전 방향에 따라 동체의 좌측이나 우측으로 기울게 되는데 이는 어떤 성분의 역학적 평형을 맞추기 위해서인가? (단, X, Y, Z는 기체축(동체축) 정의를 따른다.)

① X축 모멘트의 평형 ② X축 힘의 평형
③ Y축 모멘트의 평형 ④ Y축 힘의 평형

호버링(Hovering)은 회전날개의 양력이 수직(Y축)으로 작용하고 항공기의 중력과 같아지면 정지비행 상태가 된다. 즉, 회전날개 양력의 수직 성분은 항공기 중력과 같고 수평 성분인 추력이 항력과 같을 때이다.

18 조종면에서 앞전 밸런스(LEADING EDGE BALANCE)를 설치하는 주된 목적은?

① 양력증가 ② 조종력 감소
③ 항력감소 ④ 항공기 속도 증가

공력평형장치 : 조종력 경감 목적
① 앞전 밸런스 ② 혼 밸런스
③ 내부 밸런스 ④ 프리즈 밸런스

19 경계층에 대한 설명으로 옳은 것은?

① 난류에서만 존재한다.
② 유체의 점성이 작용하는 영역이다.
③ 임계레이놀즈수 이상에서 생긴다.
④ 흐름의 속도에 영향을 받지 않는다.

경계층 속을 흐르는 유체 입자가 뒤쪽으로 갈수록 점성 마찰력으로 인하여 운동량을 계속 잃게 되고, 또 뒤쪽에서 가해지는 압력이 계속 증가하면 유체 입자는 표면을 따라서 계속 흐르지 못하고 표면으로부터 떨어져 나가게 된다. 이러한 현상을 흐름의 떨어짐(Flow separation) 박리라 한다.

20 양의 세로안정성을 가지는 일반형 비행기의 순항 중 트림 조건으로 알맞은 것은?(단, 화살표는 힘의 방향, ◗는 무게중심을 나타낸다.)

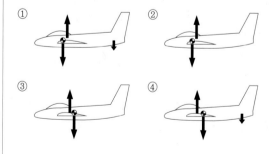

21 속도 1,080[km/h]로 비행하는 항공기에 장착된 터보제트 기관이 294[kg/s]로 공기를 흡입하여 400[m/s]로 배기시킬 때 비추력은 약 얼마인가?

① 8.2   ② 10.2

③ 12.2   ④ 14.2

🔍 **해설**

$$F_s = \frac{1}{g}(V_j - V_a)$$

22 그림과 같은 브레이턴(Brayton) 사이클의 $P-V$ 선도에 대한 설명으로 옳은 것은?

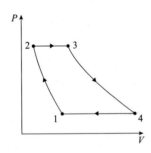

① 1–2 과정 중 온도는 일정하다.

② 2–3 과정 중 온도는 일정하다.

③ 3–4 과정 중 엔트로피는 일정하다.

④ 4–1 과정 중 엔트로피는 일정하다.

🔍 **해설**

1-2 : 단열압축   2-3 : 정압수열
3-4 : 단열팽창   4-1 : 정압방열

23 가스터빈 기관의 연료계통에서 연료필터(또는 연료여과기)는 일반적으로 어느 곳에 위치하는가?

① 항공기 연료탱크 위에 위치한다.

② 기관연료펌프의 앞뒤에 위치한다.

③ 기관연료계통의 가장 낮은 곳에 위치한다.

④ 항공기 연료계통에서 화염원과 먼 곳에 위치한다.

🔍 **해설**

여과기는 연료계통 내의 불순물을 걸러내기 위하여 여러 곳(연료계통의출구쪽 위치)에 사용한다.

24 다음 중 비가역 과정에서의 엔트로피 증가 및 에너지 전달의 방향성에 대한 이론을 확립한 법칙은?

① 열역학 제0법칙   ② 열역학 제1법칙

③ 열역학 제2법칙   ④ 열역학 제3법칙

🔍 **해설**

열역학 제2의 법칙 비가역 과정

공기의 저항이 없을 때 A점에서 놓으면 B점까지 갔다가 다시 A점으로 돌아온다. 이렇게 외부에 아무런 흔적도 남기지 않고 스스로 원래의 상태로 되돌아갈 수 있는 현상을 가역 과정이라고 한다.
열역학 제1법칙이 에너지의 양적 전환에 대한 것이라면, 제2법칙은 에너지 전환의 방향성에 관한 법칙이라고 할 수 있다.

25 대형 터보팬 기관에서 역추력장치를 작동시키는 방법은?

① 플랩 작동시 함께 작동한다.

② 항공기의 자중에 따라 고정된다.

③ 제동장치가 작동될 때 함께 작동된다.

④ 스로틀 또는 파워레버에 의해서 작동된다.

🔍 **해설**

역추력장치는 스로틀이 저속위치, 지상에 있을 때가 아니면 작동되지 않도록 안전장치가 마련되어 있다.

26 왕복 기관의 고압 마그네토(Magneto)에 대한 설명으로 틀린 것은?

① 전기누설 가능성이 많은 고공용 항공기에 적합하다.

② 콘덴서는 브레이커 포인트와 병렬로 연결되어 있다.

[정답] 21 ②   22 ③   23 ②   24 ③   25 ④   26 ①

③ 마그네토의 자기회로는 회전영구자석, 폴슈(Pole shoe) 및 철심으로 구성되어 있다.

④ 1차 회로는 브레이커 포인트가 붙어 있을 때에만 폐회로를 형성한다.

해설

고압 마그네토는 구조가 간단하나 고전압이 마그네토에서 배전기, 스파크 플러그까지 이어지므로 전기누설의 위험이 있어 고공비행에는 적합하지 않다.

27 왕복 기관에서 실린더의 압축비로 옳은 것은?(단, V_C : 간극체적(Clearance volume), V_S : 행정체적이다.)

① $\dfrac{V_S}{V_C}$

② $\dfrac{V_C+V_S}{V_S}$

③ $\dfrac{V_C}{V_S}$

④ $\dfrac{V_S+V_C}{V_C}$

해설

압축비 = $\dfrac{\text{연소실체적} + \text{행정체적}}{\text{연소실체적}}$

28 초음속 항공기의 기관에 사용하는 배기 노즐로 초음속 제트를 효율적으로 얻기 위한 노즐은?

① 수축노즐

② 확산노즐

③ 수축확산노즐

④ 동축노즐

해설

터빈에서 나온 고압, 저속의 배기가스를 수축통로를 통하여 팽창, 가속시켜 최소 단면적 부근에서 음속으로 변환시킨 다음 다시 확산통로를 통과하면서 초음속으로 가속시킨다.

29 터빈 깃의 냉각방법 중 깃 내부를 중공으로 하여 차가운 공기가 터빈 깃을 통해 스며 나오게 함으로써 터빈 깃을 냉각시키는 것은?

① 대류 냉각

② 충돌 냉각

③ 공기막 냉각

④ 증발 냉각

해설

대류 냉각

터빈 깃 내부를 중공으로 만들어 이 공간으로 냉각공기를 통과시켜 냉각하는 방법

30 항공기 왕복기관 연료의 안티노크(Anti-knock)제로 가장 많이 사용되는 것은?

① 벤젠

② 4에틸납

③ 톨루엔

④ 메틸알코올

해설

안티노크제(제폭제,내폭제) : 4에틸납

31 다음 중 왕복기관에서 순환하는 오일에 열을 가하는 요인 중 가장 작은 영향을 주는 것은?

① 커넥팅로드 베어링

② 연료펌프

③ 피스톤과 실린더벽

④ 로커암 베어링

해설

가장 온도가 낮은 부분으로 위 보기중에는 연료 펌프이다.

32 왕복 기관의 작동여부에 따른 흡입 매니폴드(Intake manifold)의 압력계가 나타내는 압력을 옳게 설명한 것은?

① 기관 정지시 대기압과 같은 값, 작동하면 대기압보다 높은 값을 나타낸다.

② 기관 정지시 대기압보다 낮은 값, 작동하면 대기압보다 높은 값을 나타낸다.

③ 기관 정지시나 작동시 대기압보다 항상 낮은 값을 나타낸다.

④ 기관 정지시나 작동시 대기압보다 항상 높은 값을 나타낸다.

해설

[정답] 27 ④ 28 ③ 29 ① 30 ② 31 ② 32 ①

수퍼차저가 있는 엔진이라면 정지 시 대기압 지시 시동이되면 MAP 도 당연히 증가해야한다.(도표참고)

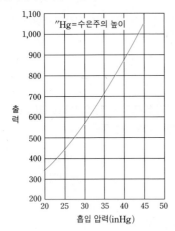

③ 연료는 냉각하고 오일속의 이물질을 가려낸다.

④ 연료속의 이물질을 가려내고 오일은 냉각한다.

🔍 해설

연료/오일 냉각기는 오일을 냉각하고 연료는 가열하는 것이다.

35 다음 중 프로펠러를 회전시켜 추진력을 얻는 가스터빈 기관은?

① 램제트 기관   ② 펄스제트 기관

③ 터보제트 기관   ④ 터보프롭 기관

🔍 해설

터보프롭 엔진은 터보제트 엔진보다 많은 터빈을 장착하여 압축기를 구동시키고 그 나머지 에너지로 프로펠러를 구동시켜 추력을 발생시킨다.

33 가스터빈 기관의 정상 시동시에 일반적인 시동절차로 옳은 것은?

① Starter "ON"–Ignition "ON"–fuel "ON"–Ignition "OFF"–Starter "Cut–OFF"

② Starter "ON"–fuel "ON"–Ignition "ON"–Ignition "OFF"–Starter "Cut–OFF"

③ Starter "ON"–Ignition "ON"–fuel "ON"–Starter "Cut–OFF"–Ignition "OFF"

④ Starter "ON"–fuel "ON"–Ignition "ON"–Starter "Cut–OFF"–Ignition "OFF"

🔍 해설

가스터빈 기관의 시동절차
Starter "ON"-Ignition "ON"-fuel "ON"-Ignition "OFF"-Starter "Cut-OFF"

36 다음 중 항공기 왕복 기관에서 일반적으로 가장 큰 값을 갖는 것은?

① 마찰마력   ② 제동마력

③ 지시마력   ④ 모두같다.

🔍 해설

지시마력(ihp)
왕복형 기관의 실린더에 연결한 인디케이터(指壓計)를 사용하여 구한 인디케이터선도(線圖)에서 측정한 마력

37 정속 프로펠러에서 파일럿 밸브(Pilot valve)를 작동시키는 힘을 발생시키는 것은?

① 프로펠러 감속기어   ② 조속펌프 유압

③ 엔진오일 압력   ④ 플라이 웨이트

🔍 해설

정속 프로펠러
① 정속상태(On speed condition) : 스피더 스프링과 플라이 웨이트가 평형을 이루고 파일럿 밸브가 중립위치에 놓여져 가압된 오일이 들어가고 나가는 것을 막는다.

34 가스터빈 기관에서 연료/오일 냉각기의 목적에 대한 설명으로 옳은 것은?

① 연료와 오일을 함께 냉각한다.

② 연료는 가열하고 오일은 냉각한다.

[정답] 33 ①   34 ②   35 ④   36 ③   37 ④

② 저속상태(Under speed condition) : 플라이 웨이트 회전이 느려져 안쪽으로 오므라들고 스피더 스프링이 펴지며 파일럿 밸브는 밑으로 내려가 열리는 위치로 밀어 내린다. 가압된 오일은 프로펠러 피치 조절 실린더를 앞으로 밀어내어 저 피치가 된다. 프로펠러가 저 피치가 되면 회전수가 회복되어 다시 정속상태로 돌아온다.

③ 과속상태(Over speed condition) : 플라이 웨이트의 회전이 빨라 져 밖으로 벌어지게 되어 스피더 스프링을 압축하여 파일럿 밸브는 위로 올라와 프로펠러의 피치 조절은 실린더로부터 오일이 배 출되어 고 피치가 된다. 고 피치가 되면 프로펠러의 회전저항이 커 지기 때문에 회전속도가 증가하지 못하고 정속상태로 돌아온다.

38 왕복 기관의 지시마력을 구하는 방법은?

① 동력계로 측정한다.
② 마찰마력으로 구한다.
③ 지시선도(Indicator diagram)를 이용한다.
④ 프로니 브레이크(Prony brake)를 이용한다

해설

지시선도
왕복 기관의 실린더 안의 압력이 피스톤의 움직임에 따라 변하는 모양을 선으로 나타낸 그래프

39 항공기 왕복 기관을 작동 후 검사하여 보니 오일 소모량이 많고 점화플러그가 더러워졌다면 그 원인이 아닌 것은?

① 점화플러그 장착 불량
② 실린더 벽의 마모 증가
③ 피스톤링의 마모 증가
④ 밸브가이드의 마모 증가

해설

윤활유가 피스톤에 공급되는 이유는 피스톤의 윤활 및 실링 역할인데 과도하게 공급되거나 피스톤링의 마모가 심하면 오일의 일부가 피스톤 상부, 즉 연소실에 유입되어 연소되어 카본을 형성하게 된다.

40 프로펠러 깃의 스테이션 넘버(Station number)에 대한 설명으로 옳은 것은?

① 프로펠러 전연에서 후연으로 갈수록 감소한다.
② 프로펠러 허브에서 팁(Tip)으로 갈수록 감소한다.
③ 프로펠러 전연(Leading edge)에서 후연(Trailing edge)으로 갈수록 증가한다.
④ 프로펠러 허브(hub)의 중앙은 스테이션 넘버 "0"이다.

해설

깃 스테이션은 허브중심에서 블레이드 팁까지를 6" 간격으로 표시하는 가상적인 선으로 손상 부분의 표시나 깃 각을 측정하기 위해 정한 위치

41 다음 중 항공기의 총무게(Gross weight)에 대한 설명으로 옳은 것은?

① 항공기의 무게중심을 말한다.
② 기체무게에서 자기무게를 뺀 무게이다.
③ 항공기내의 고정위치에 실제로 장착되어 있는 하중이다.
④ 특정 항공기에 인가된 최대하중으로서 형식증명서(Type Certificate)에 기재되어 있다.

해설

항공기의 총무게(Gross weight)
특정 항공기에 인가된 최대 하중으로서 형식 증명서(Type certificate)에 기재되어 있다.

42 유효길이 20[in]의 토크렌치에 10[in]인 연장공구를 사용하여 1,000[in-lbs]의 토크로 볼트를 조이려고 한다면 토크렌치의 지시값은 약 몇 [in-lbs]인가?

① 100　　　　② 333
③ 666　　　　④ 2,000

해설

Aircraft Maintenance

$$TW = \frac{TA \times L}{L \pm A} = \frac{1,000 \times 20}{20 + 10} = 666.66$$

TW : 토크렌치의 지시 토크 값
TA : 실제 죔 토크 값
L : 토크렌치의 길이
A : 연장공구의 길이

43 금속재료의 인장시험에 대한 설명으로 옳은 것은?

① 재료시험편을 서서히 인장시켜 항복점, 인장 강도, 연신율 등을 측정하는 시험이다.
② 재료시험편을 서서히 인장시켜 브리넬 인장, 로크웰 경도 등을 측정하는 시험이다.
③ 재료시험편을 서서히 인장시켰을 때 탄성에 의한 비커스 경도, 쇼어 경도 등을 측정하는 시험이다.
④ 재료시험편을 서서히 인장시켜 충격에 의한 충격강도, 취성강도를 측정하는 것이다.

해설

인장시험
항복점, 인장 강도, 연신율 등을 측정하는 시험

44 항공기 재료인 알루미늄 합금은 어디에 해당하는가?

① 철금속　② 비철금속
③ 비금속　④ 복합재료

해설

알루미늄은 무게가 가볍고 660[°C]의 비교적 낮은 온도에서 용해되며, 다른 금속과 합금이 쉽고 유연하며, 전연성이 우수하다.

45 세미모노코크(Semi-monocoque)구조형식의 항공기에서 동체가 비틀림하중에 의해 변형되는 것을 방지하는 역할을 하며 프레임과 유사한 모양의 부재는?

① 표피(Skin)　② 스트링거(Stringer)
③ 스파(Spar)　④ 벌크헤드(Bulkhead)

해설

벌크헤드
보통 동체 앞뒤에 하나씩 배치된다. 동체 앞의 벌크헤드는 방화벽으로 이용되고 여압식 동체에서는 객실 내의 압력을 유지해준다. 또 동체가 비틀림하중에 의해 변형되는 것을 막아주며 동체에 작용하는 집중하중을 외피로 전달하여 분산시키기도 한다.

46 세미모노코크(Semi-monocoque)구조형식 날개의 구성 부재가 아닌 것은?

① 표피(Skin)　② 링(Ring)
③ 스파(Spar)　④ 리브(Rib)

해설

응력외피형 날개
날개보(Spar), 외피(Skin), 스트링거(Stringer), 리브(Rib)로 구성된다.

47 가스용접기에서 가스용기와 토치를 연결하는 호스의 구분에 대한 설명으로 옳은 것은?

① 산소호스는 노란색, 아세틸렌가스호스는 검은색으로 표시한다.
② 산소호스는 빨간색, 아세틸렌가스호스는 하얀색으로 표시한다.
③ 산소호스는 녹색(또는 초록색), 아세틸렌가스호스는 빨간색으로 표시한다.
④ 산소호스와 아세틸렌가스호스는 호스에 기호를 표시하여 구별한다.

해설

산소호스의 색깔은 녹색이며, 연결부의 나사는 오른나사이고, 아세틸렌호스의 색깔은 적색이며, 연결부의 나사는 왼나사이다.

48 그림과 같은 단면에서 y축에 관한 단면의 1차모멘트는 몇 [cm³]인가? (단, 점선은 단면의 중심선을 나타낸 것이다.)

[정답] 43 ① 44 ② 45 ④ 46 ② 47 ③ 48 ①

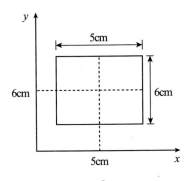

① 150
② 180
③ 200
④ 220

해설

y축에 대한 단면 1차 모멘트(G_y)는 단면적(A)에 도심까지의 거리(x_0)를 곱한 값이다.
$G_y = A \cdot x_0 = 30 \times 5 = 150[\text{cm}^3]$

49 SAE 6150 합금강에서 숫자 "6"이 의미하는 것은?

① 크롬-바나듐
② 4%의 탄소강
③ 크롬-몰리브덴
④ 0.04%의 탄소강

해설

합금번호	합금의 종류
1XXX	탄소강
2XXX	니켈강
3XXX	니켈크롬강
4XXX	몰리브덴강
5XXX	크롬강
6XXX	크롬 – 바나듐강

50 판금 작업시 구부리는 판재에서 바깥면의 굽힘 연장선의 교차점과 굽힘 접선과의 거리를 무엇이라 하는가?

① 세트백(Set Back)
② 굽힘각도(Degree of Bend)
③ 굽힘여유(Bend Allowance)
④ 최소반지름(Minimum Radius)

해설

세트백

굽힘 접선에서 성형점까지의 길이를 나타낸 것이다. 성형점이란 판재 외형선의 연장선이 만나는 점을 말하고, 굽힘 접선은 굽힘의 시작점과 끝점에서의 접선을 말한다.

51 판금성형 작업시 릴리프 홀(Relief hole)의 지름치수는 몇 인치 이상의 범위에서 굽힘반지름의 치수로 하는가?

① 1/32
② 1/16
③ 1/8
④ 1/4

해설

릴리프 홀(Relief hole)

• 판재 접기 작업에서 2개 이상의 굽힘이 교차하는 장소는 안쪽 굽힘 접선의 교점에 응력이 집중하여 교점에 균열이 일어난다.
• 굽힘 가공에 앞서서 응력집중이 일어나는 교점에 홀을 뚫어 응력을 제거하는 것이다.
• 릴리프홀의 지름의 1/8인치 범위에서 굽힘 반지름 치수로 한다.

52 접개식 강착장치(Retractable landing gear)에서 부주의로 인해 착륙장치가 접히는 것을 방지하기 위한 안전장치로 나열한 것은?

① DOWN LOCK, SAFETY PIN, UP LOCK
② DOWN LOCK, UP LOCK, GROUND LOCK
③ UP LOCK, SAFETY PIN, GROUND LOCK
④ DOWN LOCK, SAFETY PIN, GROUND LOCK

해설

Retractable Type Landing Gear 안전장치

• Down lock
  landing gear가 정상 작동 시 Gear가 Down되면 순서에 의해 자동으로 Lock이 된다.
• Safety pin
  Safety switch에 의해 작동되는 핀으로 항공기가 지상에 있을 때 스트러트가 압축되면 안전스 위치를 오픈시킨다. 회로가 차단되면 스프링 힘에 의해 기어선택밸브에 안전핀이 Lock된다.
• Ground lock
  항공기가 지상에 있을 때 추가적인 안전장치로 장착했다가 비행 전에 제거해야 하는 장치이다.

[정답] 49 ① 50 ① 51 ③ 52 ④

53 그림과 같은 항공기에서 앞바퀴에 170[kg], 뒷바퀴 전체에 총 540[kg]이 작용하고 있다면 중심위치는 기준선으로부터 약 몇 [m] 떨어진 지점인가?

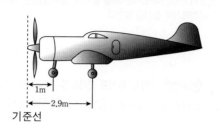

1m
2.9m
기준선

① 2.91

② 2.45

③ 1.31

④ 1

Q 해설

중심위치(C·G) : $\dfrac{총모멘트}{총무게}$

54 항공기용 볼트의 부품번호가 AN3H-5A인 경우 이 볼트의 재질은?

① 알루미늄합금

② 내식강

③ 마그네슘합금

④ 합금강

Q 해설

볼트의 부품번호

AN 3 DD H 5 A

① AN : 규격(AN 표준기호)

② 3 : 볼트의 지름이 $\dfrac{3}{16}$ in

③ DD : 볼트의 재질로 2024 알루미늄합금을 나타낸다.(C : 내식강)

④ H : 머리에 구멍의 유무(H : 구멍 유, 무표시 : 구멍 무)

⑤ 5 : 볼트 길이가 $\dfrac{5}{8}$ in

⑥ A : 나사 끝에 구멍 유무(A : 구멍 무, 무표시 : 구멍 유)

55 그림과 같은 $V-n$선도에서 조종사가 아무리 급격한 조작을 하여도 구조상 안전하여 기체가 파괴에 이르지 않는 비행상황에 해당되는 것은?

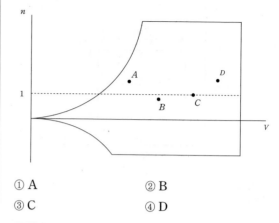

① A

② B

③ C

④ D

Q 해설

$V-n$선도

속도와 하중계수와의 관계식을 직교 좌표축에 나타낸 그래프로 항공기의 안전한 운용 범위를 지정해주는 도표이다.

A점은 구조상의 안전성과 조종면의 안전을 보장하는 설계상의 최대 허용 속도이다.

56 두 판을 연결하기 위하여 외줄(Single row) 둥근 머리리벳(Round head rivet)작업을 할 때 리벳 최소연거리 및 리벳간격으로 옳은 것은? (단, D는 리벳의 직경이다.)

① 연거리 : $\dfrac{1}{2}D$, 리벳간격 : D

② 연거리 : $2D$, 리벳간격 : $3D$

③ 연거리 : $2\dfrac{1}{2}D$, 리벳간격 : $2D$

④ 연거리 : $5D$, 리벳간격 : $3D$

Q 해설

① 연거리 : 판재의 모서리와 인접하는 리벳 중심까지의 거리를 말하며 최소 연거리는 2D이다.

② 리벳 피치(Rivet pitch) : 같은 열에 있는 리벳 중심과 리벳 중심 간의 거리를 말하며 최소 3D이다.

57 페일세이프(Failsafe)구조 개념을 옳게 설명한 것은?

[**정답**] 53 ② 54 ④ 55 ① 56 ② 57 ③

① 절대 파괴가 안되는 완벽한 구조이다.

② 이상적인 목표이나 실제로는 불가능한 구조이다.

③ 일부 구조물이 파손되더라도 전체 구조물의 안전을 보장하는 구조이다.

④ 파손이 일어나면 안전이 보장될 수 없다는 구조이다.

해설

페일세이프 구조(Failsafe Structure)

한 구조물이 여러 개의 구조 요소로 결합되어 있어 어느 부분이 피로파괴가 일어나거나 그 일부분이 파괴되어도 나머지 구조가 작용하는 하중을 지지할 수 있어 치명적인 파괴 또는 과도한 변형을 가져오지 않게 항공기 구조상 위험이나 파손을 보완할 수 있는 구조

58 조종간이나 방향키 페달의 움직임을 전기적인 신호로 변환하고 컴퓨터에 입력 후 전기, 유압식 작동기를 통해 조종계통을 작동하는 조종방식은?

① Power Control System

② Automatic Pilot System

③ Fly By Wire Control System

④ Push Pull Rod Control System

해설

플라이 바이 와이어(Fly by wire)

항공기의 조종계통에 있는 모든 기계적인 연결을 전기적인 연결로 바꾸어 항공기를 조종하는 것이다.

59 두 종류의 금속이 접촉한 곳에 습기가 침투하여 전해질이 형성될 때 전자현상에 의하여 양극이 되는 부분에 발생하는 부식은?

① 표면 부식

② 점부식

③ 입자간 부식

④ 이질금속간 부식

해설

이질금속간 부식(Galvanic Corrosion)

상이한 두 금속이 접촉할 때 습기로 인하여, 외부 회로가 생겨서 일어나는 부식으로 금속간의 전기 Potential의 차이에 의해서 결정된다.

60 항공기 기체 구조의 리깅(Rigging)작업시 구조의 얼라이먼트(Aligment)점검 사항이 아닌 것은?

① 날개 상반각

② 수직안정판 상반각

③ 수평안정판 장착각

④ 착륙장치의 얼라이먼트

해설

구조의 얼라이먼트(Alignment) 점검에는 다음의 것이 포함된다.

① 날개 상반각

② 날개 장착각(취부각)

③ 엔진 얼라이먼트

④ 착륙장치의 얼라이먼트

⑤ 수평안정판 장착각

⑥ 수편안정판 상반각

⑦ 수직안정판의 수직도

⑧ 대칭도

제4과목 항공장비

61 단파(HF)통신에서 안테나 커플러(Antenna Coupler)의 주된 목적은?

① 송수신장치와 안테나를 접속시키기 위하여

② 송수신장치와 안테나의 전기적인 매칭(Matching)을 위하여

③ 송수신장치에서 주파수 선택을 용이하게 하기 위하여

④ 송수신장치의 안테나를 항공기 기체에 장착하기 위하여

해설

단파(HF)통신에서는 파장에 이용되는 안테나가 매우 크지만 항공기 구조와 구속성 때문에 큰 안테나를 장착하지 못해 작은 안테나를 사용한다. 그래서 주파수의 적정한 매칭이 이루어지도록 자동적으로 작동하는 안테나 커플러가 장착되어 있다.

62 다음 중 항공기 결빙을 막거나 조절하는 데 사용되는 방법이 아닌 것은?

[**정답**] 58 ③ 59 ④ 60 ② 61 ② 62 ①

① 아세톤 분사

② 고온공기 이용

③ 전기적 열에 의한 가열

④ 공기가 주입되는 부츠(Boots)의 이용

> 🔍 해설

날개의 방빙장치는 전열식, 가열 공기식이 있으며 가열 공기식은 압축기 뒷단의 블리드 공기(Bleed Air)를 사용한다.

63 서로 다른 종류의 금속을 접합하여 온도계기로 사용하는 열전대(Thermocouple)에 대한 설명으로 옳은 것은?

① 사용하는 금속은 동과 철이다.

② 브리지회로를 만들어 전압을 공급한다.

③ 출력에 나타나는 전압은 온도에 반비례한다.

④ 지시계 접합부의 온도를 바이메탈로 냉점 보정한다.

> 🔍 해설

서로 다른 금속의 끝을 연결하여 접합점에 온도차가 생기면 이들 금속선에는 기전력이 발생해 전류가 흐른다. 왕복 기관에서는 실린더 헤드 온도를 측정하는 데 쓰이고 제트 기관에서는 배기가스의 온도를 측정하는 데 쓰인다. 재료는 크로멜-알루멜, 철-콘스탄탄, 구리-콘스탄탄이 사용되고 있다.

64 전자기파 60[MHz] 주파수에 파장은 몇 [m]인가?

① 5

② 10

③ 15

④ 20

65 정류기(Rectifier)의 기능은 무엇인가?

① 직류를 교류로 변환

② 계기 작동에 이용

③ 교류를 직류로 변환

④ 배터리 충전에 사용

> 🔍 해설

정류기

교류전력에서 직류전력을 얻기 위해 정류작용에 중점을 두고 만들어진 전기적인 장치

66 최댓값이 141.4[V]인 정현파 교류의 실효값은 약 몇 [V]인가?

① 90

② 100

③ 200

④ 300

> 🔍 해설

$$실효값 = \frac{최대 1A 교류의\ 열\ 효과}{최대 1A 직류의\ 열\ 효과}$$

① 순시값 : 교류의 시간에 따라 순간마다 파의 크기가 변하고 있으므로 전류파형 또는 전압파형에서 어떤 임의의 순간에서 전류 또는 전압의 크기

② 최댓값 : 교류파형의 순시값 중에서 가장 큰 순시값

③ 평균값 : 교류의 방향이 바뀌지 않은 반주기 동안의 파형을 평균한 값으로 평균값은 최댓값의 $2/p$배, 즉 0.637배이다.

④ 실효값 : 전기가 하는 일량은 열량으로 환산 할 수 있어 일정한 시간동안 교류가 발생하는 열량과 직류가 발생하는 열량을 비교한 교류의 크기로 실효값은 최댓값의 $1/\sqrt{2}$ 배, 즉 0.707배이다.

$E = \dfrac{E_m}{\sqrt{2}}$ 에서 최대전압 $E_m = E \times \sqrt{2}$

$141.4 = \dfrac{E_m}{\sqrt{2}}$

$E_m = 141.4 \times 0.707 = 99.96$

67 항공기 유압회로에서 필터(Filter)에 부착되어 있는 차압지시계(Differential pressure indicator)의 주된 목적은?

① 필터 엘리먼트(Element)가 오염되어 있는 상태를 알기 위한 지시계이다.

② 필터 입력회로에 유압의 압력차를 지시하기 위한 지시계이다.

③ 필터 출력회로에서 귀환되어 유압의 압력차를 지시하기 위한 지시계이다.

④ 필터 출력회로에 압력이 높아질 경우 압력차를 알기 위한 지시계이다.

[정답] 63 ④ 64 ① 65 ③ 66 ② 67 ①

68 다음도 측정기기 멀티미터(Multimeter)를 이용하여 전압, 전류 및 저항 측정시 주의 사항이 아닌 것은?

① 전류계는 측정하고자 하는 회로에 절대로 사용하여서는 아니 된다.

② 저항계는 전원이 연결되어 있는 회로에 절대로 사용하여서는 아니 된다.

③ 저항이 큰 회로에 전압계를 사용할 때는 저항이 작은 전압계를 사용하여 계기의 션트 작용을 방지해야 한다.

④ 전류계와 전압계를 사용할 때는 측정 범위를 예상해야 하지만, 그렇지 못할 때는 큰 측정 범위부터 시작하여 적합한 눈금에서 읽게 될 때까지 측정범위를 낮추어 간다.

🔍 **해설**

멀티미터(Multimeter) 사용법

전류계는 측정하고자 하는 회로 요소와 직렬로 연결하고 전압계는 병렬로 연결해야 한다.

전류계와 전압계를 사용할 때에는 측정 범위를 예상해야 하지만 그렇지 못할 때에는 큰 측정 범위부터 시작하여 적합한 눈금에서 읽게 될 때까지 측정 범위를 낮추어 나간다. 바늘이 눈금판의 중앙부분에 올 때 가장 정확한 값을 읽을 수 있다.

저항계는 사용할 때마다 0점 조절을 해야 하며 측정할 요소의 저항값에 알맞은 눈금을 선택해야 한다. 일반적으로 눈금판의 중앙에서 저항이 작은 쪽으로 읽을 수 있도록 해야 한다.

저항계는 전원이 연결되어 있는 회로에 절대로 사용해서는 안된다.

69 항공기에서 주 교류전원이 없을 때 배터리 전원으로 교류전원을 발생시키는 장치는?

① 컨버터   ② DC 발전기

③ 인버터   ④ 바이브레이터

🔍 **해설**

스태틱 인버터

직류 28[V]가 입력되어 스위치 회로, 변압기 회로, 구동 회로 및 필터 회로를 거쳐 교류 115[V], 400[Hz]가 출력된다.

70 위성 통신에 관한 설명으로 틀린 것은?

① 지상에 위성 지구국과 우주에 위성이 필요하다.

② 통신의 정확성을 높이기 위하여 전파의 상향과 하향링크 주파수는 같다.

③ 장거리 광역통신에 적합하고 통신거리 및 지형에 관계 없이 전송 품질이 우수하다.

④ 위성 통신은 지상의 지구국과 지구국 또는 이동국 사이의 정보를 중계하는 무선통신방식이다.

🔍 **해설**

위성 통신은 우주 궤도에 올려놓은 통신 위성을 이용하여 지상의 지구국과 지구국, 이동국 사이의 정보를 중계하는 무선통신방식이다. 위성 통신은 중계점이 우주에 있으므로 장거리 광역 통신에 적합하고 통신 거리 및 지형에 관계 없이 전송 품질이 우수하여 신뢰성이 높다. 지구에서 인공위성으로 주파수를 보내는 것을 상향링크라 하고, 인공위성에서 지구로 보내는 것을 하향링크라고 한다.

71 자기컴퍼스의 조명을 위한 배선 시 지시오차를 줄여주기 위한 효율적인 배선방법으로 옳은 것은?

① −선을 가능한 자기컴퍼스 가까이에 접지시킨다.

② +선과 −선은 가능한 충분한 간격을 두고 −선에는 실드선을 사용한다.

③ 모든 전선은 실드선을 사용하여 오차의 원인을 제거한다.

④ +선과 −선을 꼬아서 합치고 접지점을 자기컴퍼스에서 충분히 멀리 뗀다.

🔍 **해설**

자기컴퍼스 배선 시 지시오차를 줄이기 위해서는 양(＋)극선과 음(－) 극선을 꼬아서 합치고 접지점을 자기컴퍼스에서 멀리 이격시켜야 한다.

72 객실압력 경고 혼(Horn)이 울리는 고도와 승객 산소공급계통의 산소마스크가 자동으로 나타나게 되는 고도는 각각 몇 [ft]인가?

① 8,000[ft], 14,000[ft]

② 8,000[ft], 10,000[ft]

③ 10,000[ft], 15,000[ft]

④ 10,000[ft], 14,000[ft]

[정답] 68 ③   69 ③   70 ②   71 ④   72 ④

해설

항공기가 40,000[ft]에서 순항비행 중일 때 약 8,000[ft]의 객실 고도를 유지한다.
정상적인 상승률은 500[ft/min]이며 하강률은 300[ft/min]이다. 객실 고도가 10,000[ft]를 초과하면 경고음이 울려 조종사가 조치를 취하고, 승객산소공급계통은 객실압력고도가 14,000[feet] 이상일 때, 조종 실의 스위치 조작에 의해 사용 가능하다.

73 자이로신 컴퍼스의 자방위판(캠퍼스 카드)은 어떤 신호에 의해 구동되는가?

① 플럭스 밸브에서 전기신호
② 방향자이로 지시계(정침의)의 신호
③ 자이로수평 지시계(수평의)의 신호
④ 초단파 전방위 무선 표시장치(VOR)의 신호

해설

플럭스 밸브
지자기의 수평성분을 검출하여 그 방향을 전기신호로 바꾸어 원격 전달하는 장치이다.

74 다음 중 자장항법장치(Independent position determining)가 아닌 장비는?

① VOR
② Weather radar
③ GPWS
④ Radio altimeter

해설

VOR(VHF Omni-Directional Range)
① 지상 VOR국을 중심으로 360° 전 방향에 대해 비행방향을 항공기에 지시한다(절대방위).
② 사용주파수는 108~118[MHz](초단파)를 사용하므로 LF/MF 대의 ADF보다 정확한 방위를 얻을 수 있다.
③ 항공기에서는 무선자기지시계(Radio Magnetic Indicator)나 수평상태지시계(Horizontal Situation Indicator)에 표지국의 방위와 그 국에 가까워졌는지, 멀어지는지 또는 코스의 이탈이 나타난다.

75 속도를 지시하는 방법으로 전압(Total pressure)과 정압(Static pressure)차를 감지하여 해면고도에서의 밀도를 도입하여 계기에 지시하는 속도는?

① 등가대기속도(EAS)
② 진대기속도(TAS)
③ 지시대기속도(IAS)
④ 수정대기속도(CAS)

해설

지시대기속도(IAS)
속도계는 피토-정압 프로브의 장착 위치 및 계기의 오차 등에 의한 오차가 있을 수 있다. 또, 항공기 주위에 공기 흐름은 일정하게 흐르지 못하고 흐트러지게 된다. 그러므로 이와 같은 공기 흐름 등에 의해 오차가 있을 수 있다. 이와 같은 오차를 포함한 지시값을 지시대기속도(Indicated Air Speed : IAS)라고 한다.

76 다음 중 가변용량 펌프에 해당하는 것은?

① 제로터형 펌프
② 기어형 범프
③ 피스톤형 펌프
④ 베인형 범프

해설

가변용량 펌프
작동유의 방출을 변화시킴으로써 계통의 요구 압력에 펌프 배출 압력을 맞출 수 있다. 이 펌프는 펌프 안에 있는 보상 밸브에 의해 자동적으로 방출 압력을 조절한다.
피스톤형 펌프는 가변용량 펌프로서 현대 항공기에 일반적으로 사용되고 있다.

77 교류 발전기의 출력 주파수를 일정하게 유지시키는 데 사용되는 것은?

① Magn-amp
② Brushless
③ Carbon pile
④ Constant speed drive

해설

정속구동장치(Constant speed drive)
기관의 회전수와 관계 없이 발전기를 일정하게 회전하게 한다.

[정답] 73 ① 74 ① 75 ③ 76 ③ 77 ④

78 배기가스를 히터로 사용하는 계통에서 부품의 결함을 검사하는 방법으로 가장 효율적인 것은?

① 자기탐상검사를 주기적으로 실시한다.
② 주기적으로 일산화탄소감지시험을 한다.
③ 기관오버홀시 히터를 새것으로 교환한다.
④ 매 100시간마다 배기계통의 부품을 교환한다.

79 전자식 객실 온도 조절기에서 혼합 밸브의 목적은?

① 차가운 공기흐름의 방향 변화를 위해
② 공기를 가스에서 액체로 변화시키기 위해
③ 장치내의 프레온과 오일을 혼합하기 위해
④ 더운 공기와 찬 공기를 혼합하여 분배하기 위해

🔍 **해설**
객실의 쾌적함을 위해 더운 공기와 찬 공기를 혼합하여 분배하는 역할을 한다.

80 통신위성시스템에서 지구국의 일반적인 구성이 아닌 것은?

① 송·수신계   ② 감쇠계
③ 변·복조계   ④ 안테나계

🔍 **해설**
지구국은 위성에 탑재된 중계기를 통하여 다른 지구국과 접속하고 기존의 지상 통신망과 연결하는 기능을 한다. 지구국은 안테나, 송수신 계통, 변조와 복조 계통, 감시 제어 계통 및 전원계로 구성된다.

자격종목 및 등급(선택분야)	시험시간	문제수	문제형별	성명
항공산업기사	2시간	80	CBT	듀오북스

제1과목 ◀ 항공역학

01 전진하는 회전날개 깃에 작용하는 양력을 헬리콥터 전진속도(V)와 주 회전날개의 회전속도(v)로 옳게 설명한 것은?

① $(v+V)^2$에 비례한다. ② $(v-V)^2$에 비례한다.

③ $\left(\dfrac{v+V}{v-V}\right)^2$에 비례한다. ④ $\left(\dfrac{v-V}{v+V}\right)^2$에 비례한다.

🔍 **해설**

$L=C_L\dfrac{1}{2}\rho V_\phi^2 S=C_L\dfrac{1}{2}\rho V^2(cR)$이며,

이 때 V_ϕ(깃이 받는 상대풍 속도)$=V\cos\alpha\cdot\sin\phi+r\cos\beta\cdot\omega$
(α : 받음각, β : 코닝각, ϕ : 깃의 회전각도, R : 깃의 반지름, V : 전진속도)
즉, 양력은 V_ϕ의 제곱에 비례한다.

02 물체표면을 따라 흐르는 유체의 천이(Transition) 현상을 옳게 설명한 것은?

① 충격 실속이 일어나는 현상이다.

② 층류에 박리가 일어나는 현상이다.

③ 층류에서 난류로 바뀌는 현상이다.

④ 흐름이 표면에서 떨어져 나가는 현상이다.

🔍 **해설**

관성력과 점성력의 비를 레이놀즈수라 하며 레이놀즈수가 점점 커지게 되면 층류흐름이 난류로 변하는 천이현상이 생긴다 점성력의 특성을 가장 잘 나타낼 수 있는 무차원의 수이다.

03 무게가 100[kg]인 조종사가 2,000[m]의 상공을 일정속도로 낙하산으로 강하하고 있을 때 낙하산 지름이 7[m], 항력계수가 1.30이라면 낙하속도는 약 몇 [m/s]인가? (단, 공기밀도는 0.1[kgf·s²/m⁴]이며 낙하산의 무게는 무시한다.)

① 6.3 ② 4.4

③ 2.2 ④ 1.6

🔍 **해설**

$V=\sqrt{\dfrac{2R}{C_D\rho S}}$

04 무게가 500[kgf]인 비행기가 30°의 경사로 정상 선회를 하고 있다면 이때 비행기의 원심력은 약 몇 [kgf]인가?

① 250 ② 289

③ 353 ④ 433

🔍 **해설**

$W\tan\theta=\dfrac{WV^2}{gR}$

05 다음과 같은 [조건]에서 헬리콥터의 원판하중은 약 몇 [kgf/m²]인가?

[조건]
- 헬리콥터의 총중량 : 800[kgf]
- 기관 출력 : 160[hp]
- 회전날개의 반지름 : 2.8[m]
- 회전날개 깃의 수 : 2개

[정답] CBT 2회 01 ① 02 ③ 03 ① 04 ② 05 ④

① 25.5 ② 28.5
③ 30.5 ④ 32.5

해설

$D.L. = \dfrac{W}{\pi R^2} = \dfrac{800}{3.14 \times 2.8^2} = \dfrac{800}{24.6176} ≒ 32.5$

06 그림과 같은 프로펠러 항공기 이륙 경로에서 이륙거리는?

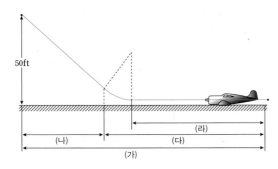

① (가) ② (나)
③ (다) ④ (라)

해설

비행기의 실제적인 이륙거리는 지상활주거리에 비행기가 안전한 비행상태의 고도까지 이륙하는 데 소요되는 상승거리를 합해서 말한다.

- 항공기의 이륙거리
  지상활주거리＋회전거리＋전이거리＋상승거리
- 항공기의 착륙활주거리
  자유활주거리＋제동거리

07 항공기의 필요동력과 속도와의 관계로 옳은 것은?

① 속도에 반비례한다.
② 속도의 제곱에 비례한다.
③ 속도의 세제곱에 비례한다.
④ 속도의 제곱에 반비례한다.

해설

$P_r = \dfrac{DV}{75} = C_D \times \dfrac{1}{2}\rho V^2 S \times \dfrac{V}{75} = \dfrac{1}{150}C_D V^3 S$

08 프로펠러가 회전하면서 작용하는 원심력에 의해 발생되는 것으로 짝지어진 것은?

① 휨응력, 굽힘 모멘트
② 인장응력, 비틀림 모멘트
③ 압축응력, 굽힘 모멘트
④ 압축응력, 비틀림 모멘트

해설

원심력-인장응력, 추력-굽힘응력, 비틀림력-비틀림응력

09 다음 [보기]에서 설명하는 대기의 층은?

[보기]

- 고도에 따라 기온이 감소한다.
- 대기의 순환이 일어난다.
- 기상현상이 일어난다.

① 대류권 ② 성층권
③ 중간권 ④ 열권

해설

대류권
구름의 생성, 비, 눈, 안개 등의 기상 현상을 비롯하여 온대 저기압, 전선, 태풍 등 날씨 변화를 일으키는 대기 운동이 거의 이 영역에서 일어난다. 평균 11[km] 높이까지 1[km] 올라갈 때마다 기온이 약 6.5[°C]씩 낮아지고 있다.

10 비행기의 이륙활주거리를 짧게 하기 위한 방법이 아닌 것은?

① 기관의 추력을 크게 한다.
② 비행기의 무게를 감소한다.
③ 슬랫(Slat)과 플랩(Flap)을 사용한다.
④ 항력을 줄이기 위해 작은 날개를 사용한다.

해설

[정답] 06 ① 07 ③ 08 ② 09 ① 10 ④

이륙활주거리를 줄이는 방법
① 비행기의 무게를 감소시킨다.
② 기관의 추진력을 크게 한다.
③ 속도를 증가시키면 항력도 증가하므로 항력이 작은 활주 자세로 이륙을 한다.
④ 맞바람을 맞으면서 이륙한다.
⑤ 고양력장치를 사용한다.

11
100[m/s]로 비행하는 프로펠러 항공기에서 프로펠러를 통과하는 순간의 공기속도가 120[m/s]가 되었다면, 이 항공기의 프로펠러 효율은 약 얼마인가?

① 76[%]
② 83.3[%]
③ 91[%]
④ 97.4[%]

🔎 **해설**

효율 $\eta = \dfrac{출력}{입력} = \dfrac{100}{120} \times 100 = 83.33[\%]$

12
비행기가 음속에 가까운 속도로 비행시 속도를 증가시킬수록 기수가 내려가려는 현상은?

① 피치 업(Pitch up)
② 턱 언더(Tuck under)
③ 디프 실속(Deep stall)
④ 역 빗놀이(Adverse yaw)

🔎 **해설**

음속에 가까운 속도를 비행을 할 때 속도를 증가시키면 기수가 오히려 내려가는 경향을 턱 언더(Tuck under) 현상이라 한다.

13
고정익 항공기의 도살 핀(Dorsal fin)과 벤트랄 핀(Ventral fin)의 기능에 대한 설명으로 틀린 것은?

① 더치롤 특성을 저해시킬 수 있다.
② 큰 받음각에서 요댐핑(Yaw damping)을 증가시키는 데 효과적이다.
③ 나선발산(Spiral divergence)시의 비행특성에 영향을 준다.

④ 프로펠러에 발생하는 나선후류의 영향을 줄이는 역할을 한다.

🔎 **해설**

비행기에 도살 핀을 장착하면, 다음의 두 가지 방법으로 큰 옆미끄럼각에서 방향 안정성을 증가시킨다.
① 큰 옆미끄럼각에서의 동체의 안정성의 증가
② 수직꼬리날개의 유효 가로세로비를 감소시켜 실속각을 증가
이러한 두 가지의 효과 때문에 도살 핀의 추가는 매우 유효하다.

14
비행기가 고속으로 비행할 때 날개위에서 충격실속이 발생하는 시기는?

① 아음속에서 생긴다.
② 극초음속에서 생긴다.
③ 임계 마하수에 도달한 후에 생긴다.
④ 임계 마하수에 도달하기 전에 생긴다.

🔎 **해설**

임계 마하수는 날개 윗면에서 최대속도가 마하수 1이 될 때 날개 앞쪽에서의 흐름의 마하수이다.

15
비행기의 세로안정을 좋게 하기 위한 방법이 아닌 것은?

① 수직꼬리날개의 면적을 증가시킨다.
② 수평꼬리날개 부피계수를 증가시킨다.
③ 무게중심이 날개의 공기역학적 중심 앞에 위치하도록 한다.
④ 무게중심에 관한 피칭모멘트계수가 받음각이 증가함에 따라 음(-)의 값을 갖도록 한다.

🔎 **해설**

세로 안정을 좋게 하기 위한 방법
① 무게중심이 날개의 공기역학적 중심보다 앞에 위치해야 한다.
② 날개가 무게중심보다 높은 위치에 있을 때 안정성이 좋다.
③ 꼬리날개 면적을 크게 할수록 좋다.
④ 꼬리날개 효율이 클수록 안정성이 좋다.

[정답] 11 ② 12 ② 13 ④ 14 ③ 15 ①

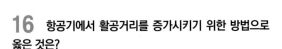

16 항공기에서 활공거리를 증가시키기 위한 방법으로 옳은 것은?

① 압력항력을 크게 한다.
② 형상항력을 최대로 한다.
③ 날개의 가로세로비를 크게 한다.
④ 표면 박리현상 방지를 위하여 표면을 적절히 거칠게 한다.

🔍 **해설**

항공기가 멀리 활공하기 위해서는 활공각이 작아야 되며, 활공각이 작으려면 양항비가 커야 한다. 활공기에서 양항비를 크게 하기 위하여 항력계수(C_D)를 최소로 해야 하며, 이렇게 하기 위해서 기체 표면을 매끈하게 하고 모양을 유선형으로 하여 형상항력을 작게 한다. 또, 날개의 길이를 길게 함으로써 가로세로비를 크게 해 유도항력을 작게 한다.

17 날개(Wing)의 공기력 중심에 대한 설명으로 옳은 것은?

① 받음각이 클수록 앞쪽으로 이동한다.
② 캠버가 클수록 같은 양력변화에 따라 이동량이 크다.
③ 압력 중심과 공기력 중심은 일치하는 것이 일반적이다.
④ 키놀이 모멘트의 크기가 받음각에 대하여 변화되지 않는 점을 말한다.

🔍 **해설**

날개골의 어떤 점은 받음각이 변해도 이 점에서의 모멘트 값은 변하지 않는 점이 있다. 이 점을 공기력 중심이라고 한다.

18 레이놀즈수(Reynolds number)에 대한 설명으로 틀린 것은?

① 무차원수이다.
② 유체의 관성력과 점성력의 비이다.
③ 레이놀즈수가 클수록 점성이 크다.
④ 유체의 속도가 빠를수록 레이놀즈수는 크다.

🔍 **해설**

$$R_e = \frac{\rho V L}{\mu}$$

관성력과 점성력의 비를 레이놀즈수라 하며 레이놀즈수가 점점 커지게 되면 층류흐름이 난류로 변하는 천이현상이 생긴다 점성력의 특성을 가장 잘 나타낼 수 있는 무차원의 수이다.

19 일반적인 형태의 비행기는 3축에 대한 회전운동을 각각 담당하는 3종류의 주조종면을 가진다. 하지만 수평꼬리날개가 없는 전익기나 델타익기의 경우 2축에 대한 회전운동을 1종류의 조종면이 복합적으로 담당하는데 이때의 조종면 명칭은?

① 카나드(Canard)   ② 엘레본(Elevon)
③ 플래퍼론(Flaperon)   ④ 테일러론(Taileron)

🔍 **해설**

엘레본(Elevon)
엘리베이터와 에일러론을 결합시킨 장치. 양 날개의 엘레본을 같은 방향으로 움직이면 엘리베이터의 역할을 하고 서로 다른 방향으로 움직이면 에일러론의 역할을 한다.

20 프로펠러 항공기가 최대 항속시간으로 비행하기 위한 조건으로 옳은 것은?

① $\left(\dfrac{C_D^{\frac{3}{2}}}{C_L}\right)$ 최소   ② $\left(\dfrac{C_L^{\frac{3}{2}}}{C_D}\right)$ 최소

③ $\left(\dfrac{C_D^{\frac{3}{2}}}{C_L}\right)$ 최대   ④ $\left(\dfrac{C_L^{\frac{3}{2}}}{C_D}\right)$ 최대

🔍 **해설**

항속시간

- 프로펠러 기 : $\left(\dfrac{C_L^{\frac{3}{2}}}{C_D}\right)_{\max}$

- 제트 기 : $\left(\dfrac{C_L}{C_D}\right)_{\max}$

[**정답**] 16 ③ 17 ④ 18 ③ 19 ② 20 ④

21 다음 중 가스터빈 기관에서 사용되는 시동기의 종류가 아닌 것은?

① 전기식 시동기(Electric starter)

② 마그네토 시동기(Magneto starter)

③ 시동 발전기(Starter generator)

④ 공기식 시동기(Pneumatic starter)

🔍 해설

가스터빈엔진에 사용되는 시동기는 전기식, 시동 발전기, 공기식 시동기를 사용한다.

최근 주로 사용하는 것은 역시 공기식 시동기이다.

• 마그네토
  항공기 왕복엔진에 정확한 점화시기에 점화 순서에 따라 각 실린더에 고전압을 보내주는 장치
  ① 고압 마그네토 : 일반적으로 저공비행하는 항공기에 사용하는 형식
  ② 저압 마그네토 : 주로 고공비행 항공기에 사용

22 가스터빈 기관의 공기흡입 덕트(Duct)에서 발생하는 램 회복점을 옳게 설명한 것은?

① 램 압력상승이 최대가 되는 항공기 속도

② 마찰마력 손실이 최소가 되는 항공기의 속도

③ 마찰압력 손실이 최대가 되는 항공기의 속도

④ 흡입구 내부의 압력이 대기 압력으로 돌아오는 점

🔍 해설

램 회복점

항공기가 비행중 엔진입구의 압력이 엔진 입구의 형상이나 마찰에 의해 감소하여 엔진 효율이 떨어지지만 항공기의 속도가 고속화 되면 마찰이나 형상에 의한 손실된 압력이 회복되는 지점을 회복점이라 한다.

23 그림과 같은 형식의 가스터빈 기관을 무엇이라 하는가?

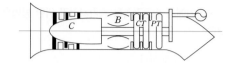

① 터보팬 기관

② 터보제트 기관

③ 터보축 기관

④ 터보프롭 기관

🔍 해설

터보축 기관의 그림을 보여주고 있다.

24 열기관에서 열효율을 나타낸 식으로 옳은 것은?

① $\dfrac{일}{공급열량}$

② $\dfrac{공급열량}{방출열량}$

③ $\dfrac{방출열량}{일}$

④ $\dfrac{방출열량}{공급열량}$

🔍 해설

열효율(gth)

기관에 공급된 열에너지(연료에너지)와 그 중 기계적 에너지로 바꿔진 양의 비

25 터빈 기관을 사용하는 도중 배기가스온도(EGT)가 높게 나타났다면 다음 중 주된 원인은?

① 연료필터 막힘

② 과도한 연료흐름

③ 오일압력의 상승

④ 과도한 바이패스비

🔍 해설

연료조절장치의 고장으로 과도한 연료가 연소실에 유입된 상태 또는 파워레버를 급격히 올린 경우 엔진 압축기 로터의 관성력 때문에 RPM이 즉시 상승하지 못해 연소실에 유입된 과다한 연료 때문에 혼합비가 과도하게 농후한 경우에 EGT가상승하게 된다.
그 외에도 압축기나 터빈 쪽에서 오염이나 손상 등에 이유로 가스의 흐름이 원활하지 못해 뜨거운 가스의 정체현상 때문에 EGT가 증가하는 원인이 될 수 있다.

[정답] 21 ② 22 ④ 23 ③ 24 ① 25 ②

26 열역학 제2법칙에 대한 설명이 아닌 것은?

① 에너지 전환에 대한 조건을 주는 법칙이다.
② 열과 일 사이의 에너지 전환과 보존을 말한다.
③ 열은 그 자체만으로는 저온 물체로부터 고온 물체로 이동할 수 없다.
④ 자연계에 아무 변화를 남기지 않고 어느 열원의 열을 계속하여 일로 바꿀 수는 없다.

해설

- 열역학 제2법칙에 관한 클라우지우스의 기술 : 열은 스스로 차가운 물체에서 뜨거운 물체로 옮겨갈 수 없다.
- 켈빈-플랑크의 기술 : 계가 한 온도에서 열 저장실로부터 흡수한 열로 순환 과정을 하면서 흡수한 열과 같은 양의 일을 하는 것은 불가능하다. 즉 100[%]열을 흡수해서 흡수한 열을 100[%] 운동으로 바꾸는 것은 불가능하다.

27 연료계통에 사용되는 릴리프 밸브(Relief valve)에 대한 설명으로 옳은 것은?

① 연료펌프의 출구 압력이 규정치 이상으로 높아지면 펌프 입구로 되돌려 보낸다.
② 연료 여과기(Fuel filter)가 막히면 계통 내에 여과기를 통과하지 않고 연료를 공급한다.
③ 연료 압력 지시부(Fuel pressure trans-mitter)의 파손을 방지하기 위하여 소량의 연료만 통과시킨다.
④ 연료 조정장치(Fuel control unit)의 윤활을 위하여 공급되는 연료 압력을 조절한다.

해설

압력을 분출하는 밸브 또는 안전밸브로, 압력용기나 보일러 등에서 압력이 규정치 압력 이상이 되었을 때 가스를 탱크 외부로 분출하는 밸브이다.

28 왕복기관에서 저압점화계통을 사용할 때 주된 단점과 관계되는 것은?

① 플래시 오버
② 커패시턴스
③ 무게의 증대
④ 고전압 코로나

해설

저압 점화 계통(Low Tension Magneto System)

약 500[V]의 낮은 전압을 각 실린더로 보내고 실린더마다 독립 설치된 변압기에서 각각 승압시켜 해당 점화 플러그로 전달하는 방식으로 고공 에서 전기누설이 없어 고공비행에 적합하다. 단점은 각 실린더마다 독립된 변압기가 있기때문에 무게가 증대한다.

29 왕복 기관 오일계통에 사용되는 슬러지 체임버(Sludge chamber)의 위치는?

① 소기펌프(Scavenge pump)의 주위에
② 크랭크축의 크랭크핀(Crank pin)에
③ 오일 저장탱크(Oil storage tank)내에
④ 크랭크 축 끝의 트랜스퍼 링(Transfer ring)에

해설

슬러지 체임버(Sludge chamber)
불순 물질 저장 장소

30 가스터빈 기관의 오일필터를 손상시키는 힘이 아닌 것은?

① 고주파수로 인한 피로 힘
② 흐름체적으로 인한 압력 힘
③ 오일이 뜨거운 상태에서 발생하는 압력 힘
④ 열순환(Thermal cycling)으로 인한 피로 힘

해설

오일이 뜨거운 상태에서 발생하는 압력 힘과는 상관이 없다.

31 다음 중 왕복 기관의 출력에 가장 큰 영향을 미치는 압력은?

① 섬프압력   ② 오일압력

③ 연료압력   ④ 다기관 압력(MAP)

🔍 해설

정속 프로펠러

조속기가 설치되어 있어 조속기에 의해 저피치에서 고피치까지 자유롭게 피치를 조절할 수 있어 비행속도나 출력 변화에 관계없이 프로펠러를 항상 일정한 속도로 유지하여 가장 좋은 프로펠러 효율을 가질 수 있다.

- 정속 프로펠러를 장착한 엔진의 출력 증가 방법
  혼합기 농후 – rpm 증대 – MAP(흡기압력)증대

32 항공기 왕복 기관의 연료계통에서 저속과 순항 운전 시 닫히지만 고속 운전시에 열려서 연소 온도를 낮추고 디토네이션을 방지시킬 목적으로 농후 혼합비가 되도록 도와주는 밸브의 명칭은?

① 저속장치   ② 혼합기 조절장치

③ 가속장치   ④ 이코너마이저 장치

🔍 해설

이코노마이저장치(Economizing system)

순항출력이하일 때는 최대한 희박하게 하여 연료를 절감하고(경제장치) 고출력일 때 연료를 더 공급해서 농후하게 하여 연료의 기화열에 의하여 연소실 온도를 낮추어 디토네이션을 방지하면서 출력을 높게 하므로 고출력장치라고도 한다.

33 프로펠러의 역추력(Reverse thrust)은 어떻게 발생하는가?

① 프로펠러의 회전속도를 증가시킨다.

② 프로펠러의 회전강도를 증가시킨다.

③ 프로펠러를 부(Negative)의 깃각으로 회전시킨다.

④ 프로펠러를 정(Positive)의 깃각으로 회전시킨다.

🔍 해설

역피치(Reverse Pitch)

프로펠러의 브레이드의 피치 각을 변화시켜 역추력을 얻어내는 것으로 항공기가 착륙 후에 사용하여 착륙 거리를 단축시키는데 사용한다.

34 왕복 기관의 진동을 감소시키기 위한 방법으로 틀린 것은?

① 압축비를 높인다.

② 실린더수를 증가시킨다.

③ 피스톤의 무게를 적게 한다.

④ 평형추(Counter weight)를 단다.

🔍 해설

회전수(rpm)가 증가하면 진동의 주기가 짧아지지만 진동의 횟수는 같다.

35 정속프로펠러를 사용하는 왕복기관에서 순항시 스로틀 레버만을 움직여 스로틀을 증가시킬 때 나타나는 현상이 아닌 것은?

① 기관의 출력(HP)은 변하지 않는다.

② 기관의 흡기 압력(MAP)이 증가한다.

③ 프로펠러 블레이드 각도가 증가한다.

④ 기관의 회전수(RPM)는 변하지 않는다.

36 그림과 같은 오토(OTTO)사이클의 $P-V$ 선도에서 압축비를 나타낸 식은?

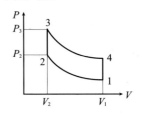

① $\dfrac{V_1}{V_2}$　　② $\dfrac{V_2}{V_1}$

③ $\dfrac{V_2}{V_1+V_2}$　　④ $\dfrac{V_1}{V_1+V_2}$

 해설

압축비 $=\dfrac{V_1}{V_2}$

37 가스터빈 기관에서 가변정익(VARIABLE STA-TOR VANE)의 목적을 설명한 것으로 옳은 것은?

① 로터의 회전속도를 일정하게 한다.
② 유입공기의 절대속도를 일정하게 한다.
③ 로터에 대한 유입공기의 받음각을 일정하게 한다.
④ 로터에 대한 유입공기의 상대속도를 일정하게 한다.

해설

가변정익
엔진 내부의 변화하는 조건에 따라 공기 흐름 방향에 대한 장착 각도는 변한다.
베인의 각도는 엔진 작동조건 변화 시, 압축기 전방에서의 Still과 후방에서의 Choke를 방지하도록 자동으로 변한다.

38 왕복 기관의 피스톤 지름이 16[cm]인 피스톤에 65[kgf/cm²]의 가스압력이 작용하면 피스톤에 미치는 힘은 약 몇 [ton]인가?

① 10　　② 11
③ 12　　④ 13

해설

$P=\dfrac{F}{A},\ F=P\cdot A=65\times\pi\times 8^2=13,062.4[\text{kgf}]$
$1[\text{ton}]=1,000[\text{kgf}]$
∴ $13.06[\text{t}]$

39 가스터빈 기관에서 축류 압축기의 1단당 압력비가 1.8일 때 압축기가 3단이라면 압력비는 약 얼마인가?

① 5.4　　② 5.8
③ 6.5　　④ 7.8

40 흡입밸브와 배기밸브의 팁 간극이 모두 너무 클 경우 발생하는 현상은?

① 점화시기가 느려진다.
② 오일소모량이 감소한다.
③ 실린더의 온도가 낮아진다.
④ 실린더의 체적효율이 감소한다.

해설

흡기밸브와 배기밸브가 동시에 열려 있는 각도로 밸브 오버랩의 장점은 체적효율 향상, 출력 증가, 냉각효과이다.
흡입과 배기밸브간에 팁 간극이 클경우 체적율감소, 출력저하, 온도 상승의 현상이 일어난다.

제3과목　항공기체

41 복합재료(Compositematerial)를 설명한 것으로 옳은 것은?

① 금속과 비금속을 배합한 합성재료
② 샌드위치구조로 만들어진 합성재료
③ 2가지 이상의 재료를 화학반응을 일으켜 만든 합금재료
④ 2가지 이상의 재료를 일체화하여 우수한 성질을 갖도록 한 합성재료

해설

복합재료
두 가지 이상의 재료가 조합되어 물리적·화학적으로 서로 다른 상(Phase)을 형성하면서 보다 유효한 기능을 발현하는 재료를 말한다.

[정답] 37 ③　38 ④　39 ②　40 ④　41 ④

42 응력 외피형 날개의 주요 구조 부재가 아닌 것은?

① 스파(Spar)　　　　② 리브(Rib)
③ 스킨(Skin)　　　　④ 프레임(Frame)

🔍 **해설** ----

응력 외피형 날개의 주요 구조 부재
① Spar　　　　② Rib
③ Stringer　　　④ Skin

43 리벳 머리 모양에 따른 분류기호 중 둥근머리 리벳은?

① AN426　　　　② AN455
③ AN430　　　　④ AN470

🔍 **해설** ----

① Round Rivet : AN430
② Flat Rivet : AN440
③ Brazier Rivet : AN450
④ Universal Rivet AN470

44 그림과 같은 판재 가공을 위한 레이아웃에서 성형점(Mold point)을 나타낸 것은?

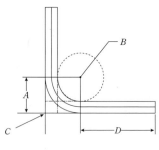

① A　　　　② B
③ C　　　　④ D

🔍 **해설** ----

성형점 : 판재 외형선의 연장선이 만나는점

45 거스트 로크(Gust Lock)장치에 대한 설명으로 옳은 것은?

① 비행 중인 항공기의 조종면을 돌풍으로부터 파손되지 않게 고정시키는 장치이다.
② 내부고정장치, 조종면 스누버, 외부 조종면 고정장치가 있다.
③ 동력조종장치 항공기는 유압실린더의 댐퍼 작용으로 거스트 로크장치가 반드시 필요하다.
④ 거스트 로크장치는 지상에서 오작하지 않도록 해야 한다.

🔍 **해설** ----

Gust lock(돌풍 고정장치)
지상에서 항공기 조종면을 돌풍에 의한 파손으로부터 보호하기 위해서 일정한 위치에 고정시키는 장치

46 그림과 같이 길이가 l인 캔틸레버보의 자유단에 집중력 P가 작용하고 있다면 보의 최대 굽힘 모멘트는? (단, A는 보의 단면적, E는 탄성계수이다.)

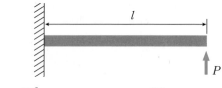

① $\dfrac{Pl^2}{2AE}$　　　　② $\dfrac{Pl}{AE}$

③ $\dfrac{P^2l}{2AE}$　　　　④ Pl

🔍 **해설** ----

모멘트＝힘×거리

47 완충효율이 우수하여 대형기의 착륙장치에 많이 사용되는 완충장치(Shock absorber)장치 형식은?

① 올레오(Oleo)식
② 공기압력(Air pressure)식

[정답] 42 ④　43 ③　44 ③　45 ②　46 ④　47 ①

③ 평판스프링(Plate spring)식
④ 고무완충(Rubber absorber)식

해설

올레오식 완충효율 75[%], 공기압력식 47[%], 탄성식 완충장치 50[%]

48 가스 중에 아크를 발생시키면 가스는 이온화 되어 원자 상태가 되고, 이때 다량의 열이 발생하는데 이 아크와 가스의 혼합물을 용접의 열원으로 이용하는 용접은?

① 플라스마 용접
② 금속 불활성가스 용접
③ 산소아세틸렌 용접
④ 텅스텐 불활성가스 용접

해설

기체가 전리하여 이온과 전자가 혼합이 되면, 도전성을 나타내는 상태를 플라스마라 하며, 이 상태에서는 온도가 매우 높다. 아크용접의 열원인 아크는 결국 이 플라스마 상태이며, 약 6,000[℃] 내외의 온도로 알려져 있다. 그러나 특수한 구조의 구속 노즐을 사용하여 강제적으로 냉각해서 높은 에너지 밀도의 플라스마로 구속하면 20,000[℃] 이상의 높은 온도를 손쉽게 발생할 수 있다는 데 주의해야 한다.

49 다음 중 인성(Thoughness)에 대한 설명으로 옳은 것은?

① 재료에 온도를 서서히 증가하였을 때 조직 구조가 변형되는 현상이다.
② 재료의 시험편을 서서히 잡아 당겨서 파괴되었을 때 파단면의 조직이 변화된 현상이다.
③ 취성(Brittleness)의 반대되는 성질로서 충격에 잘 견디는 성질을 말한다.
④ 재료를 일정한 온도와 하중을 가한 상태에서 시간에 따라 변형률이 변화되는 현상이다.

해설

질긴 성질(찢어지거나 파괴되지 않음)

50 머리에 스크루드라이버를 사용하도록 홈이 파여 있고 전단 하중만 걸리는 부분에 사용되며 조종계통의 장착용 핀 등으로 자주 사용되는 볼트는?

① 내부렌치볼트
② 아이볼트
③ 육각머리볼트
④ 클레비스볼트

해설

Clevis Bolt
주로 전단력이 걸리는 곳에 사용하며, 인장용으로는 사용불가
→ 비행조종계통의 Push pull Rod 장착부에 많이 사용

51 항공기의 고속화에 따라 기체재료가 알루미늄합금에서 티타늄합금으로 대체되고 있는데 티타늄합금과 비교한 알루미늄합금의 어떠한 단점 때문인가?

① 너무 무겁다.
② 전기저항이 너무 크다.
③ 열에 강하지 못하다.
④ 공기와의 마찰로 마모가 심하다.

해설

알루미늄합금은 무게가 가볍고 660°의 비교적 낮은 온도에서 용해된다. 티타늄합금의 융점은 1730°이다.

52 리벳 작업시 리벳 성형머리(Bucktail)의 높이를 리벳지름(D)으로 옳게 나타낸 것은?

① 0.5D
② 1D
③ 1.5D
④ 2D

해설

성형머리 높이 0.5D, 성형머리 최소 지름 1.5D

53 페일세이프(Fail-safe) 구조 중 큰 부재 대신에 같은 모양의 작은 부재 2개 이상을 결합시켜 하나의 부재와 같은 강도를 가지게 함으로써 치명적인 파괴로부터 안전을 유지할 수 있는 구조형식은?

① 이중구조(Double Structure)
② 대치구조(Back-up Structure)
③ 예비구조(Redundant Structure)
④ 하중경감구조(Load Dropping Structure)

🔍 해설

페일세이프(Fail-safe) 구조 중 큰 부재 대신에 같은 모양의 작은 부재 2개 이상을 결합시켜 하나의 부재와 같은 강도를 가지게 함으로써 치명적인 파괴로부터 안전을 유지할 수 있는 구조

54 세미모노코크(Semi-monocoque)형식의 동체 구조에 대한 설명으로 옳은 것은?

① 구조재가 3각형을 이루는 기체의 뼈대가 하중을 담당하고 표피가 우포로 되어 있는 형식이다.
② 하중의 대부분을 표피가 담당하며, 금속이 각 껍질(Shell)로 되어 있는 형식이다.
③ 스트링거(Stringer), 벌크헤드(Bulkhead), 프레임(Frame) 및 외피(Skin)로 구성되어 골격과 외피가 하중을 담당하는 형식이다.
④ 트러스 재를 활용하여 강도를 보충하고 외피를 씌워 항력을 감소시킨 현대항공기의 대표적인 형식이다.

🔍 해설

기본적인 굽힘하중은 론저론이 견디고 이것은 몇 군데의 지지점을 통해서 뻗쳐 있다. 세로대는 스트링거라고 부르는 다른 종방향 구조재에 의해 보충된다. 론저론은 스트링거보다 숫자가 많고 무게도 가볍다.

55 길이 200[cm]의 강철봉이 인장력을 받아 0.4[cm]의 신장이 발생하였다면 이 봉의 인장 변형률은?

① 15×10^{-4} ② 20×10^{-4}
③ 25×10^{-4} ④ 30×10^{-4}

56 SAE 규격으로 표시한 합금강의 종류가 옳게 짝지어진 것은?

① 13×× : 망간강
② 23×× : 망간-크롬강
③ 51×× : 니켈-크롬-몰리브덴강
④ 61×× : 니켈-몰리브덴강

🔍 해설

[SAE 재료 번호]

강의 종류	재료 번호	강의 종류	재료 번호
탄소강	1×××	크롬강	5×××
망간강	13××	크롬 비듐 강	6×××
니켈강	2×××	텅스텐 크롬 강	72××
니켈 크롬강	3×××	니켈 크롬 몰리브덴 강	81××
올리브덴 강	40××		86××
	44××		~88××
크롬 몰리브덴 강	41××	실리콘 망간	92××
니켈 크롬 몰리브덴 강	43××	니켈 크롬 몰리브덴 강	93××
	47××		~98××

57 다음 중 이질금속간 부식이 가장 잘 일어날 수 있는 조합은?

① 납 - 철   ② 구리 - 알루미늄
③ 구리 - 니켈   ④ 크롬 - 스테인리스강

🔍 해설

① 집단1 : 마그네슘과 그 합금
② 집단2 : 모든 알루미늄 합금 카드뮴 아연
   ⓐ 소집단A : 1100, 3003, 5052, 6061
   ⓑ 소집단B : 2014, 2017, 2024, 7075
③ 집단3 : 납 주석 및 그들의 합금
④ 집단4 : 스테인리스 강, 티탄, 크롬, 니켈, 구리, 및 그들의 합금 집단 1과 2가 만나면 부식이 일어나고, 같은 집단 속에 있는 금속끼리는 부식이 일어나지않는다.(집단2의 소집단끼리 만나면 부식이 일어난다.)

[정답] 53 ① 54 ③ 55 ② 56 ① 57 ②

58 항공기의 무게를 측정한 결과 그림과 같다면 이때 중심위치는 MAC의 몇 %에 있는가?(단, 단위는 cm이다.)

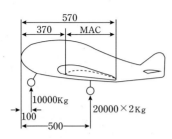

① 20

② 25

③ 30

④ 35

해설

$$MAC = \frac{H-L}{C} \times 100$$

H : 기준면에서 무게중심(CG)까지의 거리
L : 기준면(RD)에서 MAC의 L/E까지의 거리
C : MAC길이

59 항공기 조종계통에 대한 설명으로 옳은 것은?

① 케이블을 왕복으로 설치하는 것은 피해야 한다.

② 케이블 장력이 커지면 풀리에 큰 반력이 생기고 마찰력이 커져 조종성이 떨어진다.

③ 케이블 풀리 간격이 조작하는 거리보다 짧아지는 것이 조종성 안정에 좋다.

④ 케이블은 로드(Rod)보다 작은 공간을 필요로 하므로 현대 항공기에서 많이 사용된다.

해설

풀리는 케이블 유로와 방향전환을 담당한다. 따라서 케이블의 장력이 커지면 풀리와 케이블간 걸리는 마찰력이 커져 조종성이 떨어진다.

60 그림과 같이 반대방향으로 하중이 작용하는 구조물에서 $B-C$ 구간의 내력은 몇 N인가?

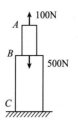

① 100

② −100

③ 400

④ −400

제4과목 **항공장비**

61 지상의 항행원조시설 없이 항공기의 대지속도, 편류각 및 비행거리를 직접적이고 연속적으로 구하여 장거리를 항행할 수 있게 하는 자립항법장치는?

① 오메가항법

② 도플러레이더

③ 전파고도계

④ 관성항법장치

해설

도플러레이더

지상의 항행원조시설 없이도 전파의 도플러 효과를 이용해서 항공기의 대지속도, 편류각, 비행거리를 직접적이고 연속적으로 구하여 장거리를 항행할 수 있게 하는 자립항법장치이다.

62 납산 축전지(Lead acid battery)에서 사용되는 전해액은?

① 수산화칼륨 용액

② 불산 용액

③ 수산화나트륨 용액

④ 묽은 황산 용액

해설

납산 배터리

방전이 시작되면 전류는 음극판에서 양극판으로 흐르게 되고, 전해액 속의 황산의 양이 줄어들면서 물의 양이 증가하기 때문에 전해액의 비중이 낮아지게 되고 외부 전원을 베터리에 가하게 되면 반대의 과정이 진행되어 황산이 다시 생성되고, 물의 양이 감소되면서 비중이 높아지게 된다.

[정답] 58 ② 59 ② 60 ④ 61 ② 62 ④

63 광전연기탐지기(Photoelectric smoke detector)에 대한 설명으로 틀린 것은?

① 연기탐지기 내부는 빛의 반사가 없도록 무광 흑색 페인트로 칠해져 있다.

② 연기탐지기 내의 광전기 셀에서 연기를 감지하여 경고장치를 작동시킨다.

③ 연기탐지기 내부로 들어오는 연기는 항공기 내외의 기압차에 의한다.

④ 광전기 셀은 정해진 온도에서 작동될 수 있도록 가스로 채워져 있다.

🔍 해설

광전식은 외부의 빛이 완전히 차단되어 연기만이 침입할 수 있는 어둠상자에서 광원 램프의 광속을 한쪽 방향으로 조사하고 광속의 직각방향으로 황화카드뮴 등의 수광소자를 장치하는 것이다.

64 직류 발전기에서 정류작용을 하는 요소는?

① 계자권선   ② 전기자권선

③ 계자철심   ④ 브러시와 정류자

🔍 해설

구조는 제작사마다 약간씩 다르지만 기능과 작동은 거의 같고, 계자 전기자 및 정유자와 브러시 부분으로 구성되어 있다.

65 항공기 비상사태시 승객을 보호하고 탈출 및 구출을 돕기 위한 비상 장비가 아닌 것은?

① 소화기   ② 휴대용 버너

③ 구명보트   ④ 비상 신호용 장비

🔍 해설

탈출 및 구출용 비상 장비
• 비상탈출 미끄럼대
• 구명동의
• 구명보트
• 연기, 불꽃 신호장비
• 휴대용 확성기
• 화재진압장비
• 기타 비상장비 손전등, 손도끼, 구급약품 등

66 그림과 같은 회로에서 B와 C단자 사이가 단선되었다면 저항계(Ohm meter)에 측정된 저항값은 몇 [Ω]인가?

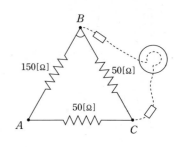

① 0   ② 50

③ 150   ④ 200

🔍 해설

$150 + 50 = 200$

67 지자기의 요소 중 지자기 자력선의 방향과 수평선 간의 각을 의미하는 요소는?

① 복각   ② 수직분력

③ 편각   ④ 수평분력

🔍 해설

복각
지자기의 자력선이 지구표면에 대하여 적도 부근과 양극에서의 기울어지는 각

68 항공기의 연료 탱크에 150[lb]의 연료가 있고 유량계기의 지시가 75[PPH]로 일정하다면 연료가 모두 소비되는 시간은?

① 30분   ② 1시간 30분

③ 2시간   ④ 2시간 30분

[정답] 63 ④ 64 ④ 65 ② 66 ④ 67 ① 68 ③

69 정전기방전장치(Static discharger)에 대한 설명으로 틀린 것은?

① 무선 수신기의 간섭 현상을 줄여주기 위해 동체 끝에 장착한다.
② 비닐이 씌워진 방전장치는 비닐 커버에서 1[inch] 나와 있어야 한다.
③ Null−field 방전장치의 저항은 0.1[Ω]을 초과해서는 안 된다.
④ 항공기에 충전된 정전기가 코로나 방전을 일으킴으로써 무선통신기에 잡음방해를 발생시킨다.

해설

정전기방전장치
① 공기가 표면을 흐를 때 축적되는 공기 속에서의 정전기를 방전하기 위해 항공기 조종 표면에 부착된 장치
② 빈번한 IFR 비행이나 다양한 강우 속을 비행 중 비행기는 정전기로 인하여 무선 교신이나 항법 신호에 영향을 받는다. 공기 속에서 정전기를 방전하기 위해서 항공기 조종표면에 부착된 장치

70 다음 중 계기착륙장치(ILS)와 관계가 없는 것은?

① 로컬라이저(Localizer)
② 전 방향표시장치(VOR)
③ 마커비컨((Maker Beacon)
④ 글라이드 슬로프(Glide Slope)

해설

ILS는 수평위치를 알려주는 로컬라이저와 활강경로, 즉 하강비행각을 표시해주는 마커비컨으로 구성된다.

• 글라이드 슬로프
  ① 전자파의 방사에 의해 만들어지는 기운 면으로 로컬라이저와 함께 계기 착륙 시스템에 있어서 글라이드 패스를 형성한다.
  ② 계기 착륙 방식에서 로컬라이저와 함께 사용되며 글라이드 패스를 만들기 위해 전자파의 방사에 의해 만들어지는 경사진 표면

71 다음 중 유압계통의 장점이 아닌 것은?

① 원격조정이 용이하다.
② 과부하에 대해서도 안전성이 높다.
③ 장치상 구조는 복잡하나 신뢰성이 크다.
④ 운동속도의 조절 범위가 크고 무단변속을 할 수 있다.

해설

유압계통의 특징
• 항공기 시스템에 동력을 전달한다.
• 기계요소를 윤활 시킨다.
• 필요한 요소 사이를 밀봉시킨다.
• 기계요소의 열을 흡수한다.

72 다음 중 피토압에 영향을 받지 않는 계기는?

① 속도계
② 고도계
③ 승강계
④ 선회 경사계

해설

피토정압계기의 종류에는 고도계, 속도계, 마하계, 승강계가 있다.

73 제빙부츠를 취급할 때에 주의해야 할 사항으로 틀린 것은?

① 부츠 위에서 연료 호스(Hose)를 끌지 않는다.
② 부츠 위에 공구나 정비에 필요한 공구를 놓지 않는다.
③ 부츠를 저장하는 경우 그리스나 오일로 깨끗하게 닦은 다음 기름 종이로 덮어둔다.
④ 부츠에 흠집이나 열화가 확인되면 가능한 빨리 수리하거나 표면을 다시 코팅한다.

해설

제빙부츠의 수명을 연장시키기 위해서 가솔린, 오일, 그리스, 오염, 그밖에 부츠의 고무를 열화시킬 수 있는 물이나 액체는 접촉하지 않는다.

74 단거리 전파 고도계(LRRA)에 대한 설명으로 옳은 것은?

① 기압고도계이다.
② 고고도 측정에 사용된다.
③ 평균 해수면 고도를 지시한다.
④ 전파 고도계로 항공기가 착륙할 때 사용된다.

🔍 해설

전파 고도계(LRRA)
전파고도계로서 물체에 부딪혀서 반사되는 성질을 이용하여 절대고도를 측정하기 위한 항공계기의 일종으로 항공기에서 정현파로 주파 수 변조, 대지를 향하여 발사하고 그 대지 반사파를 항공기에서 수신 하여 항공계기에 지시하는 것

75 모든 부품을 항공기 구조에 전기적으로 연결하는 방법으로 고전압 정전기의 방전을 도와 스파크 현상을 방지시키는 역할을 하는 것은?

① 접지(Earth)   ② 본딩(Bonding)
③ 공전(Static)   ④ 절제(Temperature)

🔍 해설

본딩(Bonding)
그 시공의 뜻이지만 정전대책의 하나로도 유효한 조치이다. 정전기 대책으로 본딩과 접지의 양자를 적절하게 실시하는데 따라서 유요한 대책이 된다.

76 항공기의 기압식 고도계를 QNE 방식에 맞춘다면 어떤 고도를 지시하는가?

① 기압고도   ② 진고도
③ 절대고도   ④ 밀도고도

🔍 해설

QNE 보정
해상 비행 등에서 항공기의 고도 간격의 유지를 위하여 고도계의 기압 창구에 해면 표준대기압인 29.92[inHg]를 맞추어 표준기압면으로부터 고도를 지시하게 하는 방법이다. 이때 지시하는 고도는 기압고도이다.

77 객실 여압계통에서 대기압이 객실안의 기압보다 높은 경우 객실로 자유롭게 들어오도록 사용하는 장치로 진공 밸브라고도 하는 것은?

① 부압 릴리프 밸브   ② 객실 하강률 조절기
③ 압축비 한계 스위치   ④ 슈퍼차저 오버스피드 밸브

🔍 해설

화물실 도어 상부에 장착된 부압 릴리프 밸브이다. 이 밸브는 대기압이 객실 압력보다 더 높게 되면 열리게 된다. 항공기가 지상 모드가 되면, 이 밸브는 자동으로 열려 객실 압력과 대기 압력이 같아지게 한다. 대기압이 객실 앞력을 초과하게 되면 밸브는 스프링 힘을 밀고 열리게 되어 대기 공기가 기내로 유입된다.

78 유압계통에서 장치의 작용과 펌프의 가압에서 발생하는 압력 서지(Surge)를 완화시키는 것은?

① 축압기(Accumulator)
② 체크 밸브(Check valve)
③ 압력 조절기(Pressure regulator)
④ 압력 릴리프 밸브(Pressure relief valve)

🔍 해설

축압기의 기능
① 가압된 작동유를 저장하는 저장통으로서 여러 개의 유압 기기가 동시에 사용될 때 압력펌프를 돕는다.
② 동력펌프가 고장났을 때는 저장되었던 작동유를 유압 기기에 공급한다.
③ 유압계통의 서지 현상을 방지한다.
④ 유압계통의 충격적인 압력을 흡수한다.
⑤ 압력조정기의 개폐 빈도를 줄여 펌프나 압력조정기의 마멸을 적게 한다.
⑥ 비상시에 최소한의 작동 실린더를 제한된 횟수만큼 작동시킬 수 있는 작동유를 저장한다.

79 자동방향탐지기(ADF)의 구성 요소가 아닌 것은?

① 전파 자방위 지시계(RMI)
② 무지향성 표시 시설(NDB)
③ 자이로 컴퍼스(Gyro Compass)
④ 루프(Loop), 감도(Sense) 안테나

[정답] 74 ④ 75 ② 76 ① 77 ① 78 ① 79 ③

🔍 **해설**

지상에서 설치된 NDB 국으로부터 송신되는 전파를 항공기에 장착된 자동방향탐지기로 수신하여 전파도래방향을 계기에 지시하는 것이다.
항공기에는 루프안테나, 센스안테나, 수신기, 방향지시기 및 전원장치로 구성되는 수신장치가 있다.

80 압력센서의 전압값을 기준전압 5[V]의 10[bit] 분해능의 A/D컨버터로 변환하려 한다면 센서의 출력 전압이 2.5[V]일 때 출력되는 이상적인 디지털 값은?

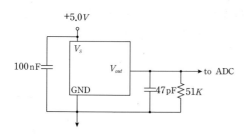

① 128

② 256

③ 512

④ 1,024

🔍 **해설**

$5[V] = 10[bit]$ ➔ $2^{10} = 1,024$

$2.5[V] = 9[bit]$ ➔ $2^9 = 512$

80 ③

제1과목 ▶ 항공역학

01 다음 중 마하트리머(Mach trimmer)로 수정할 수 있는 주된 현상은?

① 더치롤(Dutch roll)
② 턱 언더(Tuck under)
③ 나선 불안정(Spiral divergence)
④ 방향 불안정(Directional divergence)

🔍 해설

턱 언더

저속비행시 수평비행이나 하강비행을 할 때 속도를 증가시키면 기수가 올라가려는 경향이 커지게 되는데 속도가 음속에 가까운 속도로 비행하게 되면 속도를 증가시킬 때 기수가 오히려 내려가는 경향이 생기게 되는데 이러한 현상은 조종사에 의해 수정이 어렵기 때문에 마하트리머나 피치트림보상기를 설치하여 자동으로 턱 언더 현상을 수정할 수 있다.

02 양항비가 10인 항공기가 고도 2,000[m]에서 활공시 도달하는 활공거리는 몇 [m]인가?

① 10,000
② 15,000
③ 20,000
④ 40,000

🔍 해설

활공거리＝양항비×거리＝10×2,000＝20,000

03 층류와 난류에 대한 설명으로 틀린 것은?

① 난류는 층류에 비해 마찰력이 크다.
② 난류는 층류보다 박리가 쉽게 일어난다.

③ 층류에서 난류로 변하는 현상을 천이라고 한다.
④ 층류에서는 인접하는 유체층 사이에 유체 입자의 혼합이 없고 난류에서는 혼합이 있다.

🔍 해설

층류와 난류

• 난류는 층류에 비해 마찰력이 크다.
• 층류는 급전하는 두 개의 층사이에 혼합이 없고 난류에는 혼합이 있다.
• 박리는 난류보다 층류에 잘 일어난다.
• 박리점은 항상 천이점보다 뒤에 있다.
• 층류는 항상 난류 앞에 있다.

04 고정날개 항공기의 자전운동(Auto rotation)이 발생할 수 있는 조건은?

① 낮은 받음각 상태
② 실속 받음각 이전 상태
③ 최대 받음각 상태
④ 실속 받음각 이후 상태

🔍 해설

스핀 현상은 비행기가 실속각을 넘는 받음각인 상태에서만 발생한다.

05 다음 중 항공기의 가로안정성을 높이는 데 일반적으로 가장 기여도가 높은 것은?

① 수직꼬리날개
② 주날개의 상반각
③ 수평꼬리날개
④ 주날개의 후퇴각

🔍 해설

날개는 비행기의 가로안정성에서 가장 중요한 요소이다. 특히, 기하학적으로 날개의 쳐든각(상반각) 효과(Dihedral effect)는 가로안정에 있어 가장 중요한 요소이다.

[정답] CBT 4회 01 ② 02 ③ 03 ② 04 ④ 05 ②

06 다음 중 테이퍼형 날개(Taper wing)의 실속특성으로 옳은 것은?

① 날개 끝에서부터 실속이 일어난다.
② 날개 뿌리에서부터 실속이 일어난다.
③ 초음속에서 와류의 형태로 실속이 감소한다.
④ 스팬(span)방향으로 균일하게 실속이 발생한다.

해설

테이퍼 날개에서는 날개 뿌리보다 날개 끝에서 먼저 실속이 생기므로 이를 방지하기 위해서는 날개 끝을 앞쪽보다 비틀어서 날개 뿌리보다 받음각을 작게 하여 날개 끝 실속을 방지한다. 이를 기하학적 비틀림이라 한다.

07 무게가 1,500[kg]인 비행기가 30° 경사각, 100[km/h]의 속도로 정상선회를 하고 있을 때 선회반경은 약 몇 [m]인가?

① 13.6
② 136.4
③ 1,364
④ 1,500

해설

선회반경(R)에 대한 식에서

$$R = \frac{V^2}{g \times \tan\theta} = \frac{\left(\frac{100}{3.6}\right)^2}{9.8 \times \tan 30} = \frac{\left(\frac{100}{3.6}\right)^2}{9.8 \times \frac{\sqrt{3}}{3}} = 136.4[\text{m}]$$

08 비행기가 수평비행시 최소속도를 나타낸 식으로 옳은 것은?(단, W : 비행기 무게, ρ : 밀도, S : 기준 면적, C_{Lmax} : 최대양력계수이다.)

① $\sqrt{\frac{2W\rho}{SC_{Lmax}}}$
② $\sqrt{\frac{SW}{\rho C_{Lmax}}}$
③ $\sqrt{\frac{2W}{\rho SC_{Lmax}}}$
④ $\sqrt{\frac{2S\rho}{WC_{Lmax}}}$

해설

실속속도(V_s) $= \sqrt{\frac{2W}{\rho SC_{Lmax}}}$

09 헬리콥터를 전진비행 또는 원하는 방향으로의 비행을 위해 회전면을 기울여 주는 조종장치는?

① 페달
② 콜렉티브 조종레버
③ 피치 암
④ 사이클릭 조종레버

해설

사이클릭 조종레버
로터 블레이드가 플래핑을 하는 대신 회전시 전진하는 블레이드의 받음각을 감소시키고, 후퇴하는 블레이드의 받음각은 증가되도록 만든 장치이다. 회전시 받음각의 조정으로 양력 불균형 현상을 해소시킨다.

10 레이놀즈수(Reynolds Number)에 대한 설명으로 틀린 것은?

① 단위는 [cm²/s]이다.
② 동점성계수에 반비례한다.
③ 관성력과 점성력의 비를 표시한다.
④ 임계레이놀즈수에서 천이현상이 일어난다.

해설

관성력과 점성력의 비를 레이놀즈수라 하며 레이놀즈수가 점점 커지게 되면 층류흐름이 난류로 변하는 천이현상이 생긴다 점성력의 특성을 가장 잘 나타낼 수 있는 무차원의 수이다.

11 헬리콥터가 자전강하(Auto-Rotation)를 하는 경우로 가장 적합한 것은?

① 무동력 상승비행
② 동력 상승비행
③ 무동력 하강비행
④ 동력 하강비행

해설

자전강하
자동풍차운동(Auto Rotation)에 의해 발생시킨 회전력을 헬기가 지면에 가까와 졌을 때 메인로터의 각도를 양의 각도로 바꾸어 줌으로써 양력을 발생시켜 무동력 하강비행하는 원리이다.

[정답] 06 ① 07 ② 08 ③ 09 ④ 10 ① 11 ③

12 밀도가 $0.1[\text{kg} \cdot \text{s}^2/\text{m}^4]$인 대기를 $120[\text{m/s}]$의 속도로 비행할 때 동압은 약 몇 $[\text{kg/m}^2]$인가?

① 520 　　　　　② 720

③ 1,020 　　　　④ 1,220

해설

$$동압 = \frac{1}{2} \times \rho \times V^2 = \frac{1}{2} \times 0.1 \times (120)^2 = \frac{1,440}{2} = 720$$

13 이륙중량이 $1,500[\text{kg}]$, 기관출력이 $250[\text{HP}]$인 비행기가 해면고도를 $80[\%]$의 출력으로 $180[\text{km/h}]$로 순항비행할 때 양항비는?

① 5.0 　　　　　② 5.25

③ 6.0 　　　　　④ 6.25

해설

$$양항비 = \frac{W}{T}$$

14 비행기의 방향 조종에서 방향키 부유각(Float angle)에 대한 설명으로 옳은 것은?

① 방향키를 밀었을 때 공기력에 의해 방향키가 변위되는 각
② 방향키를 당겼을 때 공기력에 의해 방향키가 변위되는 각
③ 방향키를 고정했을 때 공기력에 의해 방향키가 변위되는 각
④ 방향키를 자유로 했을 때 공기력에 의해 방향키가 변위되는 각

해설

방향키 부유각이라 함은, 방향키를 자유로 하였을 때 공기력에 의하여 방향키가 자유로이 변위되는 각을 말한다.

15 프로펠러의 회전수가 $3,000[\text{rpm}]$, 지름이 $6[\text{ft}]$, 제동마력이 $400[\text{HP}]$일 때 해발고도에서의 동력계수는 약 얼마인가? (단, 해발고도에서 공기밀도는 0.002378 $[\text{slug/ft}^3]$이다.)

① 0.015 　　　　② 0.035

③ 0.065 　　　　④ 0.095

해설

- 추력 $= C\rho n^2 D^4$
- 토크$(Q) = C_q \rho n^2 D^5$
- 동력$(P) = C_P \rho n^3 D^5$

16 프로펠러 항공기의 항속거리를 최대로 하기 위한 조건으로 옳은 것은?(단, C_{DP}는 유해항력계수, C_{Di}는 유도항력계수 이다.)

① $C_{DP} = C_{Di}$ 　　　② $C_{DP} = 2C_{Di}$

③ $C_{DP} = 3C_{Di}$ 　　　④ $3C_{DP} = C_{Di}$

해설

최대항속거리로 비행가기 위해서는 $\dfrac{C_{D_P}}{C_{D_i}}$ 이 최대인 받음각으로 비행하여야 한다.

17 다음 중 프로펠러 효율에 대한 설명으로 옳은 것은?

① 축동력에 비례한다. 　　② 회전력계수에 비례한다.
③ 진행률에 비례한다. 　　④ 추력계수에 비례한다.

해설

프로펠러 효율은 진행률에 따라 결정되며, 하나의 깃각에서 효율이 최대가 되는 진행률은 1개분이다. 진행률이 작을 때에는 깃각을 작게 하고, 진행률이 커짐에 따라라 깃각을 크게 해야 만 효율이 좋아진다.
따라서 이륙하거나 상승할 때는 속도가 느리므로 깃각을 작게 하고, 비행속도가 빨라짐에 따라 깃각을 크게 하면 프로펠러 효율을 좋게 유지할 수 있다.

[정답] 12 ②　13 ①　14 ④　15 ④　16 ①　17 ③

18 항공기에 장착된 도살핀(Dorsal fin)이 손상되었을 때 발생되는 현상은?

① 방향안정성 증가
② 동적 세로안정 감소
③ 방향안정성 감소
④ 정적 세로안정 증가

🔍 **해설**

도살핀

수직꼬리날개가 실속하는 큰 미끄럼각에서도 방향안정성을 유지하는 강력한 효과를 얻는다. 비행기에서 도살핀을 장착하면 큰 옆미끄럼각에서 방향안정성을 증가시킨다.

19 다음 중 뒤젖힘 날개의 가장 큰 장점은?

① 임계마하수를 증가시킨다.
② 익단 실속을 막을 수 있다.
③ 유도항력을 무시할 수 있다.
④ 구조적 안전으로 초음속기에 적합하다.

🔍 **해설**

뒤젖힘 날개의 장점은 임계마하수가 커지고 방향안정성이 좋아진다.

20 유도항력계수에 대한 설명으로 옳은 것은?

① 유도항력계수와 유도항력은 반비례한다.
② 유도항력계수는 비행기무게에 반비례한다.
③ 유도항력계수는 양력의 제곱에 반비례한다.
④ 날개의 가로세로비가 크면 유도항력계수는 작다.

🔍 **해설**

유도항력계수는 가로세로비에 반비례, 양력계수 제곱에 비례

제2과목 ◀ 항공기관

21 표준상태에서의 이상기체 20l를 5기압으로 압축하였을 때 부피는 몇 l가 되겠는가?(단, 변화과정 중 온도는 일정하다.)

① 0.25   ② 2.5
③ 4   ④ 10

22 항공기 왕복 기관의 부자식 기화기에서 가속 펌프를 사용하는 주된 목적은?

① 이륙시 기관 구동펌프를 가속시키기 위해서
② 고출력 고정시 부가적인 연료를 공급하기 위해서
③ 높은 온도에서 혼합가스를 농후하게 하기 위해서
④ 스로틀(Throttle)이 갑자기 열릴 때 부가적인 연료를 공급시키기 위해서

🔍 **해설**

가속장치

스로틀이 갑자기 열릴 때는 이에 따라 공기의 흐름이 증가한다. 그러나 연료의 관성 때문에 연료의 흐름은 공기흐름에 비례하여 가속되지 않는다. 그러므로 연료지연은 순간적으로 희박한 혼합기가 되어 엔진이 정지되려고 하거나 역화가 일어나 출력 감소의 원인이 된다.

23 지시마력을 나타내는 식 $ihp = \dfrac{P_{mi}LANK}{75 \times 2 \times 60}$ 에서 N이 의미하는 것은?(단, P_{mei} : 지시평균 유효압력, L : 행정길이, A : 실린더 단면적, K : 실린더 수이다.)

① 기계효율   ② 축마력
③ 기관의 분당 회전수   ④ 제동평균 유효압력

🔍 **해설**

$$ihp = \frac{P_{mi}LANK}{33,000}$$

P_{mi} : 지시 평균 유효압력(PSI)
L : 행정길이
A : 피스톤 면적
N : 실린더의 분당 출력 행정 수
K : 실린더 수

[정답] 18 ③ 19 ① 20 ④ 21 ③ 22 ④ 23 ③

CBT 모의

24 보정캠(Compensated cam)을 가진 마그네토를 장착한 9기통 성형기관의 회전속도가 100[rpm]일 때 [보기]의 각 요소가 옳게 나열된 것은?

> **[보기]**
>
> ㉠ 보정캠의 회전수(rpm)
> ㉡ 보정캠의 로브수
> ㉢ 분당 브레이커 포인트 열림 및 닫힘 횟수

① ㉠ 50   ㉡ 9   ㉢ 900

② ㉠ 50   ㉡ 9   ㉢ 450

③ ㉠ 100   ㉡ 9   ㉢ 450

④ ㉠ 100   ㉡ 18   ㉢ 900

해설

- 보정캠의 회전수[rpm] : 50
- 보정캠의 로브수 : 9
- 분당 브레이커 포 인트 열림 및 닫힘 횟수 : 450

25 그림과 같은 브레이턴 사이클선도의 각 단계와 가스터빈 기관의 작동 부위를 옳게 짝지은 것은?

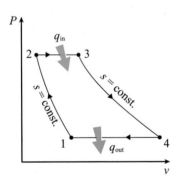

① 1 → 2 : 디퓨저   ② 2 → 3 : 연소기

③ 3 → 4 : 배기구   ④ 4 → 1 : 압축기

해설

브레이턴 사이클(Brayton cycle)
가스터빈 엔진의 이상적인 사이클로서 브레이턴에 의해 고안된 동력기관의 사이클이다. 가스터빈 엔진은 압축기, 연소실 및 터빈의 주요부분으로 이루어지며 이것을 가스발생기라 한다.

1 → 2 : 온도와 압력이 상승하므로 단열압축
2 → 3 : 압력일정 온도상승이므로 정압가열(연소)
3 → 4 : 온도 및 압력 하강하므로 단열팽창
4 → 1 : 압력일정 온도하강이므로 정압방열(배기)

26 다음 중 프로펠러 조속기의 파일럿(Pilot) 밸브의 위치를 결정하는 데 직접적인 영향을 주는 것은?

① 엔진오일 압력   ② 조종사의 위치

③ 펌프오일 압력   ④ 플라이 웨이트

해설

플라이 웨이트
프로펠러와 연결되어 회전속도에 따라 움직여 파일럿 밸브를 움직이게 한다.

27 원심형 압축기의 단점으로 옳은 것은?

① 단당 압력비가 작다.

② 무게가 무겁고 시동출력이 낮다

③ 동일 추력에 대하여 전면 면적이 크다.

④ 축류형 압축기와 비교해 제작이 어렵고 가격이 비싸다.

해설

원심 압축기의 단점
① 전면 면적이 커서 항력이 크다.
② 단 사이의 에너지 손실 대문에 2단 이상은 실용적이지 못하다.

28 디토네이션(Detonation)을 발생시키는 과도한 온도와 압력의 원인이 아닌 것은?

① 늦은 점화시기   ② 높은 흡입공기 온도

③ 연료의 낮은 옥탄값   ④ 희박한 연료-공기 혼합비

해설

디토네이션을 발생시키는 과도한 온도와 압력의 원인으로는 흡입되는 공기 온도가 너무 높을 때, 연료의 옥탄값이 너무 낮을 때, 기관 하중이 너무 클 대, 점화시기가 너무 빠를 때, 연료-공기 혼합비가 너무 희박할 때, 압축비가 너무 높을 때이다.

[정답] 24 ② 25 ② 26 ④ 27 ③ 28 ①

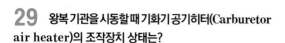

29 왕복 기관을 시동할 때 기화기 공기히터(Carburetor air heater)의 조작장치 상태는?

① Hot 위치
② Neutral 위치
③ Cracked 위치
④ Cold(Normal) 위치

해설

왕복기관 시동 시 윈드밀링없이 주변의 램에서만 냉각을 시켜 과열을 방지하기위해서며 조작상태는 Cold 위치

30 프로펠러 작동시 원심(Centrifugal)비틀림 모멘트는 어떤 작용을 하는가?

① 피치각을 감소시킨다.
② 피치각을 증가시킨다.
③ 회전방향으로 깃(Blade)을 굽히게(Bend) 한다.
④ 비행 진행방향의 뒤쪽으로 깃(Blade)을 굽히게 한다.

해설

원심 비틀림은 깃의 깃각을 작게 하려는 힘이다. 일부 프로펠러 조종장치에서는 깃을 더 낮은 각도로 돌리기 위하여 이 원심 비틀림을 이용한다.

31 다음 중 터보제트기관의 회전수가 일정할 때 밀도만 고려시 추력이 가장 큰 경우는?

① 고도 10,000[ft]에서 비행할 때
② 고도 20,000[ft]에서 비행할 때
③ 대기온도 15[℃]인 해면에서 작동할 때
④ 대기온도 25[℃]인 지상에서 작동할 때

32 항공기용 가스터빈 기관 연료계통에서 연료매니폴드로 가는 1차 연료와 2차 연료를 분배하는 역할을 하는 부품은?

① P & D밸브
② 체크 밸브
③ 스로틀 밸브
④ 파워레버

해설

여압 및 드레인 밸브(Pressure and drain valve)
작동 연료의 흐름을 1차 연료와 2차 연료로 분리시키고 기관이 정지되었을 경우 매니폴드나 연료 노즐에 남아 있는 연료를 외부로 방출하며, 연료의 압력이 일정 압력 이상이 될 때까지 연료 흐름을 차단하는 역할을 한다.

33 오일의 점성은 다음 중 무엇을 측정하는 것인가?

① 밀도
② 발화점
③ 비중
④ 흐름에 대한 저항

해설

점도는 윤활유의 흐름을 저항하는 유체 마찰로서 정의된다. 즉, 점도가 높으면 유동이나 흐름이 느리고 점도가 낮으면 유동이나 흐름이 훨씬 더 자유롭다.

34 항공기관의 후기연소기에 대한 설명으로 틀린 것은?

① 전면 면적의 증가 없이 추력을 증가시킨다.
② 연료의 소비량 증가 없이 추력을 증가시킨다.
③ 총 추력의 약 50[%]까지 추력의 증가가 가능하다.
④ 고속 비행하는 전투기에 사용시 추력이 증가된다.

해설

후기연소기(After burner)는 기존의 기관을 유지하면서 추가의 추력과 속도를 낼 수 있도록 해주는 것으로서, 추가적인 연료 소모가 늘어나게 된다.

35 왕복성형 기관의 크랭크축에서 정적평형은 어느 것에 의해 이루어지는가?

① Dynamic damper
② Counter weight
③ Dynamic suspension
④ Split master rod

해설

균형추(Counter Weight) : 정적평형

[정답] 29 ④ 30 ① 31 ③ 32 ① 33 ④ 34 ② 35 ②

CBT 모의

36 밸브 가이드(Valve guide)의 마모로 발생할 수 있는 문제점은?

① 높은 오일 소모량

② 낮은 오일 압력

③ 낮은 실린더 압력

④ 높은 오일 압력

🔎 **해설**

밸브 가이드는 밸브 스템을 지지하고 안내하는 것이다. 밸브 가이드는 과도한 가열 조건하에서도 밀폐가 될 수 있도록 0.001~0.025[in] 억지 끼워맞춤(Cross fit)인 수축접합을 해야 하며, 알루미늄 청동, 주석 청동 또는 강철로 제작된다.

37 [보기]에 나열된 왕복 기관의 종류는 어떤 특성으로 분류한 것인가?

> **[보기]**
> V형, X형, 대향형, 성형

① 기관의 크기　　　② 실린더의 회전 형태

③ 기관의 장착 위치　④ 실린더의 배열 형태

🔎 **해설**

일반적으로 항공기용 왕복 기관은 실린더 배열과 냉각 방식에 의하여 분류된다.

38 판재로 제작된 기관부품에 발생하는 결함으로서 움푹 눌린 자국을 무엇이라고 하는가?

① Nick　　　② Dent

③ Tear　　　④ Wear

🔎 **해설**

움푹 패임(Dent)
충격이나 압력으로 표면이 U자 형태로 함몰된 것

39 제트기관 시동시 EGT가 규정 한계치 이상으로 증가하는 과열 시동의 원인이 아닌 것은?

① 연료의 과다 공급

② 연료조정장치의 고장

③ 시동기 공급 동력의 불충분

④ 압축기 입구부에서 공기 흐름의 제한

🔎 **해설**

과열 시동(Hot starting)
엔진을 시동할 때, 배기가스 온도가 규정된 한계치 이상으로 증가하는 현상을 말한다. 이 현상은 연료조정장치의 고장, 결빙이나 압축기의 공기 흐름의 이상으로 발생한다.

40 일반적인 아음속기의 공기흡입구 형상으로 옳은 것은?

① 확산(Divergent)형 덕트

② 수축(Convergent)형 덕트

③ 수축-확산(Convergent-Divergent)형 덕트

④ 확산-수축(Divergent-Convergent)형 덕트

🔎 **해설**

압축기로 흡입되는 공기속도는 비행속도에 관계 없이 항상 압축 가능한 최고 속도 이하로 유지하는 것이 필요하며, 대체로 마하 0.5 전후이다.

제3과목 ◀　**항공기체**

41 중심축을 중심으로 대칭인 일정한 직사각형 단면으로 이루어진 보에 하중이 작용하고 있다. 이때 보의 수직응력 중 최대인장 및 압축응력을 나타낸 것으로 옳은 것은? (단, M : 굽힘모멘트, I : 단면의 관성모멘트, C : 중립축으로부터 양과 음의 방향으로 맨끝 요소까지의 거리이다.)

① $\dfrac{C}{MI}$　　　　② $\dfrac{I}{MC}$

③ $\dfrac{MC}{I}$　　　　④ $\dfrac{IC}{M}$

[정답] 36 ① 37 ④ 38 ② 39 ③ 40 ① 41 ③

42 다음 중 용접 조인트 형식에 속하지 않는 것은?

① Lap joint
② Tee joint
③ Butt joint
④ Double joint

🔍 해설

용접 이음의 종류
· 버트용접(Butting Welding)
· 필릿용접(Fillet Welding)
· 엣지용접(Edge Welding)
· 플러그용접(Plug Welding)
· 플렌지 용접(Flange Welding)
· 티용접(Tee Welding)
· 랩용접(Lap Welding)

43 클레비스 볼트(Clevis bolt)에 대한 설명으로 틀린 것은?

① 인장하중이 걸리는 곳에 사용한다.
② 전단하중이 걸리는 곳에 사용한다.
③ 조종계통에 기계적인 핀의 역할로 끼워진다.
④ 보통 스크루드라이버나 십자드라이버를 사용한다.

🔍 해설

클레비스 볼트
① 사용되는 곳 : 오직 전단하중이 작용하는 곳
② 사용되지 않는 곳 : 인장하중이 작용하는 곳
③ 사용 공구 : 스크루 드라이버

44 날개의 가동장치에서 날개 앞전부분의 일부를 앞으로 밀어내어 날개 본체와 간격을 만들어 높은 압력의 공기를 날개의 윗면으로 유도하여 날개의 윗면을 따라 흐르는 기류의 떨어짐을 막고 실속 받음각을 증가시키는 동시에 최대 양력을 증대시키는 장치는?

① 플랩
② 스포일러
③ 슬랫
④ 이중간격플랩

🔍 해설

슬랫

비행기 주날개 전연부(前緣部)에 설치된 가동식 또는 고정식의 작은 날개이다.
가동식인 경우는 유압(油壓) 또는 공기역학적으로 움직인다. 일반적인 고속비행 때는 날개의 전연에 밀착되어 있으나 이착륙 또는 공중전 등 받음각이 커질 때는 조종석에서 조작을 하거나 공력적(空力的)인 작용에 의해 정해진 위치로 튀어나온다.
그 결과 이 슬랫과 주날개의 전연부 사이에 간극이 생기고, 그 틈을 따라 날개의 밑면에서 날개 윗면의 압력이 낮은 쪽으로 공기가 흘러 윗면 쪽의 기류에 에너지를 주어 날개면으로부터의 기류의 박리(剝離)를 지연시켜줌으로써 실속각(失速角)을 크게 하여 최대양력계수를 증대시켜 주는 작용을 한다.

45 첨단 복합재료로서 가장 오래전부터 실용화를 시도한 섬유이며 가격이 비교적 비싸고 화학 반응성이 커서 취급에 어려운 강화섬유는?

① 알루미나섬유
② 탄소섬유
③ 아라미드섬유
④ 보론섬유

🔍 해설

보론섬유
복합 재료용 소재를 목적으로 제조된 가볍고 강한 섬유의 일종이다. 이 섬유의 대표적인 제조방법은 화학 증착법(化學蒸着法)에 의한다.

46 대형 항공기의 날개에 부착되는 2차 조종면으로서 비행 중에 옆놀이 보조장치로도 사용되는 것은?

① 도움날개
② 뒷전플랩
③ 스포일러
④ 앞전플랩

🔍 해설

① 1차 조종면
  항공기의 세 가지 운동축에 대한 회전운동을 일으키는 도움날개, 승강키, 방향키를 말함
② 2차 조종면
  1차 조종면을 제외한 보조조종계통에 속하는 모든 조종면을 말하며, 태브, 플랩, 스포일러 등을 말함
→ 옆놀이 보조장치로는 스포일러이다.

[정답] 42 ④ 43 ① 44 ③ 45 ④ 46 ③

47 다음 중 일반적인 항공기의 $V-n$ 선도에서 최대속도는?

① 설계급강하속도　　② 실속속도

③ 설계돌풍운용속도　④ 설계운용속도

> 🔍 **해설** -
>
> - 설계 급강하 속도 : 구조상의 안전성과 조종면의 안전을 보장하는 설계상의 최대 허용 속도
> - 설계 순항속도 : 가장 효율적인 속도
> - 설계 돌풍 운용 속도 : 기상 조건이 나빠 돌풍이 예상될 때 항공기는 V_B 이하로 비행
> - 설계 운용 속도 : 플랩이 업 된 상태에서 설계 무게에 대한 실속 속도

48 조종석에서 케이블 또는 케이블로부터 조종면으로 힘을 전달하는 장치가 아닌 것은?

① 페어리드(Fair lead)

② 쿼드런트 (Quardrant)

③ 토크튜브(Torque tube)

④ 케이블 드럼(Cable drum)

> 🔍 **해설** -
>
> **페어리드(Fair lead)**
> - 풀리는 케이블 유도, 케이블의 방향 전환
> - 케이블 드럼(Cable drum)은 케이블 조종계통에 사용
> - 턴버클은 케이블 장력 조절
> - 페어 리드는 조종 케이블의 작동 중 최소의 마찰력으로 케이블과 접촉하여 직선운동을 하며 케이블을 3°이내에서 방향을 유도
> - 벨 크랭크는 로드와 케이블의 운동방향을 전환하고자할 때 사용하며 회전축에 대하여 2개의 암을 가지고 있어 회전운동을 직선운동으로 바꿔줌

49 다음 중 장착 전에 열처리가 요구되는 리벳은?

① DD : 2024　　② A : 1100

③ KE : 7050　　④ M : MONEL

> 🔍 **해설** -

2014(DD) 리벳
- Ice Box Rivet으로 2017 Rivet 보다 강한 강도가 요구되는 곳에 사용
- 상온에 강하며, 강한 작업 시 균열 발생
- 열처리 후 사용하고 냉장고에 보관한다.
- 상온에 노출되면 10~20분 이내에 사용

50 높이가 H이고 폭이 B인 그림과 같은 직사각형의 무게중심을 원점으로 하는 X축에 대한 관성 모멘트는?

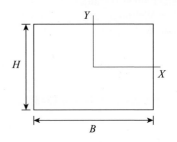

① $\dfrac{BH^3}{36}$　　　　② $\dfrac{BH^3}{24}$

③ $\dfrac{BH^3}{3}$　　　　④ $\dfrac{BH^3}{4}$

> 🔍 **해설** -

단면 형상	A	I (관성모멘트)	k^2	Z
(직사각형 $b \times h$)	bh	$\dfrac{bh^3}{12}$	$\dfrac{h^2}{12}$	$\dfrac{bh^2}{6}$
(원 d)	$\dfrac{\pi d^2}{4}$	$\dfrac{\pi d^4}{64}$	$\dfrac{d^2}{16}$	$\dfrac{\pi d^3}{32}$
(중공원 d_1, d_2)	$\dfrac{\pi}{4}(d_2^2-d_1^2)$	$\dfrac{\pi}{64}(d_2^4-d_1^4)$	$\dfrac{1}{16}(d_2^2-d_1^2)$	$\dfrac{\pi}{32}\dfrac{d_2^4-d_1^4}{d_2}$

51 응력외피형 구조의 날개 스파가 주로 담당하는 하중은?

[정답] 47 ①　48 ①　49 ①　51 ④

① 날개의 압축   ② 날개의 진동
③ 날개의 비틀림   ④ 날개의 굽힘

🔍 **해설**

스파(Spar)
- 공기 날개의 스팬방향의 주요 구조부재로서 날개에 가해지는 공기력에 의한 굽힘모멘트를 주로 담당한다.
- 날개의 주요 부분 및 요소는 응력외피구조의 항공기의 날개를 가지며 날개의 외피와 길이 방향으로 배치되어 있는 두꺼운 부재인 스파와 날개 뒷전의 조종면으로 구성된다.

52 다음 중 해수에 대해 내식성이 가장 강한 것은?

① 티타늄   ② 알루미늄
③ 마그네슘   ④ 스테인리스강

🔍 **해설**

티타늄의 특성
- 비중 4.5(Al보다 무거우나 강(Steel)의 1/2 정도)
- 융점 1730°(스테인리스강 1400°)
- 열전도율(0.035)이 적다.(스테인리스 0.039)
- 내식성(백금과 동일) 및 내열성 우수(Al 불수강보다 우수)
- 생산비가 비싸다.(특수강의 30~100배)
- 해수 및 염산, 황산에도 완전한 내식성
- 비자성체(상자성체)

53 항공기 구조설계의 변화를 시대적인 흐름 순서대로 옳게 나열한 것은?

① 페일세이프설계(Fail safe design)–안전수명설계(Safe life design)–손상허용설계(Damage tolerance design)
② 손상허용설계(Damage tolerance design)–안전수명설계(Safe life design)–페일세이프설계(Fail safe design)
③ 페일세이프설계(Fail safe design)–손상허용설계(Damage tolerance design)–안전수명설계(Safe life design)
④ 안전수명설계(Safe life design)–페일세이프설계(Fail safe design)–손상허용설계(Damage tolerance design)

🔍 **해설**

구조설계의 시대적 변화
안전수명설계(Safe life design)-페일세이프설계(Fail safe design)-손상허용설계(Damage tolerance design)

54 다음 중 볼트의 용도 및 식별에 대한 설명으로 가장 거리가 먼 내용은?

① 볼트머리의 X 표시는 합금강을 표시한 것이다.
② 볼트머리의 △ 표시는 내식강을 표시한 것이다.
③ 텐션볼트(Tension Bolt)는 인장하중이 걸리는 곳에 사용된다.
④ 셰어볼트(Shear bolt)는 전단하중이 많이 걸리는 곳에 사용된다.

55 양극처리(Anodizing)에 대한 설명으로 옳은 것은?

① 양극피막은 전기에 대해 불량도체이다.
② 금속표면에 산화피막을 형성시키는 것이다.
③ 순수한 알루미늄을 황산에 담귀 얇게 코팅하는 것이다.
④ 부식에 대한 저항은 약해지지만 페인트칠하기 좋은 표면이 형성된다.

🔍 **해설**

Anodizing
알루미늄 합금이나 마그네슘 합금을 양극으로 하여 황산, 크롬산 등의 전해액에 담그면 양극에 발생하는 산소에 의해 산화피막이 금속의 표면에 형성되는 처리

56 무게가 1,220[lb]이고, 모멘트가 30,500[in-lb]인 항공기에 무게가 80[lb]이고, 900[in-lb]의 모멘트를 갖는 장치를 장착하였다면 이 항공기의 무게중심 위치는 약 몇 [in]인가?

① 20   ② 24
③ 28   ④ 32

[정답] 52 ①   53 ④   54 ②   55 ②   56 ②

해설

$$C.G = \frac{총모멘트}{총무게} = \frac{30,500 + 900}{1,220 + 80} = \frac{31,400}{1300} = 24.15 ≒ 24$$

57 지상 활주 중 지면과 타이어 사이의 마찰에 의한 타이어 밑면의 가로축 방향의 변형과 바퀴의 선회 축 둘레의 진동과의 합성 진동에 의하여 발생하는 착륙장치의 불안정한 공진 현상을 감쇠시키는 것은?

① 올레오(Oleo) 완충장치
② 시미댐퍼(Shimmy damper)
③ 번지 스프링(Bungee spring)
④ 작동 실린더(Actuator cylinder)

해설

시미댐퍼(Shimmy damper)
스티어링 샤프트에 장착된 다이내믹 댐퍼로, 엔진 아이들 시 등의 엔진 강제력에 의한 스티어링 샤프트의 상하 진동을 감소시킬 목적으로 장착되어 있다. 스티어링 댐퍼(Steering damper)라고도 한다.

58 0.040[in] 두께의 판을 서로 접합하고자 할 때 다음 중 가장 적절한 리벳의 직경은?

① 6/32[in]
② 5/32[in]
③ 4/32[in]
④ 3/32[in]

해설

장착하고자 하는 판재 중 두꺼운 판재의 3배 $D = 3T$

참고

리벳의 직경
리벳의 직경은 연결할 가장 두꺼운 시트의 두께의 3배 이상이 되어야 한다.
군사 표준에 따르면 리벳 조인트의 성형 카운터 헤드(Bucked counter head) 직경은 생크 직경의 1.4배보다 커야 한다. 높이는 생크 직경의 0.3배가 되어야 한다.

59 버킹바(Bucking bar)의 용도로 옳은 것은?

① 드릴을 고정하기 위해 사용한다.
② 리벳을 리벳건에 끼우기 위해 사용한다.
③ 리벳의 머리를 절단하기 위해 사용한다.
④ 리벳 체결시 반대편에서 벅테일을 성형하기 위해 사용한다.

해설

Blind Rivet
버킹바(Bucking Bar)를 가까이 댈 수 없는 좁은 장소 또는 어떤 방향에서도 손을 넣을 수 없는 박스 구조에서는 한쪽에서의 작업만으로 리베팅을 할 수 있는 리벳

60 실속속도가 90[mph]인 항공기를 120[mph]로 비행 중에 조종간을 급히 당겼을 때 항공기에 걸리는 하중배수는 약 얼마인가?

① 1.5
② 1.78
③ 2.3
④ 2.57

해설

$$하중배수 : n = \frac{V^2}{V_s^2} = \frac{120^2}{90^2} = \frac{14,400}{8,100} = 1.777$$

제4과목 ▶ **항공장비**

61 다음 중 연료 유량계의 종류가 아닌 것은?

① 차압식 유량계
② 부자식 유량계
③ 베인식 유량계
④ 동기 전동기식 유량계

해설

유량계
기관이 1시간 동안 소모하는 연료의 양, 즉 기관에 공급 되는 연료의 파이프 내를 흐르는 유량률을 부피의 단위 또는 무 게의 단위로 지시한다.
ⓐ 차압식
액체가 통과하는 튜브의 중간에 오리피스를 설치하여 액체의 흐름이 있을 때에 오리피스의 앞부분과 뒷부분에 발생하는 압력차를 측정하여 유량을 알 수 있다.

[정답] 57 ② 50 ③ 58 ③ 59 ④ 60 ② 61 ②

ⓑ 베인식

입구를 통과하여 연료의 흐름이 있을 때에는 베인은 연료의 질량과 속도에 비례하는 동압을 받아 회전하게 되는데 이때 베인 의 각 변위를 전달함으로써 유량을 지시한다.

ⓒ 동기전동기식

연료의 유량이 많은 제트기관에 사용되는 질량유량계로서 연료에 일정한 각속도를 준다. 이때의 각 운동량을 측정하여 연료의 유량을 무게의 단위로 지시할 수 있다.

부자식은 액량계이며 액면의 변화에 따라 부자가 상하운동을 함에 따라 계기의 바늘 이 움직이도록 하는 방법으로 기계식 액량계와 전기저항식 액 량계가 있다.

62 Proximity switch에 대한 설명으로 옳은 것은?

① Switch와 피검출물과의 기계적 접촉을 없앤 구조의 Switch이다.
② Micro switch라고 불리며, 주로 착륙장치 및 플랩 등의 작동 전동기 제어에 사용된다.
③ Switch의 Knob를 돌려 여러 개의 Switch를 하나로 담당한다.
④ 조작 레버가 동작 상태를 표시하는 것을 이용하여 조종실의 각종 조작 Switch로 사용된다.

해설

스위치와 피검출물들과의 기계적인 접촉을 없앤 구조의 스위치는 프 럭시미티스위치(Proximity Switch)이다.

63 저항 30[Ω]과 리액턴스 40[Ω]을 병렬로 접속하고 양단에 120[V] 교류전압을 가했을 때 전전류는 몇 [A]인가?

① 5
② 6
③ 7
④ 8

해설

$$I = YV = \left(\frac{1}{R} - j\frac{1}{X_L}\right)V = \left(\frac{1}{30} - j\frac{1}{40}\right) \times 120$$

$$= 4 - j3 [A]$$

$$\therefore I = \sqrt{4^2 + 3^2} = 5 [A]$$

64 다음 중 전기적인 방빙을 사용하는 부분이 아닌 것은?

① 정압공
② 피토튜브
③ 코어 카울링
④ 프로펠러

해설

카울링(Cowling)

기관이나 기관에 부수되는 보기 및 엔진 마운트나 방화벽 주위에 접근할 수 있도록 떼었다 붙였다 하는 덮개를 말한다.

65 객실여압조종계통에서 등압 미터링 밸브가 열림 위치에 있을 때는?

① 객실 압력이 감소할 때
② 객실 고도가 감소할 때
③ 객실 압력이 증가할 때
④ 배출 밸브가 닫힐 때

해설

객실 압력이 감소하면 등압 미터링 밸브가 열림에서 객실의 압력을 증가한다.

66 주파수 체배 증폭회로로 C급이 많이 사용되는 이유는?

① 찌그러짐이 적다.
② 능률이 작다.
③ 자려발진을 방지한다.
④ 고조파분이 많다.

해설

주파수 체배 증폭회로 C급

진폭은 변동 없고, 주파수만 늘리는것(원하는 반송파 주파수를 얻음)

[정답] 62 ① 63 ① 64 ③ 65 ① 66 ④

67 대형 항공기에서 비상 전원으로 사용하는 발전기로 유압 펌프를 구동시켜 모든 발전기가 정지된 경우라도 유압을 사용할 수 있도록 하며 프로펠러의 피치를 거버너로 조절해서 정 주파수의 발전을 하는 발전기는?

① 3상 교류발전기
② 공기 구동 교류발전기
③ 단상 교류발전기
④ 브러시리스 교류발전기

68 마커비콘(MARKER BEACON)의 이너마커 (Inner marker)의 주파수와 등(Light)색은?

① 400[Hz], 황색
② 3,000[Hz], 황색
③ 400[Hz], 백색
④ 3,000[Hz], 백색

🔎 **해설** ----------------------------------

마커 비콘(Marker beacon)

항공기에서 활주로까지의 거리를 알기 위해서 마커 비콘이 이용되며, 활주로에 가까운 쪽에서부터 이너 마커(Inner marker), 미들 마커(Middle marker), 아웃 마커(Out marker)의 순으로 설치되어 있다. 마커 수신기의 출력은 글라이드 인터폰에 접속되어 있고, 400, 1300, 3,000[Hz]의 신호음으로 활주로 끝에서 항공기의 위치를 나타냄과 함께 계기 판넬에 설치되어 있는 청색, 앰버(Amber), 백색의 마커 등을 점등한다. 이너마커는 3,000[Hz]의 백색의 마커 등이다.

69 변압기에 성층 철심을 사용하는 이유는?

① 동손을 감소시킨다.
② 유전체 손실을 적게 한다.
③ 와전류 손실을 감소시킨다.
④ 히스테리스 손실을 감소시킨다.

🔎 **해설** ----------------------------------

와전류 손실은 변화하는 자기장에 의해 변압기 철심에 유도되는 와전류에 기인된다. 와전류 손실을 줄이기 위해, 철심은 유도전류의 소용돌이를 감 소시키는 절연체로서 입힌 얇은 판자모양으로 만든다.

70 자이로(Gyro)에 관한 설명으로 틀린 것은?

① 강직성은 자이로 로터의 질량이 커질수록 강하다.
② 강직성은 자이로 로터의 회전이 빠를수록 강하다.
③ 섭동성은 가해진 힘의 크기에 반비례하고 로터의 회전 속도에 비례한다.
④ 자이로를 이용한 계기로는 선회경사계, 방향자이로 지시계, 자이로 수평지시계가 있다.

🔎 **해설** ----------------------------------

• 항공기 자이로 계기(Gyro Instrument)의 특성
  ① 강직성 : 자이로는 외력을 가하지 않는 한 그 자세를 우주 공간에 대하여 계속적으로 유지하려는 성질을 가지고 있다.
  ② 섭동성 : 외력을 가했을 때에는 자이로축의 방향과 외력의 방향 에 직각인 방향으로 회전하는 성질을 가지고 있다.
• 자이로 계기(Gyro Instrument) 종류
  ① 자이로 수평의 : 항공기의 롤(Roll)과 피치(Pitch) 자세를 위해서 자이로스코프를 이용하여 조종사에게 인공적으로 정확한 수평면을 만들어주는 장치이다.
  ② 자이로스코프 : 위아래가 완전히 대칭인 팽이를 원륜(X축)에 의하여 직각인 방향에 지탱하고, 다시 그 것을 제2의 원륜(Y축)에 의하여 앞과 직각인 방향의 바퀴로서 지탱한다.
  ③ 자이로 선회계(旋回計) : 항공기축과 직각으로 수평한 자이로축을 가진 고정자이로로서 항공기가 선회할 때 선회 방향으로 섭동이 일어나 바늘이 선회 하는 방향을 지시하도록 한다.

71 유압계통에서 유압 작동실린더의 움직임의 방향을 제어하는 밸브는?

① 체크 밸브
② 릴리프 밸브
③ 선택 밸브
④ 프라이오러티 밸브

🔎 **해설** ----------------------------------

선택 밸브(Selector valve)

유체 출력계통에 사용하는 밸브로서 제어밸브의 일종으로서 유압을 선택하면 다른 하나의 구멍은 작동기로부터 들어오는 귀환 압력을 보내는 역할을 한다.

72 항공기에 장착된 고정용 ELT(Emergency Locator Transmitter)가 송신조건이 되었을 때 송신되는 주파수는?

[정답] 67 ② 68 ④ 69 ③ 70 ③ 71 ③ 72 ④

① 507.432[MHz]　　② 203.025[MHz]
③ 182.541[MHz]　　④ 406.025[MHz]

🔍 해설

ELT

불시착륙 시에 부닥친 과도한 관성력에 의해 작동시켜진 독자적 인 배터리식 발신기이다.
적어도 24[Hour] 동안 5[W]로서 406.025[MHz]의 주파수에 서 매 50[Sec]마다 디지털신호를 송신한다.

73 지상에 설치된 송신소나 트랜스폰더를 필요로 하는 항법장치는?

① 거리측정장치(DME)
② 자동방향탐지기(ADF)
③ 2차 감시 레이더(SSR)
④ SELCAL(Selective calling system)

🔍 해설

SELCAL system(Selective calling system)

① 지상에서 항공기를 호출하기 위한 장치이다.
② HF, VHF 통신장치를 이용한다.
③ 한 목적의 항공기에 코드를 송신하면 그것을 수신한 항공기 중에 서 지정된 코드와 일치하는 항공기에만 조종실 내에 램프를 점등 시킴과 동시에 차임을 작동시켜 조종사에게 지상국에서 호출하 고 있다는 것을 알린다.
④ 현재 항공기에는 지상을 호출하는 장비를 별도로 장착되어 있지 않다.

74 공함(Pressure capsule)을 응용한 계기가 아닌 것은?

① 선회계　　　　② 고도계
③ 속도계　　　　④ 승강계

🔍 해설

공함(Pressure capsule)

압력을 기계적 변위로 바꾸는 장치
· 공함에 사용되는 재료는 베릴륨, 구리 합금
· 아네로이드는 진공공함, 절대압력을 측정
· 속도계는 피토공, 정압공에 연결
· 고도계, 승강계는 정압공에 연결
· 밀폐식 공함은 아네로이드
· 개방식 공함은 다이어프램

75 다음 중 인천공항에서 출발한 항공기가 태평양을 지나면서 통신할 때 사용하는 적합한 장치는?

① MF 통신장치　　② LF 통신장치
③ VHF 통신장치　　④ HF 통신장치

🔍 해설

HF 통신장치

항공기와 지상, 항공기와 타 항공기 상호간의 High Frequency (HF : 단파) 전파를 이용하여 장거리 통화에 이용된다. HF 전파는 전리층의 반사로 원거리까지 전달되는 성질이 있으나 Noise나 Fading이 많으며, 또한 흑점의 활동 영향으로 전리층이 산란되어 통신 불능이 가끔 발생되는 단점이 있다.
주파수 범위는 2~29.999[MHz]로 AM과 USB(SSB의 일종) 통신을 사용하며 각 Channel Space는 1[kHz]를 사용한다.

💚 참고

· LF : 저주파, 주파수 30~300[Hz], 파장이 5,000~6,000[km] 인 대기의 파동
· UHF : 극초단파, 주파수 470~770[MHz]
· HF : 고주파, 주파수 3~30[MHz]
· VHF : 초단파, 주파수 30~300[MHz]
· MF : 중파 주파수 300~3,000[kHz], 파장은 100~1,000[m] 이다.

76 시동 토크가 크고 압력이 과대하게 되지 않으므로 시동 운전시 가장 좋은 전동기는?

① 분권전동기　　② 직권전동기
③ 복권전동기　　④ 화동복권전동기

🔍 해설

직권 전동기

직류전동기로서 다른 전동기와 비교하여 기동 토크가 크고, 또 가벼 운 부하에서는 고속으로 회전한다. 이와 같은 특성은 각종 항공기 구 동용으로서 적합하고 때문에 주 전동기에 많이 사용되고 있다.

💚 참고

전동기의 종류

· 직류전동기 : 직권전동기, 분권전동기, 복권전동기
· 교류전동기 : 만능전동기, 유도전동기, 동기전동기

[정답] 73 ④　74 ①　75 ④　76 ②

77 자기 컴퍼스의 정적오차에 속하지 않는 것은?

① 자차　　　　　　② 붙이차

③ 북선오차　　　　④ 반원차

해설

자기 컴퍼스의 오차
- 정적오차
  - 반원차 : 수직 철재 및 전류에 의해 생기는 오차
  - 자차 : 수평 철재에 의해 생기는 오차(자기력을 방해하는철재)
  - 붙이차 : 일정한 크기로 나타내는 오차 컴퍼스 자체의 오차 또는 장착 잘못 오차
- 동적오차
  - 북선오차 : 북진하다가 동서로 선회할 때 오차 선회 오차라고도 함
  - 가속도 오차 : 동서로 향하고 있을 때 가장 크게 나타나는 오차
- 붉은색 : 최소와 최대 운용 한계
- 노란색 : 경계범위와 경고 범위
- 녹색 : 순항범위
- 흰색 : 항공기의 속도범위

78 자동조종항법장치에서 위치 정보를 받아 자동적으로 항공기를 조종하여 목적지까지 비행시키는 기능은?

① 유도기능　　　　② 조종기능

③ 안정화기능　　　④ 방향탐지기능

해설

자동조종장치의 기능은 주로 요 댐퍼(Yaw Damper)시스템과 같이 외란과 같은 외부 입력에 대해 항공기를 안정화 시키는 역할을 하는 안정증대(Stability Augmentation) 기능과 INS나 각종 센서 등의 정보를 이용하고 FMS(Flight Management System) 등을 활용하여 자동으로 목적지로 유도하거나 진입, 착륙하는 유도(Guidance) 기능, 자세나 고도를 유지하거나 바꾸는 조종(Control) 기능 등을 들 수 있다.

79 대형 항공기 공기조화계통에서 기관으로부터 브리드(Bleed)된 뜨거운 공기를 냉각시키기 위하여 통과시키는 곳은?

① 연료탱크　　　　② 물탱크

③ 기관오일탱크　　④ 열교환기

해설

팽창터빈

항공기의 Pneumatic manifold에서 Flow control and shut off valve를 통하여 Heat exchanger로 보내지는데 Primary core에서 냉각된 공기는 ACM(Air Cucle Machine)의 Compressor를 거치면서 Pressure가 증가한다. Compressor에서 방출된 공기는 Heat exchanger의 Secondary core를 통과하면서 압축으로 인한 열은 상실된다. 공기는 ACM의 Turbine을 통과하 면서 팽창되고 온도는 떨어진다.

그러므로 터빈을 통과한 공기는 저온, 저압의 상태이다. 터빈을 지나 냉각된 공기는 수분을 포함하고 있으므로 수분 분리기를 지나면서 수분이 제거되어 더운 공기와 혼합되어 객실 내부로 공급된다.

80 화재감지계통(Fire detector system)에 대한 설명으로 옳은 것은?

① 감지기의 꼬임, 눌림 등은 허용 범위 이내이더라도 수정하는 것이 바람직하다.

② 감지기의 접속부를 분리했을 때에는 반드시 Cooper crush gasket을 교환해야 한다.

③ 감지기의 절연저항 점검은 테스터기(Multi-meter)로 충분하다.

④ Ionization smoke detector는 수리를 위해서 기내에서 분해할 수 있다.

해설

화재감지계통
- 감지기가 열을 받아 두 개의 루프가 모두 팽창하면서 접점이 회로를 구성하여 접지를 만들어 경고음과 함께 경고등이 들어온다.
- 키드-형 감지기는 제어 유닛에 있는 릴레이에 연결되어 있으며, 감지 루프 전체의 저항을 측정하고 계통의 평균 온도를 감지하여 그 온도가 경고를 동작할 온도에 도달하면 회로가 동작하여 경고등과 알람이 작동한다.
- 감지기의 접속부를 분리했을 때에는 반드시 Cooper crush gasket을 교환

[정답] 77 ③　78 ①　79 ④　80 ②

Aircraft Maintenance

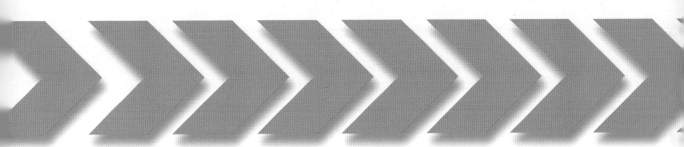

Aircraft Maintenance

제3편 항공산업기사 실기 필답형 기출 및 예상문제

자격종목 및 등급(선택분야)	수검번호	성명
항공산업기사 실기 필답형		듀오북스

01 항공기 기체구조 부재의 고장 탐구의 원인을 설명하시오.

해답

① 마모와 변형으로 발생
② 피로에 의한 파손
③ 외부의 충격에 의해 파손

참고

항공기의 주기적인 검사에서 구조 부재의 손상이 확인되거나 외부 충격에 의해 구조 부재를 수리하여야 할 경우에는 제작사에서 제공한 고장 탐구 절차를 통해 적합한 수리 방법을 선택하여야 한다.
일반적으로 기체 구조 부재의 고장 탐구는 항공기의 기체 구조수리 교범(SRM : Structure Repair Manual)에 따라 손상된 부위의 검사와 고장 탐구 및 수리 방법을 결정한다.

02 항공기 기체구조 부재 손상에 대한 검사 방법을 설명하시오.

해답

① 육안검사를 통하여 기체 손상의 위치와 종류를 식별
② 확대경이나 전등과 같은 장비를 사용
③ 비파괴 검사를 수행

참고

구조부재의 손상에 대한 검사는 일반적으로 육안검사를 통하여 기체 손상 위치와 종류를 식별하며, 육안검사는 밝은 곳에서 수행하여야하고, 경우에 따라 확대경 이나 전등과 같은 장비와 비파괴 검사를 수행할 수 있다.

03 육안검사로 식별된 기체의 손상은 어떻게 처리 하는가?

해답

① 외부 도장을 벗겨 내고 손상된 위치와 크기 및 깊이를 측정
② 비파괴 검사를 수행하여 손상 정도를 판별
③ 부식에 의한 손상은 부식을 완전히 제거
④ 부식 방지 프로그램에 따라 수리 및 점검

참고

육안검사로 식별된 기체의 손상은 외부 도장을 벗겨 내고 손상된 위치와 크기 및 깊이를 측정하여야 하며, 손상의 형태에 따라 구조부재의 내부를 향해 금의 발생이 의심되거나 부식이 발생하였다면 비파괴 검사를 수행하여 손상 정도를 판별하여야 한다.
부식에 의한 손상은 부식을 완전히 제거한 후 부식의 종류와 상태를 판단하고 부식 방지 프로그램에 따라 수리 및 점검을 하여야 한다.

04 구조 부재의 수리 범위는 어떻게 결정 하는가?

해답

① 손상 허용(Allowable damage) 범위 결정
② 수리(Repairable damage) 범위 결정
③ 교환(Replacement of damaged parts) 범위 결정

참고

구조 부재의 손상 상태를 검사한 뒤에는 수리의 범위와 방법을 결정하여야 하며, 구조 부재에 대한 수리의 범위는 다음과 같이 크게 3가지로 구분하며, 기체 구조 수리 교범을 확인한 뒤에 수리 범위를 결정하여야 한다.

- **손상 허용(Allowable damage)**
  수리 구조 부재의 구조적인 강도에 영향을 주지 않는 손상으로, 수리를 하지 않은 상태로 비행할 수 있다.
- **수리(Repairable damage)**
  구조 부재의 구조적인 강도에 영향을 미치는 손상으로, 반드시 기체구조 수리 교범에 따라 수리하고 검사되어야 한다.
- **교환(Replacement of damaged parts)**
  항공기의 기체구조 수리 교범에 따라 수리가 불가능한 손상으로, 구조 부재를 교환하고 검사하여야 한다.

05 구조 부재의 수리 방법은 어떻게 결정 하는가?

해답

① 영구 수리(Permanent repair)
② 임시 수리(Interim repair)
③ 시한성 수리(Time-limited repair)

○ 참고

구조 부재의 수리 방법
- 영구수리(Permanent repair)
  기체 구조 수리 교범에 따라 영구적으로 수리하는 방법이며, 항공기를 설계할 때의 구조 부재가 가지는 강도가 보증되어, 수리 이후의 추가적인 점검이 필요하지 않다.
- 임시 수리(Interim repair)
  구조 부재의 강도가 보증되지만, 수리 이후의 정해진 주기에 따라 변형이나 손상에 대한 추가적인 점검이 필요하다.
- 시한성 수리(Time-limited repair)
  임시수리나 영구 수리를 할 수 없는 환경에서 최소한의 구조적인 강도를 보증하도록 수리하는 방법이며, 기체구조 수리교범에 정해진 시기 이내에 임시수리나 영구수리방법으로 수리하여야 한다. 기체 구조의 부재는 구조 부재의 역할과 위치에 따라서 수리범위와 방법이 다르다.
  기체구조 부재의 수리는 반드시 기체 구조 수리 교범에 따라 수리하여야 하며, 감항성에 영향이 있는 구조부재의 수리 및 개조 작업에 대한 감항성을 국가항공 감독기관으로부터 인정받아야 한다.

06 기체수리의 4가지 원칙 및 기본 요소를 설명하시오.

○ 해답

① 본래의 강도유지(Maintaining Original Strength)
② 본래의 윤곽유지(Maintaining Original Control)
③ 중량을 최소로 유지(Keeping Weight to a Minimum)
④ 부식에 대한 보호 (Corrosion Prevention)

○ 참고

기본적인 요소
항공기의 구조 손상을 수리할 때에는, 기본 원칙이 반듯이 이루어져야하며, 수리된 부품이 항상 원래 부분과 같은 강도를 유지하기 위해 여러 가지 원칙을 지켜야한다.
기체수리의 기본 요소는 미관을 유지하고, 경제성이 있는 작업이 이루어 져야 한다.

07 기체 수리의 재료의 선정과 사용은 어떻게 하는가?

○ 해답

① 원칙적으로 본래의 재질과 같은 재료 사용
② 판 두께(강도), 부식의 영향을 고려하여 본래의 판 두께나 혹은 한 치수(Gage) 위의 것을 사용
③ 본래 부위의 단면보다 크게
④ 손상 부위의 크기의 2배 이상

○ 참고

수리 재료(Patch, Doubler, Splice 등)의 선정
원칙적으로 본래의 재질과 같은 재료를 사용하여야 하며, 본래의 재질과 다른 경우는 판 두께(강도), 부식의 영향을 고려하여 본래의 판 두께나 혹은 한 치수 (Gage) 위의 것을 사용하여야 한다.
수리 부위(Splice)는 본래 부위의 단면보다 크게 하여야하며, 본래의 부위보다는 약한 재료를 대용할 때에는 강도를 환산 하여 두꺼운 것을 사용하여야한다.
본래의 부위보다 강한 재료를 사용한 경우 에도 손상부의 재료의 두께보다 얇은 것을 사용하여서는 안 되며, 얇은 재료를 사용한 경우는 압축 강도, 뒤틀림 강도, 비틀림 강도 등이 약해지는 위험이 있으므로 손상 부위의 크기의 2배 이상 되어야하며, 수리부위의 면적의 경우에는 긴 변의 2배 이상이어야 한다.

08 판금 구조재의 수리에서 Stop Hole에 대하여 설명하시오.

○ 해답

균열에 대해서는 항상 정지 구멍(Stop Hole)을 뚫어 더 이상 균열이 진행되지 않도록 조치한 뒤에 수리 작업을 하여야 한다.

○ 참고

금속제 항공기의 기체구조는 대부분 판금 구조재로 이루어져 있기 때문에 구조재의 손상이 발생하였을 경우에는 판금 수리가 가능하다.

09 항공기 외피(Smooth Skin) 손상 작업을 설명하시오.

○ 해답

손상된 외피 안쪽 또는 바깥쪽에 패치(Patch)를 대고 리벳작업을 이용

○ 참고

항공기 외피 수리(Smooth Skin Repair)
① 항공기 구조 부분에는 손상이 없고, 외피(Smooth Skin)에만 파손되었을 경우, 손상된 외피 안쪽 또는 바깥쪽에 패치(Patch)를 대고 리벳작업을 이용하여 수리
② 안쪽에 대고 수리작업을 할 경우, 손상된 부분을 잘라낸 곳에 필러 플러그(Filler Plug)를 대고 고정한 다음 외피의 표면을 매끈하게 하여야 한다.
③ 패치를 바깥쪽에 대고 수리작업을 할 경우, 플러그를 넣지 않고 패치의 가장자리를 완만하게 갈아야 하며, 주로 8각 패치(Elongated Octagonal Patch)와 원형 패치(Round Patch)를 붙여 수리하는 방법이 사용되고 있다.

10 8각 패치 수리 방법을 설명하시오.

해답

주로 8각 패치(Elongated Octagonal Patch)와 원형 패치(RoundPatch)를 붙여 수리 하는 방법이 사용되고 있다.

참고

응력(Stress)의 작용 방향을 확실히 아는 경우에 사용하며, 패치의 중심에서 바깥쪽을 향하여 리벳의 수를 감소시켜서 위험한 응력 집중(Stress Concentration)의 위험성을 피할 수 있다.

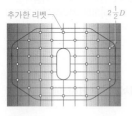
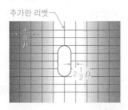

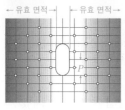
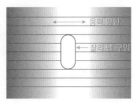

① 손상된 부분을 잘라 내고, 손상된 부분을 중심으로 응력 방향과 평행하도록 사용할 리벳 지름의 3~4배 간격으로 선을 긋는다.
② 수직으로 잘라 낸 부분으로부터 2D위치에서 리벳 피치와 같은 간격으로 수직 선을 긋고, 남은 수직선은 리벳 피치(Rivet Pitch)의 75[%](3/4P) 간격으로 그린다.
③ 잘라 낸 부분의 양측에 계산을 통해 얻은 리벳 수를 응력 방향에 수직인 선상에 1개 걸러서 같은 열의 리벳 피치가 6~8D가 되도록 하고, 리벳 열의 사이가 교차 되도록 리벳의 위치를 정해간다.
④ 가장 밖에 있는 리벳 점(Rivet Point)으로부터 21/2D의 위치에 선을 이으면 8각 패치의 외곽선이 된다.

11 원형 패치 수리 방법을 설명하시오.

해답

손상 부분이 작고, 응력의 방향을 확실히 알 수 없는 경우에 사용하는 방법으로 리벳 배치에 따라, 2열 배치와 3열 배치방법으로 나누어진다.

참고

2열 배치 방법

① 우선 손상된 부분을 원형으로 잘라 낸 뒤 잘라낸 끝에서부터 21/2 D가 되도록 중심점을 원점으로 하여 더 큰 원을 그린다.
② 큰 원의 반지름에 19[mm](3/4in)를 더하여 원을 그리고, 이 원주에 리벳의 공식에 의해 구한 리벳 수의 2/3개를 등분하여 배치하고, 나머지 1/3은 안쪽에 그린 원주 에 바깥 원의 리벳 점과 엇갈리게 배치한다.
③ 바깥 원의 반지름에 21/2D를 더한 원을 그리면 패치의 외곽선이 된다.

12 3열 배치 방법을 설명하시오.

해답

3열 배치방법은 리벳의 전체 수가 최소 리벳 피치(Minimum Rivet Pitch)의 한계를 넘을 만큼 많을 때 사용하는 방법으로서, 수리 방법은 다음과 같다.

참고

3열 배치 방법

① 우선 2열 배치 방법과 같이 손상된 부분을 원형으로 잘라 낸 뒤에 잘라 낸 끝에서 부터 2와 1/2D가 되도록 중심점을 원점으로 하여 더 큰 원을 그린 다음, 이 원주를 전체 리벳 수의 1/3개로 등분하며, 점들이 안에 있는 원에 배치 할 리벳 점들이다.
② 이 점들 중 인근에 있는 두 점으로부터 반지름 19[mm](3/4[in]) 되도록 원호를 그린다. 원호의 교차점들이 둘째 열의 리벳 점들이 된다.
③ 둘째 열의 인근 리벳 점들로부터 반지름 19[mm](3/4[in])되도록 원호를 그린다. 이 원호의 교차점들이 셋째 열의 리벳 점들이 된다.
④ 바깥 원의 반지름에 2와 1/2D를 더한 원을 그리면 패치의 외곽선이 된다.

13 딤플링(Dimpling)에 대하여 간단히 기술하시오.

① 어느 경우에 딤플링을 하는가?
② 적용되는 판자의 두께는?
③ 딤플링이란?

🔍 해답

① 판재의 두께가 얇아서 카운터 싱크 작업이 불가능할 때
② 0.04[in] 이하
③ 접시머리 리벳의 머리 부분이 판재의 접합부와 꼭 들어맞도록 하기 위해 판재의 구멍주위를 움푹 파는 작업

🔽 참고

플러시머리(접시머리) 리벳으로 리벳 작업을 할 때에는 판재를 카운터싱크를 하거나 딤플링을 하는 두 가지 방법이 있다.
- 카운터싱크(Countersink) : 금속판을 작업할 때 뚫는 구멍으로 구멍의 모양이 접시 모양으로 만들어져 접시머리 리벳이 장착되면 리벳의 머리 평면과 금속판 면과 일치되어지는 형태의 리벳구멍
- 딤플링(Dimpling) : 판금작업 절차로서 금속판에 접시형 리벳이나 스크류를 장착하기 위해서 구멍을 접시형으로 넓히는 작업. 금속판을 암(凹)의 접시형 거푸집 위에 올려놓고 수(凸)의 거푸집으로 구멍에 넣고 누르면 접시형 구멍(dimpling)이 만들어진다.

14 항공기의 구조손상 수리시 기본원칙 4가지를 쓰시오.

🔍 해답

① 본래의 강도 유지
② 본래의 윤곽 유지
③ 중량의 최소 유지
④ 부식에 대한 보호

15 항공기 구조에서 나비너트의 일반적인 사용처를 쓰시오.

🔍 해답

맨손으로 조일 수 있는 곳에서 조립부를 빈번하게 장,탈착하는 곳에 사용(예 Battery 연결부, Inspection Shroud)

🔽 참고

① 캐슬너트(Castle nut) : 생크에 구멍이 있는 육각 볼트, 클레비스 볼트, 아이 볼트 및 드릴헤드 볼트 등에 사용한다.
② 캐슬전단너트(Castellated shear nut) : 주로 전단하중만을 받는 곳에 사용한다.
③ 평너트(Plain hex nut) : 큰 인장하중을 받는 곳에 사용한다.
④ 평체크너트(Plain check nut) : 평너트와 세트 스크루 끝 부분의 나사가 난 로드(Rod)에 장착되어 고정하는 역할을 한다.

16 왕복기관을 장착한 항공기에서 엔진을 작동치 않을 때 서머커플 타입의 실린더헤드온도계는 어떤 온도를 지시하는가?

🔍 해답

대기온도(엔진 주위의 온도)

🔽 참고

열전쌍(Thermocouple)
2개의 다른 금속선의 조합으로 두 금속선의 양끝을 연결하여 접합점에 온도차가 발생하면 열기전력을 발생하여 전류가 흐른다. 금속선의 종류와 한쪽의 접합점의 온도가 일정하면 열기전력은 다른 한쪽의 온도에 의해서만 정해진다. 따라서 엔진이 작동하지 않더라고 접합점에 온도차가 있으면 그 온도를 지시하게 된다. 그러므로 엔진 주위의 온도를 지시한다.

17 엔진구동 연료펌프내에서 정해진 연료압력 이상의 연료는 압력릴리프밸브를 통하여 어디로 보내지는가?

🔍 해답

펌프 입구

🔽 참고

① 바이패스밸브 : 기관을 시동할 때나 주연료펌프가 고장일 때에 기관에 계속적으로 충분한 연료를 공급할 수 있는 비상 통로 역할을 한다.
② 벤트 : 고도에 따라 대기압이 변화하더라고 변화된 대기압이 작용하여 연료펌프 출구의 계기압력을 일정하게 하는 역할을 한다.
③ 조절나사 : 릴리프밸브를 조절하여 연료압력을 조절한다.

18 왕복기관을 저장할 때 습도지시계가 나타내는 금속 용기내의 습도의 색깔은?

🔍 해답

① 0[%] 습도 : 선명한 청색
② 40[%] 습도 : 분홍색
③ 80[%] 습도 : 백색

🔽 참고

기관을 저장할 때 습기가 직접 접촉하게 되면 부식이 발생하게 되므로 방습처리를 해야 한다. 또, 용기내의 습도 상태를 확인하기 위하여 습도지시계를 외부에서 알 수 있는 곳에 설치한다.

19 항공기의 고양력장치 3가지를 쓰시오.

🔍 **해답**

뒷전 플랩, 앞전 플랩, 경계층제어장치

🔽 **참고**

고항력장치 : 에어브레이크, 스포일러, 드래그슈트

20 제트엔진 점검 사항 중 마그네틱 칩 디텍터 점검은 중요한 점검이다. 만약 메탈성분이 규정치를 초과하면 어떤 부위의 결함이 발생하는가?

🔍 **해답**

각종 베어링 및 구동기어

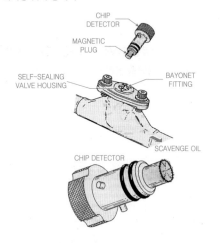

21 터빈 깃을 점검하기 위해 조명을 밝게 하고 확대경으로 깃을 섬세하게 점검한 결과 다음과 같은 현상이 나타났다. 원인은?
① 머리카락 같은 형태 :
② 물결무늬 :

🔍 **해답**

① 열응력으로 인한 균열
② 과열로 생긴 변형

22 AISI 철강재료의 표시중 AISI 1025에 대하여 쓰시오.

🔍 **해답**

① AISI : 미국철강협회 규격(American Iron and Steel Institute)
② 1 : 주합금원소 종류(탄소강을 의미한다.)
③ 0 : 주합금원소 함유량(합금의 주성분을 %로 나타내는데 합금원소가 없음을 나타낸다.)
④ 25 : 평균 탄소 함유량(0.25[%] 함유하고 있음을 의미한다.)

23 교류발전기를 병렬운전할 경우 갖추어야 할 3가지 조건을 쓰시오.

🔍 **해답**

① 각 발전기의 주파수가 같아야 한다.
② 각 발전기의 전압이 같아야 한다.
③ 각 발전기의 위상이 같아야 한다.

24 왕복엔진의 카뷰레터에서 언제 가속계통이 작동하는가?

🔍 **해답**

스로틀밸브를 갑자기 여는 순간에만 더 많은 연료를 강제적으로 분출시켜 공기량 증가에 적당한 혼합가스가 유지될 수 있도록 한다.

25 다음 그림에서 교류의 총저항을 구하여라.

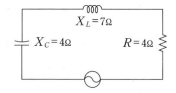

🔍 **해답**

$$Z = \sqrt{R^2 + (X_L - X_C)^2}$$
$$Z = \sqrt{4^2 + (7-4)^2}$$
$$Z = \sqrt{16+9} = 5[\Omega]$$

26 배터리의 충전방법 중 정전압법에 대해 설명하고 장·단점을 설명하시오.

> **해답**

① 정전압법 : 일정한 전압의 발전기로 충전하는 방식으로 기상 충전에 사용한다.
② 장점 : 과충전에 대한 특별한 주의가 없어도 짧은 시간에 충전을 완료할 수 있다.
③ 단점 : 충전완료시간을 미리 예측할 수 없다.

27 유압계통에서 작동유의 흐름방향제어장치중 필요에 따라 유로를 형성하는 장치는?

> **해답**

바이패스밸브(Bypass Valve)

28 계기에서 노란색 호선은 무엇을 의미하는가?

> **해답**

안전운용범위에서 초과 금지까지의 경계 또는 경고범위

> **참고**

① 붉은색 방사선 : 최대 및 최소 운용한계
② 녹색 호선 : 안전운용범위
③ 푸른색 호선 : 기화기를 장비한 왕복엔진에 관계되는 엔진계기에 표시하는 것으로 연료와 공기 혼합비가 오토 린일 때의 상용 안전운용범위
④ 흰색 방사선 : 색표시를 계기의 유리에 할 경우 계기판과 덮개 유리의 미끄러짐을 확인하는 표시로 계기의 유리와 케이스에 걸쳐서 표시함

29 "ON CONDITION"에 대하여 설명하시오.

> **해답**

기체, 원동기 및 장비품을 일정한 주기에 점검하여 다음 주기까지 감항성을 유지할 수 있다고 판단되면 계속 사용하고 발견된 결함에 대해서는 수리 또는 장비품을 교환하는 정비의 기법

30 "정비기지"에 대하여 설명하시오.

> **해답**

정비를 위하여 설비 및 인원, 장비품 등을 충분히 갖추고 정시점검 이상의 정비작업을 수행할 수 있는 지점

31 항공기가 착륙시 가장 알맞은 각도로 접근하기 위한 계통으로 활주로 한쪽 끝에서 아랫방향으로 90[Hz], 윗방향으로 150[Hz]의 무선주파수를 발사시키고 항공기의 수신기는 이를 감지하여 지시계상에 나타내는 장치는?

> **해답**

글라이드 슬로프(Glide Slope)

> **참고**

계기착륙장치(Instrument Landing System)
로컬라이저, 글라이드 슬로프, 마커비콘으로 구성되어 있다.

32 유압계통에 사용되는 동력펌프의 종류 4가지를 적으시오.

> **해답**

기어(Gear), 제로터(Gerotor), 베인(Vane), 피스톤(Piston) 펌프

33 다음은 기체손상에 관한 용어이다. 바르게 연결하시오.

> **해답**

Burning •   • 마찰부식
Chafing •   • 소손
Fatigue Failure •   • 긁힘
Fretting Corrosion •   • 마찰
Scratch •   • 피로파괴

34 왕복엔진 실린더 배열 방식에서 성형엔진 중 복열엔진의 장·단점 1가지씩을 간단하게 서술하시오.

> **해답**

① 장점 : 엔진당 실린더 수를 많이 할 수 있고 마력당 무게비가 작으므로 대형엔진에 적합하다.
② 단점 : 전방면적이 넓어 공기저항이 크고 실린더 열 수가 증가될 경우 뒷열의 냉각에 어려움이 있다.

35 세미모노코크 구조에 대하여 설명하여라.(구성요소, 장점)

🔍 해답

① 구성요소 : Bulkhead, Former, Stringer, Longeron, Skin
② 장점 : 하중의 일부는 외피가 담당하게 하고, 나머지 하중은 뼈대가 담당하게 하여 기체의 무게를 모노코크 구조에 비해 줄일 수 있다.

36 "정비 요목(Maintenance Requirement)"에 대하여 설명하시오.

🔍 해답

정비에 필요한 항목, 시간간격, 시기 및 방법 등을 정한 것

37 조종 케이블의 부식검사를 하는 방법은?

🔍 해답

케이블을 빼고 외부 와이어의 부식에 대해서 바른 검사를 하기 위해 구부려 보든지 조심스럽게 비틀어 내부 와이어의 부식상태를 검사

38 다음 그림에서 등가저항(R_{eq})을 구하시오.

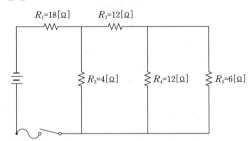

🔍 해답

① R_4와 R_5의 합성저항을 R_6라고 하면 병렬연결이므로

$$\frac{1}{R_6}=\frac{1}{6}+\frac{1}{12}=\frac{3}{12} \quad \therefore R_6=4[\Omega]$$

② R_2, R_5와 R_3의 합성저항을 R_7라고 하면

$$\frac{1}{R_7}=\frac{1}{R_3}+\frac{1}{R_2+R_6}=\frac{1}{4}+\frac{1}{12+4}=\frac{5}{16}$$

③ 따라서 전체저항 R은

$$R=R_1+R_7=18+\frac{16}{5}=\frac{106}{5}=21.2[\Omega]$$

39 항공기의 색표지 중에서 흰색 호선의 의미는?

🔍 해답

대기속도계에서 플랩 조작에 따른 항공기의 속도범위를 나타내는 것으로서, 최대착륙무게에 대한 실속속도를 하한점으로 표시하고 플랩을 내리더라도 구조 강도상에 무리가 없는 플랩 내림 속도를 최대속도(상한점)까지 나타낸다.

40 공장정비의 3단계를 쓰시오.

🔍 해답

① Bench Check
② 수리
③ 오버홀

41 왕복엔진을 장착한 항공기가 모든 운전 조건에서 적정혼합비를 설정하기 위한 연료 미터링과 조절기능은 무엇인가?

🔍 해답

① 메인 미터링 기능 ② 아이들 미터링 기능
③ 가속 미터링 기능 ④ 혼합비 조절 기능
⑤ 연료 차단 기능 ⑥ 고출력 미터링 기능

42 현대 항공기의 타이어 마멸값을 측정하는 방법은?

🔍 해답

육안검사 또는 제작사 규격에 따라 승인된 깊이 게이지(Depth Gauge)로 검사

43 배터리 장탈시 어느 선을 먼저 장탈하는가?

🔍 해답

(-)극 선부터 장탈

💙 참고

항공기에서는 도선의 무게를 줄이기 위해 +선은 도선을, -선은 기체구조물을 이용하는 single wire 방식을 사용한다. 따라서 배터리의 +선을 장탈하다가 잘못하여 기체구조에 닿으면 단락(short)이 일어나게 되므로 -선 먼저 장탈해야 한다. 또한 장착할 때는 +선부터 장착한다.

44 왕복엔진 오버홀 후에 가장 먼저 조립해야 할 부품은?

🔍 해답

크랭크축에 커넥팅 로드를 조립한다.

45 가스터빈기관의 연료계통에서 여압 및 드레인밸브에 대하여 간단히 답하시오.(장착위치, 기능)

🔍 해답

① 장착위치 : 연료조절장치(F.C.U)와 연료 매니폴드 사이
② 기능
　ⓐ 연료의 흐름을 1차 연료와 2차 연료로 분리
　ⓑ 기관이 정지되었을 때에 매니폴드나 연료노즐 연소실에 남아 있는 연료를 외부로 방출
　ⓒ 연료압력이 일정 압력 이상이 될 때까지 연료의 흐름을 차단

💬 참고

기본적인 기관 연료 계통은 주연료펌프 ➡ 연료여과기 ➡ 연료조정장치(FCU) ➡ 여압 및 드레인밸브 ➡ 연료매니폴드 ➡ 연료노즐이다.

46 제트기관에서 케이스는 (①)로 냉각하고 순항시 저압터빈의 냉각밸브는 (②), 고압터빈의 냉각밸브는 (③) 위치이다.

🔍 해답

① Fan Air
② Full Open
③ Modulating

47 B-777, A-320, F-16 등 최신 항공기는 조종간과 조종면의 연결장치를 조종 케이블이 아닌 전기도선으로 연결하여 여기에 각종 감지기와 작동장치 및 컴퓨터를 장착하여 조종사의 조종능력을 향상시키는데 이 조종 장치를 어떤 시스템이라 하는가?

🔍 해답

플라이 바이 와이어 조종장치(Fly-by-wire control system)

48 대기 속도계 배관의 Leak Check 방법은?

🔍 해답

MB-1 시험기를 이용하여 검사한다.
수동 압력펌프를 작동하여 탱크 내의 압력이 50[inHg]가 되도록 압력 니들밸브를 열어서 속도계가 650[knots]를 지시하는지 확인한다. 압력 니들 밸브를 닫고 1분간 속도계의 움직임을 관찰하여 속도계의 눈금 변화가 2[knots] 이상이면 누설(leak)되고 있는 것으로 판정한다.

49 표본점검(Sampling Inspection)에 대하여 설명하시오.

🔍 해답

동일 형식의 항공기나 발동기, 프로펠러 등을 표본 추출 검사함으로써 전량을 검사하는 데 필요한 인력, 물자, 시간의 소모를 줄이고 당해 형식의 신뢰도를 검토 판단하는 검사방법

50 정비사의 "확인행위"에 대하여 설명하시오.

🔍 해답

① 발착항공기에 대하여 일반 상태파악 및 불량 부분에 대한 적절한 조치
② 실시한 정비작업에 대한 확인
③ 항공기의 출발태세 완료의 확인(항공일지 및 기타 정비일지에 서명)
④ 각 지점에서의 운항정비의 확인

51 다음과 같은 회로에 소비되는 유효전력을 구하시오.

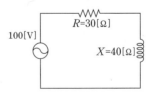

🔍 해답

$$Z = \sqrt{R^2 + X^2} = \sqrt{30^2 + 40^2} = 50[\Omega]$$
$$\therefore I = \frac{V}{Z} = \frac{100}{50} = 2[A]$$
$$\therefore \text{유효전력 } P = I^2 R = 2^2 \times 30 = 120[W]$$

52 현재 사용중인 계기착륙장치(ILS)에 비해 마이크로파착륙장치(MLS)의 이점 3가지를 쓰시오.

해답

① ILS의 진입로는 단 1개인 데 비해 MLS는 진입영역이 넓고, 곡선진입이 가능하다.
② ILS는 VHF, UHF 대역의 전파를 사용하므로 건물, 지형 등의 반사 영향을 받기 쉬우나, MLS는 마이크로 주파수 대역을 사용하므로 건물, 전방지형의 영향을 적게 받는다.
③ ILS의 운용주파수 채널수가 40채널인 데 비해 MLS는 채널수가 200채널로 간섭문제가 경감된다.
④ 풍향, 풍속 등 진입 착륙을 위한 기상 상황이나 각종 정보를 제공할 수 있는 자료 링크의 기능이 있다.

53 기압식 고도계 보정방법 중 QNH 보정방법에 대해 설명하시오.

해답

고도 14,000[ft] 미만의 고도에서 사용하는 것으로서, 고도계가 해면으로부터의 기압 고도, 즉 진고도를 지시하도록 수정하는 방법

참고

① QNE 보정
   고도계가 표준 해면상으로부터의 높이 즉 기압고도를 지시하도록 고도계를 수정하는 방법
② QFE 보정
   고도계가 활주로(지표면)로부터의 고도 즉 절대 고도를 지시하도록 수정하는 방법

54 다기능 밸브(Pressure Regulating and Shut off Valve)의 4가지 기능을 쓰시오.

해답

① 개폐(Open and Close) 기능
② 압력조절 기능
③ 역류방지 기능
④ 밸브 내부의 공기 흐름 조절 기능
⑤ 기관 작동시의 역류 방지 기능의 해제
   [스타터(Starter)에 공기 공급을 가능하게 한다.]

참고

엔진에서 블리드(Bleed)된 공기의 온도를 조절하고, 매니폴드에 공급하는 역할을 하는 밸브로 파일런밸브(Pylon Valve) 또는 블리드밸브(Bleed Valve)라고도 한다.

55 프로펠러 항공기가 비행 중 엔진에 결함이 발생하였을 때 더 이상 결함이 확대되지 않도록 하기 위하여 프로펠러에 어떠한 조치를 취하는가?

해답

Feather : 조종간에서 스위치를 조작하여 깃각을 90°에 가깝도록 하여 풍차작용을 방지

참고

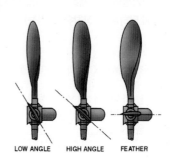

LOW ANGLE   HIGH ANGLE   FEATHER

56 분무식 연료노즐에서는 1차 연료와 2차 연료로 나누어진다. 차이점은?

해답

- 1차 연료
  노즐 중심의 작은 구멍을 통해 분사되고, 시동할 때 점화가 쉽도록 넓은 각도로 이그나이터에 가깝게 분사
- 2차 연료
  가장자리의 큰 구멍을 통해 분사되고, 2차 연료는 연소실 벽에 직접 연료가 닿지 않고 연소실 안에서 균등하게 연소되도록 비교적 좁은 각도로 멀리 분사되며, 완속 회전속도 이상에서 작동한다.

57 가스터빈엔진의 기본구조에서 가스통로 위치를 스테이션 번호로 표시하여 엔진의 각종 계통 설명시 간단히 표기할 수 있다. 만약, 2축으로 이루어진 터보팬엔진의 경우 스테이션 번호 2는 저압압축기 입구, 스테이션 번호 7은 저압터빈 출구를 의미한다면 "Pt3"는 무엇을 의미하는가?

해답

저압압축기 출구 전압

참고

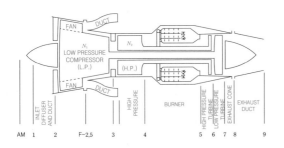

58 왕복기관에서 실린더 오버홀시 오버사이즈의 크기에 따라 색깔을 표시하시오.

해답

① 0.254[mm](0.010[in]) : 초록색
② 0.381[mm](0.015[in]) : 노란색
③ 0.508[mm](0.020[in]) : 빨간색

59 항공기에서 최대이륙중량과 최대착륙중량을 간단히 서술하시오.

해답

① 최대이륙중량 : 항공기가 이륙할 수 있는 최대무게(Maximum Design Take Off Weight : MTOW)
② 최대착륙중량 : 항공기 Structure의 강도에 의해 제한된 착륙중량(Maximum Design Landing Weight : MLW)

60 대형 가스터빈엔진의 계기계통 중 가장 중요한 계기 3가지를 서술하시오.(참고 : 대형 항공기의 엔진계기계통에서는 1차 엔진계기라 부르기도 한다.)

해답

① 엔진압력비(Engine Pressure Ratio : EPR)
② 팬속도(Fan Speed : N_1)
③ 배기가스온도(Exhaust Gas Temperature : EGT)

61 가스터빈엔진 시동시 발생되는 헝 스타트(Hung Start) 결함의 뜻을 간단히 설명하시오.

해답

시동이 시작된 다음 기관의 회전수가 완속 회전수까지 증가하지 않고 이보다 낮은 회전수에 머물러 있는 현상

참고

① 과열시동(Hot start) : 시동할 때에 배기가스의 온도가 규정된 한계값 이상으로 증가하는 현상
② 시동불능(No start) : 기관이 규정된 시간안에 시동되지 않는 현상

62 리벳의 강도를 충분히 얻기 위해 정해진 치수의 범위로 리벳 작업을 해야 한다. 리벳의 지름이 D라면 리벳 작업 후 성형머리(Shop Head)의 크기는 각각 얼마인가?

해답

① 성형머리의 높이 : $0.5D$
② 성형머리의 지름 : $1.5D$

63 조종케이블 검사시 세척을 해야 한다. 세척방법을 3가지만 간단히 기술하시오.

해답

① 쉽게 닦아 낼 수 있는 녹이나 먼지는 마른 헝겊으로 닦아낸다.
② 케이블 표면에 칠해져 있는 오래된 방부제나 오일로 인한 오물 등은 깨끗한 헝겊에 솔벤트나 케로신을 묻혀 닦아낸다. 이때 솔벤트나 케로신을 너무 많이 묻히면 케이블 내부의 방부제를 녹여 배어 나게 하므로 와이어의 마멸을 일으켜 케이블의 수명을 단축시킨다.
③ 세척한 케이블은 깨끗한 마른 헝겊으로 닦아낸 다음, 부식에 대한 방지를 한다.

64 작동유 배관은 주로 호스와 튜브를 사용한다. 각각의 크기는 무엇으로 나타내는가?

해답

① 호스 : 안지름으로 표시하며 1[in]의 16분비로 표시한다.
② 튜브 : 바깥지름(분수)×두께(소수)로 표시한다.
③ 호스는 설계상 상대운동 및 진동부위에 사용하고, 튜브는 상대운동을 하지 않는 곳에 사용한다.

참고

주의사항
① 호스가 꼬이지 않도록 한다.
② 호스의 진동을 막기 위해 60[cm] 마다 클램프로 고정한다.
③ 압력이 가해지면 호스가 수축되므로 5~8[%]의 여유를 준다.

65 항공기 점검시 기체구조에 많이 발생하는 크리프에 대하여 간단히 설명하고 크리프-파단 곡선을 간략하게 그리시오.

🔍 **해답**

① 크리프 : 일정한 응력을 받는 재료가 일정한 온도에서 시간이 경과함에 따라 하중이 일정하더라도 변형률이 변화하는 현상
② 크리프-파단 곡선

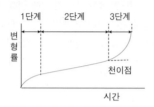

66 항공기 구조물 설계에 관한 다음 용어를 설명하시오.

🔍 **해답**

① 손상허용설계
　항공기를 장시간 운용할 때 발생할 가능성이 있는 구조 부재의 피로 균열이 어떤 크기에 도달하기까지는 발견될 수 없기 때문에 발견되기 전까지 구조의 안전에 문제가 생기지 않도록 보증하려는 것
② 페일세이프 구조
　하나의 주 구조가 피로로 파괴되거나 일부분이 피로로 파괴되더라도, 나머지 구조가 하중을 담당할 수 있도록 함으로써 치명적인 파괴나 과도한 변형을 방지할 수 있도록 설계된 구조
③ 안전수명
　기체구조 전체에 대한 피로시험으로 안전 수명을 결정

67 미생물 부식에 대하여 다음을 설명하시오.

🔍 **해답**

① 많이 발생하는 곳 : 케로신을 연료로 하는 항공기의 연료탱크에 발생
② 원인 : 케로신 내에 생식하고 있는 박테리아류가 번식하여 여러 가지 생성물을 만들고 그것들이 금속을 침식하여 발생
③ 억제책 : 연료에 첨가제를 섞어 미생물을 죽인다. 드레인 작업 및 퍼징 작업

68 블라인드리벳에 대하여 설명하시오.

🔍 **해답**

① 일반적인 사용처 : 일반 리벳을 사용하기에 부적당한 곳이나, 리벳 작업을 하는 반대쪽에 접근할 수 없는 곳에 사용
② 사용해서는 안 되는 부분 : 인장력이 작용하거나 리벳 머리에 갭 (Gap)을 유발시키는 곳, 진동 및 소음 발생 지역, 유체의 기밀을 요하는 곳에는 사용을 금지
③ 종류 : 팝리벳(Pop rivet), 마찰고정리벳(Friction lock rivet), 체리고정리벳(Cherry lock rivet), 체리맥스리벳(Cherrymax rivet)

69 AA규격에 대해 설명하시오.

🔍 **해답**

① 2 : 알루미늄과 구리의 합금
② 0 : 개량처리를 하지 않은 합금
③ 24 : 합금의 분류 번호

70 항공기에 사용되는 클레비스 볼트가 일반적으로 사용되는 곳과 사용해서는 안 되는 곳을 쓰고 사용할 때의 공구는 어떤 것으로 사용하는가?

🔍 **해답**

① 사용되는 곳 : 오직 전단하중이 작용하는 곳
② 사용되지 않는 곳 : 인장하중이 작용하는 곳
③ 사용 공구 : 스크루 드라이버

🔽 **참고**

① 표준육각머리볼트 : 일반 목적에 사용한다.
② 정밀공차볼트 : 표준육각머리볼트보다 정밀하게 가공되어 있어 어느 정도의 타격을 가해야만 제 위치에 들어가게 된다.
③ 내부렌치볼트 : 비교적 큰 인장력과 전단력이 작용하는 곳에 사용한다.
④ 아이볼트 : 외부의 인장하중을 받는 곳에 사용한다.

71 엔진 점화 플러그 장착시 토크를 중요시 한다. 그 이유는?

🔍 **해답**

① 과도한 토크 : 나사산 및 개스킷의 파손된다.
② 약한 토크 : 기밀이 유지되지 못한다.

72 웨트 모터링과 드라이 모터링에 대하여 설명하시오.

해답

① 드라이 모터링(Dry Motoring)
연료를 차단한 상태에서 시동기에 의해 기관을 회전시키면서 점검하는 방법, 정비나 부품 교환했을 때 누설 점검 및 기능 점검을 하기 위해 실시한다.
② 웨트 모터링(Wet Motoring)
연료를 기관 내부에 흐르게 하여 연료노즐을 통해 분사시키지만 점화장치는 작동하지 않는다. 연료계통 점검과 연료의 분사 상태를 점검할 수 있다.

73 가변피치 프로펠러와 정속 프로펠러의 차이점에 대하여 설명하시오.

해답

① 가변피치 프로펠러
비행기의 속도 증감에 따라 프로펠러의 피치를 증감하여 효율을 높인 것
② 정속 프로펠러
가변피치 프로펠러에서 가장 발달된 것으로 기관 출력 및 비행 상태가 변해도 엔진의 회전수를 일정하게 유지하면서 모든 비행 상태에 맞게 자동으로 피치를 변화시킨 것

74 비행 중 각 연료탱크내의 연료 중량과 연료 소비순서 조정은 연료 관리 방식에 의해 수행되는데 그 방법으로는 탱크간(Tank to Tank Transfer) 방법과 탱크와 기관(Tank to Engine Transfer) 이송 방법이 있다. 차이점을 말하시오.

해답

① Tank to Tank Transfer
각 탱크에서 해당 기관으로 연료를 공급하고, 그 소비되는 양만큼 동체 탱크에서 각 탱크로 이송하고, 그후 날개 안쪽에서 바깥쪽 탱크로 연료를 이송하다가 모든 탱크의 연료량이 같아지면 연료 이송을 중단한다.
② Tank to Engine Transfer
탱크간의 연료 이송은 하지 않고, 먼저 동체 탱크에서 모든 기관으로 연료를 공급한 후, 날개 안쪽 탱크에서 연료를 공급하다가 모든 탱크의 연료량이 같아지면 각 탱크에서 해당 기관으로 연료를 공급한다.

75 다음은 벤딕스(Bendix) 마그네토의 형식을 표시한 것이다. 설명하시오.

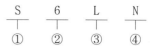

해답

① 싱글 마그네토
② 실린더의 수 : 6
③ 구동축에서 본 마그네토의 회전방향 : 좌회전
④ 제작사 표시 : 벤딕스 신틸라

참고

D   F   18   R   N
①   ②   ③   ④   ⑤

① : S - 싱글 마그네토, D - 더블 마그네토
② : B - 베이스 장착형, F - 플렌지 장착형
③ : 실린더 수
④ : L - 좌회전, R - 우회전
⑤ : 제작사
    G - General Electric
    N - Bendix
    U - Bosch

76 대형 가스터빈엔진은 압축기 실속방지방법으로 블리드계통을 채택하여 사용하는 경우가 많다. 그렇다면 이러한 블리드계통의 기본 작동 개념을 아래의 조건에 대하여 간단히 표현하시오.(단, 밸브 닫힘/열림 또는 조절 등으로 표현)

① 항공기가 순항시 밸브의 작동 위치는?
② 항공기가 비행 중 밸브 계통에 결함이 발생하였다면 밸브의 작동 위치는?

해답

① 밸브 닫힘
② 밸브 열림

참고

압축기의 회전수가 규정 회전수보다 낮을 경우 공기가 충분히 압축되지 못하여 압축기를 빠져나가지 못하는 공기누적현상(Choking)으로 인하여 압축기 실속이 발생할 수 있다. 이를 방지하기 위해 블리드밸브를 장착하여 압축기 내의 공기를 배출시켜준다. 즉 이 블리드밸브는 저속시에는 열리고, 고속시에는 닫힌다.

77 알루미늄 도선을 Strip할 때 주의사항 2가지를 쓰시오.

해답

① Strip이 깨끗하게 되도록 규정된 공구를 사용한다.
② 규정된 공구 이외의 특별한 공구를 사용시에는 도체에 칼자국이나 절단면이 생기지 않도록 주의한다.
③ 도선의 손상이 규정된 Limit를 넘지 않도록 한다.
④ 도선이 끊어지지 않도록 주의한다.

78 Battery 충전법 2가지를 쓰시오.

해답

① 정전류 충전법
② 정전압 충전법

79 $R_1=3[k\Omega]$, $R_2=5[k\Omega]$, $R_3=10[k\Omega]$일 때 전체 저항을 구하시오.

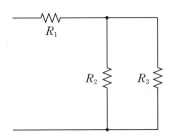

해답

① R_2와 R_3 합성저항을 R_4라고 하면 병렬연결
$$\frac{1}{R_4}=\frac{1}{5}+\frac{1}{10}=\frac{3}{10} \quad \therefore R_4=3.33[k\Omega]$$
② 따라서 전체저항 R은
$$R=R_1+R_4=3+\frac{10}{3}=\frac{19}{3}=6.33[k\Omega]$$

80 회로 내에 규정 전류 이상의 전류가 흐를 때 회로를 열어 주어 전류의 흐름을 막는 회로차단기(Circuit Breaker)의 종류 4가지를 쓰시오.

해답

푸시형, 푸시풀형, 스위치형, 자동 재접속형

81 기압고도계 보정 방법 중에서 QFE 보정 방법은?

해답

활주로 위에서 고도계가 0[ft]를 지시하도록 고도계의 기압창구에 비행장의 기압에 맞추는 방식

참고

① QNE 보정
고도계가 표준 해면상으로부터의 높이 즉 기압고도를 지시하도록 고도계를 수정하는 방법
② QNH 보정
일반적인 항공기의 고도계 보정방법으로 고도계가 해면으로부터의 고도 즉 진고도를 지시하도록 수정하는 방법

82 유압계통 작동유의 흐름방향제어장치 중에서 유로의 흐름을 한 방향으로만 흐르도록 해주는 장치는?

해답

체크밸브(Check Valve)

83 항공기가 지상 활주 중 지면과 타이어 사이의 마찰 또는 충격에 의하여 앞바퀴가 좌우로 흔들리는 현상이 나타난다. 이와 같은 현상을 감쇄 및 방지하기 위한 장치는 무엇인가?

해답

시미 댐퍼(Shimmy damper)

참고

84 "CHECK"의 3가지 방법을 설명하시오.

해답

① 육안점검   ② 작동점검
③ 기능점검

85 Flight Time/Block Time의 뜻을 설명하시오.

🔍 해답

① Block Time
  항공기가 비행을 목적으로 주기장에서 자력으로 움직이기 시작한 순간부터 착륙하여 정지할 때까지의 시간을 말한다.
② Flight Time
  Time in Srvice라고도 하며 항공기가 이륙하기 위하여 바퀴가 지면에서 떨어지는 시간부터 착륙하여 착지하는 순간까지의 시간이다.

86 승강키 조종계통 점검과정에서 승강키가 상하로 움직이지 않는다. 고장원인과 대책을 쓰시오.

🔍 해답

고장 원인	대 책
① 스톱(Stop)의 위치가 부적절하다.	① 스톱(Stop)의 위치를 조절한다.
② 푸시풀 튜브가 구부러져 있다.	② 푸시풀 튜브를 교환한다.
③ 연결부의 베어링이 닳았다.	③ 연결부의 베어링을 교환한다.

87 다음은 알루미늄합금의 어떤 화학피막 처리법인가?

[보기]

① 물 1[ℓ]에 분말 4[g] 정도를 혼합한 후 잘 젓는다.
② 헝겊으로 처리할 표면에 균일하게 바른다.
③ 1~5분간 젖은 상태로 유지 후
④ 물에 적신 헝겊으로 헹구어 낸 다음 Air로 말린다.

🔍 해답

알로다인 처리(Alodine)

88 항공기 착륙시 휠(Wheel)의 속도에 따라 브레이크의 힘을 자동제어하는 장치?

🔍 해답

안티스키드 시스템(Antiskid Brake Control System)

▼ 참고

안티스키드 시스템(Antiskid Brake Control System)
바퀴 미끄러짐을 탐지할 뿐만 아니라, 바퀴의 미끄러짐의 절박한 경우에도 탐지된다.
자동적으로 유압계통 귀환 라인으로 가압브레이크 압력을 끊어 연결함으로써 바퀴의 브레이크 피스톤에서 압력을 경감한다.
바퀴를 회전하게 하고, 미끄럼을 피하게 하여, 더 낮은 압력은 바퀴로 미끄러지지 않게 하고, 바퀴에 속도를 떨어뜨리게 하는 수준으로서 브레이크에서 유지된다.

89 항공기에서 사용되는 실런트(Sealant)의 목적을 5가지만 쓰시오.

🔍 해답

① 항공기의 구조 하중과 온도, 압력 여러 상태에서도 Integral Fuel Tank에 기밀유지
② 모든 비행 상태에서 최소치로 정해진 압력을 유지
③ 항공기 외부 표면을 공기역학적으로 매끄럽게 해주고 물이나 유체가 스머드는 것을 방지
④ Structure에 부식시킬 수 있는 Fluid 침투를 방지하여 보호
⑤ 전기계통의 구성품 보호
⑥ 방화벽에 불꽃이 번지는 것을 방지
⑦ Battery에 사용되는 전해액을 격리시켜 Structure 보호

90 리벳의 직경을 정할 때에 어떻게 하는가?

🔍 해답

장착하고자 하는 판재 중 두꺼운 판재의 3배 $D=3T$

▼ 참고

리벳의 직경
리벳의 직경은 연결할 가장 두꺼운 시트의 두께의 3배 이상이 되어야 한다.
군사 표준에 따르면 리벳 조인트의 성형 카운터 헤드(Bucked counter head) 직경은 섕크 직경의 1.4배보다 커야 한다. 높이는 섕크 직경의 0.3배가 되어야 한다.

91 가스터빈기관의 축류식 압축기 1단의 구성요소는?

🔍 해답

1열의 최전자(Blade)와 1열의 고정자(Stator)

필답기출

92 기압식 고도계의 오차 중 탄성오차 종류 3가지는?

해답

히스테리시스, 편위, 잔류효과

참고

고도계의 오차 : 눈금오차, 온도오차, 탄성오차, 기계적오차

93 배터리(Battery) 충전 방법 중 정전류법에 대해 설명하고 장·단점을 설명하시오.

해답

① 전류를 일정하게 유지하면서 충전하는 방법
② 장점 : 충전 완료 시간을 미리 알 수 있다.
③ 단점 : 충전 소요 시간이 길고, 주의하지 않으면 충전 완료에서 과충전이 되기 쉽다.

94 다음 외형결함의 명칭을 쓰시오.

① (　　　) : 베어링이 미끄러지면서 접촉하는 표면의 윤활상태가 좋지 않을 때 생기며 이러한 현상이 일어나면 표면이 밀려 다른 부분에 층이 남게 된다.
② (　　　) : 베어링의 회전하는 접촉면에서 발생하며 회전하는 면에 변색된 띠의 무늬가 일정한 방향으로 나 있는 형태를 취하는 것으로 원래의 표면이 손상된 것은 아니다.
③ (　　　) : 베어링의 표면에 발생하는 것으로서 불규칙적이고 비교적 깊은 홈의 형태를 나타낸다. 베어링의 접촉하는 표면이 떨어져 나가서 홈이 생긴다.

해답

① 밀림(Galling)
② 밴딩(Banding)
③ 떨어짐(Fatigue pitting)

95 디토네이션 징후로 예상되는 결함 3가지를 쓰시오.

해답

① 과열 현상
② 출력 손실
③ 엔진의 손상

참고

정상점화 후 화염전파속도가 초음속인 경우 미연소가스가 화염 전파에 의해 연소되지 않고 자연발화온도에 도달하여 순간적으로 자연폭발하는 현상을 디토네이션이라고 한다.

96 터보팬엔진을 장착한 항공기가 이륙 중 조류를 만나 조류충돌(Bird Strike) 현상이 발생하였으며, 엔진 관련 계기(N1, N2, EPR 등)가 떨리는 현상(Fluctuation)이 발생하였다면 어떤 결함이 예상되며 이에 대한 조치 2가지를 기술하시오.

① 예상 결함
② 조치 사항

해답

① 예상 결함 : 팬과 압축기 깃의 손상
② 조치 사항 : 팬은 육안검사, 압축기는 보어스코프 검사를 한다.

97 그림과 같은 회로에 소비되는 피상전력을 구하시오.

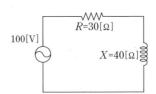

해답

$Z = \sqrt{R^2 + X^2} = \sqrt{30^2 + 40^2} = 50[\Omega]$
$I = \dfrac{V}{Z} = \dfrac{100}{50} = 2[A]$
따라서 피상전력 $= I^2 Z = 2^2 \times 50 = 200[VA]$

98 전기저항식 온도계의 지시기에는 비율형이 사용되고 있는데 그 이유를 간단히 쓰시오.

해답

일반적인 금속의 경우 온도와 저항은 비례하고 비율식 저항온도계는 전원전압이 변동한 경우에 지시치가 거의 변화하지 않기 때문에

참고

그림에서 서로 교차하는 코일 F, V에 작용하는 자기력의 분포에 따라 지시하며 전원전압(E)이 병렬로 연결되어 있어 전원전압이 변하더라도 지시치에는 영향을 주지 않는다.

99 정속회전에 유리한 직류 Motor는 직권 Motor와 분권 Motor 중 어느 것인가?

🔍 해답

분권 Motor

🔽 참고

① 직권형 직류전동기
  계자 코일과 전기자 코일이 직렬로 연결되어 부하의 크기에 따라 회전속도가 변하며, 시동 토크가 커서 시동기 등에 사용된다.
② 분권형 직류전동기
  계자 코일과 전기자 코일이 병렬로 연결되어 부하에 따른 속도 변화가 작아 일정한 속도가 요구되는 곳에 사용한다.
③ 복권형 직류전동기
  직권형과 분권형의 성질을 동시에 가지고 있다.

100 작동유의 압력이 일정압력 이하로 낮아지면 작동유의 유로를 차단하여 1차 조종계통에 우선적으로 작동유가 공급되도록 하는 밸브는?

🔍 해답

프라이오리티밸브(Priority Valve)

101 항공기 왕복엔진의 상태를 결정하는 방법 중 압축 점검이 중요한 이유는?

🔍 해답

밸브와 피스톤 링에 의하여 연소실 내의 기밀이 정상적으로 유지되는지를 시험하여 그 결과에 따라 실린더의 압축 능력과 연관되는 부품들의 고장을 사전에 발견하여 수리함으로써 엔진의 고장을 미리 방지하는데 있다.

102 케이블의 종류 및 재질에 대해 설명하시오.

🔍 해답

① 종류
  ⓐ 일반용 케이블 : 플렉시블 케이블(Flexible Cable), 넌 플렉시블 케이블(Non-Flexible Cable)
  ⓑ 특수 케이블 : 로크 클래드 케이블(Lock Clad Cable), 나일론 재킷 케이블(Nylon Jacketed Cable), 푸시 풀 케이블(Push Pull Cable)
② 재질 : 탄소강, 내식강

103 리벳의 피치, 횡단피치, 연거리에 대해 설명하시오.

🔍 해답

① 피치 : 같은 열에 있는 인접하는 리벳 중심간의 거리
② 횡단피치 : 리벳 열간 거리
③ 연거리 : 판재의 가장자리에서 가장 가까운 리벳 구멍 중심까지의 거리

104 그림과 같이 토크렌치에 연장공구를 연결하여 사용하고자 한다. 토크값을 구하시오.

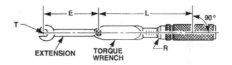

🔍 해답

$$R = \frac{L}{L+E} \times T$$

(단, T : 필요 토크, E : 연결대의 유효길이, L : 토크렌치의 유효길이, R : 필요 토크에 상당하는 토크렌치 눈금의 지시값)

🔽 참고

토크(모멘트)는 렌치에 작용하는 힘과 회전중심에서 작용하는 힘까지의 거리의 곱으로 구할 수 있다. 즉 토크는 거리에 비례하므로 다음과 같은 비례식으로 풀 수 있다.
$$L : R = (L+E) : T$$
이 식을 정리하면 정답과 같이 된다.

105 정속구동장치(CSD)란?

🔍 해답

기관의 회전수에 관계없이 일정한 출력 주파수를 발생할 수 있도록 하는 장치

🔽 참고

교류회로에서 주파수가 변하면 회로의 저항이 변하게 되어 회로의 손상을 가져올 수 있다. 그러므로 교류의 주파수를 일정하게 유지해야 한다. 교류 발전기에서 생산하는 교류의 주파수는

$$f = \frac{P}{2} \times \frac{N}{60} \quad (P : 극수, N : 회전수 \text{ rpm})$$

로 구할 수 있다. 여기서 계자의 극수는 변하지 않는 사항이므로 주파수는 발전기의 회전수에 좌우된다. 따라서 기관의 구동축에 연결된 발전기의 회전수를 일정하게 유지할 수 있다면 교류의 출력 주파수를 일정하게 할 수 있다.

106 압축기 손상 형태를 3가지 정도 쓰고 원인과 조치 사항을 서술하시오.

해답

① 구부러짐(Bow) : 깃의 끝이 구부러진 형태로서 볼트, 너트, 돌, 등 외부 물질의 유입에 의해 손상된 상태
② 소손(Burning) : 국부적으로 색깔이 변했거나 심한 경우 재료가 떨어져 나간 형태로서, 과열에 의하여 손상된 상태
③ 마손(Burr) : 끝이 달아서 꺼칠꺼칠한 형태로서, 회전할 때 연마나 절삭에 의해 생긴 결함
④ 부식(Corrosion) : 표면이 움푹 팬 상태로서, 습기나 부식액에 의해 생긴 결함
⑤ 균열(Crack) : 부분적으로 갈라진 형태로서, 심한 충격이나 과부하 또는 과열이나 재료의 결함 등으로 생긴 손상 상태
⑥ 우그러짐(Dent) : 국부적으로 둥글게 우그러져 들어간 형태로서, 외부 물질에 부딪힘으로써 생긴 결함
⑦ 용착(Gall) : 접촉되어 있는 2개의 재료가 녹아서 다른 쪽에 눌어붙은 형태로서, 압력이 작용하는 부분의 심한 마찰에 의해서 생기는 결함
⑧ 가우징(Gouging) : 재료가 찢어지거나 떨어져 없어진 상태로서, 비교적 큰 외부 물질에 부딪히거나 움직이는 두 물체가 서로 부딪혀서 생기는 결함
⑨ 신장(Growth) : 길이가 늘어난 형태로서, 고온에서 원심력의 작용에 의해 생기는 결함
⑩ 찍힘(Nick) : 예리한 물체에 찍혀 표면이 예리하게 들어가거나 쪼개져 생긴 결함
⑪ 스코어(Score) : 깊게 긁힌 형태로서, 표면이 예리한 물체에 닿았을 때 생기는 결함
⑫ 긁힘(Scratch) : 좁게 긁힌 형태로서, 모래 등 작은 외부 물질의 유입에 의하여 생기는 결함

107 점화 플러그(Hot plug, Cold plug)의 사용처와 바꿔 사용할 시 발생 현상을 서술하시오.

해답

① 사용처
　ⓐ 고온 플러그(Hot plug) : 냉각이 잘 되도록 만든 기관(저온으로 작동하는 기관)
　ⓑ 저온 플러그(Cold plug) : 과열되기 쉬운 기관(고온으로 작동하는 기관)
② 과열되기 쉬운 기관에 고온 플러그를 장착하면 조기점화가 발생하고, 저온으로 작동하는 기관에 저온 플러그를 장착하면 플러그의 팁에 연소되지 않은 탄소가 모여 점화 플러그의 파울링(Fouling) 현상이 발생한다.

108 Oil Tank에 Fuel이 Mixing되었을 때의 고장원인은?

해답

Fuel Oil Cooler에서의 Leak

참고

연료-오일 냉각기는 연료와 오일을 열교환함으로써 연료는 예열시키고, 오일은 냉각시키는 역할을 한다. 그림과 같은 형태이므로 연료-오일 냉각기에서 누설이 있었다면 오일 내에 연료가 스며들게 된다.

109 시퀀스밸브(Sequence Valve)에 대해 설명하시오.

해답

착륙장치, 도어 등과 같이 2개 이상의 작동기를 정해진 순서에 따라 작동되도록 유압을 공급하기 위한 밸브로서 타이밍 밸브라고도 한다.

110 항공기에서 전류, 전압을 상승시키는 기기는?

해답

변류기(Current Transformer)와 변압기(Potential Transformer)

참고

변류기와 변압기
변류기는 회로의 대 전류를 소 전류로 변성하여 계기나 계전기에 공급하며, 배전반의 전류계, 전력계, 역률계, 보호 계전기 및 차단기 트립 코일의 전원으로 사용한다.
변압기는 고전압을 저 전압으로 변성하여 계기나 계전기에 공급하기 위한 목적으로 사용하며, 배전반의 전압계, 전력계, 주파수계, 역률계, 보호계, 전기 부족전압계전기 및 표시 등의 전원으로 사용한다.

111 BOLT에 고착방지 콤파운드를 쓰는 이유는 무엇인가?

해답

엔진의 화염전파 연결관 등을 장착한 후 다시 분해할 때 볼트가 잘 풀리도록 고착용 콤파운드를 볼트에 발라 장착한다.

112 입자간 부식의 발생시 그 현상, 원인, 검사방법을 쓰시오.

해답

① 현상 : 합금의 결정입자 경계에서 발생되는 것으로 금속이 부풀어 박리됨
② 원인 : 부적절한 열처리에 의해 발생
③ 검사방법 : 초음파검사, 맴돌이전류탐상검사, 방사선검사

113 왕복엔진에서 "IOL-400"이 나타내는 것은?

해답

① I : 직접연료분사장치
② O : 대향형
③ L : 수냉식
④ 400 : 총배기량 400[in³]

참고

① GTSIO - 520D
    → Dual Magneto
        → 총배기량 = 520[in³]
② IOL - 300
    → 수냉식
③ 각 기호의 의미

기호	의 미
A(E)	Aerobatic – 연료 및 오일계통이 배면비행에 적합하도록 설계
G	Geared – 프로펠러 감속 기어 장착
I	Fuel Injected – 연속 연료 분사 계통이 장착
L	Left–hand rotation – 좌회전식
O	Opposed type – 대향형 기관
R	Radial type – 성형기관
S	Supercharged – 기계식 과급기 장착(라이코밍사)
T	Turbocharger – 배기 터빈식 과급기 장착(라이코밍사)
TS	Turbosupercharged – 터보차저 장착(컨티넨탈사)
H	Horizontal – 크랭크축이 수평으로 배치(헬리콥터용)
V	Vertical – 크랭크축이 수직으로 배치(헬리콥터용)

114 항공기와 주요 장비품에 대하여 감항성 확보를 위해 국가로부터 받아야 하는 검사의 종류를 쓰시오.

해답

형식증명, 감항증명, 수리개조검사, 예비품증명, 성능품질검사(제조), 성능품질검사(재생)

115 "비행시간(Time in service＝Air time)"의 정의는?

해답

항공기가 비행을 목적으로 이륙(바퀴가 떨어지는 순간)부터 착륙(바퀴가 땅에 닿는 순간)할 때까지의 경과시간

116 고도계 기압 보정방법 3가지를 쓰시오.

해답

① QNH
② QNE
③ QFE 보정

117 항공기 "Hard Time(HT)"에 대하여 설명하시오.

해답

장비품 등을 일정한 주기로 항공기에서 장탈하여 정비를 하거나 폐기하는 정비기법을 말하며, Discard, OFF-A/C, Restoration, Overhaul이 요구된다.

118 "분해점검(Disassembly Check)"에 대하여 설명하시오.

해답

부분품을 운용자의 Shop Manual/OVHL Manual에 명시된 허용 한계치인가를 확인하기 위해 분해검사 및 점검을 하는 것

119 공랭식 항공기 왕복기관 냉각계통의 주요 구성요소 3가지를 쓰시오.

해답

① 냉각핀 : 밖에서 들어오는 공기로 실린더의 열을 대기 중으로 방출하여 냉각시킨다.
② 배플 : 실린더와 실린더 헤드 주위의 공기 흐름을 각 실린더에 고르게 통과하고 공기가 잘 흘러 냉각 효과를 증진시킨다.
③ 카울 플랩 : 엔진 카울링에 플랩을 장착하여, 실린더 주위의 공기 흐름을 조절하여 냉각 효과를 조절한다.

필답 기출

120 다음은 4사이클 왕복엔진의 밸브오버랩에 대한 내용이다. ( ) 안을 채우시오.

> 배기가스의 배출효과를 높이고 유입 혼합기의 양을 많게 하기 위해 배기행정 (①)에서 흡입밸브가 열리고, 흡입행정 (②)에서 배기밸브가 닫힌다. 이때 흡·배기밸브가 동시에 열려 있는 기간을 밸브오버랩이라 한다.

🔍 해답

① : 말기
② : 초기

🔽 참고

밸브 개폐시기가 위 그림과 같다면 밸브 오버랩은 IO BTC 15°+EC ATC 15°로부터 30°임을 알 수 있다. 또한 IO BTC 15°+180°+IC ABC 60°로부터 총 흡입행정은 255°임을 알 수 있다.

121 터보팬엔진은 모듈구조로 제작되는데 모듈구조의 장점은 무엇인가?

🔍 해답

모듈은 각각이 완전한 호환성을 가지고 있어 교환과 수리가 용이하여 엔진의 정비성이 좋아진다.

122 공압시동기를 사용하는 대형가스터빈엔진 시동 시 시동기는 정상적으로 작동하나 엔진은 전혀 회전하지 않는다면 예상되는 결함부위는?

🔍 해답

① 버터플라이밸브(공기밸브)
② 압축기 로터, 기어박스 등의 고착
③ 윤활유 압력 및 배유 펌프의 고착
④ F.O.D에 의한 손상

123 가스터빈기관의 압축기 로터와 터빈의 평형검사에서 100[g·cm] 불평형이란 무엇인가?

🔍 해답

회전축에서 10[cm]의 거리에 10[g]만큼의 불평형이 있거나 5[cm]의 거리에 20[g]의 불평형이 있다는 것

124 EGT 온도계의 수감부에 사용되는 일반적인 열전대 조합을 쓰시오.

🔍 해답

배기가스 온도계(Emergent Gas Temperature)는 높은 열에 적합한 크로멜과 알루멜 조합을 사용한다.

🔽 참고

열전대(열전쌍, Thermocouple)
일반적으로 철-콘스탄탄, 구리-콘스탄탄, 크로멜과 알루멜이다. 실린더헤드 온도계로는 열기전력이 큰 철-콘스탄탄 조합을, 배기가스 온도계로는 높은 열에 적합한 크로멜과 알루멜 조합을 사용한다.

125 그림과 같은 회로에서 역률을 구하시오.

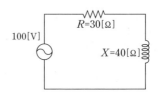

🔍 해답

$$역률(\cos\theta) = \frac{유효전력}{피상전력} = \frac{I^2R}{I^2Z} = \frac{30}{50} = 0.6$$

126 니켈 카드뮴(Ni-Cd) 축전지의 전해액이 새었을 때 중화제로 사용되는 것은?

🔍 해답

니켈 카드뮴(Ni-Cd) 축전지의 전해액 중화
니켈 카드뮴(Ni-Cd) 축전지의 전해액 누출은 접지 경로를 형성할 수 있으며, 실(Seal) 주위에 백색 이끼(탄산염칼륨) 생성된다.
증류수를 이용하여 표면을 깨끗하게 세척하여 건조시키고, 손이나 의복에 누출된 경우 식초나 아세트산, 레몬주스, 붕소용액으로 알칼리를 중화시키고 깨끗한 물로 헹구어 준다.

🔽 참고

납산 축전지의 중화제로는 탄산나트륨을 사용한다.

127 절연저항의 측정방법 및 목적에 대하여 설명하시오.

해답

① 측정방법
   전기장치의 절연저항의 측정방법은 메거저항계를 이용한다.
② 목적
   회로나 회로 구성 요소의 끊어진 곳을 조사하거나 또는 저항값을 측정한다. 전기장치의 금속 프레임과 코일 및 배선 사이의 절연저항 또는 피복 전선의 절연 상태 등을 측정한다. 직렬형과 션트형 중 직렬형을 많이 쓴다.

128 항공기 산소공급계통에서 Demand식 산소마스크의 산소공급은?

해답

산소를 흡입할 때에만 공급되는 형식을 요구 유량형이라고 하며 산소 유량공급 방식은 해당 객실 압력 고도에 대해 필요한 산소 분압이 확보된 희석방식 및 100[%] 산소를 흐르게 하는 것이 있으며 필요에 의해 선택할 수 있다.
① 희석흡입산소장치(Dilute Demand Oxygen Equipment)
   사용자의 호흡작용으로 산소를 사용자 폐 속으로 공급하는 장치이며, 산소조절기는 11,000[m](35,000[ft]) 이상의 고도에서 충분한 산소가 공급되도록 해야 한다.
② 압력흡입산소장치(Pressure Demand Oxygen Equipment)
   사용자 주위의 압력보다 약간 높은 압력으로 산소를 공급한다. 정상 상태시에 12,700[m](42,000[ft]), 비상시 15,000[m](50,000[ft])까지 사용한다.

129 항공기가 고속 활주 또는 과도한 브레이크 사용으로 타이어가 파열되는 것을 방지하기 위해 녹아서 공기를 빼주는 가용성 플러그는?

해답

퓨즈 플러그

참고

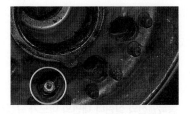

130 기체구조에서 1차 조종면과 2차 조종면에 대해서 간단히 설명하시오.

해답

① 1차 조종면
   항공기의 세 가지 운동축에 대한 회전운동을 일으키는 도움날개, 승강키, 방향키를 말함
② 2차 조종면
   1차 조종면을 제외한 보조조종계통에 속하는 모든 조종면을 말하며, 태브, 플랩, 스포일러 등을 말함

131 비파괴검사의 종류 5가지를 쓰시오.

해답

① 침투검사(Liquid Penetrant Inspection)
② 자분탐상검사(Magnetic Particle Inspection)
③ 와전류탐상검사(Eddy Current Inspection)
④ 초음파탐상검사(Ultrasonic Inspection)
⑤ 방사선투과검사(Radiographic Inspection)

132 잭 작업시 주의사항 5가지를 쓰시오.

해답

① 바람의 영향을 받지 않는 곳에서 작업한다.
② 잭은 사용하기 전에 사용가능 상태여부를 검사해야 한다.
③ 위험한 장비나 항공기의 연료를 제거한 상태에서 작업해야 한다.
④ 잭으로 항공기를 들어 올렸을 때에는 항공기에 사람이 탑승하거나 항공기를 흔들어서는 안 된다.
⑤ 어느 잭이나 과부하가 걸리지 않도록 한다.

133 항공기 기체에 사용되는 복합 재료의 특성 3가지를 쓰시오.

해답

① 가벼워야 한다.
② 강도가 높아야 한다.
③ 부식에 강해야 한다.

134 다음과 같은 두께의 철판을 굽히려 한다. 물음에 답하시오.

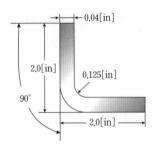

① 몰드 포인트(Mold point)에서 곡률 중심 사이의 거리 X를 구하시오.(단, 소수 3째 자리까지만 구하시오)
② 굽힘 여유(Bend allowance)를 구하여라.

🔍 해답

① $SB = K(R+T) = (0.125 + 0.04) = 0.165$
② $BA = \dfrac{\theta}{360°} \times 2\pi \left(R + \dfrac{1}{2}T\right)$
$= \dfrac{90°}{360°} \times 2\pi \left(0.125 + \dfrac{1}{2}0.04\right) \simeq 0.228$

135 항공기에서 러더와 엘리베이터의 역할에 대하여 설명하시오.

🔍 해답

① 러더 : 항공기의 빗놀이 운동을 조작
② 엘리베이터 : 항공기의 키놀이 운동을 조작

136 평균공력시위(MAC)에 대하여 설명하시오.

🔍 해답

MAC : 항공기의 공력 특성을 대표하는 시위

137 AN 3 DD 5A 볼트의 규격에 대하여 설명하시오.

① AN ② 3
③ DD ④ 5
⑤ A

🔍 해답

① AN : 미국 공군 해군 표준
② 3 : 볼트의 직경 3/16[in]
③ DD : 볼트의 재질(알루미늄 합금 2024)

④ 5 : 볼트의 길이 5/8[in]
⑤ A : 볼트의 생크부분(나사부)에 구멍이 없음

138 다음은 가스터빈기관의 연료계통 구성 흐름도이다. 괄호 안에 알맞은 것은?

연료차단밸브 → (①) → 여과기 → (②) → (③) → (④) → (⑤) → (⑥) → 분사노즐

[보기]

① 연료조절기   ② 기관구동연료펌프
③ 연료차단밸브   ④ 연료필터
⑤ 연료가열기   ⑥ 연료압력스위치
⑦ 가압 및 드레인밸브 ⑧ 연료매니폴드
⑨ 유량변환기   ⑩ 분사노즐

🔍 해답

연료가열기, 기관구동연료펌프, 연료조절기, 유량변환기, 가압 및 드레인밸브, 연료매니폴드

139 항공기엔진을 핫 섹션과 콜드 섹션으로 나눌 수 있다. 각 섹션별로 구성품을 한가지씩 적어라.

🔍 해답

① 콜드 섹션 : 흡입구, 압축기, 디퓨저
② 핫 섹션 : 연소실, 터빈, 배기구

140 축류식 압축기에서 반동도란?

🔍 해답

한 단의 압력상승 중 동익에 의한 압력상승의 백분율 즉,

$\Phi_C = \dfrac{\text{로터에 의한 압력상승}}{\text{단당 압력상승}} \times 100[\%]$

141 왕복엔진의 실린더 내면의 마모가 규정치를 벗어난 경우 수리방법 2가지는?

🔍 해답

① 오버사이즈(Oversize) 값으로 깎아내고, 피스톤링과 피스톤을 Oversize 값으로 교환한다.
② 표준값으로 크롬 도금한다.
③ 새로운 배럴로 교환한다.

142 가스터빈기관의 오일냉각기에서 오일을 냉각시키는 데 냉각매체로 주로 사용하는 것 2가지만 쓰시오.

해답

가스터빈 엔진 오일 냉각기(Oil Cooler)
일반적으로 오일 냉각기는 공기 냉각식 오일 냉각기(Air Oil Cooler)와 연료냉각기(Fuel-Cooled)가 있으며, 오일이 윤활계통을 재순환하기에 알맞은 온도가 될 수 있도록 오일의 온도를 낮추기 위해 터빈엔진 윤활계통에 공기 오일 냉각기가 사용된다.

143 항공기의 색표지 중에서 붉은색 방사선의 의미는?

해답

최대 및 최소 운용 한계(초과 금지 범위)

144 항공기 유압계통의 관이나 호스가 파손되거나 기기의 실(Seal)에 손상이 생겼을 때 작동유가 누설되는 것을 방지하는 기구는?

해답

유압 휴스
유압계통의 이상으로 유압유 누설이 발생했을 때 흐름을 차단하여 과도한 누설을 방지

145 변압기와 변류기에 대해 설명하시오.

해답

① 변압기 : 전압을 승압 또는 감압시키는 장치
② 변류기 : 전류의 값을 변화시키는 일종의 변압기

146 "중간점검(Transit Check)"을 간단히 설명하시오.

해답

연료 보급과 엔진오일의 점검 및 항공기의 출발 태세를 확인하는 것으로 필요에 따라 상태 점검과 액체, 기체류의 점검도 행한다.

147 IPC(Illustrated Parts Catalog)의 내용을 설명하시오.

해답

교환 가능한 항공기 부품 등을 식별, 신청, 저장 및 사용할 때 이용할 수 있도록 항공기 제작사에서 ATA Spec. 100을 근거로 발행한 것

148 항공법이 정하는 "항공업무"에 대하여 설명하시오.

해답

항공기에 탑승하여 행하는 운항, 항공교통관제, 운항관리, 무선설비의 조작, 정비 또는 개조한 항공기에 대하여 행하는 법 제22조에 규정하는 확인

149 항공기 유도시 주의사항 3가지를 설명하시오.

해답

① 활주 신호의 정위치는 양쪽 날개끝 선상이며, 조종사가 신호를 잘 볼 수 있어야 한다.
② 활주 신호는 동작을 크게 하여 명확히 표시해야 한다.
③ 신호가 불확실하여 조종사가 신호를 따르지 않을 경우에는 정지 신호 후 다시 신호한다.
④ 조종사와 신호수는 계속 일정한 거리를 유지해야 한다.

150 직류전동기의 종류 3가지와 기능을 설명하시오.

해답

① 직권형 직류전동기
시동토크가 크고 입력이 과대하지 않아 시동장치에 많이 사용한다.
② 분권형 직류전동기
부하 변동에 따른 회전수 변화가 적으므로, 일정한 회전속도를 요구하는 곳에 사용한다.
③ 복권형 직류전동기
직권형 계자와 분권형 계자를 모두 갖추고 있어, 직권과 분권의 중간 특성을 가지며 항공기에서는 잘 사용되지 않는다.

151 항공기의 방빙장치 2가지를 설명하시오.

해답

① 화학적 방빙계통
프로펠러 깃, 윈드실드 등에 알코올을 분사하여 어느 점을 낮추어 방빙
② 열적 방빙계통
날개 앞전 등의 내부에 가열 공기를 통과시켜 방빙

152 다음 케이블의 의미를 설명하시오.

① 7×7 케이블 :

② 7×19 케이블 :

해답

① 7×7 케이블
7개의 와이어를 꼬아서 1개의 가닥(Strand)을 만들고, 7개의 가닥을 꼬아서 만든 케이블
② 7×19 케이블
19개의 와이어를 꼬아서 1개의 가닥(Strand)을 만들고, 7개의 가닥을 꼬아서 만든 케이블

153 연료탱크의 종류에 대하여 설명하시오.

해답

① 인티그럴 연료탱크
날개보와 외피에 의해 만들어진 공간을 밀폐제로 밀봉하여 연료탱크로 사용
② 셀형 연료탱크
날개 내부 공간에 고무나 블래더로 제작된 연료탱크를 삽입
③ 금속형 연료탱크
날개 내부 공간에 금속 제품의 연료탱크를 삽입

154 실린더 오버홀시 오버사이즈는 어디에 표시하는가?

해답

실린더 배럴(동체)의 플랜지 바로 윗부분

155 대향형 6실린더 왕복기관의 점화순서를 설명하시오.

해답

① 컨티넨탈 : 1-6-3-2-5-4
② 라이코밍 : 1-4-5-2-3-6

참고

 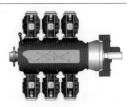

6실린더 LYCOMING
1-4-5-2-3-6

6실린더 CONTINENTAL
1-6-3-2-5-4

① 4실린더 : 라이코밍 1-3-2-4, 컨티넨탈 1-4-2-3
② 9실린더 성형기관 : 1-3-5-7-9-2-4-6-8
③ 14실린더 성형기관 : 1+9-5(1-10-5-14-9-4-13-8-3)
④ 18실린더 성형기관 : 1+11-7(1-12-5-16-9-2-13-6-17-10-3-14-7-18-11-4-15-8)

156 압력비가 10이고, 공기의 비열비가 1.4인 브레이튼 사이클의 열효율을 구하시오.

해답

$$\eta_{thB} = 1 - \frac{1^{\frac{(k-1)}{k}}}{\gamma_p} = 1 - \frac{1^{\frac{0.4}{1.4}}}{10} = 0.48$$

참고

① 오토 사이클의 열효율 공식

$$\eta_o = 1 - \left(\frac{v_2}{v_1}\right)^{k-1} = 1 - \left(\frac{1}{\varepsilon}\right)^{k-1}$$

② 브레이튼 사이클의 열효율 공식

$$\eta_B = 1 - \left(\frac{P_1}{P_2}\right)^{\frac{k-1}{k}} = 1 - \left(\frac{1}{\gamma_p}\right)^{\frac{k-1}{k}}$$

157 대형 가스터빈엔진 오일계통의 오일탱크에서 연료가 발견되었다면 결함이 예상되는 부분품과 그 이유는 무엇이라고 추정하는가 간단히 쓰시오.

해답

① 결함부위 : 연료-오일 냉각기
② 이유 : 냉각기 내의 관이 누설되어 오일보다 높은 압력인 연료가 오일속에 혼합됨

♥참고

연료-오일 냉각기는 연료와 오일을 열교환함으로써 연료는 예열시키고, 오일은 냉각시키는 역할을 한다. 연료-오일 냉각기에서 누설이 있었다면 오일 내에 연료가 스며들게 된다.

158 공장정비의 3단계를 설명하시오.

◎해답

① 벤치체크
   부품의 사용여부 및 수리, 오버홀의 필요여부를 결정하기 위해 기능 점검
② 수리
   부품을 정비 및 손질함으로써 그 기능을 복구시키는 작업
③ 오버홀
   부품을 분해, 세척, 검사, 교환 및 수리, 조립, 시험함으로써 사용시간을 "0"으로 환원

159 항공기에 연료를 보급할 때 기체와 연료보급차를 접지선으로 Ground와 접지시킨다. 그 이유는?

◎해답

연료 보급할 때 발생하는 정전기로 인한 화재를 예방하기 위해서

160 다음 물음에 답하시오?

① 가스터빈엔진 중 2축으로 구성된 터보팬엔진이 가속 중 실속이 일어났다. 실속 발생이 예상되는 엔진 섹션은?
② 가스터빈엔진 중 2축으로 구성된 터보팬엔진이 감속 중 실속이 일어났다. 실속 발생이 예상되는 엔진 섹션은?

◎해답

① N2 압축기(고압 압축기)
② N1 압축기(저압 압축기)

161 페일세이프 구조의 4가지 방식을 설명하시오?

◎해답

① 다경로하중구조   ② 이중구조
③ 대치구조   ④ 하중경감구조

162 "ON CONDITION"에 대하여 설명하시오.

◎해답

기체 및 장비품을 일정한 주기에 점검하여 감항성이 있다고 판단되면 계속 사용하고, 발견된 결함에 대해서는 수리 및 교환하는 정비방법

163 Minimum Equipment List 목적을 간단히 설명하시오.

◎해답

각종 계통, 부품 및 구조 등 중요한 부분은 이중으로 장치되어, 어느 한 부분이 고장 나더라도 비행안전이 유지되고, 신뢰성이 보장될 수 있도록 하기 위해

164 항공기가 이륙시 앞착륙장치(Nose gear)가 접히는 과정에서 앞바퀴가 중심을 벗어나게 되면 앞바퀴와 동체 휠 웰(Wheel well)에 손상을 초래할 수 있다. 이때 앞바퀴를 중심으로 오도록 잡아주는 장치는?

◎해답

센터링장치(Centering unit)

165 항공기에 사용되는 케이블의 종류 3가지와 특징을 간단히 쓰시오.

◎해답

종류	특 징
7×19	19개의 와이어로 1개의 다발을 만들고 다발 7개로서 1개의 케이블을 만든 것으로 초가요성 케이블로 강도가 높고, 충분한 유연성이 있다.
7×7	7개의 와이어로 1개의 다발을 만들고 다발 7개로서 1개의 케이블을 만든 것으로 가요성 케이블로 7×19 케이블보다는 유연성이 없지만 마멸에 강하다.
1×19	19개의 와이어로 만든 것으로 비가요성 케이블 구조보강용 와이어로 사용된다.

필답기출

Aircraft Maintenance

166 항공기에 사용되는 볼트 등 고착방지 콤파운드를 사용하는 것이 있는데 사용이유와 사용부위는?

🔍 **해답**

① 사용이유
   고착을 방지하여 분해 조립이 원활하게 이루어지도록 한다.
② 사용부위
   나사산 부분

167 항공기 정상유압계통에 고장이 생겼을 때 비상계통으로 유로를 변경시켜 주는 밸브는 무엇인가?

🔍 **해답**

셔틀밸브(Shuttle Valve)

168 전기의 폐회로에서 키르히호프의 제1법칙에 의해 유도할 수 있는 전류의 관계식을 기술하시오.

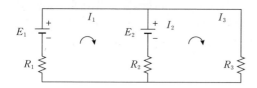

🔍 **해답**

$I_1 + I_2 - I_3 = 0$

🔽 **참고**

① 키리히호프 제1법칙(전류의 법칙)
   도선의 접합점에 들어오는 모든 전류의 합은 0이다.
② 키리히호프 제2법칙(전압의 법칙)
   어느 한 폐회로를 따라 취한 전압 상승의 합은 0이다.

위 회로에서 제2법칙을 적용하면
$E_1 - I_3 R_3 - I_1 R_1 = 0$과 $E_2 - I_3 R_3 - I_2 R_2 = 0$이다.

169 왕복엔진을 장착한 항공기가 모든 운전 조건에서 적정혼합비를 설정하기 위한 연료 미터링과 조절기능 중 3가지는 무엇인지 쓰시오?

🔍 **해답**

① 아이들 미터링 기능
② 가속 미터링 기능
③ 고출력 미터링 기능

170 현대항공기에서 타이어에 넣는 Air(공기)와 그 이유는?

🔍 **해답**

① Air : 질소
② 이유 : 화재 및 산화 방지

171 판재 작업시 판재의 굴곡허용량(Bend allowance)과 굴곡허용량을 계산할 때 고려해야 할 조건 3가지를 간단히 설명하시오.

🔍 **해답**

① 굴곡허용량
   굽힌 부분의 중립선상의 굽힘 접선간의 길이(판을 굽히는 데 소요되는 길이)
② 고려해야 할 조건
   굽힘 반지름, 굽힘 각도, 판재의 두께

172 부식 제거 후 화학피막처리의 목적과 Al합금에 적용되는 것 2가지를 쓰시오.

🔍 **해답**

① 목적 : 알루미늄 표면에 산화피막을 형성시켜 산화를 방지(부식으로부터 알루미늄을 보호)
② Al합금에 적용되는 것 : 아노다이징, 알로다인

173 가스터빈기관에서 축류식 압축기의 실속을 방지하는 방법 3가지를 기술하시오.

🔍 **해답**

① 다축식 구조
② 블리드밸브
③ 가변 고정자 깃

🔽 **참고**

압축기 회전자 깃과 고정자 깃도 날개꼴 모양으로 되어 있으므로 공기와의 받음각이 커지면 날개꼴에서 흐름이 떨어져 양력이 급격히 감소하고, 항력이 증가하는 실속이 일어난다.
압축기에서는 공기 흡입속도가 작을수록, 회전속도가 클수록 실속이 쉽게 일어난다.

174 왕복엔진의 타이밍이 다음과 같을 때 배기밸브가 열려 있는 각도는?

| IO : 10˚BTC | IC : 55˚ABC |
| EO : 20˚BBC | EC : 20˚ATC |

🔍 **해답**

$20° + 180° + 20° = 220°$

🔽 **참고**

이론상으로는 밸브는 상사점과 하사점에서 열고 닫힌다. 그러나 실제 엔진에서는 흡입효율 향상 등을 위해 상사점 및 하사점 전후에서 밸브가 열리고 닫힌다.
① 밸브오버랩 = IO BTC $10°$ + EC ATC $20°$ = $30°$
② 흡입밸브가 열려 있는 각도
 = IO BTC $10°$ + $180°$ + IC ABC $55°$ = $245°$

175 가스터빈 엔진오일은 절대로 다른 종류의 엔진오일 및 타입이 같은 것이라도 다른 상품명의 오일과의 혼용을 금지하고 있다. 그 이유를 간단히 서술하시오.

🔍 **해답**

오일 거품을 발생시켜 엔진윤활이 나쁘게 된다.

176 다음과 같은 제원을 가진 왕복엔진의 지시마력(P_i)를 구하시오.

• 실린더 수(n) : 8
• 실린더 행정(S) : 10[cm]
• 실린더 반경(r) : 4[cm]
• 회전속도(N) : 2,000[rpm]
• 평균 유효압력(P_m) : 10[kg/cm²]

🔍 **해답**

$$iHP = \frac{PLANK}{75 \times 2 \times 60}$$

$$= \frac{10\,\text{kg/cm}^2 \times 0.1\text{m} \times \frac{\pi}{4} \times (4\text{cm})^2 \times 2,000 \times 8}{75 \times 2 \times 60}$$

$$= 22.34\,\text{PS}$$

177 유압계통에서 축압기를 두는 이유를 간단히 쓰시오.

🔍 **해답**

가압된 작동유의 저장소로서 예비 압력을 저장하기 위해

178 다음 그림은 열스위치식(Thermal Switch Type) 화재탐지회로이다. 번호를 지시한 전자부품의 명칭을 서술하고 디밍 스위치(Dimming Switch)의 역할을 간략히 서술하시오.

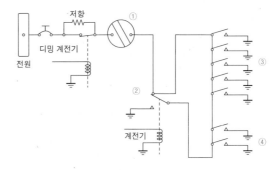

🔍 **해답**

① 조종석 경고등과 경고혼(Cockpit Alarm Indicator Light and Bell)
② 테스트 스위치
③ 열스위치
④ 디밍스위치의 역할 : 야간 작동을 위해 저전압을 제공한다.

179 대형항공기 계류(Mooring)시 유의사항을 4가지만 간단히 서술하시오.

🔍 **해답**

① 각종 플러그와 커버를 장착한다.
② 날개 앞전과 뒷전을 비행상태로 둔다.(접어 넣는다.)
③ 조종면에 Ground lock를 장착한다.
④ Parking brake를 잡아놓는다.

180 항공기 출발의 결정은 누가 하는가?(단, MEL을 적용한다.)

🔍 **해답**

기장, 운항관리사 및 정비 확인자

181 수리(Repair)의 뜻을 간단히 설명하시오.

해답

고장 부분을 정비 또는 손질함으로써 그 기능을 회복시키는 작업

182 현대 항공기에서 장착되어 있는 타이어가 닳은 상태를 검사하는 방법과 교환시 요구되는 사항은?

해답

육안검사 또는 제작사 규격에 따라 승인된 깊이 게이지(Depth Gauge)로 검사한다.
휠에서 분리하기 전에 반드시 타이어의 공기를 빼낸다.

183 항공기 화재계통에서 소화제가 분사되는 배관이 길어질 때는 이산화탄소(CO₂)가 사용되는데 그 이유는?

해답

압축된 소화액이 한 번에 빠르게 분사되어 나온다.

184 아크용접에 사용되는 피복 용접봉에서 피복제의 역할 3가지만 쓰시오.

해답

① 아크(Arc)를 안정시켜 준다.
② 용융점이 낮고 적당한 점성을 가진 가벼운 슬래그를 만든다.
③ 용착 금속의 탈산 및 정련 작용을 한다.
④ 용착 금속에 필요한 원소를 공급한다.
⑤ 용착 금속의 흐름을 좋게 한다.
⑥ 용적을 미세화하고 용착 효율을 높인다.
⑦ 용착 금속의 급랭을 방지한다.
⑧ 전기 절연 작용을 한다.
⑨ 슬래그의 제거를 쉽게 하고 파형이 고운 비드를 만든다.

185 발전기의 주파수를 구하는 공식을 쓰시오.

해답

$$f = \frac{P(계자극수)}{2} \times \frac{N(분당회전수)}{60}$$

186 항공법이 정하는 기술상의 기준 중 "시설"에 대하여 3가지만 간단히 설명하시오.

해답

① 작업 및 검사에 필요한 설비
② 충분한 면적, 온도 및 습도 조정시설, 조명시설 등을 갖춘 작업장
③ 재료, 부품 및 장비품을 보관하기 위한 적절한 시설

187 다음은 항공기 납산 축전지(lead-acid battery) 내부의 전기 화학적 반응을 나타낸 그림이다. 이것을 참조하여 납산 축전지에서 일어나는 화학 반응식을 기술하시오.

해답

$$PbO_2 + Pb + 2H_2SO_4 \Leftrightarrow 2PbSO_4 + 2H_2O$$

188 항공기 교류 발전기의 정격전압이 115[V] 3상, 피상전력이 50[kVA], 400[Hz], 역률이 0.866이라 할 때 최대전압과 유효전력을 구하시오.

해답

$E = \frac{E_m}{\sqrt{2}}$ 에서 최대전압 $E_m = 115\sqrt{2} = 162.6[V]$

"유효전력 = 피상전력 × 역률"이므로
유효전력 = $50,000 \times 0.866 = 43,300[W]$

참고

실효값

어떤 저항체에 교류전압을 가해 일을 했을 때의 실제 효과와 똑같은 일을 하는 직류의 값으로 교류의 값을 나타낸 것으로 각종 측정기기가 지시하는 값은 모두 실효값이다.
따라서 위의 문제에서 주어진 전압은 실효값이다.
피상전력의 단위는 [VA], 유효전력의 단위는 [W], 무효전력의 단위는 [Var]이다.

189 유압계통 작동유의 종류 3가지와 색깔을 쓰시오.

해답

① 식물성유 : 파란색
② 광물성유 : 붉은색
③ 합성유 : 자주색

190 항공기의 외피에 작용하는 응력은 무엇인가?

해답

전단응력

191 동절기 항공기에 대한 특별한 주의 사항을 설명하시오.

해답

① Water 및 Waste Water 계통은 반드시 Drain시키고 비행 전 다시 보급한 후에 Mechanism이나 Toilet Drain Cap이 열려있지 않는지 확인한다.
② 항공기가 결빙조건에서 착륙하였다면 모든 Landing Gear와 Steering Cable과 Pulley 등에 얼음이나 물이 축적되었나 확인하고 그 얼음 조각으로 항공기 아랫면이나 Landing Gear 부위에 손상이 없는지 확인한다.
③ Wing, Winglet, Control Surface, Fuselage, Tail Section, Hinge Point 등에 얼음 및 눈이 있는지 확인하고 막혀있을 경우 Heater를 이용하여 조심스럽게 제거한다.

192 Jack 작업시 절차를 순서대로 나열하시오.

㉮ Jack의 기능 상태가 올바른지 확인한다.
㉯ 항공기를 들어올릴 때는 잭을 중심에다가 정확히 맞춘다.
㉰ 필요하다면 어댑터나 잭패드를 써도 된다.
㉱ 다리 3개가 지면에 올바르게 놓여있는가 확인한다.
㉲ 항공기는 수평으로 들어올린다.
㉳ 항공기 내부에 사람이 있는 확인한다.

해답

㉮ – ㉳ – ㉯ – ㉱ – ㉰ – ㉲

193 터보 팬 엔진(Turbo fan Engine)에서 바이패스 비란 무엇인지 간단히 서술하시오.

해답

$$BPR = \frac{2차공기유량}{1차공기유량}$$

194 눈 위에서의 항공기 Towing에 대하여 2가지만 간단히 쓰시오.

해답

① 출발이 곤란하면 모래를 부려 타이어가 미끄러지지 않도록 한다.
② 지상에서 이동시 Wing Flap을 내리지 않는다.
③ 타이어가 얼어 붙어있으면 Heater로 녹인 후 견인한다.
④ 휠과 브레이크에 얼음이나 눈이 없는가 확인한다.
⑤ 가능한 최소 무게 상태에서 견인한다.
⑥ 견인속도는 5[MPH] 이하로 한다.

195 가스터빈기관에서 사용하는 연소실의 종류와 각각의 주요 장점에 대해 간단히 기술하시오.

해답

① 캔형 연소실
   설계나 정비가 간단하고 구조가 튼튼하여 초기의 엔진에 많이 사용된다.
② 애뉼러형 연소실
   구조가 간단하고 길이가 짧으며 연소실 전면면적이 좁으며, 연소가 안정하여 연소정지 현상이 없으며 출구온도분포가 균일하며 연소효율이 좋다.
③ 캔-애뉼러형 연소실
   구조상 견고하고 냉각면적과 연소면적이 커서 대형, 중형기에 사용된다.

196 항공기가 출발을 하기 위해 기관 시동을 할 때 조종실 승무원과 지상 작업자의 역할 3가지를 간단히 서술하시오.

해답

① 조종실 승무원은 기관 시동하겠다는 것을 지상 작업자에게 알려준다.
② 지상 작업자는 기관 근처에 인원 및 장비가 없는 것을 확인한 뒤 조종실 승무원에게 기관을 시동해도 된다고 알려준다.
③ 조종실 승무원은 기관을 시동한다.

197 트러스 구조의 2가지 형식을 쓰시오.

해답

Warren truss, Pratt truss

198 플립플롭 전기회로에서 S단자에 입력신호를 가했을 때 출력 Q와 $\overline{Q}$는 어떻게 되는가?

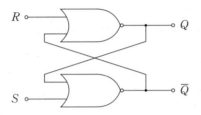

$Q : 1, \overline{Q} : 0$

🔽 **참고**

① 플립플롭 : 쌍안정 상태의 소자로서 기억소자라고도 함
   1비트의 기억용량. 1과 0을 식별해서 기억할 수 있기 때문에 2진
   값 소자라 함
② 기억용량 : 플립플롭 4개는 24=16가지를 식별할 수 있으며, 4비
   트의 기억용량이 있음
③ 세트(Set) : 2진 값 소자를 어떤 지정된 상태로 설정하는 것
④ 리셋(Reset) : 무조건 0의 상태로 지우는 것

S	R	부+1	동작
0	0	부	불변
0	1	0	리셋
1	0	1	세트
1	1	불확정	불변

위의 논리표로부터 NOR회로는 A와 B에 신호가 가해지지 않아
야 출력이 나옴을 알 수 있다. 따라서 S에 입력신호(1)를 가했다면
다른 입력신호와 무관하게 출력 는 무조건 "0"이다. 따라서 위쪽
NOR회로의 입력은 모두 0이므로 출력 Q는 1이 된다.

199 기압식 고도계의 오차의 종류 4가지를 쓰시오.

🔍 **해답**

눈금오차, 탄성오차(히스테리시스, 편위, 잔류효과), 온도오차, 기계
적 오차

🔽 **참고**

① 눈금오차
   일정한 온도에서 진동을 가하여 얻어 낸 기계적 오차는 계기 특
   유의 오차이다. 일반적으로 계기의 오차는 눈금오차를 말하는데
   수정할 수 있다.
② 온도오차
   온도 변화에 따른 고도계를 구성하는 부분의 팽창, 수축, 공함과
   그 밖에 탄성체의 탄성률 변화, 그리고 대기의 온도 분포가 표준
   대기와 다르기 때문에 생기는 오차이다.

③ 탄성오차
   히스테리시스, 편위, 잔류효과 등과 같이 일정한 온도에서 재료의
   특성 때문에 생기는 탄성체 고유의 오차이다.
④ 기계적 오차
   계기 각 부분의 마찰, 기구의 불평형, 가속도와 진동 등에 의하여
   바늘이 일정하게 지시하지 못함으로써 생기는 오차이다. 이들은
   입력변화와 관계가 없으며 수정이 가능하다.

200 왕복엔진의 출력에 압력, 온도, 습도가 증가하면
어떠한 영향을 끼치는가?

🔍 **해답**

① 압력 : 증가한다.
② 온도 : 감소한다.
③ 습도 : 감소한다.

🔽 **참고**

왕복엔진의 출력은 공기밀도의 변화에 영향을 받는다. 공기밀도가
감소하면 출력을 저하된다. 따라서 밀도에 영향을 주는 요소로는 압
력, 온도, 습도 등이 있다.

201 터보 팬 엔진에서 카울이 닫혀져 있는 상태에서 열
리는 순서를 나열하시오.

① 팬 카울
② 역추력 카울
③ 코어 카울(인렛 카울은 제외)

🔍 **해답**

① - ③ - ②

202 항공기의 유압동력계통의 작동유를 저장하는 레
저버(Reservoir)의 기능을 3가지만 간단히 쓰시오.

🔍 **해답**

① 작동유를 저장
② 정상 작동에 필요한 작동유 공급
③ 계통의 최소한의 허용 누설량을 보충

203 정시점검에 대하여 간단히 설명하시오.

🔍 **해답** -

운항정비 기간에 축적된 불량 상태의 수리 및 운항 저해의 가능성이 많은 기능적 제 계통의 예방 정비 및 감항성의 확인을 하는 것

204 항공기가 비행 중에 얻어진 자료를 항상 해독하여 항공기의 운항 상태를 수시로 개선하기 위한 기록 장치를 무엇이라고 하는가?

🔍 **해답** -

AIDS(Air Integrated Data System)

🔽 **참고**

① 비행자료 기록장치(Flight Data Recoder)
　각종 비행자료를 그래프 형태로 기록하는 장치
② 디지털 비행자료 기록장치(Digital Flight Data Recoder)
　비행자료 수집기로부터 디지털 신호를 받아 테이프에 기록하는 것으로 실제의 경우 비행기가 주기장을 떠나 다음 주기장에 도착할 때까지 작동한다.
③ AIDS(Air Integrated Data System)
　비행 중의 자료를 기록하여 사용하는 점은 DFDR과 같으나 그 자료를 적극적으로 이용하는 것이 크게 다른 점이다. 기상 시스템과 지상 자료 해독 시스템으로 나누어진다.

205 회전익 항공기가 전진 비행을 하게 되면 회전 날개에 서로 다른 상대풍의 속도가 작용하여 오른쪽 회전 날개(Rotor)는 올라가고 왼쪽 회전 날개는 내려가는 양력 불균형이 일어난다. 이 현상을 제거하기 위해 설치된 장치는 무엇인가?

🔍 **해답** -

플래핑 힌지(Flapping Hinge)

206 고압용 실에는 O-Ring의 튀어나옴을 방지하고, O-Ring의 수명을 연장하는 데 사용되는 것은 Backup Ring이다. Backup Ring의 종류 3가지를 쓰시오.

🔍 **해답** -

스파이럴(Spiral), 바이어스 커트(Bias cut), 엔드리스(Endless)

🔽 **참고**

① O링 실은 광물성용, 인산 에스텔계용, 연료와 오일용이 있다.
② O링 실의 재질은 작동조건, 온도, 작동유에 따라 결정된다.

③ Backup Ring은 1,500psi 이상 압력 작용시 O링의 밀림을 방지하여 O링 실의 외부와 내부의 누출을 막는 데 사용한다.
④ 고압용 실에는 O-ring의 한쪽 또는 양쪽에 테프론 재질의 백업링을 사용하여 O-ring의 튀어나옴을 방지하고 O-ring의 수명을 연장한다. 한쪽만 사용시 백업 링은 O-ring의 출구흐름쪽, 즉 저압력쪽에 사용한다.

207 다음 그림은 직류의 분권 발전기(Shunt wound generator)이다. 이를 전기 회로로 표현하시오.(단, 직류 발전기의 부품기호를 정확히 표기할 것)

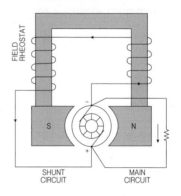

🔍 **해답** -

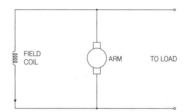

208 가스터빈기관에서 사용하는 윤활유 펌프 종류 3가지를 쓰시오.

🔍 **해답** -

① 기어형
② 베인형
③ 제로터형

209 강풍파손에 대한 주의사항을 설명하시오.(5가지)

🔍 해답

① 충분한 시간이 있을 경우 강풍지역 밖으로 항공기를 비행시킨다.
② 항공기를 강풍으로부터 보호할 수 있는 Hangar나 기타 적당한 피난처에 안착시킨다.
③ 항공기를 안전하게 계류시켰나 확인한다.
④ 모든 Door는 단단히 Close되었나 확인한다.
⑤ Eng Inlet와 Exhaust는 외부 물질이 들어오는 것을 막아두어야 한다.
⑥ Pitot-Static 등도 파손을 방지하기 위하여 Cover를 씌워야 한다.

210 압력비가 8이고 비열비가 1.4인 오토 사이클의 열효율을 구하시오.

🔍 해답

$$\eta_{th\cdot o} = 1 - \left(\frac{1}{\varepsilon}\right)^{k-1} = 1 - \left(\frac{1}{8}\right)^{1.4-1} = 0.565$$

🔽 참고

- 오토 사이클의 열효율 공식

$$\eta_o = 1 - \left(\frac{v_2}{v_1}\right)^{k-1} = 1 - \left(\frac{1}{\varepsilon}\right)^{k-1}$$

- 브레이튼 사이클의 열효율 공식

$$\eta_B = 1 - \left(\frac{P_1}{P_2}\right)^{\frac{k-1}{k}} = 1 - \left(\frac{1}{\gamma_p}\right)^{\frac{k-1}{k}}$$

211 산소 Bottle 취급시 주의사항을 설명하시오.

🔍 해답

① 흔들거나 충격을 가하지 않는다.
② 윤활유 및 그리스 등과 분리하여 취급 및 보관한다.
③ 산소 충전시에는 환기가 잘되는 곳에서 실시한다.
④ 저장할 때는 직사광선을 피한다.

212 점화 플러그(Hot plug, cold plug)를 다음과 같이 바꿔 사용 시 발생 현상을 쓰시오.

① 과열되기 쉬운 기관에 고온 플러그를 장착 :

② 저온으로 작동하는 기관에 저온 플러그를 장착 :

🔍 해답

① 조기점화가 발생
② 플러그의 팁에 연소되지 않은 탄소가 모여 점화 플러그의 파울링(Fouling) 현상이 발생

213 자동조종장치(Auto pilot)의 기능을 3가지 쓰시오.

🔍 해답

① 안정화 기능
② Control 기능
③ 유도 기능

🔽 참고

자세의 유지(가로안정성), 고도의 유지(세로안정성), 항로의 유지(방향안정성)의 기능을 가진다.
- 미리 설정된 방향과 자세로부터 변위를 검출하는 장치
- 변위를 수정하기 위하여 조종량을 산출하는 서보 앰프 장치
- 조종신호에 따라 작동하는 서보 모터 장치

214 Wing 구조의 Stringer의 역할을 설명하시오.

🔍 해답

Stringer
Wing의 굽힘 각도를 크게 하고 Wing의 비틀림에 의한 Buckling을 방지하기 위하여 날개의 길이 방향으로 적당한 간격으로 리브 둘레에 리벳으로 고정시켜 배치한다.

215 항공용 오일의 점도 측정에는 세이볼트 유니버셜 점도계(Saybolt second universal viscosity)가 사용되는데 이는 오일을 130[°F] 또는 210[°F]로 가열하고 규격화된 오리피스를 통하여 (   )[cc]의 오일이 유출되는데 필요한 시간을 점도로 표시한 수치이다. (   ) 안의 수치는?

🔍 해답

60

216 한쪽 바퀴만 Jack 작업의 경우에(Jacking One Wheel of an A/C) 사용되는 Jack의 종류 및 주의사항 3가지를 쓰시오.

🔍 해답

① 잭의 종류 : Single-base Jack
② 들어올리기 전에 다른 바퀴들은 항공기가 움직이지 않도록 Chock를 고여야 한다.
③ 항공기에 꼬리바퀴가 있을 경우 그것을 고정시켜야 한다.
④ 바퀴는 딱딱한 표면과 닿지 않아 자유로울 정도로만 충분히 올린다.

217 항공기 계류시 사용되는 로프의 매듭 방법 2가지를 쓰시오.

해답

① Bowline knot
② Square knot

218 전자 부품의 명칭을 서술하고 3가지 종류를 구분하시오.

①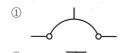

②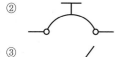

③

해답

(1) 명칭 : 회로차단기
(2) 종류 : ① 푸시형, ② 푸시풀형, ③ 스위치형

참고

단락(Short) 등으로 도선에 큰 전류가 흐르게 되면 과열되어 회로 및 전기장치가 손상을 입게 된다. 이것을 방지하기 위한 회로보호장치에 퓨즈, 회로 차단기, 열보호장치가 있다.
① 퓨즈 : 과전류가 흐르면 녹아 끊어진다. 1회용
② 회로차단기 : 과전류가 흐르면 회로가 열리며, 수동이나 자동으로 다시 접속시켜 사용한다.
③ 열보호장치 : 전동기를 보호하기 위한 장치이다.

219 다음 부품의 명칭과 종류를 쓰시오.

① 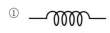   ②

③

해답

① 명칭 : 코일(Coil, Inductor)
② 종류
   ⓐ 공심(Air core) 코일
   ⓑ 가변(Variable core) 코일
   ⓒ 철심(Iron core) 코일

220 항공기의 본딩 와이어란 무엇인지 간단히 설명하시오.

해답

각종 기기와 기체구조물을 연결하여 원하지 않는 정전기 발생을 제거하여 무선간섭과 화재 발생 가능성을 줄여주는 전도체

221 공압계통으로서 기관의 블리드 공기가 사용되는 항공기계통으로는 어느 것들이 있는지 5가지만 간단히 쓰시오.

해답

① 객실여압 및 공기조화계통
② 방빙 및 제빙계통
③ 크로스 블리드 시동계통
④ 연료가열기(Fuel heater)
⑤ 리저버 여압계통
⑥ 공기구동 유압펌프, 팬 리버서 구동계통...

222 증기폐색의 원인 3가지를 쓰시오.

해답

① 연료의 기화성이 너무 좋을 때
② 연료관 내의 연료의 압력이 낮을 때
③ 연료의 온도가 높을 때

223 릴레이의 계자코일에 역기전력을 흡수하기 위해 설치하는 부품은 무엇인가?

해답

다이오드(Diode)

224 항공기 자이로 계기(Gyro Instrument)에 사용되는 자이로의 2가지 특성을 무엇이라 하는가?

해답

강직성, 섭동성

Aircraft Maintenance

225 "기체 오버홀"에 대하여 설명하시오.

해답

잠재적 결함을 발견하고 이를 정비함은 물론 정기적으로 유효한 예방정비를 수행함으로써 고장의 요인을 제거하여 항공기의 감항성을 유지하는 것이 주목적이다.

226 터빈 회전자에 발생하는 크리프 현상에 대하여 간단히 설명하시오.

해답

열응력에 의해서 엔진의 한계사용 시간 중에 생기는 재료의 비틀림

227 경항공기 계류(Mooring)시 유의사항을 설명하시오.

해답

① 항공기의 계류 고리에 로프를 이용하여 고정시킨다.
② 로프를 항공기 날개에 버팀대에 묶어서는 안 된다. 항공기가 움직여서 로프가 팽팽해졌을 때에는 이 버팀대에 손상을 입힐 수 있기 때문이다.
③ 마닐라 로프는 물에 젖으면 줄어들기 때문에 약 1[in] 가량의 여유를 두어 느슨하게 묶어야 한다.
④ 신속하게 묶거나 풀 수 있도록 한다.
⑤ 계류피팅장치가 없는 항공기는 지정된 절차에 따라 계류시켜 주어야 한다.
⑥ 높은 날개의 단엽기에는 날개 버팀대의 바깥쪽 끝에 묶어야 하고 특별한 지시가 없는 한 구조강도가 허용되는 범위 내에서 적당한 고리장치를 이용하여 계류시킨다.

228 토크렌치에 익스텐션을 장착한 것이다. 토크렌치의 유효길이는 10[in] 익스텐션의 유효길이는 5[in], 필요한 토크값이 900[in-lbs]일 때 필요한 토크에 상당하는 눈금표시에는 얼마까지 조이면 되는가?

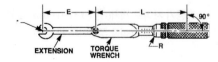

해답

$$R=\frac{L}{L+E}\times T=\frac{10}{10+5}\times900=600[\text{in-lbs}]$$

229 가스터빈기관에서 압축기와 터빈을 평형검사할 때 사용되는 다음의 용어를 설명하시오.

① 보정(Calibration)
② 없앰(Null out)
③ 분리(Separation)

해답

① 보정(Calibration)
　불평형을 찾기 위해 로터의 반지름을 공식에 대입시켜 보정 무게를 사용하여 평형 검사 장비에 인위적으로 입력시키는 과정
② 없앰(Null out)
　정확한 불평형을 찾기 위해 반대쪽에서 발생되는 불평형을 그 양만큼 없애 주는 과정
③ 분리(Separation)
　바로잡기 수평면을 분리시켜 전후방을 용이하게 바로잡게 하는 방법

230 그림과 같은 회로에 소비되는 무효전력을 구하시오.

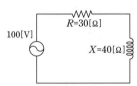

해답

$$Z=\sqrt{R^2+X^2}=\sqrt{30^2+40^2}=50[\Omega]$$
$$\therefore I=\frac{V}{Z}=\frac{100}{50}=2[\text{A}]$$
$$\therefore \text{무효전력}=I^2X=2^2\times40=160[\text{Var}]$$

231 가스터빈기관의 압축기 깃을 점검하여 본 결과 다음과 같이 나타났다. 손상의 명칭과 원인을 간단히 쓰시오.

① 국부적으로 색깔이 변한 상태
② 재료가 찢어지거나 떨어져 없어진 상태
③ 깊게 긁힌 상태

해답

상태	명칭	원인
①	소손(Burning)	과열
②	가우징(Gouging)	비교적 큰 외부물질에 부딪히거나 움직이는 두 물체가 서로 부딪힐 때
③	스코어(Score)	표면이 예리한 물체에 닿았을 때

232 다음 경우 피스톤 링 옆간극 조절은 어떻게 하는가?

① 간극이 규정값 이상일 때
② 간극이 규정값 미만일 때

해답

① 규정값 이상일 때 : 피스톤 링을 교환한다.
② 규정값 미만일 때 : 피스톤 링의 옆면을 래핑 콤파운드로 래핑한다.

233 3상 발전기의 결선방법 중 Y 결선의 특성 3가지를 쓰시오.

해답

a', b', c'을 연결한 중성점을 기체에 접지하고 A, B, C상을 버스로 연결하는 방식이다.
① 선간전압의 크기는 상전압의 $\sqrt{3}$ 배이다.
② 선간전압의 위상은 해당 상전압보다 30° 앞선다.
③ 선전류의 크기와 위상은 상전류와 같다.

234 "항행안전시설"에 대해 설명하시오.

해답

"항행안전시설"이라 함은 유선통신, 무선통신, 불빛, 색채 또는 형상을 이용하여 항공기의 항행을 돕기 위한 시설로서 국토교통부령으로 정하는 시설을 말한다.

235 다음은 연료계통의 구성품이다. 연료흐름 순서대로 나열하시오.

① 연료여과기   ② 연료조정장치
③ 주연료펌프   ④ 연료분사노즐
⑤ 여압 및 드레인 밸브   ⑥ 연료 매니폴드

해답

주연료펌프 → 연료여과기 → 연료조정장치 → 여압 및 드레인 밸브 → 연료 매니폴드 → 연료분사노즐

236 날개를 구성하는 주요 구성 요소를 쓰시오.

해답

날개보(Spar), 리브(Rib), 외피(Skin), 스트링거(Stringer)

237 피토정압을 사용하는 피토정압계통 계기 3가지를 쓰시오.

해답

① 고도계   ② 속도계
③ 승강계

238 2개 이상의 작동기의 작동 순서에 따라 유로를 형성하는 밸브를 쓰시오.

해답

시퀀스 밸브(Sequence Valve)

239 항공기의 자기 무게(Basic Empty Weight)에 대해 설명하시오.

해답

승무원, 승객 등의 유용하중, 사용 가능한 연료, 배출가능한 윤활유의 무게를 포함하지 않는 상태에서의 항공기의 무게이다.
① 자기무게(Empty Weight)
   항공기 기체, 엔진, 장비, 고정 밸러스트, 유관에 남아 있는 연료와 윤활유의 무게를 합한 것이다.
② 운항 자기무게(Operating)
   기본 빈 무게에서 운항에 필요한 승무원, 장비품, 식료품을 포함한 무게이다.

240 항공기에 사용되는 잭의 종류 2가지를 쓰시오.

해답

① 삼각 잭   ② 액슬 잭

241 블레이드의 3가지 균열 명칭과 그 원인은?

해답

① 크리프

지속적으로 큰 원심력과 높은 온도에 노출되어진 금속파트의 변형

② 금속피로

금속재료에 반복응력이 생길 때, 반복횟수가 증가함으로써 금속재료의 강도가 저하되는 현상. 이와 같은 현상은 특히 고속으로 회전하는 부분의 재료에 많이 일어난다.

③ 부식

공기 중에 노출되면 표면에 산화막이 형성되고, 습기, 염소이온과 같은 음이온, 질소와 유황의 기체 산화물 등이 존재하면 부식이 쉽게 진행된다. 고온에 노출될 경우 부식은 가속화된다.

242 터빈, 팬 역추력장치 두 가지 중 최근에는 팬 역추력장치를 많이 사용하는 이유는?

해답

터빈 역추력장치에 비해 기계적인 장치가 간단하며, 엔진으로 유입되는 공기 중 추력의 3/4을 담당하고 있는 2차 공기를 이용하기 때문이다.

243 지상지원이란?

해답

운항정비에 따른 일차적인 지원 정비를 말하며, 주로 지상에서 항공기를 취급(유도, Towing, Parking, Mooring 등)하는 작업과 비행 중에 소모된 액체류나 기체류의 보급, 항공기 Jack킹, 동계 취급, 항공기의 세척 및 지상보조 장비지원 등이 있다.

244 Creep의 정의

해답

지속적으로 큰 원심력과 높은 온도에 노출되어진 금속파트의 변형

245 중요변수와 자료를 FDR로 보내어 저장하고 해석하는 장치는?

해답

AIDS

참고

AIDS(Air Integrated data system : 비행자료 집적 기록장치)

항공기가 비행 중 얻는 자료를 항상 해독하여 항공기의 운항상태를 수시로 개선하기 위한 종합 시스템이다. DFDR과 유사하나 자료를 적극적으로 이용한다.

① 기상 시스템 : 해독이 필요한 자료를 비행 중에 필요한 시기를 판단하여 기록장치에 기록하거나 즉시성이 요구될 때 어느 정도 해독을 가하여 기상프린터에 전송

② 기상자료해독 시스템 : 기상 시스템에 기록된 자료를 공학단위자료로 변환하여 출력하여 정기적으로 모니터링하면서 자료를 축적

③ 비행 매개변수 : 기압고도, 대기속도, 자세, 기수방향, 온도

④ 조종 매개변수 : 조종간 위치, 조종익 위치, 플랩, 스포일러

⑤ 기관 매개변수 : EPR, EGT, RPM, 연료량, 기관 각부압력, 온도

⑥ 항법 매개변수 : 현재위치, 풍향, 풍속, 편류각, 대지속도, 전파표지정보

⑦ 기타 : GMT, 고장정보

246 항공기 정비방식에 대하여 설명하시오.

해답

정비방식(Maintenance Program)

정비의 기본목적을 달성하는 데 필요한 정비기법, 정비요목, 정비작업, Human Factor 등 각각의 역할과 상호관계를 결정하여 정비작업을 효율적으로 수행할 수 있도록 하는 정비체계를 말한다.

247 항공기 정비기법에 대하여 설명하시오.

해답

정비기법(Maintenance Method)

항공기의 계통, 장비품 및 기체구조 등에 따라 각 부위별로 구분하고, 각 부위에 대하여 정비요목을 설정하기 위한 수단으로서, MSG-2, MSG-3 등을 말하며 기종 또는 엔진별로 다르게 설정될 수 있다.

248 항공기 정비요목에 대하여 설명하시오.

해답

정비요목(Maintenance Requirement)

① 정비기법에 의해 설정된 각각의 부위에 대하여 점검항목, 정비실시 시기와 실시방법 등을 정한 것을 말한다.

② 정비요목은 제작사에 의하여 형식, 성능, 구조 및 기능이 설정되므로 정비요목 설정시 이를 고려하여야 한다.

③ 제작사의 권고, 항공기의 사양, 타 항공사의 자료, 회사의 운용실적 및 경험을 분석, 검토하여 점검항목, 정비실시 시기 및 방법 등을 변경하여 운용할 수 있다.

④ 검사/점검(Inspection/Check), 수리(Repair), 교환(Replace), 보급(Servicing), 폐기(Discard) 등을 말한다.

249 정비기법 정비요목은 어떻게 분류하는가?

해답

① 정비기법(MSG-2)의 정비요목
   항공기 제 계통의 장비품(System & Components), 기체 구조(Structure), 엔진 및 보조동력장치(Powerplant & APU)로 분류한다.
② 정비기법(MSG-3)의 정비요목
   항공기 제계통(System & Powerplant), 기체구조(Structure) 및 부위별(Zonal)로 분류한다.

250 정비작업과 기법에 대하여 설명하시오.

해답

정비작업(Maintenance Task)
설정된 정비요목을 만족시키기 위한 정비를 실시하는 내용을 말하며, 정비요목상의 정비작업을 말한다.

참고

① MSG-2 기법의 정비 작업
   오버홀(OVHL), 작동점검(OP/C), 기능점검(F/C), 상태점검, 벤치 체크(B/C), 중량점검(W/C), 누설점검, 서비스(SV), 교정 시험(Calibration Test), 검사(IN), 윤활(LU) 등으로 분류하여 실시할 수 있다.
② MSG-3 기법의 정비 작업
   윤활/서비스(LU/SV), 작동점검(OP/C), 육안점검(VC), 검사(IN), 기능점검(F/C), 환원 정비(RS), 폐기(DS) 등으로 분류하여 실시할 수 있다.
③ 표본 검사(Sampling Inspection)
   동일 형식의 항공기나 엔진 및 부분품에 대하여 운용개수를 감안한 표본크기를 정하여 검사함으로써 전량 검사 시 소요되는 인력, 물자, 시간의 소모를 줄이고 당해 신뢰도를 검토 판단하는 검사 방법으로서 표본크기의 결정은 세부기준에 따라 정한다. 단, 제작국 또는 제작사에서 표본크기와 검사방법을 정하여 권고하는 경우 이를 따른다.

251 항공기의 Hard Time에 대해서 간단히 설명하여라.

해답

예방정비개념을 기본으로 하여 장비(보기)나 부품의 상태에 관계없이 정비시간 또는 폐기시간의 한계를 정하여 정기적으로 분해점검하거나 교환하는 정비방식의 기준시간(기간)으로 오버홀이나 시한성부품설정 등이 있다.

252 사용시간(Air time/Time in service)과 비행시간(Flight/Block time)에 대해 설명하시오.

해답

① 사용시간(Air time/Time in service)
   항공기가 이륙하기 위하여 바퀴가 지면에서 떨어지는 시간부터 착륙하여 착지하는 순간까지의 시간. 작동시간 이라고도 하며 점검주기나 부품의 수명을 산출하는 데 사용되는 시간을 말한다.
② 비행시간(Flight/Block time)
   항공기가 비행을 목적으로 주기장에서 자력으로 움직이기 시작한 순간부터 착륙하여 정지할 때까지의 시간을 말한다.
③ 시험비행(Test flight)
   항공기에 실시한 작업의 경과에 대하여 감항성과 비행성능 등을 확인하기 위하여 행하는 비행을 말한다.
④ 한계시간(Time limit)
   부품의 오버홀, 폐기시킬 때까지의 허용될 누계 사용시간 또는 기체에 있어서 특정된 정비를 행할 수 있게 허용된 누계 사용시간을 말한다.

253 항공기 정비작업은 어떻게 구분하는가?

해답

정비작업의 구분
항공기정비작업(Maintenance Task)의 구분은 정상작업(Regular Work Task)과 특별작업(Project Work Task)으로 구분하며, 정상작업은 정시정비작업(Sche-duled Maintenance Task)과 불시정비작업(Unscheduled Maintenance Task)으로 구분한다.

254 항공정비사가 수행하는 '4가지 확인행위'는?

해답

① 정비한 항공기에 대하여 확인하는 행위
② 긴도조절(리깅) 또는 간격의 조정작업 확인
③ 규격장비품 또는 부품의 교환작업 확인
④ 수리 또는 개조한 항공기의 항공일지에 서명

255 항공기 정시정비작업에 대하여 설명하시오.

해답

항공기 정시정비작업(Scheduled Maintenance Task)
운항정비(Line Maintenance)와 기지정비(Base Maintenance) 작업으로 구분하며, 기지정비란 공장정비(Shop Maintenance/Hanger Maintenance) 개념을 포함한다.

• 운항정비에서는 엔진 및 부분품은 기체에 장착된 상태에서 항공기의 정비를 수행하며 부분품에 대해서는 한정된 범위의 정비만 가능하며 그 이상의 부분품에 대한 작업이 필요할 때는 사용 가능 품과 교환함이 원칙이다.

다른 작업을 위해 어떤 부분품이 장탈되어 다시 같은 항공기에 장착하는 것은 운항정비에 속한다. 그러나, 장탈된 부분품을 같은 항공기에 장착하기 위하여 공장에서 수리하는 작업은 공장정비에 속한다.

256 항공기 운항정비의 구분은 어떻게 하는가?

🔍 해답

항공기 운항정비(Line Maintenance)
① 중간점검(Transit Check)
② 비행 전·후 점검(Pre/Post Flight Check)
③ 주간 점검(Weekly Check)

🔽 참고

항공기 운항정비(Line Maintenance)
① 중간점검(Transit Check)
  연료의 보급과 엔진오일의 점검 및 항공기의 출발 태세를 확인하는 것으로 필요에 따라 상태점검과 액체, 기체류의 점검도 행한다. 이 점검은 중간 기지에서 수행하는 것이 원칙이지만 시발 기지에서도 운항 편이 바뀔 때마다 실시되어야 한다.
② 비행 전·후 점검(Pre/Post Flight Check)
  비행 후 점검은 그날의 최종 비행을 끝마치고부터 다음 비행 확인 전까지 항공기출발 태세를 확인하는 점검으로서 항공기 내외의 청결, 세척, 탑재물의 하역, 액체 및 기체 류의 보급, 결함 교정 등을 수행하는 것을 말하며, 수행 시기는 국내선만 운항하는 경우 최종비행 후 다음 비행이 계획된 날 첫 비행 이전에 수행하고, 국제선을 포함하는 경우는 점검 수행 후 첫 비행시각으로부터 48시간 이내에 수행한다.
③ 주간 점검(Weekly Check)
  주간점검은 항공기 내외의 손상, 누설, 부품의 손실, 마모 등의 상태에 대해 점검을 행하는 것으로 매 7 일마다 수행하며, 항공기의 출발 태세를 확인한다.

257 항공기 정시점검은 어떻게 하는가?

🔍 해답

항공기 정시 점검
① "A" Check
② "B" Check
③ "C" Check
④ "D" Check
⑤ ISI(Internal Structure Inspection)
⑥ "CAL"(Calendar Check)

🔽 참고

운항정비 기간에 축적된 불량상태의 수리 및 운항 저해의 가능성이 많은 기능적 제계통의 예방정비 및 감항성을 확인하는 것을 주 임무로 하며, 각 정시점검에 속한 정비요목은 정해진 주기 내에 수행을 완료하여야 한다.
① "A" Check
  운항에 직접 관련해서 빈도가 높은 정비 단계로서 항공기 내외의 Walk Around Inspection, 특별 장비의 육안점검, 액체 및 기체류의 보충, 결함 수정, 기내 청소, 외부 세척 등을 행하는 점검을 말한다.
② "B" Check
  "B" Check는 "A" Check의 점검사항을 포함 실시할 수 있으며, 내외부의 육안검사, 특정 구성품의 상태 점검 또는 작동점검, 액체 및 기체류의 보충을 행하는 점검을 말한다.
③ "C" Check
  "A" 및 "B" Check의 점검사항을 포함 실시할 수 있으며, 제한된 범위 내에서 구조 및 제 계통의 검사, 계통 및 구성품의 작동점검, 계획된 보기 교환, 서비스 등을 행하여 항공기의 감항성을 유지하는 기체점검을 행하는 것을 말한다.
④ "D" Check
  인가된 점검주기 시간 한계 내에서 항공기 기체 구조점검을 주로 수행하며, 부분품의 기능점검 및 계획된 부품의 교환, 잠재적 결함 교정과 서비스 등을 행하여 감항성을 유지하는 기체점검의 최고 단계를 행한다.
⑤ ISI(Internal Structure Inspection)
  감항성에 일차적인 영향을 미칠 수 있는 기체 구조를 중심으로 검사하여 항공기의 감항성을 유지하기 위한 기체 내부 구조에 대한 표본검사를 말한다.
⑥ "CAL"(Calendar Check)
  상기의 정비단계에 속하지 아니하는 정비요목으로서 고유의 비행시간, 비행횟수는 날짜주기를 갖고 개별적으로 반복 수행되는 점검이다.

258 항공기 불시정비는 어떻게 수행하는가?

🔍 해답

불시정비작업(Unscheduled Maintenance Task)
• 불시정비는 고장이 발생한 경우
• 점검 또는 검사결과 불량상태를 발견한 경우
• 기타 항공기재의 상황이 특정조건에 해당되었을 경우
• 필요에 따라 정비작업기록서(Maintenance Correction Record)에 의해 수행
• 항공기의 감항성 회복 또는 성능향상을 위하여 빠른 시일 내에 수행되어야 하나 수행이 곤란한 경우 감항성에 영향이 없을 시 수행 시한을 연장할 수 있다.

🔽 참고

불시정비작업(Unscheduled Maintenance Task)
① 고장탐구, 조정, 부분품의 교환, 보강 등의 수리 및 보급(Servicing)

② 수리결과를 확인키 위한 작동 시험, 시운전 및 확인비행
③ 특정한 경우의 점검, 검사 및 저장처리(Preservation) 및 기타 작업
④ 부분품의 추려 쓰기(Reclamation)
⑤ 점검정비 중에 발견된 결함의 수정

259 항공기 정비에서 On Condition Maintenance (신뢰성 정비)의 뜻을 설명하시오.

🔍 해답

항공기 정비에서 On Condition Maintenance(신뢰성 정비)
장비나 부품 중에서 시한성 정비방식에 의하지 않고 정기적인 육안 검사나 측정 및 기능 시험 등의 방법에 의해 장비나 부품의 감항성 이 유지되고 있는지를 확인하는 정비방식을 말한다.

🔽 참고

신뢰성 정비
① 오버홀(Overhaul)
  기체, 엔진 및 장비 등을 완전 분해하여 작업공정을 거쳐 재조립 하여 사용 시간이 "0"이 되게 하는 작업을 말한다.
② 상태정비(Condition Maintenance)
  계통이나 구성품의 고장을 상태에 따라 분석하여 그 원인을 제거 하기 위한 적절한 조치를 취함으로써 항공기의 감항성이 유지되 도록 하는 정비방식을 말한다.
③ 작동점검(Operation Check)
  항공기계통이나 구성품이 정상적으로 작동하는가를 점검하기 위 하여 항공기의 작동상태에서 수행하는 정비 조작을 말한다.
④ 기능점검(Function Check)
  계통이나 구성품이 작동이나 각종 작동유 및 연료의 흐름상태, 온 도, 압력 등이 제작사의 지시대로 정상 기능을 발휘하고 허용 한 계치 내에 있는지를 결정하기 위한 세부검사로서, 항공기에 부착 된 상태로 수행하는 정비의 조작이다.

260 항공기 정비의 Check 방법의 종류를 쓰시오.

🔍 해답

① 육안점검(Visual Check)
② 기능점검(Function Check)
③ 작동점검(Operation Check)
④ 분해점검(Disassembly Check)

261 중간점검(Transit Check)은 어떻게 실시 하는가?

🔍 해답

항공기의 계속적인 운항 가능상태를 확인하는 점검으로서 외부의 손상, 누설, 부품의 손실, 장비품의 작동상태 및 부착물의 고정상태 확인 등을 Walk Around Check로 행하며, 이 점검은 중간기지 에서 수행하는 것이 원칙이지만 시발기지에서도 운항편이 바뀔 때 마다 실시되어야 한다.

262 주간점검이란?

🔍 해답

비행 전·후 점검 대신 제작회사에 따라 적용하는 것으로 항공기의 출발태세를 점검하며, 항공기 내외의 손상, 누설, 마모 등의 상태를 매 7일마다 점검하며 점검항목도 비행 전·후 점검과 비슷하다.

263 Maintenance Requirements(정비요구)에 대하여 쓰시오.

🔍 해답

반드시 수행하여야 할 정비작업의 항목과 시간의 간격 및 시기, 절 차 등을 말하며 작업요구, 작업표준, 작업절차 등으로 구분되는 정 비작업의 구체적인 항목
① 검사/점검(Inspection/Check)
② 수리(Repair)
③ 교환(Replace)
④ 보급(Servicing)
⑤ 폐기(Discard) 등을 말한다.

264 항공기 정비작업자의 기본 지침 4가지는?

🔍 해답

① 사고예방을 위한 규정, 절차의 준수
② 보호 장구의 착용
③ 작업장의 청결상태 유지
④ 정리정돈 및 사고 잠재요인 제거 노력

265 정비체계(Maintenance System)란?

🔍 해답

정비요구를 계획 실시함에 있어 기본적인 운용형태 또는 정비의 체 제를 의미하며, 정비개념, 정비요구, 정비방법 등 전반적인 정비활 동을 말함

266 항공기의 안전수명이란 무엇인가?

해답

부재의 피로파괴 등을 고려하여 허용응력과 안전여유를 고려한 범위에서 작동할 때 당해 항공기의 부재가 파괴되지 않고 정상적인 기능을 유지할 수 있는 수명을 말한다.

267 항공기 분해검사에 대해 설명하시오.

해답

Disassembly Check

부품이 허용한계치 이내인지 또는 손상은 없는지를 확인하기 위해 부품을 분해하여 세척하고 검사하는 것을 말한다.

268 표본검사(Sampling Inspection)에 대하여 쓰시오.

해답

동일 형식의 항공기나 엔진 및 부분품의 표본의 수를 정하여 검사함으로써 전량을 검사하는 데 필요한 인력, 물자 및 시간의 소모를 줄이고 해당 형식의 신뢰도를 판단하는 검사방법을 말한다.

269 항공기 정비의 정시점검(Scheduled Maintenan-ce)이란?

해답

항공기의 각 계통에 예방정비 및 감항성의 확인을 위해서 일정한 비행시간 간격으로 수행하는 점검을 말한다. 정비방식에 따라 차이는 있으며 A점검, B점검, C점검, D점검과 내부구조검사 등으로 구분된다.

270 항공기점검의 3가지 종류를 설명하시오.

해답

항공기 점검은 검사와 같은 의미로 사용되고 있으나 정상 여부의 판정만이 아니고 상태확인 시험 등을 말하며, 간단한 불량상태 조치도 포함된다.
① 일반점검 : GVI
② 상세점검 : DI
③ 특수점검 : SDI

271 항공기 정비에서 정상작업과 특별작업의 차이를 설명하여라.

해답

① 항공기 정상작업
항공기의 감항성을 유지하고 확인하기 위해서 일정한 기간마다 수행하는 계획정비와 항공기 운항 중에 불가항력적으로 발생하는 고장에 대해 조치하는 비 계획정비작업을 말한다.
② 항공기 특별작업
항공기관련 장비의 기능변경 및 성능향상을 목적으로 하는 개조작업으로 일시적으로 수행하는 검사작업을 말한다.

272 부품 도해목록(IPC : Illustrated Parts Catalog)이란?

해답

장비나 부품의 분해, 조립, 순서 등을 도해하여 각 단위 부품에 번호를 명기하여그 번호에 의해부품의 확인이나 신청하기 위한 부품 번호를 찾을 수 있도록 기술되어 있는 기술자료를 말한다.
① 구매 부품목록(Procurable Part List)
부품 구매 시 참고하는 기술 자료를 수록하고 있다.
② 가격 목록(Price List)
부품 구매시 참고하는 가격 목록이 수록되어 있다.

273 최소 구비장비목록(MEL : Minimum Equipment List)의 목적은?

해답

비행조종계통과 엔진 및 착륙장치계통 등의 감항성에 치명적인 영향을 끼치는 부분을 제외하고 경미한 결함의 수정이나 감항성에 영향이 없는 장비의 교환 작업이 정시성에 해를 끼치게 될 경우에 안정성을 보장할 수 있는 한계 내에서 다음 기지까지 정비작업을 이월시켜 운항되도록 하기 위한 것을 말한다.

참고

부족 허용 부품목록(MPL : Missing Part List)
감항성에 침해하는 요소가 없는 범위 내에서 운항 중에 분실이나 멸실된 부품에 대하여 정시성의 확보를 목적으로 운항을 허가하기 위한 것으로서 자재와 설비 및 시간이 확보될 때에는 즉시 원상태로 복원한다. 그리고 멸실된 부품은 조종석에 게시하고 비행일지에 기록하여야 한다.

274 항공안전법 제2조1에서 항공기란?

해답

항공기

1. "항공기"란 공기의 반작용(지표면 또는 수면에 대한 공기의 반작용은 제외한다. 이하 같다)으로 뜰 수 있는 기기로서 최대이륙중량, 좌석 수 등 국토교통부령으로 정하는 기준에 해당하는 다음 각 목의 기기와 그 밖에 대통령령으로 정하는 기기를 말한다.
   가. 비행기
   나. 헬리콥터
   다. 비행선
   라. 활공기(滑空機)

참고

항공안전법 시행령 제2조(항공기의 범위)

「항공안전법」(이하 "법"이라 한다) 제2조제1호 각 목 외의 부분에서 "대통령령으로 정하는 기기"란 다음 각 호의 어느 하나에 해당하는 기기를 말한다.

1. 최대이륙중량, 좌석 수, 속도 또는 자체중량 등이 국토교통부령으로 정하는 기준을 초과하는 기기
2. 지구 대기권 내외를 비행할 수 있는 항공우주선

275 항공안전법 제2조5에서 항공업무란?

해답

항공안전법 제2조 5 항공업무

가. 항공기의 운항(무선설비의 조작을 포함한다) 업무(제46조에 따른 항공기 조종연습은 제외한다)
나. 항공교통관제(무선설비의 조작을 포함한다) 업무(제47조에 따른 항공교통관제연습은 제외한다)
다. 항공기의 운항관리 업무
라. 정비·수리·개조(이하 "정비 등"이라 한다)된 항공기·발동기·프로펠러(이하 "항공기 등"이라 한다), 장비품 또는 부품에 대하여 안전하게 운용할 수 있는 성능(이하 "감항성"이라 한다)이 있는지를 확인하는 업무 및 경량항공기 또는 그 장비품·부품의 정비사항을 확인하는 업무

276 항공법에 따른 항공종사자란?

해답

항공안전법 제2조 14

"항공종사자"란 제34조제1항에 따른 항공종사자 자격증명을 받은 사람을 말한다.

참고

항공안전법 제34조(항공종사자 자격증명 등)

① 항공업무에 종사하려는 사람은 국토교통부령으로 정하는 바에 따라 국토교통부장관으로부터 항공종사자 자격증명(이하 "자격증명"이라 한다)을 받아야 한다. 다만, 항공업무 중 무인항공기의 운항 업무인 경우에는 그러하지 아니하다.
② 다음 각 호의 어느 하나에 해당하는 사람은 자격증명을 받을 수 없다.
   1. 다음 각 목의 구분에 따른 나이 미만인 사람
      가. 자가용 조종사 자격 : 17세(제37조에 따라 자가용 조종사의 자격증명을 활공기에 한정하는 경우에는 16세)
      나. 사업용 조종사, 부조종사, 항공사, 항공기관사, 항공교통관제사 및 항공정비사 자격 : 18세
      다. 운송용 조종사 및 운항관리사 자격 : 21세
   2. 제43조제1항에 따른 자격증명 취소처분을 받고 그 취소일부터 2년이 지나지 아니한 사람(취소된 자격증명을 다시 받는 경우에 한정한다)
③ 제1항 및 제2항에도 불구하고 「군사기지 및 군사시설 보호법」을 적용받는 항공작전기지에서 항공기를 관제하는 군인은 국방부장관으로부터 자격인정을 받아 항공교통관제 업무를 수행할 수 있다.

277 항공법에 따른 객실승무원이란?

해답

항공안전법 제2조 17 "객실승무원"

"객실승무원"이란 항공기에 탑승하여 비상시 승객을 탈출시키는 등 승객의 안전을 위한 업무를 수행하는 사람을 말한다.

278 "비행장"이란?

해답

공항시설법 제2조 2

"비행장"이란 항공기·경량항공기·초경량비행장치의 이륙[이수(離水)를 포함한다. 이하 같다]과 착륙[착수(着水)를 포함한다. 이하 같다]을 위하여 사용되는 육지 또는 수면(水面)의 일정한 구역으로서 대통령령으로 정하는 것을 말한다.

279 "공항"이란?

해답

항공시설법 제2조 3

"공항"이란 공항시설을 갖춘 공공용 비행장으로서 국토교통부장관이 그 명칭·위치 및 구역을 지정·고시한 것을 말한다.

Aircraft Maintenance

280 "공항시설"이란?

해답

공항시설법 제 2조 7 "공항시설"

"공항시설"이란 공항구역에 있는 시설과 공항구역 밖에 있는 시설 중 대통령령으로 정하는 시설로서 국토교통부장관이 지정한 다음 각 목의 시설을 말한다.

가. 항공기의 이륙·착륙 및 항행을 위한 시설과 그 부대시설 및 지원시설

나. 항공 여객 및 화물의 운송을 위한 시설과 그 부대시설 및 지원시설

참고

공항시설법 시행령 제3조 "공항시설의 구분"

281 공기의 엔진 시동시에 운항승무원과 지상 작업자가 서로 확인해야 하는 사항 3가지 이상을 기술하시오.

해답

기장과 지상 작업자가 서로 확인해야 하는 사항

① 기장은 엔진시동 의사를 지상 작업자에게 알리고 작업자는 엔진 근처의 인원 및 장비가 없음을 확인한 후 조종실 기장에게 시동해도 됨을 알리고 정해진 시동순서가 맞는지 확인한다.

② 시동완료 후 지상보조전원 및 공기시동장비의 항공기로부터 분리확인한다.

③ 항공기로부터 인원, 장비가 안전한 위치로 옮겨진 것을 확인 후 조종실 기장에게 출발신호를 알린다.

282 항공기의 지상 유도시 주의사항에 대해 설명하시오.

해답

항공기 지상 유도시 주의사항

① 유도신호수의 정위치는 왼쪽날개 끝에서 앞쪽 방향이며, 기장이 신호를 잘 볼 수 있도록 해야 한다.

② 유도신호는 동작을 크게 하여 명확하게 표시해야 한다.

③ 기장이 신호에 따르지 않을 경우에는 정지신호를 한 다음 다시 신호를 시작해야 한다.

④ 기장과 유도신호수는 계속 일정한 거리를 유지해야 하며 뒷걸음 칠 때에는 장애물에 걸려 넘어지지 않도록 주의해야 한다.

⑤ 야간에 항공기를 유도할 경우에는 등화봉을 사용하여 유도해야 한다.

⑥ 야간 유도신호는 정지신호를 제외하고는 주간에서의 유도신호와 같은 방법으로 해야 한다.

⑦ 야간에 사용되는 정지신호는 "긴급정지"신호이며 등화봉을 머리 앞쪽에서 X자로 그려 표시해야 한다.

283 다음 그림의 유도 수신호 의미를 설명하시오.

①  ② ③

해답

① 유도자의 위치 신호

② 엔진의 속도 줄임

③ 초크(Chock) 삽입

284 항공기의 주기시 안전사항을 설명하시오.

해답

항공기의 주기시 안전사항

① 가능하면 항공기 기수를 바람 부는 쪽으로 향하게 한다.

② 마닐라 로프는 젖으면 줄어들기 때문에 약간의 여유를 두고 묶어야 한다.

③ 고정장치를 사용하여 조종면 등을 고정하고 바퀴에는 받침목을 고인다.

285 연료 보급시의 주의사항을 설명하시오.

해답

연료 보급시의 주의사항

① 소화기를 비치한다.

② 15[m] 이내에 발화요인 및 물질이 없도록 한다.

③ 모든 동력장치를 정지시킨다.

④ 항공기, 보급차량, 지면을 3점 접지를 한다.

⑤ 항공기와 연료보급차량과의 거리는 최소 3[m] 이상 유지한다.

286 연료 보급시 기체와 연료 보급 차량, 지면과 접지하는 이유는?

해답

연료 보급 중 정전기 방출로 인한 화재나 폭발을 방지하기 위해서이다.

• 3점 접지 : 항공기와 지면, 급유차량과 지면, 급유 노즐과 항공기

287 화물실 화재지역 Class "C" Station에 대해 설명하시오.

해답

스모크 탐지기 또는 화재 탐지기로 화재를 발견하고 승무원이 고정된 소화장치로 소화가 가능한 화물실

288 항공기 잭(Jack)작업의 순서를 설명하시오.

해답

① 각종 안전장치의 기능과 상태를 점검한다.
② 잭작업 전에 항공기 내부에 사람이 있는지 확인한다.
③ 항공기에 따라 정해진 잭 위치에 잭 받침을 부착하고 그곳에 잭을 설치한다.
④ 작업장 주변을 정리정돈을 한 후 각각의 잭에 동일한 부하가 걸리도록 수평을 유지하면서 서서히 항공기를 들어 올린다.
⑤ 각각의 잭에 장착된 램 고정 너트를 사용하여 갑작스러운 잭의 침하를 방지한다.

289 항공기 잭(Jack)작업시 유의사항 5가지를 쓰시오.

해답

항공기 잭(Jack)작업시 유의사항
① 표면이 단단하고 평평한 장소에서 수행한다.
② 잭은 사용하기 전에 사용가능 상태를 검사하고, 잭 작업은 4명 이상이 작업을 한다.
③ 바람의 영향을 받지 않는 곳에서 작업을 해야 한다.(별도지침이 없을 때 최대허용풍속 24[km/h] 이내)
④ 위험한 장비나 항공기의 연료를 제거한 상태에서 작업을 해야 한다.
⑤ 항공기가 잭 위에 올려져 있는 동안 잭 업이라는 안전표지를 설치해야 한다.
⑥ 잭에 과부하가 걸리지 않도록 한다.
⑦ 잭 패드에 항공기의 하중이 균일하게 분포하도록 해야 한다.
⑧ 착륙장치가 다운로크 위치에 있을 때 고정 안전핀이 확실히 부착되어 있는지를 확인해야 한다.

290 한쪽 바퀴 잭작업시 사용 잭과 주의사항 3가지를 쓰시오.

해답

한쪽 바퀴 잭(Single Base Jack)작업시 주의사항

① 작업 전 다른 바퀴의 앞뒤에 초크를 고인다.
② 꼬리바퀴식일 때 꼬리바퀴의 앞뒤에 초크를 고인다.
③ 바퀴가 지면에서 떨어져 자유롭게 움직일 정도만 들어 올린다.
④ 앞바퀴를 들어 올릴 때 후방동체 부위를 너무 처지지 않도록 가볍게 지지한다.

291 항공기 계류시 주의사항 5가지를 쓰시오.

해답

① 마닐라 로프의 경우 여유를 줄 것
② 기수가 가능한 한 바람방향으로 할 것
③ 부주의로 인한 구조의 손상에 주의할 것
④ 날개끝 간격을 충분히 유지할 것
⑤ 주위의 움직이는 물체를 제거할 것

292 항공기 견인시 견인속도와 감독자의 위치는?

해답

견인요원의 보행속도가 원칙이며 시속 8[km]를 넘지 말아야 하며, 감독자는 견인차량 앞에서 걸어가면서 전체를 감시한다.
• 대형 견인차는 감독자의 좌석이 따로 있다.

293 항공기의 동절기 점검사항 4가지를 쓰시오.

해답

① Water 및 Waste Water 계통은 반드시 Drain을 실시한다.
② 랜딩기어 계통의 Steering, Mechanism, Cable, Pulley 등의 결빙상태 및 윤활상태를 점검한다.
③ Wing, Control Surface, Hinge Point 등에 결빙을 점검하고 결빙의 제거 및 건조 후 비행한다.
④ 모든 Static Hole 및 Drain Hole에 눈 얼음 등의 결빙을 확인하고 제거한다.
⑤ 랜딩기어계통 및 엔진계통을 예열하여 작동유 누설방지 및 원활한 작동이 되도록 한다.

294 부품의 상태를 식별할 수 있는 표시는?

해답

① 사용가능부품 : 노란색
② 수리요구부품 : 초록색
③ 폐기부품 : 빨간색

295 가스터빈엔진의 신뢰성 계획이란?

해답

가스터빈엔진 및 부품을 감항성이 있는 최적상태로 유지하는 방법으로 전체를 오버홀하지 않고 분석결과에 의해 고장가능성이 있는 부분의 수명을 사전 예측하여 수명내에 주기적으로 오버홀함으로써 고장 예방조치를 한다.

296 강풍시 파손에 대비한 주의사항 5가지를 쓰시오.

해답

① 형식별로 허용된 풍속이상의 강풍 예상시 계류작업을 한다.
② 바퀴에 초크를 고인 후 파킹브레이크를 풀어준다.
③ 기수를 바람부는 방향으로 향하게 한다.
④ 마닐라 로프가 물에 젖으면 줄어들기 때문에 약간의 여유(1[in])를 두고 묶는다.
⑤ 계류 공간은 날개끝과 다른 항공기 날개끝 간격을 충분히 유지한다.
⑥ 피토관 엔진 외부공기 흡입구 등 덮개가 필요한 부분에 보호덮개로 덮어둔다.
⑦ 날개상면에 모래주머니를 놓아 양력발생에 의한 힘을 줄인다. (단, 너무 무거워 구조에 손상이 가면 안 된다.)

297 비행 전 점검(PR : Pre-Flight Inspection)에 대하여 서술하시오.

해답

당일 첫 비행 전 외부점검, 세척, 필요한 액체 및 기체의 보급, 계통의 작동점검, 지상 지원 장비 등을 점검하여 비행준비상태를 확인하는 점검

참고

① 비행 중간 점검(TH : Thru-Flight Inspection)
중간 비행 후 수행, 다음 비행을 위한 결함여부 확인, 계속비행의 가능여부 확인
② 최종 기회 점검(EOR : End Or Run-way Inspection)
이륙 전에 활주로 끝 지점에서 수행하는 점검, 엔진 작동상태, 계통 누설상태, 착륙장치, 각종 안전장치 등의 이상 유무 점검
③ 비행 후 점검(PO : Post-Flight Inspection)
당일 마지막 비행 후 내·외부 세척, 탑재물 하역, 액체 및 기체의 보급, 운항 중 발생한 결함의 수정 등으로 다음날의 비행준비를 위한 점검

298 항공일지의 종류 2가지 이상을 쓰시오.

해답

탑재용 항공일지, 지상비치용 발동기 일지 및 지상비치용 프로펠러 일지가 있다.

299 정비문서의 기록과 날인은 어떻게 하는가?

해답

① 정비작업문서는 빈칸 없이 모든 항목을 기록해야 하며 불필요한 기록란은 N/A로 표기한다.
② 정비작업을 수행하는 경우 날인은 해당항공기의 확인정비사가 날인한다.

300 소모성 물품에 대하여 설명하시오.

해답

① Bulk item
사용되는 양이 일정치 않으며 무더기로 쌓아놓고 사용되는 소모성 물품으로 페인트, 오일, 천 등이 있다.
② Mandatory replacement item
지정교체 아이템으로 수리 또는 오버홀 작업과정에서 100[%] 교환해야 하는 소모성 물품이며 개스킷, 리벳, 오링 등이 있다.
③ On condition item
수리작업과정에서 형태에 따라 교환여부를 결정하는 소모성 물품으로 볼트, 너트, 핀 등이 있다.

301 FS, WL, BL 내용을 설명하시오.

해답

① FS(Fuselage Station)
기준선을 0으로 동체 전·후방을 따라 위치하며, 기준선은 모든 수평 거리 측정이 가능한 상상의 수직면이다.
② WL(Water Line)
워터라인 "0"에서부터 수직으로 측정한 높이를 말한다.
③ BL(Buttock Line)
동체 중심선의 오른쪽이나 왼쪽으로 평행한 거리를 측정한 선이다.

302 항공기 위치번호 표시 방법 중 버톡라인, 워터라인, 그리고 날개의 위치에 대해 설명하시오.

① Buttock Line
동체의 수직 중앙선을 중심으로 좌우방향으로 정해지는 번호이다.
② Water Line
동체의 낮은 부분에서 어떤 정해진 거리만큼 떨어진 수평면의 수직선을 측정한 높이이다.
③ 날개의 위치
Wing spar % station으로 나타낸다.

303 크리프(Creep)에 대해 서술하고 아래 그림을 설명하시오.

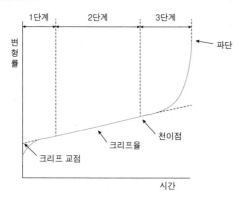

해답

크리프는 일정한 응력을 받는 재료가 일정한 온도에서 시간이 경과함에 따라 하중이 일정하더라도 변형률이 변화하는 현상을 말한다.
① 제1단계 : 초기단계라 하는데 탄성 범위 내의 변형으로서 하중을 제거하면 원래의 상태로 돌아온다.(비례탄성 영역)
② 제2단계 : 변형률이 직선으로 증가한다.
③ 제3단계 : 변형률이 급격하게 증가하여 결국 파단이 생긴다.
④ 천이점 : 제2단계와 제3단계의 경계점
⑤ 크리프율 : 제2단계의 직선 기울기

304 전륜식 항공기의 무게중심을 구하는 공식은?(D : 기준선에서 후륜까지의 거리, W : A/C 총무게, F : 전륜에 가해진 무게, L : 전륜과 후륜사이 거리)

해답

$$CG = \frac{(W-F)S + (D-L)F}{W}$$

$$CG = \frac{총모멘트}{총무게}$$

305 항공기의 무게중심이 앞으로 몰려 있을 때 단점 4가지를 쓰시오.

해답

① 이륙시 긴 활주거리가 필요하다.
② 수평 비행이 어렵다.
③ 기수 처짐이 발생한다.
④ 착륙시 큰 받음각의 필요로 실속의 위험이 있다.

306 항공기 기체구조에서 트러스 구조의 2가지 종류를 설명하시오.

해답

① Pratt Truss
대각선 방향으로 보강선을 설치한 구조이다.
② Warren Truss
강재 튜브의 접합점을 용접함으로써 웨브나 보강선의 설치가 필요 없는 구조이다.

307 트러스(Truss) 구조의 장점과 단점을 설명하시오.

해답

① 장점 : 설계와 제작이 쉽다.
② 단점 : 공간마련이 어렵고 유선형으로 제작이 어렵다.

308 다음 그림의 명칭과 목적을 설명하시오.

해답

① 명칭 : Truss Rib
② 목적 : 날개 형상을 구성하며, 무게 경감 및 응력 집중 방지, 하중을 분산시킨다.

309 항공기 구조에서 동체의 주요 부재로는 어떤 것이 있는가?

🔍 **해답** ----------

① Frame, Bulkhead
수직 부재로 동체의 형태를 만들고, 비틀림에 의한 변형을 방지하며, 집중하중을 외피에 골고루 분산시킨다.
② Longeron
세로 부재로 동체의 굽힘하중을 담당한다.
③ Stringer
세로 부재로 압축하중에 의한 좌굴을 방지한다.
④ Skin
동체에 작용하는 전단 및 비틀림하중을 담당하고, 때로는 스트링거와 함께 압축 및 인장응력을 담당하기도 한다.

310 손상 허용 설계, 페일 세이프 구조, 안전수명에 대하여 설명하시오.

🔍 **해답** ----------

① 손상 허용 설계
항공기를 장시간 운용할 때 발생할 수 있는 구조 부재의 피로 균열이나 혹은 제작 동안의 부재 결함이 어떤 크기에 도달하기 전까지는 발견될 수 없기 때문에 그 결함이 발견되기까지 구조의 안전에 문제가 생기지 않도록 보충하기 위한 것을 말한다.
② 페일 세이프 구조
구조의 일부분이 피로로 파괴되거나 파손되더라도 나머지 구조가 작용하는 하중에 견딜 수 있도록 함으로써 치명적인 파괴나 과도한 변형을 방지할 수 있도록 설계된 구조를 말한다.
③ 안전수명
피로시험 중 전체의 피로시험에 의해 기체 구조의 수명을 결정하는 것이다.

311 모노코크 구성요소와 장·단점을 설명하시오.

🔍 **해답** ----------

① 구성 : 정형재, 벌크헤드, 외피
② 장점 : 공간 확보가 용이하고, 유선형으로 공기저항을 감소시킬 수 있다.
③ 단점
ⓐ 골격이 없어 작은 손상에도 전체 구조에 영향을 준다.
ⓑ 외피를 두껍게 해야 하므로 무게가 무겁다.(비강도가 약하다.)

312 페일 세이프 구조의 종류 4가지를 쓰시오.

🔍 **해답** ----------

① 다경로하중
여러 개의 부재를 통해 하중이 전달되도록 한 구조이다.

② 이중구조
큰 부재 대신 2개의 작은 부재를 결합시켜 하나의 부재와 같은 강도를 가지게 함으로써 치명적인 파괴로부터 안전을 유지할 수 있는 구조이다.
③ 대치구조
부재가 파손되었을 때를 대비하여 예비적인 대치부재를 삽입시켜 구조의 안전성을 도모하는 구조이다.
④ 하중경감구조
부재가 파손되기 시작하면 변형이 크게 일어나므로 주변의 다른 부재에 하중을 전달시켜 원래 부재의 추가적인 파괴를 막는 구조이다.

313 항공기 날개 공력시위 MAC 약자에 대해 설명하시오.

🔍 **해답** ----------

날개의 공력 평균 시위를 약자로 MAC로 나타내는데 이것은 항공기의 무게중심을 표시하는 기본 단위로 쓰이는 경우가 많다. 평균 공력 시위는 날개의 평균 시위를 나타낸다. 즉 한쪽 날개의 평면 모양에서 날개의 평면 도심을 지나는 시위를 말한다.

314 항공기 날개의 주요 부재 3가지는?

🔍 **해답** ----------

① Spar, Stringer는 굽힘하중, 좌굴하중을 담당한다.
② Rib는 공기역학적 날개꼴을 유지한다.
③ Skin은 날개에 작용하는 전단 및 비틀림하중을 담당한다. 때로는 스트링거와 함께 압축 및 인장응력을 담당하기도 한다.

315 1차 조종면과 2차 조종면을 구분하시오.

🔍 **해답** ----------

① 1차 조종면 : 도움날개, 승강키, 방향키
② 2차 조종면 : 플랩, 태브, 스포일러

316 1차 조종면의 3가지 운동축을 설명하시오.

🔍 **해답** ----------

1차 조종면은 항공기의 세 가지 운동축에 대한 회전운동을 일으킨다.
① X축(종축, 세로축)—조종간 좌, 우—도움날개—옆놀이(Rolling)운동을 한다.
② Y축(횡축, 가로축)—조종간 전, 후—승강키—키놀이(Pitching)운동을 한다.

③ Z축(수직축, 상하축)–페달 전, 후–방향키–빗놀이(Yawing) 운동을 한다.

317 방향타(Rudder)와 Ruddervator의 역할을 설명하시오.

🔍 해답

① 방향타(Rudder)
  수직축을 중심으로 빗놀이(Yawing) 운동을 하는 조종면이다.
② Ruddervator
  방향타와 승강키의 기능을 가지게 한 것으로 승강타로 작동할 때 후부의 각 면은 같은 방향으로 up이나 down으로 움직이고, 방향타로 작동할 때 조종면은 반대 방향으로 up이나 down이 된다.

318 고항력장치의 종류는?

🔍 해답

① 에어브레이크(Air Brake)
② 공중 스포일러(Air Spoiler)
③ 지상 스포일러(Ground Spoiler)
④ 역추진장치(Thrust Reverser)
⑤ 드래그 슈트(Drag Chute)
⑥ 역 피치(Reverse Pitch)

319 항공기 고양력장치의 3가지 종류는?

🔍 해답

① 앞전 플랩(Leading Edge Flap)
  슬롯과 슬랫, 크루거플랩, 드루프 앞전, 핸들 리페이지 슬롯, 로컬 캠버 등이 있다.
② 뒷전 플랩(Trailing Edge Flap)
  단순플랩, 분할플랩, 잽플랩, 간격플랩, 이중플랩, 파울러플랩, 블로플랩, 블로제트 등이 있다.
③ 경계층제어장치(Boundary Layer Control)

320 나셀(Nacelle)의 역할을 쓰시오.

🔍 해답

기체에 장착된 엔진을 둘러싼 부분을 말하며 엔진 및 엔진에 부수되는 각종 장치를 수용하기 위한 공간을 마련하고 나셀의 바깥 면은 공기역학적 저항을 작게 하기 위해 유선형으로 만들어 졌다.

321 엔진 카울링(Cowling)의 역할을 설명하시오.

🔍 해답

엔진이나 엔진에 관계되는 보기, 마운트, 방화벽 주위를 쉽게 접근할 수 있도록 장착하거나 떼어낼 수 있는 덮개이다.

322 항공기 기체구조에 이용되는 재료의 특성을 3가지 이상 쓰시오.

🔍 해답

① 성형성과 가공성이 우수하다.
② 전기 및 열전도성이 좋다.
③ 상온에서 고체이며, 결정체이다.
④ 열처리를 함으로써 기계적 성질을 변화시킬 수 있다.
⑤ 금속 특유의 광택을 가지고 있다.
⑥ 자원이 풍부하며, 제조 원가가 저렴하다.
⑦ 열에 강하다.
⑧ 금속재료가 경량이면서 강도가 우수하다.
⑨ 온도변화에 따른 기계적 성질의 변화가 작아야 한다.
⑩ 반복하중에 의한 피로파괴를 일으키지 않아야 한다.
⑪ 큰 하중에 견딜 수 있는 동시에 변형이 너무 크지 않아야 한다.

323 한 장의 도면에 항공기를 나타낼 수 없으므로 2장의 도면이 추가된다면 그 두 개의 명칭은?

🔍 해답

상세도면, 조립도면

324 경계층제어장치의 종류는?

🔍 해답

불어날림방식(Blowing Type)과 빨아들임방식(Suction Type)이 있다.

325 금속재료에서 시효경화란 무엇을 말하는가?

🔍 해답

열처리 후 시간이 지남에 따라 합금의 강도와 경도가 증가하는 것을 말하며, 상온시효와 인공시효가 있다.

필답 기출

326 AL Alloy의 특징과 장점을 쓰시오.

해답

① 전연성이 우수하여 성형 가공성이 좋다.
② 상온에서 기계적인 성질이 우수하다.
③ 내식성이 양호하다.
④ 시효경화성이 있다.
⑤ 합금원소의 조성을 변화시켜 강도와 연신율을 조절할 수 있다.

327 항공기 기체에 AL합금 재료는 다른 금속합금에 비해 어떤 좋은 점이 있는가?

해답

① 가볍다.   ② 강도가 높다.
③ 부식에 강하다.   ④ 경제성이 좋다.

328 시효경화 알루미늄합금 종류는?

해답

① Al2024
  구리 4.4[%]와 마그네슘 1.5[%]를 첨가한 합금(초두랄루민)
② Al2014
  알루미늄 4.4[%]의 구리를 첨가한 알루미늄-구리-마그네슘계 합금
③ Al2017
  알루미늄 4.0[%]의 구리를 첨가한 합금(두랄루민)

329 AA2024에서 각각의 기호가 의미하는 것은?

해답

① AA : 알미늄협회 규격
② 2 : 알루미늄과 구리의 합금을 의미한다.(주합금원소가 구리(Cu)임)
③ 0 : 합금의 개량번호(개량하지 않음)
④ 24 : 합금의 종류가 24S

330 AN 315 D 7R의 너트의 의미는?

해답

① AN 315 : 평너트
② D : 재질 2017T
③ 7 : 사용볼트의 직경 7/16[in]
④ R : 오른나사

331 AN 470 DD-3-5 리벳의 의미는?

해답

① AN 470 : 유니버셜 리벳
② DD : 재질, Al합금 2024
③ 3 : 생크의 직경 3/32[in]
④ 5 : 생크의 길이 12/16[in]

332 Rivet NAS 1739 M 4-3의 의미는?

해답

① 1739 : 카운터 싱크
② M : 모넬
③ 3 : 생크의 길이

333 SAE 4130의 의미는?

해답

① SAE : 미국자동차기술협회 규격
② 4 : 합금강의 종류(크롬-몰디브덴강)
③ 1 : 합금원소의 합금량(크롬-몰디브덴강 1[%])
④ 30 : 탄소함유량(탄소 0.30[%])
 • 100분의 1[%]로 표시*

334 캐슬 너트의 사용 목적과 종류는?

해답

① 캐슬 너트의 사용 목적
  나사산의 끝부분에 구멍이 나 있는 볼트 및 스터드에 함께사용하는 너트로 장착부품과 상대운동을 하는 곳에 쓰이고 풀림방지를 위해 코터핀을 체결하는 데 사용한다.
② 종류
  구조용과 전단 캐슬 너트가 있다.

335 클레비스 볼트(Clevis Bolt)에 관하여 기술하시오.

해답

① 사용처 : 스크루 드라이버를 사용할 수 있도록 머리에 홈이 패여져 있으며 전단하중을 받는 부분에 사용되는데 특히 조종계통에 많이 사용된다.
② 사용해서는 안 되는 곳 : 인장하중이 작용하는 곳
③ 사용공구 : 스크루 드라이버

336 인터널(Internal) 및 익스터널 렌칭 볼트(External Wrenching Bolt)의 규격번호는?

해답

MS20004∼20024, NAS624∼644

337 아이 볼트는 어디에 사용하는가?

해답

① 볼트머리 부분에 외부의 인장하중을 작용시킬 때 사용한다.
② 착륙장치, 케이블 단자 등에 사용한다.

338 자동고정너트를 사용할 수 없는 곳은?

해답

비행의 안전에 영향을 미치는 장소, 회전력을 받는 곳, 이탈시 엔진 흡입구에 유입 우려가 있는 장소, 수시로 여닫는 점검창 패널 도어 등에는 사용하지 말아야 한다.

339 AL 와이어 Strip시 주의사항은 무엇인가?

해답

① 규격에 맞는 와이어스트리퍼를 사용한다.
② 내부의 가는 선 가닥이 Cut되지 않도록 한다.
③ 와이어 규격에 따라 Cut 허용한계를 넘으면 안 된다.

340 카운터 싱킹이란?

해답

플러시헤드 리벳머리가 판재 접합부에 꼭 맞도록 판재의 홈을 원추형으로 절삭가공하며 판재두께가 리벳머리의 두께보다 클 경우에 사용한다.

341 카운터 싱크 리벳의 용도에 대하여 간단히 설명하여라.

해답

① 사용처 : 항공기 기체의 항력을 줄이기 위해서 외피에 많이 사용하는 리벳이다.
② 미사용처 : 인장력이 작용하는 곳, 진동 및 소음발생지역, 주 구조부, 유체의 기밀을 요하는 곳

342 딤플링(Dimpling)이란 언제하고, 어느 정도의 두께로 해야 하는가?

해답

딤플링
얇은 판재에 카운터 싱크 리벳이나 스크루를 장착하기 위해 머리모양의 홈을 가공하는 것을 말하며, 판재의 두께가 리벳머리의 두께보다 얇은 경우와 접시머리 리벳작업에서 Countersinking을 해야 하나 판재가 얇아 불가능할 때, 판재의 두께가 0.04[in] 이하일 때, Dimpling Tool을 이용하여 판재를 눌러서 오목한 홈을 만들며, 장착시 리벳머리가 판재 위를 나와서는 안 된다.

343 리벳작업시 리벳지름과 홀의 간격은 얼마인가?

해답

0.002∼0.004[in](리벳의 보호피막 손상방지의 목적)

344 리벳작업시 최소 연거리 또는 끝거리(Edge Distance)는 무엇이며, 어떻게 정하는가?

해답

판재의 모서리와 이웃하는 리벳의 중심까지의 거리를 말한다.
(최소 2D, 최대 4D, 접시머리리벳은 2.5D로 한다.)

345 리벳 작업에서 피치(pitch)는 무엇을 말하며, 어떻게 정하는가?

해답

같은 리벳 열에서 인접한 리벳의 중심 간의 거리를 말한다.
(최소 3D 이상, 최대 12D 이내로 해야 한다.)

필답 기출

346 항공기의 기체 구조부를 수리할 때에 최소중량유지를 위한 고려사항 2가지를 쓰시오.

🔍 **해답**

① 패치의 치수를 가능한 한 작게 만든다.
② 필요 이상으로 리벳을 사용하지 않는다.

347 성형점(Mold Point : 굽힘점)에 대해 쓰시오.

🔍 **해답**

금속판을 구부릴 때 판재의 외부 표면의 연장선이 만나는 점을 말한다.

348 항공기에 사용하는 특수리벳의 종류를 쓰시오.

🔍 **해답**

체리리벳, 폭발리벳, 리브너트, 고전단리벳

349 다음 그림을 보고 명칭을 쓰시오.

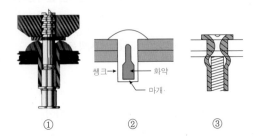

①   ②   ③

🔍 **해답**

① 체리리벳   ② 폭발리벳
③ 리브너트

350 다음 도면 문구를 해석하시오.

> 37RVT EQ SP STAGGERED

🔍 **해답**

37개의 리벳을 똑같은 간격으로 좌우 엇갈린 배열에 따라 장착한다.

351 고전단리벳에 대하여 설명하고 그 용도를 기술하여라.

🔍 **해답**

고전단리벳(Hi-shear Rivet)
높은 전단하중에 견딜 수 있도록 제작된 것이다. pin의 재질은 AL7075T와 스테인리스강, Collar는 AL2117T 또는 2024T로 제작되며, 전단강도는 일반 리벳의 약 3배 정도이다. 높은 전단강도가 요구되는 구조재 결합에 주로 사용한다.

352 블라인드 리벳이란 어떤 것이고, 이를 사용해선 안 되는 곳은?

🔍 **해답**

리벳작업을 할 구조물의 양쪽 면 접근이 불가능하거나 작업공간이 좁아서 버킹바를 사용할 수 없는 곳에 사용하는 특수리벳의 일종이다. 종류는 중공식 및 고정식 체리 리벳, 폭발리벳, 리브너트 등이 있다. 강도가 크게 작용하는 부분에는 사용할 수 없다.

353 두께가 1[mm], 반지름 2[mm]인 판재를 45°로 굽힐 때, 굽힘 여유를 구하시오.

🔍 **해답**

$$BA = \frac{\theta}{360} \times 2\pi\left(R + \frac{1}{2}T\right)$$
$$= \frac{90}{360} \times 2 \times 3.14\left(2 + \frac{1}{2} \times 1\right) = 1.74[mm]$$

354 호스를 식별하는 3가지 방법은?

🔍 **해답**

① 재질에 따라 고무호스와 테프론호스로 분류한다.
② 압력에 따라 중압용 125[kg/cm²]까지 사용, 고압용 125~210[kg/cm²]까지 사용한다.

연료계통	윤활계통	유압계통	산소계통	공기조화계통
붉은색	노란색	푸른색/노란색	초록색	은갈색/회색

③ 사용처에 따라 문자와 색상 심볼(Symbol)로 표시한다.

355 호수와 튜브의 호칭치수는?

해답

① Hose : 내경
② Tube : 외경(분수)과 두께(소수)

356 Cable의 종류와 특징을 설명하시오.

해답

① 탄소강 케이블
　조종계통에 적합, 고온(260[℃] 이상) 영역에서 사용불가
② 내식강 케이블
　주 조종계통에 사용, 바깥부분에 노출되는 곳과 고온(260[℃] 이상) 영역에서 사용가능
③ 비자성 내식강 케이블
　내식성이 요구되거나 비자성이 요구되는 곳에 사용

357 케이블을 사용하지 않고 전기적인 신호로 조종력을 향상시키는 시스템은?

해답

플라이 바이 와이어(Fly-by-wire) 조종계통

358 다음 그림의 이름과 역할을 설명하시오.

해답

① 명칭 : Pulley
② 역할 : 조종 케이블을 안내하며 방향을 임의 각도로 변경

359 조종 케이블의 7×7과 7×19의 의미는?

해답

① 7×7 케이블
　7개의 와이어로 1개의 가닥을 만들고 7개의 가닥으로 1개의 케이블을 만든 것으로 가요성 케이블이라고 한다. 초가요성 케이블보다 유연성은 없지만 내마멸성이 크다.
② 7×19 케이블
　19개의 와이어로 1개의 가닥을 만들고 이 가닥 7개로 1개의 케이블을 만든 것으로 초가요성 케이블이라고 한다. 케이블 강도가 높고 유연성이 매우 좋아 항공기의 주 조종계통에 사용한다.

360 케이블의 검사방법을 설명하시오.

해답

① 케이블의 와이어에 잘림, 마멸, 부식 등이 없는지 세밀히 검사한다.
② 와이어의 잘린 선을 검사할 때는 천으로 케이블을 감싸서 길이 방향으로 천천히 문질러 검사한다.
③ 풀리와 페어리드에 닿은 부분을 세밀히 검사한다.
④ 7×7 케이블은 1[in] 당 3가닥, 7×19 케이블은 1[in] 당 6가닥 이상 잘렸으면 교환한다.

361 산소-아세틸렌 용접시 얇은 판재에 전진법을 사용하는가, 후진법을 사용하는가?

해답

전진법

362 케이블 세척(Cleaning) 방법 3가지를 쓰시오.

해답

① 쉽게 닦아 낼 수 있는 녹, 먼지 등은 마른 수건으로 닦아 낸다.
② 바깥 면에 고착된 녹, 먼지 등은 #300~#400 정도의 샌드페이퍼로 없앤다.
③ 케이블 표면에 칠해져 있는 오래된 방부제나 오일로 인한 오물 등은 깨끗한 수건에 솔벤트나 케로신을 묻혀 닦아낸다.

363 AL 화학처리 방법 중에 물을 이용하는 방법은 무엇인가?

해답

알로다인 처리 방법으로 알루미늄 합금의 부식저항을 증가시키고 페인트 접합성을 개선시키기 위한 화학적 표면 처리법으로 절차는 다음과 같다.

① 처리한 표면을 산 또는 알칼리 세제에 침수 또는 스프레이를 사용하여 세척한다.
② 가압된 물로 세척한다.
③ 알로다인 용액에 담그거나 분무 또는 붓칠로 처리하고, 2~3분 동안 굳힌다.
④ 물로 세척한 후 디옥실라이트로 세척하여 알칼리 물질을 중화시키고 건조시킨다.
처리액은 알로다인 #1,000 분말 4[g]을 물 1[ℓ]의 비율로 용해시켜 만든다.
표면처리 작업 중에 물에 젖은 상태가 유지되지 못한 부분에는 표면에 가루가 나타나게 되므로 이 부분은 다시 처리한다.

364   AL Alloy 부식처리 후 화학피막처리의 목적과 방법 2가지를 쓰시오.

🔍 해답

① 목적 : 금속표면에 내식성 피막을 형성시켜 부식 방지
② 방법 : 알로다인 처리(크롬산 용액으로 처리), 양극 산화처리(얇은 산화피막을 형성)

365   갈바닉 부식(Galvanic Corrosion)이란?

🔍 해답

알루미늄 합금과 스테인리스강과 같은 이질 금속이 접촉되는 부분에 전기 화학적 작용에 의해서 발생하는 부식이다.

366   항공기 기체구조의 수리조건 4가지를 쓰시오.

🔍 해답

① 원래의 강도 유지
② 원래의 윤곽 유지
③ 최소 무게 유지
④ 부식에 대한 보호

367   항공기 구조를 수리할 때 무게를 가볍게 하는 2가지 방법을 설명하시오.

🔍 해답

① 패치의 치수를 가능한 한 작게 만들어야 한다.
② 필요 이상의 리벳을 사용하지 않는다.

368   다음 용어를 설명하시오.

🔍 해답

① Nick(흠)
외측의 강한 모서리에 예리하게 눌린 곳
② Scratch(긁힘)
좁고 얕은 자국이나 선으로 예리한 끝을 가진 금속조각이 표면을 긁고 지나가서 생김
③ Crazing(잔금)
미세한 균열이 사방으로 뻗힌 상태로 이런 것은 유약을 바르거나 세라믹 코팅된 표면에서 종종 볼 수 있어 China Cracking이라 부르기도 함
④ Crease(구김)
눌리거나 뒤로 접혀 손상부위와 정상부위의 경계가 날카롭고 선이나 이랑으로 확연히 구분되는 손상형태
⑤ Crack(균열)
금속의 갈라지거나 부서진 상태

369   항공기 기체손상의 처리방법을 설명하시오.

🔍 해답

① 클린 아웃(Clean out)
트리밍(Trimming), 커팅(Cutting) 등 손상 부분을 완전히제거하는 방법이다.
② 클린 업(Clean up)
모서리의 찌꺼기나 날카로운 면을 제거하는 방법이다.
③ 스무스 아웃(Smooth out)
스크래치(Scratch), 니크(Nick) 등 판에 있는 작은 흠을 제거하는 방법이다.
④ 스톱 홀(Stop hole)
균열(Crack)등이 일어난 경우, 균열의 끝 부분에 구멍을 뚫어 작업시까지 균열이 더 일어나지 않도록 하는 방법이다.

370   Sealant의 기능을 5가지 쓰시오.

🔍 해답

① 공기에 의한 가압에 견디도록 한다.
② 연료 등의 누설을 방지한다.
③ 공기 기포의 통과를 방지한다.
④ 풍화작용에 의한 부식을 방지한다.
⑤ 접착제 기능으로 응력 분산 및 균열속도 지연

371   실(Seal)의 목적 5가지를 쓰시오.

🔍 해답

① 먼지 첨부 방지
② 수분 첨부 방지
③ 액체의 누설 방지
④ 내부 공기 압력의 누설 방지
⑤ 기체 표면의 홈을 메워 공기 흐름의 저항 감소

372 비파괴검사 중에서 침투검사의 절차를 간단히 서술하시오.

🔍 해답

전처리 ➡ 침투 ➡ 세척 ➡ 현상 ➡ 관찰
① 세척액으로 표면의 오염을 제거한다.
② 침투액으로 도포하고 5～20분 동안 기다린다.
③ 세척액으로 침투 액을 닦아 낸다.
④ 현상액을 균일하게 도포한다.
⑤ 현상액이 서서히 건조되면 결함을 관찰한다.

373 침투탐상검사를 실시할 때 허위지시란 무엇인가?

🔍 해답

세척이 불충분하거나 침투액이 검사물 표면에 흔적을 남길 때, 또는 현상제 오염에 의해 생기는 지시이다.

374 재료에 의한 부식 종류를 3가지 이상을 기술하시오.

🔍 해답

① 입자간 부식   ② 이질 금속간 부식
③ 응력 부식   ④ 표면 부식
⑤ 진동 부식

375 일반적인 표면 부식의 원인을 설명하시오.

🔍 해답

표면 부식(Surface Corrosion)
금속 표면이 공기 중의 산소와 직접 반응을 일으켜 생기며, 공기 중에 포함된 수분, 염분, 가스 등에 의해서 부식이 촉진되기도 한다.

376 입자간 부식이 발생하였을 때 그 원인, 검사방법, 그리고 조치사항은?

🔍 해답

① 원인 : 부적당한 열처리
② 검사방법 : 초음파검사, 와전류검사, 방사능검사
③ 조치사항 : 적당한 방법으로 세척 후 방부처리

377 점부식(Pitting Corrosion)의 원인은?

🔍 해답

알루미늄, 니켈, 크롬 합금 등의 재료에서 열처리 잘못이나 기계작업에서 생기는 합금 표면의 균일성 결여에 의한 부식으로 국부적으로 콩알만 한 침식이 점처럼 된다.

378 베어링의 손상 상태의 3가지 유형은?

🔍 해답

① 떨어짐 : 베어링의 표면에 발생하는 것으로서 불규칙적이고, 비교적 깊은 홈 형태의 결함이다.
② 얼룩짐 : 베어링 표면이 수분 등과 접촉시 생기는 것으로서 접촉부분 원래의 색깔이 변색된 것과 같은 결함이다.
③ 밀림 : 베어링이 미끄러지면서 접촉하는 표면의 윤활 상태가 좋지 않을 때 생기는 결함이다.

항공기엔진

---

379 다음의 열역학 과정을 설명하시오.

🔍 해답

① 등온과정 : 일정한 온도 하에서 이루어지는 열역학 과정
② 정적과정 : 일정한 체적 하에서 이루어지는 열역학 과정
③ 정압과정 : 일정한 압력 하에서 이루어지는 열역학 과정
④ 단열과정 : 열의 출입이 차단된 상태에서 이루어지는 열역학 과정

380 왕복엔진에 사용되는 마그네토 모델의 각각의 부호와 의미는?

(SF6LN−7)
(DB18RN)

필답 기출

해답

① S : 단식 마그네토
   D : 복식 마그네토
② F : 플렌지 부착방식
   B : 베이스 부착방식
③ 6 : 실린더 수 6기통
   18 : 실린더 수 18기통
④ L : 회전방향이 반시계방향
   R : 회전방향이 시계방향
⑤ N : 제작사(Bendix – 벤딕스사)
   N : 제작사(Bendix – 벤딕스사)
⑥ 7 : 개조번호(7번째 개조됨)

381 밸브의 오버랩에 대하여 설명하시오.

해답

밸브의 오버랩

흡기행정 초기에 흡기, 배기밸브가 함께 열려 있는 상태로 냉각증대 및 흡입공기의 충진 밀도를 증가하여 체적효율증가, 출력증가를 도모하나 단점으로는 연료소모증가와 역화 발생의 우려가 있다.

382 왕복엔진의 4사이클 밸브오버랩에 대한 내용이다. ( )를 채우시오.

배기가스의 배출효과를 높이고 유입 혼합기의 양을 많게 하기 위해 배기행정 (①)에서 흡입밸브가 열리고, 흡입행정 (②)에서 배기밸브가 닫힌다. 이때 흡·배기밸브가 동시에 열려 있는 기간을 밸브오버랩이라 한다.

해답

① : BTC(상사점 전)
② : ATC(상사점 후)

383 왕복엔진의 기화기에서 가속펌프는 언제 사용하는가?

해답

엔진을 급가속시킬 때 Throttle Valve가 갑자기 열려 순간적으로 혼합기가 과희박해지므로 이를 방지하기 위해서 가속펌프로 추가연료를 주입하게 된다.

384 부자식 기화기의 가속계통은 언제 작동하는가?

해답

엔진의 급가속시(동력레버 급전진시) 스로틀밸브가 갑자기 열려 많은 양의 공기 유입시 부가적인 연료의 일시적 추가공급으로 혼합비과 희박으로 인한 엔진의 정지현상 방지

385 항공기 연료계통에 사용하는 부스터펌프의 기능에 대해서 설명하시오.

해답

① 위치 : 주 연료탱크의 낮은 부분
② 형식 : 전기식 원심형 펌프
③ 기능 : 탱크간 연료이송, 시동시 연료공급, 주 연료펌프 고장시, 이륙시에 사용하고, 베이퍼 록 방지

386 왕복엔진 중 대향형 엔진의 장·단점을 쓰시오.

해답

① 소형항공기에 주로 사용되고, 65～400[hp] 정도의 출력을 낼 수 있다.
② 장점은 구조가 간단하고 전방 면적이 작아 공기저항을 줄일 수 있다.
③ 단점은 실린더 수를 많이 할수록 길이가 길어지고, 큰 출력의 엔진으로는 적합하지 않다.

387 왕복엔진 연료계통도를 쓰시오.

해답

탱크 – 부스터펌프 – 선택 및 차단밸브 – 여과기 – 주연료펌프 – 기화기 – 노즐

388 Vapor Lock의 발생원인 3가지를 쓰시오.

해답

① 연료의 증기압이 연료압력보다 클 때
② 연료관에 열이 가해질 때
③ 연료관이 심히 굴곡되거나 오리피스가 있을 때

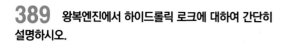

389 왕복엔진에서 하이드롤릭 로크에 대하여 간단히 설명하시오.

🔍 해답

도립형 엔진이나 성형 엔진의 아래 쪽 실린더 내부에 과다하게 축적되어 엔진의 시동이나 밸브의 작동을 방해하는 현상이다. Hydraulic lock 현상이 심할 때 무리하게 엔진을 시동하면 커넥팅 로드 등이 파손될 수 있다. 실린더의 스커트를 특히 길게 제작하면 이를 방지하는 데 효과적이다.

390 왕복엔진에서 Kick Back 현상에 대하여 설명하시오.

🔍 해답

엔진의 점화시기, 혼합비 등이 부적절하거나 실린더 내부의 열점 등에 의해서 매우 빠른 조기 점화가 발생하여 피스톤이 역으로 작동하는 현상을 말한다.

391 왕복엔진에 사용되는 Hot Type Spark Plug의 특성에 대해서 설명하시오.

🔍 해답

열형 점화 플러그는 열 방출이 작은 것으로 저온으로 작동하는 엔진에 적합하다. 스파크 플러그의 열적인 특성이 엔진의 작동 범위에 적합하지 않으면 조기점화, 탄소퇴적 및 실화 등이 발생할 수 있다.

392 왕복엔진에 사용되는 Cold Type Spark Plug의 특성에 대해서 설명하시오.

🔍 해답

냉형 점화 플러그는 열 방출이 많은 것으로 고온으로 작동하는 엔진에 적합하다. 스파크 플러그의 열적인 특성이 엔진의 작동 범위에 적합하지 않으면 조기점화, 탄소퇴적 및 실화 등이 발생할 수 있다.

393 Spark Plug를 규정 값으로 조이는 이유는 무엇인가?

🔍 해답

① 연소실 및 실린더 내부의 기밀유지(압축가스의 누설 방지)
② 점화플러그 및 Helicoil의 나사산 손상방지

394 왕복엔진에서 스파크 플러그 장착 시 토크 값을 과도하게 할 때와 헐겁게 할 때의 일어날 수 있는 현상은?

🔍 해답

① 과도한 토크 : 나사산의 손상
② 과소한 토크 : 압축에 의한 혼합가스의 누설 또는 스파크 플러그의 빠짐

395 디토네이션(Detonation)의 원인, 결과(현상), 조치사항(예방법)을 쓰시오.

🔍 해답

① 원인
  ⓐ 압축비가 너무 높을 때
  ⓑ 혼합비가 과농후 및 과희박할 때
  ⓒ 흡입공기의 온도 및 실린더 온도가 높을 때
  ⓓ 연료의 앤티노크성이 낮을 때
  ⓔ 엔진의 회전수가 높을 때
② 결과(현상)
  실린더 내부의 온도와 압력이 비정상적으로 급상승하여 노킹음 발생, 과열, 출력 감소, 엔진 파손 등의 결과를 초래할 수 있다.
③ 조치사항(예방법)
  ⓐ 앤티노크성이 높은 옥탄가의 연료를 사용한다.
  ⓑ 적절한 혼합비가 되도록 한다.(약간 농후)
  ⓒ 압축비가 지나치게 높지 않게 한다.
  ⓓ 냉각계통의 이상 유무를 점검한다.

396 디토네이션(Detonation)의 감지사항 3가지를 쓰시오.

🔍 해답

① 실린더 과열
② 각 부분의 응력의 증가
③ 출력 및 효율의 감소

397 Cyl' Bore 140[mm], Stroke 150[mm]인 4기통 엔진의 iMEP가 7.5[kg/cm²], 회전수가 2,500[rpm]일 때 지시마력을 구하여라.

🔍 해답

$iHP = \dfrac{P_{mi}LANK}{9,000}$ 에서

$$= \dfrac{7.5 \times 0.15 \times \dfrac{3.14 \times 14^2}{4} \times 2,500 \times 4}{9,000} = 192.325[HP]$$

398 지시평균유효압력 10[kg/cm²], 지름 4[cm], 행정거리 10[cm], RPM 2,000, 기통수 8일 때 지시마력은?

해답

$$IHP = \frac{PLANK}{9,000} = \frac{10 \times 0.1 \times 13 \times 2,000 \times 8}{9,000} = 23$$

399 왕복엔진의 실린더 내벽이 과도하게 마멸이 되었을 때 수리방법 2가지를 설명하시오.

해답

① 보링 : 마모부위를 한 치수 큰 상태(Oversize)로 깍아내는 작업
② 호닝 : 마모된 실린더 벽을 매끄럽게 윤을 내는 작업

참고

실린더 배럴의 마멸상태 검사방법

육안검사 후 Scratch나 마멸 상태가 가벼운 것은 샌드페이퍼로 문질러 제거하고 크로커스 천으로 매끄럽게 한다.(허용 한계값 이상은 교환, 마멸상태가 경미한 경우에는 크롬도금처리 후 연마한다. 실린더 벽의 마모를 방지하기 위하여 질화처리나 크롬도금처리를 한다.)

400 실린더 내부를 표면 경화하는 방법 3가지를 쓰시오.

해답

질화처리, 크롬도금, 강철 라이너 끼움

401 왕복엔진에서 실린더 배럴의 마모시 하는 작업을 쓰시오.

해답

① 실린더 배럴의 마멸 상태가 가벼운 경우 긁힘이나 마멸상태가 가벼운 것은 사포로 문질러 제거 한 뒤에 크로커스 천으로 표면을 매끄럽게 한다.
② 실린더 배럴의 마모가 허용 한계값을 넘었을 경우 한 치수 큰 상태로 보링을 하고 호닝작업을 한다.

402 피스톤 링의 Side Clearance가 규정 값보다 클 때와 작을 때 발생할 수 있는 결함과 조치사항을 쓰시오.

해답

① 클 때 : 링의 움직임이 커져 모서리가 안벽을 긁음 → 링 교환
② 작을 때 : 링 고착으로 윤활이 안 되고 압력누설이 생김 → 링을 갈아서 간격을 맞춤

403 왕복엔진에서 콜드 실린더 검사의 시기와 목적은 무엇인가?

해답

① 엔진 시동 직후에 검사한다.
② 모든 실린더의 표면 온도를 측정하여 점화가 되지 않은 실린더를 찾아서 고장탐구 및 수리하기 위해 실시하는 검사이다.

404 베어링의 결함 3가지 이상을 설명하시오.

해답

① 떨어짐
   베어링의 표면에 발생하는 것으로 불규칙적이고 비교적 깊은 홈의 형태를 나타낸 것으로 베어링의 접촉하는 표면이 떨어져 나가서 홈이 생긴다.
② 밀림
   베어링이 미끄러지면서 접촉하는 표면의 윤활상태가 좋지 않을 때 생기며 이러한 현상이 일어나면 표면이 밀려 다른 부분에 층이 남게 된다.
③ 밴딩
   베어링의 회전하는 접촉점에서 발생하며 회전하는 면에 변색된 띠무늬가 일정한 방향으로 나 있는 형태를 취한 것으로 원래의 표면이 손상된 것은 아니다.
※ 그 밖에 베어링의 결함 : 얼룩짐, 찍힘, 홈, 긁힘, 궤도이탈과 불일치

405 엔진 저장시에 습도 지시계(탈수 플러그) 색깔은?

해답

① 20[%]일 때 : 연한 청색(안전 상태)
② 40[%]일 때 : 분홍색(매주 1회씩 검사 필요)
③ 80[%]일 때 : 백색(재 저장 처리 필요)
※ 습도가 0[%]일 때는 선명한 청색을 나타냄

406 왕복엔진에서 혼합비 조절, 연료 미터링 및 조절 기능에 대해 설명하시오.

해답

① 해당 출력에 적합한 혼합비가 되도록 연료량을 조절한다.
② 고도 증감에 따른 밀도 변화시에 혼합비의 과농후, 과희박을 방지한다.
③ 플로트식 기화기인 경우 고도 증감에 따라 플로트실과 벤투리의 압력 차이를 증감함으로써 연료량을 증감한다.
④ 압력분사식과 직접분사식인 경우 계량 공기압과 계량 연료압의 차이를 증감시켜 연료량을 가감한다.

407 공랭식 왕복엔진의 냉각장치 부품 3가지 종류를 쓰시오.

해답

① 냉각핀 : 방열판의 면적을 넓혀 열을 방출
② 배플 : 실린더의 전열, 후열 또는 전면, 후면이 고르게 냉각되도록 냉각공기 안내, 유도
③ 카울 플랩 : 적절한 냉각을 위해 엔진으로 유입되는 냉각공기의 유량조절. 지상에서 완전 열림, 저공에서 열림, 고공에서 닫힘

408 왕복엔진 냉각계통의 주요 구성요소 4가지를 쓰시오.

해답

① 냉각핀
② 배플
③ 카울 플랩
④ 인젝터

409 왕복엔진의 실린더헤드온도(CHT) 감지부의 재질은?

해답

① K형 열전쌍 : 크로멜 – 알루멜,
② E형 열전쌍 : 크로멜 – 콘스탄탄,
③ 저항형 온도계(RTD) : 구리 또는 플래티늄

410 실린더헤드온도의 감지 방식은?

해답

열전쌍 방식

411 실린더헤드 온도감지부의 재질은?

해답

철 – 콘스탄탄

412 Radial Type Engine의 장점과 단점을 쓰시오.

해답

① 장점 : 다른 형식에 비해 실린더 수가 많고 마력당 무게비가 작으므로 대형엔진에 적합하다.
② 단점 : 전면 면적이 넓어 공기저항이 크고 실린더수가 증가될수록 뒷열의 냉각이 어렵다.

413 프로펠러 2단 가변피치 Prop과 정속 Prop의 근본적인 차이점을 쓰시오.

해답

① 2단 가변피치 프로펠러
  저속과 고속비행에 맞추어 2개의 피치(저피치, 고피치)만을 선택하도록 되어 있어 저속과 고속인 두 비행속도에서만 프로펠러 효율이 좋다.
② 정속 프로펠러
  조속기가 설치되어 있어 조속기에 의해 저피치에서 고피치까지 자유롭게 피치를 조절할 수 있어 비행속도나 출력 변화에 관계없이 프로펠러를 항상 일정한 속도로 유지하여 가장 좋은 프로펠러 효율을 가질 수 있다.

414 가변피치 및 정속구동피치에 대해 설명하시오.

해답

① 가변피치
  항공기가 비행하는 동안 블레이드 각을 바꿀 수 있는 것, 항공기 엔진으로부터 최상의 성능을 얻기 위하여 조종사가 의도한 대로 프로펠러 블레이드 각을 바꿀 수 있게 한 것이다.
② 정속구동피치
  선택된 엔진속도를 유지하기 위해 프로펠러 피치를 자동으로 조정하는 조속기에 의해 조종된다.

415 Prop 항공기에서 엔진이 고장일 때 결함 확대를 방지하기 위해 Prop에서 취해야 하는 것은?

해답

프로펠러의 Feathering 장치를 작동시켜 공기저항에 의해서 엔진이 회전하지 않도록 한다.

416 왕복엔진에서 다음과 같이 변화할 때 엔진의 출력은 어떻게 되는가?

① 대기압력이 증가하면 출력은 한다.
② 대기온도가 증가하면 출력은 한다.
③ 대기습도가 증가하면 출력은 한다.

해답

① 증가 ② 감소
③ 감소

417 실린더 오버홀시 실린더 동체의 오버사이즈별 규격, 색깔 및 크롬 도금시 색깔은?

해답

① 0.254[mm](0.010[in]) : 초록색
② 0.381[mm](0.015[in]) : 노란색
③ 0.508[mm](0.020[in]) : 빨간색
④ 표준 크롬 도금 : 주황색

418 실린더 오버사이즈의 색표지는 어디에 하는가?

해답

플랜지 바로 위쪽에

419 실린더 헤드-바렐 3가지 연결법은?

해답

나사접합, 냉각접합, 스터드 너트접합

420 고출력장치의 기능?

해답

엔진의 출력이 순항출력보다 큰 출력일 때 농후 혼합비를 만들기 위해 추가적으로 연료를 공급

421 혼합비 조절장치의 기능은?

해답

요구하는 출력에 적합한 혼합비가 되도록 연료량을 조절, 고도에 따라 혼합비를 조절한다.

422 완속장치의 기능은?

해답

엔진이 완속으로 작동시 연료를 공급하여 혼합가스를 만들어 주는 장치이다.

423 프로펠러의 피치에서 유효피치와 기하학적 피치란?

해답

유효피치는 1회전시 실제 전진한 거리이며 기하학적 피치는 1회전시 이론상 전진한 거리이다.

424 연료펌프에서 릴리프밸브를 통과한 연료는 어디로 가는가?

해답

연료 펌프 입구

425 왕복엔진의 오일계통에서 엔진 정지시에 체크밸브의 기능을 쓰시오.

해답

엔진 정지시에 오일이 엔진으로 유입되는 것을 방지한다.

426 왕복엔진 점화계통 점검사항 4가지는?

해답

마그네토점검, 점화플러그점검, 점화시기 조절, 콜드실린더검사

427 왕복엔진 실린더 압축시험의 목적을 쓰시오.

🔍 **해답**

실린더 연소실 내의 기밀이 정상적으로 유지되는가를 확인하여 엔진의 정상 작동여부를 점검하기 위한 것이다.

428 왕복엔진의 시동보조장치의 종류를 3가지 쓰고, 각각의 특성을 간단히 설명하시오.

🔍 **해답**

① 임펄스 커플링(Impulse Coupling)
  회전형 스프링에 의해서 마그네토 로터에 순간적인 고 회전을 주는 장치이다.
② 인덕션 바이브레이터(Induction Vibrator)
  축전지 전원을 빠른 맥류로 만들어 마그네토 1차 권선에 공급한다.
③ 부스터 코일(Booster Coil)
  마그네토가 정상적인 기능을 발휘할 때까지 축전지 전원을 받아 승압시켜 점화플러그에 공급한다.

429 콜드실린더가 있으면 발생하는 현상은?

🔍 **해답**

불완전연소, 엔진 작동 상태가 거칠고, 드롭 체크시 회전수가 많이 떨어지고, 지상에서 프로펠러 저피치 작동 시 MAP가 규정 값보다 높게 지시한다.

430 항공기 엔진이나 장비품 등을 오버홀했을 때 사용하는 표식(tag)의 색깔은?

🔍 **해답**

노란색 바탕의 tag를 사용한다.

431 타이밍 라이트를 연결한 후 바로 확인해야 하는 것은?

🔍 **해답**

축을 돌려 양쪽의 등이 동시에 불이 켜지는지 확인한다.

432 이코노마이저의 목적과 형식 3가지를 쓰시오.

🔍 **해답**

① 목적 : 순항 비행시 연료 절감 및 최대 출력시 농후 혼합비로 출력 증가
② 형식 : 니들밸브형, 피스톤형, 다지관 압력식

433 다음 엔진의 배치 형식 명칭과 번호를 쓰시오.

🔍 **해답**

제작사 : 컨티넨탈

명칭 : 수평 대향형

434 왕복 엔진의 Turbo Charger의 동력원은?

🔍 **해답**

배기가스

가스터빈엔진

435 터보 팬 엔진에서 바이패스 비란 무엇을 말하는가?

🔍 **해답**

① 터보 팬 엔진에서 2차 공기량과 1차 공기량과의 비를 바이패스 비라 하며 바이패스 비가 클수록 효율이 좋아지지만 엔진의 지름이 커지는 문제점도 있다.
② 일반적으로 대형 장거리 수송기에서의 바이패스 비는 5 이상인 터보팬 엔진이 사용되고 바이패스 비가 1 이하인 터보팬 엔진이 요즘 전투기에도 사용되고 있다. 즉, $BPR = W_s / W_p$

436 엔진을 반동도에 따라 3가지로 분류하시오.

해답

충동형, 반동형, 충동–반동형

437 가스터빈 애뉼러형 연소실의 구성품은?

해답

안쪽케이싱, 바깥쪽케이싱, 연소실라이너, 연료노즐, 점화플러그

438 다음 그림에 표시된 A의 명칭과 목적을 쓰시오.

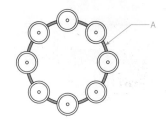

해답

① 명칭 : 화염 전달관(Flame Tube)
② 목적 : 점화된 화염을 각 연소실로 빠르게 전파

439 대형 아음속기에서 흡입 덕트를 왜 확산 덕트로 하는가?

해답

최근 아음속 항공기의 비행속도가 마하수 0.8~0.9 정도이므로 압축기가 압축하기 가장 좋은 마하수 0.5 정도를 얻으면서 정압상승을 기하기 위해 확산형으로 한다.

440 가스터빈 연료계통도를 쓰시오.

해답

탱크 – 부스터펌프 – 선택 및 차단밸브 – 주연료 펌프 – 연료여과기 – 연료조정장치 – 연료 오일냉각기 – 여압 및 드레인 밸브 – 연료매니폴드 – 연료노즐

441 가스터빈엔진 시동기의 종류는?

해답

① 전기식 : 전동기식, 시동기발전기식
② 공기식 : 공기터빈식, 가스터빈식, 공기충돌식

442 제트엔진의 MCD 점검시 규정보다 많은 칩이 발견됐다면 예상되는 고장부분은?

해답

MCD가 달려 있는 부분의 철강재료 손상, 주로 압축기와 터빈을 지지하는 베어링 부분과 액세서리 구동 기어부분

443 가스터빈엔진에서 Dry Motoring을 하는 이유와 방법을 설명하여라.

해답

연료를 차단한 상태에서 시동기로 엔진을 공회전시키는 것이며, 접촉음의 발생여부로 엔진이 원활하게 회전하는가를 검사하고, 오일의 누설여부도 함께 확인할 수 있다. 엔진의 부품교환 및 정비 후에 실시한다.

444 가스터빈엔진에서 Wet Motoring이란 어떻게 하는 것인가?

해답

연료계통의 점검, 교환, 수리작업 후에 연료의 누설 및 연료 공급 상태를 점검하기 위해서 실시한다. 점화계통 스위치 OFF, 부스터펌프 ON 상태에서 시동기를 작동 시켜 엔진을 공회전시킨다.

445 가스터빈엔진에서 Hung Start란 어떤 현상인가?

해답

Hung Start 결핍시동
시동시에 엔진의 RPM이 자립회전 속도에 도달하지 못하는 현상으로 시동기의 공급동력이 불충분하여 발생하며, 이때 배기가스온도(EGT)는 정상 값보다 높아지게 된다.

446 가스터빈엔진에서 Hot Start란 어떤 현상이며, 원인과 조치는 무엇인가?

🔍 해답

① 원인
과열시동은 연료의 과다 공급, 시동 스케줄 부적합, 엔진 부품의 손상 등으로 인하여 시동 중 또는 시동 직후에 배기가스온도(EGT)가 규정 값보다 높은 경우를 말한다.
② 조치
엔진을 정지시키고 연료조절장치의 재조정(RIGGING) 및 고장탐구를 실시해야 한다.

447 가스터빈엔진에서 No Sart란 어떤 현상이며, 원인은 무엇인가?

🔍 해답

엔진시동이 되지 않은 상태를 말한다. 이 경우에는 엔진의 회전 여부, 연료의 공급여부 등에 따라서 시동기, 연료계통, 점화계통 등을 점검하여 고장탐구를 실시한다.

448 터빈 깃 냉각방식중 공랭식 냉각방식의 종류 4가지를 쓰시오.

🔍 해답

① 대류냉각(Convection Cooling)
터빈 깃 내부에 공기통로를 만들어 이곳에 찬 공기를흐르게 하여 냉각시키며 냉각공기는 압축기 뒤쪽의 블리드 공기를 사용한다. 냉각방법이 간단하여 많이 사용한다.
② 충돌냉각(Impingement Cooling)
터빈 깃의 앞전부분의 냉각에 이용되며 터빈 깃의 앞전 안쪽 표면에 냉각공기를 충돌시켜 냉각시킨다.
③ 공기막냉각(Air Film Cooling)
터빈 깃의 표면에 작은 구멍을 뚫어 이 구멍을 통하여 냉각공기를 나오게 하여 냉각시킨다.
④ 침출냉각(Transpiration Cooling)
터빈 깃을 다공성 재질로 만들고 깃 내부에 공기통로를 만들어 찬 공기가 터빈 깃을 통하여 스며 나오게 함으로써 터빈 깃을 냉각시킨다.

449 터빈 깃의 손상상태 2가지와 원인을 쓰시오.

🔍 해답

손상상태	원 인
구부러짐	외부물질의 유입
소손	과열
마손	연마나 절삭
부식	습기
균열	충격, 과부하 과열
우그러짐	외부물질의 유입
용착	압력마찰
가우징	움직이는 물체의 충돌
신장	고온 원심력
찍힘	예리한 물체
스코어	예리한 물체
긁힘	작은 물체 유입

450 압축기 깃의 손상원인과 현상을 쓰시오.

🔍 해답

① Burning(소손)
국부적으로 색깔이 변했거나 심한 경우 재료가 떨어져 나간 형태로서 과열에 의해 손상된 형태
② Gouging
재료가 찢어지거나 떨어져 없어진 상태로서 비교적 큰 외부물질에 부딪히거나 움직이는 두 물체가 서로 부딪혀 생긴 결함
③ Score
깊게 긁힌 형태로서 표면이 예리한 물체와 닿았을 때 생기는 결함

451 압축기와 터빈의 평형작업시 사용하는 용어를 설명하시오.

🔍 해답

① 보정 : 불평형을 찾기 위해 로터의 반지름을 공식에 대입시켜 보정무게를 사용하여 검사장비에 인위적으로 입력시키는 과정
② 밀림 : Galling은 Brg'의 외형결함 종류, 아마도 이 문제는 Null out(없앰)인 것 같아 그것으로 풀면, 보정시 수행되는 절차로서 정확한 불평형을 찾기 위해 상대쪽에서 발생하는 불평형을 그 만큼 없애주는 과정
③ 분리 : 평형을 잡기위한 절차로서 바로잡기 수평면을 분리시켜 전후방을 용이하게 바로잡게 하는 방법

452 터빈블레이드를 교환하려고 할 때 터빈의 수가 홀수일 경우 어떻게 교환하여야 하는가?

해답

120도 간격으로 3개를 동시에 한다.

453 다음 ( )를 채워라.(단, 열고 닫고로 표시)

Turbo Jet Engine 항공기에서 Turbine Casing의 냉각공기를 (블리드 공기)라 하며 Low Pressure Turbine의 냉각공기 밸브의 위치는 (①)이고 High Pressure Turbine의 냉각공기는 (②)위치이다.

해답

① 닫힘, ② 열림

454 최근 고바이패스비의 터보팬엔진에는 Fan Reverser만 사용하고 배기가스를 역으로 하는 Turbine Reverser는 사용하지 않는데 그 이유는?

해답

고바이패스비일수록 터빈 리버서의 역 추력은 미소하고 고온고압에 노출되기 때문에 고장 발생률이 높으며, 터빈 리버서를 폐지함으로써 고장이 줄고 정비비용이 절감되며 중량감소와 연료절감의 효과가 있다.

455 압축기 Bleed Air가 사용되는 System의 5가지는?

해답

냉각, 방빙, 제빙, 제우, 여압, 시동계통 등

456 터빈에서 머리카락모양의 균열은 어떤 손상을 말하는가?

해답

① 반복된 고온과 하중에 의해서 터빈 블레이드의 앞전과 뒷전에 발생한 응력 파열 균열(Stress rupture crack)이다.
② 터빈 블레이드가 매우 과열되었을 때는 뒷전에 잔물결 모양(Rippling)의 균열이 생긴다.

457 터빈 깃에서 발생하는 Creep 현상이란?

해답

일정하중을 받고 있는 재료의 영구변형이 시간에 따라 증가하는 현상으로 터빈로터는 작동 중 고회전의 원심력과 고온을 받아 크리프가 생긴다. 터빈 깃의 신장과 터빈 디스크의 성장을 주기적으로 점검하여 한계 값을 넘으면 결함이 없더라도 교환해야 한다.

458 터보팬엔진에서 새의 충돌로 인하여 N1, N2 계기와 EPR 계기의 바늘이 흔들리는 상태가 되었다. 이 경우 원인과 조치사항은 무엇인가?

해답

① 원인 : 압축기 깃의 손상으로 인한 실속이 발생한 것이다.
② 조치사항
   ⓐ 스로틀 레버를 IDLE로 줄이고 연료를 차단한다.
   ⓑ EGT가 100[℃] 이하가 되도록 모터링한다.
   ⓒ 로터가 자유로이 회전할 수 있는가 확인한다.
   ⓓ 약 15분 후 재시동하여 엔진의 최종상태를 확인한다.

459 항공기가 이륙 중에 조류 떼를 만났다. 이때 N_1, N_2 EPR계기가 흔들린다면 예상 되는 결함과 조치사항 2가지를 쓰시오.

해답

① 예상결함 : F.O.D에 의한 압축기 실속
② 조치사항 : 엔진정지, 압축기 정밀검사

460 터보팬 엔진의 모듈구조에 대해서 간단히 설명하여라.

해답

① 모듈이란 표준화된 하나의 조립부품(Unit)을 말한다.
② 여러 개의 모듈(개개의 장치)로 구성되어 한 모듈에 이상(결함) 발생시 전체를 교환하지 않고 결함발생 모듈만 교체함으로써 정비시간과 비용을 줄여 경제적으로 운용하도록 구성되어 있다.
③ 정비의 효율성, 정비시간의 단축, 경제적 운용 등 각각 완전한 호환성과 교환과 수리가 용이하도록 구성되어 있다.

461 압축기와 터빈의 평형작업 중 100[g·cm] 불 평형이란?

해답

로터 회전축에서 10[cm]의 거리에 10[g] 만큼의 불평형 또는 5[cm]의 거리에 20[g] 만큼의 불평형이 있음을 말하며 불평형의 단위는 회전축으로부터의 거리 X질량으로 [g·cm] 또는 [oz·in]로 나타낸다.

참고

평형의 목적

불평형 질량을 가진 회전체는 로터를 지지하는 구조물에 진동과 응력을 발생시키므로 다음과 같은 목적으로 평형을 하게 된다.
① 베어링의 수명 연장
② 진동의 최소화
③ 소음의 최소화
④ 작동 응력의 최소화
⑤ 작동자의 권태와 피로의 최소화
⑥ 생산 품질의 향상
⑦ 사용자에 대한 만족감의 극대화

---

462 제트엔진에서 시동이 걸리지 않았을 때 원인은?

해답

① 연료계통의 결함으로 연료가 공급되지 않음
② 점화계통의 결함으로 불꽃이 튀지 않음
③ 공기밸브의 결함
④ FOD에 의한 손상
⑤ 압축기로터 또는 기어박스의 고착

---

463 가스터빈엔진에서 연료조절장치의 수감 요소 4가지를 쓰고, 각 수감 요소 상태에 따른 연료량의 증감을 설명하시오.

해답

① 압축기입구온도(T_2)가 증가하면 연료 감소
② 압축기출구압력(P_3)이 증가하면 연료 감소
③ 엔진회전수(RPM)가 증가하면 연료 감소
④ 파워레버위치(PLA)가 증가하면 연료 증가

---

464 터보팬에서 엔진가속시 및 감속시 실속을 일으키는 부위는?

해답

① 가속시 : 압축기 전방
② 감속시 : 엔진스테이션 3.0~3.4 또는 4단계 압축기

참고

압축기 실속방지장치
① 가변안내베인(VIGV)   ② 가변정익베인(VSV)
③ 블레이드 밸브(BV)   ④ 가변 바이패스밸브(VBV)
⑤ 다축식 압축기

---

465 가스터빈엔진 작동상태에 따라 압축기 블리드밸브의 작동(열림, 닫힘, 조절)을 설명하여라.

해답

① 저속 지상 작동시 : 열림   ② 순항시 : 닫힘
③ 급감속시 : 열림   ④ 밸브조절장치 고장시 : 조절

---

466 오일탱크에서 연료가 발견되었다. 결함부위와 이유는?

해답

① 가스터빈 : 연료 – 오일냉각기의 파손
② 왕복엔진 : 실린더벽의 과도한 마모, 피스톤링의 마모
③ 이유 : 높은 압력의 연료와 오일도관으로 유입

---

467 Hot Section, Cold Section을 구분하고 재질에 대하여 1가지씩 쓰고 설명하시오.

해답

① Hot Section
   엔진 구조 내부에서 직접 고온의 연소가스에 노출되는 부분 즉 연소실, 터빈, 배기의 각 부분을 Hot Section이라고 한다. 내열성이 뛰어난 재료가 사용된다.
② Cold Section
   공기 흡입구, 팬, 압축기, 보기류 기어 박스, 바이패스의 각 섹션을 Cold Section이라고 한다. Hot Section은 고온에 의한 열응력을 받기 때문에 구성 부분에 내열성이 뛰어난 재료가 사용되고 있는 것은 물론 정비 면에서도 부품의 수명과 성능 저하의 진행에 충분한 배려가 필요하다.

---

468 터빈 케이스 냉각시에 사용하는 공기는 어느 공기를 사용하며, 저압터빈 케이스 및 고압터빈 케이스의 밸브 상태를 쓰시오.

해답

① 블리드공기(Bleed Air)를 사용한다.
② 고압터빈케이스의 밸브는 열리고(Open), 저압터빈케이스의 밸브는 닫힌다.(Close)

469
현재 주로 사용되고 있는 대형 가스터빈엔진에서 대부분은 터빈 블레이드 팁과 케이스 사이의 간극을 조절하여 엔진의 효율을 높이고자 터빈 케이스 냉각계통이 사용되고 있다. 이때 터빈 케이스를 냉각시켜주는 공기는 (①)이며, 항공기 순항시 저압터빈 케이스를 냉각시켜준 밸브는 (②) 위치이고, 고압터빈 케이스를 냉각시켜 주는 밸브는 (③) 위치이다.

해답

압축기 블리드 공기, 닫힘, 열림

470
가스터빈 엔진은 압축기 실속을 방지하기 위해 블리드 밸브를 사용하는데 다음 경우에 어떻게 되는가?

해답

① 항공기 순항시 밸브의 위치 : 닫힘
② 항공기 밸브 접합시의 위치 : 열림

471
현재 민항 항공기용으로 주로 쓰이는 대형 터보팬 엔진의 카울(Cowl)은 Inlet Cowl, ① 팬 카울, ② 역추력 카울, ③ 코어 카울로 구분되어 진다. 정비업무를 위해 이러한 카울을 열어야 하는 경우가 자주 발생하므로 모든 카울이 닫혀져 있는 상태에서 여는 순서를 나열하시오(단, Inlet Cowl은 여는 카울이 아니므로 제외한다.)

해답

팬 카울 → 역추력 카울 → 코어 카울

472
터보팬 엔진의 장점은?

해답

아음속에서 추진효율이 좋고 연료소비율이 적고 소음방지에 유리하다.

473
가스터빈엔진의 배기가스 온도계로 쓰이는 재료는?

해답

K형 열전쌍이 주로 쓰인다.(Chromel-Alumel)

474
축류식 압축기 정비시 필요한 검사장비는?

해답

평형검사장비

475
가스터빈엔진 시동시 가장 중요한 1차적 계기 3가지를 쓰시오.

해답

① E.G.T 계기(배기가스 온도)
② R.P.M 계기(회전 속도계)
③ E.P.R 계기(엔진 압력비)

476
항공기에서 볼트에 고착방지용 파우더를 사용하는 이유와 사용하는 부위는?

해답

① 이유 : 열에 의한 고착방지
② 사용부의 : 연소실, 터빈부분, 디퓨저부분

477
마그네틱 칩 디텍터 점검시 철 성분이 검출되었다. 무엇에 이상이 있는가?

해답

베어링(베어링은 철(Fe)을 주성분으로 구리, 은 등의 합금으로 제작된다.)

478
블리드장치의 기능?

해답

공기와 연료가 혼합이 잘 될 수 있도록 분무가 되게 하는 장치

479 터빈엔진의 기어박스 부착방법 중 플랜지형에 대해 설명하여라.

해답

Accessory 부착방법에는 Flange Bolt type과 QAD Ring type이 있다.
① Flange Bolt type
Gear Case 쪽에는 Stud Bolt가 있어 Acc'y를 부착할 때 Flange 구멍을 Stud Bolt에 끼우고 와셔와 너트로 죄어서 고정시키는 방법이다.
② QAD(Quick Assembling & Disassembling) Ring type
접촉되는 양쪽의 플랜지에 Clamp Ring을 함께 걸어 신속하게 장탈, 장착되도록 하는 방법이다.

480 가스터빈엔진에서 엔진오일 냉각 방법 2가지를 쓰시오.

해답

① 연료 : 윤활유 냉각기(Fuel-oil Cooler)
② 공기 : 오일 냉각기(Air-oil Cooler)

481 압축기의 종류와 장·단점을 쓰시오.

해답

(1) 축류식
① 장점
ⓐ 많은 양의 공기를 흡입 배출할 수 있다.
ⓑ 다단으로 제작할 수 있다.
ⓒ 압력비가 높다.
ⓓ 압축기의 효율이 좋다.
ⓔ 전면 면적이 좁다.
② 단점
ⓐ 구조가 복잡하다.
ⓑ 무게가 무겁다.
ⓒ 제작비용이 비싸다.
ⓓ FOD에 약하다.
③ 구성
1열의 로터와 1열의 스테이터
(2) 원심식
① 장점
ⓐ 단당 압력비가 높다.
ⓑ 제작이 쉽다.
ⓒ 구조가 튼튼하고 값이 싸다.
② 단점
ⓐ 압축기의 입출구의 압력비가 낮다.
ⓑ 많은 양의 공기를 처리할 수 없다.

ⓒ 전면 면적이 넓다.
ⓓ 저항이 크다.
ⓔ 제작효율 감소
③ 구성 : 임펠러, 디퓨저, 매니폴드
(3) 축류원심식
축류식과 원심식을 보완하여 제작하였으며 소형엔진이나 터보샤프트 엔진에 사용된다.

482 가스터빈엔진에서 원심형 압축기의 구성요소는 무엇인가?

해답

임펠러, 디퓨저, 매니폴드

483 항공엔진에서 Hot Section Inspection 이란 무엇인가?

해답

엔진의 고열부분 점검으로써 고온의 연소가스에 의해서 조기에 손상되는 부분에 대한 점검을 말한다. 연소실, 터빈, 배기노즐 등의 부품이 이에 해당한다.

484 가스터빈엔진의 연료펌프의 종류는?

해답

원심식, 기어식, 피스톤식

485 터보제트엔진의 후기연소기의 구성은?

해답

디퓨저, 프레임홀더, 연료노즐, 후기연소 라이너

486 배기구 수리시 연필을 사용하지 않는 이유는?

해답

탄소계열의 검은색은 눈에 잘 보이지 않기 때문에

487 가스터빈엔진의 역추력장치(Thrust Reverser)를 2가지 쓰시오.

해답

① 항공 역학적 차단방식
② 기계적 차단방식

전자 및 항법계통

488 비행자료수집장치의 활용 목적을 간단히 서술하여라.

해답

비행자료수집장치(FDM)

비행자료수집(해독)장치(FDAU) 또는 비행기록집적장치(AIDS)라고도 하며, 항공기의 비행 중에 엔진, 비행대기, 비행제어, 항법, 통신 등의 작동 상태를 나타내는 중요 변수를 수집하여 비행자료기록장치(FDR)로 보내 저장할 수 있도록 한다. 이와 같이 수집되어 저장된 자료는 고장 탐구, 정비, 부품의 기능저하 경향 등을 밝히는 데 중요한 자료로 활용된다.

참고

① AIDS[Air Integrated(통합, 집대성) Data System] : 비행기록집적장치
비행 중 얻어지는 여러 데이터를 항상 수집 분석 해독하여 항공기 운항 상태에 따른 개선점을 얻기 위한 종합시스템으로 기상 시스템과 지상 해독시스템으로 구성됨
② FDAU[Flight Data Acquisition(취득, 획득, 포착) Unit] : 비행자료수집장치, 비행자료수집(해독)장치, 비행데이터포착장치
③ FDM[Flight Data Monitoring(관찰, 기록, 탐지)] : 비행자료수집장치

489 현재 조종사에게 편리하도록 사용된 장치는?

해답

자동비행조종장치(AFCS : Automatic Flight control System)

참고

목적
① 비행을 안정하게 제어하는 것
② 자동적으로 조종시키는 것
③ 다른 장치와 연동된 자동유도

490 자동비행조종장치의 기능 3가지를 쓰시오.

해답

자세의 유지(가로안정성), 고도의 유지(세로안정성), 항로의 유지(방향안정성)의 기능을 가진다.

참고

① 미리 설정된 방향과 자세로부터 변위를 검출하는 장치
② 변위를 수정하기 위하여 조종량을 산출하는 서보 앰프 장치
③ 조종신호에 따라 작동하는 서보 모터 장치가 있다.

491 계기착륙지시계기(ILS)와 마이크로착륙지시계기(MLS)를 비교할 때 MLS의 장점 3가지를 쓰시오.

해답

① 정밀도가 ILS의 카테고리 Ⅲ 이상이다.
② 전파방해의 염려가 없다.
③ 여러 개의 코스를 취할 수 있다.
④ 우회 또는 곡선진입이 넓은 공역에 걸쳐 설정 가능하다.

492 GPWS에 대해 설명하시오.

해답

지상접근경보장치(Ground Proximity Warning System)
항공기와 산악 또는 지표면과의 충돌 사고를 방지하는 장치

493 Yaw Damper의 기능 3가지는?

해답

① 역요(Adverse Yaw)의 수정
② Auto Pilot에서 지정된 방위 유지
③ 돌풍의 영향에 대한 수정

494 항공기에 장착된 인터폰 3가지를 쓰시오.

해답

① 플라이트인터폰(Flight Interphone)
조종사와 다른 조종사 또는 지상근무자와 통화
② 객실인터폰(Cabin Interphone)
객실승무원과 다른 승무원 또는 조종사와 통화
③ 서비스인터폰(Service Interphone)
지상근무자와 다른 지상근무자 또는 조종사와 통화

전기계통

495 항공기 배터리 충전법의 종류에 대해 설명하시오.

🔍 해답

① 정전류충전법
전류를 일정하게 유지하면서 충전하는 방법으로 충전 완료시간은 미리 예측할 수 있으나 충전 소요시간이 길고, 과충전되기 쉽다.
② 정전압충전법
일정 전압으로 충전하는 방법으로 전동기 구동발전기를 이용하여 축전지에 전원을 공급하며 충전기와 축전지를 병렬로 연결한다. 정격 용량의 충전시기가 미리 알려지지 않기 때문에 일정시간 간격으로 충전상태를 확인하여 축전지가 과충전되지 않도록 주의한다.

496 정전압충전법의 방법과 장·단점을 설명하여라.

🔍 해답

정전압충전법
일정 전압으로 충전하는 것으로 충전기와 축전지를 병렬로 연결하여 충전한다. 공급전압은 14[V](12[V] 축전지), 28[V](24[V] 축전지)를 사용한다.
① 장점
　ⓐ 과충전에 대한 특별한 주의 없이도 짧은 시간에 충전을 완료할 수 있다.
　ⓑ 여러 개를 동시에 충전할 때 전압값별로 전류에 관계없이 병렬로 연결한다.
　ⓒ 항공기상에서의 충전으로 비행 중에도 자동으로 충전할 수 있다.
② 단점
충전 완료시간을 추정할 수 없어 일정시간 간격으로 충전상태를 확인하여야 한다.(과충전 방지)

497 배터리 충전시에 정전류충전법의 장·단점을 쓰시오.

🔍 해답

정전류충전법
일정한 전류로 계속 충전하는 것으로써 여러 개의 배터리를 동시에 충전시 전압에 관계없이 용량을 구별하여 직렬로 연결하여 충전한다.
① 장점 : 충전시간을 조정할 수 있고, 전압에 관계없이 충전할 수 있다.
② 단점 : 소요시간이 길고, 과충전될 염려가 있고, 수소와 산소의 발생이 많아 폭발할 위험이 있다.

498 니켈-카드뮴 전지의 중화제로 쓰이는 것은?

🔍 해답

아세트산, 레몬주스, 붕산염 용액

🔻 참고

니켈 – 카드뮴 축전지의 전해액
전해액인 수산화칼륨은 독성이 매우 강하므로 취급할 때 보안경, 고무장갑, 고무 앞치마 등을 착용해야 한다. 그리고 전해액이 피부나 의복에 묻을 경우를 대비하여 적당한 세척 설비를 갖추어야 하며, 중화제로는 아세트산, 레몬주스, 붕산염 용액 등을 사용한다.

499 니켈 – 카드뮴 배터리의 장점은?

🔍 해답

① 유지비가 적게 든다,
② 수명이 길다,
③ 재충전소요시간이 짧다,
④ 신뢰성이 높다,
⑤ 큰 전류를 일시에 사용해도 무리가 없다.

500 축전지 장탈시 어느 선을 먼저 떼어내야 하는가?

🔍 해답

접지되어 있는 (–)선을 먼저 떼어낸다.

501 교류발전기에서 병렬운전시 주의사항을 쓰시오.

🔍 해답

각 발전기의 전압, 주파수, 위상 등이 서로 일치하는지를 확인하고, 이들이 모두 이상이 없을 때에만 수동 또는 자동으로 병렬운전시킨다.

502 교류발전기의 종류를 3가지 쓰시오.

🔍 해답

① 단상 교류발전기
② 2상 교류발전기
③ 3상 교류발전기

503 변압기와 변류기의 점검사항을 쓰시오.

해답

각 코일의 단락, 단선 및 과도한 전류에 의한 과열현상 등을 점검

504 알루미늄 도선을 Strip할 때 주의사항 2가지를 쓰시오.

해답

① 스트리퍼의 알맞은 구멍을 선택
② 가닥(Strand)이 끊어지지 않도록 주의

505 본딩 와이어(Bonding Jumper)의 역할 또는 목적을 쓰시오.

해답

항공기 부품과 부품 사이 또는 부재와 부품 사이 등의 전위차를 없애줌으로써 정전기에 의한 손상과 무선간섭을 방지하는 것으로 구리선으로 짠 도선이며 라인드롭이 0.003[Ω] 이하로 되게 해야 한다.

506 니켈 카드뮴 축전지의 화학반응식을 쓰시오.

해답

양극		음극	충전	양극		음극
$Ni(OH)_3$	$+$	Cd	$\rightleftarrows$ 방전	$Ni(OH)_2$	$+$	$CdOH$

507 납산축전지의 화학반응식을 쓰시오.

해답

양극		음극		전해액	충전	양극		음극		전해액
PbO_2	$+$	Pb	$+$	$2H_2SO_4$	$\rightleftarrows$ 방전	$PbSO_4$	$+$	$PbSO_4$	$+$	$2H_2O$

508 전기저항식 온도계에서 비율식으로 온도를 측정하는 이유는?

해답

온도변화에 의한 저항의 증감으로 생기는 불평형 전류로 지침을 움직인다. 지침의 움직임은 두 개의 선에 흐르는 전류의 비에 따라서 결정되므로 전류의 절대치에 관계하지 않고 전원전압의 영향도 받지 않기 때문이다.

509 키르히호프의 제2법칙에 대하여 설명하여라.

해답

회로망 중에서 임의의 폐회로를 일정한 방향으로 한 바퀴 돌 때 각 부분의 기전력의 합은 전압강하의 합과 같다.

510 키르히호프의 전류 제1법칙은?

해답

임의의 한 점에 유입된 전류의 총합과 유출되는 전류의 총합은 같다.(전류의 법칙)

$$\sum \text{유입전류} = \sum \text{유출전류}$$

511 다음 회로의 총 저항을 구하시오.
(단, $R_1=3[k\Omega]$, $R_2=5[k\Omega]$, $R_3=10[k\Omega]$)

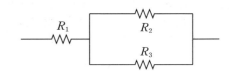

해답

$$\frac{R_2 \times R_3}{R_2 + R_3} = \frac{5 \times 10}{5 + 10} = 3.33$$
$$R_1 + 3.33 = 3 + 3.33 = 6.33[k\Omega]$$

512 다음 회로에서 등가저항을 구하시오.

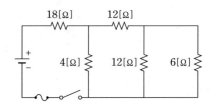

해답

$\frac{1}{12}+\frac{1}{6}=4$, $12+4=16$, $\frac{1}{16}+\frac{1}{4}=3.2$

$18+3.2=21.2$

해답

① 먼저 병렬회로의 등가저항 R'를 구한다.

$\frac{1}{R'}=\frac{1}{R_2}+\frac{1}{R_3}=\frac{1}{120}+\frac{1}{80}$, $R'=48[\Omega]$

② 직렬회로의 등가저항 R을 구한다.

$R=R_1+R'=52+48=100[\Omega]$

513 다음 그림의 키르히호프의 법칙에서 I_1, I_2, I_3 및 p, k간의 전압차를 구하여라.

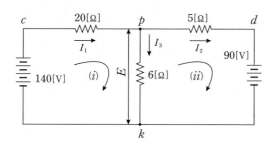

해답

$I_1=4[A]$, $I_2=6[A]$, $I_3=10[A]$, p, k 간의 전압차 $60[V]$

516 다음 교류 회로도에서 피상전력을 구하시오.

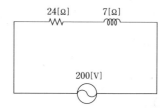

해답

임피던스$(Z)=\sqrt{R^2+X_L'}=\sqrt{24^2+7^2}=25[\Omega]$

전류$(I)=\frac{V}{Z}=\frac{200}{25}=8[A]$

피상전력$(P_s)=VI=200\times8=1,600[VA]$

514 다음 그림의 회로에서 피상전력을 구하시오.

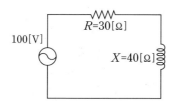

해답

임피던스$(Z)=\sqrt{R^2+X_L^2}=\sqrt{30^2+40^2}=50$

피상전력$(P_s)=\frac{V^2}{Z}=\frac{100^2}{50}=2[VA]$

517 다음 그림을 보고 각각의 명칭과 기능을 쓰시오.

해답

① ⎯∘⟋ : SPST, 열림

② ⎯∘⟋▲ : SPST, 통상 OFF, 순간 ON

③ ⎯∘⟋ : SPDT, OFF위치 없음

④ ⎯∘— : SPDT, OFF

⑤ ⎯∘▲ : SPDT, ON, OFF. 순간 ON

⑥ : DPST

⑦ : TPST

515 다음 회로의 등가저항을 구하여라.

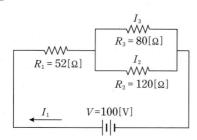

518 배율기와 분류기의 사용방법에 대한 다음의 빈칸을 완성하시오.

	측정하는 것	연결방법
배율기	전압(V)	①
분류기	전류(I)	②

해답

① 직렬연결, ② 병렬연결

519 전류계에 분류기를 연결하려 한다.

해답

① 설치이유 : 전류의 측정범위를 넓게 하기 위함
② 설치방법 : 전류계에 병렬로 연결

520 전압 측정시 전압계의 연결방법은?

해답

병렬연결

521 도선의 배선시 주의점 3가지 이상 쓰시오?

해답

① 연경상태의 검사가 쉽도록 장착한다.
② 다발의 무게가 무겁지 않게 한다.
③ 맞이음 부분이 엇갈리게 체결한다.
④ 맞이음 부분은 플라스틱으로 절연처리하고 전선다발이 최대 13[mm] 이상 처지지 않도록 한다.
⑤ 구부러진 부분이 벗겨지지 않도록 한다.
⑥ 구부러진 부분이 돌출되었을 때는 보호처리한다.
⑦ 구부릴 때 곡률반경은 다발 바깥지름의 10배 이상으로 한다.
⑧ 다중선 고주파의 경우 6배 이상으로 한다.
⑨ 터미널 가까운 부분은 3배 이상으로 한다.

522 전선의 보호는?

해답

① 기계적 손상에 의한 보호 : 벌크헤드의 구멍을 통과하는 도선은 6.3[mm] 이상 이격을 둔다.

② 열에 의한 보호 : 테플론 피복, 석면을 사용
③ 휘발성 용재 및 액체로부터의 보호 : 플라스틱튜브를 입히고 가장 낮은 부분에 3[mm] 지름의 구멍
④ 배터리 아래로는 절대 통과 금지

523 인버터(Inverter)의 기능과 구성요소를 쓰시오.

해답

① 기능 : 직류를 주전원으로 하는 항공기에서 직류를 교류로 변환하는 장치
② 구성 : 직류전동기, 교류발전기, 주파수조정기, 전압조정기

524 전류계에서 분류계의 연결법과 목적을 쓰시오.

해답

① 연결법 : 전류계와 병렬로 접속하는 션트저항
② 목적 : 전류계의 측정범위 확대

525 정속구동장치에는 직권과 복권전동기 중 어느 것을 사용하는가?

해답

복권전동기를 사용한다.
복권전동기는 단자 전압 일정 시에 계자전류 일정, 계자자속 일정, 부하의 변화에 대한 회전속도의 변화가 작아 일정한 속도가 요구되는 곳에 적합하다.
※ 직권 전동기는 시동토크가 크고, 입력이 과대하게 되지 않으므로 시동장치에 많이 사용한다.

526 복권전동기 종류 2가지를 쓰고 서술하시오.

해답

① 차동복권
부하가 증가하면 계자자속이 감소하여 회전속도를 바르게 하는 작용을 하므로 직권 계자를 알맞게 조절하면 부하의 변동에 관계없이 회전속도를 거의 일정하게 할 수 있다.
과부하시 회전속도가 빨라질 위험이 있다. 시동토크가 작고, 시동 직권계자자속이 분권계자자속보다 크게 될 경우 역회전 위험이 있다.
② 화동복권
분권전동기보다 시동토크가 크고 무부하가 되어도 직권전동기와 같이 회전속도가 빨라지지 않아 위험하지 않다.

527 직권식 모터와 분권식 모터 중 회전을 일정하게 하려면 어떤 것을 써야 하는가?

🔍 **해답**

분권 전동기

528 카본 파일형 전압 조절기에서 장착접점에 전류의 흐름을 좋게 하기 위한 방법은?

🔍 **해답**

은 도금을 한다.

529 항공기 엔진의 구동축과 발전기 사이에 장착되어 엔진의 회전수에 관계없이 항상 일정한 회전수를 발전기 구동축에 전달하는 장치는?

🔍 **해답**

정속구동장치(CSD)

530 항공기에서 직류전원 사용시의 단점을 교류와 비교하여 3가지 쓰시오.

🔍 **해답**

① 전압 조절이 어렵다.
② 전선의 지름이 커진다.
③ 무게가 증가된다.

531 항공기 외부 항법등의 위치와 역할을 쓰시오.

🔍 **해답**

① 위치
  ⓐ 좌측 위치등 : 적색
  ⓑ 우측 위치등 : 청색
  ⓒ 후미 위치등 : 백색
② 항법등은 야간에 항공기의 적, 아 식별 및 위치를 알리기 위한 등이다.

✔ **참고**

충돌 방지등 : 주간 및 야간에 항공기의 위치를 알림으로서 항공기간의 충돌을 방지한다.

계기계통

532 항공기 경고장치 종류 4가지는?

🔍 **해답**

① 기계적 경고장치(램프, 혼)
② 압력경고장치(오일압, 연료압, 객실압)
③ 화재경고장치(열스위치)
④ 광전자식, 열전쌍식(혼, 램프)
⑤ 연기경고장치(연기감지기, 화재예방)

533 다음 계기의 명칭을 쓰시오.

① ② ③ ④

🔍 **해답**

① 고도계   ② 속도계
③ 자세계   ④ 방위지시계

534 다음 DME(Distance Measuring Equipment)에 대해 서술하시오.

🔍 **해답**

지상의 기준점으로부터 항공기까지의 경사거리 정보를 항공기에 제공하며 주파수 대역은 960[MHz]에서 1,215[MHz]까지이며 질문 및 응답주파수의 간격은 1[MHz], 100대까지 동시에 정보 요구시 응답할 수 있다.

535 ILS와 MLS를 비교하시오.

🔍 **해답**

① ILS
  항공기가 착륙하는 데 필요한 방위각 정보, 활공각 정보 및 마커 위치 정보를 신뢰성 있게 제공
② MLS
  항공기가 정밀 접근 및 이·착륙하는 데 필요한 방위각 정보, 활공각 정보, 거리 정보와 필요한 데이터를 신뢰성 있게 제공

Aircraft Maintenance

536 항공기 항법장치에서 마커 비컨은 어떠한 역할을 하는가?

🔍 해답

마커 비컨(Marker beacon)
최종 접근 진입로상에 설치되어 지향성 전파를 수직으로 발사시켜 활주로까지 거리를 지시해 준다.
① 용도 : 항공기에서 활주로 끝까지의 거리표시
② 주의사항 : 수신기의 감도를 저감도로 하여 측정

537 항공기 착륙시 활주로에 주파수 90[Hz]와 150[Hz]를 사용하는 것으로 지상 수신국에서 사용하는 장치는 무엇인가?

🔍 해답

Glide Slope와 Localizer

538 고도계 기압 보정 3가지 방법을 쓰시오.

🔍 해답

① QNE(기압고도)
표준해면대기압 29.92[inHg]를 맞추어 표준기압 면으로부터의 고도를 지시하는 방법. 해상비행이나 14,000[ft] 이상의 고도에서 사용
② QNH(진고도)
14,000[ft] 미만에서 주로 사용. 활주로에서 고도계가 활주로 표고를 가리키도록 보정. 즉, 해면 고도로부터의 기압고도
③ QFE(절대고도)
활주로에서 고도계가 0[ft]를 지시하도록 보정 이착륙 훈련시 편리함

539 항공기 고도계의 QFE 보정방식이란 어떤 것인가?

🔍 해답

활주로면의 기압을 기압눈금 창구의 눈금에 맞추는 방법으로 단거리 비행이나 해당 활주로에 계기 착륙을 하려 할 때에 이용하는 방법이다. 이 경우 고도계의 눈금을 해당 활주에 대한 고도를 나타낸다.

540 항공기 고도계의 QNH 보정방식에 대하여 서술하시오.

🔍 해답

해면 기압을 기압눈금 창구의 눈금에 맞춤으로써 고도계가 진고도, 즉 해발고도를 지시하게 하는 것으로 장거리 비행에 이용하는 방식이며, 공항의 관제탑에서 해면의 기압을 조종사에게 불러주는 것이 이 방법이다.

541 속도계의 Leak Pressure 점검방법에 대하여 쓰시오.

🔍 해답

피토정압계통 시험기(MB-1 시험기)는 승강계, 대기 속도계, 고도계 및 음속계의 작동을 점검하고 피토정압계통의 누설점검을 하는 시험기로서 점검방법은 다음과 같다.
① 압력 니들 밸브, 벤트 밸브 및 크로스 블리드 밸브를 닫는다.
② 외부 압력 연결구의 플러그와 캡을 완전히 닫고 고정시킨다.
③ 수동 압력펌프를 작동하여 압력탱크 내의 압력계기가 50[inhg](1,270[mmhg])가 되는가를 확인한다.
④ 압력 니들 밸브를 천천히 열어 속도계가 1,200[km/h]를 지시하는지를 확인한다.
⑤ 압력 니들 밸브를 닫고 1분 동안 속도계의 눈금의 움직임을 살핀다.
⑥ 속도계의 눈금의 변화가 3.7[km/h] 이상이 되면 피토계통에서 누설이 되고 있음을 뜻한다.

542 압력계기를 테스트하는 장비는?

🔍 해답

데드 웨이트 시험기

543 유전율과 온도와의 관계를 간략히 쓰시오.

🔍 해답

온도와 밀도는 반비례하고 밀도와 유전율은 비례하므로 온도와 유전율은 반비례한다.

항공기 조종계통(ATA27)

544 자동조종장치에서 요댐퍼(Yaw Damper) 기능 3가지를 설명하시오.

🔍 해답

① 항공기 속도에 따른 각도 변화
② Dutch roll의 자동 수정
③ Turn Coordination의 자동 부여

545 항공기 조종케이블 장치에서 다음의 역할 및 기능을 설명하시오.

해답

① 풀리 : 케이블을 안내하며 방향전환에 사용된다.
② 페어리드 : 케이블의 처짐, 얽힘, 흔들림을 방지하고 3° 이내의 방향전환에 사용한다.
③ 가이드 : 케이블의 이탈을 방지하고 안내 역할을 한다.
④ 턴버클 : 케이블을 연결하고, 장력을 조절할 수 있는 부품이다.
⑤ 케이블 텐션미터 : 케이블의 장력을 측정하는데 사용하는 계측장비이다.
⑥ 케이블 텐션 레귤레이터 : 온도변화에 관계없이 항상 일정하게 조절된 장력을 유지시킬 수 있는 부품의 일종이다.

546 조종간의 움직임이 승강키에 전달되지 않을 때, 원인과 조치사항은?

해답

① 원인 : 조종계통의 유압이 너무 낮을 경우
② 조치 : 작동유 저장탱크의 오일양을 점검하고 유압시험대를 연결하여 계통의 작동상태를 점검한다.

547 조종간의 움직임이 지나치게 뻑뻑하다. 원인과 조치사항은?

해답

① 원인 : 조종케이블의 장력이 너무 큰 경우, 조종케이블이 풀이에서 벗겨진 경우, 외부 물질에 의해 케이블이 오염된 경우
② 조치사항 : 케이블의 장력을 조절하고, 케이블의 조립 및 정렬 상태를 점검하며, 오염된 부분을 세척 후 리그작업(Rigging)을 수행한다.

548 조종계통의 승강키가 고정되어 움직이지 않는 경우 원인과 조치사항은?

해답

① 원인 : 연결부의 베어링이 닳고, 푸시풀튜브의 끝에 있는 구멍이 너무 크며, 동체에 연결되는 벨 크랭크 부위의 베어링 볼트가 닳았다.
② 조치사항 : 베어링 및 푸시풀튜브 교환하고 베어링이나 볼트도 교환한다.

549 조종면을 Balancing하는 이유는?

해답

항공기 구조상에 해로운 Flutter나 Buffeting을 방지하고 조종성에 안정을 준다.

항공기 연료계통(ATA28)

550 조종면 Balance에 필요한 기구 3가지(수공구 제외) 이상을 쓰시오.

해답

평형 고정대, 평형 받침대, 평형 추, 정반

551 연료탱크(Fuel tank)의 종류 3가지를 쓰시오.

해답

① 인티그럴 연료탱크(Integral)
   날개 내부의 공간을 연료탱크로 사용한 것으로 앞날개보와 뒷날개보 및 외피로 이루어진 공간을 밀폐제를 이용하여 완전히 밀폐시켜 사용한다.
② 블래더형 연료탱크(Bladder)
   금속제품의 연료탱크를 날개 보 사이의 공간에 내장하여 사용하는 연료탱크이다.
③ 셀형 연료탱크(Cell)
   고무제품의 연료탱크를 날개보 사이의 공간에 내장하여 사용하는 연료탱크이다.

552 항공기 연료 이송방법 중 2가지에 대해 기술하시오.

해답

① Tank To Tank Transfer(연료탱크간의 이송을 말한다.)
   ⓐ 방법 : 부스터펌프
   ⓑ 위치 : 주 연료탱크의 낮은 부분
   ⓒ 형식 : 전기적 원심식
   ⓓ 기능 : 탱크간 연료이송, 시동시 연료공급, 이륙시, 베이퍼록 방지
② Tank To Engine Transfer(연료탱크에서 엔진으로 이송을 말한다.)
   ⓐ 방법 : 시동시(부스터펌프) 정상시(주 연료펌프)
   ⓑ 위치 : 엔진액세서리 케이스
   ⓒ 형식 : 슬라이딩 베인식
   ⓓ 기능 : 연료탱크에서 기화기 또는 연료조정장치 까지 일정압력으로 연료공급

필답 기출

553 항공기 연료계통에서 릴리프밸브(Relief valve)의 기능은 무엇인가?

해답

연료펌프 출구의 압력이 규정 값 이상으로 높아지면 릴리프밸브가 열려서 연료를 펌프 입구로 되돌려 보내는 역할을 한다.

유압계통(ATA29)

554 항공기의 작동유 종류 3가지와 각각의 색깔은?

해답

① 식물성유

파란색(아주까리 기름과 알코올의 혼합물로서 현대 항공기에서는 잘 사용하지않는다.)

② 광물성유

붉은색(착륙장치의 완충이나 소형항공기 브레이크 계통에 주로 사용한다.)

③ 합성유

자주색(인산염과 에스테르의 혼합물로 인화점이 높고, 내화성이 커서 대부분의 항공기에 보편적으로 사용된다.)

555 작동유 각각의 특성을 쓰시오.

해답

① 식물성

ⓐ 부식성과 산화성이 큼

ⓑ 천연고무실에 사용

ⓒ 알코올 세척가능

ⓓ 고온에 사용불가

② 광물성

ⓐ 원유로 제조

ⓑ 인화점이 낮아 과열시 화재위험

ⓒ 합성고무실 사용

③ 합성유

ⓐ 내화성이 큼

ⓑ 항공기에 대부분 사용

ⓒ 페인트 고부재품에 손상가능성 있음

ⓓ 유독성으로 취급시 유의

556 유압계통에서 축압기의 역할과 설치 위치는?

해답

축압기(Accumulator)

유압 어큐뮬레이터는 작동유에 압력을 가한 상태로 저장하며, 압력 탱크(Pressure Tank)라고도 부른다.

① 어큐뮬레이터에는 계통 압력의 약 1/3 정도의 압축공기 또는 질소가스가 충전되어 있으며 압력라인에 장착한다.

② 유압펌프가 어큐뮬레이터 내부로 작동유를 밀고 들어가면 어큐뮬레이터 내부의 공기는 더욱 가압되고 작동유에 압력을 가하여 계통의 압력조절기가 펌프를 무부하로 한 후에 계통 압력을 유지한다.

③ 여러 개의 유압기기가 사용될 때 동력펌프를 돕는다.

④ 동력펌프 고장시 제한된 유압기기를 작동시킨다.

⑤ 유압계통의 서지(Surge)현상을 방지한다.

⑥ 유압계통의 충격적인 압력을 흡수한다.

⑦ 압력조절기의 개폐 빈도를 줄여준다.

⑧ 다이어프램형(Diaphragm Type) 축압기의 종류가 있다.

⑨ 블래더형(Bladder Type) 축압기의 종류가 있다.

⑩ 피스톤(Piston Type) 축압기의 종류는 현재의 항공기에 많이 사용한다. 이 어큐뮬레이터는 구형 어큐뮬레이터에 비해 간단한 구조이므로 널리 사용되고 있으며, 이 피스톤형 어큐뮬레이터는 한끝에 공기 피팅(Fitting)과 밸브(Valve), 다른 끝에 작동유 피팅을 갖는 실린더로 구성되어 있다.

557 유압계통에서 여과기의 역할과 설치 위치는?

해답

① 역할 : 작동유에는 선택 밸브나 펌프 등의 마멸에 의하여 금속 가루가 생기는데, 이를 여과하여 작동 불량이 생기지 않도록 한다.

② 위치 : 여과기(Filter)는 리저버 내부, 압력라인, 리턴라인 또는 그 밖의 계통을 보호하기 위해서 필요한 모든 장소에 장치되어 있다.

참고

여과의 능력은 미크론(micron)으로($1[\mu]$은 $1/1,000,000[m]$ 또는 $1/390,000[in]$)

① 쿠노형 여과기(Cuno Filter)

② 미크론형 여과기(Micronic Filter)가 있다.

558 유압계통에서 레저버의 역할과 설치 위치는?

해답

유압계통의 레저버(Reservoir, 저장탱크)

계통의 작동유를 저장할 뿐만 아니라, 팽창 공간(Expansion Chamber)으로써 이용되며, 또 작동 중에 모였던 공기를 배출하는 장소로도 이용된다.

① 작동유를 공급하고 귀환하는 작동유의 저장소 역할을 한다.

② 공기 및 각종 불순물을 제거하는 장소가 된다.

③ 계통 내에서 열팽창에 의한 작동유의 증가량을 축적시키는 역할을 한다.

④ 거품발생 방지 및 공급의 원활을 위한 여압형성을 유지한다.
⑤ 재질은 알루미늄 합금 또는 마그네슘 합금이다.
⑥ 축압기를 포함한 계통에서의 용량은 모든 계통이 필요로 하는 용량의 120[%] 이상이다.
⑦ 축압기를 포함하지 않은 계통에서의 용량은 작동유의 온도가 38℃에서 모든 계통이 필요로 하는 용량의 150[%] 이상이다.
⑧ 장착위치는 마스터 실린더(Master Cylinder) 또는 수동펌프(Hand Pump)와 엑츄에이터 실린더의 사이에 장착하여 계통 내의 작동유를 저장하여 공급함으로써 작동유의 열팽창 및 수축에 의해 발생되는 피스톤 운동 위치의 변화를 미연에 방지한다.

559 유압계통에서 유로를 필요에 따라 연결시켜 주는 장치는?

해답

① 선택밸브(Selector Valve)
   유로 흐름을 변경할 수 있는 밸브로 다음과 같은 형식이 사용된다.
② 싱글 액팅 작동 실린더(Single Acting Actuating Cylinder)
   한쪽 방향으로만 작동할 수 있는 실린더로 두 길 선택밸브(Two Way Selector Valve)라 한다.
③ 더블 액팅 작동 실린더(Double Acting Actuating Cylinder)
   선택밸브를 90° 회전시켜 두 방향으로 작동되게 한 실린더로 네 길 선택 밸브(Four Way Selector Valve)라 한다.

560 선택밸브(Selector Valve)에 대해 기술하시오.

해답

① 유로를 선정해 주는 밸브이며 중심 개방형, 중심 폐쇄형으로 구분한다.
② 기계적으로 작동하는 밸브는 회전형, 포핏형, 스풀형, 피스톤형, 플렌지형 등 작동방식은 전기식과 기계식이 있다.

561 항공기 연료계통의 체크밸브의 역할은?

해답

연료가 한쪽 방향으로만 흐르도록 하고 반대 방향으로는 흐르지 못하게 하는 밸브이다. 즉, 역류를 방지하는 밸브이다.

562 유압 퓨즈(Hydraulic Fuse)란 무엇인가?

해답

유압계통이나 부품에서 작동유 누설 시 흐름을 차단하여 작동유의 누설을 방지하며 규정보다 많은 양의 작동유 통과시 흐름을 차단한다.

563 정상유압계통고장시 비상계통으로 유로를 변경시켜주는 밸브는?

해답

셔틀밸브(Shuttle Valve)
유압 작동기 등에 유압을 공급할 수 없는 고장이 발생했을 때 셔틀밸브에 의해서 유압 대신에 비상용 압축공기를 공급하여 유압 작동기 등이 작동할 수 있도록 한다.

방빙 제빙 제우계통(ATA30)

564 날개 앞전의 제빙장치(Deicing System)를 설명하시오.

해답

① 알코올 분출식
   날개 앞전의 작은 구멍을 통해 알코올을 분사하여 어는점을 낮게 함으로써 얼음을 제거시킨다.
② 제빙부츠식
   고무로 된 여러 개의 적당한 굵기의 긴 공기 부츠를 날개 앞전에 부착, 압축 공기를 맥동적으로 공급, 배출시켜 공기 부츠를 팽창, 수축시켜 얼음을 제거시킨다.

565 항공기 2가지 방빙(Aanti-Icing)방법을 설명하시오.

해답

① 화학적 방빙
   결빙의 우려가 있는 부분에 이소프로필 알코올이나 에틸렌글리콜과 알코올을 섞은 용액을 분사하여 어는점을 낮게 하여 결빙을 방지한다.
② 열적(Thermal) 방빙
   방빙이 필요한 부분에 덕트를 설치하고 가열된 공기를 통과시켜 온도를 높여 줌으로써 얼음이 어는 것을 막는 장치이며, 전기적인 열을 이용하기도 한다.

착륙장치(ATA32)

566 Tire Wheel의 속도에 따라, 브레이크를 제어하는 장치는?

해답

스키드 컨트롤 제너레이터(Skid Control Generator)

567 Skid Control System의 4가지 기능을 설명하시오.

해답

① Normal Skid Control
휠 회전이 줄어 Sliding이 시작되면 작동하되 정지할 때까지 작동하지는 않는다. 따라서 휠 회전이 빨라지고 다시 제동이 걸리는 상태가 반복된다.

② Locked Wheel Skid Control
타이어의 마찰이 생길 수 없는 얼음판에서 휠이 Lock됐을 때 Brake가 완전히 Release되게 한다. 항공기 속도가 15~20[Mph] 이하에서는 작동이 안 된다.

③ Touchdown Protection
착륙접근을 하는 동안은 브레이크 페달을 밟더라도 브레이크가 작동되지 않도록 한다.

④ Fail Safe Protection
Skid Control System의 작동을 모니터하는 회로로서 시스템 고장시 완전 수동으로 작동하게 하고 경고등을 켜 준다.

568 항공기 브레이크의 4가지 종류는?

해답

① 정상 브레이크   ② 비상 브레이크
③ 보조 브레이크   ④ 파킹 브레이크

참고

기능에 따른 브레이크의 종류
① Single Disk Brake
② Expander Tube Type Brake
③ Shoe Brake
④ Multiple - Disk Brake
⑤ Segment Rotor Disk Brake

569 항공기 브레이크계통에 스폰지 현상이 발생하는 원인과 조치사항은?

해답

① 원인 : 브레이크장치의 유압계통에 공기가 차 있을 때 발생한다.
② 조치 : 유압계통에서 공기를 배출시키는 Air Bleeding 작업을 실시한다.

570 주 착륙장치의 Brake Equalizer의 역할은 무엇인가?

해답

주 착륙장치의 제동장치가 작동되어 활주 중에 항공기가 멈추려고 할 때 트럭의 앞바퀴에 하중이 집중되어 트럭의 뒷바퀴가 지면으로부터 들려지는 현상을 방지하는 역할을 한다.

571 브레이크계통에서 Dragging 현상을 설명하시오.

해답

브레이크장치의 유압계통에 공기가 차 있거나 작동기구의 결함에 의해 브레이크 작동 후 제동력을 제거하여도 원상태로 잘 회복되지 않는 현상을 말한다.

572 브레이크계통에서 Grabbing 현상을 설명하시오.

해답

제동판이나 브레이크 라이닝에 기름이 묻거나 오염물질이 부착되어 제동이 원활하게 이루어지지 않고 거칠게 작동하는 현상이다.

573 브레이크계통에서 Fading 현상이란 무엇인가?

해답

브레이크장치가 과열되어 브레이크 라이닝 등이 소손됨으로써 미끄러지는 상태가 발생하여 제동효과가 감소하는 현상이다.

574 브레이크장치 중 Segment Rotor Brake의 특징은 무엇인가?

해답

① 고압의 유압계통에 사용하기 위해 특별히 고안된 중형급 브레이크장치이다.
② 로터가 여러 개의 조각으로 나누어져 있고, 스테이터 둘레에는 크기가 작고 마찰력이 큰 라이닝 디스크가 여러 개 있다.

575 항공기 Brake De-Booster Valve의 역할은?

해답

브레이크를 작동할 때 일시적으로 작동유의 공급을 증가시켜 신속한 제동과 신속한 풀림이 이루어지도록 한다.(내부압력감소 ➔ 오일유량 증가 ➔ 신속한 제동 및 풀림)

576 항공기 타이어의 마모된 부분의 검사 및 교환 조건은?

해답

① 검사
  트레드와 사이드 월의 마모를 검사하는데 트레드 홈의 깊이를 깊이 게이지로 측정한다.
② 조건
  ⓐ 트레드가 벗겨지거나 가로지르는 깊은 손상일 때
  ⓑ 측면부(Flex)에 손상이 있을 때
  ⓒ 부분적으로 과도한 마멸 또는 불평형 마멸 상태
  ⓓ 플라이 수가 25[%] 이상 손상되었을 때
  ⓔ 플라이 또는 와이어비드 사이가 벌어진 경우

577 항공기 타이어에 보급하는 기체는 주로 질소가스를 사용하는데 질소가스의 종류와 질소를 보급하는 이유를 쓰시오.

해답

① 종류 : Water Pumped N₂와 Oil Pumped N₂가 있으나 Water Pumped N₂만을 보급한다.
② 이유 : 공기 중의 산소는 타이어 고무와 고온고압에서 반응하여 질을 저하시켜 수명이 감소되고 파열시킬 위험이 있기 때문이다.

578 항공기 착륙장치에서 Anti Skid System의 작동 원리는?

해답

바퀴의 회전속도를 감지하여 브레이크의 작동유압을 조절하여 제동 시에 타이어가 최소 회전속도를 유지하여 미끄럼 현상을 방지하고 지면 마찰력 증가로 제동거리 단축과 타이어의 Flat을 방지한다.

579 랜딩기어를 작동할 때 Control Panel에 나타나는 지시 램프의 색깔은?

해답

① 완전히 접혔을 때 : 모든 램프 Off
② 완전히 내렸을 때 : Position L/T Green
③ 작동 중일 때 : Handle L/T Red

580 렌딩기어 시스템의 Centering Cam의 역할을 설명하시오.

해답

항공기 이륙시 Nose Gear가 접히는 과정에서 앞바퀴가 중심을 벗어나게 되면 앞바퀴와 동체, Wheel Well에 손상을 초래할 수 있다. 이때 앞바퀴를 중심으로 오도록 잡아주는 장치이다.

581 항공기가 착륙 후 Ground Taxing 중 앞바퀴에 생기는 공진현상을 감지하여 감쇠시키는 장치는?

해답

시미 댐퍼(Shimmy Damper)

582 바퀴다리 계통의 센터링 실린더의 역할을 설명하시오.

해답

항공기가 착륙하는 과정에서 완충 스트럿과 트럭이 서로 경사지게 되었을 때 이들이 수직이 될 수 있도록 하는 역할을 한다.

583 항공기가 이륙시 앞바퀴의 접개들이장치가 들어갈 때, Wheel Wall의 손상을 방지하여 주는 장치는?

해답

Centering Device는 쇼크 스트럿 내부에 있는 센터링 캠에 의해서 바퀴가 지면에서 떨어지면 바퀴를 정면으로 정렬시킨다.

584 타이어의 과도한 열팽창으로부터 압력증가를 막아주는 장치는?

해답

타이어의 손상방지를 위한 것이 퓨즈 플러그이다.

585 항공기 랜딩기어에서 시미댐퍼의 기능은 무엇인가?

해답

항공기의 이착륙 또는 지상 활주시 지면과 타이어 밑면의 가로축 방향의 변형과 바퀴의 선회 축 둘레의 진동과의 합성된 진동이 좌우방향으로 발생하는 현상을 시미현상이라고 하고 이 시미 현상을 흡수 완화시켜주는 장치를 시미댐퍼라고 한다.

586 퍼지밸브(Purge Valve)란 무엇인가?

해답

공기가 섞여 거품이 생긴 작동유를 저장탱크로 빠지게 한다.

587 감압밸브(Pressure Reducing Valve)란 무엇인가?

해답

계통의 압력보다 낮은 압력이 필요할 때 사용하며, 일부계통의 압력을 요구하는 수준까지 낮추어 준다.

588 프라이오러티밸브(Priority Valve)의 기능에 대하여 설명하시오.

해답

① 펌프의 고장 등으로 인하여 계통에 정상적으로 충분한 작동유를 공급하지 못할 경우에는 축압기에 저축된 압력을 사용해야 한다.
② 이때에는 우선 필요한 계통만 작동시켜야 하므로 다른 계통에는 압력이 공급되지 않도록 차단하고, 우선 필요한 계통에만 유압이 공급되도록 해야 한다.

589 오리피스체크밸브(Orifice Check Valve)란 무엇인가?

해답

오리피스와 체크밸브의 기능을 합한 것, 작동유가 오른쪽에서 왼쪽으로 흐를 때 정상 공급하고, 반대로 흐를 때는 흐름을 제한한다.

590 미터링체크밸브란 무엇인가?

해답

오리피스체크밸브와 같으나 흐름 조절이 가능하다.

591 릴리프밸브에 작용하는 3가지 압력은?

해답

① 크랭킹(Cracking)
계통내의 압력이 규정 값 이상으로 상승하여 볼이 시트로부터 벌어지기 시작하면서 작동유가 귀환관으로 흐르게 될 때의 압력을 말한다.
② 풀 드로(Full Draw)
볼이 완전히 시트에서 떨어져 릴리프밸브에서 최대의 작동유량이 통과할 때의 압력이다. 크랭킹 압력보다 10[%] 정도가 높아야 한다.
③ 리시팅(Reseating)
시트로 되돌아와서 귀환되는 작동유의 흐름을 중단할 때의 압력이다. 리시팅 압력은 크랭킹 압력보다 압력이 10[%]가 낮다.

592 시스템릴리프밸브, 안티리크밸브, 체크밸브의 목적을 쓰시오.

해답

① 시스템릴리프밸브
필터 등이 막혀 계통 압력이 과압이 될 경우 Return시킨다.
② 안티리크밸브
누설 방지 밸브로 유압 퓨즈라고도 한다.
③ 체크밸브
한 방향으로만 흐름을 허락하도록 한 밸브(역류 방지)이다.

593 흐름평형기(Flow Equalizer)와 흐름조절기(Flow Regulator)의 기능은?

해답

① 흐름평형기
2개의 작동기를 동시에 움직일 때 작동유의 흐름 상태를 같게 해주는 장치이다.
② 흐름조절기
일정속도로 움직이는 작동기에 유입되는 유량을 조절하는 장치로 약간의 압력이나 부하의 변화에 관계없이 자동으로 유량을 조절한다.

594 항공기 연료계통에서 바이패스밸브(By-pass Valve)의 기능은 무엇인가?

해답

연료여과기가 막히거나 오염되어서 여과기의 입구압력과 출구압력의 차이가 규정 값 이상이 되면 바이패스밸브가 열려서 연료가 여과기를 거치지 않고 공급될 수 있도록 한다.

595 공기압계통에서는 유압계통과는 다르게 수분분리기를 반드시 두어야 하는데 그 이유는?

해답

공기압계통에 수분이 들어가면 기계의 오작동의 우려가 있다.

596 항공기에 사용되는 공기압계통의 Cleaning 방법은?

해답

계통에 압력을 가한 후 배관을 분리시켜 행한다.

597 직선형 유압작동기 종류 3가지는?

해답

① 싱글 액팅 작동기
② 더블 액팅 작동기
③ 래크와 피니언 작동기

598 유압계통과 비교하여 공기압계통의 특성 4가지 이상을 설명하시오.

해답

① 압축공기가 갖는 압력, 온도, 유량과 이것들의 조합으로 이용범위가 넓다.
② 소량으로 큰 힘을 낼 수 있다.
③ 불연성이고 깨끗하다.
④ 저장탱크나 리턴라인이 필요 없다.
⑤ 조작이 용이하다.
⑥ 서보계통으로서 정밀한 조종이 가능하다.

산소계통(ATA35)

599 Oxygen Bottle 취급시 주의사항을 쓰시오.

해답

① 점검 및 수리시
 ⓐ 화재에 대비한 소화장비 준비
 ⓑ 감시요원 배치
 ⓒ 작업복이나 손에 이물질 오일, 그리스 등 유류가 묻지 않도록 조심

 ⓓ 전기전자 기타 장비의 작동 금지
② 충전시
 ⓐ 환기가 잘 되는 곳에서 직사광선을 피할 것
 ⓑ 충격 금지, 장비작동 금지, 소화기 배치
 ⓒ 계통의 누설점검, 산소 실린더의 차단밸브
 ⓓ 압력조절기 등의 상태점검

600 산소탱크에 Dot 3Aa 2400C의 기호를 설명하여라.

해답

① Dot : 정부엔진부호   ② 3Aa : 재질 및 규격
③ 2400 : 공급압력   ④ C : 검사관 공식 기호

[참고 문헌]

인용 및 참고 문헌	발행 주체	발행시기
미 연방항공국(FAA) 교재		2012년
대한항공 사업내직업훈련교재	청연	1993년
교육부 국정교과서	두산 동아	2007년
교과부 국정교과서	두산 동아	2011년

저　자 _____

이 명 성

감　수 _____

한국항공우주기술협회　교육위원장　이 상 희
한국항공우주기술협회　부 회 장　김 관 연
한국에어텍전문학교　이 사 장　박 덕 영
한서항공전문학교　이 사 장　이 동 구
아세아전문학교　학 교 장　서 석 주

집필감수 _____

한국과학전문학교　교수　윤 사 현
한국과학전문학교　교수　조 동 주
한국과학전문학교　교수　박 성 태
에이스항공전문학교　교수　권 효 덕
서울정보산업고등학교　교사　김 의 겸
정석항공과학고등학교　교사　이 명 원
한국항공기술전문학교　교수　박 명 수
한국항공기술전문학교　교수　이 덕 희
극동대학교　교수　유 희 준

항공산업기사 필기+실기 필답
Industrial Engineer Aircraft Maintenance

저자와
협의 후
인지생략

발행일 3판1쇄 발행 2022년 2월 22일
발행처 듀오북스
지은이 이명성
펴낸이 박승희

등록일자 2018년 10월 12일 제2021-20호
주소 서울시 중랑구 용마산로96길 82, 2층(면목동)
편집부 (070)7807_3690
팩스 (050)4277_8651
웹사이트 www.duobooks.co.kr

정가 34,000원 **ISBN** 979-11-90349-36-9 13550